Linux/UNIX

系统编程手册（上册）

THE LINUX
PROGRAMMING
INTERFACE

A Linux and UNIX* System Programming Handbook

［美］Michael Kerrisk　著

孙剑　许从年　董健　孙余强　译

人民邮电出版社

北　京

图书在版编目（CIP）数据

Linux/UNIX系统编程手册：全2册 / （美）凯利斯克
（Kerrisk,M.）著；孙剑等译. -- 北京：人民邮电出版
社，2014.1
　ISBN 978-7-115-32867-0

　Ⅰ．①L… Ⅱ．①凯… ②孙… Ⅲ．①
Linux操作系统一程序设计一手册②UNIX操作系统一程序设
计一手册 Ⅳ．①TP316.89-62②TP316.81-62

　中国版本图书馆CIP数据核字(2013)第187440号

◆ 著　　　　[美] Michael Kerrisk
　　译　　　　孙　剑　许从年　董　健　孙余强　郭光伟
　　　　　　　陈　舸
　　责任编辑　傅道坤
　　责任印制　程彦红

◆ 人民邮电出版社出版发行　　北京市丰台区成寿寺路 11 号
　　邮编　100164　电子邮件　315@ptpress.com.cn
　　网址　https://www.ptpress.com.cn
　　北京九州迅驰传媒文化有限公司印刷

◆ 开本：787×1092　1/16
　　印张：76.25　　　　　　　2014 年 1 月第 1 版
　　字数：1 618 千字　　　　2025 年 1 月北京第 40 次印刷
　　著作权合同登记号　图字：01-2010-3829 号

定价：189.80 元（上、下册）

读者服务热线：**(010)81055410**　印装质量热线：**(010)81055316**
反盗版热线：**(010)81055315**
广告经营许可证：京东市监广登字 20170147 号

内容提要

　　本书是介绍 Linux 与 UNIX 编程接口的权威著作。Linux 编程资深专家 Michael Kerrisk 在书中详细描述了 Linux/UNIX 系统编程所涉及的系统调用和库函数，并辅之以全面而清晰的代码示例。本书涵盖了逾 500 个系统调用及库函数，并给出逾 200 个程序示例，另含 88 张表格和 115 幅示意图。

　　本书总共分为 64 章，主要讲解了高效读写文件，对信号、时钟和定时器的运用，创建进程、执行程序，编写安全的应用程序，运用 POSIX 线程技术编写多线程程序，创建和使用共享库，运用管道、消息队列、共享内存和信号量技术来进行进程间通信，以及运用套接字 API 编写网络应用等内容。

　　本书在汇聚大批 Linux 专有特性（epoll、inotify、/proc）的同时，还特意强化了对 UNIX 标准（POSIX、SUS）的论述，彻底达到了"鱼与熊掌，二者得兼"的效果，这也堪称本书的最大亮点。

　　本书布局合理，论述清晰，说理透彻，尤其是作者对示例代码的构思巧妙，独具匠心，仔细研读定会受益良多。本书适合从事 Linux/UNIX 系统开发、运维工作的技术人员阅读，同时也可作为高校计算机专业学生的参考研习资料。

对本书的赞誉

编写 Linux 软件时如果只能选择一本参考书，则非本书莫属。

——MARTIN LANDERS，Google 公司软件工程师

本书描述精到，示例周详，涵盖了 Linux 底层 API 编程的详尽内容及个中细微之处——无论读者水平如何，都能从本书中受益。

——MEL GORMAN，*Understanding the Linux Virtual Memory Manager* 作者

Michael Kerrisk 的这本 Linux 编程巨著，不但论及 Linux 编程、其与各种标准之间的联系，而且还就作者所知，重点介绍了已获修正的 Linux 内核 bug 以及改进颇多的 Linux 手册页。凭此三点，足可让 Linux 编程更易上手。本书对各项主题的深入探讨使其成为必备的参考书籍——无论读者在 Linux 编程方面造诣如何。

——ANDREAS JAEGER，NOVELL 公司 OPENSUSE 项目经理

Michael 用他坚忍不拔的毅力为 Linux 程序员奉献了这本论述严谨、表述清晰、简洁的权威参考书。虽然本书针对 Linux 程序员而著，但对任何在 UNIX/POSIX 环境中编程的程序员来说都极具价值。

——DAVID BUTENHOF，*Programming with POSIX Threads* 作者、POSIX /UNIX 标准撰写者

本书在重点关注 Linux 系统的同时，对于 UNIX 系统和网络编程也阐述透彻，浅显易懂。无论是初涉 UNIX 编程的新丁，还是编程经验丰富的 UNIX 老手（想要了解大行其道的 GNU/Linux 系统有何新意），我都向他们力荐此书。

——FERNANDO GONT，网络安全研究员、IETF 参与者、IETF RFC 作者

本书以百科全书般的叙述风格对 Linux 接口编程做了既深且广的覆盖，还提供了大量教科书风格的编程示例和练习。本书所包含的各项主题——从原理到可以实际运行的代码——都已描述清晰且易于理解。本书正是专业人士、学生以及教育工作者所期盼的 Linux/UNIX 参考书。

——ANTHONY ROBINS ，奥塔哥大学计算机科学副教授

无论从精确性、质量，还是详细程度来说，本书都令我印象深刻。身为 Linux 系统调用的行家，Michael Kerrisk 与我们分享了他对 Linux API 的认知和理解。

——CHRISTOPHE BLAESS，*Programmation système en C sous Linux* 作者

对于治学严谨的专业 Linux/UNIX 系统程序员而言，本书实为必备的参考书籍。本书涵盖了所有关键 API 的使用，同时兼顾 Linux 和 UNIX 系统接口，描述清晰，示例具体；除此之外，还强调了遵从诸如 SUS 和 POSIX 1003.1 等标准的重要性和益处。

——ANDREW JOSEY，The Open Group 标准部总监、POSIX 1003.1 工作组主席

由手册页的维护者亲自操刀，以系统程序员视角写出一本百科全书式的 Linux 系统编程巨著，还有比这更完美的吗？本书全面而又详实。我坚信本书将在我的书架上牢牢占据一席之地。

——BILL GALLMEISTER，*POSIX.4 Programmer's Guide: Programming for the Real World* 作者

本书是最新最全的 Linux/UNIX 系统编程参考书。无论读者是 Linux 系统编程新兵，还是关注 Linux 编程和程序移植性的 UNIX 系统编程老将，又或者只是在寻找一本 Linux 编程接口方面的优秀参考书的读者，Michael Kerrisk 的这本大作都笃定是其案头良伴。

——LOÏC DOMAIGNÉ，CORPULS.COM 首席软件架构师（嵌入式）

献　　辞

谨将本书献给 Cecilia，你照亮了我的世界！

前　　言

主题

本书将描述 Linux 编程接口：由 UNIX 操作系统的开源实现——Linux 所提供的系统调用、库函数以及其他底层接口。运行于 Linux 之上的每一个程序都会直接或间接地使用这些接口。应用程序可凭借这些接口去执行诸多任务：文件 I/O、创建/删除文件和目录、创建新进程、执行程序、设置定时器、在同一台计算机上发起进程或线程间通信，以及为联网计算机间的进程建立通信等等。有时，人们也将这一系列的底层接口称为系统编程接口。

尽管本书着眼于 Linux，但对于标准和可移植性问题也倍加关注。对于 Linux 所特有的技术细节，以及已由 POSIX 和 SUS 标准化的 UNIX 普遍特性，本书会在论述中清晰地加以区分。因此，本书也提供了对 UNIX/POSIX 编程接口的全面描述。对于那些在其他 UNIX 系统环境中编程，或者编写跨平台可移植应用的程序员来说，本书同样具有实用价值。

本书的读者

本书主要针对以下读者：

- 为 Linux 系统、其他 UNIX 系统，或兼容于 POSIX 的操作系统编写应用程序的程序员和软件设计人员。
- 在 Linux 和其他 UNIX 实现之间，以及 Linux 和其他操作系统之间进行应用程序移植的程序员。
- 教/学 Linux 和 UNIX 系统编程的高校师生。
- 意欲深入理解 Linux/UNIX 编程接口以及系统软件各模块实现细节的系统管理人员和高级用户（power users）。

作者假定读者之前有些许编程经验，但不必是在系统编程领域。此外，作者还假定读者具备阅读 C 语言源码的能力，并了解如何使用 shell 和 UNIX 或 Linux 的常用命令。对于不熟悉 UNIX 和 Linux 的读者来说，阅读第 2 章中面向程序员对 UNIX 和 Linux 系统基本概念所做的回顾会有所帮助。

> 提示：[Kernighan & Ritchie, 1988]是最具权威性的 C 语言参考书籍。[Harbison& Steele, 2002]一书对 C 语言的介绍则更为详细，并涵盖了由 C99 标准所带来的变化。[van der Linden, 1994]也是一本不错的 C 语言书籍，寓教于乐。[Peek et al., 2001]则对 UNIX 的使用做了简洁而完整的介绍。
>
> 贯穿本书，会以这种缩进小字体的文字形式用于旁注，其内容包括基本原理、实现细节、背景信息、史上轶闻以及与正文相关的其他辅助主题。

Linux 和 UNIX

其他 UNIX 实现的大多数特性同样见诸于 Linux，反之亦然。有鉴于此，本书倘若只着眼于标准 UNIX（即 POSIX）的系统编程，却也未尝不可。不过，编写可移植的应用程序固然是值得追求的目标，但描述 Linux 对标准 UNIX 编程接口的扩展也不容忽视。Linux 的广受欢迎只是原因之一，而有时出于性能方面的考虑，或是需要访问标准 UNIX 编程接口所不支持的功能时，使用非标准扩展（正因如此，所有 UNIX 实现都提供有非标准扩展）就显得至为重要。

综上所述，在构思本书时，作者不但力图使其对在各种 UNIX 实现中编程的程序员有所帮助，还全面介绍了 Linux 专有的编程特性，如下所示。

- epoll，获取文件 I/O 事件通知的一种机制。
- inotify，监控文件和目录变化的一种机制。
- capabilities，为进程赋予超级用户的部分权限的一种机制。
- 扩展属性。
- i-node 标记。
- clone()系统调用。
- /proc 文件系统。
- 在文件 I/O、信号、定时器、线程、共享库、进程间通信以及套接字方面，Linux 所专有的实现细节。

本书的用途和组织结构

本书主要有以下两方面的用途：

- 作为 Linux/UNIX 编程接口的入门教程，读者可循序阅读本书。后续各章内容均构建于之前诸章素材的基础之上，伴之以尽可能简短的前向引用。
- 作为 Linux/UNIX 编程接口的参考大全，读者可以根据书后的详细索引和频现于正文中的交叉引用，随机选择阅读主题。

本书各章可分为以下几个部分。

1. 背景知识及概念：UNIX、C 语言以及 Linux 的历史回顾，以及对 UNIX 标准的概述（第 1 章）；以程序员为对象，对 Linux 和 UNIX 的概念进行介绍（第 2 章）；Linux 和 UNIX 系统编程的基本概念（第 3 章）。

2. 系统编程接口的基本特性：文件 I/O（第 4 章、第 5 章），进程（第 6 章），内存分配（第 7 章），用户和组（第 8 章），进程凭证（process credential）（第 9 章），时间（第 10 章），系统限制和选项（第 11 章），以及获取系统和进程信息（第 12 章）。

3. 系统编程接口的高级特性：文件 I/O 缓冲（第 13 章），文件系统（第 14 章），文件属性（第 15 章），扩展属性（第 16 章），访问控制列表（第 17 章），目录和链接（第 18 章），监控文件事件（第 19 章），信号（signals）（第 20～22 章），以及定时器（第 23 章）。

4. 进程、程序及线程：进程的创建、终止，监控子进程，执行程序（第 24～28 章），以及 POSIX 线程（第 29～33 章）。

5. 进程及程序的高级主题：进程组、会话以及任务控制（第 34 章），进程优先级和进程调度（第 35 章），进程资源（第 36 章），守护进程（第 37 章），编写安全的特权程序（第 38 章），能力（capability）（第 39 章），登录记账（第 40 章），以及共享库（第 41 章和第 42 章）。

6. 进程间通信（IPC）：IPC 概览（第 43 章），管道和 FIFO（第 44 章），系统 V IPC 消息队列、信号量（semaphore）及共享内存（第 45～48 章），内存映射（第 49 章），虚拟内存操作（第 50 章），POSIX 消息队列、信号量及共享内存（第 51～54 章），以及文件锁定（第 55 章）。

7. 套接字和网络编程：使用套接字的 IPC 和网络编程（第 56～61 章）。

8. 高级 I/O 主题：终端（第 62 章），其他 I/O 模型（第 63 章），以及伪终端（第 64 章）。

程序示例

本书会以简短而完整的程序示例来描述大部分编程接口，以期读者通过命令行方便地体验这些程序，从而了解各种不同系统调用和库函数的运作方式。因此，本书包含了大量代码示例——约 15 000 行 C 语言代码和 shell 会话记录。

虽然阅读并执行上述示例代码是学习 Linux 编程接口的一个不错的起点，但巩固本书所述概念最为有效的方式还是动手编写代码——无论是修改示例程序以验证自己的编程思路，还是编写全新的程序。

书中所有源代码均可从本书网站上下载。网站所发布的源码中还包含了不少未见诸于本书的其他程序。这些程序的用途和详细信息在源码注释中均有描述。源码中还提供了 Makefile，用来构建相应的程序，附带的 README 文件则提供了相应程序的具体细节。

在 GNU Affero 通用公共许可证（Affero GPL）版本 3 条款的约束下，可自行重新发布和修改本书源码，源码中也提供了一份 GNU Affero GPL 版本 3 的文件副本。

习题

本书各章大都会在结尾处附有一组习题，其中一部分会利用书中的程序示例进行各种试验，另一些则与本章所讨论的概念相关，而其他习题则是引导读者亲自动手编程，意在巩固读者对所学内容的理解。附录 F 会有选择地给出部分习题的答案。

标准和可移植性

本书自始至终都对可移植性问题予以了特殊关注。对相关标准的引用在书中会反复出现，尤其是 POSIX.1-2001 和 SUSv3 的联合标准[1]。此外，本书还包括了该标准最新版本（POSIX.1-2008 与 SUSv4 联合标准）的变更细节。（由于 SUSv3 较之于之前的版本做了大范围的修订，并且在写作本书之际，SUSv3 依然是影响最为广泛的 UNIX 标准，故而本书对标准的讨论一般都以

---

[1] 译者注：大致可视为一套标准的两种称谓。

SUSv3 为框架，并会注明其与 SUSv4 之间的差别。然而，对读者来说，除非另有说明，与 SUSv3 规范有关的论述同样适用于 SUSv4。）

对于那些尚未标准化的特性，本书会列出与其他 UNIX 实现间的差异范围。此外，本书也会强调那些独具 Linux 实现特色的主要特性，以及 Linux 和其他 UNIX 实现之间在系统调用和库函数方面的细微差别。任何特性，凡未注明为 Linux 所专有，读者通常可将其视为大部分或所有 UNIX 实现的标准特性。

书中的编程示例（除了注明为 Linux 所专有的特性）大多已在 Solaris、FreeBSD、Mac OS X、Tru64 UNIX 以及 HP-UX 中的所有或部分系统上进行了测试。为了改进针对其中某些系统的可移植性，本书的 Web 站点还为特定编程示例提供了其他版本，此类代码就不再于本书中列出。

Linux 内核和 C 语言函数库版本

本书主要着眼于 Linux 2.6.x，撰写本书之际，这一内核版本的使用也最为广泛。本书同样涵盖了 Linux 2.4 内核的详细信息，也会适时指明 Linux 2.4 和 2.6 内核间的特性差异。凡是见诸于 Linux 2.6.x 系列中的新特性，作者均会标出其（首度）出现的确切内核版本号（例如，2.6.34）。

至于 C 语言函数库，本书会重点关注 GNU C 语言库（glibc）版本 2。本书也会适时指出 glibc 2.x 版本之间所存在的差异。

本书付梓之际，Linux 内核版本 2.6.35 刚刚问世，不久又发布了 glibc 版本 2.12。本书目前的论述涵盖了以上两种软件的这两个版本。本书出版后，Linux 和 glibc 接口所发生的变化会在本书的 Web 站点上公布。

在其他语言中调用编程接口

虽然本书的程序示例都是以 C 语言编写而成的，但读者也能使用其他编程语言来调用本书所描述的编程接口。这些语言既包括编译语言，例如：C++、Pascal、Modula、Ada、FORTRAN 和 D 语言，也包括脚本语言，例如：Perl、Python 和 Ruby（如要使用 Java，则需另辟蹊径，可参阅[Rochkind, 2004]）。这需要运用不同的技术以获取必要的常量定义和函数申明（C++除外），而按 C 语言链接惯例所约定的方式来传递函数参数可能也需要额外的工作投入。虽然实现起来有差异，但基本原理却都相同，即便读者在使用其他语言进行编程，本书所含信息对他们也同样适用。

关于作者

本人于 1987 年开始使用 UNIX 和 C 语言。当时，作者连续几个礼拜都泡在一台 HP Bobcat 工作站旁，陪伴我的只有 Marc Rochkind 所著 *Advanced UNIX Programming*（第 1 版）一书，以及一本最终被翻得卷了边的 C shell 手册的印刷本。投入时间阅读文档（如果有的话），并编写一些小型的（规模可逐渐变大）测试程序进行试验，直至自己对软件的理解感到信心满满——这是作者当时所采用的编程学习方法，并一直沿用至今——作者也向任何试水新型软件技术的人们推荐这一做法。依作者拙见，从长远来看，这种自学方法能够大大节约时间。本书所载的许多编程示例正是在这一学习方法的激励之下设计而成。

作者的主要身份是软件工程师和设计师。然而，作者同样好为人师，并在学术或商业领域有过数年的教学经验。作者还开设过多门为期一周的 UNIX 系统编程课程，这一经验对本书的写作也颇有影响。

　　作者使用 Linux 的时间大约只有与 UNIX 打交道的时间一半长，在这段时间里，作者的兴趣也逐渐集中在了内核和用户空间的"分水岭"——Linux 编程接口上。这一兴趣也使作者投身于一系列紧密相联的活动中。作者会时不时地对 POSIX/SUS 标准提出自己的意见并提供 BUG 报告；对新加入 Linux 内核中的用户空间接口进行测试和设计评审（还能帮助发现并修复那些接口中的诸多代码和设计缺陷）；作者还经常在关于编程接口及其文档的主题会议上发言，并受邀多次出席 Linux 内核开发者年度峰会。将上述所有活动串接在一起的主线是作者对 Linux 领域最突出的贡献：作者为 Linux man-pages 项目（http:// www.kernel.org/doc/man-pages/）所做的工作。

　　Linux 手册页中的第 2、3、4、5 以及 7 部分都属于 man-pages 项目。这几部分也是手册页中描述编程接口的内容，这些编程接口由 Linux 内核及 GNU C 语言库提供，本书所要介绍的正是这方面的内容。作者参与 man-pages 项目已逾十载。自 2004 年起，作者成为了该项目的主要维护人，所承担的任务大致包括：撰写文档、阅读内核和 C 语言库源码，以及通过编程来验证文档细节（通过为接口撰写文档来发现相关接口中的 BUG，效果颇为不俗）。此外，作者对 man-pages 项目的贡献也最多——在约 900 页的手册页中，作者独自编写了其中的 140 页，并与他人合著了另外的 125 页。因此，在购买本书之前，读者想必已经阅读过本人的工作成果了。作者希望这些成果能对读者有所帮助，希望本书更是如此。

致谢

　　没有一干人等的支持，本书的质量绝不会如此之高。我要向他们致以最诚挚的谢意。

　　来自世界各地的多位技术审稿人都参与了本书初稿的阅读，找出错误，指出含糊不清的解释，对措辞、插图以及习题提出建议，测试程序，发现不为作者所知的 Linux 和其他 UNIX 实现间的行为差异，并不时为作者打气助威。在本书中，作者将许多审稿人无私奉献的真知灼见一并收纳，实则作者的知识并非如此渊博。当然，书中的任何错误都是作者一人之过。

　　无论以下技术审稿人（按姓氏字母排序）对本书手稿的审校巨细与否，篇幅多少，作者都要向他们致以由衷的谢意。

- **Christophe Blaesss** 是一名软件咨询工程师和培训专家，专长是 Linux 在工业（实时和嵌入）方面的应用。Christophe 是 *Programmation système en C sous Linux* 一书的作者，这本法文杰作涵盖了与本书相同的多项主题。他不吝审阅了本书的众多章节。

- **David Butenhof**（HP 公司）是原 POSIX 线程工作组和 SUS 线程扩展工作组的成员之一，也是 *Programming with POSIX Threads* 一书的作者。他曾为开放软件基金会编写了最初的 DCE 线程参考实现，并曾担任 OpenVMS 和 Digital UNIX 线程实现的首席架构师。David 审校了本书与线程相关的章节，提出了诸多改进意见，还耐心地纠正了几处作者对 POSIX 线程 API 的理解错误。

- **Geoff Clare** 目前在为 The Open Group 开发 UNIX 一致性测试包，从事 UNIX 标准化工作已逾 20 年，是 Austin Group 的 6 位关键参与者之一，该组的宗旨是开发出构成 POSIX.1 和 Single UNIX Specification 基础卷的共同标准。Geoff 仔细审校了手稿中与 UNIX 编程接口相关的内容，耐心细致地提出了众多修正和改进意见，发现了诸多潜藏于手稿中的错误，在突出标准对可移植编程的重要性方面助益良多。

- **Loïc Domaigné**（当时供职于德国空中交通管制中心[German Air Traffic Control]）是一名系统软件工程师，主要从事分布式、多并发、容错型嵌入式系统的设计和开发，此类系统对实时性有着严苛的要求。他针对 SUSv3 中与线程规范有关的内容发表过评论和建议，在多个网上技术论坛中古道热肠，诲人不倦，无私地分享自己的编程心得。Loïc 细致地审校了本书与线程相关各章节，以及多处其他内容。除了编写若干精巧的程序来验证 Linux 线程实现的细节以外，他还倾注了巨大的热情并鼓励作者，提出了许多建议以改进本书整体的表现形式。

- **Gert Döring** mgetty 和 sendfax 程序的开发者，这一"双子星座"也是 Linux/UNIX 系统上使用最为广泛的开源传真软件包。最近，他主要忙于搭建并维护基于 IPv4 和 IPv6 的大型网络，其肩负的主要任务是：与全欧洲的同事一起定义有效的网络策略，以确保 Internet 基础设施顺畅运行。Gert 审校了本书与终端、登录记账、进程组、会话以及任务控制相关各章节，并反馈了大量的有用信息。

- **Wolfram Gloger** 是一名 IT 顾问，过去 15 年，他参与过许多自由和开源软件项目（Free and Open Source Software，FOSS）。除此之外，Wolfram 还是 GNU C 语言库中 malloc 软件包的实现者。目前，他主要从事于 Web 服务的开发，尤其专注于网上教学，当然，在内核和系统库方面，他仍会偶露峥嵘。Wolfram 审校了本书诸多章节，尤其是侧重于内存方面的内容。

- **Fernando Gont** 是阿根廷国家科技大学（Universidad Tecnológica Nacional, Argentina）电子信息中心（Centro de Estudios de Informática, CEDI）成员。Internet 工程技术（Internet engineering）是其兴趣所在，在 Internet 工程任务组（IETF）也能见到其活跃的身影，他还是多个 RFC 文档的作者。此外，Fernando 还为英国 CPNI（国家基础设施保护机构）中心效力，以提供对通信协议安全方面的评估，而首个完整的 TCP 和 IP 协议安全评估报告也正是由他提出的。Fernando 仔细审校了本书涉及网络编程的相关章节，不厌其烦地向作者解释了 TCP/IP 协议的诸多细节，并对相关内容提出了不少改进意见。

- **Andreas Grünbacher**（SUSE 实验室）是位内核高手，还是 Linux 扩展属性和 POSIX 访问控制列表的实现者。Andreas 除了仔细审校了本书多章内容以外，还对作者勉励有加，有时，他的只言片语便极有可能改变这部书的整体结构。

- **Christoph Hellwig** 是 Linux 存储和文件系统咨询师，也是内核方面公认的行家，参与过 Linux 内核中多个部分的开发工作。在忙于编写及审查 Linux 内核补丁代码之余，Christoph 抽空审校了本书若干章节，并提出了诸多有益的改进和修正意见。

- **Andreas Jaeger** 曾领导过 Linux 向 x86-64 架构的移植开发工作。身为 GNU C 语言库的开发者，他不但将该库移植到了 x86-64 平台，而且还促成该库符合多个领域的标准，尤其是在数学库方面。他当前效力于 Novell 公司，是 openSUSE 的程序经理。Andreas 审校的章节之多，超乎作者预期。在本书的写作过程中，他除了提出诸多改进意见之外，也给予作者热情的鼓励。

- **Rick Jones** 绰号"Mr. Netperf"（HP 公司联网系统的性能偏执狂），对本书的网络编程相关章节提出了宝贵意见。

- **Andi Kleen**（当时效力于 SUSE 实验室）长期以来，一直是内核方面公认的行家里手，对 Linux 内核诸多不同领域贡献颇多，包括：网络、错误处理以及底层架构代码等方面。Andi 对网络编程相关内容做了全面审校，使作者在 Linux TCP/IP 实现方面大开眼界，此外，他还提供了许多建议，用以改善本书主题的展现形式。

- **Martin Landers**（Google）在我有幸与他共事时，他还是一名学生。其后，他在短期内便集诸多技能于一身，且形象百变——软件架构师、IT 培训师以及职业黑客。劳

Martin 大驾审校本书，实为作者之幸。他对本书的评论和更正往往一针见血，对多章内容质量的改进功莫大焉。

- **Jamie Lokier** 是公认的内核高手，投身于 Linux 开发已达 15 年之久。如今，他自封为"专家，长于解决潜伏于 Linux 系统中的疑难杂症"。Jamie 极其全面地审校了本书涉及内存映射、POSIX 共享内存以及虚拟内存操作等方面的章节。他的审校工作不但纠正了作者对相关主题细节方面的许多误解，相应各章的结构也得以大为改观。

- **Barry Margolin** 在其 25 年职业生涯中，从事过系统程序员、系统管理员以及技术支持工程师。当前，他作为一名系统性能工程师，供职于 Akamai 技术公司。在各种讨论 UNIX 和 Internet 技术主题的网上论坛中，他频频现身，威名素著。他还是多本相关技术主题书籍的技术审稿人。Barry 审校了本书若干章节，并提出了诸多改进意见。

- **Paul Pluzhnikov**（Google）之前曾是 Insure++ 内存调试工具的技术带头人和主要开发者。有时，他也会以 GDB 黑客的身份现身，在网上论坛里积极地回复有关调试、内存分配、共享库以及运行时环境方面的问题。Paul 审校了本书多章内容，提出了许多宝贵意见。

- **John Reiser（与 Tom London）** 实现了 UNIX 向 32 位架构移植的早期版本之一 VAX-11/780。他还是 mmap() 系统调用的编写者。John 审校了本书多章内容，自然也包括 mmap() 所在的章节。他所提供的大量历史洞见，及其对技术透彻地阐释为本书增色不少。

- **Anthony Robins**（新西兰 Otago 大学计算机科学副教授）笔者 30 年的密友，本书某些章节的第一个读者，也是最早提出宝贵意见的技术审校者，在本书的写作过程中，一直给予作者以激励。

- **Michael Schröder** (Novell) GNU screen 程序的主要开发者之一，这项编程工作已令 Michael 在终端驱动程序的实现方面达到了"巨细靡遗，了如指掌"的境界。Michael 除了审校本书与终端和伪终端相关的章节以外，还针对进程组、会话以及任务控制等章节反馈了极为有益的意见。

- **Manfred Spraul** 曾从事过 Linux 内核中（包括但不限于）IPC 的开发工作，不吝审校了本书与 IPC 相关的若干章节，并提出了许多改进意见。

- **Tom Swigg**，作者在 DEC 从事培训工作时曾与他共事，作为本书最早的技术审校者之一，他对许多章节都反馈了极其重要的意见。Tom 从事软件工程师和 IT 培训师的工作已逾 25 年，目前就职于伦敦南岸大学（London South Bank University），在 Vmware 环境下从事 Linux 编程和技术支持工作。

- **Jens Thoms Törring** 继承了物理学家改学编程的优良传统，大批开源的设备驱动程序和其他软件都出自他手。Jens 审校的章节之多，在技术方面跨度之大，着实令人瞠目，他对各章内容的改进都提出了独特而又弥足珍贵的见解。

还有许多其他技术审稿人也审校了本书的不同内容，并提出了诸多宝贵意见。在此，作者向以下一干技术审稿人表示感谢（以姓氏字母顺序排列）：George Anzinger（MontaVista Software）、Stefan Becher、Krzysztof Benedyczak、Daniel Brahneborg、Andries Brouwer、Annabel Church、Dragan Cvetkovic、Floyd L. Davidson、Stuart Davidson（Hewlett-Packard Consulting）、Kasper Dupont、Peter Fellinger（jambit GmbH）、Mel Gorman（IBM）、Niels Göllesch、Claus Gratzl、Serge Hallyn（IBM）、Markus Hartinger（jambit GmbH）、Richard Henderson（Red Hat）、Andrew Josey（The Open Group）、Dan Kegel（Google）、Davide Libenzi、Robert Love（Google）、

H.J. Lu（Intel Corporation）、Paul Marshall、Chris Mason、Michael Matz（SUSE）、Trond Myklebust、James Peach、Mark Phillips（Automated Test Systems）、Nick Piggin（Novell SUSE 实验室）、Kay Johannes Potthoff、Florian Rampp、Stephen Rothwell（IBM Linux 技术中心）、Markus Schwaiger、Stephen Tweedie（Red Hat）、Britta Vargas、Chris Wright、Michal Wronski 以及 Umberto Zamuner。

　　除了技术审稿人之外，作者还得到了各界人士及组织在其他方面的帮助。

　　我要感谢以下人等为我解答技术难题，他们是：Jan Kara、Dave Kleikamp 和 Jon Snader。我要感谢 Claus Gratzl 和 Paul Marshall 在系统管理方面对我的帮助。

　　我要感谢 Linux 基金会（LF）。2008 年间，LF 资助我作为一名全职研究人员参与 man-pages 项目，并从事 Linux 编程接口的测试和设计评审工作。虽然 LF 全职研究员的身份不能为本书的写作提供直接的资金支持，但却使作者得以养家糊口，这一助力本意在于令我全身心投入对 Linux 编程接口的测试以及对文档的编纂工作，却也惠及作者的"私活"。抛开公事不谈，我要感谢 Jim Zemlin——我在 LF 的"接口"人，还要感谢 LF 技术咨询委员会的一干专家，感谢他们对我的聘任。

感谢 Alejandro Forero Cuervo 对本书书名的建议！

　　25 年前，在我为第一个学位拼搏之时，Robert Biddle 激起了我对 UNIX、C 以及 Ratfor 的兴趣，谢谢你，老兄。虽然以下诸君与本书并无直接干系，但当我在新西兰坎特伯雷大学攻读第二学位时，他们就鼓励我在写作道路上坚持下去，在此，我要向他们表示感谢，他们是 Michael Howard、Jonathan Mane-Wheoki、Ken Strongman、Garth Fletcher、Jim Pollard，以及 Brian Haig。

　　由 Richard Stevens 所著的几部关于 UNIX 编程和 TCP/IP 方面的杰作，数年来一直被我辈程序员奉为圭臬，只可惜先贤已逝。凡是读过上述书籍的读者势必会注意到，本书与 Richard Stevens 的那几本巨著看起来有些相似。这并非偶然。在构思本书时，作者曾从较为宏观的角度就书籍设计反复斟酌，可最终发现 Richard Stevens 所采用的方法才是正解，正因如此，本书采用了与其相同的展示方式。

　　感谢下列人士和组织为我提供 UNIX 系统，使我得以运行测试程序，并验证其他 UNIX 实现的细节，感谢 Anthony Robins 和 Cathy Chandra 在新西兰 Otago 大学所提供的多种 UNIX 测试系统，感谢 Martin Landers、Ralf Ebner 和 Klaus Tilk 在德国慕尼黑技术大学（Technische Universität）所提供的多种 UNIX 测试系统，感谢 HP 公司在 Internet 上免费开放他们的 testdrive 系统，感谢 Paul de Weerd 使我得以访问 OpenBSD 系统。

　　要衷心感谢两家慕尼黑公司及其老板，这两家公司除了为我提供了工作机会（还是弹性工作制）和热情的同事，还格外开恩，允许我在写作本书时使用他们的办公室。感谢 exolution 有限公司的 Thomas Kahabka 和 Thomas Gmelch，特别要感谢 jambit 有限公司的 Peter Fellinger 和 Markus Hartinger。

　　感谢下列人士对我提供的各种帮助，他们是 Dan Randow、Karen Korrel、Claudio Scalmazzi、Michael Schüpbach 和 Liz Wright。感谢 Rob Suisted 和 Lynley Cook 为封面和封底所提供的照片。

　　感谢下列人士以不同方式给作者以鼓励和支持，他们是 Deborah Church、Doris Church 和 Annie Currie。

　　感谢 No Starch 出版社大队人马为这一庞大创作项目所提供的各种帮助。Bill Pollock 从项目之初就一直秉持直言不讳的风格，始终对本书的完成充满信心，并耐心地关注着项目的进展，我要对他表示感谢。感谢本书最初的责任编辑 Megan Dunchak。感谢本书的文字编辑

Marilyn Smith，无论我如何殚精竭虑以求文字的清晰与一致，此君总能从鸡蛋里挑出骨头。本书的版面和设计由 Riley Hoffman 全面负责，在"上了同一条船"后又挑起了制作编辑的重担。Riley 总是不厌其烦地满足我的请求，以求本书的排版无误——最终结果堪称完美。谢谢你。

现在，我才体味出下面这句老话的真正含义：一人写作，全家受累。感谢 Britta 和 Cecilia 对我的支持，感谢你们能容忍我因写作本书而长时间地不着家。

许可

承蒙 IEEE（美国电气电子工程师学会）和 The Open Group 惠允，本书得以引用 IEEE Std 1003.1，2004 版以及 The Open Group 基础规范第 6 号（Issue 6）中 POSIX（可移植性操作系统接口）——信息技术标准的部分文字。可通过 http://www.unix.org/version3/online. html 在线查阅规范的完整版本。

Web 站点和程序示例的源码

读者可在 http://man7.org/tlpi 上找到更多有关本书的信息，包括本书的勘误表和程序示例源码。

反馈

欢迎读者提供 BUG 报告、对代码的改进建议，以及为进一步提高代码可移植性而提出的修订意见。同样欢迎读者提供针对本书内容的缺陷报告和改进叙述方式的一般性建议。当前的勘误列表可参见 http://man7.org/tlpi/errata/。由于 Linux 编程接口变化无常、且变更有时极为频繁，仅凭作者一己之力很难"与时俱进"，因此读者就全新或已变更的 Linux 编程接口特性所提供的反馈信息，作者也将乐于收到，并会纳入本书的下一版中。

Michael Timothy Kerrisk
于德国慕尼黑和新西兰克赖斯特彻奇
2010 年 8 月
mtk@man7.org

目　　录

第 1 章

历史和标准

Linux 是 UNIX 操作系统家族中的一员。就计算机的发展而言，UNIX 历史悠久。本章的第一部分会简要介绍 UNIX 的历史——以对 UNIX 系统和 C 编程语言起源的回顾拉开序幕，接着会述及成就今日 Linux 系统的两大关键因素：GNU 项目和 Linux 内核的开发。

UNIX 系统最引人关注的特征之一，是其开发不受控于某一厂商或组织。相反，许多团体——既有商业团体，也有非商业团体——都曾为 UNIX 的演进做出过贡献。这一渊源使 UNIX 集多种开创性的特性于一身，但同时也带来了负面影响——随着时间的推移，UNIX 的实现渐趋分裂。因此，要编写出能够运行于所有 UNIX 实现之上的应用程序愈发困难。这又导致了人们对 UNIX 实现的标准化呼声越来越高，本章的第二部分将讨论这一问题。

对 UNIX 的定义通常有两种。其一是指通过 SUS 所规范的官方一致性测试，且由 OPEN GROUP（UNIX 商标的持有者）正式授权冠以"UNIX"的操作系统。在写作本书之际，尚无开源的 UNIX 实现（比如，Linux 和 FreeBSD）获得了"UNIX"冠名。

在第二种定义中，UNIX 是指那种运作方式类似于经典 UNIX 系统（比如，最初的 Bell 实验室 UNIX 系统，及其后来的主要分支 System V 和 BSD）的操作系统。根据这一定义，一般将 Linux 视为 UNIX 系统（如同现代 BSD 系统一样）。尽管本书会密切关注 SUS，但也会遵循对 UNIX 的第二种定义，因此诸如"Linux，像其他 UNIX 实现一样……"这样的说法，会在书中频繁出现。

1.1 UNIX 和 C 语言简史

1969 年，在 AT&T 电话公司下辖的 bell 实验室中，Ken Thompson 开发出了首个 UNIX 实现。该实现是使用 Digital PDP-7 小型机的汇编语言开发而成的。其名称 UNIX 是"MULTICS（多信息及计算服务，Multiplexed Information and Computing Service）"一词的双关语，而 MULTICS 之名则出自一个早期的操作系统开发项目，该项目由 AT&T、MIT（麻省理工学院）以及通用电器公司联合开发。（因为未能开发出一款经济实用的操作系统，该项目首战失利。沮丧之余，AT&T 随即退出这一项目中。）Thompson 设计新操作系统的某些灵感正源于

MULTICS，其中包括：树形结构的文件系统、设立单独的程序用于解释命令（shell），以及将文件作为无结构字节流看待的概念。

1970 年，AT&T 的工程师们又在刚购进的 Digital PDP-11 小型机上，以汇编语言重写了 UNIX，当时，Digital PDP-11 算得上是最新颖、功能也最为强劲的计算机了。从大多数 UNIX 实现（包括 Linux）沿用至今的各种名称上，仍能发现这一 PDP-11 实现所残留的历史遗迹。

未过多久，Dennis Ritchie（Thompson 在 bell 实验室的同事，UNIX 开发的早期合作者）设计并实现出了 C 编程语言。这里有一个演变过程：C 语言传承自早期的解释型语言——B 语言；B 语言最初由 Thompson 实现，但其所包含的许多理念却来自于更早期的编程语言——BCPL。到了 1973 年，C 语言步入了成熟期，人们能够使用这一新语言重写几乎整个 UNIX 内核。UNIX 因此也一变而为最早以高级语言开发而成的操作系统之一，这也促成了 UNIX 系统后续向其他硬件架构的移植。

从 C 语言的起源不难看出为什么 C 语言及其"后裔"C++是当今使用最为广泛的系统编程语言。早期流行的编程语言其设计初衷并不在于此，例如：FORTRAN 语言意在帮助工程师和科研工作者们进行数学计算，COBOL 语言则是在商业系统中用来处理面向记录的数据流。C 语言的出现，填补了当时系统编程方面的语言空白。与 FORTRAN 和 COBOL 不同（这两种编程语言均由大型组织设计开发），C 语言的设计理念和设计需求出自于几位程序员的构思，他们的目标很单纯：为实现 UNIX 内核及其相关软件而开发一种高层语言。像 UNIX 操作系统本身一样，C 语言由专业程序员设计而为己用。其最终结果堪称完美：C 语言的设计前后连贯，且支持模块化设计，成为短小精干、高效实用、功能强大的编程语言。

UNIX 的第一版到第六版

1969～1979 年间，UNIX 历经了多次发布，也称为版本（edition）。实质上，这些发布是 AT&T 对 UNIX 进行演进开发时的一系列版本快照。[Salus, 1994]记录了 UNIX 前六版的发布日期，如下所列。

- 1971 年 11 月发布的第一版：当时，UNIX 还运行在 PDP-11 上，但已附带了 FORTRAN 编译器，许多被沿用至今的程序都已有了雏形，这包括：ar、cat、chmod、chown、cp、dc、ed、find、ln、ls、mail、mkdir、mv、rm、sh、su 以及 who。
- 1972 年 6 月发布的第二版：当时，AT&T 内有 10 台计算机安装了 UNIX。
- 1973 年 2 月发布的第三版：该版本包括了 C 编译器，以及管道的首个实现。
- 1973 年 11 月发布的第四版：这也是几乎完全以 C 语言重写的首个 UNIX 版本。
- 1974 年 6 月发布的第五版：当时，UNIX 的装机数已经超过了 50 台。
- 1975 年 3 月发布的第六版：这也是在 AT&T 之外广泛使用的首个 UNIX 版本。

在此期间，UNIX 使用范围从 AT&T 自内而外逐步扩展，声名也随之远播。读者甚众的《ACM 通信》杂志刊载了一篇关于 UNIX 的论文（[Ritchie & Thompson, 1974]），这对 UNIX 知名度的提升功莫大焉。

当时，在美国政府的授权下，AT&T 垄断着全美电信市场。AT&T 与美国政府达成的协议条款禁止 AT&T 涉足软件销售行业——这意味着，AT&T 不能将 UNIX 作为产品销售。相反，从 1974 年的 UNIX 第五版开始，AT&T 准许高校在支付象征性的发布费用后使用 UNIX 系统——这一现象尤以第六版为烈。UNIX 系统的高校发布版包括了相关文档及内核源码（当时，内核源码约为 10 000 行左右）。

AT&T 对高校发布的 UNIX 极大促进了这一操作系统的普及和使用。时至 1977 年，UNIX 已经在约 500 个站点中运行，其中包括了全美及其他国家的 125 所大学。当时的商业操作系统非常昂贵，UNIX 则为高校提供了一种交互式多用户操作系统，可谓物美价廉。此外，各校的计算机系还籍此获得了"鲜活"的操作系统源码，可以对源码进行修改，还可供学生们学习、实验之用。一些以 UNIX 知识为武装的学生后来成为 UNIX "传教士"。另外一些学生则组建或加盟了大量新兴公司，其业务主要是销售廉价的计算机工作站，而运行于其上的正是易于移植的 UNIX 操作系统。

BSD 和 System V 的诞生

发布于 1979 年 1 月的 UNIX 第七版改善了系统的可靠性，配备了增强型的文件系统。该版本还附带了不少新的工具软件，其中包括：awk、make、sed、tar、uucp、Bourne shell 以及 FORTRAN 77 编译器。第七版 UNIX 发布的重要意义还在于，从该版本起，UNIX 分裂为了两大分支：BSD 和 System V。接下来会简要描述二者的由来。

受母校加州大学伯克利分校之邀，Thompson 于 1975/1976 学年曾担任该校的客座教授。在此期间，他与研究生们一起为 UNIX 开发了许多新特性。（他的学生之一，Bill Joy，后来与人共同组建了 SUN 微系统公司——一家最早涉足 UNIX 工作站市场的公司。）光阴荏苒，许多 UNIX 的新工具和新特性又陆续在伯克利分校问世，这包括：C shell、vi 编辑器、一种改进型的文件系统（伯克利快速文件系统）、sendmail、Pascal 语言编译器，以及用于新型 Digital VAX 架构的虚拟内存管理机制。

这一命名为 BSD（伯克利软件发布，Berkeley Software Distribution）的 UNIX 版本（包括源码在内）分发颇广。1979 年 12 月，诞生了首个完整的 UNIX 发布版 3BSD。（之前发布的 Berkeley-BSD 和 2BSD 并非完整的 UNIX 发布版，仅含由伯克利分校开发的新工具。）

1983 年，加州大学伯克利分校的计算机系统研究组（Computer Systems Research Group）发布了 4.2BSD。该版本的发布意义深远，因为其包含了完整的 TCP/IP 实现，其中包括套接字应用编程接口（API）以及各种网络工具。4.2BSD 及其前身 4.1BSD 在世界上多所大学开始广为流传。以这两者为基础，还形成了 SunOS 操作系统（首发于 1983 年）——这一由 SUN 公司销售的 UNIX 变种。其他重要的 BSD 版本还有发布于 1986 年的 4.3BSD，以及发布于 1993 年的最终版本 4.4BSD。

> 首批 UNIX 向非 PDP-11 硬件机型的移植发生在 1977 年和 1978 年，当时，Dennis Ritchie 和 Steve Johnson 将 UNIX 移植到了 Interdata 8/32 上，与此同时，澳大利亚 Wollongong 大学的 Richard Miller 也将其移植到了 Interdata 7/32 上。伯克利分校针对 Digital Vax 架构的移植——也称为 32V，则基于 John Reiser 和 Tom Lodon 较早前（1978 年）的工作成果。该移植本质上与 PDP-11 上的 UNIX 第七版相同，只是支持的地址空间更大、数据类型更宽罢了。

与此同时，美国的反托拉斯法案强制对 AT&T 进行拆分（于 20 世纪 70 年代中期开始立案，到 1982 年 AT&T 正式解体）。随着其在电话系统市场垄断地位的丧失，AT&T 也因而获准销售 UNIX。这也催生了 1981 年 System III（3）的发布。System III 由 AT&T 所属的 UNIX 支撑团队（UNIX Support Group，USG）研发，该团队雇佣了数以百计的研发人员来从事 UNIX 系统的增强以及应用开发（尤其针对文档预备软件包和软件开发工具）。1983 年，System V 的首个发布版又接踵而至，在经过一系列发布后，USG 最终于 1989 年推出了 System V Release 4（SVR4），此时的 System V 纳入了 BSD 的诸多特性，包含联网能力。AT&T 将 System V 授权给不同厂商，这些厂商又将其作为自身 UNIX 实现的基础。

因此，除了遍布于学术界的各种 BSD 发布版外，到 20 世纪 80 年代末，商业性质的 UNIX 实现在各种硬件架构上都有了广泛应用。这包括：SUN 公司的 SunOS，以及后来的 Solaris；Digital 公司的 Ultrix 和 OSF/1（在历经一系列更名和收购后，现称为 HP Tru64 UNIX）；IBM

公司的 AIX；HP 公司的 HP-UX；NeXT 公司的 NeXTStep；在 Apple Macintosh 机上的 A/UX；以及 Microsoft 和 SCO 公司联合为 Intel x86-32 架构开发的 XENIX。（贯穿本书，我们将 x86-32 架构上的 Linux 实现称为 Linux/x86-32。）这一局面与当时典型的专有硬件搭配专有操作系统的模式形成了鲜明对照，那时，每个厂商只生产一种或至多几种专有的计算机芯片架构，然后再销售运行于该硬件架构之上的专有操作系统。大多数厂商系统的这种专有性，意味着消费者只能在一棵树上"吊死"。转换到另一专有操作系统和硬件平台，其代价十分高昂，不但需要移植现有应用，还需要对操作人员进行重新培训。从商业角度来看，考虑到上述因素，加之各厂商纷纷推出了廉价的单用户 UNIX 工作站，具备可移植性的 UNIX 系统魅力逐渐开始"凸显"。

1.2 Linux 简史

术语 Linux 通常用来指代完整的类 UNIX（UNIX-like）操作系统，Linux 内核只是其中的一部分。这么定义多少有些措辞不当，因为一般商业 Linux 发布版中所含的诸多关键组件实际上发源于另一项目，早在 Linux 问世前几年就已经启动了。

1.2.1 GNU 项目

1984 年，Richard Stallman——一位天赋异禀的程序员，此前一直供职于 MIT——开始着手创建一个"自由的（free）"UNIX 实现。Stallman 的观点属于道德层面，而对"free"一词的定义则属于法律范畴而非经济范畴（请参见 http://www.gnu.org/philosophy/free-sw.html）。然而，Stallman 所描述的这一法律意义上的"自由（freedom）"却蕴含着言外之意：应可免费或以低价获得诸如操作系统之类的软件。

对于那些在专有操作系统上强加限制条款的计算机厂商来说，Stallman 的这一举动无疑妨害了他们。所谓的限制条款是指：在一般情况下，计算机软件的消费者不但无权阅读自己所购软件的源码，而且还不能复制、更改及重新发行所购软件。Stallman 指出，在这种体制之下，只会造成程序员之间勾心斗角、敝帚自珍的局面，无法实现工作协同和成果共享。

与之针锋相对，为开发出一套完整而又可自由获取，包含内核以及所有相关软件包的类 UNIX 系统，Stallman 发起了 GNU 项目（"GNU's not UNIX"的递归缩写形式），并积极邀请有志之士加盟。1985 年，Stallman 创立了非盈利机构——自由软件基金会（FSF），以支持 GNU 项目和广义意义上的自由软件开发。

> GNU 项目启动之时，BSD 还不具备 Stallman 所指的那种"free"属性。使用 BSD 不但仍需获得 AT&T 的许可，而且用户不得随意修改并重新发行 BSD 中 AT&T 拥有产权的代码部分。

GNU 项目的重要成果之一是制定了 GNU GPL（通用公共许可协议），这也是 Stallman 倡导的自由（free）软件概念在法律上的体现。Linux 发布版中的大多数软件，包括 Linux 内核，都是以 GPL 或与之类似的许可协议发布的。以 GPL 许可协议发布的软件不但必须开放源码，而且应能在 GPL 条款的约束下自由对其进行重新发布。可以不受限制的修改以 GPL 许可协议发布的软件，但任何经修改后发布的软件仍需遵守 GPL 条款。若经过修改的软件以二进制（可执行）形式发布，那么软件的修改者必需满足软件使用者的以下要求：以不高于发行成本的价格，获得修改后的软件源码。GPL 的第一版发布于 1989 年。当前的许可协议版本为 2007 年发布的第三版。此许可协议的第二版于 1991 年发布，至今仍在广泛使用，Linux 内核就是以该版许可协议发布的。（对各种自由软件许可协议的讨论可见诸于[St. Laurent, 2004]和[Rosen, 2005]。）

最初，GNU 项目未能开发出能够有效运作的 UNIX 内核，但却开发了大量其他程序。由于这些程序全都针对类 UNIX 系统而设计，因此（理论上）均有可能在现有的 UNIX 实现上运行（实际情况也的确如此），更有甚者，有时还被移植到了其他操作系统上。Emacs 文本编辑器、GCC（原名为 GNU C 编译器，现更名为 GNU 编译器集合，集 C、C++，以及其他编程语言的编译器于一身）、bash shell 以及 glibc（GNU C 语言库）便是 GNU 项目结出的硕果。

到了 20 世纪 90 年代早期，GNU 项目已经开发出了一套几乎完整的操作系统，除了还缺少其中最重要的一环：能够有效运转的 UNIX 内核。于是，GNU 项目以 Mach 微内核为基础，发起了一项雄心勃勃的内核设计计划，史称 GNU/HURD 计划。然而，时至今日，HURD 的发布还遥遥无期（写作本书之际，HURD 的研发尚在进行中，该内核目前只能运行于 x86-32 架构之上）。

> 在构成通常所说的"Linux 系统"的程序代码中，由于有相当一部分都源自 GNU 项目，因此 Stallman 更愿意用"GNU/Linux"一词来称呼整个系统。这一称谓问题（Linux Vs. GNU/Linux）也在自由软件社区中引发了一些口舌之争。因为本书主要关注 Linux 内核的 API，故而通常会采用术语"Linux"。

万事具备，独缺内核。只要再拥有一个能够有效运作的内核，就能使 GNU 项目开发出的 UNIX 系统"功德圆满"。

1.2.2 Linux 内核

1991 年，Linus Torvalds，一位芬兰赫尔辛基大学的学生，在外界的激励下为自己的 Intel 80386 PC 开发了一个操作系统。在一门学习课程中，Torvalds 开始接触 Minix——由荷兰大学教授 Andrew Tanenbaum 于 20 世纪 80 年代中期开发的一款小型、类 UNIX 的操作系统内核。Tanenbaum 将 Minix 连同源码完全开放，作为大学操作系统设计课程的教学工具。人们可以在 386 系统上构建并运行 Minix 内核。当然，正因为其主要用于教学，Minix 在设计上几乎独立于硬件架构，故而也未对 386 处理器的能力充分加以利用。

因此，为了开发出一个高效而又功能齐备的 UNIX 内核，Torvalds 开始"自力更生"。数月之后，Torvalds 开发出一个内核"雏形"，可以编译并运行各种 GNU 程序。随之，于 1991 年 10 月 5 日，为求得其他程序员的帮助，Torvalds 在 Usenet 新闻组 comp.os.minix 上就其内核 0.02 版发表了如下申明，如今已被广为引用。

> 还在念叨 minix1.1 的好日子——人人都能给自个儿写设备驱动，不用看别人的脸色？手头没有称心的项目？是不是特想有一个操作系统，能依着自个的想法来回折腾，还能长见识？瞧瞧 minix 上面跑的那些玩意吧，是不是挺没劲？不想再为调个酷毙了的程序，一宿一宿熬个没完？真这样，那我可找对人了。一个月前在帖子里就提过，我正在写一个操作系统，在 AT-386 上面跑，免费的，挺像 minix。现在总算到了这份上，凑合能用（当然，这得看您想干吗）。现在，我愿意公布系统的源码，请大家多瞅瞅，多用用。系统版本只是 0.02，不过 bash、gcc、gnu-make、gnu-sed 还有 compress 等等倒是都跑通了。

为了传承 UNIX 历史悠久的光荣传统，在为 UNIX 系统克隆命名时，总以字母"X"结尾，故而，人们最终将这一内核命名为 Linux。最初，Linux 的使用许可协议要严格得多，但 Torvalds 很快就将其归于 GNU GPL 阵营。

Torvalds 做到了一呼百应。其他程序员与 Torvalds 一起加入到 Linux 的开发行列，添加了很多新特性，诸如：改进型的文件系统、对网络的支持、设备驱动程序以及对多处理器的支持等。到了 1994 年 3 月，开发者们发布了 Linux 1.0 版本。随之，Linux 1.2 发布于 1995 年 3 月，Linux 2.0 发布于 1996 年 6 月，Linux 2.2 发布于 1999 年 1 月，Linux 2.4 发布于 2001 年 1 月。对内核 2.5 版本的开发始于 2001 年 11 月，并最终于 2003 年 12 月发布了 Linux 内核 2.6。

题外话：BSD

值得一提的是，20 世纪 90 年代初，另一种可以免费获得的 UNIX 也能在 x86-32 硬件架构上运行。Bill 和 Lynne Jolitz 将业已成熟的 BSD 系统移植到 32 位的 x86 cpu 上，命名为 386/bsd。这项移植工作基于 BSD Net/2（发布于 1991 年 6 月），即 4.3BSD 源码的版本之一，该版本中残存的所有 AT&T 专有源码要么被全部替换，要么予以删除——主要针对 6 个无法轻易更换的源码文件而言。Jolitzes 夫妇将 Net/2 代码移植到了 x86-32 硬件架构，重写了缺失的源码，并于 1992 年 2 月发布了 386/BSD 的首个版本（0.0 版本）。

在初战告捷后，对 386/BSD 的开发工作便出于各种原因而停滞不前。面对日渐积压的大量补丁程序，另外两组开发团队相机而动，基于 386/BSD 分别创建了自己的版本：NetBSD 和 FreeBSD。前者侧重于对大量硬件平台的可移植性；后者则主要关注性能，并成为如今应用最为广泛的 BSD。1993 年 4 月，NetBSD 首版（版本号为 0.8）发布。FreeBSD 的首个 CD-ROM 版本（版本号为 1.0）则发布于 1993 年 12 月。1996 年，OpenBSD 在从 NetBSD 项目分离出去之后，也发布了最初版本（版本号 2.0）。相比较而言，OpenBSD 偏重于安全性。2003 年中段，在与 FreeBSD 4.x 分道扬镳之后，一款新型 BSD——DragonFly BSD 又浮出水面。DragonFly BSD 采用的设计方法与 FreeBSD 5.x 有所不同，能够支持对称多处理器（SMP）架构。

若是不提及 20 世纪 90 年代初 UNIX System Laboratories（USL，派生自 AT&T 的子公司，专门从事 UNIX 的开发和销售）和 Berkeley 之间的那场官司，那么对 BSD 的介绍恐怕就算不得完整。1992 年初，Berkeley Software Design, Incorporated 公司（BSDi，如今隶属于 Wind River 公司）开始发行受商业支持的 BSD UNIX——BSD/OS——以 Net/2 发布版以及 Jolitze 夫妇所开发的 386/BSD 特性为基础。BSDi 的发布版包含二进制和源代码，售价 995 美元，此外，BSDi 还建议潜在客户使用其电话号码 1-800-ITS-UNIX。

1992 年 4 月，USL 对 BSDi 发起诉讼，诉状称 BSDi 售出产品中含有 USL 专有源码及商业机密，要求其停止销售。此外，诉状还指称 BSDi 的电话号码容易误导消费者，要求 BSDi 停止使用。这场诉讼愈演愈烈，最终还加入了对加州大学的索赔请求。法院最终驳回了 USL 几乎所有的诉讼请求，仅对其中的两项请求予以支持。随后，加州大学又针对 USL 发起发诉，诉称：USL 没有为 System V 中使用的 BSD 代码支付费用。

这场诉讼悬而未决之际，USL 已被 Novell 收购，Novell 时任 CEO——Ray Noorda 公开声称：较之于法庭辩论，自己的公司更愿意参与市场竞争。双方最终于 1994 年 1 月达成庭外和解。在删除 Net/2 release 源码 18000 个文件中的 3 个文件，对若干其他文件做出细微改动，并为其他大约 70 个文件添加 USL 版权注意事项后，加州大学仍可继续自由发布 BSD。1994 年 6 月，经过修改的系统以 4.4BSD-Lite 之名发布（1995 年 6 月，加州大学发布了最后一版 4.4BSD-Lite，版本号为 Release 2）。此时，根据和解条款，BSDi、FreeBSD 以及 NetBSD 纷纷以经过修改的 4.4BSD-Lite 源码替换了各自的 Net/2 基础源码。据[McKusick et al., 1996] 一书记述，尽管这在一定程度上延误了 BSD 衍生系统的开发，但也有其积极意义。加州大学计算机研究组（Computer Systems Research Group）自 Net/2 发布后 3 年的开发成果，被重新同步到上述系统中。

Linux 内核版本号

与大多自由软件项目一样，Linux 也遵循及早、经常的发布模式，因而对内核的修订会频繁出现（有时甚至是每天都有）。随着 Linux 用户群的激增，对这一发布模式有所调整，意在降低对现有用户的干扰。具体来说，在 Linux1.0 版本之后，内核开发者针对每次发布所采用的内核版本编号方案为 x.y.z。x 表示主版本号，y 为附属于主版本号的次版本号，z 是从属于次版本号的修订版本号（细微的改进和 BUG 修复）。

采用这一发布模式，内核的两个版本会一直处于开发之中。一个是用于生产系统的稳定（stable）分支，其次版本号为偶数；另一个是经常变动的开发（development）分支，其次版本号为奇数（当前稳定版次版本号+1）。指导思想是（在实践中并未严格执行）应将所有新特性添加到内核当前的开发分支系列中，而对内核稳定分支系列的修订应严格限定为细微的改进和 bug 修复。当开发者认为当前的开发分支已宜于发布时，会将该开发分支转换成新的稳定分支，并为其分配一个偶数的次版本号。例如，内核开发分支 2.3.z 会"进化"为内核稳定分支 2.4。

随着 2.6 内核的发布，内核开发模式再次发生改变。稳定内核版本之间发布间隔过长，因而导致诸多问题和不便，这是内核开发模型改变的主要原因（从 Linux 2.4.0 到 2.6.0 的发布历时近 3 年）。虽然还会就该模型的微调定期开展讨论，但基本细节已经确定如下。

- 不再有稳定内核和开发内核的概念。每个新的 2.6.z 发布版都可以包含新特性，其生命周期始于对新特性的追加，然后历经一系列候选发布版本让新特性稳定下来。当开发者认为某个候选版本足够稳定时，便可将其作为内核 2.6.z 发布。一般情况下，发布周期约为 3 个月。

- 有时，也可能需要为某个稳定的 2.6.z 发布版打上些小补丁程序，以修复 bug 或安全问题。如果这样的修复工作具有足够高的优先级，并且补丁程序的正确性也"毋庸置疑"，那么无需等待下一个 2.6.z 发布版，可以直接应用补丁创建一个版本号形如 2.6.z.r 的发布版本，其中，r 作为该 2.6.z 内核版本的次修订版序号。

- 额外责任将转嫁给 Linux 发行厂商，由他们来确保随 Linux 发行版一同发行内核的稳定性。

本书后续各章有时会提及 API 发生特定变化（比如，新增了系统调用或者系统调用发生变化时）的相应内核版本。在 2.6.z 系列之前，虽然大多数内核变化都见诸于具有奇数版本号的开发分支，但本书通常所指的是那些变化初次出现的稳定内核版本，这是因为大多数应用开发者一般都会使用稳定版的内核，而非开发版本。很多情况下，手册页会注明某一具体特性出现或发生变化时开发版内核的确切版本号。

对 2.6.z 系列内核所发生的改变，本书会注明确切的内核版本号。当书中言及 2.6 版本内核的新特性，且版本号又不带"z"这一修订版本号时，意指该特性是在 2.5 开发版内核中实现，并首度出现于稳定内核版本 2.6.0。

> 写作本书之际，Linux 内核 2.4 的稳定版尚处于维护期，维护者们仍在将关键性的补丁和缺陷修正合并起来，定期发布新的修订版。这使得已安装系统能继续使用 2.4 内核，而不必非要升级到新的内核系列（有时候，升级起来并不轻松）。

向其他硬件架构的移植

Linux 开发之初，主要目标是针对 Intel 80386 的高效系统实现，而非向其他处理器架构迁移的可移植性。然而，随着 Linux 的日益普及，针对其他处理器架构的移植版本开始出现，首先就是向 Digital Alpha 芯片的移植。Linux 所支持的硬件架构队伍在持续壮大，其中包括：x86-64、Motorola/IBM PowerPC 和 PowerPC64、Sun SPARC 和 SPARC64（UltraSPARC）、MIPS、ARM（Acorn）、IBM zSeries（formerly System/390）、Intel IA-64（Itanium，请参阅[Mosberger & Eranian, 2002]）、Hitachi SuperH、HP PA-RISC，以及 Motorola 68000。

Linux 发行版

准确说来，术语 Linux 只是指由 Linus Torvalds 和其他人所开发出的内核。可是，也常使用该术语来指代内核外加一大堆其他软件（工具和库）所构成的完整操作系统。Linux 草创之际，需要用户自行组装上述所有软件，创建文件系统，在文件系统上正确地安置并配置所有软件。用户不但要具备专业知识，还需为此耗费大量时间。如此一来，这便为 Linux 发行商们开启了市场，他们创建软件包（发行版），来自动完成大部分安装过程，其中包括了建立文件系统以及安装内核和其他所需软件等。

Linux 的发行版最早出现于 1992 年，包括 MCC Interim Linux（英国，曼彻斯特计算机中心）、TAMU（德克萨斯 A&M 大学）以及 SLS（SoftLanding Linux System）。至今健在的商业发行版 Slackware 诞生于 1993 年。几乎与此同时，也诞生了非商业的 Debian 发行版，SUSE 和 Red Hat 紧随其后。时下最流行的 Ubuntu 发行版问世于 2004 年。如今，对于那些在自由软件项目中表现活跃的程序员，许多 Linux 发行公司也会加以雇佣。

1.3　标准化

20 世纪 80 年代末，可用的 UNIX 实现层出不穷，由此也带来了种种弊端。有些 UNIX 实现基于 BSD，而另一些则基于 System V，还有一些则是对两大"流派""兼容并蓄"。更有甚者，每个厂商都在自己的 UNIX 实现中添加了额外特性。其结果是将软件及技术人员在不同 UNIX 实现间转移就变得异常困难。这一形式有力地推动了 C 语言和 UNIX 系统的标准化进程，使得应用程序能够在不同操作系统间很方便地进行移植。接下来，将介绍由此而产生的各种标准。

1.3.1　C 编程语言

20 世纪 80 年代初，C 语言问世已达 10 年之久，在大量 UNIX 系统以及其他操作系统上都有实现。各种 C 语言的实现之间存在着细微差别，这部分是由于在当时 C 语言事实上的标准——Kernighan 和 Ritchie 于 1978 年所著的 *The C Programming Language* 一书中（有时，人们将书中所记载的老式 C 语言语法称为传统 C 或 K&R C），并未就 C 语言在某些方面的运作方式进行细化。此外，借鉴于 1985 年面世的 C++语言，在不破坏现有程序的前提下，C 语言得以进一步丰富和完善，其中最知名的莫过于函数原型、结构赋值、类型限定符（const and volatile）、枚举类型以及 void 关键字。

上述因素形成了 C 语言标准化进程的强力推手，ANSI（美国国家标准委员会）C 语言标准（X3.159-1989）最终于 1989 年获批，随之于 1990 年被 ISO（国际标准化组织）所采纳（ISO/IEC 9899:1990）。这份标准在定义 C 语言语法和语义的同时，还对标准 C 语言库操作进行了描述，这包括 stdio 函数、字符串处理函数、数学函数、各种头文件等等。通常将 C 语言的这一版本称为 C89 或者（不太常见的）ISO C90，Kernighan 和 Ritchie 所著的 *The C Programming Language* 第 2 版（1988）对其有完整描述。

1999 年，ISO 又正式批准了对 C 语言标准的修订版（ISO/IEC 9899:1999，请见 http://www.

open-std.org/jtc1/sc22/wg14/www/standards）。通常将这一标准称为 C99，其中包括了对 C 语言及其标准库的一系列修改，诸如，增加了 long long 和布尔数据类型、C++ 风格的注释（//）、受限指针以及可变长数组等。写作本书之际，对 C 语言标准的进一步修订（非正式命名为 C1X）仍在进行之中，预计将于 2011 年正式获批。

C 语言标准独立于任何操作系统，换言之，C 语言并不依附于 UNIX 系统。这也意味着仅仅利用标准 C 语言库编写而成的 C 语言程序可以移植到支持 C 语言实现的任何计算机或操作系统上。

> 回顾历史，过去的 ANSI C 通常指 C89，时至今日，这一用法还时有所见。GCC 就是一例，其限定符 -ansi 意指"支持所有 ISO C90 程序"。然而，本书会避免这种用法，因为如今该术语的含义有些含糊不清。自从 ANSI 委员会批准了 C99 修订版之后，确切说来，现在的 ANSI C 应该是 C99。

1.3.2　首个 POSIX 标准

术语"POSIX（可移植操作系统接口 Portable Operating System Interface 的缩写）"是指在 IEEE（电器及电子工程师协会），确切地说是其下属的可移植应用标准委员会（PASC, http://www.pasc.org/）赞助下所开发的一系列标准。PASC 标准的目标是提升应用程序在源码级别的可移植性。

> POSIX 之名来自于 Richard Stallman 的建议。最后一个字母之所以是"X"是因为大多数 UNIX 变体之名总以"X"结尾。该标准特别注明，POSIX 应发音为"pahz-icks"，类似于"positive"。

本书会关注名为 POSIX.1 的第一个 POSIX 标准，以及后续的 POSIX.2 标准。

POSIX.1 和 POSIX.2

POSIX.1 于 1989 年成为 IEEE 标准，并在稍作修订后于 1990 年被正式采纳为 ISO 标准（ISO/IEC 9945-1:1990）。无法在线获得这一 POSIX 标准，但能从 IEEE（http://www.ieee.org/）购得。

> POSIX.1 一开始是基于一个更早期的（1984 年）非官方标准，由名为 /usr/group 的 UNIX 厂商协会制定。

符合 POSIX.1 标准的操作系统应向程序提供调用各项服务的 API，POSIX.1 文档对此作了规范。凡是提供了上述 API 的操作系统都可被认定为符合 POSIX.1 标准。

POSIX.1 基于 UNIX 系统调用和 C 语言库函数，但无需与任何特殊实现相关。这意味着任何操作系统都可以实现该接口，而不一定要是 UNIX 操作系统。实际上，在不对底层操作系统大加改动的同时，一些厂商通过添加 API 已经使自己的专有操作系统符合了 POSIX.1 标准。

对原有 POSIX.1 标准的若干扩展也同样重要。正式获批于 1993 年的 IEEE POSIX 1003.1b（POSIX.1b，原名 POSIX.4 或 POSIX 1003.4）包含了一系列对基本 POSIX 标准的实时性扩展。正式获批于 1995 年的 IEEE POSIX 1003.1c（POSIX.1c）对 POSIX 线程作了定义。1996 年，一个经过修订 POSIX.1 版本诞生，在核心内容保持不变的同时，并入了实时性和线程扩展。IEEE POSIX 1003.1g（POSIX.1g）定义了包括套接字在内的网络 API。分别获批于 1999 年和 2000 年的 IEEE POSIX 1003.1d（POSIX.1d）和 POSIX.1j 在 POSIX 基本标准的基础上，定义了附加的实时性扩展。

> POSIX.1b 实时性扩展包括文件同步、异步 I/O、进程调度、高精度时钟和定时器、采用信号量、共享内存，以及消息队列的进程间通信。这 3 种进程间通信方法的称谓前通常冠以 POSIX，以示其有别于与之类似而又较为古老的 System V 信号、共享内存以及消息队列。

POSIX.2（1992，ISO/IEC 9945-2:1993）这一与 POSIX.1 相关的标准，对 shell 和包括 C 编译器命令行接口在内的各种 UNIX 工具进行了标准化。

F151-1 和 FIPS 151-2

FIPS 是 Federal Information Processing Standard（联邦信息处理标准）的缩写，这套标准由美国政府为规范其对计算机系统的采购而制定。FIPS 151-1 于 1989 年发布。这份标准基于 1988 年的 IEEE POSIX.1 标准和 ANSI C 语言标准草案。FIPS 151-1 和 POSIX.1（1988）之间的主要差别在于：某些对后者来说是可选的特性，对于前者来说是必须的。由于美国政府是计算机系统的"大买家"，大多数计算机厂商都会确保其 UNIX 系统符合 FIPS 151-1 版本的 POSIX.1 规范。

FIPS 151-2 与 POSIX.1 的 1990 ISO 版保持一致，但在其他方面则保持不变。2000 年 2 月，已然过时的 FIPS 151-2 标准被废止。

1.3.3　X/Open 公司和 The Open Group

X/Open 公司是由多家国际计算机厂商所组成的联盟，致力于采纳和改进现有标准，以制定出一套全面而又一致的开放系统标准。该公司编纂的《X/Open 可移植性指南》是一套基于 POSIX 标准的可移植性指导丛书。这份指南的首个重要版本是 1989 年发布的第三号（XPG3），XPG4 随之于 1992 年发布。1994 年，X/Open 又对 XPG4 做了修订，从而诞生了 XPG4 版本 2，其中吸收了 1.3.7 节所述 AT&T System V 接口定义第三号中的重要内容。也将这一修订版称为 Spec 1170，而 1170 是指标准中所定义的接口（函数、头文件及命令）数量。

1993 年初，Novell 从 AT&T 收购了 UNIX 系统的相关业务，又在稍后放弃了这项业务，并将 UNIX 商标权转让给了 X/Open。（这一转让计划公布于 1993 年，但法律限制将这一转让推迟到 1994 年初。）随后，X/Open 又将 XPG4 版本 2 "重新包装"为 SUS（Single UNIX Specification）（有时，也叫 SUSv1）或称之为 UNIX95。其内容包括：XPG4 版本 2，X/Open Curses 规范第 4 号版本 2，以及 X/Opena 联网服务（XNS）规范第 4 号。SUS 版本 2（SUSv2，http://www.unix.org/version2/online.html）发布于 1997 年，人们也将经过该规范认证的 UNIX 实现称为 UNIX 98。（有时，该规范也被称之为 XPG5。）

1996 年，X/Open 与开放软件基金会（OSF）合并，成立 The Open Group。如今，几乎每家与 UNIX 系统有关的公司或组织都是 The Open Group 的会员，该组织持续着对 API 标准的开发。

> OSF 是 20 世纪 80 年代末 UNIX 纷争期间成立的两家厂商联盟之一。OSF 的主要成员包括 Digital、IBM、HP、Apollo、Bull、Nixdorf 和 Siemens。OSF 成立的主要目的是为了应对由 AT&T（UNIX 的发明者）和 SUN 公司（UNIX 工作站市场的领跑者）结盟所带来的威胁。随之，AT&T、SUN 和其他公司结成了与 OSF 对抗的 UNIX International 联盟。

1.3.4　SUSv3 和 POSIX.1-2001

始于 1999 年，出于修订并加强 POSIX 标准和 SUS 规范的目的，IEEE、Open 集团以及 ISO/IEC 联合技术委员会共同成立了奥斯丁公共标准修订工作组（CSRG，http://www.opengroup.org/

austin/)。（该工作组的首次会议于 1998 年 9 月在德州奥斯丁召开，这也是奥斯丁工作组名称的由来。）2001 年 12 月，该工作组正式批准了 POSIX 1003.1-2001，有时简称为 POSIX.1-2001（随后，又获批为 ISO 标准：ISO/IEC 9945:2002）。

POSIX 1003.1-2001 取代了 SUSv2、POSIX.1、POSIX.2 以及大批的早期 POSIX 标准。有时，人们也将该标准称为 Single Unix Specification 版本 3，本书在后续内容中将称其为 SUSv3。

SUSv3 基本规范约有 3700 页，分为以下 4 部分。

- 基本定义（XBD），包含了定义、术语、概念以及对头文件内容的规范。总计提供了 84 个头文件的规范。
- 系统接口（XSH），首先介绍了各种有用的背景信息。主要内容包含对各种函数（在特定的 UNIX 实现中，这些函数要么是作为系统调用，要么是作为库函数来实现的）的定义。总计包括了 1123 个系统接口。
- Shell 和实用工具（XCU），明确定义了 shell 和各种 UNIX 命令的行为。总共定义了 160 个实用工具的行为。
- 基本原理（XRAT），包括了与前三部分有关的描述性文字和原理说明。

此外，SUSv3 还包含了 X/Open CURSES 第 4 号版本 2（XCURSES）规范，该规范针对 curses 屏幕处理 API 定义了 372 个函数和 3 个头文件。

在 SUSv3 中共计定义了 1742 个接口。与之形成鲜明对照的是，POSIX.1-1990（连同 FIPS 151-2）定义了 199 个接口，POSIX.2-1992 定义了 130 个实用工具。

SUSv3 规范可在线获得，网址是 http://www.unix.org/version3/online.html。通过 SUSv3 认证的 UNIX 实现可被称为 UNIX 03。

自 SUSv3 获批以来，人们针对规范文本中所发现的问题进行了多次小规模的修复和改进。因此而诞生的 1 号技术勘误表并入了 2003 年发布的 SUSv3 修订版，而 2 号技术勘误表的改进成果则并入了 SUSv3 2004 修订版。

符合 POSIX、XSI 规范和 XSI 扩展

回顾历史，SUS（和 XPG）标准顺应了相应 POSIX 标准，并被组织为 POSIX 的功能超集。除了对许多额外接口作出规范外，SUS 标准还将诸多被 POSIX 视为可选的接口和行为规范作为必备项。

对于身兼 IEEE 标准和 OPEN 集团技术标准的 POSIX 1003.1-2001 来说（如前所述，POSIX 1003.1-2001 是由早期的 POSIX 和 SUS 标准合并而成），上述区别的存在方式更显微妙。该文档定义了对规范的两级符合度。

- POSIX 规范符合度，就符合该规范的 UNIX 实现所必须提供的接口定义了基线。规范允许符合度达标的 UNIX 实现提供其他可选接口。
- XSI（X/Open 系统接口[X/Open System Interface]）规范符合度，对 UNIX 实现来说，要想完全符合 XSI 规范，除了必须满足 POSIX 规范的所有规定之外，还要提供若干 POSIX 规范中的可选接口和行为。只有这一规范符合度达标，才能从 OPEN GROUP 获得 UNIX03 称号。

人们将 XSI 规范符合度达标所需的额外接口和行为统称为 XSI 扩展。这些扩展支持以下特性：线程、mmap() 和 munmap()、dlopen API、资源限制、伪终端、System V IPC、syslog API、poll() 以及登录记账。

后续各章所言及的"符合 SUSv3 规范"是指"符合 XSI 规范"。

由于 POSIX 和 SUSv3 目前由同一份文档描述，故而在文档的正文中，对于满足 SUSv3 符合度所需的额外接口和强制选项都以阴影和边注形式加以标明。

未定义和未明确定义的接口

有时，我们会称某些接口在 SUSv3 中"未定义"或"未明确定义"。

未定义的接口是指尽管偶尔会在背景和原理描述中提及，却根本未经正式标准定义过的接口。

未明确定义的接口是指标准虽然包括了该接口，但却未对其重要细节进行规范。（通常是由于现有接口的实现差异导致标准委员会成员无法达成一致性意见。）

"未定义"或"未明确定义"的接口一经使用，在不同 UNIX 实现间移植应用就很难得到保证。尽管如此，少数此类接口在不同实现下的表现又相当一致。针对这些接口，本书通常会在提及时一一指出。

LEGACY（传统）特性

书中有时会指出 SUSv3 将某个特定特性标记为 LEGACY。这一术语意味着保留此特性意在与老应用程序保持兼容，而在新应用程序中应避免使用。这也是标准对此特性的限制所在。大多数情况下，都能找到与 LEGACY 特性等效的其他 API。

1.3.5　SUSv4 和 POSIX.1-2008

2008 年，奥斯丁工作组完成了对已合并的 POSIX 和 SUS 规范的修订工作。较之于之先前版本，该标准包含了基本规范以及 XSI 扩展。人们将这一修订版本称为 SUSv4。

与 SUSv3 的变化相比，SUSv4 的变化范围不算太大。最显著的变化如下所示。

- SUSv4 为一系列函数添加了新规范。本书将会介绍以下新标准中定义的如下函数：dirfd()、fdopendir()、fexecve()、futimens()、mkdtemp()、psignal()、strsignal()以及 utimensat()。另一组与文件相关的函数，例如：openat()，参见 18.11 节，和现有函数，例如：open()，功能相同，其区别在于前者对相对路径的解释是相对于打开文件描述符的所属目录而言，而非相对于进程的当前工作目录。
- 某些在 SUSv3 中被定义为可选的函数在 SUSv4 中成为基本标准的必备部分。例如，某些原本在 SUSv3 中属于 XSI 扩展的函数，在 SUSv4 中转而隶属于基本标准。在 SUSv4 中转变为必备的函数中包括了 dlopen API（42.1 节）、实时信号 API（22.8 节）、POSIX 信号量 API（53 章）以及 POSIX 定时器 API（23.6 节）。
- SUSv4 废止了 SUSv3 中的某些函数，这包括 asctime()、ctime()、ftw()、gettimeofday()、getitimer()、setitimer()以及 siginterrupt()。
- SUSv4 删除了在 SUSv3 中被标记为作废的一些函数，这包括 gethostbyname()、gethostbyaddr()以及 vfork()。
- SUSv4 对 SUSv3 现有规范的各方面细节进行了修改。例如，对于应满足异步信号安全（async-signal-safe）的函数列表，二者内容就有所不同（见表 21-1）。

本书后文会就所论及的相关主题指出其在 SUSv4 中的变化。

1.3.6　UNIX 标准时间表

图 1-1 总结了上述各节所述及各种标准之间的关系，并按时间顺序对标准进行了排列。图

中的实线表示标准间的直接过渡，虚线则表示标准间有一定的瓜葛，这无非有两种情况：其一，一个标准被并入了另一标准；其二，一个标准依附于另一个标准。

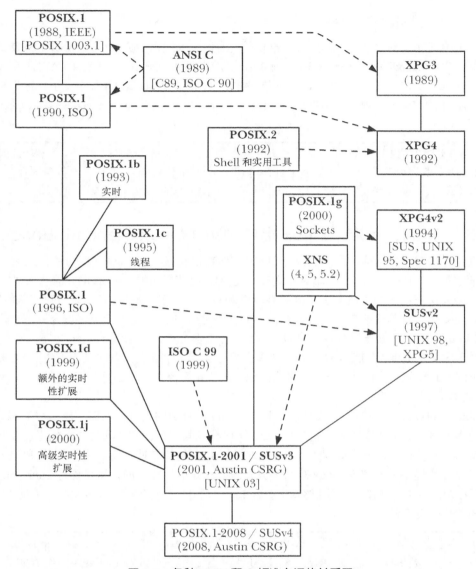

图 1-1：各种 UNIX 和 C 标准之间的关系图

在网络标准方面，情况稍微有些复杂。该领域的标准化工作始于 20 世纪 80 年代末期，成立了 POSIX 1003.12 委员会，对套接字 API、XTI（X/Open 传输接口）API（另一套基于 System V 传输层接口的网络编程 API）以及各种相关的 API 进行规范。该标准的酝酿历时数年，并于 2000 年获得了批准。其间，POSIX 1003.12 被更名为 POSIX 1003.1g。

在开发 POSIX 1003.1g 的同时，X/Open 也在开发自己的 X/Open 网络规范（XNS）。该规范的第一版 XNS 第 4 号隶属于 SUS 首版。其后继版本为 XNS 第 5 号，隶属于 SUSv2。XNS 第 5 号与当时的 POSIX.1g 草案（6.6）基本相同。紧随其后的 XNS 第 5.2 号与 XNS 第 5 号以及获批为标准的 POSIX.1g 有所不同，将 XTI API 标记为作废，并纳入了于 20 世纪 90 年代中期开发出的 IPv6。XNS 第 5.2 号构成了 SUSv3 中网络编程相关内容的基础，如今已被取代。出于类似原因，POSIX.1g 在获批后不久也退出了历史舞台。

1.3.7　实现标准

除了由独立或多边组织所制定的标准以外，有时，人们也会提到由 4.4BSD（BSD 的最终版）和 SVR4（AT&T 的 System V Release 4）所定义的两种实现标准。后者随 AT&T 所发布的 SVID（System V 定义）而正式出台。1989 年，AT&T 发布了 SVID 第 3 号，定义了自称为 System V Release 4 的 UNIX 实现所必须提供的接口。（从 http://www.sco.com/ developers/devspecs/可以下载到 SVID。）

在 BSD 和 SVR4 之间，某些系统调用和库函数的行为各不相同，因此，许多 UNIX 实现都提供了兼容函数库和条件编译工具，可仿效并非特定 UNIX 实现"本色"的任意一种 UNIX 特性（请参见 3.6.1 节）。这减轻了从另一 UNIX 实现移植应用程序的负担。

1.3.8　Linux、标准、Linux 标准规范（Linux Standard Base）

遵守各种 UNIX 标准，尤其是符合 POSIX 和 SUS 规范，是 Linux（即内核、glibc 以及工具）开发的总体目标。可是，在写作本书之际，尚无 Linux 发行版被 The Open group 授予"UNIX"商标。造成这一问题的主要原因不外乎是时间和费用。为了获得这一冠名，每个厂商的发行版都要经受规范符合度检查，每当有新的发行版诞生，还需重复执行上述检查。不过，正是由于 Linux 实际上几近于符合各种 UNIX 标准，才令其在 UNIX 市场上如此成功。

对于大多数商业 UNIX 实现来说，都是由同一家公司来开发和发布操作系统的。Linux 则有所不同，其实现与发行是分开的，多家组织——无论是商业性质还是非商业性质——都握有 Linux 的发行权。

Linus Torvalds 并不参与或支持任一特定 Linux 发行版的发行。然而，就参与 Linux 开发的其他人而言，情况更为复杂。许多从事 Linux 内核及其他自由软件项目开发的人员要么受雇于各家 Linux 发行商，要么就职于对 Linux 抱有浓厚兴趣的某些公司（诸如 IBM 和 HP）。这些公司允许其程序员为特定 Linux 项目的开发投入一定的工作时间，这虽然对 Linux 的发展方向有所影响，但还没有哪家公司能够真正左右 Linux 的开发。更何况，很多参与 Linux 和 GUN 项目的其他开发者都是义工。

写作本书之际，Torvalds 受雇成为 Linux 基金会会员（http://www.linux- foundation. org，之前的开源码发展实验室 OSDL），该基金会是一家由多个商业和非商业组织组成的非赢利性联盟，旨在推动 Linux 的成长。

由于 Linux 的发行商众多，并且内核的开发者又无法控制 Linux 发布版的内容，因此还没有诞生"标准"的商业 Linux。一般情况下，每家 Linux 发行商所提供的内核都是基于某特定时间点发布的主要内核（比如 Torvalds）版本的快照，最多不过针对其打上几个补丁。发行商普遍认为，这些补丁所提供的特性可以在一定程度上迎合商业需求，从而能够提高市场竞争力。在某些情况下，主要内核版本稍后会打上这些补丁。实际上，某些新内核特性最初正是由某个 Linux 发行商开发而成，最终被纳入主要内核版本之前，这些新特性早已随着发行商的 Linux 发布版销售了。例如，被正式纳入主线 2.4 内核版本之前，版本 3 的 Reiserfs 日志文件服务器已经随着某些 Linux 发布版销售很长时间了。

上面的论述所要说明的就是由不同 Linux 发行公司提供的系统（往往）存在（细微的）差别。这使人在一定程度上不禁想起在 UNIX 发展之初，其实现方面所存在的各种差异。为了保证不同 Linux 发布版之间的兼容性，LSB 付出了不懈的努力。为了达成上述愿望，LSB（http://www.linux-foundation.org/en/LSB）开发并推广了一套 Linux 系统标准，其主要目的是用来确保让二进制应用程序（即编译过的程序）能够在任何符合 LSB 规范的系统上运行。

> 由 LSB 所推广的二进制可移植性与 POSIX 所推广的源码可移植性可谓"一时瑜亮"。源码可移植性是指以 C 语言编写的程序可在任何符合 POSIX 规范的系统上编译并运行。而二进制可移植性则要苛刻得多，通常，只要硬件平台不一，便无法实现。二进制可移植性允许我们在某特定平台上将程序一次编译"成型"，然后，便可在任何符合 LSB 标准的 Linux 实现上运行该编译好的程序，当然，符合 LSB 标准的 Linux 实现必须运行在相同的硬件平台之上。对于在 Linux 上开发应用程序的独立软件开发商来说，二进制可移植性是其生存的基本前提。

1.4　总结

1969 年，贝尔实验室（AT&T 的一个部门）的 Ken Thompson 在 Digital PDP-7 小型机上首次实现了 UNIX 系统。对该操作系统而言，无论是理念还是其双关语的称谓都来源于早期的 MULTICS 系统。时至 1973 年，UNIX 已经被移植到了 PDP-11 小型机上，并以 C 语言对其进行了重写，C 编程语言是由贝尔实验室的 Dennis Ritchie 设计并实现的。因为法律禁止 AT&T 销售 UNIX，于是，在象征性地收取了一定的费用之后，AT&T 索性将 UNIX 系统散布进了大学。这其中便包括了源码，因为这一廉价操作系统的代码可供大学计算机系的师生研究和修改，故而这一操作系统在校园内广受欢迎。

在 UNIX 系统的开发方面，加州大学伯克利分校扮演了"关键先生"。在该校，Ken Thompson 及一干研究生又对这一操作系统进行了"精雕细琢"。到了 1979 年，这所大学发布了属于自己的 UNIX 发布版——BSD。这一发布版在学术界广为流传，并在日后成为某些商业 UNIX 实现的基石。

在此期间，随着 AT&T 不再对电信市场形成垄断，该公司被获准销售 UNIX。这也就催生出了另一种 UNIX 的变种——System V，日后，它也成为了某些商业 UNIX 实现的基石。

有两股不同的潮流引领着（GNU/）Linux 的开发。其中之一便是由 Richard Stallman 所创的 GNU 项目。20 世纪 80 年代末，GNU 项目已经开发出了一套几乎完备且可以自由分发的 UNIX 实现，但独缺一颗能够有效运作的内核。1991 年，Linus Torvalds 被 Minix 内核（由 Andrew Tanenbaum 编写）"灵魂附体"，于是便开发出了一颗能够在 Intel x86-32 架构上正常运作的内核。应 Torvalds 之邀，许多其他程序员也加入到了改进内核的行列中。随着时光的流逝，在一干程序员的不懈努力下，Linux 逐渐发展壮大，并被移植到了多种硬件架构之上。

20 世纪 80 年代末，UNIX 和 C 语言的实现"百花齐放"，所引发的可移植性问题迫使人们开展针对以上两者的标准化工作。1989 年，对 C 语言的标准化工作完成（C89 颁布），在 1999 年，对 C89 这一标准进行了修订（C99 颁布）。在操作系统接口方面，对其标准化的"第一次吃螃蟹"便催生出了 POSIX.1，1988 年和 1990 年，IEEE 和 ISO 先后将 POSIX.1 采纳为标准。20 世纪 90 年代，人们又开始酝酿一个囊括各版 SUS 在内的更为详尽的标准。2001 年，合二为一的 POSIX 1003.1-2001 和 SUSv3 标准颁布。该标准合并并扩展了先前的 POSIX 标准和各版 SUS。2008 年，人们完成了对该标准的修订（改动幅度不算太大）工作，于是，合二为一的 POSIX 1003.1-2008 和 SUSv4 标准浮出水面。

与大多数商业 UNIX 实现不同，Linux 的开发与发行可谓"风马牛不相及"。因此，并无单一的"官方"Linux 发布版。各家 Linux 发行商所提供的只是当前稳定内核的快照，最多针对其打几个补丁。LSB 开发并推广了一套 Linux 系统标准，其主要目的是用来保证二进制应用程序（即编译过的过程）在不同 Linux 发布版之间的兼容性，以便编译过的应用程序能够运行在任何符合 LSB 规范的操作系统上，但前提是操作系统所运行的硬件平台必须相同。

进阶阅读

欲知更多有关 UNIX 历史及标准的信息，请参阅[Ritchie,1984]、[McKusick et al.,1996]、[McKusick & Neville-Neil, 2005]、[Libes & Ressler,1989]、[Garfinkel et al., 2003]、[Stevens & Rago, 2005]、[Stevens, 1999]、[Quartermann & Wilhelm, 1993]、[Goodheart & Cox, 1994]以及[McKusick, 1999]。

[Salus, 1994]是一本详尽的 UNIX 编年史，本章开篇的许多内容均取自该书。[Salus, 2008]回顾了 Linux 和其他自由软件项目的简史。此外，与 UNIX 历史相关的许多细节都可以在 Ronda Hauben 所著的在线书籍 *History of UNIX* 中找到。在 http://www.dei.isep.ipp.pt/~acc/ docs/unix.html 上，可下载到该书。在 http://www.levenez.com/unix/上，刊载了一张非常详尽的、显示了各种 UNIX 实现版本变迁的时间表。

[Josey, 2004]概括了 UNIX 系统和 SUSv3 发展的历史，在指导读者如何使用 SUSv3 规范的同时，还提供了 SUSv3 所含接口的汇总表，除此之外，还给出了从 SUSv2 和 C89 升级到 SUSv3 和 C99 的迁移指南。

除了提供软件和文档之外，GNU Web 站点（http://www.gnu.org/）还刊载了许多与自由软件项目有关的哲学性文章。[Williams, 2002]是一本 Richard Stallman 的个人传记。

在[Torvalds & Diamond, 2001]中，Torvalds 提供了自己用作 Linux 开发的私人账户。

第**2**章

基 本 概 念

本章旨在向 Linux 和 UNIX "生手"们介绍一系列与 Linux 系统编程有关的概念。

2.1 操作系统的核心——内核

术语"操作系统"通常包含两种不同含义。

1. 指完整的软件包,这包括用来管理计算机资源的核心层软件,以及附带的所有标准软件工具,诸如命令行解释器、图形用户界面、文件操作工具和文本编辑器等。

2. 在更狭义的范围内,是指管理和分配计算机资源(即 CPU、RAM 和设备)的核心层软件。

术语"内核"通常是第二种含义,本书中的"操作系统"一词也是这层意思。

虽然在没有内核的情况下,计算机也能运行程序,但有了内核会极大简化其他程序的编写和使用,令程序员"功力"大进、游刃有余。这要归功于内核为管理计算机的有限资源所提供的软件层。

一般情况下,会将 Linux 内核可执行文件命名为/boot/vmlinuz 或与之类似的路径名。而文件名的来历也颇有渊源。早期的 UNIX 实现称其内核为 UNIX。在后续实现了虚拟内存机制的 UNIX 系统中,其内核名称变更为 vmunix。对 Linux 来说,文件名称中的系统名需要调整,而以"z"替换"linux"末尾的"x",意在表明内核是经过压缩的可执行文件。

内核的职责

内核所能执行的主要任务如下所示。

* 进程调度:计算机内均配备有一个或多个 CPU(中央处理单元),以执行程序指令。与其他 UNIX 系统一样,Linux 属于抢占式多任务操作系统。"多任务"意指多个进程(即运行中的程序)可同时驻留于内存,且每个进程都能获得对 CPU 的使用权。"抢占"则是指一组规则。这组规则控制着哪些进程获得对 CPU 的使用,以及每个进程能使用多长时间,这两者都由内核进程调度程序(而非进程本身)决定。

- 内存管理：以一二十年前的标准来看，如今计算机的内存容量可谓相当可观，但软件的规模也保持了相应地增长，故而物理内存（RAM）仍然属于有限资源，内核必须以公平、高效地方式在进程间共享这一资源。与大多数现代操作系统一样，Linux也采用了虚拟内存管理机制（6.4 节），这项技术主要具有以下两方面的优势。
    - 进程与进程之间、进程与内核之间彼此隔离，因此一个进程无法读取或修改内核或其他进程的内存内容。
    - 只需将进程的一部分保持在内存中，这不但降低了每个进程对内存的需求量，而且还能在 RAM 中同时加载更多的进程。这也大幅提升了如下事件的发生概率，在任一时刻，CPU 都有至少一个进程可以执行，从而使得对 CPU 资源的利用更加充分。
- 提供了文件系统：内核在磁盘之上提供有文件系统，允许对文件执行创建、获取、更新以及删除等操作。
- 创建和终止进程：内核可将新程序载入内存，为其提供运行所需的资源（比如，CPU、内存以及对文件的访问等）。这样一个运行中的程序我们称之为 "进程"。一旦进程执行完毕，内核还要确保释放其占用资源，以供后续程序重新使用。
- 对设备的访问：计算机外接设备（鼠标、键盘、磁盘和磁带驱动器等）可实现计算机与外部世界的通信，这一通信机制包括输入、输出或是两者兼而有之。内核既为程序访问设备提供了简化版的标准接口，同时还要仲裁多个进程对每一个设备的访问。
- 联网：内核以用户进程的名义收发网络消息（数据包）。该任务包括将网络数据包路由至目标系统。
- 提供系统调用应用编程接口（API）：进程可利用内核入口点（也称为系统调用）请求内核去执行各种任务。Linux 系统调用 API 是本书的主题。3.1 节会详细描述进程在执行系统调用时所经历的步骤。

除了上述特性外，一般而言，诸如 Linux 之类的多用户操作系统会为每个用户营造一种抽象：虚拟私有计算机（virtual private computer）。这就是说，每个用户都可以登录进入系统，独立操作，而与其他用户大致无干。例如，每个用户都有属于自己的磁盘存储空间（主目录）。再者，用户能够运行程序，而每一程序都能从 CPU 资源中 "分得一杯羹"，运转于自有的虚拟地址空间中。而且这些程序还能独立访问设备，并通过网络传递信息。内核负责解决（多进程）访问硬件资源时可能引发的冲突，用户和进程对此则往往一无所知。

内核态和用户态

现代处理器架构一般允许 CPU 至少在两种不同状态下运行，即：用户态和核心态（有时也称之为监管态 supervisor mode）。执行硬件指令可使 CPU 在两种状态间来回切换。与之对应，可将虚拟内存区域划分（标记）为用户空间部分或内核空间部分。在用户态下运行时，CPU 只能访问被标记为用户空间的内存，试图访问属于内核空间的内存会引发硬件异常。当运行于核心态时，CPU 既能访问用户空间内存，也能访问内核空间内存。

仅当处理器在核心态运行时，才能执行某些特定操作。这样的例子包括：执行宕机（halt）指令去关闭系统，访问内存管理硬件，以及设备 I/O 操作的初始化等。实现者们利用这一硬件设计，将操作系统置于内核空间。这确保了用户进程既不能访问内核指令和数据结构，也无法执行不利于系统运行的操作。

以进程及内核视角检视系统

在完成诸多日常编程任务时，程序员们习惯于以面向进程（process-oriented）的思维方式来考虑编程问题。然而，在研究本书后续所涵盖的各种主题时，读者有必要转换视角，站在内核的角度上来看问题。为突显二者间的差异，本书接下来会分别从进程和内核视角来检视系统。

一个运行系统通常会有多个进程并行其中。对进程来说，许多事件的发生都无法预期。执行中的进程不清楚自己对 CPU 的占用何时"到期"，系统随之又会调度哪个进程来使用 CPU（以及以何种顺序来调度），也不知道自己何时会再次获得对 CPU 的使用。信号的传递和进程间通信事件的触发由内核统一协调，对进程而言，随时可能发生。诸如此类，进程都一无所知。进程不清楚自己在 RAM 中的位置。或者换种更通用的说法，进程内存空间的某块特定部分如今到底是驻留在内存中还是被保存在交换空间（磁盘空间中的保留区域，作为计算机 RAM 的补充）里，进程本身并不知晓。与之类似，进程也闹不清自己所访问的文件"居于"磁盘驱动器的何处，只是通过名称来引用文件而已。进程的运作方式堪称"与世隔绝"——进程间彼此不能直接通信。进程本身无法创建出新进程，哪怕"自行了断"都不行。最后还有一点，进程也不能与计算机外接的输入输出设备直接通信。

相形之下，内核则是运行系统的中枢所在，对于系统的一切无所不知、无所不能，为系统上所有进程的运行提供便利。由哪个进程来接掌对 CPU 的使用，何时"接任"，"任期"多久，都由内核说了算。在内核维护的数据结构中，包含了与所有正在运行的进程有关的信息。随着进程的创建、状态发生变化或者终结，内核会及时更新这些数据结构。内核所维护的底层数据结构可将程序使用的文件名转换为磁盘的物理位置。此外，每个进程的虚拟内存与计算机物理内存及磁盘交换区之间的映射关系，也在内核维护的数据结构之列。进程间的所有通信都要通过内核提供的通信机制来完成。响应进程发出的请求，内核会创建新的进程，终结现有进程。最后，由内核（特别是设备驱动程序）来执行与输入/输出设备之间的所有直接通信，按需与用户进程交互信息。

本书后续内容中会出现如下措辞，例如："某进程可创建另一个进程"、"某进程可创建管道"、"某进程可将数据写入文件"，以及"调用 exit() 以终止某进程"。请务必牢记，以上所有动作都是由内核来居中"调停"，上面的说法不过是"某进程可以请求内核创建另一个进程"的缩略语，以此类推。

进阶阅读

涵盖操作系统概念和设计，尤其是对 UNIX 操作系统加以重点关注的现代教科书包括：[Tanenbaum, 2007]、[Tanenbaum & Woodhull,2006]以及[Vahalia, 1996]，最后一本包含了与虚拟内存架构有关的详细内容。[Goodheart & Cox, 1994]详细介绍了 System V Release 4。[Maxwell, 1999]则是有选择性地针对 Linux 2.2.5 的部分内核源码进行了注释。[Lions, 1996]对第六版 UNIX 源码进行了详尽阐释，并一直是研究 UNIX 操作系统内幕的入门级经典。[Bovet & Cesati, 2005]描述了 Linux2.6 内核的实现。

2.2 shell

shell 是一种具有特殊用途的程序，主要用于读取用户输入的命令，并执行相应的程序以响应命令。有时，人们也称之为命令解释器。

术语登录 shell（login shell）是指用户刚登录系统时，由系统创建，用以运行 shell 的进程。

尽管某些操作系统将命令解释器集成于内核中，而对 UNIX 系统而言，shell 只是一个用户进程。shell 的种类繁多，登入同一台计算机的不同用户同时可使用不同的 shell（就单个用户来说，情况也一样）。纵观 UNIX 历史，出现过以下几种重要的 shell。

- Bourne shell（sh）：这款由 Steve Bourne 编写的 shell 历史最为悠久，且应用广泛，曾是第七版 UNIX 的标配 shell。Bourne shell 包含了在其他 shell 中常见的许多特性，I/O 重定向、管道、文件名生成（通配符）、变量、环境变量处理、命令替换、后台命令执行以及函数。对于所有问世于第七版 UNIX 之后的实现而言，除了可能提供有其他 shell 之外，都附带了 Bourne shell。
- C shell（csh）：由 Bill Joy 于加州大学伯克利分校编写而成。其命名则源于该脚本语言的流控制语法与 C 语言有着许多相似之处。C shell 当时提供了若干极为实用的交互式特性，并不为 Bourne shell 所支持，这其中包括命令的历史记录、命令行编辑功能、任务控制和别名等。C shell 与 Bourne shell 并不兼容。尽管 C shell 曾是 BSD 系统标配的交互式 shell，但一般情况下，人们还是喜欢针对 Bourne shell 编写 shell 脚本（稍后介绍），以便其能够在所有 UNIX 实现上移植。
- Korn shell（ksh）：AT&T 贝尔实验室的 David Korn 编写了这款 shell，作为 Bourne shell 的"继任者"。在保持与 Bourne shell 兼容的同时，Korn shell 还吸收了那些与 C shell 相类似的交互式特性。
- Bourne again shell（bash）：这款 shell 是 GNU 项目对 Bourne shell 的重新实现。Bash 提供了与 C shell 和 Korn shel 所类似的交互式特性。Brian Fox 和 Chet Ramey 是 bash 的主要作者。bash 或许是 Linux 上应用最为广泛的 shell 了。在 Linux 上，Bourne shell（sh）其实正是由 bash 仿真提供的。

> POSIX.2-1992 基于当时的 Korn shell 版本定义了一个 shell 标准。如今，Korn shell 和 bash 都符合 POSIX 规范，但两者都提供了大量对标准的扩展，其扩展之间存在许多差异。

设计 shell 的目的不仅仅是用于人机交互，对 shell 脚本（包含 shell 命令的文本文件）进行解释也是其用途之一。为实现这一目的，每款 shell 都内置有许多通常与编程语言相关的功能，其中包括变量、循环和条件语句、I/O 命令以及函数等。

尽管在语法方面有所差异，每款 shell 执行的任务都大致相同。除非指明是某款特定 shell 的操作，否则书中的"shell"都会按所描述的方式运作。本书绝大多数需要用到 shell 的示例都会使用 bash，若无其他说明，读者可假定这些示例也能以相同方式在其他类 Bourne 的 shell 上运行。

2.3　用户和组

系统会对每个用户的身份做唯一标识，用户可隶属于多个组。

用户

系统的每个用户都拥有唯一的登录名（用户名）和与之相对应的整数型用户 ID（UID）。系统密码文件/etc/passwd 为每个用户都定义有一行记录，除了上述两项信息外，该记录还包含如下信息。

- 组 ID：用户所属第一个组的整数型组 ID。
- 主目录：用户登录后所居于的初始目录。

- 登录 shell：执行以解释用户命令的程序名称。

该记录还能以加密形式保存用户密码。然而，出于安全考虑，用户密码往往存储于单独的 shadow 密码文件中，仅供特权用户阅读。

组

出于管理目的，尤其是为了控制对文件和其他资源的访问，将多个用户分组是非常实用的做法。例如，某项目的开发团队人员需要共享同一组文件，就可以将他们编为同一组的成员。在早期的 UNIX 实现中，一个用户只能隶属于一个组。BSD 率先允许一个用户同时属于多个组，这一理念后来被其他 UNIX 实现纷纷效仿，并最终成为 POSIX.1-1990 标准。每个用户组都对应着系统组文件/etc/group 中的一行记录，该记录包含如下信息。

- 组名：（唯一的）组名称。
- 组 ID（GID）：与组相关的整数型 ID。
- 用户列表：隶属于该组的用户登录名列表（通过密码文件记录的 group ID 字段未能标识出的该组其他成员，也在此列），以逗号分隔。

超级用户

超级用户在系统中享有特权。超级用户账号的用户 ID 为 0，通常登录名为 root。在一般的 UNIX 系统上，超级用户凌驾于系统的权限检查之上。因此，无论对文件施以何种访问权限限制，超级用户都可以访问系统中的任何文件，也能发送信号干预系统运行的所有用户进程。系统管理员可以使用超级用户账号来执行各种系统管理任务。

2.4 单根目录层级、目录、链接及文件

内核维护着一套单根目录结构，以放置系统的所有文件。（这与微软 Windows 之类的操作系统形成了鲜明对照，Windows 系统的每个磁盘设备都有各自的目录层级。）这一目录层级的根基就是名为"/"的根目录。所有的文件和目录都是根目录的"子孙"。图 1-2 所示为这种文件层级结构的示例。

文件类型

在文件系统内，会对文件类型进行标记，以表明其种类。其中一种用来表示普通数据文件，人们常称之为"普通文件"或"纯文本文件"，以示与其他种类的文件有所区别。其他文件类型包括设备、管道、套接字、目录以及符号链接。

术语"文件"常用来指代任意类型的文件，不仅仅指普通文件。

路径和链接

目录是一种特殊类型的文件，内容采用表格形式，数据项包括文件名以及对相应文件的引用。这一"文件名+引用"的组合被称为链接。每个文件都可以有多条链接，因而也可以有多个名称，在相同或不同的目录中出现。

目录可包含指向文件或其他目录的链接。路径间的链接建立起如图 2-1 所示的目录层级。

每个目录至少包含两条记录：.和..，前者是指向目录自身的链接，后者是指向其上级目录——父目录的链接。除根目录外，每个目录都有父目录。对于根目录而言，..是指向根目录自身的

链接（因此，/..等于/）。

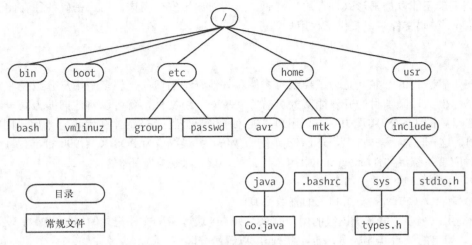

图 2-1：Linux 单根目录层级的一部分

符号链接

类似于普通链接，符号链接给文件起了一个"别号（alternative name）"。在目录列表中，普通链接是内容为"文件名+指针"的一条记录，而符号链接则是经过特殊标记的文件，内容包含了另一文件的名称。（换言之，一个符号链接对应着目录中内容为"文件名+指针"的一条记录，指针指向的文件内容[1]为另一个文件名的字符串。）所谓"另一文件"通常被称为符号链接的目标，人们一般会说符号链接"指向"或"引用"目标文件。在多数情况下，只要系统调用用到了路径名，内核会自动解除（换言之，按照）该路径名中符号链接的引用，以符号链接所指向的文件名来替换符号链接。若符号链接的目标文件自身也是一个符号链接，那么上述过程会以递归方式重复下去。（为了应对可能出现的循环引用，内核对解除引用的次数作了限制。）如果符号链接指向的文件并不存在，那么可将该链接视为空链接（dangling link）。

通常，人们会分别使用硬链接（hard link）或软链接（soft link）这样的术语来指代正常链接和符号链接。之所以存在这两种不同类型的链接，将在第 18 章做出解释。

文件名

在大多数 Linux 文件系统上，文件名最长可达 255 个字符。文件名可以包含除"/"和空字符（\0）外的所有字符。但是，只建议使用字母、数字、点（"."）、下划线（"_"）以及连字符（"−"）。SUSv3 将这 65 个字符的集合[-._a-zA-Z0-9]称为可移植文件名字符集（portable filename character set）。

对于可移植文件名字符集以外的字符，由于其可能会在 shell、正则表达式或其他场景中具有特殊含义，故而应避免在文件名中使用。如在上述环境中出现了包含特殊含义字符的文件名，则需要进行转义，即对此类字符进行特殊标记（一般会在特殊字符前插入一个"\"），以指明不应以特殊含义对其进行解释。若场境不支持转义机制，则不能使用此类文件名。

此外，还应避免以连字符（"-"）作为文件名的起始字符，因为一旦在 shell 命令中使用这种文件名，会被误认为命令行选项开关。

---

1 译者注：及该文件所属数据块存储的内容。

路径名

路径名是由一系列文件名组成的字符串，彼此以"/"分隔，首字符可以为"/"（非强制）[1]。除却最后一个文件名外，该系列文件名均为目录名称（或为指向目录的符号链接）。路径名的尾部[2]可标识任意类型的文件，包括目录在内。有时将该字符串中最后一个"/"字符之前的部分称为路径名的目录部分，将其之后的部分称为路径名的文件部分或基础部分。

路径名应按从左至右的顺序阅读，路径名中每个文件名之前的部分，即为该文件所处目录。可在路径名中任意位置后引入字符串".."[3]，用以指代路径名中当前位置的父目录。

路径名描述了单根目录层级下的文件位置，又可分为绝对路径名和相对路径名：

- **绝对路径名**以"/"开始，指明文件相对于根目录的位置。图 2-1 中的/home/mtk/. bashrc、/usr/include 以及/（根路径的路径名）都是绝对路径名的例子。
- **相对路径名**定义了相对于进程当前工作目录（见下文）的文件位置，与绝对路径名相比，相对路径名缺少了起始的"/"。如图 2-1 所示，在目录 usr 下，可使用相对路径名 include/sys/types.h 来引用文件 types.h，在目录 avr 下，可使用相对路径名../mtk/.bashrc 来访问文件.bashrc。

当前工作目录

每个进程都有一个当前工作目录（有时简称为进程工作目录或当前目录）。这就是单根目录层级下进程的"当前位置"，也是进程解释相对路径名的参照点。

进程的当前工作目录继承自其父进程。对登录 shell 来说，其初始当前工作目录，是依据密码文件中该用户记录的主目录字段来设置。可使用 cd 命令来改变 shell 的当前工作目录。

文件的所有权和权限

每个文件都有一个与之相关的用户 ID 和组 ID，分别定义文件的属主和属组。系统根据文件的所有权来判定用户对文件的访问权限。

为了访问文件，系统把用户分为 3 类：文件的属主（有时，也称为文件的用户）、与文件组（group）ID 相匹配的属组成员用户以及其他用户。可为以上 3 类用户分别设置 3 种权限（共计 9 种权限位）：只允许查看文件内容的读权限；允许修改文件内容的写权限；允许执行文件的执行权限。这里的文件要么指程序，要么是交由某种解释程序（通常指 shell 的一种，但也有例外）处理的脚本。

也可针对目录进行上述权限设置，但意义稍有不同。读权限允许列出目录内容（即该目录下的文件名），写权限允许对目录内容进行更改（比如，添加、修改或删除文件名），执行（有时也称为搜索）权限允许对目录中的文件进行访问（但需受文件自身访问权限的约束）。

2.5　文件 I/O 模型

UNIX 系统 I/O 模型最为显著的特性之一是其 I/O 通用性概念。也就是说，同一套系统调用（open()、read()、write()、close()等）所执行的 I/O 操作，可施之于所有文件类型，包括设

---

1 译者注：此处"文件"的含义中包括了目录——如前文所述："目录是一种特殊类型的文件"。
2 译者注：即最后一个文件名。
3 译者注：需以"/"分隔。

备文件在内。（应用程序发起的 I/O 请求，内核会将其转化为相应的文件系统操作，或者设备驱动程序操作，以此来执行针对目标文件或设备的 I/O 操作。）因此，采用这些系统调用的程序能够处理任何类型的文件。

就本质而言，内核只提供一种文件类型：字节流序列，在处理磁盘文件、磁盘或磁带设备时，可通过 lseek()系统调用来随机访问。

许多应用程序和函数库都将新行符（十进制 ASCII 码为 10，有时亦称其为换行）视为文本中一行的结束和另一行的开始。UNIX 系统没有文件结束符的概念，读取文件时如无数据返回，便会认定抵达文件末尾。

文件描述符

I/O 系统调用使用文件描述符——（往往是数值很小的）非负整数——来指代打开的文件。获取文件描述符的常用手法是调用 open()，在参数中指定 I/O 操作目标文件的路径名。

通常，由 shell 启动的进程会继承 3 个已打开的文件描述符：描述符 0 为标准输入，指代为进程提供输入的文件；描述符 1 为标准输出，指代供进程写入输出的文件；描述符 2 为标准错误，指代供进程写入错误消息或异常通告的文件。在交互式 shell 或程序中，上述三者一般都指向终端。在 stdio 函数库中，这几种描述符分别与文件流 stdin、stdout 和 stderr 相对应。

stdio 函数库

C 编程语言在执行文件 I/O 操作时，往往会调用 C 语言标准库的 I/O 函数。也将这样一组 I/O 函数称为 stdio 函数库，其中包括 fopen()、fclose()、scanf()、printf()、fgets()、fputs()等。stdio 函数位于 I/O 系统调用层（open()、close()、read()、write()等）之上。

> 本书假定读者已经了解了 C 语言的标准 I/O（stdio）函数，因此也不会介绍这方面的内容。更多与 stdio 函数库有关的信息请参考[Kernighan & Ritchie, 1988]、[Harbison & Steele, 2002]、[Plauger、1992]和[Stevens & Rago, 2005]。

2.6 程序

程序通常以两种面目示人。其一为源码形式，由使用编程语言（比如，C 语言）写成的一系列语句组成，是人类可以阅读的文本文件。要想执行程序，则需将源码转换为第二种形式——计算机可以理解的二进制机器语言指令。（这与脚本形成了鲜明对照，脚本是包含命令的文本文件，可以由 shell 或其他命令解释器之类的程序直接处理。）一般认为，术语“程序”的上述两种含义几近相同，因为经过编译和链接处理，会将源码转换为语义相同的二进制机器码。

过滤器

从 stdin 读取输入，加以转换，再将转换后的数据输出到 stdout，常常将拥有上述行为的程序称为过滤器，cat、grep、tr、sort、wc、sed、awk 均在其列。

命令行参数

C 语言程序可以访问命令行参数，即程序运行时在命令行中输入的内容。要访问命令行参数，程序的 main()函数需做如下声明：

```
int main(int argc, char *argv[])
```

argc 变量包含命令行参数的总个数，argv 指针数组的成员指针则逐一指向每个命令行参数字符串。首个字符串 argv[0]，标识程序名本身。

2.7 进程

简而言之，进程是正在执行的程序实例。执行程序时，内核会将程序代码载入虚拟内存，为程序变量分配空间，建立内核记账（bookkeeping）数据结构，以记录与进程有关的各种信息（比如，进程 ID、用户 ID、组 ID 以及终止状态等）。

在内核看来，进程是一个个实体，内核必须在它们之间共享各种计算机资源。对于像内存这样的受限资源来说，内核一开始会为进程分配一定数量的资源，并在进程的生命周期内，统筹该进程和整个系统对资源的需求，对这一分配进行调整。程序终止时，内核会释放所有此类资源，供其他进程重新使用。其他资源（如 CPU、网络带宽等）都属于可再生资源，但必须在所有进程间平等共享。

进程的内存布局

逻辑上将一个进程划分为以下几部分（也称为段）。

- 文本：程序的指令。
- 数据：程序使用的静态变量。
- 堆：程序可从该区域动态分配额外内存。
- 栈：随函数调用、返回而增减的一片内存，用于为局部变量和函数调用链接信息分配存储空间。

创建进程和执行程序

进程可使用系统调用 fork() 来创建一个新进程。调用 fork() 的进程被称为父进程，新创建的进程则被称为子进程。内核通过对父进程的复制来创建子进程。子进程从父进程处继承数据段、栈段以及堆段的副本后，可以修改这些内容，不会影响父进程的"原版"内容。（在内存中被标记为只读的程序文本段则由父、子进程共享。）

然后，子进程要么去执行与父进程共享代码段中的另一组不同函数，或者，更为常见的情况是使用系统调用 execve() 去加载并执行一个全新程序。execve() 会销毁现有的文本段、数据段、栈段及堆段，并根据新程序的代码，创建新段来替换它们。

以 execve() 为基础，C 语言库还提供了几个相关函数，接口虽然略有不同，但功能全都相同。以上所有库函数的名称均以字符串"exec"打头，在函数间差异无关宏旨的场合，本书会用符号 exec() 作为这些库函数的统称。不过，请读者牢记，实际上根本不存在名为 exec() 的库函数。

一般情况下，书中会使用"执行"一词来指代 execve() 及其衍生函数所实施的操作。

进程 ID 和父进程 ID

每一进程都有一个唯一的整数型进程标识符（PID）。此外，每一进程还具有一个父进程标识符（PPID）属性，用以标识请求内核创建自己的进程。

进程终止和终止状态

可使用以下两种方式之一来终止一个进程：其一，进程可使用_exit() 系统调用（或相关的

exit()库函数），请求退出；其二，向进程传递信号，将其"杀死"。无论以何种方式退出，进程都会生成"终止状态"，一个非负小整数，可供父进程的 wait()系统调用检测。在调用_exit()的情况下，进程会指明自己的终止状态。若由信号来"杀死"进程，则会根据导致进程"死亡"的信号类型来设置进程的终止状态。（有时会将传递进_exit()的参数称为进程的"退出状态"，以示与终止状态有所不同，后者要么指传递给_exit()的参数值，要么表示"杀死"进程的信号。）

根据惯例，终止状态为 0 表示进程"功成身退"，非 0 则表示有错误发生。大多数 shell 会将前一执行程序的终止状态保存于 shell 变量$?中。

进程的用户和组标识符（凭证）

每个进程都有一组与之相关的用户 ID (UID)和组 ID (GID)，如下所示。

- 真实用户 ID 和组 ID：用来标识进程所属的用户和组。新进程从其父进程处继承这些 ID。登录 shell 则会从系统密码文件的相应字段中获取其真实用户 ID 和组 ID。
- 有效用户 ID 和组 ID：进程在访问受保护资源（比如，文件和进程间通信对象）时，会使用这两个 ID（并结合下述的补充组 ID）来确定访问权限。一般情况下，进程的有效 ID 与相应的真实 ID 值相同。正如即将讨论的那样，改变进程的有效 ID 实为一种机制，可使进程具有其他用户或组的权限。
- 补充组 ID：用来标识进程所属的额外组。新进程从其父进程处继承补充组 ID。登录 shell 则从系统组文件中获取其补充组 ID。

特权进程

在 UNIX 系统上，就传统意义而言，特权进程是指有效用户 ID 为 0（超级用户）的进程。通常由内核所施加的权限限制对此类进程无效。与之相反，术语"无特权"（或非特权）进程是指由其他用户运行的进程。此类进程的有效用户 ID 为非 0 值，且必须遵守由内核所强加的权限规则。

由某一特权进程创建的进程，也可以是特权进程。例如，一个由 root（超级用户）发起的登录 shell。成为特权进程的另一方法是利用 set-user-ID 机制，该机制允许某进程的有效用户 ID 等同于该进程所执行程序文件的用户 ID。

能力（Capabilities）

始于内核 2.2，Linux 把传统上赋予超级用户的权限划分为一组相互独立的单元（称之为"能力"）。每次特权操作都与特定的能力相关，仅当进程具有特定能力时，才能执行相应操作。传统意义上的超级用户进程（有效用户 ID 为 0）则相应开启了所有能力。

赋予某进程部分能力，使得其既能够执行某些特权级操作，又防止其执行其他特权级操作。本书第 39 章会对能力做深入讨论。在本书后文中，当述及只能由特权进程执行的特殊操作时，一般都会在括号中标明其具体能力。能力的命名以 CAP_为前缀，例如，CAP_KILL。

init 进程

系统引导时，内核会创建一个名为 init 的特殊进程，即"所有进程之父"，该进程的相应程序文件为/sbin/init。系统的所有进程不是由 init（使用 frok()）"亲自"创建，就是由其后代进程创建。init 进程的进程号总为 1，且总是以超级用户权限运行。谁（哪怕是超级用户）都不能"杀死"init 进程，只有关闭系统才能终止该进程。init 的主要任务是创建并监控系统运行所需的一系列进程。（手册页 init(8)中包含了 init 进程的详细信息。）

守护进程

守护进程指的是具有特殊用途的进程,系统创建和处理此类进程的方式与其他进程相同,但以下特征是其所独有的:

- "长生不老"。守护进程通常在系统引导时启动,直至系统关闭前,会一直"健在"。
- 守护进程在后台运行,且无控制终端供其读取或写入数据。

守护进程中的例子有 syslogd(在系统日志中记录消息)和 httpd(利用 HTTP 分发 Web 页面)。

环境列表

每个进程都有一份环境列表,即在进程用户空间内存中维护的一组环境变量。这份列表的每一元素都由一个名称及其相关值组成。由 fork() 创建的新进程,会继承父进程的环境副本。这也为父子进程间通信提供了一种机制。当进程调用 exec() 替换当前正在运行的程序时,新程序要么继承老程序的环境,要么在 exec() 调用的参数中指定新环境并加以接收。

在绝大多数 shell 中,可使用 export 命令来创建环境变量(C shell 使用 setenv 命令),如下所示:

```
$ export MYVAR='Hello world'
```

本书在展示交互式输入、输出的 shell 会话日志时,总是以黑体字来呈现输入文本。有时也会在日志中以斜体字形式加注,以解释输入的命令和产生的输出。

C 语言程序可使用外部变量(char **environ)来访问环境,而库函数也允许进程去获取或修改自己环境中的值。

环境变量的用途多种多样。例如,shell 定义并使用了一系列变量,供 shell 执行的脚本和程序访问。其中包括:变量 HOME(明确定义了用户登录目录的路径名)、变量 PATH(指明了用户输入命令后,shell 查找与之相应程序时所搜索的目录列表)。

资源限制

每个进程都会消耗诸如打开文件、内存以及 CPU 时间之类的资源。使用系统调用 setrlimit(),进程可为自己消耗的各类资源设定一个上限。此类资源限制的每一项均有两个相关值:软限制(soft limit)限制了进程可以消耗的资源总量,硬限制(hard limit)软限制的调整上限。非特权进程在针对特定资源调整软限制值时,可将其设置为 0 到相应硬限制值之间的任意值,但硬限制值则只能调低,不能调高。

由 fork() 创建的新进程,会继承其父进程对资源限制的设置。

使用 ulimit 命令(在 C shell 中为 limit)可调整 shell 的资源限制。shell 为执行命令所创建的子进程会继承上述资源设置。

2.8 内存映射

调用系统函数 mmap() 的进程,会在其虚拟地址空间中创建一个新的内存映射。

映射分为两类。

- 文件映射:将文件的部分区域映射入调用进程的虚拟内存。映射一旦完成,对文件映射内容的访问则转化为对相应内存区域的字节操作。映射页面会按需自动从文件中加载。
- 相映成趣的是并无文件与之相对应的匿名映射,其映射页面的内容会被初始化为 0。

由某一进程所映射的内存可以与其他进程的映射共享。达成共享的方式有二：其一是两个进程都针对某一文件的相同部分加以映射，其二是由 fork()创建的子进程自父进程处继承映射。当两个或多个进程共享的页面相同时，进程之一对页面内容的改动是否为其他进程所见呢？这取决于创建映射时所传入的标志参数。若传入标志为私有，则某进程对映射内容的修改对于其他进程是不可见的，而且这些改动也不会真地落实到文件上；若传入标志为共享，对映射内容的修改就会为其他进程所见，并且这些修改也会造成对文件的改动。内存映射用途很多，其中包括：以可执行文件的相应段来初始化进程的文本段、内存（内容填充为 0）分配、文件 I/O（即映射内存 I/O）以及进程间通信（通过共享映射）。

2.9　静态库和共享库

所谓目标库是这样一种文件：将（通常是逻辑相关的）一组函数代码加以编译，并置于一个文件中，供其他应用程序调用。这一做法有利于程序的开发和维护。现代 UNIX 系统提供两种类型的对象库：静态库和共享库。

静态库

静态库（有时，也称之为档案文件[archives]）是早期 UNIX 系统中唯一的一种目标库。本质上说来，静态库是对已编译目标模块的一种结构化整合。要使用静态库中的函数，需要在创建程序的链接命令中指定相应的库。主程序会对静态库中隶属于各目标模块的不同函数加以引用。链接器在解析了引用情况后，会从库中抽取所需目标模块的副本，将其复制到最终的可执行文件中，这就是所谓静态链接。对于所需库内的各目标模块，采用静态链接方式生成的程序都存有一份副本。这会引起诸多不便。其一，在不同的可执行文件中，可能都存有相同目标代码的副本，这是对磁盘空间的浪费。同理，调用同一库函数的程序，若均以静态链接方式生成，且又于同时加以执行，这会造成内存浪费，因为每个程序所调用的函数都各有一份副本驻留在内存中，此其二。此外，如果对库函数进行了修改，需要重新加以编译、生成新的静态库，而所有需要调用该函数“更新版”的应用，都必须与新生成的静态库重新链接。

共享库

设计共享库的目的是为了解决静态库所存在的问题。

如果将程序链接到共享库，那么链接器就不会把库中的目标模块复制到可执行文件中，而是在可执行文件中写入一条记录，以表明可执行文件在运行时需要使用该共享库。一旦在运行时将可执行文件载入内存，一款名为“动态链接器”的程序会确保将可执行文件所需的动态库找到，并载入内存，随后实施运行时链接，解析可执行文件中的函数调用，将其与共享库中相应的函数定义关联起来。在运行时，共享库代码在内存中只需保留一份，且可供所有运行中的程序使用。

经过编译处理的函数仅在共享库内保存一份，从而节约了磁盘空间。另外，这一设计还能确保各类程序及时使用到函数的最新版本，功莫大焉，只需将带有函数新定义体的共享库重新加以编译即可，程序会在下次执行时自动使用新函数。

2.10　进程间通信及同步

Linux 系统上运行有多个进程，其中许多都是独立运行。然而，有些进程必须相互合作以达成预期目的，因此彼此间需要通信和同步机制。

读写磁盘文件中的信息是进程间通信的方法之一。可是，对许多程序来说，这种方法既慢又缺乏灵活性。因此，像所有现代 UNIX 实现那样，Linux 也提供了丰富的进程间通信（IPC）机制，如下所示。

- 信号（signal），用来表示事件的发生。
- 管道（亦即 shell 用户所熟悉的"|"操作符）和 FIFO，用于在进程间传递数据。
- 套接字，供同一台主机或是联网的不同主机上所运行的进程之间传递数据。
- 文件锁定，为防止其他进程读取或更新文件内容，允许某进程对文件的部分区域加以锁定。
- 消息队列，用于在进程间交换消息（数据包）。
- 信号量（semaphore），用来同步进程动作。
- 共享内存，允许两个及两个以上进程共享一块内存。当某进程改变了共享内存的内容时，其他所有进程会立即了解到这一变化。

UNIX 系统的 IPC 机制种类如此繁多，有些功能还互有重叠，部分原因是由于各种 IPC 机制是在不同的 UNIX 实现上演变而来的，需要遵循的标准也各不相同。例如，就本质而言，FIFO 和 UNIX 套接字功能相同，允许同一系统上并无关联的进程彼此交换数据。二者之所以并存于现代 UNIX 系统之中，是由于 FIFO 来自 System V，而套接字则源于 BSD。

2.11　信号

尽管上一节将信号视为 IPC 的方法之一，但其在其他方面的广泛应用则更为普遍，因此值得深入讨论。

人们往往将信号称为"软件中断"。进程收到信号，就意味着某一事件或异常情况的发生。信号的类型很多，每一种分别标识不同的事件或情况。采用不同的整数来标识各种信号类型，并以 SIGxxxx 形式的符号名加以定义。

内核、其他进程（只要具有相应的权限）或进程自身均可向进程发送信号。例如，发生下列情况之一时，内核可向进程发送信号。

- 用户键入中断字符（通常为 Control-C）。
- 进程的子进程之一已经终止。
- 由进程设定的定时器（告警时钟）已经到期。
- 进程尝试访问无效的内存地址。

在 shell 中，可使用 kill 命令向进程发送信号。在程序内部，系统调用 kill()可提供相同的功能。

收到信号时，进程会根据信号采取如下动作之一。

- 忽略信号。
- 被信号"杀死"。
- 先挂起，之后再被专用信号唤醒。

就大多数信号类型而言，程序可选择不采取默认的信号动作，而是忽略信号（当信号的默认处理行为并非忽略此信号时，会派上用场）或者建立自己的信号处理器。信号处理器是由程序员定义的函数，会在进程收到信号时自动调用，根据信号的产生条件执行相应动作。

信号从产生直至送达进程期间，一直处于挂起状态。通常，系统会在接收进程下次获得调度时，将处于挂起状态的信号同时送达。如果接收进程正在运行，则会立即将信号送达。然而，程序可以将信号纳入所谓"信号屏蔽"[1]以求阻塞该信号。如果产生的信号处于"信号屏蔽"之列，那么此信号将一直保持挂起状态，直至解除对该信号的阻塞。（亦即从信号屏蔽中移除。）

2.12 线程

在现代 UNIX 实现中，每个进程都可执行多个线程。可将线程想象为共享同一虚拟内存及一干其他属性的进程。每个线程都会执行相同的程序代码，共享同一数据区域和堆。可是，每个线程都拥有属于自己的栈，用来装载本地变量和函数调用链接信息。

线程之间可通过共享的全局变量进行通信。借助于线程 API 所提供的条件变量和互斥机制，进程所属的线程之间得以相互通信并同步行为——尤其是在对共享变量的使用方面。此外，利用 2.10 节所述的 IPC 和同步机制，线程间也能彼此通信。

线程的主要优点在于协同线程之间的数据共享（通过全局变量）更为容易，而且就某些算法而论，以多线程来实现比之以多进程实现要更加自然。再者，显而易见，多线程应用能从多处理器硬件的并行处理中获益匪浅。

2.13 进程组和 shell 任务控制

shell 执行的每个程序都会在一个新进程内发起。比如，shell 创建了 3 个进程来执行以下管道命令（在当前的工作目录下，根据文件大小对文件进行排序并显示）：

```
$ ls -l | sort -k5n | less
```

除 Bourne shell 以外，几乎所有的主流 shell 都提供了一种交互式特性，名为任务控制。该特性允许用户同时执行并操纵多条命令或管道。在支持任务控制的 shell 中，会将管道内的所有进程置于一个新进程组或任务中。（如果情况很简单，shell 命令行只包含一条命令，那么就会创建一个只包含单个进程的新进程组。）进程组中的每个进程都具有相同的进程组标识符（以整数形式），其实就是进程组中某个进程（也称为进程组组长 process group leader）的进程 ID。

内核可对进程组中的所有成员执行各种动作，尤其是信号的传递。如下节所述，支持任务控制的 shell 会利用这一特性，以挂起或恢复执行管道中的所有进程。

2.14 会话、控制终端和控制进程

会话指的是一组进程组（任务）。会话中的所有进程都具有相同的会话标识符。会话首进程（session leader）是指创建会话的进程，其进程 ID 会成为会话 ID。

使用会话最多的是支持任务控制的 shell，由 shell 创建的所有进程组与 shell 自身隶属于同一会话，shell 是此会话的会话首进程。

通常，会话都会与某个控制终端相关。控制终端建立于会话首进程初次打开终端设备之时。对于由交互式 shell 所创建的会话，这恰恰是用户的登录终端。一个终端至多只能成为一个会话的控制终端。

---

1 译者注：即一组进程希望阻塞的信号。

打开控制终端会致使会话首进程成为终端的控制进程。一旦断开了与终端的连接（比如，关闭了终端窗口），控制进程将会收到 SIGHUP 信号。

在任一时点，会话中总有一个前台进程组（前台任务），可以从终端中读取输入，向终端发送输出。如果用户在控制终端中输入了"中断"（通常是 Control-C）或"挂起"字符（通常是 Control-Z），那么终端驱动程序会发送信号以终止或挂起（亦即停止）前台进程组。一个会话可以拥有任意数量的后台进程组（后台任务），由以"&"字符结尾的行命令来创建。

支持任务控制的 shell 提供如下命令：列出所有任务，向任务发送信号，以及在前后台任务之间来回切换。

2.15 伪终端

伪终端是一对相互连接的虚拟设备，也称为主从设备。在这对设备之间，设有一条 IPC 信道，可供数据进行双向传递。

从设备（slave device）所提供的接口，其行为方式与终端相类似，基于这一特点，可以将某个为终端编写的程序与从设备连接起来，然后，再利用连接到主设备的另一程序来驱动这一"面向终端"的程序，这是伪终端的一个关键用途。由"驱动程序"[1] 所产生的输出，在经由终端驱动程序的常规输入处理（例如，默认情况下，会把回车符映射为换行符）后，会作为输入传递给与从设备相连的面向终端的程序。而由面向终端的程序向从设备写入的任何数据又作为"驱动程序"的输入来传递（在执行完所有常规的终端输入处理后）。换句话说，"驱动程序"所履行的功能，在效果上等同于用户通常在传统终端上所执行的操作。

伪终端广泛应用于各种应用领域，最知名的要数 telnet 和 ssh 之类提供网络登录服务的应用，以及 X Window 系统所提供的终端窗口实现。

2.16 日期和时间

进程涉及两种类型的时间。

- 真实时间：指的是在进程的生命期内（所经历的时间或时钟时间），以某个标准时间点（日历时间）或固定时间点（通常是进程的启动时间）为起点测量得出的时间。在 UNIX 系统上，日历时间是以国际协调时间（简称 UTC）1970 年 1 月 1 日凌晨为起始点，按秒测量得出的时间，再进行时区调整（定义时区的基准点为穿过英格兰格林威治的经线）[2]。这一日期与 UNIX 系统的生日很接近，也被称为纪元（Epoch）。
- 进程时间：亦称为 CPU 时间，指的是进程自启动起来，所占用的 CPU 时间总量。可进一步将 CPU 时间划分为系统 CPU 时间和用户 CPU 时间。前者是指在内核模式中，执行代码所花费的时间（比如，执行系统调用，或代表进程执行其他的内核服务）。后者是指在用户模式中，执行代码所花费的时间（比如，执行常规的程序代码）。

time 命令会显示出真实时间、系统 CPU 时间，以及为执行管道中的多个进程而花费的用户 CPU 时间。

---

1 译者注：此处专指与主设备相连的程序，而非设备驱动程序之类的含义。
2 译者注：即本初子午线。

2.17 客户端/服务器架构

本书有多处论及客户端/服务器应用程序的设计和实现。

客户端/服务器应用由两个组件进程组成。

- 客户端：向服务器发送请求消息，请求服务器执行某些服务。
- 服务器：分析客户端的请求，执行相应的动作，然后，向客户端回发响应消息。

有时，服务器与客户端之间可能需要就一次服务而进行多次交互。

客户端应用通常与用户打交道，而服务器应用则提供对某些共享资源的访问。一般说来，都是众多客户端进程与为数不多的一个或几个服务器端进程进行通信。

客户端和服务器既可以驻留于同一台计算机上，也可以位于联网的不同计算机上。客户端和服务器使用 2.10 节所讨论的 IPC 机制来实现彼此通信。

服务器可以提供各种服务，如下所示。

- 提供对数据库或其他共享信息资源的访问。
- 提供对远程文件的跨网访问。
- 对某些商业逻辑进行封装。
- 提供对共享硬件资源的访问（比如，打印机）。
- 提供 WWW 服务。

将某项服务封装于单独的服务器应用中，这一做法原因很多，举例如下。

- 效率：较之于在本地的每台计算上提供相同资源，在服务器应用管理之下提供资源的一份实例，则要节约许多。
- 控制、协调和安全：由于资源（尤其是信息资源）的统一存放，服务器既可以协调对资源的访问（例如，两个客户端不能同时更新同一信息），还可以保护资源安全，令其只对特定客户端开放。
- 在异构环境中运行：在网络中，客户端和服务器应用所运行的硬件平台和操作系统可以不同。

2.18 实时性

实时性应用程序是指那些需要对输入做出及时响应的程序。此类输入往往来自于外接的传感器或某些专门的输入设备，而输出则会去控制外接硬件。具有实时性需求的应用程序示例包括自动化装配流水线、银行 ATM 机，以及飞机导航系统等。

虽然许多实时性应用程序都要求对输入做出快速响应，但决定性因素却在于要在事件触发后的一定时限内，保证响应的交付。

要提供实时响应，特别是在短时间内加以响应，就需要底层操作系统的支持。由于实时响应的需求与多用户分时操作系统的需求存在冲突，大多数操作系统"天生"并不提供这样的支持。虽然已经设计出不少实时性的 UNIX 变体，但传统的 UNIX 实现都不是实时操作系统。Linux 的实时性变体也早已诞生，而近期的 Linux 内核正转向对实时性应用原生而全面的支持。

为支持实时性应用，POSIX.1b 定义了多个 POSIX.1 扩展，其中包括异步 I/O、共享内存、内存映射文件、内存锁定、实时性时钟和定时器、备选调度策略、实时性信号、消息队列，以及信号量等。虽然这些扩展还不具备严格意义上的"实时性"，但当今的大多数 UNIX 实现都支持上面提到的全部或部分扩展（本书将讲解 Linux 所支持的 POSIX.1b 特性）。

> 本书会以术语"真实时间（real time）"来指代日历时间或经历时间的概念，而术语"实时性（realtime）"则是指操作系统或应用程序具备本节所述的响应能力。

2.19 /proc 文件系统

类似于其他的几种 UNIX 实现，Linux 也提供了/proc 文件系统，由一组目录和文件组成，装配（mount）于/proc 目录下。

/proc 文件系统是一种虚拟文件系统，以文件系统目录和文件形式，提供一个指向内核数据结构的接口。这为查看和改变各种系统属性开启了方便之门。此外，还能通过一组以/proc/PID 形式命名的目录（PID 即进程 ID）查看系统中运行各进程的相关信息。

通常，/proc 目录下的文件内容都采取人类可读的文本形式，shell 脚本也能对其进行解析。程序可以打开、读取和写入/proc 目录下的既定文件。大多数情况下，只有特权级进程才能修改/proc 目录下的文件内容。

本书在讲解各种 Linux 编程接口的同时，也会对相关的/proc 文件进行介绍。12.1 节将就该文件系统的总体信息做进一步介绍。尚无任何标准对/proc 文件系统进行过规范，书中与该文件系统相关的细节均为 Linux 专有。

2.20 总结

本章纵览了一系列与 Linux 系统编程相关的基本概念。对于 Linux 或 UNIX"生手"而言，理解这些基本概念将为学习系统编程提供足够的背景知识。

第 **3** 章

系统编程概念

了解本章所涵盖的各个主题是掌握系统编程的先决条件。本章首先会对系统调用加以介绍，并详述系统调用执行期间所发生的每个步骤。接下来，会讨论库函数及其与系统调用之间的差别，并结合这一差异，对（GNU）C 语言函数库进行描述。

无论何时，只要执行了系统调用或者库函数，检查调用的返回状态以确定调用是否成功，这是一条编程铁律。本章不但讲述了如何执行上述检查，还会介绍一组函数，本书刊载的编程示例大多都通过调用它们来诊断系统调用或库函数的错误。

本章的最后会探讨与可移植性编程相关的各种问题，尤其会关注对特性测试宏以及 SUSv3 中定义的标准系统数据类型的运用。

3.1　系统调用

系统调用是受控的内核入口，借助于这一机制，进程可以请求内核以自己的名义去执行某些动作。以应用程序编程接口（API）的形式，内核提供有一系列服务供程序访问。这包括创建新进程、执行 I/O，以及为进程间通信创建管道等。（手册页 syscalls(2)列出了 Linux 系统调用。）

在深入系统调用的运作方式之前，务必关注以下几点。

- 系统调用将处理器从用户态切换到核心态，以便 CPU 访问受到保护的内核内存。
- 系统调用的组成是固定的，每个系统调用都由一个唯一的数字来标识。（程序通过名称来标识系统调用，对这一编号方案往往一无所知。）
- 每个系统调用可辅之以一套参数，对用户空间（亦即进程的虚拟地址空间）与内核空间之间（相互）传递的信息加以规范。

从编程角度来看，系统调用与 C 语言函数的调用很相似。然而，在执行系统调用时，其幕后会历经诸多步骤。为说明这点，下面以一个具体的硬件平台——x86-32 为例，按事件发生的顺序对这些步骤加以分析。

1. 应用程序通过调用 C 语言函数库中的外壳（wrapper）函数，来发起系统调用。
2. 对系统调用中断处理例程（稍后介绍）来说，外壳函数必须保证所有的系统调用参数可用。通过堆栈，这些参数传入外壳函数，但内核却希望将这些参数置入特定寄存器。因此，外壳函数会将上述参数复制到寄存器。

3. 由于所有系统调用进入内核的方式相同，内核需要设法区分每个系统调用。为此，外壳函数会将系统调用编号复制到一个特殊的 CPU 寄存器（%eax）中。

4. 外壳函数执行一条中断机器指令（int 0x80），引发处理器从用户态切换到核心态，并执行系统中断 0x80 (十进制数 128)的中断矢量所指向的代码。

> 较新的 x86-32 硬件平台实现了 sysenter 指令，较之传统的 int 0x80 中断指令，sysenter 指令进入内核的速度更快。2.6 内核及 glibc 2.3.2 以后的版本都支持 sysenter 指令。

5. 为响应中断 0x80，内核会调用 system_call()例程（位于汇编文件 arch/i386/entry.S 中）来处理这次中断，具体如下。

   a) 在内核栈中保存寄存器值（参见 6.5 节）。

   b) 审核系统调用编号的有效性。

   c) 以系统调用编号对存放所有调用服务例程的列表（内核变量 sys_call_table）进行索引，发现并调用相应的系统调用服务例程。若系统调用服务例程带有参数，那么将首先检查参数的有效性。例如，会检查地址指向用户空间的内存位置是否有效。随后，该服务例程会执行必要的任务，这可能涉及对特定参数中指定地址处的值进行修改，以及在用户内存和内核内存间传递数据（比如，在 I/O 操作中）。最后，该服务例程会将结果状态返回给 system_call()例程。

   d) 从内核栈中恢复各寄存器值，并将系统调用返回值置于栈中。

   e) 返回至外壳函数，同时将处理器切换回用户态。

6. 若系统调用服务例程的返回值表明调用有误，外壳函数会使用该值来设置全局变量 errno（参见 3.4 节）。然后，外壳函数会返回到调用程序，并同时返回一个整型值，以表明系统调用是否成功。

> 在 Linux 上，系统调用服务例程遵循的惯例是调用成功则返回非负值。发生错误时，例程会对相应 errno 常量取反，返回一负值。C 语言函数库的外壳函数随即对其再次取反（负负得正），将结果拷贝至 errno，同时以-1 作为外壳函数的返回值返回，向调用程序表明有错误发生。
>
> 上述惯例所依赖的前提条件是系统调用服务例程，若调用成功则不会返回负值。可是，对于少数例程来说，这一前提并不成立。一般情况下，这也不会有问题，因为取反的 errno 值范围不会与调用成功返回负值的范围有交集。不过，有一种情况，沿用这个惯例确实会出问题：系统调用 fcntl()的 F_GETOWN 操作，会在 63.3 节加以描述。

图 3-1 以系统调用 execve()为例，展示了上文述及事件的发生序列。在 Linux/x86-32 上，execve()的系统调用号为 11(__NR_execve)。因此，在 sys_call_table 向量中，条目 11 包含了该系统调用的服务例程 sys_execve()的地址。（在 Linux 中，系统调用服务例程的命名通常会采取 sys_xyz()的形式，其中，xyz()正是所论及的系统调用。）

若是单纯为了掌握本书的后续内容，这里的论述的确有些小题大做。但其要点在于即便对于一个简单的系统调用，仍要完成相当多的工作，因此系统调用的开销虽小，却也不容忽视。

> 可以以 getppid()系统调用为例，研判一下发起系统调用的开销——该系统调用只是简单地返回调用进程的父进程 ID。在作者的一台运行 Linux 2.6.25 的 x86-32 系统上，调用 getppid()一千万次大约需要 2.2 秒钟，每次调用大致需要 0.3 微秒。相形之下，在同一系统上，调用某个只返回整数的 C 语言函数一千万次，仅需 0.11 秒，约为调用 getppid()耗费时间的 1/20。当然，大多数系统调用的开销都明显高于 getppid()。

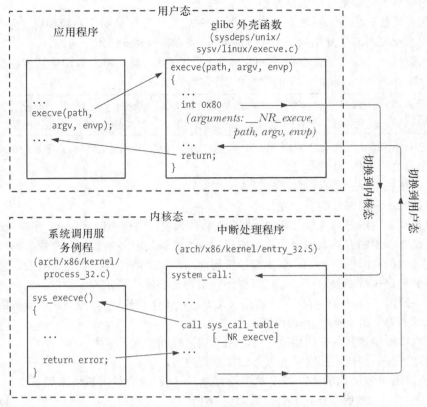

图 3-1: 系统调用的执行步骤

因此，从 C 语言编程的角度来看，调用 C 语言函数库的外壳（wrapper）函数等同于调用相应的系统调用服务例程，在本书后续内容中，"调用系统调用 xyz()"这类说法就意味着"调用外壳函数，由外壳函数去调用系统调用 xyz()"。

为调试程序，或是研究程序的运作机制，可使用附录 A 所介绍的 strace 命令，对程序发起的系统调用进行跟踪。

更多与 Linux 系统调用机制有关的信息请见[Love, 2010]、[Bovet & Cesati, 2005]以及[Maxwell, 1999]。

3.2 库函数

C 语言标准函数库由诸多库函数组成。（出于简化，本书后文提到某具体函数时，通常将其称为"函数"而非"库函数"。）库函数的用途多种多样，可用来执行以下任务：打开文件、将时间转换为可读格式，以及进行字符串比较等。

许多库函数（比如，字符串操作函数）不会使用任何系统调用。另一方面，还有些库函数构建于系统调用层之上。例如，库函数 fopen()就利用系统调用 open()来执行打开文件的实际操作。往往，设计库函数是为了提供比底层系统调用更为方便的调用接口。例如，printf()函数可提供格式化输出和数据缓存功能，而 write()系统调用只能输出字节块。同理，与底层的 brk()系统调用相比，malloc()和 free()函数还执行了各种登记管理工作，内存的释放和分配也因此而容易许多。

3.3 标准 C 语言函数库；GNU C 语言函数库（glibc）

标准 C 语言函数库的实现随 UNIX 的实现而异。GNU C 语言函数库（glibc, http://www.gnu.org/software/libc/）是 Linux 上最常用的实现。

> 最初，Roland McGrath 是 GNU C 语言函数库的主要开发者和维护者。如今，Ulrich Drepper 挑起了这副重担。
>
> Linux 同样支持各种其他 C 语言函数库，其中包括应用于嵌入式设备领域、受限内存条件下的 C 语言函数库。uClibc（http://www.uclibc.org/）和 dietlibc（http://www.fefe.de/dietlibc/）便是其中的两个例子。本书的讨论范围仅限于 glibc，因为为 Linux 开发的大多数应用程序都使用该函数库。

确定系统的 glibc 版本

有时，需要确定系统所安装的 glibc 版本。在 shell 中，可以直接运行 glibc 共享库文件——将其视为可执行文件——来获取 glibc 版本。这会输出各种文本信息，其中也包括了 glibc 的版本号。

```
$ /lib/libc.so.6
GNU C Library stable release version 2.10.1, by Roland McGrath et al.
Copyright (C) 2009 Free Software Foundation, Inc.
This is free software; see the source for copying conditions.
There is NO warranty; not even for MERCHANTABILITY or FITNESS FOR A
PARTICULAR PURPOSE.
Compiled by GNU CC version 4.4.0 20090506 (Red Hat 4.4.0-4).
Compiled on a Linux >>2.6.18-128.4.1.el5<< system on 2009-08-19.
Available extensions:
        The C stubs add-on version 2.1.2.
        crypt add-on version 2.1 by Michael Glad and others
        GNU Libidn by Simon Josefsson
        Native POSIX Threads Library by Ulrich Drepper et al
        BIND-8.2.3-T5B
        RT using linux kernel aio
For bug reporting instructions, please see:
<http://www.gnu.org/software/libc/bugs.html>.
```

在某些 Linux 发行版中，GNU C 语言函数库的路径名并非"/lib/libc.so.6"。确定该库所在位置的方法之一是：针对某个与 glibc 动态链接的可执行文件（大多数可执行文件都采用这种链接方式），运行 ldd（列出动态依赖性）程序。接下来，再检查输出的库依赖性列表，便能发现 glibc 共享库的位置：

```
$ ldd myprog | grep libc
        libc.so.6 => /lib/tls/libc.so.6 (0x4004b000)
```

应用程序可通过测试常量和调用库函数这两种方法，来确定系统所安装的 glibc 版本。从版本 2.0 开始，glibc 定义了两个常量：__GLIBC__ 和 __GLIBC_MINOR__，供程序在编译时（在#ifdef 语句中）测试使用。在安装有 glibc 2.12 版本的系统上，以上两个常量的值分别为 2 和 12。然而，如果程序在 A 系统上编译，而在 B 系统（安装了不同版本的 glibc）上运行，这两个常量作用就有限了。为应对这种可能，程序可以调用函数 gnu_get_libc_version()，来确定运行时的 glibc 版本。

```
#include <gnu/libc-version.h>

const char *gnu_get_libc_version(void);
                        Returns pointer to null-terminated, statically allocated string
                                    containing GNU C library version number
```

函数 gnu_get_libc_version()返回一个指针，指向诸如"2.12"的字符串。

> 获取 glibc 版本信息，还有一种方法：使用 confstr()函数来获取（glibc 特有的）
> _CS_GNU_LIBC_VERSION 配置变量的值。这一调用会返回类似于"glibc 2.12"的字符串。

3.4 处理来自系统调用和库函数的错误

几乎每个系统调用和库函数都会返回某类状态值，用以表明调用成功与否。要了解调用是否成功，必须坚持对状态值进行检查。若调用失败，那么必须采取相应行动。至少，程序应该显示错误消息，警示有意想不到的事件发生。

不检查状态值，少敲几个字，听起来的确诱人（尤其是见识到了不检查状态值的UNIX/Linux 程序以后），但实际却得不偿失。认定系统调用或库函数"不可能失败"，不对状态返回值进行检查，这会浪费掉大把的程序调试时间。

> 少数几个系统函数在调用时从不失败。例如，getpid()总能成功返回进程的 ID，而_exit()
> 总能终止进程。无需对此类系统调用的返回值进行检查。

处理系统调用错误

每个系统调用的手册页记录有调用可能的返回值，并指出了哪些值表示错误。通常，返回值为-1 表示出错。因此，可使用下列代码对系统调用进行检查：

```
fd = open(pathname, flags, mode);          /* system call to open a file */
if (fd == -1) {
    /* Code to handle the error */
}
...
if (close(fd) == -1) {
    /* Code to handle the error */
}
```

系统调用失败时，会将全局整形变量 errno 设置为一个正值，以标识具体的错误。程序应包含[1]
<errno.h>头文件，该文件提供了对 errno 的声明，以及一组针对各种错误编号而定义的常量。所有这些符号名都以字母 E 打头。在每个手册页内标题为 ERRORS 的章节内，都刊载有一份相应系统调用可能返回的 errno 值列表。以下便是利用 errno 诊断系统调用错误的一个简单示例：

```
cnt = read(fd, buf, numbytes);
if (cnt == -1) {
    if (errno == EINTR)
        fprintf(stderr, "read was interrupted by a signal\n");
    else {
        /* Some other error occurred */
    }
}
```

---

1 译者注：#include。

如果调用系统调用和库函数成功，errno 绝不会被重置为 0，故此，该变量值不为 0，可能是之前调用失败造成的。此外，SUSv3 允许在函数调用成功时，将 errno 设置为非零值（当然，几乎没有函数会这么做）。因此，在进行错误检查时，必须坚持首先检查函数的返回值是否表明调用出错，然后再检查 errno 确定错误原因。

少数系统调用（比如，getpriority()）在调用成功后，也会返回-1。要判断此类系统调用是否发生错误，应在调用前将 errno 置为 0，并在调用后对其进行检查（上述手法同样适用于某些库函数）。

系统调用失败后，常见的做法之一是根据 errno 值打印错误消息。提供库函数 perror() 和 strerror()，就是出于这一目的。

函数 perror() 会打印出其 msg 参数所指向的字符串，紧跟一条与当前 errno 值相对应的消息。

```
#include <stdio.h>

void perror(const char *msg);
```

以下是对系统调用错误进行处理的一种简单方式：

```
fd = open(pathname, flags, mode);
if (fd == -1) {
    perror("open");
    exit(EXIT_FAILURE);
}
```

函数 strerror() 会针对其 errnum 参数中所给定的错误号，返回相应的错误字符串。

```
#include <string.h>

char *strerror(int errnum);
                        Returns pointer to error string corresponding to errnum
```

由 strerror() 所返回的字符串可以是静态分配的，这意味着后续对 strerror() 的调用可能会覆盖该字符串。

若无法识别 errnum 所含的错误编号，则 strerror() 会返回 "Unknown error nnn." 形式的字符串。在某些其他的实现中，在这种情况下，strerror() 会返回 NULL。

由于 perror() 和 strerror() 都属于对语言环境敏感（locale-sensitive）（参见 10.4 节）的函数，故而错误描述中使用的都是本地语言。

处理来自库函数的错误

不同的库函数在调用发生错误时，返回的数据类型和值也各不相同。（参见每个函数的手册页。）从错误处理的角度来说，可将库函数划分为以下几类。

- 某些库函数返回错误信息的方式与系统调用完全相同——返回值为-1，伴之以 errno 号来表示具体错误。remove() 便是其中一例，可使用该函数来删除文件（调用 unlink() 系统调用）或目录（调用 rmdir() 系统调用）。对此类函数所发生的错误进行诊断，其方式与系统调用完全相同。
- 某些库函数在出错时会返回-1 之外的其他值，但仍会设置 errno 来表明具体的出错情况。例如，fopen() 在出错时会返回一个 NULL 指针，还会根据出错的具体底层系统调用来设置 errno。函数 perror() 和 strerror() 都可用来诊断此类错误。

- 还有些函数根本不使用 errno。对此类函数来说，确定错误存在与否及其起因的方法各不相同，可见诸于相应函数的手册页中，不应使用 errno、perror() 或 strerror() 来诊断错误。

3.5 关于本书示例程序的注意事项

本节会就本书所载程序示例所普遍采用的各种惯例及特性加以介绍。

3.5.1 命令行选项及参数

本书所载的许多程序示例都会依照命令行选项及参数来决定其行为。

传统的 UNIX 命令行选项由一个连字符（-）、表示选项的英文字母，以及一个可选参数组成。（GNU 实用工具则对选项语法有所扩展，以两个连字符开头（--），紧跟用来标识选项和可选参数的字符串。）可使用标准库函数 getopt()（参见附录 B）对命令行选项进行解析。

这些示例之中，但凡命令行语法颇为周正的，都为用户提供有一个简单的帮助工具：在以--help 选项调用程序时，会显示用法信息，就命令行选项和参数的语法加以说明。

3.5.2 常用的函数及头文件

本书的大多数程序示例都包括有一个头文件，内含常用的各种定义。这些示例同样使用了一系列常用函数。本节会对这些头文件及函数进行讨论。

常用的头文件

程序清单 3-1 所列的头文件几乎为本书所有程序示例所使用。

程序清单 3-1：大多数程序示例所使用的头文件

———————————————————————————————— lib/tlpi_hdr.h

```
#ifndef TLPI_HDR_H
#define TLPI_HDR_H        /* Prevent accidental double inclusion */

#include <sys/types.h>    /* Type definitions used by many programs */
#include <stdio.h>        /* Standard I/O functions */
#include <stdlib.h>       /* Prototypes of commonly used library functions,
                             plus EXIT_SUCCESS and EXIT_FAILURE constants */
#include <unistd.h>       /* Prototypes for many system calls */
#include <errno.h>        /* Declares errno and defines error constants */
#include <string.h>       /* Commonly used string-handling functions */

#include "get_num.h"      /* Declares our functions for handling numeric
                             arguments (getInt(), getLong()) */

#include "error_functions.h"  /* Declares our error-handling functions */

typedef enum { FALSE, TRUE } Boolean;

#define min(m,n) ((m) < (n) ? (m) : (n))
#define max(m,n) ((m) > (n) ? (m) : (n))

#endif
```

———————————————————————————————— lib/tlpi_hdr.h

错误诊断函数

为简化本书程序示例中的错误处理，我们编写了错误诊断函数，对其的声明如程序清单 3-2 所示。

程序清单 3-2：常用错误处理函数的声明

```
──────────────────────────────────────────── lib/error_functions.h
#ifndef ERROR_FUNCTIONS_H
#define ERROR_FUNCTIONS_H

void errMsg(const char *format, ...);

#ifdef __GNUC__

/* This macro stops 'gcc -Wall' complaining that "control reaches
       end of non-void function" if we use the following functions to
       terminate main() or some other non-void function. */

#define NORETURN __attribute__ ((__noreturn__))
#else
#define NORETURN
#endif

void errExit(const char *format, ...) NORETURN ;

void err_exit(const char *format, ...) NORETURN ;

void errExitEN(int errnum, const char *format, ...) NORETURN ;

void fatal(const char *format, ...) NORETURN ;

void usageErr(const char *format, ...) NORETURN ;

void cmdLineErr(const char *format, ...) NORETURN ;

#endif
──────────────────────────────────────────── lib/error_functions.h
```

本书使用 errMsg()、errExit()、err_exit()以及 errExitEN()函数，以诊断调用系统调用和库函数时所发生的错误。

```
#include "tlpi_hdr.h"

void errMsg(const char *format, ...);
void errExit(const char *format, ...);
void err_exit(const char *format, ...);
void errExitEN(int errnum, const char *format, ...);
```

函数 errMsg()会在标准错误设备上打印消息。除了将一个终止换行符自动追加到输出字符串尾部以外，该函数的参数列表与 printf()所用相同。errMsg()函数会打印出与当前 errno 值相对应的错误文本，其中包括了错误名（比如，EPERM）以及由 strerror()返回的错误描述，外加由参数列表指定的格式化输出。

errExit()函数的操作方式与 errMsg()相似，只是还会以如下两种方式之一来终止程序。其一，调用 exit()退出。其二，若将环境变量 EF_DUMPCORE 定义为非空字符串，则调用 abort()退出，同时生成核心转储（core dump）文件，供调试器调试之用。（本书 22.1 节会对核心转储文件加以解释。）

函数 err_exit()类似于 errExit()，但存在两方面的差异。

- 打印错误消息之前，err_exit()不会刷新标准输出。
- err_exit()终止进程使用的是_exit()，而非 exit()。这一退出方式，略去了对 stdio 缓冲区的刷新以及对退出处理程序（exit handler）的调用。

本书第 25 章描述了_exit()与 exit()之间的区别，还探讨了在 fork()创建的子进程中对 stdio 缓冲区和退出处理程序的处理方式。阅读第 25 章，会使上述 err_exit()操作中的差异细节得以澄清。这里只是想提醒读者，在编写的库函数创建了子进程，且该子进程因发生错误而需要终止时，err_exit()恰好能一显身手。它避免了对子进程继承自父进程（即调用进程）的 stdio 缓冲区副本进行刷新，且不会调用由父进程所建立的退出处理程序。

在功能上，errExitEN()函数与 errExit()大体相同，区别仅仅在于：与 errExit()打印与当前 errno 值相对应的错误文本不同，errExitEN()只会打印与 errnum 参数中给定的错误号（error number）（这也是该函数后缀名"EN"的由来）相对应的文本。

在本书中调用了 POSIX 线程 API 的程序示例中，主要使用 errExitEN()来处理错误。与传统的 UNIX 系统调用返回-1 表示错误不同，POSIX 线程函数会在其结果中返回一个（POSIX 线程函数返回 0 表示成功）错误号（正数，类型为 errno 所专用）。

针对 POSIX 线程函数，可使用如下代码来诊断错误：

```
errno = pthread_create(&thread, NULL, func, &arg);
if (errno != 0)
    errExit("pthread_create");
```

然而，这一方法效率不高，因为在线程程序中，errno 实际已被定义为宏，展开后是返回可修改左值的一个函数调用。因此，每次使用 errno 都会引发一次函数调用。使用 errExitEN()改写上述代码，功能相同，但更为高效，如下所示：

```
int s;

s = pthread_create(&thread, NULL, func, &arg);
if (s != 0)
    errExitEN(s, "pthread_create");
```

> 在 C 语言术语中，左值是一个用来指代存储区域的表达式。左值最为常见的用法是作为一个变量的标识符。某些操作符也会产生左值。例如，若 p 为指向某块存储区域的指针，则*p 便是一个左值。POSIX 线程 API 中，将 errno 重新定义为一个函数[1]，该函数会返回一个指向线程专用存储区域的指针（请参阅 31.3 节）。

诊断其他类型的错误时，本书使用的是 fatal()、usageErr()以及 cmdLineErr()。

```
#include "tlpi_hdr.h"

void fatal(const char *format, ...);
void usageErr(const char *format, ...);
void cmdLineErr(const char *format, ...);
```

函数 fatal()用来诊断一般性错误，其中包括未设置 errno 的库函数错误。除了将一个终止换行符自动追加到输出字符串尾部以外，fatal()的参数列表与 printf()基本相同。该函数会在标

---

1 译者注：以宏的形式。

准错误上打印格式化输出，然后，像 errExit()那样终止程序。

函数 usageErr()用来诊断命令行参数使用方面的错误。其参数列表风格与 printf()相同，并在标准错误上打印字符串"Usage："，随之以格式化输出，然后调用 exit()终止程序。(本书的一些程序示例自行提供有对 usageErr()的扩展版本，命名为 usageError()。)

函数 cmdLineErr()酷似 usageErr()，但其错误诊断是针对于特定程序的命令行参数。

程序清单 3-3 列出的为本书错误诊断函数的实现。

程序清单 3-3：为本书所有程序所使用的错误处理函数

————————————————————————————————— lib/error_functions.c

```
#include <stdarg.h>
#include "error_functions.h"
#include "tlpi_hdr.h"
#include "ename.c.inc"              /* Defines ename and MAX_ENAME */

#ifdef __GNUC__
__attribute__ ((__noreturn__))
#endif
static void
terminate(Boolean useExit3)
{
    char *s;

    /* Dump core if EF_DUMPCORE environment variable is defined and
       is a nonempty string; otherwise call exit(3) or _exit(2),
       depending on the value of 'useExit3'. */

    s = getenv("EF_DUMPCORE");

    if (s != NULL && *s != '\0')
        abort();
    else if (useExit3)
        exit(EXIT_FAILURE);
    else
        _exit(EXIT_FAILURE);
}
static void
outputError(Boolean useErr, int err, Boolean flushStdout,
        const char *format, va_list ap)
{
#define BUF_SIZE 500
    char buf[BUF_SIZE], userMsg[BUF_SIZE], errText[BUF_SIZE];

    vsnprintf(userMsg, BUF_SIZE, format, ap);

    if (useErr)
        snprintf(errText, BUF_SIZE, " [%s %s]",
                (err > 0 && err <= MAX_ENAME) ?
                ename[err] : "?UNKNOWN?", strerror(err));
    else
        snprintf(errText, BUF_SIZE, ":");

    snprintf(buf, BUF_SIZE, "ERROR%s %s\n", errText, userMsg);

    if (flushStdout)
        fflush(stdout);          /* Flush any pending stdout */
    fputs(buf, stderr);
```

```
    fflush(stderr);                /* In case stderr is not line-buffered */
}

void
errMsg(const char *format, ...)
{
    va_list argList;
    int savedErrno;

    savedErrno = errno;            /* In case we change it here */

    va_start(argList, format);
    outputError(TRUE, errno, TRUE, format, argList);
    va_end(argList);

    errno = savedErrno;
}

void
errExit(const char *format, ...)
{
    va_list argList;

    va_start(argList, format);
    outputError(TRUE, errno, TRUE, format, argList);
    va_end(argList);

    terminate(TRUE);
}
void
err_exit(const char *format, ...)
{
    va_list argList;

    va_start(argList, format);
    outputError(TRUE, errno, FALSE, format, argList);
    va_end(argList);

    terminate(FALSE);
}

void
errExitEN(int errnum, const char *format, ...)
{
    va_list argList;

    va_start(argList, format);
    outputError(TRUE, errnum, TRUE, format, argList);
    va_end(argList);

    terminate(TRUE);
}

void
fatal(const char *format, ...)
{
    va_list argList;

    va_start(argList, format);
    outputError(FALSE, 0, TRUE, format, argList);
```

```
        va_end(argList);

        terminate(TRUE);
    }

    void
    usageErr(const char *format, ...)
    {
        va_list argList;

        fflush(stdout);              /* Flush any pending stdout */

        fprintf(stderr, "Usage: ");
        va_start(argList, format);
        vfprintf(stderr, format, argList);
        va_end(argList);

        fflush(stderr);              /* In case stderr is not line-buffered */
        exit(EXIT_FAILURE);
    }
    void
    cmdLineErr(const char *format, ...)
    {
        va_list argList;

        fflush(stdout);              /* Flush any pending stdout */

        fprintf(stderr, "Command-line usage error: ");
        va_start(argList, format);
        vfprintf(stderr, format, argList);
        va_end(argList);

        fflush(stderr);              /* In case stderr is not line-buffered */
        exit(EXIT_FAILURE);
    }
```
── **lib/error_functions.c**

程序清单 3-4 列出了程序清单 3-3 所包含的文件 enames.c.inc。该文件定义了一个名为 "ename" 的字符串数组，其内容是与 errno 的各种可能值相对应的符号名称。本书所采用的错误处理函数会使用该数组，去打印与某个特定错误号相对应的符号名。之所以做如此变通，是为了应对以下两种实际情况：一方面，strerror()不会标识出与错误消息相对应的符号常量；而另一方面，手册页在描述错误时，使用的是符号名称。打印出符号名便于读者在手册页中查找错误原因。

> 由于 errno 值随 Linux 硬件架构的不同而有所变化，因此 ename.c.inc 文件的内容与特定的硬件架构相关。程序清单 3-4 所示的 ename.c.inc 文件版本专用于 Linux 2.6/x86-32 系统。构建该文件的脚本 lib/Build_ename.sh，包含于为本书发布的源码当中。可以使用该脚本，针对特定的硬件平台及内核版本，来构建 ename.c.inc 文件。

请注意，数组 ename 中的某些字符串为空。它们与未使用的错误值相对应。此外，其中的一些字符串包含了两个错误名称，之间以斜杠分隔，是对应两个符号错误名具有相同数值的情况。

> 从 ename.c.inc 文件中，可以看出错误 EAGAIN 和 EWOULDBLOCK 具有相同数值。SUSv3 明确允许这一做法，而且在大多数其他 UNIX 实现（并非全部）上，这些常量值均相同。系统调用返回此类错误的情况是：本应阻塞（亦即在完成调用前被强制等待），而调

用者要求系统调用返回错误。EAGAIN 源于 System V，是由实施 I/O 操作、信号操作、消息队列操作以及文件锁定操作（fcntl()）的系统调用所返回的错误。EWOULDBLOCK 则发源于 BSD，由文件锁定（flock()）以及与套接字相关的系统调用返回。

在 SUSv3 中，仅在与套接字相关的各种接口规范中提及 EWOULDBLOCK。对此类接口来说，SUSv3 允许非阻塞调用要么返回 EAGAIN，要么返回 EWOULDBLOCK。对于所有其他的非阻塞调用，SUSv3 只明确定义了 EAGAIN 错误。

程序清单 3-4：Linux 错误名（x86-32 版）

—— lib/ename.c.inc

```
static char *ename[] = {
    /*   0 */ "",
    /*   1 */ "EPERM", "ENOENT", "ESRCH", "EINTR", "EIO", "ENXIO", "E2BIG",
    /*   8 */ "ENOEXEC", "EBADF", "ECHILD", "EAGAIN/EWOULDBLOCK", "ENOMEM",
    /*  13 */ "EACCES", "EFAULT", "ENOTBLK", "EBUSY", "EEXIST", "EXDEV",
    /*  19 */ "ENODEV", "ENOTDIR", "EISDIR", "EINVAL", "ENFILE", "EMFILE",
    /*  25 */ "ENOTTY", "ETXTBSY", "EFBIG", "ENOSPC", "ESPIPE", "EROFS",
    /*  31 */ "EMLINK", "EPIPE", "EDOM", "ERANGE", "EDEADLK/EDEADLOCK",
    /*  36 */ "ENAMETOOLONG", "ENOLCK", "ENOSYS", "ENOTEMPTY", "ELOOP", "",
    /*  42 */ "ENOMSG", "EIDRM", "ECHRNG", "EL2NSYNC", "EL3HLT", "EL3RST",
    /*  48 */ "ELNRNG", "EUNATCH", "ENOCSI", "EL2HLT", "EBADE", "EBADR",
    /*  54 */ "EXFULL", "ENOANO", "EBADRQC", "EBADSLT", "", "EBFONT", "ENOSTR",
    /*  61 */ "ENODATA", "ETIME", "ENOSR", "ENONET", "ENOPKG", "EREMOTE",
    /*  67 */ "ENOLINK", "EADV", "ESRMNT", "ECOMM", "EPROTO", "EMULTIHOP",
    /*  73 */ "EDOTDOT", "EBADMSG", "EOVERFLOW", "ENOTUNIQ", "EBADFD",
    /*  78 */ "EREMCHG", "ELIBACC", "ELIBBAD", "ELIBSCN", "ELIBMAX",
    /*  83 */ "ELIBEXEC", "EILSEQ", "ERESTART", "ESTRPIPE", "EUSERS",
    /*  88 */ "ENOTSOCK", "EDESTADDRREQ", "EMSGSIZE", "EPROTOTYPE",
    /*  92 */ "ENOPROTOOPT", "EPROTONOSUPPORT", "ESOCKTNOSUPPORT",
    /*  95 */ "EOPNOTSUPP/ENOTSUP", "EPFNOSUPPORT", "EAFNOSUPPORT",
    /*  98 */ "EADDRINUSE", "EADDRNOTAVAIL", "ENETDOWN", "ENETUNREACH",
    /* 102 */ "ENETRESET", "ECONNABORTED", "ECONNRESET", "ENOBUFS", "EISCONN",
    /* 107 */ "ENOTCONN", "ESHUTDOWN", "ETOOMANYREFS", "ETIMEDOUT",
    /* 111 */ "ECONNREFUSED", "EHOSTDOWN", "EHOSTUNREACH", "EALREADY",
    /* 115 */ "EINPROGRESS", "ESTALE", "EUCLEAN", "ENOTNAM", "ENAVAIL",
    /* 120 */ "EISNAM", "EREMOTEIO", "EDQUOT", "ENOMEDIUM", "EMEDIUMTYPE",
    /* 125 */ "ECANCELED", "ENOKEY", "EKEYEXPIRED", "EKEYREVOKED",
    /* 129 */ "EKEYREJECTED", "EOWNERDEAD", "ENOTRECOVERABLE", "ERFKILL"
};

#define MAX_ENAME 132
```

—— lib/ename.c.inc

解析数值型命令行参数的函数

程序清单 3-5 中的头文件提供了两个函数声明，在本书中频繁用于解析整形命令行参数：getInt() 和 getLong()。较之于 atoi()、atol() 以及 strtol()，它们的主要优点在于针对数值型参数提供了一些基本的有效性检查。

```
#include "tlpi_hdr.h"

int getInt(const char *arg, int flags, const char *name);
long getLong(const char *arg, int flags, const char *name);
                                Both return arg converted to numeric form
```

函数 getInt() 和 getLong() 分别将 arg 指向的字符串转换为 int 或 long。如果 arg 未包含一个有效的整数字符串（即仅包含数字以及字符 "+" 和 "-"），那么这两个函数会打印一条错误消息，并终止程序。

若参数 name 非空，则所含内容应为一字符串，用于标识 arg 对应于命令行中相应参数的名称。在上述两函数中，无论打印任何错误消息，该字符串都是消息中的一部分。

可通过 flags 参数对 getInt() 和 getLong() 函数的操作施加一些控制。默认情况下，两个函数会处理包含有符号十进制整数的字符串。若将定义于程序清单 3-5 中的一个或多个 GN_* 系列常量与 flags 相或，则既可以选择其他的转换进制，也能将数值范围限制为非负或正整数。

> 虽然 flags 参数允许程序强制执行正文所述的范围检查，但在某些情况下，即便这么做看起来很合理，程序示例也无需做类似检测。例如，程序清单 47-1 中就并未对参数 init-value 进行检查。这意味着，用户可将一个负数作为初始值赋给某个信号量，这会引发随后的 semctl() 系统调用返回错误（ERANGE），因为信号量不能为负值。在此类情况下省略对范围的检查，不但能够让读者体验对系统调用及库函数的正确使用，还能观察到输入无效参数时所发生的情形。通常，现实世界中的应用程序会对自身命令行参数施以更为严格的检查。

程序清单 3-6 给出了函数 getInt() 和 getLong() 的实现。

程序清单 3-5：get_num.c 的头文件

―――――――――――――――――――――――――――――― lib/get_num.h

```
#ifndef GET_NUM_H
#define GET_NUM_H

#define GN_NONNEG       01      /* Value must be >= 0 */
#define GN_GT_0         02      /* Value must be > 0 */

                                /* By default, integers are decimal */
#define GN_ANY_BASE     0100    /* Can use any base - like strtol(3) */
#define GN_BASE_8       0200    /* Value is expressed in octal */
#define GN_BASE_16      0400    /* Value is expressed in hexadecimal */

long getLong(const char *arg, int flags, const char *name);

int getInt(const char *arg, int flags, const char *name);

#endif
```

―――――――――――――――――――――――――――――― lib/get_num.h

程序清单 3-6：解析数值型命令行参数的函数

―――――――――――――――――――――――――――――― lib/get_num.c

```
#include <stdio.h>
#include <stdlib.h>
#include <string.h>
#include <limits.h>
#include <errno.h>
#include "get_num.h"
static void
gnFail(const char *fname, const char *msg, const char *arg, const char *name)
{
    fprintf(stderr, "%s error", fname);
```

```c
        if (name != NULL)
            fprintf(stderr, " (in %s)", name);
        fprintf(stderr, ": %s\n", msg);
        if (arg != NULL && *arg != '\0')
            fprintf(stderr, "        offending text: %s\n", arg);

        exit(EXIT_FAILURE);
}

static long
getNum(const char *fname, const char *arg, int flags, const char *name)
{
        long res;
        char *endptr;
        int base;

        if (arg == NULL || *arg == '\0')
            gnFail(fname, "null or empty string", arg, name);

        base = (flags & GN_ANY_BASE) ? 0 : (flags & GN_BASE_8) ? 8 :
                        (flags & GN_BASE_16) ? 16 : 10;

        errno = 0;
        res = strtol(arg, &endptr, base);
        if (errno != 0)
            gnFail(fname, "strtol() failed", arg, name);

        if (*endptr != '\0')
            gnFail(fname, "nonnumeric characters", arg, name);

        if ((flags & GN_NONNEG) && res < 0)
            gnFail(fname, "negative value not allowed", arg, name);

        if ((flags & GN_GT_0) && res <= 0)
            gnFail(fname, "value must be > 0", arg, name);

        return res;
}

long
getLong(const char *arg, int flags, const char *name)
{
        return getNum("getLong", arg, flags, name);
}

int
getInt(const char *arg, int flags, const char *name)
{
        long res;

        res = getNum("getInt", arg, flags, name);
        if (res > INT_MAX || res < INT_MIN)
            gnFail("getInt", "integer out of range", arg, name);

        return (int) res;
}
```
—— lib/get_num.c

3.6 可移植性问题

本节将探究可移植性系统编程方面的议题。除了会介绍特性测试宏，以及 SUSv3 所定义的标准系统数据类型之外，还会关注一些其他的可移植性问题。

3.6.1 特性测试宏

系统调用和库函数 API 的行为受各种标准（参见 1.3 节）的制约。这些标准中的一部分是由 Open Group（SUS）这样的标准机构来制定的，而另一部分则是由具有重要历史意义的两个 UNIX 实现 BSD 和 System V Release 4（以及相关的 System V 接口定义）来定义。

编写可移植性应用程序时，有时会希望各个头文件只显露遵循特定标准的定义（常量、函数原型等）。要达到这一目的，在编译程序时需要定义下列一个或多个特性测试宏。方式之一是在程序源码包含[1]任何头文件之前，定义如下宏：

```
#define _BSD_SOURCE 1
```

此外，还可以使用 C 编译器的-D 选项：

```
$ cc -D_BSD_SOURCE prog.c
```

> 术语"特性测试宏"似乎易于让人产生误解，但只要从 UNIX 实现的角度看来，读者便会发现这一称谓其实颇有道理。通过测试（使用#if）应用程序为宏所定义的值，实现可以决定应该让哪些（由头文件提供的）特性可见。

以下特性测试宏由相关标准定义而成，因而在支持这些标准的所有系统上，对这些宏的使用均是可移植的：

_POSIX_SOURCE

一经定义（任何值），头文件会显露符合 POSIX.1-1990 和 ISO C（1990）标准的定义。该宏已被_POSIX_C_SOURCE 取代。

_POSIX_C_SOURCE

若定义为 1，效果与_POSIX_SOURCE 相同。若将其值定义为大于等于 199309，头文件还会显露遵从 POSIX.1b（实时）标准的定义。若将其值定义为大于等于 199506，便会开启对 POSIX.1c（线程）定义的支持。若将其值定义为 200112，则开启对 POSIX.1-2001 基本规范（排除了 XSI 扩展）定义的支持。（2.3.3 版本之前，glibc 头文件对值为 200112 的_POSIX_C_SOURCE 不做解释。）若将其值定义为 200809，便会开启对 POSIX.1-2008 基本规范定义的支持。（2.10 版本之前，glibc 头文件对值为 200809 的_POSIX_C_SOURCE 不做解释。）

_XOPEN_SOURCE

一经定义（任何值），头文件会显露对 POSIX.1、POSIX.2 和 X/Open(XPG4)标准的定义。若将其值定义为大于等于 500，还会开启对 SUSv2 (UNIX 98 和 XPG5)扩展的支持。若将其值设置为大于等于 600，则又开启了对 SUSv3 XSI (UNIX 03)扩展和 C99 扩展的支持。（2.2 版本之前，glibc 头文件对值为 600 的_XOPEN_SOURCE 不做解释。）若将其值设置为大于等于 700，便会开启对 SUSv4 XSI 扩展的支持（2.10 版本之前，glibc 头文件对值为 700 的_XOPEN_SOURCE 不做解释）。之所以选择 500、600 和 700 作为取值，是因为 SUSv2、SUSv3 和 SUSv4 分别是

---

1 译者注：#include。

X/Open 规范的第 5 号、第 6 号和第 7 号。

以下列出为 glibc 专用的特性测试宏：

_BSD_SOURCE

一经定义（任何值），开启对 BSD 定义的支持。此外，只要定义了该宏，便以值 199506 定义了_POSIX_C_SOURCE。极少数的情况下，当标准之间发生冲突时，显式设置该宏会导致系统向 BSD 定义倾斜。

_SVID_SOURCE

一经定义（任何值），头文件会显露符合 System V 接口规范（SVID）的定义。

_GNU_SOURCE

一经定义（任何值），头文件除了会显露符合前述所有标准的定义（通过设置前述所有宏来提供）外，还会开启对各种 GNU 扩展定义的支持。

在不带任何特殊选项调用 GNU C 编译器时，即默认定义了_POSIX_SOURCE、_POSIX_C_SOURCE=200809（glibc 版本为 2.5-2.9 时，其值为 200112；glibc 版本低于 2.4 时，其值为 199506）、_BSD_SOURCE 以及_SVID_SOURCE。

在对个别宏进行了定义，或以其标准模式之一去调用编译器时（比如，cc –ansi 或 cc –std=c99），只会按需提供定义。不过，有一个例外：若未对_POSIX_C_SOURCE 另行定义，且未以标准模式之一去调用编译器，则_POSIX_C_SOURCE 的值会被定义为 200809（glibc 版本为 2.4-2.9 时，其值为 200112；glibc 版本低于 2.4 时，其值为 199506）。

定义多个宏有叠加效应，故而缺省情况下所提供的宏设置，也可使用如下 cc 命令来明确选择：

```
$ cc -D_POSIX_SOURCE -D_POSIX_C_SOURCE=199506 \
          -D_BSD_SOURCE -D_SVID_SOURCE prog.c
```

<features.h>头文件和 feature_test_macros(7)手册页，针对赋给每个特性测试宏的值，提供了更多精确信息。

_POSIX_C_SOURCE、_XOPEN_SOURCE 以及 POSIX.1/SUS

在 POSIX.1-2001/SUSv3 中，仅对_POSIX_C_SOURCE 和_XOPEN_SOURCE 特性测试宏进行了明确定义，应用程序要符合该标准，应分别将上述两宏的值定义为 200112 和 600。将_POSIX_C_SOURCE 值定义为 200112，即表示应用程序符合 POSIX.1-2001 基本规范（即符合除 XSI 扩展规范以外的 POSIX 规范）。将_XOPEN_SOURCE 值定义为 600，即表示应用程序符合 SUSv3 规范（即符合 XSI 规范基本规范加 XSI 扩展规范）。上述声明同样适用于 POSIX.1-2008/SUSv4，只是需要将上述两个特性测试宏的值分别定义为 200809 和 700。

SUSv3 明文规定将_XOPEN_SOURCE 设置为 600 所提供的特性，就包含了将 POSIX_C_SOURCE 设置为 200112 时所激活的所有特性。因此，为符合 SUSv3（即 XSI 规范），应用程序只需要定义_XOPEN_SOURC。SUSv4 做出了类似规定，将_XOPEN_SOURCE 设置为 700 所提供的特性，包含了_POSIX_C_SOURCE 值被设置为 200809 时所激活的所有特性。

函数原型及源码示例中的特性测试宏

手册页则描述了欲使某个特定常量定义或函数声明在头文件中可见，应该定义哪些特性测试宏。为本书编写的所有源码示例，编译时采用缺省的 GNU C 语言编译器选项或如下选项：

```
$ cc -std=c99 -D_XOPEN_SOURCE=600
```

对于在本书中出现的函数，为了能在以上述两种方式编译的程序中编译通过，在其原型处均注明了使用这些函数所必须定义的任何特性测试宏。手册页中，对于启用每一函数声明所需定义的特性测试宏，则有更为精确的描述。

3.6.2　系统数据类型

不同实现的数据类型，例如：进程 ID、用户 ID 以及文件偏移量，表示时均采用标准 C 语言类型。尽管也有可能使用 C 语言的基本类型，诸如 int 和 long，来声明存储此类信息的变量，但这一做法降低了不同 UNIX 系统间相互移植的难度，分析如下。

- 随着 UNIX 实现的不同（例如，long 型可能在系统 A 上长度为 4 字节，在系统 B 上为 8 字节），有时甚至是同一实现中编译环境的不同，这些基本类型的大小各不相同。更有甚者，不同实现可能会使用不同类型来表示相同信息。例如，进程 ID 在系统 A 上为 int 型，而在系统 B 上为 long 型。

- 即便是针对同一款 UNIX 实现，用以表征信息的类型在不同版本之间也会有所不同。Linux 上较为知名的例子是用户 ID 和组 ID。在 Linux 2.2 及其之前，这些值以 16 位表示。在 2.4 及其之后，则以 32 位表示。

为避免此类可移植性问题，SUSv3 规范了各种标准系统数据类型，并要求各个实现适当加以定义和使用。每种类型的定义均使用 C 语言的 typedef 特性。例如，pid_t 数据类型用以表示进程 ID，在 Linux/x86-32 上，其类型定义如下：

```
typedef int pid_t;
```

标准系统数据类型中的大多数，其命名均以_t 结尾。其中的许多都声明于头文件 <sys/types.h> 中，余下的少量则定义于其他头文件中。

应用程序应采用这些类型定义来声明其使用的变量，才能保证可移植性。例如，如下声明将允许应用程序在任何符合 SUSv3 标准的系统上正确表示进程 ID。

```
pid_t mypid;
```

表 3-1 列出将在书中碰到的部分系统数据类型。对于表中的某些特定类型，SUSv3 要求以"运算类型（arithmetic type）"来加以实现。这意味着，实现所选择的底层类型，要么为整数类型，要么为浮点（实数或复数）型。

表 3-1：系统数据类型选录

数据类型	SUSv3 类型需求	描　　述
blkcnt_t	有符号整型	文件块数量（15.1 节）
blksize_t	有符号整型	文件块大小（15.1 节）
cc_t	无符号整型	终端特殊字符（62.4 节）
clock_t	整型或浮点型实数	以时钟周期计量的系统时间（10.7 节）
clockid_t	运算类型之一	针对 POSIX.1b 时钟和定时器函数的时钟标识符
comp_t	SUSv3 未作规范	经由压缩处理的时钟周期（28.1 节）
dev_t	运算类型之一	设备号，包含主、次设备号（15.1 节）
DIR	无类型要求	目录流（18.8 节）
fd_set	结构类型	select()（63.2.1 节）中的文件描述符集合
fsblkcnt_t	无符号整型	文件系统块数量（14.11 节）

数据类型	SUSv3 类型需求	描　　述
fsfilcnt_t	无符号整型	文件数量（14.11 节）
gid_t	整型	数值型组标识符（8.3 节）
id_t	整型	用以存放标识符的通用类型，其大小至少可放置 pid_t、uid_t 和 gid_t 类型
in_addr_t	32 位无符号整型	IPv4 地址（59.4 节）
in_port_t	16 位无符号整型	IP 端口号（59.4 节）
ino_t	无符号整型	文件 i-node 号（15.1 节）
key_t	运算类型之一	System V IPC 键（45.2 节）
mode_t	整型	文件权限及类型（15.1 节）
mqd_t	无类型要求，但不能为数组类型	POSIX 消息队列描述符
msglen_t	无符号整型	System V 消息队列所允许的字节数（46.4 节）
msgqnum_t	无符号整型	System V 消息队列中的消息数量（46.4 节）
nfds_t	无符号整型	poll()（63.2.2 节）中的文件描述符数量
nlink_t	整型	文件的（硬）连接数量（15.1 节）
off_t	有符号整型	文件偏移量或大小（4.7 节及 15.1 节）
pid_t	有符号整型	进程 ID、进程组 ID 或会话 ID（6.3 节、34.2 节、34.3 节）
ptrdiff_t	有符号整型	两指针差值，为有符号整型
rlim_t	无符号整型	资源限制（36.2 节）
sa_family_t	无符号整型	套接字地址族（56.4 节）
shmatt_t	无符号整型	与 System V 共享内存段相连的进程数量
sig_atomic_t	整型	可进行原子访问的数据类型（21.1.3 节）
siginfo_t	结构类型	信号起源的相关信息（21.4 节）
sigset_t	整形或结构类型	信号集合（20.9 节）
size_t	无符号整型	对象大小（以字节数计）
socklen_t	至少 32 位的整型	套接字地址结构大小（以字节数计）（56.3 节）
speed_t	无符号整型	终端线速度（62.7 节）
ssize_t	有符号整型	字节数或（为负时）标识错误
stack_t	结构类型	对备选信号栈的描述（21.3 节）
suseconds_t	有符号整型，范围为 [−1,1000000]	微秒级的时间间隔（10.1 节）
tcflag_t	无符号整型	终端模式标志位的位掩码（62.2 节）
time_t	整型或浮点型实数	自所谓纪元（Epoch）（10.1 节）始，以秒计的日历时间
timer_t	运算类型之一	POSIX.1b 间隔定时器函数（23.6 节）的定时器标识符
uid_t	整型	数值型用户标识符（8.1 节）

在后续章节中论及表 3-1 的数据类型时，常会作如下表述：某类型“为一整数类型（由 SUSv3 所规定）”。这是指 SUSv3 要求以整型来定义该类型，但不要求使用某一特定的原生（native）数据类型（例如：short、int 或 long）。（通常，针对 Linux 中的每种系统数据类型，书中不会言明实际会使用哪种原生数据类型加以表示，因为编写可移植应用程序时无需关注这点。）

打印系统数据类型值

当需要打印表 3-1 所列数值型系统数据类型（例如：pid_t 和 uid_t）的值时，调用 printf()应留意不要引入对表现形式的依赖。这一依赖是由于 C 语言的（升级型）自动类型转换造成的。该转换会将 short 型转换为 int 型，而对于 int 型和 long 型则置之不问。这就意味着传入 printf()的要么为 int 型，要么为 long 型。然而，因为 printf()在运行时无从判定其参数类型，调用者必须明确其格式限定符为%d 还是%ld。问题在于在 printf()中仅就一种限定符进行编码会导致对实现的依赖。常见的应对策略是强制转换相应值为 long 型后，再使用%ld 的限定符，如下所示：

```
pid_t mypid;

mypid = getpid();              /* Returns process ID of calling process */
printf("My PID is %ld\n", (long) mypid);
```

上述技术有个例外。因为在一些编译环境中数据类型 off_t 大小与 long long 相当，所以会将 off_t 强制转换为该类型并使用%lld 的限定符，如 5.10 节所述。

> C99 标准为 printf 定义了名为 z 的长度修饰符，以表明紧随其后的整型转换是与 size_t 或 ssize_t 类型相对应的。因而，要对付这些类型，就可以用%zd 来取代%ld 外加类型转换的方法了。尽管 glibc 支持该限定符，但其并未获得所有 UNIX 实现的支持，故而本书也避免采用这一做法。
>
> C99 标准还定义有名为 j 的长度修饰符，并规定其相应参数的类型为 intmax_t（或 uintmax_t），该类型之大，足以用其表示任何类型的整数。最终，使用 intmax_t 强制转换外加%jd 限定符的方案应取代 long 强制转换外加%ld 限定符的方案，成为打印数值型系统数据类型的首选，因为前者可以处理 long long 型值和诸如 int128_t 之类的任一可扩展整数类型。然而，出于相同的原因（未获得所有 UNIX 实现的支持），本书没有采用这一技术。

3.6.3 其他的可移植性问题

本节所讨论的，是进行系统编程时可能会遇到的一些其他可移植性问题。

初始化操作和使用结构

每种 UNIX 实现，都明确定义了一系列标准结构，用于各种系统调用及库函数。现试举一例，请考虑用来表示信号量操作（通过 semop()系统调用去执行）的结构 sembuf：

```
struct sembuf {
    unsigned short sem_num;        /* Semaphore number */
    short          sem_op;         /* Operation to be performed */
    short          sem_flg;        /* Operation flags */
};
```

尽管 SUSv3 定义了诸如 sembuf 之类的结构，但意识到如下两点尤为重要。
- 总体而言，未对此类结构内部的字段顺序作出规范。
- 一些情况下，此类结构内会包含额外的、与实现相关的字段。

因此，以如下方式对数据结构进行初始化，其代码是无法移植的：

```
struct sembuf s = { 3, -1, SEM_UNDO };
```

这段初始化程序尽管在 Linux 上运行没有问题，但在其他一些实现上，由于对 sembuf 结构的定义中顺序会有所不同，故而将无法工作。要在初始化时消除此类移植问题，必须明确采用如下赋值语句：

```
struct sembuf s;

s.sem_num = 3;
s.sem_op  = -1;
s.sem_flg = SEM_UNDO;
```

如果采用的是 C99 语言标准，可以利用该语言针对结构初始化的新语法，写出等价代码：

```
struct sembuf s = { .sem_num = 3, .sem_op = -1, .sem_flg = SEM_UNDO };
```

若需要将标准结构的内容转储到文件时，标准结构的成员顺序也要加以考虑。此时要消除可移植性问题，简单地将结构以二进制形式写入是无济于事的。相反，必须将结构内字段以特定顺序逐一加以记录（可能是以文本形式）。

使用未见诸于所有实现的宏

有时，未必所有的 UNIX 实现都对一个宏做了定义。例如，WCOREDUMP() 宏（用于检测子进程是否生成了核心转储文件）的使用非常广泛，但 SUSv3 却并未对其进行规范。因此，在某些 UNIX 实现上，该宏并不存在。要妥善处理此类潜在的可移植性问题，可以使用 C 语言的预编译指令#ifdef，如下所示：

```
#ifdef WCOREDUMP
    /* Use WCOREDUMP() macro */
#endif
```

不同实现间所需头文件的变化

有些情况下，包含各种系统调用和库函数原型的头文件，在不同 UNIX 实现之间会有所不同。本书仅展示 Linux 的需求，并注明其与 SUSv3 间的各种变化。

本书论及部分函数时，会引入特定头文件，伴之以“/*出于可移植型考虑*/”形式的注解。这表明 Linux 和 SUSv3 都不需要此头文件，但由于某些其他（尤其是老一些的）实现可能需要，在可移植程序中应将其纳入。

> POSIX.1-1990 曾规定，编程时如需使用其所规范的许多函数，在包含与该函数相关的任何其他头文件之前，必须包含头文件<sys/types.h>。可是，这一要求不久就成了多此一举。绝大多数现代 UNIX 实现中的应用程序，在使用这些函数时都无需包含此头文件。SUSv1 因而删除了这一要求。然而，在编写可移植程序时，将以其为首的头文件包括在内，仍不失为明智之举。（不过，本书的程序示例中省去这一头文件，因为在 Linux 平台下此举实属多余，而程序代码也因此少了一行。）

3.7　总结

系统调用允许进程向内核请求服务。与用户空间的函数调用相比，哪怕是最简单的系统调用都会产生显著的开销，其原因是为了执行系统调用，系统需要临时性地切换到核心态，此外，内核还需验证系统调用的参数、用户内存和内核内存之间也有数据需要传递。

标准的 C 语言函数库提供了大量库函数，功能五花八门。有些库函数会利用系统调用来完成工作，而另一些库函数则完全在用户空间内执行任务。在 Linux 上，一般情况下，使用 glibc 作为 C 语言标准库的实现。

大多数系统调用和库函数都会返回一个状态值，以表明调用成功与否。对这一返回状态进行检查是一条编程铁律。

为本书的程序示例还实现有一批函数。其所执行的任务包括诊断错误和解析命令行参数。

本章也提供了一系列指南及技术，以帮助读者编写可移植的系统程序，此类程序可在任何符合标准的系统上运行。

编译应用程序时，可定义不同的特性测试宏，以控制头文件显露对特定标准的定义。当希望确保程序符合某些正式或由实现定义的标准时，上述做法可谓是非常实用。

利用定义于各个标准中（而非原生 C 语言类型）的系统数据类型，能够改善系统编程的可移植性。SUSv3 定义有大量系统数据类型，UNIX 实现应加以支持，应用程序应予以采用。

3.8　练习

3-1　使用 Linux 专有的 reboot()系统调用重启系统时，必须将第二个参数 magic2 定义为一组 magic 号之一（例如，LINUX_REBOOT_MAGIC2）。这些 magic 号有何意义？（将 magic 号转换为十六进制数，对解题会有所帮助。）

第 **4** 章

文件 I/O：通用的 I/O 模型

现在，我们开始深入研究系统调用 API。作为 UNIX 系统设计思想的核心理念，文件（file）是一个不错的起点。本章重点介绍用于文件输入/输出的系统调用。

本章开篇会讨论文件描述符的概念，随后会逐一讲解构成通用 I/O 模型的系统调用，其中包括：打开文件、关闭文件、从文件中读数据和向文件中写数据。

本章所关注的是磁盘文件的 I/O 操作。然而，鉴于可以采用相同的系统调用对诸如管道、终端等所有类型的文件施以输入/输出操作，故而本章的大部分内容会与后续章节有关。

第 5 章会在本章基础上对文件 I/O 做深入探讨。缓冲（buffering）是文件 I/O 的另一要点，其复杂程度足以专辟一章讲述。第 13 章就涵盖了内核和 stdio 库中的 I/O 缓冲。

4.1　概述

所有执行 I/O 操作的系统调用都以文件描述符，一个非负整数（通常是小整数），来指代打开的文件。文件描述符用以表示所有类型的已打开文件，包括管道（pipe）、FIFO、socket、终端、设备和普通文件。针对每个进程，文件描述符都自成一套。

按照惯例，大多数程序都期望能够使用 3 种标准的文件描述符，见表 4-1。在程序开始运行之前，shell 代表程序打开这 3 个文件描述符。更确切地说，程序继承了 shell 文件描述符的副本——在 shell 的日常操作中，这 3 个文件描述符始终是打开的。（在交互式 shell 中，这 3 个文件描述符通常指向 shell 运行所在的终端。）如果命令行指定对输入/输出进行重定向操作，那么 shell 会对文件描述符做适当修改，然后再启动程序。

表 4-1：标准文件描述符

文件描述符	用　　途	POSIX 名称	stdio 流
0	标准输入	STDIN_FILENO	stdin
1	标准输出	STDOUT_FILENO	stdout
2	标准错误	STDERR_FILENO	stderr

在程序中指代这些文件描述符时，可以使用数字（0、1、2）表示，或者采用<unistd.h>所定义的 POSIX 标准名称——此方法更为可取。

> 虽然 stdin、stdout 和 stderr 变量在程序初始化时用于指代进程的标准输入、标准输出和标准错误，但是调用 freopen()库函数可以使这些变量指代其他任何文件对象。作为其操作的一部分，freopen()可以在将流（stream）重新打开之际一并更换隐匿其中的文件描述符。换言之，针对 stdout 调用 freopen()函数后，无法保证 stdout 变量值仍然为 1。

下面介绍执行文件 I/O 操作的 4 个主要系统调用（编程语言和软件包通常会利用 I/O 函数库对它们进行间接调用）。

- fd = open(pathname, flags, mode) 函数打开 pathname 所标识的文件，并返回文件描述符，用以在后续函数调用中指代打开的文件。如果文件不存在，open()函数可以创建之，这取决于对位掩码参数 flags 的设置。flags 参数还可指定文件的打开方式：只读、只写亦或是读写方式。mode 参数则指定了由 open()调用创建文件的访问权限，如果 open()函数并未创建文件，那么可以忽略或省略 mode 参数。
- numread = read(fd, buffer, count) 调用从 fd 所指代的打开文件中读取至多 count 字节的数据，并存储到 buffer 中。read()调用的返回值为实际读取到的字节数。如果再无字节可读（例如：读到文件结尾符 EOF 时），则返回值为 0。
- numwritten = write(fd, buffer, count) 调用从 buffer 中读取多达 count 字节的数据写入由 fd 所指代的已打开文件中。write()调用的返回值为实际写入文件中的字节数，且有可能小于 count。
- status = close(fd)在所有输入/输出操作完成后，调用 close()，释放文件描述符 fd 以及与之相关的内核资源。

在详细说明这些系统调用之前，程序清单 4-1 简要展示了它们的使用方法。该程序实现了一个简版的 cp(1)命令，将源文件内容复制到新文件中。在命令行中，程序的第一个参数代表已存在的源文件，第二个参数则代表新文件。程序清单 4-1 如下所示：

```
$ ./copy oldfile newfile
```

程序清单 4-1：使用 I/O 系统调用

```
                                                      ─── fileio/copy.c
#include <sys/stat.h>
#include <fcntl.h>
#include "tlpi_hdr.h"

#ifndef BUF_SIZE          /* Allow "cc -D" to override definition */
#define BUF_SIZE 1024
#endif

int
main(int argc, char *argv[])
{
    int inputFd, outputFd, openFlags;
    mode_t filePerms;
    ssize_t numRead;
    char buf[BUF_SIZE];

    if (argc != 3 || strcmp(argv[1], "--help") == 0)
        usageErr("%s old-file new-file\n", argv[0]);
```

```
    /* Open input and output files */

    inputFd = open(argv[1], O_RDONLY);
    if (inputFd == -1)
        errExit("opening file %s", argv[1]);

    openFlags = O_CREAT | O_WRONLY | O_TRUNC;
    filePerms = S_IRUSR | S_IWUSR | S_IRGRP | S_IWGRP |
                S_IROTH | S_IWOTH;        /* rw-rw-rw- */
    outputFd = open(argv[2], openFlags, filePerms);
    if (outputFd == -1)
        errExit("opening file %s", argv[2]);

    /* Transfer data until we encounter end of input or an error */

    while ((numRead = read(inputFd, buf, BUF_SIZE)) > 0)
        if (write(outputFd, buf, numRead) != numRead)
            fatal("couldn't write whole buffer");
    if (numRead == -1)
        errExit("read");

    if (close(inputFd) == -1)
        errExit("close input");
    if (close(outputFd) == -1)
        errExit("close output");

    exit(EXIT_SUCCESS);
}
```
── *fileio/copy.c*

4.2　通用 I/O

UNIX I/O 模型的显著特点之一是其输入/输出的通用性概念。这意味着使用 4 个同样的系统调用 open()、read()、write() 和 close() 可以对所有类型的文件执行 I/O 操作，包括终端之类的设备。因此，仅使用这些系统调用编写的程序，将对任何类型的文件有效。例如，针对程序清单 4-1 中的程序，如下操作都是有效的：

```
$ ./copy test test.old          Copy a regular file
$ ./copy a.txt /dev/tty         Copy a regular file to this terminal
$ ./copy /dev/tty b.txt         Copy input from this terminal to a regular file
$ ./copy /dev/pts/16 /dev/tty   Copy input from another terminal
```

要实现通用 I/O，就必须确保每一文件系统和设备驱动程序都实现了相同的 I/O 系统调用集。由于文件系统或设备所特有的操作细节在内核中处理，在编程时通常可以忽略设备专有的因素。一旦应用程序需要访问文件系统或设备的专有功能时，可以选择瑞士军刀般的 ioctl() 系统调用（4.8 节），该调用为通用 I/O 模型之外的专有特性提供了访问接口。

4.3　打开一个文件：open()

open() 调用既能打开一个业已存在的文件，也能创建并打开一个新文件。

```
#include <sys/stat.h>
#include <fcntl.h>
```

```
int open(const char *pathname, int flags, ... /* mode_t mode */);
                                Returns file descriptor on success, or –1 on error
```

要打开的文件由参数 pathname 来标识。如果 pathname 是一符号链接，会对其进行解引用。如果调用成功，open()将返回一文件描述符，用于在后续函数调用中指代该文件。若发生错误，则返回-1，并将 errno 置为相应的错误标志。

参数 flags 为位掩码，用于指定文件的访问模式，可选择表 4-2 所示的常量之一。

> 早期的 UNIX 实现中使用数字 0、1、2，而非表 4-2 中所列的常量名称。大多数现代 UNIX 实现将这些常量定义为上述相应数字（以期与早期系统保持兼容）。由此可见，O_RDWR 并不等同于 O_RDONLY | O_WRONLY，后者（或组合）属于逻辑错误。

当调用 open()创建新文件时，位掩码参数 mode 指定了文件的访问权限。（SUSv3 规定，mode 的数据类型 mode_t 属于整数类型。）如果 open()并未指定 O_CREAT 标志，则可以省略 mode 参数。

表 4-2：文件访问模式

访 问 模 式	描　　　述
O_RDONLY	以只读方式打开文件
O_WRONLY	以只写方式打开文件
O_RDWR	以读写方式打开文件

15.4 节将详细描述文件权限。之后，读者会了解到新建文件的访问权限不仅仅依赖于参数 mode，而且受到进程的 umask 值（15.4.6 节）和（可能存在的）父目录的默认访问控制列表（17.6 节）影响。与此同时，需要注意 mode 参数可以指定为数字（通常为八进制数），更为可取的做法是对 0 个或多个表 15-4（15.4.1 节）中所列位掩码常量进行逻辑或（|）操作。

程序清单 4-2 展示了 open()调用的几个使用实例，其中有些调用用到了其他标志位，后续将会加以介绍。

程序清单 4-2：open 函数使用的例子

```
    /* Open existing file for reading */

    fd = open("startup", O_RDONLY);
    if (fd == -1)
        errExit("open");

    /* Open new or existing file for reading and writing, truncating to zero
       bytes; file permissions read+write for owner, nothing for all others */

    fd = open("myfile", O_RDWR | O_CREAT | O_TRUNC, S_IRUSR | S_IWUSR);
    if (fd == -1)
        errExit("open");

    /* Open new or existing file for writing; writes should always
       append to end of file */

    fd = open("w.log", O_WRONLY | O_CREAT | O_TRUNC | O_APPEND,
                        S_IRUSR | S_IWUSR);
```

```
    if (fd == -1)
        errExit("open");
```

open()调用所返回的文件描述符数值

SUSv3 规定，如果调用 open()成功，必须保证其返回值为进程未用文件描述符中数值最小者。可以利用该特性以特定文件描述符打开某一文件。例如，如下代码序列就会确保使用标准输入（文件描述符 0）打开一文件。

```
    if (close(STDIN_FILENO) == -1)          /* Close file descriptor 0 */
        errExit("close");

    fd = open(pathname, O_RDONLY);
    if (fd == -1)
        errExit("open");
```

由于文件描述符 0 未用，所以 open()调用势必使用此描述符打开文件。5.5 节中所论及的dup2()和 fcntl()也可实现类似功能，但对于文件描述符的控制更加灵活。该节还将举例说明对于业已打开的文件，控制其描述符为何大有益处。

4.3.1　open()调用中的 flags 参数

在程序清单 4-2 展示的一些 open()调用例子中，flags 参数除了使用文件访问标志外，还使用了其他操作标志（O_CREAT、O_TRUNC 和 O_APPEND）。现在将详细介绍 flags 参数。表4-3 总结了可参与 flags 参数逐位或运算(|)的一整套常量。最后一列显示常量标准化于 SUSv3还是 SUSv4。

表 4-3：open()系统调用的 flags 参数值介绍

标　　志	用　　　　途	统一 UNIX 规范版本
O_RDONLY	以只读方式打开	v3
O_WRONLY	以只写方式打开	v3
O_RDWR	以读写方式打开	v3
O_CLOEXEC	设置 close-on-exec 标志（自 Linux 2.6.23 版本开始）	v4
O_CREAT	若文件不存在则创建之	v3
O_DIRECT	无缓冲的输入/输出	
O_DIRECTORY	如果 pathname 不是目录，则失败	v4
O_EXCL	结合 O_CREAT 参数使用，专门用于创建文件	v3
O_LARGEFILE	在 32 位系统中使用此标志打开大文件	
O_NOATIME	调用 read()时，不修改文件最近访问时间（自 Linux 2.6.8版本开始）	
O_NOCTTY	不要让 pathname（所指向的终端设备）成为控制终端	v3
O_NOFOLLOW	对符号链接不予解引用	v4
O_TRUNC	截断已有文件，使其长度为零	v3

标　　　志	用　　　途	统一 UNIX 规范版本
O_APPEND	总在文件尾部追加数据	v3
O_ASYNC	当 I/O 操作可行时，产生信号（signal）通知进程	
O_DSYNC	提供同步的 I/O 数据完整性（自 Linux 2.6.33 版本开始）	v3
O_NONBLOCK	以非阻塞方式打开	v3
O_SYNC	以同步方式写入文件	v3

表 4-3 中常量分为如下几组。

- 文件访问模式标志：先前描述的 O_RDONLY、O_WRONLY 和 O_RDWR 标志均在此列，调用 open() 时，上述三者在 flags 参数中不能同时使用，只能指定其中一种。调用 fcntl() 的 F_GETFL 操作能够检索文件的访问模式（见 5.3 节）。
- 文件创建标志：这些标志在表 4-3 中位于第二部分，其控制范围不拘于 open() 调用行为的方方面面，还涉及后续 I/O 操作的各个选项。这些标志不能检索，也无法修改。
- 已打开文件的状态标志：这些标志是表 4-3 中的剩余部分，使用 fcntl() 的 F_GETFL 和 F_SETFL 操作可以分别检索和修改此类标志。有时干脆将其称之为**文件状态标志**。

> 始于内核版本 2.6.22，读取位于 /proc/PID/fdinfo 目录下的 linux 系统专有文件，可以获取系统内任一进程中文件描述符的相关信息。针对进程中每一个已打开的文件描述符，该目录下都有相应文件，以对应文件描述符的数值命名。文件中的 pos 字段表示当前的文件偏移量（4.7 节）。而 flags 字段则为一个八进制数，表征文件访问标志和已打开文件的状态标志。（该数字的解码需要参考这些标志在 C 语言函数库头文件中所定义的数值。）

如下是 flags 常量的详细描述。

O_APPEND

总是在文件尾部追加数据，5.1 节将讨论此标志的意义。

O_ASYNC

当对于 open() 调用所返回的文件描述符可以实施 I/O 操作时，系统会产生一个信号通知进程。这一特性，也被称为信号驱动 I/O，仅对特定类型的文件有效，诸如终端、FIFOS 及 socket。（在 SUSv3 中并未规定 O_ASYNC 标志，但大多数 UNIX 实现都支持此标志或者老版本中与其等效的 FASYNC 标志。）在 Linux 中，调用 open() 时指定 O_ASYNC 标志没有任何实质效果。要启用信号驱动 I/O 特性，必须调用 fcntl() 的 F_SETFL 操作来设置 O_ASYNC 标志（见 5.3 节）。（其他一些 UNIX 系统的实现有类似行为。）关于 O_ASYNC 标志的更多内容请参考 63.3 节。

O_CLOEXEC（自 Linux 2.6.23 版本开始支持）

为新（创建）的文件描述符启用 close-on-flag 标志（FD_CLOEXEC）。27.4 节将描述 FD_CLOEXEC 标志。使用 O_CLOEXEC 标志（打开文件），可以免去程序执行 fcntl() 的 F_GETFD 和 F_SETFD 操作来设置 close-on-exec 标志的额外工作。在多线程程序中执行 fcntl() 的 F_GETFD 和 F_SETFD 操作有可能导致竞争状态，而使用 O_CLOEXEC 标志则能够避免这一点。可能引发竞争的场景是：线程某甲打开一文件描述符，尝试为该描述符标记 close-on-exec 标志，于此同时，线程某乙执行 fork() 调用，然后调用 exec() 执行任意一个程序。（假设在某甲打开文件描述符和调用

fcntl()设置 close-on-exec 标志之间,某乙成功地执行了 fork()和 exec()操作。)此类竞争可能会在无意间将打开的文件描述符泄露给不安全的程序。(更多关于竞争状态的内容请参考 5.1 节。)

O_CREAT

如果文件不存在,将创建一个新的空文件。即使文件以只读方式打开,此标志依然有效。如果在 open()调用中指定 O_CREAT 标志,那么还需要提供 mode 参数,否则,会将新文件的权限设置为栈中的某个随机值。

O_DIRECT

无系统缓冲的文件 I/O 操作。该特性将在 13.6 节中详述。为使 O_DIRECT 标志的常量定义在<fcntl.h>中有效,必须定义_GNU_SOURCE 功能测试宏。

O_DIRECTORY

如果 pathname 参数并非目录,将返回错误(错误号 errno 为 ENOTDIR)。这一标志是专为实现 opendir()函数(18.8 节)而设计的扩展标志。为使 O_DIRECTORY 标志的常量定义在<fcntl.h>中有效,必须定义_GNU_SOURCE 功能测试宏。

O_DSYNC(自 Linux 2.6.33 版本开始支持)

根据同步 I/O 数据完整性的完成要求[1]来执行文件写操作。参见 13.3 节中关于内核 I/O 缓冲的讨论。

O_EXCL

此标志与 O_CREAT 标志结合使用表明如果文件已经存在,则不会打开文件,且 open()调用失败,并返回错误,错误号 errno 为 EEXIST。换言之,此标志确保了调用者(open()的调用进程)就是创建文件的进程。检查文件存在与否和创建文件这两步属于同一原子操作。5.1 节将讨论原子操作的概念。如果在 flags 参数中同时指定了 O_CREAT 和 O_EXCL 标志,且 pathname 参数是符号链接,则 open()函数调用失败(错误号 errno 为 EEXIST)。SUSv3 之所以如此规定,是要求有特权的应用程序在已知目录下创建文件,从而消除了如下安全隐患,使用符号链接打开文件会导致在另一位置创建文件(例如,系统目录)。

O_LARGEFILE

支持以大文件方式打开文件。在 32 位操作系统中使用此标志,以支持大文件操作。尽管在 SUSv3 中没有规定这一标志,但其他一些 UNIX 实现都支持这一特性。此标志在诸如 Alpha、IA-64 之类的 64 位 Linux 实现中是无效的。更多的内容将在 5.10 节中讨论。

O_NOATIME(自 Linux 2.6.8 版本开始)

在读文件时,不更新文件的最近访问时间(15.1 节中所描述的 st_atime 属性)。要使用该标志,要么调用进程的有效用户 ID 必须与文件的拥有者相匹配,要么进程需要拥有特权(CAP_FOWNER)。否则,open()调用失败,并返回错误,错误号 errno 为 EPERM。(事实上,如 9.5 节所述,对于非特权进程,当以 O_NOATIME 标志打开文件时,与文件用户 ID 必须匹配的是进程的文件系统用户 ID,而非进程的有效用户 ID。)此标志是 Linux 特有的非标准扩展。要从<fcntl.h>中启用此标志,必须定义_GNU_SOURCE 功能测试宏。O_NOATIME 标志的设计旨在为索引和备份程序服务。该标志的使用能够显著减少磁盘的活动量,省却了既

---

1 译者注:所谓 synchronized I/O data integration completion 在 SUS 的 base definition 3.374 中有详细定义,但学究气十足,语焉不详。建议参考《UNIX 环境高级编程》v2 一书(后续译注中简称为 APUEv2)3.3 节关于 O_DSYNC 的描述。

要读取文件内容，又要更新文件 i-node 结构中最近访问时间的繁琐，进而节省了磁头在磁盘上的反复寻道时间（14.4 节）。mount()函数中 MS_ NOATIME 标志（14.8.1 节）和 FS_NOATIME_FL 标志（15.5 节）与 O_NOATIME 标志功能相似。

O_NOCTTY

如果正在打开的文件属于终端设备，O_NOCTTY 标志防止其成为控制终端。34.4 节将讨论控制终端。如果正在打开的文件不是终端设备，则此标志无效。

O_NOFOLLOW

通常，如果 pathname 参数是符号链接，open()函数将对 pathname 参数进行解引用。一旦在 open()函数中指定了 O_NOFOLLOW 标志，且 pathname 参数属于符号链接，则 open()函数将返回失败（错误号 errno 为 ELOOP）。此标志在特权程序中极为有用，能够确保 open()函数不对符号链接进行解引用。为使 O_NOFOLLOW 标志在<fcntl.h>中有效，必须定义_GNU_SOURCE 功能测试宏。

O_NONBLOCK

以非阻塞方式打开文件，参照 5.9 节。

O_SYNC

以同步 I/O 方式打开文件，参见 13.3 节针对内核 I/O 缓冲的讨论。

O_TRUNC

如果文件已经存在且为普通文件，那么将清空文件内容，将其长度置 0。在 Linux 下使用此标志，无论以读、写方式打开文件，都可清空文件内容（在这两种情况下，都必须拥有对文件的写权限）。SUSv3 对 O_RDONLY 与 O_TRUNC 标志的组合未作规定，但多数其他 UNIX 实现与 Linux 的处理方式相同。

4.3.2 open()函数的错误

若打开文件时发生错误，open()将返回−1，错误号 errno 标识错误原因。以下是一些可能发生的错误（除了在上节参数描述中已经提及的错误之外）。

EACCES

文件权限不允许调用进程以 flags 参数指定的方式打开文件。无法访问文件，其可能的原因有目录权限的限制、文件不存在并且也无法创建该文件。

EISDIR

所指定的文件属于目录，而调用者企图打开该文件进行写操作。不允许这种用法。（另一方面，在某些场合中，打开目录进行读操作是必要的。18.11 节将举例说明。）

EMFILE

进程已打开的文件描述符数量达到了进程资源限制所设定的上限（在 36.3 节将描述 RLIMIT_NOFILE 参数）。

ENFILE

文件打开数量已经达到系统允许的上限。

ENOENT

要么文件不存在且未指定 O_CREAT 标志，要么指定了 O_CREAT 标志，但 pathname 参数所指定路径的目录之一不存在，或者 pathname 参数为符号链接，而该链接指向的文件不存在（空链接）。

EROFS

所指定的文件隶属于只读文件系统，而调用者企图以写方式打开文件。

ETXTBSY

所指定的文件为可执行文件（程序），且正在运行。系统不允许修改正在运行的程序（比如以写方式打开文件）。（必须首先终止程序运行，然后方可修改可执行文件。）

后续在描述其他系统调用或库函数时，一般不会再以上述方式展现可能发生的一系列错误。（每个系统调用或库函数的错误列表可从相关操作手册中查询获得。）采用上述方式原因有二，一是因为 open() 是本书详细描述的首个系统调用，而上述列表表明任一原因都有可能导致系统调用或库函数的调用失败。二是 open() 调用失败的具体原因列表本身就颇为值得玩味，它展示了影响文件访问的若干因素，以及访问文件时系统所执行的一系列检查。（上述错误列表并不完整，更多 open() 调用失败的错误原因请查看 open(2) 的操作手册。）

4.3.3　creat() 系统调用

在早期的 UNIX 实现中，open() 只有两个参数，无法创建新文件，而是使用 creat() 系统调用来创建并打开一个新文件。

```
#include <fcntl.h>

int creat(const char *pathname, mode_t mode);
                                    Returns file descriptor, or –1 on error
```

creat() 系统调用根据 pathname 参数创建并打开一个文件，若文件已存在，则打开文件，并清空文件内容，将其长度清 0。creat() 返回一文件描述符，供后续系统调用使用。creat() 系统调用等价于如下 open() 调用：

```
fd = open(pathname, O_WRONLY | O_CREAT | O_TRUNC, mode);
```

尽管 creat() 在一些老旧程序的代码中还时有所见，但由于 open() 的 flags 参数能对文件打开方式提供更多控制（例如：可以指定 O_RDWR 标志，代替 O_WRONLY 标志），对 creat() 的使用现在已不多见。

4.4　读取文件内容：read()

read() 系统调用从文件描述符 fd 所指代的打开文件中读取数据。

```
#include <unistd.h>

ssize_t read(int fd, void *buffer, size_t count);
                          Returns number of bytes read, 0 on EOF, or –1 on error
```

count 参数指定最多能读取的字节数。（size_t 数据类型属于无符号整数类型。）buffer 参数提供用来存放输入数据的内存缓冲区地址。缓冲区至少应有 count 个字节。

> 系统调用不会分配内存缓冲区用以返回信息给调用者。所以，必须预先分配大小合适的缓冲区并将缓冲区指针传递给系统调用。与此相反，有些库函数却会分配内存缓冲区用以返回信息给调用者。

如果 read() 调用成功，将返回实际读取的字节数，如果遇到文件结束（EOF）则返回 0，如果出现错误则返回-1。ssize_t 数据类型属于有符号的整数类型，用来存放（读取的）字节数或-1（表示错误）。

一次 read() 调用所读取的字节数可以小于请求的字节数。对于普通文件而言，这有可能是因为当前读取位置靠近文件尾部。

当 read() 应用于其他文件类型时，比如管道、FIFO、socket 或者终端，在不同环境下也会出现 read() 调用读取的字节数小于请求字节数的情况。例如，默认情况下从终端读取字符，一遇到换行符（\n），read() 调用就会结束。在后续章节论及其他类型文件时，会再次针对这些情况进行探讨。

使用 read() 从终端读取一连串字符，我们也许期望下面的代码会起作用：

```
#define MAX_READ 20
char buffer[MAX_READ];

if (read(STDIN_FILENO, buffer, MAX_READ) == -1)
    errExit("read");
printf("The input data was: %s\n", buffer);
```

这段代码的输出可能会很奇怪，因为输出结果除了实际输入的字符串外还会包括其他字符。这是因为 read() 调用没有在 printf() 函数打印的字符串尾部添加一个表示终止的空字符。思索片刻就会意识到这肯定是症结所在，因为 read() 能够从文件中读取任意序列的字节。有些情况下，输入信息可能是文本数据，但在其他情况下，又可能是二进制整数或者二进制形式的 C 语言数据结构。read() 无从区分这些数据，故而也无法遵从 C 语言对字符串处理的约定，在字符串尾部追加标识字符串结束的空字符。如果输入缓冲区的结尾处需要一个表示终止的空字符，必须显式追加。

```
char buffer[MAX_READ + 1];
ssize_t numRead;

numRead = read(STDIN_FILENO, buffer, MAX_READ);
if (numRead == -1)
    errExit("read");

buffer[numRead] = '\0';
printf("The input data was: %s\n", buffer);
```

由于表示字符串终止的空字符需要一个字节的内存，所以缓冲区的大小至少要比预计读取的最大字符串长度多出 1 个字节。

4.5 数据写入文件：write()

write() 系统调用将数据写入一个已打开的文件中。

```
#include <unistd.h>

ssize_t write(int fd, void *buffer, size_t count);
```
                              Returns number of bytes written, or –1 on error

write()调用的参数含义与 read()调用相类似。buffer 参数为要写入文件中数据的内存地址，count 参数为欲从 buffer 写入文件的数据字节数，fd 参数为一文件描述符，指代数据要写入的文件。

如果 write()调用成功，将返回实际写入文件的字节数，该返回值可能小于 count 参数值。这被称为"部分写"。对磁盘文件来说，造成"部分写"的原因可能是由于磁盘已满，或是因为进程资源对文件大小的限制。（相关的限制为 RLIMIT_FSIZE，将在 36.3 节描述。）

对磁盘文件执行 I/O 操作时，write()调用成功并不能保证数据已经写入磁盘。因为为了减少磁盘活动量和加快 write()系统调用，内核会缓存磁盘的 I/O 操作，第 13 章将会详加介绍。

4.6 关闭文件：close()

close()系统调用关闭一个打开的文件描述符，并将其释放回调用进程，供该进程继续使用。当一进程终止时，将自动关闭其已打开的所有文件描述符。

```
#include <unistd.h>

int close(int fd);
```
                              Returns 0 on success, or –1 on error

显式关闭不再需要的文件描述符往往是良好的编程习惯，会使代码在后续修改时更具可读性，也更可靠。进而言之，文件描述符属于有限资源，因此文件描述符关闭失败可能会导致一个进程将文件描述符资源消耗殆尽。在编写需要长期运行并处理大量文件的程序时，比如 shell 或者网络服务器软件，需要特别加以关注。

像其他所有系统调用一样，应对 close()的调用进行错误检查，如下所示：

```
if (close(fd) == -1)
    errExit("close");
```

上述代码能够捕获的错误有：企图关闭一个未打开的文件描述符，或者两次关闭同一文件描述符，也能捕获特定文件系统在关闭操作中诊断出的错误条件。

> 针对特定文件系统的错误，NFS（网络文件系统）就是一例。如果 NFS 出现提交失败，这意味着数据没有抵达远程磁盘，随之将这一错误作为 close()调用失败的原因传递给应用系统。

4.7 改变文件偏移量：lseek()

对于每个打开的文件，系统内核会记录其文件偏移量，有时也将文件偏移量称为读写偏移量或指针。文件偏移量是指执行下一个 read()或 write()操作的文件起始位置，会以相对于文件头部起始点的文件当前位置来表示。文件第一个字节的偏移量为 0。

文件打开时，会将文件偏移量设置为指向文件开始，以后每次 read()或 write()调用将自动对其进行调整，以指向已读或已写数据后的下一字节。因此，连续的 read()和 write()调用将按顺序递进，对文件进行操作。

针对文件描述符 fd 参数所指代的已打开文件，lseek()系统调用依照 offset 和 whence 参数值调整该文件的偏移量。

```
#include <unistd.h>

off_t lseek(int fd, off_t offset, int whence);
```
                                    Returns new file offset if successful, or –1 on error

offset 参数指定了一个以字节为单位的数值。（SUSv3 规定 off_t 数据类型为有符号整型数。）whence 参数则表明应参照哪个基点来解释 offset 参数，应为下列其中之一：

SEEK_SET

将文件偏移量设置为从文件头部起始点开始的 offset 个字节。

SEEK_CUR

相对于当前文件偏移量，将文件偏移量调整 offset 个字节[1]。

SEEK_END

将文件偏移量设置为起始于文件尾部的 offset 个字节。也就是说，offset 参数应该从文件最后一个字节之后的下一个字节算起。

图 4-1 展示了 whence 参数的含义。

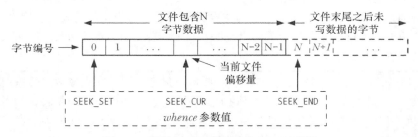

图 4-1：解释 lseek()函数中 whence 参数

在早期的 UNIX 实现中，whence 参数用整数 0、1、2 来表示，而非正文中显示的 SEEK_*常量。BSD 的早期版本使用另一套命名：L_SET、L_INCR 和 L_XTND 来表示 whence 参数。

如果 whence 参数值为 SEEK_CUR 或 SEEK_END，offset 参数可以为正数也可以为负数；如果 whence 参数值为 SEEK_SET，offset 参数值必须为非负数。

lseek()调用成功会返回新的文件偏移量。下面的调用只是获取文件偏移量的当前位置，并没有修改它。

```
curr = lseek(fd, 0, SEEK_CUR);
```

有些 UNIX 系统（Linux 不在此列）实现了非标准的 tell(fd)函数，其调用目的与上述 lseek()相同。

---

1 译者注：简而言之，相对于文件头部的绝对偏移量=当前文件偏移量+offset。

这里给出了 lseek()调用的其他一些例子，在注释中说明了将文件偏移量移到的具体位置。

```
lseek(fd, 0, SEEK_SET);          /* Start of file */
lseek(fd, 0, SEEK_END);          /* Next byte after the end of the file */
lseek(fd, -1, SEEK_END);         /* Last byte of file */
lseek(fd, -10, SEEK_CUR);        /* Ten bytes prior to current location */
lseek(fd, 10000, SEEK_END);      /* 10001 bytes past last byte of file */
```

lseek()调用只是调整内核中与文件描述符相关的文件偏移量记录，并没有引起对任何物理设备的访问。

5.4 节将进一步描述文件偏移量、文件描述符、已打开文件三者之间的关系。

lseek()并不适用于所有类型的文件。不允许将 lseek()应用于管道、FIFO、socket 或者终端。一旦如此，调用将会失败，并将 errno 置为 ESPIPE。另一方面，只要合情合理，也可以将 lseek()应用于设备。例如，在磁盘或者磁带上查找一处具体位置。

> lseek()调用名中的 l 源于这样一个事实：offset 参数和调用返回值的类型起初都是 long 型。早期的 UNIX 系统还提供了 seek()系统调用，当时这两个值的类型为 int 型。

文件空洞

如果程序的文件偏移量已然跨越了文件结尾，然后再执行 I/O 操作，将会发生什么情况？read()调用将返回 0，表示文件结尾。有点令人惊讶的是，write()函数可以在文件结尾后的任意位置写入数据。

从文件结尾后到新写入数据间的这段空间被称为文件空洞。从编程角度看，文件空洞中是存在字节的，读取空洞将返回以 0（空字节）填充的缓冲区。

然而，文件空洞不占用任何磁盘空间。直到后续某个时点，在文件空洞中写入了数据，文件系统才会为之分配磁盘块。文件空洞的主要优势在于，与为实际需要的空字节分配磁盘块相比，稀疏填充的文件会占用较少的磁盘空间。核心转储文件（core dump）（见 22.1 节）是包含空洞文件的常见例子。

> 对于文件空洞不占用磁盘空间的说法需要稍微限定一下。在大多数文件系统中，文件空间的分配是以块为单位的（14.3 节）。块的大小取决于文件系统，通常是 1024 字节、2048 字节、4096 字节。如果空洞的边界落在块内，而非恰好落在块边界上，则会分配一个完整的块来存储数据，块中与空洞相关的部分则以空字节填充。

大多数"原生"UNIX 文件系统都支持文件空洞的概念，但很多"非原生"文件系统（比如，微软的 VFAT）并不支持这一概念。不支持文件空洞的文件系统会显式地将空字节写入文件。

空洞的存在意味着一个文件名义上的大小可能要比其占用的磁盘存储总量要大（有时会大出许多）。向文件空洞中写入字节，内核需要为其分配存储单元，即使文件大小不变，系统的可用磁盘空间也将减少。这种情况并不常见，但也需要了解。

> SUSv3 的函数 posix_fallocate(fd, offset, len)规定，针对文件描述符 fd 所指代的文件，能确保按照由 offset 参数和 len 参数所确定的字节范围为其在磁盘上分配存储空间。这样，应用程序对文件的后续 write()调用不会因磁盘空间耗尽而失败（否则，当文件中一个空洞被填满后，或者因其他应用程序消耗了磁盘空间时，都可能因磁盘空间耗尽而引发此类错误）。在过去，glibc 库在实现 posix_fallocate()函数时，通过向指定范围内的每个块写入一个值为 0 的字节以达到预期结果。自内核版本 2.6.23 开始，Linux 系统提供了 fallocate()系

统调用，能更为高效地确保所需存储空间的分配。当 fallocate()调用可用时，glibc 库会利用其来实现 posix_ fallocate()函数的功能。

14.4 节将描述空洞在文件中的表示方式。15.1 节将描述 stat()系统调用，该调用能够提供文件当前大小和实际分配给文件的块数量等信息。

示例程序

程序清单 4-3 演示了 lseek()与 read()、write()的协作使用。该程序的第一个命令行参数为将要打开的文件名称，余下的参数则指定了在文件上执行的输入/输出操作。每个表示操作的参数都以一个字母开头，紧跟以相关值（中间无空格分隔）。

- soffset：从文件开始检索到 offset 字节位置。
- rlength：在当前文件偏移量处，从文件中读取 length 字节数据，并以文本形式显示。
- Rlength：在当前文件偏移量处，从文件中读取 length 字节数据，并以十六进制形式显示。
- wstr：在当前文件偏移量处，向文件写入由 str 指定的字符串。

程序清单 4-3：read()、write()和 lseek()的使用示范

—————————————————————————— fileio/seek_io.

```c
#include <sys/stat.h>
#include <fcntl.h>
#include <ctype.h>
#include "tlpi_hdr.h"

int
main(int argc, char *argv[])
{
    size_t len;
    off_t offset;
    int fd, ap, j;
    char *buf;
    ssize_t numRead, numWritten;

    if (argc < 3 || strcmp(argv[1], "--help") == 0)
        usageErr("%s file {r<length>|R<length>|w<string>|s<offset>}...\n",
                argv[0]);

    fd = open(argv[1], O_RDWR | O_CREAT,
                S_IRUSR | S_IWUSR | S_IRGRP | S_IWGRP |
                S_IROTH | S_IWOTH);                    /* rw-rw-rw- */
    if (fd == -1)
        errExit("open");

    for (ap = 2; ap < argc; ap++) {
        switch (argv[ap][0]) {
        case 'r':   /* Display bytes at current offset, as text */
        case 'R':   /* Display bytes at current offset, in hex */
            len = getLong(&argv[ap][1], GN_ANY_BASE, argv[ap]);
            buf = malloc(len);
            if (buf == NULL)
                errExit("malloc");

            numRead = read(fd, buf, len);
            if (numRead == -1)
```

```
                errExit("read");

        if (numRead == 0) {
            printf("%s: end-of-file\n", argv[ap]);
        } else {
            printf("%s: ", argv[ap]);
            for (j = 0; j < numRead; j++) {
                if (argv[ap][0] == 'r')
                    printf("%c", isprint((unsigned char) buf[j]) ?
                                                buf[j] : '?');
                else
                    printf("%02x ", (unsigned int) buf[j]);
            }
            printf("\n");
        }

        free(buf);
        break;

    case 'w':    /* Write string at current offset */
        numWritten = write(fd, &argv[ap][1], strlen(&argv[ap][1]));
        if (numWritten == -1)
            errExit("write");
        printf("%s: wrote %ld bytes\n", argv[ap], (long) numWritten);
        break;

    case 's':    /* Change file offset */
        offset = getLong(&argv[ap][1], GN_ANY_BASE, argv[ap]);
        if (lseek(fd, offset, SEEK_SET) == -1)
            errExit("lseek");
        printf("%s: seek succeeded\n", argv[ap]);
        break;

    default:
        cmdLineErr("Argument must start with [rRws]: %s\n", argv[ap]);
    }
}

exit(EXIT_SUCCESS);
}
```

—— **fileio/seek_io.c**

下面的 shell 会话演示了程序清单 4-3 程序的使用，还显示了从文件空洞中读取字节时的情况：

```
$ touch tfile                          Create new, empty file
$ ./seek_io tfile s100000 wabc         Seek to offset 100,000, write "abc"
s100000: seek succeeded
wabc: wrote 3 bytes
$ ls -l tfile                          Check size of file
-rw-r--r--    1 mtk    users  100003 Feb 10 10:35 tfile
$ ./seek_io tfile s10000 R5            Seek to offset 10,000, read 5 bytes from hole
s10000: seek succeeded
R5: 00 00 00 00 00                     Bytes in the hole contain 0
```

4.8   通用 I/O 模型以外的操作：ioctl()

在本章上述通用 I/O 模型之外，ioctl()系统调用又为执行文件和设备操作提供了一种多用途机制。

```
#include <sys/ioctl.h>

int ioctl(int fd, int request, ... /* argp */);
                         Value returned on success depends on request, or –1 on error
```

fd 参数为某个设备或文件已打开的文件描述符，request 参数指定了将在 fd 上执行的控制操作。具体设备的头文件定义了可传递给 request 参数的常量。

ioctl() 调用的第三个参数采用了标准 C 语言的省略符号（...）来表示（称之为 argp），可以是任意数据类型。ioctl() 根据 request 的参数值来确定 argp 所期望的类型。通常情况下，argp 是指向整数或结构的指针，有些情况下，不需要使用 argp。

后面各章中将会有许多 ioctl() 的用法展示（例如 15.5 节）。

> SUSv3 为 ioctl() 制定的唯一规定是针对流（STREAM）设备的控制操作。（流是 System V 操作系统中的特性。尽管为其开发有一些插件，主流的 Linux 内核并不支持该特性。）本书述及的 ioctl() 的其他操作都不在 SUSv3 的规范之列。然而，从早期版本开始，ioctl() 调用就是 UNIX 系统的一部分，因此本书所描述的几个 ioctl() 操作在许多其他 UNIX 系统中都已实现。在讨论 ioctl() 调用的各个操作时，会点出存在的可移植性问题。

4.9　总结

为了对普通文件执行 I/O 操作，首先必须调用 open() 以获得一个文件描述符。随之使用 read() 和 write() 执行文件的 I/O 操作，然后应使用 close() 释放文件描述符及相关资源。这些系统调用可对所有类型的文件执行 I/O 操作。

所有类型的文件和设备驱动都实现了相同的 I/O 接口，这保证了 I/O 操作的通用性，同时也意味着在无需针对特定文件类型编写代码的情况下，程序通常就能操作所有类型的文件。

对于已打开的每个文件，内核都维护有一个文件偏移量，这决定了下一次读或写操作的起始位置。读和写操作会隐式修改文件偏移量。使用 lseek() 函数可以显式地将文件偏移量置为文件中或文件结尾后的任一位置。在文件原结尾处之后的某一位置写入数据将导致文件空洞。从文件空洞处读取文件将返回全 0 字节。

对于未纳入标准 I/O 模型的所有设备和文件操作而言，ioctl() 系统调用是个"百宝箱"。

4.10　练习

4-1. tee 命令是从标准输入中读取数据，直至文件结尾，随后将数据写入标准输出和命令行参数所指定的文件。（44.7 节讨论 FIFO 时，会展示使用 tee 命令的一个例子。）请使用 I/O 系统调用实现 tee 命令。默认情况下，若已存在与命令行参数指定文件同名的文件，tee 命令会将其覆盖。如文件已存在，请实现 -a 命令行选项（tee -a file）在文件结尾处追加数据。（请参考附录 B 中对 getopt() 函数的描述来解析命令行选项。）

4-2. 编写一个类似于 cp 命令的程序，当使用该程序复制一个包含空洞（连续的空字节）的普通文件时，要求目标文件的空洞与源文件保持一致。

第 **5** 章

深入探究文件 I/O

本章将延续上一章的讨论，进一步探究文件 I/O。

在后续的关于 open()系统调用的探讨中，将引入原子（atomicity）操作的概念——将某一系统调用所要完成的各个动作作为不可中断的操作，一次性加以执行。原子操作是许多系统调用得以正确执行的必要条件。

本章还将介绍另一个与文件操作相关的系统调用：多用途的 fcntl()，并展示其应用之一读取和设置打开文件的状态标志。

随后，本章将审视用于表示文件描述符和已打开文件的内核数据结构。后续各章将探讨文件 I/O 的某些微妙之处，理解这些数据结构之间的关系对此将有所助益。基于这一模型，本章还将解释如何复制文件描述符。

之后，本章将讨论一些支持扩展读写功能的系统调用。此类调用可以在不改变文件当前偏移量的情况下，在文件的特定位置处进行读写操作，以及对程序中多个缓冲区进行数据（双向）传输。

最后，将简要介绍非阻塞 I/O 的概念，并述及一些用于读写大文件的扩展接口。

此外，因为临时文件在许多系统程序中有广泛的应用，所以本章也会介绍一些相关库函数：在保证随机生成唯一文件名称的同时，用于创建和操作临时文件。

5.1　原子操作和竞争条件

在探究系统调用时会反复涉及原子操作的概念。所有系统调用都是以原子操作方式执行的。之所以这么说，是指内核保证了某系统调用中的所有步骤会作为独立操作而一次性加以执行，其间不会为其他进程或线程所中断。

原子性是某些操作得以圆满成功的关键所在。特别是它规避了竞争状态（race conditions）（有时也称为竞争冒险）。竞争状态是这样一种情形：操作共享资源的两个进程（或线程），其结果取决于一个无法预期的顺序，即这些进程[1]获得 CPU 使用权的先后相对顺序。

接下来，将讨论涉及文件 I/O 的两种竞争状态，并展示了如何使用 open()的标志位，来保

---

1 译者注：或线程。

证相关文件操作的原子性，从而消除这些竞争状态。

22.9 节将介绍 sigsuspend() 系统调用。24.4 节将介绍 fork() 调用，届时将再次探讨竞争状态。

以独占方式创建一个文件

4.3.1 节曾述及：当同时指定 O_EXCL 与 O_CREAT 作为 open() 的标志位时，如果要打开的文件已然存在，则 open() 将返回一个错误。这提供了一种机制，保证进程是打开文件的创建者。对文件是否存在的检查和创建文件属于同一原子操作。要理解这一点的重要性，请思考程序清单 5-1 所示代码，该段代码中并未使用 O_EXCL 标志。（在此，为了对执行该程序的不同进程加以区分，在输出信息中打印有通过调用 getpid() 所返回的进程号。）

程序清单 5-1：试图以独占方式打开文件的错误代码

```
—————————————————————————————— from fileio/bad_exclusive_open.c
fd = open(argv[1], O_WRONLY);        /* Open 1: check if file exists */
    if (fd != -1) {                  /* Open succeeded */
        printf("[PID %ld] File \"%s\" already exists\n",
                (long) getpid(), argv[1]);
        close(fd);
    } else {
        if (errno != ENOENT) {       /* Failed for unexpected reason */
            errExit("open");
        } else {
            /* WINDOW FOR FAILURE */
            fd = open(argv[1], O_WRONLY | O_CREAT, S_IRUSR | S_IWUSR);
            if (fd == -1)
                errExit("open");

            printf("[PID %ld] Created file \"%s\" exclusively\n",
                    (long) getpid(), argv[1]);            /* MAY NOT BE TRUE! */
        }
    }

—————————————————————————————— from fileio/bad_exclusive_open.c
```

程序清单 5-1 中所示的代码，除了要啰啰嗦嗦地调用 open() 两次外，还潜伏着一个 bug。假设如下情况：当第一次调用 open() 时，希望打开的文件还不存在，而当第二次调用 open() 时，其他进程已经创建了该文件。如图 5-1 所示，若内核调度器判断出分配给 A 进程的时间片已经耗尽，并将 CPU 使用权交给 B 进程，就可能会发生这种问题。再比如两个进程在一个多 CPU 系统上同时运行时，也会出现这种情况。图 5-1 展示了两个进程同时执行程序清单 5-1 中代码的情形。在这一场景下，进程 A 将得出错误的结论：目标文件是由自己创建的。因为无论目标文件存在与否，进程 A 对 open() 的第二次调用都会成功。

虽然进程将自己误认为文件创建者的可能性相对较小，但毕竟是存在的，这已然将此段代码置于不可靠的境地。操作的结果将依赖于对两个进程的调度顺序，这一事实也就意味着出现了竞争状态。

为了说明这段代码的确存在问题，可以用一段代码替换程序清单 5-1 中的注释行 "处理文件不存在的情况"，在检查文件是否存在与创建文件这两个动作之间人为制造一个长时间的等待。

```
printf("[PID %ld] File \"%s\" doesn't exist yet\n", (long) getpid(), argv[1]);
if (argc > 2) {                      /* Delay between check and create */
    sleep(5);                        /* Suspend execution for 5 seconds */
    printf("[PID %ld] Done sleeping\n", (long) getpid());
}
```

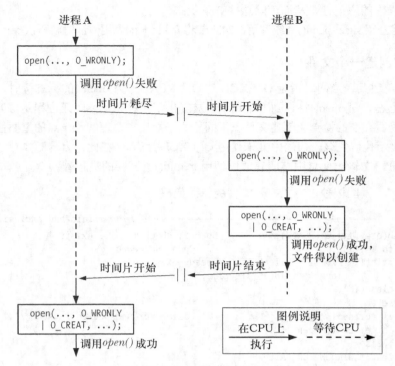

进程A open(..., O_WRONLY); 调用*open()*失败 时间片耗尽 时间片开始

进程B open(..., O_WRONLY); 调用*open()*失败 open(..., O_WRONLY | O_CREAT, ...); 调用*open()*成功, 文件得以创建

时间片开始 时间片结束 open(..., O_WRONLY | O_CREAT, ...); 调用*open()*成功

图例说明 在CPU上 执行 等待CPU

图 5-1：未能以独占方式创建文件

sleep()库函数可将当前执行的进程挂起指定的秒数。23.4 节将讨论该函数。

如果同时运行程序清单 5-1 中程序的两个实例，两个进程都会声称自己以独占方式创建了文件。

```
$ ./bad_exclusive_open tfile sleep &
[PID 3317] File "tfile" doesn't exist yet
[1] 3317
$ ./bad_exclusive_open tfile
[PID 3318] File "tfile" doesn't exist yet
[PID 3318] Created file "tfile" exclusively
$ [PID 3317] Done sleeping
[PID 3317] Created file "tfile" exclusively              Not true
```

从上面输出的倒数第二行可以发现，shell 提示符里夹杂了第一个实例的输出信息。

由于第一个进程在检查文件是否存在和创建文件之间发生了中断，造成两个进程都声称自己是文件的创建者。结合 O_CREAT 和 O_EXCL 标志来一次性地调用 open() 可以防止这种情况，因为这确保了检查文件和创建文件的步骤属于一个单一的原子（即不可中断的）操作。

向文件尾部追加数据

用以说明原子操作必要性的第二个例子是：多个进程同时向同一个文件（例如，全局日志文件）尾部添加数据。为了达到这一目的，也许可以考虑在每个写进程中使用如下代码。

```
if (lseek(fd, 0, SEEK_END) == -1)
    errExit("lseek");
if (write(fd, buf, len) != len)
    fatal("Partial/failed write");
```

但是，这段代码存在的缺陷与前一个例子如出一辙。如果第一个进程执行到 lseek()和 write()之间，被执行相同代码的第二个进程所中断，那么这两个进程会在写入数据前，将文件偏移量设为相同位置，而当第一个进程再次获得调度时，会覆盖第二个进程已写入的数据。此时再次出现了竞争状态，因为执行的结果依赖于内核对两个进程的调度顺序。

要规避这一问题，需要将文件偏移量的移动与数据写操作纳入同一原子操作。在打开文件时加入 O_APPEND 标志就可以保证这一点。

> 有些文件系统（例如 NFS）不支持 O_APPEND 标志。在这种情况下，内核会选择按如上代码所示的方式，施之以非原子操作的调用序列，从而可能导致上述的文件脏写入问题。

5.2　文件控制操作：fcntl()

fcntl()系统调用对一个打开的文件描述符执行一系列控制操作。

```
#include <fcntl.h>

int fcntl(int fd, int cmd, ...);
                        Return on success depends on cmd, or –1 on error
```

cmd 参数所支持的操作范围很广。本章随后各节会对其中的部分操作加以研讨，剩下的操作将在后续各章中进行论述。

fcntl()的第三个参数以省略号来表示，这意味着可以将其设置为不同的类型，或者加以省略。内核会依据 cmd 参数（如果有的话）的值来确定该参数的数据类型。

5.3　打开文件的状态标志

fcntl()的用途之一是针对一个打开的文件，获取或修改其访问模式和状态标志（这些值是通过指定 open()调用的 flag 参数来设置的）。要获取这些设置，应将 fcntl()的 cmd 参数设置为 F_GETFL。

```
int flags, accessMode;

flags = fcntl(fd, F_GETFL);        /* Third argument is not required */
if (flags == -1)
    errExit("fcntl");
```

在上述代码之后，可以以如下代码测试文件是否以同步写方式打开：

```
if (flags & O_SYNC)
    printf("writes are synchronized\n");
```

> SUSv3 规定：针对一个打开的文件，只有通过 open()或后续 fcntl()的 F_SETFL 操作，才能对该文件的状态标志进行设置。然而在如下方面，Linux 实现与标准有所偏离：如果一个程序编译时采用了 5.10 节所提及的打开大文件技术，那么当使用 F_GETFL 命令获取文件状态标志时，标志中将总是包含 O_LARGEFILE 标志。

判定文件的访问模式有一点复杂，这是因为 O_RDONLY(0)、O_WRONLY(1)和 O_RDWR(2)
这 3 个常量并不与打开文件状态标志中的单个比特位对应。因此，要判定访问模式，需使用
掩码 O_ACCMODE 与 flag 相与，将结果与 3 个常量进行比对，示例代码如下：

```
accessMode = flags & O_ACCMODE;
if (accessMode == O_WRONLY || accessMode == O_RDWR)
    printf("file is writable\n");
```

可以使用 fcntl()的 F_SETFL 命令来修改打开文件的某些状态标志。允许更改的标志有
O_APPEND、O_NONBLOCK、O_NOATIME、O_ASYNC 和 O_DIRECT。系统将忽略对其他
标志的修改操作。（有些其他的 UNIX 实现允许 fcntl()修改其他标志，如 O_SYNC。）

使用 fcntl()修改文件状态标志，尤其适用于如下场景。

- 文件不是由调用程序打开的，所以程序也无法使用 open()调用来控制文件的状态标志
  （例如，文件是 3 个标准输入输出描述符中的一员，这些描述符在程序启动之前就被
  打开）。
- 文件描述符的获取是通过 open()之外的系统调用。比如 pipe()调用，该调用创建一个
  管道，并返回两个文件描述符分别对应管道的两端。再比如 socket()调用，该调用创
  建一个套接字并返回指向该套接字的文件描述符。

为了修改打开文件的状态标志，可以使用 fcntl()的 F_GETFL 命令来获取当前标志的副本，
然后修改需要变更的比特位，最后再次调用 fcntl()函数的 F_SETFL 命令来更新此状态标志。
因此，为了添加 O_APPEND 标志，可以编写如下代码：

```
int flags;

flags = fcntl(fd, F_GETFL);
if (flags == -1)
    errExit("fcntl");
flags |= O_APPEND;
if (fcntl(fd, F_SETFL, flags) == -1)
    errExit("fcntl");
```

5.4　文件描述符和打开文件之间的关系

到目前为止，文件描述符和打开的文件之间似乎呈现出一一对应的关系。然而，实际并
非如此。多个文件描述符指向同一打开文件，这既有可能，也属必要。这些文件描述符可在
相同或不同的进程中打开。

要理解具体情况如何，需要查看由内核维护的 3 个数据结构。

- 进程级的文件描述符表。
- 系统级的打开文件表。
- 文件系统的 i-node 表。

针对每个进程，内核为其维护打开文件的描述符（open file descriptor）表。该表的每一条
目都记录了单个文件描述符的相关信息，如下所示。

- 控制文件描述符操作的一组标志。（目前，此类标志仅定义了一个，即 close-on-exec 标
  志，将在 27.4 节予以介绍。）
- 对打开文件句柄的引用。

内核对所有打开的文件维护有一个系统级的描述表格（open file description table）。有时，也

称之为打开文件表（open file table），并将表中各条目称为打开文件句柄（open file handle）[1]。一个打开文件句柄存储了与一个打开文件相关的全部信息，如下所示。

- 当前文件偏移量（调用 read() 和 write() 时更新，或使用 lseek() 直接修改）。
- 打开文件时所使用的状态标志（即，open() 的 flags 参数）。
- 文件访问模式（如调用 open() 时所设置的只读模式、只写模式或读写模式）。
- 与信号驱动 I/O 相关的设置（见 63.3 节）。
- 对该文件 i-node 对象的引用。

每个文件系统都会为驻留其上的所有文件建立一个 i-node 表。第 14 章将详细讨论 i-node 结构和文件系统的总体结构。这里只是列出每个文件的 i-node 信息，具体如下。

- 文件类型（例如，常规文件、套接字或 FIFO）和访问权限。
- 一个指针，指向该文件所持有的锁的列表。
- 文件的各种属性，包括文件大小以及与不同类型操作相关的时间戳。

> 此处将忽略 i-node 在磁盘和内存中的表示差异。磁盘上的 i-node 记录了文件的固有属性，诸如：文件类型、访问权限和时间戳。访问一个文件时，会在内存中为 i-node 创建一个副本，其中记录了引用该 i-node 的打开文件句柄数量以及该 i-node 所在设备的主、从设备号，还包括一些打开文件时与文件相关的临时属性，例如：文件锁。

图 5-2 展示了文件描述符、打开的文件句柄以及 i-node 之间的关系。在下图中，两个进程拥有诸多打开的文件描述符。

在进程 A 中，文件描述符 1 和 20 都指向同一个打开的文件句柄（标号为 23）。这可能是通过调用 dup()、dup2() 或 fcntl() 而形成的（参见 5.5 节）。

进程 A 的文件描述符 2 和进程 B 的文件描述符 2 都指向同一个打开的文件句柄（标号为 73）。这种情形可能在调用 fork() 后出现（即，进程 A 与进程 B 之间是父子关系），或者当某进程通过 UNIX 域套接字将一个打开的文件描述符传递给另一进程时，也会发生（参见 61.13.3 节）。

此外，进程 A 的描述符 0 和进程 B 的描述符 3 分别指向不同的打开文件句柄，但这些句柄均指向 i-node 表中的相同条目（1976），换言之，指向同一文件。发生这种情况是因为每个进程各自对同一文件发起了 open() 调用。同一个进程两次打开同一文件，也会发生类似情况。

上述讨论揭示出如下要点。

- 两个不同的文件描述符，若指向同一打开文件句柄，将共享同一文件偏移量。因此，如果通过其中一个文件描述符来修改文件偏移量（由调用 read()、write() 或 lseek() 所致），那么从另一文件描述符中也会观察到这一变化。无论这两个文件描述符分属于不同进程，还是同属于一个进程，情况都是如此。
- 要获取和修改打开的文件标志（例如，O_APPEND、O_NONBLOCK 和 O_ASYNC），可执行 fcntl() 的 F_GETFL 和 F_SETFL 操作，其对作用域的约束与上一条颇为类似。
- 相形之下，文件描述符标志（亦即，close-on-exec 标志）为进程和文件描述符所私有。对这一标志的修改将不会影响同一进程或不同进程中的其他文件描述符。

---

1 译者注：为避免混淆，译文将原文中的 open file description table 和 open file description 分别以"打开文件表"和"打开文件句柄"替换。但在给译者的回信中，作者尽管承认这一表述方式容易使读者产生混淆，但仍坚持 open file description table 和 open file description 的称谓，原因有二：一，open file description 是相关标准所采用的术语，而与标准保持一致实属必要；二，handle 通常用于引用用户空间中的应用对象，而此处的 open file description 则无法由用户空间中的应用直接访问。

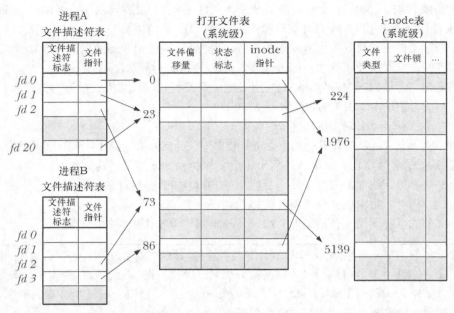

图 5-2: 文件描述符、打开的文件句柄和 i-node 之间的关系

5.5 复制文件描述符

Bourne shell 的 I/O 重定向语法 2>&1，意在通知 shell 把标准错误（文件描述符 2）重定向到标准输出（文件描述符 1）。因此，下列命令将把（因为 shell 按从左至右的顺序处理 I/O 重定向语句）标准输出和标准错误写入 result.log 文件：

```
$ ./myscript > results.log 2>&1
```

shell 通过复制文件描述符 2[1]实现了标准错误的重定向操作，因此文件描述符 2 与文件描述符 1 指向同一个打开文件句柄（类似于图 5-2 中进程 A 的描述符 1 和 20 指向同一打开文件句柄的情况）。可以通过调用 dup() 和 dup2() 来实现此功能。

请注意，要满足 shell 的这一要求，仅仅简单地打开 results.log 文件两次是远远不够的（第一次在描述符 1 上打开，第二次在描述符 2 上打开）。首先两个文件描述符不能共享相同的文件偏移量指针，因此有可能导致相互覆盖彼此的输出。再者打开的文件不一定就是磁盘文件。在如下命令中，标准错误就将和标准输出一起送达同一管道：

```
$ ./myscript 2>&1 | less
```

dup() 调用复制一个打开的文件描述符 oldfd，并返回一个新描述符，二者都指向同一打开的文件句柄。系统会保证新描述符一定是编号值最低的未用文件描述符。

```
#include <unistd.h>

int dup(int oldfd);
```
                                    Returns (new) file descriptor on success, or –1 on error

假设发起如下调用：

---

1 译者注：将文件描述符 1 复制到文件描述符 2。

```
newfd = dup(1);
```

再假定在正常情况下，shell 已经代表程序打开了文件描述符 0、1 和 2，且没有其他描述符在用，dup()调用会创建文件描述符 1 的副本，返回的文件描述符编号值为 3。

如果希望返回文件描述符 2，可以使用如下技术：

```
close(2);                /* Frees file descriptor 2 */
newfd = dup(1);          /* Should reuse file descriptor 2 */
```

只有当描述符 0 已经打开时，这段代码方可工作。如果想进一步简化上述代码，同时总是能获得所期望的文件描述符，可以调用 dup2()。

```
#include <unistd.h>

int dup2(int oldfd, int newfd);
                        Returns (new) file descriptor on success, or -1 on error
```

dup2()系统调用会为 oldfd 参数所指定的文件描述符创建副本，其编号由 newfd 参数指定。如果由 newfd 参数所指定编号的文件描述符之前已经打开，那么 dup2()会首先将其关闭。（dup2()调用会默然忽略 newfd 关闭期间出现的任何错误。故此，编码时更为安全的做法是：在调用dup2()之前，若 newfd 已经打开，则应显式调用 close()将其关闭。）

前述调用 close()和 dup()的代码可以简化为：

```
dup2(1, 2);
```

若调用 dup2()成功，则将返回副本的文件描述符编号（即 newfd 参数指定的值）。

如果 oldfd 并非有效的文件描述符，那么 dup2()调用将失败并返回错误 EBADF，且不关闭 newfd。如果 oldfd 有效，且与 newfd 值相等，那么 dup2()将什么也不做，不关闭 newfd，并将其作为调用结果返回。

fcntl()的 F_DUPFD 操作是复制文件描述符的另一接口，更具灵活性。

```
newfd = fcntl(oldfd, F_DUPFD, startfd);
```

该调用为 oldfd 创建一个副本，且将使用大于等于 startfd 的最小未用值作为描述符编号。该调用还能保证新描述符（newfd）编号落在特定的区间范围内。总是能将 dup()和 dup2()调用改写为对 close()和 fcntl()的调用，虽然前者更为简洁。（还需注意，正如手册页中所描述的，dup2()和 fcntl()二者返回的 errno 错误码存在一些差别。）

由图 5-2 可知，文件描述符的正、副本之间共享同一打开文件句柄所含的文件偏移量和状态标志。然而，新文件描述符有其自己的一套文件描述符标志，且其 close-on-exec 标志（FD_CLOEXEC）总是处于关闭状态。下面将要介绍的接口，可以直接控制新文件描述符的close-on-exec 标志。

dup3()系统调用完成的工作与 dup2()相同，只是新增了一个附加参数 flag，这是一个可以修改系统调用行为的位掩码。

```
#define _GNU_SOURCE
#include <unistd.h>

int dup3(int oldfd, int newfd, int flags);
                        Returns (new) file descriptor on success, or -1 on error
```

目前，dup3()只支持一个标志 O_CLOEXEC，这将促使内核为新文件描述符设置 close-on-exec

标志（FD_CLOEXEC）。设计该标志的缘由，类似于 4.3.1 节对 open()调用中 O_CLOEXEC 标志的描述。

dup3()系统调用始见于 Linux 2.6.27，为 Linux 所特有。

Linux 从 2.6.24 开始支持 fcntl()用于复制文件描述符的附加命令：F_DUPFD_CLOEXEC。该标志不仅实现了与 F_DUPFD 相同的功能，还为新文件描述符设置 close-on-exec 标志。同样，此命令之所以得以一显身手，其原因也类似于 open()调用中的 O_CLOEXEC 标志。SUSv3 并未论及 F_DUPFD_CLOEXEC 标志，但 SUSv4 对其作了规范。

5.6 在文件特定偏移量处的 I/O：pread()和 pwrite()

系统调用 pread()和 pwrite()完成与 read()和 write()相类似的工作，只是前两者会在 offset 参数所指定的位置进行文件 I/O 操作，而非始于文件的当前偏移量处，且它们不会改变文件的当前偏移量。

```
#include <unistd.h>

ssize_t pread(int fd, void *buf, size_t count, off_t offset);
                        Returns number of bytes read, 0 on EOF, or –1 on error
ssize_t pwrite(int fd, const void *buf, size_t count, off_t offset);
                        Returns number of bytes written, or –1 on error
```

pread()调用等同于将如下调用纳入同一原子操作：

```
off_t orig;

orig = lseek(fd, 0, SEEK_CUR);     /* Save current offset */
lseek(fd, offset, SEEK_SET);
s = read(fd, buf, len);
lseek(fd, orig, SEEK_SET);         /* Restore original file offset */
```

对 pread()和 pwrite()而言，fd 所指代的文件必须是可定位的（即允许对文件描述符执行 lseek()调用）。

多线程应用为这些系统调用提供了用武之地。正如第 29 章所述，进程下辖的所有线程将共享同一文件描述符表。这也意味着每个已打开文件的文件偏移量为所有线程所共享。当调用 pread()或 pwrite()时，多个线程可同时对同一文件描述符执行 I/O 操作，且不会因其他线程修改文件偏移量而受到影响。如果还试图使用 lseek()和 read()(或 write())来代替 pread()（或 pwrite()），那么将引发竞争状态，这类似于 5.1 节讨论 O_APPEND 标志时的描述（当多个进程的文件描述符指向相同的打开文件句柄时，使用 pread()和 pwrite()系统调用同样能够避免进程间出现竞争状态）。

如果需要反复执行 lseek()，并伴之以文件 I/O，那么 pread()和 pwrite()系统调用在某些情况下是具有性能优势的。这是因为执行单个 pread()（或 pwrite()）系统调用的成本要低于执行 lseek()和 read()（或 write()）两个系统调用。然而，较之于执行 I/O 实际所需的时间，系统调用的开销就有些相形见绌了[1]。

---

[1] 译者注：执行实际 I/O 的开销要远大于执行系统调用，系统调用的性能优势作用有限。

5.7 分散输入和集中输出（Scatter-Gather I/O）：readv() 和 writev()

readv() 和 writev() 系统调用分别实现了分散输入和集中输出的功能。

```
#include <sys/uio.h>

ssize_t readv(int fd, const struct iovec *iov, int iovcnt);
                    Returns number of bytes read, 0 on EOF, or -1 on error
ssize_t writev(int fd, const struct iovec *iov, int iovcnt);
                    Returns number of bytes written, or -1 on error
```

这些系统调用并非只对单个缓冲区进行读写操作，而是一次即可传输多个缓冲区的数据。数组 iov 定义了一组用来传输数据的缓冲区。整型数 iovcnt 则指定了 iov 的成员个数。iov 中的每个成员都是如下形式的数据结构。

```
struct iovec {
    void  *iov_base;        /* Start address of buffer */
    size_t iov_len;         /* Number of bytes to transfer to/from buffer */
};
```

> SUSv3 标准允许系统实现对 iov 中的成员个数加以限制。系统实现可以通过定义 <limits.h> 文件中 IOV_MAX 来通告这一限额，程序也可以在系统运行时调用 sysconf(_SC_IOV_MAX) 来获取这一限额。（11.2 节将介绍 sysconf()。）SUSv3 要求该限额不得少于 16。Linux 将 IOV_MAX 的值定义为 1024，这是与内核对该向量大小的限制（由内核常量 UIO_MAXIOV 定义）相对应的。
>
> 然而，glibc 对 readv() 和 writev() 的封装函数[1]还悄悄做了些额外工作。若系统调用因 iovcnt 参数值过大而失败，外壳函数将临时分配一块缓冲区，其大小足以容纳 iov 参数所有成员所描述的数据缓冲区，随后再执行 read() 或 write() 调用（参见后文对使用 write() 实现 writev() 功能的讨论）。

图 5-3 展示的是一个关于 iov、iovcnt 以及 iov 指向缓冲区之间关系的示例。

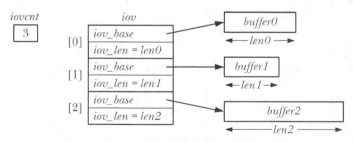

图 5-3：iovec 数组及其相关缓冲区的示例

---

1 译者注：又称外壳函数。

分散输入

readv()系统调用实现了分散输入的功能：从文件描述符 fd 所指代的文件中读取一片连续的字节，然后将其散置（"分散放置"）于 iov 指定的缓冲区中。这一散置动作从 iov[0]开始，依次填满每个缓冲区。

原子性是 readv()的重要属性。换言之，从调用进程的角度来看，当调用 readv()时，内核在 fd 所指代的文件与用户内存之间一次性地完成了数据转移。这意味着，假设即使有另一进程（或线程）与其共享同一文件偏移量，且在调用 readv()的同时企图修改文件偏移量，readv()所读取的数据仍将是连续的。

调用 readv()成功将返回读取的字节数，若文件结束[1]将返回 0。调用者必须对返回值进行检查，以验证读取的字节数是否满足要求。若数据不足以填充所有缓冲区，则只会占用[2]部分缓冲区，其中最后一个缓冲区可能只存有部分数据。

程序清单 5-2 展示了 readv()的用法。

在本书中，当以函数名称冠以"t_"来命名示例程序时（例如：程序清单 5-2 中的程序 t_readv.c），意在表明该程序主要用于展示单个系统调用或库函数的用法。

程序清单 5-2：使用 readv()执行分散输入

——— fileio/t_readv.c

```
#include <sys/stat.h>
#include <sys/uio.h>
#include <fcntl.h>
#include "tlpi_hdr.h"

int
main(int argc, char *argv[])
{
    int fd;
    struct iovec iov[3];
    struct stat myStruct;       /* First buffer */
    int x;                      /* Second buffer */
#define STR_SIZE 100
    char str[STR_SIZE];         /* Third buffer */
    ssize_t numRead, totRequired;

    if (argc != 2 || strcmp(argv[1], "--help") == 0)
        usageErr("%s file\n", argv[0]);

    fd = open(argv[1], O_RDONLY);
    if (fd == -1)
        errExit("open");

    totRequired = 0;

    iov[0].iov_base = &myStruct;
    iov[0].iov_len = sizeof(struct stat);
```

————————————

1 译者注：EOF。
2 译者注：按 iov 数组顺序。

```
        totRequired += iov[0].iov_len;

        iov[1].iov_base = &x;
        iov[1].iov_len = sizeof(x);
        totRequired += iov[1].iov_len;

        iov[2].iov_base = str;
        iov[2].iov_len = STR_SIZE;
        totRequired += iov[2].iov_len;

        numRead = readv(fd, iov, 3);
        if (numRead == -1)
            errExit("readv");

        if (numRead < totRequired)
            printf("Read fewer bytes than requested\n");

        printf("total bytes requested: %ld; bytes read: %ld\n",
                (long) totRequired, (long) numRead);
        exit(EXIT_SUCCESS);
}
```

————————————————————————————————————— fileio/t_readv.c

集中输出

writev()系统调用实现了集中输出:将 iov 所指定的所有缓冲区中的数据拼接("集中")起来,然后以连续的字节序列写入文件描述符 fd 指代的文件中。对缓冲区中数据的"集中"始于 iov[0]所指定的缓冲区,并按数组顺序展开。

像 readv()调用一样,writev()调用也属于原子操作,即所有数据将一次性地从用户内存传输到 fd 指代的文件中。因此,在向普通文件写入数据时,writev()调用会把所有的请求数据连续写入文件,而不会在其他进程(或线程)写操作的影响下[1]分散地写入文件[2]。

如同 write()调用,writev()调用也可能存在部分写的问题。因此,必须检查 writev()调用的返回值,以确定写入的字节数是否与要求相符。

readv()调用和 writev()调用的主要优势在于便捷。如下两种方案,任选其一都可替代对 writev()的调用。

- 编码时,首先分配一个大缓冲区,随即再从进程地址空间的其他位置将数据复制过来,最后调用 write()输出其中的所有数据。
- 发起一系列 write()调用,逐一输出每个缓冲区中的数据。

尽管方案一在语义上等同于 writev()调用,但需要在用户空间内分配缓冲区,进行数据复制,很不方便(效率也低)。

方案二在语义上就不同于单次的 writev()调用,因为发起多次 write()调用将无法保证原子性。更何况,执行一次 writev()调用比执行多次 write()调用开销要小(参见 3.1 节关于系统调用的讨论)。

在指定的文件偏移量处执行分散输入/集中输出

Linux 2.6.30 版本新增了两个系统调用:preadv()、pwritev(),将分散输入/集中输出和于指定文件偏移量处的 I/O 二者集于一身。它们并非标准的系统调用,但获得了现代 BSD 的支持。

---

1 译者注:即不受其他进(线)程改变文件偏移量的影响。
2 译者注:应当指出,readv()和 writev()会改变打开文件句柄的当前文件偏移量。

```
#define _BSD_SOURCE
#include <sys/uio.h>

ssize_t preadv(int fd, const struct iovec *iov, int iovcnt, off_t offset);
                    Returns number of bytes read, 0 on EOF, or -1 on error
ssize_t pwritev(int fd, const struct iovec *iov, int iovcnt, off_t offset);
                         Returns number of bytes written, or -1 on error
```

preadv()和 pwritev()系统调用所执行的任务与 readv()和 writev()相同，但执行 I/O 的位置将由 offset 参数指定（类似于 pread()和 pwrite()系统调用）[1]。

对于那些既想从分散-集中 I/O 中受益，又不愿受制于当前文件偏移量的应用程序（比如，多线程的应用程序）而言，这些系统调用恰好可以派上用场。

5.8　截断文件：truncate()和 ftruncate()系统调用

truncate()和 ftruncate()系统调用将文件大小设置为 length 参数指定的值。

```
#include <unistd.h>

int truncate(const char *pathname, off_t length);
int ftruncate(int fd, off_t length);

                         Both return 0 on success, or -1 on error
```

若文件当前长度大于参数 length，调用将丢弃超出部分，若小于参数 length，调用将在文件尾部添加一系列空字节或是一个文件空洞。

两个系统调用之间的差别在于如何指定操作文件。truncate()以路径名字符串来指定文件，并要求可访问该文件[2]，且对文件拥有写权限。若文件名为符号链接，那么调用将对其进行解引用。而调用 ftruncate()之前，需以可写方式打开操作文件，获取其文件描述符以指代该文件，该系统调用不会修改文件偏移量。

若 ftruncate()的 length 参数值超出文件的当前大小，SUSv3 允许两种行为：要么扩展该文件（如 Linux），要么返回错误。而符合 XSI 标准的系统则必须采取前一种行为。相同的情况，对于 truncate()系统调用，SUSv3 则要求总是能扩展文件。

> truncate()无需先以 open()（或是一些其他方法）来获取文件描述符，却可修改文件内容，在系统调用中可谓独树一帜。

5.9　非阻塞 I/O

在打开文件时指定 O_NONBLOCK 标志，目的有二。

- 若 open()调用未能立即打开文件，则返回错误，而非陷入阻塞。有一种情况属于例外，调用 open()操作 FIFO 可能会陷入阻塞（参见 44.7 节）。

---

1 译者注：作者于此处暗示，这两个系统调用所执行的 I/O 将不影响文件的当前偏移量。
2 译者注：即对组成路径名的各目录拥有可执行（x）权限。

- 调用 open()成功后，后续的 I/O 操作也是非阻塞的。若 I/O 系统调用未能立即完成，则可能会只传输部分数据，或者系统调用失败，并返回 EAGAIN 或 EWOULDBLOCK 错误。具体返回何种错误将依赖于系统调用。Linux 系统与许多 UNIX 实现一样，将两个错误常量视为同义。

管道、FIFO、套接字、设备（比如终端、伪终端）都支持非阻塞模式。（因为无法通过 open()来获取管道和套接字的文件描述符，所以要启用非阻塞标志，就必须使用 5.3 节所述 fcntl()的 F_SETFL 命令。）

正如 13.1 节所述，由于内核缓冲区保证了普通文件 I/O 不会陷入阻塞，故而打开普通文件时一般会忽略 O_NONBLOCK 标志。然而，当使用强制文件锁时（55.4 节），O_NONBLOCK 标志对普通文件也是起作用的。

更多关于非阻塞 I/O 的信息请参见 44.9 节和第 63 章。

历史上，派生自 System V 的系统提供有 O_NDELAY 标志，语义上类似于 O_NONBLOCK 标志。二者主要的区别在于：在 System V 系统中，若非阻塞的 write()调用未能完成写操作，或者非阻塞的 read()调用无输入数据可读时，则两个调用将返回 0。这对于 read() 调用来说会有问题，因为程序将无法区分返回 0 的 read()到底是没有可用的输入数据，还是遇到了文件结尾[1]。故而 POSIX.1 标准在初版中引入了 O_NONBLOCLK 标志。有些 UNIX 实现一直还在支持旧语义的 O_NDELAY 标志。Linux 系统虽然也定义了 O_NDELAY 常量，但其与 O_NONBLOCK 标志同义。

5.10　大文件 I/O

通常将存放文件偏移量的数据类型 off_t 实现为一个有符号的长整型。（之所以采用有符号数据类型，是要以–1 来表示错误情况。）在 32 位体系架构中（比如 x86-32），这将文件大小置于 $2^{31}-1$ 个字节（即 2GB）的限制之下。

然而，磁盘驱动器的容量早已超出这一限制，因此 32 位 UNIX 实现有处理超过 2GB 大小文件的需求，这也在情理之中。由于问题较为普遍，UNIX 厂商联盟在大型文件峰会（Large File Summit）上就此进行了协商，并针对必需的大文件访问功能，形成了对 SUSv2 规范的扩展。本节将概述 LFS 的增强特性。（完整的 LFS 规范定稿于 1996 年，可通过 http://opengroup. org/platform/lfs.html 访问。）

始于内核版本 2.4，32 位 Linux 系统开始提供对 LFS 的支持（glibc 版本必须为 2.2 或更高）。另一个前提是，相应的文件系统也必须支持大文件操作。大多数"原生"Linux 文件系统提供了 LFS 支持，但一些"非原生"文件系统则未提供该功能（微软的 VFAT 和 NFSv2 系统是其中较为知名的范例，无论系统是否启用了 LFS 扩展功能，2GB 的文件大小限制都是硬杠杠）。

由于 64 位系统架构（例如，Alpha、IA-64）的长整型类型长度为 64 位，故而 LFS 增强特性所要突破的限制对其而言并不是问题。然而，即便在 64 位系统中，一些"原生"Linux 文件系统的实现细节还是将文件大小的理论值默认为不会超过 $2^{63}-1$ 个字节。在大多数情况下，此限额远远超出了目前的磁盘容量，故而这一对文件大小的限制并无实际意义。

1　译者注：此处所谓非阻塞意指 O_NDELAY。另外，原文表述似有错误，酌改，请参见 APUEv2 第 14.2 节。

应用程序可使用如下两种方式之一以获得 LFS 功能。

- 使用支持大文件操作的备选 API。该 API 由 LFS 设计，意在作为 SUS 规范的"过渡型扩展"。因此，尽管大部分系统都支持这一 API，但这对于符合 SUSv2 或 SUSv3 规范的系统其实并非必须。这一方法现已过时。
- 在编译应用程序时，将宏_FILE_OFFSET_BITS 的值定义为 64。这一方法更为可取，因为符合 SUS 规范的应用程序无需修改任何源码即可获得 LFS 功能。

过渡型 LFS API

要使用过渡型的 LFS API，必须在编译程序时定义_LARGEFILE64_SOURCE 功能测试宏，该定义可以通过命令行指定，也可以定义于源文件中包含所有头文件之前的位置。该 API 所属函数具有处理 64 位文件大小和文件偏移量的能力。这些函数与其 32 位版本命名相同，只是尾部缀以 64 以示区别。其中包括：fopen64()、open64()、lseek64()、truncate64()、stat64()、mmap64()和 setrlimit64()。（针对这些函数的 32 位版本，本书前面已然讨论了一部分，还有一些将在后续章节中描述。）

要访问大文件，可以使用这些函数的 64 位版本。例如，打开大文件的编码示例如下：

```
fd = open64(name, O_CREAT | O_RDWR, mode);
if (fd == -1)
    errExit("open");
```

> 调用 open64()，相当于在调用 open()时指定 O_LARGEFILE 标志。若调用 open()时未指定此标志，且欲打开的文件大小大于 2GB，那么调用将返回错误。

另外，除去上述提及的函数之外，过渡型 LFS API 还增加了一些新的数据类型，如下所示。

- struct stat64：类似于 stat 结构（参见 15.1 节），支持大文件尺寸。
- off64_t：64 位类型，用于表示文件偏移量。

如程序清单 5-3 所示，除去使用了该 API 中的其他 64 位函数之外，lseek64()就用到了数据类型 off64_t。该程序接受两个命令行参数：欲打开的文件名称和给定的文件偏移量（整型）值。程序首先打开指定的文件，然后检索至给定的文件偏移量处，随即写入一串字符。如下所示的 shell 会话中，程序检索到一个超大的文件偏移量处（超过 10GB），再写入一些字节：

```
$ ./large_file x 10111222333
$ ls -l x                               Check size of resulting file
-rw-------    1 mtk     users    10111222337 Mar  4 13:34 x
```

程序清单 5-3：访问大文件

─────────────────────────────────────── **fileio/large_file.c**

```
#define _LARGEFILE64_SOURCE
#include <sys/stat.h>
#include <fcntl.h>
#include "tlpi_hdr.h"

int
main(int argc, char *argv[])
{
    int fd;
    off64_t off;
    if (argc != 3 || strcmp(argv[1], "--help") == 0)
        usageErr("%s pathname offset\n", argv[0]);

    fd = open64(argv[1], O_RDWR | O_CREAT, S_IRUSR | S_IWUSR);
```

```
    if (fd == -1)
        errExit("open64");

    off = atoll(argv[2]);
    if (lseek64(fd, off, SEEK_SET) == -1)
        errExit("lseek64");

    if (write(fd, "test", 4) == -1)
        errExit("write");
    exit(EXIT_SUCCESS);
}
```

── *fileio/large_file.c*

_FILE_OFFSET_BITS 宏

要获取 LFS 功能，推荐的作法是：在编译程序时，将宏_FILE_OFFSET_BITS 的值定义为 64。做法之一是利用 C 语言编译器的命令行选项：

```
$ cc -D_FILE_OFFSET_BITS=64 prog.c
```

另外一种方法，是在 C 语言的源文件中，在包含所有头文件之前添加如下宏定义：

```
#define _FILE_OFFSET_BITS 64
```

所有相关的 32 位函数和数据类型将自动转换为 64 位版本。因而，例如，实际会将 open()转换为 open64()，数据类型 off_t 的长度也将转而定义为 64 位。换言之，无需对源码进行任何修改，只要对已有程序进行重新编译，就能够实现大文件操作。

显然，使用宏_FILE_OFFSET_BITS 要比采用过渡型的 LFS API 更为简单，但这也要求应用程序的代码编写必须规范（例如，声明用于放置文件偏移量的变量，应正确地使用 off_t，而不能使用"原生"的 C 语言整型）。

LFS 规范对于支持_FILE_OFFSET_BITS 宏未作硬性规定，仅仅提及将该宏作为指定数据类型 off_t 大小的可选方案。一些 UNIX 实现使用不同的特性测试宏来获取此功能。

> 若试图使用 32 位函数访问大文件（即在编译程序时，未将宏_FILE_OFFSET_BITS 的值设置为 64），调用可能会返回 EOVERFLOW 错误。例如，为获取大小超过 2G 文件的信息，若使用 stat 的 32 位版本时就会遇到这一错误。

向 printf()调用传递 off_t 值

LFS 扩展功能没有解决的问题之一是，如何向 printf()调用传递 off_t 值。3.6.2 节曾特别指出，对于预定义的系统数据类型（诸如 pid_t、uid_t），展示其值的可移植方法是将该值强制转换为 long 型，并在 printf()中使用限定符%ld。然而，一旦使用了 LFS 扩展功能，%ld 将不足以处理 off_t 数据类型，因为对该数据类型的定义可能会超出 long 类型的范围，一般为 long long 类型。据此，若要显示 off_t 类型的值，则先要将其强制转换为 long long 类型，然后使用 printf()函数的%lld 限定符显示，如下所示：

```
#define _FILE_OFFSET_BITS 64

off_t offset;              /* Will be 64 bits, the size of 'long long' */

/* Other code assigning a value to 'offset' */

printf("offset=%lld\n", (long long) offset);
```

在处理 stat 结构所使用的 blkcnt_t 数据类型时，也应予以类似关注（参见 15.1 节的描述）。

> 如需在独立的编译模块之间传递 off_t 或 stat 类型的参数值，则需确保在所有模块中，这些数据类型的大小相同（即编译这些模块时，要么将宏_FILE_OFFSET_BITS 的值都定义为 64，要么都不做定义）。

5.11 /dev/fd 目录

对于每个进程，内核都提供有一个特殊的虚拟目录/dev/fd。该目录中包含"/dev/fd/n"形式的文件名，其中 n 是与进程中的打开文件描述符相对应的编号。因此，例如，/dev/fd/0 就对应于进程的标准输入。（SUSv3 对/dev/fd 特性未做规定，但有些其他的 UNIX 实现也提供了这一特性。）

打开/dev/fd 目录中的一个文件等同于复制相应的文件描述符，所以下列两行代码是等价的：

```
fd = open("/dev/fd/1", O_WRONLY);
fd = dup(1);                          /* Duplicate standard output */
```

在为 open()调用设置 flag 参数时，需要注意将其设置为与原描述符相同的访问模式。这一场景下，在 flag 标志的设置中引入其他标志，诸如 O_CREAT，是毫无意义的（系统会将其忽略）。

> /dev/fd 实际上是一个符号链接，链接到 Linux 所专有的/proc/self/fd 目录。后者又是 Linux 特有的/proc/PID/fd 目录族的特例之一，此目录族中的每一目录都包含有符号链接，与一进程所打开的所有文件相对应。

程序中很少会使用/dev/fd 目录中的文件。其主要用途在 shell 中。许多用户级 shell 命令将文件名作为参数，有时需要将命令输出至管道，并将某个参数替换为标准输入或标准输出。出于这一目的，有些命令（例如，diff、ed、tar 和 comm）提供了一个解决方法，使用"-"符号作为命令的参数之一，用以表示标准输入或输出（视情况而定）。所以，要比较 ls 命令输出的文件名列表与之前生成的文件名列表，命令就可以写成：

```
$ ls | diff - oldfilelist
```

这种方法有不少问题。首先，该方法要求每个程序都对"-"符号做专门处理，但是许多程序并未实现这样的功能，这些命令只能处理文件，不支持将标准输入或输出作为参数。其次，有些程序还将单个"-"符解释为表征命令行选项结束的分隔符。

使用/dev/fd 目录，上述问题将迎刃而解，可以把标准输入、标准输出和标准错误作为文件名参数传递给任何需要它们的程序。所以，可以将前一个 shell 命令改写成如下形式：

```
$ ls | diff /dev/fd/0 oldfilelist
```

方便起见，系统还提供了 3 个符号链接：/dev/stdin、/dev/stdout 和/dev/stderr，分别链接到/dev/fd/0、/dev/fd/1 和/dev/fd/2。

5.12 创建临时文件

有些程序需要创建一些临时文件，仅供其在运行期间使用，程序终止后即行删除。例如，很多编译器程序会在编译过程中创建临时文件。GNU C 语言函数库为此而提供了一系列库函数。（之所以有"一系列"的库函数，部分原因是由于这些函数分别继承自各种 UNIX 实现。）本节将介绍其中的两个函数：mkstemp()和 tmpfile()。

基于调用者提供的模板，mkstemp()函数生成一个唯一文件名并打开该文件，返回一个可用于 I/O 调用的文件描述符。

```
#include <stdlib.h>

int mkstemp(char *template);
```
                    Returns file descriptor on success, or –1 on error

模板参数采用路径名形式，其中最后 6 个字符必须为 XXXXXX。这 6 个字符将被替换，以保证文件名的唯一性，且修改后的字符串将通过 template 参数传回。因为会对传入的 template 参数进行修改，所以必须将其指定为字符数组，而非字符串常量。

文件拥有者对 mkstemp()函数建立的文件拥有读写权限（其他用户则没有任何操作权限），且打开文件时使用了 O_EXCL 标志，以保证调用者以独占方式访问文件。

通常，打开临时文件不久，程序就会使用 unlink 系统调用（参见 18.3 节）将其删除。故而，mkstemp()函数的示例代码如下所示：

```
int fd;
char template[] = "/tmp/somestringXXXXXX";

fd = mkstemp(template);
if (fd == -1)
    errExit("mkstemp");
printf("Generated filename was: %s\n", template);
unlink(template);      /* Name disappears immediately, but the file
                          is removed only after close() */

/* Use file I/O system calls - read(), write(), and so on */

if (close(fd) == -1)
    errExit("close");
```

使用 tmpnam()、tempnam()和 mktemp()函数也能生成唯一的文件名。然而，由于这会导致应用程序出现安全漏洞，应当避免使用这些函数。关于这些函数的进一步细节请参考手册页。

tmpfile()函数会创建一个名称唯一的临时文件，并以读写方式将其打开。（打开该文件时使用了 O_EXCL 标志，以防一个可能性极小的冲突，即另一个进程已经创建了一个同名文件。）

```
#include <stdio.h>

FILE *tmpfile(void);
```
                    Returns file pointer on success, or NULL on error

tmpfile()函数执行成功，将返回一个文件流供 stdio 库函数使用。文件流关闭后将自动删除临时文件。为达到这一目的，tmpfile()函数会在打开文件后，从内部立即调用 unlink()来删除该文件名[1]。

---

1 译者注：进程终止时会关闭所有打开的文件描述符，关闭文件就会删除这些临时文件（参考 mkstmp 代码示例中的注释），由此可以推导出，进程退出时将自动删除临时文件。

5.13　总结

本章介绍了原子操作的概念，这对于一些系统调用的正确操作至关重要。特别是，指定 O_EXCL 标志调用 open()，这确保了调用者就是文件的创建者。而指定 O_APPEND 标志来调用 open()，还确保了多个进程在对同一文件追加数据时不会覆盖彼此的输出。

系统调用 fcntl() 可以执行许多文件控制操作，其中包括：修改打开文件的状态标志、复制文件描述符。使用 dup() 和 dup2() 系统调用也能实现文件描述符的复制功能。

本章接着研究了文件描述符、打开文件句柄和文件 i-node 之间的关系，并特别指出这 3 个对象各自包含的不同信息。文件描述符及其副本指向同一个打开文件句柄，所以也将共享打开文件的状态标志和文件偏移量。

之后描述的诸多系统调用，是对常规 read() 和 write() 系统调用的功能扩展。pread() 和 pwrite() 系统调用可在文件的指定位置处执行 I/O 功能，且不会修改文件偏移量。readv() 和 writev() 系统调用实现了分散输入和集中输出的功能。preadv() 和 pwritev() 系统调用则集上述两对系统调用的功能于一身。

使用 truncate() 和 ftruncate() 系统调用，既可以丢弃多余的字节以缩小文件大小，又能使用填充为 0 的文件空洞来增加文件大小。

本章还简单介绍了非阻塞 I/O 的概念，后续章节中还将继续讨论。

LFS 规范定义了一套扩展功能，允许在 32 位系统中运行的进程来操作无法以 32 位表示的大文件。

运用虚拟目录/dev/fd 中的编号文件，进程就可以通过文件描述符编号来访问自己打开的文件，这在 shell 命令中尤其有用。

mkstemp() 和 tmpfile() 函数允许应用程序去创建临时文件。

5.14　练习

5-1.　请使用标准文件 I/O 系统调用（open() 和 lseek()）和 off_t 数据类型修改程序清单 5-3 中的程序。将宏_FILE_OFFSET_BITS 的值设置为 64 进行编译，并测试该程序是否能够成功创建一个大文件。

5-2.　编写一个程序，使用 O_APPEND 标志并以写方式打开一个已存在的文件，且将文件偏移量置于文件起始处，再写入数据。数据会显示在文件中的哪个位置？为什么？

5-3.　本习题的设计目的在于展示为何以 O_APPEND 标志打开文件来保障操作的原子性是必要的。请编写一程序，可接收多达 3 个命令行参数：

```
$ atomic_append filename num-bytes [x]
```

该程序应打开所指定的文件（如有必要，则创建之），然后以每次调用 write() 写入一个字节的方式，向文件尾部追加 num-bytes 个字节。缺省情况下，程序使用 O_APPEND 标志打开文件，但若存在第三个命令行参数（x），那么打开文件时将不再使用 O_APPEND 标志，代之以在每次调用 write() 前调用 lseek(fd,0,SEEK_END)。同时运行该程序的两个实例，不带 x 参数，将 100 万个字节写入同一文件：

```
$ atomic_append f1 1000000 & atomic_append f1 1000000
```
重复上述操作,将数据写入另一文件,但运行时加入 x 参数:
```
$ atomic_append f2 1000000 x & atomic_append f2 1000000 x
```
使用 ls-1 命令检查文件 f1 和 f2 的大小,并解释两文件大小不同的原因。

5-4. 使用 fcntl() 和 close()(若有必要)来实现 dup() 和 dup2()。(对于某些错误,dup2() 和 fcntl() 返回的 errno 值并不相同,此处可不予考虑。)务必牢记 dup2() 需要处理的一种特殊情况,即 oldfd 与 newfd 相等。这时,应检查 oldfd 是否有效,测试 fcntl(oldfd, F_GETFL) 是否成功就能达到这一目的。若 oldfd 无效,则 dup2() 将返回 -1,并将 errno 置为 EBADF。

5-5. 编写一程序,验证文件描述符及其副本是否共享了文件偏移量和打开文件的状态标志。

5-6. 说明下列代码中每次执行 write() 后,输出文件的内容是什么,为什么。
```
fd1 = open(file, O_RDWR | O_CREAT | O_TRUNC, S_IRUSR | S_IWUSR);
fd2 = dup(fd1);
fd3 = open(file, O_RDWR);
write(fd1, "Hello,", 6);
write(fd2, "world", 6);
lseek(fd2, 0, SEEK_SET);
write(fd1, "HELLO,", 6);
write(fd3, "Gidday", 6);
```

5-7. 使用 read()、write() 以及 malloc 函数包(见 7.1.2 节)中的必要函数以实现 readv() 和 writev() 功能。

第**6**章

进　　程

本章将研究进程结构，并将重点关注进程虚拟内存的布局及内容。同时，还会对进程的某些属性进行考察。后续章节会对进程属性做进一步的探究（例如第 9 章的进程凭证，第 35 章的进程优先权及进程调度）。第 24 章至第 27 章将讨论如何创建、终止进程，以及进程如何执行新的程序。

6.1　进程和程序

进程（process）是一个可执行程序（program）的实例。本节将阐述进程定义，并澄清其与程序之间的区别。

程序是包含了一系列信息的文件，这些信息描述了如何在运行时创建一个进程，所包括的内容如下所示。

- 二进制格式标识：每个程序文件都包含用于描述可执行文件格式的元信息（metainformation）。内核（kernel）利用此信息来解释文件中的其他信息。历史上，UNIX可执行文件曾有两种广泛使用的格式，分别为最初的 a.out（汇编程序输出）和更加复杂的 COFF（通用对象文件格式）。现在，大多数 UNIX 实现（包括 Linux）采用可执行连接格式（ELF），这一文件格式比老版本格式具有更多优点。
- 机器语言指令：对程序算法进行编码。
- 程序入口地址：标识程序开始执行时的起始指令位置。
- 数据：程序文件包含的变量初始值和程序使用的字面常量（literal constant）值（比如字符串）。
- 符号表及重定位表：描述程序中函数和变量的位置及名称。这些表格有多种用途，其中包括调试和运行时的符号解析（动态链接）。
- 共享库和动态链接信息：程序文件所包含的一些字段，列出了程序运行时需要使用的共享库，以及加载共享库的动态链接器的路径名。
- 其他信息：程序文件还包含许多其他信息，用以描述如何创建进程。

可以用一个程序来创建许多进程，或者反过来说，许多进程运行的可以是同一程序。

在此将本节开始时给出的进程定义重新改写为，进程是由内核定义的抽象的实体，并为该实体分配用以执行程序的各项系统资源。

从内核角度看，进程由用户内存空间（user-space memory）和一系列内核数据结构组成，其中用户内存空间包含了程序代码及代码所使用的变量，而内核数据结构则用于维护进程状态信息。记录在内核数据结构中的信息包括许多与进程相关的标识号（IDs）、虚拟内存表、打开文件的描述符表、信号传递及处理的有关信息、进程资源使用及限制、当前工作目录和大量的其他信息。

6.2　进程号和父进程号

每个进程都有一个进程号（PID），进程号是一个正数，用以唯一标识系统中的某个进程。对各种系统调用而言，进程号有时可以作为传入参数，有时可以作为返回值。比如，系统调用 kill()（20.5 节）允许调用者向拥有特定进程号的进程发送一个信号。当需要创建一个对某进程而言唯一的标识符时，进程号就会派上用场。常见的例子是将进程号作为与进程相关文件名的一部分。

系统调用 getpid() 返回调用进程的进程号。

```
#include <unistd.h>

pid_t getpid(void);
```
Always successfully returns process ID of caller

getpid() 返回值的数据类型为 pid_t，该类型是由 SUSv3 所规定的整数类型，专用于存储进程号。

除了少数系统进程外，比如 init 进程（进程号为 1），程序与运行该程序进程的进程号之间没有固定关系。

Linux 内核限制进程号需小于等于 32767。新进程创建时，内核会按顺序将下一个可用的进程号分配给其使用。每当进程号达到 32767 的限制时，内核将重置进程号计数器，以便从小整数开始分配。

> 一旦进程号达到 32767，会将进程号计数器重置为 300，而不是 1。之所以如此，是因为低数值的进程号为系统进程和守护进程所长期占用，在此范围内搜索尚未使用的进程号只会是浪费时间。
>
> 在 Linux2.4 版本及更早版本中，进程号的上限 32767，由内核常量 PID_MAX 所定义。在 Linux 2.6 版本中，情况有所改变。尽管进程号的默认上限仍是 32767，但可以通过 Linux 系统特有的/proc/sys/kernel/pid_max 文件来进行调整（其值=最大进程号+1）。在 32 位平台中，pid_max 文件的最大值为 32768，但在 64 位平台中，该文件的最大值可以高达到 2^{22}（约400 万），系统可能容纳的进程数量会非常庞大。

每个进程都有一个创建自己的父进程。使用系统调用 getppid() 可以检索到父进程的进程号。

```
#include <unistd.h>

pid_t getppid(void);
```
Always successfully returns process ID of parent of caller

实际上，每个进程的父进程号属性反映了系统上所有进程间的树状关系。每个进程的父进程又有自己的父进程，以此类推，回溯到 1 号进程——init 进程，即所有进程的始祖。使用

pstree(1)命令可以查看到这一"家族树"（family tree）。

如果子进程的父进程终止，则子进程就会变成"孤儿"，init 进程随即将收养该进程，子进程后续对 getppid()的调用将返回进程号 1（参照 26.2 节）。

通过查看由 Linux 系统所特有的/proc/PID/status 文件所提供的 PPid 字段，可以获知每个进程的父进程。

6.3　进程内存布局

每个进程所分配的内存由很多部分组成，通常称之为"段（segment）"。如下所示。

- 文本段包含了进程运行的程序机器语言指令。文本段具有只读属性，以防止进程通过错误指针意外修改自身指令。因为多个进程可同时运行同一程序，所以又将文本段设为可共享，这样，一份程序代码的拷贝可以映射到所有这些进程的虚拟地址空间中。
- 初始化数据段包含显式初始化的全局变量和静态变量。当程序加载到内存时，从可执行文件中读取这些变量的值。
- 未初始化数据段包含了未进行显式初始化的全局变量和静态变量。程序启动之前，系统将本段内所有内存初始化为 0。出于历史原因，此段常被称为 BSS 段，这源于老版本的汇编语言助记符 "block started by symbol"。将经过初始化的全局变量和静态变量与未经初始化的全局变量和静态变量分开存放，其主要原因在于程序在磁盘上存储时，没有必要为未经初始化的变量分配存储空间。相反，可执行文件只需记录未初始化数据段的位置及所需大小，直到运行时再由程序加载器来分配这一空间。
- 栈（stack）是一个动态增长和收缩的段，由栈帧（stack frames）组成。系统会为每个当前调用的函数分配一个栈帧。栈帧中存储了函数的局部变量（所谓自动变量）、实参和返回值。6.5 节将深入讨论栈帧。
- 堆（heap）是可在运行时（为变量）动态进行内存分配的一块区域。堆顶端称作 program break。

对于初始化和未初始化的数据段而言，不太常用、但表述更清晰的称谓分别是用户初始化数据段（user-initialized data segment）和零初始化数据段（zero-initialized data segment）。

size(1)命令可显示二进制可执行文件的文本段、初始化数据段、非初始化数据段（bss）的段大小。

正文中使用的术语"段（segment）"不应与一些硬件体系架构，比如 x86-32 中使用的硬件分段（segmentation）相混淆。相反，本文中的段是对 UNIX 系统中进程虚拟内存的逻辑划分。有时，会使用术语"区（section）"来替代段，因为在当下风行的可执行文件格式（ELF）规范中，采用的术语与"区"更趋一致。

本书会在多处涉及这种情况：库函数返回的指针指向静态分配的内存。这意味着，该内存既可在初始化数据段中分配，也可在非初始化数据段中分配。（某些情况下，库函数转而会在堆上对内存做一次性动态分配，然而，这一实现细节与这里所要表达的意思无关。）库函数有时会通过静态分配的内存来返回信息，了解这一情况至关重要，因为这片内存的存在独立于函数调用，后续对同一函数的调用可能会将其覆盖（有时，后续对相关函数的调用也有相同的效应）。使用静态分配的内存会使函数不可重入（nonreentrant）。21.1.2 节和31.1 节将深入讨论重入（reentrancy）问题。

程序清单 6-1 展示了不同类型的 C 语言变量，并以注释说明每种变量分属于哪个段。这些说明正确的前提是假定使用了非优化的编译器，且在应用程序二进制接口（ABI）中，是通过栈来传递所有参数的。实际上，优化编译器会将频繁使用的变量分配于寄存器中，或者索性将变量彻底剔除[1]。此外，一些 ABI 需要通过寄存器，而不是栈，来传递函数实参和结果。尽管如此，本例只是意在展示 C 语言变量和进程各段间的映射关系。

程序清单 6-1：程序变量在进程内存各段中的位置

```
                                                                    proc/mem_segments.c
#include <stdio.h>
#include <stdlib.h>

char globBuf[65536];            /* Uninitialized data segment */
int primes[] = { 2, 3, 5, 7 };  /* Initialized data segment */

static int
square(int x)                   /* Allocated in frame for square() */
{
    int result;                 /* Allocated in frame for square() */

    result = x * x;
    return result;              /* Return value passed via register */
}

static void
doCalc(int val)                 /* Allocated in frame for doCalc() */
{
    printf("The square of %d is %d\n", val, square(val));

    if (val < 1000) {
        int t;                  /* Allocated in frame for doCalc() */

        t = val * val * val;
        printf("The cube of %d is %d\n", val, t);
    }
}

int
main(int argc, char *argv[])    /* Allocated in frame for main() */
{
    static int key = 9973;      /* Initialized data segment */
    static char mbuf[10240000]; /* Uninitialized data segment */
    char *p;                    /* Allocated in frame for main() */

    p = malloc(1024);           /* Points to memory in heap segment */

    doCalc(key);

    exit(EXIT_SUCCESS);
}
                                                                    proc/mem_segments.c
```

应用程序二进制接口（ABI）是一套规则，规定了二进制可执行文件在运行时应如何与某些服务（诸如内核或函数库所提供的服务）交换信息。ABI 特别规定了使用哪些寄存器

---

1 译者注：例如，以寄存器取代变量。

和栈地址来交换信息以及所交换值的含义，一旦针对某个特定 ABI 进行了编译，其二进制可执行文件应能在 ABI 相同的任何系统上运行。与之相反，标准化的 API（如 SUSv3）仅能通过编译源代码来保证应用程序的可移植性。

虽然 SUSv3 未作规定，但在大多数 UNIX 实现（包括 Linux）中 C 语言编程环境提供了 3 个全局符号（symbol）：etext、edata 和 end，可在程序内使用这些符号以获取相应程序文本段、初始化数据段和非初始化数据段结尾处下一字节的地址。使用这些符号，必须显式声明如下：

```
extern char etext, edata, end;
        /* For example, &etext gives the address of the end
           of the program text / start of initialized data */
```

图 6-1 展示了各种内存段在 x86-32 体系结构中的布局，该图的顶部标记为 argv、environ 的空间用来存储程序命令行实参（通过 C 语言中 main() 函数的 argv 参数获得）和进程环境列表（稍后讨论），图中十六进制的地址会因内核配置和程序链接选项差异而有所不同。图中标灰的区域表示这些范围在进程虚拟地址空间中不可用，也就是说，没有为这些区域创建页表（page table）（参考以下关于虚拟内存管理的讨论）。

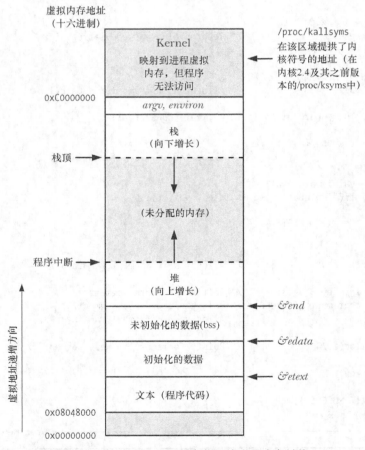

图 6-1：在 Linux/x86-32 中典型的进程内存结构

48.5 节将更为详细地重新讨论进程内存布局的课题，还将论及共享内存和共享库在进程虚拟内存中的放置位置。

6.4 虚拟内存管理

上述关于进程内存布局的讨论忽略了一个事实：这一布局存在于虚拟内存中。因为对虚拟内存的理解将有助于后续对诸如 fork()系统调用、共享内存和映射文件之类主题的阐述，所以这里将探讨一些有关虚拟内存的详细内容。

Linux，像多数现代内核一样，采用了虚拟内存管理技术。该技术利用了大多数程序的一个典型特征，即访问局部性（locality of reference），以求高效使用 CPU 和 RAM（物理内存）资源。大多数程序都展现了两种类型的局部性。

- 空间局部性（Spatial locality）：是指程序倾向于访问在最近访问过的内存地址附近的内存（由于指令是顺序执行的，且有时会按顺序处理数据结构）。
- 时间局部性（Temporal locality）：是指程序倾向于在不久的将来再次访问最近刚访问过的内存地址（由于循环）。

正是由于访问局部性特征，使得程序即便仅有部分地址空间存在于 RAM 中，依然可能得以执行。

虚拟内存的规划之一是将每个程序使用的内存切割成小型的、固定大小的"页"（page）单元。相应地，将 RAM 划分成一系列与虚存页尺寸相同的页帧。任一时刻，每个程序仅有部分页需要驻留在物理内存页帧中。这些页构成了所谓驻留集（resident set）。程序未使用的页拷贝保存在交换区（swap area）内——这是磁盘空间中的保留区域，作为计算机 RAM 的补充——仅在需要时才会载入物理内存。若进程欲访问的页面目前并未驻留在物理内存中，将会发生页面错误（page fault），内核即刻挂起进程的执行，同时从磁盘中将该页面载入内存。

> 在 x86-32 中，页面大小为 4096 个字节。其他一些 Linux 实现使用的页面比 4096 个字节更大。例如，Alpha 使用的页面大小为 8192 个字节，IA-64 使用的页面大小是可变的，默认为 16384 个字节。程序可调用 sysconf(_SC_PAGESIZE)来获取系统虚拟内存的页面大小，具体参见 11.2 节的描述。

为支持这一组织方式，内核需要为每个进程维护一张页表（page table）（见图 6-2）。该页表描述了每页在进程虚拟地址空间（virtual address space）中的位置（可为进程所用的所有虚拟内存页面的集合）。页表中的每个条目要么指出一个虚拟页面在 RAM 中的所在位置，要么表明其当前驻留在磁盘上。

在进程虚拟地址空间中，并非所有的地址范围都需要页表条目。通常情况下，由于可能存在大段的虚拟地址空间并未投入使用，故而也无必要为其维护相应的页表条目。若进程试图访问的地址并无页表条目与之对应，那么进程将收到一个 SIGSEGV 信号。

由于内核能够为进程分配和释放页（和页表条目），所以进程的有效虚拟地址范围在其生命周期中可以发生变化。这可能会发生于如下场景。

- 由于栈向下增长超出之前曾达到的位置。
- 当在堆中分配或释放内存时，通过调用 brk()、sbrk()或 malloc 函数族（第 7 章）来提升 program break 的位置。
- 当调用 shmat()连接 System V 共享内存区时，或者当调用 shmdt()脱离共享内存区时（第 48 章）。

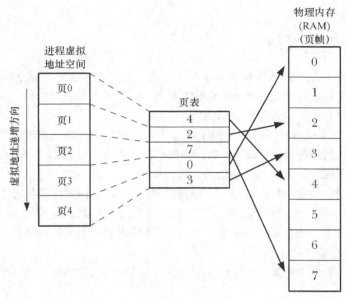

图 6-2：虚拟内存概览

- 当调用 mmap() 创建内存映射时，或者当调用 munmap() 解除内存映射时（第 49 章）。

> 虚拟内存的实现需要硬件中分页内存管理单元（PMMU）的支持。PMMU 把要访问的每个虚拟内存地址转换成相应的物理内存地址，当特定虚拟内存地址所对应的页没有驻留于 RAM 中时，将以页面错误通知内核。

虚拟内存管理使进程的虚拟地址空间与 RAM 物理地址空间隔离开来，这带来许多优点。

- 进程与进程、进程与内核相互隔离，所以一个进程不能读取或修改另一进程或内核的内存。这是因为每个进程的页表条目指向 RAM（或交换区）中截然不同的物理页面集合。
- 适当情况下，两个或者更多进程能够共享内存。这是由于内核可以使不同进程的页表条目指向相同的 RAM 页。内存共享常发生于如下两种场景。
  - 执行同一程序的多个进程，可共享一份（只读的）程序代码副本。当多个程序执行相同的程序文件（或加载相同的共享库）时，会隐式地实现这一类型的共享。
  - 进程可以使用 shmget() 和 mmap() 系统调用显式地请求与其他进程共享内存区。这么做是出于进程间通信的目的。
- 便于实现内存保护机制；也就是说，可以对页表条目进行标记，以表示相关页面内容是可读、可写、可执行亦或是这些保护措施的组合。多个进程共享 RAM 页面时，允许每个进程对内存采取不同的保护措施。例如，一个进程可能以只读方式访问某页面，而另一进程则以读写方式访问同一页面。
- 程序员和编译器、链接器之类的工具无需关注程序在 RAM 中的物理布局。
- 因为需要驻留在内存中的仅是程序的一部分，所以程序的加载和运行都很快。而且，一个进程所占用的内存（即虚拟内存大小）能够超出 RAM 容量。

虚拟内存管理的最后一个优点是：由于每个进程使用的 RAM 减少了，RAM 中同时可以容纳的进程数量就增多了。这增大了如下事件的概率：在任一时刻，CPU 都可执行至少一个进程，因而往往也会提高 CPU 的利用率。

6.5 栈和栈帧

函数的调用和返回使栈的增长和收缩呈线性。X86-32 体系架构之上的 Linux（和多数其他 Linux 和 UNIX 实现），栈驻留在内存的高端并向下增长（朝堆的方向）。专用寄存器——栈指针（stack pointer），用于跟踪当前栈顶。每次调用函数时，会在栈上新分配一帧，每当函数返回时，再从栈上将此帧移去。

> 虽然栈向下增长，但仍将栈的增长端称为栈顶，因为抽象地说来，情况本就如此。栈的实际增长方向是个（属于硬件范畴的）实现细节。在 HP PA-RISC 的 Linux 实现中，栈的增长方向就是向上的。
>
> 就虚拟内存而言，分配栈帧后，栈段的大小将会增长，但在大多数（Linux）实现中，释放这些栈帧后，栈的大小并未减少（在分配新的栈帧时，会对这些内存重新加以利用）。当谈论栈段的增长和收缩时，只是从逻辑视角来看待栈帧在栈中的增减情况。

有时，会用用户栈（user stack）来表示此处所讨论的栈，以便与内核栈区分开来。内核栈是每个进程保留在内核内存中的内存区域，在执行系统调用的过程中供（内核）内部函数调用使用。（由于用户栈驻留在不受保护的用户内存中，所以内核无法利用用户栈来达成这一目的。）

每个（用户）栈帧包括如下信息。

- 函数实参和局部变量：由于这些变量都是在调用函数时自动创建的，因此在 C 语言中称其为自动变量。函数返回时将自动销毁这些变量（因为栈帧会被释放），这也是自动变量与静态（以及全局）变量主要的语义区别：后者与函数执行无关，且长期存在。
- （函数）调用的链接信息：每个函数都会用到一些 CPU 寄存器，比如程序计数器，其指向下一条将要执行的机器语言指令。每当一函数调用另一函数时，会在被调用函数的栈帧中保存这些寄存器的副本，以便函数返回时能为函数调用者将寄存器恢复原状。

因为函数能够嵌套调用，所以栈中可能有多个栈帧。（若一函数递归调用自身，则该函数在栈中将有多个栈帧。）参考程序清单 6-1，在 square() 函数执行期间，栈中包含的帧如图 6-3 所示。

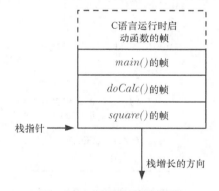

图 6-3：一个进程栈的示例

6.6 命令行参数（argc, argv）

每个 C 语言程序都必须有一个称为 main() 的函数，作为程序启动的起点。当执行程序时，命令行参数（command-line argument）（由 shell 逐一解析）通过两个入参提供给 main() 函数。第一个参数 int argc，表示命令行参数的个数。第二个参数 char *argv[]，是一个指向命令行参数的指针数组，每一参数又都是以空字符（null）[1]结尾的字符串。第一个字符串，亦即 argv[0]

1　译者注：\0。

指向的，（通常）是该程序的名称。argv 中的指针列表以 NULL 指针结尾（即 argv[argc]为 NULL）。

argv[0]包含了调用程序的名称，可以利用这一特性玩个实用的小技巧。首先为同一程序创建多个链接（即名称不同），然后让该程序查看 argv[0]，并根据调用程序的名称来执行不同任务。gzip(1)、gunzip(1)和 zcat(1)命令是该技术应用的一个例子，这些命令链接的都是同一可执行文件。（使用该技术，必须小心处理如下情况：用户通过链接调用程序，但链接名又在该程序的意料之外。）

图 6-4 展示了执行程序清单 6-2 中程序所传入参 argc 和 argv 的数据结构。该图使用 C 语言符号 "\0" 来表示每个字符串末尾的终止空字节。

程序清单 6-2 中的程序回显了其命令行参数，逐一按行输出，前面还冠以要显示的 argv 成员名称。

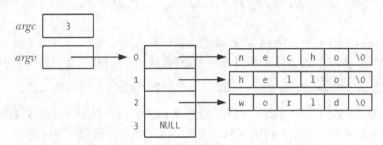

图 6-4：命令 "necho hello world" 的 argc 和 argv 值

程序清单 6-2：回显命令行参数

―― proc/necho.c
```c
#include "tlpi_hdr.h"

int
main(int argc, char *argv[])
{
    int j;

    for (j = 0; j < argc; j++)
        printf("argv[%d] = %s\n", j, argv[j]);

    exit(EXIT_SUCCESS);
}
```
―― proc/necho.c

因为 argv 列表以 NULL 值终止，所以可以将程序清单 6-2 中的程序主体改写如下，且每行只输出一个命令行实参：
```c
char **p;

for (p = argv; *p != NULL; p++)
    puts(*p);
```
argc/argv 参数机制的局限之一在于这些变量仅对 main()函数可用。在保证可移植性的同时，为使这些命令行参数能为其他函数所用，必须把 argv 以参数形式传递给这些函数，或是设置一个指向 argv 的全局变量。

要想从程序内任一位置访问这些信息的部分或者全部内容，还有两个方法，但是会破坏程序的可移植性。

• 通过 linux 系统专有的/proc/PID/cmdline 文件可以读取任一进程的命令行参数，每个参数都以空（null）字节终止。（程序可以通过/proc/self/cmdline 文件访问自己的命令行参数。）

- GNU C 语言库提供有两个全局变量，可在程序内任一位置使用以获取调用该程序时的程序名称（即命令行的第一个参数）。第一个全局变量 program_invocation_ name，提供了用于调用该程序的完整路径名。第二个全局变量 program_invocation_ short_name，提供了不含目录的程序名称，即路径名的基本名称（basename）部分，定义_GNU_SOURCE 宏后即可从<errno.h>中获得对这两个全局变量的声明。

正如图 6-1 所示，argv 和 environ 数组，以及这些参数最初指向的字符串，都驻留在进程栈之上的一个单一、连续的内存区域。（下一节将描述 environ 参数，该参数用于存储程序的环境列表。）此区域可存储的字节数有上限要求，SUSv3 规定使用 ARG_MAX 常量（定义于<limits.h>）或者调用 sysconf(_SC_ARG_MAX)函数以确定该上限值（将在 11.2 节描述 sysconf()函数），并且 SUSv3 还要求 ARG_MAX 常量的下限为_POSIX_ARG_MAX（4096）个字节，而大多数 UNIX 实现的限制都远高于此。但 SUSv3 并未规定对 ARG_MAX 限制的实现中是否要将一些开销字节计算在内（比如终止空字符、字节对齐、argv 和 environ 指针数组）。

> Linux 中的 ARG_MAX 参数值曾一度固定为 32 个页面（在 Linux/x86-32 中即为 131072 个字节），且包含了开销字节。自内核 2.6.23 版本开始，可以通过资源限制 RLIMIT_STACK 来控制 argv 和 environ 参数所使用的空间总量上限，在这种情况下，允许 argv 和 environ 参数使用的空间上限要比以前大出许多，具体限额为资源软限制 RLIMIT_ STACK 的四分之一，RLIMIT_STACK 在调用 execve()时已经生效。更多详细信息请参照 execve(2)手册页。

许多程序（包括本书中的几个例子）使用 getopt()库函数解析命令行选项（即以 "-" 符号开头的参数）。附录（Appendix）B 将描述 getopt()函数。

6.7 环境列表

每一个进程都有与其相关的称之为环境列表（environment list）的字符串数组，或简称为环境（environment）。其中每个字符串都以名称=值（name=value）形式定义。因此，环境是 "名称-值" 的成对集合，可存储任何信息。常将列表中的名称称为环境变量（environment variables）。

新进程在创建之时，会继承其父进程的环境副本。这是一种原始的进程间通信方式，却颇为常用。环境（environment）提供了将信息从父进程传递给子进程的方法。由于子进程只有在创建时才能获得其父进程的环境副本，所以这一信息传递是单向的、一次性的。子进程创建后，父、子进程均可更改各自的环境变量，且这些变更对对方而言不再可见。

环境变量的常见用途之一是在 shell 中。通过在自身环境中放置变量值，shell 就可确保把这些值传递给其所创建的进程，并以此来执行用户命令。例如，环境变量 SHELL 被设置为 shell 程序本身的路径名，如果程序需要执行 shell 时，大多会将此变量视为需要执行的 shell 名称。

可以通过设置环境变量来改变一些库函数的行为。正因如此，用户无需修改程序代码或者重新链接相关库，就能控制调用该函数的应用程序行为。getopt()函数就是其中一例（附录 B），可通过设置 POSIXLY_CORRECT 环境变量来改变此函数的行为。

大多数 shell 使用 export 命令向环境中添加变量值。

```
$ SHELL=/bin/bash        Create a shell variable
$ export SHELL           Put variable into shell process's environment
```

在 bash shell 和 Korn shell 中，可以简写为：

```
$ export SHELL=/bin/bash
```

在 C shell 中，使用的则是 setenv 命令：

```
% setenv SHELL /bin/bash
```

上述命令把一个值永久地添加到 shell 环境中，此后这个 shell 创建的所有子进程都将继承此环境。在任一时刻，可以使用 unset 命令撤销一个环境变量（在 C shell 中则使用 unsetenv 命令）。

在 Bourne shell 和其衍生 shell（诸如 bash shell 和 Korn shell）中，可使用下列语法向执行某应用程序的环境中添加一个变量值，而不影响其父 shell（和后续命令）：

```
$ NAME=value program
```

此命令仅向执行特定程序的子进程环境添加了一个（环境变量）定义。如果希望（多个变量对该程序有效），可以在 program 前放置多对赋值（以空格分隔）。

> env 命令在运行程序时使用了一份经过修改的 shell 环境列表副本。可同时为 shell 环境列表副本增加和移除环境变量定义，以修改此环境列表。详细内容请参阅 env(1)手册。

printenv 命令显示当前的环境列表，此处是其输出的一例：

```
$ printenv
LOGNAME=mtk
SHELL=/bin/bash
HOME=/home/mtk
PATH=/usr/local/bin:/usr/bin:/bin:.
TERM=xterm
```

后续章节中将适时描述大多数上述环境变量的用途（也可参阅 environ(7)手册）。

由以上输出可知，环境列表的排列是无序的，列表中的字符串顺序不过是最易于实现的排列形式。一般而言，无序的环境列表不是问题，因为通常都是访问单个的环境变量，而非环境列表中按序排列的一串。

通过 Linux 专有的/proc/PID/environ 文件检查任一进程的环境列表，每一个"NAME=*value*"对都以空字节终止。

从程序中访问环境

在 C 语言程序中，可以使用全局变量 char **environ 访问环境列表。（C 运行时启动代码定义了该变量并以环境列表位置为其赋值。）environ 与 argv 参数类似，指向一个以 NULL 结尾的指针列表，每个指针又指向一个以空字节终止的字符串。图 6-5 所示为与上述 printenv 命令输出环境相对应的环境列表数据结构。

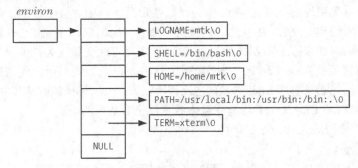

图 6-5：进程环境列表数据结构的示例

程序清单 6-3 中的程序通过访问 environ 变量来展示该进程环境中的所有值。该程序的输出结果与 printenv 命令的输出结果相同。程序中的循环利用指针来遍历 environ 变量。虽然可以把 environ 当成数组来使用（正如程序清单 6-2 中 argv 的用法），但这多少有些生硬，因为环境列表中各项的排列不分先后，而且也没有变量（相当于 argc）用来指定环境列表的长度。（出于同样原因，也没有对图 6-5 中的 environ 数组诸元素进行编号。）

程序清单 6-3：显示进程环境

```
──────────────────────────────────── proc/display_env.c
#include "tlpi_hdr.h"

extern char **environ;

int
main(int argc, char *argv[])
{
    char **ep;

    for (ep = environ; *ep != NULL; ep++)
        puts(*ep);

    exit(EXIT_SUCCESS);
}
──────────────────────────────────── proc/display_env.c
```

另外，还可以通过声明 main() 函数中的第三个参数来访问环境列表：

```
int main(int argc, char *argv[], char *envp[])
```

该参数随即可被视为 environ 变量来使用，所不同的是，该参数的作用域在 main() 函数内。虽然 UNIX 系统普遍实现了这一特性，但还是要避免使用，因为除了局限于作用域限制外，该特性也不在 SUSv3 的规范之列。

getenv() 函数能够从进程环境中检索单个值。

```
#include <stdlib.h>

char *getenv(const char *name);
                        Returns pointer to (value) string, or NULL if no such variable
```

向 getenv() 函数提供环境变量名称，该函数将返回相应字符串指针。因此，就前面所示的环境（列表）示例来看，如果指定 SHELL 为参数 name，那么将返回/bin/bash。如果不存在指定名称的环境变量，那么 getenv() 函数将返回 NULL。

以下是使用 getenv() 函数时可移植性方面的注意事项。

- SUSv3 规定应用程序不应修改 getenv() 函数返回的字符串，这是由于（在大多数 UNIX 实现中）该字符串实际上属于环境的一部分（即 name=value 字符串的 value 部分）。若需要改变一个环境变量的值，可以使用 setenv() 函数或 putenv() 函数（见下文）。
- SUSv3 允许 getenv() 函数的实现使用静态分配的缓冲区返回执行结果，后续对 getenv()、setenv()、putenv() 或者 unsetenv() 的函数调用可以重写该缓冲区。虽然 glibc 库的 getenv() 函数实现并未这样使用静态缓冲区，但具备可移植性的程序如需保留 getenv() 调用返回的字符串，就应先将返回字符串复制到其他位置，之后方可对上述函数发起调用。

修改环境

有时，对进程来说，修改其环境很有用处。原因之一是这一修改对该进程后续创建的所有子进程均可见。另一个可能的原因在于设定某一变量，以求对于将要载入进程内存的新程序（"execed"）可见。从这个意义上讲，环境不仅是一种进程间通信的形式，还是程序间通信的方法。（第 27 章将深入描述这一点，还将解释在同一进程中 exec() 函数如何使当前程序被一新程序所替代。）

putenv() 函数向调用进程的环境中添加一个新变量，或者修改一个已经存在的变量值。

```
#include <stdlib.h>

int putenv(char *string);
```
                                    Returns 0 on success, or nonzero on error

参数 string 是一指针，指向 name=value 形式的字符串。调用 putenv() 函数后，该字符串就成为环境的一部分，换言之，putenv 函数将设定 environ 变量中某一元素的指向与 string 参数的指向位置相同，而非 string 参数所指向字符串的复制副本。因此，如果随后修改 string 参数所指的内容，这将影响该进程的环境。出于这一原因，string 参数不应为自动变量（即在栈中分配的字符数组[1]），因为定义此变量的函数一旦返回，就有可能会重写这块内存区域。

注意，putenv() 函数调用失败将返回非 0 值，而非-1。

putenv() 函数的 glibc 库实现还提供了一个非标准扩展。如果 string 参数内容不包含一个等号（=），那么将从环境列表中移除以 string 参数命名的环境变量。

setenv() 函数可以代替 putenv() 函数，向环境中添加一个变量。

```
#include <stdlib.h>

int setenv(const char *name, const char *value, int overwrite);
```
                                       Returns 0 on success, or -1 on error

setenv() 函数为形如 name=value 的字符串分配一块内存缓冲区，并将 name 和 value 所指向的字符串复制到此缓冲区，以此来创建一个新的环境变量。注意，不需要（实际上，是绝对不要）在 name 的结尾处或者 value 的开始处提供一个等号字符，因为 setenv() 函数会在向环境添加新变量时添加等号字符。

若以 name 标识的变量在环境中已经存在，且参数 overwrite 的值为 0，则 setenv() 函数将不改变环境，如果参数 overwrite 的值为非 0，则 setenv() 函数总是改变环境。

这一事实——setenv() 函数复制其参数（到环境中）——意味着与 putenv() 函数不同，之后对 name 和 value 所指字符串内容的修改将不会影响环境。此外，使用自动变量作为 setenv() 函数的参数也不会有任何问题。

unsetenv() 函数从环境中移除由 name 参数标识的变量。

```
#include <stdlib.h>

int unsetenv(const char *name);
```
                                       Returns 0 on success, or -1 on error

---

1 译者注：请读者仔细思考 C 语言中数组与指针的对等关系。

同 setenv()函数一样，参数 name 不应包含等号字符。

setenv()函数和 unsetenv()函数均来自 BSD，不如 putenv()函数使用普遍。尽管起初的 POSIX.1 标准和 SUSv2 并未定义这两个函数，但 SUSv3 已将其纳入规范。

在 glibc 2.2.2 之前版本中，unsetenv()函数原型的返回值为 void 类型，这与最初的 BSD 实现中 unsetenv 的函数原型相同，一些 UNIX 实现目前仍然沿用 BSD 原型。

有时，需要清除整个环境，然后以所选值进行重建。例如，为了以安全方式执行 set-user-ID 程序（38.8 节），就需要这样做。可以通过将 environ 变量赋值为 NULL 来清除环境。

environ = NULL;

这也正是 clearenv()库函数的工作内容。

```
#define _BSD_SOURCE              /* Or: #define _SVID_SOURCE */
#include <stdlib.h>

int clearenv(void)

                              Returns 0 on success, or a nonzero on error
```

在某些情况下，使用 setenv()函数和 clearenv()函数可能会导致程序内存泄露。前面已然提及：setenv()函数所分配的一块内存缓冲区，随之会成为进程环境的一部分。而调用 clearenv()时则没有释放该缓冲区（clearenv()调用并不知晓该缓冲区的存在，故而也无法将其释放）。反复调用这两个函数的程序，会不断产生内存泄露。实际上，这不大可能成为一个问题，因为程序通常仅在启动时调用 clearenv()函数一次，用于移除继承自其父进程（即调用 exec()函数来启动当前程序的程序）环境中的所有条目。

许多 UNIX 实现都支持 clearenv()函数，但是 SUSv3 没有对此函数进行规范。SUSv3 规定如果应用程序直接修改 environ 变量，正如 clearenv()函数所做的那样，则不对 setenv()、unsetenv()和 getenv()的行为进行定义。（这一作法的根本原因在于禁止符合 SUSv3 标准的应用程序直接修改环境，意在使 UNIX 实现能完全控制其实现环境变量时所采用的数据结构。）SUSv3 允许应用程序清空自身环境的唯一方法是首先获取所有环境变量的列表（通过 environ 变量获得所有环境变量的名称），然后逐一调用 unsetenv()移除每个环境变量。

程序示例

程序清单 6-4 展示了本节讨论的所有函数的用法。该应用程序首先清空环境，然后向环境中逐一添加命令行参数所提供的环境变量定义；之后，如果环境中尚无名为 GREET 的变量，就向环境中添加该变量；接着，从环境中移除名为 BYE 的变量；最后打印当前环境列表。此处为该程序运行时输出结果的一例：

```
$ ./modify_env "GREET=Guten Tag" SHELL=/bin/bash BYE=Ciao
GREET=Guten Tag
SHELL=/bin/bash
$ ./modify_env SHELL=/bin/sh BYE=byebye
SHELL=/bin/sh
GREET=Hello world
```

如果将 environ 参数赋值为 NULL（正如程序清单 6-4 中 clearenv()函数调用的所作所为），那么可以预见如下形式的循环（如程序清单 6-4 中使用的循环）将失败，因为*environ 是无效的。

```
    for (ep = environ; *ep != NULL; ep++)
        puts(*ep);
```

　　然而，如果 setenv()函数和 putenv()函数发现 environ 参数为 NULL，则会创建一个新的环境列表，并使 environ 参数指向此列表，结果上面的循环操作又将正确运行。

程序清单 6-4：修改进程环境

――――――――――――――――――――――――――――――――――――― proc/modify_env.c

```
#define _GNU_SOURCE        /* To get various declarations from <stdlib.h> */
#include <stdlib.h>
#include "tlpi_hdr.h"

extern char **environ;

int
main(int argc, char *argv[])
{
    int j;
    char **ep;

    clearenv();               /* Erase entire environment */

    for (j = 1; j < argc; j++)
        if (putenv(argv[j]) != 0)
            errExit("putenv: %s", argv[j]);

    if (setenv("GREET", "Hello world", 0) == -1)
        errExit("setenv");

    unsetenv("BYE");

    for (ep = environ; *ep != NULL; ep++)
        puts(*ep);

    exit(EXIT_SUCCESS);
}
```

――――――――――――――――――――――――――――――――――――― proc/modify_env.c

6.8　执行非局部跳转：setjmp()和 longjmp()

　　使用库函数 setjmp()和 longjmp()可执行非局部跳转（nonlocal goto）。术语"非局部（nonlocal）"是指跳转的目标为当前执行函数之外的某个位置。

　　C 语言，像许多其他编程语言一样，包含 goto 语句。这就好比打开了潘多拉的魔盒。若无止境的滥用，将使程序难以阅读和维护。不过偶尔也能一显身手，令程序更简单、更快速，或是兼而有之。

　　C 语言的 goto 语句存在一个限制，即不能从当前函数跳转到另一函数。然而，偶尔还是需要这一功能的。考虑错误处理中经常出现的如下场景：在一个深度嵌套的函数调用中发生了错误，需要放弃当前任务，从多层函数调用中返回，并在较高层级的函数中继续执行（也许甚至是在 main()中）。要做到这一点，可以让每个函数都返回一个状态值，由函数的调用者检查并做相应处理。这一方法完全有效，而且，在许多情况下，是处理这类场景的理想方法。然而，有时候如果能从嵌套函数调用中跳出，返回该函数的调用者之一（当前调用者或者调用者的调用者，等等），编码会更为简单。setjmp()和 longjmp()就提供了这一功能。

由于在 C 语言中，所有函数作用域的层级相同（即标准 C 语言不支持嵌套函数声明，尽管 gcc 将此功能作为其扩展功能），所以 goto 语句不能应用于函数间跳转。给定两个函数 X 和 Y，编译器无从知晓当调用 Y 时，X 函数的栈帧是否在栈上，所以也无法判断从 Y 函数跳转（goto）到 X 函数是否可行。支持嵌套函数声明的语言，比如 Pascal 语言，允许 goto 从一个嵌套函数跳转到其调用者，编译器得以根据函数的静态作用域来确定函数动态作用域的某些信息。因此，编译器若在词法解析时获悉函数 Y 嵌套于函数 X 之内[1]，也必然能够推断当调用 Y 时，X 函数的栈帧一定已然在栈中存在（即动态作用域），并能为函数 Y 产生 goto 代码，从 Y 中跳转到 X 函数的某处。

```
#include <setjmp.h>

int setjmp(jmp_buf env);

                    Returns 0 on initial call, nonzero on return via longjmp()
void longjmp(jmp_buf env, int val);
```

setjmp()调用为后续由 longjmp()调用执行的跳转确立了跳转目标。该目标正是程序发起 setjmp()调用的位置。从编程角度看来，调用 longjmp()函数后，看起来就和从第二次调用 setjmp()返回时完全一样。通过查看 setjmp()返回的整数值，可以区分 setjmp 调用是初始返回还是第二次"返回"。初始调用返回值为 0，后续"伪"返回的返回值为 longjmp()调用中 val 参数所指定的任意值。通过对 val 参数使用不同值，能够区分出程序中跳转至同一目标的不同起跳位置。

如果指定 longjmp()函数的 val 参数值为 0，而 longjmp 函数对此又不做检查，就会导致模拟 setjmp()时返回值为 0，如同初次调用 setjmp()函数返回时一样。出于这一原因，如果指定 val 参数值为 0，则 longjmp()调用实际会将其替换为 1。

这两个函数的入参 env 为成功实现跳转提供了黏合剂。setjmp()函数把当前进程环境的各种信息保存到 env 参数中。调用 longjmp()时必须指定相同的 env 变量，以此来执行"伪"返回。由于对 setjmp()函数和 longjmp()函数的调用分别位于不同函数（否则，使用简单的 goto 即可），所以应该将 env 参数定义为全局变量，或者将 env 作为函数入参来传递，后一种做法较为少见。

调用 setjmp()时，env 除了存储当前进程的其他信息外，还保存了程序计数寄存器（指向当前正在执行的机器语言指令）和栈指针寄存器（标记栈顶）的副本。这些信息能够使后续的 longjmp()调用完成两个关键步骤的操作。

- 将发起 longjmp()调用的函数与之前调用 setjmp()的函数之间的函数栈帧从栈上剥离。有时又将此过程称为"解开栈（unwinding the stack）"，这是通过将栈指针寄存器重置为 env 参数内的保存值来实现的。
- 重置程序计数寄存器，使程序得以从初始的 setjmp()调用位置继续执行。同样，此功能是通过 env 参数中的保存值（程序计数寄存器）来实现的。

程序示例

程序清单 6-5 展示了 setjmp()和 longjmp()函数的用法。该程序通过 setjmp()的初始调用建立

---

1 译者注：即上文所谓静态作用域。

了一个跳转目标，接下来的 switch（针对 setjmp() 调用的返回值）用于检测是初次从 setjmp() 调用返回还是在调用 longjmp() 后返回。当 setjmp() 调用返回值为 0 时，亦即对 setjmp() 的初始调用完成后，将调用 f1() 函数，f1() 函数根据 argc 参数值（即命令行参数个数）来决定是立刻调用 longjmp() 函数还是继续去调用 f2() 函数。如果是调用 f2() 函数，则 f2() 函数将马上调用 longjmp() 函数。两处对 longjmp() 的调用都会使进程恢复到调用 setjmp() 的位置。程序在两处调用中为 val 参数设定了不同值，以供 main() 函数的 switch 语句区分发生跳转的函数，并打印相应信息。

在不带任何命令行参数的情况下运行程序清单 6-5 中的程序，结果如下所示：

```
$ ./longjmp
Calling f1() after initial setjmp()
We jumped back from f1()
```

指定命令行参数，会使程序跳转发生在函数 f2() 中：

```
$ ./longjmp x
Calling f1() after initial setjmp()
We jumped back from f2()
```

程序清单 6-5：展示函数 setjmp() 和 longjmp() 的用法

――――――――――――――――――――――――――――――――――――― proc/longjmp.c

```
#include <setjmp.h>
#include "tlpi_hdr.h"

static jmp_buf env;

static void
f2(void)
{
    longjmp(env, 2);
}

static void
f1(int argc)
{
    if (argc == 1)
        longjmp(env, 1);
    f2();
}

int
main(int argc, char *argv[])
{
    switch (setjmp(env)) {
    case 0:      /* This is the return after the initial setjmp() */
        printf("Calling f1() after initial setjmp()\n");
        f1(argc);                /* Never returns... */
        break;                   /* ... but this is good form */

    case 1:
        printf("We jumped back from f1()\n");
        break;

    case 2:
        printf("We jumped back from f2()\n");
        break;
    }
```

```
        exit(EXIT_SUCCESS);
    }
```

对 setjmp() 函数的使用限制

SUSv3 和 C99 规定，对 setjmp() 的调用只能在如下语境中使用。

- 构成选择或迭代语句中（if、switch、while 等）的整个控制表达式。
- 作为一元操作符!（not）的操作对象，其最终表达式构成了选择或迭代语句的整个控制表达式。
- 作为比较操作（==、!=、<等）的一部分，另一操作对象必须是一个整数常量表达式，且其最终表达式构成选择或迭代语句的整个控制表达式。
- 作为独立的函数调用，且没有嵌入到更大的表达式之中。

注意：C 语言赋值语句不在上述列表之列。以下形式的语句是不符合标准的：

```
s = setjmp(env);                    /* WRONG! */
```

之所以规定这些限制，是因为作为常规函数的 setjmp() 实现无法保证拥有足够信息来保存所有寄存器值和封闭表达式中用到的临时栈位置，以便于在 longjmp() 调用后此类信息能得以正确恢复。因此，仅允许在足够简单且无需临时存储的表达式中调用 setjmp()。

滥用 longjmp()

如果将 env 缓冲区定义为全局变量，对所有函数可见（这也是通常用法），那么就可以执行如下操作序列。

1. 调用函数 x()，使用 setjmp() 调用在全局变量 env 中建立一个跳转目标。

2. 从函数 x() 中返回。

3. 调用函数 y()，使用 env 变量调用 longjmp() 函数。

这是一个严重错误，因为 longjmp() 调用不能跳转到一个已经返回的函数中。思考一下，在这种情况下，longjmp() 函数会对栈打什么主意——尝试将栈解开，恢复到一个不存在的栈帧位置，这无疑将引起混乱。如果幸运的话，程序会一死（crash）了之。然而，取决于栈的状态，也可能会引起调用与返回间的死循环，而程序好像真地从一个当前并未执行的函数中返回了。（在多线程程序中有与之相类似的滥用，在线程某甲中调用 setjmp() 函数，却在线程某乙中调用 longjmp()。）

> SUSv3 规定，如果从嵌套的信号处理器（signal handler）（即信号某甲的处理器正在运行时，又发起对信号某乙处理器的调用）中调用 longjmp() 函数，则该程序的行为未定义。

优化编译器的问题

优化编译器会重组程序的指令执行顺序，并在 CPU 寄存器中，而非 RAM 中存储某些变量。这种优化一般依赖于反映了程序词法结构的运行时（run-time）控制流程。由于 setjmp() 和 longjmp() 的跳转操作需在运行时才能得以确立和执行，并未在程序的词法结构中有所反映，故而编译器在进行优化时也无法将其考虑在内。此外，某些应用程序二进制接口（ABI）实现的语义要求 longjmp() 函数恢复先前 setjmp() 调用所保存的 CPU 寄存器副本。这意味着 longjmp() 操作会致使经过优化的变量被赋以错误值。程序清单 6-6 中的程序行为就是其中一例。

程序清单 6-6：编译器的优化和 longjmp()函数相互作用的示例

—— proc/setjmp_vars.c

```c
#include <stdio.h>
#include <stdlib.h>
#include <setjmp.h>

static jmp_buf env;

static void
doJump(int nvar, int rvar, int vvar)
{
    printf("Inside doJump(): nvar=%d rvar=%d vvar=%d\n", nvar, rvar, vvar);
    longjmp(env, 1);
}

int
main(int argc, char *argv[])
{
    int nvar;
    register int rvar;          /* Allocated in register if possible */
    volatile int vvar;          /* See text */

    nvar = 111;
    rvar = 222;
    vvar = 333;

    if (setjmp(env) == 0) {     /* Code executed after setjmp() */
        nvar = 777;
        rvar = 888;
        vvar = 999;
        doJump(nvar, rvar, vvar);

    } else {                    /* Code executed after longjmp() */

        printf("After longjmp(): nvar=%d rvar=%d vvar=%d\n", nvar, rvar, vvar);
    }

    exit(EXIT_SUCCESS);
}
```

—— proc/setjmp_vars.c

以常规方式编译程序清单 6-6 中的程序，输出结果符合预期。

```
$ cc -o setjmp_vars setjmp_vars.c
$ ./setjmp_vars
Inside doJump(): nvar=777 rvar=888 vvar=999
After longjmp(): nvar=777 rvar=888 vvar=999
```

然而，若以优化方式编译该程序，结果就有些出乎预料了。

```
$ cc -O -o setjmp_vars setjmp_vars.c
$ ./setjmp_vars
Inside doJump(): nvar=777 rvar=888 vvar=999
After longjmp(): nvar=111 rvar=222 vvar=999
```

此处，在 longjmp()调用后，nvar 和 rvar 参数被重置为 setjmp()初次调用时的值。起因是优化器对代码的重组受到 longjmp()调用的干扰。作为候选优化对象的任一局部变量可能都难免会遇到这类问题，一般包含指针变量和 char、int、float、long 等任何简单类型的变量。

将变量声明为 volatile，是告诉优化器不要对其进行优化，从而避免了代码重组。在上面的程序输出中，无论编译优化与否，声明为 volatile 的变量 vvar 都得到了正确处理。

因为不同的优化器有着不同的优化方法，具备良好移植性的程序应在调用 setjmp()的函数中，将上述类型的所有局部变量都声明为 volatile。

若在 GNU C 语言编译器中加入–Wextra（产生额外的警告信息）选项，setjmp_vars.c 程序的编译结果将显示有帮助的警告信息如下：

```
$ cc -Wall -Wextra -O -o setjmp_vars setjmp_vars.c
setjmp_vars.c: In function `main':
setjmp_vars.c:17: warning: variable `nvar' might be clobbered by `longjmp' or
`vfork'
setjmp_vars.c:18: warning: variable `rvar' might be clobbered by `longjmp' or
`vfork'
```

> 无论优化与否，查看编译 setjmp_vars.c 程序所产生的汇编语言输出都是有益的。cc –S 命令产生一个以.s 为扩展名的文件，内容为程序的汇编代码。

尽可能避免使用 setjmp()函数和 longjmp()函数

如果说 goto 语句会使程序难以阅读，那么非局部跳转会让事情的糟糕程度增加一个数量级，因为它能在程序中任意两个函数间传递控制。因此，应当慎用 setjmp()函数和 longjmp()函数。在设计和编码时花点心思来避免使用这两个函数，这通常是值得的。程序更具可读性，可能会更具可移植性。话虽如此，但在编写信号处理器时，这些函数偶尔还会派上用场——讨论信号时将重新论及这些函数的变体（参见21.2.1 节中的 sigsetjmp()函数和 siglongjmp()函数）。

6.9　总结

每个进程都有一个唯一进程标识号（process ID），并保存有对其父进程号的记录。

进程的虚拟内存逻辑上被划分成许多段：文本段、（初始化和非初始化的）数据段、栈和堆。

栈由一系列帧组成，随函数调用而增，随函数返回而减。每个帧都包含有函数局部变量、函数实参以及单个函数调用的调用链接信息。

程序调用时，命令行参数通过 argc 和 argv 参数提供给 main()函数。通常，argv[0]包含调用程序的名称。

每个进程都会获得其父进程环境列表的一个副本，即一组"名称-值"键值对。全局变量 environ 和各种库函数允许进程访问和修改其环境列表中的变量。

setjmp()函数和 longjmp()函数提供了从函数某甲执行非局部跳转到函数某乙（栈解开）的方法。在调用这些函数时，为避免编译器优化所引发的问题，应使用 volatile 修饰符声明变量。非局部跳转会使程序难于阅读和维护，应尽量避免使用。

更多资料

[Tanenbaum, 2007]和[Vahalia, 1996]详细描述了虚拟内存管理。[Gorman, 2004]则详细描述了 Linux 内核内存管理算法和代码。

6.9 练习

6-1. 编译程序清单 6-1 中的程序（mem_segments.c），使用 ls -l 命令显示可执行文件的大小。虽然该程序包含一个大约 10MB 的数组，但可执行文件大小要远小于此，为什么？

6-2. 编写一个程序，观察当使用 longjmp()函数跳转到一个已经返回的函数时会发生什么？

6-3. 使用 getenv()函数、putenv()函数，必要时可直接修改 environ，来实现 setenv()函数和 unsetenv()函数。此处的 unsetenv()函数应检查是否对环境变量进行了多次定义，如果是多次定义则将移除对该变量的所有定义（glibc 版本的 unsetenv()函数实现了这一功能）。

第7章
内存分配

许多系统程序需要为动态数据结构（例如，链表和二叉树）分配额外内存，此类数据结构的大小由运行时所获取的信息决定。本章将介绍用于在堆或堆栈上分配内存的函数。

7.1 在堆上分配内存

进程可以通过增加堆的大小来分配内存，所谓堆是一段长度可变的连续虚拟内存，始于进程的未初始化数据段末尾，随着内存的分配和释放而增减（见图 6-1）。通常将堆的当前内存边界称为"program break"。

稍后将介绍 C 语言程序分配内存所惯用的 malloc 函数族，但首先还要从 malloc 函数族所基于的 brk() 和 sbrk() 开始谈起。

7.1.1 调整 program break：brk() 和 sbrk()

改变堆的大小（即分配或释放内存），其实就像命令内核改变进程的 program break 位置一样简单。最初，program break 正好位于未初始化数据段末尾之后（如图 6-1 所示，与 &end 位置相同）。

在 program break 的位置抬升后，程序可以访问新分配区域内的任何内存地址，而此时物理内存页尚未分配。内核会在进程首次试图访问这些虚拟内存地址时自动分配新的物理内存页。

传统的 UNIX 系统提供了两个操纵 program break 的系统调用：brk() 和 sbrk()，在 Linux 中依然可用。虽然代码中很少直接使用这些系统调用，但了解它们有助于弄清内存分配的工作过程。

```
#include <unistd.h>

int brk(void *end_data_segment);

                                    Returns 0 on success, or –1 on error
void *sbrk(intptr_t increment);
            Returns previous program break on success, or (void *) –1 on error
```

系统调用 brk() 会将 program break 设置为参数 end_data_segment 所指定的位置。由于虚拟

113

内存以页为单位进行分配，end_data_segment 实际会四舍五入到下一个内存页的边界处。

当试图将 program break 设置为一个低于其初始值（即低于&end）的位置时，有可能会导致无法预知的行为，例如，当程序试图访问的数据位于初始化或未初始化数据段中当前尚不存在的部分时，就会引发分段内存访问错误（segmentation fault）（SIGSEGV 信号，在 20.2 节描述）。program break 可以设定的精确上限取决于一系列因素，这包括进程中对数据段大小的资源限制（36.3 节中描述的 RLIMIT_DATA），以及内存映射、共享内存段、共享库的位置。

调用 sbrk()将 program break 在原有地址上增加从参数 increment 传入的大小。（在 Linux 中，sbrk()是在 brk()基础上实现的一个库函数。）用于声明 increment 的 intptr_t 类型属于整数数据类型。若调用成功，sbrk()返回前一个 program break 的地址。换言之，如果 program break 增加，那么返回值是指向这块新分配内存起始位置的指针。

调用 sbrk(0)将返回 program break 的当前位置，对其不做改变。在意图跟踪堆的大小，或是监视内存分配函数包的行为时，可能会用到这一用法。

> SUSv2 定义了 brk()和 sbrk()，标记为 Legacy（传统）。但 SUSv3 删除了这些定义。

7.1.2 在堆上分配内存：malloc()和 free()

一般情况下，C 程序使用 malloc 函数族在堆上分配和释放内存。较之 brk()和 sbrk()，这些函数具备不少优点，如下所示。

- 属于 C 语言标准的一部分。
- 更易于在多线程程序中使用。
- 接口简单，允许分配小块内存。
- 允许随意释放内存块，它们被维护于一张空闲内存列表中，在后续内存分配调用时循环使用。

malloc( )函数在堆上分配参数 size 字节大小的内存，并返回指向新分配内存起始位置处的指针，其所分配的内存未经初始化。

```
#include <stdlib.h>

void *malloc(size_t size);
```
                    Returns pointer to allocated memory on success, or NULL on error

由于 malloc()的返回类型为 void*，因而可以将其赋给任意类型的 C 指针。malloc()返回内存块所采用的字节对齐方式，总是适宜于高效访问任何类型的 C 语言数据结构。在大多数硬件架构上，这实际意味着 malloc 是基于 8 字节或 16 字节边界来分配内存的。[1]

> SUSv3 规定：调用 malloc(0)要么返回 NULL，要么是一小块可以（并且应该）用 free() 释放的内存。Linux 的 malloc(0)行为遵循后者。

若无法分配内存（或许是因为已经抵达 program break 所能达到的地址上限），则 malloc() 返回 NULL，并设置 errno 以返回错误信息。虽然分配内存失败的可能性很小，但所有对 malloc() 以及后续提及的相关函数的调用都应对返回值进行错误检查。

---

1 译者注：遵作者邮件嘱改动原文，据称此为编译器提高内存访问效率的举措之一。

free()函数释放 ptr 参数所指向的内存块，该参数应该是之前由 malloc()，或者本章后续描述的其他堆内存分配函数之一所返回的地址。

```
#include <stdlib.h>

void free(void *ptr);
```

一般情况下，free()并不降低 program break 的位置，而是将这块内存填加到空闲内存列表中，供后续的 malloc()函数循环使用。这么做是出于以下几个原因。

- 被释放的内存块通常会位于堆的中间，而非堆的顶部，因而降低 porgram break 是不可能的。
- 它最大限度地减少了程序必须执行的 sbrk()调用次数。（正如 3.1 节指出的，系统调用的开销虽小，却也颇为可观。）
- 在大多数情况下，降低 program break 的位置不会对那些分配大量内存的程序有多少帮助，因为它们通常倾向于持有已分配内存或是反复释放和重新分配内存，而非释放所有内存后再持续运行一段时间。

如果传给 free()的是一个空指针，那么函数将什么都不做。（换句话说，给 free()传入一个空指针并不是错误代码。）

在调用 free()后对参数 ptr 的任何使用，例如将其再次传递给 free()，将产生错误，并可能导致不可预知的结果。

程序示例

程序清单 7-1 中的程序说明了 free()函数对 program break 的影响。该程序在分配了多块内存后，根据（可选）命令行参数来释放其中的部分或全部。

前两个命令行参数指定了分配内存块的数量和大小。第三个命令行参数指定了释放内存块的循环步长。如果是 1（这也是省略此参数时的默认值），那么程序将释放每块已分配的内存，如果为 2，那么每隔一块释放一块已分配内存，以此类推。第四个和第五个命令行参数指定需要释放的内存块范围。如果省略这两个参数，那么将（以第三个命令行参数所指定的步长）释放全部范围内的已分配内存。

程序清单 7-1：示范释放内存时 program break 的行为

—————————————————————————————————— **memalloc/free_and_sbrk.c**

```
#include "tlpi_hdr.h"

#define MAX_ALLOCS 1000000

int
main(int argc, char *argv[])
{
    char *ptr[MAX_ALLOCS];
    int freeStep, freeMin, freeMax, blockSize, numAllocs, j;

    printf("\n");

    if (argc < 3 || strcmp(argv[1], "--help") == 0)
        usageErr("%s num-allocs block-size [step [min [max]]]\n", argv[0]);

    numAllocs = getInt(argv[1], GN_GT_0, "num-allocs");
```

```
        if (numAllocs > MAX_ALLOCS)
            cmdLineErr("num-allocs > %d\n", MAX_ALLOCS);

    blockSize = getInt(argv[2], GN_GT_0 | GN_ANY_BASE, "block-size");

    freeStep = (argc > 3) ? getInt(argv[3], GN_GT_0, "step") : 1;
    freeMin  = (argc > 4) ? getInt(argv[4], GN_GT_0, "min") : 1;
    freeMax  = (argc > 5) ? getInt(argv[5], GN_GT_0, "max") : numAllocs;

    if (freeMax > numAllocs)
        cmdLineErr("free-max > num-allocs\n");

    printf("Initial program break:          %10p\n", sbrk(0));

    printf("Allocating %d*%d bytes\n", numAllocs, blockSize);
    for (j = 0; j < numAllocs; j++) {
        ptr[j] = malloc(blockSize);
        if (ptr[j] == NULL)
            errExit("malloc");
    }

    printf("Program break is now:           %10p\n", sbrk(0));

    printf("Freeing blocks from %d to %d in steps of %d\n",
            freeMin, freeMax, freeStep);
    for (j = freeMin - 1; j < freeMax; j += freeStep)
        free(ptr[j]);

    printf("After free(), program break is: %10p\n", sbrk(0));

    exit(EXIT_SUCCESS);
}
```

———————————————————————————————— **memalloc/free_and_sbrk.c**

用下面的命令行运行程序清单 7-1 的程序，将会分配 1000 个内存块，且每隔一个内存块释放一个内存块。

$ ./free_and_sbrk 1000 10240 2

输出结果显示，释放所有内存块后，program break 的位置仍然与分配所有内存块后的水平相当。

```
Initial program break:          0x804a6bc
Allocating 1000*10240 bytes
Program break is now:           0x8a13000
Freeing blocks from 1 to 1000 in steps of 2
After free(), program break is: 0x8a13000
```

下面的命令行要求除了最后一块内存块，释放所有已分配的内存块。再一次，program break 保持在了"高水位线"。

```
$ ./free_and_sbrk 1000 10240 1 1 999
Initial program break:          0x804a6bc
Allocating 1000*10240 bytes
Program break is now:           0x8a13000
Freeing blocks from 1 to 999 in steps of 1
After free(), program break is: 0x8a13000
```

但是，如果在堆顶部释放完整的一组连续内存块，会观察到 program break 从峰值上降下来，这表明 free() 使用了 sbrk() 来降低 program break。在这里，命令行释放了已分配内存的最后 500 个内存块。

```
$ ./free_and_sbrk 1000 10240 1 500 1000
Initial program break:        0x804a6bc
Allocating 1000*10240 bytes
Program break is now:         0x8a13000
Freeing blocks from 500 to 1000 in steps of 1
After free(), program break is: 0x852b000
```

在这种情况下，free()函数的 glibc 实现会在释放内存时将相邻的空闲内存块合并为一整块更大的内存（这样做是为了避免在空闲内存列表中包含大量的小块内存碎片，这些碎片会因空间太小而难以满足后续的 malloc()请求），因而也有能力识别出堆顶部的整个空闲区域。

> 仅当堆顶空闲内存"足够"大的时候，free()函数的 glibc 实现会调用 sbrk()来降低 program break 的地址，至于"足够"与否则取决于 malloc 函数包行为的控制参数（128 KB 为典型值）。这减少了必须对 sbrk()发起的调用次数（亦即对 brk()系统调用的调用次数）。

调用 free()还是不调用 free()

当进程终止时，其占用的所有内存都会返还给操作系统，这包括在堆内存中由 malloc 函数包内一系列函数所分配的内存。基于内存的这一自动释放机制，对于那些分配了内存并在进程终止前持续使用的程序而言，通常会省略对 free()的调用。这在程序中分配了多块内存的情况下可能会特别有用，因为加入多次对 free()的调用不但会消耗大量的 CPU 时间，而且可能会使代码趋于复杂。

虽然依靠终止进程来自动释放内存对大多数程序来说是可以接受的，但基于以下几个原因，最好能够在程序中显式释放所有的已分配内存。

- 显式调用 free()能使程序在未来修改时更具可读性和可维护性。
- 如果使用 malloc 调试库（如下所述）来查找程序的内存泄漏问题，那么会将任何未经显式释放处理的内存报告为内存泄漏。这会使发现真正内存泄漏的工作复杂化。

7.1.3　malloc()和 free()的实现

尽管 malloc()和 free()所提供的内存分配接口比之 brk()和 sbrk()要容易许多，但在使用时仍然容易犯下各种编程错误。理解 malloc()和 free()的实现，将使我们洞悉产生这些错误的原因以及如何才能避免此类错误。

malloc()的实现很简单。它首先会扫描之前由 free()所释放的空闲内存块列表，以求找到尺寸大于或等于要求的一块空闲内存。（取决于具体实现，采用的扫描策略会有所不同。例如，first-fit 或 best-fito。）如果这一内存块的尺寸正好与要求相当，就把它直接返回给调用者。如果是一块较大的内存，那么将对其进行分割，在将一块大小相当的内存返回给调用者的同时，把较小的那块空闲内存块保留在空闲列表中。

如果在空闲内存列表中根本找不到足够大的空闲内存块，那么 malloc()会调用 sbrk()以分配更多的内存。为减少对 sbrk()的调用次数，malloc()并未只是严格按所需字节数来分配内存，而是以更大幅度（以虚拟内存页大小的数倍）来增加 program break，并将超出部分置于空闲内存列表。

至于 free()函数的实现则更为有趣。当 free()将内存块置于空闲列表之上时，是如何知晓内存块大小的？这是通过一个小技巧来实现的。当 malloc()分配内存块时，会额外分配几个字节来存放记录这块内存大小的整数值。该整数位于内存块的起始处，而实际返回给调用者的内存地址恰好位于这一长度记录字节之后，如图 7-1 所示。

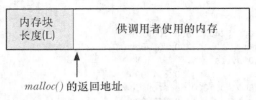

图 7-1：malloc()返回的内存块

当将内存块置于空闲内存列表（双向链表）时，free()会使用内存块本身的空间来存放链表指针，将自身添加到列表中，如图 7-2 所示。

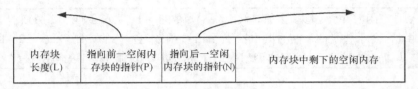

图 7-2：空闲列表中的内存块

随着对内存不断地释放和重新分配，空闲列表中的空闲内存会和已分配的在用内存混杂在一起，如图 7-3 所示。

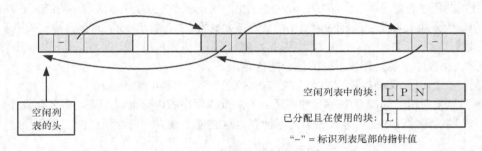

图 7-3：包含有已分配内存和空闲内存列表的堆

应该认识到，C 语言允许程序创建指向堆中任意位置的指针，并修改其指向的数据，包括由 free()和 malloc()函数维护的内存块长度、指向前一空闲块和后一空闲块的指针。辅之以之前的描述，一旦推究起隐晦难解的编程缺陷来，这无疑形同掉进了火药桶。例如，假设经由一个错误指针，程序无意间增加了冠于一块已分配内存的长度值，并随即释放这块内存，free()因之会在空闲列表中记录下这块长度失真的内存。随后，malloc()也许会重新分配这块内存，从而导致如下场景：程序的两个指针分别指向两块它认为互不相干的已分配内存，但实际上这两块内存却相互重叠。至于其他的出错情况则数不胜数。

要避免这类错误，应该遵守以下规则。

- 分配一块内存后，应当小心谨慎，不要改变这块内存范围外的任何内容。错误的指针运算，或者循环更新内存块内容时出现的 "off-by-one"（一字之偏）[1]错误，都有可能导致这一情况。

- 释放同一块已分配内存超过一次是错误的。Linux 上的 glibc 库经常报出分段错误（SIGSEGV 信号）。这是好事，因为它提醒我们犯下了一个编程错误。然而，当两次

---

1 译者注：详见 http://en.wikipedia.org/wiki/Off-by-one_error。

释放同一块内存时，更常见的后果是导致不可预知的行为。

- 若非经由 malloc 函数包中函数所返回的指针，绝不能在调用 free()函数时使用。
- 在编写需要长时间运行的程序（例如，shell 或网络守护进程）时，出于各种目的，如果需要反复分配内存，那么应当确保释放所有已使用完毕的内存。如若不然，堆将稳步增长，直至抵达可用虚拟内存的上限，在此之后分配内存的任何尝试都将以失败告终。这种情况被称之为"内存泄漏"。

malloc 调试的工具和库

如果不遵循上述准则，可能会在代码中引入既难以理解又难以重现的缺陷。而使用 glibc 提供的 malloc 调试工具或者任何一款 malloc 调试库，都会显著降低发现这些缺陷的难度，这也是设计它们的目的所在。

以下是 glibc 提供的 malloc 调试工具的部分功能。

- mtrace()和 muntrace()函数分别在程序中打开和关闭对内存分配调用进行跟踪的功能。这些函数要与环境变量 MALLOC_TRACE 搭配使用，该变量定义了写入跟踪信息的文件名。在被调用时，mtrace()会检查是否定义了该文件，又是否可以打开文件并写入。如果一切正常，那么会在文件里跟踪和记录所有对 malloc 函数包中函数的调用。由于生成文件不易于理解，还提供有一个脚本（mtrace）用于分析文件，并生成易于理解的汇总报告。出于安全原因，设置用户 ID 和设置组 ID 的程序会忽略对 mtrace()的调用。
- mcheck()和 mprobe()函数允许程序对已分配内存块进行一致性检查。例如，当程序试图在已分配内存之外进行写操作时，它们将捕获这个错误。这些函数提供的功能和下述 malloc 调试库有重叠之处。使用这些函数的程序，必须使用 cc-lmcheck 选项与 mcheck 库链接。
- MALLOC_CHECK_ 环境变量（注意结尾处的下划线）提供了类似于 mcheck()和 mprobe()函数的功能。（两者之间的一个显著区别在于使用：MALLOC_CHECK_无需对程序进行修改和重新编译。）通过为此变量设置不同的整数值，可以控制程序对内存分配错误的响应方式。可能的设置有：0，意即忽略错误；1，意即在标准错误输出（stderr）中打印诊断错误；2，意即调用 abort()来终止程序。并非所有的内存分配和释放错误都是由 MALLOC_CHECK_检测出的，它所发现的只是常见错误。但是，这种技术快速、易用，较之于 malloc 调试库具有较低的运行时开销。出于安全原因，设置用户 ID 和设置组 ID 的程序将忽略 MALLOC_CHECK_设置。

关于以上所有功能更为详细的信息可以参考 glibc 手册。

而就 malloc 调试库而言，其提供了和标准 malloc 函数包相同的 API，但附加了捕获内存分配错误的功能。要使用调试库，需要在编译时链接调试库，而非标准 C 函数库的 malloc 函数包。由于调试库通常会降低运行速度，增加内存消耗，或是两者兼而有之，应当仅在调试时使用，而在正式发布产品时链接标准库的 malloc 包。这些库分别是：Electric Fence（http://www.perens.com/FreeSoftware/）、dmalloc（http://dmalloc.com/）、Valgrind（http://valgrind. org/）、Insure++（http://www.parasoft.com/）。

Valgrind 和 Insure++能够发现许多堆内存分配之外的其他类型错误。可以访问其各自网站，以获取详细信息。

控制和监测 malloc 函数包

glibc 手册介绍了一系列非标准函数，可用于监测和控制 malloc 包中函数的内存分配，其中包括如下几个函数。

- 函数 mallopt()能修改各项参数，以控制 malloc()所采用的算法。例如，此类参数之一就指定了在调用 sbrk()函数进行堆收缩之前，在空闲列表尾部必须保有的可释放内存空间的最小值。另一参数则规定了从堆中分配的内存块大小的上限，超出上限的内存块则使用 mmap()系统调用（参见 49.7 节）来分配。
- mallinfo()函数返回一个结构，其中包含由 malloc()分配内存的各种统计数据。

众多 UNIX 实现提供各种版本的 mallopt()和 mallinfo()。然而，这些函数所提供的接口却随实现而不同，因而也无法移植。

7.1.4　在堆上分配内存的其他方法

除了 malloc()，C 函数库还提供了一系列在堆上分配内存的其他函数，在这里将逐一介绍。

用 calloc()和 realloc()分配内存

函数 calloc()用于给一组相同对象分配内存。

```
#include <stdlib.h>

void *calloc(size_t numitems, size_t size);
```
> Returns pointer to allocated memory on success, or NULL on error

参数 mumitems 指定分配对象的数量，size 指定每个对象的大小。在分配了适当大小的内存块后，calloc()返回指向这块内存起始处的指针（如果无法分配内存，则返回 NULL）。与 malloc()不同，calloc()会将已分配的内存初始化为 0。

下面是 calloc()的一个使用范例：

```
struct { /* Some field definitions */ } myStruct;
struct myStruct *p;

p = calloc(1000, sizeof(struct myStruct));
if (p == NULL)
    errExit("calloc");
```

realloc()函数用来调整（通常是增加）一块内存的大小，而此块内存应是之前由 malloc 包中函数所分配的。

```
#include <stdlib.h>

void *realloc(void *ptr, size_t size);
```
> Returns pointer to allocated memory on success, or NULL on error

参数 ptr 是指向需要调整大小的内存块的指针。参数 size 指定所需调整大小的期望值。

如果成功，realloc()返回指向大小调整后内存块的指针。与调用前的指针相比，二者指向的位置可能不同。如果发生错误，realloc()返回 NULL，对 ptr 指针指向的内存块则原封不动（SUSv3 要求满足这一约定）。

若 realloc()增加了已分配内存块的大小，则不会对额外分配的字节进行初始化。

使用 calloc()或 realloc()分配的内存应使用 free()来释放。

调用 realloc(ptr,0)等效于在 free(ptr)之后调用 malloc(0)。若 ptr 为 NULL，则 realloc(NULL, size)相当于调用 malloc(size)。

通常情况下，当增大已分配内存时，realloc()会试图去合并在空闲列表中紧随其后[1]且大小满足要求的内存块。若原内存块位于堆的顶部，那么 realloc()将对堆空间进行扩展。如果这块内存位于堆的中部，且紧邻其后的空闲内存空间大小不足，realloc()会分配一块新内存，并将原有数据复制到新内存块中。最后这种情况最为常见，还会占用大量 CPU 资源。一般情况下，应尽量避免调用 realloc()。

既然 realloc()可能会移动内存，对这块内存的后续引用就必须使用 realloc()的返回指针。可以用 realloc()来重新定位由变量 ptr 指向的内存块，代码如下：

```
nptr = realloc(ptr, newsize);
if (nptr == NULL) {
    /* Handle error */
} else {                    /* realloc() succeeded */
    ptr = nptr;
}
```

本例并没有把 realloc()的返回值直接赋给 ptr，因为一旦调用 realloc()失败，那么 ptr 会被置为 NULL，从而无法访问现有内存块。

由于 realloc()可能会移动内存块，任何指向该内存块内部的指针在调用 realloc()之后都可能不再可用。仅有一种内存块内的位置引用方法依然有效，即以指向此块内存起始处的指针再加上一个偏移量来进行定位，这将在 48.6 节中详细讨论。

分配对齐的内存：memalign()和 posix_memalign()

设计函数 memalign()和 posix_memalign()的目的在于分配内存时，起始地址要与 2 的整数次幂边界对齐，该特征对于某些应用非常有用（例如程序清单 13-1）。

```
#include <malloc.h>

void *memalign(size_t boundary, size_t size);
```
                 Returns pointer to allocated memory on success, or NULL on error

函数 memalign()分配 size 个字节的内存，起始地址是参数 boundary 的整数倍，而 boundary 必须是 2 的整数次幂。函数返回已分配内存的地址。

函数 memalign()并非在所有 UNIX 实现上都存在。大多数提供 memalign()的其他 UNIX 实现都要求引用<stdlib.h>而非<malloc.h>以获得函数声明。

SUSv3 并未纳入 memalign()，而是规范了一个类似函数，名为 posix_memalign()。该函数由标准委员会于近期创制，只是出现在了少数 UNIX 实现上。

```
#include <stdlib.h>

int posix_memalign(void **memptr, size_t alignment, size_t size);
```
                 Returns 0 on success, or a positive error number on error

---

1 译者注：参见图 7-3 堆中空闲内存块与已分配内存块的"杂居"状态，此处应指与 ptr 指向的已分配内存块的地址相邻的空闲内存块。

函数 posix_memalign()与 memalign()存在以下两方面的不同。

- 已分配的内存地址通过参数 memptr 返回。
- 内存与 alignment 参数的整数倍对齐[1]，alignment 必须是 sizeof（void*）（在大多数硬件架构上是 4 或 8 个字节）与 2 的整数次幂两者间的乘积。

还要注意该函数与众不同的返回值，出错时不是返回-1，而是直接返回一个错误号（即通常在 errno 中返回的正整数）。

如果 SizeOf(void *)为 4，就可以使用 posix_memalign()分配 65536 字节的内存，并与 4096 字节的边界对齐，代码如下：

```
int s;
void *memptr;

s = posix_memalign(&memptr, 1024 * sizeof(void *), 65536);
if (s != 0)
    /* Handle error */
```

由 memalign()或 posix_memalign()分配的内存块应该调用 free()来释放。

> 在一些 UNIX 实现中，无法通过调用 free()来释放由 memalign()分配的内存，因为此类 memalign()在实现时使用 malloc()来分配内存块，然后返回一个指针，指向该块内已对齐的适当地址。glibc 的 memalign()则不受此限制。

7.2　在堆栈上分配内存：alloca()

和 malloc 函数包中的函数功能一样，alloca()也可以动态分配内存，不过不是从堆上分配内存，而是通过增加栈帧的大小从堆栈上分配。根据定义，当前调用函数的栈帧位于堆栈的顶部，故而这种方法是可行的。因此，帧的上方存在扩展空间，只需修改堆栈指针值即可。

```
#include <alloca.h>

void *alloca(size_t size);
                        Returns pointer to allocated block of memory
```

参数 size 指定在堆栈上分配的字节数。函数 alloca()将指向已分配内存块的指针作为其返回值。

不需要（实际上也绝不能）调用 free()来释放由 alloca()分配的内存。同样，也不可能调用 realloc()来调整由 alloca()分配的内存大小。

虽然 alloca()不是 SUSv3 的一部分，但大多数 UNIX 实现都提供了此函数，因而也具备可移植性。

> 旧版本的 glibc 和其他一些 UNIX 实现（主要是 BSD 的衍生版本），要获取 alloca()声明需引入<stdlib.h>而非<alloca.h>。

若调用 alloca()造成堆栈溢出，则程序的行为无法预知，特别是在没有收到一个 NULL 返回值通知错误的情况下。（事实上，在此情况下，可能会收到一个 SIGSEGV 信号。详情参见 21.3 节。）

请注意，不能在一个函数的参数列表中调用 alloca()，如下所示：

---

1 译者注：简而言之，该内存块的起始地址是 alignment 参数的整数倍。

```
func(x, alloca(size), z);          /* WRONG! */
```

这会使 alloca()分配的堆栈空间出现在当前函数参数的空间内（函数参数都位于栈帧内的固定位置）。相反，必须采用这样的代码：

```
void *y;

y = alloca(size);
func(x, y, z);
```

使用 alloca()来分配内存相对于 malloc()有一定优势。其中之一是，alloca()分配内存的速度要快于 malloc()，因为编译器将 alloca()作为内联代码处理，并通过直接调整堆栈指针来实现。此外，alloca()也不需要维护空闲内存块列表。

另一个优点在于，由 alloca()分配的内存随栈帧的移除而自动释放，亦即当调用 alloca 的函数返回之时。之所以如此，是因为函数返回时所执行的代码会重置栈指针寄存器，使其指向前一帧的末尾（即，假设堆栈向下增长，则指向恰好位于当前栈帧起始处之上的地址）。由于在函数的所有返回路径中都无需确保去释放所有的已分配内存，一些函数的编码也变得简单得多。

在信号处理程序中调用 longjmp()（6.8 节）或 siglongjmp()（21.2.1 节）以执行非局部跳转时，alloca()的作用尤其突出。此时，在"起跳"函数和"落地"函数之间的函数中，如果使用了 malloc()来分配内存，要想避免内存泄漏就极其困难，甚至是不可能的。与之相反，alloca()完全可以避免这一问题，因为堆栈是由这些调用展开的，所以以已分配的内存会被自动释放[1]。

7.3　总结

利用 malloc 函数族，进程可以动态分配和释放堆内存。在讨论这些函数的实现时，描述了程序对已分配内存处理失当的种种情况，还点出了一些有助于定位此类错误根源的调试工具。

函数 alloca()能够在堆栈上分配内存。该类内存会在调用 alloca()的函数返回时自动释放。

7.4　练习

7-1.　修改程序清单 7-1 中的程序（free_and_sbrk.c），在每次执行 malloc()后打印出 program break 的当前值。指定一个较小的内存分配尺寸来运行该程序。这将证明 malloc()不会在每次被调用时都调用 sbrk()来调整 program break 的位置，而是周期性地分配大块内存，并从中将小片内存返回给调用者。

7-2.　（高级）实现 malloc()和 free()。

---

1 译者注：通过调整栈指针自然释放了栈中所分配的内存。

第**8**章
用 户 和 组

每个用户都拥有一个唯一的用户名和一个与之相关的数值型用户标识符（UID）。用户可以隶属于一个或多个组。而每个组也都拥有唯一的一个名称和一个组标识符（GID）。

用户和组 ID 的主要用途有二：其一，确定各种系统资源的所有权；其二，对赋予进程访问上述资源的权限加以控制。比方说，每个文件都属于某个特定的用户和组，而每个进程也拥有相应的用户 ID 和组 ID 属性，这就决定了进程的所有者，以及进程访问文件时所拥有的权限（具体信息请参见第 9 章）。

本章首先会关注用于定义用户和组的系统文件，随后将描述用来从这些系统文件中获取信息的库函数。最后，将讨论用来加密和认证登录密码的 crypt() 函数。

8.1　密码文件：/etc/passwd

针对系统的每个用户账号，系统密码文件/etc/passwd 会专列一行进行描述。每行都包含 7 个字段，之间用冒号分隔，如下所示：

```
mtk:x:1000:100:Michael Kerrisk:/home/mtk:/bin/bash
```

接下来，将按顺序介绍这 7 个字段。

* 登录名：登录系统时，用户所必须输入的唯一名称。通常，也将其称为用户名。此外，也可将登录名视为人类可读的（符号）标识符，与数字用户标识符（稍后介绍）相对应。当使用诸如 ls(1)这样的程序去显示文件的所有权时（比如，执行 ls –l 时），会显示出登录名，而非与文件关联的数值型用户 ID。

* 经过加密的密码：该字段包含的是经过加密处理的密码，长度为 13 个字符，8.5 节会对此做深入讨论。如果密码字段中包含了任何其他字符串，特别是，当字符串长度超过 13 个字符时，将禁止此账户登录，原因是此类字符串不能代表一个经过加密的有效密码。不过，请注意，要是启用了 shadow 密码（这是常规做法），系统将会不解析该字段。这时，/etc/passwd 中的密码字段通常会包含字母"x"（当然，也可以是任何非空字串），而经过加密处理的密码实际上却存储到 shadow 密码文件中（参见 8.2 节）。

若/etc/passwd 中密码字段为空，则该账户登录时无需密码（即便启用了 shadow 密码，也是如此）。

> 本章假定对密码的加密算法为 DES（数据加密标准），这也是一直为 UNIX 所广泛使用的密码加密算法。还可用其他加密算法（比如，MD5）来替代 DES，针对输入生成 128 位的消息摘要（hash 的一种）。在密码（或 shadow 密码）文件中，该消息摘要会以长度为 34 字符的字符串形式存储。

- 用户 ID（UID）：用户的数值型 ID。如果该字段的值为 0，那么相应账户即具有特权级权限。这种账号一般只有一个，其登录名为 root。在 Linux 2.2 或更早的版本中，用户 ID 为 16 位值，其范围为 0~65535。而 Linux 2.4 及其以后的版本则以 32 位值来存储用户 ID，因此能够支持更多的用户数。

> 在密码文件中，允许（但不常见）同一用户 ID 拥有多条记录，从而使得同一用户 ID 拥有多个登录名。如此一来，多个用户便能以不同密码（登录）去访问相同资源（比如，文件等）。此外，不同的登录名还可以关联一系列不同的组 ID。

- 组 ID（GID）：用户属组中首选属组的数值型 ID。关于用户与属组之间从属关系的进一步信息，会在系统组文件中加以定义。
- 注释：该字段存放关于用户的描述性文字。诸如 finger(1)之类的各种程序会显示此信息。
- 主目录：用户登录后所处的初始路径。会以该字段内容来设置 HOME 环境变量。
- 登录 shell：一旦用户登录，便交由该程序控制。通常，该程序为 shell 的一种（比如，bash），但也可以是其他任何程序。如果该字段为空，那么登录 shell 默认为/bin/sh（Bourne shell）。会以该字段值来设置 SHELL 环境变量。

在单机系统中，所有密码信息都存储在/etc/passwd 文件中[1]。然而，如果使用了 NIS（网络信息系统）或 LDAP（轻型目录访问协议）在网络环境中分发密码，那么部分密码信息可能会由远端系统保存。只要访问密码信息的程序采用的是本章稍后描述的函数（getpwnam()、getpwuid()等），那么无论是使用 NIS 还是 LDAP，对应用程序来说都是透明的。类似论断同样适用于本章随后几节所讨论的 shadow 密码文件和组文件。

8.2 shadow 密码文件：/etc/shadow

很久以来，UNIX 一直在/etc/passwd 中维护所有的用户信息，这其中包括经过加密处理的密码。但这一举措也带来了安全问题。由于许多非特权级别系统工具需要读取密码文件中的其他信息，密码文件因而不得不对所有用户开放可读权限。这就为密码破解工具提供了可乘之机，它们会尝试对可能成为密码的大量词汇（比如，字典中的标准单词或人名）进行加密，然后再将结果与经过加密处理的用户密码进行比对。作为防范此类攻击的手段之一，shadow 密码文件/etc/shadow 应运而生。其理念是用户的所有非敏感信息存放于"人人可读"的密码文件中，而经过加密处理的密码则由 shadow 密码文件单独维护，仅供具有特权的程序读取。

shadow 密码文件包含有登录名（用来匹配密码文件中的相应记录）、经过加密的密码，以

---

1 译者注：此处有误，未考虑启用 shadow 密码的情况。

及其他若干与安全性相关的字段。shadow(5)手册页对这些字段作了详细描述。本章将着重关注经过加密的密码字段，将在 8.5 节介绍 crypt()库函数时做深入讨论。

SUSv3 并未对 shadow 密码作出规范，也并非所有的 UNIX 实现都提供这一特性，即使是都支持这一特性的各种实现，在关于 API 和文件位置上的细节也不尽相同。

8.3　组文件：/etc/group

出于各种管理方面的考虑，尤其是要控制对文件和其他系统资源的访问，对用户进行编组极具实用价值。

对用户所属各组信息的定义由两部分组成：一，密码文件中相应用户记录的组 ID 字段；二，组文件列出的用户所属各组。这种将信息分置于两个文件中的奇怪现状，自有其历史渊源。在早期 UNIX 实现中，一个用户同时只能从属于一个组。登录时，用户最初的属组关系由密码文件的组 ID 字段决定，在此之后，可使用 newgrp(1)命令去改变用户属组，但需要用户提供组密码（若该组处于密码的保护之下）。4.2BSD 引入了并发多属组（multiple simultaneous group memberships）的概念，POSIX.1-1990 随后对其进行了标准化。采用这种方案，组文件会列出每个用户所属的其他属组。（groups(1)命令会显示当前 shell 进程所属各组的信息，如果将一个或多个用户名作为其命令行参数，那么该命令将显示相应用户所属各组的信息。）

系统中的每个组在组文件/etc/group 中都对应着一条记录。每条记录包含 4 个字段，之间以冒号分隔，如下所示：

```
users:x:100:
jambit:x:106:claus,felli,frank,harti,markus,martin,mtk,paul
```

本节将依次介绍这 4 个字段。

- 组名：组的名称。与密码文件中的登录名相似，可以将其视为与数值型组标识符相对应的人类可读（符号）标识符。
- 经过加密处理的密码：组密码属于非强制特性，对应于该字段。随着多属组的出现，当今的 UNIX 系统已经很少使用组密码。不过，依然可以为组设置密码（特权用户可使用 gpasswd 命令来设置组密码）。如果用户并非某组的成员，那么在使用 newgrp(1)启动新 shell 之前（新 shell 的属组包括该组），就需要用户提供此密码。如果启用了 shadow 密码，那么系统将不解析该字段（这时，该字段通常只包含字母 x，但也允许其内容为包括空字符串在内的任何字符串），而经过加密的密码实际上则存放于 shadow 组文件/etc/gshadow 中，仅供具有特权的用户和程序访问。组密码的加密方式类似于用户密码（8.5 节）。
- 组 ID（GID）：该组的数值型 ID。正常情况下，对应于组 ID 号 0，只定义一个名为 root 的组（与/etc/passwd 中用户 ID 为 0 的记录相近）。在 Linux 2.2 或更早的版本中，组 ID 为 16 位值，其范围为 0～65535；而自 Linux 2.4 以后的版本则以 32 位值来存储组 ID。
- 用户列表：属于该组的用户名列表，之间以逗号分隔。（这份列表包含的是用户名，而非用户 ID，原因在于如前所述，在密码文件的各条记录中，用户 ID 并不一定唯一。）

为了证明用户 avr 是 users、staff 以及 teach 各组的成员，应能从密码文件中查看到如下记录：

```
avr:x:1001:100:Anthony Robins:/home/avr:/bin/bash
```

且在组文件中应有如下记录：

```
users:x:100:
staff:x:101:mtk,avr,martinl
teach:x:104:avr,rlb,alc
```

在密码文件记录的第 4 个字段中，组 ID 为 100，这说明 avr 是 users 组的成员之一。其他属组关系，则见诸于组文件内包含 avr 的各条相关记录。

8.4　获取用户和组的信息

本节所要介绍的库函数，其功能包括从密码文件、shadow 密码文件和组文件中获取单条记录，以及扫描上述各个文件的所有记录。

从密码文件获取记录

函数 getpwnam()和 getpwuid()的作用是从密码文件中获取记录。

```
#include <pwd.h>

struct passwd *getpwnam(const char *name);
struct passwd *getpwuid(uid_t uid);
```

                        Both return a pointer on success, or NULL on error;
                        see main text for description of the "not found" case

为 name 提供一个登录名，getpwnam()函数就会返回一个指针，指向如下类型的结构，其中包含了与密码记录相对应的信息：

```
struct passwd {
    char *pw_name;       /* Login name (username) */
    char *pw_passwd;     /* Encrypted password */
    uid_t pw_uid;        /* User ID */
    gid_t pw_gid;        /* Group ID */
    char *pw_gecos;      /* Comment (user information) */
    char *pw_dir;        /* Initial working (home) directory */
    char *pw_shell;      /* Login shell */
};
```

passwd 结构的 pw_gecos 和 pw_passwd 字段虽未在 SUSv3 中定义，但获得了所有 UNIX 实现的支持。仅当未启用 shadow 密码的情况下，pw_passwd 字段才会包含有效信息。要确定是否启用了 shadow 密码，最简单的编程方法是在成功调用 getpwnam()之后，紧接着调用 getspnam()（稍后介绍），并观察后者是否能为同一用户名返回一条 shadow 密码记录。某些其他实现还会在该结构中定义额外的非标准字段。

> pw_gecos 字段，其命名源于早期的 UNIX 实现，该字段所含信息原用于与运行 GECOS（通用电器综合操作系统）的计算机进行通信。虽然这一用途早已过时，但其名称却得以沿用至今，只是将字段用途转而用于记录用户的相关信息。

函数 getpwuid()的返回结果与 getpwnam()完全一致，但会使用提供给 uid 参数的数值型用户 ID 作为查询条件。

getpwnam()和 getpwuid()均会返回一个指针，指向一个静态分配的结构。对此二者（或是下文描述的 getpwent()函数）的任何一次调用都会改写该数据结构。

> 由于 getpwnam()和 getpwuid()返回的指针指向由静态分配而成的内存，故而二者都是不可重入的（not reentrant）。实际上，情况甚至要更加复杂，因为返回的 passwd 结构还包含了指向其他信息（比如，pw_name）的指针，而这些信息同样也是由静态分配而成的。21.1.2 节会解释可重入（reentrancy）概念。类似的论断同样适用于 getgrnam()和 getgrgid()函数（稍后介绍）。
>
> SUSv3 为该组函数定义了与之等价的一组可重入函数：getpwnam_r()、getpwuid_r()、getgrnam_r()以及 getgrgid_r()。其参数包括 passwd（或 group）结构，以及一个缓冲区。这一缓冲区专门用来保存 passwd(group)结构中各字段所指向的其他结构。可使用系统函数 sysconf(_SC_GETPW_R_SIZE_MAX)（若为与组相关的函数，则使用 sysconf(_SC_GETGR_R_SIZE_MAX)），来获得此缓冲区所需的字节数。以上函数的详细信息请查阅手册页。

SUSv3 规定，如果在 passwd 文件中未发现匹配记录，那么 getpwnam()和 getpwuid()将返回 NULL，且不会改变 errno。这意味着，可以使用如下代码，对出错和"未发现匹配记录"这两种情况加以区分：

```
struct passwd *pwd;

errno = 0;
pwd = getpwnam(name);
if (pwd == NULL) {
    if (errno == 0)
        /* Not found */;
    else
        /* Error */;
}
```

然而，不少 UNIX 实现在这一点上并未遵守 SUSv3 规范。如果未能在 passwd 文件中发现一条匹配记录，那么两个函数均会返回 NULL，并将 errno 设置为非零值，比如，ENOENT 或 ESRCH。针对这种情况，2.7 版本之前的 glibc 会产生 ENOENT 错误，而从 2.7 版本开始，glibc 开始遵守 SUSv3 规范。实现之间之所以存在上述差异，部分原因是由于 POSIX.1-1990 不但不要求两个函数在出错时设置 errno，而且还允许它们针对"未发现匹配记录"的情况去设置 errno。总而言之，在使用这两个函数时，若要区分上述这两种情况（出错和"未发现匹配记录"），实际上将无法保证代码的可移植性。

从组文件获取记录

函数 getgrnam()和 getgrgid()的作用是从组文件中获取记录。

```
#include <grp.h>

struct group *getgrnam(const char *name);
struct group *getgrgid(gid_t gid);
```
                    Both return a pointer on success, or NULL on error;
                    see main text for description of the "not found" case

函数 getgrnam()和 getgrgid()分别通过组名和组 ID 来查找属组信息。两个函数都会返回一个指针，指向如下类型结构：

```
struct group {
    char    *gr_name;      /* Group name */
    char    *gr_passwd;    /* Encrypted password (if not password shadowing) */
    gid_t   gr_gid;        /* Group ID */
    char    **gr_mem;      /* NULL-terminated array of pointers to names
                              of members listed in /etc/group */
};
```

> SUSv3 并未就 group 结构中的 gr_passwd 字段做明确定义，但大多数 UNIX 实现都支持该字段。

与前述密码相关函数一样，对这两个函数的任何一次调用都会改写该结构的内容[1]。

如果未能在 group 文件中发现匹配记录，那么这两个函数的行为变化与前述 getpwnam() 和 getpwuid()函数相同[2]。

程序示例

对本节所述的函数来说，最常见的用法之一是在符号型用户名和组名与数值型 ID 之间进行相互转换。程序清单 8-1 以 userNameFromId()、userIdFromName()、groupNameFromId()以及 groupIdFromName()这 4 个函数的形式，演示了上述转换。为方便调用，userIdFromName()和 groupIdFromName()还允许 name 参数接受（纯）数值的字符串形式[3]。对于这种情况，会直接将字符串转换为数字返回给调用者。在本书后面的一些程序实例中，还会用到这几个函数。

程序清单 8-1：在用户名/组名和用户 ID/组 ID 之间互相转换的函数

―――――――――――――――――――――――――――――――――――― **users_groups/ugid_functions.c**
```
#include <pwd.h>
#include <grp.h>
#include <ctype.h>
#include "ugid_functions.h"      /* Declares functions defined here */

char *           /* Return name corresponding to 'uid', or NULL on error */
userNameFromId(uid_t uid)
{
    struct passwd *pwd;

    pwd = getpwuid(uid);
    return (pwd == NULL) ? NULL : pwd->pw_name;
}

uid_t            /* Return UID corresponding to 'name', or -1 on error */
userIdFromName(const char *name)
{
    struct passwd *pwd;
    uid_t u;
    char *endptr;
    if (name == NULL || *name == '\0')  /* On NULL or empty string */
        return -1;                      /* return an error */
```

―――――――――――――――――

1 译者注：该结构也是由静态分配而成。
2 译者注：换言之，区分出错和"未发现匹配记录"情况的编程手法也与之类似。
3 译者注：例如"123"。

```
    u = strtol(name, &endptr, 10);       /* As a convenience to caller */
    if (*endptr == '\0')                  /* allow a numeric string */
        return u;

    pwd = getpwnam(name);
    if (pwd == NULL)
        return -1;

    return pwd->pw_uid;
}

char *              /* Return name corresponding to 'gid', or NULL on error */
groupNameFromId(gid_t gid)
{
    struct group *grp;

    grp = getgrgid(gid);
    return (grp == NULL) ? NULL : grp->gr_name;
}

gid_t               /* Return GID corresponding to 'name', or -1 on error */
groupIdFromName(const char *name)
{
    struct group *grp;
    gid_t g;
    char *endptr;

    if (name == NULL || *name == '\0')  /* On NULL or empty string */
        return -1;                       /* return an error */

    g = strtol(name, &endptr, 10);       /* As a convenience to caller */
    if (*endptr == '\0')                  /* allow a numeric string */
        return g;

    grp = getgrnam(name);
    if (grp == NULL)
        return -1;

    return grp->gr_gid;
}
```

── **users_groups/ugid_functions.c**

扫描密码文件和组文件中的所有记录

函数 setpwent()、getpwent()和 endpwent()的作用是按顺序扫描密码文件中的记录。

```
#include <pwd.h>

struct passwd *getpwent(void);
```
                    Returns pointer on success, or NULL on end of stream or error
```
void setpwent(void);
void endpwent(void);
```

函数 getpwent()能够从密码文件中逐条返回记录，当不再有记录[1]（或出错）时，该函数

---

1 译者注：即抵达流末端时。

返回 NULL。getpwent()一经调用，会自动打开密码文件。当密码文件处理完毕后，可调用 endpwent()将其关闭。

可使用以下代码遍历整个密码文件，并打印出登录名和用户 ID。

```
struct passwd *pwd;

while ((pwd = getpwent()) != NULL)
    printf("%-8s %5ld\n", pwd->pw_name, (long) pwd->pw_uid);

endpwent();
```

如果需要让后续的 getpwent()调用（也许是在程序的其他代码中，也许是在所调用的其他库函数中，该函数再次出现）再次打开密码文件并重启扫描过程，此处的 endpwent()调用就必不可少。此外，如果对该文件处理到中途时，还可以调用 setpwent()函数重返文件起始处。

函数 getgrent()、setgrent()和 endgrent()针对组文件执行类似的任务。由于这 3 个函数与前述的密码文件函数功能相似，故而其函数原型也就不再列出，详细信息请参考手册页。

从 shadow 密码文件中获取记录

下列函数的作用包括从 shadow 密码文件中获取个别记录，以及扫描该文件中的所有记录。

```
#include <shadow.h>

struct spwd *getspnam(const char *name);
```
                    Returns pointer on success, or NULL on not found or error
```
struct spwd *getspent(void);
```
                    Returns pointer on success, or NULL on end of stream or error
```
void setspent(void);
void endspent(void);
```

由于上述函数在操作上类似于相应的密码文件函数，故而此处对它们的介绍也就点到为止。（上述函数既未在 SUSv3 中明确定义，也未获得所有 UNIX 实现的支持。）

函数 getspnam()和 getspent()会返回指向 spwd 类型结构的指针。该结构的形式如下：

```
struct spwd {
    char *sp_namp;          /* Login name (username) */
    char *sp_pwdp;          /* Encrypted password */

    /* Remaining fields support "password aging", an optional
       feature that forces users to regularly change their
       passwords, so that even if an attacker manages to obtain
       a password, it will eventually cease to be usable. */

    long sp_lstchg;         /* Time of last password change
                               (days since 1 Jan 1970) */
    long sp_min;            /* Min. number of days between password changes */
    long sp_max;            /* Max. number of days before change required */
    long sp_warn;           /* Number of days beforehand that user is
                               warned of upcoming password expiration */
    long sp_inact;          /* Number of days after expiration that account
                               is considered inactive and locked */
```

```
    long sp_expire;              /* Date when account expires
                                    (days since 1 Jan 1970) */
    unsigned long sp_flag;  /* Reserved for future use */
};
```

在程序清单 8-2 中，将会演示对 getspnam() 的使用。

8.5 密码加密和用户认证

某些应用程序会要求用户对自身进行认证，通常会采取用户名（登录名）/密码的认证方式。出于这一目的，应用程序可能会维护其自有的用户名和密码数据库。然而，或许是由于势所必然，或许是为了方便起见，有时需要让用户输入标准的用户名/密码（定义于/etc/passwd和/etc/shadow 之中）。（本节的剩余部分将假定系统启用了 shadow 密码，经过加密处理的密码也因此存储于/etc/shadow 中。）需要登录到远程系统的网络应用程序，诸如 ssh 和 ftp，就是此类程序的典范，必须按标准的 login 程序那样，对用户名和密码加以验证。

由于安全方面的原因，UNIX 系统采用单向加密算法对密码进行加密，这意味着由密码的加密形式将无法还原出原始密码。因此，验证候选密码的唯一方法是使用同一算法对其进行加密，并将加密结果与存储于/etc/shadow 中的密码进行匹配。加密算法封装于 crypt() 函数之中。

```
#define _XOPEN_SOURCE
#include <unistd.h>

char *crypt(const char *key, const char *salt);
```
                    Returns pointer to statically allocated string containing
                    encrypted password on success, or NULL on error

crypt() 算法会接受一个最长可达 8 字符的密钥（即密码），并施之以数据加密算法（DES）的一种变体。salt 参数指向一个两字符的字符串，用来扰动（改变）DES 算法，设计该技术，意在使得经过加密的密码更加难以破解。该函数会返回一个指针，指向长度为 13 个字符的字符串，该字符串为静态分配而成，内容即为经过加密处理的密码。

> DES 的详细信息请参考 http://www.itl.nist.gov/fipspubs/fip46-2.htm。如前所述，除 DES以外，也可以使用其他的加密算法。例如，使用 MD5 算法可以生成一个 34 字符的字符串，其首字符为美元符号（$），这便于让 crypt() 将 DES 加密密码和 MD5 加密密码区分开来。
> 在关于密码加密的讨论中，本书对"加密"一词的使用相对宽松。确切说来，DES 会以给定的密码字符串作为加密密钥，编码得出固定位长的字符串，而 MD5 则是一种复杂的哈希函数。以上两种方法其实殊途同归，对输入密码的加密变换既不可逆又难以破解。

salt 参数和经过加密的密码，其组成成员均取自同一字符集合，范围在[a-zA-Z0-9/.]之间，共计 64 个字符。因此，两个字符的 salt 参数可使加密算法产生 4096（64×64）种不同变化。这意味着，预先对整部字典进行加密，再以其中的每个单词与经过加密处理的密码进行比对的做法并不可行，破解程序需要对照字典的 4096 种加密版本来检查密码。

由 crypt() 所返回的经过加密的密码中，头两个字符是对原始 salt 值的拷贝。也就是说，加密候选密码时，能够从已加密密码（存储于/etc/shadow 内）中获取 salt 值。（加密新密码时，passwd(1) 这样的程序会生成一个随机 salt 值。）事实上，在 salt 字符串中，只有前两个字符对

crypt()函数有意义。因此，可以直接将已加密密码指定为 salt 参数。

要想在 Linux 中使用 crypt()，在编译程序时需开启 - lcrypt 选项，以便程序链接 crypt 库。

程序示例

程序清单 8-2 演示了如何使用 crypt()来验证用户。该程序首先读取用户名，然后会获取相应的密码记录以及（如开启了 shadow 密码功能）shadow 密码记录。若未能发现密码记录，或程序没有权限读取 shadow 密码文件（需要超级用户权限，或具有 shadow 组成员资格），该程序会打印一条错误消息并退出。接下来，该程序会使用 getpass()函数，读取用户密码。

```
#define _BSD_SOURCE
#include <unistd.h>

char *getpass(const char *prompt);
```
                    Returns pointer to statically allocated input password string
                                              on success, or NULL on error

getpass()函数首先会屏蔽回显功能，并停止对终端特殊字符的处理（诸如中断字符，一般为 Control-C）。（第 62 章将论述如何更改这些终端设置。）然后，该函数会打印出 prompt 所指向的字符串，读取一行输入，返回以 NULL 结尾的输入字符串（剥离尾部的换行符）作为函数结果。（该字符串由静态分配而成，故而后续对 getpass()的调用会覆盖其原有内容。）返回结果之前，getpass()会将终端设置还原。

使用 getpass()读取密码之后，程序清单 8-2 所示程序会对密码进行验证——使用 crypt()加密密码，并将结果与 shadow 密码文件中经过加密的密码记录进行比对。若两者匹配，则显示用户 ID，如下所示：

```
$ su                          Need privilege to read shadow password file
Password:
# ./check_password
Username: mtk
Password:                     We type in password, which is not echoed
Successfully authenticated: UID=1000
```

> 程序清单 8-2 中，以调用 sysconf(_SC_LOGIN_NAME_MAX)的返回值作为存放用户名字符串数组的大小，该调用获取了主机系统上用户名字符串的最大长度。11.2 节将介绍 sysconf()的使用。

程序清单 8-2：根据 shadow 密码文件验证用户
─────────────────────────────────────── users_groups/check_password.c
```
#define _BSD_SOURCE     /* Get getpass() declaration from <unistd.h> */
#define _XOPEN_SOURCE    /* Get crypt() declaration from <unistd.h> */
#include <unistd.h>
#include <limits.h>
#include <pwd.h>
#include <shadow.h>
#include "tlpi_hdr.h"

int
main(int argc, char *argv[])
{
```

```c
    char *username, *password, *encrypted, *p;
    struct passwd *pwd;
    struct spwd *spwd;
    Boolean authOk;
    size_t len;
    long lnmax;

    lnmax = sysconf(_SC_LOGIN_NAME_MAX);
    if (lnmax == -1)                       /* If limit is indeterminate */
        lnmax = 256;                       /* make a guess */

    username = malloc(lnmax);
    if (username == NULL)
        errExit("malloc");

    printf("Username: ");
    fflush(stdout);
    if (fgets(username, lnmax, stdin) == NULL)
        exit(EXIT_FAILURE);                /* Exit on EOF */

    len = strlen(username);
    if (username[len - 1] == '\n')
        username[len - 1] = '\0';          /* Remove trailing '\n' */

    pwd = getpwnam(username);
    if (pwd == NULL)
        fatal("couldn't get password record");
    spwd = getspnam(username);
    if (spwd == NULL && errno == EACCES)
        fatal("no permission to read shadow password file");

    if (spwd != NULL)               /* If there is a shadow password record */
        pwd->pw_passwd = spwd->sp_pwdp;    /* Use the shadow password */

    password = getpass("Password: ");

    /* Encrypt password and erase cleartext version immediately */

    encrypted = crypt(password, pwd->pw_passwd);
    for (p = password; *p != '\0'; )
        *p++ = '\0';

    if (encrypted == NULL)
        errExit("crypt");

    authOk = strcmp(encrypted, pwd->pw_passwd) == 0;
    if (!authOk) {
        printf("Incorrect password\n");
        exit(EXIT_FAILURE);
    }

    printf("Successfully authenticated: UID=%ld\n", (long) pwd->pw_uid);

    /* Now do authenticated work... */

    exit(EXIT_SUCCESS);
}
```

———————————————————————————————— users_groups/check_password.c

程序清单 8-2 展示了一个安全要点。读取密码的程序应立即加密密码，并尽快将密码的明文从内存中抹去。只有这样，才能基本杜绝如下事件的发生：恶意之徒借程序崩溃之机，读取内核转储文件以获取密码。

> 仍有可能采用其他方法曝光未经加密的密码。例如，如果包含密码的虚拟内存页执行了换出操作，那么特权级程序就能交换文件中读取密码。此外，拥有足够权限的进程可通过读取/dev/mem（虚拟设备之一，将计算机物理内存表示为有序字节流），来尝试发现密码。
>
> SUSv2 将 getpass() 函数标记为 LEGACY，并特别指出该函数名容易产生误导，且其所提供的功能无论在何种情况下都极易于实现。SUSv3 摒弃了 getpass()，但在大多数 UNIX 实现中依然保留了对它的支持。

8.6 总结

每个用户都有一个唯一的用户名和一个与之对应的数值型用户 ID。用户可以隶属于一个或多个组，每个组都有一个唯一的名称和一个与之对应的数字标识符。这些标识符的主要用途在于确立各种系统资源（比如，文件）的所有权和访问这些资源的权限。

用户名和 ID 在/etc/passwd 文件中加以定义，该文件也包含有关用户的其他信息。用户的属组则由/etc/passwd 和/etc/group 文件中的相关字段来定义。还有一个只能由特权级进程所读取的文件/etc/shadow，其作用在于将敏感的密码信息与/etc/passwd 中共用的用户信息分离开来。系统还提供有不同的库函数，用于从上述各个文件中获取信息。

crypt()函数加密密码的方式与标准的 login 程序相同，这对需要认证用户的程序来说极为有用。

8.7 练习

8-1   执行下列代码时，将会发现，尽管这两个用户在密码文件中对应不同的 ID，但该程序的输出还是会将同一个数字显示两次。请问为什么？

```
printf("%ld %ld\n", (long) (getpwnam("avr")->pw_uid),
                    (long) (getpwnam("tsr")->pw_uid));
```

8-2   使用 setpwent()、getpwent()和 endpwent()来实现 getpwnam()。

第**9**章

进 程 凭 证

每个进程都有一套用数字表示的用户 ID[1]（UID）和组 ID(GID)。有时，也将这些 ID 称之为进程凭证。具体如下所示。

- 实际用户 ID（real user ID）和实际组 ID（real group ID）。
- 有效用户 ID（effective user ID）和有效组 ID（effective group ID）。
- 保存的 set-user-ID（saved set-user-ID）和保存的 set-group-ID（saved set-group-ID）。
- 文件系统用户 ID（file-system user ID）和文件系统组 ID（file-system group ID）（Linux 专有）。
- 辅助组 ID。

本章将详细介绍这些进程 ID 的用途，以及用于获取和修改此类 ID 的系统调用和库函数，还将讨论特权级进程和非特权进程的概念，并阐述了设置用户 ID 和设置组 ID 的使用机制，采用该机制所创建的程序可以以特定用户或组的权限运行。

9.1 实际用户 ID 和实际组 ID

实际用户 ID 和实际组 ID 确定了进程所属的用户和组。作为登录过程的步骤之一，登录 shell 从/etc/passwd 文件中读取相应用户密码记录的第三字段和第四字段，置为其实际用户 ID 和实际组 ID（8.1 节）。当创建新进程（比如，shell 执行一程序）时，将从其父进程中继承这些 ID。

9.2 有效用户 ID 和有效组 ID

在大多数 UNIX 实现（Linux 实现略有差异，具体参见 9.5 节的说明）中，当进程尝试执行各种操作（即系统调用）时，将结合有效用户 ID、有效组 ID，连同辅助组 ID 一起来确定

---

1 译者注：即标识符。

136

授予进程的权限。例如，当进程访问诸如文件、System V 进程间通信（IPC）对象之类的系统资源时，此类 ID 会决定系统授予进程的权限，而这些资源的属主则另由与之相关的用户 ID 和组 ID 来决定。如 20.5 节所述，内核还会使用有效用户 ID 来决定一个进程是否能向另一个进程发送信号。

有效用户 ID 为 0（root 的用户 ID）的进程拥有超级用户的所有权限。这样的进程又称为特权级进程（privileged process）。而某些系统调用只能由特权级进程执行。

> 第 39 章描述了 Linux 实现的能力（capability）方案，即把授予给超级用户的特权划分为若干不同单元，且能独立启用和禁用这些单元。

通常，有效用户 ID 及组 ID 与其相应的实际 ID 相等，但有两种方法能够致使二者不同。其一是使用 9.7 节中所讨论的系统调用，其二是执行 set-user-ID 和 set-group-ID 程序。

9.3　Set-User-ID 和 Set-Group-ID 程序

set-user-ID 程序会将进程的有效用户 ID 置为可执行文件的用户 ID（属主），从而获得常规情况下并不具有的权限。set-group-ID 程序对进程有效组 ID 实现类似任务。（术语 set-user-ID 程序和 set-group-ID 程序有时也简称为 set-UID 程序和 set-GID 程序。）

与其他文件一样，可执行文件的用户 ID 和组 ID 决定了该文件的所有权。另外，可执行文件还拥有两个特别的权限位 set-user-ID 位和 set-group-ID 位。（实际上，任何文件都是如此，但此处只关注可执行文件的这两个权限位。）可使用 chmod 命令来设置这些权限位。非特权用户能够对其拥有的文件进行设置，而特权级用户（CAP_FOWNER）能够对任何文件进行设置。例如：

```
$ su
Password:
# ls -l prog
-rwxr-xr-x   1 root     root        302585 Jun 26 15:05 prog
# chmod u+s prog                    Turn on set-user-ID permission bit
# chmod g+s prog                    Turn on set-group-ID permission bit
```

正如本例所示，也有可能对这两个权限位都进行设置，虽然这一做法并不常见。当使用 ls –l 命令查看文件权限时，如果为程序设置了 set-user-ID 权限位和 set-group-ID 权限位，那么通常用来表示文件可执行权限的 x 标识会被 s 标识所替换。

```
# ls -l prog
-rwsr-sr-x   1 root     root        302585 Jun 26 15:05 prog
```

当运行 set-user-ID 程序（即通过调用 exec()将 set-user-ID 程序载入进程的内存中）时，内核会将进程的有效用户 ID 设置为可执行文件的用户 ID。set-group-ID 程序对进程有效组 ID 的操作与之类似。通过这种方法修改进程的有效用户 ID 或者组 ID，能够使进程（换言之，执行该程序的用户）获得常规情况下所不具有的权限。例如，如果一个可执行文件的属主为 root（超级用户），且为此程序设置了 set-user-ID 权限位，那么当运行该程序时，进程会取得超级用户权限。

也可以利用程序的 set-user-ID 和 set-group-ID 机制，将进程的有效 ID 修改为 root 之外的其他用户。例如，为提供对一个受保护文件（或其他系统资源）的访问， 采用如下方案就绰绰有余：创建一个具有对该文件访问权限的专用用户（组）ID，然后再创建一个 set-user-ID（set-group-ID）程序，将进程有效用户（组）ID 变更为这个专用 ID。这样，无需拥有超级用户的所有权限，程序就能访问该文件。

有时会使用术语 set-user-ID-root 来表示 root 用户所拥有的 set-user-ID 程序，以示与由其他用户所拥有的 set-user-ID 程序有所区别，后者仅为进程提供其属主所具有的权限。

> 术语 privileged（特权级）有两种不同含义，其一是为早期定义而成的，有效用户 ID 为 0 的进程，拥有 root 用户的所有特权。然而，当 set-user-ID 程序的属主并非 root 用户时，进程也会获得 set-user-ID 程序属主的特权。各种情况下术语 privileged 的具体含义，可通过上下文来加以辨别。
>
> 出于 38.3 节所给出的理由，在 Linux 系统中，set-user-ID 和 set-group-ID 权限位对 shell 脚本无效。

Linux 系统中经常使用的 set-user-ID 程序包括：passwd(1)，用于更改用户密码；mount(8) 和 umount(8)，用于加载和卸载文件系统；su(1)，允许用户以另一用户的身份运行 shell。set-group-ID 程序的例子之一为 wall(1)，用来向 tty 组下辖的所有终端（通常情况下，所有终端都属于该组）写入一条消息。

8.5 节曾特别指出，程序清单 8-2 中的程序需要以 root 用户身份运行，以便获取对 /etc/shadow 文件的访问权限。欲使该程序可为任一用户执行，必须将其设置为 set-user-ID-root 程序，如下所示：

```
$ su
Password:
# chown root check_password          Make this program owned by root
# chmod u+s check_password           With the set-user-ID bit enabled

# ls -l check_password
-rwsr-xr-x   1 root    users    18150 Oct 28 10:49 check_password
# exit
$ whoami                             This is an unprivileged login
mtk
$ ./check_password                   But we can now access the shadow
Username: avr                        password file using this program
Password:
Successfully authenticated: UID=1001
```

set-user-ID/set-group-ID 技术集实用性与强大的功能于一身，但一旦设计欠佳也可能造成安全隐患。第 38 章总结了一整套良好的编程习惯，编写 set-user-ID 和 set-group-ID 程序时应多加参考。

9.4 保存 set-user-ID 和保存 set-group-ID

设计保存 set-user-ID（saved set-user-ID）和保存 set-group-ID (saved set-group-ID)，意在与 set-user-ID 和 set-group-ID 程序结合使用。当执行程序时，将会（依次）发生如下事件（在诸多事件之中）。

1. 若可执行文件的 set-user-ID (set-group-ID)权限位已开启，则将进程的有效用户（组）ID 置为可执行文件的属主。若未设置 set-user-ID (set-group-ID)权限位，则进程的有效用户（组）ID 将保持不变。

2. 保存 set-user-ID 和保存 set-group-ID 的值由对应的有效 ID 复制而来。无论正在执行的文件是否设置了 set-user-ID 或 set-group-ID 权限位，这一复制都将进行。

举例说明上述操作的效果，假设某进程的实际用户 ID、有效用户 ID 和保存 set-user-ID 均为 1000，当其执行了 root 用户（用户 ID 为 0）拥有的 set-user-ID 程序后，进程的用户 ID 将发生如下变化：

```
real=1000 effective=0 saved=0
```

有不少系统调用，允许将 set-user-ID 程序的[1]有效用户 ID 在实际用户 ID 和保存 set-user-ID 之间切换。针对 set-group-ID 程序对其进程有效组 ID 的修改，也有与之相类似的系统调用来支持。如此一来，对于与执行文件用户（组）ID 相关的任何权限，程序能够随时"收放自如"。（换言之，程序可以游走于两种状态之间：具备获取特权的潜力和以特权进行实际操作。）正如 38.2 节所述，只要 set-user-ID 程序和 set-group-ID 程序没有执行与特权级 ID（亦即实际 ID）相关的任何操作，就应将其置于非特权（即实际）ID 的身份之下，这是一种安全的编程手法。

> 有时也将保存 set-user-ID 和保存 set-group-ID 称之为保存用户 ID（saved user ID）和保存组 ID（saved group ID）。
>
> 保存设置 ID 由 System V 首创，后为 POSIX 所采用。4.4 之前的 BSD 版本不提供对此特性的支持。最初的 POSIX.1 标准将对这些 ID 的支持列为可选，但之后的版本（始于 1988 年诞生的 FIPS 151-1 标准）则强制要求提供这一特性。

9.5 文件系统用户 ID 和组 ID

在 Linux 系统中，要进行诸如打开文件、改变文件属主、修改文件权限之类的文件系统操作时，决定其操作权限的是文件系统用户 ID 和组 ID（结合辅助组 ID），而非有效用户 ID 和组 ID。（和其他 UNIX 实现一样，有效用户 ID 和组 ID 仍在使用，其用途在前面章节已有论述。）

通常，文件系统用户 ID 和组 ID 的值等同于相应的有效用户 ID 和组 ID（因而一般也等同于相应的实际用户 ID 和组 ID）。此外，只要有效用户或组 ID 发生了变化，无论是通过系统调用，还是通过执行 set-user-ID 或者 set-group-ID 程序，则相应的文件系统 ID 也将随之改变为同一值。由于文件系统 ID 对有效 ID 如此的"亦步亦趋"，这意味着在特权和权限检查方面，Linux 实际上跟其他 UNIX 实现非常类似。只有当使用 Linux 特有的两个系统调用（setfsuid() 和 setfsgid()）时，才可以刻意制造出文件系统 ID 与相应有效 ID 的不同，因而 Linux 也不同于其他的 UNIX 实现。

那么，Linux 为什么要提供文件系统 ID 呢？在何种情况下，需要使有效 ID 有别于文件系统 ID 呢？这主要是由于历史原因造成的。文件系统 ID 始见于 Linux 1.2 版本。在该版本的内核中，如果进程某甲的有效用户 ID 等同于进程某乙的实际用户 ID 或者有效用户 ID，那么发送者（某甲）就可以向目标进程（某乙）发送信号。这在当时影响到了不少程序，比如 Linux NFS（网络文件系统）服务器程序，在访问文件时就好像拥有着相应客户进程的有效 ID。然而，如果 NFS 服务器真地修改了自身的有效用户 ID，面对非特权用户进程的信号攻击，又将不堪一击。为了防范这一风险，文件系统用户 ID 和组 ID 应运而生。NFS 服务器将有效 ID 保持不变，而是通过修改文件系统 ID 伪装成另一用户，这样既达到了访问文件的目的，又避免了遭受信

---

1 译者注：进程。

号攻击。

自内核 2.0 起，Linux 开始在信号发送权限方面遵循 SUSv3 所强制规定的规则，且这些规则不再涉及目标进程的有效用户 ID（参考 20.5 节）。因此，从严格意义上来讲，保留文件系统 ID 特性已无必要（如今，进程可以根据需要，审慎而明智地利用本章稍后介绍的系统调用，使以非特权值对有效用户 ID 的赋值来去自由，以实现预期结果），但为了与现有软件保持兼容，这一功能得以保留了下来。

由于文件系统 ID 实属异类，且一般都等同于相应的有效 ID，本书后续部分在述及各种文件权限的检查，以及设置新文件的属主时，通常将根据进程有效 ID 来加以解释。即使是出于 Linux 系统的目的而真地使用了进程的文件系统 ID，但在实践中，这些标识的存在与否并不会带来显著差别。

9.6　辅助组 ID

辅助组 ID 用于标识进程所属的若干附加的组。新进程从其父进程处继承这些 ID，登录 shell 从系统组文件中获取其辅助的组 ID。如前所述，将这些 ID 与有效 ID 以及文件系统 ID 相结合，就能决定对文件、System V IPC 对象和其他系统资源的访问权限。

9.7　获取和修改进程凭证

为了获取和变更本章已然论及的各种用户 ID 和组 ID，Linux 提供了一系列系统调用和库函数。SUSv3 仅对这些 API 中的部分做了规范，余下部分中，有一些在其他 UNIX 实现中得以广泛应用，还有少量是 Linux 所特有的。在讨论每个 API 接口时，将特别指出可移植性方面的问题。在本章结尾处，表 9-1 总结了变更进程凭证的所有接口操作。

可以利用 Linux 系统特有的 proc/PID/status 文件，通过对其中 Uid、Gid 和 Groups 各行信息的检查，来获取任何进程的凭证，这与下面即将介绍的系统调用有异曲同工之妙。Uid 和 Gid 各行，按实际、有效、保存设置和文件系统 ID 的顺序来展示相应标识符。

在下列章节中所论及的特权级进程，其定义是基于传统意义上的，即进程的有效用户 ID 为 0。然而，正如第 39 章所述，Linux 将超级用户权限划分成多种各不相同的能力（capability）。在讨论修改用户 ID 和组 ID 的所有系统调用时，将涉及其中的两种。

- CAP_SETUID 能力允许进程任意修改其用户 ID。
- CAP_SETGID 能力允许进程任意修改其组 ID。

9.7.1　获取和修改实际、有效和保存设置标识

下面段落将描述用于获取和修改实际、有效和保存设置 ID 的系统调用。能完成这些任务的系统调用有多个，有时彼此间的功能还相互重叠，这是由于各种系统调用分别源于不同的 UNIX 实现。

获取实际和有效 ID

系统调用 getuid()和 getgid()分别返回调用进程的实际用户 ID 和组 ID。而系统调用 geteuid()和 getegid()则对进程的有效 ID 实现类似功能。对这些系统函数的调用总会成功。

```
#include <unistd.h>

uid_t getuid(void);
                                            Returns real user ID of calling process
uid_t geteuid(void);
                                            Returns effective user ID of calling process
gid_t getgid(void);
                                            Returns real group ID of calling process
gid_t getegid(void);
                                            Returns effective group ID of calling process
```

修改有效 ID

setuid()系统调用以给定的 uid 参数值来修改调用进程的有效用户 ID，也可能修改实际用户 ID 和保存 set-user-ID。系统调用 setgid()则对相应组 I 实现了类似功能。

```
#include <unistd.h>

int setuid(uid_t uid);
int setgid(gid_t gid);

                                            Both return 0 on success, or -1 on error
```

进程使用 setuid()和 setgid()系统调用能对其凭证做哪些修改呢？其规则取决于进程是否拥有特权（即有效用户 ID 为 0）。适用于 setuid()系统调用的规则如下。

1. 当非特权进程调用 setuid()时，仅能修改进程的有效用户 ID。而且，仅能将有效用户 ID 修改成相应的实际用户 ID 或保存 set-user-ID。（企图违反此约束将引发 EPERM 错误。）这意味着，对于非特权用户而言，仅当执行 set-user-ID 程序时，setuid()系统调用才起作用，因为在执行普通程序时，进程的实际用户 ID、有效用户 ID 和保存 set-user-ID 三者之值均相等。在一些派生自 BSD 的实现中，非特权进程对 setuid() 或 setgid()的调用，其语义有别于与其他 UNIX 实现：系统调用会修改实际、有效和保存设置 ID（将其改为当前的实际或有效 ID 值）。

2. 当特权进程以一个非 0 参数调用 setuid()时，其实际用户 ID、有效用户 ID 和保存 set-user-ID 均被置为 uid 参数所指定的值。这一操作是单向的，一旦特权进程以此方式修改了其 ID，那么所有特权都将丢失，且之后也不能再使用 setuid()调用将有效用户 ID 重置为 0。如果不希望发生这种情况，请使用稍后介绍的 seteuid()或者 setreuid()系统调用来替代 setuid()。

   使用 setgid()系统调用修改组 ID 的规则与之相类似，仅需要把 setuid()替换为 setgid()，把用户替换为组。因之，规则 1 与前述完全一致，但在规则 2 中，由于对组 ID 的修改不会引起进程特权的丢失（拥有特权与否由有效用户 ID 决定），特权级程序可以使用 setgid()对组 ID 进行任意修改。

   对 set-user-ID-root 程序（即其有效用户 ID 的当前值为 0）而言，以不可逆方式放弃进程所有特权的首选方法是使用下面的系统调用（以实际用户 ID 值来设置有效用户 ID 和保存 set-user-ID）。

```
if (setuid(getuid()) == -1)
    errExit("setuid");
```

set-user-ID 程序的属主如果不是 root 用户，可使用 setuid()将有效用户 ID 在实际用户 ID

和保存 set-user-ID 之间来回切换，其理由已在 9.4 节中予以阐述。然而，使用 seteuid() 来达成这个目的则更为可取，因为无论 set-user-ID 程序是否属于 root 用户，seteuid() 都能够实现同样的功能。

进程能够使用 seteuid() 来修改其有效用户 ID（改为参数 euid 所指定的值），还能使用 setegid() 来修改其有效组 ID（改为参数 egid 所指定的值）。

```
#include <unistd.h>

int seteuid(uid_t euid);
int setegid(gid_t egid);
```
Both return 0 on success, or −1 on error

进程使用 seteuid() 和 setegid() 来修改其有效 ID 时，会遵循以下规则。

1. 非特权级进程仅能将其有效 ID 修改为相应的实际 ID 或者保存设置 ID。（换言之，对非特权级进程而言，除去前面讨论的 BSD 可移植性问题，seteuid() 和 setegid() 分别等效于 setuid() 和 setgid()。）

2. 特权级进程能够将其有效 ID 修改为任意值。若特权进程使用 seteuid() 将其有效用户 ID 修改为非 0 值，那么此进程将不再具有特权（但可以根据规则 1 来恢复特权）。

对于需要对特权"收放自如"的 set-user-ID 和 set-group-ID 程序，更推荐使用 seteuid()，示例如下：

```
euid = geteuid();               /* Save initial effective user ID (which
                                   is same as saved set-user-ID) */
if (seteuid(getuid()) == -1)    /* Drop privileges */
    errExit("seteuid");
if (seteuid(euid) == -1)        /* Regain privileges */
    errExit("seteuid");
```

源于 BSD 系统的 seteuid() 和 setegid()，现已纳入 SUSv3 规范，并获得大多数 UNIX 系统实现的支持。

> 在 GNU C 语言函数库的早期版本中（glibc 2.0 及其之前的版本），将 seteuid(euid) 实现为 setreuid(−1, euid)。而在新版的 glibc 库中，则将 seteuid(euid) 实现为 setresuid(−1，euid，−1)。（稍后将给出对 setreuid()、setresuid() 及其类似函数的描述。）这两种实现都允许将 euid 参数值指定为当前有效用户 ID（即保持不变）。然而，SUSv3 并未对 seteuid() 的这个行为进行规范，并且其他一些 UNIX 实现对此也不支持。总的来说，这种潜在的差异在系统实现间并不明显，因为在通常情况下，有效用户 ID 要么与实际用户 ID 相同，要么与保存 set-user-ID 相同。（要想使有效用户 ID 与二者均不相同，在 Linux 系统中唯一的办法是采用非标准的 setresuid() 系统调用。）
>
> 在 glibc 库的所有版本中（包括最新版本），是以 setregid(−1，egid) 来实现 setegid(egid) 的。如同 seteuid() 一样，这意味着能够将参数 egid 指定为当前有效组 ID，尽管 SUSv3 并未规范这一行为。还有一层含义是使用 setegid() 时，如果对有效组 ID 值的设置不同于当前的实际组 ID，那么还将改变保存 set-group-ID。（类似结论也适用于早期使用 setreuid() 来实现的 seteuid()。）同样，SUSv3 也不支持这一行为。

修改实际 ID 和有效 ID

setreuid()系统调用允许调用进程独立修改其实际和有效用户 ID。setregid()系统调用对实际和有效组 ID 实现了类似功能。

```
#include <unistd.h>

int setreuid(uid_t ruid, uid_t euid);
int setregid(gid_t rgid, gid_t egid);
```
$$\text{Both return 0 on success, or } -1 \text{ on error}$$

这两个系统调用的第一个参数都是新的实际 ID，第二个参数都是新的有效 ID。若只想修改其中的一个 ID，可以将另外一个参数指定为-1。

目前，最初派生自 BSD 的 setreuid()和 setregid()为 SUSv3 规范所接纳，并且获得了大多数 UNIX 系统的支持。

同本节介绍的其他系统调用一样，使用 setreuid()和 setregid()来作出变更也要遵循一定的规则。下面将从 setreuid()的视角来描述这些规则，除非另有说明，setregid()函数的规则也与之类似。

1. 非特权进程只能将其实际用户 ID 设置为当前实际用户 ID 值（即保持不变）或有效用户 ID 值，且只能将有效用户 ID 设置为当前实际用户 ID、有效用户 ID（即无变化）或保存 set-user-ID。

> SUSv3 声称，对于非特权进程是否能使用 setreuid()将其实际用户 ID 修改为实际用户 ID、有效用户 ID 或者保存 set-user-ID 的当前值，规范不做规定。至于真正能将实际用户 ID 修改成何值，这随 UNIX 实现的不同而不同。
>
> SUSv3 对 setregid()的规定稍有不同，非特权进程能够将其实际组 ID 设置为保存 set-group-ID 的当前值，或者将其有效组 ID 设置为实际组 ID 或保存 set-group-ID 的当前值。但真正能对实际组 ID 做哪些修取决于具体的 UNIX 实现。

2. 特权级进程能够设置其实际用户 ID 和有效用户 ID 为任意值。

3. 不管进程拥有特权与否，只要如下条件之一成立，就能将保存 set-user-ID 设置成（新的）有效用户 ID。

　　a）ruid 不为-1（即设置实际用户 ID，即便是置为当前值）。

　　b）对有效用户 ID 所设置的值不同于系统调用之前的实际用户 ID。

　　反过来说，如果进程使用 setreuid()仅将有效用户 ID 修改为实际用户 ID 的当前值，那么保存 set-user-ID 的值将保持不变，并且后续可调用 setreuid()（或 seteuid()）将有效用户 ID 恢复为保存 set-user-ID 的值。（setreuid()和 setregid()针对保存设置 ID 的这一效果，SUSv3 未做规定，但已被 SUSv4 纳入规范。）

　　规则 3 为 set-user-ID 程序提供了一个永久放弃特权的方法，使用如下调用：

```
setreuid(getuid(), getuid());
```

set-user-ID-root 进程若有意将用户凭证和组凭证改变为任意值，则应首先调用 setregid()，然后再调用 setreuid()。一旦调用顺序颠倒，那么调用 setregid()将会失败，因为调用 setreuid()

后，程序将不再具有特权。若使用 setresuid()和 setresgid()（详见下述）来实现此功能，上述描述也同样适用。

直至 4.3BSD，BSD 发行版都不支持保存 set-user-ID 和保存 set-group-ID（如今已为 SUSv3 强制要求支持）。相反，在 BSD 中，setreuid()和 setregid()允许进程通过来回交换实际 ID 和有效 ID 来"收、放"特权。这一方式的不良副作用在于为了改变有效用户 ID 而改变实际用户 ID。

获取实际、有效和保存设置 ID

在大多数 UNIX 实现中，进程不能直接获取（或修改）其保存 set-user-ID 和保存 set-group-ID 的值。然而，Linux 提供了两个（非标准的）系统调用来实现此项功能：getresuid() 和 getresgid()。

```
#define _GNU_SOURCE
#include <unistd.h>

int getresuid(uid_t *ruid, uid_t *euid, uid_t *suid);
int getresgid(gid_t *rgid, gid_t *egid, gid_t *sgid);
                                        Both return 0 on success, or –1 on error
```

getresuid()系统调用将调用进程的当前实际用户 ID、有效用户 ID 和保存 set-user-ID 值返回至给定 3 个参数所指定的位置。getresgid()系统调用针对相应的组 ID 实现了类似功能。

修改实际、有效和保存设置 ID

setresuid()系统调用允许调用进程独立修改其 3 个用户 ID 的值。每个用户 ID 的新值由系统调用的 3 个参数给定。setresgid()系统调用对相应的组 ID 实现了类似功能。

```
#define _GNU_SOURCE
#include <unistd.h>

int setresuid(uid_t ruid, uid_t euid, uid_t suid);
int setresgid(gid_t rgid, gid_t egid, gid_t sgid);
                                        Both return 0 on success, or –1 on error
```

若不想同时修改这些 ID，则需将无意修改的 ID 参数值指定为-1。例如，下列调用等同于 seteuid(x)调用：

```
setresuid(-1, x, -1);
```

关于 setresuid()可做何种修改的规则（setresgid()与之类似）如下所示。

1. 非特权进程能够将实际用户 ID、有效用户 ID 和保存 set-user-ID 中的任一 ID 设置为实际用户 ID、有效用户 ID 或保存 set-user-ID 之中的任一当前值。
2. 特权级进程能够对其实际用户 ID、有效用户 ID 和保存 set-user-ID 做任意设置。
3. 不管系统调用是否对其他 ID 做了任何改动，总是将文件系统用户 ID 设置为与有效用户 ID（可能是新值）相同。

setresuid()和 setresgid()调用具有 0/1 效应，即对 ID 的修改请求要么全都成功，要么全部失败。（这也适用于本章所述其他修改多个 ID 的系统调用。）

虽然 setresuid()和 setresgid()为修改进程凭证提供了最为直接的 API，但在应用程序中采用这些调用会带来可移植性问题。SUSv3 规范并未包括这些调用，且其他 UNIX 实现对其也鲜有支持。

9.7.2 获取和修改文件系统 ID

前述所有修改进程有效用户 ID 或组 ID 的系统调用总是会修改相应的文件系统 ID。要想独立于有效 ID 而修改文件系统 ID，必须使用 Linux 特有的系统调用：setfsuid() 和 setfsgid()。

```
#include <sys/fsuid.h>

int setfsuid(uid_t fsuid);
                            Always returns the previous file-system user ID

int setfsgid(gid_t fsgid);
                            Always returns the previous file-system group ID
```

setfsuid()系统调用将进程文件系统用户 ID 修改为参数 fsuid 所指定的值。setfsgid()系统调用将文件系统组 ID 修改为参数 fsgid 所指定的值。

同样，此类变更也存在一些规则。setfsgid()的规则类似于 setfsuid()，下面以 setfsuid() 为例。

1. 非特权进程能够将文件系统用户 ID 设置为实际用户 ID、有效用户 ID、文件系统用户 ID（即保持不变）或保存 set-user-ID 的当前值。

2. 特权级进程能够将文件系统用户 ID 设置为任意值。

这些系统调用的实现存在一些瑕疵。首先，没有相应的系统调用来获取当前的文件系统 ID。另外，这些系统调用根本不做错误检查。一旦非特权进程试图将文件系统 ID 设置为一个非法值，这一不轨企图也只是被静默地忽略掉。无论这些调用成功与否，其返回值都是之前相关文件系统的 ID。因此，这确实也是一种获得当前文件系统 ID 的方法，但却只能是在尝试修改这些值（不管是否成功）的同时进行。

在 Linux 系统中，使用 setfsuid()和 setfsgid()系统调用已不是必要的，若需要将应用程序移植到其他 UNIX 实现上，则应在设计时避免使用这两个调用。

9.7.3 获取和修改辅助组 ID

getgroups()系统调用会将当前进程所属组的集合返回至由参数 grouplist 指向的数组中。

```
#include <unistd.h>

int getgroups(int gidsetsize, gid_t grouplist[]);
        Returns number of group IDs placed in grouplist on success, or –1 on error
```

像大多数 UNIX 实现一样，Linux 中的 getgroups()仅返回调用进程的辅助组 ID。然而，SUSv3 规范还允许 UNIX 实现在返回的 grouplist 中包含调用进程的有效组 ID。

调用程序必须负责为 grouplist 数组分配存储空间，并在 gidsetsize 参数中指定其长度。若调用成功，getgroups()会返回置于 grouplist 中的组 ID 数量。

若进程属组的数量超出 gidsetsize，则 getgroups()将返回错误(错误号为 EINVAL)。为了避免发生这种情况,可将 grouplist 数组的大小调整为常量 NGROUPS_MAX+1(考虑到可移植性,数组中可能包含了有效组 ID),该常量（定义于<limits.h>文件中）定义了进程属组的最大数量。因此，可声明 grouplist 如下:

```
gid_t grouplist[NGROUPS_MAX + 1];
```

在 Linux 内核版本 2.6.4 之前，NGROUPS_MAX 的值为 32。始于内核版本 2.6.4，NGROUPS_MAX 的值为 65536。

应用程序要在运行时获取 NGROUPS_MAX 的上限，还可使用如下方法。
- 调用 sysconf(_SC_NGROUPS_MAX)。（11.2 节解释了 sysconf()的用法。）
- 从 Linux 特有的/proc/sys/kernel/ngroups_max 只读文件中读取该限制。系统从内核 2.6.4 开始提供该文件。

除此之外，应用程序还能在调用 getgroups()时将 gidtsetsize 参数指定为 0。这样一来，grouplist 数组未作修改，但调用的返回值却给出了进程属组的数量。

通过上述任意一种运行时技术所获取的 NGROUPS_MAX 值,可用于为后续的 getgroups()调用动态分配 grouplist 数组。

特权级进程能够使用 setgroups()和 initgroups()来修改其辅助组 ID 集合。

```
#define _BSD_SOURCE
#include <grp.h>

int setgroups(size_t gidsetsize, const gid_t *grouplist);
int initgroups(const char *user, gid_t group);
                                    Both return 0 on success, or –1 on error
```

setgroups()系统调用用 grouplist 数组所指定的集合来替换调用进程的辅助组 ID。参数 gidsetsize 指定了置于参数 grouplist 数组中的组 ID 数量。

initgroups()函数将扫描/etc/groups 文件，为 user 创建属组列表，以此来初始化调用进程的辅助组 ID。另外，也会将参数 group 指定的组 ID 追加到进程辅助组 ID 的集合中。

initgroups()函数的主要用户是创建登录会话的程序——例如 login(1)，在用户调用登录 shell 之前，为进程设置各种属性。此类程序一般通过读取密码文件中用户记录的组属性来获取参数 group 的值。这稍微有点令人费解，因为密码文件中的组 ID 实际并非辅助组 ID，而是定义了登录 shell 初始的实际组 ID、有效组 ID 和保存 set-group-ID。尽管如此，这却是 initgroups()函数的常用使用方式。

虽然未纳入 SUSv3，setgroups()和 initgroups()却获得了所有 UNIX 实现的支持。

9.7.4 修改进程凭证的系统调用总结

表 9-1 对修改进程凭证的各种系统调用及库函数的效果进行了总结。

图 9-1 提供了表 9-1 中信息的概括图示。本图内容是从修改用户 ID 的角度加以展示的，但修改组 ID 的规则与之类似。

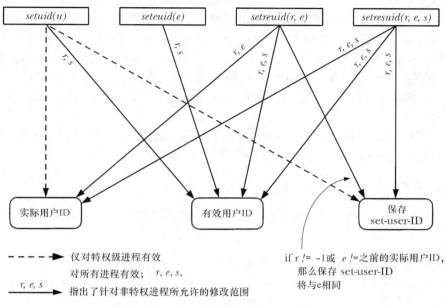

图 9-1：凭证修改函数对进程用户 ID 的效果

表 9-1：修改进程凭证的接口一览表

接 口	目的和效果应用于		可 移 植 性
	非特权进程	特权级进程	
setuid(u) setgid(g)	将有效 ID 修改为当前实际 ID 或保存设置 ID	将实际 ID、有效 ID 和保存设置 ID 修改为任何（一个）值	获得 SUSv3 规范的支持，但 BSD 的派生系统具有不同语义
seteuid(e) setegid(e)	将有效 ID 修改为当前的实际或保存设置 ID	修改有效 ID 为任意值	获得 SUSv3 规范支持
setreuid(r, e) setregid(r, e)	（独立）将实际 ID 修改为当前实际 ID 或有效 ID 值，将有效 ID 修改为当前实际 ID、有效 ID 或保存设置 ID	（独立）将实际 ID 和有效 ID 修改为任意值	获得 SUSv3 规范支持，但操作随系统实现不同而不同
setresuid(r, e, s) setresgid(r, e, s)	（独立）将实际 ID、有效 ID 和保存设置 ID 修改为当前实际 ID、有效 ID 或保存设置 ID	（独立）将实际 ID、有效 ID 和保存设置 ID 修改为任意值	未获 SUSv3 规范支持，并且鲜见于其他 UNIX 实现
setfsuid(u) setfsgid(u)	将文件系统 ID 修改为当前实际 ID、有效 ID、文件系统 ID 或者保存设置 ID	将文件系统 ID 修改为任意值	Linux 系统所特有
setgroups(n, 1)	非特权进程无法调用	设置辅助组 ID 为任意值	未见诸于 SUSv3 规范，但获得所有 UNIX 实现的支持

补充说明表 9-1 中的信息。

- glibc 库对 seteuid()(setresuid(–1，e，–1))和 setegid()(setregid (–1，e，–1))函数的实现方式允许将有效 ID 设置为有效 ID 的当前值，但 SUSv3 对此未作规范。此外，若将有效组 ID 设

置为当前实际组 ID 之外的值，那么 setegid()的函数实现还会修改保存设置组 ID。（对于
setegid()实现这一修改保存 set-group-ID 的行为，SUSv3 也未作规范。）

- 针对特权级进程和非特权进程调用 setreuid()和 setregid()的情况，若 r 的值不等于−1，或
  者 e 的值有别于函数调用前的实际 ID，则将保存 set-user-ID 或保存 set-group-ID 设置为
  （新的）有效 ID。（setreuid()和 setregid()函数对保存设置 ID 的修改未获 SUSv3 支持。）
- 只要修改了有效用户（组）ID，就会将 Linux 特有的文件系统用户（组）ID 也修改为
  相同值。
- 不管有效用户 ID 是否改变，setresuid()系统调用总是把文件系统用户 ID 修改为有效用
  户 ID，　setresgid()系统调用对文件系统组 ID 的效力与之类似。

9.7.5　示例：显示进程凭证

程序清单 9-1 中的程序使用前述系统调用和库函数来获取进程的所有用户 ID 和组 ID，并
显示出来。

程序清单 9-1：显示进程的所有用户 ID 和组 ID

── proccred/idshow.c
```
#define _GNU_SOURCE
#include <unistd.h>
#include <sys/fsuid.h>
#include <limits.h>
#include "ugid_functions.h"    /* userNameFromId() & groupNameFromId() */
#include "tlpi_hdr.h"

#define SG_SIZE (NGROUPS_MAX + 1)

int
main(int argc, char *argv[])
{
    uid_t ruid, euid, suid, fsuid;
    gid_t rgid, egid, sgid, fsgid;
    gid_t suppGroups[SG_SIZE];
    int numGroups, j;
    char *p;

    if (getresuid(&ruid, &euid, &suid) == -1)
        errExit("getresuid");
    if (getresgid(&rgid, &egid, &sgid) == -1)
        errExit("getresgid");

    /* Attempts to change the file-system IDs are always ignored
       for unprivileged processes, but even so, the following
       calls return the current file-system IDs */

    fsuid = setfsuid(0);
    fsgid = setfsgid(0);

    printf("UID: ");
    p = userNameFromId(ruid);
    printf("real=%s (%ld); ", (p == NULL) ? "???" : p, (long) ruid);
    p = userNameFromId(euid);
    printf("eff=%s (%ld); ", (p == NULL) ? "???" : p, (long) euid);
    p = userNameFromId(suid);
    printf("saved=%s (%ld); ", (p == NULL) ? "???" : p, (long) suid);
```

```
    p = userNameFromId(fsuid);
    printf("fs=%s (%ld); ", (p == NULL) ? "???" : p, (long) fsuid);
    printf("\n");

    printf("GID: ");
    p = groupNameFromId(rgid);
    printf("real=%s (%ld); ", (p == NULL) ? "???" : p, (long) rgid);

    p = groupNameFromId(egid);
    printf("eff=%s (%ld); ", (p == NULL) ? "???" : p, (long) egid);
    p = groupNameFromId(sgid);
    printf("saved=%s (%ld); ", (p == NULL) ? "???" : p, (long) sgid);
    p = groupNameFromId(fsgid);
    printf("fs=%s (%ld); ", (p == NULL) ? "???" : p, (long) fsgid);
    printf("\n");

    numGroups = getgroups(SG_SIZE, suppGroups);
    if (numGroups == -1)
        errExit("getgroups");

    printf("Supplementary groups (%d): ", numGroups);
    for (j = 0; j < numGroups; j++) {
        p = groupNameFromId(suppGroups[j]);
        printf("%s (%ld) ", (p == NULL) ? "???" : p, (long) suppGroups[j]);
    }
    printf("\n");

    exit(EXIT_SUCCESS);
}
```

── proccred/idshow.c

9.8　总结

每个进程都有一干与之相关的用户 ID 和组 ID（凭证）。实际 ID 定义了进程所属[1]。在大多数的 UNIX 实现中，进程对诸如文件之类资源的访问，其许可权限由有效 ID 决定。然而，Linux 会使用文件系统 ID 来决定对文件的访问权限，而将有效 ID 用于检查其他权限。（因为文件系统 ID 一般等同于相应的有效 ID，所以 Linux 对文件权限的检查方式与其他 UNIX 实现相同。）进程辅助组 ID 则是出于权限检查目的而另行设立的进程属组集合。存在各种系统调用和库函数支持进程获取和修改其用户 ID 和组 ID。

set-user-ID 程序运行时，会将进程有效用户 ID 置为文件属主的用户 ID。运行某个特殊程序时，这种机制支持用户"假借"其他用户的身份和特权。相应的，set-group-ID 程序会修改运行该程序的进程的有效组 ID。保存 set-user-ID 和保存 set-group-ID 允许 set-user-ID 和 set-group-ID 程序临时性地放弃特权，并在之后恢复特权。

0 在用户 ID 中可谓卓尔不群。通常仅为一个名为 root 的账号所有。有效用户 ID 为 0 的进程属特权级进程。换言之，对于进程发起的各种系统调用，可免于接受通常所要历经的诸多权限检查（比如那些能够随意修改进程各种用户 ID 和组 ID 的调用）。

---

1 译者注：即属主和属组。

9.9 习题

9-1. 在下列每种情况中，假设进程用户 ID 的初始值分别为 real（实际）=1000、effective（有效）=0、saved（保存）=0、file-system（文件系统）=0。当执行这些调用后，用户 ID 的状态如何？

    a) *setuid(2000);*

    b) *setreuid(−1, 2000);*

    c) *seteuid(2000);*

    d) *setfsuid(2000);*

    e) *setresuid(−1, 2000, 3000);*

9-2. 拥有如下用户 ID 的进程享有特权吗？请予解释。
```
real=0 effective=1000 saved=1000 file-system=1000
```

9-3. 使用 setgroups() 及库函数从密码文件、组文件（参见 8.4 节）中获取信息，以实现 initgroups()。请注意，欲调用 setgroups()，进程必须享有特权。

```
real=0 effective=1000 saved=1000 file-system=1000
```

9-4. 假设某进程的所有用户标识均为 X，执行了用户 ID 为 Y 的 set-user-ID 程序，且 Y 为非 0 值，对进程凭证的设置如下：

```
real=X effective=Y saved=Y
```

    （这里忽略了文件系统用户 ID，因为该 ID 随有效用户 ID 的变化而变化。）为执行如下操作，请分别列出对 setuid()、seteuid()、setreuid() 和 setresuid() 的调用。

        a）挂起和恢复 set-user-ID 身份（即将有效用户 ID 在实际用户 ID 和保存 set-user-ID 间切换）。

        b）永久放弃 set-user-ID 身份（即确保将有效用户 ID 和保存 set-user-ID 设置为实际用户 ID）。

    （该练习还需要使用 getuid() 和 geteuid() 函数来获取进程的实际用户 ID 和有效用户 ID。）请注意，鉴于上述列出的某些系统调用，部分操作将无法实现。

9-5. 针对执行 set-user-ID-root 程序的进程，重复上述练习，进程凭证的初始值如下：

```
real=X effective=0 saved=0
```

第 **10** 章

时　　间

程序可能会关注两种时间类型。

- 真实时间：度量这一时间的起点有二：一为某个标准点；二为进程生命周期内的某个固定时点（通常为程序启动）。前者为日历（calendar）时间，适用于需要对数据库记录或文件打上时间戳的程序；后者则称之为流逝（elapsed）时间或挂钟（wall clock）时间，主要针对需要周期性操作或定期从外部输入设备进行度量的程序。
- 进程时间：一个进程所使用的 CPU 时间总量，适用于对程序、算法性能的检查或优化。

大多数计算机体系结构都内置有硬件时钟，使内核得以计算真实时间和进程时间。本章将介绍系统调用对这两种时间的处理，以及在可读时间和机器时间之间互相转换的库函数。由于可读时间的表现形式与地理位置、语言和文化习俗有关，讨论这一话题自然引出对时区和地区的研究。

10.1　日历时间（Calendar Time）

无论地理位置如何，UNIX 系统内部对时间的表示方式均是以自 Epoch 以来的秒数来度量的，Epoch 亦即通用协调时间（UTC，以前也称为格林威治标准时间，或 GMT）的 1970 年 1 月 1 日早晨零点。这也是 UNIX 系统问世的大致日期。日历时间存储于类型为 time_t 的变量中，此类型是由 SUSv3 定义的整数类型。

在 32 位 Linux 系统，time_t 是一个有符号整数，可以表示的日期范围从 1901 年 12 月 13 日 20 时 45 分 52 秒至 2038 年 1 月 19 号 03:14:07。（SUSv3 未定义 time_t 值为负数时的含义。）因此，当前许多 32 位 UNIX 系统都面临一个 2038 年的理论问题，如果执行的计算工作涉及未来日期，那么在 2038 年之前就会与之遭遇。事实上，到了 2038 年，可能所有的 UNIX 系统都早已升级为 64 位或更多位数的系统，这一问题也许会随之而大为缓解。然而，32 位嵌入式系统，由于其寿命较之台式机硬件更长，故而仍然会受此问题的困扰。此外，对于依然以 32 位 time_t 格式保存时间的历史数据和应用程序，这个问题将依然存在。

系统调用 gettimeofday()，可于 tv 指向的缓冲区中返回日历时间。

```
#include <sys/time.h>

int gettimeofday(struct timeval *tv, struct timezone *tz);
```
                                                    Returns 0 on success, or -1 on error

参数 tv 是指向如下数据结构的一个指针：

```
struct timeval {
    time_t       tv_sec;       /* Seconds since 00:00:00, 1 Jan 1970 UTC */
    suseconds_t  tv_usec;      /* Additional microseconds (long int) */
};
```

虽然 tv_usec 字段能提供微秒级精度，但其返回值的准确性则由依赖于构架的具体实现来决定。tv_usec 中的 u 源于与之形似的希腊字母 μ（读音 "mu"），在公制系统中表示百万分之一。在现代 X86-32 系统上，gettimeofday()的确可以提供微秒级的准确度（例如， Pentium 系统内置有时间戳计数寄存器，随每个 CPU 时钟周期而加一）。

gettimeofday()的参数 tz 是个历史产物。早期的 UNIX 实现用其来获取系统的时区信息，目前已遭废弃，应始终将其置为 NULL。

> 如果提供了 tz 参数，那么将返回一个 timezone 的结构体，其内容为上次调用 settimeofday()时传入的 tz 参数（已废弃）值。该结构包含两个字段 tz_minuteswest 和 tz_dsttime。tz_minuteswest 字段表示欲将本时区时间转换为 UTC 时间所必须增加的分钟数，如为负值，则表示此时区位于 UTC 以东（例如，如为欧洲中部时间，会提前 UTC 一小时，则将此字段设置为−60）。tz_dsttime 字段内为一个常量，意在表示这个时区是否强制施行夏令时（DST）制。正由于夏令时制度无法用一个简单算法加以表达，故而 tz 参数已遭废弃。（Linux 从未支持过此参数。）详情请参考 gettimeofday(2)手册页。

time()系统调用返回自 Epoch 以来的秒数（和函数 gettimeofday()所返回的 tv 参数中 tv_sec 字段的数值相同）。

```
#include <time.h>

time_t time(time_t *timep);
```
                Returns number of seconds since the Epoch, or *(time_t)* -1 on error

如果 timep 参数不为 NULL，那么还会将自 Epoch 以来的秒数置于 timep 所指向的位置。

由于 time()会以两种方式返回相同的值，而使用时唯一可能出错的地方是赋予 timep 参数一个无效地址（EFAULT），因此往往会简单地采用如下调用（不做错误检查）：

```
t = time(NULL);
```

> 之所以存在两个本质上目的相同的系统调用（time()和 gettimeofday()），自有其历史原因。早期的 UNIX 实现提供了 time()。而 4.3BSD 又补充了更为精确的 gettimeofday()系统调用。这时，再将 time()作为系统调用就显得多余，可以将其实现为一个调用 gettimeofday()的库函数。

10.2 时间转换函数

图 10-1 所示为用于在 time_t 值和其他时间格式之间相互转换的函数，其中包括打印输

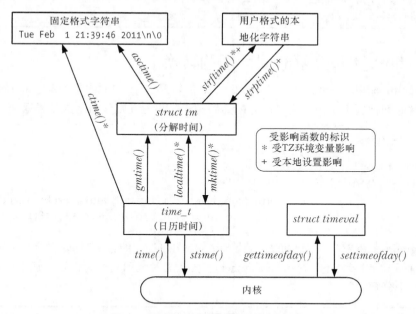

图 10-1：获取和使用日历时间的函数

出。这些函数屏蔽了因时区、夏令时（DST）制和本地化等问题给转换所带来的种种复杂性。
10.3 节将讨论时区（timezone），10.4 节将讨论地区（locale）。

10.2.1 将 time_t 转换为可打印格式

为了将 time_t 转换为可打印格式，ctime() 函数提供了一个简单方法。

```
#include <time.h>

char *ctime(const time_t *timep);
```
                    Returns pointer to statically allocated string terminated
                    by newline and \0 on success, or NULL on error

把一个指向 time_t 的指针作为 timep 参数传入函数 ctime()，将返回一个长达 26 字节的字
符串，内含标准格式的日期和时间，如下例所示：

Wed Jun 8 14:22:34 2011

该字符串包含换行符和终止空字节各一。ctime() 函数在进行转换时，会自动对本地时区
和 DST 设置加以考虑（10.3 将解释这些设置的确定过程）。返回的字符串经由静态分配，下
一次对 ctime() 的调用会将其覆盖。

SUSv3 规定，调用 ctime()、gmtime()、localTime() 或 asctime() 中的任一函数，都可能会覆
盖由其他函数返回，且经静态分配的数据结构。换言之，这些函数可以共享返回的字符数组

和 tm 结构体，某些版本的 glibc 也正是这样实现的。如果有意在对这些函数的多次调用间维护返回的信息，那么必须将其保存在本地副本中。

10.2.2　time_t 和分解时间之间的转换

函数 gmtime()和 localtime()可将一 time_t 值转换为一个所谓的分解时间（broken-down time)。分解时间被置于一个经由静态分配的结构中，其地址则作为函数结果返回。

```
#include <time.h>

struct tm *gmtime(const time_t *timep);
struct tm *localtime(const time_t *timep);
                    Both return a pointer to a statically allocated broken-down
                            time structure on success, or NULL on error
```

函数 gmtime()能够把日历时间转换为一个对应于 UTC 的分解时间。（字母 GM 源于格林威治标准时间）。相形之下，函数 localtime()需要考虑时区和夏令时设置，返回对应于系统本地时间的一个分解时间。

在这些函数所返回的 tm 结构中，日期和时间被分解为多个独立字段，其形式如下：

```
struct tm {
    int tm_sec;         /* Seconds (0-60) */
    int tm_min;         /* Minutes (0-59) */
    int tm_hour;        /* Hours (0-23) */
    int tm_mday;        /* Day of the month (1-31) */
    int tm_mon;         /* Month (0-11) */
    int tm_year;        /* Year since 1900 */
    int tm_wday;        /* Day of the week (Sunday = 0)*/
    int tm_yday;        /* Day in the year (0-365; 1 Jan = 0)*/
    int tm_isdst;       /* Daylight saving time flag
                            > 0: DST is in effect;
                            = 0: DST is not effect;
                            < 0: DST information not available */
};
```

将字段 tm_sec 的上限设为 60（而非 59）以考虑闰秒，偶尔会用其将人类日历调整至精确的天文年（所谓的回归年）。

如果定义了_BSD_SOURCE 功能测试宏，那么由 glibc 定义的 tm 结构还会包含两个额外字段，以描述关于所示时间的深入信息。第一个字段 long int tm_gmtoff，包含所示时间超出 UTC 以东的秒数。第二个字段 const char* tm_zone，是时区名称的缩写（例如，CEST 为欧洲中部夏令时间）。SUSv3 并未定义这些字段，它们只见诸于少数其他 UNIX 实现（主要为 BSD 衍生版本）。

函数 mktime() 将一个本地时区的分解时间翻译为 time_t 值，并将其作为函数结果返回。

调用者将分解时间置于一个 tm 结构，再以 timeptr 指针指向该结构。这一转换会忽略输入 tm 结构中的 tm_wday 和 tm_yday 字段。

```
#include <time.h>

time_t mktime(struct tm *timeptr);
```
                    Returns seconds since the Epoch corresponding to *timeptr*
                              on success, or *(time_t)* –1 on error

函数 mktime()可能会修改 timeptr 所指向的结构体，至少会确保对 tm_wday 和 tm_yday 字段值的设置，会与其他输入字段的值能对应起来。

此外，mktime()不要求 tm 结构体的其他字段受到前述范围的限制。任何一个字段的值超出范围，mktime()都会将其调整回有效范围之内，并适当调整其他字段。所有这些调整，均发生于 mktime()更新 tm_wday 和 tm_yday 字段并计算返回值 time_t 之前。

例如，如果输入字段 tm_sec 的值为 123，那么在返回时此字段的值将为 3，且 tm_min 字段值会在其之前值的基础上加 2。（如果这一改动造成 tm_min 溢出，那么将调整 tm_min 的值，并且递增 tm_hour 字段，以此类推。）这些调整甚至适用于字段负值。例如，指定 tm_sec 为 –1 即意味着前一分钟的第 59 秒。此功能允许以分解时间来计算日期和时间，故而非常有用。

mktime()在进行转换时会对时区进行设置。此外，DST 设置的使用与否取决于输入字段 tm_isdst 的值。

- 若 tm_isdst 为 0，则将这一时间视为标准间（即，忽略夏令时，即使实际上每年的这一时刻处于夏令时阶段）。
- 若 tm_isdst 大于 0，则将这一时间视为夏令时（即，夏令时生效，即使每年的此时不处于夏令时阶段）。
- 若 tm_isdst 小于 0，则试图判定 DTS 在每年的这一时间是否生效。这往往是众望所归的设置。

（无论 tm_isdst 的初始设置如何）在转换完成时，如果针对给定的时间，DST 生效，mktime()会将 tm_isdst 字段置为正值，若 DST 未生效，则将 tm_isdst 置为 0。

10.2.3 分解时间和打印格式之间的转换

本节会介绍将分解时间和打印格式相互进行转换的函数。

从分解时间转换为打印格式

在参数 tm 中提供一个指向分解时间结构的指针，asctime()则会返回一指针，指向经由静态分配的字符串，内含时间，格式则与 ctime ()相同。

```
#include <time.h>

char *asctime(const struct tm *timeptr);
```
                    Returns pointer to statically allocated string terminated by
                              newline and \0 on success, or NULL on error

相形于 ctime()，本地时区设置对 asctime()没有影响，因为其所转换的是一个分解时间，该时间通常要么已然通过 localtime() 作了本地化处理，要么早已经由 gmtime() 转换成了 UTC。

如同 ctime() 一样，asctime() 也无法控制其所生成字符串的格式。

asctime() 的可重入版为 asctime_r()。

程序清单 10-1 演示 asctime() 以及直到本章结尾所述时间转换函数的用法。该程序获取当前的日历时间，随后使用各种时间转换函数并显示其结果。下例为冬季在德国慕尼黑运行此程序的结果，该地区处于欧洲中部时间这一时区，比 UTC 要早一小时。

```
$ date
Tue Dec 28 16:01:51 CET 2010
$ ./calendar_time
Seconds since the Epoch (1 Jan 1970): 1293548517 (about 40.991 years)
  gettimeofday() returned 1293548517 secs, 715616 microsecs
Broken down by gmtime():
  year=110 mon=11 mday=28 hour=15 min=1 sec=57 wday=2 yday=361 isdst=0
Broken down by localtime():
  year=110 mon=11 mday=28 hour=16 min=1 sec=57 wday=2 yday=361 isdst=0

asctime() formats the gmtime() value as: Tue Dec 28 15:01:57 2010
ctime() formats the time() value as:     Tue Dec 28 16:01:57 2010
mktime() of gmtime() value:    1293544917 secs
mktime() of localtime() value: 1293548517 secs          3600 secs ahead of UTC
```

程序清单 10-1：获取和转换日历时间

――――――――――――――――――――――――――――――― time/calendar_time.c

```c
#include <locale.h>
#include <time.h>
#include <sys/time.h>
#include "tlpi_hdr.h"
#define SECONDS_IN_TROPICAL_YEAR (365.24219 * 24 * 60 * 60)

int
main(int argc, char *argv[])
{
    time_t t;
    struct tm *gmp, *locp;
    struct tm gm, loc;
    struct timeval tv;

    t = time(NULL);
    printf("Seconds since the Epoch (1 Jan 1970): %ld", (long) t);
    printf(" (about %6.3f years)\n", t / SECONDS_IN_TROPICAL_YEAR);

    if (gettimeofday(&tv, NULL) == -1)
        errExit("gettimeofday");
    printf("  gettimeofday() returned %ld secs, %ld microsecs\n",
            (long) tv.tv_sec, (long) tv.tv_usec);

    gmp = gmtime(&t);
    if (gmp == NULL)
        errExit("gmtime");

    gm = *gmp;                /* Save local copy, since *gmp may be modified
                                 by asctime() or gmtime() */
```

```
    printf("Broken down by gmtime():\n");
    printf("    year=%d mon=%d mday=%d hour=%d min=%d sec=%d ", gm.tm_year,
            gm.tm_mon, gm.tm_mday, gm.tm_hour, gm.tm_min, gm.tm_sec);
    printf("wday=%d yday=%d isdst=%d\n", gm.tm_wday, gm.tm_yday, gm.tm_isdst);

    locp = localtime(&t);
    if (locp == NULL)
        errExit("localtime");

    loc = *locp;             /* Save local copy */

    printf("Broken down by localtime():\n");
    printf("    year=%d mon=%d mday=%d hour=%d min=%d sec=%d ",
            loc.tm_year, loc.tm_mon, loc.tm_mday,
            loc.tm_hour, loc.tm_min, loc.tm_sec);
    printf("wday=%d yday=%d isdst=%d\n\n",
            loc.tm_wday, loc.tm_yday, loc.tm_isdst);

    printf("asctime() formats the gmtime() value as: %s", asctime(&gm));
    printf("ctime() formats the time() value as:     %s", ctime(&t));

    printf("mktime() of gmtime() value:    %ld secs\n", (long) mktime(&gm));
    printf("mktime() of localtime() value: %ld secs\n", (long) mktime(&loc));

    exit(EXIT_SUCCESS);
}
```

———————————————————————————————————— time/calendar_time.c

当把一个分解时间转换成打印格式时，函数 strftime() 可以提供更为精确的控制。令 timeptr 指向分解时间，strftime() 会将以 null 结尾、由日期和时间组成的相应字符串置于 outstr 所指向的缓冲区中。

```
#include <time.h>

size_t strftime(char *outstr, size_t maxsize, const char *format,
                const struct tm *timeptr);
```
                            Returns number of bytes placed in *outstr* (excluding
                            terminating null byte) on success, or 0 on error

outstr 中返回的字符串按照 format 参数定义的格式做了格式化。Maxsize 参数指定 outstr 的最大长度。不同于 ctime() 和 asctime()，strftime() 不会在字符串的结尾包括换行符（除非 format 中定义有换行符）。

如果成功，strftime() 返回 outstr 所指缓冲区的字节长度，且不包括终止空字节。如果结果字符串的总长度，含终止空字节，超过了 maxsize 参数，那么 strftime() 会返回 0 以示出错，且此时无法确定 outstr 的内容。

strftime() 的 format 参数是一字符串，与赋予 printf() 的参数相类似。冠以百分号（%）的字符序列是对转换的定义，函数会将百分号后的说明符字符一一替换为日期和时间的组成部分。这是一套相当丰富的转换说明符，表 10-1 中所列的是其一个子集。（完整的列表可见诸于 strftime(3) 手册页。）除非特别注明，所有这些转换说明符都符合 SUSv3 标准。

%U 和 %W 说明符都生成一年中的周数。%U 的周数按以下方法计算。含有星期日的第一周编号为 1，此周的前一周编号为 0。如果星期天恰巧是当年的第一天，那么就没有第 0 周，当年的最后一天则属于第 53 周。%W 的周数编号以同样的方式来计算，只不过计算对象是周一而非周日。

通常情况下，我们希望在本书的各种示范程序中显示当前时间。为此，本书提供了函数 currTime()，其返回一字符串，内含 strftime() 按 format 参数格式化的当前时间。

```
#include "curr_time.h"

char *currTime(const char *format);
```
                        Returns pointer to statically allocated string, or NULL on error

程序清单 10-2 所示为 currTime() 函数的实现。

表 10-1：strftime() 的转换说明符选集

说 明 符	描 述	例 子
%%	百分号（%）字符	%
%a	星期几的缩写	Tue
%A	星期几的全称	Tuesday
%b，%h	月份名称的缩写	Feb
%B	月份全称	February
%c	日期和时间	Tue Feb 1 21:39:46 2011
%d	一个月的一天（2 位数字，01 至 31 天）	01
%D	美国日期格式（与%m%d%y 相同）	02/01/11
%e	一个月中的一天（2 个字符）	1
%F	ISO 日期格式（与%Y-%m-%d 相同）	2011-02-01
%H	小时（24 小时制，2 位数）	21
%I	小时（12 小时制，2 位数）	09
%j	一年中的一天（3 位数字，从 001 到 366）	032
%m	十进制月（2 位，01 到 12）	02
%M	分（2 位数）	39
%p	AM/PM	PM
%P	上午/下午（GNU 扩展）	pm
%R	24 小时制的时间（和%H:%M 格式相同）	21:39
%S	秒（00 至 60）	46
%T	时间（和%H:%M:%S 格式相同）	21：39：46
%u	星期几编号（1 至 7，星期一= 1）	2
%U	以周日计算、一年中的周数（00 到 53）	05
%w	星期几编号（0 至 6，星期日= 0）	2

说　明　符	描　　述	例　　子
%W	以周一计算、一年中的周数（00 到 53）	05
%x	日期（本地化）	02/01/11
%X	时间（本地化）	21：39：46
%y	2 位数字年份	11
%Y	4 位数字年份	2011
%Z	时区名称	CET

程序清单 10-2：返回当前时间的字符串的函数

―――――――――――――――――――――――――――――――――― time/curr_time.c

```c
#include <time.h>
#include "curr_time.h"              /* Declares function defined here */

#define BUF_SIZE 1000

/* Return a string containing the current time formatted according to
   the specification in 'format' (see strftime(3) for specifiers).
   If 'format' is NULL, we use "%c" as a specifier (which gives the
   date and time as for ctime(3), but without the trailing newline).
   Returns NULL on error. */
char *
currTime(const char *format)
{
    static char buf[BUF_SIZE];  /* Nonreentrant */
    time_t t;
    size_t s;
    struct tm *tm;

    t = time(NULL);
    tm = localtime(&t);
    if (tm == NULL)
        return NULL;

    s = strftime(buf, BUF_SIZE, (format != NULL) ? format : "%c", tm);

    return (s == 0) ? NULL : buf;
}
```

―――――――――――――――――――――――――――――――――― time/curr_time.c

将打印格式时间转换为分解时间

函数 strptime() 是 strftime() 的逆向函数，将包含日期和时间的字符串转换成一分解时间。

```
#define _XOPEN_SOURCE
#include <time.h>

char *strptime(const char *str, const char *format, struct tm *timeptr);
                            Returns pointer to next unprocessed character in
                                          str on success, or NULL on error
```

函数 strptime() 按照参数 format 内的格式要求，对由日期和时间组成的字符串 str 加以解析，并将转换后的分解时间置于指针 timeptr 所指向的结构体中。

如果成功，strptime() 返回一指针，指向 str 中下一个未经处理的字符。（如果字符串中还包含有需要应用程序处理的额外信息，这一特性就能派上用场。）如果无法匹配整个格式字符串，strptime() 返回 NULL，以示出现错误。

strptime() 的格式规范类似于 scanf(3)，包含以下类型的字符。

- 转换字符串冠以一个百分号（%）字符。
- 如包含空格字符，则意味着其可匹配零个或多个空格。
- （%之外的）非空格字符必须和输入字符串中的相同字符严格匹配。

转换说明类似于之前为 strftime() 给出的内容（表 10-1）。主要的区别在于，此处的说明符更为通用。例如，不拘于星期名称的全称或简称，%a 和%A 都可接受，而且%d 和%e 均可用于读取月中的个位天数，无论该数字前面是否有 0。此外，不区分大小写，例如，May 和 MAY 是相同的月份名称。使用字符串%%来匹配输入字符串中的百分号字符。strptime(3) 手册页提供有更多的细节。

glibc 在实现 strptime() 时，并不修改 tm 结构体中那些未获 format 说明符初始化的字段。这也意味着可以根据多个字符串，例如，一个日期字符串和一个时间字符串，发起多次 strptime() 调用，来创建一个 tm 结构体。SUSv3 虽然允许这一行为，但并不强制要求实现，因此在其他 UNIX 实现上不能对其有所依赖。要保证应用的可移植性，就必须确保，要么 str 和 format 中所含输入信息足以设置最终 tm 结构的所有字段，要么在调用 strptime() 之前对 tm 结构体已经做了适当的初始化处理。在大多数情况下，用 memset() 把整个结构体置为 0 也就足够了，但要留心，在 glibc 和许多其他时间转换函数的实现中，m_mday 字段值为 0，意为上月的最后一天。最后还要注意，strptime() 从不设置 tm 结构体的 tm_isdst 字段。

> GNU C 库还提供有与 strptime() 功能类似的两个函数：getdate()（已由 SUSv3 规范，且应用广泛）及其可重入版 getdate_r()（SUSv3 中未定义，仅获少数 UNIX 实现支持）。此处将不会介绍这些函数，因为在指定用于扫描日期的格式时，它们所采用的是外部文件（由环境变量 DATEMSK 定义），这不但令其难以使用，而且会在 set-user-ID 程序中造成安全漏洞。

程序清单 10-3 演示了 strptime() 和 strftime() 的用法。该程序从命令行参数中接受日期和时间，然后用 strptime() 将其转换为一分解时间，接着使用 strftime() 执行逆向转换并显示结果。该程序接收至多 3 个参数，其中前两个为必需提供。第一个参数是包含日期和时间的字符串。第二个参数指定了 strptime() 在解析第一个参数时所采用的格式。可选的第三个参数是格式字符串，用于 strftime() 的逆向转换。如果省略此参数，将使用一个默认的格式字符串。（本程序中使用的 setLocale() 函数将在 10.4 节中加以介绍。）以下 shell 会话日志显示了使用该程序的一些例子：

```
$ ./strtime "9:39:46pm 1 Feb 2011" "%I:%M:%S%p %d %b %Y"
calendar time (seconds since Epoch): 1296592786
strftime() yields: 21:39:46 Tuesday, 01 February 2011 CET
```

以下用法与之相似，只不过这次为 strftime() 明确指定了格式：

```
$ ./strtime "9:39:46pm 1 Feb 2011" "%I:%M:%S%p %d %b %Y" "%F %T"
calendar time (seconds since Epoch): 1296592786
strftime() yields: 2011-02-01 21:39:46
```

```c
#define _XOPEN_SOURCE
#include <time.h>
#include <locale.h>
#include "tlpi_hdr.h"

#define SBUF_SIZE 1000

int
main(int argc, char *argv[])
{
    struct tm tm;
    char sbuf[SBUF_SIZE];
    char *ofmt;

    if (argc < 3 || strcmp(argv[1], "--help") == 0)
        usageErr("%s input-date-time in-format [out-format]\n", argv[0]);

    if (setlocale(LC_ALL, "") == NULL)
        errExit("setlocale");    /* Use locale settings in conversions */

    memset(&tm, 0, sizeof(struct tm));              /* Initialize 'tm' */
    if (strptime(argv[1], argv[2], &tm) == NULL)
        fatal("strptime");

    tm.tm_isdst = -1;            /* Not set by strptime(); tells mktime()
                                    to determine if DST is in effect */
    printf("calendar time (seconds since Epoch): %ld\n", (long) mktime(&tm));

    ofmt = (argc > 3) ? argv[3] : "%H:%M:%S %A, %d %B %Y %Z";
    if (strftime(sbuf, SBUF_SIZE, ofmt, &tm) == 0)
        fatal("strftime returned 0");
    printf("strftime() yields: %s\n", sbuf);

    exit(EXIT_SUCCESS);
}
```

10.3　时区

不同的国家（有时甚至是同一国家内的不同地区）使用不同的时区和夏时制。对于要输入和输出时间的程序来说，必须对系统所处的时区和夏时制加以考虑。所幸的是，所有这些细节都已经由 C 语言函数库包办了。

时区定义

时区信息往往是既浩繁又多变的。出于这一原因，系统没有将其直接编码于程序或函数库中，而是以标准格式保存于文件中，并加以维护。

这些文件位于目录/usr/share/zoneinfo 中。该目录下的每个文件都包含了一个特定国家或地区内时区制度的相关信息，且往往根据其所描述的时区来加以命名，诸如 EST（美国东部标准时间）、CET（欧洲中部时间）、UTC、Turkey 和 Iran。此外，可以利用子目录对相关时区进行有层次的分组。例如，Pacific 目录就可能包含文件 Auckland、Port_Moresby 和 Galapagos。在程序中指定使用的时区，实际上是指定该目录下某一时区文件的相对路径名。

系统的本地时间由时区文件/etc/localtime 定义，通常链接到/usr/share/zoneinfo 下的一个文件。

> 时区文件的格式记述于 tzfile(5)手册页，其创建可通过 zic(8)（时区信息编译器，zoone information compiler）工具来完成。zdump(8)命令可根据指定时区文件中的时区来显示当前时间。

为程序指定时区

为运行中的程序指定一个时区，需要将 TZ 环境变量设置为由一冒号(:)和时区名称组成的字符串，其中时区名称定义于/usr/share/zoneinfo 中。设置时区会自动影响到函数 ctime()、localtime()、mktime()和 strftime()。

为了获取当前的时区设置，上述函数都会调用 tzset(3)，对如下 3 个全局变量进行了初始化：

```
char *tzname[2];        /* Name of timezone and alternate (DST) timezone */
int daylight;           /* Nonzero if there is an alternate (DST) timezone */
long timezone;          /* Seconds difference between UTC and local
                           standard time */
```

函数 tzset()会首先检查环境变量 TZ。如果尚未设置该变量，那么就采用/etc/localtime 中定义的默认时区来初始化时区。如果 TZ 环境变量的值为空，或无法与时区文件名相匹配，那么就使用 UTC。还可将 TZDIR 环境变量（非标准的 GNU 扩展）设置为搜寻时区信息的目录名称，以替代默认的/usr/share/zoneinfo 目录。

可以通过运行程序清单 10-4 中的程序来观察 TZ 变量的影响力。第一次运行输出的是相应系统的默认时区（欧洲中部时间，CET）。在第二次运行时，由于指定的时区为 New Zealand，其在每年此时已进入夏令时，时区要比 CET 提前 12 个小时。

```
$ ./show_time
ctime() of time() value is:  Tue Feb  1 10:25:56 2011
asctime() of local time is:  Tue Feb  1 10:25:56 2011
strftime() of local time is: Tuesday, 01 Feb 2011, 10:25:56 CET
$ TZ=":Pacific/Auckland" ./show_time
ctime() of time() value is:  Tue Feb  1 22:26:19 2011
asctime() of local time is:  Tue Feb  1 22:26:19 2011
strftime() of local time is: Tuesday, 01 February 2011, 22:26:19 NZDT
```

程序清单 10-4：演示时区和地区的效果

―――――――――――――――――――――――― time/show_time.c

```c
#include <time.h>
#include <locale.h>
#include "tlpi_hdr.h"

#define BUF_SIZE 200

int
main(int argc, char *argv[])
{
    time_t t;
    struct tm *loc;
    char buf[BUF_SIZE];

    if (setlocale(LC_ALL, "") == NULL)
```

```
        errExit("setlocale");    /* Use locale settings in conversions */

    t = time(NULL);

    printf("ctime() of time() value is:  %s", ctime(&t));

    loc = localtime(&t);
    if (loc == NULL)
        errExit("localtime");

    printf("asctime() of local time is:  %s", asctime(loc));

    if (strftime(buf, BUF_SIZE, "%A, %d %B %Y, %H:%M:%S %Z", loc) == 0)
        fatal("strftime returned 0");
    printf("strftime() of local time is: %s\n", buf);

    exit(EXIT_SUCCESS);
}
```

———————————————————————————————————— *time/show_time.c*

　　SUSv3 为设置 TZ 环境变量定义了两个通用方法。如前所述，可将 TZ 设置为由冒号外加字符串组成的字符序列，其中的字符串用以标识时区，并随系统实现的不同而不同，通常为时区描述文件的路径名。（在采用这种形式时，Linux 和其他一些 UNIX 实现允许将冒号省略，但 SUSv3 并未规范这一行为。为了保证代码的可移植性，应当始终包含冒号。）

　　设置 TZ 的另一种方法在 SUSv3 中有完整的定义。使用此方法，可以将如下形式的字符串赋给 TZ：

———
std offset [*dst* [*offset*][, *start-date* [*/time*] , *end-date* [*/time*]]]
———

　　为了便于阅读，在上面这行字符串中加入了空格，但实际上任何空格都不应出现在 TZ 中。方括号（[]）用来表示可选项。

　　std 和 dst 部分是用以标识标准和 DST 时区名称的字符串。例如，CET 和 CEST 分别为欧洲中部时间和欧洲中部夏令时间。各种情况下的 offset 分别表示欲转换为 UTC，需要叠加在本地时间上的正、负调整值。最后四部分则提供了一个规则，描述何时从标准时间变更为夏令时。

　　可以多种格式指定 date，其中之一是 Mm.n.d，意即：m(1~12)月中，第 n （1~5，每月的最后 d 天总为第 5 周）周，星期 d （0=星期一，6=星期天）。如果省略 time，则无论何种情况下均默认为 02:00:00（上午 2 点）。

　　以下将 TZ 定义为 Central Europe ，该时区的标准时间比 UTC 提前 1 小时，且 DST 始于 3 月的最后一个星期日，直至 10 月的最后一个星期日结束，提前 UTC 2 小时。

```
TZ="CET-1:00:00CEST-2:00:00,M3.5.0,M10.5.0
```

　　此处省略了对 DST 转换时间的指定，因为默认其发生于 02:00:00。显然，较之于如下的 Linux 专有格式，上述形式的确缺乏可读性：

```
TZ=":Europe/Berlin"
```

10.4　地区（Locale）

　　世界各地在使用数千种语言，其中在计算机系统上经常使用的占了相当比例。此外，在显示诸如数字、货币金额、日期和时间之类的信息时，不同国家的习俗也不同。例如，大多数欧洲国家使用逗号，而非小数点来分隔实数的整数和小数部分，大多数国家日期的书写格式也与美国所采用的 MM/DD/ YY 格式并不相同。SUSv3 对 locale 的定义为：用户环境中依赖于语言和文化习俗的一个子集。

理想情况下，意欲在多个地理区位运行的任何程序都应处理地区（locales）概念，以期以用户的语言和格式来显示和输入信息。这也构成了一个相当复杂的课题——国际化（internationalization)。在理想情况下，程序只要一次经编写，则不论运行于何处，总会自动以正确方式来执行 I/O 操作，也就是说，完成本地化（localization)任务。尽管存在各种支持工具，程序国际化工作依然耗时不菲。诸如 glibc 之类的程序库也提供有工具，来帮助程序支持国际化。

> 经常将术语 internationalization 写为 I18N，意即：I 加上 18 个字母再加 N。这一形式既便于快速书写，又避免了单词本身在英语和美语间拼写方式不同的问题。

地区定义

和时区信息一样，地区信息同样是既浩繁且多变的。出于这一原因，与其要求各个程序和函数库来存储地区信息，还不如由系统按标准格式将地区信息存储于文件中，并加以维护。

地区信息维护于/usr/share/local（在一些发行版本中为/usr/lib/local）之下的目录层次结构中。该目录下的每个子目录都包含一特定地区的信息。这些目录的命名约定如下：

language[_*territory*[.*codeset*]][@*modifier*]

language 是双字母的 ISO 语言代码。territory 是双字母的 ISO 国家代码。codeset 表示字符编码集。modifier 则提供了一种方法，用以区分多个地区目录下 language、territory 和 codeset 均相同的状况。de_DE.utf-8@euro 是完整地区目录名称的例子之一，代表地区如下：德语，德国，UTF - 8 字符编码，并采用欧元作为货币单位。

正如命名格式中的方括号所示，可以将地区目录名称中的相应部分省略。通常情况下，命名只包括语言和国家。因此，en_US 是（说英语的）美国的地区目录，而 fr_CH 则是瑞士法语区的地区目录。

> 这里 CH 代表 Confoederatio Helvetica，在拉丁语（本地中性语言，locally language-neutra)中意即"瑞士"。由于有 4 门官方语言，瑞士在地区上类似于跨多个时区的国家。

当在程序中指定要使用的地区时，实际上是指定了/usr /share/locale 下某个子目录的名称。如果程序指定地区不与任何子目录名称相匹配，那么 C 语言函数库将按如下顺序将各部分从指定地区（locale）中剥离，以寻求匹配：

1. codeset
2. normalized codeset
3. territory
4. modifier

标准化字符编码集（normalized codeset）是一个特定版本字符编码集的名称，剔除了所有非字母、非数字的字符，且将所有字母转换为小写，最终字符串前冠以 ISO 三个字符。标准化的目的，在于排除字符集名称中因大小写和标点符号（例如，额外的连字符）而发生的变化。

这里是剥离过程的一个例子，假设为一程序指定的地区为 fr_CH.utf- 8，但并不存在以该名称命名的地区目录，那么如果 fr_CH 目录存在，则与之匹配。如果 fr_CH 目录也不存在，那么将采用 fr 地区目录。万一 fr 目录也不存在，那么简而言之，setLocale()函数将会报错。

/user/share/locale/locale.alias 文件定义了为程序设定地区的替代方法。详见 locale.aliases(5)手册页。

每个地区子目录中包括有标准的一套文件，指定了此地区的约定设置，如表 10-2 所示。关于本表中的信息，还要注意以下几点。

- 文件 LC_COLLATE 定义了一套规则，描述了如何在一字符集内对字符排序（例如 alphabetical "按字母顺序排列的"字符集顺序）。这些规则将决定函数 strcoll(3)和 strxfrm(3)的动作。即便是同属拉丁语系的语言，其遵循的排序规则也不相同。例如，一些欧洲语言有额外字母，在某些情况下排在字母 Z 之后。另外还有特殊情况，西班牙语的双字母序列 ll，排序时位于字母 l 之后。又比如德语的元音变音字符 ä，对应于 *ae*，并与该双字母排在相同位置。

- 目录 LC_MESSAGES 是程序显示信息迈向国际化的步骤之一。要实现更为全面的程序信息国际化，可以采用消息目录（参考 catopen(3)和 catgets(3)手册页）或是 GNU 的 gettext API（参见 http://www.gnu.org/）。

Glibc 的 2.2.2 版引入了一系列非标准的地区新类别。LC_ADDRESS 定义了特定于地区的邮政地址表示规则。LC_IDENTIFICATION 指定了识别地区的信息。LC_MEASUREMENT 定义了地区的度量系统（例如，公制/英制）。LC_NAME 定义了特定于地区的人名及头衔表示规则。LC_PAPER 定义了该地区的标准纸张尺寸（例如，美国信纸/其他大多数国家所使用的 A4 纸）。LC_TELEPHONE 则定义了特定于地区的国内及国际电话号码表示规则，以及国际长途国家代码和国际拨号前缀。

表 10-2：特定于地区的子目录内容

文 件 名	目 的
LC_CTYPE	该文件包含字符分类（参见 isalpha(3)手册页）以及大小写转换规则
LC_COLLATE	该文件包含针对一字符集的排序规则
LC_MONETARY	该文件包含对币值的格式化规则（见 localeconv(3)和<locale.h>）
LC_NUMERIC	该文件包含对币值以外数字的格式化规则（见 localeconv(3)和<locale.h>）
LC_TIME	该文件包含对日期和时间的格式化规则
LC_MESSAGES	该目录下所含文件，针对肯定和否定（是/否）响应，就格式及数值做了规定

系统中实际定义的地区可能会各有不同。除了必须定义一个名为 POSIX（与 C 同义，后者的存在是由于历史原因）的标准地区外，SUSv3 没有对此作出任何要求。POSIX 折射出 UNIX 系统的历史渊源。因之，系统建立于 ASCII 字符集之上，使用英文来描述日期，并以 "yes/no" 来响应。该地区的货币和数字格式则处于未定义状态。

locale 命令显示当前地区环境（本 shell 内）的相关信息。命令 locale – a 则将列出系统上定义的整套地区。

为程序设置地区

函数 setlocale()既可设置也可查询程序的当前地区。

```
#include <locale.h>

char *setlocale(int category, const char *locale);
```
Returns pointer to a (usually statically allocated) string identifying
the new or current locale on success, or NULL on error

category 参数选择设置或查询地区的哪一部分，它仅能使用表 10-2 中列出的地区类别的常量名称。因此，它可以设置地区的时间显示格式是德国，而地区的货币符号是美元。或者，更常见的是，我们可以利用 LC_ALL 来指定我们要设置的地区的所有部分的值。

使用 setLocale()设置地区有两种不同的方法。locale 参数可能是一个字符串，指定系统上已定义的一个地区（例如，/usr /lib /locale 中的子目录的名称），如 de_DE 或 en_US。另外，地区可能被指定为空字符串，这意味着从环境变量取得地区的设置。

```
setlocale(LC_ALL, "");
```

我们必须这样调用才能使程序使用环境变量中的地区。如果调用被省略，这些环境变量将不会对程序生效。

当运行程序调用了 setLocale(LC_ALL, " ")，我们能够使用一系列环境变量来控制地区的各部分内容，环境变量的名称也是对应于表 10-2 中列出的类型：LC_CTYPE、LC_COLLATE、LC_MONETARY、LC_NUMERIC、LC_TIME、LC_MESSAGES。另外，我们可以使用 LC_ALL 或 LANG 环境变量指定整个地区的设置。如果设置了多个先前的环境变量，那么 LC_ALL 会覆盖所有其他的 LC_ *环境变量，同时 LANG 的优先级最低。因此，通常使用 LANG 为地区所有内容设置默认值，然后用单独的 LC_ *变量，设置地区的各个方面内容来覆盖默认值。

最后，setLocale()返回一个指针指向标识这一类地区设置的字符串（通常是静态分配的）。如果我们仅需要查看地区的设置而不需要改变它，那么我们可以指定 locale 参数为NULL。

地区设置影响众多 GNU/ Linux 实用程序，以及 glibc 的许多函数的功能。其中有函数 strftime()和 strptime()（10.2.3 节），当我们在不同的地区运行程序清单 10-4，strftime 返回的结果如下：

```
$ LANG=de_DE ./show_time                          German locale
ctime() of time() value is:  Tue Feb  1 12:23:39 2011
asctime() of local time is:  Tue Feb  1 12:23:39 2011
strftime() of local time is: Dienstag, 01 Februar 2011, 12:23:39 CET
```

下一个运行演示 LC_TIME 比 LANG 的优先级高：

```
$ LANG=de_DE LC_TIME=it_IT ./show_time            German and Italian locales
ctime() of time() value is:  Tue Feb  1 12:24:03 2011
asctime() of local time is:  Tue Feb  1 12:24:03 2011
strftime() of local time is: martedì, 01 febbraio 2011, 12:24:03 CET
```

而这个运行结果表明，LC_ALL 超过 LC_TIME 的优先级：

```
$ LC_ALL=fr_FR LC_TIME=en_US ./show_time          French and US locales
ctime() of time() value is:   Tue Feb  1 12:25:38 2011
asctime() of local time is:   Tue Feb  1 12:25:38 2011
strftime() of local time is: mardi, 01 février 2011, 12:25:38 CET
```

10.5　更新系统时钟

我们现在来看两个更新系统时钟的接口：settimeofday()和 adjtime()。这些接口都很少被应用程序使用，因为系统时间通常是由工具软件维护，如网络时间协议（Network Time Protocol）守护进程，并且它们需要调用者已被授权（CAP_SYS_TIME）。

系统调用 settimeofday()是 gettimeofday()的逆向操作（这是我们在 10.1 节中描述的）。它将 tv 指向 timeval 结构体里的秒数和微秒数，设置到系统的日历时间。

```
#define _BSD_SOURCE
#include <sys/time.h>

int settimeofday(const struct timeval *tv, const struct timezone *tz);
                                        Returns 0 on success, or -1 on error
```

和函数 gettimeofday()一样，tz 参数已被废弃，这个参数应该始终指定为 NULL。

tv.tv_usec 字段的微秒精度并不意味着我们以微秒精度来设置系统时钟，因为时钟的精度可能会低于微秒。

虽然 SUSv3 没有定义 settimeofday()，但它在其他 UNIX 实现中被广泛使用。

> Linux 还提供了 stime()系统调用来设置系统时钟。settimeofday()和 stime()之间的区别是，后者调用允许使用秒的精度来表示新的日历时间。和函数 time()与 gettimeofday()相同，stime()和 settimeofday()的并存是由历史原因造成的：拥有更高精确度的后一个函数，是由4.3BSD 添加的。

settimeofday()调用所造成的那种系统时间的突然变化，可能会对依赖于系统时钟单调递增的应用造成有害的影响（例如，make(1)，数据库系统使用的时间戳或包含时间戳记的日志文件）。出于这个原因，当对时间做微小调整时（几秒钟误差），通常是推荐使用库函数 adjtime()，它将系统时钟逐步调整到正确的时间。

```
#define _BSD_SOURCE
#include <sys/time.h>

int adjtime(struct timeval *delta, struct timeval *olddelta);
                                        Returns 0 on success, or -1 on error
```

delta 参数指向一个 timeval 结构体，指定需要改变时间的秒和微秒数。如果这个值是正数，那么每秒系统时间都会额外拨快一点点，直到增加完所需的时间。如果 delta 值为负时，时钟以类似的方式减慢。

> Linux/x86-32 以每 2000 秒变化 1 秒（或每天 43.2 秒）的频率调整时钟。

在 adjtime() 函数执行的时间里，它可能无法完成时钟调整。在这种情况下，剩余未经调整的时间存放在 olddelta 指向的 timeval 结构体内。如果我们不关心这个值，我们可以指定 olddelta 为 NULL。相反，如果我们只关心当前未完成时间校正的信息，而并不想改变它，我们可以指定 delta 参数为 NULL。

虽然 SUSv3 未定义 adjtime()，可大多数 UNIX 实现提供了这个函数。

> adjtime() 在 Linux 上，基于更通用和复杂的特定于 Linux 的系统调用 adjtimex() 来完成功能。这个系统调用也同时被网络时间协议（NTP）守护进程调用。如需进一步信息，请参阅 Linux 的源代码，Linux adjtimex(2) 帮助手册页和 NTP 规范（[Mills，1992]）。

10.6 软件时钟（jiffies）

在本书中所描述的时间相关的各种系统调用的精度是受限于系统软件时钟（software clock）的分辨率，它的度量单位被称为 jiffies。jiffies 的大小是定义在内核源代码的常量 HZ。这是内核按照 round-robin 的分时调度算法（35.1 节）分配 CPU 进程的单位。

在 2.4 或以上版本的 Linux/x86-32 内核中，软件时钟速度是 100 赫兹，也就是说，一个 jiffy 是 10 毫秒。

自 Linux 面世以来，由于 CPU 的速度已大大增加，Linux / x86- 32 2.6.0 内核的软件时钟速度已经提高到 1000 赫兹。更高的软件时钟速率意味着定时器可以有更高的操作精度和时间可以拥有更高的测量精度。然而，这并非可以任意提高时钟频率，因为每个时钟中断会消耗少量的 CPU 时间，这部分时间 CPU 无法执行任何操作。

经过内核开发人员之间的的讨论，最终导致软件时钟频率成为一个可配置的内核的选项（包括处理器类型和特性，定时器的频率）。自 2.6.13 内核，时钟频率可以设置到 100、250（默认）或 1000 赫兹，对应的 jiffy 值分别为 10、4、1 毫秒。自内核 2.6.20，增加了一个频率：300 赫兹，它可以被两种常见的视频帧速率 25 帧每秒（PAL）和 30 帧每秒（NTSC）整除。

10.7 进程时间

进程时间是进程创建后使用的 CPU 时间数量。出于记录的目的，内核把 CPU 时间分成以下两部分。

- 用户 CPU 时间是在用户模式下执行所花费的时间数量。有时也称为虚拟时间（virtual time），这对于程序来说，是它已经得到 CPU 的时间。
- 系统 CPU 时间是在内核模式中执行所花费的时间数量。这是内核用于执行系统调用或代表程序执行的其他任务（例如，服务页错误）的时间。

有时候，进程时间是指处理过程中所消耗的总 CPU 时间。

当我们运行一个 shell 程序，我们可以使用的 time(1) 命令，同时获得这两个部分的时间值，以及运行程序所需的实际时间。

```
$ time ./myprog
real    0m4.84s
user    0m1.030s
sys     0m3.43s
```

系统调用 times()，检索进程时间信息，并把结果通过 buf 指向的结构体返回。

```
#include <sys/times.h>

clock_t times(struct tms *buf);
```
                    Returns number of clock ticks (*sysconf(_SC_CLK_TCK)*) since
                    "arbitrary" time in past on success, or *(clock_t)* -1 on error

buf 指向的 TMS 结构体有下列格式：

```
struct tms {
    clock_t tms_utime;    /* User CPU time used by caller */
    clock_t tms_stime;    /* System CPU time used by caller */
    clock_t tms_cutime;   /* User CPU time of all (waited for) children */
    clock_t tms_cstime;   /* System CPU time of all (waited for) children */
};
```

tms 结构体的前两个字段返回调用进程到目前为止使用的用户和系统组件的 CPU 时间。最后两个字段返回的信息是：父进程（比如，times() 的调用者）执行了系统调用 wait() 的所有已经终止的子进程使用的 CPU 时间。

数据类型 clock_t 是用时钟计时单元（clock tick）为单位度量时间的整型值，习惯用于计算 tms 结构体的 4 个字段。我们可以调用 sysconf(_SC_CLK_TCK) 来获得每秒包含的时钟计时单元数，然后用这个数字除以 clock_t 转换为秒。（我们在 11.2 节叙述 sysconf()。）

> 在大多数 Linux 的硬件架构，sysconf(_SC_CLK_TCK) 返回 100。与此对应的内核常量是 USER_HZ。然而 USER_HZ 在其他几个架构下可以被定义超过 100，如 Alpha 和 IA-64。

如果成功，times() 返回自过去的任意点流逝的以时钟计时单元为单位的（真实的）时间。SUSv3 特别未定义这点是什么，只是说，这将是在调用进程的生命周期内的一个固定点。因此，这个返回值唯一的用法是通过计算一对 times() 调用返回的值的差，来计算进程执行消耗的时间。然而，即使是这种用法，times() 的返回值仍然不可靠的，因为它可能会溢出 clock_t 的有效范围，这时 times() 的返回值将再次从 0 开始计算（也就是说，一个稍后的 times() 的调用返回的数值可能会低于一个更早的 times() 调用）。可靠的测量经过时间的方法是使用函数 gettimeofday()（10.1 节所述）。

在 Linux 上，我们可以指定 buf 参数为 NULL。在这种情况下，times() 只是简单地返回一个函数结果。然而，这是没有意义的。SUSv3 并未定义 buf 可以使用 NULL，因此许多其他 UNIX 实现需要这个参数必须为一个非 NULL 值。

函数 clock() 提供了一个简单的接口用于取得进程时间。它返回一个值描述了调用进程使用的总的 CPU 时间（包括用户和系统）。

```
#include <time.h>

clock_t clock(void);
```
                    Returns total CPU time used by calling process measured in
                    CLOCKS_PER_SEC, or *(clock_t)* -1 on error

time()的返回值的计量单位是 CLOCKS_PER_SEC，所以我们必须除以这个值来获得进程所使用的 CPU 时间秒数。在 POSIX.1，CLOCKS_PER_SEC 是常量 10000，无论底层软件时钟（10.6 节）的分辨率是多少。clock()的精度最终仍然受限于软件时钟的分辨率。

> 虽然 clock()和 times()返回相同的数据类型 clock_t，这两个接口使用的测量单位却并不相同。这是历史原因造成了 clock_t 定义的冲突，一个是 POSIX.1 标准，而另一个是 C 编程语言标准。

即使 CLOCKS_PER_SEC 是常量 10000，SUSv3 注明，这个常量在不兼容 XSI（non-XSI-conformant)的系统上可以为整型变量，所以，我们不能简单地把它作为一个编译时常量（即，我们不能够使用 #ifdef 预处理表达式）。它可能会被定义为一个长整数（即 1000000L），我们总是将这个常量转换为 long，因此我们可以简单地用 printf() 把它打印输出（见 3.6.2 节）。

SUSv3 描述 clock()应该返回"进程所使用的处理器时间"时有不同的解释。在一些 UNIX 的实现中，clock()返回的时间包含所有等待子进程使用的 CPU 时间。而在 Linux 上，它不包括。

示例程序

在程序清单 10-5 中的程序演示了如何使用本节中描述的功能。函数 displayProcessTimes() 首先打印由调用者提供的信息，然后使用 clock()和 times()来获得和显示进程时间。主程序首先调用函数 displayProcessTimes()，然后执行一个循环，通过重复调用 getppid()消耗一些 CPU 时间，再次调用 displayProcessTimes()来查看这个循环会消耗多少 CPU 时间。当我们使用这个程序调用 getppid()十万次，这就是我们看到的：

```
$ ./process_time 10000000
CLOCKS_PER_SEC=1000000  sysconf(_SC_CLK_TCK)=100

At program start:
        clock() returns: 0 clocks-per-sec (0.00 secs)
        times() yields: user CPU=0.00; system CPU: 0.00
After getppid() loop:
        clock() returns: 2960000 clocks-per-sec (2.96 secs)
        times() yields: user CPU=1.09; system CPU: 1.87
```

程序清单 10-5：获取进程 CPU 时间

———————————————————————————————————— time/process_time.c

```c
#include <sys/times.h>
#include <time.h>
#include "tlpi_hdr.h"

static void                 /* Display 'msg' and process times */
displayProcessTimes(const char *msg)
{
    struct tms t;
    clock_t clockTime;
    static long clockTicks = 0;

    if (msg != NULL)
        printf("%s", msg);
```

```
        if (clockTicks == 0) {         /* Fetch clock ticks on first call */
            clockTicks = sysconf(_SC_CLK_TCK);
            if (clockTicks == -1)
                errExit("sysconf");
        }

        clockTime = clock();
        if (clockTime == -1)
            errExit("clock");

        printf("        clock() returns: %ld clocks-per-sec (%.2f secs)\n",
                (long) clockTime, (double) clockTime / CLOCKS_PER_SEC);

        if (times(&t) == -1)
            errExit("times");
        printf("        times() yields: user CPU=%.2f; system CPU: %.2f\n",
                (double) t.tms_utime / clockTicks,
                (double) t.tms_stime / clockTicks);
    }

    int
    main(int argc, char *argv[])
    {
        int numCalls, j;

        printf("CLOCKS_PER_SEC=%ld  sysconf(_SC_CLK_TCK)=%ld\n\n",
                (long) CLOCKS_PER_SEC, sysconf(_SC_CLK_TCK));

        displayProcessTimes("At program start:\n");

        numCalls = (argc > 1) ? getInt(argv[1], GN_GT_0, "num-calls") : 100000000;
        for (j = 0; j < numCalls; j++)
            (void) getppid();

        displayProcessTimes("After getppid() loop:\n");

        exit(EXIT_SUCCESS);
    }
```

—— **time/process_time.c**

10.8　总结

真实时间对应于时间定义的每一天。当真实时间通过一些标准点计算的时候，我们称它为日历时间。和经过的时间相对，它是度量一个进程生命周期中的一些点（通常是开始）。

进程时间是由一个进程使用的 CPU 时间量，并划分为用户时间和系统时间。

多种系统调用允许我们获取和设置系统时钟值（即日历时间，以秒为单位从 Epoch 计算），以及一系列的库函数能够完成从日历时间到其他时间格式之间的转换，包括分解时间和具有可读性字符串。描述这种转换把我们引入了地区和国际化的讨论。

使用和显示时间和日期是许多应用程序的一个重要组成部分，我们会在这本书后面的章节中经常使用到本节描述的功能。我们也会在第 23 章更多地介绍时间的度量。

进一步的信息

关于 Linux 内核如何度量时间的详细信息可以参考[Love, 2010]。

关于时区和国际化的进一步讨论，可以参考 GNU C 库手册（在线地址：http://www.gnu.org/）。
SUSv3 文档也包括地区的详细描述。

10.9　练习

10-1.　假设一个系统调用 sysconf(_SC_CLK_TCK) 返回的值是 100。假设 times() 返回
clock_t 的值是一个无符号的 32 位整数，需要多久这个值才能进入下一个从 0 开始
的周期？对 clock() 返回的 CLOCKS_PER_SEC 值执行相同的计算。

第**11**章
系统限制和选项

但凡 UNIX 实现，无不对各种系统特性和资源加以限制，并提供（或者选择不提供）由各种标准所定义的选项，例如：

- 一个进程能同时拥有多少已打开的文件？
- 系统是否支持实时信号？
- int 类型变量可存储的最大值是多少？
- 一个程序的参数列表能有多大？
- 路径名的最大长度是多少？

尽管可以把假定的限制和选项硬性写入程序编码，但这将破坏程序的可移植性，因为限制和选项可能会有所不同。

- 在 UNIX 实现之间：虽然限制和选项在某个特定 UNIX 实现中可能是固定的，但在不同的 UNIX 实现之间，可能会有所不同。int 变量可存储的最大值就是此类限制的例子之一。
- 特定实现的运行环境：例如，可能重新配置了内核，改变了某个限制。又或者，在某个系统上编译的应用程序，却在另一个限制和选项有所不同的系统中运行。
- 从一个文件系统到另外一个文件系统：例如，传统的 System V 文件系统允许文件名长达 14 个字节，而传统的 BSD 文件系统和大多数"原生"Linux 文件系统则允许文件名高达 255 个字节。

因为系统限制和选项会影响应用程序的行为，所以可移植应用程序需要获取限制值，弄清系统对选项的支持情况。C 语言标准和 SUSv3 为此而提供了两种重要途径。

- 在编译程序时能够获得一些限制和选项。例如，int 类型的最大值取决于硬件结构和编译器的设计选择。此类限制可在头文件中记录。
- 另外一些限制和选项在程序运行时可能会有变化。对此，SUSv3 定义了 3 个函数 sysconf()、pathconf()和 fpathconf()，供应用程序调用以检查系统实现的限制和选项。

SUSv3 规定有一系列限制，要求符合规范的实现必须支持，同时还规定了一套选项，特定系统可以有选择地对其中各个选项予以支持。本章介绍了部分限制和选项，其余则会在后续章节中适时加以描述。

11.1　系统限制

SUSv3 要求，针对其所规范的每个限制，所有实现都必须支持一个最小值。在大多数情况下，会将这些最小值定义为<limits.h>文件中的常量，其命名则冠以字符串_POSIX_，而且（通常）还包含字符串_MAX，因此，常量命名形如_POSIX_XXX_MAX。

如果应用程序将本身限制在 SUSv3 对每个限制所要求的最小值之内，那么该程序对符合标准的所有实现都具有可移植性。然而，这一做法阻碍了应用程序去利用特定实现可提供的更高限制。因此，在特定系统上获取限制，通常更为可取的方法是使用<limits.h>文件、sysconf()或 pathconf()。

> SUSv3 将其所定义的各类限制描述为最小值，但命名却使用了字符串_MAX，这可能颇令人疑惑。换一种思路，将此类常量中的每一个都视为对某类资源或特性的上限，且标准要求这些上限都必须拥有一个确定的最小值，这种命名的用意也就不言自明了。
>
> 在某些情况下，会为某个限制提供最大值，并且在对这些值的命名中包含字符串_MIN。对于这些常量，道理正好反过来；它们代表了对某些资源的下限，按照标准规定，在符合标准的实现中，该下限不能高于某个值。例如，限制 FLT_MIN(1E-37)为某个实现中所能表征的最小浮点数定义了最大值。所有满足标准的实现至少能够表征如此之小的浮点数。

每个限制都有一个名称，与上述最小值的名称相对应，但缺少了_POSIX_前缀。某个实现可以在<limits.h>文件中以该名称定义一个常量，用以表示该实现的相应限制。若已然定义，则该限制值总是至少等同于前述最大值（即 XXX_MAX >= _POSIX_XXX_MAX）。

SUSv3 将其规定的限制归为 3 类：运行时恒定值、路径名变量值和运行时可增加值。在下列段落中将描述这些类别并提供一些例子。

运行时恒定值（可能不确定）

所谓运行时恒定值是指某一限制，若已然在<limits.h>文件中定义，则对于实现而言固定不变。然而该值可能是不确定的（因为该值可能依赖于可用的内存空间），因而在<limits.h>文件中会忽略对其定义。在这种情况下（即使在<limits.h>文件中已然定义了该限制），应用程序可以使用 sysconf()来获取运行时的值。

MQ_PRIO_MAX 限制就是运行时恒定值的例子之一。正如 52.5.1 节所述，针对 POSIX 消息队列中的消息，存在着优先级方面的限制。SUSv3 定义了值为 32 的常量_POSIX_MQ_PRIO_MAX，将其作为符合规范的实现为该限制所必须提供的最小值。这意味着，所有符合规范的实现，其对消息优先级的支持至少应为从 0～31。一个 UNIX 实现可以为此限制设定更高值，并将该值在<limits.h>文件中以常量 MQ_PRIO_MAX 加以定义。例如，Linux 就将 MQ_PRIO_MAX 的值定义为 32768。也可以通过下列调用在运行时获取该值：

```
lim = sysconf(_SC_MQ_PRIO_MAX);
```

路径名变量值

所谓路径名变量值是指与路径名（文件、目录、终端等）相关的限制，每个限制可能是相对于某个系统实现的常量，也可能随文件系统的不同而不同。在限制可能因路径名而发生变化的情况下，应用程序可以使用 pathconf()或 fpathconf()来获取该值。

NAME_MAX 限制是路径名变量值的例子之一。此限制定义了在一个特定文件系统中文件名的最大长度。SUSv3 定义了值为 14 （老版本的 System V 文件系统限制）的常量 _POSIX_NAME_MAX，作为系统实现必须支持的最小限制值。系统实现可以定义一个高于此值的 NAME_MAX 限制，并/或向应用开放如下形式的调用，以获取特定文件系统的相关信息：

```
lim = pathconf(directory_path, _PC_NAME_MAX)
```

参数 directory_path 是目标文件系统上的目录路径名。

运行时可增加值

运行时可增加值是指某一限制，相对于特定实现其值固定，且运行此实现的所有系统至少都应支持这一最小值。然而，特定系统在运行时可能会增加该值，应用程序可以使用 sysconf() 来获得系统所支持的实际值。

运行时可增加值的例子之一是 NGROUPS_MAX，该限制定义了一进程可同时从属的辅助组 ID（9.6 节）的最大数量。SUSv3 定义了相应的最小值_POSIX_NGROUPS_MAX，其值为 8。应用可在运行时通过调用 sysconf(_SC_NGROUPS_MAX) 来获取此限制值。

对选定 SUSv3 限制的总结

表 11-1 列举了与本书有关，由 SUSv3 所定义的部分限制（其他限制将在后续章节中加以介绍）。

表 11-1：选定的 SUSv3 限制

限制名称 (<limits.h>)	最小值	在 sysconf() / pathconf() 中的参数命名(<unistd.h>)	描 述
ARG_MAX	4096	_SC_ARG_MAX	提供给 exec() 的参数(argv)与环境变量(environ)所占存储空间之和的最大字节数（见 6.7 节和 27.2.3 节）
none	none	_SC_CLK_TCK	为 times() 提供的度量单位
LOGIN_NAME_ MAX	9	_SC_LOGIN_NAME_MAX	登录名的最大长度（含终止空字符）
OPEN_MAX	20	_SC_OPEN_MAX	进程同时可打开的文件描述符的最大数量，比可用文件描述符的最大数量多 1 个（见 36.2 节）
NGROUPS_MAX	8	_SC_NGROUPS_MAX	进程所属辅助组 ID 数量的最大值（见 9.7.3 节）
none	1	_SC_PAGESIZE	一个虚拟内存页的大小（_SC_PAGE_SIZE 与其同义）
RTSIG_MAX	8	_SC_RTSIG_MAX	单一实时信号的最大数量（见 22.8 节）
SIGQUEUE_MAX	32	_SC_SIGQUEUE_MAX	排队实时信号的最大数量（见 22.8 节）
STREAM_MAX	8	_SC_STREAM_MAX	同时可打开的 stdio 流的最大数量
NAME_MAX	14	_PC_NAME_MAX	排除终止空字符外，文件名称可达的最大字节长度
PATH_MAX	256	_PC_PATH_MAX	路径名称可达的最大字节长度，含尾部空字符
PIPE_BUF	512	_PC_PIPE_BUF	一次性（原子操作）写入管道或 FIFO 中的最大字节数（44.1 节）

表 11-1 中的第一列给出了限制的名称，可将其作为常量定义于<limits.h>文件中，用于表示特定实现下的限制。第二列是 SUSv3 为这些限制所定义的最小值（也定义于<limits.h>文件中）。在大多数情况下，会将每个限制的最小值定义为冠以字符串_POSIX_的常量。例如，常量_POSIX_RTSIG_MAX（其值为 8）为 SUSv3 实现对相应 RTSIG_MAX 常量的最低要求。第三列列出了为在运行期间获取实现的限制，调用 sysconf()或 pathconf()时应输入入参的常量名。冠以_SC_的常量用于 sysconf()，冠以_PC_的常量用于 pathconf()和 fpathconf()。

下列为对表 11-1 的补充信息，请予关注。

- getdtablesize()函数是确定进程文件描述符（OPEN_MAX）限制的备选方法，已遭弃用，该函数曾一度为 SUSv2 所定义（标记为 LEGACY），但 SUSv3 将其剔除。
- getpagesize()函数是确定系统页大小（_SC_PAGESIZE）的备选方法，已然废弃。该函数一度曾为 SUSv2 所定义（标记为 LEGACY），但 SUSv3 将其剔除。
- 定义于<stdio.h>文件中的常量 FOPEN_MAX，等同于常量 STREAM_MAX。
- NAME_MAX 不包含终止空字符，而 PATH_MAX 则包括。POSIX.1 标准在定义 PATH_MAX 时，对于是否包含终止空字符始终含糊不清，而上述差异则恰好弥补了这一缺陷。定义 PATH_MAX 中包含终止符也意味着，为路径名称分配了 PATH_MAX 个字节的应用程序依然符合标准。

从 shell 中获取限制和选项：getconf

在 shell 中，可以使用 getconf 命令获取特定 UNIX 系统中已然实现的限制和选项。该命令的格式一般如下：

```
$ getconf variable-name [ pathname ]
```

variable-name 标识用户意欲获取的限制，应是符合 SUSV3 标准的限制名称，例如：ARG_MAX 或 NAME_MAX。但凡限制与路径名相关，则还需要指定一个路径名，作为命令的第二个参数，如下第二个实例所示。

```
$ getconf ARG_MAX
131072
$ getconf NAME_MAX /boot
255
```

11.2　在运行时获取系统限制（和选项）

sysconf()函数允许应用程序在运行时获得系统限制值。

```
#include <unistd.h>

long sysconf(int name);
```
                              Returns value of limit specified by *name*,
                    or –1 if limit is indeterminate or an error occurred

参数 name 应为定义于<unistd.h>文件中的_SC_系列常量之一，其中部分在表 11-1 中已有所罗列。限制值将作为函数结果返回。

若无法确定某一限制，则 sysconf()返回–1。若调用 sysconf()函数时发生错误，也会返回–1。（唯一指定的错误是 EINVAL，表示 name 无效。）为区别上述两种情况，必须在调用函数前将 errno 设置为 0，如果调用返回-1，且调用后 errno 值不为 0，那么调用 sysconf()函数时发生了错误。

> 由 sysconf()函数所返回的限制值类型总是（长）整型（pathconf()和 fpathconf()也是如此）。在对 sysconf()函数的原理描述中，SUSv3 特意指出，一度曾考虑将字符串作为可能的返回值，但由于实现和使用的复杂性而最终放弃了这一构想。

程序清单 11-1 所示为调用 sysconf()来展示各种系统限制。在某一 Linux 2.6.31/x86-32 系统上运行该程序，将产生如下结果：

```
$ ./t_sysconf
_SC_ARG_MAX:            2097152
_SC_LOGIN_NAME_MAX:     256
_SC_OPEN_MAX:           1024
_SC_NGROUPS_MAX:        65536
_SC_PAGESIZE:           4096
_SC_RTSIG_MAX:          32
```

程序清单 11-1：使用 sysconf()函数

――― syslim/t_sysconf.c
```c
#include "tlpi_hdr.h"

static void              /* Print 'msg' plus sysconf() value for 'name' */
sysconfPrint(const char *msg, int name)
{
    long lim;

    errno = 0;
    lim = sysconf(name);
    if (lim != -1) {        /* Call succeeded, limit determinate */
        printf("%s %ld\n", msg, lim);
    } else {
        if (errno == 0)     /* Call succeeded, limit indeterminate */
            printf("%s (indeterminate)\n", msg);
        else                /* Call failed */
            errExit("sysconf %s", msg);
    }
}

int
main(int argc, char *argv[])
{
    sysconfPrint("_SC_ARG_MAX:         ", _SC_ARG_MAX);
    sysconfPrint("_SC_LOGIN_NAME_MAX: ", _SC_LOGIN_NAME_MAX);
    sysconfPrint("_SC_OPEN_MAX:        ", _SC_OPEN_MAX);
    sysconfPrint("_SC_NGROUPS_MAX:     ", _SC_NGROUPS_MAX);
    sysconfPrint("_SC_PAGESIZE:        ", _SC_PAGESIZE);
    sysconfPrint("_SC_RTSIG_MAX:       ", _SC_RTSIG_MAX);
    exit(EXIT_SUCCESS);
}
```
――― syslim/t_sysconf.c

SUSv3 要求，针对特定限制，调用 sysconf()所获取的值在调用进程的生命周期内应保持不变。例如，就可以这样认定：针对_SC_PAGESIZE 限制的返回值在进程运行期间不会改变。

在 Linux 系统中，对于上述要求，有一些（合理的）例外。进程能够使用 setrlimit()（见 36.2 节）修改进程的各种资源限制，这会波及由 sysconf()所报告的限制值：RLIMIT_NOFILE，该限制确定进程能够打开的文件数量（_SC_OPEN_MAX）；RLIMIT_NPROC(实际并未纳入 SUSv3 中），即允许进程基于每用户所创建的子进程限额（_SC_CHILD_MAX）；RLIMIT_STACK，始于 Linux 2.6.23 版本，该限制确定了进程的命令行参数和环境变量所占存储空间的限额（_SC_ARG_MAX，具体参见 execve(2)手册页）。

11.3　运行时获取与文件相关的限制（和选项）

pathconf()和 fpathconf()函数允许应用程序在运行时获取文件相关的限制值。

```
#include <unistd.h>

long pathconf(const char *pathname, int name);
long fpathconf(int fd, int name);
```
　　　　　　　　　　　　　　Both return value of limit specified by *name*,
　　　　　　　　　　　　or −1 if limit is indeterminate or an error occurred

pathconf()和 fpathconf()之间唯一的区别在于对文件或目录的指定方式。pathconf()采用路径名方式来指定，而 fpathconf()则使用（之前已经打开的）文件描述符。

参数 name 则是定义于<unistd.h>文件中的_PC_系列常量之一，在表 11-1 中已经列举了其中的一部分。表 11-2 又针对表 11-1 中展示的_PC_*常量，提供了更深入的细节。

限制的值将作为函数结果返回。如要区分限制值不确定与发生错误的情况，应对方式与 sysconf()相同。

有别于 sysconf()函数，SUSv3 并不要求 pathconf()和 fpathconf()的返回值在进程的生命周期内保持恒定。这是因为，例如，在进程运行期间，可能会卸载一个文件系统，然后再以不同特性重新装载该文件系统。

表 11-2：pathconf()函数中，选定_PC_系列命名的详细说明

常　　量	说　　明
_PC_NAME_MAX	针对目录，返回该目录下文件命名的最大长度，对于其他文件类型，则未作规定
_PC_PATH_MAX	对于目录，返回该目录中相对路径名的最大长度，对于其他文件类型，则未作规定
_PC_PIPE_BUF	对于 FIFO 或者管道，返回一个应用于引用文件的值。对于目录，返回的值应用于在该目录下创建的一 FIFO。对于其他文件类型，则未作规定

程序清单 11-2 所示为针对由标准输入所指向的文件，使用 fpathconf()函数获取各种限制。运行该程序时，若将 ext2 文件系统上的某一目录指定为标准输入，可产生如下结果：

```
$ ./t_fpathconf < .
_PC_NAME_MAX:  255
_PC_PATH_MAX:  4096
_PC_PIPE_BUF:  4096
```

程序清单 11-2：使用 fpathconf() 函数

```
#include "tlpi_hdr.h"

static void                    /* Print 'msg' plus value of fpathconf(fd, name) */
fpathconfPrint(const char *msg, int fd, int name)
{
    long lim;

    errno = 0;
    lim = fpathconf(fd, name);
    if (lim != -1) {          /* Call succeeded, limit determinate */
        printf("%s %ld\n", msg, lim);
    } else {
        if (errno == 0)      /* Call succeeded, limit indeterminate */
            printf("%s (indeterminate)\n", msg);
        else                 /* Call failed */
            errExit("fpathconf %s", msg);
    }
}

int
main(int argc, char *argv[])
{
    fpathconfPrint("_PC_NAME_MAX: ", STDIN_FILENO, _PC_NAME_MAX);
    fpathconfPrint("_PC_PATH_MAX: ", STDIN_FILENO, _PC_PATH_MAX);
    fpathconfPrint("_PC_PIPE_BUF: ", STDIN_FILENO, _PC_PIPE_BUF);
    exit(EXIT_SUCCESS);
}
```

11.4 不确定的限制

有时，系统实现并未将一些系统限制定义为限制常量（比如：PATH_MAX），并且 sysconf() 或 pathconf() 在返回相应限制(比如_PC_PATH_MAX)时会将其归为不确定。对此，可采用如下策略之一。

- 当编写一个可在多个 UNIX 实现间移植的应用程序时，可选择使用 SUSv3 所规定的最低限制值。此类以_POSIX_*_MAX 形式命名的常量，具体参见 11.1 节。此方法有时并不可行，因为该限制之低已经超乎实际情况，正如_POSIX_PATH_MAX 和_POSIX_OPEN_MAX 的情况。

- 在某些情况下，切实可行的解决方法是省去对限制的检查，取而代之以执行相关的系统调用或库函数。（类似观点也适用于 11.5 节中所描述的一些 SUSv3 选项。）如果调用失败，且 errno 表明出错是由于超出了系统限制时，那么可以根据需要调整应用的行为，并再次尝试调用。例如，对于可发送给进程的实时信号队列长度，大多数 UNIX 实现都进行了强制限制。一旦达到限额，试图进一步发送信号（使用 sigqueue()函数）将以失败告终，且会将错误号 errorno 置为 EAGAIN。这时，发送进程只需简单重试即可，或许是在等待片刻之后。与之相类似，试图打开一个文件时，若文件命名过长，将会产生 ENAMETOOLONG 错误,之后应用程序可以一个更加简短的命名进行重试。

- 自行编写程序或函数，以推断或估算限制值。无论在哪一种情况下，都会调用相关的

sysconf()或 pathconf()，若限制不确定，则函数将返回一合理估值。虽然有欠完美，但这种解决方案往往在实践中是可行的。

- 也可以利用诸如 GNU Autoconf 之类的扩展工具，该工具能够确定各种系统特性及限制存在与否、如何设置。Autoconf 程序可基于其收集到的信息而生成头文件，并能在 C 程序中将其包含[1]在内。关于 Autoconf 的更多信息，请参考 http://www.gnu.org/software/autoconf/中的内容。

11.5　系统选项

除了对各种系统资源的限制加以规范外，SUSv3 还规定了 UNIX 实现可支持的各种选项。这包括对诸如实时信号、POSIX 共享内存、任务控制以及 POSIX 线程之类功能的支持。除少数特例外，并未要求实现支持这些选项。相反，对于实现在编译及运行时是否支持某一特定特性，SUSv3 允许实现自行给出建议。

通过在<unistd.h>文件中定义相应常量，实现能够在编译时通告其对特定 SUSv3 选项的支持。此类常量的命名均会冠以前缀（比如_POSIX_ 或者 _XOPEN_），以标识其源于何种标准。

各个选项常量，一经定义，其值必为下列之一。

- 值为-1，表示实现不支持该选项。此时，系统实现无需定义与该选项有关的头文件、数据类型和函数接口。可以使用#if 预处理程序指令，通过条件编译来处理这种情况。
- 值为 0，表示实现可能支持该选项。应用程序必须在运行时检查该选项是否获得支持。
- 值大于 0，则表示实现支持该选项。实现定义了与该选项有关的所有头文件、数据类型和函数接口，且其行为也符合规范要求。在很多情况下，SUSv3 要求这一正值为 200112L，该常量对应于批准 SUSv3 标准的年、月。（SUSv4 中，将类似功能的值设为 200809L。）

当定义常量为 0 时，应用程序可使用 sysconf()和 pathconf()（或 f pathconf()）在运行时检查选项是否获得实现的支持。传递给这些函数的入参 name，其命名通常与编译时常量形式相同，只是前缀为_SC_ 或 _PC_所取代。系统实现必须至少提供头文件、常量以及实施运行时检查所必要的函数接口。

> 对于未定义的选项常量，其含义到底等同于常量 0（可能支持该选项）还是-1（不支持该选项），SUSv3 并未做出明确规定。随后，标准委员会作出裁决，规定这种情况应与定义为-1 的常量含义相同，并且 SUSv4 对此明确作出了规定。

表 11-3 列举了 SUSv3 所规定的一些选项。表中第一列针对选项（定义于<unistd.h>文件中）给出了相关编译时常量的名称，以及 sysconf()（_SC_*）和 pathconf()(_PC_*)函数的相应入参 name 值。对于特定选项，请注意以下几点。

- 某些选项在 SUSv3 中是必需的，即编译时其常量值总应大于 0。历史上，这些选项一度确实曾是可选项，但如今已是时过境迁。"备注"栏会以字符"+"标识此类选项。（许多在 SUSv3 中的可选项在 SUSv4 中已经成为必选项。）

---

1 译者注：#include。

虽然这些选项在 SUSv3 中是必需的，但在安装一些 UNIX 系统时，若配置不当，系统依然会与规范不符。因此，对可移植的应用程序而言，不管标准是否对影响应用的选项作出了要求，总应检查系统是否支持该选项。

- 对于某些选项，其编译时常量必须为-1 以外的值。换言之，要么必须支持该选项，要么必须有方法可以检查出系统在运行时是否支持该选项。这些选项的"备注"栏以字符"*"标识这些选项。

表 11-3：已选的 SUSv3 选项

选项（常量）名 （sysconf() / pathconf()入参 name 名）	描　　述	备注
_POSIX_ASYNCHRONOUS_IO (_SC_ASYNCHRONOUS_IO)	异步 I/O	
_POSIX_CHOWN_RESTRICTED (_PC_CHOWN_RESTRICTED)	仅有特权级进程能够使用 chown() 和 fchown() 函数将文件的用户 ID 和组 ID 修改为任意值 （15.3.2 节）	*
_POSIX_JOB_CONTROL (_SC_JOB_CONTROL)	作业控制（34.7 节）	+
_POSIX_MESSAGE_PASSING (_SC_MESSAGE_PASSING)	POSIX 消息队列（第 52 章）	
_POSIX_PRIORITY_SCHEDULING (_SC_PRIORITY_SCHEDULING)	进程调度（35.3 节）	
_POSIX_REALTIME_SIGNALS (_SC_REALTIME_SIGNALS)	实时信号扩展（22.8 节）	+
_POSIX_SAVED_IDS(none)	进程拥有的保存 (saved)set-user-ID 和保存 (saved)set-group-ID（9.4 节）	
_POSIX_SEMAPHORES (_SC_SEMAPHORES)	POSIX 信号（第 53 章）	
_POSIX_SHARED_MEMORY_OBJECTS (_SC_SHARED_MEMORY_OBJECTS)	POSIX 共享内存对象（第 54 章）	
_POSIX_THREADS (_SC_THREADS)	POSIX 线程	
_XOPEN_UNIX (_SC_XOPEN_UNIX)	支持 XSI 扩展功能（1.3.4 节）	

11.6　总结

对于系统实现必须支持的限制和可能支持的系统选项，SUSv3 都做了规范。

通常，不建议将对系统限制和选项的假设值硬性写入应用程序代码，因为这些值既可能随系统的不同而发生变化，也可能在同一个系统实现中因不同的运行期间或文件系统而不同。因此，SUSv3 规定了一干方法，借助于此，系统实现可发布其所支持的限制和选项。对于大多数限制，SUSv3 规定了所有实现所必须支持的最小值。此外，每个实现还能在编译时(通过定义于<limits.h>或<unistd.h>文件中的常量)和/或运行时(通过调用 sysconf()、pathconf()或 fpathconf()函数) 发布其特有的限制和选项。此类技术同样可应用于找出实现所支持的 SUSv3 选项。在一些情况下，无论使用上述何种方法，都不能获取某个特定限制的值。对于这些不确定的限制，必须采用特殊技术来确定应用程序所应遵循的限制。

更多信息

[Stevens & Rago，2005]第 1 章和[Gallmeister，1995] 第 2 章均涵盖了与本章相类似的知识，[Lewine，1991]也提供了很多有用的（尽管稍有过时）背景知识。在 Linux 及 glibc 中与 POSIX 选项有关的一些详细信息，可见诸于 http://people.redhat.com/drepper/posix-option-groups.html。相关的 Linux 手册页如下：sysconf(3)、pathconf(3)、feature_test_macros(7)、posixoptions(7) 和 standards(7)。

最佳的信息来源（虽然有时难以理解）还是 SUSv3 中的相关部分，特别是基本定义（XBD）的第 2 章以及针对<unistd.h>、<limits.h>、sysconf()和 fpathconf()的规格说明。[Josey，2004]也为 SUSv3 的使用提供了指导。

11.7 练习

11-1. 尝试在其他 UNIX 实现中运行程序清单 11-1 所列程序。

11-2. 尝试在其他文件系统中运行程序清单 11-2 所列程序。

第**12**章
系统和进程信息

本章将研究一系列系统和进程信息的访问方法，重点讨论/proc 文件系统。本章还描述了uname()系统调用，该调用用于获取各种系统标识。

12.1 /proc 文件系统

在较老的 UNIX 实现中，通常并无简单方法来获取（或修改）内核属性并回答如下问题：
- 系统中有多少进程正在运行，其属主是谁？
- 一个进程已经打开了什么文件？
- 目前锁定了什么文件，哪些进程持有这些锁？
- 系统正在使用什么套接字（socket）？

一些老版 UNIX 实现解决这一问题的方法是允许特权级程序深入内核内存中的数据结构。然而，这会带来各种问题。特别是，这要求对内核数据结构具有专业知识，并且这些结构可能因内核版本的演进而发生改变，故而需要加以重写。

为了提供更为简便的方法来访问内核信息，许多现代 UNIX 实现提供了一个/proc 虚拟文件系统。该文件系统驻留于/proc 目录中，包含了各种用于展示内核信息的文件，并且允许进程通过常规文件 I/O 系统调用来方便地读取，有时还可以修改这些信息。之所以将/proc 文件系统称为虚拟，是因为其包含的文件和子目录并未存储于磁盘上，而是由内核在进程访问此类信息时动态创建而成。

本节展示了/proc 文件系统的概况。后续各章将视各自主题来描述特定的/proc 文件。虽然许多 UNIX 实现提供了/proc 文件系统，但 SUSv3 并未对其进行规范，本书所述细节是 Linux专有的。

12.1.1 获取与进程有关的信息：/proc/PID

对于系统中每个进程，内核都提供了相应的目录，命名为/proc/PID，其中 PID 是进程的ID。在此目录中的各种文件和子目录包含了进程的相关信息。例如，通过查看/proc/1 目录下的文件，可以获取 init 进程的信息，该进程的 ID 总是为 1。

每个/proc/PID 目录中都存在一个命名为 status 的文件，提供了有关该进程的一系列信息。

```
$ cat /proc/1/status
Name:    init                          Name of command run by this process
State:   S (sleeping)                  State of this process
Tgid:    1                             Thread group ID (traditional PID, getpid())
Pid:     1                             Actually, thread ID (gettid())
PPid:    0                             Parent process ID
TracerPid:       0                     PID of tracing process (0 if not traced)
Uid:     0      0      0      0        Real, effective, saved set, and FS UIDs
Gid:     0      0      0      0        Real, effective, saved set, and FS GIDs
FDSize:  256                           # of file descriptor slots currently allocated
Groups:                                Supplementary group IDs
VmPeak:      852 kB                    Peak virtual memory size
VmSize:      724 kB                    Current virtual memory size
VmLck:         0 kB                    Locked memory
VmHWM:       288 kB                    Peak resident set size
VmRSS:       288 kB                    Current resident set size
VmData:      148 kB                    Data segment size
VmStk:        88 kB                    Stack size
VmExe:       484 kB                    Text (executable code) size
VmLib:         0 kB                    Shared library code size
VmPTE:        12 kB                    Size of page table (since 2.6.10)
Threads:       1                       # of threads in this thread's thread group
SigQ:    0/3067                        Current/max. queued signals (since 2.6.12)
SigPnd:  0000000000000000              Signals pending for thread
ShdPnd:  0000000000000000              Signals pending for process (since 2.6)
SigBlk:  0000000000000000              Blocked signals
SigIgn:  fffffffe5770d8fc              Ignored signals
SigCgt:  00000000280b2603              Caught signals
CapInh:  0000000000000000              Inheritable capabilities
CapPrm:  00000000ffffffff              Permitted capabilities
CapEff:  00000000fffffeff              Effective capabilities
CapBnd:  00000000ffffffff              Capability bounding set (since 2.6.26)
Cpus_allowed:   1                      CPUs allowed, mask (since 2.6.24)
Cpus_allowed_list:       0             Same as above, list format (since 2.6.26)
Mems_allowed:   1                      Memory nodes allowed, mask (since 2.6.24)
Mems_allowed_list:       0             Same as above, list format (since 2.6.26)
voluntary_ctxt_switches:      6998     Voluntary context switches (since 2.6.23)
nonvoluntary_ctxt_switches:   107      Involuntary context switches (since 2.6.23)
Stack usage:     8 kB                  Stack usage high-water mark (since 2.6.32)
```

上面的输出来自于内核 2.6.32。正如伴随文件输出的"始于"说明所示，该文件格式随着时间的推移而不断演进，在不同内核版本中增加了新字段（极少情况下，也会移除字段）。（除了注释中 Linux 2.6 所带来的改变之外，Linux 2.4 增加了 Tgid、TracerPid、FDSize 和 Threads 字段。）

该文件内容随着时间而改变，这一事实揭示出关于/proc 文件使用的要点所在。当这些文件由多个条目组成时，对其解析应当谨慎从事，在这种情况下，应查找包含特殊字符串（如，PPid）的匹配行记录，而非按照（逻辑）行号来处理文件。

表 12-1 列举了在每个/proc/PID 目录中的部分其他文件。

文　　件	描述（进程属性）
cmdline	以\0 分隔的命令行参数
cwd	指向当前工作目录的符号链接
Environ	NAME=value 键值对环境列表，以\0 分隔
exe	指向正在执行文件的符号链接
fd	文件目录，包含了指向由进程打开文件的符号链接
maps	内存映射
mem	进程虚拟内存（在 I/O 操作之前必须调用 lseek()移至有效偏移量）
mounts	进程的安装点
root	指向根目录的符号链接
status	各种信息（比如，进程 ID、凭证、内存使用量、信号）
task	为进程中的每个线程均包含一个子目录（始自 Linux 2.6）

/proc/PID/fd 目录

/proc/PID/fd 目录为进程打开的每个文件描述符都包含了一个符号链接，每个符号链接的名称都与描述符的数值相匹配。例如，/proc/1968/1 是 ID 为 1968 的进程中指向标准输出的符号链接，更多信息参见 5.11 节。

为方便起见，任何进程都可使用符号链接/proc/self 来访问其自己的/proc/PID 目录。

线程：/proc/PID/task 目录

Linux 2.4 增加了线程组概念，正式支持 POSIX 线程模型。因为线程组中的一些属性对于线程而言是唯一的，所以 Linux 2.4 在/proc/PID 目录下增加了一个 task 子目录。针对进程中的每个线程，内核提供了以/proc/PID/task/TID 命名的子目录，其中 TID 是该线程的线程 ID。（此值等同于在线程中调用 gettid()函数的返回值。）

每个/proc/PID/task/TID 子目录中都有一套类似于/proc/PID 目录内容的文件和目录。因为线程共享了多个属性，所以这些文件中的许多信息对进程中各个线程而言都是相同的。然而，这些文件也显示了每个线程的独特信息，故而是合理的。例如，在线程组的/proc/PID/task/TID/status 文件中，存在那种对每个线程而言，内容都有可能不同的字段，State、Pid、SigPnd、SigBlk、CapInh、CapPrm、CapEff 和 CapBnd 就在此列。

12.1.2　/proc 目录下的系统信息

/proc 目录下的各种文件和子目录提供了对系统级信息的访问。图 12-1 展示了其中的部分。

图 12-1 中的许多文件在本书的其他章节进行描述。表 12-2 总结了图 12-1 所示/proc 子目录的一般用途。

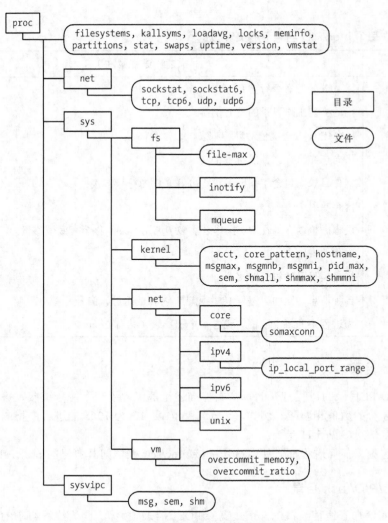

图 12-1：/proc 目录下文件和子目录的节选

表 12-2：节选/proc 子目录的用途

目　　录	目录中文件表达的信息
/proc	各种系统信息
/proc/net	有关网络和套接字的状态信息
/proc/sys/fs	文件系统相关设置
/proc/sys/kernel	各种常规的内核设置
/proc/sys/net	网络和套接字的设置
/proc/sys/vm	内存管理设置
/proc/sysvipc	有关 System V IPC 对象的信息

12.1.3　访问/proc 文件

通常使用 shell 脚本来访问/proc 目录下的文件（使用诸如 Python 或者 Perl 之类的脚本语

言，很容易解析大多数/proc 目录下包含有多个值的文件）。例如，使用如下 shell 命令，就可以修改和查看/proc 目录下的文件内容：

```
# echo 100000 > /proc/sys/kernel/pid_max
# cat /proc/sys/kernel/pid_max
100000
```

也可以从程序中使用常规 I/O 系统调用来访问/proc 目录下的文件。但在访问这些文件时，有如下一些限制。

- /proc 目录下的一些文件是只读的，即这些文件仅用于显示内核信息，但无法对其进行修改。/proc/PID 目录下的大多数文件就属于此类型。
- /proc 目录下的一些文件仅能由文件拥有者（或特权级进程）读取。例如，/proc/PID 目录下的所有文件都属于拥有相应进程的用户，而且即使是对文件的属主，其中的部分文件（如：proc/PID/environ 文件）也仅仅授予了读权限。
- 除了/proc/PID 子目录中的文件，/proc 目录的其他文件大多属于 root 用户，并且也仅有 root 用户能够修改那些可修改的文件。

访问/proc/PID 目录中的文件

/proc/PID 目录内容变化不定。每个目录随着含有相应进程 ID 的进程创建而生，又随进程的终止而灭。这意味着要确定特定/proc/PID 目录的存在，就需要干净利落地处理如下可能性：当打开此目录下的文件时，进程已经终止，并且也已经删除了相应的/proc/PID 目录。

示例程序

程序清单 12-1 展示了如何读取和修改一个/proc 目录下的文件。该程序读取并显示了/proc/sys/kernel/pid_max 文件的内容。若提供了命令行参数，则程序将使用此参数对文件进行更新。该文件（Linux 2.6 的新增文件）规定了进程 ID 的上限（见 6.2 节）。此处是运用该程序的一个例子：

```
$ su                          Privilege is required to update pid_max file
Password:
# ./procfs_pidmax 10000
Old value: 32768
/proc/sys/kernel/pid_max now contains 10000
```

程序清单 12-1：访问/proc/sys/kernel/pid_max 文件

————————————————————————————————————— sysinfo/procfs_pidmax.c

```
#include <fcntl.h>
#include "tlpi_hdr.h"

#define MAX_LINE 100

int
main(int argc, char *argv[])
{
    int fd;
    char line[MAX_LINE];
    ssize_t n;

    fd = open("/proc/sys/kernel/pid_max", (argc > 1) ? O_RDWR : O_RDONLY);
    if (fd == -1)
```

```
        errExit("open");

    n = read(fd, line, MAX_LINE);
    if (n == -1)
        errExit("read");

    if (argc > 1)
        printf("Old value: ");
    printf("%.*s", (int) n, line);

    if (argc > 1) {
        if (write(fd, argv[1], strlen(argv[1])) != strlen(argv[1]))
            fatal("write() failed");

        system("echo /proc/sys/kernel/pid_max now contains "
               "`cat /proc/sys/kernel/pid_max`");
    }

    exit(EXIT_SUCCESS);
}
```
── *sysinfo/procfs_pidmax.c*

12.2　系统标识：uname()

uname()系统调用返回了一系列关于主机系统的标识信息，存储于 utsbuf 所指向的结构中。

```
#include <sys/utsname.h>

int uname(struct utsname *utsbuf);
```
                                        Returns 0 on success, or –1 on error

utsbuf 参数是一个指向 utsname 结构的指针，其定义如下：

```
#define _UTSNAME_LENGTH 65

struct utsname {
    char sysname[_UTSNAME_LENGTH];      /* Implementation name */
    char nodename[_UTSNAME_LENGTH];     /* Node name on network */
    char release[_UTSNAME_LENGTH];      /* Implementation release level */
    char version[_UTSNAME_LENGTH];      /* Release version level */
    char machine[_UTSNAME_LENGTH];      /* Hardware on which system
                                           is running */
#ifdef _GNU_SOURCE                      /* Following is Linux-specific */
    char domainname[_UTSNAME_LENGTH];   /* NIS domain name of host */
#endif
};
```

　　SUSv3 规范了 uname()，但对 utsname 结构中各种字段的长度未加定义，仅要求字符串以空字节终止。在 Linux 中，这些字段长度均为 65 个字节，其中包括了空字节终止符所占用的空间。而在一些 UNIX 实现中，这些字段更短，但在其他操作系统（如 Solaris）中，这些字段的长度长达 257 个字节。

　　utsname 结构中的 sysname、release、version 和 machine 字段由内核自动设置。

在 Linux 中，/proc/sys/kernel 目录下的 3 个文件提供了与 utsname 结构的 sysname、release 和 version 字段返回值相同的信息，这些只读文件分别为 ostype、osrelease 和 version。另外一个文件/proc/version，也包含了这些信息，并且还包含了有关内核编译的步骤信息（即执行编译的用户名、用于编译的主机名，以及使用的 gcc 版本）。

nodename 字段的返回值由 sethostname()系统调用设置（详情请参考此系统调用的手册页）。通常，该值类似于系统 DNS 域名中的前缀主机名。

domainname 字段的返回值由 setdomainname()系统调用设置（详情请参考此系统调用的手册页）。该值是主机的网络信息服务（NIS）域名（与主机域名不同）。

gethostname()系统调用（是 sethostname()函数的反向操作）用于获取系统主机名，也可利用 hostname(1)命令和 Linux 特有的/proc/hostname 文件来查看和设置系统主机名。

getdomainname()系统调用（setdomainname()函数的反向操作）用于获取 NIS 域名，也可利用 domainname(1)命令和 Linux 特有的/proc/domainname 文件来查看和设置 NIS 域名。

sethostname()和 setdomainname()系统调用在应用程序中鲜有使用。通常，会在系统启动时运行启动脚本来确立主机名和 NIS 域名。

程序清单 12-2 中程序展示了 uname()的返回信息。下面是运行该程序可能看到的输出信息：

```
$ ./t_uname
Node name:    tekapo
System name:  Linux
Release:      2.6.30-default
Version:      #3 SMP Fri Jul 17 10:25:00 CEST 2009
Machine:      i686
Domain name:
```

程序清单 12-2：使用 uname()

───────────────────────────────────── sysinfo/t_uname.c

```c
#define _GNU_SOURCE
#include <sys/utsname.h>
#include "tlpi_hdr.h"

int
main(int argc, char *argv[])
{
    struct utsname uts;

    if (uname(&uts) == -1)
        errExit("uname");

    printf("Node name:   %s\n", uts.nodename);
    printf("System name: %s\n", uts.sysname);
    printf("Release:     %s\n", uts.release);
    printf("Version:     %s\n", uts.version);
    printf("Machine:     %s\n", uts.machine);
#ifdef _GNU_SOURCE
    printf("Domain name: %s\n", uts.domainname);
#endif
    exit(EXIT_SUCCESS);
}
```

───────────────────────────────────── sysinfo/t_uname.c

12.3 总结

/proc 文件系统向应用程序暴露了一系列内核信息。每个/proc/PID 子目录都包含有许多文件和子目录，是进程 ID 为 PID 的进程提供的相关信息。/proc 目录下的其他许多文件和目录，则暴露了应用程序可以读取，有时还可以修改的系统级信息。

使用 uname()系统调用，能够获取 UNIX 的实现信息以及应用程序所运行的机器类型。

进阶信息

关于/proc 文件系统的深入信息可见诸于 proc（5）手册页、内核源文件 Documentation/filesystems/proc.txt 以及 Documentation/sysctl 目录下的各种文件。

12.4 练习

12-1. 编写一个程序，以用户名作为命令行参数，列表显示该用户下所有正在运行的进程 ID 和命令名。（程序清单 8-1 中的 userIdFromName()函数对本题程序的编写可能会有所帮助。）通过分析系统中/proc/PID/status 文件的 Name：和 Uid：各行信息，可以实现此功能。遍历系统的所有/proc/PID 目录需要使用 readdir(3)函数，18.8 节对其进行了描述。程序必须能够正确处理如下可能性：在确定目录存在与程序尝试打开相应/proc/PID/status 文件之间，/proc/PID 目录消失了。

12-2. 编写一个程序绘制树状结构，展示系统中所有进程的父子关系，根节点为 init 进程。对每个进程而言，程序应该显示进程 ID 和所执行的行命令。程序输出类似于 pstree(1)的输出结果，但也无需像后者那样复杂。每个进程的父进程可通过对/proc/PID/status 系统文件中 PPid：行的分析获得。但是需要小心处理如下可能性：在扫描所有/proc/PID 目录的过程中，进程的父进程（以及父进程的/proc/PID 目录）消失了。

12-3. 编写一个程序，列表展示打开同一特定路径名文件的所有进程。可以通过分析所有/proc/PID/fd/*符号链接的内容来实现此功能。这需要利用 readdir(3)函数来嵌套循环，扫描所有/proc/PID 目录以及每个/proc/PID 目录下所有/proc/PID/fd 的条目内容。读取/proc/PID/fd/n 符号链接的内容，需要使用 readlink()，18.5 节对其进行了描述。

第**13**章
文件 I/O 缓冲

出于速度和效率考虑，系统 I/O 调用（即内核）和标准 C 语言库 I/O 函数（即 stdio 函数）在操作磁盘文件时会对数据进行缓冲。本章描述了这两种类型的缓冲，并讨论了其对应用程序性能的影响。本章还讨论了可以屏蔽或影响缓冲的各种技术，以及直接 I/O 技术——在某些需要绕过内核缓冲的场景中非常有用。

13.1　文件 I/O 的内核缓冲：缓冲区高速缓存

read()和 write()系统调用在操作磁盘文件时不会直接发起磁盘访问，而是仅仅在用户空间缓冲区与内核缓冲区高速缓存（kernel buffer cache）之间复制数据。例如，如下调用将 3 个字节的数据从用户空间内存传递到内核空间的缓冲区中：

```
write(fd, "abc", 3);
```

write()随即返回。在后续某个时刻，内核会将其缓冲区中的数据写入（刷新至）磁盘。（因此，可以说系统调用与磁盘操作并不同步。）如果在此期间，另一进程试图读取该文件的这几个字节，那么内核将自动从缓冲区高速缓存中提供这些数据，而不是从文件中（读取过期的内容）。

与此同理，对输入而言，内核从磁盘中读取数据并存储到内核缓冲区中。read()调用将从该缓冲区中读取数据，直至把缓冲区中的数据取完，这时，内核会将文件的下一段内容读入缓冲区高速缓存。（这里的描述有所简化。对于序列化的文件访问，内核通常会尝试执行预读，以确保在需要之前就将文件的下一数据块读入缓冲区高速缓存中。更多关于预读的内容请参考 13.5 节。）

采用这一设计，意在使 read()和 write()调用的操作更为快速，因为它们不需要等待（缓慢的）磁盘操作。同时，这一设计也极为高效，因为这减少了内核必须执行的磁盘传输次数。

Linux 内核对缓冲区高速缓存的大小没有固定上限。内核会分配尽可能多的缓冲区高速缓存页，而仅受限于两个因素：可用的物理内存总量，以及出于其他目的对物理内存的需求（例如，需要将正在运行进程的文本和数据页保留在物理内存中）。若可用内存不足，则内核会将一些修改过的缓冲区高速缓存页内容刷新到磁盘，并释放其供系统重用。

> 更确切地说，从内核 2.4 开始，Linux 不再维护一个单独的缓冲区高速缓存。相反，会将文件 I/O 缓冲区置于页面高速缓存中，其中还含有诸如内存映射文件的页面。然而，正文的讨论采用了"缓冲区高速缓存（buffer cache）"这一术语，因为这是 UNIX 实现中历史悠久的通称。

缓冲区大小对 I/O 系统调用性能的影响

无论是让磁盘写 1000 次，每次写入一个字节，还是一次写入 1000 个字节，内核访问磁盘的字节数都是相同的。然而，我们更属意于后者，因为它只需要一次系统调用，而前者则需要调用 1000 次。尽管比磁盘操作要快许多，但系统调用所耗费的时间总量也相当可观：内核必须捕获调用，检查系统调用参数的有效性，在用户空间和内核空间之间传输数据（详情参见 3.1 节）。

为 BUF_SIZE（BUF_SIZE 指定了每次调用 read()和 write() 时所传输的字节数）设定不同的大小来运行程序清单 4-1，可以观察到不同大小的缓冲区对执行文件 I/O 所产生的影响。表 13-1 所示为在 Linux ext2 文件系统上复制大小为 100MB 的文件，该程序在使用不同 BUF_SIZE 值时所需要的时间。有关本表中的信息，需要注意以下几点。

- 总用时和总 CPU 时间这两列含义很明显。而用户 CPU 和系统 CPU 两列是将总 CPU 用时分解为在用户模式下执行代码所需的时间和执行内核代码所需的时间（比如，系统调用）。
- 表中测试结果得自于 2.6.30 普通（vanilla）内核下，块大小为 4096 字节的 ext2 文件系统。

> 所谓普通内核（vanilla kernel），意指未打补丁的主线（mainline）内核。与之形成鲜明对比的是大多数发行商所提供的内核，常包含各种补丁来修复错误和添加新功能。

- 每行显示的结果为在给定缓冲区大小下运行 20 次的均值。在这些测试以及本章后续提及的其他测试里，在程序每次的执行间隔中，会卸载并再次重新装配文件系统，以确保文件系统的缓冲区高速缓存为空。计时则由 shell 命令 time 完成。

表 13-1：复制 100MB 大小的文件所需时间

BUF_SIZE	时间（秒）			
	总用时	总 CPU 用时	用户 CPU 用时	系统 CPU 用时
1	107.43	107.32	8.20	99.12
2	54.16	53.89	4.13	49.76
4	31.72	30.96	2.30	28.66
8	15.59	14.34	1.08	13.26
16	7.50	7.14	0.51	6.63
32	3.76	3.68	0.26	3.41
64	2.19	2.04	0.13	1.91

BUF_SIZE	时间（秒）			
	总用时	总 CPU 用时	用户 CPU 用时	系统 CPU 用时
128	2.16	1.59	0.11	1.48
256	2.06	1.75	0.10	1.65
512	2.06	1.03	0.05	0.98
1024	2.05	0.65	0.02	0.63
4096	2.05	0.38	0.01	0.38
16384	2.05	0.34	0.00	0.33
65536	2.06	0.32	0.00	0.32

因为采用不同的缓冲区大小时，数据的传输总量（因此招致磁盘操作的数量）是相同的，表 13-1 所示为发起 read() 和 write() 调用的开销。缓冲区大小为 1 字节时，需要调用 read() 和 write() 1 亿次，缓冲区大小为 4096 个字节时，需要调用 read() 和 write() 24000 次左右，几乎达到最优性能。设置再超过这个值，对性能的提升就不显著了，这是因为与在用户空间和内核空间之间复制数据以及执行实际磁盘 I/O 所花费的时间相比，read() 和 write() 系统调用的成本就显得微不足道了。

从表 13-1 的最后一行中可以粗略估算出在用户空间与内核空间之间传输数据以及执行文件 I/O 的总耗时。因为此时系统调用的次数相对较少，所以它们所花费的时间相对于总耗时和 CPU 时间可以忽略不计。据此可认为，系统 CPU 时间主要是测量用户空间与内核空间之间数据传输所消耗的时间。而总耗时则是对与磁盘传输数据所需时间的估算。（正如下面将提到的，时间主要花在了对磁盘的读操作上。）

总之，如果与文件发生大量的数据传输，通过采用大块空间缓冲数据，以及执行更少的系统调用，可以极大地提高 I/O 性能。

表 13-1 度量了一系列因素：执行 read() 和 write() 系统调用所需的时间、内核空间和用户空间缓冲区之间传输数据所需的时间、内核缓冲区与磁盘之间传输数据所需的时间。再进一步考虑一下最后一个要素，显然，将输入文件的内容传输到缓冲区高速缓存是不可避免的。然而，当数据从用户空间传输到内核空间后，write() 调用立即返回。由于测试系统上的 RAM 大小(4 GB) 远超欲复制文件的大小（100MB），据此推断，当程序完成时，输出文件实际尚未写入磁盘。因此，再进一步做个实验，运行一个程序，使用不同大小的缓冲区，以 write() 随意向文件中写入一些数据。运行结果如表 13-2 所示。

同样，表 13-2 中数据是来自于内核 2.6.30，以及块大小为 4096 字节的 ext2 文件系统，并且每行显示为运行了 20 次后的均值。本节并未列出测试程序（filebuff/ write_bytes.c）的代码清单，但可从随本书一起发行的源码中获取。

表 13-2：写一个 100MB 大小的文件所需要的时间

BUF_SIZE	时间（秒）			
	总用时	总 CPU 用时	用户 CPU 用时	系统 CPU 用时
1	72.13	72.11	5.00	67.11
2	36.19	36.17	2.47	33.70

BUF_SIZE	时间（秒）			
	总用时	总 CPU 用时	用户 CPU 用时	系统 CPU 用时
4	20.01	19.99	1.26	18.73
8	9.35	9.32	0.62	8.70
16	4.70	4.68	0.31	4.37
32	2.39	2.39	0.16	2.23
64	1.24	1.24	0.07	1.16
128	0.67	0.67	0.04	0.63
256	0.38	0.38	0.36	0.36
512	0.24	0.24	0.01	0.23
1024	0.17	0.17	0.01	0.16
4096	0.11	0.11	0.00	0.11
16384	0.10	0.10	0.00	0.10
65536	0.09	0.09	0.00	0.09

表 13-2 显示为使用不同大小的缓冲区调用 write()从用户空间向内核缓冲区高速缓存传输数据所花费的成本。缓冲区越大，与表 13-1 中数据的差异就越明显。例如，对于一个 65536 字节大小的缓冲区，在表 13-1 中总耗时为 2.06 秒，而表 13-2 中仅为 0.09 秒。这是因为在后者的情况下并未执行实际的磁盘 I/O 操作。换言之，表 13-1 中采用大缓冲区时的耗时绝大部分花在了对磁盘的读取上。

正如 13.3 节所述，若强制在数据传输到磁盘前阻塞输出操作，则调用 write()所需的时间会显著上升。

最后，值得注意的是，表 13-2（以及表 13-3）中信息仅仅代表了对文件系统评价基准的形式之一，还不完善。此外，文件系统不同，结果可能也会有所不同。对文件系统的度量还有各种其他标准，比如多用户、高负载下的性能表现，创建和删除文件的速度，在一个大型目录下搜索一个文件所需的时间，存储小文件所需的空间，或者在遭遇系统崩溃时对文件完整性的维护。只要 I/O 或是其他文件系统操作的性能至关重要，那么在目标平台上针对特定应用的测试基准就不可替代。

13.2　stdio 库的缓冲

当操作磁盘文件时，缓冲大块数据以减少系统调用，C 语言函数库的 I/O 函数（比如，fprintf()、fscanf()、fgets()、fputs()、fputc()、fgetc()）正是这么做的。因此，使用 stdio 库可以使编程者免于自行处理对数据的缓冲，无论是调用 write()来输出，还是调用 read()来输入。

设置一个 stdio 流的缓冲模式

调用 setvbuf()函数，可以控制 stdio 库使用缓冲的形式。

```
#include <stdio.h>

int setvbuf(FILE *stream, char *buf, int mode, size_t size);
```
                                        Returns 0 on success, or nonzero on error

参数 stream 标识将要修改哪个文件流的缓冲。打开流后，必须在调用任何其他 stdio 函数
之前先调用 setvbuf()。setvbuf() 调用将影响后续在指定流上进行的所有 stdio 操作。

> 不要将 stdio 库所使用的流与 System V 系统的 STREAMS 机制相混淆，Linux 的主线内
> 核中并未实现 System V 系统的 STREAMS。

参数 buf 和 size 则针对参数 stream 要使用的缓冲区，指定这些参数有如下两种方式。

- 如果参数 buf 不为 NULL，那么其指向 size 大小的内存块以作为 stream 的缓冲区。因
  为 stdio 库将要使用 buf 指向的缓冲区，所以应该以动态或静态在堆中为该缓冲区分配
  一块空间(使用 malloc() 或类似函数)，而不应是分配在栈上的函数本地变量。否则，函
  数返回时将销毁其栈帧，从而导致混乱。
- 若 buf 为 NULL，那么 stdio 库会为 stream 自动分配一个缓冲区（除非选择非缓冲的
  I/O，如下所述）。SUSv3 允许，但不强制要求库实现使用 size 来确定其缓冲区的大小。
  glibc 实现会在该场景下忽略 size 参数。

参数 mode 指定了缓冲类型，并具有下列值之一。

_IONBF

不对 I/O 进行缓冲。每个 stdio 库函数将立即调用 write() 或者 read()，并且忽略 buf 和 size
参数，可以分别指定两个参数为 NULL 和 0。stderr 默认属于这一类型，从而保证错误能立即
输出。

_IOLBF

采用行缓冲 I/O。指代终端设备的流默认属于这一类型。对于输出流，在输出一个换行符
（除非缓冲区已经填满）前将缓冲数据。对于输入流，每次读取一行数据。

_IOFBF

采用全缓冲 I/O。单次读、写数据（通过 read() 或 write() 系统调用）的大小与缓冲区相同。
指代磁盘的流默认采用此模式。

下面的代码演示了 setvbuf() 函数的用法：

```
#define BUF_SIZE 1024
static char buf[BUF_SIZE];

if (setvbuf(stdout, buf, _IOFBF, BUF_SIZE) != 0)
    errExit("setvbuf");
```

注意：setvbuf() 出错时返回非 0 值（而不一定是-1）。

setbuf() 函数构建于 setvbuf() 之上，执行了类似任务。

```
#include <stdio.h>

void setbuf(FILE *stream, char *buf);
```

setbuf(fp,buf) 调用除了不返回函数结果外，就相当于：

```
setvbuf(fp, buf, (buf != NULL) ? _IOFBF: _IONBF, BUFSIZ);
```

要么将参数 buf 指定为 NULL 以表示无缓冲，要么指向由调用者分配的 BUFSIZ 个字节大小的缓冲区。（BUFSIZ 定义于<stdio.h>头文件中。glibc 库实现将此常量定义为一个典型值8192。）

setbuffer()函数类似于 setbuf()函数，但允许调用者指定 buf 缓冲区大小。

```
#define _BSD_SOURCE
#include <stdio.h>

void setbuffer(FILE *stream, char *buf, size_t size);
```

对 setbuffer(fp,buf,size)的调用相当于如下调用：

```
setvbuf(fp, buf, (buf != NULL) ? _IOFBF : _IONBF, size);
```

SUSv3 并未对 setbuffer()函数加以定义，但大多数 UNIX 实现均支持它。

刷新 stdio 缓冲区

无论当前采用何种缓冲区模式，在任何时候，都可以使用 fflush()库函数强制将 stdio 输出流中的数据（即通过 write()）刷新到内核缓冲区中。此函数会刷新指定 stream 的输出缓冲区。

```
#include <stdio.h>

int fflush(FILE *stream);
```
                                        Returns 0 on success, EOF on error

若参数 stream 为 NULL，则 fflush()将刷新所有的 stdio 缓冲区。

也能将 fflush()函数应用于输入流，这将丢弃业已缓冲的输入数据。（当程序下一次尝试从流中读取数据时，将重新装满缓冲区。）

当关闭相应流时，将自动刷新其 stdio 缓冲区。

在包括 glibc 库在内的许多 C 函数库实现中，若 stdin 和 stdout 指向一终端，那么无论何时从 stdin 中读取输入时，都将隐含调用一次 fflush(stdout)函数。这将刷新写入 stdout 的任何提示，但不包括终止换行符（比如，printf("Date："))。然而，SUSv3 和 C99 并未规定这一行为，也并非所有的 C 语言函数库都实现了这一行为。要保证程序的可移植性，应用应使用显式的 fflush(stdout)调用来确保显示这些提示。

> 若打开一个流同时用于输入和输出，则 C99 标准中提出了两项要求。首先，一个输出操作不能紧跟一个输入操作，必须在二者之间调用 fflush()函数或是一个文件定位函数（fseek()、fsetpos()或者 rewind()）。其次，一个输入操作不能紧跟一个输出操作，必须在二者之间调用一个文件定位函数，除非输入操作遭遇文件结尾。

13.3 控制文件 I/O 的内核缓冲

强制刷新内核缓冲区到输出文件是可能的。这有时很有必要，例如，当应用程序（诸如数据库的日志进程）要确保在继续操作前将输出真正写入磁盘（或者至少写入磁盘的硬件高速缓存中）。

在描述用于控制内核缓冲的系统调用之前，有必要先熟悉一下 SUSv3 中的相关定义。

同步 I/O 数据完整性和同步 I/O 文件完整性

SUSv3 将同步 I/O 完成[1]定义为：某一 I/O 操作，要么已成功完成到磁盘的数据传递，要么被诊断为不成功。

SUSv3 定义了两种不同类型的同步 I/O 完成，二者之间的区别涉及用于描述文件的元数据（关于数据的数据），亦即内核针对文件而存储的数据。14.4 节在描述文件 i-node 时将详细讨论文件的元数据，但就目前而言，了解文件元数据包含了些什么，诸如文件属主、属组、文件权限、文件大小、文件（硬）链接数量，表明文件最近访问、修改以及元数据发生变化的时间戳，指向文件数据块的指针，就足够了。

SUSv3 定义的第一种同步 I/O 完成类型是 synchronized I/O data integrity completion[2]，旨在确保针对文件的一次更新传递了足够的信息（到磁盘），以便于之后对数据的获取。

- 就读操作而言，这意味着被请求的文件数据已经（从磁盘）传递给进程。若存在任何影响到所请求数据的挂起写操作，那么在执行读操作之前，会将这些数据传递到磁盘。
- 就写操作而言，这意味着写请求所指定的数据已传递（至磁盘）完毕，且用于获取数据的所有文件元数据也已传递（至磁盘）完毕。此处的要点在于要获取文件数据，并非需要传递所有经过修改的文件元数据属性。发生修改的文件元数据中需要传递的属性之一是文件大小（如果写操作确实扩展了文件）。相形之下，如果是文件时间戳发生了变化，就无需在下次获取数据前将其传递到磁盘。

Synchronized I/O file integrity completion 是 SUSv3 定义的另一种同步 I/O 完成，也是上述 synchronized I/O data integrity completion 的超集。该 I/O 完成模式的区别在于在对文件的一次更新过程中，要将所有发生更新的文件元数据都传递到磁盘上，即使有些在后续对文件数据的读操作中并不需要。

用于控制文件 I/O 内核缓冲的系统调用

fsync()系统调用将使缓冲数据和与打开文件描述符 fd 相关的所有元数据都刷新到磁盘上。调用 fsync()会强制使文件处于 Synchronized I/O file integrity completion 状态。

```
#include <unistd.h>

int fsync(int fd);
                                    Returns 0 on success, or -1 on error
```

仅在对磁盘设备（或者至少是其高速缓存）的传递完成后，fsync()调用才会返回。

fdatasync()系统调用的运作类似于 fsync()，只是强制文件处于 synchronized I/O data integrity completion 的状态。

---

1 译者注：synchronized I/O completion。
2 译者注：忍无可忍，保留原文。

```
#include <unistd.h>

int fdatasync(int fd);
```
Returns 0 on success, or -1 on error

fdatasync()可能会减少对磁盘操作的次数，由 fsync()调用请求的两次变为一次。例如，若修改了文件数据，而文件大小不变，那么调用 fdatasync()只强制进行了数据更新。（前面已然述及，针对 synchronized I/O data completion 状态，如果是诸如最近修改时间戳之类的元数据属性发生了变化，那么是无需传递到磁盘的。）相比之下，fsync()调用会强制将元数据传递到磁盘上。

对某些应用而言，以这种方式来减少磁盘 I/O 操作的次数是很有用的，比如对性能要求极高，而对某些元数据（比如时间戳）的准确性要求不高的应用。当应用程序同时进行多处文件更新时，二者存在相当大的性能差异，因为文件数据和元数据通常驻留在磁盘的不同区域，更新这些数据需要反复在整个磁盘上执行寻道操作。

Linux 2.2 以及更早版本的内核将 fdatasync()实现为对 fsync()的调用，因而性能也未获得提升。

> 始于内核 2.6.17，Linux 提供了非标准的系统调用 sync_file_range()，当刷新文件数据时，该调用提供比 fdatasync()调用更为精准的控制。调用者能够指定待刷新的文件区域，并且还能指定标志，以控制该系统调用在遭遇写磁盘时是否阻塞。更详细的信息请参阅 sync_file_range(2)手册页。

sync()系统调用会使包含更新文件信息的所有内核缓冲区（即数据块、指针块、元数据等）刷新到磁盘上。

```
#include <unistd.h>

void sync(void);
```

在 Linux 实现中，sync()调用仅在所有数据已传递到磁盘上（或者至少高速缓存）时返回。然而，SUSv3 却允许 sync()实现只是简单调度一下 I/O 传递，在动作未完成之前即可返回。

> 若内容发生变化的内核缓冲区在 30 秒内未经显式方式同步到磁盘上，则一条长期运行的内核线程会确保将其刷新到磁盘上。这一做法是为了规避缓冲区与相关磁盘文件内容长期处于不一致状态（以至于在系统崩溃时发生数据丢失）的问题。在 Linux 2.6 版本中，该任务由 pdflush 内核线程执行。（在 Linux 2.4 版本中，则由 kupdated 内核线程执行。）
>
> 文件/proc/sys/vm/dirty_expire_centisecs 规定了在 pdflush 刷新之前脏缓冲区必须达到的"年龄"（以 1%秒为单位）。位于同一目录下的其他文件则控制了 pdflush 操作的其他方面。

使所有写入同步：O_SYNC

调用 open()函数时如指定 O_SYNC 标志，则会使所有后续输出同步（synchronous）。

```
fd = open(pathname, O_WRONLY | O_SYNC);
```

调用 open()后，每个 write()调用会自动将文件数据和元数据刷新到磁盘上（即，按照 Synchronized I/O file integrity completion 的要求执行写操作）。

早期 BSD 系统曾使用 O_FSYNC 标志来提供 O_SYNC 标志的功能。在 glibc 库中，将 O_FSYNC 定义为与 O_SYNC 标志同义。

O_SYNC 对性能的影响

采用 O_SYNC 标志（或者频繁调用 fsync()、fdatasync() 或 sync()）对性能的影响极大。表 13-3 所示为采用不同缓冲区大小，在有、无 O_SYNC 标识的情况下将一百万字节写入一个（位于 ext2 文件系统上的）新创建文件所需要的时间。运行（随本书一同发行源码中的 filebuff/write_bytes.c 程序）结果取自于 vanilla 2.6.30 内核以及块大小为 4096 字节的 ext2 文件系统。每行数据均为在给定缓冲区大小下运行 20 次的平均值。

从表中可以看出，O_SYNC 标志使运行总用时大为增加——在缓冲区为 1 字节的情况下，运行时间相差 1000 多倍。还要注意，以 O_SYNC 标志执行写操作时运行总用时和 CPU 时间之间的巨大差异。这是因为系统在将每个缓冲区中数据向磁盘传递时会把程序阻塞起来。

表 13-3 所示的结果中还略去了使用 O_SYNC 时影响性能的一个深层次因素。现代磁盘驱动器均内置大型高速缓存，而默认情况下，使用 O_SYNC 只是将数据传递到该缓存中。如果禁用磁盘上的高速缓存（使用命令 hdparm –W0），那么 O_SYNC 对性能的影响将变得更为极端。在缓冲区大小为 1 字节的情况下，运行总用时从 1030 秒攀升到 16000 秒左右。而当缓冲区大小为 4096 字节时，运行总用时也会从 0.34 秒上升到 4 秒。

表 13-3：O_SYNC 标志对写入 1MB 速度的影响

BUF_SIZE	所需时间（秒）			
	无 O_SYNC		有 O_SYNC	
	运行总用时	总 CPU 时间	运行总用时	总 CPU 时间
1	0.73	0.73	1030	98.8
16	0.05	0.05	65.0	0.40
256	0.02	0.02	4.07	0.03
4096	0.01	0.01	0.34	0.03

总之，如果需要强制刷新内核缓冲区，那么在设计应用程序时就应考虑是否可以使用大尺寸的 write() 缓冲区，或者在调用 fsync() 或 fdatasync() 时谨慎行事，而不是在打开文件时就使用 O_SYNC 标志。

O_DSYNC 和 O_RSYNC 标志

SUSv3 规定了两个与同步 I/O 有关的、更为细化的打开文件状态标志：O_DSYNC 和 O_RSYNC。

O_DSYNC 标志要求写操作按照 synchronized I/O data integrity completion 来执行（类似于 fdatasync()）。与之相映成趣的是 O_SYNC 标志，遵从 synchronized I/O file integrity completion（类似于 fsync() 函数）。

O_RSYNC 标志是与 O_SYNC 标志或 O_DSYNC 标志配合一起使用的，将这些标志对写操作的作用结合到读操作中。如果在打开文件时同时指定 O_RSYNC 和 O_DSYNC 标志，那么就意味着会遵照 synchronized I/O data integrity completion 的要求来完成所有后续读操作（即，在执行读操作之前，像执行 O_DSYNC 标志一样完成所有待处理的写操作）。而在打开文件时指定 O_RSYNC 和 O_SYNC 标志，则意味着会遵照 synchronized I/O file integrity completion 的要求来完成所有后续读操作（即，在执行读操作之前，像执行 O_SYNC 标志一样完成所有待处理的写操作）。

2.6.33 版本之前的 Linux 内核并未实现 O_DSYNC 和 O_RSYNC 标志。glibc 头文件当时只是将这些常量定义为 O_SYNC 标志。（以上描述实际上不适用于 O_RSYNC 标志，因为 O_SYNC 与读操作无关。）

始于 2.6.33 版本，Linux 内核实现了 O_DSYNC 标志的功能，而 O_RSYNC 标志的功能则可望在未来的版本中添加。

> 在 2.6.33 版本之前，Linux 内核并未完全实现 O_SYNC 的语义，而是将其实现为 O_DSYNC 标志。针对基于较老内核而构建的应用程序，为保证其行为的一致性，与老版 GNU C 函数库链接的应用程序会继续为 O_SYNC 标志提供 O_DSYNC 标志的语义，即使在 Linux 2.6.33 及更高版本的运行环境下。

13.4　I/O 缓冲小结

图 13-1 概括了 stdio 函数库和内核所采用的缓冲（针对输出文件），以及对各种缓冲类型的控制机制。从图中自上而下，首先是通过 stdio 库将用户数据传递到 stdio 缓冲区，该缓冲区位于用户态内存区。当缓冲区填满时，stdio 库会调用 write() 系统调用，将数据传递到内核高速缓冲区（位于内核态内存区）。最终，内核发起磁盘操作，将数据传递到磁盘。

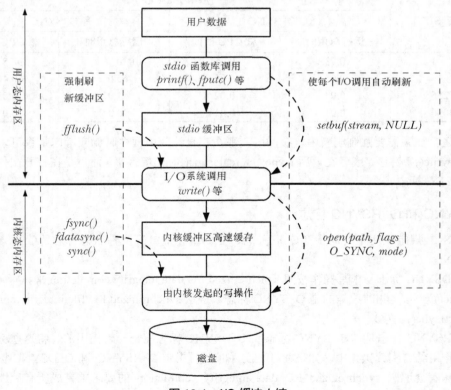

图 13-1：I/O 缓冲小结

图 13-1 左侧所示为可于任何时刻显式强制刷新各类缓冲区的调用。图右侧所示为促使刷新自动化的调用：一是通过禁用 stdio 库的缓冲，二是在文件输出类的系统调用中启用同步，从而使每个 write()调用立刻刷新到磁盘。

13.5　就 I/O 模式向内核提出建议

posix_fadvise()系统调用允许进程就自身访问文件数据时可能采取的模式通知内核。

```
#define _XOPEN_SOURCE 600
#include <fcntl.h>

int posix_fadvise(int fd, off_t offset, off_t len, int advice);
                        Returns 0 on success, or a positive error number on error
```

内核可以（但不必非要）根据 posix_fadvise()所提供的信息来优化对缓冲区高速缓存的使用，进而提高进程和整个系统的性能。调用 posix_fadvise()对程序语义并无影响。

参数 fd 所指为一文件描述符，调用期望通知内核进程对 fd 指代文件的访问模式。参数 offset 和 len 确定了建议所适用的文件区域。offset 指定了区域起始的偏移量，len 指定了区域的大小（以字节数为单位）。len 为 0 表示从 offset 开始，直至文件结尾。（在内核 2.6.6 版本之前，len 为 0 就表示长度为 0 个字节。）

参数 advice 表示进程期望对文件采取的访问模式。具体为下列参数之一：

POSIX_FADV_NORMAL

进程对访问模式并无特别建议。如果没有建议，这就是默认行为。在 Linux 中，该操作将文件预读窗口大小置为默认值（128KB）。

POSIX_FADV_SEQUENTIAL

进程预计会从低偏移量到高偏移量顺序读取数据。在 Linux 中，该操作将文件预读窗口大小置为默认值的两倍。

POSIX_FADV_RANDOM

进程预计以随机顺序访问数据。在 Linux 中，该选项会禁用文件预读。

POSIX_FADV_WILLNEED

进程预计会在不久的将来访问指定的文件区域。内核将由 offset 和 len 指定区域的文件数据预先填充到缓冲区高速缓存中。后续对该文件的 read()调用将不会阻塞磁盘 I/O，只需从缓冲区高速缓存中抓取数据即可。对于从文件读取的数据在缓冲区高速缓存中能保留多长时间，内核并无保证。如果其他进程或内核的活动对内存存在强劲需求，那么最终会重用到这些页面。换言之，如果内存压力高，程序员就应该确保 posix_fadvise()调用和后续 read()调用间的总运行时长较短。（Linux 特有的系统调用 readahead()提供了与 POSIX_FADV_WILLNEED 操作等效的功能。）

POSIX_FADV_DONTNEED

进程预计在不久的将来将不会访问指定的文件区域。这一操作给内核的建议是释放相关的高速缓存页面（如果存在的话）。在 Linux 中，该操作将分两步执行。首先，如果底层设备目前没有挤满一系列排队的写操作请求，那么内核会对指定区域中已修改的页面进行刷新。之后，内核会尝试释放该区域的高速缓存页面。仅当该区域中已修改的页面在第一步中成功写入底层设备时，第二步才可能操作成功，也就是说，在该设备的写入操作请求没有发生拥塞的情况下。因为应用程序无法控制设备的拥塞（congestion），所以要确保释放高速缓存页面，变通的方法之一是在 POSIX_FADV_DONTNEED 操作之前对指定的参数 fd 调用 sync() 或 fdatasync()。

POSIX_FADV_NOREUSE

进程预计会一次性地访问指定文件区域，不再复用。这等于提示内核对指定区域访问一次后即可释放页面。在 Linux 中，该操作目前不起作用。

对 posix_fadvise() 的规范是 SUSv3 中的新增内容，并非所有 UNIX 实现都支持该接口。Linux 内核从 2.6 版本开始提供 posix_fadvise()。

13.6　绕过缓冲区高速缓存：直接 I/O

始于内核 2.4，Linux 允许应用程序在执行磁盘 I/O 时绕过缓冲区高速缓存，从用户空间直接将数据传递到文件或磁盘设备。有时也称此为直接 I/O（direct I/O）或者裸 I/O(raw I/O)。

> 此处的描述细节为 Linux 所特有，SUSv3 并未对其进行规范。尽管如此，大多数 UNIX 实现均对设备和文件提供了某种形式的直接 I/O 访问。

有时会将直接 I/O 误认为获取快速 I/O 性能的一种手段。然而，对于大多数应用而言，使用直接 I/O 可能会大大降低性能。这是因为为了提高 I/O 性能，内核针对缓冲区高速缓存做了不少优化，其中包括：按顺序预读取，在成簇（clusters）磁盘块上执行 I/O，允许访问同一文件的多个进程共享高速缓存的缓冲区。应用如使用了直接 I/O 将无法受益于这些优化举措。直接 I/O 只适用于有特定 I/O 需求的应用。例如数据库系统，其高速缓存和 I/O 优化机制均自成一体，无需内核消耗 CPU 时间和内存去完成相同任务。

可针对一个单独文件或块设备（比如，一块磁盘）执行直接 I/O。要做到这点，需要在调用 open() 打开文件或设备时指定 O_DIRECT 标志。

O_DIRECT 标志自内核 2.4.10 开始有效，并非所有 Linux 文件系统和内核版本都支持该标志。绝大多数原生（native）文件系统都支持 O_DIRECT，但许多非 UNIX 文件系统（比如 VFAT）则不支持。对于所关注的文件系统，有必要进行相关测试（若文件系统不支持 O_DIRECT，则 open() 将失败并返回错误号 EINVAL）或是阅读内核源码，以此来加以验证。

> 若一进程以 O_DIRECT 标志打开某文件，而另一进程以普通方式（即使用了高速缓存缓冲区）打开同一文件，则由直接 I/O 所读写的数据与缓冲区高速缓存中内容之间不存在一致性。应尽量避免这一场景。
>
> raw(8) 手册页描述了一个获取对磁盘设备进行原始访问的老技术（现在已过时）。

直接 I/O 的对齐限制

因为直接 I/O（针对磁盘设备和文件）涉及对磁盘的直接访问，所以在执行 I/O 时，必须遵守一些限制。

- 用于传递数据的缓冲区，其内存边界必须对齐为块大小的整数倍。
- 数据传输的开始点，亦即文件和设备的偏移量，必须是块大小的整数倍。
- 待传递数据的长度必须是块大小的整数倍。

不遵守上述任一限制均将导致 EINVAL 错误。在上述列表中，块大小（block size）指设备的物理块大小（通常为 512 字节）。

> 当执行直接 I/O 时，Linux 2.4 比 Linux 2.6 限制更为严格：对齐、长度及偏移量必须是底层文件系统逻辑块大小的整数倍。（典型文件系统的逻辑块大小为 1024、2048 或 4096 字节。）

示例程序

程序清单 13-1 提供了一个使用 O_DIRECT 标志打开一个文件读取数据的简单例子。该程序可指定多达 4 个命令行参数，依次为要读取的文件、要从文件中读取的字节数、读之前在文件中定位（seek）的偏移量和传递给 read() 的数据缓冲区对齐。最后两个为可选参数，默认值分别为 0 字节和 4096 字节。下面是运行该程序的一些示例：

```
$ ./direct_read /test/x 512              Read 512 bytes at offset 0
Read 512 bytes                           Succeeds
$ ./direct_read /test/x 256
ERROR [EINVAL Invalid argument] read     Length is not a multiple of 512
$ ./direct_read /test/x 512 1
ERROR [EINVAL Invalid argument] read     Offset is not a multiple of 512
$ ./direct_read /test/x 4096 8192 512
Read 4096 bytes                          Succeeds
$ ./direct_read /test/x 4096 512 256
ERROR [EINVAL Invalid argument] read     Alignment is not a multiple of 512
```

> 程序清单 13-1 中程序使用 memalign() 函数来分配一块内存，其内存块与第一个参数的整数倍对齐。7.1.4 节对 memalign() 函数有所描述。

程序清单 13-1：使用 O_DIRECT 跳过缓冲区高速缓存

———————————————————————————— filebuff/direct_read.c

```c
#define _GNU_SOURCE     /* Obtain O_DIRECT definition from <fcntl.h> */
#include <fcntl.h>
#include <malloc.h>
#include "tlpi_hdr.h"

int
main(int argc, char *argv[])
{
    int fd;
    ssize_t numRead;
    size_t length, alignment;
    off_t offset;
    void *buf;

    if (argc < 3 || strcmp(argv[1], "--help") == 0)
        usageErr("%s file length [offset [alignment]]\n", argv[0]);
    length = getLong(argv[2], GN_ANY_BASE, "length");
    offset = (argc > 3) ? getLong(argv[3], GN_ANY_BASE, "offset") : 0;
    alignment = (argc > 4) ? getLong(argv[4], GN_ANY_BASE, "alignment") : 4096;

    fd = open(argv[1], O_RDONLY | O_DIRECT);
    if (fd == -1)
        errExit("open");
```

```
/* memalign() allocates a block of memory aligned on an address that
   is a multiple of its first argument. The following expression
   ensures that 'buf' is aligned on a non-power-of-two multiple of
   'alignment'. We do this to ensure that if, for example, we ask
   for a 256-byte aligned buffer, then we don't accidentally get
   a buffer that is also aligned on a 512-byte boundary.

   The '(char *)' cast is needed to allow pointer arithmetic (which
   is not possible on the 'void *' returned by memalign()). */

buf = (char *) memalign(alignment * 2, length + alignment) + alignment;
if (buf == NULL)
    errExit("memalign");

if (lseek(fd, offset, SEEK_SET) == -1)
    errExit("lseek");

numRead = read(fd, buf, length);
if (numRead == -1)
    errExit("read");
printf("Read %ld bytes\n", (long) numRead);

exit(EXIT_SUCCESS);
}
```
── **filebuff/direct_read.c**

13.7　混合使用库函数和系统调用进行文件 I/O

在同一文件上执行 I/O 操作时，还可以将系统调用和标准 C 语言库函数混合使用。fileno()
和 fdopen() 函数有助于完成这一工作。

```
#include <stdio.h>

int fileno(FILE *stream);
```
> Returns file descriptor on success, or −1 on error

```
FILE *fdopen(int fd, const char *mode);
```
> Returns (new) file pointer on success, or NULL on error

给定一个（文件）流，fileno() 函数将返回相应的文件描述符（即 stdio 库在该流上已经打
开的文件描述符）。随即可以在诸如 read()、write()、dup() 和 fcntl() 之类的 I/O 系统调用中正常
使用该文件描述符。

fdopen() 函数与 fileno() 函数的功能相反。给定一个文件描述符，该函数将创建了一个使用
该描述符进行文件 I/O 的相应流。mode 参数与 fopen() 函数中 mode 参数含义相同。例如，r
为读，w 为写，a 为追加。若该参数与文件描述符 fd 的访问模式不一致，则对 fdopen() 的调用
将失败。

fdopen() 函数对非常规文件描述符特别有用。正如后续章节将提及的，创建套接字和管道
的系统调用总是返回文件描述符。为了在这些文件类型上使用 stdio 库函数，必须使用 fdopen()
函数来创建相应文件流。

当使用 stdio 库函数，并结合系统 I/O 调用来实现对磁盘文件的 I/O 操作时，必须将缓冲

问题牢记于心。I/O 系统调用会直接将数据传递到内核缓冲区高速缓存，而 stdio 库函数会等到用户空间的流缓冲区填满，再调用 write()将其传递到内核缓冲区高速缓存。请考虑如下向标准输出写入的代码：

```
printf("To man the world is twofold, ");
write(STDOUT_FILENO, "in accordance with his twofold attitude.\n", 41);
```

通常情况下，printf()函数的输出往往在 write()函数的输出之后出现。因此，代码产生如下输出：

```
in accordance with his twofold attitude.
To man the world is twofold,
```

将 I/O 系统调用和 stdio 函数混合使用时，使用 fflush()来规避这一问题，是明智之举。也可以使用 setvbuf()或 setbuf()使缓冲区失效，但这样做可能会影响应用的 I/O 性能，因为每个输出操作将引起一次 write()系统调用。

> 要将 I/O 系统调用和 stdio 函数混合使用，SUSv3 针对此类应用的要求有所规范。详情参见系统接口卷（System Interfaces (XSH)）"通用信息"一章中"文件描述符和标准 I/O 流"一节。

13.8 总结

输入输出数据的缓冲由内核和 stdio 库完成。有时可能希望阻止缓冲，但这需要了解其对应用程序性能的影响。可以使用各种系统调用和库函数来控制内核和 stdio 缓冲，并执行一次性的缓冲区刷新。

进程使用 posix_fadvise()函数，可就进程对特定文件可能采取的数据访问模式向内核提出建议。内核可籍此来优化对缓冲区高速缓存的应用，进而提高 I/O 性能。

在 Linux 环境下，open()所特有的 O_DIRECT 标识允许特定应用跳过缓冲区高速缓存。

在对同一个文件执行 I/O 操作时，fileno()和 fdopen()有助于系统调用和标准 C 语言库函数的混合使用。给定一个流，fileno()将返回相应的文件描述符，fdopen()则反其道而行之，针对指定的打开文件描述符创建一个新的流。

补充信息

[Bach，1986]描述了 System V 中缓冲区高速缓存的实现和优势。[Goodheart & Cox，1994]和[Vahalia，1996]也描述了 System V 缓冲区高速缓存的基本原理和实现。更多关于 Linux 环境下的相关信息参见[Bovet & Cesati，2005] 和 [Love，2010]。

13.9 练习

13-1. 使用 shell 内嵌的 time 命令，测算程序清单 4-1(copy.c)在当前环境下的用时。

　　a）使用不同的文件和缓冲区大小进行试验。编译应用程序时使用 –DBUF_SIZE=nbytes 选项可设置缓冲区大小。

　　b）对 open()的系统调用加入 O_SYNC 标识，针对不同大小的缓冲区，速度存在多大差异？

c) 在一系列文件系统（比如，ext3、XFS、Btrfs 和 JFS）中执行这些计时测试。结果相似吗？当缓冲区大小从小变大时，用时趋势相同吗？

13-2. 测定 filebuff/write_bytes.c（随本书发行版提供源码）程序在不同的缓冲区大小以及文件系统下的用时。

13-3. 如下语句的执行效果是什么？

```
fflush(fp);
fsync(fileno(fp));
```

13-4. 试解释取决于将标准输出重定向到终端还是磁盘文件，为什么如下代码的输出结果不同。

```
printf("If I had more time, \n");
write(STDOUT_FILENO, "I would have written you a shorter letter.\n", 43);
```

13-5. tail [–n num] file 命令打印名为 file 文件的最后 num 行（默认为 10 行）。使用 I/O 系统调用（lseek()、read()、write()等）来实现该命令。牢记本章所描述的缓冲问题，力求实现的高效性。

第 **14** 章

文件系统

本书第 4 章、第 5 章及第 13 章介绍了文件 I/O，尤其侧重于常规（磁盘）文件。本章和后续几章则会深入探讨与文件相关的一系列主题。

- 本章会介绍文件系统。
- 第 15 章将会讨论与文件相关的各种属性，其中包括时间戳、所有权以及权限。
- 第 16 章和第 17 章则会关注 Linux 2.6 的两个新特性：扩展属性和访问控制列表（ACL）。扩展属性可将任意元数据与一文件进行关联，而 ACL 则是对传统 UNIX 文件权限模型的扩展。
- 第 18 章将讨论目录和链接。

文件系统是对文件和目录的组织集合，本章的绝大多数内容都与文件系统相关。本章会解释一系列与文件系统有关的概念，举例时将采用传统的 Linux ext2 文件系统。此外，本章还会简要介绍一些 Linux 支持的日志文件系统。

在本章结尾，将会讨论用于挂载（mount）和卸载（unmount）文件系统的系统调用，以及用来获取已挂载文件系统信息的库函数。

14.1　设备专用文件（设备文件）

本章会经常提到磁盘设备，因此这里先简要介绍一下设备文件的概念。

设备专用文件与系统的某个设备相对应。在内核中，每种设备类型都有与之相对应的设备驱动程序，用来处理设备的所有 I/O 请求。设备驱动程序属内核代码单元，可执行一系列操作，（通常）与相关硬件的输入/输出动作相对应。由设备驱动程序提供的 API 是固定的，包含的操作对应于系统调用 open()、close()、read()、write()、mmap() 以及 ioctl()。每个设备驱动程序所提供的接口一致，这隐藏了每个设备在操作方面的差异，从而满足了 I/O 操作的通用性（请参见 4.2 节）。

某些设备是实际存在的，比如鼠标、磁盘和磁带设备。而另一些设备则是虚拟的，亦即并不存在相应硬件，但内核会（通过设备驱动程序）提供一种抽象设备，其所携带的 API 与真实设备一般无异。

可将设备划分为以下两种类型。

- 字符型设备基于每个字符来处理数据。终端和键盘都属于字符型设备。
- 块设备则每次处理一块数据。块的大小取决于设备类型，但通常为 512 字节的倍数。磁盘和磁带设备都属于块设备。

与其他类型的文件一样，设备文件总会出现在文件系统中，通常位于/dev 目录下。超级用户可使用 mknod 命令创建设备文件，特权级程序（CAP_MKNOD）执行 mknod()系统调用亦可完成相同任务。

> 本书不会对 mknod()（make file-system i-node 创建，文件系统 i 节点）系统调用做详细介绍，因为该系统调用的用法一目了然，而且如今仅用于创建设备文件，一般应用程序鲜有问津。当然，也可以使用 mknod()创建 FIFO（参见 44.7 节），但最好使用 mkfifo()函数来完成该任务。早先，某些 UNIX 实现会使用 mknod()来创建目录，但如今已为 mkdir()系统调用所取代。然而，还有一些 UNIX 实现（Linux 不在此列），为了保持向后兼容性，仍然在 mknod()中保留了这一能力，详情请见 mknod(2)手册页。

在 Linux 的早期版本中，/dev 包含了系统中所有可能设备的条目，即使某些设备实际并未与系统连接。这意味着/dev 会包含数以千计的未用设备项，从而导致了两个缺点：其一，对于需要扫描该目录内容的应用而言，降低了程序的执行速度；其二，根据该目录下的内容无法发现系统中实际存在哪些设备。Linux2.6 运用 udev 程序解决了上述问题。该程序所依赖的 sysfs 文件系统，是装载于/sys 下的伪文件系统，将设备和其他内核对象的相关信息导出至用户空间。

> [Kroah-Hartman，2003]一书简要介绍了 udev，并概述了该程序较之于 devfs 的优势，后者是 Linux2.4 内核对此类问题的解决方案。与 sysfs 文件系统有关的内容可见诸于 Linux 2.6 内核源码文件 Documentation/filesystems/sysfs.txt 和[Mochel，2005]一书。

设备 ID

每个设备文件都有主、辅 ID 号各一。主 ID 号标识一般的设备等级，内核会使用主 ID 号查找与该类设备相应的驱动程序。辅 ID 号能够在一般等级中唯一标识特定设备。命令 ls –l 可显示出设备文件的主、辅 ID。

设备文件的 i 节点中记录了设备文件的主、辅 ID（本章第 4 节将介绍 i 节点）。每个设备驱动程序都会将自己与特定主设备号的关联关系向内核注册，藉此建立设备专用文件和设备驱动程序之间的关系。内核是不会使用设备文件名来查找驱动程序的。

在 Linux 2.4 以及更早的版本中，系统的设备总数受限于这一事实：设备的主、辅 ID 只能用 8 位数来表示。加之主设备 ID 固定不变，且为统一分配（由 Linux 命名和编号机构分配，请见 http://www.lanana.org），使得上述问题更为严重。Linux 2.6 采用了更多位数来存放主、辅 ID（分别为 12 位和 20 位），从而缓解了这一问题。

14.2　磁盘和分区

常规文件和目录通常都存放在硬盘设备里。（其他设备也能存放文件和目录，比如，

CD-ROM、flash 内存卡以及虚拟磁盘等，但这里主要关注的是硬盘设备。）下面几节会介绍磁盘的组织方式，以及如何对其分区。

磁盘驱动器

硬盘驱动器是一种机械装置，由一个或多个高速旋转（每分钟旋转数以千计）的盘片组成。通过在磁盘上快速移动的读/写磁头，便可获取/修改磁盘表面的磁性编码信息。磁盘表面信息物理上存储于称为磁道（track）的一组同心圆上。磁道自身又被划分为若干扇区，每个扇区则包含一系列物理块。物理块的容量一般为 512 字节（或 512 的倍数），代表了驱动器可读/写的最小信息单元。

尽管现代磁盘速度很快，但读写磁盘信息耗时依然不菲。首先，磁头要移动到相应磁道（寻道时间）；然后，在相应扇区旋转到磁头下之前，驱动器必须一直等待（旋转延迟）；最后，还要从所请求的块上传输数据（传输时间）。执行上述操作所耗费的时间总量通常以毫秒为单位。相形之下，同样的时间可供现代 CPU 执行数百万条指令。

磁盘分区

可将每块磁盘划分为一个或多个（不重叠的）分区。内核则将每个分区视为位于/dev 路径下的单独设备。

> 系统管理员可使用 fdisk 命令来决定磁盘分区的编号、大小和类型。命令 fdisk –l 会列出磁盘上的所有分区。Linux 专有文件/proc/partitions 记录了系统中每个磁盘分区的主辅设备编号、大小和名称。

磁盘分区可容纳任何类型的信息，但通常只会包含以下之一。
- 文件系统：用来存放常规文件，请参阅本章第 3 节。
- 数据区域：可做为裸设备对其进行访问，请参阅 13.6 节（一些数据库管理系统会使用该技术）。
- 交换区域：供内核的内存管理之用。

可通过 mkswap(8)命令来创建交换区域。特权级进程(CAP_SYS_ADMIN)可利用 swapon() 系统调用向内核报告将磁盘分区用作交换区域。swapoff()系统调用则会执行反向功能——告之内核，停止将磁盘分区用作交换区域。尽管 SUSv3 并未对上述系统调用进行规范，但它们却获得了许多 UNIX 实现的支持。其他信息请参考 swapon(2)、swapon(8)手册页。

> 可使用 Linux 专有文件/proc/swaps 来查看系统中当前已激活交换区域的信息。其中包括每个交换区域的大小，以及在用交换区域的个数。

14.3 文件系统

文件系统是对常规文件和目录的组织集合。用于创建文件系统的命令是 mkfs。
Linux 的强项之一便是支持种类繁多的文件系统，如下所示。
- 传统的 ext2 文件系统。
- 各种原生（native）UNIX 文件系统，比如，Minix、System V 以及 BSD 文件系统。

- 微软的 FAT、FAT32 以及 NTFS 文件系统。
- ISO 9660 CD-ROM 文件系统。
- Apple Macintosh 的 HFS。
- 一系列网络文件系统，包括广为使用的 SUN NFS（Linux 对 NFS 的实现信息请参见 http://nfs.sourceforge.net/）、IBM 和微软的 SMB、Novell NCP 以及 Carnegie Mellon 大学开发的 Coda 文件系统。
- 一系列日志文件系统，包括 ext3、ext4、Reiserfs、JFS、XFS 以及 Btrfs。

从 Linux 的专有文件/proc/filesystems 中可以查看当前为内核所知的文件系统类型。

Linux 2.6.14 中，添加了 FUSE（用户空间文件系统）工具。采用这一机制，可为内核添加挂钩（hook），以便以用户空间程序来完整实现文件系统，而无需对内核进行修补或重新编译。详细信息请见 http://fuse.sourceforge.net/。

ext2 文件系统

多年来，ext2（扩展文件系统二世）是 Linux 上使用最为广泛的文件系统，也是原始 Linux 文件系统——ext 的继任者。近来，随着各种日志文件系统的兴起，对 ext2 的使用也日趋减少。有时，在介绍通用文件系统概念时，以一款特定的文件系统实现为例会容易一些，出于这一目的，本章将以 ext2 为例来介绍文件系统。

ext2 文件系统由 Remy Card 编写。ext2 的源码篇幅不大（约 5000 行 C 语言代码），是其他几种文件系统实现的原型。ext2 文件系统的主页为 http://e2fsprogs. sourceforge.net/ext2.html。该站点上有一篇概括 ext2 实现的优秀论文。此外，David Rusling 所著的在线书籍 *The Linux kernel*（可从 http:// www.tldp.org/ 下载）对 ext2 也有描述。

文件系统结构

在文件系统中，用来分配空间的基本单位是逻辑块，亦即文件系统所在磁盘设备上若干连续的物理块。例如，在 ext2 文件系统上，逻辑块的大小为 1024、2048 或 4096 字节。（使用 mkfs(8)命令创建文件系统时，可指定逻辑块的大小作为命令行参数。）

特权级程序（CAP_SYS_RAWIO）可利用 ioctl()的 FIBMAP 操作，来判定文件指定逻辑块的物理位置。该调用的第三个参数是整型值，同时用于返回结果。调用之前，应将该参数设置为逻辑块编号（第一个逻辑块编号为 0）；调用之后，其中返回的为存储该逻辑块的起始物理块编号。

图 14-1 所示为磁盘分区和文件系统之间的关系，以及一般文件系统的组成。

图 14-1：磁盘分区和文件系统布局

文件系统由以下几部分组成。

- 引导块：总是作为文件系统的首块。引导块不为文件系统所用，只是包含用来引导操作系统的信息。操作系统虽然只需一个引导块，但所有文件系统都设有引导块（其中的绝大多数都未使用）。
- 超级块：紧随引导块之后的一个独立块，包含与文件系统有关的参数信息，其中包括：
  - i 节点表容量；
  - 文件系统中逻辑块的大小；
  - 以逻辑块计，文件系统的大小；

  驻留于同一物理设备上的不同文件系统，其类型、大小以及参数设置（比如，块大小）都可以有所不同。这也是将一块磁盘划分为多个分区的原因之一。
- i 节点表：文件系统中的每个文件或目录在 i 节点表中都对应着唯一一条记录。这条记录登记了关乎文件的各种信息。下一节会深入讨论 i 节点。有时也将 i 节点表称为 i-list。
- 数据块：文件系统的大部分空间都用于存放数据，以构成驻留于文件系统之上的文件和目录。

> 就 ext2 文件系统而言，情况要比正文中的描述稍微复杂一点。在起始的引导块之后，ext2 文件系统被划分为一系列大小相等的块组（block group）。每个块组都包含了一份超级块的拷贝、与块组有关的参数信息，以及该块组的 i 节点表和数据块。ext2 文件系统会尽量在同一块组内存储一个文件的所有块，以期在对文件线性访问时缩短寻道时间。更多详情，请参考 Linux 源码 Documentation/filesystems/ext2.txt、dumpe2fs 程序的源代码（作为 e2fsprogs 软件包的一部分发布），以及[Bovet & Cesati，2005]。

14.4　i 节点

针对驻留于文件系统上的每个文件，文件系统的 i 节点表会包含一个 i 节点（索引节点的简称）。对 i 节点的标识，采用的是 i 节点表中的顺序位置，以数字表示。文件的 i 节点号（或简称为 i 号）是 ls –li 命令所显示的第一列。i 节点所维护的信息如下所示。

- 文件类型（比如，常规文件、目录、符号链接，以及字符设备等）。
- 文件属主（亦称用户 ID 或 UID）。
- 文件属组（亦称为组 ID 或 GID）。
- 3 类用户的访问权限：属主（有时也称为用户）、属组以及其他用户（属主和属组用户之外的用户）。详情请见 15.4 节。
- 3 个时间戳：对文件的最后访问时间（ls –lu 所显示的时间）、对文件的最后修改时间（也是 ls –l 所默认显示的时间），以及文件状态的最后改变时间（ls –lc 所显示的最后改变 i 节点信息的时间）。值得注意的是，与其他 UNIX 实现一样，大多数 Linux 文件系统不会记录文件的创建时间。
- 指向文件的硬链接数量。
- 文件的大小，以字节为单位。
- 实际分配给文件的块数量，以 512 字节块为单位。这一数字可能不会简单等同于文件的字节大小，因为考虑文件中包含空洞（请参见 4.7 节）的情形，分配给文件的块数可能会低于根据文件正常大小（以字节为单位）所计算出的块数。

- 指向文件数据块的指针。

ext2 中的 i 节点和数据块指针

类似于大多数 UNIX 文件系统，ext2 文件系统在存储文件时，数据块不一定连续，甚至不一定按顺序存放（尽管 ext2 会尝试将数据块彼此靠近存储）。为了定位文件数据块，内核在 i 节点内维护有一组指针。图 14-2 所示为在 ext2 文件系统上完成上述任务的情况。

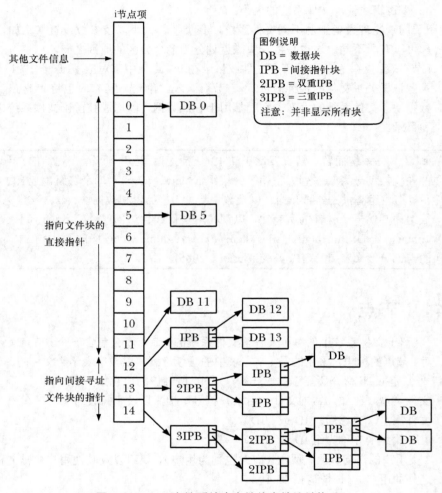

图 14-2：ext2 文件系统中文件的文件块结构

> 无需连续存储文件块，使得文件系统对磁盘空间的利用更为高效。特别是，还能降低空闲磁盘空间的碎片化程度，即因众多不连续空闲磁盘碎片（因其空间太小而无法使用）而导致的磁盘空间浪费。换言之，对空闲磁盘空间的高效利用，是以已分配磁盘空间中文件的碎片化为代价的。

在 ext2 中，每个 i 节点包含 15 个指针。其中的前 12 个指针（图 14-2 中编号为 0～11 的指针）指向文件前 12 个块在文件系统中的位置。接下来，是一个指向指针块的指针，提供了文件的第 13 个以及后续数据块的位置。指针块中指针的数量取决于文件系统中块的大小。每个指针需占用 4 字节，因此指针的数量可能在 256（块容量为 1024 字节）～1024（块容量为 4096 字节）之间。这样就考虑了大型文件的情况。即便是对于巨型文件，第 14 个指针（图中编号为 13）是一个双重间接指针——指向指针块，其块中指针进而指向指针块，此块中指针最终才指向文件的数据块。只要有体量巨大的文件，就会随之产生更深一层的递进：图中 i 节点的最后一个指针属于三重间接指针。

这一貌似复杂的系统，其设计意图是为了满足多重需求。首先，该系统在维持 i 节点结构大小固定的同时，支持任意大小的文件。其次，文件系统既可以不连续方式来存储文件块，又可通过 lseek() 随机访问文件，而内核只需计算所要遵循的指针。最后，对于在大多数系统中占绝对多数的小文件而言，这种设计满足了对文件数据块的快速访问：通过 i 节点的直接指针访问，一击必中。

试举一例，笔者对一个包含约 150 000 个文件的系统进行了度量。其中 30% 多的文件大小在 1000 字节以下，80% 的文件占用了 10 000 字节或者更少的空间。假定块的大小为 1024 字节，只要使用 12 个直接指针便能引用大小为 10000 字节及以下的文件，可访问总计 12288 字节的块。若块大小为 4096 字节，则该上限可达 49152 字节（系统中 95% 的文件大小都处于该容量限制之下）。

上述设计同样考虑了巨型文件的处理，对于大小为 4096 字节的块而言，理论上，文件大小可略高于 1024×1024×1024×4096 字节，或 4TB（4096 GB）。（之所以说"略高于"，是因为指针指向块的方式可以为直接、间接或双重间接。与三重间接指针所指向的范围相比，多出来的那些空间实在是微不足道。）

该设计的另一优点在于文件可以有黑洞（如 4.7 节所述）。文件系统只需将 i 节点和间接指针块中的相应指针打上标记（值 0），表明这些指针并未指向实际的磁盘块即可，而无需为文件黑洞分配空字节数据块。

14.5　虚拟文件系统（VFS）

Linux 所支持的各种文件系统，其实现细节均不相同。举例来说，这些差异包括文件块的分配方式，以及目录的组织方式。如果每个与文件打交道的程序都需要理解各种文件系统的具体细节，那么编写与各类文件系统交互的程序将近乎于不可能完成的任务。虚拟文件系统（VFS，有时也称为虚拟文件交换）是一种内核特性，通过为文件系统操作创建抽象层来解决上述问题（参见图 14-3）。VFS 背后的原理其实很直白。

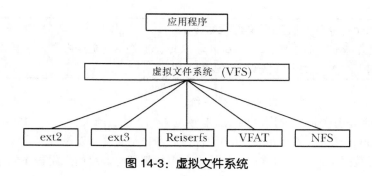

图 14-3：虚拟文件系统

- VFS 针对文件系统定义了一套通用接口。所有与文件交互的程序都会按照这一接口来进行操作。
- 每种文件系统都会提供 VFS 接口的实现。

这样一来，程序只需理解 VFS 接口，而无需过问具体文件系统的实现细节。

VFS 接口的操作与涉及文件系统和目录的所有常规系统调用相对应，这些系统调用有 open()、read()、write()、lseek()、close()、truncate()、stat()、mount()、umount()、mmap()、mkdir()、link()、unlink()、symlink()以及 rename()。

VFS 的抽象层建模精确仿照传统的 UNIX 文件系统模型。当然，还有一些文件系统，尤其是非 UNIX 文件系统，并不支持所有的 VFS 操作。（比如，微软的 VFAT 就不支持使用 symlink()创建的符号链接概念。）对于这种情况，底层文件系统会将错误代码传回 VFS 层，表明不支持相应操作，而 VFS 随之会将错误代码传递给应用程序。

14.6　日志文件系统

ext2 文件系统是传统 UNIX 文件系统的优秀典范，自然也受制于其短板：系统崩溃之后，为确保文件系统的完整性，重启时必须对文件系统的一致性进行检查（fcsk）。由于系统每次崩溃时，对文件的更新可能只完成了一部分，而文件系统元数据（目录项、i 节点信息以及文件数据块指针）也将处于不一致状态，一旦这一问题得不到修复，那么文件系统会遭到进一步破坏，因此上述举措实属必要。如有可能，就必须进行修复，否则，将会丢弃那些无法获取的信息（可能会包含文件数据）。

问题在于，一致性检查需要遍历整个文件系统。如果文件系统较小，只需几秒或几分钟便可完成。而在大型文件系统上，上述操作可能会历时数小时，这对于需要保持高可用性的系统来说（比如，网络服务器），情况就非常严重。

采用日志文件系统，则无需在系统崩溃后对文件进行漫长的一致性检查。在实际更新元数据之前，日志文件系统会将这些更新操作记录于专用的磁盘日志文件中。对元数据更新的记录是按其相关性分组（以事务的方式记录）进行的。在事务处理过程中，一旦系统崩溃，系统重启时便可利用日志重做（redo）任何不完整的更新，同时为文件系统恢复一致性状态。（借用数据库的说法，日志文件系统能够确保总是将文件元数据事务作为一个完整单元来提交。）系统崩溃之后，即便是超大型的日志文件系统，通常也会在几秒之内复原，因而对于有高可用性需求的系统极具吸引力。

日志文件系统最为昭著的臭名在于增加了文件更新的时间，当然，良好的设计可以降低这方面的开销。

> 某些日志文件系统只会确保文件元数据的一致性。由于不记录文件数据，因此一旦系统崩溃，可能会造成数据丢失。ext3、ext4 和 Reiserfs 文件系统提供了记录数据更新的选项，但若记录的东西过多，则会降低文件 I/O 的性能。

以下列出了 Linux 所支持的日志文件系统。

- Reiserfs 是首个被集成进内核（版本号为 2.4.1）的日志文件系统。Reiserfs 提供了一种名为 tail packing (或 tail merging)的特性：可将小文件（以及较大文件的最后一片）与文件元数据装入相同的磁盘块。而许多系统都拥有（或由应用程序创建了）众多小文件，因此这会节省大量的磁盘空间。

- ext3 文件系统，源于一个旨在以最小改动为 ext2 追加日志功能的项目。从 ext2 升级到 ext3 非常简单（无需备份和恢复操作），还支持反向降级。内核版本 2.4.15 集成了 ext3。
- JFS 由 IBM 开发，内核版本 2.4.20 对其进行了集成。
- XFS (http://oss.sgi.com/projects/xfs/)最初是由 SGI（Silicon Graphics）于 20 世纪 90 年代初期开发，所针对的是自己的私有 UNIX 实现：Irix。2001 年，XFS 被移植到了 Linux 平台，并成为自由软件项目。2.4.24 内核对其进行了集成。

配置内核时，可在 "File systems" 菜单下激活对不同文件系统支持的内核设置选项。

写作本书之际，还有两种提供了日志功能，且支持多种其他高级特性的文件系统尚在开发之中。

- ext4 文件系统（http://ext4.wiki.kernel.org/）是 ext3 文件系统的 "接班人"。Linux2.6.19 将其首个实现并入，内核的后续版本中又陆续添加了各种特性。ext4 的规划（或已实现的）特性包括 extents（预留连续存储块）、旨在降低文件碎片化的其他分配特性、在线文件系统的磁盘碎片整理、更为快捷的文件系统检查以及对纳秒级时间戳的支持。
- Btrfs（B-树 FS，一般读作 "butter FS"，http://btrfs.wiki.kernel.org/）是一种自下而上进行设计的新型文件系统，意在提供一系列现代化特性，其中包括 extents、可写快照（等价于对元数据和数据的日志功能）、对数据和元数据的校验和、在线文件系统检查、在线文件系统的磁盘碎片整理、高效利用空间的小文件打包存放和可检索目录。内核版本 2.6.29 中集成了该文件系统。

14.7　单根目录层级和挂载点

与其他 UNIX 系统一样，Linux 上所有文件系统中的文件都位于单根目录树下，树根就是根目录 "/"。其他的文件系统都挂载在根目录之下，被视为整个目录层级的子树（subtree）。超级用户可使用如下命令来挂载文件系统：

```
$ mount device directory
```

这条命令会将名为 device 的文件系统挂接到目录层级中由 directory 所指定的目录，即文件系统的挂载点。可使用 unmount 命令卸载文件系统，然后在另一个挂载点再次挂载文件系统，从而改变文件系统的挂载点。

> 自 Linux 版本 2.4.19 以后，情况变得更为复杂。如今，内核支持针对每个进程的挂载命名空间（mount namespace）。这意味着每个进程都可能拥有属于自己的一组文件系统挂载点，因此进程视角下的单根目录层级彼此会有所不同。本书将在 28.2.1 节介绍 CLONE_NEWNS 标记时，对上述内容做深入讨论。

不带任何参数来执行 mount 命令，可以列出当前已挂载的文件系统，如下例所示（与实际输出相比，略有删减）：

```
$ mount
/dev/sda6 on / type ext4 (rw)
proc on /proc type proc (rw)
sysfs on /sys type sysfs (rw)
devpts on /dev/pts type devpts (rw,mode=0620,gid=5)
/dev/sda8 on /home type ext3 (rw,acl,user_xattr)
/dev/sda1 on /windows/C type vfat (rw,noexec,nosuid,nodev)
/dev/sda9 on /home/mtk/test type reiserfs (rw)
```

图 14-4 所示的部分目录及文件结构就出自于执行上述 mount 命令的系统。该图演示了将安装点映射到目录层级的方法。

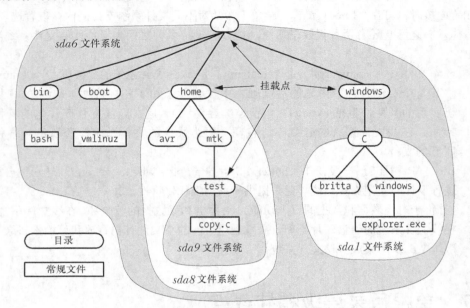

图 14-4：演示文件系统挂载点的目录层级示例

14.8　文件系统的挂载和卸载

系统调用 mount()和 umount()运行特权级进程(CAP_SYS_ADMIN)以挂载或卸载文件系统。大多数 UNIX 实现都提供了这两个系统调用。不过，SUSv3 并未对其进行规范，因此其操作也随 UNIX 实现和文件系统的不同而不同。

在讨论这两个系统调用之前，需要先了解以下 3 个文件，其中包含了当前已挂载或可挂载的文件系统信息。

* 通过 Linux 专有的虚拟文件/proc/mounts，可查看当前已挂载文件系统的列表。/proc/mounts 是内核数据结构的接口，因此总是包含已挂载文件系统的精确信息。

> 随着引入了前述的每进程挂载命名空间特性，如今，每个进程都拥有一个/proc/PID/mounts 文件，其中会列出组成进程挂载空间的挂载点，而 /proc/mounts 只是指向 /proc/self/mounts 的符号链接。

* mount(8)和 umount(8)命令会自动维护/etc/mtab 文件，该文件所包含的信息与/proc/mounts 的内容相类似，只是略微详细一些。特别是，etc/mtab 包含了传递给

mount(8)的文件系统专有选项，这并未在/proc/mounts 中出现。但是，因为系统调用mount()和 umount()并不更新/etc/mtab，如果某些挂载或卸载了设备的应用程序没有更新该文件，那么/etc/mtab 可能会变得不准确。

- /etc/fstab（由系统管理员手工维护）包含了对系统支持的所有文件系统的描述，该文件可供 mount(8)、umount(8)以及 fsck(8)所用。

/proc/mounts、/etc/mtab 和/etc/fstab 的格式相同，请参考 fstab(5)手册页。以下示例摘自/proc/mounts 中的一条记录（一行）：

```
/dev/sda9 /boot ext3 rw 0 0
```

这条记录包含了 6 个字段。

1. 已挂载设备名。
2. 设备的挂载点。
3. 文件系统类型。
4. 挂载标志。上例的 rw 表示以可读写方式挂载文件系统。
5. 一个数字，dump(8)会使用其来控制对文件系统的备份操作。只有/etc/fstab 文件才会用到该字段和第 6 个字段，在/proc/mounts 和/etc/mtab 中，该字段总是为 0。
6. 一个数字，在系统引导时，用于控制 fsck(8)对文件系统的检查顺序。

getfsent(3)和 getmntent(3)手册页记录了用于从上述文件中读取记录的函数。

14.8.1 挂载文件系统：mount()

mount()系统调用将由 source 指定设备所包含的文件系统，挂载到由 target 指定的目录下。

```
#include <sys/mount.h>

int mount(const char *source, const char *target, const char *fstype,
          unsigned long mountflags, const void *data);
                                        Returns 0 on success, or -1 on error
```

头两个参数分别命名为 source 和 target，其原因在于，除了将磁盘文件系统挂载到一目录下之外，mount()还可以执行其他任务。

参数 fstype 是一字符串，用来标识设备所含文件系统的类型，比如，ext4 或 btrfs。

参数 mountflags 为一位掩码，通过对表 14-1 中所示的 0 个或多个标志进行或（OR）操作而得出，稍后将做详细介绍。

表 14-1：供 mount()使用的 mountflags 值

标　记	用　途
MS_BIND	建立绑定挂载（始于 Linux 2.4）
MS_DIRSYNC	同步更新路径（始于 Linux 2.6）
MS_MANDLOCK	允许强制锁定文件
MS_MOVE	以原子操作将挂载点移到新位置
MS_NOATIME	不更新文件的最后访问时间
MS_NODEV	不允许访问设备

标　记	用　途
MS_NODIRATIME	不更新目录的最后访问时间
MS_NOEXEC	不允许程序执行
MS_NOSUID	禁用 set-user-ID 和 set-group-ID 程序
MS_RDONLY	以只读方式挂载；不能修改或创建文件
MS_REC	递归挂载（始于 Linux 2.6.20）
MS_RELATIME	只有当最后访问时间早于最后修改时间或最后状态变更时间时，才对前者进行更新（始于 Linux 2.4.11）
MS_REMOUNT	使用新的 mountflags 和 data 重新挂载
MS_STRICTATIME	总是更新最后访问时间（始于 Linux 2.6.30）
MS_SYNCHRONOUS	使得所有文件和目录同步更新

mount()的最后一个参数 data 是一个指向信息缓冲区的指针，对其信息的解释则取决于文件系统。就大多数文件系统而言，该参数是一字符串，包含了以逗号分隔的选项设置。在 mount(8)手册页中，有这些选项的完整列表。若未见之于 mount(8)手册页，请查找相关文件系统的文档。

mountflags 参数是标志的位掩码，用来修改 mount()操作。在 mountflags 中，可以指定 0 到多个如下标志：

MS_BIND（始于 Linux 2.4）

用来建立绑定挂载。14.9.4 节将描述这一特性。如果指定了该标志，那么 mount()会忽略 fstype、data 参数，以及 mountflags 中除 MS_REC 之外的标志（见后续描述）。

MS_DIRSYNC（始于 Linux 2.6）

用来同步更新路径。该标志的效果类似于 open()的 O_SYNC 标志（参见 13.3 节），但只针对路径。后面介绍的 MS_SYNCHRONOUS 提供了 MS_DIRSYNC 功能的超集，可同时同步更新文件和目录。采用 MS_DIRSYNC 标志的应用程序在确保同步更新目录（比如，open(pathname, O_CREAT)、rename()、link()、unlink()、symlink()以及 mkdir()）的同时，还无需消耗同步更新文件所带来的成本。FS_DIRSYNC_FL 标志的用途与之相近，其区别在于可将 MS_DIRSYNC 应用于单个目录。此外，在 Linux 上，针对指代目录的文件描述符调用 fsync()，可对目标目录进行更新。（SUSv3 并未对 fsync()的这一 Linux 专有行为加以规范。）

MS_MANDLOCK

允许对该文件系统中的文件强行锁定记录。第 55 章将描述记录锁定。

MS_MOVE

将由 source 指定的现有挂载点移到由 target 指定的新位置，整个动作为一原子操作，不可分割。这与 mount(8)命令的--move 选项相对应。实际上，这等同于卸载子树，并将其重新装载到另一位置，只是卸载子树的时点并无意义[1]。source 参数为一字符串，其内容应与前一个 mount()调用中的 target 相同。一旦使用了这一标志，那么 mount()将忽略 fstype、data 参数，

---

1 译者注：因为是原子操作。

以及 mountflags 中的其他标志。

MS_NOATIME

针对该文件系统中的文件，不更新其最后访问时间。与下面将要介绍的 MS_NODIRATIME 标志一样，使用该标志意在消除额外的磁盘访问，避免在每次访问文件时都去更新文件 i 节点。对某些应用程序来说，维护这一时间戳意义不大，而放弃这一做法还能显著提升性能。MS_NOATIME 标志与 FS_NOATIME_FL 标志（见 15.5 节）目的相似，区别在于可将 FS_NOATIME_FL 标志应用于单个文件。此外，Linux 还可以运用 open() 的 O_NOATIME 标志，来提供类似功能，可以针对打开的单个文件来选择这一行为（参见 4.3.1 节）。

MS_NODEV

不允许访问此文件系统上的块设备和字符设备。设计这一特性的目的是为了保障系统安全，规避如下情况：假设用户插入了可移动磁盘，而磁盘中又包含了可随意访问系统的设备专有文件。

MS_NODIRATIME

不更新此文件系统中目录的最后访问时间（该标志提供了 MS_NOATIME 标志的部分功能，MS_NOATIME 标志不会对所有文件类型的最后访问时间进行更新）。

MS_NOEXEC

不允许在此文件系统上执行程序（或脚本）。该标志用于文件系统包含非 Linux 可执行文件的场景。

MS_NOSUID

禁用此文件系统上的 set-user-ID 和 set-group-ID 程序。这属于安全特性，意在防止用户从可移动磁盘上运行 set-user-ID 和 set-group-ID 程序。

MS_RDONLY

以只读方式挂载文件系统，在此文件系统上既不能创建文件，也不能修改现有文件。

MS_REC（始于 Linux 2.4.11）

该标志与其他标志（比如，MS_BIND）结合使用，以递归方式将挂载动作施之于子树下的所有挂载。

MS_RELATIME (始于 Linux 2.6.20)

在此文件系统中，只有当文件最后访问时间戳的当前值[1]小于或等于最后一次修改或状态变更的时间戳时，才对其进行更新。这不但吸取了 MS_NOATIME 性能上的一些优点，而且还可应用于如下场景：程序能了解到，自上次更新以来，有无读取过文件。自 Linux 2.6.30 以来，系统会默认提供 MS_RELATIME 的行为（除非明确指定了 MS_NOATIME 标志），要获取传统行为，必须使用 MS_STRICTATIME 标志。此外，只要文件最后访问时间戳距今超过 24 小时，即便其大于最近修改和状态改变时间戳，系统仍会更新该文件的最后访问时间戳。（该标志对于监控目录的系统程序来说极为有用，可以了解最近有无对文件进行过访问。）

MS_REMOUNT

针对已挂载的文件系统，改变其 mountflag（装备标记）和 data（数据）。（例如，令只读

---

1 译者注：即上次更新的时间。

文件系统可写。）使用该标志时，source 和 target 参数应该与最初用于 mount()系统调用的参数相同，而对 fstype 参数则予以忽略。使用该标志可以避免对磁盘进行卸载和重新挂载，在某些场合中，这是不可能做到的。比方说，如果有进程打开了文件系统上的文件，或进程的当前工作目录位于文件系统之内（对 root 文件系统来说，情况总是如此），就无法卸载相应的文件系统。使用 MS_REMOUNT 的另一场景是 tmpfs（基于内存的）文件系统，一旦卸载了这一文件系统，其内容便会丢失。并非所有的 mountflag 都是可修改的，具体信息请参考 mount(2) 手册页。

MS_STRICTATIME（始于 Linux 2.6.30）

只要访问此文件系统上的文件，就总是更新文件的最后访问时间戳。Linux 2.6.30 之前，这是系统的默认行为。只要定义了 MS_STRICTATIME，即使在 mountflag 中定义了 MS_NOATIME 和 MS_RELATIME，也会将其忽略。

MS_SYNCHRONOUS

对文件系统上的所有文件和目录保持同步更新。（对文件来说，就如同总是以 O_SYNC 标志调用 open()来打开文件一样。）

> 从内核 2.6.15 起，为支持共享子树（shared subtree）的概念，Linux 提供了 4 个新的挂载标志，分别是 MS_PRIVATE、MS_SHARED、MS_SLAVE、MS_UNBINDABLE。这些标志可与 MS_REC 结合使用，从而将其效果传播至一挂载子树（mount subtree）下的所有子挂载（submount）。设计共享子树的目的，是为了支持某些高级文件系统特性，比如，每进程挂载命名空间（请参见 28.2.1 一节对 CLONE_NEWNS 的描述），以及用户空间的文件系统（FUSE）工具。共享子树机制允许以一种受控方式在挂载命名空间之间传播文件系统的挂载。关于共享子树的详细信息，可查阅内核源码文件 Documentation/filesystems/sharedsubtree.txt 和[Viro & Pai，2006]一书。

程序示例

程序清单 14-1 提供了对 mount(2)系统调用的命令行级接口。其实，也是 mount(8)命令的简化版。以下 shell 会话日志演示了对该程序的运用。首先创建一个目录作为挂载点，并挂载文件系统。

```
$ su                                        Need privilege to mount a file system
Password:
# mkdir /testfs
# ./t_mount -t ext2 -o bsdgroups /dev/sda12 /testfs
# cat /proc/mounts | grep sda12             Verify the setup
/dev/sda12 /testfs ext3 rw 0 0              Doesn't show bsdgroups
# grep sda12 /etc/mtab
```

这里可以发现，上面的 grep 命令并未产生任何输出，因为该程序并未更新/etc/mtab。现继续以只读方式重新挂载文件系统：

```
# ./t_mount -f Rr /dev/sda12 /testfs
# cat /proc/mounts | grep sda12             Verify change
/dev/sda12 /testfs ext3 ro 0 0
```

从 /proc/mounts 输出的字串"ro"表明这是一次只读方式的挂载。

最后,再将挂载点移动至目录层级内的新位置:

```
# mkdir /demo
# ./t_mount -f m /testfs /demo
# cat /proc/mounts | grep sda12        Verify change
/dev/sda12 /demo ext3 ro 0
```

程序清单 14-1:使用 mount()

――――――――――――――――――――――――――――――― filesys/t_mount.c
```
#include <sys/mount.h>
#include "tlpi_hdr.h"

static void
usageError(const char *progName, const char *msg)
{
    if (msg != NULL)
        fprintf(stderr, "%s", msg);

    fprintf(stderr, "Usage: %s [options] source target\n\n", progName);
    fprintf(stderr, "Available options:\n");
#define fpe(str) fprintf(stderr, "    " str)    /* Shorter! */
    fpe("-t fstype       [e.g., 'ext2' or 'reiserfs']\n");
    fpe("-o data         [file system-dependent options,\n");
    fpe("                 e.g., 'bsdgroups' for ext2]\n");
    fpe("-f mountflags    can include any of:\n");
#define fpe2(str) fprintf(stderr, "            " str)
    fpe2("b - MS_BIND        create a bind mount\n");
    fpe2("d - MS_DIRSYNC     synchronous directory updates\n");
    fpe2("l - MS_MANDLOCK    permit mandatory locking\n");
    fpe2("m - MS_MOVE        atomically move subtree\n");
    fpe2("A - MS_NOATIME     don't update atime (last access time)\n");
    fpe2("V - MS_NODEV       don't permit device access\n");
    fpe2("D - MS_NODIRATIME  don't update atime on directories\n");
    fpe2("E - MS_NOEXEC      don't allow executables\n");
    fpe2("S - MS_NOSUID      disable set-user/group-ID programs\n");
    fpe2("r - MS_RDONLY      read-only mount\n");
    fpe2("c - MS_REC         recursive mount\n");
    fpe2("R - MS_REMOUNT     remount\n");
    fpe2("s - MS_SYNCHRONOUS make writes synchronous\n");
    exit(EXIT_FAILURE);
}

int
main(int argc, char *argv[])
{
    unsigned long flags;
    char *data, *fstype;
    int j, opt;

    flags = 0;
    data = NULL;
    fstype = NULL;

    while ((opt = getopt(argc, argv, "o:t:f:")) != -1) {
        switch (opt) {
```

```
            case 'o':
                data = optarg;
                break;

            case 't':
                fstype = optarg;
                break;

            case 'f':
                for (j = 0; j < strlen(optarg); j++) {
                    switch (optarg[j]) {
                    case 'b': flags |= MS_BIND;           break;
                    case 'd': flags |= MS_DIRSYNC;        break;
                    case 'l': flags |= MS_MANDLOCK;       break;
                    case 'm': flags |= MS_MOVE;           break;
                    case 'A': flags |= MS_NOATIME;        break;
                    case 'V': flags |= MS_NODEV;          break;
                    case 'D': flags |= MS_NODIRATIME;     break;
                    case 'E': flags |= MS_NOEXEC;         break;
                    case 'S': flags |= MS_NOSUID;         break;
                    case 'r': flags |= MS_RDONLY;         break;
                    case 'c': flags |= MS_REC;            break;
                    case 'R': flags |= MS_REMOUNT;        break;
                    case 's': flags |= MS_SYNCHRONOUS;    break;
                    default:  usageError(argv[0], NULL);
                    }
                }
                break;

        default:
            usageError(argv[0], NULL);
        }
    }

    if (argc != optind + 2)
        usageError(argv[0], "Wrong number of arguments\n");

    if (mount(argv[optind], argv[optind + 1], fstype, flags, data) == -1)
        errExit("mount");

    exit(EXIT_SUCCESS);
}
```
── filesys/t_mount.c

14.8.2 卸载文件系统：umount()和 umount2()

umount()系统调用用于卸载已挂载的文件系统。

```
#include <sys/mount.h>

int umount(const char *target);
```
                                         Returns 0 on success, or −1 on error

target 参数指定待卸载文件系统的挂载点。

对于内核版本为 2.2 及更早的 Linux 系统来说，存在两种方法来标识文件系统：其一，通过挂载点；其二，通过包含文件系统的设备名。自内核版本 2.4 之后，Linux 不再允许使用第二种方法，其原因是如今可以在多个位置挂载单个文件系统，以第二种方式为 target 指定文件系统就会混淆不清。本书的 14.9.1 节将详细介绍这一点。

无法卸载正在使用中的（busy）文件系统，意即这一文件系统上有文件被打开，或者进程的当前工作目录驻留在此文件系统下。针对使用中的文件系统调用 umount()，系统会返回 EBUSY 错误。

系统调用 umount2()是 umount()的扩展版。通过 flags 参数，umount2()可对卸载操作施以更精密的控制。

```
#include <sys/mount.h>

int umount2(const char *target, int flags);
                                        Returns 0 on success, or -1 on error
```

这一标志位掩码参数由下列 0 个或多个值相或（OR）而成。

MNT_DETACH（始于 Linux 2.4.11）

执行 lazy 卸载。对挂载点加以标记，一方面允许已使用了挂载点的进程得以继续使用，同时禁止任何其他进程对该挂载点发起新的访问。当所有进程不再使用访问点时，系统会卸载相应的文件系统。

MNT_EXPIRE (始于 Linux 2.6.8)

将挂载点标记为到期（expired）。若首次调用 umount2()时指定了该标志，且挂载点处于空闲状态，则该调用将以失败告终，并返回 EAGAIN 错误，同时将挂载点标记为到期。（如果挂载点处于在用状态，那么调用也将失败，并返回 EBUSY 错误，但不会将挂载点标记为到期。）只要无任何后续进程发起对挂载点的访问，该挂载点便会一直保持到期状态。再度调用 umount2()时，如指定 MNT_EXPIRE 标志，将卸载到期的挂载点。这就提供了一种机制，以卸载在某段时间内未用的文件系统。该标志不能与 MNT_DETACH 或 MNT_FORCE 标志一并使用。

MNT_FORCE

即便文件系统（只对 NFS 挂载有效）处于在用状态，依然将其强行卸载。采用这一选项可能会造成数据丢失。

UMOUNT_NOFOLLOW(始于 Linux 2.6.34)

若 target 为符号链接，则不对其进行解引用。该标志专为某些 set-user-ID-root 程序而设计——此类程序允许非特权级用户执行卸载操作，意在避免安全性问题的发生（例如，若 target 为符号链接，且被改变以指向另外的位置）。

14.9 高级挂载特性

本节会介绍挂载文件系统时可采用的若干高级特性。这里会使用 mount(8)命令来演示其中的大多数特性，在程序中调用 mount(2)也能起到相同效果。

14.9.1　在多个挂载点挂载文件系统

内核版本 2.4 之前，一个文件系统只能挂载于单个挂载点。从内核版本 2.4 开始，可以将一个文件系统挂载于文件系统内的多个位置。由于每个挂载点下的目录子树内容都相同，在一个挂载点下对目录子树所做的改变，同样可见诸于其他挂载点，如下列 shell 会话所示：

```
$ su                              Privilege is required to use mount(8)
Password:
# mkdir /testfs                   Create two directories for mount points
# mkdir /demo
# mount /dev/sda12 /testfs        Mount file system at one mount point
# mount /dev/sda12 /demo          Mount file system at second mount point
# mount | grep sda12              Verify the setup
/dev/sda12 on /testfs type ext3 (rw)
/dev/sda12 on /demo type ext3 (rw)
# touch /testfs/myfile            Make a change via first mount point
# ls /demo                        View files at second mount point
lost+found  myfile
```

如 ls 命令的输出所示，在挂载点一(/testfs)下对目录子树所做的改变，在挂载点二(/demo)下完全可见。

14.9.4 节在介绍绑定挂载时，将举例说明多点挂载文件系统的用处所在。

> 正因为可在多点挂载一个设备，在 Linux 2.4 及其后续版本中，umount()系统调用不再将设备作为其入参。

14.9.2　多次挂载同一挂载点

在内核版本 2.4 之前，一个挂载点只能使用一次。从内核 2.4 开始，Linux 允许针对同一挂载点执行多次挂载。每次新挂载都会隐藏之前可见于挂载点下的目录子树。卸载最后一次挂载时，挂载点下上次挂载的内容会再次显示，请参考以下 shell 会话：

```
$ su                              Privilege is required to use mount(8)
Password:
# mount /dev/sda12 /testfs        Create first mount on /testfs
# touch /testfs/myfile            Make a file in this subtree
# mount /dev/sda13 /testfs        Stack a second mount on /testfs
# mount | grep testfs             Verify the setup
/dev/sda12 on /testfs type ext3 (rw)
/dev/sda13 on /testfs type reiserfs (rw)
# touch /testfs/newfile           Create a file in this subtree
# ls /testfs                      View files in this subtree
newfile
# umount /testfs                  Pop a mount from the stack
# mount | grep testfs
/dev/sda12 on /testfs type ext3 (rw)  Now only one mount on /testfs
# ls /testfs                      Previous mount is now visible
lost+found  myfile
```

在现有且在用的挂载点上执行新的挂载操作是此类堆叠挂载的用法之一。持有打开文件描述符的进程、建立 chroot 监禁区（jail）的进程，以及工作目录位于老挂载点之下的进程将继续在旧有挂载下运行，而针对挂载点发起新访问的进程将使用新挂载。结合 MNT_DETACH

标志下的 unmount 操作，则无需将文件系统置为单用户模式，即可为其提供平滑迁移。14.10 节在讨论 tmpfs 时会举例说明堆叠挂载的另一用法。

14.9.3　基于每次挂载的挂载标志

在内核 2.4 版本以前，文件系统和挂载点之间是一一对应的关系。由于从 Linux 2.4 开始，这一特征不再适用，故而 14.8.1 节所述的某些 mountflag 标志值可以基于每次挂载来设置。这包括 MS_NOATIME (始于 Linux 2.6.16)、MS_NODEV、MS_NODIRATIME (始于 Linux 2.6.16)、MS_NOEXEC、MS_NOSUID、MS_RDONLY (始于 Linux 2.6.26)，以及 MS_RELATIME。以下 shell 会话演示了使用 MS_NOEXEC 标志的效果：

```
$ su
Password:
# mount /dev/sda12 /testfs
# mount -o noexec /dev/sda12 /demo
# cat /proc/mounts | grep sda12
/dev/sda12 /testfs ext3 rw 0 0
/dev/sda12 /demo ext3 rw,noexec 0 0
# cp /bin/echo /testfs
# /testfs/echo "Art is something which is well done"
Art is something which is well done
# /demo/echo "Art is something which is well done"
bash: /demo/echo: Permission denied
```

14.9.4　绑定挂载

始于内核版本 2.4，Linux 支持了创建绑定挂载。绑定挂载（由使用 MS_BIND 标志的 mount() 调用来创建）是指在文件系统目录层级的另一处挂载目录或文件。这将导致文件或目录在两处同时可见。绑定挂载有些类似于硬链接，但存在两个方面的差异。

- 绑定挂载可以跨越多个文件系统挂载点，甚至不拘于 chroot 监禁区（jail）。
- 可针对目录执行绑定挂载。

可使用 mount(8) 的 bind 选项，在 shell 中创建绑定挂载，如下面几个例子所示。

第一个例子在另一处绑定挂载了一个目录，并展示了在一处目录中所创建的文件，对另一处目录同样可见。

```
$ su                          Privilege is required to use mount(8)
Password:
# pwd
/testfs
# mkdir d1                    Create directory to be bound at another location
# touch d1/x                  Create file in the directory
# mkdir d2                    Create mount point to which d1 will be bound
# mount --bind d1 d2          Create bind mount: d1 visible via d2
# ls d2                       Verify that we can see contents of d1 via d2
x
# touch d2/y                  Create second file in directory d2
# ls d1                       Verify that this change is visible via d1
x  y
```

第二个例子会在另一处绑定挂载文件，并展示了在一处挂载下，可以看见另一处挂载下对文件所做的改变。

```
# cat > f1                          Create file to be bound to another location
Chance is always powerful. Let your hook be always cast.
Type Control-D
# touch f2                          This is the new mount point
# mount --bind f1 f2                Bind f1 as f2
# mount | egrep '(d1|f1)'           See how mount points look
/testfs/d1 on /testfs/d2 type none (rw,bind)
/testfs/f1 on /testfs/f2 type none (rw,bind)
# cat >> f2                         Change f2
In the pool where you least expect it, will be a fish.
# cat f1                            The change is visible via original file f1
Chance is always powerful. Let your hook be always cast.
In the pool where you least expect it, will be a fish.
# rm f2                             Can't do this because it is a mount point
rm: cannot unlink `f2': Device or resource busy
# umount f2                         So unmount
# rm f2                             Now we can remove f2
```

绑定挂载的应用场景之一是创建 chroot 监禁区（jail）（参见 18.12 节）。在监禁区下，无需将各种标准目录（诸如/lib）复制过来，为这些路径创建绑定挂载（可能是以只读方式）即可轻而易举地解决问题。

14.9.5 递归绑定挂载

默认情况下，如果使用 MS_BIND 为某个目录创建了绑定挂载，那么只会将该目录挂载到新位置。假设源目录下还存在子挂载（submount），则不会将这些子挂载复制到挂载 target 之下。Linux 2.4.11 添加了 MS_REC 标志，若与 MS_BIND 相或（OR）并作为标志参数的一部分传入 mount()，则会将子挂载复制到挂载目标下，此之谓递归绑定挂载。采用 mount(8)命令所提供的--rbind 选项，可在 shell 中完成相同任务，参见如下 shell 会话。

首先创建了一个目录树(src1)，并将其挂载在 top 之下。top 目录树下（top/sub），包括了一个子挂载(src2)。

```
$ su
Password:
# mkdir top                         This is our top-level mount point
# mkdir src1                        We'll mount this under top
# touch src1/aaa
# mount --bind src1 top             Create a normal bind mount
# mkdir top/sub                     Create directory for a submount under top
# mkdir src2                        We'll mount this under top/sub
# touch src2/bbb
# mount --bind src2 top/sub         Create a normal bind mount
# find top                          Verify contents under top mount tree
top
top/aaa
top/sub                             This is the submount
top/sub/bbb
```

现在以 top 作为源目录，另行创建绑定挂载(dir1)。由于属于非递归操作，新挂载不会复制子挂载。

```
# mkdir dir1
# mount --bind top dir1             Here we use a normal bind mount
# find dir1
dir1
dir1/aaa
dir1/sub
```

输出中并未发现 dir1/sub/bbb，这表明并未复制子挂载 top/sub。

再以 top 作为源目录来创建递归绑定挂载。

```
# mkdir dir2
# mount --rbind top dir2
# find dir2
dir2
dir2/aaa
dir2/sub
dir2/sub/bbb
```

从输出中可以发现 dir2/sub/bbb，这表明已然复制了子挂载 top/sub。

14.10 虚拟内存文件系统：tmpfs

到目前为止，本章已论及的所有文件系统均驻留在磁盘之上。然而，Linux 同样支持驻留于内存中的虚拟文件系统。对应用程序来说，此类文件系统看起来与任何其他文件系统别无二致——可施以相同操作（open()、read()、write()、link()、mkdir()等）。不过，二者之间还是存在一个重要差别：由于不涉及磁盘访问，虚拟文件系统的文件操作速度极快。

在 Linux 上，已经开发出了林林总总基于内存的文件系统。迄今为止，其中最为复杂的则非 tmpfs 文件系统莫属，该系统在 Linux 2.4 中首度出现。较之于其他基于内存的文件系统，其独特之处在于它属于虚拟内存文件系统。这意味着，该文件系统不但使用 RAM，而且在 RAM 耗尽的情况下，还会利用交换空间。（虽然此处描述的 tmpfs 文件系统为 Linux 所专有，但大多数 UNIX 实现都提供某种形式的基于内存的文件系统。）

> tmpfs 文件系统是一个 Linux 内核的可选组件，通过 CONFIG_TMPFS 选项加以配置。

要创建 tmpfs 文件系统，请使用如下形式的命令：

```
# mount -t tmpfs source target
```

其中"source"可以是任意名称，其唯一的意义是在/proc/mounts 中"抛头露面"，并通过 mount 和 df 命令显示出来。与往常一样，target 是该文件系统的挂载点。请注意，无需使用 mkfs 预先创建一个文件系统，内核会将此视为 mount() 系统调用的一部分自动加以执行。

作为使用 tmpfs 的例子之一，可采用堆叠挂载（无需顾忌/tmp 目录目前是否处于在用状态），创建一 tmpfs 文件系统并将其挂载至/tmp，如下所示：

```
# mount -t tmpfs newtmp /tmp
# cat /proc/mounts | grep tmp
newtmp /tmp tmpfs rw 0 0
```

有时，会使用如上命令（或/etc/fstab 中的等价条目）来改善应用程序（比如，编译器）的性能，此类应用程序因创建临时性文件而频繁使用/tmp 目录。

默认情况下，允许将 tmpfs 文件系统的大小提高至 RAM 容量的一半，但在创建文件系统或之后重新挂载时，可使用 mount 的 size=nbytes 选项为该文件系统的大小设置不同的上限值。（tmpfs 文件系统仅会根据其当前所持有的文件来消耗内存和交换空间。）

一旦卸载 tmpfs 文件系统，或者遭遇系统崩溃，那么该文件系统中的所有数据都将丢失，"tmpfs"正是得名于此。

除了用于用户应用程序以外，tmpfs 文件系统还有以下两个特殊用途。

- 由内核内部挂载的隐形 tmpfs 文件系统，用于实现 System V 共享内存（第 48 章）和共享匿名内存映射（第 49 章）。
- 挂载于/dev/shm 的 tmpfs 文件系统，为 glibc 用以实现 POSIX 共享内存和 POSIX 信号量。

14.11　获得与文件系统有关的信息：statvfs()

statvfs()和 fstatvfs()库函数能够获得与已挂载文件系统有关的信息。

```
#include <sys/statvfs.h>

int statvfs(const char *pathname, struct statvfs *statvfsbuf);
int fstatvfs(int fd, struct statvfs *statvfsbuf);
                                        Both return 0 on success, or –1 on error
```

两者之间唯一的区别在于其标识文件系统的方式。statvfs()需使用 pathname 来指定文件系统中任一文件的名称。而 fstatvfs()则需使用打开文件描述符 fd，来指代文件系统中的任一文件。二者均返回一个 statvfs 结构，属于由 statvfsbuf 所指向的缓冲区，其中包含了关乎文件系统的信息。statvfs 结构的形式如下：

```
struct statvfs {
    unsigned long f_bsize;      /* File-system block size (in bytes) */
    unsigned long f_frsize;     /* Fundamental file-system block size
                                   (in bytes) */
    fsblkcnt_t    f_blocks;     /* Total number of blocks in file
                                   system (in units of 'f_frsize') */
    fsblkcnt_t    f_bfree;      /* Total number of free blocks */
    fsblkcnt_t    f_bavail;     /* Number of free blocks available to
                                   unprivileged process */
    fsfilcnt_t    f_files;      /* Total number of i-nodes */
    fsfilcnt_t    f_ffree;      /* Total number of free i-nodes */
    fsfilcnt_t    f_favail;     /* Number of i-nodes available to unprivileged
                                   process (set to 'f_ffree' on Linux) */
    unsigned long f_fsid;       /* File-system ID */
    unsigned long f_flag;       /* Mount flags */
    unsigned long f_namemax;    /* Maximum length of filenames on
                                   this file system */
};
```

上述注释已然清晰地描述出 statvfs 结构中大多数字段的用途。对其中一些字段，这里还要深入交代几句。

- fsblkcnt_t 和 fsfilcnt_t 数据类型是由 SUSv3 所定义的整型。
- 对绝大多数 Linux 文件系统而言，f_bsize 和 f_frsize 的取值是相同的。然而，某些文件系统支持块片段的概念，在无需使用完整数据块的情况下，可在文件尾部分配较小的存储单元，从而避免因分配完整块而导致的空间浪费。在此类文件系统上，f_frsize 和 f_bsize 分别为块片段和整个块的大小。（据[McKusick et al.，1984]所述，UNIX 文件系统的块片段概念首现于 20 世纪 80 年代初期的 4.2BSD 快速文件系统。）
- 许多原生 UNIX 和 Linux 文件系统，都支持为超级用户预留一部分文件系统块，如此一来，即便在文件系统空间耗尽的情况下，超级用户仍可以登录系统解决故障。如果文件系统中确有预留块，那么 statvfs 结构中 f_bfree 和 f_bavail 字段间的差值则为预留块数。

- f_flag 字段是一个位掩码标志，用于挂载文件系统。也就是说，该字段所包含的信息类似于传入 mount(2)的 mountflags 参数。然而，该字段所使用的标志位在命名时均冠以 ST_，这不同于 mountflags 中冠以 MS_的命名手法。SUSv3 仅规范了 ST_RDONLY 和 ST_NOSUID 常量，而 glibc 实现则支持与 MS_系列(参见 mount()中对 mountflags 参数的描述)相对应的全系列常量。
- 某些 UNIX 实现会使用 f_fsid 字段来返回文件系统的唯一标识符，比方说，根据文件系统所驻留设备的标识符来取值。对大多数 UNIX 实现来说，该字段为 0。

SUSv3 规范了 statvfs()和 fstatvfs()。对于 Linux（其他几种 UNIX 实现也一样），二者均位于与其颇为相似的 statfs()和 fstatfs()系统调用之上。（有些 UNIX 实现只提供 statfs()系统调用，而不提供 statvfs()。）以下列出函数与系统调用间的主要区别（除去字段命名差异以外）。

- statvfs()和 fstatvfs()函数均返回 f_flag 字段，内含关于文件系统的挂载标志信息。（glibc 实现通过扫描/proc/mounts 或/etc/mtab 来获取上述信息。）
- statfs()和 fstatfs()系统调用返回 f_type 字段，内含文件系统类型（比如，返回值为 0xef53 则表示文件系统类型为 ext2）。

> 随本书发布源码的 filesys 子目录中包含了 t_statvfs.c 和 t_statfs.c 文件，用来演示对 statvfs()和 statfs()的运用。

14.12 总结

设备都由/dev 下的文件来表示。每个设备都有相应的设备驱动程序，用以执行一套标准的操作，与之对应的系统调用包括 open()、read()、write()和 close()。设备既可以是实际存在的，也可以是虚拟的，这分别表明了硬件设备的存在与否。无论如何，内核都会提供一种设备驱动程序，并实现与真实设备相同的 API。

可将硬盘划分为一个或多个分区，每个分区都可包含一个文件系统。文件系统是对常规文件和目录的组织集合。Linux 实现的文件系统多种多样，其中包括传统的 ext2 文件系统。ext2 文件系统在概念上类似于早期的 UNIX 文件系统，由引导块、超级块、i 节点表和包含文件数据块的数据区域组成。每个文件在文件系统 i 节点表中都有一条对应记录，记录了与文件相关的各种信息，其中包括文件类型、大小、链接数、所有权、权限、时间戳，以及指向文件数据块的指针。

Linux 还提供了若干日志文件系统，其中包括 Reiserfs、ext3、ext4、XFS、JFS 以及 Btrfs。在实际更新文件之前，日志文件系统会记录元数据更新（还可有选择地记录数据更新和文件系统更新）。这也意味着，一旦系统崩溃，系统可以重放（replay）日志文件，并迅速将文件系统恢复到一致状态。日志文件系统的最大优点在于系统崩溃后，无需像常规 UNIX 文件系统那样对文件系统进行漫长的一致性检查。

Linux 系统上的所有文件系统都被挂载于单根目录树之下，其树根为目录"/"。目录树中挂载文件系统的位置被称为文件系统挂载点。

特权级进程可使用 mount()和 umount()系统调用来挂载、卸载文件系统。可使用 statvfs()来获取与已挂载文件系统有关的信息。

与设备和设备驱动程序有关的详细信息请参阅[Bovet & Cesati，2005]和[Corbet et al.，2005]，尤其是后者。内核源码文件 Documentation/devices.txt 中，也能找到一些与设备相关的有用信息。

以下几本著作都提供了关于文件系统的深度信息。[Tanenbaum，2007]对文件系统的结构和实现做了一般性介绍。[Bach，1986]介绍了 UNIX 文件系统的实现，主要针对 System V。[Vahalia，1996]和[Goodheart & Cox，1994]也描述了 System V 文件系统。[Love，2010]和[Bovet & Cesati，2005]则讨论了 Linux VFS 的实现。

在内核源码子目录 Documentation/filesystems 下，可以找到关于各种文件系统的文档。针对 Linux 所支持的大多数文件系统实现，不少 WEB 站点也有论述。

14.13　练习

14-1.　编写一程序，试对在单目录下创建和删除大量 1 字节文件所需的时间进行度量。该程序应以 xNNNNNN 命名格式来创建文件，其中 NNNNNN 为随机的 6 位数字。文件的创建顺序与生成文件名相同，为随机方式，删除文件则按数字升序操作（删除与创建的顺序不同）。文件的数量（FN）和文件所在目录应由命令行指定。针对不同的 NF 值（比如，在 1000 和 20000 之间取值）和不同的文件系统（比如 ext2、ext3 和 XFS）来测量时间。随着 NF 的递增，每个文件系统下耗时的变化模式如何？不同文件系统之间，情况又是如何呢？如果按数字升序来创建文件（x000001、x000001、x0000002 等），然后以相同顺序加以删除，结果会改变吗？如果会，原因何在？此外，上述结果会随文件系统类型的不同而改变吗？

第 15 章

文 件 属 性

本章将探讨文件的各种属性（文件元数据）。首先介绍的是系统调用 stat()，可利用其返回一个包含多种文件属性（包括文件时间戳、文件所有权以及文件权限）的结构。然后，将描述用来改变文件属性的各种系统调用。（对文件权限的探讨会在第 17 章继续进行，讲述访问控制列表。）本章将在结尾处讨论 i 节点标志（也称为 ext2 扩展文件属性），可利用其控制内核对文件处理的方方面面。

15.1 获取文件信息：stat()

利用系统调用 stat()、lstat()以及 fstat()，可获取与文件有关的信息，其中大部分提取自文件 i 节点。

```
#include <sys/stat.h>

int stat(const char *pathname, struct stat *statbuf);
int lstat(const char *pathname, struct stat *statbuf);
int fstat(int fd, struct stat *statbuf);
```
                                         All return 0 on success, or –1 on error

以上 3 个系统调用之间仅有的区别在于对文件的描述方式不同。

- stat()会返回所命名文件的相关信息。
- lstat()与 stat()类似，区别在于如果文件属于符号链接，那么所返回的信息针对的是符号链接自身（而非符号链接所指向的文件）。
- fstat()则会返回由某个打开文件描述符所指代文件的相关信息。

系统调用 stat() 和 lstat()无需对其所操作的文件本身拥有任何权限，但针对指定 pathname 的父目录要有执行（搜索）权限。而只要供之以有效的文件描述符，fstat()系统调用总是成功。

上述所有系统调用都会在缓冲区中返回一个由 statbuf 指向的 stat 结构，其格式如下：

```
struct stat {
    dev_t       st_dev;         /* IDs of device on which file resides */
    ino_t       st_ino;         /* I-node number of file */
    mode_t      st_mode;        /* File type and permissions */
    nlink_t     st_nlink;       /* Number of (hard) links to file */
    uid_t       st_uid;         /* User ID of file owner */
    gid_t       st_gid;         /* Group ID of file owner */
    dev_t       st_rdev;        /* IDs for device special files */
    off_t       st_size;        /* Total file size (bytes) */
    blksize_t   st_blksize;     /* Optimal block size for I/O (bytes) */
    blkcnt_t    st_blocks;      /* Number of (512B) blocks allocated */
    time_t      st_atime;       /* Time of last file access */
    time_t      st_mtime;       /* Time of last file modification */
    time_t      st_ctime;       /* Time of last status change */
};
```

在 SUSv3 中，明确定义了供 stat 结构各字段使用的不同数据类型。更多与这些数据类型有关的信息，请参考 3.6.2 节。

根据 SUSv3，将 lstat() 应用于符号链接时，只需在 st_size 字段和描述文件类型的 st_mode 字段（稍后介绍）返回有效信息，并不要求所返回的其他字段（比如，time 字段）信息有效。如此一来，出于效率的原因，系统实现可选择不维护此类字段。说透彻一点，早期 UNIX 标准的意图在于把符号链接要么实现为 i 节点，要么实现为目录中的一条记录。如果是后一种实现方式，在实现中顾及 stat 结构的所有字段是不现实的。（在所有当代主流的 UNIX 实现中，符号链接都是以 i 节点的方式来实现的。）在 Linux 上，将 lstat() 应用于符号链接时，会返回所有 stat 字段的信息。

接下来，会对 stat 结构的某些字段做重点介绍。最后，还会给出展示完整 stat 结构的程序示例。

设备 ID 和 i 节点号

st_dev 字段标识文件所驻留的设备。st_ino 字段则包含了文件的 i 节点号。利用以上两者，可在所有文件系统中唯一标识某个文件。dev_t 类型记录了设备的主、辅 ID（见 14.1 节）。

如果是针对设备的 i 节点，那么 st_rdev 字段则包含设备的主、辅 ID。

利用宏 major() 和 minor()，可提取 dev_t 值的主、辅 ID。获取对两个宏声明的头文件则随 UNIX 实现而各异。在 Linux 系统上，若定义了_BSD_SOURCE 宏，则两个宏定义于<sys/types.h>中。

由 major() 和 minor() 所返回的整形值大小也随 UNIX 实现的不同而各不相同。为保证可移植性，打印时应总是将返回值强制转换为 long（见 3.6.2 节）。

文件所有权

st_uid 和 st_gid 字段分别标识文件的属主（用户 ID）和属组（组 ID）。

链接数

st_nlink 字段包含了指向文件的（硬）链接数。本书第 18 章将详细介绍链接。

文件类型及权限

st_mode 字段内含有位掩码，起标识文件类型和指定文件权限的双重作用。图 15-1 所示为该字段所含各位的布局情况。

图 15-1: st_mode 位掩码的布局

与常量 S_IFMT 相与（&），可从该字段中析取文件类型。（Linux 使用了 st_mode 字段中的 4 位来标识文件类型位。但由于 SUSv3 并未对文件类型位的表示方式做出任何规定，故而其具体细节随各实现而异。）将计算结果与一系列常量进行比较，即可确定文件类型，如下所示：

```
if ((statbuf.st_mode & S_IFMT) == S_IFREG)
    printf("regular file\n");
```

鉴于上述操作属于常见操作，因此可利用标准宏将其简化为：

```
if (S_ISREG(statbuf.st_mode))
    printf("regular file\n");
```

表 15-1 所列为全套文件类型宏（定义于<sys/stat.h>）。这些宏均由 SUSv3 定义，并为 Linux 所支持。一些其他的 UNIX 实现还定义了别的文件类型（比如，用于 Solaris door files 的 S_IFDOOR）。因为调用 stat() 时会循符号链接而直抵实际文件，所以只有在调用 lstat() 时才有可能返回类型 S_IFLNK。

> 想从<sys/stat.h>中获得 S_IFSOCK 和 S_ISSOCK() 的定义，必须定义_BSD_SOURCE 特性测试宏，或是将_XOPEN_SOURCE 定义为不小于 500 的值。（具体规则随 glibc 版本而异。在某些情况下，需将_XOPEN_SOURCE 的值定义为不小于 600。）

最初的 POSIX.1 标准并未定义表 15-1 中第一列所列的常量，尽管其中的大部分已为多数 UNIX 实现所支持。而 SUSv3 则把这些常量纳入规范。

表 15-1: 针对 stat 结构中的 st_mode 来检查文件类型的宏

常　量	测　试　宏	文件类型
S_IFREG	S_ISREG()	常规文件
S_IFDIR	S_ISDIR()	目录
S_IFCHR	S_ISCHR()	字符设备
S_IFBLK	S_ISBLK()	块设备
S_IFIFO	S_ISFIFO()	FIFO 或管道
S_IFSOCK	S_ISSOCK()	套接字
S_IFLNK	S_ISLNK()	符号链接

st_mode 字段的低 12 位定义了文件权限，会在 15.4 节介绍。目前，只要知道其中最低 9 位分别用来表示文件属主、属组以及其他用户的读、写、执行权限。

文件大小、已分配块以及最优 I/O 块大小

对于常规文件，st_size 字段表示文件的字节数。对于符号链接，则表示链接所指路径名的长度，以字节为单位。对于共享内存对象（见第 54 章），该字段则表示对象的大小。

st_blocks 字段表示分配给文件的总块数，块大小为 512 字节，其中包括了为指针块所分配的

空间（参见图 14-2）。之所以选择 512 字节大小的块作为度量单位，有其历史原因——对于 UNIX 所实现的任何文件系统而言，最小的块大小即为 512 字节。更为现代的 UNIX 文件系统则使用更大尺寸的逻辑块。例如，对于 ext2 文件系统，取决于其逻辑块大小为 1024、2048 还是 4096 字节，st_blocks 的取值将总是 2、4、8 的倍数。

> SUSv3 并未定义度量 st_blocks 时所使用的单位，故而 UNIX 实现可以不使用 512 字节作为其单位。大多数 UNIX 实现使用 512 字节作为 st_blocks 字段的单位，但 HP-UX 11 所使用的单位则视文件系统而定（有时为 1024 字节）。

st_blocks 字段记录了实际分配给文件的磁盘块数量。如果文件内含空洞（见 4.7 节），该值将小于从相应文件字节数字段（st_size）的值。（执行显示磁盘使用情况的 du –k file 命令，便可获悉分配给文件的实际空间，单位为 KB。亦即，得自对文件 st_blocks 值，而非 st_size 值的计算结果。）

st_blksize 字段的命名多少有些令人费解。其所指并非底层文件系统的块大小，而是针对文件系统上文件进行 I/O 操作时的最优块大小（以字节为单位）。若 I/O 所采用的块大小小于该值，则被视为低效（参阅 13.1 节）。一般而言，st_blksize 的返回值为 4096。

文件时间戳

st_atime、st_mtime 和 st_ctime 字段，分别记录了对文件的上次访问时间、上次修改时间，以及文件状态发生改变的上次时间。这 3 个字段的类型均属 time_t，是标准的 UNIX 时间格式，记录了自 Epoch 以来的秒数。15.2 节对此有深入描述。

程序示例

程序清单 15-1 所列程序使用 stat() 去获取文件（文件名由该程序的命令行提供）的相关信息。若以–l 选项执行命令，程序会改用 lstat()，以获取与符号链接（而非该链接所指代的文件）有关的信息。该程序会将返回 stat 结构的所有字段一一打印出来。（至于程序中将 st_size 和 st_blocks 字段强制转换为 long long 类型的原因，请参考 5.10 节。）该程序所调用的 filePermStr() 函数源码见之于程序清单 15-4。

以下为对该程序的执行情况。

```
$ echo 'All operating systems provide services for programs they run' > apue
$ chmod g+s apue          Turn on set-group-ID bit; affects last status change time
$ cat apue                Affects last file access time
All operating systems provide services for programs they run
$ ./t_stat apue
File type:                regular file
Device containing i-node: major=3   minor=11
I-node number:            234363
Mode:                     102644 (rw-r--r--)
    special bits set:     set-GID
Number of (hard) links:   1
Ownership:                UID=1000   GID=100
File size:                61 bytes
Optimal I/O block size:   4096 bytes
512B blocks allocated:    8
Last file access:         Mon Jun  8 09:40:07 2011
Last file modification:   Mon Jun  8 09:39:25 2011
Last status change:       Mon Jun  8 09:39:51 2011
```

程序清单 15-1：获取并解释文件的 stat 信息

```c
#define _BSD_SOURCE      /* Get major() and minor() from <sys/types.h> */
#include <sys/types.h>
#include <sys/stat.h>
#include <time.h>
#include "file_perms.h"
#include "tlpi_hdr.h"

static void
displayStatInfo(const struct stat *sb)
{
    printf("File type:                ");

    switch (sb->st_mode & S_IFMT) {
    case S_IFREG:  printf("regular file\n");           break;
    case S_IFDIR:  printf("directory\n");              break;
    case S_IFCHR:  printf("character device\n");       break;
    case S_IFBLK:  printf("block device\n");           break;
    case S_IFLNK:  printf("symbolic (soft) link\n");   break;
    case S_IFIFO:  printf("FIFO or pipe\n");           break;
    case S_IFSOCK: printf("socket\n");                 break;
    default:       printf("unknown file type?\n");     break;
    }

    printf("Device containing i-node: major=%ld   minor=%ld\n",
            (long) major(sb->st_dev), (long) minor(sb->st_dev));

    printf("I-node number:            %ld\n", (long) sb->st_ino);

    printf("Mode:                     %lo (%s)\n",
            (unsigned long) sb->st_mode, filePermStr(sb->st_mode, 0));

    if (sb->st_mode & (S_ISUID | S_ISGID | S_ISVTX))
        printf("    special bits set:     %s%s%s\n",
                (sb->st_mode & S_ISUID) ? "set-UID " : "",
                (sb->st_mode & S_ISGID) ? "set-GID " : "",
                (sb->st_mode & S_ISVTX) ? "sticky " : "");

    printf("Number of (hard) links:   %ld\n", (long) sb->st_nlink);

    printf("Ownership:                UID=%ld   GID=%ld\n",
            (long) sb->st_uid, (long) sb->st_gid);

    if (S_ISCHR(sb->st_mode) || S_ISBLK(sb->st_mode))
        printf("Device number (st_rdev):  major=%ld; minor=%ld\n",
                (long) major(sb->st_rdev), (long) minor(sb->st_rdev));

    printf("File size:                %lld bytes\n", (long long) sb->st_size);
    printf("Optimal I/O block size:   %ld bytes\n", (long) sb->st_blksize);
    printf("512B blocks allocated:    %lld\n", (long long) sb->st_blocks);
    printf("Last file access:         %s", ctime(&sb->st_atime));
    printf("Last file modification:   %s", ctime(&sb->st_mtime));
    printf("Last status change:       %s", ctime(&sb->st_ctime));
}
```

```
int
main(int argc, char *argv[])
{
    struct stat sb;
    Boolean statLink;              /* True if "-l" specified (i.e., use lstat) */
    int fname;                     /* Location of filename argument in argv[] */

    statLink = (argc > 1) && strcmp(argv[1], "-l") == 0;
                                   /* Simple parsing for "-l" */
    fname = statLink ? 2 : 1;

    if (fname >= argc || (argc > 1 && strcmp(argv[1], "--help") == 0))
        usageErr("%s [-l] file\n"
                 "        -l = use lstat() instead of stat()\n", argv[0]);

    if (statLink) {
        if (lstat(argv[fname], &sb) == -1)
            errExit("lstat");
    } else {
        if (stat(argv[fname], &sb) == -1)
            errExit("stat");
    }

    displayStatInfo(&sb);

    exit(EXIT_SUCCESS);
}
```
―― files/t_stat.c

15.2　文件时间戳

stat 结构的 st_atime、st_mtime 和 st_ctime 字段所含为文件时间戳，分别记录了对文件的上次访问时间、上次修改时间，以及文件状态（即文件 i 节点内信息）上次发生变更的时间。对时间戳的记录形式为自 1970 年 1 月 1 日（参见 10.1 节）以来所历经的秒数。

大多数原生 Linux 和 UNIX 文件系统都支持上述所有的时间戳字段，但某些非 UNIX 文件系统则未必如此。

表 15-2 总结了本书所述各种系统调用及库函数所改变的相应时间戳字段（有时则是指父目录的类似字段）。本表标题中的 a、m 和 c 分别表示 st_atime、st_mtime 和 st_ctime 字段。在大多数情况下，系统调用会将相关时间戳置为当前时间。但 utime()及类似调用（将在 15.2.1 和 15.2.2 节讨论）则不在此列，可利用这些系统调用显式将对文件的上次访问时间和上次修改时间设定为任意值。

表 15-2：各种函数对文件时间戳的影响

函　　数	文件或目录			父目录			注　　释
	a	m	c	a	m	c	
chmod()			●				与 fchmod()相同
chown()			●				与 lchown()和 fchown()相同
exec()	●						
link()			●		●	●	影响第二个参数的父目录

函 数	文件或目录			父目录			注 释
	a	m	c	a	m	c	
mkdir()	●	●	●	●		●	
mkfifo()	●	●	●	●		●	
mknod()	●	●	●	●		●	
mmap()	●	●	●				仅当对具有 MAP_SHARED 属性的映射进行更新时，才会改变 st_mtime 和 st_ctime
msync()		●	●				仅当修改文件时，才会改变时间戳
open()，creat()	●	●	●		●	●	新建文件时
open()，creat()		●	●				截断现有文件时
pipe()	●	●	●				
read()	●						与 readv()、pread()和 preadv()相同
readdir()	●						readdir()可缓冲目录条目，仅当读取目录时，才会更新各时间戳
removexattr()			●				与 fremovexattr()和 removexattr()相同
rename()			●		●	●	同时影响文件（更名前后）的父目录。SUSv3 并未强制要求改变文件的 st_ctime，只是顺带指出有一些实现是照此办理的
rmdir()					●	●	与 remove(directory)相同
sendfile()	●						改变了输入文件的时间戳
setxattr()			●				与 fsetxattr()和 lsetxattr()相同
symlink()	●	●	●		●	●	设置链接（而非目标文件）的时间戳
truncate()		●	●				与 ftruncate()相同，仅当文件大小改变时，才会改变时间戳
unlink()		●	●		●	●	与 remove(file)相同。若之前的链接计数大于 1，会改变文件的 st_ctime
utime()	●	●	●				与 utimes()、futimes()、futimens()、lutimes()和 utimensat 相同
write()		●	●				与 writev()、pwrite()和 pwritev()相同

本书 14.8.1 节和 15.5 节分别介绍了可阻止对文件上次访问时间进行更新的 mount(2)选项[1]，以及作用于单个文件的标志。4.3.1 节中介绍的 open() O_NOATIME 标志也能起到类似作用。由于采用此标志可降低对磁盘的操作次数，提升某些应用的文件访问性能，故而颇具实用价值。

> 虽然大多数 UNIX 系统都不会记录文件的创建时间，但最新的 BSD 系统会使用名为 st_birthtime 的 stat 字段来记录这一时间。

---

1 译者注：对整个文件系统起作用。

纳秒时间戳

对于 stat 结构所含的 3 个时间戳字段，Linux 从 2.6 版本将其精度提升至纳秒级。纳秒级分辨率将提高某些程序的精度，因为此类程序需要根据文件时间戳的先后顺序来作决定（比如，make(1)）。

SUSv3 并未强制要求 stat 结构对纳秒级时间戳的支持，但 SUSv4 对此则有明文规定。

并非所有文件系统都支持纳秒级精度的时间戳。JFS、XFS、ext4，以及 Btrfs 文件系统都支持，但 ext2、ext3 以及 Reiserfs 文件系统则不然。

glibc API（自版本 2.3 起）将每个时间戳字段都定义为 timespec 结构（本节稍后在介绍 utimensat() 时将会讲解该结构），此结构是以秒和纳秒为单位来表示时间的一种组件。使用恰当的宏定义，该组件的秒级部分可见诸于传统字段（st_atime、st_mtime，以及 st_ctime）中。而对其纳秒级部分的访问则会采用如下手法：通过诸如 st_atim.tv_nsec 之类的字段名来获取文件上次访问时间的纳秒级部分。

15.2.1 使用 utime() 和 utimes() 来改变文件时间戳

使用 utime() 或与之相关的系统调用集之一，可显式改变存储于文件 i 节点中的文件上次访问时间戳和上次修改时间戳。解压文件时，tar(1) 和 unzip(1) 之类的程序会使用这些系统调用去重置文件的时间戳。

```
#include <utime.h>

int utime(const char *pathname, const struct utimbuf *buf);
```

$$\text{Returns 0 on success, or } -1 \text{ on error}$$

参数 pathname 用来标识欲修改时间的文件。若该参数为符号链接，则会进一步解除引用。参数 buf 既可为 NULL，也可为指向 utimbuf 结构的指针。

```
struct utimbuf {
    time_t actime;      /* Access time */
    time_t modtime;     /* Modification time */
};
```

该结构中的字段记录了自 Epoch（见 10.1 节）以来的秒数。

utime() 的运作方式则视以下两种不同情况而定。

- 如果 buf 为 NULL，那么会将文件的上次访问和修改时间同时置为当前时间。这时，进程要么具有特权级别（CAP_FOWNER 或 CAP_DAC_OVERRIDE），要么其有效用户 ID 与该文件的用户 ID（属主）相匹配，且对文件有写权限（逻辑上，对文件拥有写权限的进程在调用其他系统调用时，可能会于无意间改变这些时间戳）。（准确地说，如 9.5 节所述，在 Linux 系统中，用来与文件用户 ID 做比对的是进程的文件系统用户 ID，而非其有效用户 ID。）

- 若将 buf 指定为指向 utimbuf 结构的指针，则会使用该结构的相应字段去更新文件的上次访问和修改时间。此时，要么调用程序具有特权级别（CAP_FOWNER），要么进程的有效用户 ID 必需匹配文件的用户 ID（仅对文件拥有写权限是不够的）。

为更改文件时间戳中的一项，可以先利用 stat() 来获取两个时间，并使用其中之一来初始化 utimbuf 结构，然后再将另一时间置为期望值。下列代码演示了这一操作，将文件的上次修改时间改为与上次访问时间相同。

```
struct stat sb;
struct utimbuf utb;

if (stat(pathname, &sb) == -1)
    errExit("stat");
utb.actime = sb.st_atime;          /* Leave access time unchanged */
utb.modtime = sb.st_atime;
if (utime(pathname, &utb) == -1)
    errExit("utime");
```

只要调用 utime()成功，总会将文件的上次状态更改时间置为当前时间。

Linux 还提供了源于 BSD 的 utimes()系统调用，其功用类似于 utime()。

```
#include <sys/time.h>

int utimes(const char *pathname, const struct timeval tv[2]);
```
                                        Returns 0 on success, or –1 on error

utime()与 utimes()之间最显著的差别在于后者可以以微秒级精度来指定时间值（timeval 结构请见 10.1 节）。Linux 2.6 为文件时间戳提供了纳秒级的精度支持，在这里也部分得以体现。新的文件访问时间在 tv[0]中指定，新的文件修改时间在 tv[1]中指定。

utimes()的使用例子请参考随本书一同发行的源码中的 files/t_utimes.c 文件。

futimes()和 lutimes()库函数的功能与 utimes()大同小异。前两者与后者之间的差异在于，用来指定要更改时间戳文件的参数不同。

```
#include <sys/time.h>

int futimes(int fd, const struct timeval tv[2]);
int lutimes(const char *pathname, const struct timeval tv[2]);
```
                                        Both return 0 on success, or –1 on error

调用 futimes()时，使用打开文件描述符 fd 来指定文件。

调用 lutimes()时，使用路径名来指定文件，有别于调用 utimes()的是：对于 lutimes()，若路径名指向一符号链接，则调用不会对该链接进行解引用，而是更改链接自身的时间戳。

glibc 自 2.3 版本开始支持 futimes()函数，自 2.6 版本开始支持 lutimes()函数。

15.2.2　使用 utimensat()和 futimens()改变文件时间戳

utimensat()系统调用（内核自 2.6.22 版本开始支持）和 futimens()库函数（glibc 自版本 2.6 开始支持）为设置对文件的上次访问和修改时间戳提供了扩展功能。以下对这两个编程接口的优点列举一二。

- 可按纳秒级精度设置时间戳。相对于提供微秒级精度的 utimes()，这是重大改进。
- 可独立设置某一时间戳（一次只设置其一）。如前所述，要使用旧编程接口去改变时间戳之一，需要首先调用 stat()获取另一时间戳的值。然后再将获取值与打算变更的时间戳一同指定。（若另一进程在这两步之间执行了更新时间戳的操作，将会导致竞争状态。）
- 可独立将任一时间戳置为当前时间。要使用旧编程接口将一个时间戳改为当前时间，需要调用 stat()去获取那些保持不变的时间戳的设置情况，并调用 gettimeofday()以获得当前时间。

在 SUSv3 中并未定义以上两个接口，但 SUSv4 将其纳入规范。

utimensat()系统调用会把由 pathname 指定文件的时间戳更新为由数组 times 指定的值。

```
#define _XOPEN_SOURCE 700        /* Or define _POSIX_C_SOURCE >= 200809 */
#include <sys/stat.h>

int utimensat(int dirfd, const char *pathname,
                const struct timespec times[2], int flags);
                                            Returns 0 on success, or -1 on error
```

若将 times 指定为 NULL，则会将以上两个文件时间戳都更新为当前时间。若 times 值为非 NULL，则会针对指定文件在 times[0]中放置新的上次访问时间，在 times[1]中放置新的上次修改时间。数组 times 所含的每一元素都是如下格式的一个结构：

```
struct timespec {
    time_t tv_sec;      /* Seconds ('time_t' is an integer type) */
    long   tv_nsec;     /* Nanoseconds */
};
```

结构所含的字段分别指定自 Epoch (10.1 节)以来的秒数和纳秒数。

若有意将时间戳之一置为当前时间，则可将相应的 tv_nsec 字段指定为特殊值 UTIME_NOW。若希望某一时间戳保持不变，则需把相应的 tv_nsec 字段指定为特殊值 UTIME_OMIT。无论是上述哪一种情况，都将忽略相应 tv_sec 字段中的值。

可以将 dirfd 参数指定为 AT_FDCWD，此时对 pathname 参数的解读与 utimes()相类似。或者，也可以将其指定为指代目录的文件描述符，18.11 节将描述这一用法的目的所在。

flags 参数可以为 0，或者 AT_SYMLINK_NOFOLLOW，意即当 pathname 为符号链接时，不会对其解引用（也就是说，改变的是符号链接自身的时间戳）。相形之下，utimes()总是对符号链接进行解引用。

以下代码片段在将对文件的上次访问时间置为当前时间的同时，上次修改时间则保持不变。

```
struct timespec times[2];

times[0].tv_sec = 0;
times[0].tv_nsec = UTIME_NOW;
times[1].tv_sec = 0;
times[1].tv_nsec = UTIME_OMIT;
if (utimensat(AT_FDCWD, "myfile", times, 0) == -1)
    errExit("utimensat");
```

利用 utimensat()(和 futimens())改变时间戳时所遵循的权限规则与旧有 API 函数相类似，utimensat(2)手册页对此有详细讨论。

使用 futimens()库函数可更新打开文件描述符 fd 所指代文件的各个文件时间戳。

```
#include _GNU_SOURCE
#include <sys/stat.h>

int futimens(int fd, const struct timespec times[2]);
                                            Returns 0 on success, or -1 on error
```

其中，times 参数的使用方法与 utimensat()相同。

15.3 文件属主

每个文件都有一个与之关联的用户 ID（UID）和组 ID（GID），籍此可以判定文件的属主和属组。

15.3.1 新建文件的属主

文件创建时，其用户 ID "取自" 进程的有效用户 ID。而新建文件的组 ID 则 "取自" 进程的有效组 ID（等同于 System V 系统的默认行为），或父目录的组 ID（BSD 系统的行为）。当为项目创建目录时，需要该目录下的所有文件隶属于某一特定组，并且可为该组所有成员所访问。这时，采用后一种行为就非常实用。新建文件的组 ID 在这两者间如何取舍是由多种因素决定的，新文件所在文件系统的类型就是其中之一。这里先介绍一下 ext2 和某些其他类型文件系统所遵循的规则。

> 为求精确，本节所使用的术语有效用户 ID 或组 ID，实际是指文件系统用户 ID 或组 ID（见 9.5 节）。

装配 ext2 文件系统时，mount 命令要么带有-o grpid 的选项（或等效的-o bsdgroups 选项），要么带有-o nogrpid 选项（或等效的-o sysvgroups 选项）。（若两者均未指定，mount 命令的默认选项为-o nogrpid。）若指定了-o grpid 选项，那么新建文件总是继承其父目录的组 ID。若指定了-o nogrpid 选项，那么在默认情况下，新建文件的组 ID 则 "取自" 进程的有效组 ID。不过，如果已将目录的 set-group-ID 位置位（通过 chmod g+s 命令），那么文件的组 ID 又将从其父目录处继承。表 15-3 对上述规则做了总结。

> 正如 18.6 节所述，一旦将某一目录的 set-group-ID 位置位后，该目录下所有子目录的 set-group-ID 位也将被置位。如此一来，正文中所描述的 set-group-ID 行为会遍布整个目录树。

表 15-3：确定新建文件组所有权的规则

文件系统装配选项	有无设置父目录的 Set-group-ID 位	新建文件的组所有权取自何处
–o grpid，–o bsdgroups	忽略	父目录组 ID
–o nogrpid，–o sysvgroups（默认）	无	父目录组 ID
	有	父目录组 ID

写作本书之际，支持 grpid 和 nogrpid 装配选项的文件系统仅限于 ext2、ext3、ext4 以及自 Linux 2.6.14 出现的 XFS。其他类型的文件系统则遵循 nogrpid 规则。

15.3.2 改变文件属主：chown()、fchown()和 lchown()

系统调用 chown()、lchown()和 fchown()可用来改变文件的属主（用户 ID）和属组（组 ID）。

```
#include <unistd.h>

int chown(const char *pathname, uid_t owner, gid_t group);

#define _XOPEN_SOURCE 500        /* Or: #define _BSD_SOURCE */
#include <unistd.h>

int lchown(const char *pathname, uid_t owner, gid_t group);
int fchown(int fd, uid_t owner, gid_t group);
```
                                        All return 0 on success, or –1 on error

以上 3 个系统调用之间的区别类似于 stat()系统调用一族。

- chown()改变由 pathname 参数命名文件的所有权。
- lchown()用途与 chown()相同，不同之处在于若参数 pathname 为一符号链接，则将会改变链接文件本身的所有权，而与该链接所指代的文件无干。
- fchown()也会改变文件的所有权，只是文件由打开文件描述符 fd 所引用。

参数 owner 和 group 分别为文件指定新的用户 ID 和组 ID。若只打算改变其中之一，只需将另一参数置为–1，即可令与之相关的 ID 保持不变。

> Linux2.2 之前，chown()不对符号链接进行解引用。从 Linux 2.2 开始，chown()的语义发生了变化，并且添加了新系统调用 lchown()，以提供老系统调用 chown()的行为。

只有特权级进程(CAP_CHOWN)才能使用 chown()改变文件的用户 ID。非特权级进程可使用 chown()将自己所拥有文件的组 ID 改为其所从属的任一属组的 ID，前提是进程的有效用户 ID 与文件的用户 ID 相匹配。特权级进程则可将文件的组 ID 修改为任意值。

> 当超级用户改变可执行文件的属主和属组时，是否应当屏蔽 set-user-ID 和 set-group-ID 位？SUSv3 对此未置可否。Linux 2.0 确实会屏蔽以上各位，但某些 2.2 版本（不超过 2.2.12）的早期内核则不然。其后的 2.2 内核又回归了 2.0 内核的行为——造成变化的无论是超级用户还是其他用户，系统在处理时都将一视同仁。（但若以 root 登录后执行 chown(1)命令来改变文件的所有权，则 chown 命令会在调用 chown(2)之后利用系统调用 chmod()来重新激活 set-user-ID 和 set-group-ID 位。）

如果文件组的属主或属组发生了改变，那么 set-user-ID 和 set-group-ID 权限位也会随之关闭。这一安全举措是为了防止如下行为：普通用户若能打开某一可执行文件的 set-user-ID（或 set-group-ID）位，然后再设法令其为某些特权级用户（或组）所拥有，就能在执行该文件时获得特权用户身份。

改变文件的属主和属组时，如果已然屏蔽了属组的可执行权限位，或者要改变的是目录的所有权时，那么将不会屏蔽 set-group-ID 权限位。在上述两种情况下，set-group-ID 位的用途并非是去创建一个启用了 set-group-ID 的程序，因此将该位屏蔽并不可取。set-group-ID 的其他用途如下所示。

- 若屏蔽了属组的可执行权限位，则可利用 set-group-ID 权限位来启用强制文件锁定（请参阅 55.4 节）。
- 当作用于目录时，可利用 set-group-ID 位来控制在该目录下创建文件的所有权（见 15.3.1 节）。

程序清单 15-2 演示了 chown() 的用法，该程序允许用户改变任意数量文件（由命令行参数指定）的属主和属组。（该程序使用程序清单 8-1 中的 userIdFromName() 和 groupIdFromName() 函数，将用户名和组名转换为相应的数字 ID。）

程序清单 15-2：改变文件的属主和属组

```
                                                          files/t_chown.c
#include <pwd.h>
#include <grp.h>
#include "ugid_functions.h"              /* Declarations of userIdFromName()
                                            and groupIdFromName() */
#include "tlpi_hdr.h"

int
main(int argc, char *argv[])
{
    uid_t uid;
    gid_t gid;
    int j;
    Boolean errFnd;

    if (argc < 3 || strcmp(argv[1], "--help") == 0)
        usageErr("%s owner group [file...]\n"
                 "        owner or group can be '-', "
                 "meaning leave unchanged\n", argv[0]);

    if (strcmp(argv[1], "-") == 0) {            /* "-" ==> don't change owner */
        uid = -1;
    } else {                                    /* Turn user name into UID */
        uid = userIdFromName(argv[1]);
        if (uid == -1)
            fatal("No such user (%s)", argv[1]);
    }

    if (strcmp(argv[2], "-") == 0) {            /* "-" ==> don't change group */
        gid = -1;
    } else {                                    /* Turn group name into GID */
        gid = groupIdFromName(argv[2]);
        if (gid == -1)
            fatal("No group user (%s)", argv[1]);
    }

    /* Change ownership of all files named in remaining arguments */

    errFnd = FALSE;
    for (j = 3; j < argc; j++) {
        if (chown(argv[j], uid, gid) == -1) {
            errMsg("chown: %s", argv[j]);
            errFnd = TRUE;
        }
    }

    exit(errFnd ? EXIT_FAILURE : EXIT_SUCCESS);
}
                                                          files/t_chown.c
```

15.4 文件权限

本节将介绍应用于文件和目录的权限方案。尽管此处所讨论的权限主要是针对普通文件和目录，但其规则可适用于所有文件类型，包括设备文件、FIFO 以及 UNIX 域套接字等。此外，System V 和 POSIX 进程间通信对象（共享内存、信号量和消息队列）也具有权限掩码，而适用于此类对象的权限规则也与文件的权限规则相类似。

15.4.1 普通文件的权限

如 15.1 节所述，stat 结构中 st_mod 字段的低 12 位定义了文件权限。其中的前 3 位为专用位，分别是 set-user-ID 位、set-group-ID 位和 sticky 位（在图 15-1 中分别被标注为 U、G、T位），将在 15.4.5 节中详细介绍。其余 9 位则构成了定义权限的掩码，分别授予访问文件的各类用户。文件权限掩码分为 3 类。

- Owner（亦称为 user）：授予文件属主的权限。

chmod(1)之类的命令使用术语 user 的缩写 u 来指代该类权限。

- Group：授予文件属组成员用户的权限。
- Other：授予其他用户的权限。

可为每一类用户授予的权限如下所示。

- Read：可阅读文件的内容。
- Write：可更改文件的内容。
- Execute：可以执行文件（亦即，文件是程序或脚本）。要执行脚本文件（比如，一个 bash 脚本），需同时具备读权限和执行权限。

执行 ls–l 命令，可查看文件的权限和所有权，如下所示：

```
$ ls -l myscript.sh
-rwxr-x---   1 mtk     users        1667 Jan 15 09:22 myscript.sh
```

在以上输出中，将文件权限显示为"rwxr-x---"（该字符串起始处的连接号"-"表明该文件属于普通文件）。在解释该字符串时，需将其一剖为三，以 3 个字符为一组，分别表示读、写、可执行权限具备与否。第一组字符用来表示文件属主的权限，在本例中，则是读、写、执行权限俱全。第二组字符用来表示属组权限，对于本例，组内用户具有读和可执行权限，但不具有写权限。最后一组字符用来表示其他用户的权限，本例中的其他用户没有任何权限。

头文件<sys/stat.h>定义了可与 stat 结构中 st_mode 相与（&）的常量，用于检查特定权限位置位与否。（<fcntl.h>为 open()系统调用提供了原型，在程序中包含该头文件也可定义这些常量。）表 15-4 列出了这些常量。

表 15-4：用来表示文件权限位的常量

常　量	其　他　值	权　限　位
S_ISUID	04000	Set-user-ID
S_ISGID	02000	Set-group-ID
S_ISVTX	01000	Sticky

常　　量	其　他　值	权　限　位
S_IRUSR	0400	User-read
S_IWUSR	0200	User-write
S_IXUSR	0100	User-execute
S_IRGRP	040	Group-read
S_IWGRP	020	Group-write
S_IXGRP	010	Group-execute
S_IROTH	04	Other-read
S_IWOTH	02	Other-write
S_IXOTH	01	Other-execute

除表 15-4 所列常量以外，还分别将各类（属主、属组及其他）权限掩码定义为常量：S_IRWXU (0700)、S_IRWXG (070)和 S_IRWXO (07)。

程序清单 15-3 声明的函数 filePermStr()，会针对给定的文件权限掩码返回一个静态分配的字符串，以 ls(1)所采用的风格来表示该掩码。

程序清单 15-3：file_perms.c 文件的头文件

———————————————————————————————————— files/file_perms.h

```
#ifndef FILE_PERMS_H
#define FILE_PERMS_H

#include <sys/types.h>

#define FP_SPECIAL 1            /* Include set-user-ID, set-group-ID, and sticky
                                   bit information in returned string */

char *filePermStr(mode_t perm, int flags);

#endif
```

———————————————————————————————————— files/file_perms.h

如果在 filePermStr()的 flag 参数中设置了 FP_SPECIAL 标志，那么返回的字符串将包括 set-user-ID、set-group-ID，以及 sticky 位的设置信息，其表现形式同样会沿袭 ls(1)的风格。

程序清单 15-4 展示了 filePermStr()函数的实现。程序清单 15-1 中的程序调用了该函数。

程序清单 15-4：将文件权限掩码转换为字符串

———————————————————————————————————— files/file_perms.c

```
#include <sys/stat.h>
#include <stdio.h>
#include "file_perms.h"                    /* Interface for this implementation */

#define STR_SIZE sizeof("rwxrwxrwx")

char *             /* Return ls(1)-style string for file permissions mask */
filePermStr(mode_t perm, int flags)
{
    static char str[STR_SIZE];
```

```
        snprintf(str, STR_SIZE, "%c%c%c%c%c%c%c%c%c",
            (perm & S_IRUSR) ? 'r' : '-', (perm & S_IWUSR) ? 'w' : '-',
            (perm & S_IXUSR) ?
                (((perm & S_ISUID) && (flags & FP_SPECIAL)) ? 's' : 'x') :
                (((perm & S_ISUID) && (flags & FP_SPECIAL)) ? 'S' : '-'),
            (perm & S_IRGRP) ? 'r' : '-', (perm & S_IWGRP) ? 'w' : '-',
            (perm & S_IXGRP) ?
                (((perm & S_ISGID) && (flags & FP_SPECIAL)) ? 's' : 'x') :
                (((perm & S_ISGID) && (flags & FP_SPECIAL)) ? 'S' : '-'),
            (perm & S_IROTH) ? 'r' : '-', (perm & S_IWOTH) ? 'w' : '-',
            (perm & S_IXOTH) ?
                (((perm & S_ISVTX) && (flags & FP_SPECIAL)) ? 't' : 'x') :
                (((perm & S_ISVTX) && (flags & FP_SPECIAL)) ? 'T' : '-'));

    return str;
}
```

———————————————————————————————————— files/file_perms.c

15.4.2　目录权限

目录与文件拥有相同的权限方案，只是对 3 种权限的含义另有所指。

- 读权限：可列出（比如，通过 ls 命令）目录之下的内容（即目录下的文件名）。

> 在实验验证对目录读权限位的操作时，应当了解有些 Linux 发行版对 ls 做了别名处理，命令所携带的一些选项（比如，-F）需要访问目录中文件的 i 节点信息，而这又需要拥有对目录的执行权限。为确保使用的是 ls 命令本身，执行时要给出命令的完整路径名（/bin/ls）。

- 写权限：可在目录内创建、删除文件。注意，要删除文件，对文件本身无需有任何权限。
- 可执行权限：可访问目录中的文件。因此，有时也将对目录的执行权限称为 search（搜索）权限。

访问文件时，需要拥有对路径名所列所有目录的执行权限。例如，想读取文件/home/mtk/x，则需拥有对目录/、/home 以及/home/mtk 的执行权限（还要有对文件 x 自身的读权限）。若当前的工作目录为 /home/mtk/sub1 ，访问相对路径名 ../sub2/x 时，需握有 /home/mtk 和 /home/mtk/sub2 这两个目录的可执行权限（不必有对/或/home 的执行权限）。

拥有对目录的读权限，用户只是能查看目录中的文件列表。要想访问目录内文件的内容或是这些文件的 i 节点信息，还需握有对目录的执行权限。

反之，若拥有对目录的可执行权限，而无读权限，只要知道目录内文件的名称，仍可对其进行访问，但不能列出目录下的内容（即目录所含的其他文件名）。在控制对公共目录内容的访问时，这是一种常用技术，简单而且实用。

要想在目录中添加或删除文件，需要同时拥有对该目录的执行和写权限。

15.4.3　权限检查算法

只要在访问文件或目录的系统调用中指定了路径名称，内核就会检查相应文件的权限。如果赋予系统调用的路径名还包含目录前缀时，那么内核除去会检查对文件本身所需的权限以外，还会检查前缀所含每个目录的可执行权限。内核会使用进程的有效用户 ID、有效组 ID 以及辅助组 ID，来执行权限检查。（准确说来，Linux 内核会使用文件系统用户 ID 和组 ID，而非相应的有效用户 ID 和组 ID，来进行文件权限检查，这一点 9.5 节已经提及。）

一旦调用 open() 打开了文件，针对返回描述符的后续系统调用（比如，read()、write()、fstat()、fcntl()，以及 mmap()）将不再进行任何权限检查。

检查文件权限时，内核所遵循的规则如下。

1. 对于特权级进程，授予其所有访问权限。
2. 若进程的有效用户 ID 与文件的用户 ID（属主）相同，内核会根据文件的属主权限，授予进程相应的访问权限。比方说，若文件权限掩码中的属主读权限（owner-read permission）位被置位，则授予进程读权限。否则，则拒绝进程对文件的读取操作。
3. 若进程的有效组 ID 或任一附属组 ID 与文件的组 ID（属组）相匹配，内核会根据文件的属组权限，授予进程对文件的相应访问权限。
4. 若以上三点皆不满足，内核会根据文件的 other(其他)权限，授予进程相应权限。

其实，内核代码在实现上述检查规则时，在构造上也颇具匠心。只有当进程通过其他测试未能获得所需要的权限时，才去检查进程是否属于特权级进程。这就省去了对 ASU 进程记账标志的设置，该标志用于标记进程是否曾利用过超级用户特权（见 28.1 节）。

内核会依次执行针对属主、属组以及其他用户的权限检查，只要匹配上述检查规则之一，便会停止检查。这样得出的结果可能会在意料之外，比方说，若组权限超过了属主权限，那么文件属主所拥有的权限要低于组成员的权限，如下例所示：

```
$ echo 'Hello world' > a.txt
$ ls -l a.txt
-rw-r--r--   1 mtk     users    12 Jun 18 12:26 a.txt
$ chmod u-rw a.txt            Remove read and write permission from owner
$ ls -l a.txt
----r--r--   1 mtk     users    12 Jun 18 12:26 a.txt
$ cat a.txt
cat: a.txt: Permission denied    Owner can no longer read file
$ su avr                          Become someone else...
Password:
$ groups                          who is in the group owning the file...
users staff teach cs
$ cat a.txt                       and thus can read the file
Hello world
```

若为文件的其他用户分配的权限大于文件属主或属组，上述论述也同样适用。

由于文件的权限及所有权信息都维护于文件的 i 节点之内，故而也为指向同一 i 节点的所有文件名（链接）所共享。

Linux2.6 支持访问控制列表，从而可以以每用户或每组为基础来定义文件权限。若文件与一 ACL 挂钩，内核则会在上述算法的基础上略作改动。本书第 17 章将会介绍 ACL。

检查特权级别进程的权限

上文曾提及，若进程为特权级进程，则内核在检查权限时将授予进程所有的访问权限。这一论述成立，其实还要加个限制条件。对于非目录文件，仅当该文件的 3 种权限类型（至少）之一具有可执行权限时，Linux 才会将该权限赋予一特权级进程。而在其他一些 UNIX 的实行中，即使文件的任何权限类型都不具有可执行权限，特权级进程还是能执行该文件。而当访问目录时，特权级进程总是拥有可执行（搜索）权限。

就两种 Linux 进程能力：CAP_DAC_READ_SEARCH 和 CAP_DAC_OVERRIDE（参见 39.2 节）而言，有必要修改之前对特权级进程的描述。具备 CAP_DAC_READ_SEARCH 能力的进程对任何类型的文件都拥有读权限，对于目录则总是具有可执行和写权限（即总能访问目录中的文件，并能读取目录中的文件列表）。具备 CAP_DAC_OVERRIDE 能力的进程对任何类型的文件都拥有读、写权限，对于目录或是文件在权限分类中的至少一类具有可执行权限的情况下，则该进程对其还拥有可执行权限。

15.4.4 检查对文件的访问权限：access()

如上节所述，当进程访问文件时，系统会以其 effective(有效)用户 ID、effective(有效)组 ID 以及附属组 ID 来确定权限。当然，对于程序（比如，set-user-ID 或 set-group-ID 程序）来说，根据进程的 real（真实）用户 ID 和组 ID 来检查对文件的访问权限，也并非没有可能。

系统调用 access()就是根据进程的真实用户 ID 和组 ID（以及附属组 ID），去检查对 pathname 参数所指定文件的访问权限。

```
#include <unistd.h>

int access(const char *pathname, int mode);
                    Returns 0 if all permissions are granted, otherwise -1
```

若 pathname 为符号链接，access()将对其解引用。

参数 mode 是由表 15-5 中常量相或（|）而成的位掩码。若由 pathname 所指定的文件具备 mode 参数包含的所有权限，access()将返回 0；只要有一项权限未得到满足（或者有错误发生），access()则返回-1。

表 15-5：access()的 mode 常量

常　　量	描　　述
F_OK	有这个文件吗
R_OK	对该文件有读权限吗
W_OK	对该文件有写权限吗
X_OK	对该文件有执行权限吗

由于对某一文件调用 access()与对同一文件的后续操作之间存在时间差，因此（不论间隔多么短暂）执行后续操作时，也无法保证在对文件的后续操作时由 access()所返回的信息依然正确。在某些应用程序设计中，上述情形可能会导致安全漏洞。

比方说，假设有一 set-user-ID-root 程序，使用 access()来检查程序的真实用户 id 是否可以访问某文件，如果可以访问，就对其执行（open()或 exec()之类的)操作。

问题是，若输入 access()的路径名为符号链接，而恶意用户可抢在第二步检查之前设法更改该链接，使其指向另一文件，则最终会导致 set-user-ID-root 去操作真实用户 ID 并无权限的文件。(这也是对 38.6 节所述检查时间与调用时间之间竞争条件的例证。)正因如此，建议杜绝使用 access()(参见[Borisov，2005])。对于前文所举示例，可以暂时更改 set-user-ID 进程的有效（或文件系统）用户 ID 来实施（open()或 exec()之类的）文件操作，并通过对返回值和 errno 的检查来判断，操作失败是否应归咎于权限问题。

> GNU C 库提供了一个功能相似的非标准函数 euidaccess()（及其同义函数 eaccess()），该函数使用进程的有效用户 ID 来检查对文件的访问权限。

15.4.5 Set-User-ID、Set-Group-ID 和 Sticky 位

除了 9 位用来表明属主、属组和其他用户的权限之外，文件权限掩码还另设有 3 个附加位，分别为 set-user-ID (bit 04000)、set-group-ID (bit 02000)和 sticky (bit 01000)位。9.3 节讨论了创建特权级程序时对 set-user-ID 和 set-group-ID 权限位的使用。set-group-ID 位还有两种其他用途：对于在以 nogrpid 选项装配的目录下所新建的文件，控制其群组从属关系；可用于强制锁定文件。以上两种用途分别在 15.3.1 节和 55.4 节有所介绍。本节将重点讨论 sticky 位的用途。

在老的 UNIX 实现中，提供 sticky 位的目的在于让常用程序的运行速度更快。若对某程序文件设置了 sticky 位，则首次执行程序时，系统会将其文本[1]拷贝保存于交换区中，即"粘"（stick）在交换区内，故而能提高后续执行的加载速度。现代 UNIX 实现对内存的管理更为精准，故而也将权限位的这一用法束之高阁。

> 表 15-4 所示 Sticky 权限位的常量名称——S_ISVTX 源于对 sticky 位的别称：saved-text 位。

在现代 UNIX 实现（包括 Linux）中，sticky 权限位所起的作用全然不同于老的 UNIX 实现。作用于目录时，sticky 权限位起限制删除位的作用。为目录设置该位，则表明仅当非特权进程具有对目录的写权限，且为文件或目录的属主时，才能对目录下的文件进行删除（unlink()、rmdir()）和重命名（rename()）操作。（具有 CAP_FOWNER 能力的进程可省去对属主的检查。）可藉此机制来创建为多个用户共享的一个目录，各个用户可在其下创建或删除属于自己的文件，但不能删除隶属于其他用户的文件。为/tmp 目录设置 sticky 权限位，原因正在于此。

可通过 chmod 命令(chmod +t file)或 chmod()系统调用来设置文件的 sticky 权限位。若对某文件设置了 sticky 权限位，则当执行 ls–l 命令显示该文件时，会在其他用户执行权限字段上看到字母 T，其大小写则要取决于是否对文件开启了其他用户执行权限位，如下所示：

```
$ touch tfile
$ ls -l tfile
-rw-r--r--   1 mtk     users     0 Jun 23 14:44 tfile
$ chmod +t tfile
$ ls -l tfile
-rw-r--r-T   1 mtk     users     0 Jun 23 14:44 tfile
$ chmod o+x tfile
$ ls -l tfile
-rw-r--r-t   1 mtk     users     0 Jun 23 14:44 tfile
```

15.4.6 进程的文件模式创建掩码：umask()

本节将针对新建文件或目录的权限设置展开深入讨论。对于新建文件，内核会使用 open()或 creat()中 mode 参数所指定的权限。对于新建目录，则会根据 mkdir()的 mode 参数来设置权

---

1 译者注：段。

限。然而，文件模式创建掩码（简称为 umask）会对这些设置进行修改。umask 是一种进程属性，当进程新建文件或目录时，该属性用于指明应屏蔽哪些权限位。

进程的 umask 通常继承自其父 shell，其结果往往正如人们所期望的那样：用户可以使用 shell 的内置命令 umask 来改变 shell 进程的 umask，从而控制在 shell 下运行程序的 umask。

大多数 shell 的初始化文件会将 umask 默认置为八进制值 022 (----w--w-)。其含义为对于同组或其他用户，应总是屏蔽写权限。因此，假定 open() 调用中的 mode 参数为 0666（即令所有用户享有读、写权限，通常如此），那么对新建文件来说，其属主拥有读、写权限，所有其他用户只具有读权限（针对文件执行 ls–l 命令，会显示 "rw-r--r—"）。同理，假定将 mkdir() 的 mode 参数指定为 0777（即所有用户享有所有权限），那么对于新建目录来说，其属主享有所有权限，同组和其他用户则只拥有读取和执行权限（即 rwxr-xr-x）。

系统调用 umask() 将进程的 umask 改变为 mask 参数所指定的值。

```
#include <sys/stat.h>

mode_t umask(mode_t mask);
```
                        Always successfully returns the previous process umask

可以以八进制数或是表 15-4 中所列常量相或（|）来指定 mask 参数。

对 umask() 的调用总会成功，并返回进程的前一 umask。

程序清单 15-5 演示了 umask() 与 open() 和 mkdir() 的相互配合。运行该程序的结果如下：

```
$ ./t_umask
Requested file perms: rw-rw----        This is what we asked for
Process umask:        ----wx-wx        This is what we are denied
Actual file perms:    rw-r-----        So this is what we end up with

Requested dir. perms: rwxrwxrwx
Process umask:        ----wx-wx
Actual dir. perms:    rwxr--r--
```

> 程序清单 15-5 使用 mkdir() 和 rmdir() 系统调用来创建和删除目录，使用 unlink() 系统调用来删除文件。以上系统调用将在第 18 章再做讲解。

程序清单 15-5：使用 umask()

————————————————————————————————— files/t_umask.c

```c
#include <sys/stat.h>
#include <fcntl.h>
#include "file_perms.h"
#include "tlpi_hdr.h"

#define MYFILE "myfile"
#define MYDIR  "mydir"
#define FILE_PERMS    (S_IRUSR | S_IWUSR | S_IRGRP | S_IWGRP)
#define DIR_PERMS     (S_IRWXU | S_IRWXG | S_IRWXO)
#define UMASK_SETTING (S_IWGRP | S_IXGRP | S_IWOTH | S_IXOTH)

int
main(int argc, char *argv[])
{
```

```
    int fd;
    struct stat sb;
    mode_t u;

    umask(UMASK_SETTING);

    fd = open(MYFILE, O_RDWR | O_CREAT | O_EXCL, FILE_PERMS);
    if (fd == -1)
        errExit("open-%s", MYFILE);
    if (mkdir(MYDIR, DIR_PERMS) == -1)
        errExit("mkdir-%s", MYDIR);

    u = umask(0);                    /* Retrieves (and clears) umask value */

    if (stat(MYFILE, &sb) == -1)
        errExit("stat-%s", MYFILE);
    printf("Requested file perms: %s\n", filePermStr(FILE_PERMS, 0));
    printf("Process umask:        %s\n", filePermStr(u, 0));
    printf("Actual file perms:    %s\n\n", filePermStr(sb.st_mode, 0));
    if (stat(MYDIR, &sb) == -1)
        errExit("stat-%s", MYDIR);
    printf("Requested dir. perms: %s\n", filePermStr(DIR_PERMS, 0));
    printf("Process umask:        %s\n", filePermStr(u, 0));
    printf("Actual dir. perms:    %s\n", filePermStr(sb.st_mode, 0));

    if (unlink(MYFILE) == -1)
        errMsg("unlink-%s", MYFILE);
    if (rmdir(MYDIR) == -1)
        errMsg("rmdir-%s", MYDIR);
    exit(EXIT_SUCCESS);
}
```

——————————————————————————————————————— files/t_umask.c

15.4.7　更改文件权限：chmod()和 fchmod()

可利用系统调用 chmod()和 fchmod()去修改文件权限。

```
#include <sys/stat.h>

int chmod(const char *pathname, mode_t mode);

#define _XOPEN_SOURCE 500       /* Or: #define _BSD_SOURCE */
#include <sys/stat.h>

int fchmod(int fd, mode_t mode);
```
                                        Both return 0 on success, or –1 on error

　　系统调用 chmod()更改由 pathname 参数所指定文件的权限。若该参数所指为符号链接，调用 chmod()会改变符号链接所指代文件的访问权限，而非对符号链接自身的访问权限。（符号链接自创建起，其所有权限便为所有用户共享，且这些权限也不得更改。对符号链接解引用时，将忽略所有这些权限。）

　　系统调用 fchmod()更改由打开文件描述符 fd 所指代文件的权限。

　　参数 mode 用于描述文件的新权限，可以采用八进制数字形式，亦或是由表 15-4 所列权限位相或（|）而成的掩码。要想更改文件权限，进程要么具有特权级别（CAP_FOWNER），

要么其有效用户 ID 于文件的用户 ID（属主）相匹配。（准确说来，对于 Linux 系统上的非特权级进程，需与文件用户 ID 相匹配的是进程的文件系统用户 ID，而非其有效用户 ID，如 9.5 节所述。）

要将文件权限设为使所有用户仅具有读权限，需执行如下系统调用：

```
if (chmod("myfile", S_IRUSR | S_IRGRP | S_IROTH) == -1)
    errExit("chmod");
/* Or equivalently: chmod("myfile", 0444); */
```

要修改文件的特定权限位，需先调用 stat() 来获取文件的现有权限，调整想修改的权限位，然后使用 chmod() 去更新权限。

```
struct stat sb;
mode_t mode;

if (stat("myfile", &sb) == -1)
    errExit("stat");
mode = (sb.st_mode | S_IWUSR) & ~S_IROTH;
        /* owner-write on, other-read off, remaining bits unchanged */
if (chmod("myfile", mode) == -1)
    errExit("chmod");
```

执行以上代码，等价于执行如下 shell 命令：

```
$ chmod u+w,o-r myfile
```

15.3.1 节曾提及，若一目录驻留于以 - o bsdgroups 选项装配的 ext2 文件系统之上，或是驻留于以 - o sysvgroups 选项装配的 ext2 文件系统上，并且开启了该目录的 set-group-ID 权限位，那么在该目录下新建的文件会继承其父目录（而非文件创建进程的有效组 ID）的组所有权。可能会出现这样一种情况，即文件的组 ID 与创建文件进程的任一组 ID 都不匹配。正因如此，当非特权级（不具备 CAP_FSETID 能力的）进程调用 chmod()（或 fchmod()）时，若文件的组 ID 不等于进程的有效组 ID 或是任一辅助组 ID，内核则总是清除文件的 set-group-ID 权限位。这一安全举措意在防止用户为其不隶属的组创建 set-group-ID 程序。以下 shell 命令演示了上述安全措施所堵住的安全漏洞。

```
$ mount | grep test              Hmmm, /test is mounted with –o bsdgroups
/dev/sda9 on /test type ext3 (rw,bsdgroups)
$ ls -ld /test                   Directory has GID root, writable by anyone
drwxrwxrwx   3 root    root    4096 Jun 30 20:11 /test
$ id                             I'm an ordinary user, not part of root group
uid=1000(mtk) gid=100(users) groups=100(users),101(staff),104(teach)
$ cd /test
$ cp ~/myprog .                  Copy some mischievous program here
$ ls -l myprog                   Hey! It's in the root group!
-rwxr-xr-x   1 mtk     root    19684 Jun 30 20:43 myprog
$ chmod g+s myprog               Can I make it set-group-ID to root?
$ ls -l myprog                   Hmm, no...
-rwxr-xr-x   1 mtk     root    19684 Jun 30 20:43 myprog
```

15.5　i 节点标志（ext2 扩展文件属性）

某些 Linux 文件系统允许为文件和目录设置各种各样的 i-node flags(I 节点标志)。该特性是一种非标准的 Linux 扩展功能。

> 现代 BSD 支持类似于 I 节点标志的特性，使用 chflags(1)和 chflags(2)加以设置。

　　ext2 是首个支持 i 节点标志的 Linux 文件系统，有时人们也将这些标志称为 ext2 扩展文件属性。随后，其他文件系统，诸如 Btrfs、ext3、ext4、Reiserfs（自 Linux 2.4.19 起）、XFS（自 Linux 2.4.25 和 2.6 起）以及 JFS（自 Linux 2.6.17 起），也纷纷加入对 i 节点标志的支持。

> 各种文件系统对 i 节点标志的支持范围略有不同。要在 Reiserfs 文件系统上使用 I 节点标志，需在装配文件系统时带上–o attrs 选项。

　　在 shell 中，可通过执行 chattr 和 lsattr 命令来设置和查看 i 节点标志，如下例所示：

```
$ lsattr myfile
-------- myfile
$ chattr +ai myfile              Turn on Append Only and Immutable flags
$ lsattr myfile
----ia-- myfile
```

　　在程序中，可利用 ioctl()系统调用来获取并修改 i 节点标志，本节稍后会加以详述。

　　对普通文件或目录均可设置 i 节点标志。大多数 i 节点标志是供普通文件使用的，也有少部分兼供（或专供）目录使用。表 15-6 对于所支持的 i 节点标志作了总结，展示了程序调用 ioctl()时所使用的相应标志名称（定义于<linux/fs.h>中），以及配合 chattr 命令使用的选项字母。

表 15-6：i 节点标记

常　　量	Chattr 选项	用　　途
FS_APPEND_FL	a	仅能在尾部追加（需要特权）
FS_COMPR_FL	c	启用文件压缩（未实现）
FS_DIRSYNC_FL	D	目录更新同步（自 Linux 2.6 起）
FS_IMMUTABLE_FL	i	不可变更（需要特权）
FS_JOURNAL_DATA_FL	j	针对数据启用日志功能（需要特权）
FS_NOATIME_FL	A	不更新文件的上次访问时间
FS_NODUMP_FL	d	不转储
FS_NOTAIL_FL	t	禁用尾部打包
FS_SECRM_FL	s	安全删除（未实现）
FS_SYNC_FL	S	文件（和目录）同步更新
FS_TOPDIR_FL	T	以 Orlov 策略来处理顶层目录（自 Linux 2.6 起）
FS_UNRM_FL	u	可恢复已删除的文件（未实现）

> 　　Linux 2.6.19 之前，<linux/fs.h>尚未定义表 15-6 所列的 FS 系列常量。相反，针对各种文件系统有一套专门的头文件，将相同值定义为各文件系统所专有的常量名。因此，同一值在 ext2 文件系统中被定义为<linux/ext2_fs.h>内的 EXT2_APPEND_FL，在 Reiserfs 文件系统中被定义为<linux/reiser_fs.h>内的 REISERFS_APPEND_FL，其他文件系统以此类推。由于每种文件系统的头文件将相同的值定义为相应常量，因此在不提供<linux/fs.h>定义的老系统中，可以包含上述任一类型的头文件，并使用各文件系统所专有的名称。

FL 系列变量及其含义如下所示

FS_APPEND_FL

仅当指定 O_APPEND 标志时，方能打开文件并写入。（因而迫使所有对文件的更新都追加到文件尾部。）例如，可以用该标志来写入日志文件。只有特权级进程（具备 CAP_LINUX_IMMUTABLE 能力）方可设置该标志。

FS_COMPR_FL

文件内容经压缩后存储于磁盘之上。在主流的纯 Linux 文件系统上，FS_COMPR_FL 不属于标配特性。（有软件包针对 ext2 和 ext3 文件系统实现了该特性。）考虑到磁盘存储的低廉成本，以及压缩和解压缩所要耗费的 CPU 开销，再加之一旦将文件压缩起来，对其内容的随机访问也不会像原来那么随心所欲（通过 lseek()），故而许多应用都会对此避之不及。

FS_DIRSYNC_FL（自 Linux 2.6 以后）

使得对目录的更新（例如：open(pathname, O_CREAT)、link()、unlink()、mkdir()）同步发生。这类似于 13.3 节所述的文件同步更新机制。同样，目录同步更新也存在性能问题。这一设置可以只应用于目录。（14.8.1 节所述的 MS_DIRSYNC 装配标志提供了类似功能，但是是针对每个装配而言的。）

FS_IMMUTABLE_FL

将文件设置为不可更改，既不能更新文件数据（write() 和 truncate()），也不能改变文件元数据（即 chmod()、chown()、unlink()、link()、rename()、rmdir()、utime()、setxattr()和 removexattr()）只有特权级进程（具备 CAP_LINUX_IMMUTABLE 能力的进程）可为文件设置这一标志。该标志一旦设定，即便是特权级进程也无法改变文件的内容或元数据。

FS_JOURNAL_DATA_FL

对数据启用日志功能。只有 ext3 和 ext4 文件系统才支持该标志。这些文件系统提供 3 种层次的日志记录：journal（日志）、ordered（排序），以及 writeback（回写）。所有模式都会记录对文件元数据的更新，而 journal（日志）模式额外还记录了对文件数据的变更。而在以排序或回写模式运行日志功能的文件系统上，特权级（具有 CAP_SYS_RESOURCE 能力的）进程可以为单个文件设置此标志，从而启用对该文件数据更新的日志功能。（mount(8)手册页描述了排序与回写两模式之间的区别。）

FS_NOATIME_FL

访问文件时不更新文件的上次访问时间。这省去了每次访问文件时对 I 节点的更新，故而改进了 I/O 性能。（参见 14.8.1 节介绍 MS_NOATIME 标志的内容。）

FS_NODUMP_FL

在使用 dump(8)备份系统时跳过具有此标志的文件。正如 dump(8)手册页所载，该标志有效与否取决于此命令的-h 选项。

FS_NOTAIL_FL

禁用尾部打包。只有 Reiserfs 文件系统才支持该标志。此标志屏蔽了 Reiserfs 的尾部打包特性，即尝试将小文件（或是较大文件的最后一段）与其元数据置于同一磁盘块中。

装配 Reiserfs 文件系统时，mount 如带有–o notail 选项将对整个文件系统禁用尾部打包。

FS_SECRM_FL

安全删除文件。该特性尚未实现，其用意在于删除文件时能够万无一失，将被删除文件的数据覆盖掉，以免磁盘扫描程序能够读取并重建该文件。（要做到对数据真正的安全删除其实颇为复杂。要想稳妥地"抹去"先前记录的数据，需要在磁盘介质上执行多次写入操作，详见[Gutmann，1996]。）

FS_SYNC_FL

令对文件的更新保持同步。当应用于文件时，该标志将致使对文件的写入操作同步完成（就好像对该文件执行的所有 open()调用都引用了 O_SYNC 标志一样）。当应用于目录时，该标志的作用等同于前述的同步目录更新标志。

FS_TOPDIR_FL（自 Linux 2.6 起）

这标志着将在 Orlov 块分配策略的指导下对某一目录进行特殊处理。Orlov 策略的灵感来自于 BSD 系统，是对 ext2 文件系统块分配策略的一种改良，试图增大相关文件（例如：同一目录下的各个文件）在磁盘中比邻而居的几率，进而缩短磁盘的寻道时间。详情请见[Corbet，2002]和[Kumar，et al. 2008]。只有 EXT2 及其升级版本 EXT3、EXT4 文件系统支持 FS_TOPDIR_FL。

FS_UNRM_FL

允许该文件在遭删除后能得以恢复。由于可在内核之外实现文件的恢复机制，因此该特性尚未实现。

一般而言，如果针对某一目录设置了 i 节点标志，那么新建于其下的文件和子目录会自动将其继承。不过也有例外。

- FS_DIRSYNC_FL (chattr +D)标志只能应用于目录，故而也只能为新建于该目录下的子目录所继承。
- 当将 FS_IMMUTABLE_FL (chattr +i)标志应用于目录时，不会有创建于该目录下的文件或子目录继承此标志，因为该标志会阻止在此目录中添加任何新的条目。

在程序中可以分别调用 ioctl()的 FS_IOC_GETFLAGS 和 FS_IOC_SETFLAGS 操作，来获取和修改 i 节点标志（这两个常量定义于<linux/fs.h>）。以下代码演示了如何为打开文件描述符 fd 所指代的文件设置 FS_NOATIME_FL 标志。

```
int attr;

if (ioctl(fd, FS_IOC_GETFLAGS, &attr) == -1)    /* Fetch current flags */
    errExit("ioctl");
attr |= FS_NOATIME_FL;
if (ioctl(fd, FS_IOC_SETFLAGS, &attr) == -1)    /* Update flags */
    errExit("ioctl");
```

想改变文件的 i 节点标志，至少要满足下列两种条件之一：其一，进程的有效用户 ID 需匹配文件的用户 ID（属主）；其二，进程享有特权级别(具备 CAP_FOWNER 能力)。严格说来，对于 Linux 上运行的非特权进程，与文件的用户 ID 相匹配的是其文件系统用户 ID，而非有效用户 ID（详见 9.5 节）。

15.6 总结

stat()系统调用可获取某一文件的相关信息（元数据），其中大部分取自文件的 i 节点，这些信息包括文件的所有权、文件权限以及文件时间戳。

程序可调用 utime()、utimes()或类似编程接口，去更改文件的上次访问时间及上次修改时间。

每个文件都有一个与之相关的用户 ID（属主）和组 ID，以及一组权限位。为了限制用户对文件的访问权限，把用户划分为 3 类：文件属主（亦称用户）、属组[1]以及其他用户。可把 3 种权限授予上述 3 类用户，分别是读、写、可执行权限。目录也与之相同，但权限位的含义则略有不同。可利用系统调用 chown()和 chmod()来更改文件的所有权及权限。系统调用 umask()则用来设置权限的位掩码，当进程新建文件时，会按位掩码来关闭相应权限位。

文件和目录还用到了 3 个额外的权限位。可将 set-user-ID 和 set-group-ID 权限位应用于程序文件，在进程的执行过程中假借另一有效用户或组 id（亦即属于该程序文件）的身份从而获得特权。在以 nogrpid (sysvgroup)选项装配的文件系统上，对驻留于其上的目录，可通过设置 set-group-ID 权限位来控制如下行为：该目录下新建文件的组 ID 是继承进程的有效组 ID，还是父目录的组 ID。当将 sticky 权限位应用于目录时，其作用相当于限制删除标志。

I 节点标记控制着文件和目录的各种行为。尽管发源于 ext2，但如今已得到了几种其他文件系统的支持。

15.7 练习

15-1. 15.4 节中描述了针对各种文件系统操作所需的权限。请使用 shell 命令或编写程序来回答或验证以下说法。

    a）将文件属主的所有权限"剥夺"后，即使"本组"和"其他"用户仍有访问权，属主也无法访问文件。

    b）在一个可读但无可执行权限的目录下，可列出其中的文件名，但无论文件本身的权限如何，也不能访问其内容。

    c）要创建一个新文件，打开一个文件进行读操作，打开一个文件进行写操作，以及删除一个文件，父目录和文件本身分别需要具备何种权限？对文件执行重命名操作时，源及目标目录分别需要具备何种权限？若重命名操作的目标文件已存在，该文件需要具备何种权限？为目录设置 sticky 位(chmod +t)，将如何影响重命名和删除操作？

15-2. 你认为系统调用 stat()会改变文件 3 个时间戳中的任意之一吗？请解释原因。

15-3. 在运行 Linux 2.6 的系统上修改程序清单 15-1(t_stat.c)，令其可以纳秒级精度来显示文件时间戳。

15-4. 系统调用 access()会利用进程的实际用户和组 ID 来检查权限。请编写相应函数，根据进程的有效用户和组 ID 来进行权限检查。

---

1 译者注：同组用户。

15-5. 如 15.4.6 节所述，umask()总会在设置进程 umask 的同时返回老 umask 的拷贝。请问，如何在不改变进程当前 umask 的同时获取到其拷贝？

15-6. 命令 chmod a+rX file 的作用是对所有各类用户授予读权限，并且，当 file 是目录，或者 file 的任一用户类型具有可执行权限时，将向所有各类用户授予可执行权限，如下例所示：

```
$ ls -ld dir file prog
dr--------  2 mtk users    48 May  4 12:28 dir
-r--------  1 mtk users 19794 May  4 12:22 file
-r-x------  1 mtk users 19336 May  4 12:21 prog
$ chmod a+rX dir file prog
$ ls -ld dir file prog
dr-xr-xr-x  2 mtk users    48 May  4 12:28 dir
-r--r--r--  1 mtk users 19794 May  4 12:22 file
-r-xr-xr-x  1 mtk users 19336 May  4 12:21 prog
```

使用 stat()和 chmod()编写一程序，令其等效于执行 chmod a+rX 命令。

15-7. 编写 chattr(1)命令的简化版来修改文件的 i 节点标志。参阅 chattr(1) 手册页以掌握 chattr 命令行接口的细节。（无需实现-R、-V、-v 选项。）

第 16 章

扩 展 属 性

本章将介绍文件的扩展属性（EA），即以名称-值对形式将任意元数据与文件 i 节点关联起来的技术。Linux 自版本 2.6 起，开始支持 EA。

16.1 概述

EA 可用于实现访问列表（第 17 章）和文件能力（第 39 章）。但就设计而论，其能力绝不仅限于此。例如，还可利用 EA 去记录文件的版本号、与文件的 MIME 类型/字符集有关的信息，或是指向图符的指针。

SUSv3 并未对 EA 加以规范。但少数其他 UNIX 实现却提供了类似的特性，其中知名的有现代 BSD（详见 extattr(2)）系列和 Solaris 9 及其后续版本(详见 fsattr(5))。

EA 需要有底层文件系统来提供支撑，Btrfs、ext2、ext3、ext4、JFS、Reiserfs 以及 XFS 等文件系统都支持 EA。

> 各类文件系统对 EA 的支持都属可选项，受内核配置选项中的"File systems"菜单控制。Reiserfs 文件系统自 Linux 2.6.7 开始支持 EA。

EA 命名空间

EA 的命名格式为 namespace.name。其中 namespace 用来把 EA 从功能上划分为截然不同的几大类，而 name 则用来在既定命名空间内唯一标识某个 EA。

可供 namespace 使用的值有 4 个：user、trusted、system 以及 security。这 4 类 EA 的用途如下所示。

- user EA 将在文件权限检查的制约下由非特权级进程操控。欲获取 user EA 值，需要有文件的读权限；欲改变 user EA 值，则需要写权限。（若无所需权限，将会导致 EACCES 错误。）在 ext2、ext3、ext4 或 Reiserfs 文件系统上，如欲将 user EA 与一文件关联，在装配底层文件系统时需带有 user_xattr 选项。

```
$ mount -o user_xattr device directory
```

- trusted EA 也可由用户进程"驱使",这点与 user EA 相似。而区别则在于,要操纵 trusted EA,进程必须具有特权(CAP_SYS_ADMIN)。
- system EA 供内核使用,将系统对象与一文件关联。目前仅支持访问控制列表(第 17 章)。
- security EA 的作用有二:其一,用来存储服务于操作系统安全模块的文件安全标签;其二,将可执行文件与能力关联起来(39.9.2 节)。而发明 security EA 的初衷是为了支持安全强化版的 Linux(SELinux,http://www.nsa.gov/research/selinux/)。

一个 i 节点可以拥有多个相关 EA,其所从属的命名空间可以相同,也可不同。在各命名空间内的 EA 名均自成一体。在 user 和 trusted 命名空间内,EA 名可以为任意字符串。而在 system 命名空间内,只有经内核明确认可的(例如,用于访问控制列表的)命名方可使用。

> JFS 支持另一种命名空间——os2,其他文件系统均未实现。提供这一命名空间是为了支持传统的 OS/2 文件系统 EA。进程无需特权,就能创建 OS2 EA。

通过 shell 创建并查看 EA

在 shell 中,可执行 setfattr(1)和 getfattr(1)命令来设置和查看文件的 EA。

```
$ touch tfile
$ setfattr -n user.x -v "The past is not dead." tfile
$ setfattr -n user.y -v "In fact, it's not even past." tfile
$ getfattr -n user.x tfile          Retrieve value of a single EA
# file: tfile                       Informational message from getfattr
user.x="The past is not dead."      The getfattr command prints a blank
                                    line after each file's attributes
$ getfattr -d tfile                 Dump values of all user EAs
# file: tfile
user.x="The past is not dead."
user.y="In fact, it's not even past."

$ setfattr -n user.x tfile          Change value of EA to be an empty string
$ getfattr -d tfile
# file: tfile
user.x
user.y="In fact, it's not even past."

$ setfattr -x user.y tfile          Remove an EA
$ getfattr -d tfile
# file: tfile
user.x
```

以上 shell 会话所展示的要点之一是,EA 值可以为空字符串,这不同于未定义的 EA 值。(由 shell 会话结尾处的例子可知,user.x 的值为空字符串,user.y 的值为未定义。)

默认情况下,getfattr 只会列出 user EA 值。还可利用-m 选项来指定一正则表达式,来筛选想要显示的 EA 名:

```
$ getfattr -m 'pattern' file
```

pattern 的默认值为 "^user\."。可执行如下命令,列出一个文件的所有 EA 值。

```
$ getfattr -m - file
```

16.2　扩展属性的实现细节

本节是对上一节内容的延伸，描述 EA 实现的部分细节。

对 user 扩展属性的限制

user EA 只能施之于文件或目录，之所以将其他文件类型排除在外，原因如下。

- 对于符号链接，会对所有用户开启所有权限，且不容更改。（如 18.2 节所述，符号链接的权限在 Linux 上毫无意义。）这意味着，无法利用权限来阻止任意用户将 user EA 置于符号链接之上。要想解决这个问题，就得防止所有用户针对符号链接创建 user EA。
- 对于设备文件、套接字以及 FIFO 而言，授予用户权限，意在对其针对底层对象所执行的 I/O 操作加以控制。如欲操控这些权限，转而求取对创建 user EA 的控制，则二者间会产生冲突。

此外，若某一目录启用了粘性位（sticky 位）（15.4.5 节），且为其他用户所拥有，则非特权进程不能将一 user EA 置于该目录之上。惟其如此，才能防止任一用户将 EA 附着于诸如/tmp 之类的目录，由于其可写权限对所有用户开放（从而导致任意用户均可操纵此目录的 EA），而设置粘性位，意在防止用户删除该目录下为其他用户所拥有的文件。

EA 在实现方面的限制

Linux VFS 针对所有文件系统上的 EA 均施以如下限制。

- EA 名称的长度不能超过 255 个字节。
- EA 值的容量为 64KB。

此外，某些文件系统对可与文件挂钩的 EA 数量及其大小还有更为严格的限制。

- 在 ext2、ext3 以及 ext4 文件系统上，与一文件关联的所有 EA 命名和 EA 值的总字节数不会超过单个逻辑磁盘块（14.3 节）的大小：1024 字节、2048 字节或 4096 字节。
- 在 JFS 上，为某一文件所使用的所有 EA 名和 EA 值的总字节数上限为 128KB。

16.3　操控扩展属性的系统调用

本节将会介绍用来更新、获取以及删除 EA 的系统调用。

创建和修改 EA

系统调用 setxattr()、lsetxattr()以及 fsetxattr()用来设置文件的 EA 值之一。

```
#include <sys/xattr.h>

int setxattr(const char *pathname, const char *name, const void *value,
             size_t size, int flags);
int lsetxattr(const char *pathname, const char *name, const void *value,
             size_t size, int flags);
int fsetxattr(int fd, const char *name, const void *value,
             size_t size, int flags);
                                    All return 0 on success, or –1 on error
```

这 3 个系统调用之间的区别类似于 stat()、lstat() 以及 fstat()（15.1 节）三者间的差异。

- setxattr() 通过 pathname 来标识文件，若文件名为符号链接，则对其解引用。
- lsetxattr() 通过 pathname 来标识文件，但不会对符号链接解引用。
- fsetxattr() 则通过打开文件描述符 fd 来标识文件。

以上 3 者之间的差异同样适用于本节下面将要介绍的其他各组系统调用。

参数 name 是一个以空字符结尾的字符串，定义了 EA 的名称。参数 value 是一个指向缓冲区的指针，包含了为 EA 定义的新值。参数 size 则指明了缓冲区大小。

默认情况下，若具有给定名称（name）的 EA 不存在，上述系统调用会创建一个新 EA。若 EA 已经存在，则将替换 EA 值。可利用参数 flags 将这一行为控制得更为精准。将该参数指定为 0，以获得默认行为，或者可将其指定为如下常量之一。

XATTR_CREATE

若具有给定名称（name）的 EA 已经存在，则失败。

XATTR_REPLACE

若具有给定名称（name）的 EA 不存在，则失败。

下例使用 setxattr() 创建了一个 user EA：

```
char *value;

value = "The past is not dead.";

if (setxattr(pathname, "user.x", value, strlen(value), 0) == -1)
    errExit("setxattr");
```

获取 EA 值

可利用系统调用 getxattr()、lgetxattr() 以及 fgetxattr() 来获取 EA 值。

```
#include <sys/xattr.h>

ssize_t getxattr(const char *pathname, const char *name, void *value,
                 size_t size);
ssize_t lgetxattr(const char *pathname, const char *name, void *value,
                  size_t size);
ssize_t fgetxattr(int fd, const char *name, void *value,
                  size_t size);
            All return (nonnegative) size of EA value on success, or –1 on error
```

参数 name 是一个以空字符结尾的字符串，用来标识欲取值的 EA。返回的 EA 值保存于参数 value 所指向的缓冲区中。该缓冲区必须由调用者分配，其大小应在 size 中指定。若调用成功，上述系统调用会返回复制到 value 所指缓冲区中的字节数。

若文件不含名为 "name" 的属性 ，上述系统调用则会失败，并会返回错误 ENODATA。若 size 值过小，上述系统调用也会失败，并返回错误 ERANGE。

可把 size 指定为 0，对于这种情况，将忽略 vlaue 值，但系统调用仍将返回 EA 值的大小。可利用这一机制来确定后续系统调用在实际获取 EA 值时所需的 value 缓冲区大小。但是应当注意，这并不能保证后续在通过系统调用获取 EA 值时，上述返回值就足够大。系统调用期间，另一进程可能为文件的这一属性分配了较大的值，或是将其完全删除。

删除 EA

系统调用 removexattr()、lremovexattr()以及 fremovexattr()用来删除文件的 EA。

```
#include <sys/xattr.h>

int removexattr(const char *pathname, const char *name);
int lremovexattr(const char *pathname, const char *name);
int fremovexattr(int fd, const char *name);
                                        All return 0 on success, or –1 on error
```

name 所含以空字符结尾的字符串，用于标识打算删除的 EA。若试图删除不存在的 EA，调用将失败，并会返回错误 ENODATA。

获取与文件相关联的所有 EA 的名称

执行系统调用 listxattr()、llistxattr()以及 flistxattr()，所返回的列表会包含与某文件关联的所有 EA 的名称。

```
#include <sys/xattr.h>

ssize_t listxattr(const char *pathname, char *list, size_t size);
ssize_t llistxattr(const char *pathname, char *list, size_t size);
ssize_t flistxattr(int fd, char *list, size_t size);
            All return number of bytes copied into list on success, or –1 on error
```

调用将 EA 的名称列表以一系列以空字符结尾的字符串形式置于 list 所指向的缓冲区中。缓冲区的大小由 size 指定。一旦成功，上述系统调用会返回复制到 list 中的字节数。

与 getxattr()一样，也可将 size 指定为 0，系统调用将忽略 list，并返回后续调用实际获取 EA 名称列表（假定该列表尚未改变）时所需的缓冲区大小。

想获取与某文件相关联的 EA 名列表，只需对文件拥有"访问"权限（亦即对 pathname 下的所有路径均拥有执行权限），对文件本身则无需任何权限。

出于安全考虑，list 中返回的 EA 名称可能不包含调用进程无权访问的属性名。比方说，在非特权进程中调用 listxattr()时，大多数文件系统都会略去 trusted 属性。请注意上一句中的"可能"二字，这表明文件系统实现并非一定要如此。因而，使用 list 中返回的 EA 名去调用 getxattr()，是有可能失败的，因为进程并不具有获得该 EA 值所需的特权。（同样，当另一进程在 listxattr()和 getxattr()调用之间将该属性删除，也会发生类似错误。）

程序示例

程序清单 16-1 所示程序将获取并显示命令行所列文件的所有 EA 名和 EA 值。该程序使用 listxattr()，去获取与每个文件相关联的所有 EA 名称，随后循环调用 getxattr()，为每个名称获取相应的值。默认以纯文本方式显示属性值。若带有-x 选项，那么属性值将以十六进制字符串形式显示。以下 shell 会话记录展示了该程序的使用。

```
$ setfattr -n user.x -v "The past is not dead." tfile
$ setfattr -n user.y -v "In fact, it's not even past." tfile
$ ./xattr_view tfile
tfile:
        name=user.x; value=The past is not dead.
        name=user.y; value=In fact, it's not even past.        .
```

程序清单 16-1：显示文件的扩展属性

─── xattr/xattr_view.c

```c
#include <sys/xattr.h>
#include "tlpi_hdr.h"

#define XATTR_SIZE 10000

static void
usageError(char *progName)
{
    fprintf(stderr, "Usage: %s [-x] file...\n", progName);
    exit(EXIT_FAILURE);
}

int
main(int argc, char *argv[])
{
    char list[XATTR_SIZE], value[XATTR_SIZE];
    ssize_t listLen, valueLen;
    int ns, j, k, opt;
    Boolean hexDisplay;

    hexDisplay = 0;
    while ((opt = getopt(argc, argv, "x")) != -1) {
        switch (opt) {
        case 'x': hexDisplay = 1;          break;
        case '?': usageError(argv[0]);
        }
    }

    if (optind >= argc + 2)
        usageError(argv[0]);
    for (j = optind; j < argc; j++) {
        listLen = listxattr(argv[j], list, XATTR_SIZE);
        if (listLen == -1)
            errExit("listxattr");

        printf("%s:\n", argv[j]);

        /* Loop through all EA names, displaying name + value */

        for (ns = 0; ns < listLen; ns += strlen(&list[ns]) + 1) {
            printf("        name=%s; ", &list[ns]);

            valueLen = getxattr(argv[j], &list[ns], value, XATTR_SIZE);
            if (valueLen == -1) {
                printf("couldn't get value");
            } else if (!hexDisplay) {
                printf("value=%.*s", (int) valueLen, value);
            } else {
```

```
            printf("value=");
            for (k = 0; k < valueLen; k++)
                printf("%02x ", (unsigned int) value[k]);
        }

        printf("\n");
    }

    printf("\n");
}

exit(EXIT_SUCCESS);
}
```

── xattr/xattr_view.c

16.4 总结

自 2.6 版本以来，Linux 开始支持扩展属性，允许以名称-值对的形式将任意元数据与文件关联起来。

16.5 练习

16-1. 编写一程序，可创建或修改文件的 user EA（亦即，setfattr(1)的简化版）。应将文件名、EA 名以及 EA 值以命令行参数形式提供给该程序。

第 **17** 章

访问控制列表

15.4 节已经介绍了传统 UNIX（及 Linux）对文件权限的规划方案。对于诸多应用来说，这一方案已经能够满足要求。但还有些应用，需要在为特定用户和组授权时进行更为精密的控制。为满足这一需求，许多 UNIX 系统对传统的 UNIX 文件权限模型进行了名为访问控制列表（ACL）的扩展。利用 ACL，可以在任意数量的用户和组之中，为单个用户或组指定文件权限。自版本 2.6 起，Linux 内核开始支持 ACL。

> 各文件系统对 ACL 的支持属于可选项，由"File systems"菜单下的内核配置选项控制。Reiserfs 文件系统自内核 2.6.7 起开始支持 ACL。
>
> 要想在 ext2、ext3、ext4 或 reiserfs 文件系统上创建 ACL，装配相应的文件系统时需要带 mount –o acl 选项。

针对 UNIX 系统，从未正式出台过 ACL 的相关标准。人们曾以 POSIX.1e 和 POSIX.2c 标准草案的形式对此进行过尝试，二者分别定义了服务于 ACL 的 API 和 shell 命令（以及诸如能力之类的其他特性）。最终，这一标准化进程以失败告终，标准草案也随之撤销。不过，诸多 UNIX（包括 Linux）对 ACL 的实现还是遵循上述标准草案（通常是根据最终稿，即第 17 号草案）。但由于在各种 ACL 实现之间还存在着许多差异（部分原因是由于标准草案还不尽完善），故而如果运用了 ACL 技术，就会危及应用的可移植性。

本章将介绍 ACL，并就其用法提供简明教程。此外，还会讲解用来操纵和获取 ACL 的某些库函数。鉴于此类库函数数量众多，本章不会逐一对其做深入探讨。（详细信息可参考手册页。）

17.1　概述

一个 ACL 由一系列 ACL 记录（以下简称 ACE）组成，其中每条记录都针对单个用户或用户组定义了对文件的访问权限（如图 17-1 所示）。

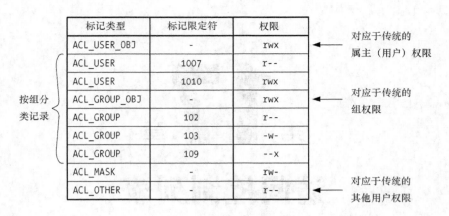

对应于传统的属主（用户）权限

对应于传统的组权限

对应于传统的其他用户权限

按组分类记录

图 17-1：访问控制列表示例

ACL 记录

每条 ACE 都由 3 部分组成。

- 标记类型：表示该记录作用于一个用户、组，还是其他类别的用户。
- 标记限定符（可选项）标识特定的用户或组（亦即，某个用户 ID 或组 ID）。
- 权限集合：本字段包含所授予的权限信息（读、写及执行）。

标记类型取值可为下列各值之一。

ACL_USER_OBJ

带有该标记的 ACE 记录了授予文件属主的权限。每个 ACL 只能包含一条该类型标记的记录。该记录与传统的文件属主（用户）权限相对应。

ACL_USER

携带该值的 ACE 记录了授予某用户（由标记限定符标识）的权限。一个 ACL 可包含零条或多条此标记类型的记录，但针对一个特定用户最多只能定义一条此类记录。

ACL_GROUP_OBJ

包含该值的 ACE 记录了授予文件组的权限。每个 ACL 只会包含一条此标记类型的记录。除非 ACL 还包含类型为 "ACL_MASK " 的记录，否则此类记录对应于传统的文件组权限。

ACL_GROUP

包含该值的 ACE 记录了授予某个组（由标记限定符标识）的权限。每个 ACL 可包含零条或多条此标记类型的记录，但针对一个特定组最多只能定义一条此类记录。

ACL_MASK

包含该值的 ACE 记录了可由 ACL_USER、ACL_GROUP_OBJ 以及 ACL_GROUP 型 ACE 所能授予的最高权限。一个 ACL 最多只能包含一条标记类型为 ACL_MASK 的 ACE。假如 ACL 含有标记类型为 ACL_USER 或 ACL_GROUP 的记录，那么就必须包含一条 ACL_MASK 型的 ACE。稍后会细述这一标记类型。

ACL_OTHER

对于不匹配任何其他 ACE 的用户，由包含该值的 ACE 授予权限。每个 ACL 只能包含一条标记类型为"ACL_OTHER"的 ACE。该记录对应于传统的文件其他（other）用户权限。

只有标记类型为"ACL_USER"和"ACL_GROUP"的记录，才会采用标记限定符来指定用户 ID 和组 ID。

最小 ACL 和扩展 ACL

最小化（minimal）ACL 语义上等同于传统的文件权限集合，恰好由 3 条记录组成。每条标记的类型分别为 ACL_USER_OBJ、ACL_GROUP_OBJ 以及 ACL_OTHER。扩展 ACL 则是指除此之外，还包含标记类型为 ACL_USER、ACL_GROUP 和 ACL_MASK 的记录。

之所以要对最小化 ACL 和扩展 ACL 加以区分，原因之一是后者可对传统文件权限模型提供语义的扩展。而另一个原因则与 ACL 的 Linux 实现有关。Linux 系统是以系统扩展属性来实现 ACL 的（详见第 16 章）。用于维护文件访问型 ACL 的系统扩展属性名为 system.posix_acl_access。仅当文件具有扩展 ACL 时，才需使用这一扩展属性。可将针对最小化 ACL 的权限信息存储于传统的文件权限位中。

17.2　ACL 权限检查算法

与传统的文件权限模型（15.4.3 节）相比，对具有 ACL 的文件进行权限检查时，环境并没有什么不同。检查将按以下顺序执行，直至某一标准得到匹配。

1. 若进程具有特权，则拥有所有访问权限。与 15.4.3 节所述的传统文件权限模型相类似，这里也有一个例外。执行某文件时，仅当将可执行权限通过至少一条 ACL 记录授予该文件时，系统才会向特权级进程授予该权限。

2. 若某一进程的有效用户 ID 匹配文件的属主（用户 ID），则授予该进程标记类型为 ACL_USER_OBJ 的 ACE 所指定的权限。严谨的说法是在 Linux 系统中，本节所介绍的 ACL 权限检测使用的是进程的文件系统 ID（请参阅本书 9.5 节），而非其有效用户 ID。

3. 若进程的有效用户 ID 与某一 ACL_USER 类型记录的标记限定符相匹配，则授予该进程此记录所指定权限与 ACL_MASK 型记录值相与（&）的结果。

4. 若进程的组 ID（亦即，有效组 ID 或任一辅助组 ID）之一匹配于文件组（对应于标记类型为 ACL_GROUP_OBJ 的 ACE），或者任一 ACL_GROUP 型记录的标记限定符，则会依次进行如下检查，直至发现匹配项。

　　a）若进程的组 ID 之一匹配于文件组，且标记类型为 ACL_GROUP_OBJ 的 ACE 授予了所请求的权限，则会依据此记录来判定对文件的访问权限。如果 ACL 中还包含了标记类型为 ACL_MASK 的 ACE，那么对该文件的访问权限将是两记录权限相与（&）后的结果。

　　b）若进程的组 ID 之一匹配于该文件所辖 ACL_GROUP 型 ACE 的标记限定符，且该 ACE 授予了所请求的权限，那么会依据此记录来判定对文件的访问权限。如果 ACL 中包含了 ACL_MASK 型 ACE，那么对该文件的访问权限应为两记录权限相与（&）的结果。

　　c）　否则，拒绝对该文件的访问。

5. 否则，将以 ACL_OTHER 型 ACE 所记录的权限授予进程。

下面举例说明这些与组 ID 相关的文件授权规则。假定某文件的组 ID 为 100，并受图 17-1 所列 ACL 的保护。若组 ID 为 100 的某一进程发起系统调用 access(file，R_OK)，本次调用将会成功（亦即，返回 0）。（15.4.4 节介绍了 access()。）而另一方面，即便标记类型为

ACL_GROUP_OBJ 的 ACE 授予了所有权限，系统调用 access(file，R_OK | W_OK | X_OK)仍
将失败（亦即，返回-1，且将 errno 置为 EACCES），这是由于访问权限是该类型权限与
ACL_MASK 型记录权限相与（&）的结果，而这一结果禁用了对文件的执行权限。

再拿图 17-1 举个例子，假定某进程的组 ID 为 102，其附属组 ID 之一为 103。对该进程
来说，调用 access(file，R_OK)和 access(file，W_OK)都会成功，因为这两次调用所请求的文
件权限分别匹配标记类型为 ACL_GROUP，且标记限定符为 102 和 103 的 ACE 所记录的权限。
另外，该进程调用 access(file，R_OK | W_OK) 将会失败，因为并无标记类型为 ACL_GROUP
的匹配记录同时包含读、写权限。

17.3 ACL 的长、短文本格式

执行 setfacl 和 getfacl 命令，或是使用某些 ACL 库函数操纵 ACL 时，需指明 ACE 的文本
表现形式。ACE 的文本格式有两种。

- 长文本格式的 ACL：每行都包含一条 ACE，还可以包含注释，注释需以"#"开始，
  直至行尾结束。getfacl 命令的输出会以长文本格式显示 ACL。getfacl 命令的-M acl-file
  选项从指定文件中"提取"长文本格式的 ACL 定义。
- 短文本格式的 ACL：包含一系列以","分隔的 ACE。

无论是上述哪种格式，每条 ACE 都由以":"分隔的 3 部分组成。

tag-type：[*tag-qualifier*]：*permissions*

标记类型字段的取值限于表 17-1 第一列所示范围之内。标记类型之后的标记限定符为可
选项，采用名称或数字 ID 来标识用户或组。仅当标记类型为 ACL_USER 和 ACL_GROUP 时，
才允许标记限定符的存在。

表 17-1：对 ACE 文本格式的解释

标记文本格式	是否存在标记限定符	对应的标记类型	ACE 的用途
user	N	ACL_USER_OBJ	文件属主（用户）
u，user	Y	ACL_USER	特定用户
g，group	N	ACL_GROUP_OBJ	文件组
g，group	Y	ACL_GROUP	特定组
m，mask	N	ACL_MASK	组分类掩码
o，other	N	ACL_OTHER	其他用户

以下所示为短文本格式的 ACL，对应于传统权限掩码 0650：

```
u::rw-,g::r-x,o::---
u::rw,g::rx,o::-
user::rw,group::rx,other::-
```

下面这一短文本格式 ACL 则包含了两条命名用户 ACE、一条命名组 ACE 以及一条掩码
ACE。

```
u::rw,u:paulh:rw,u:annabel:rw,g::r,g:teach:rw,m::rwx,o::-
```

17.4 ACL_mask 型 ACE 和 ACL 组分类

如果一个 ACL 包含了标记类型为 ACL_USER 或 ACL_GROUP 的 ACE，那么也一定会包含标记类型为 ACL_MASK 的 ACE。若 ACL 未包含任何标记类型为 ACL_USER 或 ACL_GROUP 的 ACE，那么标记类型为 ACL_MASK 的 ACE 则为可选项。

对于 ACL_MASK 标记类型的 ACE，其作用在于是所谓"组分类"（group class）中 ACE 所能授予权限的上限。组分类是指在 ACL 中，由所有标记类型为 ACL_USER、ACL_GROUP 以及 ACL_GROUP_OBJ 的 ACE 所组成的集合。

提供标记类型为 ACL_MASK 的 ACE，其目的在于即使运行并无 ACL 概念的应用程序，也能保障其行为的一致性。作为这一论点的例证，假设与文件关联的 ACL 包含以下记录：

```
user::rwx                    # ACL_USER_OBJ
user:paulh:r-x               # ACL_USER
group::r-x                   # ACL_GROUP_OBJ
group:teach:--x              # ACL_GROUP
other::--x                   # ACL_OTHER
```

若某程序针对该文件按以下方式调用 chmod()。

```
chmod(pathname, 0700);       /* Set permissions to rwx------ */
```

对于对 ACL 一无所知的应用程序而言，这意味着"除文件属主以外，不允许其他任何用户访问"。即便存在针对该文件的 ACL，这层意思也不会变。如果 ACL 中不含 ACL_MASK 型记录，那么可以有多种方法来实现这一行为，但每种方法都存在缺陷。

- 只是将 ACL_GROUP_OBJ 和 ACL_OTHER 型记录的掩码简单地修改为---是不足以解决问题的，因为用户 paulh 和组 teach 依旧对该文件拥有某些权限。
- 另一种可能是，将针对组和其他用户的权限新设置（即，全部屏蔽）应用于标记类型为 ACL_USER、ACL_GROUP、ACL_GROUP_OBJ 以及 ACL_OTHER 的记录。

```
user::rwx                    # ACL_USER_OBJ
user:paulh:---               # ACL_USER
group::---                   # ACL_GROUP_OBJ
group:teach:---              # ACL_GROUP
other::---                   # ACL_OTHER
```

这一方法的问题在于，之前由具有 ACL 概念的应用所确立的文件权限语义会被对 ACL 一无所知的应用所"错杀"，因为如下调用（举例说明）不会将 ACL 中的 ACL_USER 和 ACL_GROUP 型记录恢复到其之前的状态：

```
chmod(pathname, 751);
```

- 要避免这些问题，可以考虑将标记类型为 ACL_GROUP_OBJ 的记录置为对所有 ACL_USER 和 ACL_GROUP 类记录的约束。然而，这也意味着总是需要将 ACL_GROUP_OBJ 型记录置为 ACL_USER 和 ACL_GROUP 型记录所允许权限的并集。而系统又会使用 ACL_GROUP_OBJ 型记录来判定赋予文件组的权限，这会引发冲突。

设计标记类型为 ACL_MASK 的记录，正是为了解决上述问题。这一机制在实现传统意义上的 chmod() 操作的同时，也无损于由具有 ACL 概念的应用所确立的文件权限语义。当 ACL 包含标记类型为 ACL_MASK 的 ACE 时：

- 调用 chmod() 对传统组权限所做的变更，会改变 ACL_MASK（而非 ACL_GROUP_OBJ）

标记类型 ACE 的设置。

- 调用 stat()，在 st_mode 字段（图 15-1）的组权限位中会返回 ACL_MASK 权限（而非 ACL_GROUP_OBJ 权限）。

尽管 ACL_MASK 型记录的出现保护了 ACL 信息，使其免遭并无 ACL 概念的应用的"误伤"，反之却并非如此。ACL 的优先级要高于对文件组权限的传统操作。例如，假设为某文件设置了如下 ACL：

user::rw-,group::---,mask::---,other::r--

若针对该文件执行 chmod g+rw 命令，则 ACL 将会变为：

user::rw-,group::---,mask::rw-,other::r--

这时，组用户仍无法访问该文件。一种迂回策略是修改针对组的 ACE，赋予其所有权限。结果，组用户总是能获得 ACL_MASK 型记录的所有权限。

17.5　getfacl 和 setfacl 命令

在 shell 中运行 getfacl 命令，可查看到应用于文件的 ACL。

```
$ umask 022                         Set shell umask to known state
$ touch tfile                       Create a new file
$ getfacl tfile
# file: tfile
# owner: mtk
# group: users
user::rw-
group::r--
other::r--
```

由 getfacl 命令的输出可知，新建文件具有最小的 ACL 权限。getfacl 命令会在输出 ACL 记录的文本格式之前，显示该文件的名称和属主、属组。执行 getfacl 命令时，如带有 --omit-header 选项，可省略上述内容。

接下来的例子则显示，执行传统的 chmod 命令来改变文件访问权限时，其效果贯穿到文件的 ACL 上。

```
$ chmod u=rwx,g=rx,o=x tfile
$ getfacl --omit-header tfile
user::rwx
group::r-x
other::--x
```

setfacl 命令可用来修改文件的 ACL。下例中执行 setfacl –m 命令，为文件的 ACL 追加标记类型为 ACL_USER 和 ACL_GROUP 的记录。

```
$ setfacl -m u:paulh:rx,g:teach:x tfile
$ getfacl --omit-header tfile
user::rwx
user:paulh:r-x                      ACL_USER entry
group::r-x
group:teach:--x                     ACL_GROUP entry
mask::r-x                           ACL_MASK entry
other::--x
```

带-m 选项的 setfacl 命令可修改现有 ACE，或者，当给定标记类型和限定符的 ACE 不存在时，会追加新的 ACE。setfacl 命令还可使用-R 选项，将指定的 ACL "递归"应用于目录树中的所有文件。

由 getfacl 命令的输出可知，setfacl 自动为该 ACL 新建了一条标记类型为 ACL_MASK 的记录。

追加了 ACL_USER 和 ACL_GROUP 标记类型的记录会将该 ACL 转变为扩展 ACL。因此，在执行 ls –l 命令时，会在文件的传统权限掩码之后多一个加号（"+"）。

```
$ ls -l tfile
-rwxr-x--x+   1 mtk      users        0 Dec 3 15:42 tfile
```

接下来继续执行 setfacl 命令，以禁用 ACL_MASK 标记类型记录中除执行权限以外的所有权限，然后再执行 getfacl 命令来查看文件的 ACL。

```
$ setfacl -m m::x tfile
$ getfacl --omit-header tfile
user::rwx
user:paulh:r-x              #effective:--x
group::r-x                  #effective:--x
group:teach:--x
mask::--x
other::--x
```

在用户 paulh 和文件组输出后的 "#effective："注释是指在与 ACL_MASK 型记录相与（AND）后，由上述记录所赋予的权限实际上要小于记录中所描述的情况。

再次执行 ls –l 命令来观察文件的传统权限位，由输出可知，组分类权限位反映的是 ACL_MASK 型记录的权限 (--x)，而非 ACL_GROUP 型记录中的权限(r-x)。

```
$ ls -l tfile
-rwx--x--x+   1 mtk      users        0 Dec 3 15:42 tfile
```

setfacl –x 则用来从 ACL 中删除记录。下例删除了用户 paulh 和组 teach 的记录（删除 ACE 时无需指定其权限）：

```
$ setfacl -x u:paulh,g:teach tfile
$ getfacl --omit-header tfile
user::rwx
group::r-x
mask::r-x
other::--x
```

请注意，在执行上述操作时，setfacl 命令会自动将掩码型 ACE 调整为所有组分类 ACE 权限的集合（只有一条此类 ACE：ACL_GROUP_OBJ）。若不想进行这种调整，执行 setfacl 命令时要带上-n 选项。

最后需要说明的是，执行带-b 选项的 setfacl 命令，可从 ACL 中删除所有扩展 ACE，而只保留最小化 ACE（亦即，用户、组及其他）。

17.6　默认 ACL 与文件创建

行文至此，对 ACL 的讨论所描述的均属访问型（access）ACL。顾名思义，当进程访问与该 ACL 相关的文件时，将使用访问型 ACL 来判定进程对文件的访问权限。针对目录，还可创建第二种 ACL：默认型（default）ACL。

访问目录时，默认型 ACL 并不参与判定所授予的权限。相反，默认型 ACL 的存在与否决定了在目录下所创建文件或子目录的 ACL 和权限。（默认型 ACL 存储于名为 system.posix_acl_default 的扩展属性中。）

想查看和设置与目录相关的默认型 ACL,需要执行带有-d 选项的 getfacl 和 setfacl 命令。

```
$ mkdir sub
$ setfacl -d -m u::rwx,u:paulh:rx,g::rx,g:teach:rwx,o::- sub
$ getfacl -d --omit-header sub
user::rwx
user:paulh:r-x
group::r-x
group:teach:rwx
mask::rwx                      setfacl generated ACL_MASK entry automatically
other::---
```

执行带有 – k 选项的 setfacl 命令，可删除针对目录而设的默认型 ACL。

若针对目录设置了默认型 ACL，则:

- 新建于目录下的子目录会将该目录的默认型 ACL 继承为其默认型 ACL。换言之，默认型 ACL 会随子目录的创建而沿目录树传播开来。
- 新建于目录下的文件或子目录会将该目录的默认型 ACL 继承为其访问型 ACL。与传统文件权限位相对应的 ACL 记录将和创建文件或子目录时系统调用（open()、mkdir()等等）中的 mode 参数相与（&）。所谓"对应的 ACL 记录"是指:
  - L_USER_OBJ;
  - ACL_MASK，若不含 ACL_MASK，则为 ACL_GROUP_OBJ;
  - ACL_OTHER。

一旦目录拥有默认型 ACL，那么对于新建于该目录下的文件来说，进程的 umask（15.4.6 节）并不参与判定文件访问型 ACL 中所记录的权限。

试举一例，演示一新建文件如何将其父目录的默认型 ACL 继承为自身的访问型 ACL。假设使用如下 open()调用，在前例所建目录下创建一新文件:

```
open("sub/tfile", O_RDWR | O_CREAT,
      S_IRWXU | S_IXGRP | S_IXOTH);   /* rwx--x--x */
```

这一新文件的访问型 ACL 如下:

```
$ getfacl --omit-header sub/tfile
user::rwx
user:paulh:r-x                 #effective:--x
group::r-x                     #effective:--x
group:teach:rwx                #effective:--x
mask::--x
other::---
```

若该目录并无默认 ACL，则:

- 新建于该目录下的子目录也不存在默认 ACL。
- 会沿用传统规则来设置目录下新建文件或目录的权限。除去按进程的 umask 而屏蔽权限位之外，将文件权限置为（open()、mkdir()等调用中）mode 参数的值。这时，新文件将拥有最小化的 ACL。

17.7　ACL 在实现方面的限制

各类文件系统都对一 ACL 中所含记录的条数有所限制。

- 对于 ext2、ext3 以及 ext4 文件系统，某文件所含所有 ACL 记录的总和受制于如下要求：该文件扩展属性的所有名称与值所占字节必须位于同一逻辑磁盘块之内（见 16.2 节）。每条 ACL 记录需占 8 字节，因而一文件所含 ACE 的最大条数会略少于块大小的 1/8（因为 ACL 的扩展属性名称也有一定开销）。因此，大小为 4096 字节的块最多允许 500 条左右的 ACE。（2.6.11 版本之前，内核要求 ext2 和 ext3 文件系统中文件 ACL 的记录总数不得超过 32 条。）
- 对于 XFS 文件系统，每一 ACL 的记录数上限为 25 条。
- 对于 Reiserfs 和 JFS 文件系统，ACL 最多可含 8191 条记录。之所以如此，是由于 VFS 要求扩展属性的值大小不得超过 64KB（见 16.2 节）。

> 写作本书时，Btrfs 文件系统将 ACL 所含记录的条数限制在 500 条左右。但鉴于该文件系统的开发极其活跃，故而这一限制随时可能发生变化。

尽管上面提及的文件系统大多支持在单一 ACL 创建大量记录，但应避免使用这一特性，原因如下：
- 冗长的 ACL 将增加维护工作的复杂程度，且容易出错；
- 扫描 ACL 寻找匹配记录（在执行组 ID 检查时，还将匹配多条记录）所需的时间，将随记录条数的增长而增长。

通常的做法是：在系统组文件（8.3 节）中定义适当的组，并在 ACL 中运用起来，从而将文件 ACL 的记录条数保持在一个较低的合理水平。

17.8　ACL API

POSIX.1e 标准草案围绕着操纵 ACL 定义了大量函数和数据结构。鉴于其规模庞大，要描述所有函数的细节是不现实的。本节会先对此类函数的用法进行概括，再以相关编程示例作为总结。

程序要使用 ACL API，就应包含<sys/acl.h>。如果还用到了 POSIX.1e 标准草案中的各种 Linux 扩展（acl(5)手册页罗列了一系列 Linux 扩展），程序可能还需要包含<acl/libacl.h>。为与 libacl 库链接，编译此类程序时需带有-lacl 选项。

> 如前所述，在 Linux 上，ACL 是以扩展属性的方式来实现的，而将 ACL API 实现为一套操纵用户空间数据结构的库函数，并且会在必要时调用 getxattr()和 setxattr()，来获取和修改持有 ACL 的持久层 system 扩展属性。此外，应用程序直接调用 getxattr()和 setxattr()去操纵 ACL 也是可行的，尽管并不推荐这一做法。

概述

组成 ACL API 的函数刊载于 acl(5)手册页中。乍看起来，此类函数及数据结构数量之巨，着实令人不得其门而入。图 17-2 概括了各种数据结构之间的关系，并标明了诸多 ACL 函数的用法。

由图 17-2 可知，ACL API 将 ACL 视为一层次化对象：
- 一个 ACL 包含一条或多条 ACL 记录；
- 每条记录均包含一标记类型、一标记限定符（可选），以及一权限集合。

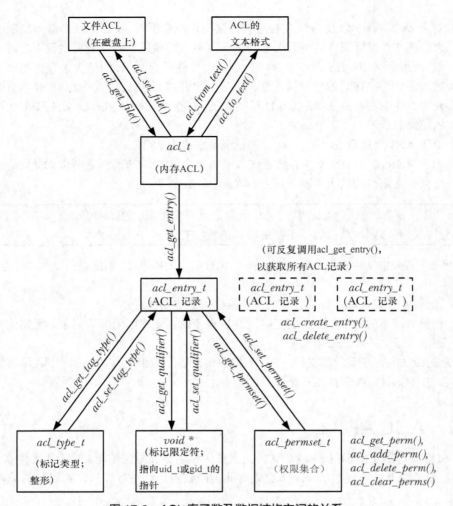

图 17-2：ACL 库函数及数据结构之间的关系

接下来，将简要介绍各种 ACL 函数。多数情况下，不会对每个函数的返回错误加以描述。函数返回整数（状态）时，通常以 0 表示成功，以-1 表示错误。返回句柄（指针）的函数出错时将返回 NULL。诊断错误时，则可将检查 errno 作为常规手段。

> 句柄（handler）是一抽象术语，用以指代一对象或数据结构。句柄的表现方式由 API 实现决定，例如：可以是指针、数组索引，或者 hash 键。

将文件的 ACL 读入内存

acl_get_file()函数可用来获取（由 pathname 所标识）文件的 ACL 副本。

acl_t acl;

acl = acl_get_file(pathname, type);

取决于参数 type 的值（ACL_TYPE_ACCESS 或 ACL_TYPE_DEFAULT），可调用该函数来获取访问型 ACL 或默认型 ACL。acl_get_file()函数将返回一（类型为 acl_t 的)句柄，供其他 ACL 函数使用。

从内存 ACL 中获取记录

acl_get_entry()函数会返回一句柄，指向内存 ACL（由函数的 acl 参数指代）中的记录之一。句柄的返回位置由函数的最后一个参数指定。

```
acl_entry_t entry;

status = acl_get_entry(acl, entry_id, &entry);
```

entry_id 参数决定返回那条记录的句柄。若将其指定为 ACL_FIRST_ENTRY，则会返回的句柄指向 ACL 中的首条 ACE。若将该参数指定为 ACL_NEXT_ENTRY，则所返回的句柄将指向上次所获取记录之后的 ACE。因此，在首次调用 acl_get_entry()时，把 type 参数指定为 ACL_FIRST_ENTRY，在随后的调用中，再将其指定为 ACL_NEXT_ENTRY，如此这般，就可以遍历 ACL 的所有记录。

若成功获取到一条 ACE，acl_get_entry()函数将返回 1；如无记录可取，则返回 0；失败，则返回−1。

获取并修改 ACL 记录中的属性

函数 acl_get_tag_type()和 acl_set_tag_type()可分别用来获取和修改（由 entry 参数所指定）ACL 记录中的标记类型。

```
acl_tag_t tag_type;

status = acl_get_tag_type(entry, &tag_type);
status = acl_set_tag_type(entry, tag_type);
```

tag_type 参数类型为 acl_type_t（整型），取值可为 ACL_USER_OBJ、ACL_USER、ACL_GROUP_OBJ、ACL_GROUP、ACL_OTHER 或 ACL_MASK 之一。

函数 acl_get_qualifier()和 acl_set_qualifier()可分别用来获取和修改（由 entry 参数所指定）ACL 记录中的标记限定符。下面是两个函数的使用实例，这里假设通过对标记类型的检测，已然确定该记录属于 ACL_USER。

```
uid_t *qualp;                /* Pointer to UID */

qualp = acl_get_qualifier(entry);
status = acl_set_qualifier(entry, qualp);
```

仅当 ACE 的标记类型为 ACL_USER 或 ACL_GROUP 时，标记限定符才有意义。在上例中，qualp 是指向用户 ID (uid_t *)的一枚指针，在下例中，则是指向组 ID (gid_t *)的指针。

函数 acl_get_permset()和 acl_set_permset()则可分别用来获取和修改（由 entry 参数所指代）ACE 中的权限集合。

```
acl_permset_t permset;

status = acl_get_permset(entry, &permset);
status = acl_set_permset(entry, permset);
```

数据类型 acl_permset_t 是一个指代权限集合的句柄。

下列函数则用来操纵某一权限集合中的内容：

```
int is_set;

is_set = acl_get_perm(permset, perm);

status = acl_add_perm(permset, perm);
status = acl_delete_perm(permset, perm);
status = acl_clear_perms(permset);
```

在上述各个调用中，可将 perm 参数指定为 ACL_READ、ACL_WRITE 或 ACL_EXECUTE——顾名即可思义。上述函数的用法如下所述：

- 若在（由 permse 参数指代的）权限集合中成功激活由 perm 参数所指定的权限，acl_get_perm()函数将返回 1（真值），否则返回 0。该函数为 Linux 对 POSIX.1e 标准草案的扩展。
- acl_add_perm()函数用来向由 permse 参数所指代的权限集合中追加由 perm 参数所指定的权限。
- acl_delete_perm()函数用来从 permse 参数所指代的权限集合中删除由 perm 参数所指定的权限。（即便要删除的权限在权限集合中并不存在，函数也不会报错。）
- acl_clear_perm()函数用来从 permse 参数所指代的权限集合中删除所有权限。

创建和删除 ACE

acl_create_entry()函数用来在某一现有 ACL 中新建一条记录。该函数会将一个指代新建 ACE 的句柄返回到由其第二个参数所指定的内存位置。

```
acl_entry_t entry;

status = acl_create_entry(&acl, &entry);
```

然后，即可利用先前介绍过的函数来设置该记录。

acl_delete_entry()函数用来从 ACL 中删除一条 ACE。

```
status = acl_delete_entry(acl, entry);
```

更新文件的 ACL

acl_set_file()函数的作用与 acl_get_file()相反，将使用驻留于内存的 ACL 内容（由 acl 参数所指代）来更新磁盘上的 ACL。

```
int status;

status = acl_set_file(pathname, type, acl);
```

如欲更新访问型 ACL，需将该函数的 tpye 参数指定为 ACL_TYPE_ACCESS；如欲更新目录的默认型 ACL，则需将 type 指定为 ACL_TYPE_DEFAULT。

ACL 在内存和文本格式之间的转换

acl_from_text()函数可将包含文本格式 ACL（长短不拘）的字符串转换为内存 ACL，并返回一个句柄，用以在后续函数调用中指代该 ACL。

```
acl = acl_from_text(acl_string);
```

acl_to_text()则执行与上述函数相反的转换，并同时返回对应于 ACL（由 acl 参数指定）

```
```

的长文本格式字符串。

```
char *str;
ssize_t len;

str = acl_to_text(acl, &len);
```
若参数 len 不为 NULL，那么会在该参数所指向的缓冲区中放置返回字符串的长度。

ACL API 中的其他函数

接下来将介绍几个未见诸于图 17-2 的常用 ACL 函数。

acl_calc_mask(&acl)函数用来计算并设置内存 ACL（其句柄由 acl 参数指定）中 ACL_MASK 型记录的权限。通常，只要是修改或创建 ACL，就会用到该函数。其会对所有 ACL_USER、ACL_GROUP 以及 ACL_GROUP_OBJ 型记录的权限并集进行计算，作为 ACL_MASK 型记录的权限。若 ACL_MASK 型记录不存在，则该函数会创建一个，这也算是该函数的妙用之一。也就是说，在将 ACL_USER 和 ACL_GROUP 型记录添加到前面提及的"最小化"ACL 时，调用该函数就能确保 ACL_MASK 型记录的创建。

若参数 acl 所指定的 ACL 有效，acl_valid(acl)函数将返回 0，否则，返回-1。若以下所有条件成立(为真)，则可判定该 ACL 有效。

- ACL_USER_OBJ、ACL_GROUP_OBJ 以及 ACL_OTHER 类型的记录均只能有一条。
- 若有任一 ACL_USER 或 ACL_GROUP 类型的记录存在，则也必然存在一条 ACL_MASK 型记录。
- 标记类型为 ACL_MASK 的 ACE 至多只有一条。
- 每条标记类型为 ACL_USER 的记录都有一唯一的用户 ID。
- 每条标记类型为 ACL_GROUP 的记录都有一唯一的组 ID。

> acl_check()和 acl_error()函数（后者为 Linux 的扩展）与 acl_valid()函数有异曲同工之妙，尽管可移植性不强，但在处理畸形 ACL 时却能对错误提供更为精确的描述。欲知详情，请参考手册页。

acl_delete_def_file(pathname)函数用来删除目录（由参数 pathname 指定）的默认型 ACL。

acl_init(count)函数用来新建一个空的 ACL 结构，其空间足以容纳由参数 count 所指定的记录数。(参数 count 向系统传递的是编程者的柔性诉求，而非硬性要求。)函数将返回这一新建 ACL 的句柄。

acl_dup(acl)函数用来为由 acl 参数所指定的 ACL 创建副本，并以该 ACL 副本的句柄作为返回值。

acl_free(handle)函数用来释放由其他 ACL 函数所分配的内存。例如，必须使用该函数来释放由 acl_from_text()、acl_to_text()、acl_get_file()、acl_init()以及 acl_dup()调用所分配的内存。

程序示例

程序清单 17-1 对某些 ACL 库函数的使用做了演示。该程序可获取并展示与文件相关的 ACL（亦即，该程序提供了 getfacl 命令的部分功能）。若以-d 命令行选项执行该程序，则将显示与目录相关的默认型 ACL，而非访问型 ACL。

以下为该程序的运行示例。

```
$ touch tfile
$ setfacl -m 'u:annie:r,u:paulh:rw,g:teach:r' tfile
$ ./acl_view tfile
user_obj            rw-
user        annie   r--
user        paulh   rw-
group_obj           r--
group       teach   r--
mask                rw-
other               r--
```

随本书发行的源码中还包含了另一程序：acl/acl_update.c，可用来更新 ACL（该程序提供了 setfacl 命令的部分功能）。

程序清单 17-1：显示与文件挂钩的访问或默认 ACL

――――――――――――――――――――――――――――――――――――――― acl/acl_view.c
```c
#include <acl/libacl.h>
#include <sys/acl.h>
#include "ugid_functions.h"
#include "tlpi_hdr.h"

static void
usageError(char *progName)
{
    fprintf(stderr, "Usage: %s [-d] filename\n", progName);
    exit(EXIT_FAILURE);
}

int
main(int argc, char *argv[])
{
    acl_t acl;
    acl_type_t type;
    acl_entry_t entry;
    acl_tag_t tag;
    uid_t *uidp;
    gid_t *gidp;
    acl_permset_t permset;
    char *name;
    int entryId, permVal, opt;

    type = ACL_TYPE_ACCESS;
    while ((opt = getopt(argc, argv, "d")) != -1) {
        switch (opt) {
        case 'd': type = ACL_TYPE_DEFAULT;      break;
        case '?': usageError(argv[0]);
        }
    }

    if (optind + 1 != argc)
        usageError(argv[0]);

    acl = acl_get_file(argv[optind], type);
    if (acl == NULL)
        errExit("acl_get_file");

    /* Walk through each entry in this ACL */
```

```
            for (entryId = ACL_FIRST_ENTRY; ; entryId = ACL_NEXT_ENTRY) {

        if (acl_get_entry(acl, entryId, &entry) != 1)
            break;                              /* Exit on error or no more entries */
/* Retrieve and display tag type */

if (acl_get_tag_type(entry, &tag) == -1)
    errExit("acl_get_tag_type");

printf("%-12s", (tag == ACL_USER_OBJ) ?  "user_obj" :
                (tag == ACL_USER) ?      "user" :
                (tag == ACL_GROUP_OBJ) ? "group_obj" :
                (tag == ACL_GROUP) ?     "group" :
                (tag == ACL_MASK) ?      "mask" :
                (tag == ACL_OTHER) ?     "other" : "???");

/* Retrieve and display optional tag qualifier */

if (tag == ACL_USER) {
    uidp = acl_get_qualifier(entry);
    if (uidp == NULL)
        errExit("acl_get_qualifier");

    name = groupNameFromId(*uidp);
    if (name == NULL)
        printf("%-8d ", *uidp);
    else
        printf("%-8s ", name);

    if (acl_free(uidp) == -1)
        errExit("acl_free");

} else if (tag == ACL_GROUP) {
    gidp = acl_get_qualifier(entry);
    if (gidp == NULL)
        errExit("acl_get_qualifier");

    name = groupNameFromId(*gidp);
    if (name == NULL)
        printf("%-8d ", *gidp);
    else
        printf("%-8s ", name);

    if (acl_free(gidp) == -1)
        errExit("acl_free");

} else {
    printf("         ");
}

/* Retrieve and display permissions */

if (acl_get_permset(entry, &permset) == -1)
    errExit("acl_get_permset");

permVal = acl_get_perm(permset, ACL_READ);
if (permVal == -1)
    errExit("acl_get_perm - ACL_READ");
```

```
            printf("%c", (permVal == 1) ? 'r' : '-');
            permVal = acl_get_perm(permset, ACL_WRITE);
            if (permVal == -1)
                errExit("acl_get_perm - ACL_WRITE");
            printf("%c", (permVal == 1) ? 'w' : '-');
            permVal = acl_get_perm(permset, ACL_EXECUTE);
            if (permVal == -1)
                errExit("acl_get_perm - ACL_EXECUTE");
            printf("%c", (permVal == 1) ? 'x' : '-');

            printf("\n");
        }

        if (acl_free(acl) == -1)
            errExit("acl_free");

        exit(EXIT_SUCCESS);
    }
```

── acl/acl_view.c

17.9　总结

自 2.6 版本起，Linux 开始支持 ACL。ACL 是对传统 UNIX 文件权限模型的扩展，籍此可在每用户或每组的基础上来控制对文件的访问。

进阶信息

访问 http://wt.tuxomania.net/publications/posix.1e/，可在线查看 POSIX.1e 和 POSIX.2c 标准草案的最后一稿（第 17 号草案）。

acl(5)手册页简要介绍了 ACL，并针对 Linux 平台所实现的各种 ACL 库函数，就其可移植性给出了指导。

ACL 及扩展属性的 Linux 实现细节刊载于[Grünbacher，2003]。Andreas Grünbacher 所维护的 Web 站点也包含了与 ACL 有关的信息，链接为 http://acl.bestbits.at/。

17.10　练习

17-1. 编写一个程序，根据与一特定用户或组相对应的 ACE 来显示权限。该程序应接受 2 个命令行参数。第一个参数可以为字母"u"或"g"，用以表明第二个参数是用户还是组。（利用定义于程序清单 8-1 中的函数，还可将第二个参数任意指定为数字或名称。）若与给定用户或组相对应的 ACE 隶属于组分类，则程序还需另外显示与 ACL 掩码型记录相与后的权限。

第 **18** 章

目录与链接

作为文件相关议题的结局篇，本章将讨论目录和链接。首先是对其系统级实现进行了回顾，之后则描述了用于创建和移除目录、链接的系统调用。接下来所探讨的库函数，可允许程序扫描单个目录下的内容并遍历一个目录树（即，检查目录树中的每个文件）。

每个进程都有两个目录相关属性根目录及当前工作目录，分别用于为解释绝对路径名和相对路径名提供参照点。本章将描述修改二者的系统调用。

最后，本章讨论了相关库函数，可用来解析路径名，并将其分解为目录和文件名两部分。

18.1 目录和（硬）链接

在文件系统中，目录的存储方式类似于普通文件。目录与普通文件的区别有二。

● 在其 i-node 条目中，会将目录标记为一种不同的文件类型（参见 14.4 节）。

● 目录是经特殊组织而成的文件。本质上说就是一个表格，包含文件名和 i-node 编号。

在大多数原生 Linux 文件系统上，文件名长度可达 255 个字符。图 18-1 所示为针对示例文件（/etc/passwd）所维护的文件系统 i-node 表以及相关目录文件的部分内容，展示了目录与 i-node 之间的关系。

> 虽然一个进程能够打开一个目录，但却不能使用 read() 去读取目录的内容。为了检索目录内容，进程必须使用本章后续讨论的系统调用和库函数。（在一些 UNIX 实现中，也可以对目录执行 read()，但这会给应用带来可移植性方面的问题。）进程同样也不能使用 write() 来改变一个目录的内容，仅能借助于诸如 open()（创建一个新文件）、link()、mkdir()、symlink()、unlink() 及 rmdir() 之类的系统调用（4.3 节描述了 open() 调用，本章稍后会介绍余下的系统调用）来间接（向内核请求）改变其内容。
>
> i-node 表的编号始于 1，而非 0，因为若目录条目的 i-node 字段值为 0，则表明该条目尚未使用。i-node 1 用来记录文件系统的坏块。文件系统根目录(/)总是存储在 i-node 条目 2 中（如图 18-1 所示），所以内核在解析路径名时就知道该从哪里着手。

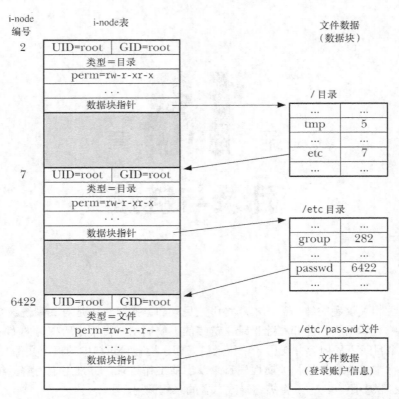

图 18-1：以文件/etc/passwd 为例，展示 i-node 和目录结构之间的关系

回顾文件 i-node（14.4 节）中存储的信息列表，会发现其中并未包含文件名，而仅通过目录列表内的一个映射来定义文件名称。其妙用在于，能够在相同或者不同目录中创建多个名称，每个均指向相同的 i-node 节点。也将这些名称称为链接，有时也称之为硬链接（稍后介绍），以示与符号链接有所区别。

> 所有的原生 Linux 和 UNIX 文件系统均支持硬链接，然而，许多非 UNIX 文件系统（比如，微软的 VFAT）则不支持。（微软的 NTFS 文件系统支持硬链接。）

可在 shell 中利用 ln 命令为一个业已存在的文件创建新的硬链接，正如下面 shell 会话日志所示。

```
$ echo -n 'It is good to collect things,' > abc
$ ls -li abc
 122232 -rw-r--r--   1 mtk      users          29 Jun 15 17:07 abc
$ ln abc xyz
$ echo ' but it is better to go on walks.' >> xyz
$ cat abc
It is good to collect things, but it is better to go on walks.
$ ls -li abc xyz
 122232 -rw-r--r--   2 mtk      users          63 Jun 15 17:07 abc
 122232 -rw-r--r--   2 mtk      users          63 Jun 15 17:07 xyz
```

Cat 命令输出中一目了然的事，经过 ls–li 命令所示 i-node 编码（即第一列）得到了进一步证实。名称 abc 和 xyz 指向相同的 i-node 条目，因此均指向相同文件。ls–li 命令所示内容的第三列为对 i-node 链接的计数。执行 ln abc xyz 命令后，abc 所指向 i-node 的链接计数升至 2,

因为现在指向该文件的有两个名字。（由于指向相同的 i-node，针对文件 xyz 输出的链接计数也是 2。）

若移除其中一个文件名，另一文件名以及文件本身将继续存在。

```
$ rm abc
$ ls -li xyz
 122232 -rw-r--r--   1 mtk      users         63 Jun 15 17:07 xyz
```

仅当 i-node 的链接计数降为 0 时，也就是移除了文件的所有名字时，才会删除（释放）文件的 i-node 记录和数据块。总结如下：rm 命令从目录列表中删除一文件名，将相应 i-node 的链接计数减一，若链接计数因此而降为 0，则还将释放该文件名所指代的 i-node 和数据块。

同一文件的所有名字（链接）地位平等——没有一个名字（比如，第一个）会优于其他名字。正如上例所示，在移除与文件相关的第一个名称后，物理文件继续存在，但只能通过另一文件名来访问其内容。

在线论坛上经常会有这样的问题出现：在程序中如何找到与文件描述符 X 相关联的文件名？简单的回答是不能，至少缺乏明确而又便于移植的手段，因为一个文件描述符指向一个 i-node，而指向这个 i-node 的文件名则可能能有多个（或者甚至如 18.3 节所述，一个都没有）。

在 Linux 系统上，借助于 readdir() 对 Linux 特有 /proc/PID/fd 目录内容（内含符号链接指向进程当前打开的每个文件描述符）的扫描，可以获知一个进程当前打开了哪些文件。此外，已经移植到多个 UNIX 系统中的 lsof(1) 和 fuser(1) 工具也精于此道。

对硬链接的限制有二，均可用符号链接来加以规避。

- 因为目录条目（硬链接）对文件的指代采用了 i-node 编号，而 i-node 编号的唯一性仅在一个文件系统之内才能得到保障，所以硬链接必须与其指代的文件驻留在同一文件系统中。
- 不能为目录创建硬链接，从而避免出现令诸多系统程序陷于混乱的链接环路。

早期的 UNIX 实现一度曾允许超级用户为目录创建硬链接。这在当时是必要的，因为这些实现并未提供 mkdir() 系统调用。相反，当时会使用 mknode() 调用创建一个目录，然后为 . 和 .. 创建链接（[Vahalia, 1996]）。虽然这一特性已是昨日黄花，但一些现代 UNIX 实现出于向后兼容的目的仍对其加以保留。

使用绑定挂载（bind mount）可以获得与为目录创建硬链接相似的效果。

18.2 符号（软）链接

符号链接，有时也称为软链接，是一种特殊的文件类型，其数据是另一文件的名称。图 18-2 展示的情况是：两个硬链接——/home/erena/this 和 /home/allyn/that——指向同一个文件，而符号链接 /home/kiran/other，则指代文件名 /home/erena/this。

在 shell 中，符号链接是由 ln–s 命令创建的。ls–F 命令的输出结果中会在符号链接的尾部标记 @。

符号链接的内容既可以是绝对路径，也可以是相对路径。解释相对符号链接时以链接本身的位置作为参照点。

符号链接的地位不如硬链接。尤其是，文件的链接计数中并未将符号链接计算在内。（因此，图 18-2 中编号为 61 的 i-node，其链接计数为 2，而不是 3。）因此，如果移除了符号链接所指向的文件名，符号链接本身还将继续存在，尽管无法再对其进行解引用（下溯）操作，也将此类链接称之为悬空链接。更有甚者，还可以为并不存在的文件名创建一个符号链接。

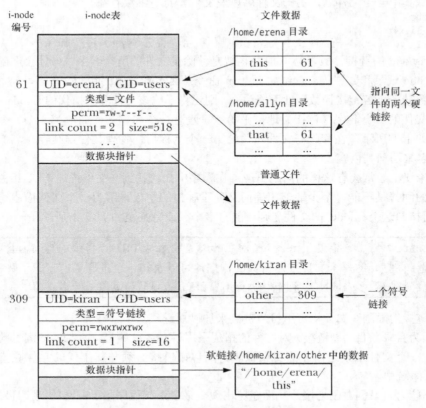

图 18-2：对硬链接和符号链接的展现

> 引入符号链接的是 4.2BSD。虽然未获 POSIX.1-1990 接纳，但 SUSv1 和 SUSv3 随后还是将其纳入规范。

因为符号链接指代一个文件名，而非 i-node 编号，所以可以用其来链接不同文件系统中的一个文件。对硬链接的那些制约也就不会困扰到符号链接，可以为目录创建符号链接。诸如 find 和 tar 之类的工具命令有能力识别硬链接和符号链接之间的差异，要么会在默认情况下不对符号链接进行解引用，要么会避免因使用符号链接而陷入引用环路。

符号链接之间可能会形成链路（例如，a 是指向 b 的符号链接，而 b 是指向 c 的符号链接）。当在各个文件相关的系统调用中指定了符号链接时，内核会对一系列链接层层解去引用，直抵最终文件。

SUSv3 规定，针对路径名中的每个符号链接部件，系统实现应允许对其实施至少_POSIX_SYMLOOP_MAX 次解除引用操作。_POSIX_SYMLOOP_MAX 的规定值为 8。然而，在内核 2.6.18 之前，Linux 将解析符号链接链路时的解引用操作次数限制为 5 次。始于版本 2.6.18，Linux 内核实现了 SUSv3 所规定的最小解引用次数：8 次。Linux 还将对一个完整路径名的解引用总数限制为 40 次。施加这些限制，意在应对超长符号链接链路以及符号链接环路，从而使内核代码在解析符号链接时免于引发堆栈溢出。

某些 UNIX 文件系统的优化举措，不但没有在正文中提及，而且也未见诸于图 18-2。如果构成符号链接内容的字符串总长度很小，足以放入 i-node 中通常用于存放数据指针的位置，那么就会将字符串直接存储在那里。这省去对一个磁盘块的分配，也加速了对符号链接信息的访问，因为获取信息时仅涉及到文件的 i-node。例如，ext2、ext3 及 ext4 采用这一技术，将 i-node 中通常用于存放数据块指针的 60 个字节转而用于存放长度合适的符号字符串。实践证明，这一优化措施卓有成效。在笔者检查过的某一系统中，符号链接共计 20 700 个，其中内容长度不超过 60 个字节的占 97%。

系统调用对符号链接的解释

　　许多系统调用都会对符号链接进行解引用处理（即下溯 follow），从而对链接所指向的文件展开操作。还有一些系统调用对符号链接则不作处理，直接操作于链接文件本身。书中会在论及每个系统调用的同时，描述其针对符号链接的行为。表 18-1 对此作了总结。

表 18-1：各个函数对符号链接的解释

函　　数	是否对链接解引用	备　　注
access()	●	
acct()	●	
bind()	●	UNIX 域套接字带有路径名
chdir()	●	
chmod()	●	
chown()	●	
chroot()	●	
creat()	●	
exec()	●	
getxattr()	●	
lchown()		
lgetxattr()		
link()		参见 18.3 节
listxattr()	●	
llistxattr()		
lremovexattr()		
lsetxattr()		
lstat()		
lutimes()		
open()	●	除非指定了 O_NOFOLLOW 或者 O_EXCL | O_CREAT
opendir()	●	
pathconf()	●	

函　　数	是否对链接解引用	备　　注
pivot_root()	●	
quotactl()	●	
readlink()		
removexattr()	●	
rename()		无论哪个参数中的链接，都不会对其进行解引用
rmdir()		若参数为符号链接，则调用失败，并将 errno 置为 ENOTDIR
setxattr()	●	
stat()	●	
statfs(), statvfs()	●	
swapon(), swapoff()	●	
truncate()	●	
unlink()		
uselib()	●	
utime(), utimes()	●	

　　少数情况下，符号链接本身及其所指向的文件会需要类似的功能，系统这时就会提供两套系统调用：一套会对链接解除引用，另一套则反之，后者在命名时会冠以字母 l。stat()和 lstat()就是一例。

　　有一点是约定俗成的：总是会对路径名中目录部分（即最后一个斜线字符前的所有组成部分）的符号链接进行解除引用操作。因此，在路径/somedir/somesubdir/file 中，若 somedir 和 somesubdir 属于符号链接，则一定会解除对这两个目录的引用，而针对 file 是否进行解引用与否，则取决于路径名所传入的系统调用。

　　18.11 节描述了一组自版本 2.6.16 加入的系统调用，对表 18-1 所展示的部分接口功能有所扩展。对于其中的某些调用而言，可以利用 flags 参数来控制是否对符号链接进行解引用操作。

符号链接的文件权限和所有权

　　大部分操作会无视符号链接的所有权和权限（创建符号链接时会为其赋予所有权限）。是否允许操作反而是由符号链接所指代文件的所有权和权限来决定。仅当在带有粘性权限位（15.4.5 节）的目录中对符号链接进行移除或改名操作时，才会考虑符号链接自身的所有权。

18.3　创建和移除（硬）链接：link()和 unlink()

　　link()和 unlink()系统调用分别创建和移除硬链接。

```
#include <unistd.h>

int link(const char *oldpath, const char *newpath);
```
                                    Returns 0 on success, or –1 on error

若 oldpath 中提供的是一个已存在文件的路径名，则系统调用 link()将以 newpath 参数所指定的路径名创建一个新链接。若 newpath 指定的路径名已然存在，则不会将其覆盖；相反，将产生一个错误（EEXIST）。

在 Linux 中，link()系统调用不会对符号链接进行解引用操作。若 oldpath 属于符号链接，则会将 newpath 创建为指向相同符号链接文件的全新硬链接。（换言之，newpath 也是符号链接，指向 oldpath 所指代的同一文件。）这一行为有悖于 SUSv3 规范。SUSv3 要求，除非另行规定（link()系统调用不在此列），否则所有执行路径名解析操作的函数都应对符号链接进行解引用。大多数其他 UNIX 实现的行事方式都与 SUSv3 相符。值得注意的是，Solaris 是个例外，默认情况下的行为与 Linux 相同。但若采用适当的编译器选项，又可提供符合 SUSv3 规范的行为。鉴于系统实现间的这种差异，应避免将 oldpath 参数指定为符号链接，以保障程序的可移植性。

> SUSv4 承认现有实现间存在不一致性，同时规定 link()调用对符号链接解引用与否由实现定义。SUSv4 还将 linkat()纳入规范，在执行与 link()相同任务的同时，可利用 flag 参数来控制调用是否解析符号链接。更多细节参见 18.11 节。

```
#include <unistd.h>

int unlink(const char *pathname);
```
                                    Returns 0 on success, or –1 on error

unlink()系统调用移除一个链接（删除一个文件名），且如果此链接是指向文件的最后一个链接，那么还将移除文件本身。若 pathname 中指定的链接不存在，则 unlink()调用失败，并将 errno 置为 ENOENT。

unlink()不能移除一个目录，完成这一任务需要使用 rmdir()或 remove()，将于 18.6 节进行介绍。

> SUSv3 规定，若 pathname 中指定的是一个目录，则 unlink()调用失败，并将 errno 置为 EPERM。然而，在 Linux 中，unlink()在这种情况下会将 errno 置为 EISDIR 值。（对于与 SUSv3 间的这一差别，LSB 倒也并不讳言。）为保障可移植性，应用程序在检查这种情况时应做两手准备。

unlink()系统调用不会对符号链接进行解引用操作，若 pathname 为符号链接，则移除链接本身，而非链接指向的名称。

仅当关闭所有文件描述符时，方可删除一个已打开的文件

内核除了为每个 i-node 维护链接计数之外，还对文件的打开文件描述（参见图 5-2）计数。

当移除指向文件的最后一个链接时，如果仍有进程持有指代该文件的打开文件描述符，那么在关闭所有此类描述符之前，系统实际上将不会删除该文件。这一特性的妙用在于允许取消对文件的链接，而无需担心是否有其他进程已将其打开。（然而，对于链接数已降为 0 的打开文件，就无法将文件名与其重新关联起来。）此外，基于上述事实，还可以玩点小技巧：先创建并打开一个临时文件，随即取消对文件的链接（unlink），然后在程序中继续使用该文件。（这正是 5.12 节所述 tmpfile() 函数的所作所为。）

程序清单 18-1 对此现象做了展示。

程序清单 18-1：使用 unlink() 移除一个链接

———————————————————————————————— dirs_links/t_unlink.c

```c
#include <sys/stat.h>
#include <fcntl.h>
#include "tlpi_hdr.h"

#define CMD_SIZE 200
#define BUF_SIZE 1024

int
main(int argc, char *argv[])
{
    int fd, j, numBlocks;
    char shellCmd[CMD_SIZE];         /* Command to be passed to system() */
    char buf[BUF_SIZE];              /* Random bytes to write to file */

    if (argc < 2 || strcmp(argv[1], "--help") == 0)
        usageErr("%s temp-file [num-1kB-blocks] \n", argv[0]);

    numBlocks = (argc > 2) ? getInt(argv[2], GN_GT_0, "num-1kB-blocks")
                           : 100000;

    fd = open(argv[1], O_WRONLY | O_CREAT | O_EXCL, S_IRUSR | S_IWUSR);
    if (fd == -1)
        errExit("open");

    if (unlink(argv[1]) == -1)       /* Remove filename */
        errExit("unlink");

    for (j = 0; j < numBlocks; j++)  /* Write lots of junk to file */
        if (write(fd, buf, BUF_SIZE) != BUF_SIZE)
            fatal("partial/failed write");

    snprintf(shellCmd, CMD_SIZE, "df -k `dirname %s`", argv[1]);
    system(shellCmd);                /* View space used in file system */

    if (close(fd) == -1)             /* File is now destroyed */
        errExit("close");
    printf("********** Closed file descriptor\n");

    system(shellCmd);                /* Review space used in file system */
    exit(EXIT_SUCCESS);
}
```

———————————————————————————————— dirs_links/t_unlink.c

程序清单 18-1 中程序接受两个命令行参数。第一个参数标识程序应该创建的文件名称。

程序打开此文件后随即取消与文件名的链接。虽然文件名已消失，但是文件本身依然存在。然后程序向文件随机写入一些数据块，数据块数量由程序的第二个命令行参数（可选项）指定。这时，程序会利用 df(1)命令显示文件系统的空间使用情况。程序接着会关闭文件描述符，系统因之而将文件移除,程序会再次使用 df(1)命令来显示有所下降的磁盘使用情况。如下 shell 会话演示了运行程序清单 18-1 程序的情况：

```
$ ./t_unlink /tmp/tfile 1000000
Filesystem            1K-blocks      Used Available Use% Mounted on
/dev/sda10             5245020    3204044   2040976  62% /
********** Closed file descriptor
Filesystem            1K-blocks      Used Available Use% Mounted on
/dev/sda10             5245020    2201128   3043892  42% /
```

程序清单 18-1 使用 system()函数来执行 shell 命令，27.6 节将对此函数做详细描述。

18.4 更改文件名：rename()

借助于 rename()系统调用，既可以重命名文件，又可以将文件移至同一文件系统中的另一目录。

```
#include <stdio.h>

int rename(const char *oldpath, const char *newpath);
```
$$\text{Returns 0 on success, or } -1 \text{ on error}$$

调用会将现有的一个路径名 oldpath 重命名为 newpath 参数所指定的路径名。

rename()调用仅操作目录条目，而不移动文件数据。改名既不影响指向该文件的其他硬链接，也不影响持有该文件打开描述符的任何进程，因为这些文件描述符指向的是打开文件描述，（在调用 open()之后）与文件名并无瓜葛。

以下规则适用与对 rename()的调用。

- 若 newpath 已经存在，则将其覆盖。
- 若 newpath 与 oldpath 指向同一文件，则不发生变化（且调用成功）。这很不合常理。顺着上一条规则的思路，通常的推断是：如果两个文件名 x 和 y 都存在，那么调用 rename("x","y")时应当把 x 移除才是。但如果 x 和 y 链接的是同一文件，事实却并非如此。

此规则源于早期的 BSD 实现，其动机可能是出于这样的考虑：要保障诸如 rename（"x", "x"）、rename（"x", "./x"）以及 rename（"x", "somedir/../x"）之类的调用不会移除文件，内核必须进行检查。而这种设计则有助于简化这一检查。

- rename()系统调用对其两个参数中的符号链接均不进行解引用。如果 oldpath 是一符号链接，那么将重命名该符号链接。如果 newpath 是一符号链接，那么会将其视为由 oldpath 重命名而成的普通路径名（即移除已有的符号链接 newpath）。
- 如果 oldpath 指代文件，而非目录，那么就不能将 newpath 指定为一个目录的路径名（否则将 errno 置为 EISDIR）。要想重命名一个文件到某一目录中（亦即将文件移到另一目录），newpath 必须包含新的文件名。如下调用既将一个文件移动到另一目录中，同时又将其改名：

```
rename("sub1/x", "sub2/y");
```

- 若将 oldpath 指定为目录名，则意在重命名该目录。这种情况下，必须保证 newpth 要么不存在，要么是一个空目录的名称。无论 newpath 是一个已有文件还是一个非空目录，调用都将出错（分别将 errno 置为 ENOTDIR 和 ENOTEMPTY）。
- 若 oldpath 是一目录，则 newpath 不能包含 oldpath 作为其目录前缀。例如，不能将 /home/mtk 重命名为/home/mtk/bin（错误为 EINVAL）。
- oldpath 和 newpath 所指代的文件必须位于同一文件系统。之所以如此，是因为目录内容由硬链接列表组成，且硬链接所指向的 i-node 与目录位于同一文件系统。如前所述，rename()仅限于操作目录列表的内容。试图将一文件重命名至不同的文件系统将返回错误 EXDEV。（非要如此，必须从一个文件系统中将其文件内容复制到另一文件系统，然后再删除老文件。这正是 mv 命令的功能所在。）

18.5　使用符号链接：symlink()和 readlink()

现在来看看用于创建符号链接，以及检查其内容的系统调用。

symlink()系统调用会针对由 filepath 所指定的路径名创建一个新的符号链接——linkpath。（想移除符号链接，需使用 unlink()调用。）

```
#include <unistd.h>

int symlink(const char *filepath, const char *linkpath);
                                    Returns 0 on success, or −1 on error
```

若 linkpath 中给定的路径名已然存在，则调用失败（且将 errno 置为 EEXIST）。由 filepath 指定的路径名可以是绝对路径，也可以是相对路径。

由 filepath 所命名的文件或目录在调用时无需存在。即便当时存在，也无法阻止后来将其删除。这时，linkpath 成为"悬空链接"，其他系统调用试图对其进行解引用操作都将出错（通常错误号为 ENOENT）。

如果指定一符号链接作为 open()调用的 pathname 参数，那么将打开链接指向的文件。有时，倒宁愿获取链接本身的内容，即其所指向的路径名。这正是 readlink()系统调用的本职工作，将符号链接字符串的一份副本置于 buffer 指向的字符数组中。

```
#include <unistd.h>

ssize_t readlink(const char *pathname, char *buffer, size_t bufsiz);
            Returns number of bytes placed in buffer on success, or −1 on error
```

bufsiz 是一个整型参数，用以告知 readlink()调用 buffer 中的可用字节数。

如果一切顺利，readlink()将返回实际放入 buffer 中的字节数。若链接长度超过 bufsiz，则置于 buffer 中的是经截断处理的字符串（并返回字符串大小，亦即 bufsiz）。

由于 buffer 尾部并未放置终止空字符，故而也无法分辨 readlink()所返回的字符串到底是经过截断处理，还是恰巧将 buffer 填满。验证后者的方法之一是重新分配一块更大的 buffer，并再次调用 readlink()。另外，还可以将 pathname 的长度定义为常量 PATH_MAX（参见 11.1

节），该常量定义了程序可拥有的最长路径名长度。

程序清单 18-4 演示了 readlink() 的用法。

为限制符号链接中所能存储的最大字节数，SUSv3 定义了一个新限制 SYMLINK_MAX，要求系统实现对此加以定义，并规定其不得少于 255 个字节。写作本书时，Linux 尚未对此限制作出定义。而正文之所以建议使用 PATH_MAX，是因为该限制至少与 SYMLINK_MAX 大小相当。

SUSv2 将 readlink() 的返回类型定义为 int，而当前的许多实现（以及 Linux 中较老版本的 glibc）对此奉行不悖。SUSv3 则将 readlink() 的返回值类型改为 ssize_t。

18.6 创建和移除目录：mkdir() 和 rmdir()

mkdir() 系统调用创建一个新目录。

```
#include <sys/stat.h>

int mkdir(const char *pathname, mode_t mode);
```
                                        Returns 0 on success, or –1 on error

---

pathname 参数指定了新目录的路径名。该路径名可以是相对路径，也可以是绝对路径。若具有该路径名的文件已经存在，则调用失败并将 errno 置为 EEXIST。

对新目录所有权的设置遵循 15.3.1 节所述规则。

mode 参数指定了新目录的权限。（15.3.1、15.3.2 和 15.4.5 各节描述了目录权限位的含义。）对该位掩码值的指定方式既可以与 open() 调用相同——对表 15-4 所列各常量进行或(|)操作，也可直接赋予八进制数值。既定的 mode 值还将于进程掩码相与（&）（参见 15.4.6 节）。另外，set-user-ID 位始终处于关闭状态，因为该位对于目录而言毫无意义。

如果在 mode 中设置了粘滞位（S_ISVTX），那么将对新目录设置该权限。

调用还会忽略在 mode 中设置的 set-group-ID 位（S_ISGID）。相反，若对其父目录设置了 set-group-ID 位，则同样会对新建目录设置该权限。15.3.1 节曾指出，对目录设置 set-group-ID 权限位将导致目录中新建文件的组 ID 取自目录组 ID，而非进程有效组 ID。mkdir() 系统调用按此处描述的方式来传播 set-group-ID 权限位，以保证目录下所有子目录的行为均保持一致。

SUSv3 明文规定，mkdir() 对 set-user-ID、set-group-ID 以及粘滞位的处理方式由实现定义。某些 UNIX 实现在新建目录时总是关闭这 3 个权限位。

新建目录包括两个条目：.（点），即指向目录自身的链接；..（点点），即指向父目录的链接。

SUSv3 并未要求目录中包括.和..条目，只是要求当路径中出现.和..时，实现应能正确解释。若要保证应用程序的可移植性，则不应假设目录中存在这些条目。

---

mkdir() 系统调用所创建的仅仅是路径名中的最后一部分。换言之，mkdir("aaa/bbb/ccc", mode) 仅当目录 aaa 和 aaa/bbb 已经存在的情况下才会成功。（这相当于 mkdir(1) 命令的默认行为，但 mkdir(1) 同时也提供-p 选项，可将不存在的中间目录一一创建。）

　　rmdir()系统调用移除由 pathname 指定的目录，该目录可以是绝对路径名，也可以是相对路径名。

```
#include <unistd.h>

int rmdir(const char *pathname);

                                        Returns 0 on success, or –1 on error
```

　　要使 rmdir()调用成功，则要删除的目录必须为空。如果 pathname 的最后一部分为符号链接，那么 rmdir()调用将不对其进行解引用操作，并返回错误，同时将 errno 置为 ENOTDIR。

18.7　移除一个文件或目录：remove()

　　remove()库函数移除一个文件或一个空目录。

```
#include <stdio.h>

int remove(const char *pathname);

                                        Returns 0 on success, or –1 on error
```

　　如果 pathname 是一文件，那么 remove()去调用 unlink()；如果 pathname 为一目录，那么 remove()去调用 rmdir()。

　　与 unlink()、rmdir()一样，remove()不对符号链接进行解引用操作。若 pathname 是一符号链接，则 remove()会移除链接本身，而非链接所指向的文件。

　　如果移除一个文件只是为创建同名新文件做准备，那么编码时使用 remove()函数会更加简单，无需再去检查目录名所指是文件还是目录，然后再决定是调用 unlink()还是 rmdir()。

18.8　读目录：opendir()和 readdir()

　　本节所述库函数可用于打开一个目录，并逐一获取其包含文件的名称。

opendir()函数打开一个目录，并返回指向该目录的句柄，供后续调用使用。

```
#include <dirent.h>

DIR *opendir(const char *dirpath);
```
                    Returns directory stream handle, or NULL on error

opendir()函数打开由 dirpath 指定的目录，并返回指向 DIR 类型结构的指针。该结构即所谓目录流（directory stream），亦即调用者传递给下述其他函数的句柄。一旦从 opendir()返回，则将目录流指向目录列表的首条记录。

除了要创建的目录流所针对的目录由打开文件描述符指代之外，fdopendir()与 opendir()并无不同。

```
#include <dirent.h>

DIR *fdopendir(int fd);
```
                    Returns directory stream handle, or NULL on error

提供 fdopendir()函数，意在帮助应用程序免受 18.11 节所述各种竞态条件的困扰。

调用 fdopendir()成功后，文件描述符将处于系统的控制之下，且除了利用本节余下部分所描述的函数之外，程序不应采取任何其他方式对其进行访问。

SUSv4 定义了 fdopendir()函数（但 SUSv3 并未将其纳入规范）。

readdir()函数从一个目录流中读取连续的条目。

```
#include <dirent.h>

struct dirent *readdir(DIR *dirp);
```
                    Returns pointer to a statically allocated structure describing
                    next directory entry, or NULL on end-of-directory or error

每调用 readdir()一次，就会从 dirp 所指代的目录流中读取下一目录条目，并返回一枚指针，指向经静态分配而得的 dirent 类型结构，内含与该条目相关的如下信息：

```
struct dirent {
    ino_t d_ino;            /* File i-node number */
    char  d_name[];         /* Null-terminated name of file */
};
```

每次调用 readdir()都会覆盖该结构。

出于对程序可移植性的考虑，上述定义略去了 Linux dirent 结构中的各种非标准字段。这其中最令人感兴趣的当属 d_type，它同时获得了 BSD 流派的支持，但并未在其他 UNIX 系统中实现。该属性值用于标识命名于 d_name 之中文件的类型，诸如 DT_REG（普通文件）、DT_DIR（目录）、DT_LNK（符号链接）或 DT_FIFO（FIFO）。（这些名称类似于表 15-1 所列诸宏。）利用该属性值可省去为确定文件类型而对 lstat ()的调用。注意，写作本书时，该属性仅获得 Btrfs、ext2、ext3 以及 ext4 的全面支持。

调用 lstat()（或者 stat()，如果应对符号链接解引用时）可获得 d_name 所指向文件的更多信息，其中，路径名由之前调用 opendir()时指定的 dirpath 参数与"/"字符以及 d_name 字段的返回值拼接组成。

readdir()返回时并未对文件名进行排序，而是按照文件在目录中出现的天然次序（这取决于文件系统向目录添加文件时所遵循的次序，及其在删除文件后对目录列表中空隙的填补方式）。（命令 ls–f 对文件列表的排列与调用 readdir()时一样，均未做排序处理。）

> 使用 scandir(3)函数可以获得经过排序处理的文件列表，且排列规则可由程序员定义，具体细节请参考手册页。尽管该函数未获 SUSv3 接纳，但得到了大多数 UNIX 实现的支持。SUSv4 也对 scandir()作了定义。

一旦遇到目录结尾或是出错，readdir()将返回 NULL，针对后一种情况，还会设置 errno 以示具体错误。为了区别这两种情况，可编码如下：

```
errno = 0;
direntp = readdir(dirp);
if (direntp == NULL) {
    if (errno != 0) {
        /* Handle error */
    } else {
        /* We reached end-of-directory */
    }
}
```

如果目录内容恰逢应用调用 readdir()扫描该目录时发生变化，那么应用程序可能无法观察到这些变动。SUSv3 明确指出，对于 readdir()是否会返回自上次调用 opendir()或 rewinddir()后在目录中增减的文件，规范不做要求。至于最后一次执行上述调用前就存在的文件，应确保其全部返回。

rewinddir()函数可将目录流回移到起点，以便对 readdir()的下一次调用将从目录的第一个文件开始。

```
#include <dirent.h>

void rewinddir(DIR *dirp);
```

closedir()函数将由 dirp 指代、处于打开状态的目录流关闭，同时释放流所使用的资源。

```
#include <dirent.h>

int closedir(DIR *dirp);
```
                                    Returns 0 on success, or –1 on error

SUSv3 还定义了两个高级函数：telldir()和 seekdir()，允许随机访问目录流。有关这些函数的深入信息请参考手册页。

目录流与文件描述符

有一个目录流，就有一个文件描述符与之关联。dirfd()函数返回与 dirp 目录流相关联的文件描述符。

```
#include <dirent.h>

int dirfd(DIR *dirp);
```
                        Returns file descriptor on success, or –1 on error

例如，将 dirfd() 返回的文件描述符传递给 fchdir()（参见 18.10 节），就可以把进程的当前工作目录改成相应目录。此外，还可以将其传递给 18.11 节所述各函数的 dirfd 参数。

dirfd() 函数还见诸于 BSD 系统，但在其他实现中则鲜有踪迹。该函数未获 SUSv3 接纳，但 SUSv4 则对其做了规范。

这里值得一提的是，opendir() 会为与目录流相关联的文件描述符自动设置 close-on-exec 标志（FD_CLOEXEC），以确保当执行 exec() 时自动关闭该文件描述符。（SUSv3 要求这一行为。）close-on-exec 标志将在 27.4 节加以描述。

示例程序

程序清单 18-2 使用 opendir()、readdir() 和 closedir() 函数来列出由命令行参数所指定各目录的内容（若未提供参数则为当前工作目录）。以下是运行该程序的一个例子：

```
$ mkdir sub                              Create a test directory
$ touch sub/a sub/b                      Make some files in the test directory
$ ./list_files sub                       List contents of directory
sub/a
sub/b
```

程序清单 18-2：扫描一个目录

――― dirs_links/list_files.c
```c
#include <dirent.h>
#include "tlpi_hdr.h"

static void                 /* List all files in directory 'dirPath' */
listFiles(const char *dirpath)
{
    DIR *dirp;
    struct dirent *dp;
    Boolean isCurrent;              /* True if 'dirpath' is "." */

    isCurrent = strcmp(dirpath, ".") == 0;

    dirp = opendir(dirpath);
    if (dirp  == NULL) {
        errMsg("opendir failed on '%s'", dirpath);
        return;
    }

    /* For each entry in this directory, print directory + filename */

    for (;;) {
        errno = 0;                  /* To distinguish error from end-of-directory */
        dp = readdir(dirp);
        if (dp == NULL)
            break;

        if (strcmp(dp->d_name, ".") == 0 || strcmp(dp->d_name, "..") == 0)
            continue;               /* Skip . and .. */

        if (!isCurrent)
            printf("%s/", dirpath);
        printf("%s\n", dp->d_name);
    }
```

```
        if (errno != 0)
            errExit("readdir");

        if (closedir(dirp) == -1)
            errMsg("closedir");
}

int
main(int argc, char *argv[])
{
    if (argc > 1 && strcmp(argv[1], "--help") == 0)
        usageErr("%s [dir...]\n", argv[0]);

    if (argc == 1)                      /* No arguments - use current directory */
        listFiles(".");
    else
        for (argv++; *argv; argv++)
            listFiles(*argv);

    exit(EXIT_SUCCESS);
}
```
———————————————————————————————————— dirs_links/list_files.c

readdir_r()函数

readdir_r()函数是 readdir()的变体。二者之间语义上的关键差异在于前者是可重入的，而后者不是。这是因为 readdir_r()对文件条目的返回利用的是由调用者分配的 entry 参数，而 readdir()则是将信息置于静态分配的结构并返回其指针。21.1.2 节和 31.1 节讨论了可重入性（reentrancy）。

```
#include <dirent.h>

int readdir_r(DIR *dirp, struct dirent *entry, struct dirent **result);
```
                         Returns 0 on success, or a positive error number on error

针对既定 dirp，亦即之前调用 opendir()所打开的目录流，readdir_r()将下一项目录条目置于由 entry 指向的 dirent 结构中。另外，还会在 result[1] 中放置指向该结构的一枚指针。如果抵达目录流尾部，那么会在 result[2] 中返回 NULL（且 readdir_r()返回 0）。当出现错误时，readdir_r()不会返回-1，而是返回一个对应于 errno 的正整型值。

在 Linux 中，dirent 结构的 d_name 字段是大小为 256 字节的一个数组，足以容纳可能出现的最长文件名。虽然有几个其他的 UNIX 实现也为 d_name 定义了相同的大小，但 SUSv3 对此却并做规定，而另一些 UNIX 实现则将该字段定义为 1 字节的数组，并将正确分配结构大小的工作交给调用程序。这时，应将 d_name 字段大小设定为常量 NAME_MAX+1（考虑终止空字节）。为确保可移植性，应用程序应以如下方式分配 dirent 结构：

```
struct dirent *entryp;
size_t len;

len = offsetof(struct dirent, d_name) + NAME_MAX + 1;
entryp = malloc(len);
if (entryp == NULL)
    errExit("malloc");
```

————————————

1 译者注：kernel.org 的在线手册页则为*result，译者倾向于后者，但未与作者沟通。请读者自行验证。
2 译者注：同上，疑为*result。

鉴于 dirent 结构中 d_name 字段（该属性总是位于结构的最后）之前各类属性的数量和大小在不同系统中实现不一，采用 offsetof()宏（定义于<stddef.h>中）可避免程序对此产生依赖。

> offsetof()宏接受两个参数——结构类型和该结构中某一字段的名称——并返回一 size_t 类型值，亦即该字段距结构起点的字节偏移量。这个宏之所以必要，是由于编译器为满足诸如 int 之类的类型的对齐要求，可能在结构中插入填充字节。这会导致结构中某一字段的偏移量可能要大于该属性之前所有字段的长度总和。

18.9 文件树遍历：nftw()

nftw()函数允许程序对整个目录子树进行递归遍历，并为子树中的每个文件执行某些操作（即，调用由程序员定义的函数）。

> nftw()函数是对执行类似功能的老函数 ftw()的加强。由于提供了更多功能，对符号链接的处理也更易于把握（SUSv3 规定，ftw()的函数实现无论是否对符号链接进行解引用，均符合规范），故而新近开发的应用程序应考虑采用 nftw()（new ftw）。SUSv3 将 nftw()和 ftw()均纳入规范，但 SUSv4 将后者标记为"已废止"。
>
> GNU C 语言函数库也提供了派生自 BSD 分支的 fts API(fts_open()、fts_read()、fts_children()、fts_set()和 fts_close())。这些函数执行的任务类似于 ftw()和 nftw()，但在遍历树方面为应用程序提供了更大的灵活性。然而，因为这些 API 目前尚未获得业界标准的接纳，也鲜有见诸于 BSD 后裔之外的其他 UNIX 实现，所以在此略而不论。

nftw()函数遍历由 dirpath 指定的目录树，并为目录树中的每个文件调用一次由程序员定义的 func 函数。

```
#define _XOPEN_SOURCE 500
#include <ftw.h>

int nftw(const char *dirpath,
        int (*func) (const char *pathname, const struct stat *statbuf,
                    int typeflag, struct FTW *ftwbuf),
        int nopenfd, int flags);
```
                Returns 0 after successful walk of entire tree, or –1 on error,
                    or the first nonzero value returned by a call to func

默认情况下，nftw()会针对给定的树执行未排序的前序遍历，即对各目录的处理要先于各目录下的文件和子目录。

当 nftw()遍历目录树时，最多会为树的每一层级打开一个文件描述符。参数 nopenfd 指定了 nftw()可使用文件描述符数量的最大值。如果目录树深度超过这一最大值，那么 nftw()会在做好记录的前提下，关闭并重新打开描述符，从而避免同时持有的描述符数目突破上限 nopenfd（从而导致运行越来越慢）。在较老的 UNIX 实现中，有的系统要求每个进程可打开的文件描述符数量不得超过 20 个，这更突显出这一参数的必要性。现代 UNIX 实现允许进程打开大量的文件描述符，因此，在指定该数目时出手可以大方一些（比如，10 或者更多）。

nftw()的 flags 参数由 0 个或多个下列常量相或(|)组成，这些常量可对函数的操作做出修正。

FTW_CHDIR

在处理目录内容之前先调用 chdir()进入每个目录。如果打算让 func 在 pathname 参数所指定文件的驻留目录下展开某些工作，那么就应当使用这一标志。

FTW_DEPTH

对目录树执行后序遍历。这意味着，nftw()会在对目录本身执行 func 之前先对目录中的所有文件（及子目录）执行 func 调用。（这一标志名称容易引起误会——nftw()遍历目录树遵循的是深度优先原则，而非广度优先。而这一标志的作用其实就是将先序遍历改为后序遍历。）

FTW_MOUNT

不会越界进入另一文件系统。因此，如果树中某一子目录是挂载点，那么不会对其进行遍历。

FTW_PHYS

默认情况下，nftw()对符号链接进行解引用操作。而使用该标志则告知 nftw()函数不要这么做。相反，函数会将符号链接传递给 func 函数，并将 typeflag 值置为 FTW_SL，如下所述。

nftw()为每个文件调用 func 时传递 4 个参数。第一个参数 pathname 是文件的路径名。这个路径名可以是绝对路径，也可以是相对路径。如果指定 dirpath 时使用的是绝对路径，那么 pathname 就可能是绝对路径。反之，如果指定 dirpath 时使用的是相对路径名，则 pathname 中的路径可能是相对于进程调用 ntfw()时的当前工作目录而言。第二个参数 statbuf 是一枚指针，指向 stat 结构（参见 15.1 节），内含该文件的相关信息。第三个参数 typeflag 提供了有关该文件的深入信息，并具有如下特征值之一。

FTW_D

这是一个目录。

FTW_DNR

这是一个不能读取的目录（所以 nftw()不能遍历其后代）。

FTW_DP

正在对一个目录进行后序遍历，当前项是一个目录，其所包含的文件和子目录已经处理完毕。

FTW_F

该文件的类型是除目录和符号链接以外的任何类型。

FTW_NS

对该文件调用 stat()失败，可能是因为权限限制。Statbuf 中的值未定义。

FTW_SL

这是一个符号链接。仅当使用 FTW_PHYS 标志调用 nftw()函数时才返回该值。

FTW_SLN

这是一个悬空的符号链接。仅当未在 flags 参数中指定 FTW_PHYS 标志时才会出现该值。

Func 的第四个参数 ftwbuf 是一枚指针，所指向结构定义如下：

```
struct FTW {
    int base;       /* Offset to basename part of pathname */
    int level;      /* Depth of file within tree traversal */
};
```

该结构的 base 字段是指 func 函数中 pathname 参数内文件名部分（最后一个 "/" 字符之

后的部分）的整型偏移量。level 字段是指该条目相对于遍历起点（其 level 为 0）的深度。

　　每次调用 func 都必须返回一个整型值，由 nftw()加以解释。如果返回 0，nftw()会继续对树进行遍历，如果所有对 func 的调用均返回 0，那么 nftw()本身也将返回 0 给调用者。若返回非 0 值，则通知 nftw()立即停止对树的遍历，这时 nftw()也会返回相同的非 0 值。

　　由于 nftw()使用的数据结构是动态分配的，故而应用程序提前终止目录树遍历的唯一方法就是让 func 调用返回一个非 0 值。调用 longjmp()（6.8 节）从 func 退出会导致不可预期的结果——至少会引起内存泄漏。

示例程序

　　程序清单 18-3 展示了 nftw()的使用。

程序清单 18-3：使用 nftw()遍历目录树

———————————————————————————————————— dirs_links/nftw_dir_tree.c

```c
#define _XOPEN_SOURCE 600        /* Get nftw() and S_IFSOCK declarations */
#include <ftw.h>
#include "tlpi_hdr.h"

static void
usageError(const char *progName, const char *msg)
{
    if (msg != NULL)
        fprintf(stderr, "%s\n", msg);
    fprintf(stderr, "Usage: %s [-d] [-m] [-p] [directory-path]\n", progName);
    fprintf(stderr, "\t-d Use FTW_DEPTH flag\n");
    fprintf(stderr, "\t-m Use FTW_MOUNT flag\n");
    fprintf(stderr, "\t-p Use FTW_PHYS flag\n");
    exit(EXIT_FAILURE);
}

static int                       /* Function called by nftw() */
dirTree(const char *pathname, const struct stat *sbuf, int type,
        struct FTW *ftwb)
{
    switch (sbuf->st_mode & S_IFMT) {        /* Print file type */
    case S_IFREG:  printf("-"); break;
    case S_IFDIR:  printf("d"); break;
    case S_IFCHR:  printf("c"); break;
    case S_IFBLK:  printf("b"); break;
    case S_IFLNK:  printf("l"); break;
    case S_IFIFO:  printf("p"); break;
    case S_IFSOCK: printf("s"); break;
    default:       printf("?"); break;       /* Should never happen (on Linux) */
    }

    printf(" %s  ",
            (type == FTW_D)  ? "D  " : (type == FTW_DNR) ? "DNR" :
            (type == FTW_DP) ? "DP " : (type == FTW_F)   ? "F  " :
            (type == FTW_SL) ? "SL " : (type == FTW_SLN) ? "SLN" :
            (type == FTW_NS) ? "NS " : "   ");

    if (type != FTW_NS)
        printf("%7ld ", (long) sbuf->st_ino);
    else
```

```
                printf("        ");

            printf(" %*s", 4 * ftwb->level, "");        /* Indent suitably */
            printf("%s\n",  &pathname[ftwb->base]);      /* Print basename */
            return 0;                                     /* Tell nftw() to continue */
        }

        int
        main(int argc, char *argv[])
        {
            int flags, opt;

            flags = 0;
            while ((opt = getopt(argc, argv, "dmp")) != -1) {
                switch (opt) {
                case 'd': flags |= FTW_DEPTH;   break;
                case 'm': flags |= FTW_MOUNT;   break;
                case 'p': flags |= FTW_PHYS;    break;
                default:  usageError(argv[0], NULL);
                }
            }

            if (argc > optind + 1)
                usageError(argv[0], NULL);

            if (nftw((argc > optind) ? argv[optind] : ".", dirTree, 10, flags) == -1) {
                perror("nftw");
                exit(EXIT_FAILURE);
            }
            exit(EXIT_SUCCESS);
        }
                                         ─────────── dirs_links/nftw_dir_tree.c
```

程序清单 18-3 中程序以层级缩进方式显示了一个目录树中的文件。每行显示一个文件，内容包括文件名、文件类型及 i-node 编号。可通过命令行选项来指定 nftw() 调用中的 flags 参数值。下面的 shell 会话展示了运行程序的示例结果。首先创建一个新的空目录，并在其中填充各种类型的文件。

```
$ mkdir dir
$ touch dir/a dir/b                  Create some plain files
$ ln -s a dir/sl                     and a symbolic link
$ ln -s x dir/dsl                    and a dangling symbolic link
$ mkdir dir/sub                      and a subdirectory
$ touch dir/sub/x                    with a file of its own
$ mkdir dir/sub2                     and another subdirectory
$ chmod 0 dir/sub2                   that is not readable
```

然后使用该程序调用 nftw() 函数，其 flags 参数为 0：

```
$ ./nftw_dir_tree dir
d D    2327983  dir
- F    2327984      a
- F    2327985      b
- F    2327984      sl        The symbolic link sl was resolved to a
l SLN  2327987      dsl
d D    2327988      sub
- F    2327989          x
d DNR  2327994      sub2
```

从以上输出可见，对符号链接 sl 进行了解析。

然后再使用该程序来调用 nftw()函数，令 flags 参数包含 FTW_PHYS 和 FTW_DEPTH 标志：

```
$ ./nftw_dir_tree -p -d dir
- F     2327984      a
- F     2327985      b
l SL    2327986      s1          The symbolic link s1 was not resolved
l SL    2327987      dsl
- F     2327989          x
d DP    2327988      sub
d DNR   2327994      sub2
d DP    2327983   dir
```

从以上输出可见，未对符号链接 s1 进行解析。

nftw()的 FTW_ACTIONRETVAL 标识

始于 2.3.3 版本，glibc 允许在 ntfw()的 flags 参数中指定一个额外的非标准标志 FTW_ACTIONRETVAL。此标志改变了 nftw()函数对 func()返回值的解释方式。当指定该标识时，func()应返回下列值之一。

FTW_CONTINUE
与传统 func()函数返回 0 时一样，继续处理目录树中的条目。

FTW_SKIP_SIBLINGS.
不再进一步处理当前目录中的条目，恢复对父目录的处理。

FTW_SKIP_SUBTREE
如果 pathname 是目录（即 typeflag 为 FTW_D），那么就不对该目录下的条目调用 func()。恢复进行对该目录的下一个同级目录的处理。

FTW_STOP
与传统 func()函数返回非 0 值时一样，不再进一步处理目录树下的任何条目。nftw()将返回 FTW_STOP 给调用者。

想从<ftw.h>文件中获得对 FTW_ACTIONRETVAL 的定义，必须定义_GNU_SOURCE 特性测试宏。

18.10 进程的当前工作目录

一个进程的当前工作目录（current working directory）定义了该进程解析相对路径名的起点。新进程的当前工作目录继承自其父进程。

获取当前工作目录

进程可使用 getcwd()来获取当前工作目录。

```
#include <unistd.h>

char *getcwd(char *cwdbuf, size_t size);
                              Returns cwdbuf on success, or NULL on error
```

getcwd()函数将内含当前工作目录绝对路径的字符串（包括结尾空字符）置于 cwdbuf 指

向的已分配缓冲区中。调用者必须为 cwdbuf 缓冲区分配至少 sizeg 个字节的空间。（通常，cwdbuf 的大小与 PATH_MAX 常量相当。）

一旦调用成功，getcwd()将返回一枚指向 cwdbuf 的指针。如果当前工作目录的路径名长度超过 size 个字节，那么 getcwd()会返回 NULL，并将 errno 置为 ERANGE。

在 Linux/x86-32 系统中，getcwd()返回指针所指向的字符串最大长度可达 4096 个字节。如果当前工作目录（以及 cwdbuf 和 size）突破了这一限制，那么就会直接对路径名做截断处理，移去始于起点的整个目录前缀（字符串仍以空字符结尾）。换言之，当当前工作目录的绝对路径超出这一限制时，getcwd()的行为也不再可靠。

> 实际上，Linux 的 getcwd()系统调用为要返回的路径名在内部分配了一个虚拟内存页。x86-32 架构的页大小为 4096 字节，而在页尺寸更大的架构中（比如，Alpha 的页大小为 8192 字节），getcwd()能返回更长的路径名。

若 cwdbuf 为 NULL，且 size 为 0，则 glibc 封装函数会为 getcwd()按需分配一个缓冲区，并将指向该缓冲区的指针作为函数的返回值。为避免内存泄漏，调用者之后必须调用 free()来释放这一缓冲区。对可移植性有所要求的应用程序应当避免依赖该特性。大多数其他实现则针对 SUSv3 规范提供了一个更为简单的扩展。如果 cwdbuf 是 NULL，那么 getcwd()将分配一个大小为 size 字节的缓冲区，用于向调用者返回结果。glibc 的 getcwd()也实现了这一特性。

> GNU C 函数库还为获取当前工作目录提供了另外两个函数。派生自 BSD 的 getwd(path)函数容易引起缓冲区溢出，因为该函数无法为返回的路径名长度设定上限。get_current_dir_name() 函数也会返回包含当前工作目录名的一个字符串。虽然该函数易于使用，但却不具有可移植性。考虑到安全性和可移植性，getcwd()无疑是不二之选（前提是避免使用 GNU 扩展功能）。

只要具有合适的权限（大体要求是，身为进程属主或者具有 CAP_SYS_PTRACE 能力），就可通过读取（readlink()）Linux 专有符号链接/proc/PID/cwd 的内容来确定任何进程的当前工作目录。

改变当前工作目录

chdir()系统调用将调用进程的当前工作目录改变为由 pathname 指定的相对或绝对路径名（如属于符号链接，还会对其解除引用）。

```
#include <unistd.h>

int chdir(const char *pathname);
                                    Returns 0 on success, or -1 on error
```

fchdir()系统调用与 chdir()作用相同，只是在指定目录时使用了文件描述符，而该描述符是之前调用 open()打开相应目录时获得的。

```
#define _XOPEN_SOURCE 500          /* Or: #define _BSD_SOURCE */
#include <unistd.h>

int fchdir(int fd);
                                    Returns 0 on success, or -1 on error
```

以下代码片段所示为使用 fchdir() 将进程的当前工作目录变为另一位置，然后再改回原始位置：

```
int fd;

fd = open(".", O_RDONLY);       /* Remember where we are */
chdir(somepath);                /* Go somewhere else */
fchdir(fd);                     /* Return to original directory */
close(fd);
```

使用 chdir() 达到同等效果的代码如下所示：

```
char buf[PATH_MAX];

getcwd(buf, PATH_MAX);          /* Remember where we are */
chdir(somepath);                /* Go somewhere else */
chdir(buf);                     /* Return to original directory */
```

18.11 针对目录文件描述符的相关操作

始于版本 2.6.16，Linux 内核提供了一系列新的系统调用，在执行与传统系统调用相似任务的同时，还提供了一些附加功能，对某些应用程序非常有用。表 18-2 对这些调用进行了归纳。之所以在本章介绍这些系统调用，是因为它们对进程当前工作目录的传统语义做了改动。

表 18-2：系统调用使用目录文件描述来解释相对路径

新 接 口	类似的传统接口	备 注
faccessat()	access()	支持 AT_EACCESS 和 AT_SYMLINK_NOFOLLOW 标志
fchmodat()	chmod()	
fchownat()	chown()	支持 AT_SYMLINK_NOFOLLOW 标志
fstatat()	stat()	支持 AT_SYMLINK_NOFOLLOW 标志
linkat()	link()	支持（始于 Linux 2.6.18）AT_SYMLINK_FOLLOW 标志
mkdirat()	mkdir()	
mkfifoat()	mkfifo()	基于 mknodat() 的库函数
mknodat()	mknod()	
openat()	open()	
readlinkat()	readlink()	
renameat()	rename()	
symlinkat()	symlink()	
unlinkat()	unlink()	支持 AT_REMOVEDIR 标志
utimensat()	utimes()	支持 AT_SYMLINK_NOFOLLOW 标志

为便于描述这些系统调用，这里就以 openat() 为例。

```
#define _XOPEN_SOURCE 700       /* Or define _POSIX_C_SOURCE >= 200809 */
#include <fcntl.h>

int openat(int dirfd, const char *pathname, int flags, ... /* mode_t mode */);
                        Returns file descriptor on success, or -1 on error
```

openat()系统调用类似于传统的 open()系统调用，只是添加了一个 dirfd 参数，其作用如下。

- 如果 pathname 中为一相对路径名，那么对其解释则以打开文件描述符 dirfd 所指向的目录为参照点，而非进程的当前工作目录。
- 如果 pathname 中为一相对路径，且 dirfd 中所含为特殊值 AT_FDCWD，那么对 pathname 的解释则相对与进程当前工作目录（即与 open(2)行为一致）而言。
- 如果 pathname 中为绝对路径，那么将忽略 dirfd 参数。

openat()的 flag 参数目的与 open()相同。然而，部分表 18-2 中所列系统调用还支持 flags 参数，这是相应的传统系统调用所不具备的，其目的在于修改调用语义。出现频率最高的标志为 AT_SYMLINK_NOFOLLOW，其含义是如果 pathname 为符号链接，那么系统调用将操作于符号链接本身，而非符号链接所指向的文件。（linkat()系统调用提供了 AT_SYMLINK_FOLLOW 标志，其作用正好相反，即改变 linkat()的默认行为，当 oldpath 属于符号链接时对其进行解引用操作。）有关其他标志的详情，请参考相应手册页。

之所以要支持表 18-2 中所列的系统调用，其原因有二（此处再以 openat()为例）。

- 当调用 open()打开位于当前工作目录之外的文件时，可能会发生某些竞态条件。而使用 openat()就能够避免这一问题。在调用 open()的同时，如果 pathname 目录前缀的某些部分发生了改变，就可能导致竞争。要想避免这类竞态，可以针对目标目录打开一个文件描述符，然后将该描述符传递给 openat()。
- 如第 29 章所述，工作目录是进程的属性之一，为进程中所有线程所共享。而对某些应用程序而言，需要针对不同线程拥有不同的"虚拟"工作目录。将 openat()与应用所维护的目录文件描述符相结合，就可以模拟出这一功能。

SUSv3 并未对这些系统调用加以规范，但 SUSv4 将其包括在内。为了获得对这些系统调用的声明，必须在包含相应头文件之前（比如定义 open()的<fcntl.h>）将_XOPEN_SOURCE 特性测试宏定义为大于或等于 700 的值。另外，将_POSIX_C_SOURCE 宏的值定义为大于或等于 200809 也能收到同样效果。（在 2.10 版本之前的 glibc 中，要获得对这些系统调用的声明还需要定义 _ATFILE_SOURCE 宏。）

> Solaris 9 及其更高版本也提供了一些表 18-2 所列接口的版本，只是语义略有不同。

18.12 改变进程的根目录：chroot()

每个进程都有一个根目录，该目录是解释绝对路径（即那些以/开始的目录）时的起点。默认情况下，这是文件系统的真实根目录。（新进程从其父进程处继承根目录。）有些场合需要改变一个进程的根目录，而特权级（CAP_SYS_CHROOT）进程通过 chroot()系统调用能够做到这一点。

```
#define _BSD_SOURCE
#include <unistd.h>

int chroot(const char *pathname);
                                        Returns 0 on success, or –1 on error
```

chroot()系统调用将进程的根目录改为由 pathname 指定的目录（如果 pathname 是符号链接，还将对其解引用）。自此，对所有绝对路径名的解释都将以该文件系统的这一位置作为起点。鉴于这会将应用程序限定于文件系统的特定区域，有时也将此称为设立了一个 chroot 监禁区。

SUSv2 包含了对 chroot() 的定义（标记为 LEGACY），但 SUSv3 又将其删去。无论如何，chroot() 还是获得了大多数 UNIX 实现的支持。

> 借助于 chroot() 系统调用，chroot 命令可在 chroot 监禁区中执行 shell 命令。
> 而通过读取（readlink()）Linux 专有/proc/PID/root 符号链接的内容，可以获取任何进程的根目录。

ftp 程序就是应用 chroot() 的典型实例之一。作为一种安全措施，当用户匿名登录 ftp 时，ftp 程序将使用 chroot() 为新进程设置根目录——一个专门预留给匿名登录用户的目录。调用 chroot() 后，用户将受困于文件系统中新根目录下的子树中，无法在整个文件系统中信马由缰。（这里所依赖的事实是根目录是其自身的父目录。也就是说/..是/的一个链接，所以改变目录到/后再执行 cd ..命令时，用户依然会待在同一目录下。）

> 一些 UNIX 实现（不包括 Linux）允许多个硬链接指向同一目录，这时就有可能在一个子目录中创建指向其父目录（或者更高层级远祖目录）的硬链接。在这种系统实现中，如果存在指向监禁区目录树之外的硬链接，那么监禁区的安全将受到威胁。而指向监禁区之外目录的符号链接则不是问题，因为对这些符号链接的解释将在进程新根目录的框架之内进行，所以是无法染指到 chroot 监禁区之外的。

通常情况下，不是随便什么程序都可以在 chroot 监禁区中运行的，因为大多数程序与共享库之间采取的是动态链接的方式。因此，要么只能局限于运行静态链接程序，要么就在监禁区中复制一套标准的共享库系统目录（比如，包括/lib 和/usr/lib）（针对这一点，14.9.4 节描述的绑定挂载特性就派上了用场）。

chroot() 系统调用从未被视为一个完全安全的监禁机制。首先，特权级程序可以在随后对 chroot() 的进一步调用中利用种种手段而越狱成功。例如，特权级（CAP_MKNOD）程序能够使用 mknod() 来创建一个内存设备文件（类似于/dev/mem），并通过该设备来访问 RAM 的内容，到那时，就一切皆有可能了。通常，最好不要在 chroot 监禁区文件系统内放置 set-user-ID-root 程序。

即便是对于无特权程序，也必须小心防范如下几条可能的越狱路线。

- 调用 chroot() 并未改变进程的当前工作目录。因此，通常应在调用 chroot() 之前或者之后调用一次 chdir() 函数（例如，chroot() 调用之后执行 chdir("/")）。如果没有这么做，那么进程就能够使用相对路径去访问监狱之外的文件和目录。（一些 BSD 的衍生系统杜绝了这一可能性——如果当前工作目录位于新的根目录树之外，那么 chroot() 调用会将其修改为与根目录一致。）

- 如果进程针对监禁区之外的某一目录持有一打开文件描述符，那么结合 fchdir() 和 chroot() 即可越狱成功，如下面代码所示：

```
int fd;

fd = open("/", O_RDONLY);
chroot("/home/mtk");            /* Jailed */
fchdir(fd);
chroot(".");                    /* Out of jail */
```

为了防止这种可能性，必须关闭所有指向监禁区外目录的文件描述符。（其他一些 UNIX 实现提供了 fchroot()系统调用，可用于获得与上述代码片段类似的结果。）

- 即使针对上述可能性采取了防范措施，仍不足以阻止任意非特权程序（即无法控制其操作的程序）越狱成功。遭到囚禁的进程仍然能够利用 UNIX 域套接字来接受（自另一进程处）指向监禁区外目录的文件描述符。（61.13.3 节简要描述了进程间利用套接字来传递文件描述符的概念。）将这一文件描述指定为 fchdir()调用的入参，程序即可将其当前工作目录置于监禁区外，之后再通过相对路径来随意访问文件和目录。

一些 BSD 衍生系统提供的 jail()系统调用解决了包括上述问题在内的不少问题，其所创建的监禁区即使针对特权级进程也是安全的。

18.13　解析路径名：realpath()

realpath()库函数对 pathname（以空字符结尾的字符串）中的所有符号链接一一解除引用，并解析其中所有对/.和/..的引用，从而生成一个以空字符结尾的字符串，内含相应的绝对路径名。

```
#include <stdlib.h>

char *realpath(const char *pathname, char *resolved_path);
```
                Returns pointer to resolved pathname on success, or NULL on error

生成的字符串将置于 resolved_path 指向的缓冲区中，该字符串应当是一个字符数组，长度至少为 PATH_MAX 个字节。一旦调用成功，realpath()将返回指向该字符串的一枚指针。

glibc 的 realpath()实现允许调用者将 resolved_path 参数指定为空。这时，realpath()会为经解析生成的路径名分配一个多达 PATH_MAX 个字节的缓冲区，并将指向该缓冲区的指针作为结果返回。（调用者必须自行调用 free()来释放该缓冲区。）SUSv3 并未将该扩展功能纳入规范，但 SUSv4 对其进行了定义。

程序清单 18-4 中的程序采用 readlink()和 realpath()来读取符号链接的内容，并将该链接解析为一个绝对路径名。下面是运行该程序的一个示例：

```
$ pwd                                Where are we?
/home/mtk
$ touch x                            Make a file
$ ln -s x y                          and a symbolic link to it
$ ./view_symlink y
readlink: y --> x
realpath: y --> /home/mtk/x
```

程序清单 18-4：读取并解析一个符号链接

———————————————————————————————————— dirs_links/view_symlink.c
```
#include <sys/stat.h>
#include <limits.h>               /* For definition of PATH_MAX */
#include "tlpi_hdr.h"

#define BUF_SIZE PATH_MAX

int
main(int argc, char *argv[])
```

```
{
    struct stat statbuf;
    char buf[BUF_SIZE];
    ssize_t numBytes;

    if (argc != 2 || strcmp(argv[1], "--help") == 0)
        usageErr("%s pathname\n", argv[0]);
    if (lstat(argv[1], &statbuf) == -1)
        errExit("lstat");

    if (!S_ISLNK(statbuf.st_mode))
        fatal("%s is not a symbolic link", argv[1]);

    numBytes = readlink(argv[1], buf, BUF_SIZE - 1);
    if (numBytes == -1)
        errExit("readlink");
    buf[numBytes] = '\0';                          /* Add terminating null byte */
    printf("readlink: %s --> %s\n", argv[1], buf);

    if (realpath(argv[1], buf) == NULL)
        errExit("realpath");
    printf("realpath: %s --> %s\n", argv[1], buf);

    exit(EXIT_SUCCESS);
}
```

—— dirs_links/view_symlink.c

18.14　解析路径名字符串：dirname()和 basename()

dirname()和 basename()函数将一个路径名字符串分解成目录和文件名两部分。（这些函数执行的任务与 dirname(1)和 basename(1)命令相类似。）

```
#include <libgen.h>

char *dirname(char *pathname);
char *basename(char *pathname);
```
                              Both return a pointer to a null-terminated (and possibly
                                                    statically allocated) string

比如，给定路径名为/home/britta/prog.c，dirname()将返回/home/britta，而 basename()将返回 prog.c。将 dirname()返回的字符串与一斜线字符（/）以及 basename()返回的字符串拼接起来，将生成一条完整的路径名。

关于 dirname()和 basename()的操作请注意以下几点。

- 将忽略 pathname 中尾部的斜线字符。
- 如果 pathname 中未包含斜线字符，那么 dirname()将返回字符串.（点），而 basename()将返回 pathname。
- 如果 pathname 仅由一个斜线字符组成，那么 dirname()和 basename()均将返回字符串/。将其应用于上述的拼接规则，所创建的路径名字符串为///。该路径名属于有效路径名。因为多个连续斜线字符相当于单个斜线字符，所以路径名///就相当于路径名/。
- 如果 pathname 为空指针或者空字符串，那么 dirname()和 basename()均将返回字符串.（点）。（拼接这些字符串将生成路径名./.，对等于.，即当前目录。）

表 18-3 所示为 dirname()和 basename()针对各种示例路径名所返回的字符串。

表 18-3：dirname()和 basename()返回的字符串示例

路径名字符串	dirname()	basename()
/	/	/
/usr/bin/zip	/usr/bin	zip
/etc/passwd////	/etc	passwd
/etc////passwd	/etc	passwd
etc/passwd	etc	passwd
passwd	.	passwd
passwd/	.	passwd
..	.	..
NULL	.	.

程序清单 18-5：dirname()和 basename()的应用

————————————————————————————————— dirs_links/t_dirbasename.c

```
#include <libgen.h>
#include "tlpi_hdr.h"

int
main(int argc, char *argv[])
{
    char *t1, *t2;
    int j;

    for (j = 1; j < argc; j++) {
        t1 = strdup(argv[j]);
        if (t1 == NULL)
            errExit("strdup");
        t2 = strdup(argv[j]);
        if (t2 == NULL)
            errExit("strdup");

        printf("%s ==> %s + %s\n", argv[j], dirname(t1), basename(t2));

        free(t1);
        free(t2);
    }

    exit(EXIT_SUCCESS);
}
```

————————————————————————————————— dirs_links/t_dirbasename.c

dirname()和 basename()均可修改 pathname 所指向的字符串。因此，如果希望保留原有的路径名字符串，那么就必须向 dirname()和 basename()传递该字符串的副本，如程序清单 18-5 所示。该程序使用 strdup()（该函数调用了 malloc()）来制作传递给 dirname()和 basename()的字符串副本，然后再使用 free()将其释放。

最后需要指出的是，dirname()和 basename()所返回的指针均可指向经由静态分配的字符串，对相同函数的后续调用可能会修改这些字符串的内容。

18.15　总结

i-node 中并不包含文件的名称。相反，对文件的命名利用的是目录条目，而目录则是列出文件名和 i-node 编号之间对应关系的一个表格。也将这些目录条目称作（硬）链接。一个文件可以有多个链接，这些链接之间的地位是平等的。可使用 link()和 unlink()来创建和移除链接，对文件的重命名则使用系统调用 rename()。

调用 symlink()可创建符号（或者软）链接。符号链接在某些方面与硬链接相类似，其差异则在于符号链接可以跨越文件系统边界，还可指代目录。符号链接只是一个内容包含了另一文件名称的文件，可通过 readlink()来获取该文件的名称。（目标）i-node 的链接计数中并未包含符号链接，如果将该链接所指向的文件移除，那么此链接将处于悬空状态。一些系统调用会自动对符号链接进行解引用（下溯），其余的则不会。有时系统会提供两种版本的系统调用，一种会解引用符号链接，另一种则不会，例如 stat()和 lstat()。

创建目录使用的是 mkdir()，移除目录则使用 rmdir()。而扫描一个目录的内容则可使用 opendir()、readdir()以及相关函数。nftw()函数允许程序遍历一棵完整的目录树，并为树中每个文件调用由程序员定义的函数。

remove()函数可以用来移除一个文件（即一个链接）或者一个空目录。

每个进程都拥有一个根目录和一个当前工作目录，分别作为解释绝对路径和相对路径的参照点。可通过 chroot()和 chdir()系统调用来修改这些属性。而 getcwd()函数则返回进程的当前工作目录。

Linux 还提供了一套新的系统调用（如：openat()），其行为与其传统同行（如：open()）相类似，不同之处则在于可利用新的系统调用来提供一个指向目录的文件描述符（而非进程的当前工作目录），用于作为解释相对路径名的参照点。这将有助于避免特定类型的竞态条件，以及为每个线程实现虚拟工作目录。

realpath()函数解析一个路径名——解引用所有的符号链接，并将所有的.和 ..解析为相应目录——从而生成相应的绝对路径名。dirname()和 basename()函数可用来将路径名分解为目录和文件名两部分。

18.16　练习

18-1. 4.3.2 节曾指出，如果一个文件正处于执行状态，那么要将其打开以执行写操作是不可能的（open()调用返回−1，且将 errno 置为 ETXTBSY）。然而，在 shell 中执行如下操作却是可能的：

```
$ cc -o longrunner longrunner.c
$ ./longrunner &                    Leave running in background
$ vi longrunner.c                   Make some changes to the source code
$ cc -o longrunner longrunner.c
```

最后一条命令覆盖了现有的同名可执行文件。原因何在？（提示：在每次编译后调用 ls –li 命令来查看可执行文件的 i-node 编号。）

18-2. 以下代码中对 chmod()的调用为什么会失败？

```
mkdir("test", S_IRUSR | S_IWUSR | S_IXUSR);
chdir("test");
fd = open("myfile", O_RDWR | O_CREAT, S_IRUSR | S_IWUSR);
symlink("myfile", "../mylink");
chmod("../mylink", S_IRUSR);
```

18-3. 实现 realpath()。

18-4. 修改程序清单 18-2 中的程序，用 readdir_r()来取代 readdir()。

18-5. 实现一个功能与 getcwd()相当的函数。提示：要获得当前工作目录的名称，可调用 opendir()和 readdir()来遍历其父目录（..）中的各个条目，查找其中与当前工作目录 具有相同 i-node 编号及设备编号（即，分别为 stat()和 lstat()调用所返回 stat 结构中 的 st_ino 和 st_dev 属性）的一项。如此这般，沿着目录树层层拾级而上（chdir("..")） 并进行扫描，就能构建出完整的目录路径。当父目录与当前工作目录相同时（回忆 /..与/相同的情况），就结束遍历。无论调用该函数成功与否，都应将调用者遣回其 起始目录（使用 open()和 fchdir()能很方便地实现这一功能）。

18-6. 使用 FTW_DEPTH 标志来修改程序清单 18-3(nftw_dir_tree.c)中的程序。注意目录 树遍历顺序的差异。

18-7. 编写一程序，使用 nftw()来遍历目录树，并打印出树中各类文件（普通文件、目录、 符号链接等）的总和及百分比。

18-8. 实现 nftw()。（需要使用 opendir()、readdir()、closedir()和 stat()等系统调用。）

18-9. 18.10 节展示了两种技术（分别为 fchdir()和 chdir()），用于在将当前工作目录转到 另一位置后，再返回之前的当前工作目录。假设需要反复执行这一操作，哪种方法 更为高效？原因何在？请写一段程序加以验证。

第**19**章

监控文件事件

　　某些应用程序需要对文件或目录进行监控，已侦测其是否发生了特定事件。例如，当把文件加入或移出一目录时，图形化文件管理器应能判定此目录是否在其当前显示之列，而守护进程可能也想要监控自己的配置文件，以了解其是否被修改。

　　自内核 2.6.13 起，Linux 开始提供 inotify 机制，以允许应用程序监控文件事件。本章将介绍 inotify 的用法。

　　inotify 机制所取代的是 dnotify，后者一来较为陈旧，二来仅具备前者的部分功能。本章会在结尾处对 dnotify 做简要介绍，着重突出 inotify 的优势所在。

　　inotify 和 dnotify 都是 Linux 专有机制。（仅有少数其他系统提供类似机制。比如，BSD 所提供的 kqueue API。）

> 　　有几个函数库提供的（类似）API，比之 inotify 和 dnotify，既更为抽象，在可移植性方面也略胜一筹。某些应用可能更倾向于采用这样的函数库。而这其中的一些库也会调用 inotify 和 dnotify，前提是要获得操作系统的支持。FAM（文件变更监控 http:// oss.sgi.com/projects/fam/）和 Gamin (http://www.gnome.org/～veillard/gamin/)便是此类库的两个例子。

19.1　概述

　　使用 inotify API 有以下几个关键步骤。

1. 应用程序使用 inotify_init()来创建一 inotify 实例，该系统调用所返回的文件描述符用于在后续操作中指代该实例。

2. 应用程序使用 inotify_add_watch()向 inotify 实例（由步骤 1 创建）的监控列表添加条目，藉此告知内核哪些文件是自己的兴趣所在。每个监控项都包含一个路径名以及相关的位掩码。位掩码针对路径名指明了所要监控的事件集合。作为函数结果，inotify_add_watch()将返回一监控描述符，用于在后续操作中指代该监控项。（系统调用 inotify_rm_watch()执行其逆向操作，将之前添加入 inotify 实例的监控项移除。）

3. 为获得事件通知，应用程序需针对 inotify 文件描述符执行 read()操作。每次对 read()的成功调用，都会返回一个或多个 inotify_event 结构，其中各自记录了处于 inotify 实例监控之下的某一路径名所发生的事件。

4. 应用程序在结束监控时会关闭 inotify 文件描述符。这会自动清除与 inotify 实例相关的所有监控项。

inotify 机制可用于监控文件或目录。当监控目录时，与路径自身及其所含文件相关的事件都会通知给应用程序。

inotify 监控机制为非递归。若应用程序有意监控整个目录子树内的事件，则需对该树中的每个目录发起 inotify_add_watch()调用。

可使用 select()、poll()、epoll 以及由信号驱动的 I/O（自 Linux 2.6.25 起）来监控 inotify 文件描述符。只要有事件可供读取，上述 API 便会将 inotify 文件描述符标记为可读。关乎这些编程接口的详细信息请见第 63 章。

> inotify 机制属可选的 Linux 内核组件，可通过 CONFIG_INOTIFY 和 CONFIG_INOTIFY_USER 选项进行配置。

19.2　inotify API

inotify_init()系统调用可创建一新的 inotify 实例。

```
#include <sys/inotify.h>

int inotify_init(void);
```
                          Returns file descriptor on success, or –1 on error

作为函数结果，inotify_init()会返回一个文件描述符（句柄），用于在后续操作中指代此 inotify 实例。

> Linux 自内核 2.6.27 开始支持一个新的、非标准的系统调用 inotify_init1()。该系统调所执行的任务与 inotify_init()相同，但提供了一个额外的参数 flag，用于修改系统调用的行为。该参数支持的标志有二：IN_CLOEXEC 标志会使内核针对新文件描述符激活 close-on-exec 标志(FD_CLOEXEC)。引入该标志的原因正如 4.3.1 节所述 open()的 O_CLOEXEC 标志一样。IN_NONBLOCK 标志会导致内核激活底层打开文件描述的 O_NONBLOCK 标志，如此一来，未来的读操作将是非阻塞式的，省得还要额外调用 fcntl()来获得相同效果。

针对文件描述符 fd 所指代 inotify 实例的监控列表，系统调用 inotify_add_watch()既可以追加新的监控项，也可以修改现有监控。（请参考图 19-1。）

```
#include <sys/inotify.h>

int inotify_add_watch(int fd, const char *pathname, uint32_t mask);
```
                          Returns watch descriptor on success, or –1 on error

参数 pathname 标识欲创建或修改的监控项所对应的文件。调用程序必须对该文件具有读权限（调用 inotify_add_watch()时，会对文件权限做一次性检查。只要监控项继续存在，即便有人更改了文件权限，使调用程序不再对文件具有读权限，调用程序依然会继续收到文件的通知消息）。

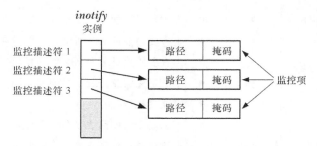

图 19-1：一个 inotify 实例及与之相关的内核数据结构

参数 mask 为一位掩码，针对 pathname 定义了意欲监控的事件。稍后会论及可在掩码中指定的各种位值。

如果先前未将 pathname 加入 fd 的监控列表，那么 inotify_add_watch()会在列表中创建一新的监控项，并返回一新的、非负监控描述符，用来在后续操作中指代此监控项。对 inotify 实例来说，该监控描述符是唯一的。

若先前已将 pathname 加入 fd 的监控列表，则 inotify_add_watch()会修改现有 pathname 监控项的掩码，并返回其监控描述符。（此描述符就是最初将 pathname 加入该监控列表的系统调用 inotify_add_watch()所返回的监控描述符。）下节在讨论 **IN_MASK_ADD** 标志时会就掩码的修改过程做进一步描述。

系统调用 inotify_rm_watch()会从文件描述符 fd 所指代的 inotify 实例中，删除由 wd 所定义的监控项。

```
#include <sys/inotify.h>

int inotify_rm_watch(int fd, uint32_t wd);
                                        Returns 0 on success, or –1 on error
```

参数 wd 是一监控描述符，由之前对 inotify_add_watch()的调用返回。（uint32_t 数据类型为一无符号 32 位整数。）

删除监控项会为该监控描述符生成 **IN_IGNORED** 事件。稍后将讨论该事件。

19.3 inotify 事件

使用 inotify_add_watch()删除或修改监控项时，位掩码参数 mask 标识了针对给定路径名（pathname）而要监控的事件。表 19-1 的 "in" 列列出了可在 mask 中定义的事件位。

表 19-1：inotify 事件

位　　值	In	Out	描　　　述
IN_ACCESS	●	●	文件被访问（read()）
IN_ATTRIB	●	●	文件元数据改变
IN_CLOSE_WRITE	●	●	关闭为了写入而打开的文件

位　　值	In	Out	描　　述
IN_CLOSE_NOWRITE	●	●	关闭以只读方式打开的文件
IN_CREATE	●	●	在受监控目录内创建了文件/目录
IN_DELETE	●	●	在受监控目录内删除文件/目录
IN_DELETE_SELF	●	●	删除受监控目录/文件本身
IN_MODIFY	●	●	文件被修改
IN_MOVE_SELF	●	●	移动受监控目录/文件本身
IN_MOVED_FROM	●	●	文件移出到受监控目录之外
IN_MOVED_TO	●	●	将文件移入受监控目录
IN_OPEN	●	●	文件被打开
IN_ALL_EVENTS	●		以上所有输出事件的统称
IN_MOVE	●		IN_MOVED_FROM | IN_MOVED_TO 事件的统称
IN_CLOSE	●		IN_CLOSE_WRITE | IN_CLOSE_NOWRITE 事件的统称
IN_DONT_FOLLOW	●		不对符号链接解引用（始于 Linux 2.6.15）
IN_MASK_ADD	●		将事件追加到 pathname 的当前监控掩码
IN_ONESHOT	●		只监控 pathname 的一个事件
IN_ONLYDIR	●		pathname 不为目录时会失败（始于 Linux 2.6.15）
IN_IGNORED		●	监控项为内核或应用程序所移除
IN_ISDIR		●	name 中所返回的文件名为路径
IN_Q_OVERFLOW		●	事件队列溢出
IN_UNMOUNT		●	包含对象的文件系统遭卸载

对于表 19-1 所列出的绝大多数位而言，顾名便可知义。以下是对一些细节的澄清。

- 当文件的元数据（比如，权限、所有权、链接计数、扩展属性、用户 ID 或组 ID 等）改变时，会发生 IN_ATTRIB 事件。
- 删除受监控对象（即，一个文件或目录）时，发生 IN_DELETE_SELF 事件。当受监控对象是一个目录，并且该目录所含文件之一遭删除时，发生 IN_DELETE 事件。
- 重命名受监控对象时，发生 IN_MOVE_SELF 事件。重命名受监控目录内的对象时，发生 IN_MOVED_FROM 和 IN_MOVED_TO 事件。其中，前一事件针对包含旧对象名的目录，后一事件则针对包含新对象名的目录。
- IN_DONT_FOLLOW、IN_MASK_ADD、IN_ONESHOT 和 IN_ONLYDIR 位并非对监控事件的定义，而是意在控制 inotify_add_watch()系统调用的行为。
- IN_DONT_FOLLOW 则规定，若 pathname 为符号链接，则不对其解引用。其作用在于令应用程序可以监控符号链接，而非符号连接所指代的文件。
- 倘若对已为同一 inotify 描述符所监控的同一路径名再次执行 inotify_add_watch()调用，那么默认情况下会用给定的 mask 掩码来替换该监控项的当前掩码。如果指定了 IN_MASK_ADD，那么则会将 mask 值与当前掩码相或。
- IN_ONESHOT 允许应用只监控 pathname 的一个事件。事件发生后，监控项会自动从监控列表中消失。

- 只有当 pathname 为目录时，IN_ONLYDIR 才允许应用程序对其进行监控。如果 pathname 并非目录，那么调用 inotify_add_watch()失败，报错为 ENOTDIR。如要确保监控对象为一目录，则使用该标志可以规避竞争条件的发生。

19.4 读取 inotify 事件

将监控项在监控列表中登记后，应用程序可用 read()从 inotify 文件描述符中读取事件，以判定发生了哪些事件。若时至读取时尚未发生任何事件，read()会阻塞下去，直至有事件产生（除非对该文件描述符设置了 O_NONBLOCK 状态标志，这时若无任何事件可读，read()将立即失败，并报错 EAGAIN）。

事件发生后，每次调用 read()会返回一个缓冲区，内含一个或多个如下类型的结构（请见图 19-2）：

```
struct inotify_event {
    int      wd;        /* Watch descriptor on which event occurred */
    uint32_t mask;      /* Bits describing event that occurred */
    uint32_t cookie;    /* Cookie for related events (for rename()) */
    uint32_t len;       /* Size of 'name' field */
    char     name[];    /* Optional null-terminated filename */
};
```

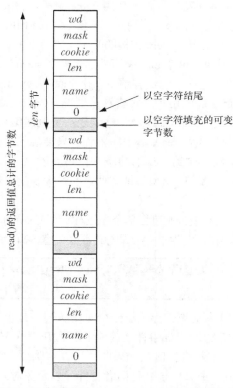

图 19-2：包含 3 个 inotify_event 结构的输入缓冲区

字段 wd 指明发生事件的是那个监控描述符。该字段值由之前对 inotify_add_watch()的调用返回。当应用程序要监控同一 inotify 文件描述符下的多个文件和目录时，字段 wd 就派上用场。应用利用其所提供的线索来判定发生事件的特定文件或目录。（要做到这一点，应用程序必须维护专有数据结构，记录监控描述符与路径名之间的关系。）

mask 字段会返回描述该事件的位掩码。由表 19-1 所示的 Out 列展示了可出现于 mask 中的位范围。还要注意下列与特殊位相关的更多细节。

- 移除监控项时，会产生 IN_IGNORED 事件。起因可能有两个：其一，应用程序使用了 inotify_rm_watch()系统调用显式移除监控项；其二，因受监控对象被删除或其所驻留的文件系统遭卸载，致使内核隐式删除监控项。以 IN_ONESHOT 而建立的监控项因事件触发而遭自动移除时，不会产生 IN_IGNORED 事件。
- 如果事件的主体为路径，那么除去其他位以外，在 mask 中还会设置 IN_ISDIR 位。
- IN_UNMOUNT 事件会通知应用程序包含受监控对象的文件系统已遭卸载。该事件发生之后，还会产生包含 IN_IGNORED 置位的附加事件。
- 19.5 节将介绍 IN_Q_OVERFLOW，并讨论对排队 inotify 事件的限制。

使用 cookie 字段可将相关事件联系在一起。目前，只有在对文件重命名时才会用到该字段。当这种情况发生时，系统会针对待重命名文件所在目录产生 IN_MOVED_FROM 事件，然后，还会针对重命名后文件的所在目录生成 IN_MOVED_TO 事件。（若仅是在同一目录内为文件改名，系统则会针对同一目录产生上述两个事件。）两个事件的 cookie 字段值相等，故而应用程序得以将它们关联起来。

当受监控目录中有文件发生事件时，name 字段返回一个以空字符结尾的字符串，以标识该文件。若受监控对象自身有事件发生，则不使用 name 字段，将 len 字段置 0。

len 字段用于表示实际分配给 name 字段的字节数。在 read()所返回的缓冲区中，存储于 name 内的字符串结尾与下一个 inotify_event 结构的开始（请参见 19.2 节）之间，可能会有额外填充字节，故而 len 字段不可或缺。单个 inotify 事件的长度是 sizeof(struct inotify_event)+ len。

如果传递给 read()的缓冲区过小，无法容纳下一个 inotify_event 结构，那么 read()调用将以失败告终，并以 EINVAL 错误向应用程序报告这一情况。（在 2.6.21 之前版本的内核中，这种情况下 read()将返回 0。在改为报告 EINVAL 错误之后，则对编程错误的提示更为清晰。）应用程序可再次以更大的缓冲区执行 read()操作。然而，只要确保缓冲区足以容纳至少一个事件，这一问题将得以完全规避：传给 read()的缓冲区应至少为 sizeof(struct inotify_event)+ NAME_MAX + 1 字节，其中 NAME_MAX 是文件名的最大长度，此外在加上终止空字符使用的 1 个字节。

采用的缓冲区大小如大于最小值，则可自单个 read()中读取多个事件，效率极高。对 inotify 文件描述符所执行的 read()，将在已发生事件数量与缓冲区可容纳事件数量间取最小值并返回之。

针对文件描述符 fd 调用 ioctl(fd, FIONREAD, &numbytes)，会返回其所指代的 inotify 实例中的当前可读字节数。

从 inotify 文件描述符中读取的事件形成了一个有序队列。打个比方，这样一来，对文件重命名时，便可保证在 IN_MOVED_TO 事件之前能读取到 IN_MOVED_FROM 事件。

在事件队列的末尾追加一个新事件时，如果此新事件与队列当前的尾部事件拥有相同的 wd、mask、cookie 和 mask 值，那么内核会将两者合并（以避免对新事件排队）。之所以这么做，是因为很多应用程序都并不关注同一事件的反复出现，而丢弃多余的事件能降低内核维护事件队列所需的内存总量。然而，这也意味着使用 inotify 将无法可靠判定出周期性事件的发生次数或频率。

程序示例

虽然在前文中描述了 inotify API 的诸多细节，但实际上，该 API 使用起来却颇为简单。程序清单 19-1 展示了对 inotify 的运用。

程序清单 19-1：运用 inotify API

inotify/demo_inotify.c

```c
#include <sys/inotify.h>
#include <limits.h>
#include "tlpi_hdr.h"

static void              /* Display information from inotify_event structure */
displayInotifyEvent(struct inotify_event *i)
{
    printf("    wd =%2d; ", i->wd);
    if (i->cookie > 0)
        printf("cookie =%4d; ", i->cookie);

    printf("mask = ");
    if (i->mask & IN_ACCESS)        printf("IN_ACCESS ");
    if (i->mask & IN_ATTRIB)        printf("IN_ATTRIB ");
    if (i->mask & IN_CLOSE_NOWRITE) printf("IN_CLOSE_NOWRITE ");
    if (i->mask & IN_CLOSE_WRITE)   printf("IN_CLOSE_WRITE ");
    if (i->mask & IN_CREATE)        printf("IN_CREATE ");
    if (i->mask & IN_DELETE)        printf("IN_DELETE ");
    if (i->mask & IN_DELETE_SELF)   printf("IN_DELETE_SELF ");
    if (i->mask & IN_IGNORED)       printf("IN_IGNORED ");
    if (i->mask & IN_ISDIR)         printf("IN_ISDIR ");
    if (i->mask & IN_MODIFY)        printf("IN_MODIFY ");
    if (i->mask & IN_MOVE_SELF)     printf("IN_MOVE_SELF ");
    if (i->mask & IN_MOVED_FROM)    printf("IN_MOVED_FROM ");
    if (i->mask & IN_MOVED_TO)      printf("IN_MOVED_TO ");
    if (i->mask & IN_OPEN)          printf("IN_OPEN ");
    if (i->mask & IN_Q_OVERFLOW)    printf("IN_Q_OVERFLOW ");
    if (i->mask & IN_UNMOUNT)       printf("IN_UNMOUNT ");
    printf("\n");

    if (i->len > 0)
        printf("        name = %s\n", i->name);
}
#define BUF_LEN (10 * (sizeof(struct inotify_event) + NAME_MAX + 1))

int
main(int argc, char *argv[])
{
    int inotifyFd, wd, j;
    char buf[BUF_LEN];
    ssize_t numRead;
    char *p;
    struct inotify_event *event;

    if (argc < 2 || strcmp(argv[1], "--help") == 0)
        usageErr("%s pathname... \n", argv[0]);

    inotifyFd = inotify_init();                 /* Create inotify instance */
    if (inotifyFd == -1)
```
①

```
                 errExit("inotify_init");

         for (j = 1; j < argc; j++) {
②           wd = inotify_add_watch(inotifyFd, argv[j], IN_ALL_EVENTS);
             if (wd == -1)
                 errExit("inotify_add_watch");

             printf("Watching %s using wd %d\n", argv[j], wd);
         }

         for (;;) {                                    /* Read events forever */
③           numRead = read(inotifyFd, buf, BUF_LEN);
             if (numRead == 0)
                 fatal("read() from inotify fd returned 0!");

             if (numRead == -1)
                 errExit("read");

             printf("Read %ld bytes from inotify fd\n", (long) numRead);

             /* Process all of the events in buffer returned by read() */

             for (p = buf; p < buf + numRead; ) {
                 event = (struct inotify_event *) p;
④               displayInotifyEvent(event);

                 p += sizeof(struct inotify_event) + event->len;
             }
         }

         exit(EXIT_SUCCESS);
     }
```

—— **inotify/demo_inotify.c**

程序清单 19-1 中程序将执行以下步骤。

- 使用 inotify_init()，创建 inotify 文件描述符①。
- 使用 inotify_add_watch()，将程序命令行参数中指定的每个文件加入监控项②。每个
  监控项都将监控所有可能发生的事件。
- 执行无限循环。
  - 从 inotify 描述符读取事件缓冲区③。
  - 调用 displayInotifyEvent()函数，以显示上述缓冲区中各 inotify_event 结构的内容④。

以下 shell 会话演示了对程序清单 19-1 所列程序的使用。首先，在后台运行该程序的实例，
对两个目录进行监控。

```
$ ./demo_inotify dir1 dir2 &
[1] 5386
Watching dir1 using wd 1
Watching dir2 using wd 2
```

然后，执行某些命令，从而在两个目录中产生事件。先使用 cat(1)创建一个文件：

```
$ cat > dir1/aaa
Read 64 bytes from inotify fd
    wd = 1; mask = IN_CREATE
       name = aaa
    wd = 1; mask = IN_OPEN
       name = aaa
```

由后台程序所生成的上述输出表明，read()读取了包含两个事件的缓冲区。继续在该文件中执行某些输入操作，然后输入 end-of-file 字符串：

```
Hello world
Read 32 bytes from inotify fd
    wd = 1; mask = IN_MODIFY
        name = aaa
```
Type Control-D
```
Read 32 bytes from inotify fd
    wd = 1; mask = IN_CLOSE_WRITE
        name = aaa
```

接下来，将该文件转移至另一个受监控的目录，同时对其重新命名。这会产生两个事件，一个对应于文件的源目录（监控描述符 1），另一个对应于文件的目标目录（监控描述符 2）。

```
$ mv dir1/aaa dir2/bbb
Read 64 bytes from inotify fd
    wd = 1; cookie = 548; mask = IN_MOVED_FROM
        name = aaa
    wd = 2; cookie = 548; mask = IN_MOVED_TO
        name = bbb
```

以上两个事件共享相同的 cookie 值，允许应用程序将它们联系起来。

当在其中一个受监控目录下创建子目录时，由此产生的事件掩码会置 IN_ISDIR 位，以示该事件的对象是一目录。

```
$ mkdir dir2/ddd
Read 32 bytes from inotify fd
    wd = 1; mask = IN_CREATE IN_ISDIR
        name = ddd
```

此处，再次提醒大家，inotify 监控是非递归的。如果应用程序有意对新创建的子目录进行监控，则需进一步执行 inotify_add_watch()系统调用，并指明子目录的路径名。

最后，将其中一个受监控目录删除：

```
$ rmdir dir1
Read 32 bytes from inotify fd
    wd = 1; mask = IN_DELETE_SELF
    wd = 1; mask = IN_IGNORED
```

系统会生成最后一个事件，以通知应用程序，内核已从监控列表中删除该监控项。

19.5 队列限制和/proc 文件

对 inotify 事件做排队处理，需要消耗内核内存。正因如此，内核会对 inotify 机制的操作施以各种限制。超级用户可配置/proc/sys/fs/inotify 路径中的 3 个文件来调整这些限制：

max_queued_events
调用 inotify_init()时，使用该值来为新 inotify 实例队列中的事件数量设置上限。一旦超出这一上限，系统将生成 IN_Q_OVERFLOW 事件，并丢弃多余的事件。溢出事件的 wd 字段值为−1。

max_user_instances
对由每个真实用户 ID 创建的 inotify 实例数的限制值。

max_user_watches
对由每个真实用户 ID 创建的监控项数量的限制值。

这 3 个文件的典型默认值分别为 16384、128 和 8192。

19.6　监控文件的旧有系统：dnotify

Linux 还为监控文件事件提供了另一种机制。该机制名为 dnotify，问世于内核 2.4 版本，但 inotify 已令其 "落伍"。相较于 inotify，dnotify 存在如下局限性。

- dnotify 机制通过向应用程序发送信号来通告事件。使用信号作为通告机制，会使应用程序的设计复杂化（请参见 22.12 节）。这也使得在函数库中使用 dnotify 变得困难，因为调用该函数的程序可能会改变对通告信号的处置（disposition）。而 inotify 机制则不使用信号。
- dnotify 的监控单元为目录。只要对该目录下的任一文件执行了任何操作，系统都会通知应用程序。相形之下，inotify 的监控对象则既可以是单个文件，也能是目录。
- 为监控目录，dnotify 需要应用程序为该目录打开文件描述符。使用文件描述符会导致两个问题。其一，由于程序处于运行中，将无法卸载包含此目录的文件系统。其二，因为每个目录都需要一个文件描述符，所以应用程序最终可能会消耗大量文件描述符。而 inotify 不使用文件描述符，故而可以避免上述问题。
- 与 inotify 相比，由 dnotify 提供的与文件事件相关的信息不够精确。当位于受监控目录下的文件发生改变时，dnotify 只会通知有事件发生，但不会说明事件具体涉及了哪个文件。因此，应用程序必须通过缓存目录内容来进行判断。此外，针对已发生事件的类型，inotify 所提供的信息也比 dnotify 更详细。
- 在某些情况下，dnotify 不支持可靠的文件事件通告机制。

在 fcntl(2)手册页中对 F_NOTIFY 操作的描述部分，以及内核源码 Documentation/dnotify.txt 中，都可找到有关 dnotify 的更多信息。

19.7　总结

当一组受监控的文件或目录有事件发生（对文件的打开、关闭、创建、删除、修改以及重命名等操作）时，Linux 专有的 inotify 机制可让应用程序获得通知。inotify 机制取代了较老的 dnotify 机制。

19.8　练习

19-1.　编写一个程序，针对其命令行参数所指定的目录，记录所有的文件创建、删除和改名操作。该程序应能够监控指定目录下所有子目录中的事件。获得所有子目录的列表需使用 nftw()（参见 18.9 节）。当在目录树下添加或删除了子目录时，受监控的子目录集合应能保持同步更新。

第**20**章

信号：基本概念

本章和接下来的两章将讨论信号。虽然基本概念较为简单，但因为要涵盖大量细节，所以篇幅较长。

本章包括以下主题。

* 各种不同信号及其用途。
* 内核可能为进程产生信号的环境，以及某一进程向另一进程发送信号所使用的系统调用。
* 进程在默认情况下对信号的响应方式，以及进程改变对信号响应方式的手段，特别是借助于信号处理器程序的手段，即程序收到信号时去自动调用的函数，由程序员定义。
* 使用进程信号掩码来阻塞信号，以及等待信号的相关概念。
* 如何暂停进程的执行，并等待信号的到达。

20.1　概念和概述

信号是事件发生时对进程的通知机制。有时也称之为软件中断。信号与硬件中断的相似之处在于打断了程序执行的正常流程，大多数情况下，无法预测信号到达的精确时间。

一个（具有合适权限的）进程能够向另一进程发送信号。信号的这一用法可作为一种同步技术，甚至是进程间通信（IPC）的原始形式。进程也可以向自身发送信号。然而，发往进程的诸多信号，通常都是源于内核。引发内核为进程产生信号的各类事件如下。

* 硬件发生异常，即硬件检测到一个错误条件并通知内核，随即再由内核发送相应信号给相关进程。硬件异常的例子包括执行一条异常的机器语言指令，诸如，被 0 除，或者引用了无法访问的内存区域。
* 用户键入了能够产生信号的终端特殊字符。其中包括中断字符（通常是 Control-C)、暂停字符（通常是 Control-Z)。
* 发生了软件事件。例如，针对文件描述符的输出变为有效，调整了终端窗口大小，定时器到期，进程执行的 CPU 时间超限，或者该进程的某个子进程退出。

针对每个信号，都定义了一个唯一的（小）整数，从 1 开始顺序展开。<signal.h>以 SIGxxxx 形式的符号名对这些整数做了定义。由于每个信号的实际编号随系统不同而不同，所以在程序中总是使用这些符号名。例如，当用户键入中断字符时，将传递给进程 SIGINT 信号（信号编号为 2）。

信号分为两大类。第一组用于内核向进程通知事件，构成所谓传统或者标准信号。Linux 中标准信号的编号范围为 1～31。本章将描述这些标准信号。另一组信号由实时信号构成，其与标准信号的差异将在 22.8 节中描述。

信号因某些事件而产生。信号产生后，会于稍后被传递给某一进程，而进程也会采取某些措施来响应信号。在产生和到达期间，信号处于等待（pending）状态。

通常，一旦（内核）接下来要调度该进程运行，等待信号会马上送达，或者如果进程正在运行，则会立即传递信号（例如，进程向自身发送信号）。然而，有时需要确保一段代码不为传递来的信号所中断。为了做到这一点，可以将信号添加到进程的信号掩码中——目前会阻塞该组信号的到达。如果所产生的信号属于阻塞之列，那么信号将保持等待状态，直至稍后对其解除阻塞（从信号掩码中移除）。进程可使用各种系统调用对其信号掩码添加和移除信号。

信号到达后，进程视具体信号执行如下默认操作之一。

- 忽略信号：也就是说，内核将信号丢弃，信号对进程没有产生任何影响（进程永远都不知道曾经出现过该信号）。
- 终止（杀死）进程：这有时是指进程异常终止，而不是进程因调用 exit() 而发生的正常终止。
- 产生核心转储文件，同时进程终止：核心转储文件包含对进程虚拟内存的镜像，可将其加载到调试器中以检查进程终止时的状态。
- 停止进程：暂停进程的执行。
- 于之前暂停后再度恢复进程的执行。

除了根据特定信号而采取默认行为之外，程序也能改变信号到达时的响应行为。也将此称之为对信号的处置（disposition）设置。程序可以将对信号的处置设置为如下之一。

- 采取默认行为。这适用于撤销之前对信号处置的修改、恢复其默认处置的场景。
- 忽略信号。这适用于默认行为为终止进程的信号。
- 执行信号处理器程序。

信号处理器程序是由程序员编写的函数，用于为响应传来的信号而执行适当任务。例如，shell 为 SIGINT 信号（由中断字符串 Control-C 产生）提供了一个处理器程序，令其停止当前正在执行的工作，并将控制返回到（shell 的）主输入循环，并再次向用户呈现 shell 提示符。通知内核应当去调用某一处理器程序的行为，通常称之为安装或者建立信号处理器程序。调用信号处理器程序以响应传递来的信号，则称之为信号已处理（handled），或者已捕获（caught）。

请注意，无法将信号处置设置为终止进程或者转储核心（除非这是对信号的默认处置）。效果最为近似的是为信号安装一个处理器程序，并于其中调用 exit() 或者 abort()。abort() 函数（21.2.2 节）为进程产生一个 SIGABRT 信号，该信号将引发进程转储核心文件并终止。

Linux 特有的 /proc/PID/status 文件包含有各种位掩码字段，通过检查这些掩码可以确定进程对信号的处理。位掩码以十六进制数形式显示，最低有效位代表信号 1，相临的左边一位代表信号 2，以此类推。这些字段分别为 SigPnd（基于线程的等待信号）、ShdPnd（进程级等待信号，始于 Linux 2.6）、SigBlk（阻塞信号）、SigIgn（忽略信号）和 SigCgt（捕获信号）。（33.2 节阐述了多线程进程对信号的处理，这将有助于澄清 SigPnd 与 ShdPnd 之间的差异。）使用 ps(1) 命令的各种选项也能获得相同信息。

信号在 UNIX 实现中出现很早，诞生之后又历经变革。在早期实现中，信号在特定场景下有可能会丢失（即，没有传递到目标进程）。此外，尽管系统提供了执行关键代码时阻塞信号传递的机制，但阻塞有时也不大可靠。4.2BSD 利用所谓可靠信号解决了这些问题。（BSD 在创新上还更进一步，增加了额外信号来支持 shell 作业控制，请参考 34.7 节。）

System V 后来也为信号增加了可靠语义，但采用的模型与 BSD 无法兼容。这一不兼容性直到 POSIX.1-1990 标准出台后才得以解决。该标准针对可靠信号所采取的规范主要基于 BSD 模型。

22.7 节将就可靠和不可靠信号的细节展开讨论，22.13 节则简要说明了老版 BSD 和 System V 的信号 API。

20.2 信号类型和默认行为

此前曾提及，Linux 对标准信号的编号为 1~31。然而，Linux 于 signal(7)手册页中列出的信号名称却超出了 31 个。名称超出的原因有多种。有些名称只是其他名称的同义词，之所以定义是为了与其他 UNIX 实现保持源码兼容。其他名称虽然有定义，但却并未使用。以下列表介绍了各种信号。

SIGABRT

当进程调用 abort()函数（21.2.2 节）时，系统向进程发送该信号。默认情况下，该信号会终止进程，并产生核心转储文件。这实现了调用 abort()的预期目标，产生核心转储文件用于调试。

SIGALRM

经调用 alarm()或 setitimer()而设置的实时定时器一旦到期，内核将产生该信号。实时定时器是根据挂钟时间进行计时的（即人类对逝去时间的概念）。更多细节参见 23.1 节。

SIGBUS

产生该信号（总线错误，bus error）即表示发生了某种内存访问错误。如 49.4.3 节所述，当使用由 mmap()所创建的内存映射时，如果试图访问的地址超出了底层内存映射文件的结尾，那么将产生该错误。

SIGCHLD

当父进程的某一子进程终止（或者因为调用了 exit()，或者因为被信号杀死）时，（内核）将向父进程发送该信号。当父进程的某一子进程因收到信号而停止或恢复时，也可能会向父进程发送该信号。详情请参考 26.3 节。

SIGCLD

与 SIGCHLD 信号同义。

SIGCONT

将该信号发送给已停止的进程，进程将会恢复运行（即在之后某个时间点重新获得调度）。当接收信号的进程当前不处于停止状态时，默认情况下将忽略该信号。进程可以捕获该信号，以便在恢复运行时可以执行某些操作。关于该信号的更多细节请参考 22.2 和 34.7 节。

SIGEMT

UNIX 系统通常用该信号来标识一个依赖于实现的硬件错误。Linux 系统仅在 Sun SPARC

实现中使用了该信号。后缀 EMT 源自仿真器陷阱（emulator trap），Digital PDP-11 的汇编程序助记符之一。

SIGFPE

该信号因特定类型的算术错误而产生，比如除以 0。后缀 FPE 是浮点异常的缩写，不过整型算术错误也能产生该信号。该信号于何时产生的精确细节取决于硬件架构和对 CPU 控制寄存器的设置。例如，在 x86-32 架构中，整数除以 0 总是产生 SIGFPE 信号，但是对浮点数除以 0 的处理则取决于是否启用了 FE_DIVBYZERO 异常。如果启用了该异常（使用 feenableexcept()），那么浮点数除以 0 也将产生 SIGFPE 信号，否则，将为操作数产生符合 IEEE 标准的结果（无穷大的浮点表示形式）。更多信息请参考 fenv(3)手册页和<fenv.h>文件。

SIGHUP

当终端断开（挂机）时，将发送该信号给终端控制进程。34.6 节将描述控制进程的概念以及产生 SIGHUP 信号的各种环境。SIGHUP 信号还可用于守护进程（比如，init、httpd 和 inetd）。许多守护进程会在收到 SIGHUP 信号时重新进行初始化并重读配置文件。借助于显式执行 kill 命令或者运行同等功效的程序或脚本，系统管理员可向守护进程手工发送 SIGHUP 信号来触发这些行为。

SIGILL

如果进程试图执行非法（即格式不正确）的机器语言指令，系统将向进程发送该信号。

SIGINFO

在 Linux 中，该信号名与 SIGPWR 信号名同义。在 BSD 系统中，键入 Control-T 可产生 SIGINFO 信号，用于获取前台进程组的状态信息。

SIGINT

当用户键入终端中断字符（通常为 Control-C）时，终端驱动程序将发送该信号给前台进程组。该信号的默认行为是终止进程。

SIGIO

利用 fcntl()系统调用，即可于特定类型（诸如终端和套接字）的打开文件描述符发生 I/O 事件时产生该信号。63.3 节将就此特性做进一步说明。

SIGIOT

在 Linux 中，该信号名与 SIGABRT 信号同义。在其他一些 UNIX 实现中，该信号表示发生了由实现定义的硬件错误。

SIGKILL

此信号为"必杀（sure kill）"信号，处理器程序无法将其阻塞、忽略或者捕获，故而"一击必杀"，总能终止进程。

SIGLOST

Linux 中存在该信号名，但并未加以使用。在其他一些 UNIX 实现中，如果远端 NFS 服务器在崩溃之后重新恢复，而 NFS 客户端却未能重新获得由本地进程所持有的锁，那么 NFS 客户端将向这些进程发送此信号。（NFS 规范并未对该特性进行标准化。）

SIGPIPE

当某一进程试图向管道、FIFO 或套接字写入信息时，如果这些设备并无相应的阅读进程，那么系统将产生该信号。之所以如此，通常是因为阅读进程已经关闭了其作为 IPC 通道的文件描述符。更多细节请参考 44.2 节。

SIGPOLL

该信号从 System V 派生而来，与 Linux 中的 SIGIO 信号同义。

SIGPROF

由 setitimer()调用（参见 23.1 节）所设置的性能分析定时器刚一过期，内核就将产生该信号。性能分析定时器用于记录进程所使用的 CPU 时间。与虚拟定时器不同（参见下面的 SIGVTALRM 信号），性能分析定时器在对 CPU 时间计数时会将用户态与内核态都包含在内。

SIGPWR

这是电源故障信号。当系统配备有不间断电源（UPS）时，可以设置守护进程来监控电源发生故障时备用电池的剩余电量。如果电池电量行将耗尽（长时间停电之后），那么监控进程会将该信号发往 init 进程，而后者则将其解读为快速、有序关闭系统的一个请求。

SIGQUIT

当用户在键盘上键入退出字符（通常为 Control-\）时，该信号将发往前台进程组。默认情况下，该信号终止进程，并生成可用于调试的核心转储文件。进程如果陷入无限循环，或者不再响应时，使用 SIGQUIT 信号就很合适。键入 Control-\，再调用 gdb 调试器加载刚才生成的核心转储文件，接着用 backtrace 命令来获取堆栈跟踪信息，就能发现正在执行的是程序的哪部分代码。（[Matloff, 2008]描述了 gdb 的用法。）

SIGSEGV

这一信号非常常见，当应用程序对内存的引用无效时，就会产生该信号。引起对内存无效引用的原因很多，可能是因为要引用的页不存在（例如，该页位于堆和栈之间的未映射区域），或者进程试图更新只读内存（比如，程序文本段或者标记为只读的一块映射内存区域）中某一位置的内容，又或者进程企图在用户态（参见 2.1 节）去访问内核的部分内存。C 语言中引发这些事件的往往是解引用的指针里包含了错误地址（例如，未初始化的指针），或者传递了一个无效参数供函数调用。该信号的命名源于术语"段违例"。

SIGSTKFLT

signal(7)手册页中将其记载为"协处理器栈错误"，Linux 对该信号作了定义，但并未加以使用。

SIGSTOP

这是一个必停（sure stop）信号，处理器程序无法将其阻塞、忽略或者捕获，故而总是能停止进程。

SIGSYS

如果进程发起的系统调用有误，那么将产生该信号。这意味着系统将进程执行的指令视为一个系统调用陷阱（trap），但相关的系统调用编号却是无效的（参见 3.1 节）。

SIGTERM

这是用来终止进程的标准信号，也是 kill 和 killall 命令所发送的默认信号。用户有时会使用 kill-KILL 或者 kill-9 显式向进程发送 SIGKILL 信号。然而，这一做法通常是错误的。精心设计的应用程序应当为 SIGTERM 信号设置处理器程序，以便于其能够预先清除临时文件和释放其他资源，从而全身而退。发送 SIGKILL 信号可以杀掉某个进程，从而绕开了 SIGTERM 信号的处理器程序。因此，总是应该首先尝试使用 SIGTERM 信号来终止进程，而把 SIGKILL 信号作为最后手段，去对付那些不响应 SIGTERM 信号的失控进程。

SIGTRAP

该信号用来实现断点调试功能以及 strace(1)命令（附录 A）所执行的跟踪系统调用功能。更多信息参见 ptrace(2)手册页。

SIGTSTP

这是作业控制的停止信号，当用户在键盘上输入挂起字符（通常是 Control-Z）时，将发送该信号给前台进程组，使其停止运行。第 34 章详细描述了进程组（作业）和作业控制，以及程序应在何时以及如何去处理该信号。该信号名源自"终端停止（terminal stop）"的术语。

SIGTTIN

在作业控制 shell 下运行时，若后台进程组试图对终端进行 read()操作，终端驱动程序则将向该进程组发送此信号。该信号默认将停止进程。

SIGTTOU

该信号的目的与 SIGTTIN 信号类似，但所针对的是后台作业的终端输出。在作业控制 shell 下运行时，如果对终端启用了 TOSTOP（终端输出停止）选项（可能是通过 stty tostop 命令），而某一后台进程组试图对终端进行 write()操作（参见 34.7.1 节），那么终端驱动程序将向该进程组发送 SIGTTOU 信号。该信号默认将停止进程。

SIGUNUSED

顾名思义，该信号没有使用。在 Linux 2.4 及其后续版本中，该信号名在很多架构中与 SIGSYS 信号同义。换言之，尽管信号名还保持向后兼容，但信号编号在这些架构中不再处于未使用状态。

SIGURG

系统发送该信号给一个进程，表示套接字上存在带外（也称作紧急）数据（参见 61.13.1 节）。

SIGUSR1

该信号和 SIGUSR2 信号供程序员自定义使用。内核绝不会为进程产生这些信号。进程可以使用这些信号来相互通知事件的发生，或是彼此同步。在早期的 UNIX 实现中，这是可供应用随意使用的仅有的两个信号。（实际上，进程间可以相互发送任何信号，但如果内核也为进程产生了同类信号，这两种情况就有可能产生混淆。）现代 UNIX 实现则提供了很多实时信号，也可用于程序员自定义的目的（参见 22.8 节）。

SIGUSR2

参见对 SIGUSR1 信号的描述。

SIGVTALRM

调用 setitimer()（参见 23.1 节）设置的虚拟定时器刚一到期，内核就会产生该信号。虚拟定时器计录的是进程在用户态所使用的 CPU 时间。

SIGWINCH

在窗口环境中，当终端窗口尺寸发生变化时（如 62.9 节所述，要么是由于用户手动调整了大小，要么是因为程序调用 ioctl()对大小做了调整），会向前台进程组发送该信号。借助于为该信号安装的处理器程序，诸如 vi 和 less 之类的程序会在窗口尺寸调整后重新绘制输出。

SIGXCPU

当进程的 CPU 时间超出对应的资源限制时（参见 36.3 节对 RLIMIT_CPU 的描述），将发送此信号给进程。

SIGXFSZ

如果进程因试图增大文件（调用 write()或 truncate()）而突破对进程文件大小的资源限制（参见 36.3 节对 RLIMIT_FSIZE 的描述）时，那么将发送此信号给进程。

表 20-1 总结了 Linux 下与信号相关的一系列信息。关于此表，请注意以下几点。

- 信号编号列所示为在不同硬件架构下对信号的编号。除非另有说明，信号在所有架构中编号相同。信号编号在架构上的差异会在括号中予以说明，所涉及的架构包括 Sun SPARC、SPARC64 (S)、HP/Compaq/Digital Alpha (A)、MIPS (M)和 HP PA-RISC (P)。此列中的 undef 表示此符号在所示架构中未定义。
- SUSv3 列则表示 SUSv3 是否定义了该信号。
- 默认列显示了信号的默认行为。term 表示信号终止进程，core 表示进程产生核心转储文件并退出，ignore 表示忽略该信号，stop 表示信号停止了进程，cont 表示信号恢复了一个已停止的进程。

某些前面列出的信号并未见诸于表 20-1，如 SIGCLD（SIGCHLD 信号的同义词）、SIGINFO（未使用）、SIGIOT（SIGABRT 信号的同义词）、SIGLOST（未使用）和 SIGUNUSED（在许多架构中是 SIGSYS 信号的同义词）。

表 20-1：Linux 信号

名　　称	信　号　值	描　　述	SUSv3	默认
SIGABRT	6	中止进程	●	core
SIGALRM	14	实时定时器过期	●	term
SIGBUS	7 (SAMP=10)	内存访问错误	●	core
SIGCHLD	17 (SA=20, MP=18)	终止或者停止子进程	●	ignore
SIGCONT	18 (SA=19, M=25, P=26)	若停止则继续	●	cont
SIGEMT	undef (SAMP=7)	硬件错误		term
SIGFPE	8	算术异常	●	core
SIGHUP	1	挂起	●	term
SIGILL	4	非法指令	●	core
SIGINT	2	终端中断	●	term
SIGIO / SIGPOLL	29 (SA=23, MP=22)	I/O 时可能产生	●	term

名　称	信　号　值	描　述	SUSv3	默认
SIGKILL	9	必杀（确保杀死）	●	term
SIGPIPE	13	管道断开	●	term
SIGPROF	27 (M=29, P=21)	性能分析定时器过期	●	term
SIGPWR	30 (SA=29, MP=19)	电量行将耗尽		term
SIGQUIT	3	终端退出	●	core
SIGSEGV	11	无效的内存引用	●	core
SIGSTKFLT	16 (SAM=undef, P=36)	协处理器栈错误		term
SIGSTOP	19 (SA=17, M=23, P=24)	确保停止	●	stop
SIGSYS	31 (SAMP=12)	无效的系统调用	●	core
SIGTERM	15	终止进程	●	term
SIGTRAP	5	跟踪/断点陷阱	●	core
SIGTSTP	20 (SA=18, M=24, P=25)	终端停止	●	stop
SIGTTIN	21 (M=26, P=27)	BG[1]从终端读取	●	stop
SIGTTOU	22 (M=27, P=28)	BG 向终端写	●	stop
SIGURG	23 (SA=16, M=21, P=29)	套接字上的紧急数据	●	ignore
SIGUSR1	10 (SA=30, MP=16)	用户自定义信号 1	●	term
SIGUSR2	12 (SA=31, MP=17)	用户自定义信号 2	●	term
SIGVTALRM	26 (M=28, P=20)	虚拟定时器过期	●	term
SIGWINCH	28 (M=20, P=23)	终端窗口尺寸发生变化		ignore
SIGXCPU	24 (M=30, P=33)	突破对 CPU 时间的限制	●	core
SIGXFSZ	25 (M=31, P=34)	突破对文件大小的限制	●	core

针对表 20-1 中某些信号的默认行为，要注意以下几点。

- 在 Linux 2.2 中，信号 SIGXCPU、SIGXFSZ、SIGSYS 和 SIGBUS 的默认行为是终止进程，但不会产生核心转储文件。自内核 2.4 以后，Linux 实现满足了 SUSv3 的要求，这些信号不但会引发进程终止，也将生成核心转储文件。在其他几个 UNIX 实现中，对信号 SIGXCPU 和 SIGXFSZ 的处理方式与 Linux 2.2 相同。
- 在其他的 UNIX 实现中，对 SIGPWR 信号的默认行为通常是将其忽略。
- 几个 UNIX 实现（特别是 BSD 衍生系统）默认情况下将忽略 SIGIO 信号。
- 虽然 SIGEMT 信号尚未获得任何标准的接纳，但却得到大多数 UNIX 实现的支持。然而，在其他实现中，该信号通常会导致进程终止并产生核心转储文件。
- SUSv1 将 SIGURG 信号的默认行为定义为终止进程，这也是一些较老 UNIX 实现的默认做法。而 SUSv2 则采用了现行规范（将其忽略）。

---

1 译者注：即后台进程组。

20.3 改变信号处置：signal()

UNIX 系统提供了两种方法来改变信号处置：signal() 和 sigaction()。本节描述的 signal() 系统调用，是设置信号处置的原始 API，所提供的接口比 sigaction() 简单。另一方面，sigaction() 提供了 signal() 所不具备的功能。进一步而言，signal() 的行为在不同 UNIX 实现间存在差异（22.7 节），这也意味着对可移植性有所追求的程序绝不能使用此调用来建立信号处理器函数。故此，sigaction() 是建立信号处理器的首选 API（强力推荐）。自 20.13 节介绍了 sigaction() 调用的用法之后，本书示例将一律采用该调用来建立信号处理器程序。

> signal() 函数虽然记录在 Linux 手册页的第 2 部分，但实际却被实现为一个基于 sigaction() 系统调用的 glibc 库函数。

```
#include <signal.h>

void ( *signal(int sig, void (*handler)(int)) ) (int);
```
              Returns previous signal disposition on success, or SIG_ERR on error

这里需要对 signal() 函数的原型做一些解释。第一个参数 sig，标识希望修改处置的信号编号，第二个参数 handler，则标识信号抵达时所调用函数的地址。该函数无返回值（void），并接收一个整型参数。因此，信号处理器函数一般具有以下形式：

```
void
handler(int sig)
{
    /* Code for the handler */
}
```

20.4 节将描述处理器函数中 sig 参数的目的。

signal() 的返回值是之前的信号处置。像 handler 参数一样，这是一枚指针，所指向的是带有一个整型参数且无返回值的函数。换言之，编写如下代码，可以暂时为信号建立一个处理器函数，然后再将信号处置重置为其本来面目：

```
void (*oldHandler)(int);

oldHandler = signal(SIGINT, newHandler);
if (oldHandler == SIG_ERR)
    errExit("signal");

/* Do something else here. During this time, if SIGINT is
   delivered, newHandler will be used to handle the signal. */

if (signal(SIGINT, oldHandler) == SIG_ERR)
    errExit("signal");
```

> 使用 signal()，将无法在不改变信号处置的同时，还能获取到当前的信号处置。要想做到这一点，必须使用 sigaction()。

针对信号处理器函数指针做如下类型定义，将有助于理解 signal() 的原型：

```
typedef void (*sighandler_t)(int);
```

signal()原型可以改写成如下形式：

sighandler_t signal(int sig, sighandler_t handler);

> 如果定义了_GNU_SOURCE 特性测试宏，那么 glibc 将在<signal.h>头文件中暴露非标准的 sighandler_t 数据类型。

在为 signal()指定 handler 参数时，可以以如下值来代替函数地址：

SIG_DFL

将信号处置重置为默认值（表 20-1）。这适用于将之前 signal()调用所改变的信号处置还原。

SIG_IGN

忽略该信号。如果信号专为此进程而生，那么内核会默默将其丢弃。进程甚至从未知道曾经产生了该信号。

调用 signal()成功将返回先前的信号处置，有可能是先前安装的处理器函数地址，也可能是常量 SIG_DFL 和 SIG_IGN 之一。如果调用失败，signal()将返回 SIG_ERR。

20.4　信号处理器简介

信号处理器程序（也称为信号捕捉器）是当指定信号传递给进程时将会调用的一个函数。本节描述了信号处理器的基本原理，而第 21 章将继续做详细介绍。

调用信号处理器程序，可能会随时打断主程序流程；内核代表进程来调用处理器程序，当处理器返回时，主程序会在处理器打断的位置恢复执行。这一工作序列可用图 20-1 来加以说明。

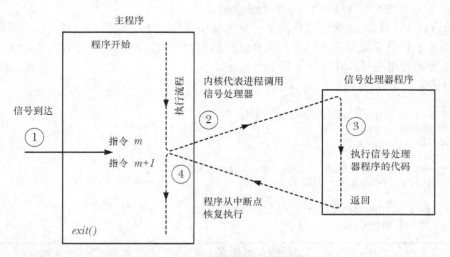

图 20-1：信号到达并执行处理器程序

虽然信号处理器程序几乎可以为所欲为，但一般而言，设计应力求简单。21.1 节将对这一点展开论述。

程序清单 20-1：为 SIGINT 信号安装一个处理器程序

—— **signals/ouch.c**

```c
#include <signal.h>
#include "tlpi_hdr.h"

static void
sigHandler(int sig)
{
    printf("Ouch!\n");                    /* UNSAFE (see Section 21.1.2) */
}

int
main(int argc, char *argv[])
{
    int j;

    if (signal(SIGINT, sigHandler) == SIG_ERR)
        errExit("signal");

    for (j = 0; ; j++) {
        printf("%d\n", j);
        sleep(3);                          /* Loop slowly... */
    }
}
```

—— **signals/ouch.c**

　　程序清单 20-1 所示为一个简单的信号处理器函数，由主程序为 SIGINT 信号而建立。当键入中断字符（通常为 Control-C）时，终端驱动程序将产生该信号。处理器只是简单打印一条消息，随即返回。

　　主程序会持续循环。每次迭代，程序都将递增计数器值并将其打印出来，然后休眠几秒钟。（为了按这种方式休眠，程序使用了 sleep() 函数，该函数会令调用者处于暂停状态，持续时间则由指定的秒数决定。该函数将在 23.4.1 节中进行描述。）

　　运行程序清单 20-1 中程序的结果如下：

```
$ ./ouch
0                      Main program loops, displaying successive integers
Type Control-C
Ouch!                  Signal handler is executed, and returns
1                      Control has returned to main program
2
Type Control-C again
Ouch!
3
Type Control-\ (the terminal quit character)
Quit (core dumped)
```

　　内核在调用信号处理器程序时，会将引发调用的信号编号作为一个整型参数传递给处理器函数。（就是程序清单 20-1 中处理器函数的 sig 参数）。如果信号处理器程序只捕获一种类型的信号，那么这个参数几乎无用。然而，如果安装相同的处理器来捕获不同类型的信号，那么就可以利用此参数来判定引发对处理器调用的是何种信号。

　　程序清单 20-2 中程序展示了这一思路，为 SIGINT 和 SIGQUIT 信号建立了同一处理器程序。（当键入终端退出字符时，通常为 Control-\，终端驱动程序将产生 SIGQUIT 信号。）处理器程序代码通过检查 sig 参数来区分这两种信号，并为每种信号采取不同措施。main() 函数则使用 pause()函数（参见 20.14 节的描述）来阻塞进程，直至捕获到信号。

如下 shell 会话日志演示了对该程序的使用：

```
$ ./intquit
Type Control-C
Caught SIGINT (1)
Type Control-C again
Caught SIGINT (2)
and again
Caught SIGINT (3)
Type Control-\
Caught SIGQUIT - that's all folks!
```

程序清单 20-1 和程序清单 20-2 都在信号处理器程序中使用了 printf()函数来显示消息。现实世界的应用程序一般绝不会在信号处理器程序中使用 stdio 函数，21.1.2 节将就其原因进行讨论。然而，本书各种示例仍然会在信号处理器程序中调用 printf()函数，作为观察处理器程序调用的一种简单手段。

程序清单 20-2：为两个不同信号建立同一处理器函数

─── signals/intquit.c

```c
#include <signal.h>
#include "tlpi_hdr.h"

static void
sigHandler(int sig)
{
    static int count = 0;

    /* UNSAFE: This handler uses non-async-signal-safe functions
       (printf(), exit(); see Section 21.1.2) */

    if (sig == SIGINT) {
        count++;
        printf("Caught SIGINT (%d)\n", count);
        return;                  /* Resume execution at point of interruption */
    }

    /* Must be SIGQUIT - print a message and terminate the process */

    printf("Caught SIGQUIT - that's all folks!\n");
    exit(EXIT_SUCCESS);
}

int
main(int argc, char *argv[])
{
    /* Establish same handler for SIGINT and SIGQUIT */

    if (signal(SIGINT, sigHandler) == SIG_ERR)
        errExit("signal");
    if (signal(SIGQUIT, sigHandler) == SIG_ERR)
        errExit("signal");

    for (;;)                     /* Loop forever, waiting for signals */
        pause();                 /* Block until a signal is caught */
}
```

─── signals/intquit.c

20.5　发送信号：kill()

与 shell 的 kill 命令相类似，一个进程能够使用 kill() 系统调用向另一进程发送信号。（之所以选择 kill 作为术语，是因为早期 UNIX 实现中大多数信号的默认行为是终止进程。）

```
#include <signal.h>

int kill(pid_t pid, int sig);
```
$$\text{Returns 0 on success, or } -1 \text{ on error}$$

pid 参数标识一个或多个目标进程，而 sig 则指定了要发送的信号。如何解释 pid，要视以下 4 种情况而定。

- 如果 pid 大于 0，那么会发送信号给由 pid 指定的进程。
- 如果 pid 等于 0，那么会发送信号给与调用进程同组的每个进程，包括调用进程自身。（SUSv3 声明，除去"一组未予明确的系统进程"[1] 之外，应将信号发送给同一进程组中的所有进程，且这一排除条件同样适用于余下的两种情况。）
- 如果 pid 小于−1，那么会向组 ID 等于该 pid 绝对值的进程组内所有下属进程发送信号。向一个进程组的所有进程发送信号在 shell 作业控制中有特殊用途（参见 34.7 节）。
- 如果 pid 等于−1，那么信号的发送范围是：调用进程有权将信号发往的每个目标进程，除去 init（进程 ID 为 1）和调用进程自身。如果特权级进程发起这一调用，那么会发送信号给系统中的所有进程，上述两个进程除外。显而易见，有时也将这种信号发送方式称之为广播信号。（SUSv3 并未要求将调用进程排除在信号的接收范围之外，Linux 此处所遵循的是 BSD 系统的语义。）

如果并无进程与指定的 pid 相匹配，那么 kill() 调用失败，同时将 errno 置为 ESRCH（"查无此进程"）。

进程要发送信号给另一进程，还需要适当的权限，其权限规则如下。

- 特权级（CAP_KILL）进程可以向任何进程发送信号。
- 以 root 用户和组运行的 init 进程（进程号为 1），是一种特例，仅能接收已安装了处理器函数的信号。这可以防止系统管理员意外杀死 init 进程——这一系统运作的基石。
- 如图 20-2 所示，如果发送者的实际或有效用户 ID 匹配于接受者的实际用户 ID 或者保存设置用户 ID(saved set-user-id)，那么非特权进程也可以向另一进程发送信号。利用这一规则，用户可以向由他们启动的 set-user-ID 程序发送信号，而无需考虑目标进程有效用户 ID 的当前设置。将目标进程有效用户 ID 排除在检查范围之外，这一举措的辅助作用在于防止用户某甲向用户某乙的进程发送信号，而该进程正在执行的 set-user-ID 程序又属于用户某甲。（SUSv3 要求强制执行图 20-2 所示的规则，但如 kill(2) 手册页所述，Linux 内核在 2.0 版本之前所遵循的规则略有不同。）
- SIGCONT 信号需要特殊处理。无论对用户 ID 的检查结果如何，非特权进程可以向同一会话中的任何其他进程发送这一信号。利用这一规则，运行作业控制的 shell 可以重启已停止的作业（进程组），即使作业进程已经修改了它们的用户 ID。（亦即，使用

1　译者注：参考 APUEv2，其实就是由系统实现决定的意思，再次鄙视 SUS 的学究笔法。

9.7 节所述系统调用来改变其凭据,进而成为特权级进程。)

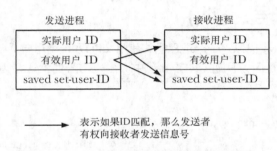

图 20-2:非特权进程发送信号所需的权限

如果进程无权发送信号给所请求的 pid,那么 kill() 调用将失败,且将 errno 置为 EPERM。若 pid 所指为一系列进程(即 pid 是负值)时,只要可以向其中之一发送信号,则 kill() 调用成功。

程序清单 20-3 中展示了 kill() 的用法。

20.6　检查进程的存在

kill() 系统调用还有另一重功用。若将参数 sig 指定为 0(即所谓空信号),则无信号发送。相反,kill() 仅会去执行错误检查,查看是否可以向目标进程发送信号。从另一角度来看,这意味着,可以使用空信号来检测具有特定进程 ID 的进程是否存在。若发送空信号失败,且 errno 为 ESRCH,则表明目标进程不存在。如果调用失败,且 errno 为 EPERM(表示进程存在,但无权向目标进程发送信号)或者调用成功(有权向进程发送信号),那么就表示进程存在。

验证一个特定进程 ID 的存在并不能保证特定程序仍在运行。因为内核会随着进程的生灭而循环使用进程 ID。而一段时间之后,同一进程 ID 所指恐怕是另一进程了。此外,特定进程 ID 可能存在,但是一个僵尸(亦即,进程已死,但其父进程尚未执行 wait() 来获取其终止状态,如 26.2 节所述)。

还可使用各种其他技术来检查某一特定进程是否正在运行,其中包括如下技术。

- wait() 系统调用:第 26 章将描述这些调用。这些调用仅用于监控调用者的子进程。
- 信号量和排他文件锁:如果进程持续持有某一信号量或文件锁,并且一直处于被监控状态,那么如能获取到信号量或锁时,即表明该进程已经终止。第 47 章和第 53 章将描述信号量,第 55 章将描述文件锁。
- 诸如管道和 FIFO 之类的 IPC 通道:可对监控目标进程进行设置,令其在自身生命周期内持有对通道进行写操作的打开文件描述符。同时,令监控进程持有针对通道进行读操作的打开文件描述符,且当通道写入端关闭时(遭遇文件结束符),即可获知监控目标进程已经终止。监控进程对此情况的判定,既可借助于对自身文件描述符的读取,也可采用第 63 章所述的描述符监控技术之一。
- /proc/PID 接口:例如,如果进程 ID 为 12345 的进程存在,那么目录/proc/12345 将存在,可以发起诸如 stat() 之类的调用来进行检查。

除去最后一项之外,循环使用进程 ID 不会影响上述所有技术。

程序清单 20-3 展示了 kill() 的用法。该程序接受两个命令行参数,分别为信号编号和进程 ID,并使用 kill() 将该信号发送给指定进程。如果指定了信号 0(空信号),那么程序将报告目标进程是否存在。

20.7 发送信号的其他方式：raise()和 killpg()

有时，进程需要向自身发送信号（34.7.3 节就有此一例）。raise()函数就执行了这一任务。

```
#include <signal.h>

int raise(int sig);
```

                              Returns 0 on success, or nonzero on error

在单线程程序中，调用 raise()相当于对 kill()的如下调用：

kill(getpid(), sig);

支持线程的系统会将 raise(sig)实现为：

pthread_kill(pthread_self(), sig)

33.2.3 节描述了 pthread_kill()函数，但目前仅需了解一点就已足够，该实现意味着将信号传递给调用 raise()的特定线程。相比之下，kill(getpid(), sig)调用会发送一个信号给调用进程，并可将该信号传递给该进程的任一线程。

> raise()函数起源于 C89。C 语言标准不包含诸如进程 ID 之类的操作系统细节，raise()函数之所以得以定义，是因为该函数不需要引用进程 ID。

当进程使用 raise()（或者 kill()）向自身发送信号时，信号将立即传递（即，在 raise()返回调用者之前）。

注意，raise()出错将返回非 0 值（不一定为–1）。调用 raise()唯一可能发生的错误为 EINVAL，即 sig 无效。因此，在任何指定了某一 SIGxxxx 常量的位置，都未检查该函数的返回状态。

程序清单 20-3：使用 kill()系统调用

———————————————————————————————— signals/t_kill.c

```
#include <signal.h>
#include "tlpi_hdr.h"

int
main(int argc, char *argv[])
{
    int s, sig;

    if (argc != 3 || strcmp(argv[1], "--help") == 0)
        usageErr("%s sig-num pid\n", argv[0]);

    sig = getInt(argv[2], 0, "sig-num");

    s = kill(getLong(argv[1], 0, "pid"), sig);

    if (sig != 0) {
        if (s == -1)
            errExit("kill");

    } else {                    /* Null signal: process existence check */
        if (s == 0) {
```

```
                printf("Process exists and we can send it a signal\n");
        } else {
            if (errno == EPERM)
                printf("Process exists, but we don't have "
                        "permission to send it a signal\n");
            else if (errno == ESRCH)
                printf("Process does not exist\n");
            else
                errExit("kill");
        }
    }

    exit(EXIT_SUCCESS);
}
```
── signals/t_kill.c

killpg()函数向某一进程组的所有成员发送一个信号。

```
#include <signal.h>

int killpg(pid_t pgrp, int sig);
```
Returns 0 on success, or –1 on error

killpg()调用相当于对 kill()的如下调用:

kill(-pgrp, sig);

如果指定 pgrp 的值为 0，那么会向调用者所属进程组的所有进程发送此信号。SUSv3 对此未作规范，但大多数 UNIX 实现对该情况的处理方式与 Linux 相同。

20.8   显示信号描述

每个信号都有一串与之相关的可打印说明。这些描述位于数组 sys_siglist 中。例如，可以用 sys_siglist[SIGPIPE]来获取对 SIGPIPE 信号（管道断开）的描述。然而，较之于直接引用 sys_siglist 数组，还是推荐使用 strsignal()函数。

```
#define _BSD_SOURCE
#include <signal.h>

extern const char *const sys_siglist[];

#define _GNU_SOURCE
#include <string.h>

char *strsignal(int sig);
```
Returns pointer to signal description string

strsignal()函数对 sig 参数进行边界检查，然后返回一枚指针，指向针对该信号的可打印描述字符串，或者是当信号编号无效时指向错误字符串。（在其他一些 UNIX 实现中，strsignal()函数会在 sig 无效时返回空值。）

除去边界检查之外，strsignal()函数较之于直接引用 sys_siglist 数组的另一优势是对本地

（locale）设置敏感（10.4 节），所以显示信号描述时会使用本地语言。

程序清单 20-4 中所示为使用 strsignal() 的例子之一。

psignal() 函数（在标准错误设备上）所示为 msg 参数所给定的字符串，后面跟有一个冒号，随后是对应于 sig 的信号描述。和 strsignal() 一样，psignal() 函数也对本地设置敏感。

```
#include <signal.h>

void psignal(int sig, const char *msg);
```

尽管 SUSv3 并未将 psignal()、strsignal() 和 sys_siglist 纳入标准，但还是有许多 UNIX 实现支持它们。（SUSv4 中加入了对 psignal() 和 strsignal() 的规范。）

20.9 信号集

许多信号相关的系统调用都需要能表示一组不同的信号。例如，sigaction() 和 sigprocmask() 允许程序指定一组将由进程阻塞的信号，而 sigpending() 则返回一组目前正在等待送达给一进程的信号。（稍后将描述这些系统调用。）

多个信号可使用一个称之为信号集的数据结构来表示，其系统数据类型为 sigset_t.。SUSv3 规定了一系列函数来操纵信号集，现在将描述这些函数。

> 像在大多数 UNIX 实现中一样，sigset_t 数据类型在 Linux 中是一个位掩码。然而，SUSv3 对此并无要求。使用其他一些类型的结构来表示信号集也是有可能的。SUSv3 仅要求可对 sigset_t 类型赋值即可。因此，必须使用某些标量类型（比如一个整数）或者一个 C 语言结构（也许包含了一个整型数组）来实现该类型。

sigemptyset() 函数初始化一个未包含任何成员的信号集。sigfillset() 函数则初始化一个信号集，使其包含所有信号（包括所有实时信号）。

```
#include <signal.h>

int sigemptyset(sigset_t *set);
int sigfillset(sigset_t *set);
```
                                        Both return 0 on success, or –1 on error

必须使用 sigemptyset() 或者 sigfillset() 来初始化信号集。这是因为 C 语言不会对自动变量进行初始化，并且，借助于将静态变量初始化为 0 的机制来表示空信号集的作法在可移植性上存在问题，因为有可能使用位掩码之外的结构来实现信号集。（出于同一原因，为将信号集标记为空而使用 memset(3) 函数将其内容清零的做法也不正确。）

信号集初始化后，可以分别使用 sigaddset() 和 sigdelset() 函数向一个集合中添加或者移除单个信号。

```
#include <signal.h>

int sigaddset(sigset_t *set, int sig);
int sigdelset(sigset_t *set, int sig);
```
                                        Both return 0 on success, or –1 on error

在 sigaddset() 和 sigdelset() 中，sig 参数均表示信号编号。

sigismember()函数用来测试信号 sig 是否是信号集 set 的成员。

```
#include <signal.h>

int sigismember(const sigset_t *set, int sig);
```
                                    Returns 1 if *sig* is a member of *set*, otherwise 0

如果 sig 是 set 的一个成员，那么 sigismember()函数将返回 1（true），否则返回 0（false）。
GNU C 库还实现了 3 个非标准函数，是对上述信号集标准函数的补充。

```
#define _GNU_SOURCE
#include <signal.h>

int sigandset(sigset_t *set, sigset_t *left, sigset_t *right);
int sigorset(sigset_t *dest, sigset_t *left, sigset_t *right);
```
                                    Both return 0 on success, or –1 on error

```
int sigisemptyset(const sigset_t *set);
```
                                    Returns 1 if *sig* is empty, otherwise 0

这些函数执行了如下任务。
- sigandset()将 left 集和 right 集的交集置于 dest 集。
- sigorset()将 left 集和 right 集的并集置于 dest 集。
- 若 set 集内未包含信号，则 sigisemptyset()返回 true。

示例程序

程序清单 20-4 所示为使用本节介绍的函数来编写的函数，供本书后续各程序调用。第一
个函数 printSigset()显示了指定信号集的成员信号。该函数使用了定义于<signal.h>文件中的
NSIG 常量，其值等于信号最大编号加 1。当获取信号集成员时，会在测试所有信号编号的循
环中将该值作为循环上限。

> 虽然 SUSv3 并未定义 NSIG，但是大多数 UNIX 实现都支持这一常量。只不过，要想
> 使其可见，可能需要使用特定于实现的编译器选项。例如，在 Linux 中，就必须定义如下
> 功能测试宏之一：BSD_SOURCE、_SVID_SOURCE 或者_GNU_SOURCE。

利用 printSigset()函数，printSigMask()和 printPendingSigs()函数分别用于显示进程的信号掩码
和当前处于等待状态的信号集。这两个函数还分别使用了 sigprocmask()和 sigpending()系统调用。
sigprocmask()和 sigpending()系统调用将分别在 20.10 节和 20.11 节中予以描述。

程序清单 20-4：显示信号集的函数

――――――――――――――――――――――――――――――――― signals/signal_functions.c

```
#define _GNU_SOURCE
#include <string.h>
#include <signal.h>
#include "signal_functions.h"          /* Declares functions defined here */
#include "tlpi_hdr.h"

/* NOTE: All of the following functions employ fprintf(), which
   is not async-signal-safe (see Section 21.1.2). As such, these
```

```
                     functions are also not async-signal-safe (i.e., beware of
                     indiscriminately calling them from signal handlers). */

        void                    /* Print list of signals within a signal set */
        printSigset(FILE *of, const char *prefix, const sigset_t *sigset)
        {
            int sig, cnt;

            cnt = 0;
            for (sig = 1; sig < NSIG; sig++) {
                if (sigismember(sigset, sig)) {
                    cnt++;
                    fprintf(of, "%s%d (%s)\n", prefix, sig, strsignal(sig));
                }
            }

            if (cnt == 0)
                fprintf(of, "%s<empty signal set>\n", prefix);
        }

        int                     /* Print mask of blocked signals for this process */
        printSigMask(FILE *of, const char *msg)
        {
            sigset_t currMask;

            if (msg != NULL)
                fprintf(of, "%s", msg);

            if (sigprocmask(SIG_BLOCK, NULL, &currMask) == -1)
                return -1;

            printSigset(of, "\t\t", &currMask);

            return 0;
        }

        int                     /* Print signals currently pending for this process */
        printPendingSigs(FILE *of, const char *msg)
        {
            sigset_t pendingSigs;

            if (msg != NULL)
                fprintf(of, "%s", msg);

            if (sigpending(&pendingSigs) == -1)
                return -1;

            printSigset(of, "\t\t", &pendingSigs);

            return 0;
        }
```

———————————————————————————————————— **signals/signal_functions.c**

20.10　信号掩码（阻塞信号传递）

内核会为每个进程维护一个信号掩码，即一组信号，并将阻塞其针对该进程的传递。如果将遭阻塞的信号发送给某进程，那么对该信号的传递将延后，直至从进程信号掩码中移除该信号，从而解除阻塞为止。（由 33.2.1 节可知，信号掩码实际属于线程属性，在多线程进程中，每个线程都可使用 pthread_sigmask()函数来独立检查和修改其信号掩码。）

向信号掩码中添加一个信号，有如下几种方式。

- 当调用信号处理器程序时，可将引发调用的信号自动添加到信号掩码中。是否发生这一情况，要视 sigaction()函数在安装信号处理器程序时所使用的标志而定。
- 使用 sigaction()函数建立信号处理器程序时，可以指定一组额外信号，当调用该处理器程序时会将其阻塞。
- 使用 sigprocmask()系统调用，随时可以显式向信号掩码中添加或移除信号。

对前两种情况的讨论将推迟到 20.13 节对 sigaction()函数的介绍之后，现在先来讨论 sigprocmask()函数。

```
#include <signal.h>

int sigprocmask(int how, const sigset_t *set, sigset_t *oldset);
                                        Returns 0 on success, or -1 on error
```

使用 sigprocmask()函数既可修改进程的信号掩码，又可获取现有掩码，或者两重功效兼具。how 参数指定了 sigprocmask()函数想给信号掩码带来的变化。

SIG_BLOCK

将 set 指向信号集内的指定信号添加到信号掩码中。换言之，将信号掩码设置为其当前值和 set 的并集。

SIG_UNBLOCK

将 set 指向信号集中的信号从信号掩码中移除。即使要解除阻塞的信号当前并未处于阻塞状态，也不会返回错误。

SIG_SETMASK

将 set 指向的信号集赋给信号掩码。

上述各种情况下，若 oldset 参数不为空，则其指向一个 sigset_t 结构缓冲区，用于返回之前的信号掩码。

如果想获取信号掩码而又对其不作改动，那么可将 set 参数指定为空，这时将忽略 how 参数。

要想暂时阻止信号的传递，可以使用程序清单 20-5 中所示的一系列调用来阻塞信号，然后再将信号掩码重置为先前的状态以解除对信号的锁定。

程序清单 20-5：暂时阻塞信号传递

```
sigset_t blockSet, prevMask;

/* Initialize a signal set to contain SIGINT */

sigemptyset(&blockSet);
sigaddset(&blockSet, SIGINT);

/* Block SIGINT, save previous signal mask */

if (sigprocmask(SIG_BLOCK, &blockSet, &prevMask) == -1)
```

```
        errExit("sigprocmask1");

    /* ... Code that should not be interrupted by SIGINT ... */

    /* Restore previous signal mask, unblocking SIGINT */

    if (sigprocmask(SIG_SETMASK, &prevMask, NULL) == -1)
        errExit("sigprocmask2");
```

SUSv3 规定，如果有任何等待信号因对 sigprocmask() 的调用而解除了锁定，那么在此调用返回前至少会传递一个信号。换言之，如果解除了对某个等待信号的锁定，那么会立刻将该信号传递给进程。

系统将忽略试图阻塞 SIGKILL 和 SIGSTOP 信号的请求。如果试图阻塞这些信号，sigprocmask() 函数既不会予以关注，也不会产生错误。这意味着，可以使用如下代码来阻塞除 SIGKILL 和 SIGSTOP 之外的所有信号：

```
sigfillset(&blockSet);
if (sigprocmask(SIG_BLOCK, &blockSet, NULL) == -1)
    errExit("sigprocmask");
```

20.11 处于等待状态的信号

如果某进程接受了一个该进程正在阻塞的信号，那么会将该信号填加到进程的等待信号集中。当（且如果）之后解除了对该信号的锁定时，会随之将信号传递给此进程。为了确定进程中处于等待状态的是哪些信号，可以使用 sigpending()。

```
#include <signal.h>

int sigpending(sigset_t *set);
```
                                    Returns 0 on success, or –1 on error

sigpending() 系统调用为调用进程返回处于等待状态的信号集，并将其置于 set 指向的 sigset_t 结构中。随后可以使用 20.9 节描述的 sigismember() 函数来检查 set。

如果修改了对等待信号的处置，那么当后来解除对信号的锁定时，将根据新的处置来处理信号。这项技术虽然不经常使用，但还是存在一个应用场景，即将对信号的处置置为 SIG_IGN，或者 SIG_DFL（如果信号的默认行为是忽略），从而阻止传递处于等待状态的信号。因此，会将信号从进程的等待信号集中移除，从而不传递该信号。

20.12 不对信号进行排队处理

等待信号集只是一个掩码，仅表明一个信号是否发生，而未表明其发生的次数。换言之，如果同一信号在阻塞状态下产生多次，那么会将该信号记录在等待信号集中，并在稍后仅传递一次。（标准信号和实时信号之间的差异之一在于，如 22.8 节所述，对实时信号进行了排队处理。）

程序清单 20-6 和程序清单 20-7 显示了两个程序，可用于观察未作排队处理的信号。清单 20-6 的程序可接受多达四个命令行参数，如下所示：

```
$ ./sig_sender PID num-sigs sig-num [sig-num-2]
```

第一个参数是程序发送信号的目标进程 ID。第二个参数则指定发送给目标进程的信号数量。第三个参数指定发往目标进程的信号编号。如果还提供了一个信号编号作为第四个参数，那么当程序发送完之前参数所指定的信号之后，将发送该信号的一个实例。在如下 shell 会话示例中，就使用了最后一个参数向目标进程发送一个 SIGINT 信号，发送该信号的目的将在稍后揭晓。

程序清单 20-6：发送多个信号

── signals/sig_sender.c

```c
#include <signal.h>
#include "tlpi_hdr.h"

int
main(int argc, char *argv[])
{
    int numSigs, sig, j;
    pid_t pid;

    if (argc < 4 || strcmp(argv[1], "--help") == 0)
        usageErr("%s pid num-sigs sig-num [sig-num-2]\n", argv[0]);
    pid = getLong(argv[1], 0, "PID");
    numSigs = getInt(argv[2], GN_GT_0, "num-sigs");
    sig = getInt(argv[3], 0, "sig-num");

    /* Send signals to receiver */

    printf("%s: sending signal %d to process %ld %d times\n",
            argv[0], sig, (long) pid, numSigs);

    for (j = 0; j < numSigs; j++)
        if (kill(pid, sig) == -1)
            errExit("kill");

    /* If a fourth command-line argument was specified, send that signal */

    if (argc > 4)
        if (kill(pid, getInt(argv[4], 0, "sig-num-2")) == -1)
            errExit("kill");

    printf("%s: exiting\n", argv[0]);
    exit(EXIT_SUCCESS);
}
```

── signals/sig_sender.c

程序清单 20-7 中程序则被设计为去捕获程序清单 20-6 程序所发送的信号并汇总其统计数据。该程序执行了以下步骤。

- 该程序建立了单个处理器程序来捕获所有信号。（捕获 SIGKILL 和 SIGSTOP 信号是不可能的，不过将忽略在尝试为这些信号建立处理器时所发生的错误。）对于大多数类型的信号，处理器程序只是简单地使用一个数组来对信号计数。如果收到的信号为 SIGINT，那么处理器程序将对标志（gotSigint）置位，从而使程序退出主循环（下面所描述的 while 循环）。（至于 volatile 修饰符以及声明 gotSigint 变量的 sig_atomic_t 数据类型，将在 21.1.3 节中解释其用途。）
- 如果提供有一个命令行参数给程序，那么程序对所有信号的阻塞秒数将由该参数指定，并且在解除阻塞之前会显示待处理的信号集，从而使用户在进程执行下面的步骤前向其发送信号。

- 程序执行 while 循环以消耗 CPU 时间，直至将 gotSigint 标志置位。（20.14 节和 22.9 节描述了 pause() 和 sigsuspend() 的用法，二者在等待信号到来期间对 CPU 的使用方式都颇为高效。）
- 退出 while 循环后，程序显示对所有接收信号的计数。

首先使用这两个程序来展示的是遭阻塞的信号无论产生了多少次，仅会传递一次。这里为接收者指定了一个睡眠间隔，并在醒来之前发送所有信号。

```
$ ./sig_receiver 15 &                    Receiver blocks signals for 15 secs
[1] 5368
./sig_receiver: PID is 5368
./sig_receiver: sleeping for 15 seconds
$ ./sig_sender 5368 1000000 10 2         Send SIGUSR1 signals, plus a SIGINT
./sig_sender: sending signal 10 to process 5368 1000000 times
./sig_sender: exiting
./sig_receiver: pending signals are:
                2 (Interrupt)
                10 (User defined signal 1)
./sig_receiver: signal 10 caught 1 time
[1]+  Done                    ./sig_receiver 15
```

发送程序的命令行参数指定了 SIGUSR1 和 SIGINT 信号，其在 Linux/x86 中的编号分别为 10 和 2。

从以上输出可知，即使一个信号发送了一百万次，但仅会传递一次给接收者。

即使进程没有阻塞信号，其所收到的信号也可能比发送给它的要少得多。如果信号发送速度如此之快，以至于在内核考虑将执行权调度给接收进程之前，这些信号就已经到达，这时就会发生上述情况，从而导致多次发送的信号在进程等待信号集中只记录了一次。如果不带任何命令行参数来执行程序清单 20-7 中程序（因此，进程没有阻塞信号，也没有睡眠），那么将看到如下情况：

```
$ ./sig_receiver &
[1] 5393
./sig_receiver: PID is 5393
$ ./sig_sender 5393 1000000 10 2
./sig_sender: sending signal 10 to process 5393 1000000 times
./sig_sender: exiting
./sig_receiver: signal 10 caught 52 times
[1]+  Done                    ./sig_receiver
```

在所发送的一百万次信号之中，接收进程仅捕获到 52 次。（捕获信号的精确数目每每不同，这取决于内核调度算法变幻莫测的决策结果。）之所以如此，原因在于，发送程序会在每次获得调度而运行时发送多个信号给接收者。然而，当接收进程得以运行时，传递来的信号只有一个，因为只会将这些信号中的一个标记为等待状态。

程序清单 20-7：捕获信号并对其计数

―――――――――――――――――――――――― signals/sig_receiver.c
```
#define _GNU_SOURCE
#include <signal.h>
#include "signal_functions.h"          /* Declaration of printSigset() */
#include "tlpi_hdr.h"

static int sigCnt[NSIG];               /* Counts deliveries of each signal */
```

```
       static volatile sig_atomic_t gotSigint = 0;
                                    /* Set nonzero if SIGINT is delivered */

       static void
①     handler(int sig)
       {
           if (sig == SIGINT)
               gotSigint = 1;
           else
               sigCnt[sig]++;
       }

       int
       main(int argc, char *argv[])
       {
           int n, numSecs;
           sigset_t pendingMask, blockingMask, emptyMask;

           printf("%s: PID is %ld\n", argv[0], (long) getpid());

②         for (n = 1; n < NSIG; n++)        /* Same handler for all signals */
               (void) signal(n, handler);    /* Ignore errors */

           /* If a sleep time was specified, temporarily block all signals,
              sleep (while another process sends us signals), and then
              display the mask of pending signals and unblock all signals */

③         if (argc > 1) {
               numSecs = getInt(argv[1], GN_GT_0, NULL);

               sigfillset(&blockingMask);
               if (sigprocmask(SIG_SETMASK, &blockingMask, NULL) == -1)
                   errExit("sigprocmask");

               printf("%s: sleeping for %d seconds\n", argv[0], numSecs);
               sleep(numSecs);

               if (sigpending(&pendingMask) == -1)
                   errExit("sigpending");

               printf("%s: pending signals are: \n", argv[0]);
               printSigset(stdout, "\t\t", &pendingMask);

               sigemptyset(&emptyMask);          /* Unblock all signals */
               if (sigprocmask(SIG_SETMASK, &emptyMask, NULL) == -1)
                   errExit("sigprocmask");
           }

④         while (!gotSigint)                 /* Loop until SIGINT caught */
               continue;

⑤         for (n = 1; n < NSIG; n++)         /* Display number of signals received */
               if (sigCnt[n] != 0)
                   printf("%s: signal %d caught %d time%s\n", argv[0], n,
                           sigCnt[n], (sigCnt[n] == 1) ? "" : "s");

           exit(EXIT_SUCCESS);
       }
```

—— **signals/sig_receiver.c**

20.13 改变信号处置：sigaction ()

除去 signal()之外，sigaction()系统调用是设置信号处置的另一选择。虽然 sigaction()的用法比之 signal()更为复杂，但作为回报，也更具灵活性。尤其是，sigaction()允许在获取信号处置的同时无需将其改变，并且，还可设置各种属性对调用信号处理器程序时的行为施以更加精准的控制。此外，如 22.7 节所述，在建立信号处理器程序时，sigaction()较之 signal()函数可移植性更佳。

```
#include <signal.h>

int sigaction(int sig, const struct sigaction *act, struct sigaction *oldact);
                                          Returns 0 on success, or –1 on error
```

sig 参数标识想要获取或改变的信号编号。该参数可以是除去 SIGKILL 和 SIGSTOP 之外的任何信号。

act 参数是一枚指针，指向描述信号新处置的数据结构。如果仅对信号的现有处置感兴趣，那么可将该参数指定为 NULL。oldact 参数是指向同一结构类型的指针，用来返回之前信号处置的相关信息。如果无意获取此类信息，那么可将该参数指定为 NULL。act 和 oldact 所指向的结构类型如下所示：

```
struct sigaction {
    void    (*sa_handler)(int);    /* Address of handler */
    sigset_t sa_mask;              /* Signals blocked during handler
                                      invocation */
    int      sa_flags;             /* Flags controlling handler invocation */
    void    (*sa_restorer)(void);  /* Not for application use */
};
```

> sigaction 结构实际要比此处所展示的更为复杂，更多细节请参见 21.4 节。

sa_handler 字段对应于 signal()的 handler 参数。其所指定的值为信号处理器函数的地址，亦或是常量 SIG_IGN、SIG_DFL 之一。仅当 sa_handler 是信号处理程序的地址时，亦即 sa_handler 的取值在 SIG_IGN 和 SIG_DFL 之外，才会对 sa_mask 和 sa_flags 字段（稍后讨论）加以处理。余下的字段 sa_restorer，则不适用于应用程序（SUSv3 未予规定）。

> sa_restorer 字段仅供内部使用，用以确保当信号处理器程序完成后，会去调用专用的 sigreturn()系统调用，借此来恢复进程的执行上下文，以便于进程从信号处理器中断的位置继续执行。这一用法的实例可见诸于 glibc 源文件 sysdeps/unix/sysv/linux/i386/ sigaction.c 中。

sa_mask 字段定义了一组信号，在调用由 sa_handler 所定义的处理器程序时将阻塞该组信号。当调用信号处理器程序时，会在调用信号处理器之前，将该组信号中当前未处于进程掩码之列的任何信号自动添加到进程掩码中。这些信号将保留在进程掩码中，直至信号处理器函数返回，届时将自动删除这些信号。利用 sa_mask 字段可指定一组信号，不允许它们中断此处理器程序的执行。此外，引发对处理器程序调用的信号将自动添加到进程信号掩码中。这意味着，当正在执行处理器程序时，如果同一个信号实例第二次抵达，信号处理器程序将不会递归中断自己。由于不会对遭阻塞的信号进行排队处理，如果在处理器程序执行过程中重复产生这些信号中的任何信号，（稍后）对信号的传递将是一次性的。

sa_flags 字段是一个位掩码，指定用于控制信号处理过程的各种选项。该字段包含的位如下（可以相或（|））。

SA_NOCLDSTOP
若 sig 为 SIGCHLD 信号，则当因接受一信号而停止或恢复某一子进程时，将不会产生此信号。参见 26.3.2 节。

SA_NOCLDWAIT
（始于 Linux 2.6）若 sig 为 SIGCHLD 信号，则当子进程终止时不会将其转化为僵尸。更多细节参见 26.3.3 节。

SA_NODEFER
捕获该信号时，不会在执行处理器程序时将该信号自动添加到进程掩码中。SA_NOMASK 历史上曾是 SA_NODEFER 的代名词。之所以建议使用后者，是因为 SUSv3 将其纳入规范。

SA_ONSTACK
针对此信号调用处理器函数时，使用了由 sigaltstack() 安装的备选栈。参见 21.3 节。

SA_RESETHAND
当捕获该信号时，会在调用处理器函数之前将信号处置重置为默认值（即 SIG_DFL）（默认情况下，信号处理器函数保持建立状态，直至进一步调用 sigaction() 将其显式解除。）SA_ONESHOT 历史上曾是 SA_RESETHAND 的代名词，之所以建议使用后者，是因为 SUSv3 将其纳入规范。

SA_RESTART
自动重启由信号处理器程序中断的系统调用。参见 21.5 节。

SA_SIGINFO
调用信号处理器程序时携带了额外参数，其中提供了关于信号的深入信息。对该标志的描述参见 21.4 节。

SUSv3 定义了上述所有选项。

程序清单 21-1 展现了对 sigaction() 的使用。

20.14 等待信号：pause()

调用 pause() 将暂停进程的执行，直至信号处理器函数中断该调用为止（或者直至一个未处理信号终止进程为止）。

```
#include <unistd.h>

int pause(void);
```

                                    Always returns −1 with *errno* set to EINTR

处理信号时，pause() 遭到中断，并总是返回−1，并将 errno 置为 EINTR。（21.5 节描述了关于 EINTR 错误的更多信息。）

程序清单 20-2 提供了应用 pause() 的一例子。

在 22.9 节、22.10 节及 22.11 节中，可以看到程序等待信号时暂停执行的各种其他方式。

20.15　总结

信号是发生某种事件的通知机制，可以由内核、另一进程或进程自身发送给进程。存在一系列的标准信号类型，每种都有唯一的编号和目的。

信号传递通常是异步行为，这意味着信号中断进程执行的位置是不可预测的。有时（比如，硬件产生的信号），信号也可同步传递，这意味着在程序执行的某一点可以预期并重现信号的传递。

默认情况下，要么忽略信号，要么终止进程（生成或者不生成核心转储文件），要么停止一个正在运行的进程，要么重启一个已停止的进程。特定的默认行为取决于信号类型。此外，程序可以使用 signal() 或者 sigaction() 来显式忽略一个信号，或者建立一个由程序员自定义的信号处理器程序，以供信号到达时调用。出于可移植性考虑，最好使用 sigaction() 来建立信号处理器函数。

一个（具有适当权限的）进程可以使用 kill() 向另一进程发送信号。发送空信号（0）是判定特定进程 ID 是否在用的方式之一。

每个进程都具有一个信号掩码，代表当前传递遭到阻塞的一组信号。使用 sigprocmask() 可从信号掩码中添加或者移除信号。

如果接收的信号当前遭到阻塞，那么该信号将保持等待状态，直至解除对其阻塞。系统不会对标准信号进行排队处理，也就是说，将信号标记为等待状态（以及后续的传递）只会发生一次。进程能够使用 sigpending() 系统调用来获取等待信号集（用以描述多个不同信号的数据结构）。

与 signal() 相比，sigaction() 系统调用在设置信号处置方面提供了更多控制，且更具灵活性。首先，可以指定一组调用处理器函数时将阻塞的额外信号。此外，可以使用各种标志来控制调用信号处理器时所发生的行为。例如，启用某些标志即可选择旧有的不可靠信号语义（不阻塞引发处理器调用的信号，在调用信号处理器之前就将信号处置重置为默认值）。

借助于 pause()，进程可暂停执行，直至信号到达为止。

更多信息

[Bovet & Cesati, 2005] 和 [Maxwell, 1999] 提供了 Linux 信号实现的背景资料。[Goodheart & Cox, 1994] 详细说明了 System V 版本 4 对信号的实现。GNU C 函数库手册（在线网访问：http://www.gnu.org/）包含了对信号的全面描述。

20.16　练习

20-1. 如 20.3 节所指，比之 signal()，sigaction() 函数在建立信号处理器时可移植性更佳。请用 sigaction() 替换程序清单 20-7 程序（sig_receiver.c）中对 signal() 的调用。

20-2. 编写一程序来展示当将对等待信号的处置改为 SIG_IGN 时，程序绝不会看到（捕获）信号。

20-3. 编写一程序，以 sigaction() 来建立信号处理器函数，请验证 SA_RESETHAND 和 SA_NODEFER 标志的效果。

20-4. 请用 sigaction() 调用来实现 siginterrupt()。

第 **21** 章

信号：信号处理器函数

承接上一章，本章将继续介绍信号。本章的描述重点是信号处理器函数（handler），同时会拓展 20.4 节所发起的讨论。本章涵盖主题如下。

- 如何设计信号处理器函数，其中对可重入性以及异步信号安全函数的探讨必不可少。
- 从信号处理器函数中正常返回的各种途径，特别是非本地跳转技术的运用。
- 利用备选栈处理信号。
- 借助于带有 SA_SIGINFO 标志的 sigaction()函数，处理器函数能够获取引发其调用信号的更多详细信息。
- 信号处理器函数如何中断处于阻塞状态的系统调用，以及如何重启该系统调用。

21.1 设计信号处理器函数

一般而言，将信号处理器函数设计得越简单越好。其中的一个重要原因就在于，这将降低引发竞争条件的风险。下面是针对信号处理器函数的两种常见设计。

- 信号处理器函数设置全局性标志变量并退出。主程序对此标志进行周期性检查，一旦置位随即采取相应动作。（主程序若因监控一个或多个文件描述符的 I/O 状态而无法进行这种周期性检查时，则可令信号处理器函数向一专用管道写入一个字节的数据，同时将该管道的读取端置于主程序所监控的文件描述符范围之内。63.5.2 节展示了这一技术的运用。）
- 信号处理器函数执行某种类型的清理动作，接着终止进程或者使用非本地跳转（21.2.1 节）将栈解开并将控制返回到主程序中的预定位置。

后续各节将会探讨这些设计理念，以及信号处理器函数设计中的其他一些重要概念。

21.1.1 再论信号的非队列化处理

20.10 节已然提及，在执行某信号的处理器函数时会阻塞同类信号的传递（除非在调用 sigaction()时指定了 SA_NODEFER 标志）。如果在执行处理器函数时（再次）产生同类信号，那么会将该信号标记为等待状态并在处理器函数返回之后再行传递。前一章还曾指出，不会对信号进行排队处理。在处理器函数执行期间，如果多次产生同类信号，那么仍然会将其标记为等待状态，但稍后只会传递一次。

信号的这种"失踪"方式无疑将影响对信号处理器函数的设计。首先，无法对信号的产生次数进行可靠计数。其次，在为信号处理器函数编码时可能需要考虑处理同类信号多次产生的情况。26.3.1 节在讨论 SIGCHLD 信号时会有相关示例。

21.1.2 可重入函数和异步信号安全函数

在信号处理器函数中，并非所有系统调用以及库函数均可予以安全调用。要了解来龙去脉，就需要解释一下以下两种概念：可重入（reentrant）函数和异步信号安全（async-signal-safe）函数。

可重入和非可重入函数

要解释可重入函数为何物，首先需要区分单线程程序和多线程程序。典型 UNIX 程序都具有一条执行线程，贯穿程序始终，CPU 围绕单条执行逻辑来处理指令。而对于多线程程序而言，同一进程却存在多条独立、并发的执行逻辑流。

第 29 章将会展示如何显式创建一个包含多条执行线程的程序。不过，多执行线程的概念与使用了信号处理器函数的程序也有关联。因为信号处理器函数可能会在任一时点异步中断程序的执行，从而在同一个进程中实际形成了两条（即主程序和信号处理器函数）独立（虽然不是并发）的执行线程。

如果同一个进程的多条线程可以同时安全地调用某一函数，那么该函数就是可重入的。此处，"安全"意味着，无论其他线程调用该函数的执行状态如何，函数均可产生预期结果。

> SUSv3 对可重入函数的定义是：函数由两条或多条线程调用时，即便是交叉执行，其效果也与各线程以未定义[1]顺序依次调用时一致。

更新全局变量或静态数据结构的函数可能是不可重入的。（只用到本地变量的函数肯定是可重入的。）如果对函数的两个调用（例如：分别由两条执行线程发起）同时试图更新同一全局变量或数据类型，那么二者很可能会相互干扰并产生不正确的结果。例如，假设某线程正在为一链表数据结构添加一个新的链表项，而另一线程也正试图更新同一链表。由于为链表添加新项涉及对多枚指针的更新，一旦另一线程中断这些步骤并修改了相同的指针，结果就会产生混乱。

在 C 语言标准函数库中，这种可能性非常普遍。例如，7.1.3 节所提及的 malloc() 和 free() 就维护有一个针对已释放内存块的链表，用于从堆中重新分配内存。如果主程序在调用 malloc()期间为一个同样调用 malloc() 的信号处理器函数所中断，那么该链表可能会遭到破坏。因此，malloc() 函数族以及使用它们的其他库函数都是不可重入的。

还有一些函数库之所以不可重入，是因为它们使用了经静态分配的内存来返回信息。此类函数（本书其他地方也有论及）的例子包括 crypt()、getpwnam()、gethostbyname() 以及 getservbyname()。如果信号处理器用到了这类函数，那么将会覆盖主程序中上次调用同一函数所返回的信息（反之亦然）。

将静态数据结构用于内部记账的函数也是不可重入的。其中最明显的例子就是 stdio 函数库成员（printf()、scanf() 等），它们会为缓冲区 I/O 更新内部数据结构。所以，如果在信号处

---

1 译者注：任意。

理器函数中调用了 printf()，而主程序又在调用 printf()或其他 stdio 函数期间遭到了处理器函数的中断，那么有时就会看到奇怪的输出，甚至导致程序崩溃或者数据的损坏。

即使并未使用不可重入的库函数，可重入问题依然不容忽视。如果信号处理器函数和主程序都要更新由程序员自定义的全局性数据结构，那么对于主程序而言，这种信号处理器函数就是不可重入的。

如果函数是不可重入的，那么其手册页通常会或明或暗地给出提示。对于其中那些使用或返回静态分配变量的函数，需要特别留意。

示例程序

程序清单 21-1 展示了函数 crypt()（8.5 节）不可重入的本来面目。该程序接受两个字符串作为命令行参数，执行步骤如下。

1. 调用 crypt()加密第 1 个命令行参数中的字符串，并使用 strdup()将结果复制到独立缓冲区中。
2. 为 SIGINT 信号（按下 Ctrl-C 产生）创建处理器函数。处理器函数调用 crypt()加密第 2 个命令行参数所提供的字符串。
3. 进入无限 for 循环，使用 crypt()加密第 1 个命令行参数中的字符串，并检查其返回字符串与第 1 步保存的结果是否一致。

在不产生信号的情况下，第 3 步中的检查结果将总是匹配。然而，一旦收到 SIGINT 信号，而主程序又恰在 for 循环内的 crypt()调用之后，字符串的匹配检查之前遭到信号处理器函数的中断，这时就会发生字符串不匹配的情况。程序运行结果如下：

```
$ ./non_reentrant abc def
Repeatedly type Control-C to generate SIGINT
Mismatch on call 109871 (mismatch=1 handled=1)
Mismatch on call 128061 (mismatch=2 handled=2)
Many lines of output removed
Mismatch on call 727935 (mismatch=149 handled=156)
Mismatch on call 729547 (mismatch=150 handled=157)
Type Control-\ to generate SIGQUIT
Quit (core dumped)
```

由对上述输出 mismatch 和 handled 值的比较可知，在大多数情况下，处理器函数会在 main()中的 crypt()调用与字符串比较之间去覆盖静态分配的缓冲区。

程序清单 21-1：在 main()以及信号处理函数中调用不可重入的函数

―― signals/nonreentrant.c

```c
#define _XOPEN_SOURCE 600
#include <unistd.h>
#include <signal.h>
#include <string.h>
#include "tlpi_hdr.h"

static char *str2;              /* Set from argv[2] */
static int handled = 0;         /* Counts number of calls to handler */

static void
handler(int sig)
{
    crypt(str2, "xx");
    handled++;
}
```

```
int
main(int argc, char *argv[])
{
    char *cr1;
    int callNum, mismatch;
    struct sigaction sa;

    if (argc != 3)
        usageErr("%s str1 str2\n", argv[0]);

    str2 = argv[2];                         /* Make argv[2] available to handler */
    cr1 = strdup(crypt(argv[1], "xx"));     /* Copy statically allocated string
                                               to another buffer */
    if (cr1 == NULL)
        errExit("strdup");

    sigemptyset(&sa.sa_mask);
    sa.sa_flags = 0;
    sa.sa_handler = handler;
    if (sigaction(SIGINT, &sa, NULL) == -1)
        errExit("sigaction");

    /* Repeatedly call crypt() using argv[1]. If interrupted by a
       signal handler, then the static storage returned by crypt()
       will be overwritten by the results of encrypting argv[2], and
       strcmp() will detect a mismatch with the value in 'cr1'. */

    for (callNum = 1, mismatch = 0; ; callNum++) {
        if (strcmp(crypt(argv[1], "xx"), cr1) != 0) {
            mismatch++;
            printf("Mismatch on call %d (mismatch=%d handled=%d)\n",
                    callNum, mismatch, handled);
        }
    }
}
```

———————————————————————————————————— **signals/nonreentrant.c**

标准的异步信号安全函数

异步信号安全的函数是指当从信号处理器函数调用时，可以保证其实现是安全的。如果某一函数是可重入的，又或者信号处理器函数无法将其中断时，就称该函数是异步信号安全的。

表 21-1 所列为各种标准要求实现为异步信号安全的函数。其中，名称后未跟 v2 或 v3 字符串的函数是由 POSIX.1-1990 规定为异步信号安全的。带有 v2 标记的函数由 susv2 加入，带有 v3 标记的则由 susv3 加入。个别 UNIX 实现可能会将其他某些函数实现为异步信号安全的，但所有符合标准的 UNIX 实现都必须保证至少表中这些函数是异步信号安全的（假设由实现来提供这些函数，Linux 并未实现所有这些函数）。

SUSv4 对表 21-1 做了如下修改。

* 移除如下函数：fpathconf()、pathconf()和 sysconf()。
* 添加如下函数：execl()、execv()、faccessat()、fchmodat()、fchownat()、fexecve()、fstatat()、futimens()、linkat()、mkdirat()、mkfifoat()、mknod()、mknodat()、openat()、readlinkat()、renameat()、symlinkat()、unlinkat()、utimensat()和 utimes()。

表 21-1: POSIX.1-1990、SUSv2 和 SUSv3 规定为异步信号安全的函数

_Exit() (v3)	getpid()	sigdelset()
_exit()	getppid()	sigemptyset()
abort() (v3)	getsockname() (v3)	sigfillset()
accept() (v3)	getsockopt() (v3)	sigismember()
access()	getuid()	signal() (v2)
aio_error() (v2)	kill()	sigpause() (v2)
aio_return() (v2)	link()	sigpending()
aio_suspend() (v2)	listen() (v3)	sigprocmask()
alarm()	lseek()	sigqueue() (v2)
bind() (v3)	lstat() (v3)	sigset() (v2)
cfgetispeed()	mkdir()	sigsuspend()
cfgetospeed()	mkfifo()	sleep()
cfsetispeed()	open()	socket() (v3)
cfsetospeed()	pathconf()	sockatmark() (v3)
chdir()	pause()	socketpair() (v3)
chmod()	pipe()	stat()
chown()	poll() (v3)	symlink() (v3)
clock_gettime() (v2)	posix_trace_event() (v3)	sysconf()
close()	pselect() (v3)	tcdrain()
connect() (v3)	raise() (v2)	tcflow()
creat()	read()	tcflush()
dup()	readlink() (v3)	tcgetattr()
dup2()	recv() (v3)	tcgetpgrp()
execle()	recvfrom() (v3)	tcsendbreak()
execve()	recvmsg() (v3)	tcsetattr()
fchmod() (v3)	rename()	tcsetpgrp()
fchown() (v3)	rmdir()	time()
fcntl()	select() (v3)	timer_getoverrun() (v2)
fdatasync() (v2)	sem_post() (v2)	timer_gettime() (v2)
fork()	send() (v3)	timer_settime() (v2)
fpathconf() (v2)	sendmsg() (v3)	times()
fstat()	sendto() (v3)	umask()
fsync() (v2)	setgid()	uname()
ftruncate() (v3)	setpgid()	unlink()
getegid()	setsid()	utime()
geteuid()	setsockopt() (v3)	wait()
getgid()	setuid()	waitpid()
getgroups()	shutdown() (v3)	write()
getpeername() (v3)	sigaction()	
getpgrp()	sigaddset()	

SUSv3 强调,表 21-1 之外的所有函数对于信号而言都是不安全的,但同时指出,仅当信号处理器函数中断了不安全函数的执行,且处理器函数自身也调用了这个不安全函数时,该函数才是不安全的。换言之,编写信号处理器函数有如下两种选择。

- 确保信号处理器函数代码本身是可重入的，且只调用异步信号安全的函数。
- 当主程序执行不安全函数或是去操作信号处理器函数也可能更新的全局数据结构时，阻塞信号的传递。

第 2 种方法的问题是，在一个复杂程序中，要想确保主程序对不安全函数的调用不为信号处理器函数所中断，这有些困难。出于这一原因，通常就将上述规则简化为在信号处理器函数中绝不调用不安全的函数。

> 如果使用同一处理器函数来处理多个不同信号，或者在调用 sigaction()时设置了 SA_NODEFER 标志，那么处理器函数就有可能中断自己。因此，处理器函数如果更新了全局（或静态）变量，即便主程序不使用这些变量，那么它们依然可能是不可重入的。

信号处理器函数内部对 errno 的使用

由于可能会更新 errno，调用表 21-1 中函数依然会导致信号处理器函数不可重入，因为它们可能会覆盖之前由主程序调用函数时所设置的 errno 值。有一种变通方法，即当信号处理器函数使用了表 21-1 所列函数时，可在其入口处保存 errno 值，并在其出口处恢复 errno 的旧有值，请看下面的例子：

```
void
handler(int sig)
{
    int savedErrno;

    savedErrno = errno;

    /* Now we can execute a function that might modify errno */

    errno = savedErrno;
}
```

在本书示例程序中使用不安全函数

虽然 printf()不是异步信号安全的函数，但却频频现身于本书各种示例的信号处理器函数中。之所以如此，是因为在展示对信号处理器的调用，以及显示处理器相关变量的内容时，printf()都不失为一种简明而又便捷的方式。出于类似原因，在信号处理器函数中偶尔也会用到其他一些不安全函数，包括其他的 stdio 函数以及 strsignal()。

真正的应用程序应当避免在信号处理器函数中调用非异步信号安全的函数。为了明确这一点，每当示例的信号处理器调用这些函数时，代码注释中都会注明这一用法是不安全的。

```
printf("Some message\n");                    /* UNSAFE */
```

21.1.3 全局变量和 sig_atomic_t 数据类型

尽管存在可重入问题，有时仍需要在主程序和信号处理器函数之间共享全局变量。信号处理器函数可能会随时修改全局变量——只要主程序能够正确处理这种可能性，共享全局变量就是安全的。例如，一种常见的设计是，信号处理器函数只做一件事情，设置全局标志。主程序则会周期性地检查这一标志，并采取相应动作来响应信号传递（同时清除标志）。当信号处理器函数以此方式来访问全局变量时，应该总是在声明变量时使用 volatile 关键字，从而防止编译器将其优化到寄存器中。

对全局变量的读写可能不止一条机器指令，而信号处理器函数就可能会在这些指令序列之间将主程序中断（也将此类变量访问称为非原子操作）。因此，C 语言标准以及 SUSv3 定义了一种整型数据类型 sig_atomic_t，意在保证读写操作的原子性。因此，所有在主程序与信号处理器函数之间共享的全局变量都应声明如下：

```
volatile sig_atomic_t flag;
```

程序清单 22-5 提供了使用 sig_atomic_t 数据类型的一个例子。

注意，C 语言的递增（++）和递减（--）操作符并不在 sig_atomic_t 所提供的保障范围之内。这些操作在某些硬件架构上可能不是原子操作（更多细节请参考 30.1 节）。在使用 sig_atomic_t 变量时唯一所能做的就是在信号处理器中进行设置，在主程序中进行检查（反之亦可）。

C99 和 SUSv3 规定，实现应当（在<stdint.h>中）定义两个常量 SIG_ATOMIC_MIN 和 SIG_ATOMIC_MAX，用于规定可赋给 sig_atomic_t 类型的值范围。标准要求，如果将 sig_atomic_t 表示为有符号值，其范围至少应该在-127～127 之间，如果作为无符号值，则应该在 0～255 之间。在 Linux 中，这两个常量分别等于有符号 32 位整型数的负、正极限值。

21.2 终止信号处理器函数的其他方法

目前为止所看到的信号处理器函数都是以返回主程序而终结。不过，只是简单地从信号处理器函数中返回并不能满足需要，有时候甚至没什么用处。（22.4 节在讨论硬件产生的信号时会举出这方面的例子。）

以下是从信号处理器函数中终止的其他一些方法。

- 使用_exit()终止进程。处理器函数事先可以做一些清理工作。注意，不要使用 exit()来终止信号处理器函数，因为它不在表 21-1 所列的安全函数中。之所以不安全，是因为如 25.1 节所述，该函数会在调用_exit()之前刷新 stdio 的缓冲区。
- 使用 kill()发送信号来杀掉进程（即，信号的默认动作是终止进程）。
- 从信号处理器函数中执行非本地跳转。
- 使用 abort()函数终止进程，并产生核心转储。

以下各节将会对最后两点做深入讨论。

21.2.1 在信号处理器函数中执行非本地跳转

6.8 节曾论及使用 setjmp()和 longjmp()来执行非本地跳转，以便从一个函数跳转至该函数的某个调用者。在信号处理器函数中也可以使用这种技术。这也是因硬件异常（例如内存访问错误）而导致信号传递之后的一条恢复途径，允许将信号捕获并把控制返回到程序中某个特定位置。例如，一旦收到 SIGINT 信号（通常由键入 Ctrl-C 产生），shell 执行一个非本地跳转，将控制返回到主输入循环中（以便读取下一条命令）。

然而，使用标准 longjmp()函数从处理器函数中退出存在一个问题。之前曾经提及，在进入信号处理器函数时，内核会自动将引发调用的信号以及由 act.sa_mask 所指定的任意信号添加到进程的信号掩码中，并在处理器函数正常返回时再将它们从掩码中清除。

如果使用 longjmp()来退出信号处理器函数，那么信号掩码会发生什么情况呢？这取决于特定 UNIX 实现的血统。在 System V 一脉中，longjmp()不会将信号掩码恢复，亦即在离开处理器函数时不会对遭阻塞的信号解除阻塞。Linux 遵循 System V 的这一特性。（这通常并非所希望的行为，因为引发对信号处理器调用的信号仍将保持阻塞状态。）在源于 BSD 一脉的实现中，setjmp() 将信号掩码保存在其 env 参数中，而信号掩码的保存值由 longjmp() 恢复。（继承自 BSD 的实现还提供另外两个拥有 System V 语义的函数：_setjmp() 和 _longjmp()。）换言之，使用 longjmp() 来退出信号处理器函数将有损于程序的可移植性。

> 如果编译程序时定义了_BSD_SOURCE 特性检测宏，那么（glibc 的）setjmp() 将遵循 BSD 语义。

鉴于两大 UNIX 流派之间的差异，POSIX.1-1990 选择不对 setjmp() 和 longjmp() 的信号掩码处理进行规范，而是定义了一对新函数：sigsetjmp() 和 siglongjmp()，针对执行非本地跳转时的信号掩码进行显式控制。

```
#include <setjmp.h>

int sigsetjmp(sigjmp_buf env, int savesigs);
                    Returns 0 on initial call, nonzero on return via siglongjmp()
void siglongjmp(sigjmp_buf env, int val);
```

函数 sigsetjmp() 和 siglongjmp() 的操作与 setjmp() 和 longjmp() 类似。唯一的区别是参数 env 的类型不同（是 sigjmp_buf 而不是 jmp_buf），并且 sigsetjmp() 多出一个参数 savesigs。如果指定 savesigs 为非 0，那么会将调用 sigsetjmp() 时进程的当前信号掩码保存于 env 中，之后通过指定相同 env 参数的 siglongjmp() 调用进行恢复。如果 savesigs 为 0，则不会保存和恢复进程的信号掩码。

函数 longjmp() 和 siglongjmp() 都不在表 21-1 所列异步信号安全函数的范围之内。因为与在信号处理器中调用这些函数一样，在执行非本地跳转之后去调用任何非异步信号安全的函数也需要冒同样的风险。此外，如果信号处理器函数中断了正在更新数据结构的主程序，那么执行非本地跳转退出处理器函数后，这种不完整的更新动作很可能会将数据结构置于不一致状态。规避这一问题的一种技术是在程序对敏感数据进行更新时，借助于 sigprocmask() 临时将信号阻塞起来。

示例程序

程序清单 21-2 展示了两种类型的非本地跳转在处理信号掩码上的差异。该程序为 SIGINT 创建处理器函数，并允许选择 setjmp()+longjmp() 组合或者 sigsetjmp()+siglongjmp() 组合的方式来退出信号处理器函数，具体采用何种函数组合则取决于程序编译时是否对宏 USE_SIGSETJMP 进行了定义。程序会分别在进入信号处理器函数时，以及非本地跳转将控制从信号处理器交还给主程序后，显示信号掩码的当前设置。

如果利用 longjmp() 来退出信号处理器函数，其结果如下：
```
$ make -s sigmask_longjmp          Default compilation causes setjmp() to be used
$ ./sigmask_longjmp
Signal mask at startup:
              <empty signal set>
Calling setjmp()
Type Control-C to generate SIGINT
Received signal 2 (Interrupt), signal mask is:
              2 (Interrupt)
After jump from handler, signal mask is:
              2 (Interrupt)
(At this point, typing Control-C again has no effect, since SIGINT is blocked)
Type Control-\ to kill the program
Quit
```

由程序输出结果可知，信号处理器函数调用 longjmp()之后的信号掩码设置与进入处理器函数时保持一致。

如果编译同一源文件来创建利用 siglongjmp()退出信号处理器函数的程序，则结果如下：

```
$ make -s sigmask_siglongjmp          Compiles using cc –DUSE_SIGSETJMP
$ ./sigmask_siglongjmp x
Signal mask at startup:
                <empty signal set>
Calling sigsetjmp()
Type Control-C
Received signal 2 (Interrupt), signal mask is:
                2 (Interrupt)
After jump from handler, signal mask is:
                <empty signal set>
```

在这里，没有将 SIGINT 信号阻塞，因为 siglongjmp()恢复了原来的信号掩码。接着，再次按下 Ctrl-C，会再次调用该信号处理器函数。

```
Type Control-C
Received signal 2 (Interrupt), signal mask is:
                2 (Interrupt)
After jump from handler, signal mask is:
                <empty signal set>
Type Control-\ to kill the program
Quit
```

由上述输出可知，siglongjmp()将信号掩码恢复到调用 sigsetjmp()时的值（即一个空信号集）。

程序清单 21-2 还展示了信号处理器函数执行非本地跳转时的一种实用技术。信号随时可能产生，所以有可能发生于 segsetjmp()（或 setjmp()）设置跳转目标之前。为杜绝这种可能（这将导致处理器函数使用未初始化的 env 缓冲区来执行非本地跳转），程序启用了守卫变量 canJump，来表征 env 缓冲区的初始化与否。如果 canJump 不为真（false），处理器函数将不执行跳转而直接返回。另一种方法是调整程序代码，在创建信号处理器函数之前去调用 sigsetjmp()（或 setjmp()）。不过对于复杂的程序而言，苛求这样的步骤执行顺序可能会有困难，而使用守卫变量也许会更简单一些。

注意，在编写程序清单 21-2 程序时使用#ifdef 是使其编码风格符合标准的最简单的手段。特别是当无法用下面的运行时检查代码来取代#ifdef 时。

```
if (useSiglongjmp)
    s = sigsetjmp(senv, 1);
else
    s = setjmp(env);
if (s == 0)
    ...
```

这一做法有违规范，因为 SUSv3 不允许在赋值语句（6.8 节）中调用 setjmp()和 sigsetjmp()。

程序清单 21-2：在信号处理器函数中执行非本地跳转

—————————————————————————————————————— signals/sigmask_longjmp.c

```
#define _GNU_SOURCE       /* Get strsignal() declaration from <string.h> */
#include <string.h>
#include <setjmp.h>
```

```
#include <signal.h>
#include "signal_functions.h"              /* Declaration of printSigMask() */
#include "tlpi_hdr.h"

static volatile sig_atomic_t canJump = 0;
                        /* Set to 1 once "env" buffer has been
                           initialized by [sig]setjmp() */
#ifdef USE_SIGSETJMP
static sigjmp_buf senv;
#else
static jmp_buf env;
#endif

static void
handler(int sig)
{
    /* UNSAFE: This handler uses non-async-signal-safe functions
       (printf(), strsignal(), printSigMask(); see Section 21.1.2) */

    printf("Received signal %d (%s), signal mask is:\n", sig,
            strsignal(sig));
    printSigMask(stdout, NULL);

    if (!canJump) {
        printf("'env' buffer not yet set, doing a simple return\n");
        return;
    }

#ifdef USE_SIGSETJMP
    siglongjmp(senv, 1);
#else
    longjmp(env, 1);
#endif
}
int
main(int argc, char *argv[])
{
    struct sigaction sa;

    printSigMask(stdout, "Signal mask at startup:\n");

    sigemptyset(&sa.sa_mask);
    sa.sa_flags = 0;
    sa.sa_handler = handler;
    if (sigaction(SIGINT, &sa, NULL) == -1)
        errExit("sigaction");

#ifdef USE_SIGSETJMP
    printf("Calling sigsetjmp()\n");
    if (sigsetjmp(senv, 1) == 0)
#else
    printf("Calling setjmp()\n");
    if (setjmp(env) == 0)
#endif
        canJump = 1;                    /* Executed after [sig]setjmp() */

    else                                /* Executed after [sig]longjmp() */
        printSigMask(stdout, "After jump from handler, signal mask is:\n" );
```

```
    for (;;)                        /* Wait for signals until killed */
        pause();
}
```

———————————————————————————————— signals/sigmask_longjmp.c

21.2.2 异常终止进程：abort()

函数 abort()终止其调用进程，并生成核心转储。

```
#include <stdlib.h>

void abort(void);
```

函数 abort()通过产生 SIGABRT 信号来终止调用进程。对 SIGABRT 的默认动作是产生核心转储文件并终止进程。调试器可以利用核心转储文件来检测调用 abort()时的程序状态。

SUSv3 要求，无论阻塞或者忽略 SIGABRT 信号，abort()调用均不受影响。同时规定，除非进程捕获 SIGABRT 信号后信号处理器函数尚未返回，否则 abort()必须终止进程。后一句话值得三思。21.2 节所描述的信号处理器函数终止方法中，与此相关的就是使用非本地跳转退出处理器函数。这一做法将抵消 abort()的效果。否则，abort()将总是终止进程。在大多数实现中，终止时可确保发生如下事件：若进程在发出一次 SIGABRT 信号后仍未终止（即，处理器捕获信号并返回，以便恢复执行 abort()），则 abort()会将对 SIGABRT 信号的处理重置为 SIG_DFL，并再度发出 SIGABRT 信号，从而确保将进程杀死。

如果 abort()成功终止了进程，那么还将刷新 stdio 流并将其关闭。

程序清单 3-3 在错误处理函数中提供了使用 abort()的一个例子。

21.3 在备选栈中处理信号：sigaltstack()

在调用信号处理器函数时，内核通常会在进程栈中为其创建一帧。不过，如果进程对栈的扩展突破了对栈大小的限制时，这种做法就不大可行了。例如，栈的增长过大，以至于会触及到一片映射内存（48.5 节）或者向上增长的堆，又或者栈的大小已经直逼 RLIMIT_STACK（36.3 节）资源限制，这些都会造成这种情况的发生。

当进程对栈的扩展试图突破其上限时，内核将为该进程产生 SIGSEGV 信号。不过，因为栈空间已然耗尽，内核也就无法为进程已经安装的 SIGSEGV 处理器函数创建栈帧。结果是，处理器函数得不到调用，而进程也就终止了（SIGSEGV 的默认动作）。

如果希望在这种情况下确保对 SIGSEGV 信号处理器函数的调用，就需要做如下工作。

1. 分配一块被称为"备选信号栈"的内存区域，作为信号处理器函数的栈帧。
2. 调用 sigaltstack()，告之内核该备选信号栈的存在。
3. 在创建信号处理器函数时指定 SA_ONSTACK 标志，亦即通知内核在备选栈上为处理器函数创建栈帧。

利用系统调用 sigaltstack()，既可以创建一个备选信号栈，也可以将已创建备选信号栈的相关信息返回。

```
#include <signal.h>

int sigaltstack(const stack_t *sigstack, stack_t *old_sigstack);
```
                                        Returns 0 on success, or –1 on error

参数 sigstack 所指向的数据结构描述了新备选信号栈的位置及属性。参数 old_sigstack 指向的结构则用于返回上一备选信号栈的相关信息（如果存在）。两个参数之一均可为 NULL。例如，将参数 sigstack 设为 NULL 可以发现现有备选信号栈，并且不用将其改变。不为 NULL 时，这些参数所指向的数据结构类型如下：

```
typedef struct {
    void  *ss_sp;         /* Starting address of alternate stack */
    int    ss_flags;      /* Flags: SS_ONSTACK, SS_DISABLE */
    size_t ss_size;       /* Size of alternate stack */
} stack_t;
```

字段 ss_sp 和 ss_size 分别指定了备选信号栈的位置和大小。在实际使用信号栈时，内核会将 ss_sp 值自动对齐为与硬件架构相适宜的地址边界。

备选信号栈通常既可以静态分配，也可以在堆上动态分配。SUSv3 规定将常量 SIGSTKSZ 作为划分备选栈大小的典型值，而将 MINSSIGSTKSZ 作为调用信号处理器函数所需的最小值。在 Linux/x86-32 系统上，分别将这两个值定义为 8192 和 2048。

内核不会重新划分备选栈的大小。如果栈溢出了分配给它的空间，就会产生混乱（例如，写变量超出了对栈的限制）。这通常不是一个问题，因为一般情况下会利用备选栈来处理标准栈溢出的特殊情况，常常只在这个栈上分配为数不多的几帧。SIGSEGV 处理器函数的工作不是在执行清理动作后终止进程，就是使用非本地跳转解开标准栈。

ss_flags 可以包含如下值之一：

SS_ONSTACK

如果在获取已创建备选信号栈的当前信息时该标志已然置位，就表明进程正在备选信号栈上执行。当进程已经在备选信号栈上运行时，试图调用 sigaltstack() 来创建一个新的备选信号栈将会产生一个错误（EPERM）。

SS_DISABLE

在 old_sigstack 中返回，表示当前不存在已创建的备选信号栈。如果在 sigstack 中指定，则会禁用当前已创建的备选信号栈。

程序清单 21-3 演示了备选信号栈的创建和使用。在创建一个新的备选信号栈以及 SIGSEGV 的信号处理器函数之后，程序将调用一个无限递归函数，这会导致栈溢出，同时系统会向进程发送 SIGSEGV 信号。运行该程序的结果如下。

```
$ ulimit -s unlimited
$ ./t_sigaltstack
Top of standard stack is near 0xbffff6b8

Alternate stack is at          0x804a948-0x804cfff
Call    1 - top of stack near 0xbff0b3ac
Call    2 - top of stack near 0xbfe1714c
Many intervening lines of output removed
Call 2144 - top of stack near 0x4034120c

Call 2145 - top of stack near 0x4024cfac
Caught signal 11 (Segmentation fault)
Top of handler stack near      0x804c860
```

在这一 shell 会话中，命令 ulimit 负责移除 shell 之前可能设置的任何 RLIMIT_STACK 资源限制。36.3 节会解释这种资源限制。

程序清单 21-3：使用 sigaltstack()

`signals/t_sigaltstack.c`

```c
#define _GNU_SOURCE          /* Get strsignal() declaration from <string.h> */
#include <string.h>
#include <signal.h>
#include "tlpi_hdr.h"

static void
sigsegvHandler(int sig)
{
    int x;

    /* UNSAFE: This handler uses non-async-signal-safe functions
       (printf(), strsignal(), fflush(); see Section 21.1.2) */

    printf("Caught signal %d (%s)\n", sig, strsignal(sig));
    printf("Top of handler stack near      %10p\n", (void *) &x);
    fflush(NULL);

    _exit(EXIT_FAILURE);                /* Can't return after SIGSEGV */
}

static void            /* A recursive function that overflows the stack */
overflowStack(int callNum)
{
    char a[100000];                     /* Make this stack frame large */

    printf("Call %4d - top of stack near %10p\n", callNum, &a[0]);
    overflowStack(callNum+1);
}

int
main(int argc, char *argv[])
{
    stack_t sigstack;
    struct sigaction sa;
    int j;

    printf("Top of standard stack is near %10p\n", (void *) &j);

    /* Allocate alternate stack and inform kernel of its existence */

    sigstack.ss_sp = malloc(SIGSTKSZ);
    if (sigstack.ss_sp == NULL)
        errExit("malloc");
    sigstack.ss_size = SIGSTKSZ;
    sigstack.ss_flags = 0;
    if (sigaltstack(&sigstack, NULL) == -1)
        errExit("sigaltstack");
    printf("Alternate stack is at          %10p-%p\n",
            sigstack.ss_sp, (char *) sbrk(0) - 1);

    sa.sa_handler = sigsegvHandler;     /* Establish handler for SIGSEGV */
    sigemptyset(&sa.sa_mask);
```

```
sa.sa_flags = SA_ONSTACK;            /* Handler uses alternate stack */
if (sigaction(SIGSEGV, &sa, NULL) == -1)
    errExit("sigaction");

overflowStack(1);
}
```

─────────────────────────────────────── signals/t_sigaltstack.c

21.4 SA_SIGINFO 标志

如果在使用 sigaction() 创建处理器函数时设置了 SA_SIGINFO 标志，那么在收到信号时处理器函数可以获取该信号的一些附加信息。为获取这一信息，需要将处理器函数声明如下：

```
void handler(int sig, siginfo_t *siginfo, void *ucontext);
```

如同标准信号处理器函数一样，第 1 个参数 sig 表示信号编号。第 2 个参数 siginfo 是用于提供信号附加信息的一个结构。该结构会与最后一个参数 ucontext 一起，在下面做详细说明。

因为上述信号处理器函数的原型不同于标准处理器函数，依照 C 语言的类型规则，将无法利用 sigaction 结构的 sa_handler 字段来指定处理器函数地址。此时需要使用另一个字段：sa_sigaction。换言之，sigaction 结构比 20.13 节所展示的要稍微复杂一些。其完整定义如下：

```
struct sigaction {
    union {
        void (*sa_handler)(int);
        void (*sa_sigaction)(int, siginfo_t *, void *);
    } __sigaction_handler;
    sigset_t    sa_mask;
    int         sa_flags;
    void        (*sa_restorer)(void);
};

/* Following defines make the union fields look like simple fields
   in the parent structure */

#define sa_handler   __sigaction_handler.sa_handler
#define sa_sigaction __sigaction_handler.sa_sigaction
```

结构 sigaction 使用联合体来合并 sa_sigaction 和 sa_handler。（大部分其他 UNIX 实现也采用相同的方式。）之所以使用联合体，是因为对 sigaction() 的特定调用只会用到其中的一个字段。（不过，如果天真地认为可以彼此独立地设置 sa_handler 和 sa_sigaction，就有可能导致一些奇怪的 bug。可能的原因是在为不同的信号创建处理器函数时，多次对 sigaction() 的调用复用了同一个 sigaction 结构。）

这里是使用 SA_SIGINFO 创建信号处理器函数的一个例子：

```
struct sigaction act;

sigemptyset(&act.sa_mask);
act.sa_sigaction = handler;
act.sa_flags = SA_SIGINFO;

if (sigaction(SIGINT, &act, NULL) == -1)
    errExit("sigaction");
```

至于使用 SA_SIGINFO 标志的完整例子，请参考程序清单 22-3 和程序清单 23-5。

结构 siginfo_t

在以 SA_SIGINFO 标志创建的信号处理器函数中，结构 siginfo_t 是其第 2 个参数，格式如下：

```
typedef struct {
    int     si_signo;       /* Signal number */
    int     si_code;        /* Signal code */
    int     si_trapno;      /* Trap number for hardware-generated signal
                               (unused on most architectures) */
    union sigval si_value;  /* Accompanying data from sigqueue() */
    pid_t   si_pid;         /* Process ID of sending process */
    uid_t   si_uid;         /* Real user ID of sender */
    int     si_errno;       /* Error number (generally unused) */
    void    *si_addr;       /* Address that generated signal
                               (hardware-generated signals only) */
    int     si_overrun;     /* Overrun count (Linux 2.6, POSIX timers) */
    int     si_timerid;     /* (Kernel-internal) Timer ID
                               (Linux 2.6, POSIX timers) */
    long    si_band;        /* Band event (SIGPOLL/SIGIO) */
    int     si_fd;          /* File descriptor (SIGPOLL/SIGIO) */
    int     si_status;      /* Exit status or signal (SIGCHLD) */
    clock_t si_utime;       /* User CPU time (SIGCHLD) */
    clock_t si_stime;       /* System CPU time (SIGCHLD) */
} siginfo_t;
```

要获取<signal.h>对 siginfo_t 的声明，必须将特性测试宏_POSIX_C_SOURCE 的值定义为大于或等于 199309。

如同大部分 UNIX 实现一样，在 Linux 系统中，siginfo_t 结构的很多字段都是联合体，因为对每个信号而言，并非所有字段都有必要。（参考<bits/siginfo.h>中的细节。）

一旦进入信号处理器函数，对结构 siginfo_t 中字段的设置如下。

si_signo

需要为所有信号设置。内含引发处理器函数调用的信号编号——与处理器函数 sig 参数的值相同。

si_code

需要为所有信号设置。如表 21-2 所示，所含代码提供了关于信号来源的深入信息。

si_value

该字段包含调用 sigqueue()发送信号时的伴随数据。22.8.1 节将讨论 sigqueue()。

si_pid

对于经由 kill()或 sigqueue()发送的信号，该字段保存了发送进程的进程 ID。

si_uid

对于经由 kill()或 sigqueue()发送的信号，该字段保存了发送进程的真实用户 ID。系统之所以提供真实用户 ID，是因为其信息量比之有效用户 ID 更为丰富。回忆 20.5 节所述关于信号发送的权限规则，如果有效用户 ID 授予发送者发送信号的权力，那么发送方的用户 ID 必须要么为 0（特权级用户），要么与接收进程的真实用户 ID 或者保存设置用户 ID（saved set-user-ID)相同。这时，接收者了解发送者的真实用户 ID 就很有用，因为它有可能不同于有效用户 ID（例如，如果发送者是一个 set-user-ID 程序）。

si_errno

如果将该字段置为非 0 值，则其所包含为一错误号（类似 errno），标志信号的产生原因。

Linux 通常不使用该字段。

si_addr

仅针对由硬件产生的 SIGBUG、SIGSEGV、SIGILL 和 SIGFPE 信号设置该字段。对于 SIGBUS 和 SIGSEGV 而言，该字段内含引发无效内存引用的地址。对于 SIGILL 和 SIGFPE 信号，则包含导致信号产生的程序指令地址。

以下各字段均属非标准的 Linux 扩展，仅当 POSIX 定时器（23.6 节）到期而产生信号传递时设置：

si_timerid

内含供内核内部使用的 ID，用以标识定时器。

si_overrun

设置该字段为定时器的溢出次数。

仅当收到 SIGIO 信号（63.3 节）时，才会设置下面两个字段。

si_band

该字段包含与 I/O 事件相关的"带事件"值。（直到 glibc 2.3.2，si_band 的类型都是 int 型。）

si_fd

该字段包含与 I/O 事件相关的文件描述符编号。SUSv3 并未定义这一字段，不过许多其他实现都予以了支持。

仅当收到 SIGCHLD 信号（26.3 节）时，才会对以下各字段进行设置。

si_status

该字段包含子进程的退出状态（当 si_code=CLD_EXITED 时）或者发给子进程的信号编号（即 26.1.3 节所述终止或停止子进程的信号编号）。

si_utime

该字段包含子进程使用的用户 CPU 时间。在版本 2.6 以前，以及 2.6.27 以后的内核版本中，对该字段的度量以系统时钟滴答除以 sysconf（_SC_CLK_TCK）的返回值作为基本单位。而在版本 2.6.27 之前的 2.6 内核中则存在 bug，该字段在报告时间时采用的度量单位为（可由用户配置的）jiffy（10.6 节）。SUSv3 没有定义该字段，但许多其他实现都予以支持。

si_stime

该字段包含了子进程使用的系统 CPU 时间。可参考对 si_utime 的描述。同样，SUSv3 并未定义该字段，不过许多其他实现都予以支持。

si_code 字段提供了关于信号来源的更多信息，其值如表 21-2 所示。表中第 2 列列出的信号特有值（特别是由硬件产生的 4 种信号：SIGBUS、SIGSEGV、SIGILL 和 SIGFPE）不会悉数现身于所有的 UNIX 实现以及硬件架构之上——尽管 Linux 定义了所有常量，而且 SUSv3 也定义了其中的大部分。

关于表 21-2 中所示各值，还需注意以下几点附加说明。

- 值 SI_KERNEL 和 SI_SIGIO 为 Linux 所特有，既未获 SUSv3 定义，也未获其他 UNIX 实现支持。
- SI_SIGIO 仅在 Linux2.2 中用到。自内核 2.4 起，Linux 转而采用表中的 POLL_*常量。

表 21-2：结构 siginfo_t 中 si_code 字段返回值一览表

信　号	si_code 的值	信　号　来　源
任意（所有）	SI_ASYNCIO	异步 I/O（AIO）操作已经完成
	SI_KERNEL	从内核发送（例如，来自于终端驱动程序的信号）
	SI_MESGQ	消息到达 POSIX 消息队列（自 Linux 2.6.6）
	SI_QUEUE	利用 sigqueue() 从用户进程发出的实时信号
	SI_SIGIO	SIGIO 信号（仅 Linux 2.2 支持）
	SI_TIMER	POSIX（实时）定时器到期
	SI_TKILL	调用 tkill() 或 tgkill() 的用户进程（自 Linux 2.4.19）
	SI_USER	调用 kill() 或 raise() 的用户进程
SIGBUS	BUS_ADRALN	无效的地址对齐
	BUS_ADRERR	不存在的物理地址
	BUS_MCEERR_AO	硬件内存错误，动作为可选（自 Linux 2.6.32）
	BUS_MCEERR_AR	硬件内存错误，动作为必需（自 Linux 2.6.32）
	BUS_OBJERR	对象特有的硬件错误
SIGCHLD	CLD_CONTINUED	因 SIGCONT 信号，子进程得以继续执行（自 Linux 2.6.9）
	CLD_DUMPED	子进程异常终止，并产生核心转储
	CLD_EXITED	子进程退出
	CLD_KILLED	子进程异常终止，且不产生核心转储
	CLD_STOPPED	子进程停止
	CLD_TRAPPED	受到跟踪的子进程停止
SIGFPE	FPE_FLTDIV	浮点除 0
	FPE_FLTINV	无效的浮点操作
	FPE_FLTOVF	浮点溢出
	FPE_FLTRES	浮点结果不精确
	FPE_FLTUND	浮点下溢
	FPE_INTDIV	整型除 0
	FPE_INTOVF	整型溢出
	FPE_SUB	下标超出范围
SIGILL	ILL_BADSTK	内部栈错误
	ILL_COPROC	协处理器错误
	ILL_ILLADR	非法地址模式
	ILL_ILLOPC	非法操作码
	ILL_ILLOPN	非法操作数
	ILL_ILLTRP	非法陷入
	ILL_PRVOPC	特权级操作码
	ILL_PRVREG	特权级寄存器

信　　号	si_code 的值	信　号　来　源
SIGPOLL/ SIGIO	POLL_ERR	I/O 错误
	POLL_HUP	设备断开
	POLL_IN	输入数据有效
	POLL_MSG	输入消息有效
	POLL_OUT	输出缓冲区有效
	POLL_PRI	高优先级输入有效
SIGSEGV	SEGV_ACCERR	映射对象的无效权限
	SEGV_MAPERR	未映射为对象的地址
SIGTRAP	TRAP_BRANCH	进程分支陷入
	TRAP_BRKPT	进程断点
	TRAP_HWBKPT	硬件断点/监测点
	TRAP_TRACE	进程跟踪陷入

　　SUSv4 定义了功用与 psignal()（20.8 节）相仿的 psiginfo()函数。函数 psiginfo()带有两个参数，分别是指向 siginfo_t 结构的指针和一个消息字符串。该函数在标准错误设备上输出字符串消息，接着显示描述于 siginfo_t 结构中的信号信息。glibc 自 2.10 版开始提供 psiginfo()函数。glibc 实现会显示信号的描述信息及来源（根据 si_code 字段所示），对于某些信号，还会列出 siginfo_t 结构中的其他字段。函数 psiginfo()是 SUSv4 中的新丁，并非所有系统都予以支持。

参数 ucontext

　　以 SA_SIGINFO 标志所创建的信号处理器函数，其最后一个参数是 ucontext，一个指向 ucontext_t 类型结构（定义于<ucontext.h>）的指针。（因为 SUSv3 并未规定该参数的任何细节，所以将其定义为 void 类型指针。）该结构提供了所谓的用户上下文信息，用于描述调用信号处理器函数前的进程状态，其中包括上一个进程信号掩码以及寄存器的保存值，例如程序计数器（cp）和栈指针寄存器（sp）。信号处理器函数很少用到此类信息，所以此处也略而不论。

　　使用结构 ucontext_t 的其他函数有 getcontext()、makecontext()、setcontext()和 swapcontext()，分别对应的功能是允许进程去接收、创建、改变以及交换执行上下文。（这些操作有点类似于 setjmp()和 longjmp()，但更为通用。）可以使用这些函数来实现协程（coroutines），令进程的执行线程在两个（或多个）函数之间交替。SUSv3 规定了这些函数，但将它们标记为已废止。SUSv4 则将其删去，并建议使用 POSIX 线程来重写旧有的应用程序。glibc 手册页提供了关于这些函数的深入信息。

21.5　系统调用的中断和重启

考虑如下场景。

1. 为某信号创建处理器函数。

2. 发起一个阻塞的系统调用（blocking system call），例如，从终端设备调用的 read() 就会阻塞到有数据输入为止。

3. 当系统调用遭到阻塞时，之前创建了处理器函数的信号传递了过来，随即引发对处理器函数的调用。

信号处理器返回后又会发生什么？默认情况下，系统调用失败，并将 errno 置为 EINTR。这是一种有用的特性。23.3 节将会描述如何使用定时器（会产生 SIGALRM 信号）来设置像 read() 之类阻塞系统调用的超时。

不过，更为常见的情况是希望遭到中断的系统调用得以继续运行。为此，可在系统调用遭信号处理器中断的事件中，利用如下代码来手动重启系统调用。

```
while ((cnt = read(fd, buf, BUF_SIZE)) == -1 && errno == EINTR)
    continue;                    /* Do nothing loop body */

if (cnt == -1)                   /* read() failed with other than EINTR */
    errExit("read");
```

如果需要频繁使用上述代码，那么定义成如下宏会很方便：

```
#define NO_EINTR(stmt) while ((stmt) == -1 && errno == EINTR);
```

使用该宏，可以将早先对 read() 的调用改写如下：

```
NO_EINTR(cnt = read(fd, buf, BUF_SIZE));

if (cnt == -1)                       /* read() failed with other than EINTR */
    errExit("read");
```

> GNU C 库提供了一个（非标准）宏，其作用与定义于 <unistd.h> 中的 NO_EINTR() 相同。该宏名为 TEMP_FAILURE_RETRY()，定义特性测试宏 _GNU_SOURCE 后即可使用。

即使采用了类似 NO_EINTR() 这样的宏，让信号处理器来中断系统调用还是颇为不便，因为只要有意重启阻塞的调用，就需要为每个阻塞的系统调用添加代码。反之，可以调用指定了 SA_RESTART 标志的 sigaction() 来创建信号处理器函数，从而令内核代表进程自动重启系统调用，还无需处理系统调用可能返回的 EINTR 错误。

标志 SA_RESTART 是针对每个信号的设置。换言之，允许某些信号的处理器函数中断阻塞的系统调用，而其他系统调用则可以自动重启。

SA_RESTART 标志对哪些系统调用（和库函数）有效

不幸的是，并非所有的系统调用都可以通过指定 SA_RESTART 来达到自动重启的目的。究其原因，有部分历史因素。

- 4.2BSD 引入了重启系统调用的概念，包括中断对 wait() 和 waitpid() 的调用，以及如下 I/O 系统调用：read()、readv()、write() 和阻塞的 ioctl() 操作。I/O 系统调用都是可中断的，所以只有在操作"慢速（slow）"设备时，才可以利用 SA_RESTART 标志来自动重启调用。慢速设备包括终端（terminal）、管道（pipe）、FIFO 以及套接字（socket）。对于这些文件类型，各种 I/O 操作都有可能堵塞。（相比之下，磁盘文件并未沦入慢速设备之列，因为借助于缓冲区高速缓存，磁盘 I/O 请求一般都可以立即得到满足。当出现磁盘 I/O 请求时，内核会令该进程休眠，直至完成 I/O 动作为止。）

- 其他大量阻塞的系统调用则继承自 System V，在其初始设计中并未提供重启系统调用的功能。

在 Linux 中，如果采用 SA_RESTART 标志来创建系统处理器函数，则如下阻塞的系统调用（以及构建于其上的库函数）在遭到中断时是可以自动重启的。

- 用来等待子进程（26.1 节）的系统调用：wait()、waitpid()、wait3()、wait4()和 waitid()。
- 访问慢速设备时的 I/O 系统调用：read()、readv()、write()、writev()和 ioctl()。如果在收到信号时已经传递了部分数据，那么还是会中断输入输出系统调用，但会返回成功状态：一个整型值，表示已成功传递数据的字节数。
- 系统调用 open()，在可能阻塞的情况下（例如，如 44.7 节所述，在打开 FIFO 时）。
- 用于套接字的各种系统调用：accept()、accept4()、connect()、send()、sendmsg()、sendto()、recv()、recvfrom()和 recvmsg()。（在 Linux 中，如果使用 setsockopt()来设置超时，这些系统调用就不会自动重启。更多细节请参考 signal(7)手册页。）
- 对 POSIX 消息队列进行 I/O 操作的系统调用：mq_receive()、mq_timedreceive()、mq_send()和 mq_timedsend()。
- 用于设置文件锁的系统调用和库函数：flock()、fcntl()和 lockf()。
- Linux 特有系统调用 futex()的 FUTEX_WAIT 操作。
- 用于递减 POSIX 信号量的 sem_wait()和 sem_timedwait()函数。（在一些 UNIX 实现上，如果设置了 SA_RESTART 标志，sem_wait()就会重启。）
- 用于同步 POSIX 线程的函数：pthread_mutex_lock()、pthread_mutex_trylock()、pthread_mutex_timedlock()、pthread_cond_wait()和 pthread_cond_timedwait()。

内核 2.6.22 之前，不管是否设置了 SA_RESTART 标志，futex()、sem_wait()和 sem_timedwait()遭到中断时总是产生 EINTR 错误。

以下阻塞的系统调用（以及构建于其上的库函数）则绝不会自动重启（即便指定了 SA_RESTART）。

- poll()、ppoll()、select()和 pselect()这些 I/O 多路复用调用。（SUSv3 明文规定，无论设置 SA_RESTART 标志与否，都不对 select()和 pselect()遭处理器函数中断时的行为进行定义。）
- Linux 特有的 epoll_wait()和 epoll_pwait()系统调用。
- Linux 特有的 io_getevents()系统调用。
- 操作 System V 消息队列和信号量的阻塞系统调用：semop()、semtimedop()、msgrcv()和 msgsnd()。（虽然 System V 原本并未提供自动重启系统调用的功能，但在某些 UNIX 实现上，如果设置了 SA_RESTART 标志，这些系统调用还是会自动重启。）
- 对 inotify 文件描述符发起的 read()调用。
- 用于将进程挂起指定时间的系统调用和库函数：sleep()、nanosleep()和 clock_nanosleep()。
- 特意设计用来等待某一信号到达的系统调用：pause()、sigsuspend()、sigtimedwait()和 sigwaitinfo()。

为信号修改 SA_RESTART 标志

函数 siginterrupt()用于改变信号的 SA_RESTART 设置。

```
#include <signal.h>

int siginterrupt(int sig, int flag);
```

                                        Returns 0 on success, or –1 on error

若参数 flag 为真（1），则针对信号 sig 的处理器函数将会中断阻塞的系统调用的执行。如果 flag 为假（0），那么在执行了 sig 的处理器函数之后，会自动重启阻塞的系统调用。

函数 siginterrupt() 的工作原理是：调用 sigaction() 获取信号当前处置的副本，调整自结构 oldact 中返回的 SA_RESTART 标志，接着再次调用 sigaction() 来更新信号处置。

SUSv4 标记 sigterrupt() 为已废止，并推荐使用 sigaction() 加以替代。

对于某些 Linux 系统调用，未处理的停止信号会产生 EINTR 错误

在 Linux 上，即使没有信号处理器函数，某些阻塞的系统调用也会产生 EINTR 错误。如果系统调用遭到阻塞，并且进程因信号（SIGSTOP、SIGTSTP、SIGTTIN 或 SIGTTOU）而停止，之后又因收到 SIGCONT 信号而恢复执行时，就会发生这种情况。

以下系统调用和函数具有这一行为：epoll_pwait()、epoll_wait()、对 inotify 文件描述符执行的 read() 调用、semop()、semtimedop()、sigtimedwait() 和 sigwaitinfo()。

内核 2.6.24 之前，poll() 也曾存在这种行为，2.6.22 之前的 sem_wait()、sem_timedwait()、futex(FUTEX_WAIT)，2.6.9 之前的 msgrcv() 和 msgsnd()，以及 Linux 2.4 及其之前的 nanosleep() 也同样如此。

在 Linux 2.4 及其之前的版本中，也可以以这种方式来中断 sleep()，但是不会返回错误值，而是返回休眠所剩余的秒数。

这种行为的结果是，如果程序可能因信号而停止和重启，那么就需要添加代码来重新启动这些系统调用，即便该程序并未为停止信号设置处理器函数。

21.6　总结

本章讨论了影响信号处理器函数操作与设计的一系列因素。

由于没有对信号排队，故而在为处理器编码时，有时必须要考虑特定类型信号多次发生的可能性，即使之前信号只产生过一次。可重入问题会影响到对全局变量的修改方式，还限制了可从信号处理器函数中安全调用的函数范围。

除了返回之外，信号处理器函数的终止还存在多种其他方法，其中包括：调用 _exit()，发送信号来终止进程（kill()、raise() 或 abort()），或者执行非本地跳转。借助于 sigsetjmp() 和 siglongjmp()，可以在执行非本地跳转时为程序提供处理信号掩码的显式控制手段。

可以使用 sigaltstack() 来为进程定义备选信号栈。这是调用信号处理器函数时，用来替代标准进程栈的一块内存。当标准栈因增长过大（内核会在此时向进程发送 SIGSEGV 信号）而消耗殆尽时，备选栈就特别有用。

如果在调用 sigaction() 时设置了 SA_SIGINFO 标志，那么所创建的信号处理器函数就能接收信号的附加信息。siginfo_t 结构提供了这些信息，其地址则传递给信号处理器作为参数。

如果信号处理器函数中断了阻塞的系统调用，系统调用会产生 EINTR 错误。利用这种特性，就可以为阻塞的系统调用设置一个定时器。如果有意，可以手动重启遭到中断的系统调

用。另外，在调用 sigaction()创建信号处理器函数时，如果设置了 SA_RESTART 标志，那么大部分（但非全部）系统调用都将会自动重启。

更多信息

参考 20.15 节所列信息来源。

21.7　练习

21.1.　实现 abort()。

第**22**章

信号：高级特性

本章是"信号"主题系列讨论（始于第 20 章）的完结篇，涵盖了一些更为高级的议题，如下所示。

- 核心转储文件。
- 与信号的传递、处置及处理相关的特殊情况。
- 信号的同步产生和异步产生。
- 信号的传递时机及传递顺序。
- 信号处理器函数对系统调用的中断，以及如何自动重启遭到中断的系统调用。
- 实时信号。
- 用 sigsuspend() 来设置进程信号掩码并等待信号到达。
- 用 sigwaitinfo()（和 sigtimedwait()）同步等待信号到达。
- 用 signalfd() 从一个文件描述符中接收信号。
- 较老的 BSD 版信号 API 和 System V 版信号 API。

22.1 核心转储文件

特定信号会引发进程创建一个核心转储文件并终止运行（参考表 20-1）。所谓核心转储是内含进程终止时内存映像的一个文件。（术语 core 源于一种老迈的内存技术。）将该内存映像加载到调试器中，即可查明信号到达时程序代码和数据的状态。

引发程序生成核心转储文件的方式之一是键入退出字符（通常为 Control-\），从而生成 SIGQUIT 信号。

```
$ ulimit -c unlimited                         Explained in main text
$ sleep 30
Type Control-\
Quit (core dumped)
$ ls -l core                                  Shows core dump file for sleep(1)
-rw-------   1 mtk   users   57344 Nov 30 13:39 core
```

本例中，当检测出子进程（运行 sleep 命令的进程）为 SIGQUIT 信号所杀，并生成核心转储文件时，shell 会显示"Quit（core dump）"消息。

核心转储文件创建于进程的工作目录中，名为 core。这是核心转储文件的默认位置和名称。稍后，将解释如何改变这些默认值。

借助于许多实现所提供的工具（例如 FreeBSD 和 Solaris 中的 gcore），可获取某一正在运行进程的核心转储文件。Linux 系统也有类似功能，使用 gdb 去连接（attach）一个正在运行的进程，然后运行 gcore 命令。

不产生核心转储文件的情况

以下情况不会产生核心转储文件。

- 进程对于核心转储文件没有写权限。造成这种情况的原因有进程对将要创建核心转储文件的所在目录可能没有写权限，或者是因为存在同名（且不可写，亦或非常规类型，例如，目录或符号链接）的文件。
- 存在一个同名、可写的普通文件，但指向该文件的（硬）链接数超过一个。
- 将要创建核心转储文件的所在目录并不存在。
- 把进程"核心转储文件大小"这一资源限制置为 0。36.3 节将就这一限制（RLIMIT_CORE）进行详细讨论。上例就使用了 ulimit 命令（C shell 中为 limit 命令）来取消对核心转储文件大小的任何限制。
- 将进程"可创建文件的大小"这一资源限制设置为 0。36.3 节将描述这一限制（RLIMIT_FSIZE）。
- 对进程正在执行的二进制可执行文件没有读权限。这样[1]就防止了用户借助于核心转储文件来获取本无法读取的程序代码。
- 以只读方式挂载当前工作目录所在的文件系统，或者文件系统空间已满，又或者 i-node 资源耗尽。还有一种情况，即用户已经达到其在该文件系统上的配额限制。
- Set-user-ID（set-group-ID）程序在由非文件属主（或属组）执行时，不会产生核心转储文件。这可以防止恶意用户将一个安全程序的内存转储出来，再针对诸如密码之类的敏感信息进行刺探。

借助于 Linux 专有系统调用 prctl()的 PR_SET_DUMPABLE 操作，可以为进程设置 dumpable 标志。当非文件属主（或属组）运行 set-user-ID（set-group-ID）程序时，如设置该标志即可生成核心转储文件。PR_SET_DUMPABLE 操作始见于 Linux 2.4，更多详细信息参见 prctl(2)手册页。另外，始于内核版本 2.6.13，针对 set-user-ID 和 set-group-ID 进程是否产生核心转储文件，/proc/sys/fs/suid_dumpable 文件开始提供系统级控制。详情参见 proc(5)手册页。

始于内核版本 2.6.23，利用 Linux 特有的/proc/PID/coredump_filter，可以对写入核心转储文件的内存映射类型（第 49 章将解释内存映射）施以进程级控制。该文件中的值是一个 4 位掩码，分别对应于 4 种类型的内存映射：私有匿名映射、私有文件映射、共享匿名映射以及共享文件映射。文件默认值提供了传统的 Linux 行为：仅对私有匿名映射和共享匿名映射进行转储。详情参见 core(5)手册页。

---

1 译者注：指不生成核心转储文件。

为核心转储文件命名：/proc/sys/kernel/core_pattern

从 Linux 版本 2.6 开始，可以根据 Linux 特有的/proc/sys/kernel/core_pattern 文件所包含的格式化字符串来控制对系统上生成的所有核心转储文件的命名。默认情况下，该文件所含字符串为 core。特权级用户可以将该文件内容定义为包含表 22-1 所列的任一格式说明符，待实际命名时再以表中右列所示相应值加以替换。此外，允许字符串中包含斜线（/）。换言之，处在控制范围之内的，不仅包括核心文件的名称，还包括核心文件的所在（绝对或相对）目录。替换所有格式说明符后，由此生成的路径名字符串长度至多可达 128 个字符（Linux 2.6.19 之前为 64 个字符），超出部分将予以截断。

Linux 从内核版本 2.6.19 开始支持 core_pattern 文件的另一种语法。如果该文件包含一个以管道符（|）为首的字符串，那么会将该文件的剩余字符串视为一个程序，其可选参数可包含表 22-1 所示的%说明符——当进程转储核心文件时，将执行该程序。并且会将核心转储至该程序的标准输入，而非一个文件。详情请参考 core(5)手册页。

> 其他一些 UNIX 实现也提供了类似于 core_pattern 的机制。例如，在 BSD 一派中，会将程序名追加到文件名尾部，形如 core.progname。Solaris 提供了一个工具（coreadm），允许由用户来选择核心转储文件的名称和存放目录。

表 22-1：服务于/proc/sys/kernel/core_pattern 的文件说明符

说　明　符	替　代　为
%c	对核心文件大小的资源软限制（字节数；始于 Linux 2.6.24）
%e	可执行文件名（不含路径前缀）
%g	遭转储进程的实际组 ID
%h	主机系统的名称
%p	遭转储进程的进程 ID
%s	导致进程终止的信号编号
%t	转储时间，始于 Epoch，以秒为单位
%u	遭转储进程的实际用户 ID
%%	单个%字符

22.2　传递、处置及处理的特殊情况

本节讨论了针对特定信号，适用于其传递、处置以及处理方面的特殊规则。

SIGKILL 和 SIGSTOP

SIGKILL 信号的默认行为是终止一个进程，SIGSTOP 信号的默认行为是停止一个进程，二者的默认行为均无法改变。当试图用 signal()和 sigaction()来改变对这些信号的处置时，将总是返回错误。同样，也不能将这两个信号阻塞。这是一个深思熟虑的设计决定。不允许修改这些信号的默认行为，这也意味着总是可以利用这些信号来杀死或者停止一个

失控进程。

SIGCONT 和停止信号

如前所述，可使用 SIGCONT 信号来使某些（因接收 SIGSTOP、SIGTSTP、SIGTTIN 和 SIGTTOU 信号而）处于停止状态的进程得以继续运行。由于这些停止信号具有独特目的，所以在某些情况下内核对它们的处理方式将有别于其他信号。

如果一个进程处于停止状态，那么一个 SIGCONT 信号的到来总是会促使其恢复运行，即使该进程正在阻塞或者忽略 SIGCONT 信号。该特性之所以必要，是因为如果要恢复这些处于停止状态的进程，舍此之外别无他法。（如果处于停止状态的进程正在阻塞 SIGCONT 信号，并且已经为 SIGCONT 信号建立了处理器函数，那么在进程恢复运行后，只有当取消了对 SIGCONT 的阻塞时，进程才会去调用相应的处理器函数。）

> 如果有任一其他信号发送给了一个已经停止的进程，那么在进程收到 SIGCONT 信号而恢复运行之前，信号实际上并未传递。SIGKILL 信号则属于例外，因为该信号总是会杀死进程，即使进程目前处于停止状态。

每当进程收到 SIGCONT 信号时，会将处于等待状态的停止信号丢弃（即进程根本不知道这些信号）。相反，如果任何停止信号传递给了进程，那么进程将自动丢弃任何处于等待状态的 SIGCONT 信号。之所以采取这些步骤，意在防止之前发送的一个停止信号会在随后撤销 SIGCONT 信号的行为，反之亦然。

由终端产生的信号若已被忽略，则不应改变其信号处置

如果程序在执行时发现，已将对由终端产生信号的处置置为了 SIG_IGN（忽略），那么程序通常不应试图去改变信号处置。这并非系统的硬性规定，而是编写应用程序时所应遵循的惯例，34.7.3 节将解释其理由。与之相关的信号有：SIGHUP、SIGINT、SIGQUIT、SIGTTIN、SIGTTOU 和 SIGTSTP。

22.3　可中断和不可中断的进程睡眠状态

前文曾指出，SIGKILL 和 SIGSTOP 信号对进程的作用是立竿见影的。对于这一论断，此处要加入一条限制。内核经常需要令进程进入休眠，而休眠状态又分为两种。

- TASK_INTERRUPTIBLE：进程正在等待某一事件。例如，正在等待终端输入，等待数据写入当前的空管道，或者等待 System V 信号量值的增加。进程在该状态下所耗费的时间可长可短。如果为这种状态下的进程产生一个信号，那么操作将中断，而传递来的信号将唤醒进程。ps(1)命令在显示处于 TASK_INTERRUPTIBLE 状态的进程时，会将其 STAT（进程状态）字段标记为字母 S。
- TASK_UNINTERRUPTIBLE：进程正在等待某些特定类型的事件，比如磁盘 I/O 的完成。如果为这种状态下的进程产生一个信号，那么在进程摆脱这种状态之前，系统将不会把信号传递给进程。ps(1)命令在显示处于 TASK_UNINTERRUPTIBLE 状态的进程时，会将其 STAT 字段标记为字母 D。

因为进程处于 TASK_UNINTERRUPTIBLE 状态的时间通常转瞬即逝，所以系统在进程脱离该状态时传递信号的现象也不易于被发现。然而，在极少数情况下，进程可能会因硬件故

障、NFS 问题或者内核缺陷而在该状态下保持挂起。这时，SIGKILL 将不会终止挂起进程。如果问题诱因无法得到解决，那么就只能通过重启系统来消灭该进程。

大多数 UNIX 系统实现都支持 TASK_INTERRUPTIBLE 和 TASK_UNINTERRUPTIBLE 状态。从内核 2.6.25 开始，Linux 加入第三种状态来解决上述挂起进程的问题。

- TASK_KILLABLE：该状态类似于 TASK_UNINTERRUPTIBLE，但是会在进程收到一个致命信号（即一个杀死进程的信号）时将其唤醒。在对内核代码的相关部分进行改造后，就可使用该状态来避免各种因进程挂起而重启系统的情况。这时，向进程发送一个致命信号就能杀死进程。为使用 TASK_KILLABLE 而进行代码改造的首个内核模块是 NFS。

22.4 硬件产生的信号

硬件异常可以产生 SIGBUS、SIGFPE、SIGILL，和 SIGSEGV 信号，调用 kill() 函数来发送此类信号是另一种途径，但较为少见。SUSv3 规定，在硬件异常的情况下，如果进程从此类信号的处理器函数中返回，亦或进程忽略或阻塞了此类信号，那么进程的行为未定义。原因如下。

- 从信号处理器中返回：假设机器语言指令产生了上述信号之一，并因此而调用了信号处理器函数。当从处理器函数正常返回后，程序会尝试从其中断处恢复执行。可当初引发信号产生的恰恰正是这条指令，所以信号会再次"光临"。故事的结局通常是，程序进入无限循环，重复调用信号处理器函数。
- 忽略信号：忽略因硬件而产生的信号于情理不合，试想算术异常之后，程序应当如何继续执行呢？无法明确。当由于硬件异常而产生上述信号之一时，Linux 会强制传递信号，即使程序已经请求忽略此类信号。
- 阻塞信号。与上一种情况一样，阻塞因硬件而产生的信号也不合情理：不清楚程序随后应当如何继续执行。在 2.4 以及更早的版本中，Linux 内核仅会将阻塞硬件产生信号的种种企图一一忽略，信号无论如何都会传递给进程，随后要么进程终止，要么信号处理器会捕获信号——在程序安装有信号处理器的情况下。始于 Linux 2.6，如果信号遭到阻塞，那么该信号总是会立刻杀死进程，即使进程已经为此信号安装了处理器函数。（对于因硬件而产生的信号，Linux 2.6 之所以会改变对其处于阻塞状态下的处理方式，是由于 Linux 2.4 的行为中隐藏有缺陷，并可能在多线程程序中引起死锁。）

随本书发布源码中的 signals/demo_SIGFPE.c 程序就展示了忽略或者阻塞 SIGFPE 信号的后果，或者可正常返回的处理器将其捕获的结果。

正确处理硬件产生信号的方法有二：要么接受信号的默认行为（进程终止）；要么为其编写不会正常返回的处理器函数。除了正常返回之外，终结处理器执行的手段还包括调用 _exit() 以终止进程，或者调用 siglongjmp()（21.2.1 节），确保将控制传递回程序中（产生信号的指令位置之外）的某一位置。

22.5 信号的同步生成和异步生成

前文已然论及，进程一般无法预测其接收信号的时间。要证实这一点，需要对信号的同步生成和异步生成加以区分。

截止目前所探讨的均属于信号的异步生成，即引发信号产生（无论信号发送者是内核还是另一进程）的事件，其发生与进程的执行无关。（例如，用户输入中断字符，或者子进程终止。）对于异步产生的信号，本节起始处的论断并非虚言。

然而，有时候信号的产生是由进程本身的执行造成的，前面就曾提及两个这样的例子。

- 执行特定的机器语言指令，可导致硬件异常，并因此而产生 22.4 节所述的硬件产生信号（SIGBUS、SIGFPE、SIGILL、SIGSEGV 和 SIGEMT）。
- 进程可以使用 raise()、kill()或者 killpg()向自身发送信号。

在这些情况下，信号的产生就是同步的——会立即传递信号（除非该信号遭到阻塞，但还要参考 22.4 节就阻塞硬件产生信号而展开的讨论）。换言之，本节开始处的论断则并不成立。对于同步产生的信号而言，其传递不但可以预测，而且可以重现。

注意，同步是对信号产生方式的描述，并不针对信号本身。所有的信号既可以同步产生（例如，进程使用 kill()向自身发送信号），也可以异步产生（例如，由另一进程使用 kill()来发送信号）。

22.6 信号传递的时机与顺序

本节的主题有二。其一，具体于何时去传递一个处于等待状态的信号；其二，对于多个遭到阻塞，且处于等待状态的信号一旦同时解除阻塞，将会发生什么情况？

何时传递一个信号？

如 22.5 节所述，同步产生的信号会立即传递。例如，硬件异常会触发一个即时信号，而当进程使用 raise()向自身发送信号时，信号会在 raise()调用返回前就已经发出。

当异步产生一个信号时，即使并未将其阻塞，在信号产生和实际传递之间仍可能会存在一个（瞬时）延迟。在此期间，信号处于等待状态。这是因为内核将等待信号传递给进程的时机是，该进程正在执行，且发生由内核态到用户态的下一次切换时。实际上，这意味着在以下时刻才会传递信号。

- 进程在前度超时后，再度获得调度时（即，在一个时间片的开始处）。
- 系统调用完成时（信号的传递可能引起正在阻塞的系统调用过早完成）。

解除对多个信号的阻塞时，信号的传递顺序

如果进程使用 sigprocmask()解除了对多个等待信号的阻塞，那么所有这些信号会立即传递给该进程。

就目前的 Linux 实现而言，Linux 内核按照信号编号的升序来传递信号。例如，如果对处于等待状态的信号 SIGINT（信号编号为 2）和 SIGQUIT（信号编号为 3）同时解除阻塞，那么无论这两个信号的产生次序如何，SIGINT 都将先于 SIGQUIT 而传递。

然而，也不能对传递（标准）信号的特定顺序产生任何依赖，因为 SUSv3 规定，多个信号的传递顺序由系统实现决定。（该条款仅适用于标准信号。如 22.8 节所述，实时信号的相关标准规定，对于解除阻塞的实时信号而言，其传递顺序必须得到保障。）

当多个解除了阻塞的信号正在等待传递时，如果在信号处理器函数执行期间发生了内核态和用户态之间的切换，那么将中断此处理器函数的执行，转而去调用第二个信号处理器函数（如此递进），如图 22-1 所示。

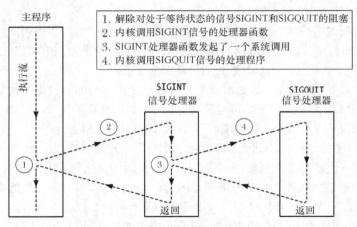

图 22-1: 对多个解除阻塞信号的传递

22.7 signal()的实现及可移植性

本节展示了如何使用 sigaction()来实现 signal()。实现虽然简单明了，但还需要顾及这一事实，由于历史沿革和 UNIX 实现之间的差异，signal()曾具有各种不同的语义。尤其是，信号的早期实现并不可靠，这意味着：

- 刚一进入信号处理器，会将信号处置重置为其默认行为。（这对应于 20.13 节描述的 SA_RESETHAND 标志。）要想在同一信号"再度光临"时再次调用该信号处理器函数，程序员必须在信号处理器内部调用 signal()，以显式重建处理器函数。这种情况存在一个问题：在进入信号处理器和重建处理器之间存在一个短暂的窗口期，而如果同一信号在此期间再度来袭，那么将只能按照其默认处置来进行处理。
- 在信号处理器执行期间，不会对新产生的信号进行阻塞。（这对应于 20.12 节描述的 SA_NODEFER 标志。）这意味着，如果在某一信号处理器函数执行期间，同类信号再度光顾，那么将对该处理器函数进行递归调用。假定一串信号中彼此的时间间隔足够短，那么对处理器函数的递归调用将可能导致堆栈溢出。

除了不可靠之外，早期的 UNIX 实现并未提供系统调用的自动重启功能（即，21.5 节所述 SA_RESTART 标志的相关行为）。

4.2BSD 针对可靠信号的实现纠正了这些限制，其他一些 UNIX 实现也纷纷效仿。然而，时至今日，这些早期语义依然存在于 System V 的 signal()实现之中。更有甚者，诸如 SUSv3 和 C99 之类的当代标准对 signal()的这些方面也有意不予规范。

整合上述信息，对 signal()的实现如程序清单 22-1 所示。该实现默认将提供信号的现代语义。如果编译时带有-DOLD_SIGNAL 选项，那么将提供早期的不可靠信号语义，且不能启用系统调用的自动重启功能。

程序清单 22-1：signal()的实现之一

―――――――――――――――――――――――――――――――――― signals/signal.c

```
#include <signal.h>

typedef void (*sighandler_t)(int);
```

```
sighandler_t
signal(int sig, sighandler_t handler)
{
    struct sigaction newDisp, prevDisp;

    newDisp.sa_handler = handler;
    sigemptyset(&newDisp.sa_mask);
#ifdef OLD_SIGNAL
    newDisp.sa_flags = SA_RESETHAND | SA_NODEFER;
#else
    newDisp.sa_flags = SA_RESTART;
#endif

    if (sigaction(sig, &newDisp, &prevDisp) == -1)
        return SIG_ERR;
    else
        return prevDisp.sa_handler;
}
```
── signals/signal.c

glibc 的一些细节

随着时间推移，glibc 对 signal()库函数的实现也历经变化。较新版本（glibc 2 及更高版本）的函数库默认提供现代语义。而老版本则提供早期的不可靠（System V-兼容）语义。

> Linux 内核将 signal()实现为系统调用，并提供较老的、不可靠语义。然而，glibc 库则利用 sigaction()实现了 signal()库函数，从而将 signal()系统调用旁路。

如果执意在现代 glibc 版本中使用不可靠信号语义，那么可以显式以（非标准的）sysv_signal()函数来替代对 signal()的调用。

```
#define _GNU_SOURCE
#include <signal.h>

void ( *sysv_signal(int sig, void (*handler)(int)) ) (int);
```
            Returns previous signal disposition on success, or SIG_ERR on error

sysv_signal()函数的参数与 signal()函数相同。

若编译程序时并未定义_BSD_SOURCE 特性测试宏，则 glibc 会隐式将所有 signal()调用重新定义为 sysv_signal()调用，亦即启用 signal()的不可靠语义。默认情况下会定义_BSD_SOURCE，但是（除非显式定义了_BSD_SOURCE）如果编译程序时定义了诸如_SVID_SOURCE 或_XOPEN_SOURCE 之类的其他特性测试宏，那么对_BSD_SOURCE 的默认定义将会失效。

sigaction()是建立信号处理器的首选 API

鉴于上述 System V 与 BSD 之间（以及 glibc 新老版本之间）的可移植性问题，应当坚持使用 sigaction()而非 signal()来建立信号处理器，这不失为一种稳妥之举。本书剩下部分都将遵循这一做法。（另一种选择是，编写类似于程序清单 22-1 的 signal()版本，精确设定所需要的标志，供应用程序内部使用。）不过，还应注意，使用 signal()将信号处置设置为 SIG_IGN 或者 SIG_DFL 的手法具有良好的可移植性（程序也更为简短），所以也很常用。

22.8 实时信号

定义于 POSIX.1b 中的实时信号，意在弥补对标准信号的诸多限制。较之于标准信号，其优势如下所示。

- 实时信号的信号范围有所扩大，可应用于应用程序自定义的目的。而标准信号中可供应用随意使用的信号仅有两个：SIGUSR1 和 SIGUSR2。
- 对实时信号所采取的是队列化管理。如果将某一实时信号的多个实例发送给一进程，那么将会多次传递信号。相反，如果某一标准信号已经在等待某一进程，而此时即使再次向该进程发送此信号的实例，信号也只会传递一次。
- 当发送一个实时信号时，可为信号指定伴随数据（一整型数或者指针值），供接收进程的信号处理器获取。
- 不同实时信号的传递顺序得到保障。如果有多个不同的实时信号处于等待状态，那么将率先传递具有最小编号的信号。换言之，信号的编号越小，其优先级越高。如果是同一类型的多个信号在排队，那么信号（以及伴随数据）的传递顺序与信号发送来时的顺序保持一致。

SUSv3 要求，实现所提供的各种实时信号不得少于_POSIX_RTSIG_MAX（定义为 8）个。Linux 内核则定义了 32 个不同的实时信号，编号范围为 32~63。<signal.h>头文件所定义的 RTSIG_MAX 常量则表征实时信号的可用数量，而此外所定义的常量 SIGRTMIN 和 SIGRTMAX 则分别表示可用实时信号编号的最小值和最大值。

> 采用 LinuxThreads 线程实现的系统将 SIGRTMIN 定义为 35（而非 32），这是因为 LinuxThreads 内部使用了前三个实时信号。而采用 NPTL 线程实现的系统则将 SIGRTMIN 定义为 34，因为 NPTL 内部使用了前两个实时信号。

对实时信号的区分方式有别于标准信号，不再依赖于所定义常量的不同。然而，程序员不应将实时信号编号的整型值在应用程序代码中写死，因为实时信号的范围因 UNIX 实现的不同而各异。与之相反，指代实时信号编号则可以采用 SIGRTMIN+x 的形式。例如，表达式（SIGRTMIN + 1）就表示第二个实时信号。

注意，SUSv3 并未要求 SIGRTMAX 和 SIGRTMIN 是简单的整数值。可以将其定义为函数（就像 Linux 中那样）。这也意味着，不能编写如下代码以供预处理器处理：

```
#if SIGRTMIN+100 > SIGRTMAX                    /* WRONG! */
#error "Not enough realtime signals"
#endif
```

相反，必须在运行时执行等效检查。

对排队实时信号的数量限制

排队的实时信号（及其相关数据）需要内核维护相应的数据结构，用于罗列每个进程的排队信号。由于这些数据结构会消耗内核内存，故而内核对排队实时信号的数量设置了限制。

SUSv3 允许实现为每个进程中可排队的（各类）实时信号数量设置上限，并要求其不得少于_POSIX_SIGQUEUE_MAX（定义为 32）。实现可借助于对 SIGQUEUE_MAX 常量的定义来表示其所允许的排队实时信号数量。发起如下调用也能获得这一信息：

```
lim = sysconf(_SC_SIGQUEUE_MAX);
```

若系统使用的 glibc 库版本在 2.4 之前，则该调用返回−1。从 glibc 2.4 开始，其返回值由内核版本决定。在 Linux 2.6.8 之前，调用将返回 Linux 专有文件/proc/sys/kernel/rtsig-max 中的值。该文件所定义为针对所有进程中可能排队的实时信号总数的系统级限制。默认值为 1024，不过特权级进程可以对其进行修改。至于当前的排队实时信号总数，可以从 Linux 专有的 /proc/sys/kernel/rtsig-nr 文件中读取。

从版本 2.6.8 开始，Linux 取消了这些/proc 文件。取而代之的是资源限制 RLIMIT_SIGPENDING（36.3 节）。针对某个特定实际用户 ID 下辖的所有进程，该限制限定了其可排队的信号总数。sysconf()调用从 glibc2.10 版本开始返回 RLIMIT_SIGPENDING 限制。（至于正在等待某一进程的实时信号数量，可以从 Linux 专有文件/proc/PID/status 中的 SigQ 字段读取。）

使用实时信号

为了能让一对进程收发实时信号，SUSv3 提出以下几点要求。

- 发送进程使用 sigqueue()系统调用来发送信号及其伴随数据。

> 使用 kill()、killpg()和 raise()调用也能发送实时信号。然而，至于系统是否会对利用此类接口所发送的信号进行排队处理，SUSv3 规定，由具体实现决定。这些接口在 Linux 中会对实时信号进行排队，但在其他许多 UNIX 实现中，情况则不然。

- 要为该信号建立了一个处理器函数，接收进程应以 SA_SIGINFO 标志发起对 sigaction() 的调用。因此，调用信号处理器时就会附带额外参数，其中之一是实时信号的伴随数据。

> 在 Linux 中，即使接收进程在建立信号处理器时并未指定 SA_SIGINFO 标志，也能对实时信号进行队列化管理（但在这种情况下，将不可能获得信号的伴随数据）。然而，SUSv3 也不要求实现确保这一行为，所以依赖这一点将有损于应用的可移植性。

22.8.1 发送实时信号

系统调用 sigqueue()将由 sig 指定的实时信号发送给由 pid 指定的进程。

```
#define _POSIX_C_SOURCE 199309
#include <signal.h>

int sigqueue(pid_t pid, int sig, const union sigval value);
                                    Returns 0 on success, or −1 on error
```

使用 sigqueue()发送信号所需要的权限与 kill()（参见 20.5 节）的要求一致。也可以发送空信号（即信号 0），其语义与 kill()中的含义相同。（不同于 kill()，sigqueue()不能通过将 pid 指定为负值而向整个进程组发送信号。）

程序清单 22-2：使用 sigqueue()发送实时信号

────────────────────────────────── signals/t_sigqueue.c

```
#define _POSIX_C_SOURCE 199309
#include <signal.h>
#include "tlpi_hdr.h"
```

```
int
main(int argc, char *argv[])
{
    int sig, numSigs, j, sigData;
    union sigval sv;

    if (argc < 4 || strcmp(argv[1], "--help") == 0)
        usageErr("%s pid sig-num data [num-sigs]\n", argv[0]);

    /* Display our PID and UID, so that they can be compared with the
       corresponding fields of the siginfo_t argument supplied to the
       handler in the receiving process */

    printf("%s: PID is %ld, UID is %ld\n", argv[0],
            (long) getpid(), (long) getuid());

    sig = getInt(argv[2], 0, "sig-num");
    sigData = getInt(argv[3], GN_ANY_BASE, "data");
    numSigs = (argc > 4) ? getInt(argv[4], GN_GT_0, "num-sigs") : 1;

    for (j = 0; j < numSigs; j++) {
        sv.sival_int = sigData + j;
        if (sigqueue(getLong(argv[1], 0, "pid"), sig, sv) == -1)
            errExit("sigqueue %d", j);
    }

    exit(EXIT_SUCCESS);
}
```

── **signals/t_sigqueue.c**

参数 value 指定了信号的伴随数据，具有以下形式：

```
union sigval {
    int    sival_int;      /* Integer value for accompanying data */
    void *sival_ptr;       /* Pointer value for accompanying data */
};
```

对该参数的解释则取决于应用程序，由其选择对联合体（union)中的 sival_int 属性还是
sival_ptr 属性进行设置。sigqueue()中很少使用 sival_ptr，因为指针的作用范围在进程内部，对
于另一进程几乎没有意义。该字段得以一展身手之处，应该是在使用 sigval 联合体的其他函数
中，诸如 23.6 节的 POSIX 计时器和 52.6 节的 POSIX 消息队列通知。

> 包括 Linux 在内的几个 UNIX 实现定义了与 union sigval 同义的数据类型 sigval_t。然
> 而，该类型既未获得 SUSv3 接纳，也没有得到其他实现的支持。对可移植性有所要求的应
> 用程序应当避免使用。

一旦触及对排队信号的数量限制，sigqueue()调用将会失败。同时将 errno 置为 EAGAIN，
以示需要再次发送该信号（在当前队列中某些信号传递之后的某一时间点）。

程序清单 22-2 提供了 sigqueue()的应用示例。该程序最多接受 4 个参数，其中前 3 项为必
填项：目标进程 ID、信号编号以及伴随实时信号的整型值。如果需要为指定信号发送多个实
例，那么可以用可选的第 4 个参数来指定实例数量。在这种情况下，会为每个信号的伴随整
型值依次加 1。22.8.2 节将展示该程序的用法。

22.8.2　处理实时信号

可以像标准信号一样，使用常规（单参数）信号处理器来处理实时信号。此外，也可

以用带有 3 个参数的信号处理器函数来处理实时信号，其建立则会用到 SA_SIGINFO 标志（参见 21.4 节）。以下为使用 SA_SIGINFO 标志为第六个实时信号建立处理器函数的代码示例：

```
struct sigaction act;

sigemptyset(&act.sa_mask);
act.sa_sigaction = handler;
act.sa_flags = SA_RESTART | SA_SIGINFO;

if (sigaction(SIGRTMIN + 5, &act, NULL) == -1)
    errExit("sigaction");
```

一旦采用了 SA_SIGINFO 标志，传递给信号处理器函数的第二个参数将是一个 siginfo_t 结构，内含实时信号的附加信息。21.4 节详细描述了这一数据结构。对于一个实时信号而言，会在 siginfo_t 结构中设置如下字段。

- si_signo 字段，其值与传递给信号处理器函数的第一个参数相同。
- si_code 字段表示信号来源，内容为表 21-2 中所示各值之一。对于通过 sigqueue() 发送的实时信号来说，该字段值总是为 SI_QUEUE。
- si_value 字段所含数据，由进程于使用 sigqueue() 发送信号时在 value 参数（sigval union）中指定。正如前文指出，对该数据的解释由应用程序决定。（若信号由 kill() 发送，则 si_value 字段所含信息无效。）
- si_pid 和 si_uid 字段分别包含信号发送进程的进程 ID 和实际用户 ID。

程序清单 22-3 提供了处理实时信号的一个例子。该程序捕获信号，并针对传递给信号处理器函数的 siginfo_t 结构，一一显示其中的各个字段值。该程序可接收两个整型命令行参数，均为可选项。如果提供了第一个参数，那么主程序将阻塞所有信号并进入休眠，休眠秒数由该参数指定。在此期间，将对进程的实时信号进行排队处理，并可观察解除对信号阻塞时所发生的情况。第二个参数指定了信号处理器函数在返回前所应休眠的秒数。指定一个非 0 值（默认为 1 秒）将有助于放缓程序的执行，便于看清处理多个信号时所发生的情况。

可以将程序清单 22-3 中程序与程序清单 22-2 中程序（t_sigqueue.c）结合起来探索实时信号的行为，正如以下 shell 会话日志所示：

```
$ ./catch_rtsigs 60 &
[1] 12842
$ ./catch_rtsigs: PID is 12842          Shell prompt mixed with program output
./catch_rtsigs: signals blocked - sleeping 60 seconds
Press Enter to see next shell prompt
$ ./t_sigqueue 12842 54 100 3           Send signal three times
./t_sigqueue: PID is 12843, UID is 1000
$ ./t_sigqueue 12842 43 200
./t_sigqueue: PID is 12844, UID is 1000
$ ./t_sigqueue 12842 40 300
./t_sigqueue: PID is 12845, UID is 1000
```

最终，catch_rtsigs 程序结束休眠，随着信号处理器捕获到各种信号而一一显示消息。（之所以看到 shell 提示符和程序的下一行输出混杂在一起，是因为 catch_rtsigs 程序正在后台输出信息。）可以看出，实时信号在传递时遵循低编号优先的原则，并且在传递给处理器函数的 siginfo_t 结构中包含了发送进程的进程 ID 和用户 ID。

```
$ ./catch_rtsigs: sleep complete
caught signal 40
    si_signo=40, si_code=-1 (SI_QUEUE), si_value=300
    si_pid=12845, si_uid=1000
caught signal 43
    si_signo=43, si_code=-1 (SI_QUEUE), si_value=200
    si_pid=12844, si_uid=1000
```

接下来的输出由同一实时信号的 3 个实例产生。由 si_value 值可知，这些信号的传递顺序与发送顺序相同。

```
caught signal 54
    si_signo=54, si_code=-1 (SI_QUEUE), si_value=100
    si_pid=12843, si_uid=1000
caught signal 54
    si_signo=54, si_code=-1 (SI_QUEUE), si_value=101
    si_pid=12843, si_uid=1000
caught signal 54
    si_signo=54, si_code=-1 (SI_QUEUE), si_value=102
    si_pid=12843, si_uid=1000
```

继续使用 shell 的 kill 命令向程序 catch_rtsigs 发送信号。一如既往，处理器函数接收到的 siginfo_t 结构中包含了发送进程的进程 ID 和用户 ID，但此时的 si_code 值为 SI_USER。

```
Press Enter to see next shell prompt
$ echo $$                              Display PID of shell
12780
$ kill -40 12842                       Uses kill(2) to send a signal
$ caught signal 40
    si_signo=40, si_code=0 (SI_USER), si_value=0
    si_pid=12780, si_uid=1000          PID is that of the shell
Press Enter to see next shell prompt
$ kill 12842                           Kill catch_rtsigs by sending SIGTERM
Caught 6 signals
Press Enter to see notification from shell about terminated background job
[1]+  Done                    ./catch_rtsigs 60
```

程序清单 22-3：处理实时信号

―――――――――――――――――――――――――――――――――――― signals/catch_rtsigs.c

```c
#define _GNU_SOURCE
#include <string.h>
#include <signal.h>
#include "tlpi_hdr.h"

static volatile int handlerSleepTime;
static volatile int sigCnt = 0;        /* Number of signals received */
static volatile int allDone = 0;

static void            /* Handler for signals established using SA_SIGINFO */
siginfoHandler(int sig, siginfo_t *si, void *ucontext)
{
    /* UNSAFE: This handler uses non-async-signal-safe functions
       (printf()); see Section 21.1.2) */

    /* SIGINT or SIGTERM can be used to terminate program */

    if (sig == SIGINT || sig == SIGTERM) {
        allDone = 1;
```

```
            return;
        }

        sigCnt++;
        printf("caught signal %d\n", sig);

        printf("    si_signo=%d, si_code=%d (%s), ", si->si_signo, si->si_code,
                (si->si_code == SI_USER) ? "SI_USER" :
                (si->si_code == SI_QUEUE) ? "SI_QUEUE" : "other");
        printf("si_value=%d\n", si->si_value.sival_int);
        printf("    si_pid=%ld, si_uid=%ld\n", (long) si->si_pid, (long) si->si_uid);

        sleep(handlerSleepTime);
}
int
main(int argc, char *argv[])
{
    struct sigaction sa;
    int sig;
    sigset_t prevMask, blockMask;

    if (argc > 1 && strcmp(argv[1], "--help") == 0)
        usageErr("%s [block-time [handler-sleep-time]]\n", argv[0]);

    printf("%s: PID is %ld\n", argv[0], (long) getpid());

    handlerSleepTime = (argc > 2) ?
                getInt(argv[2], GN_NONNEG, "handler-sleep-time") : 1;

    /* Establish handler for most signals. During execution of the handler,
       mask all other signals to prevent handlers recursively interrupting
       each other (which would make the output hard to read). */

    sa.sa_sigaction = siginfoHandler;
    sa.sa_flags = SA_SIGINFO;
    sigfillset(&sa.sa_mask);

    for (sig = 1; sig < NSIG; sig++)
        if (sig != SIGTSTP && sig != SIGQUIT)
            sigaction(sig, &sa, NULL);

    /* Optionally block signals and sleep, allowing signals to be
       sent to us before they are unblocked and handled */

    if (argc > 1) {
        sigfillset(&blockMask);
        sigdelset(&blockMask, SIGINT);
        sigdelset(&blockMask, SIGTERM);

        if (sigprocmask(SIG_SETMASK, &blockMask, &prevMask) == -1)
            errExit("sigprocmask");

        printf("%s: signals blocked - sleeping %s seconds\n", argv[0], argv[1]);
        sleep(getInt(argv[1], GN_GT_0, "block-time"));
        printf("%s: sleep complete\n", argv[0]);

        if (sigprocmask(SIG_SETMASK, &prevMask, NULL) == -1)
            errExit("sigprocmask");
    }
```

```
    while (!allDone)                      /* Wait for incoming signals */
        pause();
}
```

signals/catch_rtsigs.c

22.9　使用掩码来等待信号：sigsuspend()

在解释 sigsuspend() 的功用之前，先介绍一下它的一种使用场景。在对信号编程时偶尔会遇到如下情况。

1.　临时阻塞一个信号，以防止其信号处理器不会将某些关键代码片段的执行中断。

2.　解除对信号的阻塞，然后暂停执行，直至有信号到达。

为达到这一目的，可能会尝试使用程序清单 22-4 中代码所示方法。

程序清单 22-4：解除阻塞并等待信号的错误做法

```
sigset_t prevMask, intMask;
struct sigaction sa;

sigemptyset(&intMask);
sigaddset(&intMask, SIGINT);

sigemptyset(&sa.sa_mask);
sa.sa_flags = 0;
sa.sa_handler = handler;

if (sigaction(SIGINT, &sa, NULL) == -1)
    errExit("sigaction");

/* Block SIGINT prior to executing critical section. (At this
   point we assume that SIGINT is not already blocked.) */

if (sigprocmask(SIG_BLOCK, &intMask, &prevMask) == -1)
    errExit("sigprocmask - SIG_BLOCK");

/* Critical section: do some work here that must not be
   interrupted by the SIGINT handler */

/* End of critical section - restore old mask to unblock SIGINT */

if (sigprocmask(SIG_SETMASK, &prevMask, NULL) == -1)
    errExit("sigprocmask - SIG_SETMASK");

/* BUG: what if SIGINT arrives now... */

pause();                                /* Wait for SIGINT */
```

程序清单 22-4 中代码存在一个问题。假设 SIGINT 信号的传递发生在第二次调用 sigprocmask() 之后，调用 pause() 之前。（实际上，该信号可能产生于执行关键片段期间的任一时刻，仅当解除对信号的阻塞后才会随之而传递。）SIGINT 信号的传递将导致对处理器函数的调用，而当处理器返回后，主程序恢复执行，pause() 调用将陷入阻塞，直到 SIGINT 信号的第二个实例到达为止。这有违代码的本意：解除对 SIGINT 阻塞并等待其第一次出现。

即使在关键片段的起始点（即首次调用 sigprocmask()）和 pause()调用之间产生 SIGINT 信号的可能性不大，但这确实是上述代码的一处缺陷。这种取决于时间的缺陷是竞态条件（5.1 节）的例子之一。通常，竞态条件发生于两个进程或线程共享资源时。然而，此处的竞态条件却发生在主程序和其自身的信号处理器之间。

要避免这一问题，需要将解除信号阻塞和挂起进程这两个动作封装成一个原子操作。这正是 sigsuspend()系统调用的目的所在。

```
#include <signal.h>

int sigsuspend(const sigset_t *mask);
```
                                        (Normally) returns –1 with *errno* set to EINTR

sigsuspend()系统调用将以 mask 所指向的信号集来替换进程的信号掩码，然后挂起进程的执行，直到其捕获到信号，并从信号处理器中返回。一旦处理器返回，sigsuspend()会将进程信号掩码恢复为调用前的值。

调用 sigsuspend()，相当于以不可中断方式执行如下操作：
```
sigprocmask(SIG_SETMASK, &mask, &prevMask);      /* Assign new mask */
pause();
sigprocmask(SIG_SETMASK, &prevMask, NULL);       /* Restore old mask */
```

虽然恢复老的信号掩码乍看起来似乎麻烦，但为了在需要反复等待信号的情况下避免竞态条件，这一做法就至关重要。在这种情况下，除非是在 sigsuspend()调用期间，否则信号必须保持阻塞状态。如果稍后需要对在调用 sigsuspend()之前遭到阻塞的信号解除阻塞，可以进一步调用 sigprocmask()。

若 sigsuspend()因信号的传递而中断，则将返回–1，并将 errno 置为 EINTR。如果 mask 指向的地址无效，则 sigsuspend()调用失败，并将 errno 置为 EFAULT。

示例程序

程序清单 22-5 展示了对 sigsuspend()的使用。该程序执行如下步骤。
* 调用 printSigMask()函数（程序清单 20-4）来显示进程信号掩码的初始值。
* 阻塞 SIGINT 和 SIGQUIT 信号，并保存原始的进程信号掩码。
* 为 SIGINT 和 SIGQUIT 信号建立相同的处理器函数。该处理器显示一条消息，且若对其调用因 SIGQUIT 信号的传递而引起，则设置全局变量 gotSigquit。
* 循环执行，直至对 gotSigquit 进行了设置。每次循环都执行如下步骤。
  – 使用 printSigMask()函数显示信号掩码的当前值。
  – 令 CPU 忙于循环并持续数秒钟，以此来模拟对一个关键片段的执行。
  – 使用 printPendingSigs()函数来显示等待信号的掩码（程序清单 20-4）。
  – 使用 sigsuspend()来解除对 SIGINT 和 SIGQUIT 信号的阻塞，并等待信号（如果尚未有信号处于等待状态）。
* 使用 sigprocmask()将进程信号掩码恢复为原始状态,然后再使用 printSigMask()来显示信号掩码。

程序清单 22-5：使用 sigsuspend()

——————————————————————————————————————— signals/t_sigsuspend.c
```
#define _GNU_SOURCE      /* Get strsignal() declaration from <string.h> */
```

```
#include <string.h>
#include <signal.h>
#include <time.h>
#include "signal_functions.h"              /* Declarations of printSigMask()
                                              and printPendingSigs() */
#include "tlpi_hdr.h"

static volatile sig_atomic_t gotSigquit = 0;

static void
handler(int sig)
{
    printf("Caught signal %d (%s)\n", sig, strsignal(sig));
                                        /* UNSAFE (see Section 21.1.2) */
    if (sig == SIGQUIT)
        gotSigquit = 1;
}

int
main(int argc, char *argv[])
{
    int loopNum;
    time_t startTime;
    sigset_t origMask, blockMask;
    struct sigaction sa;

①  printSigMask(stdout, "Initial signal mask is:\n");

    sigemptyset(&blockMask);
    sigaddset(&blockMask, SIGINT);
    sigaddset(&blockMask, SIGQUIT);
②  if (sigprocmask(SIG_BLOCK, &blockMask, &origMask) == -1)
        errExit("sigprocmask - SIG_BLOCK");

    sigemptyset(&sa.sa_mask);
    sa.sa_flags = 0;
    sa.sa_handler = handler;
③  if (sigaction(SIGINT, &sa, NULL) == -1)
        errExit("sigaction");
    if (sigaction(SIGQUIT, &sa, NULL) == -1)
        errExit("sigaction");

④  for (loopNum = 1; !gotSigquit; loopNum++) {
        printf("=== LOOP %d\n", loopNum);

        /* Simulate a critical section by delaying a few seconds */

        printSigMask(stdout, "Starting critical section, signal mask is:\n");
        for (startTime = time(NULL); time(NULL) < startTime + 4; )
            continue;                      /* Run for a few seconds elapsed time */

        printPendingSigs(stdout,
                "Before sigsuspend() - pending signals:\n");
        if (sigsuspend(&origMask) == -1 && errno != EINTR)
            errExit("sigsuspend");
    }

⑤  if (sigprocmask(SIG_SETMASK, &origMask, NULL) == -1)
        errExit("sigprocmask - SIG_SETMASK");
```

⑥　　　printSigMask(stdout, "=== Exited loop\nRestored signal mask to:\n");

　　　/* Do other processing... */

　　　exit(EXIT_SUCCESS);
　}

以下 shell 会话日志所示为程序清单 22-5 中程序的运行结果示例：

```
$ ./t_sigsuspend
Initial signal mask is:
            <empty signal set>
=== LOOP 1
Starting critical section, signal mask is:
            2 (Interrupt)
            3 (Quit)
```
Type Control-C; SIGINT is generated, but remains pending because it is blocked
```
Before sigsuspend() - pending signals:
            2 (Interrupt)
Caught signal 2 (Interrupt)            sigsuspend() is called, signals are unblocked
```

程序调用 sigsuspend()解除了对 SIGINT 信号的阻塞，还显示了最后一行输出。正是在那一点，调用了信号处理器，并显示了那一行输出。

主程序会继续循环。
```
=== LOOP 2
Starting critical section, signal mask is:
            2 (Interrupt)
            3 (Quit)
```
Type Control-\ to generate SIGQUIT
```
Before sigsuspend() - pending signals:
            3 (Quit)
Caught signal 3 (Quit)            sigsuspend() is called, signals are unblocked
=== Exited loop            Signal handler set gotSigquit
Restored signal mask to:
            <empty signal set>
```

此时按下 Control-\，将导致信号处理器去设置 gotSigquit 标志，并转而引发主程序终止循环。

22.10　以同步方式等待信号

　　22.9 节描述了如何结合信号处理器和 sigsuspend()来挂起一个进程的执行，直至传来一个信号。然而，这需要编写信号处理器函数，还需要应对信号异步传递所带来的复杂性。对于某些应用而言，这种方法过于繁复。作为替代方案，可以利用 sigwaitinfo()系统调用来同步接收信号。

```
#define _POSIX_C_SOURCE 199309
#include <signal.h>

int sigwaitinfo(const sigset_t *set, siginfo_t *info);
                Returns number of delivered signal on success, or –1 on error
```

　　sigwaitinfo()系统调用挂起进程的执行，直至 set 指向信号集中的某一信号抵达。如果调用 sigwaitinfo()时，set 中的某一信号已经处于等待状态，那么 sigwaitinfo()将立即返回。传递来的信号就此从进程的等待信号队列中移除，并且将返回信号编号作为函数结果。info 参数如果不为空，则会指向经过初始化处理的 siginfo_t 结构，其中所含信息与提供给信号处理器函数的 siginfo_t 参数（21.4 节）相同。

sigwaitinfo()所接受信号的传递顺序和排队特性与信号处理器所捕获的信号相同，就是说，不对标准信号进行排队处理，对实时信号进行排队处理，并且对实时信号的传递遵循低编号优先的原则。

除了卸去编写信号处理器的负担之外，使用 sigwaitinfo()来等待信号也要比信号处理器外加 sigsuspend()的组合要稍快一些（见练习 22-3）。

将对 set 中信号集的阻塞与调用 sigwaitinfo()结合起来，这当属明智之举。（即便某一信号遭到阻塞，仍然可以使用 sigwaitinfo()来获取等待信号。）如果没有这么做，而信号在首次调用 sigwaitinfo()之前，或者两次连续调用 sigwaitinfo()之间到达，那么对信号的处理将只能依照其当前处置。

SUSv3 规定，调用 sigwaitinfo()而不阻塞 set 中的信号将导致不可预知的行为（其行为未定义）。

程序清单 22-6 所示为使用 sigwaitinfo()的例子之一。程序首先阻塞所有信号，然后延迟数秒时间，具体秒数由可选命令行参数来指定，从而允许在调用 sigwaitinfo()之前向程序发送信号。程序随即持续循环调用 sigwaitinfo()来接收输入信号，直至收到 SIGINT 或 SIGTERM 信号。

如下 shell 会话日志展示了程序清单 22-6 中程序的运行情况。程序在后台运行，并指定在执行 sigwaitinfo()前需延迟 60 秒，随后再向进程发送两个信号：

```
$ ./t_sigwaitinfo 60 &
./t_sigwaitinfo: PID is 3837
./t_sigwaitinfo: signals blocked
./t_sigwaitinfo: about to delay 60 seconds
[1] 3837
$ ./t_sigqueue 3837 43 100                          Send signal 43
./t_sigqueue: PID is 3839, UID is 1000
$ ./t_sigqueue 3837 42 200                          Send signal 42
./t_sigqueue: PID is 3840, UID is 1000
```

最终，程序完成睡眠，sigwaitinfo()调用循环接收排队信号。（由于 t_sigwaitinfo 程序正在后台输出信息，故而可以观察到 shell 提示符和程序的下一行输出混杂在一起。）至于处理器所捕获到的实时信号，可以看出，编号低的信号率先传递，而且，借助于传递给信号处理器函数的 siginfo_t 结构，还可以获得发送进程的进程 ID 和用户 ID。

```
$ ./t_sigwaitinfo: finished delay
got signal: 42
    si_signo=42, si_code=-1 (SI_QUEUE), si_value=200
    si_pid=3840, si_uid=1000
got signal: 43
    si_signo=43, si_code=-1 (SI_QUEUE), si_value=100
    si_pid=3839, si_uid=1000
```

继续使用 shell 的 kill 命令向进程发送信号。可以观察到，这次将 si_code 字段置为 SI_USER（而非 SI_QUEUE）。

```
Press Enter to see next shell prompt
$ echo $$                                           Display PID of shell
3744
$ kill -USR1 3837                                   Shell sends SIGUSR1 using kill()
$ got signal: 10                                    Delivery of SIGUSR1
    si_signo=10, si_code=0 (SI_USER), si_value=100
```

收到 SIGUSR1 信号，由其输出可知，si_value 字段值为 100。该值是由 sigqueue()发送的前一信号初始化而成。前文曾指出，仅对由 sigqueue()所发送的信号，si_value 字段所包含的信息才是可靠的。

程序清单 22-6：使用 sigwaitinfo()来同步等待信号

—————————————————————————————————— signals/t_sigwaitinfo.c

```c
#define _GNU_SOURCE
#include <string.h>
#include <signal.h>
#include <time.h>
#include "tlpi_hdr.h"

int
main(int argc, char *argv[])
{
    int sig;
    siginfo_t si;
    sigset_t allSigs;

    if (argc > 1 && strcmp(argv[1], "--help") == 0)
        usageErr("%s [delay-secs]\n", argv[0]);

    printf("%s: PID is %ld\n", argv[0], (long) getpid());

    /* Block all signals (except SIGKILL and SIGSTOP) */

    sigfillset(&allSigs);
    if (sigprocmask(SIG_SETMASK, &allSigs, NULL) == -1)
        errExit("sigprocmask");
    printf("%s: signals blocked\n", argv[0]);

    if (argc > 1) {              /* Delay so that signals can be sent to us */
        printf("%s: about to delay %s seconds\n", argv[0], argv[1]);
        sleep(getInt(argv[1], GN_GT_0, "delay-secs"));
        printf("%s: finished delay\n", argv[0]);
    }

    for (;;) {                   /* Fetch signals until SIGINT (^C) or SIGTERM */
        sig = sigwaitinfo(&allSigs, &si);
        if (sig == -1)
            errExit("sigwaitinfo");

        if (sig == SIGINT || sig == SIGTERM)
            exit(EXIT_SUCCESS);

        printf("got signal: %d (%s)\n", sig, strsignal(sig));
        printf("    si_signo=%d, si_code=%d (%s), si_value=%d\n",
                si.si_signo, si.si_code,
                (si.si_code == SI_USER) ? "SI_USER" :
```

```
                (si.si_code == SI_QUEUE) ? "SI_QUEUE" : "other",
            si.si_value.sival_int);
    printf("    si_pid=%ld, si_uid=%ld\n",
            (long) si.si_pid, (long) si.si_uid);
    }
}
```
———————————————————————————————— **signals/t_sigwaitinfo.c**

sigtimedwait()系统调用是 sigwaitinfo()调用的变体。唯一的区别是 sigtimedwait()允许指定等待时限。

```
#define _POSIX_C_SOURCE 199309
#include <signal.h>

int sigtimedwait(const sigset_t *set, siginfo_t *info,
                 const struct timespec *timeout);
```

Returns number of delivered signal on success,
or −1 on error or timeout (EAGAIN)

timeout 参数指定了允许 sigtimedwait()等待一个信号的最大时长，是指向如下类型结构的一枚指针：

```
struct timespec {
    time_t tv_sec;      /* Seconds ('time_t' is an integer type) */
    long   tv_nsec;     /* Nanoseconds */
};
```

填写 timespec 结构的所属字段，也就指定了允许 sigtimedwait()等待的最大秒数和纳秒数。如果将这两个字段均指定为 0，那么函数将立刻超时，就是说，会去轮询检查是否有指定信号集中的任一信号处于等待状态。[1]如果调用超时而又没有收到信号，sigtimedwait()将调用失败，并将 errno 置为 EAGAIN。

如果将 timeout 参数指定为 NULL，那么 sigtimedwait()将完全等同于 sigwaitinfo()。SUSv3 对于 timeout 的 NULL 值含义也语焉不详，而某些 UNIX 实现则将该值视为轮询请求并立即将其返回。

22.11　通过文件描述符来获取信号

始于内核 2.6.22，Linux 提供了（非标准的）signalfd()系统调用；利用该调用可以创建一个特殊文件描述符，发往调用者的信号都可从该描述符中读取。signalfd 机制为同步接受信号提供了 sigwaitinfo()之外的另一种选择。

```
#include <sys/signalfd.h>

int signalfd(int fd, const sigset_t *mask, int flags);
```

Returns file descriptor on success, or −1 on error

mask 参数是一个信号集，指定了有意通过 signalfd 文件描述符来读取的信号。如同 sigwaitinfo()一样，通常也应该使用 sigprocmask()阻塞 mask 中的所有信号，以确保在有机会读

---

1 译者注：有，则将该信号的信息返回。作者的书似乎没有 man 手册页写得明了，请读者自行比较。

取这些信号之前，不会按照默认处置对它们进行处理。

如果指定 fd 为−1，那么 signalfd() 会创建一个新的文件描述符，用于读取 mask 中的信号；否则，将修改与 fd 相关的 mask 值，且该 fd 一定是由之前对 signalfd() 的一次调用创建而成。

早期实现将 flag 参数保留下来供将来使用，且必须将其指定为 0。然而，Linux 从版本 2.6.27 开始支持下面两个标志。

SFD_CLOEXEC

为新的文件描述符设置 close-on-exec（FD_CLOEXEC）标志。该标志之所以必要，与 4.3.1 节中描述的 open()O_CLOEXEC 标志的设置理由相同。

SFD_NONBLOCK

为底层的打开文件描述设置 O_NONBLOCK 标志，以确保不会阻塞未来的读操作。既省去了一个额外的 fcntl() 调用，又获得了相同的结果。

创建文件描述符之后，可以使用 read() 调用从中读取信号。提供给 read() 的缓冲区必须足够大，至少应能够容纳一个 signalfd_siginfo 结构。<sys/signalfd.h>文件定义了该结构，如下所示：

```
struct signalfd_siginfo {
    uint32_t  ssi_signo;    /* Signal number */
    int32_t   ssi_errno;    /* Error number (generally unused) */
    int32_t   ssi_code;     /* Signal code */
    uint32_t  ssi_pid;      /* Process ID of sending process */
    uint32_t  ssi_uid;      /* Real user ID of sender */
    int32_t   ssi_fd;       /* File descriptor (SIGPOLL/SIGIO) */
    uint32_t  ssi_tid;      /* Kernel timer ID (POSIX timers) */
    uint32_t  ssi_band;     /* Band event (SIGPOLL/SIGIO) */
    uint32_t  ssi_tid;      /* (Kernel-internal) timer ID (POSIX timers) */
    uint32_t  ssi_overrun;  /* Overrun count (POSIX timers) */
    uint32_t  ssi_trapno;   /* Trap number */
    int32_t   ssi_status;   /* Exit status or signal (SIGCHLD) */
    int32_t   ssi_int;      /* Integer sent by sigqueue() */
    uint64_t  ssi_ptr;      /* Pointer sent by sigqueue() */
    uint64_t  ssi_utime;    /* User CPU time (SIGCHLD) */
    uint64_t  ssi_stime;    /* System CPU time (SIGCHLD) */
    uint64_t  ssi_addr;     /* Address that generated signal
                               (hardware-generated signals only) */
};
```

该结构中字段所返回的信息与传统 siginfo_t 结构（21.4 节）中类似命名的字段信息相同。

read() 每次调用都将返回与等待信号数目相等的 signalfd_siginfo 结构，并填充到已提供的缓冲区中。如果调用时并无信号正在等待，那么 read() 将阻塞，直到有信号到达。也可以使用 fcntl() 的 F_SETFL 操作（5.3 节）来为文件描述符设置 O_NONBLOCK 标志，使得读操作不再阻塞，且若无信号等待，则调用失败，errno 为 EAGAIN。

当从 signalfd 文件描述符中读取到一信号时，该信号获得接纳，且不再为该进程而等待。

程序清单 22-7：使用 signalfd() 来读取信号

———————————————————————— signals/signalfd_sigval.c

```
#include <sys/signalfd.h>
#include <signal.h>
#include "tlpi_hdr.h"
```

```
int
main(int argc, char *argv[])
{
    sigset_t mask;
    int sfd, j;
    struct signalfd_siginfo fdsi;
    ssize_t s;

    if (argc < 2 || strcmp(argv[1], "--help") == 0)
        usageErr("%s sig-num...\n", argv[0]);

    printf("%s: PID = %ld\n", argv[0], (long) getpid());

    sigemptyset(&mask);
    for (j = 1; j < argc; j++)
        sigaddset(&mask, atoi(argv[j]));

    if (sigprocmask(SIG_BLOCK, &mask, NULL) == -1)
        errExit("sigprocmask");

    sfd = signalfd(-1, &mask, 0);
    if (sfd == -1)
        errExit("signalfd");

    for (;;) {
        s = read(sfd, &fdsi, sizeof(struct signalfd_siginfo));
        if (s != sizeof(struct signalfd_siginfo))
            errExit("read");

        printf("%s: got signal %d", argv[0], fdsi.ssi_signo);
        if (fdsi.ssi_code == SI_QUEUE) {
            printf("; ssi_pid = %d; ", fdsi.ssi_pid);
            printf("ssi_int = %d", fdsi.ssi_int);
        }
        printf("\n");
    }
}
```

————————————————————————————————— **signals/signalfd_sigval.c**

select()、poll()和 epoll（参见第 63 章）可以将 signalfd 描述符和其他描述符混合起来进行监控。撇开其他用途不提，该特性可成为 63.5.2 节所述 self-pipe 技巧之外的另一选择。如果有信号正在等待，那么这些技术将文件描述符指示为可读取。

当不再需要 signalfd 文件描述符时，应当关闭 signalfd 以释放相关内核资源。

程序清单 22-7 展示了 signalfd()的用法。程序为在命令行参数中指定的信号创建掩码，阻塞这些信号，然后创建用来读取这些信号的 signalfd 文件描述符，之后循环从该文件描述符中读取信号，并显示返回的 signalfd_siginfo 结构中的部分信息。如下 shell 会话在后台运行了程序清单 22-7 中程序，并使用程序清单 22-2 中程序（t_sigqueue.c）向该进程发送实时信号及伴随数据：

```
$ ./signalfd_sigval 44 &
./signalfd_sigval: PID = 6267
[1] 6267
$ ./t_sigqueue 6267 44 123          Send signal 44 with data 123 to PID 6267
./t_sigqueue: PID is 6269, UID is 1000
./signalfd_sigval: got signal 44; ssi_pid=6269; ssi_int=123
$ kill %1                           Kill program running in background
```

22.12 利用信号进行进程间通信

从某种角度，可将信号视为进程间通信（IPC）的方式之一。然而，信号作为一种 IPC 机制却也饱受限制。首先，与后续各章描述的其他 IPC 方法相比，对信号编程既繁且难，具体原因如下。

- 信号的异步本质就意味着需要面对各种问题，包括可重入性需求、竞态条件及在信号处理器中正确处理全局变量。（如果用 sigwaitinfo() 或者 signalfd() 来同步获取信号，这些问题中的大部分都不会遇到。）
- 没有对标准信号进行排队处理。即使是对于实时信号，也存在对信号排队数量的限制。这意味着，为了避免丢失信息，接收信号的进程必须想方设法通知发送者，自己为接受另一个信号做好了准备。要做到这一点，最显而易见的方法是由接收者向发送者发送信号。

还有一个更深层次的问题，信号所携带的信息量有限：信号编号以及实时信号情况下一字之长的附加数据（一个整数或者一枚指针值）。与诸如管道之类的其他 IPC 方法相比，过低的带宽使得信号传输极为缓慢。

由于上述种种限制，很少将信号用于 IPC。

22.13 早期的信号 API（System V 和 BSD）

之前对信号的讨论一直着眼于 POSIX 信号 API。本节将简要回顾一下 System V 和 BSD 提供的历史 API。虽然所有的新应用程序都应当使用 POSIX API，但是在从其他 UNIX 实现移植（通常较为老迈的）应用时，可能还是会碰到这些过时的 API。当移植这些使用老旧 API 的程序时，因为 Linux（像许多其他 UNIX 实现一样）提供了与 System V 和 BSD 兼容的 API，所以通常所要做的全部工作不过是在 Linux 平台上重新进行编译而已。

System V 信号 API

如前所述，System V 中的信号 API 存在一个重要差异：当使用 signal() 建立处理器函数时，得到的是老版、不可靠的信号语义。这意味着不会将信号添加到进程的信号掩码中，调用信号处理器时会将信号处置重置为默认行为，以及不会自动重启系统调用。

下面，简单介绍一些 System V 信号 API 中的函数。手册页提供有全部的细节。SUSv3 定义了所有这些函数，但指出应优先使用现代版的 POSIX 等价函数。SUSv4 将这些函数标记为已废止。

```
#define _XOPEN_SOURCE 500
#include <signal.h>

void (*sigset(int sig, void (*handler)(int)))(int);
```
>   On success: returns the previous disposition of sig, or SIG_HOLD
>   if sig was previously blocked; on error −1 is returned

为了建立一个具有可靠语义的信号处理器，System V 提供了 sigset() 调用（原型类似于

signal())。与 signal()一样，可以将 sigset()的 handler 参数指定为 SIG_IGN、SIG_DFL 或者信号处理器函数的地址。此外，还可以将其指定为 SIG_HOLD，在将信号添加到进程信号掩码的同时保持信号处置不变。

如果指定 handler 参数为 SIG_HOLD 之外的其他值，那么会将 sig 从进程信号掩码中移除（即，如果 sig 遭到阻塞，那么将解除对其阻塞）。

```
#define _XOPEN_SOURCE 500
#include <signal.h>

int sighold(int sig);
int sigrelse(int sig);
int sigignore(int sig);

                                    All return 0 on success, or –1 on error

int sigpause(int sig);

                                    Always returns –1 with errno set to EINTR
```

sighold()函数将一个信号添加到进程信号掩码中。sigrelse()函数则是从信号掩码中移除一个信号。sigignore()函数设定对某信号的处置为"忽略（ignore）"。sigpause()函数类似于 sigsuspend()函数，但仅从进程信号掩码中移除一个信号，随后将暂停进程，直到有信号到达。

BSD 信号 API

POSIX 信号 API 从 4.2BSD API 中汲取了很多灵感，所以 BSD 函数与 POSIX 函数大体相仿。

如同前文对 System V 信号 API 中函数的描述一样，首先给出 BSD 信号 API 中各函数的原型，随后简单解释一下每个函数的操作。再啰嗦一句，手册页提供有全部细节。

```
#define _BSD_SOURCE
#include <signal.h>

int sigvec(int sig, struct sigvec *vec, struct sigvec *ovec);

                                    Returns 0 on success, or –1 on error
```

sigvec()类似于 sigaction()。vec 和 ovec 参数是指向如下类型结构的指针：

```
struct sigvec {
    void (*sv_handler)();
    int  sv_mask;
    int  sv_flags;
};
```

sigvec 结构中的字段与 sigaction 结构中的那些字段紧密对应。第一个显著差异是 sv_mask（类似与 sa_mask）字段是一个整型，而非 sigset_t 类型。这意味着，在 32 位架构中，最多支持 31 个不同信号。另一个不同之处则在于在 sv_flags（类似与 a_flags）字段中使用了 SV_INTERRUPT 标志。因为重启系统调用是 4.2BSD 的默认行为，该标志是用来指定应使用信号处理器来中断慢速系统调用。（这点与 POSIX API 截然相反，在使用 sigaction()建立信号处理器时，如果希望启用系统调用重启功能，就必须显式指定 SA_RESTART 标志。）

```
#define _BSD_SOURCE
#include <signal.h>

int sigblock(int mask);
int sigsetmask(int mask);
                                           Both return previous signal mask

int sigpause(int sigmask);
                                           Always returns −1 with errno set to EINTR

int sigmask(sig);
                                           Returns signal mask value with bit sig set
```

sigblock()函数向进程信号掩码中添加一组信号。这类似于 sigprocmask()的 SIG_BLOCK 操作。sigsetmask()调用则为信号掩码指定了一个绝对值。这类似于 sigprocmask()的 SIG_SETMASK 操作。

sigpause()类似于 sigsuspend()。注意，对该函数的定义在 System V 和 BSD API 中具有不同的调用签名。GNU C 函数库默认提供 System V 版本，除非在编译程序时指定了特性测试宏 _BSD_SOURCE。

sigmask()宏将信号编号转换成相应的 32 位掩码值。此类位掩码可以彼此相或，一起创建一组信号，如下所示：

```
sigblock(sigmask(SIGINT) | sigmask(SIGQUIT));
```

22.14   总结

某些信号会引发进程创建一个核心转储文件，并终止进程。核心转储所包含的信息可供调试器检查进程终止时的状态。默认情况下，对核心转储文件的命名为 core，但 Linux 提供了 /proc/sys/kernel/core_pattern 文件来控制对核心转储文件的命名。

信号的产生方式既可以是异步的，也可以是同步的。当由内核或者另一进程发送信号给进程时，信号可能是异步产生的。进程无法精确预测异步产生信号的传递时间。（文中曾指出，异步信号通常会在接收进程第二次从内核态切换到用户态时进行传递。）因进程自身执行代码而直接产生的信号则属于是同步产生的，例如，执行了一个引发硬件异常的指令，或者去调用 raise()。同步生成的信号，其传递可以精确预测（立即传递）。

实时信号是 POSIX 对原始信号模型的扩展，不同之处包括对实时信号进行队列化管理，具有特定的传递顺序，并且还可以伴随少量数据一同发送。设计实时信号，意在供应用程序自定义使用。实时信号的发送使用 sigqueue()系统调用，并且还向信号处理器函数提供了一个附加参数（siginfo_t 结构），以便其获得信号的伴随数据，以及发送进程的进程 ID 和实际用户 ID。

sigsuspend()系统调用在自动修改进程信号掩码的同时，还将挂起进程的执行直到信号到达，且二者属于同一原子操作。为了避免执行上述功能时出现竞态条件，确保 sigsuspend()的原子性至关重要。

可以使用 sigwaitinfo()和 sigtimedwait()来同步等待一个信号。这省去了对信号处理器的设计和编码工作。对于以等待信号的传递为唯一目的的程序而言，使用信号处理器纯属多此一举。

像 sigwaitinfo()和 sigtimedwait()一样,可以使用 Linux 特有的 signalfd()系统调用来同步等待一个信号。这一接口的独特之处在于可以通过文件描述符来读取信号。还可以使用 select()、poll()和 epoll 来对其进行监控。

尽管可以将信号视为 IPC 的方式之一,但诸多制约因素令其常常无法胜任这一目的,其中包括信号的异步本质、不对信号进行排队处理的事实,以及较低的传递带宽。信号更为常见的应用场景是用于进程同步,或是各种其他目的(比如,事件通知、作业控制以及定时器到期)。

信号的基本概念虽然简单,但因为涉及的细节很多,所以对其讨论用去了 3 章的篇幅。信号在系统调用 API 的各部分中都扮演着重要角色,后面几章还将重温对信号的使用。此外,还有各种信号相关的函数是针对线程的(比如,pthread_kill()和 pthread_sigmask()),将延后至 33.2 节进行讨论。

更多信息

参见 20.15 节所列的信息来源。

22.15　练习

22-1. 22.2 节曾指出,假设进程为 SIGCONT 信号建立了处理器函数并将其阻塞,如果该进程已停止(stopped)后因收到一个 SIGCONT 信号而恢复执行,那么仅当解除了对 SIGCONT 信号的阻塞时才会去调用信号处理器函数。编写一个程序来验证这一点。回忆一下,按下终端暂停字符(通常为 Control-Z)可以停止进程,使用 kill-CONT 命令(或者隐蔽一点,使用 shell 的 fg 命令)可以发送 SIGCONT 信号。

22-2. 如果实时信号和标准信号在同时等待一个进程,那么 SUSv3 对信号的传递顺序未予定义。编写一程序来展示 Linux 是如何处理这一情况的。(令程序为所有信号设置处理器函数,阻塞这些信号并持续一段时间,以便于向其发送各种信号,最后解除对所有信号的阻塞。)

22-3. 22.10 节指出,接收信号时,利用 sigwaitinfo()调用要比信号处理器外加 sigsuspend()调用的方法来得快。随本书发布的源码中提供的 signals/sig_speed_ sigsuspend.c 程序使用 sigsuspend()在父、子进程之间交替发送信号。请对两进程间交换一百万次信号所花费的时间进行计时。(信号交换次数可通过程序命令行参数来提供。)使用 sigwaitinfo()作为替代技术来对程序进行修改,并度量该版本的耗时。两个程序间的速度差异在哪里?

22-4. 使用 POSIX 信号 API 来实现 System V 函数 sigset()、sighold()、sigrelse()、sigignore() 和 sigpause()。

第23章

定时器与休眠

定时器是进程规划自己在未来某一时刻接获通知的一种机制。休眠则能使进程（或线程）暂停执行一段时间。本章讨论了定时器设置以及休眠的接口，涵盖主题如下。

- 针对间隔式定时器设置的传统 UNIX API（setitimer()和 alarm()），一经设定，会在特定的一段时间后通知进程。
- 允许进程休眠特定时间的 API 接口。
- POSIX.1b 时钟和定时器 API 接口。
- Linux 特有的 timerfd 功能，允许所创建定时器的到期信息可从文件描述符中读取。

23.1　间隔定时器

系统调用 setitimer()创建一个间隔式定时器（interval timer），这种定时器会在未来某个时间点到期，并于此后（可选择地）每隔一段时间到期一次。

```
#include <sys/time.h>

int setitimer(int which, const struct itimerval *new_value,
              struct itimerval *old_value);
                                    Returns 0 on success, or –1 on error
```

通过在调用 setitimer()时为 which 指定以下值，进程可以创建 3 种不同类型的定时器。

ITIMER_REAL

创建以真实时间倒计时的定时器。到期时会产生 SIGALARM 信号并发送给进程。

ITIMER_VIRTUAL

创建以进程虚拟时间（用户模式下的 CPU 时间）倒计时的定时器。到期时会产生信号SIGVTALRM。

ITIMER_PROF

创建一个 profiling 定时器，以进程时间（用户态与内核态 CPU 时间的总和）倒计时。到期时，则会产生 SIGPROF 信号。

对所有这些信号的默认处置（disposition）均会终止进程。除非真地期望如此，否则就需要针对这些定时器信号创建处理器函数。

参数 new_value 和 old_value 均为指向结构 itimerval 的指针，结构的定义如下：

```
struct itimerval {
    struct timeval it_interval;        /* Interval for periodic timer */
    struct timeval it_value;           /* Current value (time until
                                          next expiration) */
};
```

结构 itimerval 中的字段类型均为 timeval 结构，timeval 又由秒和微秒两部分组成：

```
struct timeval {
    time_t       tv_sec;               /* Seconds */
    suseconds_t tv_usec;               /* Microseconds (long int) */
};
```

参数 new_value 的下属结构 it_value 指定了距离定时器到期的延迟时间。另一下属结构 it_interval 则说明该定时器是否为周期性定时器。如果 it_interval 的两个字段值均为 0，那么该定时器就属于在 it_value 所指定的时间间隔后到期的一次性定时器。只要 it_interval 中的任一字段非 0，那么在每次定时器到期之后，都会将定时器重置为在指定间隔后再次到期。

进程只能拥有上述 3 种定时器中的一种。当第 2 次调用 setitimer() 时，修改已有定时器的属性要符合参数 which 中的类型。如果调用 setitimer() 时将 new_value.it_value 的两个字段均置为 0，那么会屏蔽任何已有的定时器。

若参数 old_value 不为 NULL，则以其所指向的 itimerval 结构来返回定时器的前一设置。如果 old_value.it_value 的两个字段值均为 0，那么该定时器之前处于屏蔽状态。如果 old_value.it_interval 的两个字段值均为 0，那么该定时器之前被设置为历经 old_value.it_value 指定时间而到期的一次性定时器。对于需要在新定时器到期后将其还原的情况而言，获取定时器的前一设置就很重要。如果不关心定时器的前一设置，可以将 old_value 置为 NULL。

定时器会从初始值（it_value）倒计时一直到 0 为止。递减为 0 时，会将相应信号发送给进程，随后，如果时间间隔值（it_interval）非 0，那么会再次将 it_value 加载至定时器，重新开始向 0 倒计时。

可以在任何时刻调用 getitimer()，以了解定时器的当前状态、距离下次到期的剩余时间。

```
#include <sys/time.h>

int getitimer(int which, struct itimerval *curr_value);
                                        Returns 0 on success, or –1 on error
```

系统调用 getitimer() 返回由 which 指定定时器的当前状态，并置于由 curr_value 所指向的缓冲区中。这与 setitimer() 借参数 old_value 所返回的信息完全相同，区别则在于 getitimer() 无需为了获取这些信息而改变定时器的设置。子结构 curr_value.it_value 返回距离下一次到期所剩余的总时间。该值会随定时器倒计时而变化，如果设置定时器时将 it_interval 置为非 0 值，那么会在定时器到期时将其重置。子结构 curr_value.it_interval 返回定时器的间隔时间，除非再次调用 setitimer()，否则该值一直保持不变。

使用 setitimer()（和 alam()，稍后讨论）创建的定时器可以跨越 exec() 调用而得以保存，但由 fork() 创建的子进程并不继承该定时器。

示例程序

程序清单 23-1 演示了 setitimer() 和 getitimer() 的使用，所执行的步骤如下。

- 为 SIGALRM 信号创建处理器函数③。
- 利用命令行参数为实时（ITIMER_REAL）定时器设置到期值及间隔时间④。若未提供命令行参数，程序默认创建一个两秒到期的一次性定时器。
- 进入一个循环⑤，消耗 CPU 时间并周期性地调用函数 displayTimes()①。该函数会显示自程序启动以来逝去的真实时间，以及 ITIMER_REAL 定时器的当前状态。

每当定时器到期时，都会调用 SIGALRM 处理器函数，其中会去设置全局标志 gotAlarm②。一旦设置了这一标志，主程序循环就会调用 displayTimers() 来显示处理器函数的调用时点以及定时器状态⑥。（之所以采用这一方式来设计信号处理器函数，意在避免从处理器函数内部去调用非异步信号安全的函数，究其原因可参考 21.1.2 节。）如果定时器的时间间隔为 0，那么程序会在第 1 次收到信号时即行退出。否则，程序会在捕获到 3 个信号后终止。⑦

运行程序清单 23-1 中的程序，可以看到如下结果：

```
$ ./real_timer 1 800000 1 0        Initial value 1.8 seconds, interval 1 second
        Elapsed  Value  Interval
START:   0.00
Main:    0.50    1.30    1.00      Timer counts down until expiration
Main:    1.00    0.80    1.00
Main:    1.50    0.30    1.00
ALARM:   1.80    1.00    1.00      On expiration, timer is reloaded from interval
Main:    2.00    0.80    1.00
Main:    2.50    0.30    1.00
ALARM:   2.80    1.00    1.00
Main:    3.00    0.80    1.00
Main:    3.50    0.30    1.00
ALARM:   3.80    1.00    1.00
That's all folks
```

程序清单 23-1：实时定时器的使用

————————————————————————————————————— timers/real_timer.c

```c
#include <signal.h>
#include <sys/time.h>
#include <time.h>
#include "tlpi_hdr.h"

static volatile sig_atomic_t gotAlarm = 0;
                        /* Set nonzero on receipt of SIGALRM */

/* Retrieve and display the real time, and (if 'includeTimer' is
   TRUE) the current value and interval for the ITIMER_REAL timer */

static void
① displayTimes(const char *msg, Boolean includeTimer)
{
    struct itimerval itv;
    static struct timeval start;
    struct timeval curr;
    static int callNum = 0;             /* Number of calls to this function */
```

```
        if (callNum == 0)                    /* Initialize elapsed time meter */
            if (gettimeofday(&start, NULL) == -1)
                errExit("gettimeofday");

        if (callNum % 20 == 0)               /* Print header every 20 lines */
            printf("       Elapsed   Value Interval\n");
        if (gettimeofday(&curr, NULL) == -1)
            errExit("gettimeofday");
        printf("%-7s %6.2f", msg, curr.tv_sec - start.tv_sec +
                        (curr.tv_usec - start.tv_usec) / 1000000.0);

        if (includeTimer) {
            if (getitimer(ITIMER_REAL, &itv) == -1)
                errExit("getitimer");
            printf("  %6.2f  %6.2f",
                    itv.it_value.tv_sec + itv.it_value.tv_usec / 1000000.0,
                    itv.it_interval.tv_sec + itv.it_interval.tv_usec / 1000000.0);
        }

        printf("\n");
        callNum++;
    }

    static void
    sigalrmHandler(int sig)
    {
②       gotAlarm = 1;
    }

    int
    main(int argc, char *argv[])
    {
        struct itimerval itv;
        clock_t prevClock;
        int maxSigs;                    /* Number of signals to catch before exiting */
        int sigCnt;                     /* Number of signals so far caught */
        struct sigaction sa;

        if (argc > 1 && strcmp(argv[1], "--help") == 0)
            usageErr("%s [secs [usecs [int-secs [int-usecs]]]]\n", argv[0]);

        sigCnt = 0;

        sigemptyset(&sa.sa_mask);
        sa.sa_flags = 0;
        sa.sa_handler = sigalrmHandler;
③       if (sigaction(SIGALRM, &sa, NULL) == -1)
            errExit("sigaction");

        /* Exit after 3 signals, or on first signal if interval is 0 */

        maxSigs = (itv.it_interval.tv_sec == 0 &&
                    itv.it_interval.tv_usec == 0) ? 1 : 3;

        displayTimes("START:", FALSE);

        /* Set timer from the command-line arguments */

        itv.it_value.tv_sec = (argc > 1) ? getLong(argv[1], 0, "secs") : 2;
        itv.it_value.tv_usec = (argc > 2) ? getLong(argv[2], 0, "usecs") : 0;
```

```
        itv.it_interval.tv_sec = (argc > 3) ? getLong(argv[3], 0, "int-secs") : 0;
        itv.it_interval.tv_usec = (argc > 4) ? getLong(argv[4], 0, "int-usecs") : 0;

④      if (setitimer(ITIMER_REAL, &itv, 0) == -1)
            errExit("setitimer");

        prevClock = clock();
        sigCnt = 0;

⑤      for (;;) {

            /* Inner loop consumes at least 0.5 seconds CPU time */

            while (((clock() - prevClock) * 10 / CLOCKS_PER_SEC) < 5) {
⑥              if (gotAlarm) {                          /* Did we get a signal? */
                    gotAlarm = 0;
                    displayTimes("ALARM:", TRUE);

                    sigCnt++;
⑦              if (sigCnt >= maxSigs) {
                    printf("That's all folks\n");
                    exit(EXIT_SUCCESS);
                }
            }
        }

        prevClock = clock();
        displayTimes("Main: ", TRUE);
    }
}
```
─── `timers/real_timer.c`

更为简单的定时器接口：alarm()

系统调用 alarm() 为创建一次性实时定时器提供了一个简单接口。（历史上，alarm() 曾是设置定时器的原始 UNIX API。）

```
#include <unistd.h>

unsigned int alarm(unsigned int seconds);
```
> Always succeeds, returning number of seconds remaining on
> any previously set timer, or 0 if no timer previously was set

参数 seconds 表示定时器到期的秒数。到期时，会向调用进程发送 SIGALRM 信号。调用 alarm() 会覆盖对定时器的前一个设置。调用 alarm(0) 可屏蔽现有定时器。alarm() 的返回值是定时器前一设置距离到期的剩余秒数，如未设置定时器则返回 0。23.3 节提供了一个使用 alarm() 的例子。

本书后面的一些示例会使用 alarm() 来启动定时器，同时不为 SIGALRM 信号设置处理器函数。采用该技术可以确保，即便进程没有终止，也能将其杀死。

setitimer() 和 alarm() 之间的交互

Linux 中，alarm() 和 setitimer() 针对同一进程（per-process）共享同一实时定时器，这也意

味着，无论调用两者之中的哪个完成了对定时器的前一设置，同样可以调用二者中的任一函数来改变这一设置。其他 UNIX 系统的情况可能会有所不同（也就是说，这两个函数可能分别控制着不同的定时器）。对于 setitimer() 与 alarm() 之间的交互，以及二者与 sleep() 函数（23.4.1 节）之间的交互，SUSv3 均未加以规范。为了确保应用程序可移植性的最大化，程序设置实时定时器的函数只能在二者中选择其一。

23.2 定时器的调度及精度

取决于当前负载和对进程的调度，系统可能会在定时器到期的瞬间（通常是几分之一秒）之后才去调度其所属进程。尽管如此，由 setitimer() 或本章后续介绍的其他接口所创建的周期性定时器，在到期后依然会恪守其规律性。例如，假设设置一个实时定时器每两秒到期一次，虽然上述延迟可能会影响每个定时器事件的送达，但系统对后续定时器到期的调度依然会严格遵循两秒的时间间隔。换言之，间隔式定时器不受潜在错误左右。

虽然 setitimer() 使用的 timeval 结构提供有微秒级精度，但是传统意义上定时器精度还是受制于软件时钟（10.6 节）频率。如果定时器值未能与软件时钟间隔的倍数严格匹配，那么定时器值则会向上取整。也就是说，假如有一个间隔为 19100 微秒（刚刚超过 19 毫秒）的定时器，如果 jiffy（软件时钟周期）为 4 毫秒，那么定时器实际上会每隔 20 毫秒过期一次。

高分辨率定时器

对于现代 Linux 内核而言，适才关于定时器分辨率受限于软件时钟频率的论断已经不再成立。自版本 2.6.21 开始，Linux 内核可选择是否支持高分辨率定时器。如果选择支持（通过内核配置选项 CONFIG_HIGH_RES_TIMERS），那么本章各种定时器以及休眠接口的的精度则不再受内核 jiffy（软件时钟周期）的影响，可以达到底层硬件所支持的精度。在现代硬件平台上，精度达到微秒级是司空见惯的事情。

> 23.5.1 节将介绍函数 clock_getres()，可以用其返回值来判断系统是否支持高分辨率定时器。

23.3 为阻塞操作设置超时

实时定时器的用途之一是为某个阻塞系统调用设置其处于阻塞状态的时间上限。例如，当用户在一段时间内没有输入整行命令时，可能希望取消对终端的 read() 操作。处理如下。

1. 调用 sigaction() 为 SIGALRM 信号创建处理器函数，排除 SA_RESTART 标志以确保系统调用不会重新启动（参考 21.5 节）。
2. 调用 alarm() 或 setitimer() 来创建一个定时器，同时设定希望系统调用阻塞的时间上限。
3. 执行阻塞式系统调用。
4. 系统调用返回后，再次调用 alarm() 或 setitimer() 以屏蔽定时器（以防止系统调用在定时器到期之前就已完成的情况）。
5. 检查系统调用失败时是否将 errno 置为 EINTR（系统调用遭到中断）。

程序清单 23-2 针对 read() 调用展示了这一技术，创建定时器时使用的是 alarm()。

程序清单 23-2：运行设置了超时的 read()

―― *timers/timed_read.c*

```c
#include <signal.h>
#include "tlpi_hdr.h"

#define BUF_SIZE 200

static void      /* SIGALRM handler: interrupts blocked system call */
handler(int sig)
{
    printf("Caught signal\n");            /* UNSAFE (see Section 21.1.2) */
}

int
main(int argc, char *argv[])
{
    struct sigaction sa;
    char buf[BUF_SIZE];
    ssize_t numRead;
    int savedErrno;

    if (argc > 1 && strcmp(argv[1], "--help") == 0)
        usageErr("%s [num-secs [restart-flag]]\n", argv[0]);

    /* Set up handler for SIGALRM. Allow system calls to be interrupted,
       unless second command-line argument was supplied. */

    sa.sa_flags = (argc > 2) ? SA_RESTART : 0;
    sigemptyset(&sa.sa_mask);
    sa.sa_handler = handler;
    if (sigaction(SIGALRM, &sa, NULL) == -1)
        errExit("sigaction");

    alarm((argc > 1) ? getInt(argv[1], GN_NONNEG, "num-secs") : 10);

    numRead = read(STDIN_FILENO, buf, BUF_SIZE - 1);

    savedErrno = errno;               /* In case alarm() changes it */
    alarm(0);                         /* Ensure timer is turned off */
    errno = savedErrno;

    /* Determine result of read() */

    if (numRead == -1) {
        if (errno == EINTR)
            printf("Read timed out\n");
        else
            errMsg("read");
    } else {
        printf("Successful read (%ld bytes): %.*s",
                (long) numRead, (int) numRead, buf);
    }

    exit(EXIT_SUCCESS);
}
```

―― *timers/timed_read.c*

注意，程序清单 23-2 中程序理论上存在导致竞争条件的可能性。如果定时器到期时处于 alarm()调用之后，read()调用之前，那么信号处理器函数将不会中断 read()。由于在这种场景下设定的超时值一般相对较大（至少几秒），故而发生上述情况的概率极低，因此这种技术实际上是可行的。[Stevens & Rago, 2005]推荐了另一种方法，使用的是 longjmp()。在处理 I/O 系统调用时，还有另一种备选方案，利用了系统调用 select()或 poll()（第 63 章）的超时特性，锦上添花的是还能同时等待多路描述符的 I/O。

23.4　暂停运行（休眠）一段固定时间

有时需要将进程挂起（固定的）一段时间。将前述定时器函数与 sigsuspend()相结合固然可以达到这一目的，但使用休眠函数会更为简单。

23.4.1　低分辨率休眠：sleep()

函数 sleep()可以暂停调用进程的执行达数秒之久（由参数 seconds 设置），或者在捕获到信号（从而中断调用）后恢复进程的运行。

```
#include <unistd.h>

unsigned int sleep(unsigned int seconds);
```
                    Returns 0 on normal completion, or number of
                    unslept seconds if prematurely terminated

如果休眠正常结束，sleep()返回 0。如果因信号而中断休眠，sleep()将返回剩余（未休眠）的秒数。与 alarm()和 setitimer()所设置的定时器相同，由于系统负载的原因，内核可能会在完成 sleep()的一段（通常很短）时间后才对进程重新加以调度。

对于 sleep()和 alarm()以及 setitimer()之间的交互方式，SUSv3 并未加以规范。Linux 将 sleep()实现为对 nanosleep()（23.4.2 节）的调用，其结果是 sleep()与定时器函数之间并无交互。不过，许多其他的实现，尤其是一些老系统，会使用 alarm()以及 SIGALRM 信号处理器函数来实现 sleep()。考虑到可移植性，应避免将 sleep()和 alarm()以及 setitimer()混用。

23.4.2　高分辨率休眠：nanosleep()

函数 nanosleep()的功用与 sleep()类似，但更具优势，其中包括能以更高分辨率来设定休眠间隔时间。

```
#define _POSIX_C_SOURCE 199309
#include <time.h>

int nanosleep(const struct timespec *request, struct timespec *remain);
```
                        Returns 0 on successfully completed sleep,
                        or –1 on error or interrupted sleep

参数 request 指定了休眠的持续时间，是一个指向如下结构的指针：
```
struct timespec {
    time_t tv_sec;          /* Seconds */
    long   tv_nsec;         /* Nanoseconds */
};
```

tv_nsec 字段为纳秒值，取值范围在 0～999999999 之间。

nanosleep() 的更大优势在于，SUSv3 明文规定不得使用信号来实现该函数。这意味着，与 sleep() 不同，即使将 nanosleep() 与 alarm() 或 setitimer() 混用，也不会危及程序的可移植性。

尽管 nanosleep() 的实现并未使用信号，但还是可以通过信号处理器函数来将其中断。这时，nanosleep() 将返回-1，并将 errno 置为 EINTR。同时，若参数 remain 不为 NULL，则该指针所指向的缓冲区将返回剩余的休眠时间。可利用这一返回值重启该系统调用以完成休眠。程序清单 23-3 演示了这一用途。程序从命令行参数中获取传入 nanosleep() 的秒和纳秒值，并反复循环执行 nanosleep()，直至耗尽全部的休眠间隔时间。如果信号 SIGINT（按下 Ctrl-C 产生）的处理器函数将 nanosleep() 中断，那么会以参数 remain 中的返回值重新调用 nanosleep()。其运行结果如下：

```
$ ./t_nanosleep 10 0              Sleep for 10 seconds
Type Control-C
Slept for:  1.853428 secs
Remaining:  8.146617000
Type Control-C
Slept for:  4.370860 secs
Remaining:  5.629800000
Type Control-C
Slept for:  6.193325 secs
Remaining:  3.807758000
Slept for: 10.008150 secs
Sleep complete
```

虽然 nanosleep() 允许设定纳秒级精度的休眠间隔值，但其精度依然受制于软件时钟的间隔大小（10.6 节）。如果指定的间隔值并非软件时钟间隔的整数倍，那么会对其向上取整。

> 前文曾提及，在支持高精度定时器的系统中，休眠时间间隔的精度要比软件时钟间隔精细许多。

当以高频率接收信号时，这一取整行为会给程序清单 23-3 中程序所采用的编程手法带来问题。由于返回的 remain 时间未必是软件时钟间隔的整数倍，故而 nanosleep() 的每次重启都会遭遇取整错误。其结果是，nanosleep() 每次重启后的休眠时间都要长于前一调用返回的 remain 值。在信号接收频率极高的情况下（与软件时钟间隔的频率一致或更高），进程的休眠可能永远也完成不了。Linux 2.6 中，使用带有 TIMER_ABSTIME 选项的 clock_nanosleep() 可以避免这一问题。23.5.4 节将对 clock_nanosleep() 加以讨论。

> 在 2.4 以及更早期的 Linux 内核版本中，nanosleep() 的实现存在着一种奇怪的特性。假设正在执行 nanosleep() 的进程因信号而停止，当进程于稍后截获 SIGCONT 而继续运行时，nanosleep() 会如期调用失败并返回 EINTR 错误。不过，如果进程接着重启 nanosleep() 调用，那么进程处于停止状态所消耗的时间将不会计入休眠间隔时间，进程的休眠时间也就比预期的要久。Linux 2.6 中去除了这一怪异特性，nanosleep() 在收到 SIGCONT 信号时将自动恢复，进程处于停止状态所消耗的时间也会计入休眠间隔时间。

程序清单 23-3：使用 nanosleep()

─────────────────────────────────────── timers/t_nanosleep.c

```c
#define _POSIX_C_SOURCE 199309
#include <sys/time.h>
```

```c
#include <time.h>
#include <signal.h>
#include "tlpi_hdr.h"

static void
sigintHandler(int sig)
{
    return;                      /* Just interrupt nanosleep() */
}

int
main(int argc, char *argv[])
{
    struct timeval start, finish;
    struct timespec request, remain;
    struct sigaction sa;
    int s;

    if (argc != 3 || strcmp(argv[1], "--help") == 0)
        usageErr("%s secs nanosecs\n", argv[0]);

    request.tv_sec = getLong(argv[1], 0, "secs");
    request.tv_nsec = getLong(argv[2], 0, "nanosecs");

    /* Allow SIGINT handler to interrupt nanosleep() */

    sigemptyset(&sa.sa_mask);
    sa.sa_flags = 0;
    sa.sa_handler = sigintHandler;
    if (sigaction(SIGINT, &sa, NULL) == -1)
        errExit("sigaction");

    if (gettimeofday(&start, NULL) == -1)
        errExit("gettimeofday");

    for (;;) {
        s = nanosleep(&request, &remain);
        if (s == -1 && errno != EINTR)
            errExit("nanosleep");

        if (gettimeofday(&finish, NULL) == -1)
            errExit("gettimeofday");
        printf("Slept for: %9.6f secs\n", finish.tv_sec - start.tv_sec +
                        (finish.tv_usec - start.tv_usec) / 1000000.0);

        if (s == 0)
            break;                  /* nanosleep() completed */

        printf("Remaining: %2ld.%09ld\n", (long) remain.tv_sec,
                remain.tv_nsec);
        request = remain;           /* Next sleep is with remaining time */
    }

    printf("Sleep complete\n");
    exit(EXIT_SUCCESS);
}
```

——— timers/t_nanosleep.c

23.5 POSIX 时钟

POSIX 时钟（原定义于 POSIX.1b）所提供的时钟访问 API 可以支持纳秒级的时间精度，其中表示纳秒级时间值的 timespec 结构同样也用于 nanosleep()（23.4.2 节）调用。

Linux 中，调用此 API 的程序必须以-lrt 选项进行编译，从而与 librt（realtime，实时）函数库相链接。

POSIX 时钟 API 的主要系统调用包括获取时钟当前值的 clock_gettime()、返回时钟分辨率的 clock_getres()，以及更新时钟的 clock_settime()。

23.5.1 获取时钟的值：clock_gettime()

系统调用 clock_gettime()针对参数 clockid 所指定的时钟返回时间。

```
#define _POSIX_C_SOURCE 199309
#include <time.h>

int clock_gettime(clockid_t clockid, struct timespec *tp);
int clock_getres(clockid_t clockid, struct timespec *res);
```
                              Both return 0 on success, or −1 on error

返回的时间值置于 tp 指针所指向的 timespec 结构中。虽然 timespec 结构提供了纳秒级精度，但 clock_gettime()返回的时间值粒度可能还是要更大一点。系统调用 clock_getres()在参数 res 中返回指向 timespec 结构的指针，机构中包含了由 clockid 所指定时钟的分辨率。

clockid_t 是一种由 SUSv3 定义的数据类型，用于表示时钟标识符。表 23-1 中第 1 列值即可用于设定 clockid。

表 23-1：POSIX.1b 时钟类型

时钟 ID	描　　述
CLOCK_REALTIME	可设定的系统级实时时钟
CLOCK_MONOTONIC	不可设定的恒定态时钟
CLOCK_PROCESS_CPUTIME_ID	每进程 CPU 时间的时钟（自 Linux 2.6.12）
CLOCK_THREAD_CPUTIME_ID	每线程 CPU 时间的时钟（自 Linux 2.6.12）

CLOCK_REALTIME 时钟是一种系统级时钟，用于度量真实时间。与 CLOCK_MONOTONIC 时钟不同，它的设置是可以变更的。

SUSv3 规定，CLOCK_MONOTONIC 时钟对时间的度量始于"未予规范的过去某一时点"，系统启动后就不会发生改变。该时钟适用于那些无法容忍系统时钟发生跳跃性变化（例如：手工改变了系统时间）的应用程序。Linux 上，这种时钟对时间的测量始于系统启动。

CLOCK_PROCESS_CPUTIME_ID 时钟测量调用进程所消耗的用户和系统 CPU 时间。CLOCK_THREAD_CPUTIME_ID 时钟的功用与之相类似，不过测量对象是进程中的单条线程。

SUSv3 规范了表 23-1 中的所有时钟，但强制要求实现的仅有 CLOCK_REALTIME 一种，这同时也是受到 UNIX 实现广泛支持的时钟类型。

Linux 2.6.28 增加了一种新的时钟类型：CLOCK_MONOTONIC_RAW。类似于 CLOCK_ MONOTONIC，这也是一种无法设置的时钟，但是提供了对纯基于硬件时间的访问，且不受 NTP 时间调整的影响。这种非标准时钟适用于专业时钟同步应用程序。

Linux 2.6.35 又提供了两种新时钟：CLOCK_REALTIME_COARSE 和 CLOCK_MONTIC_ COARSE。这些时钟类似于 CLOCK_REALTIME 和 CLOCK_MONTONIC，适用于那些希望以最小代价获取较低分辨率时间戳的程序。这些非标准时钟不会引发对硬件时钟的任何访问（访问某些硬件时钟源的代价高昂），其返回值的分辨率为 jiffy（软件时钟周期，见 10.6 节）。

23.5.2 设置时钟的值：clock_settime()

系统调用 clock_settime()利用参数 tp 所指向缓冲区中的时间来设置由 clockid 指定的时钟。

```
#define _POSIX_C_SOURCE 199309
#include <time.h>

int clock_settime(clockid_t clockid, const struct timespec *tp);
```
Returns 0 on success, or -1 on error

如果由 tp 指定的时间并非由 clock_getres()所返回时钟分辨率的整数倍，时间会向下取整。

特权级（CAP_SYS_TIME）进程可以设置 CLOCK_REALTIME 时钟。该时钟的初始值通常是自 Epoch（1970 年 1 月 1 日 0 点 0 分 0 秒）以来的时间。表 23-1 中的其他时钟均不可更改。

根据 SUSv3，系统实现可允许设置 CLOCK_PROCESS_CPUTIME_ID 和 CLOCK_THR EAD_CPUTIME_ID 型时钟。撰写本书之际，这些时钟在 Linux 上依然是只读属性。

23.5.3 获取特定进程或线程的时钟 ID

要测量特定进程或线程所消耗的 CPU 时间，首先可借助本节所描述的函数来获取其时钟 ID。接着再以此返回 id 去调用 clock_gettime()，从而获得进程或线程耗费的 CPU 时间。

函数 clock_getcpuclockid()会将隶属于 pid 进程的 CPU 时间时钟的标识符置于 clockid 指针所指向的缓冲区中。

```
#define _XOPEN_SOURCE 600
#include <time.h>

int clock_getcpuclockid(pid_t pid, clockid_t *clockid);
```
Returns 0 on success, or a positive error number on error

参数 pid 为 0 时，clock_getcpuclockid()返回调用进程的 CPU 时间时钟 ID。

函数 pthread_getcpuclockid()是 clock_getcpuclockid()的 POSIX 线程版，返回的标识符所标识的时钟用于度量调用进程中指定线程消耗的 CPU 时间。

```
#define _XOPEN_SOURCE 600
#include <pthread.h>
#include <time.h>

int pthread_getcpuclockid(pthread_t thread, clockid_t *clockid);
```
Returns 0 on success, or a positive error number on error

参数 thread 是 POSIX 线程 ID,用于指定希望获取的 CPU 时钟 ID 所从属的线程。返回的时钟 ID 存放于 clockid 指针所指向的缓冲区中。

23.5.4 高分辨率休眠的改进版:clock_nanosleep()

类似于 nanosleep(),Linux 特有的 clock_nanosleep()系统调用也可以暂停调用进程,直到历经一段指定的时间间隔后,亦或是收到信号才恢复运行。本节将讨论两者间的差异。

```
#define _XOPEN_SOURCE 600
#include <time.h>

int clock_nanosleep(clockid_t clockid, int flags,
        const struct timespec *request, struct timespec *remain);
```

Returns 0 on successfully completed sleep,
or a positive error number on error or interrupted sleep

参数 request 及 remain 同 nanosleep()中的对应参数目的相似。

默认情况下(即 flags 为 0),由 request 指定的休眠间隔时间是相对时间(类似于 nanosleep())。不过,如果在 flags(参考程序清单 23-4)中设定了 TIMER_ABSTIME,request 则表示 clockid 时钟所测量的绝对时间。这一特性对于那些需要精确休眠一段指定时间的应用程序至关重要。如果只是先获取当前时间,计算与目标时间的差距,再以相对时间进行休眠,进程可能执行到一半就被占先了[1],结果休眠时间比预期的要久。

如 23.4.2 节所述,对于那些被信号处理器函数中断并使用循环重启休眠的进程来说,"嗜睡(oversleeping)"问题尤其明显。如果以高频率接收信号,那么按相对时间休眠(nanosleep()所执行的类型)的进程在休眠时间上会有较大误差。但可以通过如下方式来避免嗜睡问题:先调用 clock_gettime()获取时间,加上期望休眠的时间量,再以 TIMER_ABSTIME 标志调用 clock_nanosleep()函数(并且,如果被信号处理器中断,则会重启系统调用)。

指定 TIMER_ABSTIME 时,不再(且不需要)使用参数 remain。如果信号处理器程序中断了 clock_nanosleep()调用,再次调用该函数来重启休眠时,request 参数不变。

将 clock_nanosleep()与 nanosleep()区分开来的另一特性在于,可以选择不同的时钟来测量休眠间隔时间。可在 clockid 中指定所期望的时钟 CLOCK_REALTIME、CLOCK_ MONOTONIC 或 CLOCK_PROCESS_CPUTIME_ID。请参考表 23-1 对这些时钟的描述。

程序清单 23-4 演示了 clock_nanosleep()的用法:针对 CLOCK_REALTIME 时钟,以绝对时间休眠 20 秒。

程序清单 23-4:使用 clock_nanosleep()

```
    struct timespec request;

    /* Retrieve current value of CLOCK_REALTIME clock */

    if (clock_gettime(CLOCK_REALTIME, &request) == -1)
        errExit("clock_gettime");

    request.tv_sec += 20;                /* Sleep for 20 seconds from now */
```

---

1 译者注:内核调度所为。

```
s = clock_nanosleep(CLOCK_REALTIME, TIMER_ABSTIME, &request, NULL);
if (s != 0) {
    if (s == EINTR)
        printf("Interrupted by signal handler\n");
    else
        errExitEN(s, "clock_nanosleep");
}
```

23.6 POSIX 间隔式定时器

使用 setitimer() 来设置经典 UNIX 间隔式定时器,会受到如下制约。

- 针对 ITIMER_REAL、ITIMER_VIRTUAL 和 ITIMER_PROF 这 3 类定时器,每种只能设置一个。
- 只能通过发送信号的方式来通知定时器到期。另外,也不能改变到期时产生的信号。
- 如果一个间隔式定时器到期多次,且相应信号遭到阻塞时,那么会只调用一次信号处理器函数。换言之,无从知晓是否出现过定时器溢出(timer overrun)的情况。
- 定时器的分辨率只能达到微秒级。不过,一些系统的硬件时钟提供了更为精细的时钟分辨率,软件此时应采用这一较高分辨率。

POSIX.1b 定义了一套 API 来突破这些限制,Linux 2.6 实现了这一 API。

> 在较老的 Linux 系统上,glibc 通过基于线程的实现提供了这一 API 的不完整版。不过,这种用户空间内的实现是无法提供此处描述的所有特性的。

POSIX 定时器 API 将定时器生命周期划分为如下几个阶段。

- 以系统调用 timer_create() 创建一个新定时器,并定义其到期时对进程的通知方法。
- 以系统调用 timer_settime() 来启动或停止一个定时器。
- 以系统调用 timer_delete() 删除不再需要的定时器。

由 fork() 创建的子进程不会继承 POSIX 定时器。调用 exec() 期间亦或进程终止时将停止并删除定时器。

Linux 上,调用 POSIX 定时器 API 的程序编译时应使用-lrt 选项,从而与 librt(实时)函数库相链接。

23.6.1 创建定时器:timer_create()

函数 timer_create() 创建一个新定时器,并以由 clockid 指定的时钟来进行时间度量。

```
#define _POSIX_C_SOURCE 199309
#include <signal.h>
#include <time.h>

int timer_create(clockid_t clockid, struct sigevent *evp, timer_t *timerid);
```
                                              Returns 0 on success, or -1 on error

设置参数 clockid,可以使用表 23-1 中的任意值,也可以采用 clock_getcpuclocid() 或 pthread_getcpuclockid() 返回的 clockid 值。函数返回时会在参数 timerid 所指向的缓冲区中放置定时器句柄(handle),供后续调用中指代该定时器之用。这一缓冲区的类型为 timer_t,是一种由 SUSv3 定义的数据类型，用于标识定时器。

参数 evp 可决定定时器到期时对应用程序的通知方式，指向类型为 sigevent 的数据结构，具体定义如下：

```
union sigval {
    int    sival_int;            /* Integer value for accompanying data */
    void *sival_ptr;            /* Pointer value for accompanying data */
};

struct sigevent {
    int          sigev_notify;   /* Notification method */
    int          sigev_signo;    /* Timer expiration signal */
    union sigval sigev_value;    /* Value accompanying signal or
                                    passed to thread function */
    union {
        pid_t       _tid;        /* ID of thread to be signaled /
        struct {
            void (*_function) (union sigval);
                                 /* Thread notification function */
            void  *_attribute;   /* Really 'pthread_attr_t *' */
        } _sigev_thread;
    } _sigev_un;
};

#define sigev_notify_function    _sigev_un._sigev_thread._function
#define sigev_notify_attributes  _sigev_un._sigev_thread._attribute
#define sigev_notify_thread_id   _sigev_un._tid
```

可以表 23-2 所示值之一来设置结构中的 sigev_notify 字段。

表 23-2：sigevent 结构中 sigev_notify 字段的值

sigev_notify 的值	通 知 方 法	SUSv3
SIGEV_NONE	不通知；使用 timer_gettime()监测定时器	●
SIGEV_SIGNAL	发送 sigev_signo 信号给进程	●
SIGEV_THREAD	调用 sigev_notify_function 作为新线程的启动函数	●
SIGEV_THREAD_ID	发送 sigev_signo 信号给 sigev_notify_thread_id 所标识的线程	

关于 sigev_notify 常量值的更多细节，以及 sigval 结构中与每个常量值相关的字段，特做如下说明。

SIGEV_NONE

不提供定时器到期通知。进程可以使用 timer_gettime()来监控定时器的运转情况。

SIGEV_SIGNAL

定时器到期时，为进程生成指定于 sigev_signo 中的信号。如果 sigev_signal 为实时信号，那么 sigev_value 字段则指定了信号的伴随数据（整型或指针）（22.8.1 节）。通过 siginfo_t 结构的 si_value 可获取这一数据，至于 siginfo_t 结构，既可以直接传递给该信号的处理器函数，也可以由调用 sigwaitinfo()或 sigtimerdwait()返回。

SIGEV_THREAD

定时器到期时，会调用由 sigev_notify_function 字段指定的函数。调用该函数类似于调用新线程的启动函数。上述措词摘自 SUSv3，即允许系统实现以如下两种方式为周期性定时器产生通知：要么将每个通知分别传递给一个唯一的新线程，要么将通知成系列发送给单个新线程。可将 sigev_notify_attributes 字段置为 NULL，或是指向 pthread_attr_t 结构的指针，并在结构中定义线程属性。在 sigev_value 中设定的联合体 sigval 值是传递给函数的唯一参数。

SIGEV_THREAD_ID

这与 SIGEV_SIGNAL 相类似，只是发送信号的目标线程 ID 要与 sigev_notify_thread_id 相匹配。该线程应与调用线程同属一个进程。（伴随 SIGEV_SIGNAL 通知，会将信号置于针对整个进程的一个队列中排队，并且，如果进程包含多条线程，那么可将信号传递给进程中的任意线程。）可用 clone() 或 gettid() 的返回值对 sigev_notify_thread_id 赋值。设计 SIGEV_THREAD_ID 标志，意在供线程库使用。（要求线程实现使用 28.2.1 节描述的 CLONE_THREAD 选项。现代 NPTL 线程实现采用了 CLONE_THREAD，但较老的 LinuxThreads 线程则没有。）

除去 Linux 系统特有的 SIGEV_THREAD_ID 之外，SUSv3 定义了上述所有常量。

将参数 evp 置为 NULL，这相当于将 sigev_notify 置为 SIGEV_SIGNAL，同时将 sigev_signo 置为 SIGALRM（这与其他系统可能会有出入，因为 SUSv3 的措词是：一个缺省的信号值），并将 sigev_value.sival_int 置为定时器 ID。

在当前实现中，内核会为每个用 timer_create() 创建的 POSIX 定时器在队列中预分配一个实时信号结构。之所以要采取预分配，旨在确保当定时器到期时，至少有一个有效结构可服务于所产生的队列化信号。这也意味着可以创建的 POSIX 定时器数量受制于排队实时信号的数量（参考 22.8 节）。

23.6.2　配备和解除定时器：timer_settime()

一旦创建了定时器，就可以使用 timer_settime() 对其进行配备（启动）或解除（停止）。

```
#define _POSIX_C_SOURCE 199309
#include <time.h>

int timer_settime(timer_t timerid, int flags, const struct itimerspec *value,
                  struct itimerspec *old_value);
```
                                        Returns 0 on success, or −1 on error

函数 timer_settime() 的参数 timerid 是一个定时器句柄（handle），由之前对 timer_create() 的调用返回。

参数 value 和 old_value 则类似于函数 setitimer() 的同名参数：value 中包含定时器的新设置，old_value 则用于返回定时器的前一设置（参考稍后对 timer_gettime() 的说明）。如果对定时器的前一设置不感兴趣，可将 old_value 设为 NULL。参数 value 和 old_value 都是指向结构 itimerspec 的指针，该结构定义如下：

```
struct itimerspec {
    struct timespec it_interval;    /* Interval for periodic timer */
    struct timespec it_value;       /* First expiration */
};
```

结构 itimerspec 中的所有字段都是 timespec 类型的结构，用秒和纳秒来指定时间：

```
struct timespec {
    time_t tv_sec;                  /* Seconds */
    long   tv_nsec;                 /* Nanoseconds */
};
```

it_value 指定了定时器首次到期的时间。如果 it_interval 的任一子字段非 0，那么这就是一个周期性定时器，在经历了由 it_value 指定的初次到期后，会按这些子字段指定的频率周期性到期。如果 it_interval 的下属字段均为 0，那么这个定时器将只到期一次。

若将 flags 置为 0，则会将 value.it_value 视为始于 timer_settime()（与 setitimer()类似）调用时间点的相对值。如果将 flags 设为 TIMER_ABSTIME，那么 value.it_value 则是一个绝对时间（从时钟值 0 开始）。一旦时钟过了这一时间，定时器会立即到期。

为了启动定时器，需要调用函数 timer_settime()，并将 value.it_value 的一个或全部下属字段设为非 0 值。如果之前曾经配备过定时器，timer_settime()会将之前的设置替换掉。

如果定时器的值和间隔时间并非对应时钟分辨率（由 clock_getres()返回）的整数倍，那么会对这些值做向上取整处理。

定时器每次到期时，都会按特定方式通知进程，这种方式由创建定时器的 timer_create()定义。如果结构 it_interval 包含非 0 值，那么会用这些值来重新加载 it_value 结构。

要解除定时器，需要调用 timer_settime()，并将 value.it_value 的所有字段指定为 0。

23.6.3　获取定时器的当前值：timer_gettime()

系统调用 timer_gettime()返回由 timerid 指定 POSIX 定时器的间隔以及剩余时间。

```
#define _POSIX_C_SOURCE 199309
#include <time.h>

int timer_gettime(timer_t timerid, struct itimerspec *curr_value);
                                        Returns 0 on success, or -1 on error
```

curr_value 指针所指向的 itimerspec 结构中返回的是时间间隔以及距离下次定时器到期的时间。即使是以 TIMER_ABSTIME 标志创建的绝对时间定时器，在 curr_value.it_value 字段中返回的也是距离定时器下次到期的时间值。

如果返回结构 curr_value.it_value 的两个字段均为 0，那么定时器当前处于停止状态。如果返回结构 curr_value.it_interval 的两个字段都是 0，那么该定时器仅在 curr_value.it_value 给定的时间到期过一次。

23.6.4　删除定时器：timer_delete()

每个 POSIX 定时器都会消耗少量系统资源。所以，一旦使用完毕，应当用 timer_delete()来移除定时器并释放这些资源。

```
#define _POSIX_C_SOURCE 199309
#include <time.h>

int timer_delete(timer_t timerid);
                                        Returns 0 on success, or -1 on error
```

参数 timerid 是之前调用 timer_create()时返回的句柄。对于已启动的定时器，会在移除前自动将其停止。如果因定时器到期而已经存在待定（pending）信号，那么信号会保持这一状态。（SUSv3 对此并未加以规范，所以其他的一些 UNIX 实现可能会有不同行为。）当进程终止时，会自动删除所有定时器。

23.6.5 通过信号发出通知

如果选择通过信号来接收定时器通知，那么处理这些信号时既可以采用信号处理器函数，也可以调用 sigwaitinfo()或是 sigtimerdwait()。接收进程借助于这两种方法可以获得一个 siginfo_t 结构（21.4 节），其中包含与信号相关的深入信息。（要在信号处理器函数中使用这种特性，创建信号处理器函数时需设置 SA_SIGINFO 标志。）在结构 siginfo_t 中设置如下字段。

- si_signo：包含由定时器产生的信号。
- si_code：置为 SI_TIMER，表示这是因 POSIX 定时器到期而产生的信号。
- si_value：将该字段置为以 timer_create()创建定时器时在 evp.sigev_value 中提供的值。为 evp.sigev_value 指定不同的值,可以将到期时发送同类信号的不同定时器区分开来。

调用 timer_create()时，通常将 evp.sigev_value.sival_ptr 赋值为当前调用中参数 timerid 的地址（见程序清单 23-5）。从而允许信号处理器函数（或 sigwaitinfo()调用）获得产生信号的定时器 ID。（另外，也可以将调用函数 timer_create()时给定的 timerid 参数置于一结构中，并将结构地址赋予 evp.sigev_value.sival_ptr。）

Linux 还为 siginfo_t 结构提供了如下非标准字段。

- si_overrun：包含了定时器溢出个数（在 23.6.6 节中说明）。

> Linux 还支持另一个非标准字段 si_timerid，其中包含一个标识符，供系统内部识别定时器之用（与 timer_create()返回的 ID 不同）。对于应用程序来说没什么用处。

程序清单 23-5 所演示的是使用信号作为 POSIX 定时器的通知机制。

程序清单 23-5：使用信号进行 POSIX 定时器通知

```
                                                 ── timers/ptmr_sigev_signal.c
#define _POSIX_C_SOURCE 199309
#include <signal.h>
#include <time.h>
#include "curr_time.h"                  /* Declares currTime() */
#include "itimerspec_from_str.h"        /* Declares itimerspecFromStr() */
#include "tlpi_hdr.h"

#define TIMER_SIG SIGRTMAX              /* Our timer notification signal */

   static void
① handler(int sig, siginfo_t *si, void *uc)
   {
       timer_t *tidptr;

       tidptr = si->si_value.sival_ptr;

       /* UNSAFE: This handler uses non-async-signal-safe functions
          (printf(); see Section 21.1.2) */
       printf("[%s] Got signal %d\n", currTime("%T"), sig);
       printf("    *sival_ptr         = %ld\n", (long) *tidptr);
       printf("    timer_getoverrun() = %d\n", timer_getoverrun(*tidptr));
   }

   int
   main(int argc, char *argv[])
   {
```

```
                struct itimerspec ts;
                struct sigaction  sa;
                struct sigevent   sev;
                timer_t *tidlist;
                int j;

                if (argc < 2)
                    usageErr("%s secs[/nsecs][:int-secs[/int-nsecs]]...\n", argv[0]);

                tidlist = calloc(argc - 1, sizeof(timer_t));
                if (tidlist == NULL)
                    errExit("malloc");

                /* Establish handler for notification signal */

                sa.sa_flags = SA_SIGINFO;
                sa.sa_sigaction = handler;
                sigemptyset(&sa.sa_mask);
②              if (sigaction(TIMER_SIG, &sa, NULL) == -1)
                    errExit("sigaction");

                /* Create and start one timer for each command-line argument */

                sev.sigev_notify = SIGEV_SIGNAL;     /* Notify via signal */
                sev.sigev_signo = TIMER_SIG;         /* Notify using this signal */

                for (j = 0; j < argc - 1; j++) {
③                  itimerspecFromStr(argv[j + 1], &ts);

                    sev.sigev_value.sival_ptr = &tidlist[j];
                            /* Allows handler to get ID of this timer */

④                  if (timer_create(CLOCK_REALTIME, &sev, &tidlist[j]) == -1)
                        errExit("timer_create");
                    printf("Timer ID: %ld (%s)\n", (long) tidlist[j], argv[j + 1]);

⑤                  if (timer_settime(tidlist[j], 0, &ts, NULL) == -1)
                        errExit("timer_settime");
                }

⑥          for (;;)                                  /* Wait for incoming timer signals */
                pause();
            }
```
── **timers/ptmr_sigev_signal.c**

程序清单 23-5 程序的每个命令行参数都为定时器指定了初始值及间隔时间。程序的"用法"
输出中描述了这些参数的语法，并在后面的 shell 会话中做了演示。程序执行的步骤如下。

- 为用于定时器通知的信号创建处理器函数②。
- 为每一个命令行参数，创建④并配备⑤一个使用 SIGEV_SIGNAL 通知机制的 POSIX 定
  时器。至于将命令行参数转换③为 itimerspec 结构的函数 itimerspecFromStr()，请参考
  程序清单 23-6。
- 每当一个定时器到期时，都将发送由 sev.sigev_signo 指定的信号给进程。信号处理器
  函数会将 sev.sigev_value.sival_ptr 中提供的值（定时器 ID，tidlist[j]）以及定时器溢出
  值①显示出来。
- 创建并配备定时器之后，在循环中反复调用 pause()，以等待定时器到期⑥。

程序清单 23-6 中函数可将程序 23-5 的命令行参数转化为相应的 itimerspec 结构。函数可识别的字符串参数格式在源码文件开始的注释中做了说明（并在下面的 shell 会话中做了演示）。

程序清单 23-6：将"时间+间隔"的字符串转换为 itimerspec 的值

—————————————————————————————————— timers/itimerspec_from_str.c

```c
#define _POSIX_C_SOURCE 199309
#include <string.h>
#include <stdlib.h>
#include "itimerspec_from_str.h"            /* Declares function defined here */

/* Convert a string of the following form to an itimerspec structure:
   "value.sec[/value.nanosec][:interval.sec[/interval.nanosec]]".
   Optional components that are omitted cause 0 to be assigned to the
   corresponding structure fields. */

void
itimerspecFromStr(char *str, struct itimerspec *tsp)
{
    char *cptr, *sptr;

    cptr = strchr(str, ':');
    if (cptr != NULL)
        *cptr = '\0';

    sptr = strchr(str, '/');
    if (sptr != NULL)
        *sptr = '\0';

    tsp->it_value.tv_sec = atoi(str);
    tsp->it_value.tv_nsec = (sptr != NULL) ? atoi(sptr + 1) : 0;
    if (cptr == NULL) {
        tsp->it_interval.tv_sec = 0;
        tsp->it_interval.tv_nsec = 0;
    } else {
        sptr = strchr(cptr + 1, '/');
        if (sptr != NULL)
            *sptr = '\0';
        tsp->it_interval.tv_sec = atoi(cptr + 1);
        tsp->it_interval.tv_nsec = (sptr != NULL) ? atoi(sptr + 1) : 0;
    }
}
```

—————————————————————————————————— timers/itimerspec_from_str.c

如下 shell 会话演示了对程序清单 23-5 中程序的调用，创建了一个初始到期值为 2 秒，间隔时间为 5 秒的定时器。

```
$ ./ptmr_sigev_signal 2:5
Timer ID: 134524952 (2:5)
[15:54:56] Got signal 64              SIGRTMAX is signal 64 on this system
    *sival_ptr       = 134524952      sival_ptr points to the variable tid
    timer_getoverrun() = 0
[15:55:01] Got signal 64
    *sival_ptr       = 134524952
    timer_getoverrun() = 0
Type Control-Z to suspend the process
[1]+  Stopped        ./ptmr_sigev_signal 2:5
```

挂起程序后，暂停几秒钟，在恢复程序运行之前会有多个定时器到期。

```
$ fg
./ptmr_sigev_signal 2:5
[15:55:34] Got signal 64
    *sival_ptr       = 134524952
    timer_getoverrun() = 5
Type Control-C to kill the program
```

程序输出的最后一行表明发生了 5 次定时器溢出，亦即在捕获上一信号之后定时器到期了 6 次。

23.6.6　定时器溢出

假设已经选择通过信号（即 sigev_notify 为 SIGEV_SIGNAL）传递的方式来接收定时器到期通知。进一步假设，在捕获或接收相关信号之前，定时器到期多次。这可能是因为进程再次获得调度前的延时所致。另外，不论是直接调用 sigprocmask()，还是在信号处理器函数里暗中处理，也都有可能堵塞相关信号的发送。如何知道发生了这些定时器溢出呢？

也许会认为使用实时信号有助于解决这个问题，因为可以对实时信号的多个实例进行排队。不过，由于对排队实时信号有数量上的限制，结果证明这种方法也无法奏效。所以 POSIX.1b 委员会选用了另一种方法：一旦选择通过信号来接收定时器通知，那么即便用了实时信号，也绝不会对该信号的多个实例进行排队。相反，在接收信号后（无论是通过信号处理器函数还是调用 sigwaitinfo()），可以获取定时器溢出计数，即在信号生成与接收之间发生的定时器到期额外次数。如果上次收到信号后定时器发生了 3 次到期，那么溢出计数是 2。

接收到定时器信号之后，有两种方法可以获取定时器溢出值。

- 调用 timer_getoverrun()，稍后将会讨论。这是由 SUSv3 指定去获取溢出计数的方法。
- 使用随信号一同返回的结构 siginfo_t 中的 si_overrun 字段值。这种方法可以避免 timer_getoverrun() 的系统调用开销，但同时也是一种 Linux 扩展方法，无法移植。

每次收到定时器信号后，都会重置定时器溢出计数。若自处理或接收定时器信号之后，定时器仅到期一次，则溢出计数为 0（即无溢出）。

```
#define _POSIX_C_SOURCE 199309
#include <time.h>

int timer_getoverrun(timer_t timerid);
```
                    Returns timer overrun count on success, or –1 on error

函数 timer_getoverrun() 返回由参数 timerid 指定定时器的溢出值。

根据 SUSv3 规定（表 21-1），函数 timer_getoverrun() 是异步信号安全的函数之一，故而在信号处理器函数内部调用也是安全的。

23.6.7　通过线程来通知

SIGEV_THREAD 标志允许程序从一个独立的线程中调用函数来获取定时器到期通知。要理解这一标志的含义，需要具备第 29 章和第 30 章中关于 POSIX 线程的知识。如果不了解 POSIX 线程，那么在查看本节示例程序前，可能需要预先阅读一下这些章节。

程序清单 23-7 演示了 SIGEV_THREAD 的使用。该程序的命令行参数与程序清单 23-5 相同。所执行的步骤如下。

- 针对每个命令行参数，程序都创建⑥并配备⑦一个使用了 SIGEV_THREAD 通知机制③的 POSIX 定时器。
- 每当定时器到期时，会在一条独立线程中调用由 sev.sigev_notify_function 指定的函数。调用函数时，使用由 sev.sigev_value.sival_ptr 指定的值作为参数。程序中会将定时器 ID（tidlist[j]）的地址赋给该字段⑤，以便在调用通知函数时可以获得定时器 ID。
- 创建和配备所有定时器之后，主程序进入循环并等待定时器到期⑧。每次循环，程序都会调用 pthread_cond_wait()，等待处理定时器通知的线程就条件变量（cond）发出信号。
- 每次定时器到期都会调用函数 threadFunc()①。在打印消息后，增加全局变量 expireCnt 的值。考虑到定时器可能溢出，会将 timer_getoverrun() 的返回值也加入 expireCnt 变量中。（23.6.6 节解释了定时器溢出与 SIGEV_SIGNAL 通知机制之间的关系。定时器溢出还可以与 SIGEV_THREAD 机制协作使用，因为在调用通知函数前，定时器可能会多次到期。）通知函数就条件变量（cond）发出信号，告知主程序定时器到期。

下面的 shell 会话日志展示了对程序清单 23-7 中程序的调用。在本例中，程序创建了两个定时器：一个定时器首次到期时间为 5 秒，并设置了 5 秒的时间间隔；另一个初次到期时间为 10 秒，并设置了 10 秒的时间间隔。

```
$ ./ptmr_sigev_thread 5:5 10:10
Timer ID: 134525024 (5:5)
Timer ID: 134525080 (10:10)
[13:06:22] Thread notify
        timer ID=134525024
        timer_getoverrun()=0
main(): count = 1
[13:06:27] Thread notify
        timer ID=134525080
        timer_getoverrun()=0
main(): count = 2
[13:06:27] Thread notify
        timer ID=134525024
        timer_getoverrun()=0
main(): count = 3
Type Control-Z to suspend the program
[1]+  Stopped        ./ptmr_sigev_thread 5:5 10:10
$ fg                                       Resume execution
./ptmr_sigev_thread 5:5 10:10
[13:06:45] Thread notify
        timer ID=134525024
        timer_getoverrun()=2           There were timer overruns
main(): count = 6
[13:06:45] Thread notify
        timer ID=134525080
        timer_getoverrun()=0
main(): count = 7
Type Control-C to kill the program
```

程序清单 23-7：使用线程函数发送 POSIX 定时器通知

———————————————————————————————— timers/ptmr_sigev_thread.c

```c
#include <signal.h>
#include <time.h>
#include <pthread.h>
#include "curr_time.h"              /* Declaration of currTime() */
```

```
        #include "tlpi_hdr.h"
        #include "itimerspec_from_str.h"      /* Declares itimerspecFromStr() */

        static pthread_mutex_t mtx = PTHREAD_MUTEX_INITIALIZER;
        static pthread_cond_t cond = PTHREAD_COND_INITIALIZER;

        static int expireCnt = 0;                /* Number of expirations of all timers */

        static void                              /* Thread notification function */
①   threadFunc(union sigval sv)
        {
            timer_t *tidptr;
            int s;

            tidptr = sv.sival_ptr;

            printf("[%s] Thread notify\n", currTime("%T"));
            printf("    timer ID=%ld\n", (long) *tidptr);
            printf("    timer_getoverrun()=%d\n", timer_getoverrun(*tidptr));

            /* Increment counter variable shared with main thread and signal
               condition variable to notify main thread of the change. */

            s = pthread_mutex_lock(&mtx);
            if (s != 0)
                errExitEN(s, "pthread_mutex_lock");

            expireCnt += 1 + timer_getoverrun(*tidptr);

            s = pthread_mutex_unlock(&mtx);
            if (s != 0)
                errExitEN(s, "pthread_mutex_unlock");

②       s = pthread_cond_signal(&cond);
            if (s != 0)
                errExitEN(s, "pthread_cond_signal");
        }

    int
    main(int argc, char *argv[])
    {
        struct sigevent sev;
        struct itimerspec ts;
        timer_t *tidlist;
        int s, j;
        if (argc < 2)
            usageErr("%s secs[/nsecs][:int-secs[/int-nsecs]]...\n", argv[0]);

        tidlist = calloc(argc - 1, sizeof(timer_t));
        if (tidlist == NULL)
            errExit("malloc");

③   sev.sigev_notify = SIGEV_THREAD;             /* Notify via thread */
④   sev.sigev_notify_function = threadFunc;      /* Thread start function */
        sev.sigev_notify_attributes = NULL;
                /* Could be pointer to pthread_attr_t structure */

        /* Create and start one timer for each command-line argument */
```

```
            for (j = 0; j < argc - 1; j++) {
                itimerspecFromStr(argv[j + 1], &ts);

⑤              sev.sigev_value.sival_ptr = &tidlist[j];
                        /* Passed as argument to threadFunc() */

⑥              if (timer_create(CLOCK_REALTIME, &sev, &tidlist[j]) == -1)
                    errExit("timer_create");
                printf("Timer ID: %ld (%s)\n", (long) tidlist[j], argv[j + 1]);

⑦              if (timer_settime(tidlist[j], 0, &ts, NULL) == -1)
                    errExit("timer_settime");
            }

            /* The main thread waits on a condition variable that is signaled
               on each invocation of the thread notification function. We
               print a message so that the user can see that this occurred. */

            s = pthread_mutex_lock(&mtx);
            if (s != 0)
                errExitEN(s, "pthread_mutex_lock");

⑧          for (;;) {
                s = pthread_cond_wait(&cond, &mtx);
                if (s != 0)
                    errExitEN(s, "pthread_cond_wait");
                printf("main(): expireCnt = %d\n", expireCnt);
            }
        }
```
────────────────────────────────────── timers/ptmr_sigev_thread.c

23.7　利用文件描述符进行通知的定时器：timerfd API

　　始于版本 2.6.25，Linux 内核提供了另一种创建定时器的 API。Linux 特有的 timerfd API，可从文件描述符中读取其所创建定时器的到期通知。因为可以使用 select()、poll() 和 epoll()（将在第 63 章进行讨论）将这种文件描述符会同其他描述符一同进行监控，所以非常实用。（至于说本章讨论的其他定时器 API，想要把一个或多个定时器与一组文件描述符放在一起同时监测，可不是件容易的事。）

　　这组 API 中的 3 个新系统调用，其操作与 23.6 节所述的 timer_create()、timer_settime() 和 timer_gettime() 相类似。

　　新加入的第 1 个系统调用是 timerfd_create()，它会创建一个新的定时器对象，并返回一个指代该对象的文件描述符。

```
#include <sys/timerfd.h>

int timerfd_create(int clockid, int flags);

                            Returns file descriptor on success, or -1 on error
```

　　参数 clockid 的值可以设置为 CLOCK_REALTIME 或 CLOCK_MONOTONIC（参考表 23-1）。timerfd_create() 的最初实现将参数 flags 预留供未来使用，必须设置为 0。不过，Linux 内核从 2.6.27 版本开始支持下面两种 flags 标志。

TFD_CLOEXEC

为新的文件描述符设置运行时关闭标志（FD_CLOEXEC）。与 4.3.1 节介绍的 open()标志 O_CLOEXEC 适用于相同情况。

TFD_NONBLOCK

为底层的打开文件描述设置 O_NONBLOCK 标志，随后的读操作将是非阻塞式的。这样设置省却了对 fcntl()的额外调用，却能达到相同效果。

timerfd_create()创建的定时器使用完毕后，应调用 close()关闭相应的文件描述符，以便于内核能够释放与定时器相关的资源。

系统调用 timerfd_settime()可以配备（启动）或解除（停止）由文件描述符 fd 所指代的定时器。

```
#include <sys/timerfd.h>

int timerfd_settime(int fd, int flags, const struct itimerspec *new_value,
                    struct itimerspec *old_value);
                                        Returns 0 on success, or -1 on error
```

参数 new_value 为定时器指定新设置。参数 old_value 可用来返回定时器的前一设置（细节请参考随后对 timerfd_gettime()的说明）。如果不关心定时器的前一设置，可将 old_value 置为 NULL。两个参数均指向 itimerspec 结构，用法与 timer_settime()（参考 23.6.2 节）相同。

参数 flags 与 timer_settime()中的对应参数类似。可以是 0，此时将 new_value.it_value 的值视为相对于调用 timerfd_settime()时间点的相对时间，也可以设为 TFD_TIMER_ABSTIME，将其视为一个绝对时间（从时钟的 0 点开始测量）。

系统调用 timerfd_gettime()返回文件描述符 fd 所标识定时器的间隔及剩余时间。

```
#include <sys/timerfd.h>

int timerfd_gettime(int fd, struct itimerspec *curr_value);
                                        Returns 0 on success, or -1 on error
```

同 timer_gettime()一样，间隔以及距离下次到期的时间均返回 curr_value 指向的结构 itimerspec 中。即使是以 TFD_TIMER_ABSTIME 标志创建的绝对时间定时器，curr_vallue.it_value 字段中返回值的意义也会保持不变。如果返回的结构 curr_value.it_value 中所有字段值均为 0，那么该定时器已经被解除。如果返回的结构 curr_value.it_interval 中两字段值均为 0，那么定时器只会到期一次，到期时间在 curr_value.it_value 中给出。

timerfd 与 fork()及 exec()之间的交互

调用 fork()期间，子进程会继承 timerfd_create()所创建文件描述符的拷贝。这些描述符与父进程的对应描述符均指代相同的定时器对象，任一进程都可读取定时器的到期信息。

timerfd_create()创建的文件描述符能跨越 exec()得以保存（除非将描述符置为运行时关闭，如 27.4 节所述），已配备的定时器在 exec()之后会继续生成到期通知。

从 timerfd 文件描述符读取

一旦以 timerfd_settime()启动了定时器，就可以从相应文件描述符中调用 read()来读取定时器的到期信息。出于这一目的，传给 read()的缓冲区必须足以容纳一个无符号 8 字节整型（uint64_t）数。

在上次使用 timerfd_settime()修改设置以后，或是最后一次执行 read()后，如果发生了一起到多起定时器到期事件，那么 read()会立即返回，且返回的缓冲区中包含了已发生的到期次数。如果并无定时器到期，read()会一直阻塞直至产生下一个到期。也可以执行 fcntl()的 F_SETFL 操作（5.3 节）为文件描述符设置 O_NONBLOCK 标志，这时的读动作是非阻塞式的，且如果没有定时器到期，则返回错误，并将 errno 值置为 EAGAIN。

如前所述，可以利用 select()、poll()和 epoll()对 timerfd 文件描述符进行监控。如果定时器到期，会将对应的文件描述符标记为可读。

示例程序

程序清单 23-8 演示了 timerfd API 的使用。该程序从命令行取得两个参数。第 1 个参数为必填项，用以标识定时器的初始和间隔时间。（程序清单 23-6 中的函数 itimerspecFromStr()可以用来解析这一参数。）第 2 个参数是可选项，表示程序退出之前应等待的定时器过期最大次数，其默认值为 1。

程序调用 timerfd_create()来创建一个定时器，并通过 timerfd_settime()将其启动。接着进入循环，从文件描述符中读取定时器到期通知，直至达到指定的定时器到期次数。每次 read()之后，程序都会显示定时器启动以来的逝去时间、读取到的到期次数以及至今为止的到期总数。

下面的 shell 会话日志中，通过命令行参数创建了一个初始时间为 1 秒，间隔为 1 秒，最大到期次数为 100 次的定时器。

```
$ ./demo_timerfd 1:1 100
1.000: expirations read: 1; total=1
2.000: expirations read: 1; total=2
3.000: expirations read: 1; total=3
Type Control-Z to suspend program in background for a few seconds
[1]+  Stopped                 ./demo_timerfd 1:1 100
$ fg                                        Resume program in foreground
./demo_timerfd 1:1 100
14.205: expirations read: 11; total=14      Multiple expirations since last read()
15.000: expirations read: 1; total=15
16.000: expirations read: 1; total=16
Type Control-C to terminate the program
```

从以上结果可以看出，程序在后台暂停时定时器出现了多次到期。在程序恢复运行之后，第 1 次 read()调用就返回了所有这些到期。

程序清单 23-8：使用 timerfd API

```
                                                      ──── timers/demo_timerfd.c
#include <sys/timerfd.h>
#include <time.h>
#include <stdint.h>                    /* Definition of uint64_t */
#include "itimerspec_from_str.h"       /* Declares itimerspecFromStr() */
#include "tlpi_hdr.h"

int
main(int argc, char *argv[])
{
    struct itimerspec ts;
```

```
        struct timespec start, now;
        int maxExp, fd, secs, nanosecs;
        uint64_t numExp, totalExp;
        ssize_t s;

        if (argc < 2 || strcmp(argv[1], "--help") == 0)
            usageErr("%s secs[/nsecs][:int-secs[/int-nsecs]] [max-exp]\n", argv[0]);

        itimerspecFromStr(argv[1], &ts);
        maxExp = (argc > 2) ? getInt(argv[2], GN_GT_0, "max-exp") : 1;
        fd = timerfd_create(CLOCK_REALTIME, 0);
        if (fd == -1)
            errExit("timerfd_create");

        if (timerfd_settime(fd, 0, &ts, NULL) == -1)
            errExit("timerfd_settime");

        if (clock_gettime(CLOCK_MONOTONIC, &start) == -1)
            errExit("clock_gettime");

        for (totalExp = 0; totalExp < maxExp;) {

            /* Read number of expirations on the timer, and then display
               time elapsed since timer was started, followed by number
               of expirations read and total expirations so far. */

            s = read(fd, &numExp, sizeof(uint64_t));
            if (s != sizeof(uint64_t))
                errExit("read");

            totalExp += numExp;

            if (clock_gettime(CLOCK_MONOTONIC, &now) == -1)
                errExit("clock_gettime");

            secs = now.tv_sec - start.tv_sec;
            nanosecs = now.tv_nsec - start.tv_nsec;
            if (nanosecs < 0) {
                secs--;
                nanosecs += 1000000000;
            }

            printf("%d.%03d: expirations read: %llu; total=%llu\n",
                    secs, (nanosecs + 500000) / 1000000,
                    (unsigned long long) numExp, (unsigned long long) totalExp);
        }

        exit(EXIT_SUCCESS);
    }
```

——— **timers/demo_timerfd.c**

23.8　总结

　　进程可以使用 setitimer() 或 alarm() 来设置定时器，以便于在经历指定的一段实际（或进程）时间后收到信号通知。定时器的用途之一是为系统调用的阻塞设定时间上限。

　　应用程序如需暂停执行一段特定间隔的实际时间，可以使用各种合适的休眠函数。

Linux 2.6 所实现的 POSIX.1b 扩展为高精度时钟和定时器定义了一套 API。POSIX.1b 定时器比传统（settimer()）UNIX 定时器更具优势，可以：创建多个定时器；选择定时器到期时的通知信号；获取定时器溢出计数，以便判断自上次到期通知后定时器是否又发生了多次到期；选择通过执行线程函数而非递送信号来获取定时器通知。

Linux 特有的 timerfd API 提供了一组创建定时器的接口，与 POSIX 定时器 API 相类似，但允许从文件描述符中读取定时器通知。还可使用 select()、poll() 和 epoll() 来监控这些描述符。

更多信息

在每个函数的原理（rationael）部分，SUSv3 就本章所述（标准）定时器和休眠接口一一指出其要点所在。[Callmeister, 1995] 则探讨了 POSIX.1b 时钟和定时器。

23.9 练习

23-1. 尽管 Linux 将 alarm() 实现为系统调用，但这当属蛇足。请用 setitimer() 实现 alarm()。

23-2. 试着将程序清单 23-3（t_nanosleep.c）程序置于后台运行，并设置 60 秒的休眠间隔，同时使用如下命令发送尽可能多的 SIGINT 信号给后台进程：

```
$ while true; do kill -INT pid; done
```

应该能注意到程序休眠时间要长于预期。将 nanosleep() 用 clock_gettime()（使用 CLOCK_REALTIME 时钟）和设置 TIMER_ABSTIME 标志的 clock_nanosleep() 来替换。（此练习需要 Linux 2.6 版本。）反复测试修改后的程序，并解释新老程序间的差别。

23-3. 编写一个程序验证：如果调用 timer_create() 时将参数 evp 置为 NULL，那么这就等同于将 evp 设为指向 sigevent 结构的指针，并将该结构中的 sigev_notify 置为 SIGEV_SIGNAL，将 sigev_signo 置为 SIGALRM，将 si_value.sival_int 置为定时器 ID。

23-4. 修改程序清单 23-5（ptmr_sigev_signal.c）中程序，并用 sigwaitinfo() 替换信号处理器函数。

第 **24** 章

进程的创建

本章以及随后的 3 章将探讨进程的创建和终止，以及进程执行新程序的过程。本章主要讨论进程的创建，不过，在切入正题之前，将首先概括一下这 4 章所涵盖的主要系统调用。

24.1 fork()、exit()、wait()以及 execve()的简介

本章以及随后几章的议题会集中在 fork()、exit()、wait()以及 execve()这几个系统调用上。上述每种系统调用都各有变体，后续会一一论及。此处将首先对这 4 个系统调用及其典型用法简单加以介绍。

- 系统调用 fork()允许一进程（父进程）创建一新进程（子进程）。具体做法是，新的子进程几近于对父进程的翻版：子进程获得父进程的栈、数据段、堆和执行文本段（6.3 节）的拷贝。可将此视为把父进程一分为二，术语 fork 也由此得名。
- 库函数 exit（status）终止一进程，将进程占用的所有资源（内存、文件描述符等）归还内核，交其进行再次分配。参数 status 为一整型变量，表示进程的退出状态。父进程可使用系统调用 wait()来获取该状态。

库函数 exit()位于系统调用_exit()之上。第 25 章将解释二者之间的差异。这里只是强调，在调用 fork()之后，父、子进程中一般只有一个会通过调用 exit()退出，而另一进程则应使用_exit()终止。

- 系统调用 wait（&status）的目的有二：其一，如果子进程尚未调用 exit()终止，那么 wait()会挂起父进程直至子进程终止；其二，子进程的终止状态通过 wait()的 status 参数返回。
- 系统调用 execve(pathname，argv，envp)加载一个新程序（路径名为 pathname，参数列表为 argv，环境变量列表为 envp)到当前进程的内存。这将丢弃现存的程序文本段，并为新程序重新创建栈、数据段以及堆。通常将这一动作称为执行（execing）一个新程序。稍后会介绍构建于 execve()之上的多个库函数，每种都为编程接口提供了实用的变体。在彼此差异无关宏旨的场合，循例会将此类函数统称为 exec()，尽管实际上并没有以之命名的系统调用或者库函数。

其他一些操作系统则将 fork() 和 exec() 的功能合二为一，形成单一的 spawn 操作——创建一个新进程并执行指定程序。比较而言，UNIX 的方案通常更为简单和优雅。两步走的策略使得 API 更为简单（系统调用 fork() 无需参数），程序也得以在这两步之间执行一些其他操作，因而更具弹性。另外，只执行 fork() 而不执行 exec() 的场景也颇为常见。

> SUSv3 所详细规定的 posix_spawn() 函数，就将 fork() 和 exec() 的功能结合起来，但规范并未对实现此函数做强制要求。Linux 的 glibc 函数库实现了该函数以及 SUSv3 中的其他几个相关 API。将 posix_spawn() 纳入 SUSv3，意在为缺乏交换（swap）设施或内存管理单元（memory-management units）的硬件架构（嵌入式系统大多如此）编写具备可移植性的应用程序。在此类架构上实现传统意义的 fork()，即便存在可能性，难度也很大。

图 24-1 对 fork()、exit()、wait() 以及 exece() 之间的相互协同作了总结。（此图勾勒了 shell 执行一条命令所历经的步骤：shell 读取命令，进行各种处理，随之创建子进程以执行该命令，如此循环不已。）

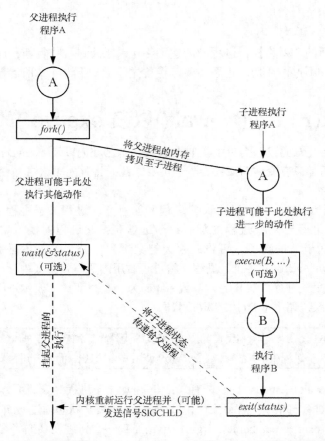

图 24-1：概述函数 fork()、exit()、wait() 和 execve() 的协同使用

图中对 execve() 的调用并非必须。有时，让子进程继续执行与父进程相同的程序反而会有妙用。最终，两种情况殊途同归：总是要通过调用 exit()（或接收一个信号）来终止子进程，而父进程可调用 wait() 来获取其终止状态。

同样，对 wait() 的调用也属于可选项。父进程可以对子进程不闻不问，继续我行我素。不过，由后续内容可知，对 wait()的使用通常也是不可或缺的，每每在 SIGCHLD 信号的处理程序中使用。当子进程终止时，内核会为其父进程产生此类信号（默认的处理是忽略 SIGCHLD 信号，下图将此标记为可选，原因正在于此）。

24.2 创建新进程：fork()

在诸多应用中，创建多个进程是任务分解时行之有效的方法。例如，某一网络服务器进程可在侦听客户端请求的同时，为处理每一请求而创建一新的子进程，与此同时，服务器进程会继续侦听更多的客户端连接请求。以此类手法分解任务，通常会简化应用程序的设计，同时提高了系统的并发性。（即，可同时处理更多的任务或请求。）

系统调用 fork()创建一新进程（child），几近于对调用进程（parent）的翻版。

```
#include <unistd.h>

pid_t fork(void);
```
                    In parent: returns process ID of child on success, or -1 on error;
                                in successfully created child: always returns 0

理解 fork()的诀窍是，要意识到，完成对其调用后将存在两个进程，且每个进程都会从 fork()的返回处继续执行。

这两个进程将执行相同的程序文本段，但却各自拥有不同的栈段、数据段以及堆段拷贝。子进程的栈、数据以及栈段开始时是对父进程内存相应各部分的完全复制。执行 fork()之后，每个进程均可修改各自的栈数据、以及堆段中的变量，而并不影响另一进程。

程序代码则可通过 fork()的返回值来区分父、子进程。在父进程中，fork()将返回新创建子进程的进程 ID。鉴于父进程可能需要创建，进而追踪多个子进程（通过 wait()或类似方法），这种安排还是很实用的。而 fork()在子进程中则返回 0。如有必要，子进程可调用 getpid()以获取自身的进程 ID，调用 getppid()以获取父进程 ID。

当无法创建子进程时，fork()将返回-1。失败的原因可能在于，进程数量要么超出了系统针对此真实用户（real user ID）在进程数量上所施加的限制（RLIMIT_NPROC，36.3 节将对此加以描述），要么是触及允许该系统创建的最大进程数这一系统级上限。

调用 fork()时，有时会采用如下习惯用语：

```
pid_t childPid;            /* Used in parent after successful fork()
                              to record PID of child */
switch (childPid = fork()) {
case -1:                   /* fork() failed */
    /* Handle error */

case 0:                    /* Child of successful fork() comes here */
    /* Perform actions specific to child */

default:                   /* Parent comes here after successful fork() */
    /* Perform actions specific to parent */
}
```

调用 fork()之后，系统将率先"垂青"于哪个进程（即调度其使用 CPU），是无法确定的，意识到这一点极为重要。在设计拙劣的程序中，这种不确定性可能会导致所谓"竞争条件（race condition）"的错误，24.2 节会对此做进一步说明。

程序清单 24-1 展示了 fork()的用法。该程序创建一子进程，并对继承自 fork()的全局及自动变量拷贝进行修改。

使用 sleep()（存在于由父进程所执行的代码中），意在允许子进程先于父进程获得系统调度并使用 CPU，以便在父进程继续运行之前完成自身任务并退出。要想确保这一结果，sleep()的这种用法并非万无一失，24.5 节中的方法更胜一筹。

运行程序清单 24-1 中程序，其输出如下。

```
$ ./t_fork
PID=28557 (child)  idata=333 istack=666
PID=28556 (parent) idata=111 istack=222
```

以上输出表明，子进程在 fork()时拥有了自己的栈和数据段拷贝，且其对这些段中变量的修改将不会影响父进程。

程序清单 24-1：调用 fork()

――――――――――――――――――――――――――――――――――― procexec/t_fork.c
```c
#include "tlpi_hdr.h"

static int idata = 111;              /* Allocated in data segment */

int
main(int argc, char *argv[])
{
    int istack = 222;                /* Allocated in stack segment */
    pid_t childPid;

    switch (childPid = fork()) {
    case -1:
        errExit("fork");

    case 0:
        idata *= 3;
        istack *= 3;
        break;

    default:
        sleep(3);                    /* Give child a chance to execute */
        break;
    }

    /* Both parent and child come here */

    printf("PID=%ld %s idata=%d istack=%d\n", (long) getpid(),
            (childPid == 0) ? "(child) " : "(parent)", idata, istack);

    exit(EXIT_SUCCESS);
}
```
――――――――――――――――――――――――――――――――――― procexec/t_fork.c

24.2.1　父、子进程间的文件共享

执行 fork()时，子进程会获得父进程所有文件描述符的副本。这些副本的创建方式类似于 dup()，这也意味着父、子进程中对应的描述符均指向相同的打开文件句柄（即 open file description，详见 5.4 节译注）。正如 5.4 节所述，打开文件句柄包含有当前文件偏移量（由 read()、write()和 lseek()修改）以及文件状态标志（由 open()设置，通过 fcntl()的 F_SETFL 操作改变）。

一个打开文件的这些属性因之而在父子进程间实现了共享。举例来说，如果子进程更新了文件偏移量，那么这种改变也会影响到父进程中相应的描述符。

程序清单 24-2 所展示的正是这样一个事实：fork()之后，这些属性将在父子进程之间共享。该程序使用 mkstemp()打开一个临时文件，接着调用 fork()以创建子进程。子进程改变文件偏移量以及文件状态标志，最后退出。父进程随即获取文件偏移量和标志，以验证其可以观察到由子进程所造成的变化。此程序运行结果如下：

```
$ ./fork_file_sharing
File offset before fork(): 0
O_APPEND flag before fork() is: off
Child has exited
File offset in parent: 1000
O_APPEND flag in parent is: on
```

关于程序清单 24-2 为何要将 lseek()的返回值强制转换为 long long，参见 5.10 节。

程序清单 24-2：在父子进程间共享文件偏移量和打开文件状态标志

――――――――――――――――――――――――― procexec/fork_file_sharing.c

```c
#include <sys/stat.h>
#include <fcntl.h>
#include <sys/wait.h>
#include "tlpi_hdr.h"

int
main(int argc, char *argv[])
{
    int fd, flags;
    char template[] = "/tmp/testXXXXXX";

    setbuf(stdout, NULL);                   /* Disable buffering of stdout */

    fd = mkstemp(template);
    if (fd == -1)
        errExit("mkstemp");

    printf("File offset before fork(): %lld\n",
            (long long) lseek(fd, 0, SEEK_CUR));

    flags = fcntl(fd, F_GETFL);
    if (flags == -1)
        errExit("fcntl - F_GETFL");
    printf("O_APPEND flag before fork() is: %s\n",
            (flags & O_APPEND) ? "on" : "off");
    switch (fork()) {
    case -1:
        errExit("fork");

    case 0:     /* Child: change file offset and status flags */
        if (lseek(fd, 1000, SEEK_SET) == -1)
            errExit("lseek");

        flags = fcntl(fd, F_GETFL);         /* Fetch current flags */
        if (flags == -1)
            errExit("fcntl - F_GETFL");
        flags |= O_APPEND;                  /* Turn O_APPEND on */
        if (fcntl(fd, F_SETFL, flags) == -1)
```

```
                errExit("fcntl - F_SETFL");
            _exit(EXIT_SUCCESS);

    default:    /* Parent: can see file changes made by child */
        if (wait(NULL) == -1)
            errExit("wait");                    /* Wait for child exit */
        printf("Child has exited\n");

        printf("File offset in parent: %lld\n",
                (long long) lseek(fd, 0, SEEK_CUR));

        flags = fcntl(fd, F_GETFL);
        if (flags == -1)
            errExit("fcntl - F_GETFL");
        printf("O_APPEND flag in parent is: %s\n",
                (flags & O_APPEND) ? "on" : "off");
        exit(EXIT_SUCCESS);
    }
}
```

—————————————————————————————————————— **procexec/fork_file_sharing.c**

父子进程间共享打开文件属性的妙用屡见不鲜。例如，假设父子进程同时写入一文件，共享文件偏移量会确保二者不会覆盖彼此的输出内容。不过，这并不能阻止父子进程的输出随意混杂在一起。要想规避这一现象，需要进行进程间同步。比如，父进程可以使用系统调用 wait() 来暂停运行并等待子进程退出。shell 就是这么做的：只有当执行命令的子进程退出后，shell 才会打印出提示符（除非用户在命令行最后加上&符以显式在后台运行命令）。

如果不需要这种对文件描述符的共享方式，那么在设计应用程序时，应于 fork() 调用后注意两点：其一，令父、子进程使用不同的文件描述符；其二，各自立即关闭不再使用的描述符（亦即那些经由其他进程使用的描述符）。如果进程之一执行了 exec()，那么 27.4 节所描述的执行时关闭功能（close-on-exec）也会很有用处。图 24-2 展示了这些步骤。

24.2.2　fork() 的内存语义

从概念上说来，可以将 fork() 认作对父进程程序段、数据段、堆段以及栈段创建拷贝。的确，在一些早期的 UNIX 实现中，此类复制确实是原汁原味：将父进程内存拷贝至交换空间，以此创建新进程映像（image），而在父进程保持自身内存的同时，将换出映像置为子进程。不过，真要是简单地将父进程虚拟内存页拷贝到新的子进程，那就太浪费了。原因有很多，其中之一是：fork() 之后常常伴随着 exec()，这会用新程序替换进程的代码段，并重新初始化其数据段、堆段和栈段。大部分现代 UNIX 实现（包括 Linux）采用两种技术来避免这种浪费。

- 内核（Kernel）将每一进程的代码段标记为只读，从而使进程无法修改自身代码。这样，父、子进程可共享同一代码段。系统调用 fork() 在为子进程创建代码段时，其所构建的一系列进程级页表项（page-table entries）均指向与父进程相同的物理内存页帧。
- 对于父进程数据段、堆段和栈段中的各页，内核采用写时复制（copy-on-write）技术来处理。（[Bach, 1986] 和 [Bovert & Cersati, 2005] 描述了写时复制的实现。）最初，内核做了一些设置，令这些段的页表项指向与父进程相同的物理内存页，并将这些页面自身标记为只读。调用 fork() 之后，内核会捕获所有父进程或子进程针对这些页面的修改企图，并为将要修改的（about-to-be-modified）页面创建拷贝。系统将新的页面拷贝分配给遭内核捕获的进程，还会对子进程的相应页表项做适当调整。从这一刻起，父、子进程可以分别修改各自的页拷贝，不再相互影响。图24-3展示了写时复制技术。

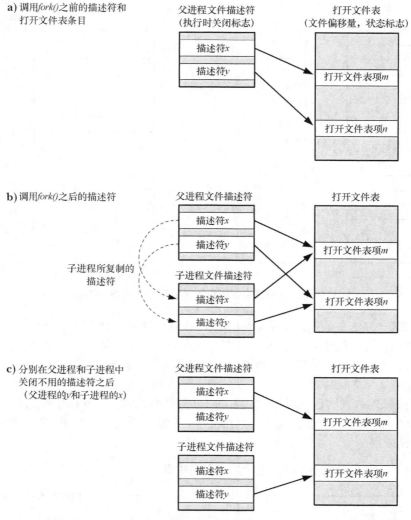

图 24-2：执行 fork() 期间对文件描述符的复制，以及关闭不再使用的描述符

控制进程的内存需求

通过将 fork() 与 wait() 组合使用，可以控制一个进程的内存需求。进程的内存需求量，亦即进程所使用的虚拟内存页范围，受到多种因素的影响，例如，调用函数，或从函数返回时栈的变化情况，对 exec() 的调用，以及因调用 malloc() 和 free() 而对堆所做的修改——这点对这里的讨论有着特殊意义。

假设以程序清单 24-3 所示方式调用 fork() 和 wait()，且将对某函数 func() 的调用置于括号之中。由执行程序可知，由于所有可能的变化都发生于子进程，故而从对 func() 的调用之前开始，父进程的内存使用量将保持不变。这一用法的实用性则归于如下理由。

- 若已知 func() 导致内存泄露，或是引发堆内存的过度碎片化，该技术则可以避免这些问题。（要是无法访问 func() 的源码，想要处理这些问题也就无从谈起。）

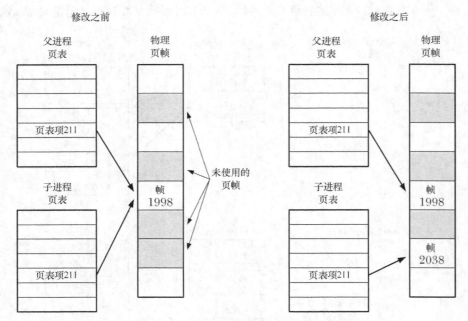

修改之前 修改之后

父进程
页表 物理
页帧 父进程
页表 物理
页帧

页表项211

子进程
页表 未使用的
页帧

帧
1998

页表项211

页表项211

帧
1998

子进程
页表

帧
2038

页表项211

图 24-3：对一共享写时复制页进行修改前后的页表

- 假设某一算法在做树状分析（tree analysis）的同时需要进行内存分配（例如，游戏程序需要分析一系列可能的招法以及对方的应手）。本可以调用 free() 来释放所有已分配的内存，不过在某些情况下，使用此处所描述的技术会更为简单，返回（父进程），且调用者（父进程）的内存需求并无改变。

如程序清单 24-3 的实现所示，必须将 func() 的返回结果置于 exit() 的 8 位传出值中，父进程调用 wait() 可获得该值。不过，也可以利用文件、管道或其他一些进程间通信技术，使 func() 返回更大的结果集[1]。

程序清单 24-3：调用函数而不改变进程的内存需求量

from **procexec/footprint.c**

```
pid_t childPid;
int status;

childPid = fork();
if (childPid == -1)
    errExit("fork");

if (childPid == 0)              /* Child calls func() and */
    exit(func(arg));            /* uses return value as exit status */

/* Parent waits for child to terminate. It can determine the
   result of func() by inspecting 'status'. */

if (wait(&status) == -1)
    errExit("wait");
```

from **procexec/footprint.c**

---

1 译者注：针对游戏程序的分析结果而言。

24.3　系统调用 vfork()

在早期的 BSD 实现中，fork()会对父进程的数据段、堆和栈施行严格的复制。如前所述，这是一种浪费，尤其是在调用 fork()后立即执行 exec()的情况下。出于这一原因，BSD 的后期版本引入了 vfork()系统调用，尽管其运作含义稍微有些不同（实则有些怪异），但效率要远高于 BSD fork()。现代 UNIX 采用写时复制技术来实现 fork()，其效率较之于早期的 fork()实现要高出许多，进而将对 vfork()的需求剔除殆尽。虽然如此，Linux（如同许多其他的 UNIX 实现一样）还是提供了具有 BSD 语义的 vfork()系统调用，以期为程序提供尽可能快的 fork 功能。不过，鉴于 vfork()的怪异语义可能会导致一些难以察觉的程序缺陷（bug），除非能给性能带来重大提升（这种情况发生的概率极小），否则应当尽量避免使用这一调用。

类似于 fork()，vfork()可以为调用进程创建一个新的子进程。然而，vfork()是为子进程立即执行 exec()的程序而专门设计的。

```
#include <unistd.h>

pid_t vfork(void);
```
                    In parent: returns process ID of child on success, or -1 on error;
                               in successfully created child: always returns 0

vfork()因为如下两个特性而更具效率，这也是其与 fork()的区别所在。

- 无需为子进程复制虚拟内存页或页表。相反，子进程共享父进程的内存，直至其成功执行了 exec()或是调用_exit()退出。
- 在子进程调用 exec()或_exit()之前，将暂停执行父进程。

这两点还另有深意：由于子进程使用父进程的内存，因此子进程对数据段、堆或栈的任何改变将在父进程恢复执行时为其所见。此外，如果子进程在 vfork()与后续的 exec()或_exit()之间执行了函数返回，这同样会影响到父进程。这与 6.8 节所述的例子（试图以 longjmp()进入一个已经执行了返回的函数中）相类似。同样相似的还有这一乱局的收场——以典型的段错误（SIGSEGV）而告终。

在不影响父进程的前提下，子进程能在 vfork()与 exec()之间所做的操作屈指可数。其中包括对打开文件描述符进行操作（但不能施之于 stdio 文件流）。因为系统是在内核空间为每个进程维护文件描述符表（5.4 节），且在 vfork()调用期间将复制该表，所以子进程对文件描述符的操作不会影响到父进程。

> 　　SUSv3 指出，在如下情况下程序行为未定义：a）修改了除用于存储 vfork()返回值的 pid_t 型变量之外的任何数据；b）从调用 vfork()的函数中返回；c）在成功地调用_exit()或执行 exec()之前，调用了任何其他函数。
> 　　28.2 节在介绍系统调用 clone()时将会提及，由 fork()或 vfork()创建的子进程还具有少量其他进程属性的自有拷贝。

vfork()的语义在于执行该调用后，系统将保证子进程先于父进程获得调度以使用 CPU。24.2 节曾经提及 fork()是无法保证这一点的，父、子进程均有可能率先获得调度。

程序清单 24-4 展示了 vfork()的用法，将其区分于 fork()的两种语义特性显露无遗：子进程共享父进程的内存，父进程会一直挂起直至子进程终止或调用 exec()。运行该程序，其输出结果如下：

```
$ ./t_vfork
Child executing                    Even though child slept, parent was not scheduled
Parent executing
istack=666
```

由输出的最后一行可知，子进程对变量 istack 的修改影响了父进程的对应变量。

程序清单 24-4：使用 vfork()

── procexec/t_vfork.c
```
#include "tlpi_hdr.h"

int
main(int argc, char *argv[])
{
    int istack = 222;

    switch (vfork()) {
    case -1:
        errExit("vfork");

    case 0:                 /* Child executes first, in parent's memory space */
        sleep(3);                       /* Even if we sleep for a while,
                                           parent still is not scheduled */
        write(STDOUT_FILENO, "Child executing\n", 16);
        istack *= 3;                    /* This change will be seen by parent */
        _exit(EXIT_SUCCESS);

    default:                /* Parent is blocked until child exits */
        write(STDOUT_FILENO, "Parent executing\n", 17);
        printf("istack=%d\n", istack);
        exit(EXIT_SUCCESS);
    }
}
```
── procexec/t_vfork.c

除非速度绝对重要的场合，新程序应当舍 vfork() 而取 fork()。原因在于，当使用写时复制语义实现 fork()（大部分现代 UNIX 实现皆是如此）时，在速度几近于 vfork() 的同时，又避免了 vfork() 的上述怪异行止。（28.3 节会给出 fork() 与 vfork() 在速度方面的某些比较。）

SUSv3 将 vfork() 标记为已过时，SUSv4 则进一步将其从规范中删除。对于 vfork() 运作的诸多细节，SUSv3 颇有些语焉不详，因而可能将其实现为对 fork() 的调用。如此一来，那么 vfork() 的 BSD 语义将不复存在。一些 UNIX 系统还真就把 vfork() 实现为对 fork() 的调用，Linux 系统在内核 2.0 及其之前的版本中也是如此。

在使用时，一般应立即在 vfork() 之后调用 exec()。如果 exec() 执行失败，子进程应调用 _exit() 退出。（vfork() 产生的子进程不应调用 exit() 退出，因为这会导致对父进程 stdio 缓冲区的刷新和关闭。25.4 节将会详述这一点。）

vfork() 的其他用法，尤其当其依赖于内存共享以及进程调度方面的独特语义时，将可能破坏程序的可移植性，其中尤以将 vfork() 实现为简单调用 fork() 的情况为甚。

24.4 fork() 之后的竞争条件（Race Condition）

调用 fork() 后，无法确定父、子进程间谁将率先访问 CPU。（在多处理器系统中，它们可能会同时各自访问一个 CPU。）就应用程序而言，如果为了产生正确的结果而或明或暗

（implicitly or explicitly）地依赖于特定的执行序列，那么将可能因竞争条件（5.1 节曾论及）而导致失败。由于此类问题的发生取决于内核根据系统当时的负载而做出的调度决定，故而往往难以发现。

可以用程序清单 24-5 中程序来验证这种不确定性。该程序循环使用 fork() 来创建多个子进程。在每个 fork() 调用后，父、子进程都会打印一条信息，其中包含循环计数器值以及标识父/子进程身份的字符串。例如，如果要求程序只产生一个子进程，其结果可能如下：

```
$ ./fork_whos_on_first 1
0 parent
0 child
```

可以使用该程序来生成大量子进程，并且分析其输出，观察父、子进程间每次到底由谁率先输出了结果。在某一 Linux/x86-32 2.2.19 系统上令此程序生成一百万个子进程，其分析结果表明，除去 332 次之外，都是由父进程先行输出结果（占总数的 99.97%）。

对程序清单 24-5 运行结果进行分析的脚本为 procexec/fork_whos_on_first.count.swk，在随本书发布的源代码中提供。

依据这一结果可以推测，在 Linux 2.2.19 中，fork() 之后总是继续执行父进程。而子进程之所以在 0.03% 的情况中首先输出结果，是因为父进程在有机会输出消息之前，其 CPU 时间片（CPU time slice）就到期了。换言之，如果该程序所代表的情况总是依赖于如下假设，即 fork() 之后总是调度父进程，那么程序通常可以正常运行，不过每 3000 次将会出现一次错误。当然，如果希望父进程能在调度子进程前执行大量工作，那么出错的可能性将会大增。在一个复杂程序中调试这样的错误会很困难。

程序清单 24-5：fork() 之后，父、子进程竞争输出信息

—————————————————————————————————————— procexec/fork_whos_on_first.c

```c
#include <sys/wait.h>
#include "tlpi_hdr.h"

int
main(int argc, char *argv[])
{
    int numChildren, j;
    pid_t childPid;

    if (argc > 1 && strcmp(argv[1], "--help") == 0)
        usageErr("%s [num-children]\n", argv[0]);

    numChildren = (argc > 1) ? getInt(argv[1], GN_GT_0, "num-children") : 1;

    setbuf(stdout, NULL);                   /* Make stdout unbuffered */

    for (j = 0; j < numChildren; j++) {
        switch (childPid = fork()) {
        case -1:
            errExit("fork");

        case 0:
            printf("%d child\n", j);
            _exit(EXIT_SUCCESS);

        default:
```

```
            printf("%d parent\n", j);
            wait(NULL);                    /* Wait for child to terminate */
            break;
        }
    }

    exit(EXIT_SUCCESS);
}
```
─── procexec/fork_whos_on_first.c

　　虽然 Linux 2.2.19 总是在 fork() 之后继续运行父进程，但在其他 UNIX 实现上，甚至不同版本的 Linux 内核之间，却不能视其为理所当然。在内核稳定版 2.4 系列中，一度曾试验性地推出了一个"fork() 之后由子进程先运行"的补丁，其调度结果与内核 2.2.19 完全相反。虽然这一改变之后又为 2.4 系列内核所舍弃，不过后来还是在 Linux 2.6 中采用，因此，程序假定于 2.2.19 内核的行为会在内核 2.6 中遭到推翻。

　　fork() 之后对父、子进程的调度谁先谁后？其结果孰优孰劣？最近的一些实验又推翻了内核开发者关于这一问题的评估。从 Linux 2.6.32 开始，父进程再度成为 fork() 之后，默认情况下率先调度的对象。将 Linux 专有文件/proc/sys/kernel/sched_child_runs_first 设为非 0 值可以改变该默认设置。

　　要了解支持"fork() 之后先调度子进程"行为的理由，可考虑当 fork() 产生的子进程立即执行 exec() 时"写时复制"所发生的情况。此时，一方面父进程在 fork() 之后继续修改数据页和栈页，另一方面内核要为子进程复制那些"将要修改"的页。由于子进程一旦获得调度会立即执行 exec()，故而这一页复制动作纯属浪费。基于这一论点，先调度子进程的决策更佳。如此一来，等到下次调度到父进程时，就无需复制内存页了。在一个繁忙的 Linux/X86-32 系统上（内核版本为 2.6.30），利用程序清单 24-5 中程序创建一百万个子进程，结果表明子进程率先输出的情况占总数的 99.98%。（这一百分比的精确值取决于诸如系统负载之类的因素。）在其他 UNIX 实现中测试该程序的结果则表明，对于由哪一进程在 fork() 之后率先获得调度的问题，各系统的处理规则差异巨大。

　　Linux 2.6.32 改回"fork() 之后先调度父进程"，其论据则基于如下发现：fork() 之后，父进程在 CPU 中正处于活跃状态，并且其内存管理信息也被置于硬件内存管理单元的转译后备缓冲器（TLB, translation look-aside buffer）中。所以，先运行父进程将提高性能。在非正式场合下，针对分别采取上述两种行为的内核构建版本进行了时间度量，其结果也证实了这一点。

　　总之，值得强调的是：两种行为间的性能差异很小，对于大部分应用程序并无影响。

　　上述讨论清楚地阐明，不应对 fork() 之后执行父、子进程的特定顺序做任何假设。若确需保证某一特定执行顺序，则必须采用某种同步技术。后续各章将会介绍多种同步技术，其中包括信号量（semaphore）、文件锁（file lock）以及进程间经由管道（pipe）的消息发送。接下来会描述另一种方法，那就是使用信号（signal）。

24.5　同步信号以规避竞争条件

　　调用 fork() 之后，如果进程某甲需等待进程某乙完成某一动作，那么某乙（即活动进程）可在动作完成后向某甲发送信号；某甲则等待即可。

　　程序清单 24-6 演示了这一技术。该程序假设父进程必须等待子进程完成某些动作。如果是子进程反过来要等待父进程，那么将父、子进程中与信号相关的调用对掉即可。父、子进程甚至可能多次互发信号以协调彼此行为，尽管实际上更有可能采用信号量、文件锁或消息传递等技术来进行此类协调。

> [Stevens & Rago, 2005] 建议将此类同步方法（阻塞信号，发送信号，捕获信号）封装为一组标准的进程同步函数。这一做法的优点在于，如果有意，后续可以其他进程间通信（IPC）机制替换信号的使用。

需要注意：程序清单 24-6 在 fork() 之前就阻塞了同步信号（SIGUSR1）。若父进程试图在 fork() 之后阻塞该信号，则避之唯恐不及的竞争条件恐怕将不期而遇。（此程序假设与子进程的信号掩码状态无关；如有必要，可以在 fork() 之后的子进程中解除对 SIGUSR1 的阻塞。）

如下 shell 会话日志（log）则展示了程序清单 24-6 的运行情况：

```
$ ./fork_sig_sync
[17:59:02 5173] Child started - doing some work
[17:59:02 5172] Parent about to wait for signal
[17:59:04 5173] Child about to signal parent
[17:59:04 5172] Parent got signal
```

程序清单 24-6：利用信号来同步进程间动作

--- **procexec/fork_sig_sync.c**
```c
#include <signal.h>
#include "curr_time.h"                  /* Declaration of currTime() */
#include "tlpi_hdr.h"

#define SYNC_SIG SIGUSR1                /* Synchronization signal */

static void             /* Signal handler - does nothing but return */
handler(int sig)
{
}

int
main(int argc, char *argv[])
{
    pid_t childPid;
    sigset_t blockMask, origMask, emptyMask;
    struct sigaction sa;

    setbuf(stdout, NULL);               /* Disable buffering of stdout */

    sigemptyset(&blockMask);
    sigaddset(&blockMask, SYNC_SIG);    /* Block signal */
    if (sigprocmask(SIG_BLOCK, &blockMask, &origMask) == -1)
        errExit("sigprocmask");

    sigemptyset(&sa.sa_mask);
    sa.sa_flags = SA_RESTART;
    sa.sa_handler = handler;
    if (sigaction(SYNC_SIG, &sa, NULL) == -1)
        errExit("sigaction");

    switch (childPid = fork()) {
    case -1:
```

```
        errExit("fork");

    case 0: /* Child */

        /* Child does some required action here... */
        printf("[%s %ld] Child started - doing some work\n",
                currTime("%T"), (long) getpid());
        sleep(2);                  /* Simulate time spent doing some work */

        /* And then signals parent that it's done */

        printf("[%s %ld] Child about to signal parent\n",
                currTime("%T"), (long) getpid());
        if (kill(getppid(), SYNC_SIG) == -1)
            errExit("kill");

        /* Now child can do other things... */

        _exit(EXIT_SUCCESS);

    default: /* Parent */

        /* Parent may do some work here, and then waits for child to
           complete the required action */

        printf("[%s %ld] Parent about to wait for signal\n",
                currTime("%T"), (long) getpid());
        sigemptyset(&emptyMask);
        if (sigsuspend(&emptyMask) == -1 && errno != EINTR)
            errExit("sigsuspend");
        printf("[%s %ld] Parent got signal\n", currTime("%T"), (long) getpid());

        /* If required, return signal mask to its original state */

        if (sigprocmask(SIG_SETMASK, &origMask, NULL) == -1)
            errExit("sigprocmask");

        /* Parent carries on to do other things... */

        exit(EXIT_SUCCESS);
    }
}
```

———————————————————————————————————— **procexec/fork_sig_sync.c**

24.6 总结

系统调用 fork()通过复制一个与调用进程（父进程）几乎完全一致的拷贝来创建一个新进程（子进程）。系统调用 vfork()是一种更为高效的 fork()版本，不过因为其语义独特——vfork()产生的子进程将使用父进程内存，直至其调用 exec()或退出；于此同时，将会挂起（suspended）父进程，所以应尽量避免使用。

调用 fork()之后，不应对父、子进程获得调度以使用 CPU 的先后顺序有所依赖。对执行顺序做出假设的程序易于产生所谓"竞争条件"的错误。由于此类错误的产生依赖于诸如系统负载之类的外部因素，故而其发现和调试将非常困难。

更多信息

[Bach, 1986] 和 [Goodheart & Cox, 1994] 论述了 UNIX 系统中 fork()、execve()、wait()以及 exit()的实现细节。[Bovert & Cesati, 2005]和[Love, 2010]则就进程的创建和终止提供了专属于 Linux 系统的实现细节。

24.7　练习

24-1. 程序在执行完如下一系列 fork()调用后会产生多少新进程（假定没有调用失败）？
```
fork();
fork();
fork();
```

24-2. 编写一个程序以便验证调用 vfork()之后，子进程可以关闭一文件描述符（例如：描述符 0）而不影响对应父进程中的文件描述符。

24-3. 假设可以修改程序源代码，如何在某一特定时刻生成一核心转储（core dump）文件，而同时进程得以继续执行？

24-4. 在其他 UNIX 实现上实验程序清单 24-5（fork_whos_on_first.c）中的程序，并判断在执行 fork()后这些系统是如何调度父子进程的。

24-5. 假定在程序清单 24-6 的程序中，子进程也需要等待父进程完成某些操作。为确保达成这一目的，应如何修改程序？

第 **25** 章

进程的终止

本章所述为进程的退出过程。首先说明如何调用 exit()和_exit()以终止一个进程。接着讨论运用退出处理程序（exit handler），在进程调用 exit()时自动执行清理动作。最后，将探讨 fork()、stdio 缓冲区以及 exit()之间的某些交互。

25.1 进程的终止：_exit()和 exit()

通常，进程有两种终止方式。其一为异常（abnormal）终止，如 20.1 节所述，由对一信号的接收而引发，该信号的默认动作为终止当前进程，可能产生核心转储（core dump）。此外，进程可使用_exit()系统调用正常（normally）终止。

```
#include <unistd.h>

void _exit(int status);
```

_exit()的 status 参数定义了进程的终止状态（termination status），父进程可调用 wait()以获取该状态。虽然将其定义为 int 类型，但仅有低 8 位可为父进程所用。按照惯例，终止状态为 0 表示进程"功成身退"，而非 0 值则表示进程因异常而退出。对非 0 返回值的解释则并无定例；不同的应用程序自成一派，并会在文档中加以描述。SUSv3 规定有两个常量：EXIT_SUCCESS(0)和 EXIT_FAILURE(1)，本书中大部分程序就采用了这一约定。

调用_exit()的程序总会成功终止（即，_exit()从不返回）。

> 虽然可将 0～255 之间的任意值赋给_exit()的 status 参数，并传递给父进程，不过如取值大于 128 将在 shell 脚本中引发混乱。原因在于，当以信号（signal）终止一命令时，shell 会将变量$?置为 128 与信号值之和，以表征这一事实。如果这与进程调用_exit()时所使用的相同 status 值混杂起来，将令 shell 无法区分。

程序一般不会直接调用_exit()，而是调用库函数 exit()，它会在调用_exit()前执行各种动作。

```
#include <stdlib.h>
```

```
void _exit(int status);
```

exit()会执行的动作如下。

- 调用退出处理程序（通过 atexit()和 on_exit()注册的函数），其执行顺序与注册顺序相反（见 25.3 节）。
- 刷新 stdio 流缓冲区。
- 使用由 status 提供的值执行_exit()系统调用。

与专属于 UNIX 的_exit()不同，exit()则属于标准 C 语言函数库，也就是说，所有的 C 语言实现都支持 exit()。

程序的另一种终止方法是从 main()函数中返回（return），或者或明或暗地一直执行到 main()函数的结尾处[1]。执行 return n 等同于执行对 exit(n)的调用，因为调用 main()的运行时函数会将 main()的返回值作为 exit()的参数。

存在一种情况，从 main()函数中返回与调用 exit()并不相同。如果在退出的处理过程中所执行的任何步骤需要访问 main()函数的本地变量，那么从 main()函数中返回会导致未定义的行为。例如，在调用 setvbuf()或 setbuff()（见 13.2 节）时引用了 main 函数的本地变量，就会发生这种情况。

执行未指定返回值的 return，或是无声无息地执行到 main()函数结尾，同样会导致 main()的调用者执行 exit()函数，不过，视所支持的不同 C 语言标准版本，以及所使用的不同编译器选项，其结果也有所不同。

- C89 标准未就上述情况下的行为进行定义，程序可以返回任意的 status 值。Linux gcc 的默认行为就是如此，程序的退出状态是取自于栈或特定 CPU 寄存器中的随机值。应避免以这一方式终止程序。
- C99 标准则要求，执行至 main 函数结尾处的情况应等同于调用 exit(0)。如果使用 gcc–std=c99 在 Linux 中编译程序，将会获得这种效果。

25.2 进程终止的细节

无论进程是否正常终止，都会发生如下动作。

- 关闭所有打开文件描述符、目录流（18.8 节）、信息目录描述符（参考手册页 catopen(3) 和 catgets(3)），以及（字符集）转换描述符（见 iconv_open(3)手册页）。
- 作为文件描述符关闭的后果之一，将释放该进程所持有的任何文件锁（第 55 章）。
- 分离（detach）任何已连接的 System V 共享内存段，且对应于各段的 shm_nattch 计数器值将减一。（参考 48.8 节。）
- 进程为每个 System V 信号量所设置的 semadj 值将会被加到信号量值中（参考 47.8 节）。
- 如果该进程是一个管理终端（terminal）的管理进程，那么系统会向该终端前台（foreground）进程组中的每个进程发送 SIGHUP 信号，接着终端会与会话（session）脱离。34.6 节将就此进行深入讨论。
- 将关闭该进程打开的任何 POSIX 有名信号量，类似于调用 sem_close()。

---

[1] 译者注：即 main()函数尾部无 return 语句。

- 将关闭该进程打开的任何 POSIX 消息队列，类似于调用 mq_close()。
- 作为进程退出的后果之一，如果某进程组成为孤儿，且该组中存在任何已停止进程（stopped processes），则组中所有进程都将收到 SIGHUP 信号，随之为 SIGCONT 信号。34.7.4 节将深入讨论这一点。
- 移除该进程通过 mlock() 或 mlockall()（50.2 节）所建立的任何内存锁。
- 取消该进程调用 mmap() 所创建的任何内存映射（mapping）。

25.3　退出处理程序

有时，应用程序需要在进程终止时自动执行一些操作。试以一个应用程序库为例，如果进程使用了该程序库，那么在进程终止前该库需要自动执行一些清理动作。因为库本身对于进程何时以及如何退出并无控制权，也无法要求主程序在退出前调用库中特定的清理函数，故而也不能保证一定会执行清理动作。解决这一问题的方法之一是使用退出处理程序（exit handler）。老版 System V 手册则使用术语"程序终止过程"（program termination routine）。

退出处理程序是一个由程序设计者提供的函数，可于进程生命周期的任意时点注册，并在该进程调用 exit() 正常终止时自动执行。如果程序直接调用 _exit() 或因信号而异常终止，则不会调用退出处理程序。

> 当进程收到信号而终止时，将不会调用退出处理程序。这一事实一定程度上限制了它们的效用。此时最佳的应对方式莫若为可能发送给进程的信号建立信号处理程序，并于其中设置标志位，令主程序据此来调用 exit()。因为 exit() 不属于表 21-1 所列的异步信号安全（async-signal-safe）函数，所以通常不能在信号处理程序中对其发起调用。即便如此，还是无法处理 SIGKILL 信号，因为无法改变 SIGKILL 的默认行为。这也是应该避免使用 SIGKILL 来终止进程的另一原因（如 20.2 节所述）。建议使用信号 SIGTERM，这也是 kill 命令默认发送的信号。

注册退出处理程序

GNU C 语言函数库提供两种方式来注册退出处理程序。第一种方法是使用由 SUSv3 定义的 atexit() 函数。

```
#include <stdlib.h>

int atexit(void (*func)(void));
```
                            Returns 0 on success, or nonzero on error

函数 atexit() 将 func 加到一个函数列表中，进程终止时会调用该函数列表的所有函数。应将函数 func 定义为不接受任何参数，也无返回值，一般格式如下：

```
void
func(void)
{
    /* Perform some actions */
}
```

注意 atexit() 在出错时返回非 0 值（不一定是-1）。

可以注册多个退出处理程序（甚至可以将同一函数注册多次）。当应用程序调用 exit() 时，这些函数的执行顺序与注册顺序相反。这一设计很符合逻辑，因为，一般情况下较早注册的函数所执行的是更为基本的清理动作，可能需要在调用后续注册的函数后再执行。

本质上，可以在退出处理程序中执行任何希望的动作，包括注册附加的退出处理程序，并将其置于留待调用的剩余函数列表的头部。不过，一旦有任一退出处理程序无法返回——无论因为调用了_exit()还是进程因收到信号而终止（例如，退出处理程序调用函数 raise()），那么就不会再调用剩余的处理程序。此外，调用 exit()时通常需要执行的剩余动作也将不再执行。

> SUSv3 规定，若退出处理程序自身调用 exit()，其结果未定义。在 Linux 上，会照常调用剩余的退出处理程序。不过，在某些系统上，这将导致对所有退出处理程序的再次调用，并引发无限循环调用（直至栈溢出将该进程杀死）。为保障可移植性，应用程序应避免在退出处理程序内部调用 exit()。

SUSv3 要求系统实现应允许一个进程能够注册至少 32 个退出处理程序。使用系统调用 sysconf(_SC_ATEXIT_MAX)，应用程序即可确定由实现所定义的可注册退出处理程序的数量上限。（但是，并无方法获知有多少已注册的处理程序。）通过运用动态分配链表将已注册的处理程序串接起来，glibc 允许注册的退出处理程序数量近乎于无限。对于 Linux，sysonf(_SC_ATEXIT_MAX)返回 2147482647（即，32 位有符号整型数的最大值）。换言之，在触及可注册函数数量的这一上限前，总会有其他原因（例如，内存不足）导致程序崩溃。

通过 fork()创建的子进程会继承父进程注册的退出处理函数。而进程调用 exec()时，会移除所有已注册的退出处理程序。（这是结果势所必然，因为 exec()会替换包括退出处理程序在内的所有原程序代码段。）

> 无法取消经由 atexit()或 on_exit()（见稍后的描述）注册的退出处理程序。不过，可以令退出处理程序在执行动作之前检查全局执行标志是否置位，或者清除该标志来屏蔽退出处理程序。

经由 atexit()注册的退出处理程序会受到两种限制。其一，退出处理程序在执行时无法获知传递给 exit()的状态。有时候，知道状态是必要的；例如，退出处理程序会视进程退出成功与否而执行不同的动作。其二，无法给退出处理程序指定参数。如果拥有这一特性，退出处理程序能根据传入参数的不同而执行不同动作，或使用不同参数多次注册同一个函数。

为摆脱这些限制，glibc 提供了一个（非标准的）替代方法：on_exit()。

```
#define _BSD_SOURCE            /* Or: #define _SVID_SOURCE */
#include <stdlib.h>

int on_exit(void (*func)(int, void *), void *arg);
                                Returns 0 on success, or nonzero on error
```

函数 on_exit()的参数 func 是一个指针，指向如下类型的函数：

```
void
func(int status, void *arg)
{
    /* Perform cleanup actions */
}
```

调用时，会传递两个参数给 func()：提供给 exit()的 status 参数和注册时供给 on_exit()的一份 arg 参数拷贝。虽然定义为指针类型，参数 arg 的意义仍然可由设计者支配。可将其用作指向结构的指针，同样，通过审慎地强制转换，也可将其作为整型或其他标量类型使用。

类似于 atexit()，on_exit()出错时返回非 0 值（不一定是-1）。

如同 atexit()一样，通过 on_exit()可以注册多个退出处理程序。使用 atexit()和 on_exit()注册的函数位于同一函数列表。如果在程序中同时用到了这两种方式，则会按照使用这两个方法注册的相反顺序来执行相应的退出处理程序。

虽然比 atexit()更灵活，但对于要保障可移植性的程序来说，还是应避免使用 on_exit()。因为并无标准涵盖到它，并且几乎也没有其他 UNIX 实现支持这一用法。

程序范例

程序清单 25-1 展示了如何利用 atexit()和 on_exit()注册退出处理程序的例子。运行程序会得到如下输出结果：

```
$ ./exit_handlers
on_exit function called: status=2, arg=20
atexit function 2 called
atexit function 1 called
on_exit function called: status=2, arg=10
```

程序清单 25-1：使用退出处理程序

–– procexec/exit_handlers.c
```c
#define _BSD_SOURCE     /* Get on_exit() declaration from <stdlib.h> */
#include <stdlib.h>
#include "tlpi_hdr.h"

static void
atexitFunc1(void)
{
    printf("atexit function 1 called\n");
}

static void
atexitFunc2(void)
{
    printf("atexit function 2 called\n");
}

static void
onexitFunc(int exitStatus, void *arg)
{
    printf("on_exit function called: status=%d, arg=%ld\n",
                exitStatus, (long) arg);
}

int
main(int argc, char *argv[])
{
    if (on_exit(onexitFunc, (void *) 10) != 0)
        fatal("on_exit 1");
    if (atexit(atexitFunc1) != 0)
        fatal("atexit 1");
    if (atexit(atexitFunc2) != 0)
        fatal("atexit 2");
    if (on_exit(onexitFunc, (void *) 20) != 0)
        fatal("on_exit 2");
```

```
    exit(2);
}
```

25.4 fork()、stdio 缓冲区以及_exit()之间的交互

程序清单 25-2 生成的输出结果乍看颇令人费解。当程序标准输出定向到终端时，会看到预期的结果：

```
$ ./fork_stdio_buf
Hello world
Ciao
```

不过，当重定向标准输出到一个文件时，结果如下：

```
$ ./fork_stdio_buf > a
$ cat a
Ciao
Hello world
Hello world
```

以上输出中有两件怪事：printf()的输出行出现了两次，且 write()的输出先于 printf()。

程序清单 25-2：fork()与 stdio 缓冲区的交互

```
#include "tlpi_hdr.h"

int
main(int argc, char *argv[])
{
    printf("Hello world\n");
    write(STDOUT_FILENO, "Ciao\n", 5);

    if (fork() == -1)
        errExit("fork");

    /* Both child and parent continue execution here */

    exit(EXIT_SUCCESS);
}
```

要理解为什么 printf()的输出消息出现了两次，首先要记住，是在进程的用户空间内存中（参考 13.2 节）维护 stdio 缓冲区的。因此，通过 fork()创建子进程时会复制这些缓冲区。当标准输出定向到终端时，因为缺省为行缓冲，所以会立即显示函数 printf()输出的包含换行符的字符串。不过，当标准输出重定向到文件时，由于缺省为块缓冲，所以在本例中，当调用 fork()时，printf()输出的字符串仍在父进程的 stdio 缓冲区中，并随子进程的创建而产生一份副本。父、子进程调用 exit()时会刷新各自的 stdio 缓冲区，从而导致重复的输出结果。

可以采用以下任一方法来避免重复的输出结果。

- 作为针对 stdio 缓冲区问题的特定解决方案，可以在调用 fork()之前使用函数 fflush()来刷新 stdio 缓冲区。作为另一种选择，也可以使用 setvbuf()和 setbuf()来关闭 stdio 流的缓冲功能。

- 子进程可以调用_exit()而非 exit()，以便不再刷新 stdio 缓冲区。这一技术例证了一个更为通用的原则：在创建子进程的应用中，典型情况下仅有一个进程（一般为父进程）应通过调用 exit()终止，而其他进程应调用_exit()终止，从而确保只有一个进程调用退出处理程序并刷新 stdio 缓冲区，这也算是众望所归吧。

> 还存在其他方法，可以（有时很有必要）允许父子进程都调用 exit()。例如，可以设计这样的退出处理程序，即使是从多个进程中调用，它们也能够正确地处理，或者令应用程序仅在调用 fork()之后才去安装退出处理程序。此外，有时可能确实希望所有的应用程序都在 fork()之后刷新 stdio 缓冲区。这时，可以见机行事，要么选择使用 exit()来终止进程，要么在每个进程中均显式调用 fflush()。

程序清单 25-2 中 write()的输出并未出现两次，这是因为 write()会将数据直接传给内核缓冲区，fork()不会复制这一缓冲区。

程序输出重定向到文件时出的第二件怪事，原因现在也清楚了。write()的输出结果先于printf()而出现，是因为 write()会将数据立即传给内核高速缓存，而 printf()的输出则需要等到调用 exit ()刷新 stdio 缓冲区时。（如 13.7 节所述，通常，在混合使用 stdio 函数和系统调用对同一文件进行 I/O 处理时，需要特别谨慎。）

25.5 总结

进程的终止分为正常和异常两种。异常终止可能是由于某些信号引起，其中的一些信号还可能导致进程产生一个核心转储文件。

正常的终止可以通过调用_exit()完成，更多的情况下，则是使用_exit()的上层函数 exit()完成。_exit()和 exit()都需要一个整型参数，其低 8 位定义了进程的终止状态。依照惯例，状态 0 用来表示进程成功完成，非 0 则表示异常退出。

不管进程正常终止与否，内核都会执行多个清理步骤。调用 exit()正常终止一个进程，将会引发执行经由 atexit()和 on_exit()注册的退出处理程序（执行顺序与注册顺序相反），同时刷新 stdio 缓冲区。

更多信息

请参考 24.6 节所列的深入信息来源。

25.6 练习

如果子进程调用 exit(-1)，父进程将会看到何种退出状态（由 WEXITSTATUS()返回）？

第**26**章

监控子进程

在很多应用程序的设计中，父进程需要知道其某个子进程于何时改变了状态——子进程终止或因收到信号而停止。本章描述两种用于监控子进程的技术：系统调用 wait()（及其变体）以及信号 SIGCHLD。

26.1 等待子进程

对于许多需要创建子进程的应用来说，父进程能够监测子进程的终止时间和过程是很有必要的。wait() 以及若干相关的系统调用提供了这一功能。

26.1.1 系统调用 wait()

系统调用 wait() 等待调用进程的任一子进程终止，同时在参数 status 所指向的缓冲区中返回该子进程的终止状态。

```
#include <sys/wait.h>

pid_t wait(int *status);
                    Returns process ID of terminated child, or -1 on error
```

系统调用 wait() 执行如下动作。

1. 如果调用进程并无之前未被等待的子进程终止[1]，调用将一直阻塞，直至某个子进程终止。如果调用时已有子进程终止，wait() 则立即返回。

2. 如果 status 非空，那么关于子进程如何终止的信息则会通过 status 指向的整型变量返回。26.1.3 节将讨论自 status 返回的信息。

3. 内核将会为父进程下所有子进程的运行总量追加进程 CPU 时间（10.7 节）以及资源使用数据。

---

1 译者注：原文为 "if on（previously unwaited-for）child of the calling process has yet terminated"。

4. 将终止子进程的 ID 作为 wait() 的结果返回。

出错时，wait() 返回-1。可能的错误原因之一是调用进程并无之前未被等待的[1]子进程，此时会将 errno 置为 ECHILD。换言之，可使用如下代码中的循环来等待调用进程的所有子进程退出。

```
while ((childPid = wait(NULL)) != -1)
    continue;
if (errno != ECHILD)                    /* An unexpected error... */
    errExit("wait");
```

程序清单 26-1 演示了 wait() 的用法。该程序创建多个子进程，每个子进程对应于一个（整型）命令行参数。每个子进程休眠若干秒后退出，休眠时间分别由相应各命令行参数指定。与此同时，在创建所有的子进程之后，父进程循环调用 wait() 来监控这些子进程的终止。而直到 wait() 返回-1 时才会退出循环。（这并非唯一的手段，另一种退出循环的方法是当记录终止子进程数量的变量 numDead 与创建的子进程数目相同时，也会退出循环。）以下 shell 会话日志显示了使用该程序创建 3 个子进程时的情况。

```
$ ./multi_wait 7 1 4
[13:41:00] child 1 started with PID 21835, sleeping 7 seconds
[13:41:00] child 2 started with PID 21836, sleeping 1 seconds
[13:41:00] child 3 started with PID 21837, sleeping 4 seconds
[13:41:01] wait() returned child PID 21836 (numDead=1)
[13:41:04] wait() returned child PID 21837 (numDead=2)
[13:41:07] wait() returned child PID 21835 (numDead=3)
No more children - bye!
```

> 如果于同一时点存在多个子进程退出，SUSv3 并未对 wait() 处理这些子进程的顺序加以规定，换言之，该顺序取决于具体实现。即使不同的 Linux 内核版本之间，行为也有所不同。

程序清单 26-1：创建并等待多个子进程

———————————————————————————————————— procexec/multi_wait.c
```c
#include <sys/wait.h>
#include <time.h>
#include "curr_time.h"              /* Declaration of currTime() */
#include "tlpi_hdr.h"

int
main(int argc, char *argv[])
{
    int numDead;        /* Number of children so far waited for */
    pid_t childPid;     /* PID of waited for child */
    int j;

    if (argc < 2 || strcmp(argv[1], "--help") == 0)
        usageErr("%s sleep-time...\n", argv[0]);

    setbuf(stdout, NULL);              /* Disable buffering of stdout */

    for (j = 1; j < argc; j++) {    /* Create one child for each argument */
        switch (fork()) {
```

---

1 译者注：此处原文为 previously unwaited-for。

```
        case -1:
            errExit("fork");

        case 0:                         /* Child sleeps for a while then exits */
            printf("[%s] child %d started with PID %ld, sleeping %s "
                    "seconds\n", currTime("%T"), j, (long) getpid(), argv[j]);
            sleep(getInt(argv[j], GN_NONNEG, "sleep-time"));
            _exit(EXIT_SUCCESS);

        default:                        /* Parent just continues around loop */
            break;
        }
    }

    numDead = 0;
    for (;;) {                          /* Parent waits for each child to exit */
        childPid = wait(NULL);
        if (childPid == -1) {
            if (errno == ECHILD) {
                printf("No more children - bye!\n");
                exit(EXIT_SUCCESS);
            } else {                    /* Some other (unexpected) error */
                errExit("wait");
            }
        }

        numDead++;
        printf("[%s] wait() returned child PID %ld (numDead=%d)\n",
                currTime("%T"), (long) childPid, numDead);
    }
}
```

── procexec/multi_wait.c

26.1.2　系统调用 waitpid()

系统调用 wait()存在诸多限制，而设计 waitpid()则意在突破这些限制。

- 如果父进程已经创建了多个子进程，使用 wait()将无法等待某个特定子进程的完成，只能按顺序等待下一个子进程的终止。
- 如果没有子进程退出，wait()总是保持阻塞。有时候会希望执行非阻塞的等待：是否有子进程退出，立判可知。
- 使用 wait()只能发现那些已经终止的子进程。对于子进程因某个信号（如 SIGSTOP 或 SIG TTIN）而停止，或是已停止子进程收到 SIGCONT 信号后恢复执行的情况就无能为力了。

```
#include <sys/wait.h>

pid_t waitpid(pid_t pid, int *status, int options);
```
$\qquad\qquad$ Returns process ID of child, 0 (see text), or –1 on error

waitpid()与 wait()的返回值以及参数 status 的意义相同。（对 status 中返回值的解释请参考 26.1.3 节。）参数 pid 用来表示需要等待的具体子进程，意义如下：

- 如果 pid 大于 0，表示等待进程 ID 为 pid 的子进程。

- 如果 pid 等于 0，则等待与调用进程（父进程）同一个进程组（process group）的所有子进程。34.2 节将描述进程组的概念。
- 如果 pid 小于-1，则会等待进程组标识符与 pid 绝对值相等的所有子进程。
- 如果 pid 等于-1，则等待任意子进程。wait(&status)的调用与 waitpid(-1, &status, 0)等价。

参数 options 是一个位掩码（bit mask），可以包含（按位或操作）0 个或多个如下标志（均在 SUSv3 中加以规范）。

WUNTRACED

除了返回终止子进程的信息外，还返回因信号而停止的子进程信息。

WCONTINUED (自 Linux2.6.10 以来)

返回那些因收到 SIGCONT 信号而恢复执行的已停止子进程的状态信息。

WNOHANG

如果参数 pid 所指定的子进程并未发生状态改变，则立即返回，而不会阻塞，亦即 poll（轮询）。在这种情况下，waitpid()返回 0。如果调用进程并无与 pid 匹配的子进程，则 waitpid()报错，将错误号置为 ECHILD。

程序清单 26-3 演示了 waitpid()的使用。

> SUSv3 在其对 waitpid()的原理阐述中特别指出，WUNTRACED 的名称是源于 BSD 的历史产物。BSD 有两种停止进程的方法：作为系统调用 ptrace()追踪的结果，或者因收到一个信号而停止。当通过 ptrace()追踪一个子进程时，那么（除 SIGKILL 之外的）任何信号都会造成子进程停止，接着会将信号 SIGCHLD 发给父进程。即使子进程忽略这些信号，这一行为仍会发生。不过，如果子进程阻塞了这些信号（除非是无法阻塞的 SIGSTOP 信号），子进程就不会停止。

26.1.3 等待状态值

由 wait()和 waitpid()返回的 status 的值，可用来区分以下子进程事件。
- 子进程调用_exit()（或 exit()）而终止，并指定一个整型值作为退出状态。
- 子进程收到未处理信号而终止。
- 子进程因为信号而停止，并以 WUNTRACED 标志调用 waitpid()。
- 子进程因收到信号 SIGCONT 而恢复，并以 WCONTINUED 标志调用 waitpid()。

此处用术语"等待状态"（wait status）来涵盖上述所有情况，而使用"终止状态"（termination status）的称谓来指代前两种情况。（在 shell 中，可通过读取$?变量值来获取上次执行命令的终止状态。）

虽然将变量 status 定义为整型（int），但实际上仅使用了其最低的 2 个字节。对这 2 个字节的填充方式取决于子进程所发生的具体事件，如图 26-1 所示。

> 图 26-1 所示为 Linux/x86-32 下等待状态值的格式。不同的实现版本细节会有所不同。SUSv3 并未对信息格式做出具体规定，也未规定只能使用 status 变量的最低 2 个字节。要保证应用程序的可移植性，应总是使用本节介绍的宏（macro）来获取相应的值，而不应直接按位读取其内容。

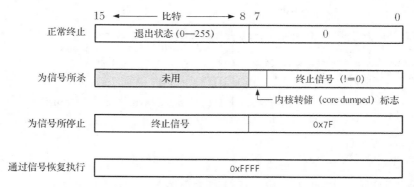

| 15 | ← 比特 → | 8 | 7 | | 0 |

正常终止 | 退出状态 (0—255) | | 0 |

为信号所杀 | 未用 | | 终止信号 (!=0) |
　　　　　　　　　↑内核转储（core dumped）标志

为信号所停止 | 终止信号 | | 0x7F |

通过信号恢复执行 | 0xFFFF |

图 26-1：自 wait()和 waitpid()的 status 参数所返回的值

　　头文件<sys/wait.h>定义了用于解析等待状态值的一组标准宏。对自 wait()或 waitpid()返回的 status 值进行处理时，以下列表中各宏只有一个会返回真（true）值。如列表所示，另有其他宏可对 status 值做进一步分析。

WIFEXITED (status)

　　若子进程正常结束则返回真（true）。此时，宏 WEXITSTATUS(status)返回子进程的退出状态。（如 25.1 节所述，父进程仅关注子进程退出状态的最低 8 位。）

WIFSIGNALED (status)

　　若通过信号杀掉子进程则返回真（true）。此时，宏 WTERMSIG(status)返回导致子进程终止的信号编号。若子进程产生内核转储文件，则宏 WCOREDUMP(status)返回真值（true）。SUSv3 并未规范宏 WCOREDUMP()，不过大部分 UNIX 实现均支持该宏。

WIFSTOPPED (status)

　　若子进程因信号而停止，则此宏返回为真值（true）。此时，宏 WSTOPSIG(status)返回导致子进程停止的信号编号。

WIFCONTINUED (status)

　　若子进程收到 SIGCONT 而恢复执行，则此宏返回真值（true）。自 Linux 2.6.10 之后开始支持该宏。

　　注意：尽管上述宏的参数也以 status 命名，不过此处所指只是简单的整型变量，而非像 wait()和 waitpid()所要求的那样是指向整型的指针。

示例程序

　　程序清单 26-2 中的函数 printWaitStatus()使用了上述所有宏。此函数分析并输出了等待状态值的内容。

程序清单 26-2：输出 wait()及相关调用返回的状态值

———————————————————— procexec/print_wait_status.c

```
#define _GNU_SOURCE     /* Get strsignal() declaration from <string.h> */
#include <string.h>
#include <sys/wait.h>
```

```
#include "print_wait_status.h"   /* Declaration of printWaitStatus() */
#include "tlpi_hdr.h"

/* NOTE: The following function employs printf(), which is not
   async-signal-safe (see Section 21.1.2). As such, this function is
   also not async-signal-safe (i.e., beware of calling it from a
   SIGCHLD handler). */

void                    /* Examine a wait() status using the W* macros */
printWaitStatus(const char *msg, int status)
{
    if (msg != NULL)
        printf("%s", msg);

    if (WIFEXITED(status)) {
        printf("child exited, status=%d\n", WEXITSTATUS(status));

    } else if (WIFSIGNALED(status)) {
        printf("child killed by signal %d (%s)",
                WTERMSIG(status), strsignal(WTERMSIG(status)));
#ifdef WCOREDUMP        /* Not in SUSv3, may be absent on some systems */
        if (WCOREDUMP(status))
            printf(" (core dumped)");
#endif
        printf("\n");

    } else if (WIFSTOPPED(status)) {
        printf("child stopped by signal %d (%s)\n",
                WSTOPSIG(status), strsignal(WSTOPSIG(status)));

#ifdef WIFCONTINUED     /* SUSv3 has this, but older Linux versions and
                           some other UNIX implementations don't */
    } else if (WIFCONTINUED(status)) {
        printf("child continued\n");
#endif

    } else {            /* Should never happen */
        printf("what happened to this child? (status=%x)\n",
                (unsigned int) status);
    }
}
```

——————————————————————————————————— **procexec/print_wait_status.c**

程序清单 26-3 使用了 printWaitStatus()函数。该程序创建了一个子进程，该子进程会循环调用 pause()（在此期间可以向子进程发送信号），但如果在命令行中指定了整型参数，则子进程会立即退出，并以该整型值作为退出状态。同时，父进程通过 waitpid()监控子进程，打印子进程返回的状态值并将其作为参数传递给 printWaitStatus()。一旦发现子进程已正常退出，亦或因某一信号而终止，父进程会随即退出。

如下 shell 会话展示了执行程序清单 26-3 程序的几个例子。首先，创建一子进程并立即退出，且其状态值为 23：

```
$ ./child_status 23
Child started with PID = 15807
waitpid() returned: PID=15807; status=0x1700 (23,0)
child exited, status=23
```

接下来，在后台运行该程序，并向子进程发送 SIGSTOP 和 SIGCONT 信号。

```
$ ./child_status &
[1] 15870
$ Child started with PID = 15871
kill -STOP 15871
$ waitpid() returned: PID=15871; status=0x137f (19,127)
child stopped by signal 19 (Stopped (signal))
kill -CONT 15871
$ waitpid() returned: PID=15871; status=0xffff (255,255)
child continued
```

输出的最后两行只会在 Linux 2.6.10 及其之后的内核版本中出现，因为早期内核并不支持 waitpid() 的 WCONTINUED 选项。（由于后台运行程序的输出有时会与 shell 提示符混在一起，故而该 shell 会话稍微有些难以阅读。）

接着，再发送 SIGABRT 信号来终止子进程：

```
kill -ABRT 15871
$ waitpid() returned: PID=15871; status=0x0006 (0,6)
child killed by signal 6 (Aborted)
```
Press Enter, in order to see shell notification that background job has terminated
```
[1]+  Done                    ./child_status
$ ls -l core
ls: core: No such file or directory
$ ulimit -c                                      Display RLIMIT_CORE limit
0
```

虽然 SIGABRT 的默认行为是产生一个内核转储文件并终止进程，但这里并未产生转储文件。这是由于屏蔽内核转储所致，如以上命令 ulimit 的输出所示，将 RLIMIT_CORE 资源软限制（见 36.3 节）置为 0，该限制规定了转储文件大小的最大值。

再次重复同一实验，不过这次在发送信号 SIGABRT 给子进程之前，放开了对转储文件大小的限制。

```
$ ulimit -c unlimited                            Allow core dumps
$ ./child_status &
[1] 15902
$ Child started with PID = 15903
kill -ABRT 15903                                 Send SIGABRT to child
$ waitpid() returned: PID=15903; status=0x0086 (0,134)
child killed by signal 6 (Aborted) (core dumped)
```
Press Enter, in order to see shell notification that background job has terminated
```
[1]+  Done                    ./child_status
$ ls -l core                                     This time we get a core dump
-rw-------  1 mtk      users      65536 May  6 21:01 core
```

程序清单 26-3：使用 waitpid() 获取子进程状态

────────────────────────────────── procexec/child_status.c
```
#include <sys/wait.h>
#include "print_wait_status.h"          /* Declares printWaitStatus() */
#include "tlpi_hdr.h"

int
main(int argc, char *argv[])
{
    int status;
    pid_t childPid;

    if (argc > 1 && strcmp(argv[1], "--help") == 0)
        usageErr("%s [exit-status]\n", argv[0]);

    switch (fork()) {
```

```
            case -1: errExit("fork");

            case 0:                    /* Child: either exits immediately with given
                                          status or loops waiting for signals */
                printf("Child started with PID = %ld\n", (long) getpid());
                if (argc > 1)                    /* Status supplied on command line? */
                    exit(getInt(argv[1], 0, "exit-status"));
                else                             /* Otherwise, wait for signals */
                    for (;;)
                        pause();
                exit(EXIT_FAILURE);              /* Not reached, but good practice */

            default:                   /* Parent: repeatedly wait on child until it
                                          either exits or is terminated by a signal */
                for (;;) {
                    childPid = waitpid(-1, &status, WUNTRACED
#ifdef WCONTINUED          /* Not present on older versions of Linux */
                                                      | WCONTINUED
#endif
                                );
                    if (childPid == -1)
                        errExit("waitpid");

                    /* Print status in hex, and as separate decimal bytes */

                    printf("waitpid() returned: PID=%ld; status=0x%04x (%d,%d)\n",
                            (long) childPid,
                            (unsigned int) status, status >> 8, status & 0xff);
                    printWaitStatus(NULL, status);

                    if (WIFEXITED(status) || WIFSIGNALED(status))
                        exit(EXIT_SUCCESS);
                }
            }
        }
```
── **procexec/child_status.c**

26.1.4　从信号处理程序中终止进程

如表 20-1 所列，默认情况下某些信号会终止进程。有时，可能希望在进程终止之前执行一些清理步骤。为此，可以设置一个处理程序（handler）来捕获这些信号，随即执行清理步骤，再终止进程。如果这么做，需要牢记的是：通过 wait() 和 waitpid() 调用，父进程依然可以获取子进程的终止状态。例如，如果在信号处理程序中调用_exit(EXIT_SUCCESS)，父进程会认为子进程是正常终止。

如果需要通知父进程自己因某个信号而终止，那么子进程的信号处理程序应首先将自己废除，然后再次发出相同信号，该信号这次将终止这一子进程。信号处理程序需包含如下代码：

```
void
handler(int sig)
{
    /* Perform cleanup steps */

    signal(sig, SIG_DFL);              /* Disestablish handler */
```

```
    raise(sig);                          /* Raise signal again */
}
```

26.1.5 系统调用 waitid()

与 waitpid() 类似，waitid() 返回子进程的状态。不过，waitid() 提供了 waitpid() 所没有的扩展功能。该系统调用源于系统 V（System V），不过现在已获 SUSv3 采用，并从版本 2.6.9 开始，将其加入 Linux 内核。

> 在 Linux 2.6.9 之前，通过 glibc 实现提供了一版 waitid()。然而，由于完全实现该接口需要内核的支持，因此 glibc 版实现并未提供比 waitpid() 更多的功能。

```
#include <sys/wait.h>

int waitid(idtype_t idtype, id_t id, siginfo_t *infop, int options);
                           Returns 0 on success or if WNOHANG was specified and
                           there were no children to wait for, or -1 on error
```

参数 idtype 和 id 指定需要等待哪些子进程，如下所示。
- 如果 idtype 为 P_ALL，则等待任何子进程，同时忽略 id 值。
- 如果 idtype 为 P_PID，则等待进程 ID 为 id 进程的子进程。
- 如果 idtype 为 P_PGID，则等待进程组 ID 为 id 各进程的所有子进程。

> 请注意，与 waitpid() 不同，不能靠指定 id 为 0 来表示与调用者属于同一进程组的所有进程。相反，必须以 getpgrp() 的返回值来显式指定调用者的进程组 ID。

waitpid() 与 waitid() 最显著的区别在于，对于应该等待的子进程事件，waitid() 可以更为精确地控制。可通过在 options 中指定一个或多个如下标识（按位或运算）来实现这种控制。

WEXITED

等待已终止的子进程，而无论其是否正常返回。

WSTOPPED

等待已通过信号而停止的子进程。

WCONTINUED

等待经由信号 SIGCONT 而恢复的子进程。

以下附加标识也可以通过按位或运算加入 options 中。

WNOHANG

与其在 waitpid() 中的意义相同。如果匹配 id 值的子进程中并无状态信息需要返回，则立即返回（一个轮询）。此时，waitid() 返回 0。如果调用进程并无子进程与 id 的值相匹配，则 waitid 调用失败，且错误号为 ECHILD。

WNOWAIT

通常，一旦通过 waitid() 来等待子进程，那么必然会去处理所谓"状态事件"。不过，如果指定了 WNOWAIT，则会返回子进程状态，但子进程依然处于可等待的（waitable）状态，稍后可再次等待并获取相同信息。

执行成功，waitid()返回 0，且会更新指针 infop 所指向的 siginfo_t 结构，以包含子进程的相关信息。以下是结构 siginfo_t 的字段情况。

si_code

该字段包含以下值之一：CLD_EXITED，表示子进程已通过调用_exit()而终止；CLD_KILLED，表示子进程为某个信号所杀；CLD_STOPPED，表示子进程因某个信号而停止；CLD_CONTINUED，表示（之前停止的）子进程因接收到（SIGCONT）信号而恢复执行。

si_pid

该字段包含状态发生变化子进程的进程 ID。

si_signo

总是将该字段置为 SIGCHLD。

si_status

该字段要么包含传递给_exit()的子进程退出状态，要么包含导致子进程停止、继续或终止的信号值。可以通过读取 si_code 值来判定具体包含的是哪一种类型的信息。

si_uid

该字段包含子进程的真正用户 ID。大部分其他 UNIX 实现不会设置该字段。

> 在 Solaris 系统中，此结构还包含两个附加字段：si_stime 和 si_utime，分别包含子进程使用的系统和用户 CPU 时间。SUSv3 并不要求 waitid()处理这两个字段。

waitid()操作的一处细节需要进一步澄清。如果在 options 中指定了 WNOHANG，那么 waitid()返回 0 意味着以下两种情况之一：在调用时子进程的状态已经改变（关于子进程的相关信息保存在 infop 指针所指向的结构 siginfo_t 中），或者没有任何子进程的状态有所改变。对于没有任何子进程改变状态的情况，一些 UNIX 实现（包括 Linux）会将 siginfo_t 结构内容清 0。这也是区分两种情况的方法之一：检查 si_pid 的值是否为 0。不幸的是，SUSv3 并未规范这一行为，一些 UNIX 实现此时会保持结构 siginfo_t 原封不动。（未来针对 SUSv4 的勘误表可能会增加在这种情况下将 si_pid 和 si_signo 置 0 的要求。）区分这两种情况唯一可移植的方法是：在调用 waitid()之前就将结构 siginfo_t 的内容置为 0，正如以下代码所示：

```
siginfo_t info;
...
memset(&info, 0, sizeof(siginfo_t));
if (waitid(idtype, id, &info, options | WNOHANG) == -1)
    errExit("waitid");
if (info.si_pid == 0) {
    /* No children changed state */
} else {
    /* A child changed state; details are provided in 'info' */
}
```

26.1.6　系统调用 wait3()和 wait4()

系统调用 wait3()和 wait4()执行与 waitpid()类似的工作。主要的语义差别在于，wait3()和 wait4()

在参数 rusage 所指向的结构中返回终止子进程的资源使用情况。其中包括进程使用的 CPU 时间总量以及内存管理的统计数据。36.1 节将在介绍系统调用 getrusage()时详细讨论 rusage 结构。

```
#define _BSD_SOURCE          /* Or #define _XOPEN_SOURCE 500 for wait3() */
#include <sys/resource.h>
#include <sys/wait.h>

pid_t wait3(int *status, int options, struct rusage *rusage);
pid_t wait4(pid_t pid, int *status, int options, struct rusage *rusage);
                                    Both return process ID of child, or -1 on error
```

除了对参数 rusage 的使用之外，调用 wait3()等同于以如下方式调用 waitpid()：

waitpid(-1, &status, options);

与之相类似，对 wait4()的调用等同于对 waitpid()的如下调用：

waitpid(pid, &status, options);

换言之，wait3()等待的是任意子进程，而 wait4()则可以用于等待选定的一个或多个子进程。

在一些 UNIX 实现中，wait3()和 wait4()仅返回已终止子进程的资源使用情况。而对于 Linux 系统，如果在 options 中指定了 WUNTRACED 选项，则还可以获取到停止子进程的资源使用信息。

这两个系统调用的名称来自于它们所使用参数的个数。虽然源自 BSD 系统，不过现在大部分的 UNIX 实现都支持它们。这两个系统调用均未获得 SUSv3 标准的接纳。（SUSv2 标准纳入了 wait3()，但将其标记为"已过时"。）

本书一般会避免使用 wait3()和 wait4()。通常情况下，此类调用所返回的额外信息没有什么价值。此外，未获业界标准的接纳也会限制其可移植性。

26.2 孤儿进程与僵尸进程

父进程与子进程的生命周期一般都不相同，父、子进程间互有长短。这就引出了下面两个问题。

- 谁会是孤儿（orphan）子进程的父进程？进程 ID 为 1 的众进程之祖——init 会接管孤儿进程。换言之，某一子进程的父进程终止后，对 getppid()的调用将返回 1。这是判定某一子进程之"生父"是否"在世"的方法之一（前提是假设该子进程由 init 之外的进程创建）。

使用参数 PR_SET_PDEATHSIG 调用 Linux 特有的系统调用 prctl()，将有可能导致某一进程在成为孤儿时收到特定信号。

- 在父进程执行 wait()之前，其子进程就已经终止，这将会发生什么？此处的要点在于，即使子进程已经结束，系统仍然允许其父进程在之后的某一时刻去执行 wait()，以确定该子进程是如何终止的。内核通过将子进程转为僵尸进程（zombie）来处理这种情况。这也意味着将释放子进程所把持的大部分资源，以便供其他进程重新使用。该进程所唯一保留的是内核进程表中的一条记录，其中包含了子进程 ID、终止状态、资源使用数据（36.1 节）等信息。

至于僵尸进程名称的由来，则源于 UNIX 系统对电影情节的效仿——无法通过信号来杀死僵尸进程，即便是（银弹）SIGKILL。这就确保了父进程总是可以执行 wait()方法。

当父进程执行 wait()后，由于不再需要子进程所剩余的最后信息，故而内核将删除僵尸进程。另一方面，如果父进程未执行 wait()随即退出，那么 init 进程将接管子进程并自动调用 wait()，从而从系统中移除僵尸进程。

如果父进程创建了某一子进程，但并未执行 wait()，那么在内核的进程表中将为该子进程永久保留一条记录。如果存在大量此类僵尸进程，它们势必将填满内核进程表，从而阻碍新进程的创建。既然无法用信号杀死僵尸进程，那么从系统中将其移除的唯一方法就是杀掉它们的父进程（或等待其父进程终止），此时 init 进程将接管和等待这些僵尸进程，从而从系统中将它们清理掉。

在设计长生命周期的父进程（例如：会创建众多子进程的网络服务器和 Shell）时，这些语义具有重要意义。换句话说，在此类应用中，父进程应执行 wait()方法，以确保系统总是能够清理那些死去的子进程，避免使其成为长寿僵尸。如 26.3.1 节所述，父进程在处理 SIGCHLD 信号时，对 wait()的调用既可同步，也可异步。

程序清单 26-4 展示了一个僵尸进程的创建，以及发送 SIGKILL 信号无法杀死僵尸进程的例子。运行这一程序的输出如下：

```
$ ./make_zombie
Parent PID=1013
Child (PID=1014) exiting
 1013 pts/4    00:00:00 make_zombie                 Output from ps(1)
 1014 pts/4    00:00:00 make_zombie <defunct>
After sending SIGKILL to make_zombie (PID=1014):
 1013 pts/4    00:00:00 make_zombie                 Output from ps(1)
 1014 pts/4    00:00:00 make_zombie <defunct>
```

以上输出中，ps(1)所输出的字符串<defunct>表示进程处于僵尸状态。

> 程序清单 26-4 使用 system()函数来执行通过字符串参数传入的 shell 命令。27.6 节将会详细描述 system()函数。

程序清单 26-4：创建一个僵尸子进程

———————————————————————— procexec/make_zombie.c

```c
#include <signal.h>
#include <libgen.h>              /* For basename() declaration */
#include "tlpi_hdr.h"

#define CMD_SIZE 200

int
main(int argc, char *argv[])
{
    char cmd[CMD_SIZE];
    pid_t childPid;

    setbuf(stdout, NULL);        /* Disable buffering of stdout */

    printf("Parent PID=%ld\n", (long) getpid());

    switch (childPid = fork()) {
    case -1:
        errExit("fork");

    case 0:     /* Child: immediately exits to become zombie */
        printf("Child (PID=%ld) exiting\n", (long) getpid());
        _exit(EXIT_SUCCESS);
    default:    /* Parent */
        sleep(3);               /* Give child a chance to start and exit */
        snprintf(cmd, CMD_SIZE, "ps | grep %s", basename(argv[0]));
```

```
    cmd[CMD_SIZE - 1] = '\0';          /* Ensure string is null-terminated */
    system(cmd);                  /* View zombie child */

    /* Now send the "sure kill" signal to the zombie */

    if (kill(childPid, SIGKILL) == -1)
        errMsg("kill");
    sleep(3);                     /* Give child a chance to react to signal */
    printf("After sending SIGKILL to zombie (PID=%ld):\n", (long) childPid);
    system(cmd);                  /* View zombie child again */

    exit(EXIT_SUCCESS);
    }
}
```
———————————————————————————————————— *procexec/make_zombie.c*

26.3 SIGCHLD 信号

子进程的终止属异步事件。父进程无法预知其子进程何时终止。（即使父进程向子进程发送 SIGKILL 信号，子进程终止的确切时间还依赖于系统的调度：子进程下一次在何时使用 CPU。）之前已经论及，父进程应使用 wait()（或类似调用）来防止僵尸子进程的累积，以及采用如下两种方法来避免这一问题。

- 父进程调用不带 WNOHANG 标志的 wait()，或 waitpid()方法，此时如果尚无已经终止的子进程，那么调用将会阻塞。
- 父进程周期性地调用带有 WNOHANG 标志的 waitpid()，执行针对已终止子进程的非阻塞式检查（轮询）。

这两种方法使用起来都有所不便。一方面，可能并不希望父进程以阻塞的方式来等待子进程的终止。另一方面，反复调用非阻塞的 waitpid()会造成 CPU 资源的浪费，并增加应用程序设计的复杂度。为了规避这些问题，可以采用针对 SIGCHLD 信号的处理程序。

26.3.1 为 SIGCHLD 建立信号处理程序

无论一个子进程于何时终止，系统都会向其父进程发送 SIGCHLD 信号。对该信号的默认处理是将其忽略，不过也可以安装信号处理程序来捕获它。在处理程序中，可以使用 wait()（或类似方法）来收拾僵尸进程。不过，使用这一方法时需要掌握一些窍门。

由 20.10 节和 20.12 节可知，当调用信号处理程序时，会暂时将引发调用的信号阻塞起来（除非为 sigaction()指定了 SA_NODEFER 标志），且不会对 SIGCHILD 之流的标准信号进行排队处理。这样一来，当 SIGCHILD 信号处理程序正在为一个终止的子进程运行时，如果相继有两个子进程终止，即使产生了两次 SIGCHLD 信号，父进程也只能捕获到一个。结果是，如果父进程的 SIGCHILD 信号处理程序每次只调用一次 wait()，那么一些僵尸子进程可能会成为"漏网之鱼"。

解决方案是：在 SIGCHLD 处理程序内部循环以 WNOHANG 标志来调用 waitpid()，直至再无其他终止的子进程需要处理为止。通常 SIGCHLD 处理程序都简单地由以下代码组成，仅仅捕获已终止子进程而不关心其退出状态。

```
while (waitpid(-1, NULL, WNOHANG) > 0)
    continue;
```

上述循环会一直持续下去，直至 waitpid()返回 0，表明再无僵尸子进程存在，或-1，表示有错误发生（可能是 ECHILD，意即再无更多的子进程）。

SIGCHLD 处理程序的设计问题

假设创建 SIGCHLD 处理程序的时候，该进程已经有子进程终止。那么内核会立即为父进程产生 SIGCHLD 信号吗？SUSv3 对这一点并未规定。一些源自系统 V（System V）的实现在这种情况下会产生 SIGCHLD 信号；而另一些系统，包括 Linux，则不这么做。为保障可移植性，应用应在创建任何子进程之前就设置好 SIGCHLD 处理程序，将这一隐患消解于无形。（无疑，这也是顺其自然的处事之道。）

需要更深入考虑的问题是可重入性（reentrancy）。21.1.2 节特别指出，在信号处理程序中使用系统调用（如 waitpid()）可能会改变全局变量 errno 的值。当主程序企图显式设置 errno（参考 35.1 节对 getpriority() 的讨论）或是在系统调用失败后检查 errno 值时，这一变化会与之发生冲突。出于这一原因，有时在编写 SIGCHLD 信号处理程序时，需要在一进入处理程序时就使用本地变量来保存 errno 值，而在返回前加以恢复。请参考程序清单 26-5。

范例程序

程序清单 26-5 提供了一个更为复杂的 SIGCHLD 信号处理程序示例。该处理程序为所捕获的每个子进程输出进程号及其等待状态①。为了模拟调用处理程序期间产生多个 SIGCHLD 信号而无法排队的效果，利用 sleep() 调用②人为地拉长了处理程序的执行时间。主程序为每个（整型）命令行参数创建一个子进程④。每个子进程持续休眠其对应命令行参数所指定的秒数，随即退出⑤。从程序下面的执行例子可以看出，尽管有 3 个子进程退出，而父进程只捕获到两次 SIGCHLD 信号。

```
$ ./multi_SIGCHLD 1 2 4
16:45:18 Child 1 (PID=17767) exiting
16:45:18 handler: Caught SIGCHLD                    First invocation of handler
16:45:18 handler: Reaped child 17767 - child exited, status=0
16:45:19 Child 2 (PID=17768) exiting               These children terminate during...
16:45:21 Child 3 (PID=17769) exiting               first invocation of handler
16:45:23 handler: returning                        End of first invocation of handler
16:45:23 handler: Caught SIGCHLD                    Second invocation of handler
16:45:23 handler: Reaped child 17768 - child exited, status=0
16:45:23 handler: Reaped child 17769 - child exited, status=0
16:45:28 handler: returning
16:45:28 All 3 children have terminated; SIGCHLD was caught 2 times
```

请注意，在程序清单 26-5 中，在创建子进程之前使用了 sigprocmask() 来阻塞 SIGCHLD 信号③。这一做法确保了父进程中 sigsuspend() 循环的正确操作。如果以此方式未能阻塞 SIGCHLD 信号，而某一子进程又在对 numLiveChildren 的检查和执行 sigsuspend() 调用（也可以是 pause() 调用）之间终止，那么 sigsuspend() 调用会永远阻塞，等待一个早已捕获过的信号⑥。22.9 节详细描述了处理此类竞争条件的要求。

程序清单 26-5：通过 SIGCHLD 信号处理程序捕获已终止的子进程

———————————————————————————————————— procexec/multi_SIGCHLD.c
```c
#include <signal.h>
#include <sys/wait.h>
#include "print_wait_status.h"
#include "curr_time.h"
#include "tlpi_hdr.h"

static volatile int numLiveChildren = 0;
                /* Number of children started but not yet waited on */
```

```
    static void
    sigchldHandler(int sig)
    {
        int status, savedErrno;
        pid_t childPid;

        /* UNSAFE: This handler uses non-async-signal-safe functions
           (printf(), printWaitStatus(), currTime(); see Section 21.1.2) */

        savedErrno = errno;        /* In case we modify 'errno' */

        printf("%s handler: Caught SIGCHLD\n", currTime("%T"));

        while ((childPid = waitpid(-1, &status, WNOHANG)) > 0) {
①           printf("%s handler: Reaped child %ld - ", currTime("%T"),
                    (long) childPid);
            printWaitStatus(NULL, status);
            numLiveChildren--;
        }

        if (childPid == -1 && errno != ECHILD)
            errMsg("waitpid");
②       sleep(5);                  /* Artificially lengthen execution of handler */
        printf("%s handler: returning\n", currTime("%T"));

        errno = savedErrno;
    }

    int
    main(int argc, char *argv[])
    {
        int j, sigCnt;
        sigset_t blockMask, emptyMask;
        struct sigaction sa;

        if (argc < 2 || strcmp(argv[1], "--help") == 0)
            usageErr("%s child-sleep-time...\n", argv[0]);

        setbuf(stdout, NULL);          /* Disable buffering of stdout */

        sigCnt = 0;
        numLiveChildren = argc - 1;

        sigemptyset(&sa.sa_mask);
        sa.sa_flags = 0;
        sa.sa_handler = sigchldHandler;
        if (sigaction(SIGCHLD, &sa, NULL) == -1)
            errExit("sigaction");

        /* Block SIGCHLD to prevent its delivery if a child terminates
           before the parent commences the sigsuspend() loop below */

        sigemptyset(&blockMask);
        sigaddset(&blockMask, SIGCHLD);
③       if (sigprocmask(SIG_SETMASK, &blockMask, NULL) == -1)
            errExit("sigprocmask");

④       for (j = 1; j < argc; j++) {
```

```
        switch (fork()) {
        case -1:
            errExit("fork");

        case 0:              /* Child - sleeps and then exits */
⑤           sleep(getInt(argv[j], GN_NONNEG, "child-sleep-time"));
            printf("%s Child %d (PID=%ld) exiting\n", currTime("%T"),
                    j, (long) getpid());
            _exit(EXIT_SUCCESS);

        default:             /* Parent - loops to create next child */
            break;
        }
    }
    /* Parent comes here: wait for SIGCHLD until all children are dead */

    sigemptyset(&emptyMask);
    while (numLiveChildren > 0) {
⑥       if (sigsuspend(&emptyMask) == -1 && errno != EINTR)
            errExit("sigsuspend");
        sigCnt++;
    }

    printf("%s All %d children have terminated; SIGCHLD was caught "
            "%d times\n", currTime("%T"), argc - 1, sigCnt);

    exit(EXIT_SUCCESS);
}
```

—— procexec/multi_SIGCHLD.c

26.3.2　向已停止的子进程发送 SIGCHLD 信号

正如可以使用 waitpid() 来监测已停止的子进程一样，当信号导致子进程停止时，父进程也就有可能收到 SIGCHLD 信号。调用 sigaction() 设置 SIGCHLD 信号处理程序时，如传入 SA_NOCLDSTOP 标志即可控制这一行为。若未使用该标志，系统会在子进程停止时向父进程发送 SIGCHLD 信号；反之，如果使用了这一标志，那么就不会因子进程的停止而发出 SIGCHLD 信号。（22.7 节中对 signal() 的实现就未指定 SA_NOCLDSTOP。）

> 因为默认情况下会忽略信号 SIGCHLD，SA_NOCLDSTOP 标志仅在设置 SIGCHLD 信号处理程序时才有意义。而且，SA_NOCLDSTOP 只对 SIGCHLD 信号起作用。

SUSv3 也允许，当信号 SIGCONT 导致已停止的子进程恢复执行时，向其父进程发送 SIGCHLD 信号。（相当于 waitpid() 的 WCONTINUED 标志。）始于版本 2.6.9，Linux 内核实现了这一特性。

26.3.3　忽略终止的子进程

更有可能像这样处理终止子进程：将对 SIGCHLD 的处置（disposition）显式置为 SIG_IGN，系统从而会将其后终止的子进程立即删除，毋庸转为僵尸进程。这时，会将子进程的状态弃之不问，故而所有后续的 wait()（或类似）调用不会返回子进程的任何信息。

> 注意，虽然对信号 SIGCHLD 的默认处置就是将其忽略，但显式设置对 SIG_IGN 标志的处置还是会导致这里所述的行为差异。在这方面，对信号 SIGCHLD 的处理非常独特，不同于其他信号。

如同许多 UNIX 实现一样，在 Linux 系统中将对 SIGCHLD 信号的处置置为 SIG_IGN 并不会影响任何既有僵尸进程的状态，对它们的等待仍然要照常进行。在其他一些 UNIX 实现中（例如 Solaris 8），将对 SIGCHLD 的处置设置为 SIG_IGN 确实会删除所有已有的僵尸进程。

信号 SIGCHLD 的 SIG_IGN 语义由来已久，源于系统 V（System V）。SUSv3 也规定了此处所描述的行为，不过原始的 POSIX.1 标准对此则未作表述。因此，在一些较老的 UNIX 实现中，忽略 SIGCHLD 并不影响僵尸进程的创建。要防止产生僵尸进程，唯一完全可移植的方法就是（可能是从 SIGCHLD 信号处理程序的内部）调用 wait() 或者 waitpid()。

老版本 Linux 内核实现与 SUSv3 标准的差异

SUSv3 规定，如果将对 SIGCHLD 的处置设置为 SIG_IGN，那么将丢弃子进程的资源使用信息，且若指定 RUSAGE_CHILDREN 标志调用 getrusage() 函数，其返回总量中也将不包含该项信息（36.1 节）。然而，在版本 2.6.9 之前的 Linux 内核中，还是会记录子进程的 CPU 使用时间以及资源的使用情况，并可通过 getrusage() 调用获取。这一违规行为直至 Linux 2.6.9 才得以修正。

> 将对 SIGCHLD 的处置设置为 SIG_IGN 还会阻止 times()（10.7 节）返回的结构中包含子进程的 CPU 使用时间。不过，在 Linux 2.6.9 之前，times() 所返回的信息同样存在违规行为。

SUSv3 规定，如果将对 SIGCHLD 的处置设置为 SIG_IGN，同时，父进程已终止的子进程中并无处于僵尸状态且未被等待的情况，那么 wait()（或 waitpid()）调用将一直阻塞，直至所有子进程都终止，届时该调用将返回错误 ECHILD。Linux 2.6 符合这一要求。不过在 Linux 2.4 以及更早期的版本中，wait() 只会阻塞到下一个子进程终止的时刻，随即返回该子进程的进程 ID 及状态（亦即，此行为与未将对 SIGCHLD 信号的处置置为 SIG_IGN 时一样）。

sigaction() 的 SA_NOCLDWAIT 标志

SUSv3 规定了 SA_NOCLDWAIT 标志，可在调用 sigaction() 对 SIGCHLD 信号的处置进行设置时使用此标志。设置该标志的作用类似于将对 SIGCHLD 的处置置为 SIG_IGN 时的效果。Linux 2.4 及其早期版本并未实现该标志，直至 Linux 2.6 才实现对其支持。

将对 SIGCHLD 的处置置为 SIG_IGN 与采用 SA_NOCLDWAIT 之间最主要的区别在于，当以 SA_NOCLDWAIT 设置信号处理程序时，SUSv3 并未规定系统在子进程终止时是否向其父进程发送 SIGCHLD 信号。换言之，当指定 SA_NOCLDWAIT 时允许系统发送 SIGCHLD 信号，则应用程序即可捕捉这一信号（尽管由于内核已经丢弃了僵尸进程，造成 SIGCHLD 处理程序无法用 wait() 来获得子进程状态）。在包括 Linux 在内的一些 UNIX 实现中，内核确实会为父进程产生 SIGCHLD 信号。而在另一些 UNIX 实现中，则不会。

> 当为 SIGCHLD 信号设置 SA_NOCLDWAIT 标志时，老版本 Linux 内核的行为细节同样与 SUSv3 不符，正如之前在将对 SIGCHLD 的处置置为 SIG_IGN 处所讨论的那样。

系统 V 的 SIGCLD 信号

Linux 系统中，信号 SIGCLD 与信号 SIGCHLD 意义相同。之所以两个名称并存，是由历史原因造成的。SIGCHLD 信号源自 BSD，POSIX 标准采用了这一名称，同时对 BSD 信号模型做了大量标准化工作。系统 V 则提供了相应的 SIGCLD 信号，在语义上稍许有些不同。

BSD SIGCHLD 信号与系统 V SIGCLD 间的主要差别在于，将信号处置为 SIG_IGN 时不同的处理方式。

- 在历史（和一些现代）的 BSD 实现中，即使忽略了 SIGCHLD 信号，系统仍会继续将无人等待的子进程变为僵尸进程。
- 在系统 V 上，使用 signal()（而非 sigaction()）忽略 SIGCLD 信号将导致子进程在终止时不会转为僵尸进程。

如前所述，原始的 POSIX.1 标准对于忽略 SIGCHLD 的后果未作规定，从而也认可了系统 V 的行为。而今，系统 V 的行为已成为 SUSv3 标准的一部分（不过将仍然使用 SIGCHLD 的名称）。衍生自系统 V 的现代系统实现中对该信号使用了 SIGCHLD 这一标准名称，同时继续提供具有相同含义的 SIGCLD 信号。关于 SIGCLD 的更多信息可参考[Stevens & Rago, 2005]。

26.4　总结

使用 wait() 和 waitpid()（以及其他相关函数），父进程可以得到其终止或停止子进程的状态。该状态表明子进程是正常终止（带有表示成功或失败的退出状态），还是异常中止，因收到某个信号而停止，还是因收到 SIGCONT 信号而恢复执行。

如果子进程的父进程终止，那么子进程将变为孤儿进程，并为进程 ID 为 1 的 init 进程接管。

子进程终止后会变为僵尸进程，仅当其父进程调用 wait()（或类似函数）获取子进程退出状态时，才能将其从系统中删除。在设计长时间运行的程序，诸如 shell 程序以及守护进程（daemon）时，应总是捕获其所创建子进程的状态，因为系统无法杀死僵尸进程，而未处理的僵尸进程最终将塞满内核进程表。

捕获终止子进程的一般方法是为信号 SIGCHLD 设置信号处理程序。当子进程终止时（也可选择子进程因信号而停止时），其父进程会收到 SIGCHLD 信号。还有另一种移植性稍差的处理方法，进程可选择将对 SIGCHLD 信号的处置置为忽略（SIG_IGN），这时将立即丢弃终止子进程的状态（因此其父进程从此也无法获取到这些信息），子进程也不会成为僵尸进程。

更多信息

请参考列于 24.6 节中的更多信息来源。

26.5　练习

26-1. 编写一程序以验证当一子进程的父进程终止时，调用 getppid() 将返回 1（进程 init 的进程 ID）。

26-2. 假设存在 3 个相互关联的进程（祖父、父及子进程），祖父进程没有在父进程退出之后立即执行 wait()，所以父进程变成僵尸进程。那么请指出孙进程何时被 init 进程收养（即孙进程调用 getppid() 将返回 1），是在父进程终止后，还是祖父进程调用 wait() 后？请编写程序验证结果。

26-3. 使用 waitid() 替换程序清单 26-3（child_status.c）中的 waitpid()。需要将对函数 print WaitStatus() 的调用替换为打印 waitid() 所返回 siginfo_t 结构中相关字段的代码。

26-4. 程序清单 26-4（make_zombie.c）调用了 sleep()，以便允许子进程在父进程执行函数 system() 前得到机会去运行并终止。这一方法理论上存在产生竞争条件的可能。修改此程序，使用信号来同步父子进程以消除该竞争条件。

第章

27

程序的执行

承接前几章对于进程创建和终止的探讨,本章首先将介绍系统调用 execve(),通过该调用,进程能以全新程序来替换当前运行的程序;接下来会讨论函数 system()的实现,该函数可允许调用者执行任意 shell 命令。

27.1 执行新程序：execve()

系统调用 execve()可以将新程序加载到某一进程的内存空间。在这一操作过程中,将丢弃旧有程序,而进程的栈、数据以及堆段会被新程序的相应部件所替换。在执行了各种 C 语言函数库的运行时启动代码以及程序的初始化代码后,例如,C++静态构造函数,或者以 gcc constructor 属性（见 42.4 节）声明的 C 语言函数,新程序会从 main()函数处开始执行。

由 fork()生成的子进程对 execve()的调用最为频繁,不以 fork()调用为先导而单独调用 execve()的做法在应用中实属罕见。

基于系统调用 execve(),还提供了一系列冠以 exec 来命名的上层库函数,虽然接口方式各异,但功能相同。通常将调用这些函数加载一个新程序的过程称作 exec 操作,或是简单地以 exec()来表示。下面将先描述 execve(),然后再对相关库函数进行说明。

```
#include <unistd.h>

int execve(const char *pathname, char *const argv[], char *const envp[]);
                                    Never returns on success; returns -1 on error
```

参数 pathname 包含准备载入当前进程空间的新程序的路径名,既可以是绝对路径（冠之以/）,也可以是相对于调用进程当前工作目录（current working directory）的相对路径。

参数 argv 则指定了传递给新进程的命令行参数。该数组对应于 C 语言 main()函数的第 2 个参数（argv）,且格式也与之相同:是由字符串指针所组成的列表,以 NULL 结束。argv[0]的值则对应于命令名。通常情况下,该值与 pathname 中的 basename（路径名的最后部分）相同。

最后一个参数 envp 指定了新程序的环境列表。参数 envp 对应于新程序的 environ 数组:

也是由字符串指针组成的列表，以 NULL 结束，所指向的字符串格式为 name=value（6.7 节）。

> Linux 所特有的/proc/PID/exe 文件是一个符号链接，包含 PID 对应进程中正在运行可执行文件的绝对路径名。

调用 execve()之后，因为同一进程依然存在，所以进程 ID 仍保持不变。如 28.4 节所述，还有少量其他的进程属性也未发生变化。

如果对 pathname 所指定的程序文件设置了 set-user-ID（set-group-ID）权限位，那么系统调用会在执行此文件时将进程的有效（effective）用户（组）ID 置为程序文件的属主（组）ID。利用这一机制，可令用户在运行特定程序时临时获取特权。（参考 9.3 节）。

无论是否更改了有效 ID，也不管这一变化是否生效，execve()都会以进程的有效用户 ID 去覆盖已保存的（saved）set-user-ID，以进程的有效组 ID 去覆盖已保存的（saved）set-group-ID。

由于将调用程序取而代之，对 execve()的成功调用将永不返回，而且也无需检查 execve()的返回值，因为该值总是雷打不动地等于-1。实际上，一旦函数返回，就表明发生了错误。通常，可以通过 errno 来判断出错原因。可能自 errno 返回的错误如下：

EACCES

参数 pathname 没有指向一个常规（regular）文件，未对该文件赋予可执行权限，或者因为 pathname 中某一级目录不可搜索（not searchable）（即，关闭了该目录的可执行权限）。还有一种可能，是以 MS_NOEXEC 标志（14.8.1 节）来挂载（mount）文件所在的文件系统，从而导致这一错误。

ENOENT

pathname 所指代的文件并不存在。

ENOEXEC

尽管对 pathname 所指代文件赋予了可执行权限，但系统却无法识别其文件格式。一个脚本文件，如果没有包含用于指定脚本解释器（interpreter）（以字符#!开头）的起始行，就可能导致这一错误。

ETXTBSY

存在一个或多个进程已经以写入方式打开 pathname 所指代的文件（4.3.2 节）。

E2BIG

参数列表和环境列表所需空间总和超出了允许的最大值。

当上述任一条件作用于执行脚本的脚本解释器，或是执行程序的 ELF 解释器时，同样会产生相应错误。

> ELF（Executable and Linking Format）是一种广为实现的标准，描述了可执行文件的布局。在执行期间，进程映像（image）通常是由可执行文件的各段（segment）构造而成（6.3 节）。不过，ELF 规格也允许定义一个解释器（ELF 程序头部的 PT_INTERP 元素）来运行程序。如果定义了解释器，内核则基于指定解释器可执行文件的各段来构建进程映像，转而由解释器负责加载和执行程序。第 41 章会对 ELF 解释器做进一步描述，并给出对深层信息的一些指引。

示例程序

程序清单 27-1 展示了 execve() 的用法。该程序首先为新程序创建参数列表和环境列表，接着调用 execve() 来执行由命令行参数（argv[1]）所指定的程序路径名。

程序清单 27-2 中所展示的程序，是设计专供程序清单 27-1 中程序来执行的。该程序只是简单显示一下自身的命令行参数以及环境列表（对后者的访问使用了全局变量 environ，如 6.7 节所述）。

如下 shell 会话（session）演示了对程序清单 27-1 和程序清单 27-2 的使用（本例在指定执行程序时使用的是相对路径名）：

```
$ ./t_execve ./envargs
argv[0] = envargs                    All of the output is printed by envargs
argv[1] = hello world
argv[2] = goodbye
environ: GREET=salut
environ: BYE=adieu
```

程序清单 27-1：调用函数 execve() 来执行新程序

─── procexec/t_execve.c
```
#include "tlpi_hdr.h"

int
main(int argc, char *argv[])
{
    char *argVec[10];              /* Larger than required */
    char *envVec[] = { "GREET=salut", "BYE=adieu", NULL };

    if (argc != 2 || strcmp(argv[1], "--help") == 0)
        usageErr("%s pathname\n", argv[0]);

    argVec[0] = strrchr(argv[1], '/');        /* Get basename from argv[1] */
    if (argVec[0] != NULL)
        argVec[0]++;
    else
        argVec[0] = argv[1];
    argVec[1] = "hello world";
    argVec[2] = "goodbye";
    argVec[3] = NULL;              /* List must be NULL-terminated */

    execve(argv[1], argVec, envVec);
    errExit("execve");            /* If we get here, something went wrong */
}
```
─── procexec/t_execve.c

程序清单 27-2：显示参数列表和环境列表

─── procexec/envargs.c
```
#include "tlpi_hdr.h"

extern char **environ;

int
main(int argc, char *argv[])
{
    int j;
    char **ep;
```

```
        for (j = 0; j < argc; j++)
            printf("argv[%d] = %s\n", j, argv[j]);

        for (ep = environ; *ep != NULL; ep++)
            printf("environ: %s\n", *ep);

        exit(EXIT_SUCCESS);
}
```

—————————————————————————————————— procexec/envargs.c

27.2   exec()库函数

本节所讨论的库函数为执行 exec()提供了多种 API 选择。所有这些函数均构建于
execve()调用之上，只是在为新程序指定程序名、参数列表以及环境变量的方式上有所不同。

```
#include <unistd.h>

int execle(const char *pathname, const char *arg, ...
                  /* , (char *) NULL, char *const envp[] */ );
int execlp(const char *filename, const char *arg, ...
                  /* , (char *) NULL */);
int execvp(const char *filename, char *const argv[]);
int execv(const char *pathname, char *const argv[]);
int execl(const char *pathname, const char *arg, ...
                  /* , (char *) NULL */);
                  None of the above returns on success; all return −1 on error
```

各函数名称的最后一个字母为区分这些函数提供了线索。表 27-1 总结了这些差异，下面
则是详细说明。

- 大部分 exec()函数要求提供欲加载新程序的路径名。而 execlp()和 execvp()则允
  许只提供程序的文件名。系统会在由环境变量 PATH 所指定的目录列表中寻找相
  应的执行文件（稍后将详细解释）。这与 shell 对键入命令的搜索方式一致。这些
  函数名都包含字母 p（表示 PATH），以示在操作上有所不同。如果文件名中包含
  "/"，则将其视为相对或绝对路径名，不再使用变量 PATH 来搜索文件。

- 函数 execle()、execlp()和 execl()要求开发者在调用中以字符串列表形式来指定参数，
  而不使用数组来描述 argv 列表。首个参数对应于新程序 main()函数的 argv[0]，因而通
  常与参数 filename 或 pathname 的 basename 部分相同。必须以 NULL 指针来终止参数列
  表，以便于各调用定位列表的尾部。（上述各原型注释中的(char*)NULL 部分透露了这
  一要求。至于为何需要对 NULL 进行强制类型转换，请参考附录 C。）这些函数的名
  称都包含字母 l（表示 list），以示与那些将以 NULL 结尾的数组作为参数列表的函数
  有所区别。后者（execve()、execvp()和 execv()）名称中则包含字母 v（表示 vector）。

- 函数 execve()和 execle()则允许开发者通过 envp 为新程序显式指定环境变量，其中 envp
  是一个以 NULL 结束的字符串指针数组。这些函数命名均以字母 e（environment）结
  尾。其他 exec()函数将使用调用者的当前环境（即 environ 中内容）作为新程序的环境。

> glibc 2.11 曾加入一个非标准函数 execvpe(file, argv, envp)。该函数与 execvp()类似，不过并
> 非通过 environ 来取得新程序的环境，而是通过参数 envp（类似于函数 execve()和 execle()）
> 来指定新环境。

后面几页会演示部分 exec() 函数变体的使用。

表 27-1：exec() 函数间的差异总结

函　　数	对程序文件的描述（-, p）	对参数的描述（v, l）	环境变量来源（e, -）
execve()	路径名	数组	*envp* 参数
execle()	路径名	列表	*envp* 参数
execlp()	文件名+PATH	列表	调用者的 *environ*
execvp()	文件名+PATH	数组	调用者的 *environ*
execv()	路径名	数组	调用者的 *environ*
excel()	路径名	列表	调用者的 *environ*

27.2.1　环境变量 PATH

函数 execvp() 和 execlp() 允许调用者只提供欲执行程序的文件名。二者均使用环境变量 PATH 来搜索文件。PATH 的值是一个以冒号（:）分隔，由多个目录名，也将其称为路径前缀（path prefixes）组成的字符串。下例中的 PATH 包含 5 个目录：

```
$ echo $PATH
/home/mtk/bin:/usr/local/bin:/usr/bin:/bin:.
```

对于一个登录 shell 而言，其 PATH 值将由系统级和特定用户的 shell 启动脚本来设置。由于子进程继承其父进程的环境变量，shell 执行每个命令时所创建的进程也就继承了 shell 的 PATH。

PATH 中指定的路径名既可以是绝对路径名（以/开始），也可以是相对路径名。对相对路径名的诠释是基于调用进程的当前工作目录（current working directory）。正如前面例子中所示，可以以 .（点）来表示当前工作目录。

> 在 PATH 中包含一个长度为 0 的前缀，也可以用来指定当前工作目录。表示方式有：连续的冒号、起始冒号或尾部冒号（例如，/usr/bin:/bin: ）。SUSv3 废止了这一技术；当前工作目录应该用 .（点）来显式指定。

如果没有定义变量 PATH，那么 execvp() 和 execlp() 会采用默认的路径列表：.:/usr/bin:/bin。

出于安全方面的考虑，通常会将当前工作目录排除在超级用户（root）的 PATH 之外。这是为了防止 root 用户发生如下意外情况：执行当前工作目录下与标准命令同名的程序（事先由恶意用户故意放置），或者将常用命令拼错而执行了当前工作目录下的其他程序（例如，输入 sl 而非 ls）。一些 Linux 发行版还将当前工作目录排除在非特权用户的 PATH 缺省值之外。这里假定，在本书展示的所有 shell 会话日志中，对 PATH 的定义均不包含当前工作目录，而书中示例在执行当前工作目录下的程序时都冠以前缀 ./，原因也正在于此。（同时还有一重妙用：在本书的 shell 会话日志中，从表现形式上将示例程序与标准命令区分开来。）

函数 execvp() 和 execlp() 会在 PATH 包含的每个目录中搜索文件，从列表开头的目录开始，直至成功执行了既定文件。如果不清楚可执行程序的具体位置，或是不想因硬编码（hard-code）而对具体位置产生依赖，对 PATH 环境变量的这种使用方式是非常有效的。

应该避免在设置了 set-user-ID 或 set-group-ID 的程序中调用 execvp() 和 execlp()，至少应当慎用。需要特别谨慎地控制 PATH 环境变量，以防运行恶意程序。在实际操作中，这意味着应用程序应该使用已知安全的目录列表来覆盖之前定义的任何 PATH 值。

程序清单 27-3 提供了一个使用 execlp()的例子。下面的 shell 会话日志则演示了如何通过该程序来调用 echo 命令（/bin/echo）：

```
$ which echo
/bin/echo
$ ls -l /bin/echo
-rwxr-xr-x    1 root      15428 Mar 19 21:28 /bin/echo
$ echo $PATH                     Show contents of PATH environment variable
/home/mtk/bin:/usr/local/bin:/usr/bin:/bin          /bin is in PATH
$ ./t_execlp echo                execlp() uses PATH to successfully find echo
hello world
```

在上例中，程序清单 27-3 程序将字符串 hello world 作为第 3 个参数传递给 execlp()调用。接下来，重新对 PATH 进行定义，从中移去包含程序 echo 的目录/bin：

```
$ PATH=/home/mtk/bin:/usr/local/bin:/usr/bin
$ ./t_execlp echo
ERROR [ENOENT No such file or directory] execlp
$ ./t_execlp /bin/echo
hello world
```

如你所见，当仅向 execlp()提供文件名（即，字符串中不包含斜杠 "/"）时，调用会失败。这是因为在 PATH 包含的目录列表中无法找到名为 echo 的文件。另一方面，当提供了包含一个或多个斜杠的路径名时，execlp()则会忽略 PATH 的内容。

程序清单 27-3：使用 execlp()在 PATH 中搜索文件

――――――――――――――――――――――――――― procexec/t_execlp.c
```c
#include "tlpi_hdr.h"

int
main(int argc, char *argv[])
{
    if (argc != 2 || strcmp(argv[1], "--help") == 0)
        usageErr("%s pathname\n", argv[0]);

    execlp(argv[1], argv[1], "hello world", (char *) NULL);
    errExit("execlp");              /* If we get here, something went wrong */
}
```
――――――――――――――――――――――――――― procexec/t_execlp.c

27.2.2   将程序参数指定为列表

如果在编程时已知某个 exec()的参数个数，调用 execle()、execlp()或者 execl()时就可以将参数作为列表传入。较之于将参数装配于一个 argv 向量中，代码要少一些，便于使用。程序清单 27-4 中程序收效与程序清单 27-1 相同，只是调用了 execle()而非 execve()。

程序清单 27-4：使用 execle()，将程序参数指定为列表

――――――――――――――――――――――――――― procexec/t_execle.c
```c
#include "tlpi_hdr.h"

int
main(int argc, char *argv[])
{
    char *envVec[] = { "GREET=salut", "BYE=adieu", NULL };
    char *filename;
```

```
    if (argc != 2 || strcmp(argv[1], "--help") == 0)
        usageErr("%s pathname\n", argv[0]);

    filename = strrchr(argv[1], '/');           /* Get basename from argv[1] */
    if (filename != NULL)
        filename++;
    else
        filename = argv[1];

    execle(argv[1], filename, "hello world", (char *) NULL, envVec);
    errExit("execle");               /* If we get here, something went wrong */
}
```

── procexec/t_execle.c

27.2.3　将调用者的环境传递给新程序

函数 execlp()、execvp()、execl() 和 execv() 不允许开发者显式指定环境列表，新程序的环境继承自调用进程（6.7 节）。这一举措的后果可谓是喜忧参半。出于安全方面的考虑，有时希望确保程序在一个已知（安全）的环境列表下运行。38.8 节将对此做深入讨论。

程序清单 27-5 演示了如何运用函数 execl() 使新程序继承调用者的环境。对于通过 fork() 从 shell 处所继承的环境，程序首先用函数 putenv() 进行了修改，接着执行 printenv 程序来显示环境变量 USER 和 SHELL 的值。运行程序的输出如下：

```
$ echo $USER $SHELL           Display some of the shell's environment variables
blv /bin/bash
$ ./t_execl
Initial value of USER: blv    Copy of environment was inherited from the shell
britta                        These two lines are displayed by execed printenv
/bin/bash
```

程序清单 27-5：调用函数 execl()，将调用者的环境传递给新程序

── procexec/t_execl.c

```
#include <stdlib.h>
#include "tlpi_hdr.h"

int
main(int argc, char *argv[])
{
    printf("Initial value of USER: %s\n", getenv("USER"));
    if (putenv("USER=britta") != 0)
        errExit("putenv");

    execl("/usr/bin/printenv", "printenv", "USER", "SHELL", (char *) NULL);
    errExit("execl");              /* If we get here, something went wrong */
}
```

── procexec/t_execl.c

27.2.4　执行由文件描述符指代的程序：fexecve()

glibc 自版本 2.3.2 开始提供函数 fexecve()，其行为与 execve() 类似，只是指定将要执行的程序是以打开文件描述符 fd 的方式，而非通过路径名。有些应用程序需要打开某个程序文件，通过执行校验和（checksum）来验证文件内容，然后再运行该程序，这一场景就较为适宜使用函数 fexecve()。

```
#define _GNU_SOURCE
```

```
#include <unistd.h>

int fexecve(int fd, char *const argv[], char *const envp[]);
                          Doesn't return on success; returns -1 on error
```

当然，即便没有 fexecve() 函数，也可以调用 open() 来打开文件，读取并验证其内容，并最终运行。然而，在打开与执行文件之间，存在将该文件替换的可能性（持有打开文件描述符并不能阻止创建同名新文件），最终造成验证者并非执行者的情况。

27.3　解释器脚本

所谓解释器（interpreter），就是能够读取并执行文本格式命令的程序。（相形之下，编译器则是将输入源代码译为可在真实或虚拟机器上执行的机器语言。）各种 UNIX shell，以及诸如 awk、sed、perl、python 和 ruby 之类的程序都属于解释器。除了能够交互式地读取和执行命令之外，解释器通常还具备这样一种能力：从被称为脚本（script）的文本文件中读取和执行命令。

UNIX 内核运行解释器脚本的方式与二进制（binary）程序无异，前提是脚本必须满足下面两点要求：首先，必须赋予脚本文件可执行权限；其次，文件的起始行（initial line）必须指定运行脚本解释器的路径名。格式如下：

#! *interpreter-path* [*optional-arg*]

字符#!必须置于该行起始处，这两个字符串与解释器路径名之间可以以空格分隔。在解释该路径名时不会使用环境变量 PATH，因而一般应采用绝对路径。使用相对路径固然可行，但很少见。对其解释则相对于启动解释器进程的当前工作目录。解释器路径名后还可跟随可选参数（稍后将解释其目的），二者之间以空格分隔。可选参数中不应包含空格。

作为例子，UNIX shell 脚本通常以下面这行开始，指定运行该脚本的 shell：

#!/bin/sh

解释器脚本文件首行中的可选参数不应包含空格，因为空格此处所起的作用完全取决于实现。Linux 系统不会对可选参数（optional-arg）中的空格做特殊解释，将从参数起始直至行尾的所有文本视为一个单词（正如后面所述，再将其作为一整个参数传递给解释器）。注意，对空格的这种处理方式与 shell 的做法形成鲜明对比，后者总是将其视为命令行中各单词的界定符。

其他 UNIX 实现在处理可选参数中的空格时，其做法与 Linux 有同有异。在 6.0 版本之前的 FreeBSD 上，可在解释器路径（interpreter-path）之后跟随多个以空格分隔的可选参数（并作为多个独立的单词传递给解释器）；而到了 6.0 版本，其行为又转而与 Linux 趋同。而 Solaris 8 则使用空格来表征可选参数的结束，同时忽略#!行中之后的任何剩余文本。

Linux 内核要求脚本的#!起始行不得超过 127 个字节，其中不包括行尾的换行符（newline）。超出部分会被悄无声息地略去。

SUSv3 并未对脚本解释器的#!行技术加以规范，不过大多数 UNIX 实现都支持这一特性。

不同的 UNIX 实现对于#!行的长度限制有所不同。例如，OpenBSD 3.1 的限制为 64 个字节，而 Tru64 5.1 则为 1024 字节。在一些早期的实现（例如 SunOS 4）中，这一限制甚至低至 32 字节。

解释器脚本的执行

因为脚本并不包含二进制机器码，所以当调用 execve() 来运行脚本时，显然发生了一些不同寻常的事件。execve() 如果检测到传入的文件以两字节序列 "#!" 开始，就会析取该行的剩余部分（路径名以及参数），然后按如下参数列表来执行解释器程序：

---
interpreter-path [*optional-arg*] *script-path arg...*

这里，interpreter-path（解释器路径）和 optional-arg（可选参数）都取自脚本的#!行，script-path（脚本路径）是传递给 execve() 的路径名，arg … 则是通过变量 argv 传递给 execve() 的参数列表（不过将 argv[0] 排除在外）。图 27-1 对每个脚本参数的起源做了总结。

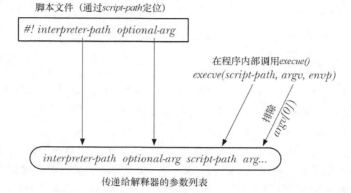

图 27-1：提供给可执行脚本的参数列表

编写一个脚本，用程序清单 6-2（necho.c）程序作为解释器，用于说明解释器参数的来源。该程序只是简单地输出所有的命令行参数。接着，再使用 27-1 中程序来执行该脚本：

```
$ cat > necho.script              Create script
#!/home/mtk/bin/necho some argument
Some junk
Type Control-D
$ chmod +x necho.script           Make script executable
$ ./t_execve necho.script         And exec the script
argv[0] = /home/mtk/bin/necho     First 3 arguments are generated by kernel
argv[1] = some argument           Script argument is treated as a single word
argv[2] = necho.script            This is the script path
argv[3] = hello world             This was argVec[1] given to execve()
argv[4] = goodbye                 And this was argVec[2]
```

在本例中，"解释器（necho）"并不关心脚本的内容（necho.script），脚本的第 2 行（Some junk）在执行时不起作用。

> 2.2 内核在执行脚本时将只传递 interpreter-path（解释器路径）的 basename 部分，以作为调用脚本的首个参数。所以，对于 Linux 2.2 来说，argv[0] 的输出行会只显示值 necho。

大多数 UNIX shell 和解释器会视字符 # 为注释的开始。因此，这些解释器在解释脚本时会忽略带有 #! 的初始行。

使用脚本的 optional-arg（可选参数）

在脚本的 #! 起始行中，optional-arg 的用途之一是为解释器指定命令行参数。对于 awk 之类的解释器而言，这是非常实用的特性。

> 自 20 世纪 70 年代末期开始，awk 解释器业已成为 UNIX 系统的一部分。在介绍 awk 语言的诸多书籍之中，就有一本[Aho 等，1988]是由该语言的 3 位发明者所著，而该语言的命名也源于 3 人名字的首字母。Awk 的长处在于，能快速为文本处理程序创建原型。作为一门弱类型语言，其设计中富含多种文本处理原素，语法结构则以 C 语言为基础。对于时下风光无限的诸多脚本语言（诸如 JavaScript 和 PHP）而言，awk 的始祖地位毋庸置疑。

向 awk 提供脚本有两种不同方式。默认方式是将脚本作为 awk 的首个命令行参数：

```
$ awk 'script' input-file...
```

也可以将 awk 脚本保存于文件之中，正如下面显示最长输入行长度的例子那样：

```
$ cat longest_line.awk
#!/usr/bin/awk
length > max { max = length; }
END          { print max; }
```

假设使用如下 C 代码来执行这一脚本：

```
execl("longest_line.awk", "longest_line.awk", "input.txt", (char *) NULL);
```

execl()转而调用 execve()，以如下参数列表来运行 awk：

```
/usr/bin/awk longest_line.awk input.txt
```

由于 awk 会把字符串 longest_line.awk 解释为一个包含无效 awk 命令的脚本，故而 execve()调用将以失败告终。这就需要有一种方法来通知 awk：该参数实际上是包含脚本的文件名称。在脚本的#!起始行中加入-f 可选参数，就可达到这一目的。这等于告诉 awk，后面的参数是一个脚本文件：

```
#!/usr/bin/awk -f
length > max { max = length; }
END          { print max; }
```

现在，新的 execl()调用会使用如下参数列表：

```
/usr/bin/awk -f longest_line.awk input.txt
```

这样，awk 就可以成功地执行 longest_line.awk 脚本来处理输入文件 input.txt。

使用 execlp()和 execvp()执行脚本

通常，脚本缺少#!起始行将导致 exec()函数执行失败。不过，execlp()和 execvp()的行事方式多少有些不同。前面提到，这些函数会通过环境变量 PATH 来获取目录列表，并在其中搜索将要执行的文件。两个函数无论谁找到该文件，如果既具有可执行权限，又并非二进制格式，且起始行也不以#!开始，那么就会使用 shell 来解释这一文件。Linux 中，会将这类文件视同于包含#!/bin/sh 起始行的文件来进行处理。

27.4　文件描述符与 exec()

默认情况下，由 exec()的调用程序所打开的所有文件描述符在 exec()的执行过程中会保持打开状态，且在新程序中依然有效。这通常很实用，因为调用程序可能会以特定的描述符来打开文件，而在新程序中这些文件将自动有效，无需再去了解文件名或是把它们重新打开。

shell 利用这一特性为其所执行的程序处理 I/O 重定向。例如，假设键入如下的 shell 命令：

```
$ ls /tmp > dir.txt
```

shell 运行该命令时，执行了以下步骤。

1. 调用 fork() 创建子进程，子进程会也运行 shell 的一份拷贝（因此命令行也有一份拷贝）。

2. 子 shell 以描述符 1（标准输出）打开文件 dir.txt 用于输出。可能会采取以下任一方式。

   a）子 shell 关闭描述符 1（STDOUT_FILENO）后，随即打开文件 dir.txt。因为 open() 在为描述符取值时总是取最小值，而标准输入（描述符 0）又仍处于打开状态，所以会以描述符 1 来打开文件。

   b）shell 打开文件 dir.txt，获取一个新的文件描述符。之后，如果该文件描述符不是标准输出，那么 shell 会使用 dup2() 强制将标准输出复制为新描述符的副本，并将此时已然无用的新描述符关闭。（这种方法较之前者更为安全，因为它并不依赖于打开文件描述符的低值取数原则。）源代码顺序大体如下：

```
fd = open("dir.txt", O_WRONLY | O_CREAT,
          S_IRUSR | S_IWUSR | S_IRGRP | S_IWGRP | S_IROTH | S_IWOTH);
                /* rw-rw-rw- */
if (fd != STDOUT_FILENO) {
    dup2(fd, STDOUT_FILENO);
    close(fd);
}
```

3. 子 shell 执行程序 ls。ls 将其结果输出到标准输出，亦即文件 dir.txt 中。

> 此处对 shell 处理 I/O 重定向的解释有所简化。特别是，某些命令，即所谓 shell 内建命令，是由 shell 直接运行的，并未调用 fork() 或者 exec()。在处理 I/O 重定向时，针对这样的命令必须进行特殊处理。
>
> 将某一 shell 命令实现为内建命令，不外乎如下两个目的：效率以及会对 shell 产生副作用（side effect）。一些频繁使用的命令（如 pwd、echo 和 test）逻辑都很简单，放在 shell 内部实现效率会更高。将其他命令内置于 shell 实现，则是希望命令对 shell 本身能产生副作用：更改 shell 所存储的信息，修改 shell 进程的属性，亦或是影响 shell 进程的运行。例如，cd 命令必须改变 shell 自身的工作目录，故而不应在一个独立进程中执行。产生副作用的内建命令还包括 exec、exit、read、set、source、ulimit、umask、wait 以及 shell 的作业控制（job-control）命令（jobs、fg 和 bg）。想了解 shell 支持的全套内建命令，可参考 shell 手册页（manual page）文档。

执行时关闭（close-on-exec）标志（FD_CLOEXEC）

在执行 exec() 之前，程序有时需要确保关闭某些特定的文件描述符。尤其是在特权进程中调用 exec() 来启动一个未知程序时（并非自己编写），亦或是启动程序并不需要使用这些已打开的文件描述符时，从安全编程的角度出发，应当在加载新程序之前确保关闭那些不必要的文件描述符。对所有此类描述符施以 close() 调用就可达到这一目的，然而这一做法存在如下局限性。

- 某些描述符可能是由库函数打开的。但库函数无法使主程序在执行 exec() 之前关闭相应的文件描述符。作为基本原则，库函数应总是为其打开的文件设置执行时关闭（close-on-exec）标志，稍后将介绍所使用的技术。

- 如果 exec() 因某种原因而调用失败，可能还需要使描述符保持打开状态。如果这些描述符已然关闭，将它们重新打开并指向相同文件的难度很大，基本上不太可能。

为此，内核为每个文件描述符提供了执行时关闭标志。如果设置了这一标志，那么在成功执行 exec() 时，会自动关闭该文件描述符，如果调用 exec() 失败，文件描述符则会保持打开状态。可以通过系统调用 fcntl()（5.2 节）来访问执行时关闭标志。fcntl() 的 F_GETFD 操作可以获取文件描述符标志的一份拷贝：

```
int flags;

flags = fcntl(fd, F_GETFD);
if (flags == -1)
    errExit("fcntl");
```

获取这些标志后，可以对 FD_CLOEXEC 位进行修改，再调用 fcntl() 的 F_SETFD 操作令其生效：

```
flags |= FD_CLOEXEC;
if (fcntl(fd, F_SETFD, flags) == -1)
    errExit("fcntl");
```

> 实际上 FD_CLOEXEC 是文件描述符标志中唯一可以操作的一位。该位对应值为 1。在较老一些的程序中，有时可以看到以 fcntl(fd, F_SETFD,1) 的调用方式来设置执行时关闭标志，其事实依据是这种操作不可能影响到其他位。但理论上，情况不会总是一成不变（未来，一些 UNIX 系统可能会实现其他的标志位），所以还是使用正文所示的技术较为稳妥。
>
> 包括 Linux 在内的许多 UNIX 实现，还允许以另外两种非标准的 ioctl() 调用来修改执行时关闭标志：以 ioctl(fd, FIOCLEX) 为 fd 设置此标志，以 ioctl(fd, FIONCLEX) 来清除此标志。

当使用 dup()、dup2() 或 fcntl() 为一文件描述符创建副本时，总是会清除副本描述符的执行时关闭标志。（这一现象既有其历史渊源，也顺应了 SUSv3 的要求。）

程序清单 27-6 展示了对执行时关闭标志的操作。如果运行时带有命令行参数（可为任意字符串），该程序首先为标准输出设置执行时关闭标志，随后执行 ls 命令。程序运行的结果如下：

```
$ ./closeonexec                        Exec ls without closing standard output
-rwxr-xr-x  1 mtk    users    28098 Jun 15 13:59 closeonexec
$ ./closeonexec n                      Sets close-on-exec flag for standard output
ls: write error: Bad file descriptor
```

上例中第 2 次运行该程序时，ls 检测出其标准输出已然关闭，故而向标准错误（stderr）输出了一条错误信息。

程序清单 27-6：为一文件描述符设置执行时关闭标志

———————————————————————————————————— procexec/closeonexec.c

```
#include <fcntl.h>
#include "tlpi_hdr.h"

int
main(int argc, char *argv[])
{
    int flags;

    if (argc > 1) {
        flags = fcntl(STDOUT_FILENO, F_GETFD);         /* Fetch flags */
        if (flags == -1)
            errExit("fcntl - F_GETFD");

        flags |= FD_CLOEXEC;                    /* Turn on FD_CLOEXEC */

        if (fcntl(STDOUT_FILENO, F_SETFD, flags) == -1)    /* Update flags */
            errExit("fcntl - F_SETFD");
    }
```

```
        execlp("ls", "ls", "-l", argv[0], (char *) NULL);
        errExit("execlp");
}
```

─── procexec/closeonexec.c

27.5　信号与 exec()

exec()在执行时会将现有进程的文本段丢弃。该文本段可能包含了由调用进程创建的信号处理器程序。既然处理器已经不知所踪，内核就会将对所有已设信号的处置重置为 SIG_DFL。而对所有其他信号（即将处置置为 SIG_IGN 或 SIG_DFL 的信号）的处置则保持不变。这也符合 SUSv3 的要求。

不过，遭忽略的 SIGCHLD 信号属于 SUSv3 中的特例。（之前曾在 26.3.3 节提及，忽略 SIGCHLD 能够阻止僵尸进程的产生）。至于调用 exec()之后，是继续让遭忽略的 SIGCHLD 信号保持被忽略状态，还是将对其处置重置为 SIG_DFL，SUSv3 对此不置可否。Linux 的操作取其前者，而其他一些 UNIX 实现（如：Solaris）则采用后者。这就意味着，对于忽略 SIGCHLD 的程序而言，要最大限度的保证可移植性，就应该在调用 exec()之前执行 signal（SIGCHLD，SIG_DFL）。此外，程序也不应当假设对 SIGCHLD 处置的初始设置是 SIG_DFL 之外的其他值。

老程序的数据段、堆以及栈悉数被毁，这也意味着通过 sigaltstack()（21.3 节）所创建的任何备选信号栈都会丢失。由于 exec()在调用期间不会保护备选信号栈，故而也会将所有信号的 SA_ONSTACK 位清除掉。

在调用 exec()期间，进程信号掩码以及挂起（pending）信号的设置均得以保存。这一特性允许对新程序的信号进行阻塞和排队处理。不过，SUSv3 指出，许多现有应用程序的编写都基于如下的错误假设：程序启动时将对某些特定信号的处置置为 SIG_DFL，又或者并未阻塞这些信号。（特别是，C 语言标准对信号的规范很弱，对信号阻塞也未置一词，所以为非 UNIX 系统所编写的 C 程序也不可能去解除对信号的阻塞。）为此，SUSv3 建议，在调用 exec()执行任何程序的过程中，不应当阻塞或忽略信号。这里的"任何程序"是指并非由 exec()的调用者所编写的程序。至于说如果执行和被执行的程序均出自一人之手，又或者对运行程序处理信号的手法知根知底，那自然又另当别论。

27.6　执行 shell 命令：system()

程序可通过调用 system()函数来执行任意的 shell 命令。本节将讨论 system()的操作，下一节将介绍如何运用 fork()、exec()、wait()和 exit()来实现 system()。

> 44.5 节所介绍的 popen()和 pclose()函数同样可以用来执行 shell 命令，而且还允许调用程序向命令发送输入信息，或是读取命令的输出。

```
#include <stdlib.h>

int system(const char *command);
                          See main text for a description of return value
```

函数 system()创建一个子进程来运行 shell，并以之执行命令 command。其调用示例如下：

```
system("ls | wc");
```

system()的主要优点在于简便。

- 无需处理对 fork()、exec()、wait()和 exit()的调用细节。
- system()会代为处理错误和信号。
- 因为 system()使用 shell 来执行命令（command），所以会在执行 command 之前对其进行所有的常规 shell 处理、替换以及重定向操作。为应用增加"执行一条 shell 命令"的功能不过是举手之劳。（许多交互式应用程序以"！command"的形式提供了这一功能。）

但这些优点是以低效率为代价的。使用 system()运行命令需要创建至少两个进程。一个用于运行 shell，另外一个或多个则用于 shell 所执行的命令（执行每个命令都会调用一次 exec()）。如果对效率或者速度有所要求，最好还是直接调用 fork()和 exec()来执行既定程序。

system()的返回值如下。

- 当 command 为 NULL 指针时，如果 shell 可用则 system()返回非 0 值，若不可用则返回 0。这种返回值方式源于 C 语言标准，因为并未与任何操作系统绑定，所以如果 system()运行在非 UNIX 系统上，那么该系统可能是没有 shell 的。此外，即便所有 UNIX 实现都有 shell，如果程序在调用 system()之前又调用了 chroot()，那么 shell 依然可能无效。若 command 不为 NULL，则 system()的返回值由本列表中的余下规则决定。
- 如果无法创建子进程或是无法获取其终止状态，那么 system()返回-1。
- 若子进程不能执行 shell，则 system()的返回值会与子 shell 调用_exit(127)终止时一样。
- 如果所有的系统调用都成功，system()会返回执行 command 的子 shell 的终止状态。shell 的终止状态是其执行最后一条命令时的退出状态；如果命令为信号所杀，大多数 shell 会以值 128+n 退出，其中 n 为信号编号（如果是子 shell 为信号所杀，那么其终止状态如 26.1.3 节所述）。

> 至于调用失败是由于 system()无法执行 shell，还是 shell 以状态 127 退出（若 shell 未能发现并执行既定名称的程序，就会导致后一种情况的发生），（通过 system()的返回值）是无法区分的。

在最后两种情况中，system()的返回值与 waitpid()所返回的等待状态（wait status）形式相同。因此，可以使用 26.1.3 节所述函数来分析返回值，并以 printWaitStatus()函数（见程序清单 26-2）加以显示。

示例程序

程序清单 27-7 演示了 system()的用法。程序循环读取命令字符串，再使用 system()来执行命令，并对 system()的返回值进行分析和展示。下面是一个运行的例子：

```
$ ./t_system
Command: whoami
mtk
system() returned: status=0x0000 (0,0)
child exited, status=0
Command: ls | grep XYZ                    Shell terminates with the status of...
system() returned: status=0x0100 (1,0)    its last command (grep), which...
child exited, status=1                     found no match, and so did an exit(1)
Command: exit 127
system() returned: status=0x7f00 (127,0)
(Probably) could not invoke shell          Actually, not true in this case
Command: sleep 100
Type Control-Z to suspend foreground process group
```

```
[1]+  Stopped                 ./t_system
$ ps | grep sleep                              Find PID of sleep
29361 pts/6    00:00:00 sleep
$ kill 29361                                   And send a signal to terminate it
$ fg                                           Bring t_system back into foreground
./t_system
system() returned: status=0x000f (0,15)
child killed by signal 15 (Terminated)
Command: ^D$                                   Type Control-D to terminate program
```

程序清单 27-7：通过 system() 执行 shell 命令

─── procexec/t_system.c

```c
#include <sys/wait.h>
#include "print_wait_status.h"
#include "tlpi_hdr.h"

#define MAX_CMD_LEN 200

int
main(int argc, char *argv[])
{
    char str[MAX_CMD_LEN];      /* Command to be executed by system() */
    int status;                 /* Status return from system() */

    for (;;) {                  /* Read and execute a shell command */
        printf("Command: ");
        fflush(stdout);
        if (fgets(str, MAX_CMD_LEN, stdin) == NULL)
            break;              /* end-of-file */

        status = system(str);
        printf("system() returned: status=0x%04x (%d,%d)\n",
                (unsigned int) status, status >> 8, status & 0xff);

        if (status == -1) {
            errExit("system");
        } else {
            if (WIFEXITED(status) && WEXITSTATUS(status) == 127)
                printf("(Probably) could not invoke shell\n");
            else                /* Shell successfully executed command */
                printWaitStatus(NULL, status);
        }
    }

    exit(EXIT_SUCCESS);
}
```

─── procexec/t_system.c

在设置用户 ID（set-user-ID）和组 ID（set-group-ID）程序中避免使用 system()

当设置了用户 ID 和组 ID 的程序在特权模式下运行时，绝不能调用 system()。即便此类程序并未允许用户指定需要执行的命令文本，鉴于 shell 对操作的控制有赖于各种环境变量，故而使用 system() 会不可避免地给系统带来安全隐患。

例如，在较老的 Bourne shell 中，环境变量 IFS（定义了用于将命令行拆分为独立单词的内部字段分隔符）就引发了若干起对系统入侵的成功案例。如果将 IFS 定义为 a，那么 shell 会将字符串 shar 视为带有参数 r 的单词 sh，并启动另一 shell 进程来执行当前工作目录下名为 r 的脚本，这就一改命令的原意（执行名为 shar 的命令）。对这一安全漏洞的修复举措是，将 IFS 只应用于 shell 扩展所产生的单词。此外，现代 shell 会在启动时重置 IFS（为由空格、Tab 以及换行 3 个字符组成的字符串），以确保即使 IFS 的继承值很奇怪，脚本的行为也会保持一致。作为进一步的安全举措，当从设置用户（组）ID 程序中调用时，bash 会回转为实际用户（组）ID 的"真身"。

应用需要加载其他程序时，为确保安全过关，应当直接调用 fork() 和 exec() 系函数（execlp() 和 execvp() 除外）之一。

27.7　system() 的实现

本节将说明如何实现 system() 的功能。首先给出一个简化版实现，接着指出这一实现的缺失所在，最后再展示了一个完整的实现。

对 system() 的简化实现

命令 sh 的参数 -c 提供了一种简单的方法，可以执行包含任意命令的字符串：
```
$ sh -c "ls | wc"
     38       38      444
```
因此，为了实现 system()，需要使用 fork() 来创建一个子进程，并以对应于上例 sh 命令的参数来调用 execl()：
```
execl("/bin/sh", "sh", "-c", command, (char *) NULL);
```
为了收集 system() 所创建的子进程状态，还以指定的子进程 ID 调用了 waitpid()。（使用 wait() 并不合适，因为 wait() 等待的是任一子进程，因而无意间所获取的子进程状态可能属于其他子进程。）程序清单 27-8 是对 system() 的简化实现。

程序清单 27-8：一个缺乏信号处理的 system() 实现
―――――――――――――――――――――――――――――――――――― procexec/simple_system.c
```c
#include <unistd.h>
#include <sys/wait.h>
#include <sys/types.h>

int
system(char *command)
{
    int status;
    pid_t childPid;

    switch (childPid = fork()) {
    case -1: /* Error */
        return -1;
    case 0: /* Child */
        execl("/bin/sh", "sh", "-c", command, (char *) NULL);
        _exit(127);                     /* Failed exec */

    default: /* Parent */
        if (waitpid(childPid, &status, 0) == -1)
            return -1;
        else
            return status;
    }
```

```
}
```

procexec/simple_system.c

在 system()内部正确处理信号

给 system()的实现带来复杂性的是对信号的正确处理。

首先需要考虑的信号是 SIGCHLD。假设调用 system()的程序还直接创建了其他子进程，对 SIGCHLD 的信号处理器自身也执行了 wait()。在这种情况下，当由 system()所创建的子进程退出并产生 SIGCHLD 信号时，在 system()有机会调用 waitpid()之前，主程序的信号处理器程序可能会率先得以执行（收集子进程的状态）。这是竞争条件（race condition）的又一例证。这会产生两种不良后果。

- 调用程序会误以为其所创建的某个子进程终止了。
- system()函数却无法获取其所创建子进程的终止状态。

所以，system()在运行期间必须阻塞 SIGCHLD 信号。

其他需要关注的信号则是分别由终端的中断（interrupt）（通常为 Ctrl-C）和退出（quit）（通常为 Ctrl-\）符所产生的 SIGINT 和 SIGQUIT 信号。考虑执行如下调用的后果：

```
system("sleep 20");
```

此时此刻，会有 3 个进程在运行：执行调用程序的进程、一个 shell 进程，以及 sleep 进程。如图 27-2 所示。

> 为提高效率，如果赋予-c 选项的是一条简单命令，较之于管道（pipeline）或序列（sequence），一些 shell（包括 bash）会直接执行该命令，而不会再去创建一个子 shell。对于采用此类优化的 shell 而言，因为只有两个进程（调用进程和 sleep 进程），所以图 27-2 有失准确。不过，本节关于 system()如何处理信号的论述仍然适用。

图 27-2 中所示的所有进程构成终端前台进程组的一部分。（34.2 节将详细讨论进程组。）所以，在输入中断或退出符时，会将相应信号发送给所有 3 个进程。shell 在等待子进程期间会忽略 SIGINT 和 SIGQUIT 信号。不过，默认情况下这些信号会杀死调用程序与 sleep 进程。

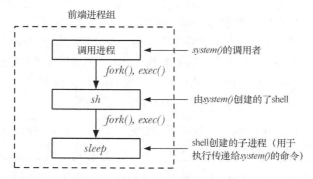

图 27-2：执行 system（"sleep 20"）期间的进程情况

调用进程和所执行的命令应当如何应对这些信号呢？SUSv3 的规定如下。

- 调用进程在执行命令期间应忽略 SIGINT 和 SIGQUIT 信号。
- 子进程对上述两信号的处理，如同调用进程调用了 fork()和 exec()一般，也就是说，将对已处理信号的处置重置为默认值，而对其他信号的处置则保持不变。

按照 SUSv3 所规范的方式来处理信号是最为合理的，其原因如下。

- 让所有的进程都对这些信号做出响应是没有意义的，用户会对应用的行为困惑不已。
- 与上述相类似，一面在执行命令的进程中忽略这些信号，而同时又在调用进程中按对它们的缺省处置来行事，这同样也说不通。用户借此可以将调用进程杀掉，同时放任其所执行的命令继续运行。这与实际情况也并不相符：当命令传递给 system() 执行时，调用进程实际上已经放弃了控制权（即阻塞于 waitpid() 调用中）。
- system() 运行的可能是一个交互式应用，让此类应用响应终端产生的信号是合理的。

SUSv3 要求按上述方式来处理 SIGINT 和 SIGQUIT，但同时指出，对于暗中调用 system() 来执行任务的程序，这一做法可能会产生不良后果。执行命令时如按下 Ctrl-C 或 Ctrl-\，将只会杀掉 system() 的子进程，而应用程序会继续运行（用户并不希望如此）。以此方式调用 system() 的程序应当检查 system() 所返回的终止状态，一旦发现命令因信号而终止，应采取相应措施。

system() 实现的改进版

程序清单 27-9 所示为遵循上述规则的 system() 实现。关于该实现，需注意以下几点。

- 如前所述，当 command 为 NULL 指针时，若 shell 可用，则 system() 应返回非 0 值；如不可用，则返回 0。要得出结论，唯一可靠的办法就是尝试运行 shell。程序这里的做法是：递归调用 system() 去运行 shell 命令 ":" 并检查该递归调用的返回状态是否为 0 ①。":" 是一个 shell 内建命令，无所作为却总是返回成功。执行命令 exit 0 也可获得相同效果。（仅仅通过 access() 来判断文件 /bin/sh 存在与否，是否具有可执行权限的做法存在局限性。在 chroot() 环境中，即使具有可执行权限的 shell 文件存在，如果与其进行动态链接的共享库无效，依然无法执行 shell。）
- 只有父进程（system() 的调用者）才需要阻塞 SIGCHLD②，同时还需要忽略 SIGINT 和 SIGQUIT③。不过，必须在调用 fork() 之前执行这些动作，因为如果在父进程的 fork() 之后执行，将出现竞争条件。（假设：如果在父进程有机会阻塞 SIGCHLD 之前，子进程就退出了。）结果是，如同稍后所述，子进程必须取消对信号属性的这些变更。
- 父进程并未对 sigaction() 以及 sigprocmask() 调用进行错误检查②③⑨，这两者分别用于操作对信号的处置和信号掩码。这样做原因有二。其一，这些调用失手的可能性不大。实际上，只有指定参数有误时才会失败，而只要一开始调试就能搞定此类问题。其二，这里假定，较之于此类信号操控函数，调用者更关注 fork() 或 waitpid() 的成败与否。同理，在 system() 尾部的信号处理操作前后，分别有代码来保存和恢复 errno，以便一旦 fork() 或 waitpid() 失败，调用者能查明原因。如果因信号操作失败而返回-1，那么调用者会误认为是 system() 执行 command 失败所致。

> SUSv3 仅仅指出在创建子进程失败或无法获取子进程状态时，system() 返回-1。并未提及 system() 在处理信号失败时也会返回-1。

- 子进程中对于信号相关的系统调用也未执行错误检查④⑤。一方面，无法报告此类错误（_exit(127) 是预留给执行 shell 时报告错误之用）；另一方面，这一失败也不会殃及 system() 的调用者，二者分属于不同进程。
- 子进程刚从 fork() 返回时，会将对 SIGINT 和 SIGQUIT 的处置置为 SIG_IGN（继承自父进程）。不过，如前所述，子进程处理这些信号时就如同 system() 的调用者执行了 fork() 和 exec()。fork() 不会改变子进程对这些信号的处理方式。而 exec() 则会将对已处理信号的处置重置为默认值，但不改变对其他信号的处置（27.5 节）。因此，如果调用者对 SIGINT 和 SIGQUIT 的处置设置并非 SIG_IGN，那么子进程会将其置为 SIG_DFL④。

> 一些 system()实现反而会将子进程对 SIGINT 和 SIGQUIT 的处置重置为在调用者中生效的设置。这一做法的依据是，后续对 execl()的调用会自动将对这些已处理信号的处置重置为默认值。不过，如果调用者正在处理两个信号之一时，这可能会导致不希望的行为发生。在这种情况下，如果在调用 execl()之前的瞬间有信号送达子进程，那么在信号经由 sigprocmask()解除阻塞后，子进程还是会调用信号处理器程序。

- 子进程如果调用 execl()失败，就会以_exit()，而非 exit()来终止进程⑤。这是为了防止对子进程 stdio 缓冲区中的任何未写入数据进行刷新。
- 父进程必须使用 waitpid()来专候其所创建的特定子进程⑦。如果使用 wait()，不经意间可能会捕获到其他子进程的状态。
- 虽然 system()实现并未强制要求使用信号处理器程序，但调用程序还是可能会去创建它们，从而中断对 waitpid()的阻塞调用。SUSv3 明确要求在这种情况下必须重新等待。所以，如果发生 EINTR 错误⑦，则循环调用 waitpid()以期成功重启。如果是其他错误，则退出 waitpid()循环。

程序清单 27-9：system()的实现

――――――――――――――――――――――――――――――――――― procexec/system.c

```c
#include <unistd.h>
#include <signal.h>
#include <sys/wait.h>
#include <sys/types.h>
#include <errno.h>

int
system(const char *command)
{
    sigset_t blockMask, origMask;
    struct sigaction saIgnore, saOrigQuit, saOrigInt, saDefault;
    pid_t childPid;
    int status, savedErrno;

①  if (command == NULL)              /* Is a shell available? */
        return system(":") == 0;
    sigemptyset(&blockMask);          /* Block SIGCHLD */
    sigaddset(&blockMask, SIGCHLD);
②  sigprocmask(SIG_BLOCK, &blockMask, &origMask);

    saIgnore.sa_handler = SIG_IGN;    /* Ignore SIGINT and SIGQUIT */
    saIgnore.sa_flags = 0;
    sigemptyset(&saIgnore.sa_mask);
③  sigaction(SIGINT, &saIgnore, &saOrigInt);
    sigaction(SIGQUIT, &saIgnore, &saOrigQuit);

    switch (childPid = fork()) {
    case -1: /* fork() failed */
        status = -1;
        break;                        /* Carry on to reset signal attributes */
```

```
        case 0: /* Child: exec command */
            saDefault.sa_handler = SIG_DFL;
            saDefault.sa_flags = 0;
            sigemptyset(&saDefault.sa_mask);

④          if (saOrigInt.sa_handler != SIG_IGN)
                sigaction(SIGINT, &saDefault, NULL);
            if (saOrigQuit.sa_handler != SIG_IGN)
                sigaction(SIGQUIT, &saDefault, NULL);

⑤          sigprocmask(SIG_SETMASK, &origMask, NULL);

            execl("/bin/sh", "sh", "-c", command, (char *) NULL);
⑥          _exit(127);                     /* We could not exec the shell */

        default: /* Parent: wait for our child to terminate */
⑦          while (waitpid(childPid, &status, 0) == -1) {
                if (errno != EINTR) {       /* Error other than EINTR */
                    status = -1;
                    break;                  /* So exit loop */
                }
            }
            break;
    }

    /* Unblock SIGCHLD, restore dispositions of SIGINT and SIGQUIT */

⑧  savedErrno = errno;                      /* The following may change 'errno' */

⑨  sigprocmask(SIG_SETMASK, &origMask, NULL);
    sigaction(SIGINT, &saOrigInt, NULL);
    sigaction(SIGQUIT, &saOrigQuit, NULL);

⑩  errno = savedErrno;

    return status;
}
```

—— procexec/system.c

关于 system()的更多细节

为保障应用程序的可移植性，应确保在将对 SIGCHLD 的处置置为 SIG_IGN 的情况下不去调用 system()，因为此时 waitpid()将无法获取子进程的状态。（忽略 SIGCHLD 会导致立即丢弃子进程状态，如 26.3.3 节所述。）

在一些 UNIX 实现中，如果在将对 SIGCHLD 的处置置为 SIG_IGN 的情况下调用 system()，system()的应对策略是：临时将其改为 SIG_DFL。只要在把对 SIGCHLD 的处置重置为 SIG_IGN 时，UNIX 实现能够处理僵尸子进程（Linux 不在此列），这种方法就是可行的。（如果系统做不到这一点，按此方式实现 system()将产生如下不良后果：在调用者执行 system()期间，如果另一子进程终止了，那么该子进程将成为僵尸进程，且无法回收。）

对于一些 UNIX 实现（尤其是 Solaris），/bin/sh 并非标准的 POSIX shell。若希望确保执行标准 shell，则必须使用库函数 confstr 来获取配置变量_CS_PATH 的值。该值的风格与 PATH 相同，包含了标准系统工具的目录列表。可以将该列表赋给变量 PATH，随即调用 execlp()以执行标准 shell，具体如下：

```
char path[PATH_MAX];

if (confstr(_CS_PATH, path, PATH_MAX) == 0)
    _exit(127);
if (setenv("PATH", path, 1) == -1)
    _exit(127);
execlp("sh", "sh", "-c", command, (char *) NULL);
_exit(127);
```

27.8　总结

进程可使用 execve()以一新程序替换当前增长运行的程序。execve()的参数允许为新程序指定参数列表（argv）和环境列表。构建于 execve()之上，存在多种命名相似的函数，功能相同，但提供的接口不同。

所有的 exec()函数均可用于加载二进制的可执行文件或是执行解释器脚本。当进程执行脚本时，脚本解释器程序将替换进程当前执行的程序。脚本的起始行（以#!开头）指定了解释器的路径名，供识别解释器之用。如果没有这一起始行，那么只能通过 execlp()或 execvp()来执行脚本，并默认把 shell 作为脚本解释器。

本章还展示了如何组合使用 fork()、exec()、exit()和 wait()来实现 system()函数，该函数可用于执行任意 shell 命令。

更多的信息

请参考 24.6 节所列的更多信息来源。

27.9　练习

27-1. 如下 shell 会话的最后一条命令使用程序清单 27-3 程序来执行程序 xyz。结果如何？

```
$ echo $PATH
/usr/local/bin:/usr/bin:/bin:./dir1:./dir2
$ ls -l dir1
total 8
-rw-r--r--   1 mtk      users       7860 Jun 13 11:55 xyz
$ ls -l dir2
total 28
-rwxr-xr-x   1 mtk      users      27452 Jun 13 11:55 xyz
$ ./t_execlp xyz
```

27-2. 试用 execve()实现 execlp()。需使用 stdarg(3) API 来处理 execlp()所提供的变长参数列表。还需要使用 malloc 函数库中函数为参数以及环境向量分配空间。最后，请注意，要检查特定目录下某个文件是否存在且可以执行，有一种简单方法：尝试执行该文件即可。

27-3. 如果赋予如下脚本可执行权限并以 exec()运行，输出结果如何？

```
#!/bin/cat -n
Hello world
```

27-4. 下列代码会有什么效果？在何种情况下会起作用？
```
childPid = fork();
if (childPid == -1)
    errExit("fork1");
```

```
                    if (childPid == 0) {    /* Child */
                        switch (fork()) {
                        case -1: errExit("fork2");

                        case 0:              /* Grandchild */
                            /* ----- Do real work here ----- */
                            exit(EXIT_SUCCESS);              /* After doing real work */

                        default:
                            exit(EXIT_SUCCESS);              /* Make grandchild an orphan */
                        }
                    }

                    /* Parent falls through to here */

                    if (waitpid(childPid, &status, 0) == -1)
                        errExit("waitpid");

                    /* Parent carries on to do other things */
```

27-5. 运行如下程序时无输出。试问原因何在？

```
        #include "tlpi_hdr.h"

        int
        main(int argc, char *argv[])
        {
            printf("Hello world");
            execlp("sleep", "sleep", "0", (char *) NULL);
        }
```

27-6. 假设父进程为信号 SIGCHLD 创建了一处理器程序，同时阻塞该信号。随后，其某一子进程退出，父进程接着执行 wait() 以获取该子进程的状态。当父进程解除对 SIGCHLD 的阻塞时，会发生什么？编写一个程序来验证答案。这一结果与调用 system() 函数的程序之间有什么关联？

第 **28** 章

详述进程创建和程序执行

本章对第 24 章到第 27 章的内容进行了拓展，涵盖进程创建和程序执行的多个主题。首先是进程记账（process accounting），这一内核特性会使系统在每个进程结束后记录一条账单信息。接着，会讨论 Linux 特有的系统调用 clone()，Linux 系统创建线程就有赖于这一底层 API。然后对 fork()、vfork() 和 clone() 的性能进行了比较。最后，本章就 fork() 和 exec() 对进程属性的影响做了总结。

28.1 进程记账

打开进程记账功能后，内核会在每个进程终止时将一条记账信息写入系统级的进程记账文件。这条账单记录包含了内核为该进程所维护的多种信息，包括终止状态以及进程消耗的 CPU 时间。借助于标准工具（sa(8) 对账单文件进行汇总，lastcomm(1)则就先前执行的命令列出相关信息）或是定制应用，可对记账文件进行分析。

> 内核 2.6.10 之前，内核会为基于 NPTL 线程实现所创建的每个线程单独记录一条进程记账信息。自内核 2.6.10 开始，只有当最后一个线程退出时才会为整个进程保存一条账单记录。至于更老的 LinuxThread 线程实现，则会为每个线程单独记录一条进程记账信息。

从历史上看，进程记账主要用于在多用户 UNIX 系统上针对用户所消耗的系统资源进行计费。不过，如果进程的信息并未由其父进程进行监控和报告，那么就可以使用进程记账来获取。

虽然大部分 UNIX 实现都支持进程记账功能，但 SUSv3 并未对其进行规范。账单记录的格式、记账文件的位置也随系统实现的不同而多少存在差别。本节所述是针对 Linux 系统的细节，但会在论述过程中点出其与其他 Unix 系统的差异。

> Linux 系统的进程记账功能属于可选内核组件，可以通过 CONFIG_BSD_PROCESS_ACCT 选项进行配置。

打开和关闭进程记账功能

特权进程可利用系统调用 acct() 来打开和关闭进程记账功能。应用程序很少使用这一系统调用。一般会将相应命令置于系统启动脚本中，在系统每次重启时开启进程记账功能。

```
#define _BSD_SOURCE
#include <unistd.h>

int acct(const char *acctfile);
```
                                                    Returns 0 on success, or –1 on error

为了打开进程账单功能，需要在参数 acctfile 中指定一个现有常规文件的路径名。记账文件通常的路径名是/var/log/pacct 或/usr/account/pacct。若想关闭进程记账功能，则指定 acctfile 为 NULL 即可。

程序清单 28-1 中程序使用 acct() 来开关进程的记账功能。该程序的作用类似于 shell 命令 accton(8)。

程序清单 28-1：打开和关闭进程记账功能

–– procexec/acct_on.c
```
#define _BSD_SOURCE
#include <unistd.h>
#include "tlpi_hdr.h"

int
main(int argc, char *argv[])
{
    if (argc > 2 || (argc > 1 && strcmp(argv[1], "--help") == 0))
        usageErr("%s [file]\n");
    if (acct(argv[1]) == -1)
        errExit("acct");

    printf("Process accounting %s\n",
            (argv[1] == NULL) ? "disabled" : "enabled");
    exit(EXIT_SUCCESS);
}
```
–– procexec/acct_on.c

进程账单记录

一旦打开进程记账功能，每当一进程终止时，就会有一条 acct 记录写入记账文件。acct 结构定义于头文件<sys/acct.h>中，具体如下：

```
typedef u_int16_t comp_t;   /* See text */

struct acct {
    char      ac_flag;      /* Accounting flags (see text) */
    u_int16_t ac_uid;       /* User ID of process */
    u_int16_t ac_gid;       /* Group ID of process */
    u_int16_t ac_tty;       /* Controlling terminal for process (may be
                               0 if none, e.g., for a daemon) */
    u_int32_t ac_btime;     /* Start time (time_t; seconds since the Epoch) */
    comp_t    ac_utime;     /* User CPU time (clock ticks) */
    comp_t    ac_stime;     /* System CPU time (clock ticks) */
```

```
        comp_t     ac_etime;    /* Elapsed (real) time (clock ticks) */
        comp_t     ac_mem;      /* Average memory usage (kilobytes) */
        comp_t     ac_io;       /* Bytes transferred by read(2) and write(2)
                                    (unused) */
        comp_t     ac_rw;       /* Blocks read/written (unused) */
        comp_t     ac_minflt;   /* Minor page faults (Linux-specific) */
        comp_t     ac_majflt;   /* Major page faults (Linux-specific) */
        comp_t     ac_swaps;    /* Number of swaps (unused; Linux-specific) */
        u_int32_t  ac_exitcode; /* Process termination status */
#define ACCT_COMM 16
        char       ac_comm[ACCT_COMM+1];
                                /* (Null-terminated) command name
                                    (basename of last execed file) */
        char       ac_pad[10];  /* Padding (reserved for future use) */
};
```

关于 acct 结构需要注意以下几点。

- 数据类型 u_int16_t 和 u_int32_t 分别是 16 位和 32 位的无符号整数类型。

- ac_flag 字段（field）是为进程记录多种事件（event）的位掩码（bit mask）。表 28-1 展示了在该字段中可能出现的位。如表中所示，并非所有的 UNIX 实现都支持这些位。另有少数实现为该字段还提供了一些附加的位。

- ac_comm 字段记录了该进程最后执行的命令（程序文件）名称。内核会在每次调用 execve() 时记录该值。一些 UNIX 实现将该字段的大小限制在 8 个字节以内。

- 类型 comp_t 是一种浮点型（floating-point）数字。有时也将该类型值称为压缩时钟周期（compressed clock tick）。该浮点值由 3 位（bit）以 8 为底的指数以及 13 位（bit）小数组成，指数用来表示值范围在 $8^0 = 1 \sim 8^7$（2097152）之间的因子。例如，尾数为 125，指数部分为 1 就表示值为 1000。程序清单 28-2 中定义的函数（comptToLL()）可以将该类型转换为 long long。因为在 x86-32 架构下的系统中，用于表示无符号长整型的 32 位数并不足以保存 comp_t 型的最大值：$(2^{13} - 1) \times 8^7$。

- 3 个定义为 comp_t 型的时间字段其度量单位为系统时钟周期。要将它们转换成秒，必须除以 sysconf(_SC_CLK_TCK) 的返回值。

- ac_exitcode 字段保存着进程的退出状态（如 26.1.3 节所述）。其他大多数 UNIX 实现则提供了一个名为 ac_stat 的单字节字段来代替 ac_exitcode，其中仅记录了杀死进程的信号值（如果进程为信号所杀）和一个标志位，用于标识是否因该信号而导致进程转储核心（dump core）。二者在源于 BSD 的实现中均未提供。

表 28-1：进程账单记录中 ac_flag 字段各位的值

位	说　　明
AFORK	由 fork() 创建的进程，终止前并未调用 exec()
ASU	拥有超级用户特权的进程
AXSIG	进程因信号而终止（有些实现未支持）
ACORE	进程产生了核心转储（有些实现未支持）

因为只在进程终止时才记录账单信息，所以对这些记录的排序也是按照进程的终止时间

（并未写入记录），而非启动时间（ac_btime）。

如果系统崩溃，也不会为当前运行的进程记录任何记账信息。

由于向记账文件中写入信息可能会加速对磁盘空间的消耗，为了对进程记账行为加以控制，Linux 系统提供了名为/proc/sys/kernel/acct 的虚拟文件。此文件包含 3 个值，按顺序分别定义了如下参数：高水位（high-water）、低水位（low-water）和频率（frequency）。3 个参数通常的默认值为 4、2 和 30。如果开启进程记账特性且磁盘空闲空间低于低水位（low-water）百分比，将暂停记账。如果磁盘空闲空间升至高水位百分比之上，则恢复记账。频率值则规定了两次检查空闲磁盘空间占比之间的间隔时间（以秒为单位）。

示例程序

程序清单 28-2 中程序显示了某进程记账文件记录中特定字段的信息。以下 shell 会话演示了对该程序的使用。首先新建一个空的进程记账文件，同时开启进程记账功能。

```
$ su                         Need privilege to enable process accounting
Password:
# touch pacct
# ./acct_on pacct            This process will be first entry in accounting file
Process accounting enabled
# exit                       Cease being superuser
```

从开启进程记账功能到现在，已经有 3 个进程退出，分别执行了 acct_on、su 和 bash 程序。进程 bash 由 su 启动，负责运行特权级 shell 会话。

接着运行一系列命令，借此向记账文件加入更多记录：

```
$ sleep 15 &
[1] 18063
$ ulimit -c unlimited         Allow core dumps (shell built-in)
$ cat                         Create a process
Type Control-\ (generates SIGQUIT, signal 3) to kill cat process
Quit (core dumped)
$
Press Enter to see shell notification of completion of sleep before next shell prompt
[1]+  Done                sleep 15
$ grep xxx badfile            grep fails with status of 2
grep: badfile: No such file or directory
$ echo $?                     The shell obtained status of grep (shell built-in)
2
```

下面两个命令执行的是前面章节中展示过的两个程序（程序清单 27-1 和程序清单 24-1）。第一条命令运行的程序执行了/bin/echo，因此，写入账单记录中的命令名是 echo。第二条命令创建了一个子进程，该子进程并未调用 exec()。

```
$ ./t_execve /bin/echo
hello world goodbye
$ ./t_fork
PID=18350 (child) idata=333 istack=666
PID=18349 (parent) idata=111 istack=222
```

最后，运行程序清单 28-2 中程序来查看记账文件的内容。

```
$ ./acct_view pacct
command  flags   term.   user    start time            CPU    elapsed
                 status                                 time   time
acct_on  -S--      0     root    2010-07-23 17:19:05   0.00   0.00
```

bash	----	0	root	2010-07-23 17:18:55	0.02	21.10
su	-S--	0	root	2010-07-23 17:18:51	0.01	24.94
cat	--XC	0x83	mtk	2010-07-23 17:19:55	0.00	1.72
sleep	----	0	mtk	2010-07-23 17:19:42	0.00	15.01
grep	----	0x200	mtk	2010-07-23 17:20:12	0.00	0.00
echo	----	0	mtk	2010-07-23 17:21:15	0.01	0.01
t_fork	F---	0	mtk	2010-07-23 17:21:36	0.00	0.00
t_fork	----	0	mtk	2010-07-23 17:21:36	0.00	3.01

输出中的每行都对应于 shell 会话所创建的一个进程。ulimit 和 echo 都是 shell 的内建命令,所以并不会创建新进程。注意,记账文件中 sleep 之所以出现在 cat 之后,是因为 sleep 在 cat 之后才终止。

大部分输出的含义均不言而喻。flags 列中的各个字母表示每条记录对哪些 ac_flag 位进行了置位(参考表 28-1)。至于应如何解释 term.status 列中的终止状态,26.1.3 节有相关描述。

程序清单 28-2:显示进程记账文件中的数据

```
                                                    — procexec/acct_view.c
#include <fcntl.h>
#include <time.h>
#include <sys/stat.h>
#include <sys/acct.h>
#include <limits.h>
#include "ugid_functions.h"              /* Declaration of userNameFromId() */
#include "tlpi_hdr.h"

#define TIME_BUF_SIZE 100

static long long                    /* Convert comp_t value into long long */
comptToLL(comp_t ct)
{
    const int EXP_SIZE = 3;              /* 3-bit, base-8 exponent */
    const int MANTISSA_SIZE = 13;       /* Followed by 13-bit mantissa */
    const int MANTISSA_MASK = (1 << MANTISSA_SIZE) - 1;
    long long mantissa, exp;

    mantissa = ct & MANTISSA_MASK;
    exp = (ct >> MANTISSA_SIZE) & ((1 << EXP_SIZE) - 1);
    return mantissa << (exp * 3);        /* Power of 8 = left shift 3 bits */
}

int
main(int argc, char *argv[])
{
    int acctFile;
    struct acct ac;
    ssize_t numRead;
    char *s;
    char timeBuf[TIME_BUF_SIZE];
    struct tm *loc;
    time_t t;

    if (argc != 2 || strcmp(argv[1], "--help") == 0)
        usageErr("%s file\n", argv[0]);

    acctFile = open(argv[1], O_RDONLY);
    if (acctFile == -1)
        errExit("open");
```

```
        printf("command flags   term.  user        "
               "start time          CPU   elapsed\n");
        printf("                   status          "
               "                    time    time\n");

        while ((numRead = read(acctFile, &ac, sizeof(struct acct))) > 0) {
            if (numRead != sizeof(struct acct))
                fatal("partial read");

            printf("%-8.8s  ", ac.ac_comm);

            printf("%c", (ac.ac_flag & AFORK) ? 'F' : '-') ;
            printf("%c", (ac.ac_flag & ASU)   ? 'S' : '-') ;
            printf("%c", (ac.ac_flag & AXSIG) ? 'X' : '-') ;
            printf("%c", (ac.ac_flag & ACORE) ? 'C' : '-') ;

#ifdef __linux__
            printf(" %#6lx   ", (unsigned long) ac.ac_exitcode);
#else       /* Many other implementations provide ac_stat instead */
            printf(" %#6lx   ", (unsigned long) ac.ac_stat);
#endif

            s = userNameFromId(ac.ac_uid);
            printf("%-8.8s ", (s == NULL) ? "???" : s);

            t = ac.ac_btime;
            loc = localtime(&t);
            if (loc == NULL) {
                printf("???Unknown time???  ");
            } else {
                strftime(timeBuf, TIME_BUF_SIZE, "%Y-%m-%d %T ", loc);
                printf("%s ", timeBuf);
            }

            printf("%5.2f %7.2f ", (double) (comptToLL(ac.ac_utime) +
                        comptToLL(ac.ac_stime)) / sysconf(_SC_CLK_TCK),
                    (double) comptToLL(ac.ac_etime) / sysconf(_SC_CLK_TCK));
            printf("\n");
        }

        if (numRead == -1)
            errExit("read");

        exit(EXIT_SUCCESS);
    }
```

—— *procexec/acct_view.c*

进程记账文件格式（版本 3）

从内核 2.6.8 开始，Linux 引入了另一版本的进程记账文件以备选用，意在突破传统记账文件的一些限制。若有意使用这种被称为版本 3 的备选格式，需要在编译内核前打开内核配置选项 CONFIG_BSD_PROCESS_ACCT_V3。

使用版本 3，操作进程记账时唯一的差别在于，写入记账文件的记录格式不同。新格式的定义如下：

```
struct acct_v3 {
    char      ac_flag;          /* Accounting flags */
```

```
    char        ac_version;     /* Accounting version (3) */
    u_int16_t ac_tty;           /* Controlling terminal for process */
    u_int32_t ac_exitcode;      /* Process termination status */
    u_int32_t ac_uid;           /* 32-bit user ID of process */
    u_int32_t ac_gid;           /* 32-bit group ID of process */
    u_int32_t ac_pid;           /* Process ID */
    u_int32_t ac_ppid;          /* Parent process ID */
    u_int32_t ac_btime;         /* Start time (time_t) */
    float       ac_etime;       /* Elapsed (real) time (clock ticks) */
    comp_t      ac_utime;       /* User CPU time (clock ticks) */
    comp_t      ac_stime;       /* System CPU time (clock ticks) */
    comp_t      ac_mem;         /* Average memory usage (kilobytes) */
    comp_t      ac_io;          /* Bytes read/written (unused) */
    comp_t      ac_rw;          /* Blocks read/written (unused) */
    comp_t      ac_minflt;      /* Minor page faults */
    comp_t      ac_majflt;      /* Major page faults */
    comp_t      ac_swaps;       /* Number of swaps (unused; Linux-specific) */
#define ACCT_COMM 16
    char        ac_comm[ACCT_COMM];   /* Command name */
};
```

以下是 acct_v3 结构与传统 Linux acct 结构的主要差别。

- 增加 ac_version 字段。该字段包含本类型账单记录的版本号。对于 acct_v3 来说，总是等于 3。

- 增加 ac_pid 和 ac_ppid 字段，分别包含终止进程的进程 ID 及其父进程 ID。

- 字段 ac_uid 和 ac_gid 从 16 位扩展至 32 位，旨在容纳 Linux 2.4 所引入的 32 位用户 ID 和组 ID。（传统 acct 文件无法正确记录大数值的用户和组 ID。）

- 将 ac_etime 字段类型从 comp_t 改为 float，意在能够记录更长的逝去时间。

> 随本书发布的源代码文件 procexec/acct_v3_view.c 中提供了程序清单 28-2 中程序基于 v3 格式的新版本。

28.2 系统调用 clone()

类似于 fork() 和 vfork()，Linux 特有的系统调用 clone() 也能创建一个新进程。与前两者不同的是，后者在进程创建期间对步骤的控制更为精准。clone() 主要用于线程库的实现。由于 clone() 有损于程序的可移植性，故而应避免在应用程序中直接使用。之所以在这里讨论 clone()，意在对第 29 章至第 33 章所论述的 POSIX 线程有所铺垫，同时也利于进一步阐明 fork() 和 vfork() 的操作。

```
#define _GNU_SOURCE
#include <sched.h>

int clone(int (*func) (void *), void *child_stack, int flags, void *func_arg, ...
        /* pid_t *ptid, struct user_desc *tls, pid_t *ctid */ );
                    Returns process ID of child on success, or -1 on error
```

如同 fork()，由 clone() 创建的新进程几近于父进程的翻版。

但与 fork() 不同的是，克隆生成的子进程继续运行时不以调用处为起点，转而去调用以参数 func 所指定的函数，func 又称为子函数（child function）。调用子函数时的参数由 func_arg

指定。经过适当转换，子函数可对该参数的含义自由解读，例如，可以作为整型值（int），也可视为指向结构的指针。（之所以可以作为指针处理，是因为克隆产生的子进程对调用进程的内存既可获取，也可共享。）

> 对于内核而言，fork()、vfork()以及 clone()最终均由同一函数实现（kernel/fork.c 中的 do_fork()）。在这一层次上，clone 与 fork 更为接近：sys_clone()并没有 func 和 func_arg 参数，且调用后 sys_clone()在子进程中返回的方式也与 fork()相同。正文所述的 clone()是由 glibc 为 sys_clone()提供的封装函数。（对该函数的定义位于 glibc 针对特定架构的汇编源码中，例如 sysdeps/unix/sysv/linux/i386/clone.S。）sys_clone()在子进程中返回之后，由 clone()发起对 func 函数的调用。

当函数 func 返回（此时其返回值即为进程的退出状态）或是调用 exit()（或_exit()）之后，克隆产生的子进程就会终止。照例，父进程可以通过 wait()一类函数来等待克隆子进程。

因为克隆产生的子进程可能（类似 vfork()）共享父进程的内存，所以它不能使用父进程的栈。相反，调用者必须分配一块大小适中的内存空间供子进程的栈使用，同时将这块内存的指针置于参数 child_stack 中。在大多数硬件架构中，栈空间的增长方向是向下的，所以参数 child_stack 应当指向所分配内存块的高端。

> 栈增长方向对架构的依赖是 clone()设计的一处缺陷。Interl IA-64 架构就提供了一款经过改善的克隆 API，称为 clone2()。该系统调用对子进程栈范围的定义方式不依赖于栈的增长方向，只需要提供栈的起始地址以及大小即可。详情请参阅手册页。

函数 clone()的参数 flags 服务于双重目的。首先，其低字节中存放着子进程的终止信号（terminateion signal），子进程退出时其父进程将收到这一信号。（如果克隆产生的子进程因信号而终止，父进程依然会收到 SIGCHLD 信号。）该字节也可能为 0，这时将不会产生任何信号。（借助于 Linux 特有的/proc/PID/stat 文件，可以判定任何进程的终止信号，详情请参阅 proc(5)手册页。）

> 对于 fork()和 vfork()而言，就无从选择终止信号，只能是 SIGCHLD。

参数 flags 的剩余字节则存放了位掩码，用于控制 clone()的操作。表 28-2 对这些位掩码值进行了总结，28.2.1 节会进一步加以说明。

表 28-2：clone()参数 flags 的位掩码值

标　　志	设置后的效果
CLONE_CHILD_CLEARTID	当子进程调用 exec()或_exit()时，清除 ctid（从版本 2.6 开始）
CLONE_CHILD_SETTID	将子进程的线程 ID 写入 ctid（从 2.6 版本开始）
CLONE_FILES	父、子进程共享打开文件描述符表
CLONE_FS	父、子进程共享与文件系统相关的属性
CLONE_IO	子进程共享父进程的 I/O 上下文环境（从 2.6.25 版本开始）
CLONE_NEWIPC	子进程获得新的 System V IPC 命名空间（从 2.6.19 开始）
CLONE_NEWNET	子进程获得新的网络命名空间（从 2.4.24 版本开始）

标　　志	设置后的效果
CLONE_NEWNS	子进程获得父进程挂载（mount）命名空间的副本（从 2.4.19 版本开始）
CLONE_NEWPID	子进程获得新的进程 ID 命名空间（从 2.6.23 版本开始）
CLONE_NEWUSER	子进程获得新的用户 ID 命名空间（从 2.6.23 版本开始）
CLONE_NEWUTS	子进程获得新的 UTS（utsname()）命名空间（从 2.6.19 版本开始）
CLONE_PARENT	将子进程的父进程置为调用者的父进程（从 2.4 版本开始）
CLONE_PARENT_SETTID	将子进程的线程 ID 写入 ptid（从 2.6 版本开始）
CLONE_PID	标志已废止，仅用于系统启动进程（直至 2.4 版本为止）
CLONE_PTRACE	如果正在跟踪父进程，那么子进程也照此办理
CLONE_SETTLS	tls 描述子进程的线程本地存储（从 2.6 开始）
CLONE_SIGHAND	父、子进程共享对信号的处置设置
CLONE_SYSVSEM	父、子进程共享信号量还原（undo）值（从 2.6 版本开始）
CLONE_THREAD	将子进程置于父进程所属的线程组中（从 2.4 开始）
CLONE_UNTRACED	不强制对子进程设置 CLONE_PTRACE（从 2.6 版本开始）
CLONE_VFORK	挂起父进程直至子进程调用 exec()或_exit()
CLONE_VM	父、子进程共享虚拟内存

clone()的余下参数分别是：ptid、tls 和 ctid。这些参数与线程的实现相关，尤其是在针对线程 ID 以及线程本地存储的使用方面。28.2.1 节在说明 flags 位掩码值时，会论及这些参数的使用。（在 Linux 2.4 及其之前的版本中，clone()尚未提供上述 3 个参数。直到 Linux 2.6，为了支持 NPTL POSIX 的线程实现，才特意加入了这些参数。）

示例程序

程序清单 28-3 是使用 clone()创建子进程的一个简单例子。主程序所做工作如下。
- 打开一个文件描述符（打开设备/dev/null），在子进程中将其关闭②。
- 若提供有命令行参数，则将 clone()的 flags 参数置为 CLONE_FILES③，以便父、子进程共享同一文件描述符表。若没有提供命令行参数，则将 flags 置 0。
- 分配一个栈供子进程使用④。
- 若 CHILD_SIG 非 0 且不等于 SIGCHLD⑤，则忽略之，以防该信号将子进程终止。之所以未忽略 SIGCHLD，是因为那将导致无法收集子进程的退出状态。
- 调用 clone()创建子进程⑥。第三个参数（位掩码）包含了终止信号。第四个参数（func_arg）指定了之前打开的文件描述符（在②处）。
- 等待子进程终止⑦。
- 尝试调用 write()，以检查文件描述符（在②处打开）是否仍处于打开状态⑧。程序报告 write()操作是否成功。

克隆产生的子进程从 childFunc()处开始执行，该函数（利用参数 arg）接收由主程序打开的文件描述符（在②处）。子进程关闭文件描述符并调用 return 以终止①。

程序清单 28-3：使用 clone() 创建子进程

```
#define _GNU_SOURCE
#include <signal.h>
#include <sys/wait.h>
#include <fcntl.h>
#include <sched.h>
#include "tlpi_hdr.h"

#ifndef CHILD_SIG
#define CHILD_SIG SIGUSR1        /* Signal to be generated on termination
                                    of cloned child */
#endif

static int                       /* Startup function for cloned child */
childFunc(void *arg)
{
①   if (close(*((int *) arg)) == -1)
        errExit("close");

    return 0;                    /* Child terminates now */
}

int
main(int argc, char *argv[])
{
    const int STACK_SIZE = 65536;     /* Stack size for cloned child */
    char *stack;                      /* Start of stack buffer */
    char *stackTop;                   /* End of stack buffer */
    int s, fd, flags;

②   fd = open("/dev/null", O_RDWR);   /* Child will close this fd */
    if (fd == -1)
        errExit("open");
    /* If argc > 1, child shares file descriptor table with parent */

③   flags = (argc > 1) ? CLONE_FILES : 0;

    /* Allocate stack for child */

④   stack = malloc(STACK_SIZE);
    if (stack == NULL)
        errExit("malloc");
    stackTop = stack + STACK_SIZE;    /* Assume stack grows downward */

    /* Ignore CHILD_SIG, in case it is a signal whose default is to
       terminate the process; but don't ignore SIGCHLD (which is ignored
       by default), since that would prevent the creation of a zombie. */

⑤   if (CHILD_SIG != 0 && CHILD_SIG != SIGCHLD)
        if (signal(CHILD_SIG, SIG_IGN) == SIG_ERR)
            errExit("signal");

    /* Create child; child commences execution in childFunc() */

⑥   if (clone(childFunc, stackTop, flags | CHILD_SIG, (void *) &fd) == -1)
        errExit("clone");
```

```
            /* Parent falls through to here. Wait for child; __WCLONE is
               needed for child notifying with signal other than SIGCHLD. */

⑦      if (waitpid(-1, NULL, (CHILD_SIG != SIGCHLD) ? __WCLONE : 0) == -1)
            errExit("waitpid");
        printf("child has terminated\n");

        /* Did close() of file descriptor in child affect parent? */

⑧      s = write(fd, "x", 1);
        if (s == -1 && errno == EBADF)
            printf("file descriptor %d has been closed\n", fd);
        else if (s == -1)
            printf("write() on file descriptor %d failed "
                    "unexpectedly (%s)\n", fd, strerror(errno));
        else
            printf("write() on file descriptor %d succeeded\n", fd);

        exit(EXIT_SUCCESS);
    }
```

—— *procexec/t_clone.c*

运行程序清单 28-3 中程序，没有命令行参数时输出如下：

```
$ ./t_clone                              Doesn't use CLONE_FILES
child has terminated
write() on file descriptor 3 succeeded   Child's close() did not affect parent
```
带有命令行参数运行程序时，两个进程将共享文件描述符表：
```
$ ./t_clone x                            Uses CLONE_FILES
child has terminated
file descriptor 3 has been closed        Child's close() affected parent
```

> 随本书发布的源代码文件 procexec/demo_clone.c 提供一个更为复杂的 clone()用例。

28.2.1　clone()的 flags 参数

　　clone()的 flags 参数是各种位掩码的组合（"或"操作），下面将对它们一一说明。讲述时并未按字母顺序展开，而是着眼于促进对概念理解，从实现 POSIX 线程所使用的标志开始。从线程实现的角度来看，下文多次出现的"进程"一词都可用"线程"替代。

　　这里需要指出，某种意义上，对术语"线程"和"进程"的区分不过是在玩弄文字游戏而已。引入术语"内核调度实体（KSE，kernel scheduling entity）"（某些教科书以之来指代内核调度器所处理的对象）的概念对解释这一点会有所助益。实际上，线程和进程都是 KSE，只是与其他 KSE 之间对属性（虚拟内存、打开文件描述符、对信号的处置、进程 ID 等）的共享程度不同。针对线程间属性共享的方案不少，POSIX 线程规范只是其中之一。

　　在下面的说明中，有时会提及 Linux 平台对 POSIX 线程的两种主要实现：年长的 LinuxThreads，以及较为年轻的 NPTL。关于这两种实现的更多细节可以在 33.5 节找到。

> 从内核 2.6.16 开始，Linux 提供了新的系统调用 unshare()，由 clone()（或 fork()、vfork()）创建的子进程利用该调用可以撤销对某些属性的共享（即反转一些 clone() flags 位的效果）。详细情况请参考 unshare(2)手册页。

共享文件描述符表：CLONE_FILES

如果指定了 CLONE_FILES 标志，父、子进程会共享同一个打开文件描述符表。也就是说，无论哪个进程对文件描述符的分配和释放（open()、close()、dup()、pipe()、socket()等），都会影响到另一进程。如果未设置 CLONE_FILES，那么也就不会共享文件描述符表，子进程获取的是父进程调用 clone()时文件描述符表的一份拷贝。这些描述符副本与其父进程中的相应描述符均指向相同的打开文件（和 fork()和 vfork()的情况一样）。

POSIX 线程规范要求进程中的所有线程共享相同的打开文件描述符。

共享与文件系统相关的信息：CLONE_FS

如果指定了 CLONE_FS 标志，那么父、子进程将共享与文件系统相关的信息（file system-related information）：权限掩码（umask）、根目录以及当前工作目录。也就是说，无论在哪个进程中调用 umask ()、chdir()或者 chroot()，都将影响到另一个进程。如果未设置 CLONE_ FS，那么父、子进程对此类信息则会各持一份（与 fork()和 vfork()的情况相同）。

POSIX 线程规范要求实现 CLONE_FS 标志所提供的属性共享。

共享对信号的处置设置：CLONE_SIGHAND

如果设置了 CLONE_SIGHAND，那么父、子进程将共享同一个信号处置表。无论在哪个进程中调用 sigaction()或 signal()来改变对信号处置的设置，都会影响其他进程对信号的处置。若未设置 CLONE_SIGHAND，则不共享对信号的处置设置，子进程只是获取父进程信号处置表的一份副本（如同 fork()和 vfork()）。CLONE_SIGHAND 不会影响到进程的信号掩码以及对挂起（pending）信号的设置，父子进程的此类设置是绝不相同的。从 Linux 2.6 开始，如果设置了 CLONE_SIGHAND，就必须同时设置 CLONE_VM。

POSIX 线程规范要求共享对信号的处置设置。

共享父进程的虚拟内存：CLONE_VM

如果设置了 CLONE_VM 标志，父、子进程会共享同一份虚拟内存页（如同 vfork()）。无论哪个进程更新了内存，或是调用了 mmap()、munmap()，另一进程同样会观察到这些变化。如果未设置 CLONE_VM，那么子进程得到的是对父进程虚拟内存的拷贝（如同 fork()）。

共享同一虚拟内存是线程的关键属性之一，POSIX 线程标准对此也有要求。

线程组：CLONE_THREAD

若设置了 CLONE_THREAD，则会将子进程置于父进程的线程组中。如果未设置该标志，那么会将子进程置于新的线程组中。

POSIX 标准规定，进程的所有线程共享同一进程 ID（即每个线程调用 getpid()都应返回相同值），Linux 从 2.4 版本开始引入了线程组（threads group），以满足这一需求。如图 28-1 所示，线程组就是共享同一线程组标识（TGID）（thread group identifier）的一组 KSE。在对 CLONE_THREAD 的后续讨论中，会将 KSE 视同线程看待。

始于 Linux2.4，getpid()所返回的就是调用者的 TGID。换言之，TGID 和进程 ID 是一回事。

在 2.2 以及更早的 Linux 系统中，对 clone()的实现并不支持 CLONE_THREAD。相反，

LinuxThreads 曾将 POSIX 线程实现为共享了多种属性（例如，虚拟内存）、进程 ID 又各不相同的进程。考虑到兼容性因素，即便是在当前的 Linux 内核中，LinuxThreads 实现也未提供 CLONE_THREAD，因为按此方式实现的线程就可以继续拥有不同的进程 ID。

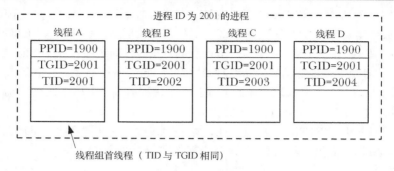

图 28-1：包含 4 个线程的线程组

一个线程组内的每个线程都拥有一个唯一的线程标识符（thread identifier，TID），用以标识自身。Linux 2.4 提供了一个新的系统调用 gettid()，线程可通过该调用来获取自己的线程 ID（与线程调用 clone() 时的返回值相同）。线程 ID 与进程 ID 都使用相同的数据类型 pid_t 来表示。线程 ID 在整个系统中是唯一的，且除了线程担当进程中线程组首线程的情况之外，内核能够保证系统中不会出现线程 ID 与进程 ID 相同的情况。

线程组中首个线程的线程 ID 与其线程组 ID 相同，也将该线程称之为线程组首线程（thread group leader）。

此处讨论的线程 ID 与 POSIX 线程所使用的线程 ID（以数据类型 pthread_t 表示）不同。后者由 POSIX 线程实现（在用户空间）自行生成并维护。

线程组中的所有线程拥有同一父进程 ID，即与线程组首线程 ID 相同。仅当线程组中的所有线程都终止后，其父进程才会收到 SIGCHLD 信号（或其他终止信号）。这些行为符合 POSIX 线程规范的要求。

当一个设置了 CLONE_THREAD 的线程终止时，并没有信号会发送给该线程的创建者（即调用 clone() 创建终止线程的线程）。相应的，也不可能调用 wait()（或类似函数）来等待一个以 CLONE_THREAD 标志创建的线程。这与 POSIX 的要求一致。POSIX 线程与进程不同，不能使用 wait() 等待，相反，必须调用 pthread_join() 来加入。为检测以 CLONE_THREAD 标志创建的线程是否终止，需要使用一种特殊的同步原语——futex（参考下文对 CLONE_PARENT_SETTID 标志的讨论）。

如果一个线程组中的任一线程调用了 exec()，那么除了首线程之外的其他线程都会终止（这一行为也符合 POSIX 线程规范的要求），新进程将在首线程中执行。换言之，新程序中的 gettid() 调用将会返回首线程的线程 ID。调用 exec() 期间，会将该进程发送给其父进程的终止信号重置为 SIGCHLD。

如果线程组中的某个线程调用 fork() 或 vfork() 创建了子进程，那么组中的任何线程都可使用 wait() 或类似函数来监控该子进程。

从 Linux2.6 开始，如果设置了 CLONE_THREAD，同时也必须设置 CLONE_SIGHAND。这也与 POSIX 线程标准的深入要求相契合，详细内容可参考 33.2 节关于 POSIX 线程与信号交互的相关讨论。（内核针对 CLONE_THREAD 线程组的信号处理对应于 POSIX 标准对进程中线程如何处理信号的规范。）

线程库支持：CLONE_PARENT_SETTID、CLONE_CHILD_SETTID 和 CLONE_CHILD_CLEARTID

为实现 POSIX 线程，Linux 2.6 提供了对 CLONE_PARENT_SETTID、CLONE_CHILD_SETTID 和 CLONE_CHILD_CLEARTID 的支持。这些标志会影响 clone()对参数 ptid 和 ctid 的处理。NPTL 的线程实现使用了 CLONE_CHILD_SETTID 和 CLONE_CHILD_CLEARTID。

如果设置了 CLONE_PARENT_SETTID，内核会将子线程的线程 ID 写入 ptid 所指向的位置。在对父进程的内存进行复制之前，会将线程 ID 复制到 ptid 所指位置。这也意味着，即使没有设置 CLONE_VM，父、子进程均能在此位置获得子进程的线程 ID。（如上所述，创建 POSIX 线程时总是指定了 CLONE_VM 标志。）

CLONE_PARENT_SETTID 之所以存在，意在为线程实现获取新线程 ID 提供一种可靠的手段。注意，通过 clone()的返回值并不足以获取新线程的线程 ID。

    tid = clone(...);

问题在于，因为赋值操作只能在 clone()返回后才会发生，所以以上代码会导致各种竞争条件。例如，假设新线程终止，而在完成对 tid 的赋值前就调用了终止信号的处理器程序。此时，处理器程序无法有效访问 tid。（在线程库内部，可能会将 tid 置于一个用以跟踪所有线程状态的全局结构中。）程序通常可以通过直接调用 clone()来规避这种竞争条件。不过，线程库无法控制其调用者程序的行为。使用 CLONE_PARENT_SETTID 可以保证在 clone()返回之前就将新线程的 ID 赋值给 ptid 指针，从而使线程库避免了这种竞争条件。

如果设置了 CLONE_CHILD_SETTID，那么 clone()会将子线程的线程 ID 写入指针 ctid 所指向的位置。对 ctid 的设置只会发生在子进程的内存中，不过如果设置了 CLONE_VM，还是会影响到父进程。虽然 NPTL 并不需要 CLONE_CHILD_SETTID，但这一标识还是能给其他的线程库实现带来灵活性。

如果设置了 CLONE_CHILD_CLEARTID 标志，那么 clone()会在子进程终止时将 ctid 所指向的内存内容清零。

借助于参数 ctid 所提供的机制（稍后描述），NPTL 线程实现可以获得线程终止的通知。函数 pthread_join()正需要这样的通知，POSIX 线程利用该函数来等待另一线程的终止。

使用 pthread_create()创建线程时，NPTL 会调用 clone()，其 ptid 和 ctid 均指向同一位置。（这正是 NPTL 不需要 CLONE_CHILD_SETTID 的原因所在。）设置了 CLONE_PARENT_ SETTID 标志，就会以新的线程 ID 对该位置进行初始化。当子进程终止，ctid 遭清除时，进程中的所有线程都会目睹这一变化（因为设置了 CLONE_VM）。

内核将 ctid 指向的位置视同 futex——一种有效的同步机制来处理。（关于 futex 的更多内容请参考 futex(2)手册页。）执行系统调用 futex()来监测 ctid 所指位置的内容变化，就可获得线程终止的通知。（这正是 pthread_join()所做的幕后工作。）内核在清除 ctid 的同时，也会唤醒那些调用了 futex()来监控该地址内容变化的任一内核调度实体（即线程）。（在 POSIX 线程的层面上，这会导致 pthread_join()调用去解除阻塞。）

线程本地存储：CLONE_SETTLS

如果设置了 CLONE_SETTLS，那么参数 tls 所指向的 user_desc 结构会对该线程所使用的线程本地存储缓冲区加以描述。为了支持 NPTL 对线程本地存储的实现，Linux 2.6 开始加入这一标志（31.4 节）。关于 user_desc 结构的详情，可参考 2.6 内核代码中对该结构的定义和使用，以及 set_thread_area(2)手册页。

共享 System V 信号量的撤销值：CLONE_SYSVSEM

如果设置了 CLONE_SYSVSEM，父、子进程将共享同一个 System V 信号量撤销值列表（47.8 节）。如果未设置该标志，父、子进程各自持有取消列表，且子进程的列表初始为空。

内核从 2.6 版本开始支持 CLONE_SYSVSEM，提供 POSIX 线程规范所要求的共享语义。

每进程挂载命名空间：CLONE_NEWNS

Linux 从内核 2.4.19 开始支持每进程挂载（mount）命名空间的概念。挂载命名空间是由对 mount() 和 umount() 的调用来维护的一组挂载点。挂载命名空间会影响将路径名解析为真实文件的过程，也会波及诸如 chdir() 和 chroot() 之类的系统调用。

默认情况下，父、子进程共享同一挂载命名空间，一个进程调用 mount() 或 umount() 对命名空间所做的改变，也会为其他进程所见（如同 fork() 和 vfork()）。特权级（CAP_SYS_ADMIN）进程可以指定 CONE_NEWNS 标志，以便子进程去获取对父进程挂载命名空间的一份拷贝。这样一来，进程对命名空间的修改就不会为其他进程所见。（早期的 2.4.x 内核以及更老的版本认为，系统的所有进程共享同一个系统级挂载命名空间。）

可以利用每进程挂载命名空间来创建类似于 chroot() 监禁区（jail）的环境，而且更加安全、灵活，例如，可以向遭到监禁的进程提供一个挂载点，而该点对于其他进程是不可见的。设置虚拟服务器环境时也会用到挂载命名空间。

在同一 clone() 调用中同时指定 CLONE_NEWNS 和 CLONE_FS 纯属无聊，也不允许这样做。

将子进程的父进程置为调用者的父进程：CLONE_PARENT

默认情况下，当调用 clone() 创建新进程时，新进程的父进程（由 getppid() 返回）就是调用 clone() 的进程（同 fork() 和 vfork()）。如果设置了 CLONE_PARENT，那么调用者的父进程就成为子进程的父进程。换言之，CLONE_PARENT 等同于这样的设置：子进程.PPID = 调用者.PPID。（未设置 CLONE_PARENT 的默认情况是：子进程.PPID = 调用者.PID。）子进程终止时会向父进程（子进程.PPID）发出信号。

Linux 从版本 2.4 之后开始支持 CLONE_PARENT。其设计初衷意图是对 POSIX 线程的实现提供支持，不过内核 2.6 找出一种无需此标志而支持线程（之前所述的 CLONE_THREAD）的新方法。

将子进程的进程 ID 置为与父进程相同：CLONE_PID（已废止）

如果设置了 CLONE_PID，那么子进程就拥有与父进程相同的进程 ID。若未设置此标志，那么父、子进程的进程 ID 则不同（如同 fork() 和 vfork()）。只有系统引导进程（进程 ID 为 0）可能会使用该标志，用于初始化多处理器系统。

CLONE_PID 的设计初衷并非供用户级应用使用。Linux 2.6 已将其移除，并以 CLONE_IDLETASK 取而代之，将新进程的 ID 置为 0。CLONE_IDLETASK 仅供内核内部使用（即使在 clone() 的参数中指定，系统也会对其视而不见）。使用此标志可为每颗 CPU 创建隐身的空闲进程（idle process），在多处理器系统中可能存在有多个实例。

进程跟踪：CLONE_PTRACE 和 CLONE_UNTRACED

如果设置了 CLONE_PTRACE 且正在跟踪调用进程，那么也会对子进程进行跟踪。关于进程跟踪（由调试器和 strace 命令使用）的细节，请参考 ptrace(2) 手册页。

从内核 2.6 开始，即可设置 CLONE_UNTRACED 标志，这也意味着跟踪进程不能强制将其子进程设置为 CLONE_PTRACE。CLONE_UNTRACED 标志供内核创建内核线程时内部使用。

挂起（suspending）父进程直至子进程退出或调用 exec()：CLONE_VFORK

如果设置了 CLONE_VFORK，父进程将一直挂起，直至子进程调用 exec() 或 _exit() 来释放虚拟内存资源（如同 vfork()）为止。

支持容器（container）的 clone() 新标志

Linux 从 2.6.19 版本开始给 clone() 加入了一些新标志：CLONE_IO、CLONE_NEWIPC、CLONET_NEWNET、CLONE_NEWPID、CLONE_NEWUSER 和 CLONE_NEWUTS。（参考 clone(2) 手册页可获得有关这些标志的详细说明。）

这些标志中的大部分都是为容器（container）的实现提供支持（[Bhattiprolu et al., 2008]）。容器是轻量级虚拟化的一种形式，将运行于同一内核的进程组从环境上彼此隔离，如同运行在不同机器上一样。容器可以嵌套，一个容器可以包含另一个容器。与完全虚拟化将每个虚拟环境运行于不同内核的手法相比，容器的运作方式可谓是大相径庭。

为实现容器，内核开发者不得不为内核中的各种全局系统资源提供一个间接层，以便每个容器能为这些资源提供各自的实例。这些资源包括：进程 ID、网络协议栈、uname() 返回的 ID、System V IPC 对象、用户和组 ID 命名空间……

容器的用途很多，如下所示。

* 控制系统的资源分配，诸如网络带宽或 CPU 时间（例如，授予容器某甲 75% 的 CPU 时间，某乙则获取 25%）。
* 在单台主机上提供多个轻量级虚拟服务器。
* 冻结某个容器，以此来挂起该容器中所有进程的执行，并于稍后重启，可能是在迁移到另一台机器之后。
* 允许转储应用程序的状态信息，记录于检查点（checkpointed），并于之后再行恢复（或许在应用程序崩溃之后，亦或是计划内、外的系统停机后），从检查点开始继续运行。

clone() 标志的使用

大体上说来，fork() 相当于仅设置 flags 为 SIGCHLD 的 clone() 调用，而 vfork() 则对应于设置如下 flags 的 clone()：

```
CLONE_VM | CLONE_VFORK | SIGCHLD
```

> 自 2.3.3 版本以来，作为 NPTL 线程实现的一部分，glibc 所提供的封装函数 fork() 绕开了内核的 fork() 系统调用，转而调用了 clone()。该封装函数会去调用任何由调用者通过 pthread_atfork()（参考 33.3 节）所设置的 fork 处理器程序。

LinuxThreads 线程实现使用 clone()（仅用到前 4 个参数）来创建线程，对 flags 的设置如下：

```
CLONE_VM | CLONE_FILES | CLONE_FS | CLONE_SIGHAND
```

NPTL 线程实现则使用 clone()（使用了所有 7 个参数）来创建线程，对 flags 的设置如下：

```
CLONE_VM | CLONE_FILES | CLONE_FS | CLONE_SIGHAND | CLONE_THREAD |
CLONE_SETTLS | CLONE_PARENT_SETTID | CLONE_CHILD_CLEARTID | CLONE_SYSVSEM
```

28.2.2 因克隆生成的子进程而对 waitpid()进行的扩展

为等待由 clone()产生的子进程，waitpid()、wait3()和 wait4()的位掩码参数 options 可以包含如下附加（Linux 特有）值。

__WCLONE

一经设置，只会等待克隆子进程。如未设置，只会等待非克隆子进程。在这种情况下，克隆子进程终止时发送给其父进程的信号并非 SIGCHLD。如果同时还指定了__WALL，那么将忽略__WCLONE。

__WALL（自 Linux2.4 之后）

等待所有子进程，无论类型（克隆、非克隆通吃）。

__WNOTHREAD（自 Linux2.4 之后）

默认情况下，等待（wait）类调用所等待的子进程，其父进程的范围遍及与调用者隶属同一线程组的任何进程。指定__WNOTHREAD 标志则限制调用者只能等待自己的子进程。

waitid()不能使用上述标志。

28.3 进程的创建速度

表 28-3 对采用不同方法创建进程的速度进行了比较。测试程序在循环中反复创建子进程并等待子进程终止，从而获得了这一结果。比较过程中使用了 3 种不同大小的进程内存，如表中虚拟内存总量（total virtual memory）值所示。对不同大小内存的模拟，依赖于程序计时之前在堆中分配（malloc()）的额外内存。

表 28-3 中的进程大小（虚拟内存总量）取自命令 ps –o "pid vsz cmd" 输出的 VSZ 值。

表 28-3：使用 fork()、vfork()和 clone()创建 10 万个进程所需的时间

进程的创建方法	虚拟内存总量					
	1.70 MB		2.70 MB		11.70 MB	
	时间（秒）	速率	时间（秒）	速率	时间（秒）	速率
fork()	22.27（7.99）	4544	26.38（8.98）	4135	126.93（52.55）	1276
vfork()	3.52（2.49）	28955	3.55（2.50）	28621	3.53（2.51）	28810
clone()	2.97（2.14）	34333	2.98（2.13）	34217	2.93（2.10）	34688
fork() + exec()	135.72（12.39）	764	146.15（16.69）	719	260.34（61.86）	435
vfork() + exec()	107.36（6.27）	969	107.81（6.35）	964	107.97（6.38）	960

表 28-3 对于每种进程大小都提供了两类统计数据。

- 第 1 项统计包含两种度量时间。以执行 10 万次进程创建期间所逝去的（实际）时间为主（较大值），以父进程所消耗的 CPU 时间（括号内的值）为辅。由于测试环境并无其他负载，两者之差应是测试期间创建子进程所消耗的时间总量。
- 第 2 项数据显示每（实际）秒创建的进程数，即创建速率，取各种情况下运行 20 次的平均值。实验基于 x86-32 系统，内核版本为 2.6.27。

前 3 行针对的是简单的进程创建（子进程不运行新程序）。子进程在创建后立即退出，父进程等待子进程终止后再去创建下一个子进程。

第 1 行取自系统调用 fork()。由数据可知，进程所占内存越大，fork() 所需时间也就越长。额外时间花在了为子进程复制那些逐渐变大的页表，以及将数据段、堆段以及栈段的页记录标记为只读的工作上。因为子进程并未修改数据段或栈段，所以也没有对页（page）复制。

第 2 行取自 vfork()。可以看出，尽管进程大小在增加，但所用时间保持不变，因为调用 vfork() 时并未复制页表或页，调用进程的虚拟内存大小并未造成影响。fork() 和 vfork() 在时间统计上的差值就是复制进程页表所需的时间总量。

> 表 28-3 中 vfork() 和 clone() 的各自数据在不同的进程内存大小下。之所以存在微小的差异，要归因于采样误差以及调度的变化。即使创建 300MB 大小的进程，两个系统调用的时间仍将保持不变。

第 3 行数据的统计信息来自对 clone() 的调用，所使用的标志如下：

```
CLONE_VM | CLONE_VFORK | CLONE_FS | CLONE_SIGHAND | CLONE_FILES
```

前两个标志模拟 vfork() 的行为。剩余的标志则要求父、子进程应当共享文件系统属性文件权限掩码（umask）、根目录和当前工作目录，信号处置表以及打开文件描述符表。clone() 和 vfork() 之间的数据差值则代表了 vfork() 将这些信息拷贝到子进程的少量额外工作。拷贝文件系统属性和信号处置表的成本是固定的。不过，拷贝打开文件描述符表的开销则取决于描述符数量。例如：父进程打开 100 个文件，vfork() 的实际时间（表中第 1 列）会从 3.52 秒增至 5.04 秒，但不会影响 clone() 所需要的时间。

> 对 clone() 的计时针对的是 glibc 库的封装函数 clone()，而非直接调用 sys_clone()。另有测试（在此恕不一一列出）对 sys_clone() 和 clone()(以子函数调用并立即退出) 做了比较，实验结果表明，时间上的差异可以忽略不计。

fork() 和 vfork() 之间的差别非常明显，但仍需要注意以下几点。

- 最后一列数据表明，在大进程情况下，vfork() 要比 fork() 快逾 30 倍。而针对普通进程，则会近乎于表中前两列的数据。
- 因为进程的创建时间往往比 exec() 的执行时间要少得多，所以如果随后接着执行 exec()，那么两者间的差异也就不再明显。表 28-3 的最后两行数据说明了这一点，其中的每个子进程都去调用 exec()，而非直接退出。程序执行的是 true 命令（/bin/true，选择该程序的原因是因为它不产生任何输出）。这时，fork() 和 vfork() 之间的相对差距就小了许多。

> 事实上，表 28-3 中所示数据并未揭示 exec() 的全部开销，因为测试程序的每个循环中子进程均执行同一程序。根本就未计入把程序文件读入内存的磁盘 I/O 开销，因为第一次运行 exec() 时就会将程序读入内核缓冲区，并一直保存在那里。如果测试每次循环执行的程序不同（例如，复制同一程序，并以不同文件名命名），那么应该可以观察到 exec() 的开销要大出许多。

28.4 exec()和fork()对进程属性的影响

进程有多种属性，其中一部分已经在前面几章有所说明，后续章节将讨论其他一些属性。关于这些属性，存在两个问题。

- 当进程执行 exec() 时，这些属性将发生怎样的变化？
- 当执行 fork() 时，子进程会继承哪些属性？

表 28-4 是对这些问题的回答。exec() 列注明，调用 exec() 期间哪些属性得以保存。fork()列则表明调用 fork() 之后子进程继承，或（有时是）共享了哪些属性。除了标注为 Linux 特有的属性之外，列出的所有属性均获得了标准 UNIX 实现的支持，调用 exec() 和 fork() 期间对它们的处理也都符合 SUSv3 规范。

表 28-4：exec()和fork()对进程属性的影响

进 程 属 性	exec()	fork()	影响属性的接口；额外说明
进程地址空间			
文本段	否	共享	子进程与父进程共享文本段
栈段	否	是	函数入口/出口；alloca()、longjmp()、siglongjmp()
数据段和堆段	否	是	brk()、sbrk()
环境变量	见注释	是	putenv()、setenv()；直接修改 environ。execle()和 execve() 会对其改写，其他 exec() 调用则会加以保护
内存映射	否	是；见注释	mmap()、munmap()。跨越 fork()进程，映射的 MAP_NORESERVE 标志得以继承。带有 madvise（MADV_DONTFORK）标志的映射则不会跨 fork()继承
内存锁	否	否	mlock()、munlock()
进程标识符和凭证			
进程 ID	是	否	
父进程 ID	是	否	
进程组 ID	是	是	setpgid()
会话 ID	是	是	setsid()
实际 ID	是	是	setuid()、setgid()，以及相关调用
有效和保存设置（saved set）ID	见注释	是	setuid()、setgid()，以及相关调用。第 9 章解释了 exec() 是如何影响这些 ID 的
补充组 ID	是	是	setgroups()、initgroups()
文件、文件 IO 和目录			
打开文件描述符	见注释	是	open()、close()、dup()、pipe()、socket()等。文件描述符在跨越 exec()调用的过程中得以保存，除非对其设置了执行时关闭（close-on-exec）标志。父、子进程中的描述符指向相同的打开文件描述，参考 5.4 节
执行时关闭（close-on-exec）标志	是（如果关闭）	是	fcntl（F_SETFD）
文件偏移	是	共用	lseek()、read()、write()、readv()、writev()。父、子进程共享文件偏移

进 程 属 性	exec()	fork()	影响属性的接口；额外说明
文件、文件 IO 和目录			
打开文件状态标志	是	共用	open()、fcntl(F_SETFL)。父、子进程共享打开文件状态标志
异步 I/O 操作	见注释	否	aio_read()、aio_write()以及相关调用。调用 exec()期间，会取消尚未完成的操作
目录流	否	是：见注释	opendir()、readdir()。SUSv3 规定，子进程获得父进程目录流的一份副本，不过这些副本可以（也可以不）共享目录流的位置。Linux 系统不共享目录流的位置
文件系统			
当前工作目录	是	是	chdir()
根目录	是	是	chroot()
文件模式创建掩码	是	是	umask()
信号			
信号处理	见注释	是	signal()、sigaction()。将处置设置成默认或忽略的信号在执行 exec()期间保持不变；已捕获的信号会恢复为默认处置。参考 27.5 节
信号掩码	是	是	信号传递；sigprocmask()、sigaction()
挂起（pending）信号集合	是	否	信号传递；raise()、kill()、sigqueue()
备选信号栈	否	是	sigaltstack()
定时器			
间隔定时器	是	否	setitimer()
由 alarm()设置的定时器	是	否	alarm()
POSIX 定时器	否	否	timer_create()及其相关调用
POSIX 线程			
线程	否	见注释	fork()调用期间，子进程只会复制调用线程
线程可撤销状态与类型	否	是	exec()之后，将可撤销类型和状态分别重置为 PTHREAD_CANCEL_ENABLE 和 PTHREAD_CANCEL_DEFERRED
互斥量与条件变量	否	是	关于调用 fork()期间对互斥量以及其他线程资源的处理细节可参考 33.3 节
优先级与调度			
nice 值	是	是	nice()、setpriority()
调度策略及优先级	是	是	sched_setscheduler()、sched_setparam()
资源与 CPU 时间			
资源限制	是	是	setrlimit()
进程和子进程的 CPU 时间	是	否	由 times()返回
资源使用量	是	否	由 getrusage()返回

进 程 属 性	exec()	fork()	影响属性的接口；额外说明
进程间通信			
System V 共享内存段	否	是	shmat()、shmdt()
POSIX 共享内存	否	是	shm_open()及其相关调用
POSIX 消息队列	否	是	mq_open()及其相关调用。父、子进程的描述符都指向同一打开消息队列描述。子进程并不继承父进程的消息通知注册信息
POSIX 命名信号量	否	共用	sem_open()及其相关调用。子进程与父进程共享对相同信号量的引用
POSIX 未命名信号量	否	见注释	sem_init()及其相关调用。如果信号量位于共享内存区域，那么子进程与父进程共享信号量；否则，子进程拥有属于自己的信号量拷贝
System V 信号量调整	是	否	参考 47.8 节
文件锁	是	见注释	flock()。子进程自父进程处继承对同一锁的引用
记录锁	见注释	否	fcntl(F_SETLK)。除非将指代文件的文件描述符标记为执行时关闭，否则会跨越 exec()对锁加以保护
杂项			
地区设置	否	是	setlocale()。作为 C 运行时初始化的一部分，执行新程序后会调用 setlocale(LC_ALL, "C")的等效函数
浮点环境	否	是	运行新程序时，将浮点环境状态重置为默认值，参考 fenv(3)
控制终端	是	是	
退出处理器程序	否	是	atexit()、on_exit()
Linux 特有			
文件系统 ID	见注释	是	setfsuid()、setfsgid()。一旦相应的有效 ID 发生变化，那么这些 ID 也会随之改变
timeerfd 定时器	是	见注释	timerfd_create()，子进程继承的文件描述符与父进程指向相同的定时器
能力	见注释	是	capset()。执行 exec()期间对能力的处理一如 39.5 节所述
功能外延集合	是	是	
能力安全位（securebits）标志	见注释	是	执行 exec()期间，会保全所有的安全位标志， SECBIT_KEEP_CAPS 除外，总是会清除该标志
CPU 黏性（affinity）	是	是	sched_setaffinity()
SCHED_RESET_ON_FORK	是	否	参考 35.3.2 节
允许的 CPU	是	是	参考 cpuset(7)手册页
允许的内存节点	是	是	参考 cpuset(7)手册页
内存策略	是	是	参考 set_mempolicy(2)手册页
文件租约	是	见注释	fcntl（F_SETLEASE）。子进程从父进程处继承对相同租约的引用

进 程 属 性	exec()	fork()	影响属性的接口；额外说明
Linux 特有			
目录变更通知	是	否	dnotify API，通过 fcntl（F_NOTIFY）来实现支持
prctl（PR_SET_DUMPABLE）	见注释	是	exec()执行期间会设置 PR_SET_DUMPABLE 标志，执行设置用户或组 ID 程序的情况除外，此时将清除该标志
prctl（PR_SET_PDEATHSIG）	是	否	
prctl（PR_SET_NAME）	否	是	
oom_adj	是	是	参考 49.9 节
coredump_filter	是	是	参考 22.1 节

28.5 总结

当打开进程记账功能时，内核会在系统中每一进程终止时将其账单记录写入一个文件。该记录包含进程使用资源的统计数据。

如同函数 fork()，Linux 特有的 clone()系统调用也会创建一个新进程，但其对父子间的共享属性有更为精确的控制。该系统调用主要用于线程库的实现。

本章对 fork()、vfork()和 clone()的进程创建速度做了比较。尽管 vfork()要快于 fork()，但较之于子进程随后调用 exec()所耗费的时间，二者间的时间差异也就微不足道了。

fork()创建的子进程会从其父进程处继承（有时是共享）某些进程属性的副本，而对其他进程属性则不做继承。例如，子进程继承了父进程文件描述符表和信号处置的副本，但并不继承父进程的间隔定时器、记录锁或是挂起信号集合。相应地，进程执行 exec()时，某些进程属性保持不变，而会将其他属性重置为缺省值。例如，进程 ID 保持不变，文件描述符保持打开（除非设置了执行时关闭标志），间隔定时器得以保存，挂起信号依然挂起，不过会将对已处理信号的处置重置为默认设置，同时与共享内存段"脱钩"。

更多信息

请参考 24.6 节列出的更多信息来源。[Frisch, 2002]第 17 章描述了对进程记账的管理，以及不同 UNIX 实现之间的差异。[Bovert & Vesati, 2005]介绍了系统调用 clone()的实现。

28.6 练习

28-1. 编写一程序，观察 fork()和 vfork()系统调用在读者系统中的速度。要求每个子进程必须立即退出，而父进程应在创建下一个子进程之前调用 wait()，等待当前子进程退出。将两个系统调用之间的差别与表 28-3 相比较。shell 内建命令 time 可用来测量程序的执行时间。

第 **29** 章

线程：介绍

本章及随后几章将讨论 POSIX 线程（thread），亦即 Pthreads。鉴于 Pthreads 范围极广，本书无意涵盖其所有 API。关于线程的深入信息，本章会在结尾处列出其来源。

后续各章将主要描述 Pthreads API 所规定的标准行为。33.5 节则会探讨 Linux 的两种主流线程实现——LinuxThreads 和 Native POSIX Threads Library（NPTL）——与线程标准间的出入。

本章会对线程操作加以概述，随之将述及线程的创建和销毁过程。此外，在应用程序设计中，是选择多线程还是多进程方式？本章将在最后讨论影响这一选择的因素。

29.1 概述

与进程（process）类似[1]，线程（thread）是允许应用程序并发执行多个任务的一种机制。如图 29-1 所示，一个进程可以包含多个线程。同一程序中的所有线程均会独立执行相同程序，且共享同一份全局内存区域，其中包括初始化数据段（initialized data）、未初始化数据段（uninitialized data），以及堆内存段（heap segment）。（传统意义上的 UNIX 进程只是多线程程序的一个特例，该进程只包含一个线程。）

> 图 29-1 其实做了一些简化。特别是，线程栈（thread stack）的位置可能会与共享库和共享内存区域混杂在一起，这取决于创建线程、加载共享库，以及映射共享内存的具体顺序。而且，对于不同的 Linux 发行版，线程栈地址也会有所不同。

同一进程中的多个线程可以并发执行。在多处理器环境下，多个线程可以同时并行。如果一线程因等待 I/O 操作而遭阻塞，那么其他线程依然可以继续运行。（虽然有时单独创建一个专门执行 I/O 操作的线程颇为有用，但采用另一种 I/O 模型则更为可取，第 63 章会对此加以描述。）

对于某些应用而言，线程要优于进程。传统 UNIX 通过创建多个进程来实现并行任务。以网络服务器的设计为例，服务器进程（父进程）在接受客户端的连接后，会调用 fork() 来创建一个单独的子进程，以处理与客户端的通信（可参考 60.3 节）。采用这种设计，服务器就能

---

1 译者注：此处指多进程并发。

同时为多个客户端提供服务。虽然这种方法在很多情境下都屡试不爽，但对于某些应用来说也确实存在如下一些限制。

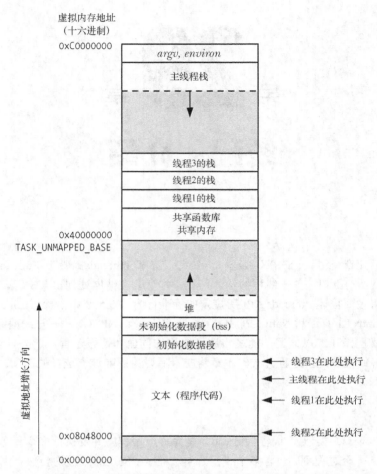

图 29-1：同时执行 4 个线程的进程（Linux/x86-32）

- 进程间的信息难以共享。由于除去只读代码段外，父子进程并未共享内存，因此必须采用一些进程间通信（inter-process communication，简称 IPC）方式，在进程间进行信息交换。
- 调用 fork() 来创建进程的代价相对较高。即便利用 24.2.2 节所描述的写时复制（copy-on-write）技术，仍然需要复制诸如内存页表（page table）和文件描述符表（file descriptor table）之类的多种进程属性，这意味着 fork() 调用在时间上的开销依然不菲。

线程解决了上述两个问题。

- 线程之间能够方便、快速地共享信息。只需将数据复制到共享（全局或堆）变量中即可。不过，要避免出现多个线程试图同时修改同一份信息的情况，这需要使用第 30 章描述的同步技术。
- 创建线程比创建进程通常要快 10 倍甚至更多。（在 Linux 中，是通过系统调用 clone() 来实现线程的，表 28-3 展示了 fork() 和 clone() 在速度上的差异。）线程的创建之所以较快，是因为调用 fork() 创建子进程时所需复制的诸多属性，在线程间本来就是共享的。特别是，既无需采用写时复制来复制内存页，也无需复制页表。

除了全局内存之外，线程还共享了一干其他属性（这些属性对于进程而言是全局性的，而并非针对某个特定线程），包括以下内容。

- 进程 ID（process ID）和父进程 ID。
- 进程组 ID 与会话 ID（session ID）。
- 控制终端。
- 进程凭证（process credential）（用户 ID 和组 ID）。
- 打开的文件描述符。
- 由 fcntl() 创建的记录锁（record lock）。
- 信号（signal）处置。
- 文件系统的相关信息：文件权限掩码（umask）、当前工作目录和根目录。
- 间隔定时器（setitimer()）和 POSIX 定时器（timer_create()）。
- 系统 V（system V）信号量撤销（undo，semadj）值（47.8 节）。
- 资源限制（resource limit）。
- CPU 时间消耗（由 times() 返回）。
- 资源消耗（由 getrusage() 返回）。
- nice 值（由 setpriority() 和 nice() 设置）。

各线程所独有的属性，如下列出了其中一部分。

- 线程 ID（thread ID，29.5 节）。
- 信号掩码（signal mask）。
- 线程特有数据（31.3 节）。
- 备选信号栈（sigaltstack()）。
- errno 变量。
- 浮点型（floating-point）环境（见 fenv(3)）。
- 实时调度策略（real-time scheduling policy）和优先级（35.2 节和 35.3 节）。
- CPU 亲和力（affinity，Linux 所特有，35.4 节将加以描述）。
- 能力（capability，Linux 所特有，第 39 章将加以描述）。
- 栈，本地变量和函数的调用链接（linkage）信息。

> 如图 29-1 所示，所有的线程栈均驻留于同一虚拟地址空间。这也意味着，利用一个合适的指针，各线程可以在对方栈中相互共享数据。这种方法偶尔也能派上用场，但由于局部变量的状态有效与否依赖于其所驻留栈帧的生命周期，故而需要在编程中谨慎处理这一问题。（当函数返回时，该函数栈帧所占用的内存区域有可能为后续的函数调用所重新使用。如果线程终止，那么新线程有可能会对已终止线程的栈所占用的内存空间重新加以利用）。若无法正确处理这一依赖关系，由此而产生的程序 bug 将难以捕获。

29.2　Pthreads API 的详细背景

20 世纪 80 年代末、90 年代初，存在着数种不同的线程接口。1995 年 POSIX.1c 对 POSIX 线程 API 进行了标准化，该标准后来为 SUSv3 所接纳。

有几个概念贯穿整个 Pthreads API，在深入探讨 API 之前，将简单予以介绍。

线程数据类型（Pthreads data type）

Pthreads API 定义了一干数据类型，表 29-1 列出了其中的一部分。后续章节会对这些数据类型中的绝大部分加以描述。

表 29-1：Pthreads 数据类型

数 据 类 型	描 述
pthread_t	线程 ID
pthread_mutex_t	互斥对象（Mutex）
pthread_mutexattr_t	互斥属性对象
pthread_cond_t	条件变量（condition variable）
pthread_condattr_t	条件变量的属性对象
pthread_key_t	线程特有数据的键（Key）
pthread_once_t	一次性初始化控制上下文（control context）
pthread_attr_t	线程的属性对象

SUSv3 并未规定如何实现这些数据类型，可移植的程序应将其视为"不透明"数据。亦即，程序应避免对此类数据类型变量的结构或内容产生任何依赖。尤其是，不能使用 C 语言的比较操作符（==）去比较这些类型的变量。

线程和 errno

在传统 UNIX API 中，errno 是一全局整型变量。然而，这无法满足多线程程序的需要。如果线程调用的函数通过全局 errno 返回错误时，会与其他发起函数调用并检查 errno 的线程混淆在一起。换言之，这将引发竞争条件（race condition）。因此，在多线程程序中，每个线程都有属于自己的 errno。在 Linux 中，线程特有 errno 的实现方式与大多数 UNIX 实现相类似：将 errno 定义为一个宏，可展开为函数调用，该函数返回一个可修改的左值（lvalue），且为每个线程所独有。（因为左值可以修改，多线程程序依然能以 errno=value 的方式对 errno 赋值。）

一言以蔽之，errno 机制在保留传统 UNIX API 报错方式的同时，也适应了多线程环境。

> 最初的 POSIX.1 标准沿袭 K&R 的 C 语言用法，允许程序将 errno 声明为 extern int errno。SUSv3 却不允许这一做法（这一变化实际发生于 1995 年的 POSIX.1c 标准之中）。如今，需要声明 errno 的程序必须包含<errno.h>，以启用对 errno 的线程级实现。

Pthreads 函数返回值

从系统调用和库函数中返回状态，传统的做法是：返回 0 表示成功，返回-1 表示失败，并设置 errno 以标识错误原因。Pthreads API 则反其道而行之。所有 Pthreads 函数均以返回 0 表示成功，返回一正值表示失败。这一失败时的返回值，与传统 UNIX 系统调用置于 errno 中的值含义相同。

由于多线程程序对 errno 的每次引用都会带来函数调用的开销，因此，本书示例并不会直接将 Pthreads 函数的返回值赋给 errno，而是使用一个中间变量，并利用自己实现的诊断函数 errExitEN()（3.5.2 节），如下所示：

```
pthread_t *thread;
int s;

s = pthread_create(&thread, NULL, func, &arg);
if (s != 0)
    errExitEN(s, "pthread_create");
```

编译 Pthreads 程序

在 Linux 平台上，在编译调用了 Pthreads API 的程序时，需要设置 cc -pthread 的编译选项。使用该选项的效果如下。

- 定义_REENTRANT 预处理宏。这会公开对少数可重入（reentrant）函数的声明。
- 程序会与库 libpthread 进行链接（等价于-lpthread）。

> 编译多线程程序时的具体编译选项会因实现及编译器的不同而不同。其他一些实现（例如 Tru64）使用 cc –pthread，而 Solaris 和 HP-UX 则使用 cc –mt。

29.3　创建线程

启动程序时，产生的进程只有单条线程，称之为初始（initial）或主（main）线程。本节将讨论其他线程的创建过程。

函数 pthread_create()负责创建一条新线程。

```
#include <pthread.h>

int pthread_create(pthread_t *thread, const pthread_attr_t *attr,
                   void *(*start)(void *), void *arg);
                        Returns 0 on success, or a positive error number on error
```

新线程通过调用带有参数 arg 的函数 start（即 start(arg)）而开始执行。调用 pthread_create() 的线程会继续执行该调用之后的语句。（如 28.2 节所述，这一行为与 glibc 库对系统调用 clone() 的包装函数行为相同。）

将参数 arg 声明为 void*类型，意味着可以将指向任意对象的指针传递给 start()函数。一般情况下，arg 指向一个全局或堆变量，也可将其置为 NULL。如果需要向 start()传递多个参数，可以将 arg 指向一个结构，该结构的各个字段则对应于待传递的参数。通过审慎的类型强制转换，arg 甚至可以传递 int 类型的值。

严格说来，对于 int 与 void*之间相互强制转换的后果，C 语言标准并未加以定义。不过，大部分 C 语言编译器允许这样的操作，并且也能达成预期的目的，即 int j == (int) ((void*) j)。

start()的返回值类型为 void*，对其使用方式与参数 arg 相同。对后续 pthread_join()函数的描述中，将论及对该返回值的使用方式。

将经强制转换的整型数作为线程 start 函数的返回值时，必须小心谨慎。原因在于，取消线程（见第 32 章）时的返回值 PTHREAD_CANCELED，通常是由实现所定义的整型值，再经强制转换为 void*。若线程某甲的 start 函数将此整型值返回给正在执行 pthread_join()操作的线程某乙，某乙会误认为某甲遭到了取消。应用如果采用了线程取消技术并选择将 start 函数的返回值强制转换为整型，那么就必须确保线程正常结束时的返回值与当前 Pthreads 实现中的 PTHREAD_CANCELED 不同。如欲保证程序的可移植性，则在任何将要运行该应用的实现中，正常退出线程的返回值应不同于相应的 PTHREAD_CANCELED 值。

参数 thread 指向 pthread_t 类型的缓冲区，在 pthread_create()返回前，会在此保存一个该线程的唯一标识。后续的 Pthreads 函数将使用该标识来引用此线程。

SUSv3 明确指出，在新线程开始执行之前，实现无需对 thread 参数所指向的缓冲区进行初始化，即新线程可能会在 pthread_create()返回给调用者之前已经开始运行。如新线程需要获取自己的线程 ID，则只能使用 pthread_self()（29.5 节描述）方法。

参数 attr 是指向 pthread_attr_t 对象的指针，该对象指定了新线程的各种属性。29.8 节将述及其中的部分属性。如果将 attr 设置为 NULL，那么创建新线程时将使用各种默认属性，本书的大部分示例程序都采用这一做法。

调用 pthread_create()后，应用程序无从确定系统接着会调度哪一个线程来使用 CPU 资源（在多处理器系统中，多个线程可能会在不同 CPU 上同时执行）。程序如隐含了对特定调度顺序的依赖，则无疑会对 24.4 节所述的竞争条件打开方便之门。如果对执行顺序确有强制要求，那么就必须采用第 30 章所描述的同步技术。

29.4　终止线程

可以如下方式终止线程的运行。
- 线程 start 函数执行 return 语句并返回指定值。
- 线程调用 pthread_exit()（详见后述）。
- 调用 pthread_cancel()取消线程（在 32.1 节讨论）。
- 任意线程调用了 exit()，或者主线程执行了 return 语句（在 main()函数中），都会导致进程中的所有线程立即终止。

pthread_exit()函数将终止调用线程，且其返回值可由另一线程通过调用 pthread_join()来获取。

```
include <pthread.h>

void pthread_exit(void *retval);
```

调用 pthread_exit()相当于在线程的 start 函数中执行 return，不同之处在于，可在线程 start 函数所调用的任意函数中调用 pthread_exit()。

参数 retval 指定了线程的返回值。Retval 所指向的内容不应分配于线程栈中，因为线程终止后，将无法确定线程栈的内容是否有效。（例如，系统可能会立刻将该进程虚拟内存的这片区域重新分配，供一个新的线程栈使用。）出于同样的理由，也不应在线程栈中分配线程 start 函数的返回值。

如果主线程调用了 pthread_exit()，而非调用 exit()或是执行 return 语句，那么其他线程将继续运行。

29.5　线程 ID（Thread ID）

进程内部的每个线程都有一个唯一标识，称为线程 ID。线程 ID 会返回给 pthread_create()的调用者，一个线程可以通过 pthread_self()来获取自己的线程 ID。

```
include <pthread.h>

pthread_t pthread_self(void);
```

线程 ID 在应用程序中非常有用，原因如下。

- 不同的 Pthreads 函数利用线程 ID 来标识要操作的目标线程。这些函数包括 pthread_join()、pthread_detach()、pthread_cancel()和 pthread_kill()等，后续章节将会加以讨论。
- 在一些应用程序中，以特定线程的线程 ID 作为动态数据结构的标签，这颇有用处，既可用来识别某个数据结构的创建者或属主线程，又可以确定随后对该数据结构执行操作的具体线程。

函数 pthread_equal()可检查两个线程的 ID 是否相同。

```
include <pthread.h>

int pthread_equal(pthread_t t1, pthread_t t2);
```
                    Returns nonzero value if t1 and t2 are equal, otherwise 0

例如，为了检查调用线程的线程 ID 与保存于变量 t1 中的线程 ID 是否一致，可以编写如下代码：
```
if (pthread_equal(tid, pthread_self())
    printf("tid matches self\n");
```

因为必须将 pthread_t 作为一种不透明的数据类型加以对待，所以函数 pthread_equal()是必须的。Linux 将 pthread_t 定义为无符号长整型（unsigned long），但在其他实现中，则有可能是一个指针或结构。

> 在 NPTL 中，pthread_t 实际上是一个经强制转化而为无符号长整型的指针。

SUSv3 并未要求将 pthread_t 实现为一个标量（scalar）类型，该类型也可以是一个结构。因此，下列显示线程 ID 的代码实例并不具有可移植性（尽管该实例在包括 Linux 在内的许多实现上均可正常运行，而且有时在调试程序时还很实用）。
```
pthread_t thr;

printf("Thread ID = %ld\n", (long) thr);          /* WRONG! */
```

在 Linux 的线程实现中，线程 ID 在所有进程中都是唯一的。不过在其他实现中则未必如此，SUSv3 特别指出，应用程序若使用线程 ID 来标识其他进程的线程，其可移植性将无法得到保证。此外，在对已终止线程施以 pthread_join()，或者在已分离（detached）线程退出后，实现可以复用该线程的线程 ID。（下一节和 29.7 节将分别解释 pthread_join()和线程的分离。）

> POSIX 线程 ID 与 Linux 专有的系统调用 gettid()所返回的线程 ID 并不相同。POSIX 线程 ID 由线程库实现来负责分配和维护。gettid()返回的线程 ID 是一个由内核（Kernel）分配的数字，类似于进程 ID（process ID）。虽然在 Linux NPTL 线程实现中，每个 POSIX 线程都对应一个唯一的内核线程 ID，但应用程序一般无需了解内核线程 ID（况且，如果程序依赖于这一信息，也将无法移植）。

29.6 连接（joining）已终止的线程

函数 pthread_join()等待由 thread 标识的线程终止。（如果线程已经终止，pthread_join()会立即返回)。这种操作被称为连接(joining)。

```
include <pthread.h>

int pthread_join(pthread_t thread, void **retval);
                        Returns 0 on success, or a positive error number on error
```

若 retval 为一非空指针，将会保存线程终止时返回值的拷贝，该返回值亦即线程调用 return 或 pthred_exit() 时所指定的值。

如向 pthread_join() 传入一个之前已然连接过的线程 ID，将会导致无法预知的行为。例如，相同的线程 ID 在参与一次连接后恰好为另一新建线程所重用，再度连接的可能就是这个新线程。

若线程并未分离 (detached，见 29.7 节)，则必须使用 ptherad_join() 来进行连接。如果未能连接，那么线程终止时将产生僵尸线程，与僵尸进程 (zombie process) 的概念相类似 (参考 26.2 节)。除了浪费系统资源以外，僵尸线程若累积过多，应用将再也无法创建新的线程。

pthread_join() 执行的功能类似于针对进程的 waitpid() 调用，不过二者之间存在一些显著差别。

- 线程之间的关系是对等的 (peers)。进程中的任意线程均可以调用 pthread_join() 与该进程的任何其他线程连接起来。例如，如果线程 A 创建线程 B，线程 B 再创建线程 C，那么线程 A 可以连接线程 C，线程 C 也可以连接线程 A。这与进程间的层次关系不同，父进程如果使用 fork() 创建了子进程，那么它也是唯一能够对子进程调用 wait() 的进程。调用 pthread_create() 创建的新线程与发起调用的线程之间，就没有这样的关系。
- 无法"连接任意线程"(对于进程，则可以通过调用 waitpid(-1, &status, options) 做到这一点)，也不能以非阻塞 (nonblocking) 方式进行连接 (类似于设置 WHOHANG 标志的 waitpid())。使用条件 (condition) 变量可以实现类似的功能，30.2.4 节会给出示例。

> 限制 pthread_join() 只能连接特定线程 ID，这样做是"别有用心"的。其用意在于，程序应只能连接它所"知道的"线程。线程之间并无层次关系，如果听任"与任意线程连接"的操作发生，那么所谓"任意"线程就可以包括由库函数私自创建的线程，从而带来问题。(30.2.4 所展示的条件变量技术也只允许线程连接它"知道的"其他线程。)结果是，函数库在获取线程返回状态时将不再能与该线程连接[1]，只会一错再错，试图连接一个已然连接过的线程 ID。换言之，"连接任意线程"的操作与模块化的程序设计理念背道而驰。

示例程序

程序清单 29-1 中的程序创建了一个线程，并与之连接。

程序清单 29-1：一个使用 Pthreads 的简单程序

———————————————————————————————— threads/simple_thread.c

```
#include <pthread.h>
#include "tlpi_hdr.h"

static void *
threadFunc(void *arg)
{
    char *s = (char *) arg;
```

———————————————
1 译者注：本句的两处线程均指前文由库函数私自创建的线程。

```
        printf("%s", s);

        return (void *) strlen(s);
}
int
main(int argc, char *argv[])
{
        pthread_t t1;
        void *res;
        int s;

        s = pthread_create(&t1, NULL, threadFunc, "Hello world\n");
        if (s != 0)
            errExitEN(s, "pthread_create");

        printf("Message from main()\n");
        s = pthread_join(t1, &res);
        if (s != 0)
            errExitEN(s, "pthread_join");

        printf("Thread returned %ld\n", (long) res);

        exit(EXIT_SUCCESS);
}
```
—— *threads/simple_thread.c*

当运行程序清单 29-1 的程序时，可以看到如下输出：

```
$ ./simple_thread
Message from main()
Hello world
Thread returned 12
```

依赖于系统对两个线程的具体调度，第 1 行与第 2 行的输出顺序可能会颠倒过来。

29.7　线程的分离

默认情况下，线程是可连接的(joinable)，也就是说，当线程退出时，其他线程可以通过调用 pthread_join()获取其返回状态。有时，程序员并不关心线程的返回状态，只是希望系统在线程终止时能够自动清理并移除之。在这种情况下，可以调用 pthread_detach()并向 thread 参数传入指定线程的标识符，将该线程标记为处于分离（detached）状态。

```
#include <pthread.h>

int pthread_detach(pthread_t thread);
```
                    Returns 0 on success, or a positive error number on error

---

如下例所示，使用 pthread_detach()，线程可以自行分离：

```
pthread_detach(pthread_self());
```

一旦线程处于分离状态，就不能再使用 pthread_join()来获取其状态，也无法使其重返"可连接"状态。

其他线程调用了 exit()，或是主线程执行 return 语句时，即便遭到分离的线程也还是会受到影响。此时，不管线程处于可连接状态还是已分离状态，进程的所有线程会立即终止。换言之，pthread_detach()只是控制线程终止之后所发生的事情，而非何时或如何终止线程。

29.8 线程属性

前面已然提及 pthread_create() 中类型为 pthread_attr_t 的 attr 参数，可利用其在创建线程时指定新线程的属性。本书无意深入这些属性的细节（关于此类细节，可参考本章结尾处的参考资料列表），也不会将操作 pthread_attr_t 对象的各种 Pthreads 函数原型一一列出，只会点出如下之类的一些属性：线程栈的位置和大小、线程调度策略和优先级（类似于 35.2 节和 35.3 节所描述的进程实时调度策略和优先级），以及线程是否处于可连接或分离状态。

作为线程属性的使用示例，程序清单 29-2 中的代码创建了一个新线程，该线程刚一创建即遭分离（而非之后再调用 pthread_detach()）。这段代码首先以缺省值对线程属性结构进行初始化，接着为创建分离线程而设置属性，最后再以此线程属性结构来创建新线程。线程一旦创建，就无需再保留该属性对象，故而程序将其销毁。

程序清单 29-2：使用分离属性创建线程

———————————————————————— *from* **threads/detached_attrib.c**

```
pthread_t thr;
pthread_attr_t attr;
int s;

s = pthread_attr_init(&attr);                    /* Assigns default values */
if (s != 0)
    errExitEN(s, "pthread_attr_init");

s = pthread_attr_setdetachstate(&attr, PTHREAD_CREATE_DETACHED);
if (s != 0)
    errExitEN(s, "pthread_attr_setdetachstate");

s = pthread_create(&thr, &attr, threadFunc, (void *) 1);
if (s != 0)
    errExitEN(s, "pthread_create");

s = pthread_attr_destroy(&attr);                 /* No longer needed */
if (s != 0)
    errExitEN(s, "pthread_attr_destroy");
```

———————————————————————— *from* **threads/detached_attrib.c**

29.9 线程 VS 进程

将应用程序实现为一组线程还是进程？本节将简单考虑一下可能影响这一决定的部分因素。先从多线程方法的优点开始。

- 线程间的数据共享很简单。相形之下，进程间的数据共享需要更多的投入。（例如，创建共享内存段或者使用管道 pipe）。
- 创建线程要快于创建进程。线程间的上下文切换（context-switch），其消耗时间一般也比进程要短。

线程相对于进程的一些缺点如下所示。

- 多线程编程时，需要确保调用线程安全（thread-safe）的函数，或者以线程安全的方式来调用函数。（31.1 节将讨论线程安全的概念。）多进程应用则无需关注这些。

- 某个线程中的 bug（例如，通过一个错误的指针来修改内存）可能会危及该进程的所有线程，因为它们共享着相同的地址空间和其他属性。相比之下，进程间的隔离更彻底。
- 每个线程都在争用宿主进程（host process）中有限的虚拟地址空间。特别是，一旦每个线程栈以及线程特有数据（或线程本地存储）消耗掉进程虚拟地址空间的一部分，则后续线程将无缘使用这些区域。虽然有效地址空间很大（例如，在 x86-32 平台上通常有 3GB），但当进程分配大量线程，亦或线程使用大量内存时，这一因素的限制作用也就突显出来。与之相反，每个进程都可以使用全部的有效虚拟内存，仅受制于实际内存和交换（swap）空间。

影响选择的还有如下几点。

- 在多线程应用中处理信号，需要小心设计。（作为通则，一般建议在多线程程序中避免使用信号。）关于线程与信号，33.2 节会做深入讨论。
- 在多线程应用中，所有线程必须运行同一个程序（尽管可能是位于不同函数中）。对于多进程应用，不同的进程可以运行不同的程序。
- 除了数据，线程还可以共享某些其他信息（例如，文件描述符、信号处置、当前工作目录，以及用户 ID 和组 ID）。优劣之判，视应用而定。

29.10　总结

在多线程程序中，多个线程并发执行同一程序。所有线程共享相同的全局和堆变量，但每个线程都配有用来存放局部变量的私有栈。同一进程中的线程还共享一干其他属性，包括进程 ID、打开的文件描述符、信号处置、当前工作目录以及资源限制。

线程与进程间的关键区别在于，线程比进程更易于共享信息，这也是许多应用程序舍进程而取线程的主要原因。对于某些操作来说（例如，创建线程比创建进程快），线程还可以提供更好的性能。但是，在程序设计的进程/线程之争中，这往往不会是决定性因素。

可使用 pthread_create() 来创建线程。每个线程随后可调用 pthread_exit() 独立退出。（如有任一线程调用了 exit()，那么所有线程将立即终止。）除非将线程标记为分离状态（例如通过调用 pthread_detached()），其他线程要连接该线程，则必须使用 pthread_join()，由其返回遭连接线程的退出状态。

进阶信息

[Butenhof, 1996]对 Pthreads 进行了透彻而清晰的阐述。[Robbins & Robbins, 2003]对 Pthreads 的各方面都有涉及。[Tanen-baum, 2007]对线程概念的介绍更具理论化，涵盖主题包括互斥量（mutex）、临界区（critical region）、条件变量以及死锁（deadlock）检测及规避。[Vahalia, 1996]提供了线程实现的背景知识。

29.11　练习

29-1. 若一线程执行了如下代码，可能会产生什么结果？

```
pthread_join(pthread_self(), NULL);
```

在 Linux 上编写一个程序，观察一下实际会发生什么情况。假设代码中有一变量 tid，其中包含了某个线程 ID，在自身发起 pthread_join(tid, NULL)调用时，要避免造成与上述语句相同的后果，该线程应采取何种措施？

29-2. 除了缺少错误检查，以及对各种变量和结构的声明外，下列程序还有什么问题？

```c
static void *
threadFunc(void *arg)
{
    struct someStruct *pbuf = (struct someStruct *) arg;

    /* Do some work with structure pointed to by 'pbuf' */
}

int
main(int argc, char *argv[])
{
    struct someStruct buf;

    pthread_create(&thr, NULL, threadFunc, (void *) &buf);
    pthread_exit(NULL);
}
```

第**30**章

线程：线程同步

本章介绍线程用来同步彼此行为的两个工具：互斥量（mutexe）和条件变量（condition variable）。互斥量可以帮助线程同步对共享资源的使用，以防如下情况发生：线程某甲试图访问一共享变量时，线程某乙正在对其进行修改。条件变量则是在此之外的拾遗补缺，允许线程相互通知共享变量（或其他共享资源）的状态发生了变化。

30.1 保护对共享变量的访问：互斥量

线程的主要优势在于，能够通过全局变量来共享信息。不过，这种便捷的共享是有代价的：必须确保多个线程不会同时修改同一变量，或者某一线程不会读取正由其他线程修改的变量。术语临界区（critical section）是指访问某一共享资源的代码片段，并且这段代码的执行应为原子（atomic）操作，亦即，同时访问同一共享资源的其他线程不应中断该片段的执行。

程序清单 30-1 中的简单示例，展示了以非原子方式访问共享资源时所发生的问题。该程序创建了两个线程，且均执行同一函数。该函数执行一个循环，重复以下步骤：将 glob 复制到本地变量 loc 中，然后递增 loc，再把 loc 复制回 glob，以此不断增加全局变量 glob 的值。因为 loc 是分配于线程栈中的自动变量（automatic variable），所以每个线程都有一份。循环重复的次数要么由命令行参数指定，要么取默认值。

程序清单 30-1：两线程以错误方式递增全局变量的值

—————————————————— **threads/thread_incr.c**

```
#include <pthread.h>
#include "tlpi_hdr.h"

static int glob = 0;

static void *                    /* Loop 'arg' times incrementing 'glob' */
threadFunc(void *arg)
{
    int loops = *((int *) arg);
    int loc, j;
```

```
        for (j = 0; j < loops; j++) {
            loc = glob;
            loc++;
            glob = loc;
        }

        return NULL;
    }

    int
    main(int argc, char *argv[])
    {
        pthread_t t1, t2;
        int loops, s;

        loops = (argc > 1) ? getInt(argv[1], GN_GT_0, "num-loops") : 10000000;

        s = pthread_create(&t1, NULL, threadFunc, &loops);
        if (s != 0)
            errExitEN(s, "pthread_create");
        s = pthread_create(&t2, NULL, threadFunc, &loops);
        if (s != 0)
            errExitEN(s, "pthread_create");

        s = pthread_join(t1, NULL);
        if (s != 0)
            errExitEN(s, "pthread_join");
        s = pthread_join(t2, NULL);
        if (s != 0)
            errExitEN(s, "pthread_join");

        printf("glob = %d\n", glob);
        exit(EXIT_SUCCESS);
    }
```

── **threads/thread_incr.c**

运行程序清单 30-1 中的示例，并指定每个线程均对该变量递增 1000 次，看起来一切正常。

```
$ ./thread_incr 1000
glob = 2000
```

不过，很有可能会发生如下情况：在线程某乙尚未得以运行时，线程某甲已经执行完毕并且退出了。如果加大每个线程的工作量，结果将完全不同。

```
$ ./thread_incr 10000000
glob = 16517656
```

执行到最后，glob 的值本应为 2000 万。问题的原因是由于如下的执行序列（参见图 30-1）。

1. 线程 1 将 glob 值赋给局部变量 loc。假设 blog 的当前值为 2000。
2. 线程 1 的时间片期满，线程 2 开始执行。
3. 线程 2 执行多次循环：将全局变量 glob 的值置于局部变量 loc，递增 loc，再将结果写回变量 glob。第 1 次循环时，glob 的值为 2000。假设线程 2 的时间片到期时，glob 的值已经增至 3000。
4. 线程 1 获得另一时间片，并从上次停止处恢复执行。线程 1 在上次运行时，已将 glob 的值（2000）赋给 loc，现在递增 loc，再将 loc 的值 2001 写回 glob。此时，线程 2 此前递增操作的结果遭到覆盖。

如果使用同样的命令行参数将该程序运行多次，glob 的值会波动很大：

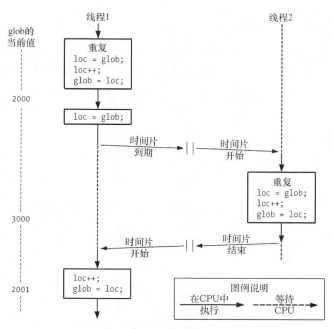

图 30-1：两个线程不使用同步技术递增全局变量的值

```
$ ./thread_incr 10000000
glob = 10880429
$ ./thread_incr 10000000
glob = 13493953
```

这一行为的不确定性，实应归咎于内核 CPU 调度决定的难以预见。若在复杂程序中发生这一不确定行为，则意味着此类错误将偶尔发作，难以重现，因此也很难发现。

使用如下语句，将程序清单 30-1 中函数 threadFunc() 内 for 循环中的 3 条语句加以替换，似乎可以解决这一问题：

```
glob++;              /* or: ++glob; */
```

不过，在很多硬件架构上（例如，RISC 系统），编译器依然会将这条语句转换成机器码，其执行步骤仍旧等同于 threadFunc 循环内的 3 条语句。换言之，尽管 C 语言的递增符看似简单，其操作也未必就属于原子操作，依然可能发生上述行为。

为避免线程更新共享变量时所出现问题，必须使用互斥量（mutex 是 mutual exclusion 的缩写）来确保同时仅有一个线程可以访问某项共享资源。更为全面的说法是，可以使用互斥量来保证对任意共享资源的原子访问，而保护共享变量是其最常见的用法。

互斥量有两种状态：已锁定（locked）和未锁定（unlocked）。任何时候，至多只有一个线程可以锁定该互斥量。试图对已经锁定的某一互斥量再次加锁，将可能阻塞线程或者报错失败，具体取决于加锁时使用的方法。

一旦线程锁定互斥量，随即成为该互斥量的所有者。只有所有者才能给互斥量解锁。这一属性改善了使用互斥量的代码结构，也顾及到对互斥量实现的优化。因为所有权的关系，有时会使用术语获取（acquire）和释放（release）来替代加锁和解锁。

一般情况下，对每一共享资源（可能由多个相关变量组成）会使用不同的互斥量，每一线程在访问同一资源时将采用如下协议：

- 针对共享资源锁定互斥量。

- 访问共享资源。
- 对互斥量解锁。

如果多个线程试图执行这一代码块（一个临界区），事实上只有一个线程能够持有该互斥量（其他线程将遭到阻塞），即同时只有一个线程能够进入这段代码区域，如图 30-2 所示。

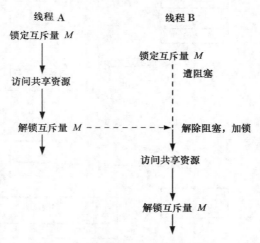

图 30-2：使用互斥量来保护临界区

最后请注意，使用互斥锁仅是一种建议，而非强制。亦即，线程可以考虑不使用互斥量而仅访问相应的共享变量。为了安全地处理共享变量，所有线程在使用互斥量时必须互相协调，遵守既定的锁定规则。

30.1.1　静态分配的互斥量

互斥量既可以像静态变量那样分配，也可以在运行时动态创建（例如，通过 malloc() 在一块内存中分配）。动态互斥量的创建稍微有些复杂，将延后至 30.1.5 节再做讨论。

互斥量是属于 pthread_mutex_t 类型的变量。在使用之前必须对其初始化。对于静态分配的互斥量而言，可如下例所示，将 PTHREAD_MUTEX_INITIALIZER 赋给互斥量。

```
pthread_mutex_t mtx = PTHREAD_MUTEX_INITIALIZER;
```

> 依照 SUSv3 的规定，对某一互斥量的副本（copy）执行本节（30.1 节）后续所述的操作将导致未定义的结果。此类操作只能施之于如下两类互斥量的"真身"，经由 PTHREAD_MUTEX_INITIALIZER 初始化的静态互斥量或者经由 pthrad_mutex_init()（在 30.1.5 节讨论）初始化的动态互斥量。

30.1.2　加锁和解锁互斥量

初始化之后，互斥量处于未锁定状态。函数 pthread_mutex_lock() 可以锁定某一互斥量，而函数 pthread_mutex_unlock() 则可以将一个互斥量解锁。

```
#include <pthread.h>

int pthread_mutex_lock(pthread_mutex_t *mutex);
int pthread_mutex_unlock(pthread_mutex_t *mutex);
                    Both return 0 on success, or a positive error number on error
```

要锁定互斥量，在调用 pthread_mutex_lock()时需要指定互斥量。如果互斥量当前处于未锁定状态，该调用将锁定互斥量并立即返回。如果其他线程已经锁定了这一互斥量，那么 pthread_mutex_lock()调用会一直堵塞，直至该互斥量被解锁，到那时，调用将锁定互斥量并返回。

如果发起 pthread_mutex_lock()调用的线程自身之前已然将目标互斥量锁定，对于互斥量的默认类型而言，可能会产生两种后果——视具体实现而定：线程陷入死锁（deadlock），因试图锁定已为自己所持有的互斥量而遭到阻塞；或者调用失败，返回 EDEADLK 错误。在 Linux 上，默认情况下线程会发生死锁。（30.1.7 节在讨论互斥量类型时会述及一些其他的可能行为。）

函数 pthread_mutex_unlock()将解锁之前已遭调用线程锁定的互斥量。以下行为均属错误：对处于未锁定状态的互斥量进行解锁，或者解锁由其他线程锁定的互斥量。

如果有不止一个线程在等待获取由函数 pthread_mutex_unlock()解锁的互斥量，则无法判断究竟哪个线程将如愿以偿。

示例程序

程序清单 30-2 是对程序清单 30-1 的修改，使用了一个互斥量来保护对全局变量 glob 的访问。使用与之前类似的命令行来运行这个改版程序，可以看到对 glob 的累加总是能够保持正确。

```
$ ./thread_incr_mutex 10000000
glob = 20000000
```

程序清单 30-2：使用互斥量保护对全局变量的访问

————————————————————————————————————— threads/thread_incr_mutex.c

```c
#include <pthread.h>
#include "tlpi_hdr.h"

static int glob = 0;
static pthread_mutex_t mtx = PTHREAD_MUTEX_INITIALIZER;

static void *                   /* Loop 'arg' times incrementing 'glob' */
threadFunc(void *arg)
{
    int loops = *((int *) arg);
    int loc, j, s;

    for (j = 0; j < loops; j++) {
        s = pthread_mutex_lock(&mtx);
        if (s != 0)
            errExitEN(s, "pthread_mutex_lock");
        loc = glob;
        loc++;
        glob = loc;

        s = pthread_mutex_unlock(&mtx);
        if (s != 0)
            errExitEN(s, "pthread_mutex_unlock");
    }

    return NULL;
}

int
main(int argc, char *argv[])
{
```

```
    pthread_t t1, t2;
    int loops, s;

    loops = (argc > 1) ? getInt(argv[1], GN_GT_0, "num-loops") : 10000000;

    s = pthread_create(&t1, NULL, threadFunc, &loops);
    if (s != 0)
        errExitEN(s, "pthread_create");
    s = pthread_create(&t2, NULL, threadFunc, &loops);
    if (s != 0)
        errExitEN(s, "pthread_create");

    s = pthread_join(t1, NULL);
    if (s != 0)
        errExitEN(s, "pthread_join");
    s = pthread_join(t2, NULL);
    if (s != 0)
        errExitEN(s, "pthread_join");

    printf("glob = %d\n", glob);
    exit(EXIT_SUCCESS);
}
```
── threads/thread_incr_mutex.c

pthread_mutex_trylock()和 pthread_mutex_timedlock()

Pthreads API 提供了 pthread_mutex_lock()函数的两个变体：pthread_mutex_trylock()和 pthread_mutex_timedlock()。可参考手册页（manual page）获取这些函数的原型。

如果信号量已然锁定，对其执行函数 pthread_mutex_trylock()会失败并返回 EBUSY 错误，除此之外，该函数与 pthread_mutex_lock()行为相同。

除了调用者可以指定一个附加参数 abstime（设置线程等待获取互斥量时休眠的时间限制）外，函数 pthread_mutex_timedlock()与 pthread_mutex_lock()没有差别。如果参数 abstime 指定的时间间隔期满，而调用线程又没有获得对互斥量的所有权，那么函数 pthread_mutex_timedlock()返回 ETIMEDOUT 错误。

函数 pthread_mutex_trylock() 和 pthread_mutex_timedlock()比 pthread_mutex_lock()的使用频率要低很多。在大多数经过良好设计的应用程序中，线程对互斥量的持有时间应尽可能短，以避免妨碍其他线程的并发执行。这也保证了遭堵塞的其他线程可以很快获取对互斥量的锁定。若某一线程使用 pthread_mutex_trylock()周期性地轮询是否可以对互斥量加锁，则有可能要承担这样的风险：当队列中的其他线程通过调用 pthread_mutex_lock()相继获得对互斥量的访问时，该线程将始终与此互斥量无缘。

30.1.3 互斥量的性能

使用互斥量的开销有多大？前面已经展示了递增共享变量程序的两个不同版本：没有使用互斥量的程序清单 30-1 和使用互斥量的程序清单 30-2。在 x86-32 架构的 Linux 2.6.31（含 NPTL）系统下运行这两个程序，如令单一线程循环 1000 万次，前者共花费了 0.35 秒（并产生错误结果），而后者则需要 3.1 秒。

乍看起来，代价极高。不过，考虑一下前者（程序清单 30-1）执行的主循环。在该版本中，函数 threadFunc()于 for 循环中，先递增循环控制变量，再将其与另一变量进行比较，随后执行两个复制操作和一个递增操作，最后返回循环起始处开始下一次循环。而后者——使用互斥量的版本（程序清单 30-2）执行了相同步骤，不过在每次循环的前后多了加锁和解锁互斥量的工作。换言之，对互斥量加锁和解锁的开销略低于第 1 个程序的 10 次循环操作。成本相对比较低廉。此外，在通常情况下，线程会花费更多时间去做其他工作，对互斥量的加锁和解锁操作相对要少得多，因此使用互斥量对于大部分应用程序的性能并无显著影响。

进而言之，在相同系统上运行一些简单的测试程序，结果显示，如将使用函数 fcntl()（见 55.3 节）加锁、解锁一片文件区域的代码循环 2000 万次，需耗时 44 秒，而将对系统 V 信号量（semaphore）（见 47 章）的递增和递减代码循环 2000 万次，则需要 28 秒。文件锁和信号量的问题在于，其锁定和解锁总是需要发起系统调用（system call），而每个系统调用的开销虽小，但颇为可观（见 3.1 节）。与之相反，互斥量的实现采用了机器语言级的原子操作（在内存中执行，对所有线程可见），只有发生锁的争用时才会执行系统调用。

Linux 上，互斥量的实现采用了 futex（源自"快速用户空间互斥量"[fast user space mutex] 的首字母缩写），而对锁争用的处理则使用了 futex()系统调用。本书无意描述 futex，其设计意图也并非供用户空间（user space）应用程序直接使用，不过[Drepper, 2004(a)]给出了详细描述，还讨论了如何使用 futexes 来实现互斥量。[Franke et al., 2002]是一篇由 futex 开发人员所撰写的论文（已经过时），介绍了 futex 的早期实现以及因其所带来的性能提升。

30.1.4　互斥量的死锁

有时，一个线程需要同时访问两个或更多不同的共享资源，而每个资源又都由不同的互斥量管理。当超过一个线程加锁同一组互斥量时，就有可能发生死锁。图 30-3 展示了一个死锁的例子，其中每个线程都成功地锁住一个互斥量，接着试图对已为另一线程锁定的互斥量加锁。两个线程将无限期地等待下去。

<table>
<tr><td>线程 A</td><td>线程 B</td></tr>
<tr><td>1. pthread_mutex_lock(mutex1);</td><td>1. pthread_mutex_lock(mutex2);</td></tr>
<tr><td>2. pthread_mutex_lock(mutex2);</td><td>2. pthread_mutex_lock(mutex1);</td></tr>
<tr><td>阻塞</td><td>阻塞</td></tr>
</table>

图 30-3：两个线程分别锁定两个互斥量所导致的死锁

要避免此类死锁问题，最简单的方法是定义互斥量的层级关系。当多个线程对一组互斥量操作时，总是应该以相同顺序对该组互斥量进行锁定。例如，在图 30-3 所示场景中，如果两个线程总是先锁定 mutex1 再锁定 mutex2，死锁就不会出现。有时，互斥量间的层级关系逻辑清晰。不过，即便没有，依然可以设计出所有线程都必须遵循的强制层级顺序。

另一种方案的使用频率较低，就是"尝试一下，然后恢复"。在这种方案中，线程先使用函数 pthread_mutex_lock()锁定第 1 个互斥量，然后使用函数 pthread_mutex_trylock()来锁定其余互斥量。如果任一 pthread_mutex_trylock()调用失败（返回 EBUSY），那么该线程将释放所有互斥量，也许经过一段时间间隔，从头再试。较之于按锁的层级关系来规避死锁，这种方法效率要低一些，因为可能需要历经多次循环。另一方面，由于无需受制于严格的互斥量层级关系，该方法也更为灵活。[Butenhof, 1996]中载有这一方案的范例。

30.1.5　动态初始化互斥量

静态初始值 PTHREAD_MUTEX_INITIALIZER，只能用于对如下互斥量进行初始化：经由静态分配且携带默认属性。其他情况下，必须调用 pthread_mutex_init()对互斥量进行动态初始化。

```
#include <pthread.h>

int pthread_mutex_init(pthread_mutex_t *mutex, const pthread_mutexattr_t *attr);
                          Returns 0 on success, or a positive error number on error
```

参数 mutex 指定函数执行初始化操作的目标互斥量。参数 attr 是指向 pthread_mutexattr_t 类型对象的指针，该对象在函数调用之前已经过了初始化处理，用于定义互斥量的属性。（下节会介绍更多互斥量属性。）若将 attr 参数置为 NULL，则该互斥量的各种属性会取默认值。

SUSv3 规定，初始化一个业已初始化的互斥量将导致未定义的行为，应当避免这一行为。

在如下情况下，必须使用函数 pthread_mutex_init()，而非静态初始化互斥量。

- 动态分配于堆中的互斥量。例如，动态创建针对某一结构的链表，表中每个结构都包含一个 pthread_mutex_t 类型的字段来存放互斥量，借以保护对该结构的访问。
- 互斥量是在栈中分配的自动变量。
- 初始化经由静态分配，且不使用默认属性的互斥量。

当不再需要经由自动或动态分配的互斥量时，应使用 pthread_mutex_destroy() 将其销毁。（对于使用 PTHREAD_MUTEX_INITIALIZER 静态初始化的互斥量，无需调用 pthread_mutex_destroy()。）

```
#include <pthread.h>

int pthread_mutex_destroy(pthread_mutex_t *mutex);
                          Returns 0 on success, or a positive error number on error
```

只有当互斥量处于未锁定状态，且后续也无任何线程企图锁定它时，将其销毁才是安全的。若互斥量驻留于动态分配的一片内存区域中，应在释放（free）此内存区域前将其销毁。对于自动分配的互斥量，也应在宿主函数返回前将其销毁。

经由 pthread_mutex_destroy() 销毁的互斥量，可调用 pthread_mutex_init() 对其重新初始化。

30.1.6　互斥量的属性

如前所述，可以在 pthread_mutex_init() 函数的 arg 参数中指定 pthread_mutexattr_t 类型对象，对互斥量的属性进行定义。通过 pthread_mutexattr_t 类型对象对互斥量属性进行初始化和读取操作的 Pthreads 函数有多个。本书不打算深入讨论互斥量属性的细节，也不会将初始化 pthread_mutexattr_t 对象内属性的各种函数原型一一列出。不过，下一节会讨论互斥量的属性之一：类型。

30.1.7　互斥量类型

前面几页对互斥量的行为做了若干论述。

- 同一线程不应对同一互斥量加锁两次。
- 线程不应对不为自己所拥有的互斥量解锁（亦即，尚未锁定互斥量）。
- 线程不应对一尚未锁定的互斥量做解锁动作。

准确地说，上述情况的结果将取决于互斥量类型（type）。SUSv3 定义了以下互斥量类型。

PTHREAD_MUTEX_NORMAL

该类型的互斥量不具有死锁检测（自检）功能。如线程试图对已由自己锁定的互斥量加锁，则发生死锁。互斥量处于未锁定状态，或者已由其他线程锁定，对其解锁会导致不确定的结果。（在 Linux 上，对这类互斥量的上述两种操作都会成功。）

PTHREAD_MUTEX_ERRORCHECK

对此类互斥量的所有操作都会执行错误检查。所有上述 3 种情况都会导致相关 Pthreads 函数返回错误。这类互斥量运行起来比一般类型要慢，不过可将其作为调试工具，以发现程序在哪里违反了互斥量使用的基本原则。

PTHREAD_MUTEX_RECURSIVE

递归互斥量维护有一个锁计数器。当线程第 1 次取得互斥量时，会将锁计数器置 1。后续由同一线程执行的每次加锁操作会递增锁计数器的数值，而解锁操作则递减计数器计数。只有当锁计数器值降至 0 时，才会释放（release，亦即可为其他线程所用）该互斥量。解锁时如目标互斥量处于未锁定状态，或是已由其他线程锁定，操作都会失败。

Linux 的线程实现针对以上各种类型的互斥量提供了非标准的静态初始值（例如，PTHREAD_RECURSIVE_MUTEX_INITIALIZER_NP），以便对那些通过静态分配的互斥量进行初始化，而无需使用 pthread_mutex_init()函数。不过，为保证程序的可移植性，应该避免使用这些初始值。

除了上述类型，SUSv3 还定义了 PTHREAD_MUTEX_DEFAULT 类型。使用 PTHREAD_MUTEX_INITIALIZER 初始化的互斥量，或是经调用参数 attr 为 NULL 的 pthread_mutex_init()函数所创建的互斥量，都属于此类型。至于该类型互斥量在本节开始处 3 个场景中的行为，规范有意未作定义，意在为互斥量的高效实现保留最大的灵活性。Linux 上，PTHREAD_MUTEX_DEFAULT 类型互斥量的行为与 PTHREAD_MUTEX_NORMAL 类型相仿。

程序清单 30-3 演示了如何设置互斥量类型，本例创建了一个带有错误检查属性（error-checking）的互斥量。

程序清单 30-3：设置互斥量类型

```
pthread_mutex_t mtx;
pthread_mutexattr_t mtxAttr;
int s, type;

s = pthread_mutexattr_init(&mtxAttr);
if (s != 0)
    errExitEN(s, "pthread_mutexattr_init");
s = pthread_mutexattr_settype(&mtxAttr, PTHREAD_MUTEX_ERRORCHECK);
if (s != 0)
    errExitEN(s, "pthread_mutexattr_settype");

s = pthread_mutex_init(mtx, &mtxAttr);
if (s != 0)
    errExitEN(s, "pthread_mutex_init");

s = pthread_mutexattr_destroy(&mtxAttr);          /* No longer needed */
if (s != 0)
    errExitEN(s, "pthread_mutexattr_destroy");
```

30.2　通知状态的改变：条件变量（Condition Variable）

互斥量防止多个线程同时访问同一共享变量。条件变量允许一个线程就某个共享变量（或其他共享资源）的状态变化通知其他线程，并让其他线程等待（堵塞于）这一通知。

一个未使用条件变量的简单例子有助于展示条件变量的重要性。假设由若干线程生成一些"产品单元（result unit）"供主线程消费。还使用了一个由互斥量保护的变量 avail 来代表待消费产品的数量：

```
static pthread_mutex_t mtx = PTHREAD_MUTEX_INITIALIZER;

static int avail = 0;
```

本节引用的代码片段摘自于随本书发布的源代码文件 threads/prod_no_condvar.c。
生产者线程的源代码如下：

```
/* Code to produce a unit omitted */

s = pthread_mutex_lock(&mtx);
if (s != 0)
    errExitEN(s, "pthread_mutex_lock");

avail++;    /* Let consumer know another unit is available */

s = pthread_mutex_unlock(&mtx);
if (s != 0)
    errExitEN(s, "pthread_mutex_unlock");
```

主线程（消费者）的代码如下：

```
for (;;) {
    s = pthread_mutex_lock(&mtx);
    if (s != 0)
        errExitEN(s, "pthread_mutex_lock");

    while (avail > 0) {            /* Consume all available units */
        /* Do something with produced unit */
        avail--;
    }

    s = pthread_mutex_unlock(&mtx);
    if (s != 0)
        errExitEN(s, "pthread_mutex_unlock");
}
```

上述代码虽然可行，但由于主线程不停地循环检查变量 avail 的状态，故而造成 CPU 资源的浪费。采用了条件变量（condition variable），这一问题就迎刃而解：允许一个线程休眠（等待）直至接获另一线程的通知（收到信号）去执行某些操作（例如，出现一些"情况"后，等待者必须立即做出响应）。

条件变量总是结合互斥量使用。条件变量就共享变量的状态改变发出通知，而互斥量则提供对该共享变量访问的互斥（mutual exclusion）。这里使用的术语"信号"（signal），与第 20 章至第 22 章所述信号（signal）无关，而是发出信号的意思。

30.2.1　由静态分配的条件变量

如同互斥量一样，条件变量的分配，有静态和动态之分。条件变量的动态创建延后到 30.2.5 节再行描述，这里先讨论一下静态分配。

条件变量的数据类型是 pthread_count_t。类似于互斥量，使用条件变量前必须对其初始化。对于经由静态分配的条件变量，将其赋值为 PTHREAD_COND_INITALIZER 即完成初始化操作。可参考下面的例子：

```
pthread_cond_t cond = PTHREAD_COND_INITIALIZER;
```

依据 SUSv3 规定，将本节后续所描述的操作施之于一个条件变量的副本（copy）时，其结果未定义。所有操作仅能针对条件变量的原本执行，要么经由 PTHREAD_COND_INITIALIZE 进行了静态初始化，要么使用 pthread_cond_init()做了动态初始化（30.2.5 节描述）处理。

30.2.2 通知和等待条件变量

条件变量的主要操作是发送信号（signal）和等待（wait）。发送信号操作即通知一个或多个处于等待状态的线程，某个共享变量的状态已经改变。等待操作是指在收到一个通知前一直处于阻塞状态。

函数 pthread_cond_signal()和 pthread_cond_broadcast()均可针对由参数 cond 所指定的条件变量而发送信号。pthread_cond_wait()函数将阻塞一线程，直至收到条件变量 cond 的通知。

```
#include <pthread.h>

int pthread_cond_signal(pthread_cond_t *cond);
int pthread_cond_broadcast(pthread_cond_t *cond);
int pthread_cond_wait(pthread_cond_t *cond, pthread_mutex_t *mutex);
                    All return 0 on success, or a positive error number on error
```

函数 pthread_cond_signal()和 pthread_cond_broadcast()之间的差别在于，二者对阻塞于 pthread_cond_wait()的多个线程处理方式不同。pthread_cond_signal()函数只保证唤醒至少一条遭到阻塞的线程，而 pthread_cond_broadcast()则会唤醒所有遭阻塞的线程。

使用函数 pthread_cond_broadcast()总能产生正确结果（因为所有线程应都能处理多余和虚假的唤醒动作），但函数 pthread_cond_signal()会更为高效。不过，只有当仅需唤醒一条（且无论是其中哪条）等待线程来处理共享变量的状态变化时，才应使用 pthread_cond_signal()。应用这种方式的典型情况是，所有等待线程都在执行完全相同的任务。基于这些假设，函数 pthread_cond_signal()会比 pthread_cond_broadcast()更具效率，因为这可以避免发生如下情况。

1. 同时唤醒所有等待线程。
2. 某一线程首先获得调度。此线程检查了共享变量的状态（在相关互斥量的保护之下），发现还有任务需要完成。该线程执行了所需工作，并改变共享变量状态，以表明任务完成，最后释放对相关互斥量的锁定。
3. 剩余的每个线程轮流锁定互斥量并检测共享变量的状态。不过，由于第一个线程所做的工作，余下的线程发现无事可做，随即解锁互斥量转而休眠（即再次调用 pthread_cond_wait()）。

相形之下，函数 pthread_cond_broadcast()所处理的情况是：处于等待状态的所有线程执行的任务不同（即各线程关联于条件变量的判定条件不同）。

条件变量并不保存状态信息，只是传递应用程序状态信息的一种通讯机制。发送信号时若无任何线程在等待该条件变量，这个信号也就会不了了之。线程如在此后等待该条件变量，只有当再次收到此变量的下一信号时，方可解除阻塞状态。

函数 pthread_cond_timedwait()与函数 pthread_cond_wait()几近相同，唯一的区别在于，由参数 abstime 来指定一个线程等待条件变量通知时休眠时间的上限。

```
#include <pthread.h>
```

```
int pthread_cond_timedwait(pthread_cond_t *cond, pthread_mutex_t *mutex,
                           const struct timespec *abstime);
```
                           Returns 0 on success, or a positive error number on error

参数 abstime 是一个 timespec 类型的结构（见 23.4.2 节），用以指定自 Epoch（参考 10.1
节）以来以秒和纳秒（nanosecond）为单位表示的绝对（absolute）时间。如果 abstime 指定的
时间间隔到期且无相关条件变量的通知，则返回 ETIMEOUT 错误。

在生产者-消费者（producer-consumer）示例中使用条件变量

下面对前面的示例作出修改，引入条件变量。对全局变量、相关互斥量以及条件变量的
声明代码如下：

```
static pthread_mutex_t mtx = PTHREAD_MUTEX_INITIALIZER;
static pthread_cond_t cond = PTHREAD_COND_INITIALIZER;

static int avail = 0;
```

本节中的代码片段摘自随本书发布的源代码文件 threads/prod_condvar.c。

除了增加对函数 pthread_cond_signal() 的调用外，生产者线程的代码与之前并无变化：
```
s = pthread_mutex_lock(&mtx);
if (s != 0)
    errExitEN(s, "pthread_mutex_lock");

avail++;                    /* Let consumer know another unit is available */

s = pthread_mutex_unlock(&mtx);
if (s != 0)
    errExitEN(s, "pthread_mutex_unlock");

s = pthread_cond_signal(&cond);          /* Wake sleeping consumer */
if (s != 0)
    errExitEN(s, "pthread_cond_signal");
```
在分析消费者代码之前，需要对 pthread_cond_wait() 函数做更为详细的解释。前文已经指
出，条件变量总是要与一个互斥量相关。将这些对象通过函数参数传递给 pthread_cond_wait()，
后者执行如下操作步骤。

- 解锁互斥量 mutex。
- 堵塞调用线程，直至另一线程就条件变量 cond 发出信号。
- 重新锁定 mutex。

设计 pthread_cond_wait() 执行上述步骤，是因为通常情况下代码会以如下方式访问共享变量：
```
s = pthread_mutex_lock(&mtx);
if (s != 0)
    errExitEN(s, "pthread_mutex_lock");

while (/* Check that shared variable is not in state we want */)
    pthread_cond_wait(&cond, &mtx);

/* Now shared variable is in desired state; do some work */

s = pthread_mutex_unlock(&mtx);
if (s != 0)
    errExitEN(s, "pthread_mutex_unlock");
```

下一节将会介绍为何将 pthread_cond_wait()调用置于 while 循环中，而非 if 语句中。

在以上代码中，两处对共享变量的访问都必须置于互斥量的保护之下，其原因之前已做了解释。换言之，条件变量与互斥量之间存在着天然的关联关系。

1. 线程在准备检查共享变量状态时锁定互斥量。

2. 检查共享变量的状态。

3. 如果共享变量未处于预期状态，线程应在等待条件变量并进入休眠前解锁互斥量（以便其他线程能访问该共享变量）。

4. 当线程因为条件变量的通知而被再度唤醒时，必须对互斥量再次加锁，因为在典型情况下，线程会立即访问共享变量。

函数 pthread_cond_wait()会自动执行最后两步中对互斥量的解锁和加锁动作。第 3 步中互斥量的释放与陷入对条件变量的等待同属于一个原子操作。换句话说，在函数 pthread_cond_wait()的调用线程陷入对条件变量的等待之前，其他线程不可能获取到该互斥量，也不可能就该条件变量发出信号。

> 通过观察得出推论：条件变量与互斥量之间存在天然关系，同时等待相同条件变量的所有线程在调用 pthread_cond_wait()或 pthread_cond_timedwait()时必须指定同一互斥量。实际上，pthread_cond_wait()在调用期间能将条件变量与一个唯一的互斥量做动态绑定。SUSv3 规定，在针对同一条件变量并发调用 pthread_cond_wait()时，若使用多个互斥量会导致未定义的结果。

结合以上所有细节，使用 pthread_cond_wait()修改主（消费者）线程的代码如下：

```
for (;;) {
    s = pthread_mutex_lock(&mtx);
    if (s != 0)
        errExitEN(s, "pthread_mutex_lock");

    while (avail == 0) {             /* Wait for something to consume */
        s = pthread_cond_wait(&cond, &mtx);
        if (s != 0)
            errExitEN(s, "pthread_cond_wait");
    }

    while (avail > 0) {              /* Consume all available units */
        /* Do something with produced unit */
        avail--;
    }

    s = pthread_mutex_unlock(&mtx);
    if (s != 0)
        errExitEN(s, "pthread_mutex_unlock");

    /* Perhaps do other work here that doesn't require mutex lock */
}
```

最后，再看一下 pthread_cond_signal()和 pthread_cond_broadcast()的使用。前面展示的生产者代码先调用了 pthread_mutex_unlock()，接着调用了 pthread_cond_signal()；换言之，先解锁与共享变量相关的互斥量，再就对应的条件变量发出信号。也可以将这两步颠倒执行，SUSv3 允许以任意顺序执行这两个调用。

[Butenhof, 1996]指出，在某些实现中，先解锁互斥量再通知条件变量可能比反序执行效率要高。如果仅在发出条件变量信号后才解锁互斥量，执行 pthread_cond_wait()调用的线程可能会在互斥量仍处于加锁状态时就醒来，当其发现互斥量仍未解锁，会立即再次休眠。这会导致两个多余的上下文切换（context switch）。有些实现运用等待变形（wait morphing）技术解决了这一问题：将等待接收信号的线程从条件变量的等待队列转移至互斥量等待队列。这样，即便互斥量处于加锁状态，也无需切换上下文。

30.2.3　测试条件变量的判断条件（predicate）

每个条件变量都有与之相关的判断条件，涉及一个或多个共享变量。例如，在上一节的代码中，与 cond 相关的判断是(avail == 0)。这段代码展示了一个通用的设计原则：必须由一个 while 循环，而不是 if 语句，来控制对 pthread_cond_wait()的调用。这是因为，当代码从 pthread_cond_wait()返回时，并不能确定判断条件的状态，所以应该立即重新检查判断条件，在条件不满足的情况下继续休眠等待。

从 pthread_cond_wait()返回时，之所以不能对判断条件的状态做任何假设，其理由如下。

- 其他线程可能会率先醒来。也许有多个线程在等待获取与条件变量相关的互斥量。即使就互斥量发出通知的线程将判断条件置为预期状态，其他线程依然有可能率先获取互斥量并改变相关共享变量的状态，进而改变判断条件的状态。

- 设计时设置"宽松的"判断条件或许更为简单。有时，用条件变量来表征可能性而非确定性，在设计应用程序时会更为简单。换言之，就条件变量发送信号意味着"可能有些事情"需要接收信号的线程去响应，而不是"一定有一些事情"要做。使用这种方法，可以基于判断条件的近似情况来发送条件变量通知，接收信号的线程可以通过再次检查判断条件来确定是否真的需要做些什么。

- 可能会发生虚假唤醒的情况。在一些实现中，即使没有任何其他线程真地就条件变量发出信号，等待此条件变量的线程仍有可能醒来。在一些多处理器系统上，为确保高效实现而采用的技术会导致此类（不常见的）虚假唤醒。SUSv3 对此予以明确认可。

30.2.4　示例程序：连接任意已终止线程

前面已然提及，使用 pthread_join()只能连接一个指定线程。且该函数也未提供任何机制去连接任意的已终止线程。本节展示如何使用条件变量绕过这一限制。

程序清单 30-4 为其每个命令行参数创建一个线程。每个线程休眠一段时间后随即退出，休眠时间由相应命令行参数所指定的秒数决定。这里用休眠间隔来模拟线程工作了一段时间。

该程序维护有一组全局变量，记录了所有已创建线程的信息。对于每个线程，全局数组 thread 中都含有一元素记录其线程 ID（字段 tid）以及当前状态（字段 state）。状态字段 state 可设置为以下值：TS_ALIVE，表示线程是活动的；TS_TERMINATED，代表线程已经终结但尚未被连接；TS_JOINED，表示线程终止且已被连接。

当线程终止时，将 TS_TERMINATED 赋给数组 thread 中对应元素的 state 字段，对表征已终止但尚未连接线程的全局计数器（numUnjoined）加一，并就条件变量 threadDied 发出信号。

主线程使用循环不断等待条件变量 threadDied。当收到 threadDied 信号，且存在已终止线程尚未被连接时，主线程将扫描 thread 数组，寻找 state 为 TS_TERMINATED 的数组元素。对处于该状态的每个线程，以数组 thread 中的对应 tid 字段调用 pthread_join()函数，并将 state 置为 TS_JOINED。当由主线程创建的所有线程终止时，即全局变量 numLive 值为 0 时，主循环结束。

以下 shell 会话日志展示了对程序清单 30-4 中程序的调用：

```
$ ./thread_multijoin 1 1 2 3 3          Create 5 threads
Thread 0 terminating
Thread 1 terminating
Reaped thread 0 (numLive=4)
Reaped thread 1 (numLive=3)
Thread 2 terminating
Reaped thread 2 (numLive=2)
Thread 3 terminating
Thread 4 terminating
Reaped thread 3 (numLive=1)
Reaped thread 4 (numLive=0)
```

最后要指出，虽然示例中的线程都被创建为处于可连接状态，且终止后立即由 pthread_join()予以捕获，其实无需采用这一方法来发现线程的终止。可以将线程置为分离态（detached），无需使用 pthread_join()，简单地利用 thread 数组（及其他相关全局变量）作为记录每个线程终结的手段。

程序清单 30-4：可以连接任意已终止线程的主线程

————————————————————————————————— threads/thread_multijoin.c

```
#include <pthread.h>
#include "tlpi_hdr.h"

static pthread_cond_t threadDied = PTHREAD_COND_INITIALIZER;
static pthread_mutex_t threadMutex = PTHREAD_MUTEX_INITIALIZER;
                /* Protects all of the following global variables */

static int totThreads = 0;      /* Total number of threads created */
static int numLive = 0;         /* Total number of threads still alive or
                                   terminated but not yet joined */
static int numUnjoined = 0;     /* Number of terminated threads that
                                   have not yet been joined */
enum tstate {                   /* Thread states */
    TS_ALIVE,                   /* Thread is alive */
    TS_TERMINATED,              /* Thread terminated, not yet joined */
    TS_JOINED                   /* Thread terminated, and joined */
};

static struct {                 /* Info about each thread */
    pthread_t tid;              /* ID of this thread */
    enum tstate state;          /* Thread state (TS_* constants above) */
    int sleepTime;              /* Number seconds to live before terminating */
} *thread;

static void *                   /* Start function for thread */
threadFunc(void *arg)
{
    int idx = *((int *) arg);
    int s;
    sleep(thread[idx].sleepTime);       /* Simulate doing some work */
    printf("Thread %d terminating\n", idx);

    s = pthread_mutex_lock(&threadMutex);
    if (s != 0)
```

```
                errExitEN(s, "pthread_mutex_lock");

        numUnjoined++;
        thread[idx].state = TS_TERMINATED;

        s = pthread_mutex_unlock(&threadMutex);
        if (s != 0)
            errExitEN(s, "pthread_mutex_unlock");
        s = pthread_cond_signal(&threadDied);
        if (s != 0)
            errExitEN(s, "pthread_cond_signal");

        return NULL;
}

int
main(int argc, char *argv[])
{
    int s, idx;

    if (argc < 2 || strcmp(argv[1], "--help") == 0)
        usageErr("%s nsecs...\n", argv[0]);

    thread = calloc(argc - 1, sizeof(*thread));
    if (thread == NULL)
        errExit("calloc");

    /* Create all threads */

    for (idx = 0; idx < argc - 1; idx++) {
        thread[idx].sleepTime = getInt(argv[idx + 1], GN_NONNEG, NULL);
        thread[idx].state = TS_ALIVE;
        s = pthread_create(&thread[idx].tid, NULL, threadFunc, &idx);
        if (s != 0)
            errExitEN(s, "pthread_create");
    }

    totThreads = argc - 1;
    numLive = totThreads;

    /* Join with terminated threads */

    while (numLive > 0) {
        s = pthread_mutex_lock(&threadMutex);
        if (s != 0)
            errExitEN(s, "pthread_mutex_lock");
        while (numUnjoined == 0) {
            s = pthread_cond_wait(&threadDied, &threadMutex);
            if (s != 0)
                errExitEN(s, "pthread_cond_wait");
        }

        for (idx = 0; idx < totThreads; idx++) {
            if (thread[idx].state == TS_TERMINATED){
                s = pthread_join(thread[idx].tid, NULL);
                if (s != 0)
                    errExitEN(s, "pthread_join");

                thread[idx].state = TS_JOINED;
```

```
                numLive--;
                numUnjoined--;

                printf("Reaped thread %d (numLive=%d)\n", idx, numLive);
            }
        }

        s = pthread_mutex_unlock(&threadMutex);
        if (s != 0)
            errExitEN(s, "pthread_mutex_unlock");
    }

    exit(EXIT_SUCCESS);
}
```
―――――――――――――――――――――――――――――――――――――― **threads/thread_multijoin.c**

30.2.5　经由动态分配的条件变量

使用函数 pthread_cond_init()对条件变量进行动态初始化。需要使用 pthread_cond_init()的情形类似于使用 pthread_mutex_init()来动态初始化互斥量的情况。亦即，对自动或动态分配的条件变量进行初始化时，或是对未采用默认属性经由静态分配的条件变量进行初始化时，必须使用 pthread_cond_init()。

```
#include <pthread.h>

int pthread_cond_init(pthread_cond_t *cond, const pthread_condattr_t *attr);
                        Returns 0 on success, or a positive error number on error
```

参数 cond 表示将要初始化的目标条件变量。类似于互斥量，可以指定之前经由初始化处理的 attr 参数来判定条件变量的属性。对于 attr 所指向的 pthread_condattr_t 类型对象，可使用多个 Pthreads 函数对其中属性进行初始化。若将 attr 置为 NULL，则使用一组缺省属性来设置条件变量。

SUSv3 规定，对业已初始化的条件变量进行再次初始化，将导致未定义的行为。应当避免这一做法。

当不再需要一个经由自动或动态分配的条件变量时，应调用 pthread_cond_destroy()函数予以销毁。对于使用 PTHREAD_COND_INITIALIZER 进行静态初始化的条件变量，无需调用pthread_cond_destroy()。

```
#include <pthread.h>

int pthread_cond_destroy(pthread_cond_t *cond);
                        Returns 0 on success, or a positive error number on error
```

对某个条件变量而言，仅当没有任何线程在等待它时，将其销毁才是安全的。如果条件变量驻留于某片动态创建的内存区域，那么应在释放该内存区域前就将其销毁。经由自动分配的条件变量应在宿主函数返回前予以销毁。

经 pthread_cond_destroy()销毁的条件变量，之后可以调用 pthread_cond_init()对其进行重新初始化。

30.3 总结

线程提供的强大共享是有代价的。多线程应用程序必须使用互斥量和条件变量等同步原语来协调对共享变量的访问。互斥量提供了对共享变量的独占式访问。条件变量允许一个或多个线程等候通知：其他线程改变了共享变量的状态。

更多信息

请参考 29.10 节所列的更多信息来源。

30.4 练习

30-1. 修改程序清单 30-1（thread_incr.c）中的程序，以便线程起始函数在每次循环中都能输出 glob 的当前值以及能对线程做唯一标识的标识符。可将线程的这一唯一标识指定为创建线程的函数 pthread_create() 的调用参数。对于这一程序，需要将线程起始函数的参数改为指针，指向包含线程唯一标识和循环次数限制的数据结构。运行该程序，将输出重定向至一文件，查看内核在调度两线程交替执行时 glob 的变化情况。

30-2. 实现一组线程安全的函数，以更新和搜索一个不平衡二叉树。此函数库应该包含如下形式的函数（目的明显）：

```
initialize(tree);
add(tree, char *key, void *value);
delete(tree, char *key)
Boolean lookup(char *key, void **value)
```

上述函数原型中，tree 是一个指向根节点的结构（为此需要定义一个合适的结构）。树的每个节点保存有一个键-值对。还需为树中每个节点定义一数据结构，其中应包含互斥量，以确保同时仅有一个线程可以访问该节点。initialize()、add() 和 lookup() 函数的实现相对简单。delete() 的实现需要较为深入的考虑。

> 无需维护平衡二叉树，这极大简化了实现对锁的需求，但同时也带来了风险，特定模式的输入会导致树的执行效率低下。要维护平衡二叉树，则在执行 add() 和 delete() 操作时必然要在子树间移动节点，这就需要更为复杂的锁定策略。

第 **31** 章

线程：线程安全和每线程存储

本章将拓展对 POSIX 线程 API 的探讨，描述线程安全（thread-safe）函数以及一次性初始化。同时讨论在不改变函数接口定义的前提下，如何通过线程特有数据（thread-specific data）或线程局部存储（thread-local storage）实现已有函数的线程安全。

31.1 线程安全（再论可重入性）

若函数可同时供多个线程安全调用，则称之为线程安全函数；反之，如果函数不是线程安全的，则不能并发调用。例如，如下函数（30.1 节也有类似代码）就不是线程安全的：

```
static int glob = 0;

static void
incr(int loops)
{
    int loc, j;

    for (j = 0; j < loops; j++) {
        loc = glob;
        loc++;
        glob = loc;
    }
}
```

如果多个线程并发调用该函数，glob 的最终值将不得而知。本例展示了导致线程不安全的典型原因：使用了在所有线程之间共享的全局或静态变量。

实现线程安全有多种方式。其一是将函数与互斥量关联使用（如果函数库中的所有函数都共享同样的全局变量，那么或许应将所有函数都与该互斥量相关联），在调用函数时将其锁定，在函数返回时解锁。这一方法的优点在于简单。另一方面，这也意味着同时只能有一个线程执行该函数，亦即，对该函数的访问是串行的（serialized）。如果各线程在执行此函数时都耗费了相当多的时间，那么串行化会导致并发能力的丧失，所有线程将不再并发执行。

另一种更为复杂的解决方案是：将共享变量与互斥量关联起来。这需要程序员们确认函数的哪些部分是使用了共享变量的临界区，且仅在执行到临界区时去获取和释放互斥量。这将允许多线程同时执行一个函数并实现并行，除非出现多个线程需要同时执行同一临界区的情况。

非线程安全的函数

为便于开发多线程应用程序，除了表 31-1 所列函数以外（其中大部分并未在本书中提及），SUSv3 中的所有函数都需实现线程安全。

除了表 31-1 中所列函数，SUSv3 还做了如下规定。

* 如传参为 NULL 时，函数 ctermid() 和 tmpnam() 无需是线程安全的。
* 如果函数 wcrtomb() 和 wcsrtombs() 的最后一个参数（ps）为 NULL，那么这两个函数也无需是线程安全的。

SUSv4 对表 31-1 中的函数做了以下修改。

* 移除函数 ecvt()、fcvt()、gcvt()、gethostbyname() 以及 gethostbyaddr()，因为已从标准中删除了这些函数。
* 增加函数 strsignal() 和 system()。由于 system() 函数就信号处置所做的操作将影响整个进程，故而是不可重入的。

标准并未禁止将表 31-1 中的函数实现为线程安全。不过，即使在某些实现中有些函数是线程安全的，为确保应用程序的可移植性，也不应该假设这些函数在所有实现中都是如此。

表 31-1：SUSv3 不要求这些函数是线程安全的

asctime()	fcvt()	getpwnam()	nl_langinfo()
basename()	ftw()	getpwuid()	ptsname()
catgets()	gcvt()	getservbyname()	putc_unlocked()
crypt()	getc_unlocked()	getservbyport()	putchar_unlocked()
ctime()	getchar_unlocked()	getservent()	putenv()
dbm_clearerr()	getdate()	getutxent()	pututxline()
dbm_close()	getenv()	getutxid()	rand()
dbm_delete()	getgrent()	getutxline()	readdir()
dbm_error()	getgrgid()	gmtime()	setenv()
dbm_fetch()	getgrnam()	hcreate()	setgrent()
dbm_firstkey()	gethostbyaddr()	hdestroy()	setkey()
dbm_nextkey()	gethostbyname()	hsearch()	setpwent()
dbm_open()	gethostent()	inet_ntoa()	setutxent()
dbm_store()	getlogin()	l64a()	strerror()
dirname()	getnetbyaddr()	lgamma()	strtok()
dlerror()	getnetbyname()	lgammaf()	ttyname()
drand48()	getnetent()	lgammal()	unsetenv()
ecvt()	getopt()	localeconv()	wcstombs()
encrypt()	getprotobyname()	localtime()	wctomb()
endgrent()	getprotobynumber()	lrand48()	
endpwent()	getprotoent()	mrand48()	
endutxent()	getpwent()	nftw()	

可重入和不可重入函数

较之于对整个函数使用互斥量，使用临界区实现线程安全虽然有明显改进，但由于存在对互斥量的加锁和解锁开销，所以多少还是有些低效。可重入函数则无需使用互斥量即可实现线程安全。其要诀在于避免对全局和静态变量的使用。需要返回给调用者的任何信息，亦或是需要在对函数的历次调用间加以维护的信息，都存储于由调用者分配的缓冲区内。（初次碰到可重入问题，是在 21.1.2 节讨论信号处理器中的全局变量时。）不过，并非所有函数都可以实现为可重入，通常的原因如下。

- 根据其性质，有些函数必须访问全局数据结构。malloc 函数库中的函数就是这方面的典范。这些函数为堆中的空闲块维护有一个全局链表。malloc 库函数的线程安全是通过使用互斥量来实现的。
- 一些函数（在发明线程之前就已问世）的接口本身就定义为不可重入，要么返回指针，指向由函数自身静态分配的存储空间，要么利用静态存储对该函数（或相关函数）历次调用间的信息加以维护。表 31-1 所列函数大多属于此类。例如，函数 asctime()（10.2.3 节）就返回一个指针，指向经由静态分配的缓冲区，其内容为日期和时间字符串。

对于一些接口不可重入的函数，SUSv3 为其定义了以后缀 _r 结尾的可重入"替身"。这些"替身"函数要求由调用者来分配缓冲区，并将缓存区地址传给函数用以返回结果。这使得调用线程可以使用局部（栈）变量来存放函数结果。出于这一目的，SUSv3 定义了如下函数：asctime_r()、ctime_r()、getgrgid_r()、getgrnam_r()、getlogin_r()、getpwnam_r()、getpwuid_r()、gmtime_r()、localtime_r()、rand_r()、readdir_r()、strerror_r()、strtok_r()和 ttyname_r()。

> 有些系统实现为一些传统的不可重入函数也提供了附加的可重入"替身"。例如，glibc 就提供了函数 crypt_r()、gethostbyname_r()、getservbyname_r()、getutent_r()、getutid_r()、getutline_r()和 ptsname_r()。不过，为确保应用程序的可移植性，不应假设这些函数在其他实现中也存在。某些情况下，SUSv3 并未规定这些等价的可重入函数，因为功能更强、又可重入的替代函数已然存在。例如，函数 getaddrinfo()就更新且可重入，可用来替代函数 gethostbyname()和 getservbyname()。

31.2 一次性初始化

多线程程序有时有这样的需求：不管创建了多少线程，有些初始化动作只能发生一次。例如，可能需要执行 pthread_mutex_init()对带有特殊属性的互斥量进行初始化，而且必须只能初始化一次。如果由主线程来创建新线程，那么这一点易如反掌：可以在创建依赖于该初始化的线程之前进行初始化。不过，对于库函数而言，这样处理就不可行，因为调用者在初次调用库函数之前可能已经创建了这些线程。故而需要这样的库函数：无论首次为任何线程所调用，都会执行初始化动作。

库函数可以通过函数 pthread_once()实现一次性初始化。

```
#include <pthread.h>

int pthread_once(pthread_once_t *once_control, void (*init)(void));
                        Returns 0 on success, or a positive error number on error
```

利用参数 once_control 的状态，函数 pthread_once()可以确保无论有多少线程对 pthread_once()调用了多少次，也只会执行一次由 init 指向的调用者定义函数。

init 函数没有任何参数，形式如下：

```
void
init(void)
{
    /* Function body */
}
```

另外，参数 once_control 必须是一指针，指向初始化为 PTHREAD_ONCE_INIT 的静态变量。

```
pthread_once_t once_var = PTHREAD_ONCE_INIT;
```

调用函数 pthread_once()时要指定一个指针，指向类型为 pthread_once_t 的特定变量，对该函数的首次调用将修改 once_control 所指向的内容，以便对其后续调用不会再次执行 init。

常常将 Pthread_once()和线程特有数据结合使用，相关内容会在下一节描述。

> Pthreads 的早期版本不能对互斥量进行静态初始化，只能使用 pthread_mutex_init()（[Butenbof, 1996]），这也是函数 pthread_once()存在的主要原因。随着静态分配互斥量功能的问世，库函数可以使用一个经静态分配的互斥量和一个静态布尔型（Boolean）变量来实现一次性初始化。虽然如此，出于方便的考虑，函数 pthread_once()得以保留。

31.3 线程特有数据

实现函数线程安全最为有效的方式就是使其可重入，应以这种方式来实现所有新的函数库。不过，对于已有的不可重入函数库（可能问世于线程流行之前）来说，采用这种方法通常需要修改函数接口，这也意味着，需要修改所有使用此类函数的应用程序。

使用线程特有数据技术，可以无需修改函数接口而实现已有函数的线程安全。较之于可重入函数，采用线程特有数据的函数效率可能要略低一些，不过对于使用了这些调用的程序而言，则省去了修改程序之劳。

如图 31-1 所示，线程特有数据使函数得以为每个调用线程分别维护一份变量的副本（copy）。线程特有数据是长期存在的。在同一线程对相同函数的历次调用间，每个线程的变量会持续存在，函数可以向每个调用线程返回各自的结果缓冲区（如果需要的话）。

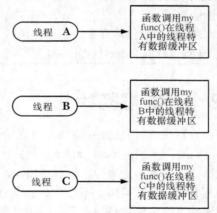

图 31-1：线程特有数据（TSD）为函数提供线程内存储

31.3.1 库函数视角下的线程特有数据

要了解线程特有数据相关 API 的使用，需要从使用这一技术的库函数角度来考虑如下问题。

- 该函数必须为每个调用者线程分配单独的存储，且只需在线程初次调用此函数时分配一次即可。
- 在同一线程对此函数的后续所有调用中，该函数都需要获取初次调用时线程分配的存储块地址。由于函数调用结束时会释放自动变量，故而函数不应利用自动变量存放存储块指针，也不能将指针存放于静态变量中，因为静态变量在进程中只有一个实例。Pthreads API 提供了函数来处理这一情况。

- 不同（无相互依赖关系）函数各自可能都需要使用线程特有数据。每个函数都需要方法来标识其自身的线程特有数据（键），以便与其他函数所使用的线程特有数据有所区分。
- 当线程退出时，函数无法控制将要发生的情况。这时，线程可能会执行该函数之外的代码。不过，一定存在某些机制（解构器），在线程退出时会自动释放为该线程所分配的存储。若非如此，随着持续不断地创建线程，调用函数和终止线程，将会引发内存泄露。

31.3.2 线程特有数据 API 概述

要使用线程特有数据，库函数执行的一般步骤如下。

1. 函数创建一个键（key），用以将不同函数使用的线程特有数据项区分开来。调用函数 pthread_key_create() 可创建此"键"，且只需在首个调用该函数的线程中创建一次，函数 pthread_once() 的使用正是出于这一目的。键在创建时并未分配任何线程特有数据块。
2. 调用 pthread_key_create() 还有另一个目的，即允许调用者指定一个自定义解构函数，用于释放为该键所分配的各个存储块（参见下一步）。当使用线程特有数据的线程终止时，Pthreads API 会自动调用此解构函数，同时将该线程的数据块指针作为参数传入。
3. 函数会为每个调用者线程创建线程特有数据块。这一分配通过调用 malloc()（或类似函数）完成，每个线程只分配一次，且只会在线程初次调用此函数时分配。
4. 为了保存上一步所分配存储块的地址，函数会使用两个 Pthreads 函数：pthread_setspecific() 和 pthread_getspecific()。调用函数 pthread_setspecific() 实际上是对 Pthreads 实现发起这样的请求：保存该指针，并记录其与特定键（该函数的键）以及特定线程（调用者线程）的关联性。调用 pthread_getspecific() 所执行的是互补操作：返回之前所保存的、与给定键以及调用线程相关联的指针。如果还没有指针与特定的键及线程相关联，那么 pthread_getspecific() 返回 NULL。函数可以利用这一点来判断自身是否是初次为某个线程所调用，若为初次，则必须为该线程分配空间。

31.3.3 线程特有数据 API 详述

本节将详述上节所提及的各个函数，并通过对线程特有数据的典型实现来说明其操作方法。下一节会演示如何使用线程特有数据来实现线程安全的标准 C 语言库函数 stderror()。

调用 pthread_key_create() 函数为线程特有数据创建一个新键，并通过 key 所指向的缓冲区返回给调用者。

因为进程中的所有线程都可使用返回的键，所以参数 key 应指向一个全局变量。

```
#include <pthread.h>

int pthread_key_create(pthread_key_t *key, void (*destructor)(void *));
                        Returns 0 on success, or a positive error number on error
```

参数 destructor 指向一个自定义函数，其格式如下：

```
void
dest(void *value)
{
    /* Release storage pointed to by 'value' */
}
```

只要线程终止时与 key 的关联值不为 NULL，Pthreads API 会自动执行解构函数，并将与 key 的关联值作为参数传入解构函数。传入的值通常是与该键关联，且指向线程特有数据块的指针。如果无需解构，那么可将 destructor 设置为 NULL。

> 如果一个线程有多个线程特有数据块，那么对各个解构函数的调用顺序是不确定的。对每个解构函数的设计应相互独立。

观察线程特有数据的实现有助于理解它们的使用方法。典型的实现（NPTL 即在此列）会包含以下数组。

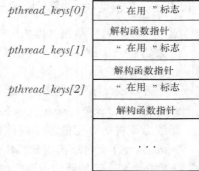

- 一个全局（进程范围）数组，存放线程特有数据的键信息。
- 每个线程包含一个数组，存有为每个线程分配的线程特有数据块的指针（通过调用 pthread_setspecific()来存储指针）。

在这一实现中，pthread_key_create()返回的 pthread_key_t 类型值只是对全局数组的索引（index），标记为 pthread_keys，其格式如图 31-2 所示。数组的每个元素都是一个包含两个字段（field）的结构。第一个字段标记该数组元素是否在用（即已由之前对 pthread_key_create()的调用分配）。第二个字段用于存放针对此键、线程特有数据块的解构函数指针（是函数 pthread_key_crate()中参数 destructor 的一份拷贝）。

图 31-2：线程特有数据键的实现

函数 pthread_setspecific()要求 Pthreads API 将 value 的副本存储于一数据结构中，并将 value 与调用线程以及 key 相关联（key 由之前对 pthread_key_create()的调用返回）。Pthread_getspecific()函数执行的操作与之相反，返回之前与本线程及给定 key 相关的值（value）。

```
#include <pthread.h>

int pthread_setspecific(pthread_key_t key, const void *value);
```
$\qquad\qquad\qquad$ Returns 0 on success, or a positive error number on error
```
void *pthread_getspecific(pthread_key_t key);
```
$\qquad$ Returns pointer, or NULL if no thread-specific data isassociated with key

函数 pthread_setspecific()的参数 value 通常是一指针，指向由调用者分配的一块内存。当线程终止时，会将该指针作为参数传递给与 key 对应的解构函数。

> 参数 value 也可以不是一个指向内存区域的指针，而是任何可以赋值（通过强制转换）给 void*的标量值。在这种情况下，先前对 pthread_key_create()函数的调用应将 destructor 指定为 NULL。

图 31-3 展示了用于存储 value 的数据结构的常见实现。图中假设将 pthread_keys[1]分配给函数 myfunc()。Pthreads API 为每个函数维护指向线程特有数据块的一个指针数组。其中每个数

组元素都与图 31-2 中全局 pthread_keys 数组的元素一一对应。函数 pthread_ setspecific()在指针数组中为每个调用线程设置与 key 对应的元素。

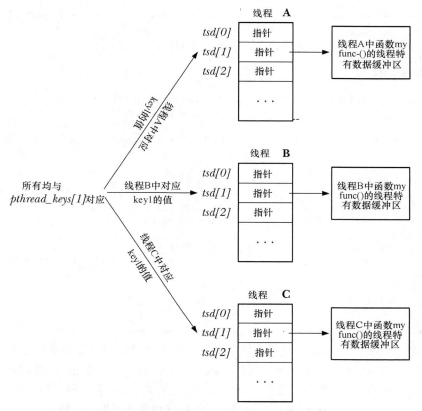

图 31-3：用于实现线程特有数据（TSD）指针的数据结构

当线程刚刚创建时，会将所有线程特有数据的指针都初始化为 NULL。这意味着当线程初次调用库函数时，必须使用 pthread_getspecific()函数来检查该线程是否已有与 key 对应的关联值。如果没有，那么此函数会分配一块内存并通过 pthread_setspecific()保存指向该内存块的指针。在下一节实现线程安全版的 stderror()函数时，将给出示例。

31.3.4 使用线程特有数据 API

3.4 节在首度论及标准 stderror()函数时曾指出，可能会返回一个指向静态分配字符串的指针作为函数结果。这意味着 stderror()可能不是线程安全的。后面将以数页篇幅讨论一下非线程安全的 stderror()实现，接着说明如何使用线程特有数据来实现该函数的线程安全。

> 在包括 Linux 在内的许多 UNIX 实现中，由标准 C 语言函数库提供的 stderror()函数都是线程安全的。不过，由于 SUSv3 并未规定该函数必须是线程安全的，而且这一 stderror()的实现又为使用线程特有数据提供了一个简单范例，故而在此将其作为示例。

程序清单 31-1 演示了非线程安全版 strerror()函数的一个简单实现。该函数利用了由 glibc 定义的一对全局变量：_sys_errlist 是一个指针数组，其每个元素指向一个与 errno 错误号相匹配的字符串（因此，例如，_sys_errlist[EINVAL]即指向字符串 Invalid operation）；_sys_nerr 表示_sys_errlist 中的元素个数。

程序清单 31-1：非线程安全版 strerror()函数的一种实现

——————————————————————————————————— *threads/strerror.c*

```c
#define _GNU_SOURCE          /* Get '_sys_nerr' and '_sys_errlist'
                                declarations from <stdio.h> */
#include <stdio.h>
#include <string.h>          /* Get declaration of strerror() */

#define MAX_ERROR_LEN 256    /* Maximum length of string
                                returned by strerror() */

static char buf[MAX_ERROR_LEN];  /* Statically allocated return buffer */

char *
strerror(int err)
{
    if (err < 0 || err >= _sys_nerr || _sys_errlist[err] == NULL) {
        snprintf(buf, MAX_ERROR_LEN, "Unknown error %d", err);
    } else {
        strncpy(buf, _sys_errlist[err], MAX_ERROR_LEN - 1);
        buf[MAX_ERROR_LEN - 1] = '\0';          /* Ensure null termination */
    }

    return buf;
}
```

——————————————————————————————————— *threads/strerror.c*

可以利用程序清单 31-2 中程序来展示程序清单 31-1 中非线程安全版的 streerror()实现所造成的后果。该程序分别从两个不同线程中调用 strerror()，并且均在两个线程调用 stderror()之后才显示返回结果。虽然两个线程为 strerror()指定的参数值不同（EINVAL 和 EPERM），在与程序清单 31-1 版的 strerror()链接、编译后，运行该程序将产生如下结果：

```
$ ./strerror_test
Main thread has called strerror()
Other thread about to call strerror()
Other thread: str (0x804a7c0) = Operation not permitted
Main thread:  str (0x804a7c0) = Operation not permitted
```

两个线程都显示与 EPERM 对应的 errno 字符串，因为第二个线程对 strerror()的调用（在函数 threadFunc()中）覆盖了主线程调用 strerror()时写入缓冲区的内容。检查输出结果可以发现，两个线程的局部变量 str 均指向同一内存地址。

程序清单 31-2：从两个不同线程调用 strerror()

——————————————————————————————————— *threads/strerror_test.c*

```c
#include <stdio.h>
#include <string.h>          /* Get declaration of strerror() */
#include <pthread.h>
#include "tlpi_hdr.h"

static void *
threadFunc(void *arg)
{
    char *str;

    printf("Other thread about to call strerror()\n");
    str = strerror(EPERM);
```

```
        printf("Other thread: str (%p) = %s\n", str, str);

        return NULL;
}

int
main(int argc, char *argv[])
{
        pthread_t t;
        int s;
        char *str;

        str = strerror(EINVAL);
        printf("Main thread has called strerror()\n");

        s = pthread_create(&t, NULL, threadFunc, NULL);
        if (s != 0)
            errExitEN(s, "pthread_create");

        s = pthread_join(t, NULL);
        if (s != 0)
            errExitEN(s, "pthread_join");

        printf("Main thread:  str (%p) = %s\n", str, str);

        exit(EXIT_SUCCESS);
}
```
── **threads/strerror_test.c**

程序清单 31-3 是对函数 strerror() 的全新实现，使用了线程特有数据来确保线程安全。

程序清单 31-3：使用线程特有数据以实现线程安全的 strerror() 函数
─── **threads/strerror_tsd.c**

```
    #define _GNU_SOURCE             /* Get '_sys_nerr' and '_sys_errlist'
                                       declarations from <stdio.h> */
    #include <stdio.h>
    #include <string.h>             /* Get declaration of strerror() */
    #include <pthread.h>
    #include "tlpi_hdr.h"

    static pthread_once_t once = PTHREAD_ONCE_INIT;
    static pthread_key_t strerrorKey;

    #define MAX_ERROR_LEN 256       /* Maximum length of string in per-thread
                                       buffer returned by strerror() */

    static void                     /* Free thread-specific data buffer */
①  destructor(void *buf)
    {
        free(buf);
    }

    static void                     /* One-time key creation function */
②  createKey(void)
    {
        int s;

        /* Allocate a unique thread-specific data key and save the address
```

```
                     of the destructor for thread-specific data buffers */
③         s = pthread_key_create(&strerrorKey, destructor);
          if (s != 0)
              errExitEN(s, "pthread_key_create");
      }
      char *
      strerror(int err)
      {
          int s;
          char *buf;

          /* Make first caller allocate key for thread-specific data */

④         s = pthread_once(&once, createKey);
          if (s != 0)
              errExitEN(s, "pthread_once");

⑤         buf = pthread_getspecific(strerrorKey);
          if (buf == NULL) {          /* If first call from this thread, allocate
                                         buffer for thread, and save its location */
⑥             buf = malloc(MAX_ERROR_LEN);
              if (buf == NULL)
                  errExit("malloc");

⑦             s = pthread_setspecific(strerrorKey, buf);
              if (s != 0)
                  errExitEN(s, "pthread_setspecific");
          }

          if (err < 0 || err >= _sys_nerr || _sys_errlist[err] == NULL) {
              snprintf(buf, MAX_ERROR_LEN, "Unknown error %d", err);
          } else {
              strncpy(buf, _sys_errlist[err], MAX_ERROR_LEN - 1);
              buf[MAX_ERROR_LEN - 1] = '\0';           /* Ensure null termination */
          }

          return buf;
      }
```

—— **threads/strerror_tsd.c**

改进版 strerror()所做的第一步是调用 pthread_once()④,以确保(从任何线程)对该函数
的首次调用将执行 createKey()②。函数 createKey()会调用 pthread_key_create()来分配一个线程特
有数据的键(key),并将其存储于全局变量 strerrorKey③中。对 pthread_key_create()的调用同时
也会记录解构函数①的地址,将使用该解构函数来释放与键对应的线程特有数据缓冲区。

接着,函数 strerror()调用 pthread_getspecific()⑤以获取该线程中对应于 strerrorKey 的唯一
缓冲区地址。如果 pthread_getspecific()返回 NULL,这表明该线程是首次调用 strerror()函数,因
此函数会调用 malloc()⑥分配一个新缓冲区,并使用 pthread_setspecific()⑦来保存该缓冲区的
地址。如果 pthread_getspecific()的返回值非 NULL,那么该值指向业已存在的缓冲区,此缓冲
区由之前对 strerror()的调用所分配。

这一 strerror()函数实现的剩余部分与非线程安全版的前述实现相类似,唯一的区别在于,
buf 是线程特有数据的缓冲区地址,而非静态变量。

如果使用新版 strerror()(程序清单 31-3)编译链接测试程序(程序清单 31-2)strerror_test_tsd,
程序运行会有如下结果:

```
$ ./strerror_test_tsd
Main thread has called strerror()
Other thread about to call strerror()
Other thread: str (0x804b158) = Operation not permitted
Main thread:  str (0x804b008) = Invalid argument
```

根据这一输出，可以看出新版 strerro()是线程安全的：两个线程中局部变量 str 所指向的地址是不同的。

31.3.5　线程特有数据的实现限制

正如对线程特有数据典型实现过程的描述所揭示的，实现可能要对其所支持的线程特有数据键的数量加以限制。SUSv3 要求至少支持 128（_POSIX_THREAD_KEYS_MAX）个键。应用程序要么通过对 PTHREAD_KEY_MAX（定义于<limits.h>）的定义，要么通过调用 sysconf(_SC_THREAD_KEYS_MAX)，来确定实际支持的键数量。Linux 支持多达 1024 个键。

即使 128 个键对于大多数应用来说也已经绰绰有余。这是因为，每个库函数应该只会使用到少量的键，通常会只用一个。如果一个函数需要多个线程特有数据的值，通常可将这些值置于一个结构中，并将该结构仅与一个线程特有数据的键关联。

31.4　线程局部存储

类似于线程特有数据，线程局部存储提供了持久的每线程存储。作为非标准特性，诸多其他的 UNIX 实现（例如 Solaris 和 FreeBSD）为其提供了相同，或类似的接口形式。

线程局部存储的主要优点在于，比线程特有数据的使用要简单。要创建线程局部变量，只需简单地在全局或静态变量的声明中包含__thread 说明符即可。

```
static __thread buf[MAX_ERROR_LEN];
```

但凡带有这种说明符的变量，每个线程都拥有一份对变量的拷贝。线程局部存储中的变量将一直存在，直至线程终止，届时会自动释放这一存储。

关于线程局部变量的声明和使用，需要注意如下几点。

- 如果变量声明中使用了关键字 static 或 extern，那么关键字__thread 必须紧随其后。
- 与一般的全局或静态变量声明一样，线程局部变量在声明时可设置一个初始值。
- 可以使用 C 语言取址操作符（&）来获取线程局部变量的地址。

线程局部存储需要内核（由 Linux 2.6 提供）、Pthreads 实现（由 NPTL 提供）以及 C 编译器（在 x86-32 平台上由 gcc 3.3 或后续版本提供）的支持。

程序清单 31-4 提供了使用线程局部存储实现线程安全版 strerror()函数的例子。如果用该版 strerror()与测试程序（程序清单 31-2）编译、链接、生成 strerror_test_tls，那么运行时将产生如下结果：

```
$ ./strerror_test_tls
Main thread has called strerror()
Other thread about to call strerror()
Other thread: str (0x40376ab0) = Operation not permitted
Main thread:  str (0x40175080) = Invalid argument
```

程序清单 31-4：使用线程局部存储实现线程安全版的 strerror()函数

———————————————————————————————— **threads/strerror_tls.c**

```
#define _GNU_SOURCE                     /* Get '_sys_nerr' and '_sys_errlist'
                                           declarations from <stdio.h> */
#include <stdio.h>
#include <string.h>                     /* Get declaration of strerror() */
#include <pthread.h>

#define MAX_ERROR_LEN 256               /* Maximum length of string in per-thread
                                           buffer returned by strerror() */

static __thread char buf[MAX_ERROR_LEN];
                                        /* Thread-local return buffer */

char *
strerror(int err)
{
    if (err < 0 || err >= _sys_nerr || _sys_errlist[err] == NULL) {
        snprintf(buf, MAX_ERROR_LEN, "Unknown error %d", err);
    } else {
        strncpy(buf, _sys_errlist[err], MAX_ERROR_LEN - 1);
        buf[MAX_ERROR_LEN - 1] = '\0';              /* Ensure null termination */
    }

    return buf;
}
```

———————————————————————————————— **threads/strerror_tls.c**

31.5 总结

　　若一函数可由多个线程同时安全调用，则称之为线程安全的函数。使用全局或静态变量是导致函数非线程安全的通常原因。在多线程应用中，保障非线程安全函数安全的手段之一是运用互斥锁来防护对该函数的所有调用。这种方法带来了并发性能的下降，因为同一时点只能有一个线程运行该函数。提升并发性能的另一方法是：仅在函数中操作共享变量（临界区）的代码前后加入互斥锁。

　　使用互斥量可以实现大部分函数的线程安全，不过由于互斥量的加、解锁开销，故而也带来了性能的下降。如能避免使用全局或静态变量，可重入函数则无需使用互斥量即可实现线程安全。

　　SUSv3 所规范的大部分函数都需实现线程安全。SUSv3 同时也列出了小部分无需实现线程安全的函数。一般情况下，这些函数将静态存储返回给调用者，或者在对函数的连续调用间进行信息维护。根据定义，这些函数是不可重入的，也不能使用互斥量来确保其线程安全。本章讨论了两种大致相当的编程技术——线程特有数据和线程局部存储——可在无需改变函数接口定义的情况下保障不安全函数的线程安全。这两种技术均允许函数分配持久的、基于线程的存储。

更多信息

　　请参考 29.10 节所列的更多信息来源。

31.6 练习

31-1. 试实现函数 one_time_init(control，init)，要求与函数 pthread_once()执行等同操作。参数 control 应为一指针，指向经静态分配的结构，其中包含一个布尔型变量和一个互斥量。布尔型变量用以标识函数 init 是否曾被调用过，而由互斥量来控制对变量的访问。为简化函数实现，可以忽略诸如 init()调用失败或者在由线程初次调用时被取消的情况（亦即，无需为此做特别设计，如果真发生了此类事件，那么下一个调用 one_time_init()的线程会重新调用 init()）。

31-2. 使用线程特有数据重新实现线程安全版的函数 dirname()和 basename()（18.14 节）。

第**32**章
线程：线程取消

在通常情况下，程序中的多个线程会并发执行，每个线程各司其职，直至其决意退出，随即会调用函数 pthread_exit() 或者从线程启动函数中返回。

有时候，需要将一个线程取消（cancel）。亦即，向线程发送一个请求，要求其立即退出。比如，一组线程正在执行一个运算，一旦某个线程检测到错误发生，需要其他线程退出，取消线程的功能这时就派上用场。还有一种情况，一个由图形用户界面（GUI）驱动的应用程序可能会提供一个"取消"按钮，以便用户可以终止后台某一线程正在执行的任务。这种情况下，主线程（控制图形用户界面）需要请求后台线程退出。

本章就来讨论 POSIX 线程的取消机制。

32.1 取消一个线程

函数 pthread_cancel() 向由 thread 指定的线程发送一个取消请求。

```
#include <pthread.h>

int pthread_cancel(pthread_t thread);
                        Returns 0 on success, or a positive error number on error
```

发出取消请求后，函数 pthread_cancel() 当即返回，不会等待目标线程的退出。

准确地说，目标线程会发生什么？何时发生？这些都取决于下节将要述及的线程取消状态（state）和类型（type）。

32.2 取消状态及类型

函数 pthread_setcancelstate() 和 pthread_setcanceltype() 会设定标志，允许线程对取消请求的响应过程加以控制。

```
#include <pthread.h>

int pthread_setcancelstate(int state, int *oldstate);
int pthread_setcanceltype(int type, int *oldtype);
```
Both return 0 on success, or a positive error number on error

函数 pthread_setcancelstate()会将调用线程的取消性状态置为参数 state 所给定的值。该参数的值如下。

PTHREAD_CANCEL_DISABLE

线程不可取消。如果此类线程收到取消请求，则会将请求挂起，直至将线程的取消状态置为启用。

PTHREAD_CANCEL_ENABLE

线程可以取消。这是新建线程取消性状态的默认值。

线程的前一取消性状态将返回至参数 oldstate 所指向的位置。

如果对前一状态没有兴趣，Linux 允许将 oldstate 置为 NULL。在很多其他的系统实现中，情况也是如此。不过，SUSv3 并没有规范这一特性，所以要保证应用的可移植性，就不能依赖这一特性。应该总是为 oldstate 设置一个非 NULL 的值。

如果线程执行的代码片段需要不间断地一气呵成，那么临时屏闭线程的取消性状态（PTHREAD_CANCEL_DISABLE）就变得很有必要。

如果线程的取消性状态为"启用"（PTHREAD_CANCEL_ENABLE），那么对取消请求的处理则取决于线程的取消性类型，该类型可以通过调用函数 pthread_setcanceltype()时的参数 type 给定。参数 type 有如下值：

PTHREAD_CANCEL_ASYNCHRONOUS

可能会在任何时点（也许是立即取消，但不一定）取消线程。异步取消的应用场景很少，将延后至 32.6 节再做讨论。

PTHREAD_CANCEL_DEFERED

取消请求保持挂起状态，直至到达取消点（cancellation point，见下节）。这也是新建线程的缺省类型。后续各节将介绍延迟取消（deferred cancelability）的更多细节。

线程原有的取消类型将返回至参数 oldtype 所指向的位置。

与函数 pthread_setcancelstate()的参数 oldstate 类似，如果不关心原有取消类型，许多系统实现（包括 Linux）允许将 oldtype 置为 NULL。同样，SUSv3 也没有规范这一行为，所以需要保障可移植性的应用不应使用这一特性，应该总是为 oldtype 设置一个非 NULL 值。

当某线程调用 fork()时，子进程会继承调用线程的取消性类型及状态。而当某线程调用 exec()时，会将新程序主线程的取消性类型及状态分别重置为 PTHREAD_ CANCEL_ NABLE 和 PTHREAD_CANCEL_DEFERRED。

32.3 取消点

若将线程的取消性状态和类型分别置为启用和延迟，仅当线程抵达某个取消点（cancellation

point）时，取消请求才会起作用。取消点即是对由实现定义的一组函数之一加以调用。

SUSv3 规定，实现若提供了表 32-1 中所列的函数，则这些函数必须是取消点。其中的大部分函数都有能力将线程无限期地堵塞起来。

表 32-1：SUSv3 规定必须是取消点的函数

accept()	nanosleep()	sem_timedwait()
aio_suspend()	open()	sem_wait()
clock_nanosleep()	pause()	send()
close()	poll()	sendmsg()
connect()	pread()	sendto()
creat()	pselect()	sigpause()
fcntl(F_SETLKW)	pthread_cond_timedwait()	sigsuspend()
fsync()	pthread_cond_wait()	sigtimedwait()
fdatasync()	pthread_join()	sigwait()
getmsg()	pthread_testcancel()	sigwaitinfo()
getpmsg()	putmsg()	sleep()
lockf(F_LOCK)	putpmsg()	system()
mq_receive()	pwrite()	tcdrain()
mq_send()	read()	usleep()
mq_timedreceive()	readv()	wait()
mq_timedsend()	recv()	waitid()
msgrcv()	recvfrom()	waitpid()
msgsnd()	recvmsg()	write()
msync()	select()	writev()

除表 32-1 所列函数之外，SUSv3 还指定了大量函数，系统实现可以将其定义为取消点。其中包括 stdio 函数、dlopen API、syslog API、nftw()、popen()、semop()、unlink()，以及从诸如 utmp 之类的系统文件中获取信息的各种函数。可移植应用程序必须正确处理这一情况：线程在调用这些函数时有可能遭到取消。

SUSv3 规定，除了上述两组必须或可能是可取消点的函数之外，不得将标准中的任何其他函数视为取消点（亦即，调用这些函数不会招致线程取消，可移植程序无需加以处理）。

SUSv4 在必须的可取消点函数列表中增加了 openat()，并移除了函数 sigpause()（将其移至"可能的"取消点函数列表中）和函数 usleep()（已从标准中删除）。

> 系统实现可随意将标准并未规范的其他函数标记为取消点。任何可能造成堵塞的函数（有可能是因为需要访问文件）都是取消点的理想候选对象。出于这一理由，glibc 将其中的许多非标准函数标记为取消点。

线程一旦收到取消请求，且启用了取消性状态并将类型置为延迟，则其会在下次抵达取消点时终止。如果该线程尚未分离（not detached），那么为防止其变为僵尸线程，必须由其他线程对其进行连接（join）。连接之后，返回至函数 pthread_join() 中第二个参数的将是一个特殊值：PTHREAD_CANCELED。

示例程序

程序清单 32-1 是一个使用 pthread_cancel() 的简单例子。主程序创建一个线程来执行无限循环，每次都在休眠一秒后打印循环计数器的值。（仅当向其发送取消请求或者进程退出时，该线程才会终止。）同时，主程序将休眠 3 秒，随即向新创建的线程发送取消请求。程序运行结果如下：

```
$ ./t_pthread_cancel
New thread started
Loop 1
Loop 2
Loop 3
Thread was canceled
```

程序清单 32-1：调用 pthread_cancel() 取消线程

———————————————————————————————— **threads/thread_cancel.c**
```c
#include <pthread.h>
#include "tlpi_hdr.h"

static void *
threadFunc(void *arg)
{
    int j;
    printf("New thread started\n");     /* May be a cancellation point */
    for (j = 1; ; j++) {
        printf("Loop %d\n", j);         /* May be a cancellation point */
        sleep(1);                       /* A cancellation point */
    }

    /* NOTREACHED */
    return NULL;
}

int
main(int argc, char *argv[])
{
    pthread_t thr;
    int s;
    void *res;

    s = pthread_create(&thr, NULL, threadFunc, NULL);
    if (s != 0)
        errExitEN(s, "pthread_create");

    sleep(3);                           /* Allow new thread to run a while */

    s = pthread_cancel(thr);
    if (s != 0)
        errExitEN(s, "pthread_cancel");

    s = pthread_join(thr, &res);
    if (s != 0)
        errExitEN(s, "pthread_join");

    if (res == PTHREAD_CANCELED)
        printf("Thread was canceled\n");
    else
        printf("Thread was not canceled (should not happen!)\n");

    exit(EXIT_SUCCESS);
}
```
———————————————————————————————— **threads/thread_cancel.c**

32.4 线程可取消性的检测

在程序清单 32-1 中，由 main()创建的线程会执行到属于取消点的函数（sleep()属于取消点，printf()可能也是），因而会接受取消请求。不过，假设线程执行的是一个不含取消点的循环（计算密集型［compute-bound］循环），这时，线程永远也不会响应取消请求。

函数 pthread_testcancel()的目的很简单，就是产生一个取消点。线程如果已有处于挂起状态的取消请求，那么只要调用该函数，线程就会随之终止。

```
#include <pthread.h>

void pthread_testcancel(void);
```

当线程执行的代码未包含取消点时，可以周期性地调用 pthread_testcancel()，以确保对其他线程向其发送的取消请求做出及时响应。

32.5 清理函数（cleanup handler）

一旦有处于挂起状态的取消请求，线程在执行到取消点时如果只是草草收场，这会将共享变量以及 Pthreads 对象（例如互斥量）置于一种不一致状态，可能导致进程中其他线程产生错误结果、死锁，甚至造成程序崩溃。为规避这一问题，线程可以设置一个或多个清理函数，当线程遭取消时会自动运行这些函数，在线程终止之前可执行诸如修改全局变量，解锁互斥量等动作。

每个线程都可以拥有一个清理函数栈。当线程遭取消时，会沿该栈自顶向下依次执行清理函数，首先会执行最近设置的函数，接着是次新的函数，以此类推。当执行完所有清理函数后，线程终止。

函数 pthread_cleanup_push()和 pthread_cleanup_pop()分别负责向调用线程的清理函数栈添加和移除清理函数。

```
#include <pthread.h>

void pthread_cleanup_push(void (*routine)(void*), void *arg);
void pthread_cleanup_pop(int execute);
```

pthread_cleanup_push()会将参数 routine 所含的函数地址添加到调用线程的清理函数栈顶。参数 routine 是一个函数指针，格式如下：

```
void
routine(void *arg)
{
    /* Code to perform cleanup */
}
```

执行 pthread_cleanup_push()时给定的 arg 值，会作为调用清理函数时的参数。其参数类型为 void*，如果强制装换使用得当，那么通过该参数可以传入各种类型的数据。

通常，线程如在执行一段特殊代码时遭到取消，才需要执行清理动作。如果线程顺利执行完这段代码而未遭取消，那么就不再需要清理。所以，每个对 pthread_cleanup_push()的调用都会伴随着对 pthread_cleanup_pop()的调用。此函数从清理函数栈中移除最顶层的函数。如果参数 execute 非零，那么无论如何都会执行清理函数。在函数未遭取消而又希望执行清理动作的情况下，这会非常方便。

尽管这里把 pthread_cleanup_push() 和 pthread_cleanup_pop() 描述为函数，SUSv3 却允许将它们实现为宏（macro），可展开为分别由{和}所包裹的语句序列。并非所有的 UNIX 都这样做，不过包括 Linux 在内的很多系统都是使用宏来实现的。这意味着，pthread_cleanup_push() 和与其配对的 pthread_cleanup_pop() 属于同一个语法块，必须一一对应。（一旦以此方式来实现 pthread_cleanup_push() 和 pthread_cleanup_pop()，在对两者的调用间所声明的变量，其作用域将受限于这一语法块。）例如，以下代码就不正确：

```
pthread_cleanup_push(func, arg);
...
if (cond) {
    pthread_cleanup_pop(0);
}
```

为便于编码，若线程因调用 pthread_exit() 而终止，则也会自动执行尚未从清理函数栈中弹出（pop）的清理函数。线程正常返回（return）时不会执行清理函数。

示例程序

程序清单 32-2 提供了一个使用清理函数的简单例子。主程序创建线程⑧，线程首先分配一块内存③，并将其地址存储于 buf 中，接着锁定互斥量 mtx④。因为线程可能会遭到取消，所以调用 pthread_cleanup_push()⑤设置清理函数，并将存储于 buf 中的地址作为参数传入。如果执行到清理函数，那么清理函数会释放内存①并解锁互斥量②。

线程接着进入循环，等待对条件变量 cond 的通知⑥。取决于可执行程序是否带有命令行参数，此循环会以以下两种方式结束。

- 若无命令行参数，则由 main()⑨函数取消线程。此时，取消操作发生在对 pthread_cond_wait()⑥的调用中，此函数可见于程序清单 32-1 中，属于取消点。作为取消动作的一部分，会自动调用由 pthread_cleanup_push() 设置的清理函数。

- 如果指定了命令行参数，那么在将全局变量 glob 设置为非零后，通知条件变量⑩。此时，线程会一直执行到 pthread_cleanup_pop()⑦，因为向此函数传入了非零参数，所以依然会调用清理函数。

程序清单 32-2：使用清理函数

── *threads/thread_cleanup.c*
```
#include <pthread.h>
#include "tlpi_hdr.h"

static pthread_cond_t cond = PTHREAD_COND_INITIALIZER;
static pthread_mutex_t mtx = PTHREAD_MUTEX_INITIALIZER;
static int glob = 0;                    /* Predicate variable */

static void      /* Free memory pointed to by 'arg' and unlock mutex */
cleanupHandler(void *arg)
{
    int s;

    printf("cleanup: freeing block at %p\n", arg);
①   free(arg);

    printf("cleanup: unlocking mutex\n");
```

```
②       s = pthread_mutex_unlock(&mtx);
        if (s != 0)
            errExitEN(s, "pthread_mutex_unlock");
    }

    static void *
    threadFunc(void *arg)
    {
        int s;
        void *buf = NULL;                   /* Buffer allocated by thread */

③       buf = malloc(0x10000);              /* Not a cancellation point */
        printf("thread:  allocated memory at %p\n", buf);

④       s = pthread_mutex_lock(&mtx);       /* Not a cancellation point */
        if (s != 0)
            errExitEN(s, "pthread_mutex_lock");

⑤       pthread_cleanup_push(cleanupHandler, buf);

        while (glob == 0) {
⑥           s = pthread_cond_wait(&cond, &mtx);    /* A cancellation point */
            if (s != 0)
                errExitEN(s, "pthread_cond_wait");
        }

        printf("thread:  condition wait loop completed\n");
⑦       pthread_cleanup_pop(1);            /* Executes cleanup handler */
        return NULL;
    }

    int
    main(int argc, char *argv[])
    {
        pthread_t thr;
        void *res;
        int s;
⑧       s = pthread_create(&thr, NULL, threadFunc, NULL);
        if (s != 0)
            errExitEN(s, "pthread_create");

        sleep(2);                  /* Give thread a chance to get started */

        if (argc == 1) {           /* Cancel thread */
            printf("main:    about to cancel thread\n");
⑨           s = pthread_cancel(thr);
            if (s != 0)
                errExitEN(s, "pthread_cancel");

        } else {                   /* Signal condition variable */
            printf("main:    about to signal condition variable\n");
            glob = 1;
⑩           s = pthread_cond_signal(&cond);
            if (s != 0)
                errExitEN(s, "pthread_cond_signal");
        }

⑪       s = pthread_join(thr, &res);
        if (s != 0)
            errExitEN(s, "pthread_join");
```

```
    if (res == PTHREAD_CANCELED)
        printf("main:    thread was canceled\n");
    else
        printf("main:    thread terminated normally\n");

    exit(EXIT_SUCCESS);
}
```
                                                    —— threads/thread_cleanup.c

主程序与遭终止线程建立连接⑪，并报告线程是遭到取消还是正常终止。

如果执行程序清单 32-2 中程序且不带任何命令行参数，那么 main()函数会调用 pthread_
cancel()，清理函数也会得以自动执行。输出如下：

```
$ ./thread_cleanup
thread:  allocated memory at 0x804b050
main:    about to cancel thread
cleanup: freeing block at 0x804b050
cleanup: unlocking mutex
main:    thread was canceled
```

如果运行该程序且带有命令行参数，那么 main()将 glob 设置为 1 并通知条件变量，清理
函数则通过 pthread_cleanup_pop()的调用执行，可以看到如下结果：

```
$ ./thread_cleanup s
thread:  allocated memory at 0x804b050
main:    about to signal condition variable
thread:  condition wait loop completed
cleanup: freeing block at 0x804b050
cleanup: unlocking mutex
main:    thread terminated normally
```

32.6　异步取消

如果设定线程为可异步取消时（取消性类型为 PTHREAD_CANCEL_ASYNCHRONOUS），可
以在任何时点将其取消（亦即，执行任何机器指令时），取消动作不会拖延到下一个取消点才
执行。

异步取消的问题在于，尽管清理函数依然会得以执行，但处理函数却无从得知线程的具
体状态。程序清单 32-2 采用了延时取消类型，只有在执行到 pthread_cond_wait()这一唯一的
取消点时，线程才会遭到取消。此时可知，已将 buf 初始化为指向新分配的内存块，并且锁定
了互斥量 mtx。不过，要是采用异步取消，就可以在任意点取消线程（例如，调用 malloc()之前，
调用 malloc()与锁定互斥量之间，或者锁定互斥量之后）。清理函数无法知道将在哪里发生取
消动作，或者准确地来说，清理函数不清楚需要执行哪些清理步骤。此外，线程也很可能在
对 malloc()的调用期间被取消，这极有可能造成后续的混乱（见 7.1.3 节）。

作为一般性原则，可异步取消的线程不应该分配任何资源，也不能获取互斥量或锁。这
导致大量库函数无法使用，其中就包括 Pthreads 函数的大部分。（SUSv3 中有 3 处例外
pthread_cancel()、pthread_setcancelstate()以及 pthread_setcanceltype()，规范明确要求将它们实
现为"异步取消安全（async-cancel-safe）"，亦即，实现必须确保在可异步取消的线程中可以
安全调用它们。）换言之，异步取消功能鲜有应用场景，其中之一就是：取消在执行计算密集型
循环的线程。

32.7　总结

函数 pthread_cancel() 允许某线程向另一个线程发送取消请求，要求目标线程终止。

目标线程如何响应，取决于其取消性状态和类型。如果禁用线程的取消性状态，那么请求会保持挂起（pending）状态，直至将线程的取消性状态置为启用。如果启用取消性状态，那么线程何时响应请求则依赖于取消性类型。若类型为延迟取消，则在线程下一次调用某个取消点（由 SUSv3 标准所规定的一系列函数之一）时，取消发生。如果为异步取消类型，取消动作随时可能发生（鲜有使用）。

线程可以设置一个清理函数栈，其中的清理函数属于由开发人员定义的函数，当线程遭到取消时，会自动调用这些函数以执行清理工作（例如，恢复共享变量状态，或解锁互斥量）。

更多信息

请参考列于 29.10 节的深入信息来源。

第 **33** 章

线程：更多细节

本章将就 POSIX 线程库各方面的细节做深入探讨，涉及线程与传统 UNIX API——尤其是信号以及进程控制原语（fork()、exec()和_exit()）——之间的交互，同时对 Linux 上的两个 POSIX 线程实现（LinuxThreads 和 NPTL）加以概括，并特别指出了这些实现与 SUSv3 Pthreads 标准间的偏差所在。

33.1 线程栈

创建线程时，每个线程都有一个属于自己的线程栈，且大小固定。在 Linux/x86-32 架构上，除主线程外的所有线程，其栈的缺省大小均为 2MB。（在一些 64 位架构下，默认尺寸要大一些，例如，IA-64 有 32MB。）为了应对栈的增长（参考图 29-1），主线程栈的空间要大出许多。

偶尔，也需要改变线程栈的大小。在通过线程属性对象创建线程时，调用函数 pthread_attr_setstacksize()所设置的线程属性（29.8 节）决定了线程栈的大小。而使用与之相关的另一函数 pthread_attr_setstack()，可以同时控制线程栈的大小和位置，不过设置栈的地址将降低程序的可移植性。手册页（manual page）提供了对这些函数的具体说明。

更大的线程栈可以容纳大型的自动变量或者深度的嵌套函数调用（也许是递归调用），这是改变每个线程栈大小的原因之一。而另一方面，应用程序可能希望减小每个线程栈，以便进程可以创建更多的线程。例如，在 x86-32 系统中，用户（模式）可访问的虚拟地址空间是 3GB，而 2MB 的缺省栈大小则意味着最多只能创建 1500 个线程。（更为准确的最大值还视乎文本段、数据段、共享函数库等对虚拟内存的消耗量。）特定架构的系统上，可采用的线程栈大小最小值可以通过调用 sysconf(_SC_THREAD_STACK_MION)来确定。在 Linux/x86-32 上的 NPTL 实现中，该调用返回 16384。

> 在 NPTL 线程实现中，如果对线程栈尺寸资源限制（RLIMIT_STACK）的设置不同于 unlimited，那么创建线程时会以其作为默认值。对该限制的设置必须在运行程序之前，通常通过执行 shell 内建命令 ulimit－s 完成（在 C shell 下命令为 limit stacksize）。在主程序中调用 setrlimit()来设置限制的办法可能行不通，因为 NPTL 在调用 main()之前的运行时初始化期间就已经确定了默认的栈大小。

33.2 线程和信号

UNIX 信号模型是基于 UNIX 进程模型而设计的，问世比 Pthreads 要早几十年。自然而然，信号与线程模型之间存在一些明显的冲突。主要是因为，一方面，针对单线程进程要保持传统的信号语义（Pthreads 不应改变传统进程的信号语义），与此同时，又需要开发出适用于多线程进程环境的新信号模型。

信号与线程模型之间的差异意味着，将二者结合使用，将会非常复杂，应尽可能加以避免。尽管如此，有的时候还是必须在多线程程序中处理信号问题。本节将讨论信号与线程间的交互，并描述在多线程程序中处理信号的各种有效函数。

33.2.1 UNIX 信号模型如何映射到线程中

要了解 UNIX 信号如何映射到 Pthreads 模型，就需要了解，信号模型的哪些方面属于进程层面（由进程中的所有线程所共享），哪些方面是属于进程中的单个线程层面。如下是对其关键点的汇总。

- 信号动作属于进程层面。如果某进程的任一线程收到任何未经（特殊）处理的信号，且其缺省动作为 stop 或 terminate，那么将停止或者终止该进程的所有线程。
- 对信号的处置属于进程层面，进程中的所有线程共享对每个信号的处置设置。如果某一线程使用函数 sigaction() 为某类信号（比如，SIGINT）创建了处理函数，那么当收到 SIGINT 时，任何线程都会去调用该处理函数。与之类似，如果将对信号的处置设置为忽略（ignore），那么所有线程都会忽略该信号。
- 信号的发送既可针对整个进程，也可针对某个特定线程。满足如下三者之一的信号当属面向线程的。
  - 信号的产生源于线程上下文中对特定硬件指令的执行（即 22.4 节所描述的硬件异常：SIGBUS、SIGFPE、SIGILL 和 SIGSEGV）。
  - 当线程试图对已断开的（broken pipe）管道进行写操作时所产生的 SIGPIPE 信号。
  - 由函数 pthread_kill() 或 pthread_sigqueue() 所发出的信号，这些函数（由 33.2.3 节描述）允许线程向同一进程下的其他线程发送信号。

    由其他机制产生的所有信号都是面向进程的。例如，其他进程通过调用 kill() 或者 sigqueue() 所发送的信号；用户键入特殊的终端字符所产生的信号，诸如 SIGINT 和 SIGTSTP；还有一些信号由软件事件产生，例如终端窗口大小的调整（SIGWINCH）或者定时器到期（例如，SIGALRM）。
- 当多线程程序收到一个信号，且该进程已然为此信号创建了信号处理程序时，内核会任选一条线程来接收这一信号，并在该线程中调用信号处理程序对其进行处理。这种行为与信号的原始语义保持了一致。让进程针对单个信号重复处理多次是没有意义的。
- 信号掩码（mask）是针对每个线程而言。（对于多线程程序来说，并不存在一个作用于整个进程范围的信号掩码，可以管理所有线程。）使用 Pthreads API 所定义的函数 pthread_sigmask()，各线程可独立阻止或放行各种信号。通过操作每个线程的信号掩码，应用程序可以控制哪些线程可以处理进程收到的信号。
- 针对为整个进程所挂起（pending）的信号，以及为每条线程所挂起的信号，内核都分别维护有记录。调用函数 sigpending() 会返回为整个进程和当前线程所挂起信号的并集。在新创建的线程中，每线程的挂起信号集合初始时为空。可将一个针对线程的信号仅向目标线程投送。如果该信号遭线程阻塞，那么它会一直保持挂起，直至线程将其放行（或者线程终止）。

- 如果信号处理程序中断了对 pthread_mutex_lock() 的调用，那么该调用总是会自动重新开始。如果一个信号处理函数中断了对 pthread_cond_wait() 的调用，则该调用要么自动重新开始（Linux 就是如此），要么返回 0，表示遭遇了假唤醒（如 30.2.3 节所述，此时，设计良好的应用程序会重新检查相应的判断条件并重新发起调用）。SUSv3 对这两个函数的行为要求与此处的描述一致。

- 备选信号栈是每线程特有的（参考 21.3 节对函数 sigaltstack() 的描述）。新创建的线程并不从创建者处继承备选信号栈。

> 更确切地说，SUSv3 规定每个内核调度实体（KSE）都有一个单独的备选信号栈。在按 1:1 比例实现线程的系统中，例如 Linux，每一个线程对应一个 KSE（见 33.4 节）。

33.2.2 操作线程信号掩码

刚创建的新线程会从其创建者处继承信号掩码的一份拷贝。线程可以使用 pthread_sigmask() 来改变或/并获取当前的信号掩码。

```
#include <signal.h>

int pthread_sigmask(int how, const sigset_t *set, sigset_t *oldset);
                    Returns 0 on success, or a positive error number on error
```

除了所操作的是线程信号掩码之外，pthread_sigmask() 与 sigprocmask() 的用法完全相同（见 20.10 节）。

> SUSv3 特别指出，注明在多线程程序中使用函数 sigprocmask()，其结果是未定义的，也无法保证程序的可移植性。事实上，函数 sigprocmask() 和 pthread_sigmask() 在包括 Linux 在内的很多系统实现中是相同的。

33.2.3 向线程发送信号

函数 pthread_kill() 向同一进程下的另一线程发送信号 sig。目标线程由参数 thread 标识。

```
#include <signal.h>

int pthread_kill(pthread_t thread, int sig);
                    Returns 0 on success, or a positive error number on error
```

因为仅在同一进程中可保证线程 ID 的唯一性（参见 29.5 节），所以无法调用 pthread_kill() 向其他进程中的线程发送信号。

> 在实现函数 pthread_kill() 时，使用了 Linux 特有的 tgkill（tgid，tid，sig）系统调用，将信号 sig 发送给由 tid（由 gettid() 所返回的内核线程 ID）标识的线程，该线程从属于由 tgid 标识的线程组。更多细节，请参考 tgkill(2) 手册页。

Linux 特有的函数 pthread_sigqueue() 将 pthread_kill() 和 sigqueue() 的功能合二为一（见

22.8.1 节）：向同一进程中的另一线程发送携带数据的信号。

```
#define _GNU_SOURCE
#include <signal.h>

int pthread_sigqueue(pthread_t thread, int sig, const union sigval value);
                    Returns 0 on success, or a positive error number on error
```

与函数 pthread_kill()一样，sig 表示将要发送的信号，thread 标识目标线程。参数 value 则指定了伴随信号的数据，其使用方式与函数 sigqueue()中的对应参数相同。

> 函数 pthread_sigqueue()从 2.11 版开始加入 glibc 函数库中，同时需要内核的支持。始于 Linux 2.6.31，内核通过系统调用 rt_tgsigqueueinfo()来提供这一支持。

33.2.4　妥善处理异步信号

第 20 章至第 22 章所探讨的各种因素（诸如，可重入问题、重启遭中断的系统调用，以及避免竞争条件），当使用信号处理函数对异步产生的信号加以处理时，这些都将导致情况变得复杂。另外，没有任何 Pthreads API 属于异步信号安全（async-signal-safe）函数，均无法在信号处理函数（21.1.2 节）中安全加以调用。因为这些原因，所以当多线程应用程序必须处理异步产生的信号时，通常不应该将信号处理函数作为接收信号到达的通知机制。相反，推荐的方法如下。

- 所有线程都阻塞进程可能接收的所有异步信号。最简单的方法是，在创建任何其他线程之前，由主线程阻塞这些信号。后续创建的每个线程都会继承主线程信号掩码的一份拷贝。
- 再创建一个专用线程，调用函数 sigwaitinfo()、sigtimedwait()或 sigwait()来接收收到的信号。22.10 节对 sigwaitinfo()和 sigtimedwait()做了说明。下面则对 sigwait()有所描述。

这一方法的优势在于，同步接收异步产生的信号。当接收到信号时，专有线程可以安全地修改共享变量（在互斥量的保护之下），并可调用并非异步信号安全（non-async-signal-safe）的函数。也可以就条件变量发出信号，并采用其他线程或进程的通讯及同步机制。

函数 sigwait()会等待 set 所指信号集合中任一信号的到达，接收该信号，且在参数 sig 中将其返回。

```
#include <signal.h>

int sigwait(const sigset_t *set, int *sig);
                        Returns 0 on success, or a positive error number on error
```

除了以下不同以外，sigwait()的操作与 sigwaitinfo()相同。

- 函数 sigwait()只返回信号编号，而非返回一个描述信号信息的 siginfo_t 类型结构。
- 并且返回值与其他线程相关函数保持一致（而非传统 UNIX 系统调用返回的 0 或−1）。

如有多个线程在调用 sigwait()等待同一信号，那么当信号到达时只有一个线程会实际接收到，也无法确定收到信号的会是哪条线程。

33.3　线程和进程控制

与信号机制类似，exec()、fork()和 exit()的问世均早于 Pthreads API。接下来的段落将指出在多线程程序中使用此类系统调用所应关注的细节。

线程和 exec()

只要有任一线程调用了 exec()系列函数之一时，调用程序将被完全替换。除了调用 exec()的线程之外，其他所有线程都将立即消失。没有任何线程会针对线程特有数据执行解构函数（destructor），也不会调用清理函数（cleanup handler）。该进程的所有互斥量（为进程私有）和属于进程的条件变量都会消失。调用 exec()之后，调用线程的线程 ID 是不确定的。

线程和 fork()

当多线程进程调用 fork()时，仅会将发起调用的线程复制到子进程中。（子进程中该线程的线程 ID 与父进程中发起 fork()调用线程的线程 ID 相一致。）其他线程均在子进程中消失，也不会为这些线程调用清理函数以及针对线程特有数据的解构函数。这将导致如下一些问题。

- 虽然只将发起调用的线程复制到子进程中，但全局变量的状态以及所有的 Pthreads 对象（如互斥量、条件变量等）都会在子进程中得以保留。（因为在父进程中为这些 Pthreads 对象分配了内存，而子进程则获得了该内存的一份拷贝。）这会导致很棘手的问题。例如，假设在调用 fork()时，另一线程已然锁定了某一互斥量，且对某一全局数据结构的更新也做到了一半。此时，子进程中的该线程无法解锁这一互斥量（因为其并非该互斥量的属主），如果试图获取这一互斥量，线程会遭阻塞。此外，子进程中的全局数据结构拷贝可能也处于不一致状态，因为对其进行更新的线程在执行到一半时消失了。
- 因为并未执行清理函数和针对线程特有数据的解构函数，多线程程序的 fork()调用会导致子进程的内存泄漏。另外，子进程中的线程很可能无法访问（父进程中）由其他线程所创建的线程特有数据项，因为（子进程）没有相应的引用指针。

由于这些问题，推荐在多线程程序中调用 fork()的唯一情况是：其后紧跟对 exec()的调用。因为新程序会覆盖原有内存，exec()将导致子进程的所有 Pthreads 对象消失。

对于那些必须执行 fork()，而其后又无 exec()跟随的程序来说，Pthreads API 提供了一种机制：fork 处理函数（handler）。可以利用函数 pthread_atfork()来创建 fork 处理函数，格式如下：

```
pthread_atfork(prepare_func, parent_func, child_func);
```

每一次 pthread_atfork()调用都会将 prepare_func 添加到一个函数列表中，在调用 fork()创建新的子进程之前，会（按与注册次序相反的顺序）自动执行该函数列表中的函数。与之类似，会将 parent_func 和 child_func 添加到一函数列表中，在 fork()返回前，将分别在父、子进程中（按注册顺序）自动运行。

在使用线程的函数库中，有时候 fork 处理函数很实用。如果没有这一机制，对于那些随意调用了此函数库和 fork()，又对函数库创建的其他线程一无所知的应用程序，函数库还真是无计可施。

调用 fork()所产生的子进程从调用 fork()的线程处继承 fork 处理函数。执行 exec()期间，fork 处理函数将不再保留（因为处理函数的代码会在执行 exec()的过程中遭到覆盖）。

关于 fork 处理函数及其使用的更多细节可以参考[Butenhof, 1996]。

> 在 Linux 上，如果使用 NPTL 线程库的程序执行了 vfork()，那么将不再调用 fork 处理函数。不过，在使用 LinuxThreads 程序的同一情况下却有效。

线程与 exit()

如果任何线程调用了 exit()，或者主线程执行了 return，那么所有线程都将消失，也不会执行线程特有数据的解构函数以及清理函数。

33.4　线程实现模型

本节将涉及一些理论知识，简要阐述实现线程 API 的 3 种不同模型，从而为 33.5 节中关于 Linux 线程实现的讨论提供必要的背景知识。这 3 种实现模型的差异主要集中在线程如何与内核调度实体（KSE，Kernel Scheduling Entity）相映射。KSE 是内核分配 CPU 以及其他系统资源的（对象）单位。（在早于线程而出现的传统 UNIX 中，KSE 等同于进程。）

多对一（M:1）实现（用户级线程）

在 M:1 线程实现中，关乎线程创建、调度以及同步（互斥量的锁定，条件变量的等待等）的所有细节全部由进程内用户空间（user-space）的线程库来处理。对于进程中存在的多个线程，内核一无所知。

M:1 实现的优势不多，其中最大的优点在于，许多线程操作（例如线程的创建和终止、线程上下文间的切换、互斥量以及条件变量操作）速度都很快，因为无需切换到内核模式。此外，由于线程库无需内核支持，所以 M:1 实现在系统间的移植相对要容易一些。

不过，M:1 实现也存在一些严重缺陷。

- 当一线程发起系统调用（如 read()）时，控制由用户空间的线程库转交给内核。这就意味着，如果 read() 调用遭到阻塞，那么所有的线程都会被阻塞。
- 内核无法调度进程中的这些线程。因为内核并不知晓进程中存在这些线程，也就无法在多处理器平台上将各线程调度给不同的处理器。另外，也不可能将一进程中某线程的优先级调整为高于其他进程中的线程，这是没有意义的，因为对线程的调度完全在进程中处理。

一对一（1:1）实现（内核级线程）

在 1:1 线程实现中，每一线程映射一个单独的 KSE。内核分别对每个线程做调度处理。线程同步操作通过内核系统调用实现。

1:1 实现消除了 M:1 实现的种种弊端。遭阻塞的系统调用不会导致进程的所有线程被阻塞，在多处理器硬件平台上，内核还可以将进程中的多个线程调度到不同的 CPU 上。

不过，因为需要切换到内核模式，所以诸如线程创建、上下文切换以及同步操作就要慢一些。另外，为每个线程分别维护一个 KSE 也需要开销，如果应用程序包含大量线程，则可能对内核调度器造成严重的负担，降低系统的整体性能。

尽管有这些缺点，1:1 实现通常更胜于 M:1 实现。LinuxThreads 和 NPTL 都采用 1:1 模型。

在 NPTL 的开发期间，为了使得包含数以千计线程的进程得以高效运行，投入了巨大的努力，对内核调度器进行了重写并设计了新的线程实现。后续的测试也显示了预期目标的达成。

多对多（M:N）实现（两级模型）

M:N 实现旨在结合 1:1 和 M:1 模型的优点，避免二者的缺点。

在 M:N 模型中，每个进程都可拥有多个与之相关的 KSE，并且也可以把多个线程映射到一个 KSE。这种设计允许内核将同一应用的线程调度到不同的 CPU 上运行，同时也解决了随线程数量而放大的性能问题。

M:N 模型的最大问题是过于复杂。线程调度任务由内核及用户空间的线程库共同承担，二者之间势必要进行分工协作和信息交换。在 M:N 模型下，按照 SUSv3 标准要求来管理信号也极为复杂。

最初曾考虑采用 M:N 模型来实现 NPTL 线程库，但若要保证 Linux 调度器即使在处理大量 KSE 的情况下也能应对自如，则需要对内核所作的改动范围过大，可能也没有必要，故而否决了这一方案。

33.5 Linux POSIX 线程的实现

针对 Pthreads API：Linux 下有两种实现。

- LinuxThreads：这是最初的 Linux 线程实现，由 Xavier Leroy 开发。
- NPTL（Native POSIX Threads Library）：这是 Linux 线程实现的现代版，由 Ulrich Drepper 和 Ingo Molnar 开发，以取代 LinuxThreads。NPTL 的性能优于 LinuxThreads，也更符合 SUSv3 的 Pthreads 标准。对 NPTL 的支持需要修改内核，这始于 Linux 2.6。

一度，人们曾将由 IBM 开发的另一线程实现——NGPT（Next Generation POSIX Threads）视为 LinuxThreads 的继任者。NGPT 采用 M:N 模型设计，性能明显优于 LinuxThreads。不过，NPTL 的开发者决意推出新的实现。NPTL 的设计方法有所调整，采用 1:1 模型，性能也优于 NGPT。随着 NPTL 的发布，对 NGPT 的开发也随之终止。

后续各节将讨论这两种实现的更多细节，并将二者对 SUSv3 Pthreads 标准的背离之处一一指处。

此处值得强调的是：LinuxThreads 实现已经过时，并且 glibc 从 2.4 版本开始也已不再支持它，所有新的线程库开发都基于 NPTL。

33.5.1 LinuxThreads

多年以来，LinuxThreads 曾一直是 Linux 上的主流线程实现，也能够满足各种线程化应用程序实现的需要。LinuxThreads 实现的要点如下。

- 线程的创建使用了 clone()，并指定有如下标志：

```
CLONE_VM | CLONE_FILES | CLONE_FS | CLONE_SIGHAND
```

  这意味着，LinuxThreads 线程共享虚拟内存、文件描述符、文件系统相关信息（umask，根目录和当前工作目录）以及信号处置。不过，线程间并不共享进程 ID 和父进程 ID。
- 除了由应用程序创建的线程以外，LinuxThreads 还会创建一个附加的管理线程，负责处理其他线程的创建和终止。
- LinuxThreads 利用信号来处理内部的操作。对于支持实时信号的内核来说（Linux 2.2 及以后版本），会使用头 3 个实时信号。对于老版本内核，则使用 SIGUSR1 和 SIGUSR2。应用程序不能使用这些信号。（对于各种线程同步操作而言，使用信号会导致较高延迟。）

LinuxThreds 对标准行为的背离之处

LinuxThreads 在很多方面与 SUSv3 Pthreads 标准并不一致。（LinuxThreads 实现受限于其开发时可用的内核特性，而在此范围内，则会尽量保持一致。）以下列表对背离之处作了概述。

- 在同一进程的不同线程中调用 getpid() 会返回不同的值。调用 getppid() 则反应了如下事实：除了主线程以外的所有线程都由进程的管理线程创建（getppid() 会返回管理线程的进程 ID)。在主线程和其他线程中，对 getppid()调用的返回值相同。

- 如果某线程调用 fork()创建了一子进程，那么任何其他线程都可使用 wait()或类似技术来获取子进程的终止状态。不过，事实并非如此，只有创建子进程的线程才能使用 wait()。
- 如果某线程执行了 exec()，那么按照 SUSv3 要求，将终止所有其他线程。不过，只要调用 exec()的是主线程之外的线程，那么产生进程则与调用线程拥有相同的进程 ID，而与主线程的进程 ID 不同。而依照 SUSv3 标准，该进程 ID 应与主线程的进程 ID 保持一致。
- 线程之间不会共享凭证（用户 ID 与用户组 ID)。当一多线程进程执行一个 set- user- ID 程序时，将导致线程之间无法通过 pthread_kill()来发送信号，因为这两个线程的凭证已经发生了改变，发送线程不再有权发信号给目标线程（请参考图 20-2)。另外，由于 LinuxThreads 实现在内部使用了信号，一旦线程改变了自身的凭证，那么各种 Pthreads 操作有可能失败或者挂起（hang)。
- 还未能顾及 SUSv3 关于线程与信号间交互规范的各个方面。
  - 采用 kill()或者 sigqueue()向某进程发送的信号，应该由目标进程中不阻塞该信号的任意线程来接收和处理。不过，因为 LinuxThreads 线程的进程 ID 不同，所以只能将信号送给特定线程。要是该线程阻塞这一信号，即使其他线程并不阻塞此信号，它也会一直保持挂起（pending)。
  - LinuxThreads 并不支持信号为整个进程挂起的概念，只支持每个线程分别挂起信号。
  - 如果信号针对包含某个多线程应用的进程组，那么应用中的所有线程（即每个创建了信号处理函数的线程）都会处理该信号，而不是由（任意）某个线程去处理。例如，键入某个终端字符就会产生针对前台进程组的任务控制（job-control）信号。
  - 背选信号栈设置（由 sigaltstack()建立）是针对每个线程的。不过，如果新线程不慎从 pthread_create()调用者那里继承了备选信号栈设置，那么这两个线程将共享同一备选信号栈。SUSv3 规定新线程启动时不应定义备选信号栈。LinuxThreads 这一"违规"操作的后果是，如果两个线程恰巧在它们共享的备选信号栈中同时处理不同的信号，很可能会导致混乱（例如，程序崩溃)。这一问题可能非常难以重现，也很难调试，因为问题的出现依赖于在同一时点处理两个信号，这种情况极其罕见。

在使用 LinuxThreads 的程序中，新线程可以通过调用 sigaltstack()来确保使用与其创建者线程不同的备选信号栈（或许根本就没有栈)。不过，可移植程序（以及创建线程的库函数）并不知道这些，因为在其他实现上这并非必须。另外，即使采用这种技术，依然可能产生竞争条件：新线程在有机会调用 sigaltstack()之前依然有可能接收并处理备选栈上的信号。

- 线程不共享一般的任务号以及进程组号。不能利用 setsid()和 setpgid()系统调用去改变多线程程序中的会话号以及进程组号。
- 使用 fcntl()建立的记录锁也不能共享。重复地对同一类型的锁的请求是无法合并在一起执行的。
- 线程不共享资源的限制。SUSv3 定义资源限制是一种进程范围的属性。
- 函数 times()返回的 CPU 时间以及由 getrusage()返回的资源使用信息也都是针对每一个线程的。这些系统调用应该返回这个进程的总量。
- 一些版本的 ps(1)会显示进程中的所有线程（包括管理线程)，作为单独的项，且它们的进程号也不相同。
- 线程之间并不共享由 setpiority()设置的 nice 值。

- 使用 setitimer()创建的间隔定时器也无法在线程之间共享。
- 线程之间不能共享 System V 信号量还原（semadj）值。

LinuxThreads 的其他问题

除了以上与 SUSv3 标准的偏差外，LinuxThreads 实现还有如下问题。
- 如果管理线程被杀掉，那么余下的线程只能手工清理。
- 多线程程序的核心转储（core dump）可能并不包含所有的线程（甚至可能也不包含触发转储的线程）。
- 只有从主线程调用非标准的 ioctl()TIOCNOTTY 操作才能移除进程与控制终端的关联。

33.5.2 NPTL

设计 NPTL 是为了弥补 LinuxThreads 的大部分的缺陷。特别是如下部分。
- NPTL 更接近 SUSv3 Pthreads 标准。
- 使用 NPTL 的有大量线程的应用程序的性能要远优于 LinuxThreads。

> NPTL 允许应用程序创建大量的线程。NPTL 实现的测试程序可以创建 10 万个线程。对于 LinuxThreads，实际线程数量的限制大约是一两千个。（应当承认，很少有程序需要创建这个多的线程。）

NPTL 实现的开发从 2002 年开始，大约在第 2 年完成。同时，Linux 内核为适应 NPTL 也做了各种调整。这些变动出现在 Linux 2.6 内核，并对 NPTL 的如下方面提供支持。
- 改进线程组的实现（28.2.1 节）。
- 增加 futex 作为一种同步机制(futex 作为一种通用机制，并不只是为 NPTL 而设计)。
- 增加新的系统调用（get_thread_area()和 set_thread_area()）以便支持线程本地存储。
- 支持线程化的核心转储和对多线程程序的调试功能。
- 修改并支持与 Pthreads 模型一样的信号处理。
- 增加新的系统调用 exit_group()，可以终止进程中的所有线程（从 glibc2.3 开始，库函数 exit()是 exit_group()的包装函数，而函数 pthread_exit()调用真正的内核系统调用 _exit()，仅终止调用的线程）。
- 重写内核调度程序以便能够有效地调度和处理大量（上千个）KSE 的情况。
- 提升内核进程终止的执行效率。
- 扩展系统调用 clone()（28.2 节）。

NPTL 实现最基本的部分如下：
- 线程使用函数 clone()创建并指定如下标志。

```
CLONE_VM | CLONE_FILES | CLONE_FS | CLONE_SIGHAND |
CLONE_THREAD | CLONE_SETTLS | CLONE_PARENT_SETTID |
CLONE_CHILD_CLEARTID | CLONE_SYSVSEM
```

NPTL 比 LinuxThreads 可以共享更多的信息。标志 CLONE_THREAD 意思是新线程与创建者线程属于同一个线程组，并且共享同样的进程号以及父进程号。CLONE_SYSVSEM 表示新线程与创建者共享 System V 信号量还原值。

> 使用 ps(1)列出一个运行在 NPTL 下的多线程程序时，只会输出一条记录。为了看到进程中的线程信息，可以使用 ps-L 选项。

- 实现的内部使用前两个实时信号。应用程序不能使用这些信号。

> 其中一个信号用来实现线程的取消功能。另一个信号用于确保进程中的所有线程拥有同样的用户号和用户组号。而在内核模式，线程有不同的用户和组凭证。所以 NPTL 实现对每一个改变用户号和用户组号的系统调用（setuid()、setresuid()等以及类似的组操作函数）的包装函数都做了修改，以确保进程中的所有线程都做了相应的改变。

- 与 LinuxThreads 不同，NPTL 并不需要管理线程。

NPTL 标准一致性

这些改变意味着 NPTL 比 LinuxThreads 更接近 SUSv3 标准。在作者撰写本书的时候，遗留以下不一致的地方。

- 线程之间不共享 nice 值。

在早期的 2.6.x 内核中，还有一些额外的不一致的地方。

- 内核版本 2.6.16 之前，备选信号栈是针对每个线程的，但是新的线程从调用 pthread_create()函数的线程那里错误地继承了备选信号栈设置（通过 sigaltstack()产生），导致出现两个线程共享同一备选信号栈的问题。
- 内核 2.6.16 之前，只有一个线程组的组长（即主线程）可以通过调用函数 setsid()启动一个新的会话。
- 内核 2.6.16 之前，只有一个线程组的组长可以使用函数 setpgid()让宿主进程成为进程组主进程。
- 早于 2.6.12 的内核版本，在同一进程的线程之间无法共享使用 setitimer()创建的间隔定时器。
- 早于 2.6.10 的内核版本，同一进程中的所有线程并不共享资源限制的设置。
- 早于 2.6.9 的内核版本，函数 times()返回的 CPU 时间以及函数 getrusage()返回的资源使用信息都是针对每个线程的。

NPTL 设计与 LinuxThreads ABI 兼容。那些与提供 LinuxThreads 的 GNU C 库链接的程序换用 NPTL 时无需再重新编译。不过当程序运行在 NPTL 环境时某些行为可能会有些不同，主要是因为 NPTL 更接近于 SUSv3 Pthreads 标准。

33.5.3 哪一种线程实现

一些 Linux 发布版本附带包换 LinuxThreads 和 NPTL 的 GNU C 库，依据系统运行在何种内核上动态地确定链接哪一种 GNUC 库。（这些发布版本有其历史原因，自版本 2.4 后 glibc 不再提供 LinuxThreads。）所以有时候可能需要回答以下的问题。

- 特定的 Linux 发布版本中，哪一种线程实现是有效的？
- 在既提供 LinuxThreads 也提供 NPTL 的 Linux 发布版本中，缺省使用哪一种？如何明确地选择一个应用程序所使用的线程库？

找出线程实现

可以通过一些技术去找出某个特定系统使用的线程实现，也可以发现在提供两种线程实现的系统上运行的程序默认使用的实现版本。

在提供 glibc 2.3.2 或后续版本的系统上，可以使用如下命令找出系统提供的线程实现，如果提供两种实现的，则显示默认的那个：

```
$ getconf GNU_LIBPTHREAD_VERSION
```

在只有 NPTL 或者将其作为默认实现的系统上，将会显示类似下面的信息：

```
$ ldd /bin/ls | grep libc.so
        libc.so.6 => /lib/tls/libc.so.6 (0x40050000)
```

NPTL 2.3.4

自 glibc 2.3.2 以来，程序可以通过 confstr(3)获得类似的信息，并取得 glibc 特定的配置变量_CS_GNU_LIBPTHREAD_VERSION 的值。

使用老版本 GNUC 库的系统上，需要做一些额外的动作。首现，下面的命令可以被用来显示程序运行时使用的 GNUC 库的路径（这里使用标准程序 ls 作为例子，其位置为/bin/ls）：

```
$ /lib/tls/libc.so.6 | egrep -i 'threads|nptl'
        Native POSIX Threads Library by Ulrich Drepper et al
```

GNU C 库的路径显示在=>之后。如果作为命令执行这个路径的程序，那么 glibc 将会显示关于自身的一系列信息。可以通过 grep 选取与线程实现相关的信息。

在 egrep 正则表达式（regular expression）中包含 nptl，是因为某些包含 NPTL 的 glibc 发布显示如下的字符串信息：

```
NPTL 0.61 by Ulrich Drepper
```

因为 glibc 路径会随着不同的 Linux 发布而改变，可以使用 shell 的替换功能来产生一个显示 Linux 系统上使用的线程实现信息的命令行：

```
$ $(ldd /bin/ls | grep libc.so | awk '{print $3}') | egrep -i 'threads|nptl'
        Native POSIX Threads Library by Ulrich Drepper et al
```

选择程序使用的线程实现

在即提供 NPTL 也提供 LinuxThreads 的 Linux 系统上，能够明确地控制具体使用的线程实现有时候非常地有用。最常见的例子是，当遇到一个旧有的依赖于某些 LinuxThreads 行为（可能非标准）的程序时，要能够强制程序使用指定的线程实现，而不是默认的 NPTL。

出于这个目的，可以使用一个动态链接器（dynamic linker）能够理解的特定的环境变量 LD_ASSUME_KERNEL。顾名思义，这个环境变量告诉动态链接器就好像运行在特定的 Linux 内核版本上一样。通过指定并不提供 NPTL 支持的内核版本（例如 2.2.5）可以确保 LinuxThreads 被使用到。所以可以使用如下命令运行一个基于 LinuxThreads 的多线程应用程序：

```
$ LD_ASSUME_KERNEL=2.2.5 ./prog
```

当环境变量设置与之前提及的显示使用的线程实现信息的命令行一起使用时，可以看到如下的一些信息：

```
$ export LD_ASSUME_KERNEL=2.2.5
$ $(ldd /bin/ls | grep libc.so | awk '{print $3}') | egrep -i 'threads|nptl'
        linuxthreads-0.10 by Xavier Leroy
```

可以通过 LD_ASSUME_KERNEL 设置的内核版本号的范围受一些限制因素的制约。在一些提供 NPTL 和 LinuxThreads 的一般发布版本中，将版本号指定为 2.2.5 已经足够保证会使用 LinuxThreads。此环境变量更完整的描述请参考 http://people. redhat. com/ drepper/ assumkernel.html。

33.6　Pthread API 的高级特性

Pthreads API 还包括一些如下的高级特性。

- 实时调度（Realtime scheduling）：可以对线程设置实时调度策略以及优先级。类似于 35.3 节中描述的进程的实时调度的系统调用。
- 进程共享互斥量和条件变量：SUSv3 规定进程之间共享互斥量和条件变量是可选的（不只是针对进程中的线程而言）。这种情况，条件变量或者互斥量必须在进程间的共享内存中分配。NPTL 支持这种特性。
- 高级线程同步原语：这些功能包括障碍（barrier）、读写锁（read-write lock）以及自旋锁（spin lock）。

关于这些特性的更多的细节请参考[Butenhof，1996]。

33.7　总结

线程与信号"素来不睦"，在设计多线程应用程序时应尽量避免使用信号。如必须要让多线程应用程序处理异步信号，通常最简洁的方法应当是让所有的线程都阻塞信号，并创建一个专门的线程调用 sigwait()函数（或类似的函数）来接收信号。然后这一线程便可安全地执行诸如修改共享内存（处于互斥量的保护之下）和调用非异步信号安全函数之类的操作了。

一般有两种有效的 Linux 线程实现：LinuxThreads 和 NPTL。LinuxThreads 多年以来一直为 Linux 使用，但是很多方面并不遵循 SUSv3 的标准，而且已经过时。全新的 NPTL 实现更接近 SUSv3 标准并且提供更优的性能，现今的 Linux 发布也都提供这种实现。

更多的信息

请参考列于 29.10 节的更多的信息来源。

LinuxThreads 的作者编写了实现文档，可以在如下地址找到：http:// pauillac.inria.fr/～xleroy/linuxthreads/。NPTL 实现在如下的论文（有些过时）中有所描述：http:// people. redhat. com/drepper/nptl-design.pdf。

33.8　练习

33-1. 编写程序以便证明：作为函数 sigpending()的返回值，同一个进程中的的不同线程可以拥有不同的 pending 信号。可以使用函数 pthread_kill()分别发送不同的信号给阻塞这些信号的两个不同的线程，接着调用 sigpending()方法并显示这些 pending 信号的信息。（可能会发现程序清单 20-4 中函数的作用。）

33-2. 假设一个线程使用 fork()创建了一个子进程。当子进程终止时，可以保证由此产生的 SIGCHLD 信号一定会发送给调用 fork()的线程吗（可以用进程中的其他线程做对比）？

Linux/UNIX
系统编程手册（下册）

THE LINUX
PROGRAMMING
INTERFACE
A Linux and UNIX® System Programming Handbook

［美］Michael Kerrisk　著

郭光伟　陈舸　译

人民邮电出版社
北京

目　　录

第 **34** 章

进程组、会话和作业控制

进程组和会话在进程之间形成了一种两级层次关系：进程组是一组相关进程的集合，会话是一组相关进程组的集合。读者通过本章的学习就能弄清楚两个术语中"相关"的含义。

进程组和会话是为支持 shell 作业控制而定义的抽象概念，用户通过 shell 能够交互式地在前台或后台运行命令。术语"作业"通常与术语"进程组"作为同义词来看待。

本章将介绍进程组、会话和作业控制。

34.1 概述

进程组由一个或多个共享同一进程组标识符（PGID）的进程组成。进程组 ID 是一个数字，其类型与进程 ID 一样（pid_t）。一个进程组拥有一个进程组首进程，该进程是创建该组的进程，其进程 ID 为该进程组的 ID，新进程会继承其父进程所属的进程组 ID。

进程组拥有一个生命周期，其开始时间为首进程创建组的时刻，结束时间为最后一个成员进程退出组的时刻。一个进程可能会因为终止而退出进程组，也可能会因为加入了另外一个进程组而退出进程组。进程组首进程无需是最后一个离开进程组的成员。

会话是一组进程组的集合。进程的会话成员关系是由其会话标识符（SID）确定的，会话标识符与进程组 ID 一样，是一个类型为 pid_t 的数字。会话首进程是创建该新会话的进程，其进程 ID 会成为会话 ID。新进程会继承其父进程的会话 ID。

一个会话中的所有进程共享单个控制终端。控制终端会在会话首进程首次打开一个终端设备时被建立。一个终端最多可能会成为一个会话的控制终端。

在任一时刻，会话中的其中一个进程组会成为终端的前台进程组，其他进程组会成为后台进程组。只有前台进程组中的进程才能从控制终端中读取输入。当用户在控制终端中输入其中一个信号生成终端字符之后，该信号会被发送到前台进程组中的所有成员。这些字符包括生成 SIGINT 的中断字符（通常是 Control-C）、生成 SIGQUIT 的退出字符（通常是 Control-\）、生成 SIGSTP 的挂起字符（通常是 Control-Z）。

当到控制终端的连接建立起来（即打开）之后，会话首进程会成为该终端的控制进程。成为控制进程的主要标志是当断开与终端之间的连接时内核会向该进程发送一个 SIGHUP 信号。

通过检查 Linux 特有的/proc/PID/stat 文件，就能确定任意进程的进程组 ID 和会话 ID。此外，还能确定进程的控制终端的设备 ID（一个十进制数字，包含主 ID 和辅 ID）和控制该终端的控制进程的进程 ID。更多细节信息请参考 proc(5)手册。

会话和进程组的主要用途是用于 shell 作业控制。读者通过一个具体的例子就能够弄清楚这些概念了。如对于交互式登录来讲，控制终端是用户登录的途径。登录 shell 是会话首进程和终端的控制进程，也是其自身进程组的唯一成员。从 shell 中发出的每个命令或通过管道连接的一组命令都会导致一个或多个进程的创建，并且 shell 会把所有这些进程都放在一个新进程组中。（这些进程在一开始是其进程组中的唯一成员，它们创建的所有子进程会成为该组中的成员。）当命令或以管道连接的一组命令以&符号结束时会在后台进程组中运行这些命令，否则就会在前台进程组中运行这些命令。在登录会话中创建的所有进程都会成为该会话的一部分。

在窗口环境中，控制终端是一个伪终端。每个终端窗口都有一个独立的会话，窗口的启动 shell 是会话首进程和终端的控制进程。

在除任务控制之外的其他场景中也有可能用到进程组，因为进程组具备两个有用的属性：在特定的进程组中父进程能够等待任意子进程（参见 26.1.2 节）和信号能够被发送给进程组中的所有成员（参见 20.5 节）。

图 34.1 给出了执行下面的命令之后各个进程之间的进程组和会话关系。

```
$ echo $$                        Display the PID of the shell
400
$ find / 2> /dev/null | wc -l &  Creates 2 processes in background group
[1] 659
$ sort < longlist | uniq -c      Creates 2 processes in foreground group
```

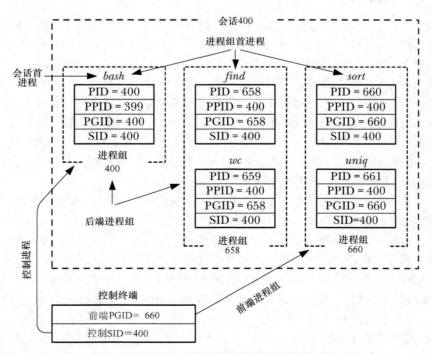

图 34.1　进程组、会话和控制终端之间的关系

34.2 进程组

每个进程都拥有一个以数字表示的进程组 ID，表示该进程所属的进程组。新进程会继承其父进程的进程组 ID，使用 getpgrp()能够获取一个进程的进程组 ID。

```
#include <unistd.h>

pid_t getpgrp(void);
                Always successfully returns process group ID of calling process
```

如果 getpgrp()的返回值与调用进程的进程 ID 匹配的话就说明该调用进程是其进程组的首进程。setpgid()系统调用将进程 ID 为 pid 的进程的进程组 ID 修改为 pgid。

```
#include <unistd.h>

int setpgid(pid_t pid, pid_t pgid);
                                        Returns 0 on success, or –1 on error
```

如果将 pid 的值设置为 0，那么调用进程的进程组 ID 就会被改变。如果将 pgid 的值设置为 0，那么 ID 为 pid 的进程的进程组 ID 会被设置成 pid 的值。因此，下面的 setpgid()调用是等价的。

```
setpgid(0, 0);
setpgid(getpid(), 0);
setpgid(getpid(), getpid());
```

如果 pid 和 pgid 参数指定了同一个进程（即 pgid 是 0 或者与 ID 为 pid 的进程的进程 ID 匹配），那么就会创建一个新进程组，并且指定的进程会成为这个新组的首进程（即进程的进程组 ID 与进程 ID 是一样的）。如果两个参数的值不同（即 pgid 不是 0 或者与 ID 为 pid 的进程的进程 ID 不匹配），那么 setpgid()调用会将一个进程从一个进程组中移到另一个进程组中。

通常调用 setpgid()（以及 34.3 节中介绍的 setsid()）函数的是 shell 和 login(1)。在 37.2 节中将会看到一个程序在使自己变成 daemon 的过程中也会调用 setsid()。

在调用 setpgid()时存在以下限制。

- pid 参数可以仅指定调用进程或其中一个子进程。违反这条规则会导致 ESRCH 错误。
- 在组之间移动进程时，调用进程、由 pid 指定的进程（可能是另外一个进程，也可能就是调用进程）以及目标进程组必须要属于同一个会话。违反这条规则会导致 EPERM 错误。
- pid 参数所指定的进程不能是会话首进程。违反这条规则会导致 EPERM 错误。
- 一个进程在其子进程已经执行 exec()后就无法修改该子进程的进程组 ID 了。违反这条规则会导致 EACCES 错误。之所以会有这条约束条件的原因是在一个进程开始执行之后再修改其进程组 ID 的话会使程序变得混乱。

在作业控制 shell 中使用 setpgid()

一个进程在其子进程已经执行 exec()之后就无法修改该子进程的进程组 ID 的约束条件会影响到基于 shell 的作业控制程序设计，即需要满足下列条件。

- 一个任务（即一个命令或一组以管道符连接的命令）中的所有进程必须被放置在一个进程组中。（通过图 34-1 中 bash 创建的两个进程组就能看出。）这一步允许 shell 使用

killpg()（或使用负的 pid 值来调用 kill()）来同时向进程组中的所有成员发送作业控制信号。一般来讲，这一步需要在发送任意作业控制信号前完成。

- 每个子进程在执行程序之前必须要被分配到进程组中，因为程序本身是不清楚如何操作进程组 ID 的。

对于任务中的各个进程来讲，父进程和子进程都可以使用 setpgid() 来修改子进程的进程组 ID。但是，由于在父进程执行 fork()（参见 24.4 节）之后父进程与子进程之间的调度顺序是无法确定的，因此无法依靠父进程在子进程执行 exec() 之前来改变子进程的进程组 ID，同样也无法依靠子进程在父进程向其发送任意作业控制信号之前修改其进程组 ID。（依赖这些行为中的任意一个行为都会导致竞争条件。）因此，在编写作业控制 shell 程序时需要让父进程和子进程在 fork() 调用之后立即调用 setpgid() 来将子进程的进程组 ID 设置为同样的值，并且父进程需要忽略在 setpgid() 调用中出现的所有 EACCES 错误。换句话说，在一个作业控制 shell 程序中可能会出现像程序清单 34-1 中给出的代码。

程序清单 34-1：作业控制 shell 程序如何设置子进程的进程组 ID

```
pid_t childPid;
pid_t pipelinePgid;            /* PGID to which processes in a pipeline
                                  are to be assigned */

/* Other code */

childPid = fork();
switch (childPid) {
case -1: /* fork() failed */
    /* Handle error */

case 0: /* Child */
    if (setpgid(0, pipelinePgid) == -1)
        /* Handle error */
    /* Child carries on to exec the required program */

default: /* Parent (shell) */
    if (setpgid(childPid, pipelinePgid) == -1 && errno != EACCES)
        /* Handle error */
    /* Parent carries on to do other things */
}
```

在处理由管道符连接起来的命令时事情会变得比程序清单 34-1 更加复杂一点，父 shell 需要记录管道中第一个进程的进程 ID 并使用这个值作为该组中所有进程的进程组 ID（pipelinePgid）。

获取和修改进程组 ID 的其他（过时的）接口

这里需要解释一下为何 getpgrp() 和 setpgid() 两个系统调用名称中的后缀不同。

在一开始，4.2BSD 提供了一个 getprgp(pid) 系统调用来返回进程 ID 为 pid 的进程的进程组 ID。在实践中，pid 几乎总是用来表示调用进程。结果，POSIX 委员会认为这个系统调用过于复杂了，因此他们采纳了 System V getpgrp() 系统调用，这个系统调用不接收任何参数并返回调用进程的进程组 ID。

为了修改进程组 ID，4.2BSD 提供了 setpgrp(pid,pgid) 系统调用，它与 setpgid() 的行为是相似的。这两个系统调用之间最主要的差别在于 BSD setpgrp() 能够用来将进程组 ID 设置为任意值。（前面曾经提及过不能使用 setpgid() 将一个进程迁移至其他会话中的进程组。）这会引起一些安全问题，但在实现任务控制程序时也更加灵活。结果，POSIX 委员会决定给这个函数增加额外的限制条件并将其命名为 setpgid()。

更复杂的事情是 SUSv3 指定了一个 getpgid(pid)系统调用，它与老式的 BSD getpgrp()的功能是一样的。此外，它还定义了一个从 System V 演化而来的 setpgrp()，它不接受任何参数，与 setpgid(0, 0)调用几乎是等价的。

尽管对于实现 shell 作业控制来讲，利用前面介绍的 setpgid()和 getpgrp()系统调用已经足够了。但与其他大多数 UNIX 实现一样，Linux 也提供了 getpgid(pid)和 setpgrp(void)。为了向后兼容，很多从 BSD 演化而来的实现仍然提供了 setprgp(pid, pgid)，它与 setpgid(pid, pgid)是一样的。

在编译程序时如果显式地定义_BSD_SOURCE 特性测试宏的话，glibc 会使用从 BSD 演化而来的 setpgrp()和 getpgrp()来取代默认版本。

34.3 会话

会话是一组进程组集合。一个进程的会话成员关系是由其会话 ID 来定义的，会话 ID 是一个数字。新进程会继承其父进程的会话 ID。getsid()系统调用会返回 pid 指定的进程的会话 ID。

```
#define _XOPEN_SOURCE 500
#include <unistd.h>

pid_t getsid(pid_t pid);
                Returns session ID of specified process, or (pid_t) -1 on error
```

如果 pid 参数的值为 0，那么 getsid()会返回调用进程的会话 ID。

> 在一些 UNIX 实现中（如 HP-UX 11），只有当调用进程与 pid 指定的进程属于同一个会话时才能使用 getsid()来获取进程的会话 ID。（SUSv3 无此限制。）换句话说，只能通过这个调用的结果，即成功或失败（EPERM），来弄清楚指定进程与调用进程是否属于同一个会话。而在 Linux 和大多数其他实现中并不存在这一限制。

如果调用进程不是进程组首进程，那么 setsid()会创建一个新会话。

```
#include <unistd.h>

pid_t setsid(void);
                Returns session ID of new session, or (pid_t) -1 on error
```

setsid()系统调用会按照下列步骤创建一个新会话。
- 调用进程成为新会话的首进程和该会话中新进程组的首进程。调用进程的进程组 ID 和会话 ID 会被设置成该进程的进程 ID。
- 调用进程没有控制终端。所有之前到控制终端的连接都会被断开。

如果调用进程是一个进程组首进程，那么 setsid()调用会报出 EPERM 错误。避免这个错误发生的最简单的方式是执行一个 fork()并让父进程终止以及让子进程调用 setsid()。由于子进程会继承其父进程的进程组 ID 并接收属于自己的唯一的进程 ID，因此它无法成为进程组首进程。

约束进程组首进程对 setsid()的调用是有必要的。因为如果没有这个约束的话，进程组组长就能够将其自身迁移至另一个（新的）会话中了，而该进程组的其他成员则仍然位于原来的会话中。（不会创建一个新进程组，因为根据定义，进程组首进程的进程组 ID 已经与其进程 ID 一样了。）

这会破坏会话和进程组之间严格的两级层次，因此一个进程组的所有成员必须属于同一个会话。

> 当使用 fork() 创建一个新进程时，内核会确保它拥有一个唯一的进程 ID，并且该进程 ID 不会与任意已有进程的进程组 ID 和会话 ID 相同。这样，即使进程组或会话首进程退出之后，新进程也无法复用首进程的进程 ID，从而也无法成为既有会话和进程组的首进程。

程序清单 34-2 演示了使用 setsid() 来创建一个新会话。为了检查该进程已经不再拥有控制终端了，这个程序尝试打开一个特殊文件 /dev/tty（下一节将予以介绍）。当运行这个程序时会看到下面的结果：

```
$ ps -p $$ -o 'pid pgid sid command'          $$ is PID of shell
  PID  PGID   SID COMMAND
12243 12243 12243 bash                        PID, PGID, and SID of shell
$ ./t_setsid
$ PID=12352, PGID=12352, SID=12352
ERROR [ENXIO Device not configured] open /dev/tty
```

从输出中可以看出，进程成功地将其自身迁移至了新会话中的一个新进程组中。由于这个会话没有控制终端，因此 open() 调用会失败。（从上面程序输出的倒数第二行中可以看出，hell 提示符与程序输出混杂在一起了，因为 shell 注意到父进程在 fork() 调用之后就退出了，因此在子进程结束之前就输出了下一个提示符。）

程序清单 34-2　创建一个新会话

―――――――――――――――――――――――――― pgsjc/t_setsid.c
```c
#define _XOPEN_SOURCE 500
#include <unistd.h>
#include <fcntl.h>
#include "tlpi_hdr.h"

int
main(int argc, char *argv[])
{
    if (fork() != 0)                /* Exit if parent, or on error */
        _exit(EXIT_SUCCESS);

    if (setsid() == -1)
        errExit("setsid");

    printf("PID=%ld, PGID=%ld, SID=%ld\n", (long) getpid(),
            (long) getpgrp(), (long) getsid(0));

    if (open("/dev/tty", O_RDWR) == -1)
        errExit("open /dev/tty");
    exit(EXIT_SUCCESS);
}
```
―――――――――――――――――――――――――― pgsjc/t_setsid.c

34.4　控制终端和控制进程

一个会话中的所有进程可能会拥有一个（单个）控制终端。会话在被创建出来的时候是没有控制终端的，当会话首进程首次打开一个还没有成为某个会话的控制终端的终端时会建立控制终端，除非在调用 open() 时指定 O_NOCTTY 标记。一个终端至多只能成为一个会话的控制终端。

> SUSv3 定义了函数 tcgetsid(int fd)（在<termios.h>头文件中进行定义），它返回与由 fd 指定的控制终端相关联的会话的 ID。glibc 提供了这个函数（它是使用 ioctl() TIOCGSID 操作实现的）。

控制终端会被由 fork()创建的子进程继承并且在 exec()调用中得到保持。

当会话首进程打开了一个控制终端之后它同时也成为了该终端的控制进程。在发生终端断开之后，内核会向控制进程发送一个 SIGHUP 信号来通知这一事件的发生。在 34.6.2 节中将会介绍更多有关这一方面的细节信息。

如果一个进程拥有一个控制终端，那么打开特殊文件/dev/tty 就能够获取该终端的文件描述符。这对于一个程序在标准输入和输出被重定向之后需要确保自己确实在与控制终端进行通信是很有用的。如在 8.5 节中介绍的 getpass()函数会因此而打开/dev/tty。如果进程没有控制终端，那么在打开/dev/tty 时会报出 ENXIO 的错误。

删除进程与控制终端之间的关联关系

使用 ioctl(fd, TIOCNOTTY)操作能够删除进程与文件描述符 fd 指定的控制终端之间的关联关系。在调用这个函数之后再试图打开/dev/tty 文件的话就会失败。（尽管 SUSv3 没有指定这个操作，但大多数 UNIX 实现都支持 TIOCNOTTY 操作。）

如果调用进程是终端的控制进程，那么在控制进程终止时（参见 34.6.2）会发生下列事情。

1. 会话中的所有进程将会失去与控制终端之间的关联关系。

2. 控制终端失去了与该会话之间的关联关系，因此另一个会话首进程就能够获取该终端以成为控制进程。

3. 内核会向前台进程组的所有成员发送一个 SIGHUP 信号（和一个 SIGCONT 信号）来通知它们控制终端的丢失。

在 BSD 上建立一个控制终端

SUSv3 并不支持一个会话获取未指定的控制终端，在打开终端时仅指定 O_NOCTTY 标记的话只能确保该终端不会成为会话的控制终端。上面描述的 Linux 语义源自 System V 系统。

在 BSD 系统上，在会话首进程中打开一个终端不会导致该终端成为控制终端，不管是否指定了 O_NOCTTY 标记。相反，会话首进程需要使用 ioctl() TIOCSCTTY 操作来显式地将文件描述符 fd 指定的终端建立为控制终端。

```
if (ioctl(fd, TIOCSCTTY) == -1)
    errExit("ioctl");
```

只有在会话没有控制终端时才能执行这个操作。

Linux 系统上也有 TIOCSCTTY 操作，但在其他（非 BSD）实现中用得并不多。

获取表示控制终端的路径名：ctermid()

ctermid()函数返回表示控制终端的路径名。

```
#include <stdio.h>              /* Defines L_ctermid constant */

char *ctermid(char *ttyname);
```
             Returns pointer to string containing pathname of controlling terminal,
                     or NULL if pathname could not be determined

ctermid()函数以两种不同的方式返回控制终端的路径名：通过函数结果和通过 ttyname 指向的缓冲区。

如果 ttyname 不为 NULL，那么它是一个大小至少为 L_ctermid 字节的缓冲区，并且路径名会被复制进这个数组中。这里函数的返回值也是一个指向该缓冲区的指针。如果 ttyname 为 NULL，那么 ctermid()返回一个指向静态分配的缓冲区的指针，缓冲区中包含了路径名。当 ttyname 为 NULL 时，ctermid()是不可重入的。

在 Linux 和其他 UNIX 实现中，ctermid()通常会生成字符串/dev/tty。引入这个函数的目的是为了能更加容易地将程序移植到非 UNIX 系统上。

34.5 前台和后台进程组

控制终端保留了前台进程组的概念。在一个会话中，在同一时刻只有一个进程能成为前台进程，会话中的其他所有进程都是后台进程组。前台进程组是唯一能够自由地读取和写入控制终端的进程组。当在控制终端中输入其中一个信号生成终端字符之后，终端驱动器会将相应的信号发送给前台进程组的成员。34.7 节将会对此进行深入介绍。

> 从理论上来讲，可能会出现一个会话没有前台进程组的情况。如当前台进程组中的所有进程都终止并且没有其他进程注意到这个事实而将自己移动到前台时就会出现这种情况。但在实践中这种情况是比较少见的。通常 shell 进程会监控前台进程组的状态，当它注意到前台进程组结束之后（通过 wait()）会将自己移动到前台。

tcgetpgrp()和 tcsetpgrp()函数分别获取和修改一个终端的进程组。这些函数主要供任务控制 shell 使用。

```
#include <unistd.h>

pid_t tcgetpgrp(int fd);
```
                    Returns process group ID of terminal's foreground process group,
                                                                or –1 on error
```
int tcsetpgrp(int fd, pid_t pgid);
```
                                        Returns 0 on success, or –1 on error

tcgetpgrp()函数返回文件描述符 fd 所指定的终端的前台进程组的进程组 ID，该终端必须是调用进程的控制终端。

> 如果这个终端没有前台进程组，那么 tcgetpgrp()返回一个大于 1 并且与所有既有进程组 ID 都不匹配的值。（SUSv3 规定了这种行为。）

tcsetpgrp()函数修改一个终端的前台进程组。如果调用进程拥有一个控制终端，那么文件描述符 fd 引用的就是那个终端，接着 tcsetpgrp()会将终端的前台进程组设置为 pgid 参数指定的进程组，该参数必须与调用进程所属的会话中的一个进程的进程组 ID 匹配。

tcgetpgrp() 和 tcsetpgrp()在 SUSv3 中都被标准化了。在 Linux 上，与很多其他 UNIX 实现一样，这些函数是通过两个非标准的 ioctl()操作来实现的，即 TIOCGPGRP 和 TIOCSPGRP。

34.6　SIGHUP 信号

当一个控制进程失去其终端连接之后，内核会向其发送一个 SIGHUP 信号来通知它这一事实。（还会发送一个 SIGCONT 信号以确保当该进程之前被一个信号停止时重新开始该进程。）一般来讲，这种情况可能会在下面两个场景中出现。

- 当终端驱动器检测到连接断开后，表明调制解调器或终端行上信号的丢失。
- 当工作站上的终端窗口被关闭时。发生这种情况是因为最近打开的与终端窗口关联的伪终端的主侧的文件描述符被关闭了。

SIGHUP 信号的默认处理方式是终止进程。如果控制进程处理了或忽略了这个信号，那么后续尝试从终端中读取数据的请求就会返回文件结束的错误。

> SUSv3 声称如果终端断开发生的同时还满足调用 read() 时抛出 EIO 错误的条件的话，那么调用 read() 既有可能返回文件结束，也有可能返回 EIO 错误。可移植的程序必须要处理好这两种情况。在 34.7.2 节和 34.7.4 节中将介绍在哪些情况下调用 read() 会发生 EIO 错误。

向控制进程发送 SIGHUP 信号会引起一种链式反应，从而导致将 SIGHUP 信号发送给很多其他进程。这个过程可能会以下列两种方式发生。

- 控制进程通常是一个 shell。shell 建立了一个 SIGHUP 信号的处理器，这样在进程终止之前，它能够将 SIGHUP 信号发送给由它所创建的各个任务。在默认情况下，这个信号会终止那些任务，但如果它们捕获了这个信号，就能知道 shell 进程已经终止了。
- 在终止终端的控制进程时，内核会解除会话中所有进程与该控制终端之间的关联关系以及控制终端与该会话的关联关系（因此另一个会话首进程可以请求该终端成为控制终端了），并且通过向该终端的前台进程组的成员发送 SIGHUP 信号来通知它们控制终端的丢失。

下一节将深入介绍这两种方式的细节信息。

> SIGHUP 信号也可以用作他用。在 34.7.4 节中可以看到当一个进程组成为孤儿进程组时会生成 SIGHUP 信号。此外，手工发送 SIGHUP 信号通常用来触发 daemon 进程重新初始化自身或重新读取其配置文件。（根据定义，daemon 进程没有控制终端，因此无法从内核接收 SIGHUP 信号。）37.4 节将会介绍如何配合使用 SIGHUP 信号和 daemon 进程。

34.6.1　在 shell 中处理 SIGHUP 信号

在登录会话中，shell 通常是终端的控制进程。大多数 shell 程序在交互式运行时会为 SIGHUP 信号建立一个处理器。这个处理器会终止 shell，但在终止之前会向由 shell 创建的各个进程组（包括前台和后台进程组）发送一个 SIGHUP 信号。（在 SIGHUP 信号之后可能会发送一个 SIGCONT 信号，这依赖于 shell 本身以及任务当前是否处于停止状态。）至于这些组中的进程如何响应 SIGHUP 信号则需要根据应用程序的具体需求，如果不采取特殊的动作，那么默认情况下将会终止进程。

一些任务控制 shell 在正常退出（如登出或在 shell 窗口中接下 Control-D）时也会发送 SIGHUP 信号来停止后台任务。bash 和 Korn shell 都采取了这种处理方式（在首次登出尝试时打印出一条消息之后）。

nohup(1)命令可以用来使一个命令对 SIGHUP 信号免疫——即执行命令时将 SIGHUP 信号的处理设置为 SIG_IGN。bash 内置的命令 disown 提供了类似的功能，它从 shell 的任务列表中删除一个任务，这样在 shell 终止时就不会向该任务发送 SIGHUP 信号了。

程序清单 34-3 演示了 shell 接收 SIGHUP 信号并向其创建的任务发送 SIGHUP 信号的过程。这个程序的主要任务是创建一个子进程，然后让父进程和子进程暂停执行以捕获 SIGHUP 信号并在收到该信号时打印一条消息。如果在执行程序时使用了一个可选的命令行参数（它可以是任意字符串），那么子进程会将其自身放置在一个不同的进程组中（在同一个会话中）。这个功能对于说明 shell 不会向不是由它创建的进程组发送 SIGHUP 信号，即使该进程组与 shell 位于同一个会话中来讲是非常有用的。（由于程序中最后一个 for 循环是一个无限循环，因此这个程序使用了 alarm()设置一个定时器来发送 SIGALRM 信号。如果一个进程没有终止的话，那么当它接收到 SIGALRM 信号而不做处理时会导致进程终止。）

程序清单 34-3：捕获 SIGHUP 信号

———————————————————————————— pgsjc/catch_SIGHUP.c

```c
#define _XOPEN_SOURCE 500
#include <unistd.h>
#include <signal.h>
#include "tlpi_hdr.h"

static void
handler(int sig)
{
}
int
main(int argc, char *argv[])
{
    pid_t childPid;
    struct sigaction sa;

    setbuf(stdout, NULL);         /* Make stdout unbuffered */

    sigemptyset(&sa.sa_mask);
    sa.sa_flags = 0;
    sa.sa_handler = handler;
    if (sigaction(SIGHUP, &sa, NULL) == -1)
        errExit("sigaction");

    childPid = fork();
    if (childPid == -1)
        errExit("fork");

    if (childPid == 0 && argc > 1)
        if (setpgid(0, 0) == -1)            /* Move to new process group */
            errExit("setpgid");

    printf("PID=%ld; PPID=%ld; PGID=%ld; SID=%ld\n", (long) getpid(),
            (long) getppid(), (long) getpgrp(), (long) getsid(0));

    alarm(60);                    /* An unhandled SIGALRM ensures this process
```

```
                                will die if nothing else terminates it */
    for(;;) {                    /* Wait for signals */
        pause();
        printf("%ld: caught SIGHUP\n", (long) getpid());
    }
}
```
—————————————————————————————————— **pgsjc/catch_SIGHUP.c**

假设在一个终端窗口中输入了下面的命令来运行程序清单 34-3 中的程序的两个实例，接着关闭终端窗口。

```
$ echo $$                              PID of shell is ID of session
5533
$ ./catch_SIGHUP > samegroup.log 2>&1 &
$ ./catch_SIGHUP x > diffgroup.log 2>&1
```

第一个命令会导致创建两个进程，这两个进程属于由 shell 创建的进程组。第二个命令创建了一个子进程，子进程将自身放置在了一个不同的进程组中。

当查看 samegroup.log 时会发现其中包含了下面的输出，表明两个进程组的成员都收到了 shell 发送的信号。

```
$ cat samegroup.log
PID=5612; PPID=5611; PGID=5611; SID=5533        Child
PID=5611; PPID=5533; PGID=5611; SID=5533        Parent
5611: caught SIGHUP
5612: caught SIGHUP
```

当查看 diffgroup.log 时会发现下面的输出，表明 shell 在收到 SIGHUP 时不会向不是由它创建的进程组发送信号。

```
$ cat diffgroup.log
PID=5614; PPID=5613; PGID=5614; SID=5533        Child
PID=5613; PPID=5533; PGID=5613; SID=5533        Parent
5613: caught SIGHUP                             Parent was signaled, but not child
```

34.6.2 SIGHUP 和控制进程的终止

如果因为终端断开引起的向控制进程发送的 SIGHUP 信号会导致控制进程终止，那么 SIGHUP 信号会被发送给终端的前台进程组中的所有成员（见 25.2 节）。这个行为是控制进程终止的结果，而不是专门与 SIGHUP 信号关联的行为。如果控制进程出于任何原因终止，那么前台进程组就会收到 SIGHUP 信号。

> 在 Linux 上，SIGHUP 信号后面会跟着一个 SIGCONT 信号以确保在进程组之前被一个信号停止的情况下恢复该进程组。但 SUSv3 并没有指定这种行为，并且在这种情况下大多数其他 UNIX 实现不会发送 SIGCONT 信号。

程序清单 34-4 演示了控制进程的终止导致向终端的前台进程组的所有成员发送 SIGHUP 信号。这个程序为每个命令行参数都创建了一个子进程②。如果相应的命令行参数是 d，那么子进程会将自身放置在自己的（不同的）进程组中③；否则的话子进程加入到父进程所在的进程组中。（这里使用了字母 s 来指定后面这种处理方式，尽管可以使用除 d 之外的任意字母。）接着各个子进程设置了 SIGHUP 信号处理器④。为确保它们能够在进程终止事件不发生的情况下正常终止，父进程和子进程都调用了 alarm() 设置一个定时器以在 60 秒之后发送一个 SIGALRM 信号⑤。最后所有进程（包括父进程）打印出了它们的进程 ID 和进程组 ID⑥，接着循环等待信号的到达⑦。当发出信号之后，处理器会打印出进程的进程 ID 和信号数值①。

```
      #define _GNU_SOURCE     /* Get strsignal() declaration from <string.h> */
      #include <string.h>
      #include <signal.h>
      #include "tlpi_hdr.h"

      static void             /* Handler for SIGHUP */
      handler(int sig)
      {
①        printf("PID %ld: caught signal %2d (%s)\n", (long) getpid(),
                sig, strsignal(sig));
                              /* UNSAFE (see Section 21.1.2) */
      }
      int
      main(int argc, char *argv[])
      {
          pid_t parentPid, childPid;
          int j;
          struct sigaction sa;

          if (argc < 2 || strcmp(argv[1], "--help") == 0)
              usageErr("%s {d|s}... [ > sig.log 2>&1 ]\n", argv[0]);

          setbuf(stdout, NULL);              /* Make stdout unbuffered */

          parentPid = getpid();
          printf("PID of parent process is:     %ld\n", (long) parentPid);
          printf("Foreground process group ID is: %ld\n",
                 (long) tcgetpgrp(STDIN_FILENO));

②        for (j = 1; j < argc; j++) {       /* Create child processes */
              childPid = fork();
              if (childPid == -1)
                  errExit("fork");

              if (childPid == 0) {           /* If child... */
③                if (argv[j][0] == 'd')     /* 'd' --> to different pgrp */
                      if (setpgid(0, 0) == -1)
                          errExit("setpgid");

                  sigemptyset(&sa.sa_mask);
                  sa.sa_flags = 0;
                  sa.sa_handler = handler;
④                if (sigaction(SIGHUP, &sa, NULL) == -1)
                      errExit("sigaction");
                  break;                     /* Child exits loop */
              }
          }

          /* All processes fall through to here */

⑤        alarm(60);          /* Ensure each process eventually terminates */

⑥        printf("PID=%ld PGID=%ld\n", (long) getpid(), (long) getpgrp());
          for (;;)
⑦            pause();        /* Wait for signals */
      }
```

假设使用下面的命令在一个终端窗口中运行了程序清单 34-4 中的程序。

```
$ exec ./disc_SIGHUP d s s > sig.log 2>&1
```

exec 命令时一个 shell 内置命令，它会导致 shell 执行一个 exec() 来使用指定的程序取代自己。由于 shell 是终端的控制进程，因此现在这个程序已经成为了控制进程并且在终端窗口被关闭时会收到 SIGHUP 信号。在关闭终端窗口之后，在 sig.log 文件中会看到下面的输出。

```
PID of parent process is:          12733
Foreground process group ID is: 12733
PID=12755 PGID=12755              First child is in a different process group
PID=12756 PGID=12733              Remaining children are in same PG as parent
PID=12757 PGID=12733
PID=12733 PGID=12733              This is the parent process
PID 12756: caught signal  1 (Hangup)
PID 12757: caught signal  1 (Hangup)
```

关闭终端窗口会导致 SIGHUP 信号被发送给控制进程（父进程），进而导致该进程的终止。从上面可以看出，两个子进程与父进程位于同一个进程组中（终端的前台进程组），它们都收到了 SIGHUP 信号，但位于另一个进程组（后台）中的子进程并没有收到这个信号。

34.7　作业控制

作业控制是在 1980 年左右由 BSD 系统上的 C shell 首次推出的特性。作业控制允许一个 shell 用户同时执行多个命令（作业），其中一个命令在前台运行，其余的命令在后台运行。作业可以被停止和恢复以及在前后台之间移动，下面会对此予以详细介绍。

> 在初始的 POSIX.1 标准中，对作业的支持是可选的。后面的 UNIX 标准使这个功能成为了必备功能。

在基于字符的哑终端盛行的年代（物理终端设备只能显示 ASCII 字符），很多 shell 用户都知道如何使用 shell 作业控制命令。在运行 X Window System 的位图显示器出现之后，熟悉 shell 作业控制的人就越来越少了，但作业控制仍然是一项非常有用的特性。使用作业控制管理多个同时执行的命令比在几个窗口之间来回切换更快速和简单。对于那些不熟悉作业控制的读者来讲，可以看一下下面这个简短的入门指南。在介绍完入门指南之后将会介绍作业控制实现方面的细节信息并考虑作业控制对应用程序设计的约束。

34.7.1　在 shell 中使用作业控制

当输入的命令以 & 符号结束时，该命令会作为后台任务运行，如下面的示例所示。

```
$ grep -r SIGHUP /usr/src/linux >x &
[1] 18932              Job 1: process running grep has PID 18932
$ sleep 60 &
[2] 18934              Job 2: process running sleep has PID 18934
```

shell 会为后台的每个进程赋一个唯一的作业号。当作业在后台运行之后以及在使用各种作业控制命令操作或监控作业时作业号会显示在方括号中。作业号后面的数字是执行这个命令的进程的进程 ID 或管道中最后一个进程的进程 ID。在后面几个段落中介绍的命令中会使用 %num 来引用作业，其中 num 是 shell 赋给作业的作业号。

> 在很多情况下是可以省略 %num 的，当省略 %num 时默认指当前作业。当前作业是在前

jobs 是 shell 内置的一个命令，它会列出所有后台作业。

```
$ jobs
[1]- Running          grep -r SIGHUP /usr/src/linux >x &
[2]+ Running          sleep 60 &
```

在这个时刻，shell 是终端的前台进程。由于仅有一个前台进程能够从控制终端读取输入和接收终端生成的信号，因此有时候需要将后台作业移动到前台。这是通过 fg 这个 shell 内置命令来完成的。

```
$ fg %1
grep -r SIGHUP /usr/src/linux >x
```

从上面的示例中可以看出，当在前后台之间移动作业时 shell 会重新打印出该作业的命令行。读者通过阅读下面的内容就会发现，当作业在后台的状态发生变化时，shell 也会重新打印该作业的命令行。

当作业在前台运行时可以使用终端挂起字符（通常是 Control-Z）来挂起作业，它会向终端的前台进程组发送一个 SIGTSTP 信号。

Type Control-Z
```
[1]+ Stopped          grep -r SIGHUP /usr/src/linux >x
```

在按下 Control-Z 之后，shell 会打印出在后台被停止的命令。如果需要的话，可以使用 fg 命令在前台恢复这个作业或使用 bg 命令在后台恢复这个命令。不管使用哪个命令恢复作业，shell 都会通过向任务发送一个 SIGCONT 信号来恢复被停止的作业。

```
$ bg %1
[1]+ grep -r SIGHUP /usr/src/linux >x &
```

通过向后台作业发送一个 SIGSTOP 信号能够停止该后台作业。

```
$ kill -STOP %1
[1]+ Stopped          grep -r SIGHUP /usr/src/linux >x
$ jobs
[1]+ Stopped          grep -r SIGHUP /usr/src/linux >x
[2]- Running          sleep 60 &
$ bg %1                                   Restart job in background
[1]+ grep -r SIGHUP /usr/src/linux >x &
```

Korn 和 C shell 提供了一个命令 stop 作为 kill-stop 快捷方式。

当后台作业最后执行结束之后，shell 会在打印下一个 shell 提示符之前先打印一条消息。

Press Enter to see a further shell prompt
```
[1]- Done             grep -r SIGHUP /usr/src/linux >x
[2]+ Done             sleep 60
$
```

只有前台作业中的进程才能够从控制终端中读取输入。这个限制条件避免了多个作业竞争读取终端输入。如果后台作业尝试从终端中读取输入，就会接收到一个 SIGTTIN 信号。SIGTTIN 信号的默认处理动作是停止作业。

在上一个例子以及后面的几个例子中可能不需要按下回车键就能看到作业状态变更信息。根据内核的调度决策，shell 可能会在打印下一个 shell 提示符之前接收到有关后台作业现在必须要将作业移到前台来（fg）并向其提供所需的输入了。如果需要的话，可以通过先挂起该作业后在后台恢复该作业（bg）的方式继续该作业的执行。（当然，在这个特定的例子中，cat 将会再次立即被停止，因为它会再次尝试从终端中读取输入。）

在默认情况下，后台作业是被允许向控制终端输入内容的。但如果终端设置了 TOSTOP 标记（终端输出停止，参见 62.5 节），那么当后台作业尝试在终端上输出时会导致 SIGTTOU 信号的产生。（使用 stty 命令能够设置 TOSTOP 标志，62.3 节将会对此予以介绍。）与 SIGTTIN 信号一样，SIGTTOU 信号会停止作业。

```
$ stty tostop                  Enable TOSTOP flag for this terminal
$ date &
[1] 19023
$
Press Enter once more to see job state changes displayed prior to next shell prompt
[1]+ Stopped         date
```

可以通过将作业移到前台来查看作业的输出。

```
$ fg
date
Tue Dec 28 16:20:51 CEST 2010
```

作业具备多种状态，作业控制以及 shell 命令和终端字符（以及相应的信号）可以使作业在不同状态之间迁移，图 34-2 对作业的状态进行了总结。这些作业可以通过向作业发送各种信号来到达，如 SIGINT 和 SIGQUIT 信号，而这些信号可以通过键盘来生成。

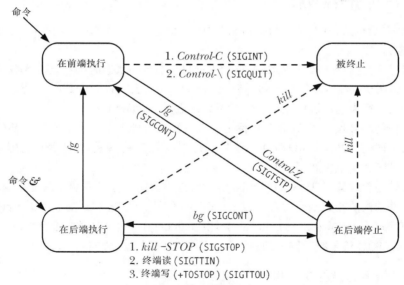

图 34-2 作业控制状态

34.7.2 实现作业控制

本节将先介绍与实现作业控制有关的各个方面，最后介绍一个能使作业控制操作更加透明的示例程序。

尽管作业控制一开始在 POSIX.1 标准中是可选的，但在后面的标准中，包括 SUSv3，则要求实现必须要支持作业控制。这种支持所需的条件如下。

- 实现必须要提供特定的作业控制信号：SIGTSTP、SIGSTOP、SIGCONT、SIGTTOU 以及 SIGTTIN。此外，SIGCHLD 信号（参见 26.3 节）也是必需的，因为它允许 shell（所有任务的父进程）找出其子进程何时执行终止或被停止了。
- 终端驱动器必须要支持作业控制信号的生成，这样当输入特定的字符或进行终端 I/O 以及在后台作业中执行特定的其他终端操作（下面将会予以介绍）时需要将恰当的信号（如图 34-2 所示）发送到相关的进程组。为了能够完成这些动作，终端驱动器必须要记录与终端相关联的会话 ID（控制进程）和前台进程组 ID（图 34-1）。
- shell 必须要支持作业控制（大多数现代 shell 都具备这个功能）。这种支持是通过前面介绍的将作业在前台和后台之间迁移以及监控作业的状态的命令的形式来完成的。其中某些命令会向作业发送信号（如图 34-2 所示）。此外，在执行将作业从前台运行的状态迁移至其他状态的操作中，shell 使用 tcsetpgrp() 调用来调整终端驱动器中与前台进程组有关的记录信息。

在 20.5 节中曾经讲过，信号一般只有在发送进程的真实或有效用户 ID 与接收进程的真实用户 ID 或保存的 set-user-ID 匹配时才会被发送给进程，但 SIGCONT 是这个规则的一个例外。内核允许一个进程（如 shell）向同一会话中的任意进程发送 SIGCONT 信号，不管进程的验证信息是什么。在 SIGCONT 信号上放宽这个规则是有必要的，这样当用户开始一个会修改自身的验证信息（特别是真实的用户 ID）的 set-user-ID 程序时，仍然能够在程序被停止时通过 SIGCONT 信号来恢复这个程序的运行。

SIGTTIN 和 SIGTTOU 信号

SUSv3 对后台进程的 SIGTTIN 和 SIGTTOU 信号的产生规定了一些特殊情况（Linux 实现了这些规定）。

- 当进程当前处于阻塞状态或忽视 SIGTTIN 信号的状态时则不发送 SIGTTIN 信号，这时试图从控制终端发起 read() 调用会失败，errno 会被设置成 EIO。这种行为的逻辑是没有这种行为的话进程就无法知道不允许进行 read() 操作。
- 即使终端被设置了 TOSTOP 标记，当进程当前处于阻塞状态或忽视 SIGTTIN 信号的状态时也不发送 SIGTTOU 信号。这时从控制终端发起 write() 调用是允许的（即 TOSTOP 标记被忽视了）。
- 不管是否设置了 TOSTOP 标记，当后台进程试图在控制终端上调用会修改终端驱动器数据结构的特定函数时会生成 SIGTTOU 信号。这些函数包括 tcsetpgrp()、tcsetattr()、tcflush()、tcflow()、tcsendbreak() 以及 tcdrain()。（第 62 章将会介绍这些函数。）如果 SIGTTOU 信号被阻塞或被忽视了，那么这些调用就会成功。

示例程序：演示作业控制的操作

通过程序清单 34-5 给出的程序能够看出 shell 是如何将命令以管道连接的形式组织进一个作业的（进程组）。此外，通过这个程序还能监控发送的特定信号以及在作业控制中对终端的前台进程组设置所做的变更。读者可以以管道的形式运行这个程序的多个实例，如下面的例子所示。

$ ./job_mon | ./job_mon | ./job_mon

程序清单 34-5 中的程序执行了下面的操作。

- 在启动的时候，程序为 SIGINT、SIGTSTP 和 SIGTSTP 信号④安装了一个处理器，该处理器执行下面的动作。

- 显示终端的前台进程组①。为避免在输出中出现多行相同的内容，只有进程组首进程才能执行这个动作。

- 显示进程的 ID、进程在管道中的位置以及接收到的信号②。

- 当处理器捕获到 SIGTSTP 信号时必须要做一些额外的处理工作，因为捕获到这个信号不会停止进程。这样要停止进程的话处理器就需要发出一个 SIGSTOP 信号③，因为这个信号总是会停止进程的执行。（在 34.7.3 节中将会优化 SIGTSTP 信号的处理方式。）

- 如果程序是管道中的第一个进程，那么它就会打印出所有进程的输出的标题⑥。为了检测进程本身是否是管道中的第一个进程（或最后一个进程），程序使用了 isatty()函数（62.10 节中将会予以介绍）来检查其标准输入（或输出）是否是一个终端⑤。如果指定的文件描述符是一个管道，那么 isatty()返回 false（0）。

- 程序构建了一个消息并将消息传递给了管道中的下一个命令。这个消息是一个表明进程在管道中的位置的整数。因此，对于第一个进程来讲，消息中包含数字 1。如果程序是管道中的第一个进程，那么消息被初始化为 0。如果程序不是管道中的第一个进程，那么程序首先会从其前面的进程中读取这个消息⑦。程序在将控制权传递给下一个进程之前会递增消息值⑧。

- 不管程序在管道中所处的位置如何，它都会输出一行包含其在管道中的位置、进程 ID、父进程 ID、进程组 ID 以及会话 ID 的文本⑨。

- 除非程序是管道中的最后一个命令，否则就会写入一个整数消息以将其传递给管道中的下一个命令。

- 最后，程序会无限循环并使用 pause()等待信号⑪。

程序清单 34-5：观察作业控制中的进程处理

———————————————————————————— pgsjc/job_mon.c

```
#define _GNU_SOURCE      /* Get declaration of strsignal() from <string.h> */
#include <string.h>
#include <signal.h>
#include <fcntl.h>
#include "tlpi_hdr.h"

static int cmdNum;              /* Our position in pipeline */

static void                    /* Handler for various signals */
handler(int sig)
{
    /* UNSAFE: This handler uses non-async-signal-safe functions
       (fprintf(), strsignal(); see Section 21.1.2) */
①   if (getpid() == getpgrp())          /* If process group leader */
        fprintf(stderr, "Terminal FG process group: %ld\n",
                (long) tcgetpgrp(STDERR_FILENO));
②   fprintf(stderr, "Process %ld (%d) received signal %d (%s)\n",
                (long) getpid(), cmdNum, sig, strsignal(sig));
    /* If we catch SIGTSTP, it won't actually stop us. Therefore we
       raise SIGSTOP so we actually get stopped. */

③   if (sig == SIGTSTP)
        raise(SIGSTOP);
}

    int
```

```
        main(int argc, char *argv[])
        {
            struct sigaction sa;

            sigemptyset(&sa.sa_mask);
            sa.sa_flags = SA_RESTART;
            sa.sa_handler = handler;
    ④      if (sigaction(SIGINT, &sa, NULL) == -1)
                errExit("sigaction");
            if (sigaction(SIGTSTP, &sa, NULL) == -1)
                errExit("sigaction");
            if (sigaction(SIGCONT, &sa, NULL) == -1)
                errExit("sigaction");

            /* If stdin is a terminal, this is the first process in pipeline:
               print a heading and initialize message to be sent down pipe */

    ⑤      if (isatty(STDIN_FILENO)) {
                fprintf(stderr, "Terminal FG process group: %ld\n",
                        (long) tcgetpgrp(STDIN_FILENO));
    ⑥          fprintf(stderr, "Command  PID PPID PGRP   SID\n");
                cmdNum = 0;

            } else {            /* Not first in pipeline, so read message from pipe */
    ⑦          if (read(STDIN_FILENO, &cmdNum, sizeof(cmdNum)) <= 0)
                    fatal("read got EOF or error");
            }

    ⑧      cmdNum++;
    ⑨      fprintf(stderr, "%4d    %5ld %5ld %5ld %5ld\n", cmdNum,
                    (long) getpid(), (long) getppid(),
                    (long) getpgrp(), (long) getsid(0));

            /* If not the last process, pass a message to the next process */

            if (!isatty(STDOUT_FILENO))   /* If not tty, then should be pipe */
    ⑩          if (write(STDOUT_FILENO, &cmdNum, sizeof(cmdNum)) == -1)
                    errMsg("write");

    ⑪      for(;;)             /* Wait for signals */
                pause();
        }
```
———————————————————————————————— pgsjc/job_mon.c

下面的 shell 会话演示了程序清单 34-5 中的程序的用法。它首先打印出了 shell 的进程 ID（它是会话首进程和进程组首进程，尽管它是进程组中的唯一成员），接着创建了一个包含两个进程的后台作业。

从上面的输出可以看出，shell 仍然是终端的前台进程，并且新作业与 shell 位于同一个会话中，所有进程都位于同一个进程组中。从进程 ID 可以看出，作业中进程的创建顺序与命令在命令行中出现的顺序是一致的。（大多数 shell 是这样处理的，但有些 shell 实现创建进程的顺序与命令在命令行中出现的顺序不一致。）

```
$ echo $$                               Show PID of the shell
1204
$ ./job_mon | ./job_mon &               Start a job containing 2 processes
[1] 1227
Terminal FG process group: 1204
Command  PID PPID PGRP   SID
   1     1226 1204 1226  1204
   2     1227 1204 1226  1204
```

下面继续创建第二个包含三个进程的后台作业。

```
$ ./job_mon | ./job_mon | ./job_mon &
[2] 1230
Terminal FG process group: 1204
Command   PID  PPID  PGRP   SID
     1   1228  1204  1228  1204
     2   1229  1204  1228  1204
     3   1230  1204  1228  1204
```

从上面可以看出，shell 仍然是终端的前台进程组，新任务中的进程与 shell 位于同一个会话中，但所处的进程组则与第一个任务中的进程所处的进程组不同。下面将第二个任务迁移至前台并向其发送一个 SIGINT 信号。

```
$ fg
./job_mon | ./job_mon | ./job_mon
```
Type Control-C to generate SIGINT *(signal 2)*
```
Process 1230 (3) received signal 2 (Interrupt)
Process 1229 (2) received signal 2 (Interrupt)
Terminal FG process group: 1228
Process 1228 (1) received signal 2 (Interrupt)
```

从上面的输出可以看出，SIGINT 信号被发送给了前台进程组中的所有进程，并且这个作业现在已经成为了终端的前台进程组。接着向这个作业发送一个 SIGTSTP 信号。

Type Control-Z to generate SIGTSTP *(signal 20 on Linux/x86-32).*
```
Process 1230 (3) received signal 20 (Stopped)
Process 1229 (2) received signal 20 (Stopped)
Terminal FG process group: 1228

Process 1228 (1) received signal 20 (Stopped)

[2]+  Stopped          ./job_mon | ./job_mon | ./job_mon
```

现在进程组中的所有成员都被停止了。从输出中可以看出进程组 1228 是前台作业，但当这个作业被停止之后，shell 变成了前台进程组，虽然这一点无法从输出中看出。

接着使用 bg 命令重新开始这个作业，该命令会向作业中的进程发送一个 SIGCONT 信号。

```
$ bg                                      Resume job in background
[2]+ ./job_mon | ./job_mon | ./job_mon &
Process 1230 (3) received signal 18 (Continued)
Process 1229 (2) received signal 18 (Continued)
Terminal FG process group: 1204          The shell is in the foreground
Process 1228 (1) received signal 18 (Continued)
$ kill %1 %2                              We've finished: clean up
[1]-  Terminated       ./job_mon | ./job_mon
[2]+  Terminated       ./job_mon | ./job_mon | ./job_mon
```

34.7.3 处理作业控制信号

由于对于大多数应用程序来讲作业控制的操作是透明的，因此它们无需对作业控制信号采取特殊的动作，但像 vi 和 less 之类的进行屏幕处理的程序则是例外，因为它们需要控制文本在终端上的布局和修改各种终端设置，包括允许在某一时刻从终端输入中读取一个字符（不是一行）的设置。（第 62 章将会介绍各种终端设置。）

屏幕处理程序需要处理终端停止信号（SIGTSTP）。信号处理器应该将终端重置为规范（每次一行）输入模式并将光标放在终端的左下角。当进程恢复之后，程序会将终端设置回所需的模式，检查终端窗口大小（窗口大小同时可能会被用户改掉）以及使用所需的内容重新绘制屏幕。

> 当挂起或退出诸如 vi、xterm 或其他终端处理程序时通常会看到程序使用启动之前的可见文本来绘制终端。这些终端处理程序是通过捕获两个字符序列来取得这种效果的，所有使用 terminfo 或 termcap 包的程序在取得和释放终端布局的控制时都需要输出这两个字符序列。第一个字符序列称为 smcup（通常是 Escape 后面跟着[?1049h]），它会导致终端处理程序切换至其"预备"屏幕。第二个序列称为 rmcup（通常是 Escape 后面跟着[?1049l]），它会导致终端处理程序恢复到默认屏幕，从而导致在显示器上重现屏幕处理程序在获取终端的控制权之前的初始文本。

在处理 SIGTSTP 信号时需要清楚一些细节问题。第一个问题是在 34.7.2 节中提及过的：如果 SIGTSTP 信号被捕获了，那么就不会执行默认的停止进程的动作。在程序清单 34-5 中是通过让 SIGTSTP 信号的处理器生成一个 SIGSTOP 信号来解决这个问题的。由于 SIGSTOP 信号是无法被捕获、阻塞和忽略的，因此能确保立即停止进程，但这种方式不是非常准确。在 26.1.3 节中曾经介绍过父进程可以使用 wait() 或 waitpid() 返回的等待状态值来确定哪个信号导致了其子进程的停止。如果在 SIGTSTP 信号处理器中生成了 SIGSTOP 信号，那么对于父进程来讲，其子进程是被 SIGSTOP 信号停止的，这就会产生误导。

在这种情况下，恰当的处理方式是让 SIGTSTP 信号处理器再生成一个 SIGTSTP 信号来停止进程，如下所示。

1. 处理器将 SIGTSTP 信号的处理重置为默认值（SIG_DFL）。
2. 处理器生成 SIGTSTP 信号。
3. 由于 SIGTSTP 信号会被阻塞进入处理器（除非指定了 SA_NODEFER 标记），因此处理器会接触该信号的阻塞。这时，在上一个步骤中生成的 SIGTSTP 信号会导致默认动作的执行：进程会立即被挂起。
4. 在后面的某个时刻，当进程接收到 SIGCONT 信号时会恢复。这时，处理器的执行就会继续。
5. 在返回之前，处理器会重新阻塞 SIGTSTP 信号并重新注册本身来处理下一个 SIGTSTP 信号。

执行重新阻塞 SIGTSTP 信号这一步是因为防止在处理器重新注册本身之后和返回之前接收到另一个 SIGTSTP 信号而导致处理器被递归调用的情况。在 22.7 节中曾经提及过在快速发送信号时递归调用一个信号处理器会导致栈溢出。阻塞信号还避免了信号处理器在重新注册本身和返回之前需要执行其他动作（如保存和还原全局变量）时存在的问题。

示例程序

程序清单 34-6 中的处理器实现了上面描述的步骤，从而能够正确地处理 SIGTSTP。（在程序清单 62-4 中给出了另一个处理 SIGTSTP 信号的例子）。在注册了 SIGTSTP 信号处理器之后，这个程序的 main() 函数开始循环等待信号。下面是运行这个程序之后的输出。

```
$ ./handling_SIGTSTP
Type Control-Z, sending SIGTSTP
Caught SIGTSTP                    This message is printed by SIGTSTP handler

[1]+  Stopped         ./handling_SIGTSTP
$ fg                             Sends SIGCONT
./handling_SIGTSTP
Exiting SIGTSTP handler          Execution of handler continues; handler returns
Main                             pause() call in main() was interrupted by handler
Type Control-C to terminate the program
```

在诸如 vi 之类的屏幕处理程序中，程序清单 34-6 中的信号处理器中的 printf() 调用将会被前面概括过的能修改终端模式并重新绘制终端显示的程序所取代。（由于需要避免调用非同步信号安全函数，参见 21.1.2 节，处理器应该通过设置一个标记通知主程序重新绘制屏幕。)

注意 SIGTSTP 处理器可能会中断特定的阻塞式系统调用（如 21.5 节中描述的那样）。从上面执行程序的输出中也可以看出这一点，在 pause() 调用被中断之后，主程序打印出了消息 Main。

程序清单 34-6：处理 SIGTSTP

————————————————————————————— `pgsjc/handling_SIGTSTP.c`

```c
#include <signal.h>
#include "tlpi_hdr.h"

static void                         /* Handler for SIGTSTP */
tstpHandler(int sig)
{
    sigset_t tstpMask, prevMask;
    int savedErrno;
    struct sigaction sa;

    savedErrno = errno;             /* In case we change 'errno' here */

    printf("Caught SIGTSTP\n");     /* UNSAFE (see Section 21.1.2) */

    if (signal(SIGTSTP, SIG_DFL) == SIG_ERR)
        errExit("signal");         /* Set handling to default */

    raise(SIGTSTP);                 /* Generate a further SIGTSTP */

    /* Unblock SIGTSTP; the pending SIGTSTP immediately suspends the program */
    sigemptyset(&tstpMask);
    sigaddset(&tstpMask, SIGTSTP);
    if (sigprocmask(SIG_UNBLOCK, &tstpMask, &prevMask) == -1)
        errExit("sigprocmask");

    /* Execution resumes here after SIGCONT */

    if (sigprocmask(SIG_SETMASK, &prevMask, NULL) == -1)
        errExit("sigprocmask");         /* Reblock SIGTSTP */

    sigemptyset(&sa.sa_mask);           /* Reestablish handler */
    sa.sa_flags = SA_RESTART;
    sa.sa_handler = tstpHandler;
    if (sigaction(SIGTSTP, &sa, NULL) == -1)
        errExit("sigaction");

    printf("Exiting SIGTSTP handler\n");
    errno = savedErrno;
}

int
main(int argc, char *argv[])
{
    struct sigaction sa;
    /* Only establish handler for SIGTSTP if it is not being ignored */

    if (sigaction(SIGTSTP, NULL, &sa) == -1)
        errExit("sigaction");

    if (sa.sa_handler != SIG_IGN) {
        sigemptyset(&sa.sa_mask);
        sa.sa_flags = SA_RESTART;
```

```
        sa.sa_handler = tstpHandler;
        if (sigaction(SIGTSTP, &sa, NULL) == -1)
            errExit("sigaction");
    }

    for (;;) {                              /* Wait for signals */
        pause();
        printf("Main\n");
    }
}
```

—————————————————————————————————— **pgsjc/handling_SIGTSTP.c**

处理被忽略的任务控制和终端生成的信号

程序清单 34-6 中给出的程序只有在 SIGTSTP 信号不被忽略的情况下才会为该信号建立一个信号处理器。这里其实是遵循了一个常规规则，即应用程序应该在作业控制和终端生成信号不被忽略的时候才处理这些信号。对于作业控制信号（SIGTSTP、SIGTTIN 以及 SIGTTOU）来讲，这个规则防止应用程序试图处理那些从非作业控制 shell（如传统的 Bourne shell）发出的信号。在非作业控制 shell 中，这些信号的处理被设置成了 SIG_IGN，只有作业控制 shell 将这些信号的处理设置成了 SIG_DFL。

一个类似的规则同样适用于其他由终端生成的信号：SIGINT、SIGQUIT 以及 SIGHUP。对于 SIGINT 和 SIGQUIT 来讲，其原因是当一个命令在非作业控制 shell 的后台执行时，结果进程不会被放置在一个单独的进程组中，而是与 shell 位于同一个进程组中，而 shell 会在执行命令之前将 SIGINT 和 SIGQUIT 的处理设置为忽略。这样就能确保当用户输入终端中断或退出字符（它们应该只会影响到在前台运行的作业）时进程不会被杀死。如果进程在后面取消了 shell 对这些信号的处理动作，那么会更容易受到这些信号的影响。

当命令通过 nohup(1)被执行时会忽略 SIGHUP 信号，这样就防止了当终端被挂断时命令被杀死的情况的发生，因此应用程序不应该在该信号被忽略时试图改变这个信号的处理动作。

34.7.4　孤儿进程组（SIGHUP 回顾）

在 26.2 节中曾经讲过孤儿进程是那些在父进程终止之后被 init 进程（进程 ID 为 1）收养的进程。在程序中可以使用下面的代码创建一个孤儿进程。

```
if (fork() != 0)                    /* Exit if parent (or on error) */
    exit(EXIT_SUCCESS);
```

假设在 shell 中执行一个包含上面这段代码的程序，图 34-3 给出了父进程终止前后该进程的状态。

从图 34-3 中可以看出，在父进程终止之后，子进程不仅是一个孤儿进程，同时也是孤儿进程组的一个成员。SUSv3 认为当一个进程组满足"每个成员的父进程本身是组的一个成员或不是组会话的一个成员"时就变成了一个孤儿进程组。换句话说，如果一个进程组中至少有一个成员拥有一个位于同一会话但不同进程组中的父进程，就不是孤儿进程组。图 34-3 中包含子进程的进程组是孤儿进程组，因为进程组中的子进程是唯一进程，其父进程（init）位于不同的会话中。

> 根据定义，会话首进程位于孤儿进程组中。这是因为 setsid()在新会话中创建了一个新进程组，而会话首进程的父进程则位于不同的会话中。

从 shell 作业控制的角度来讲，孤儿进程组是非常重要的。根据图 34-3 考虑下面的场景。

1. 在父进程退出之前，子进程被停止了（可能是由于父进程向子进程发送了一个停止信号）。

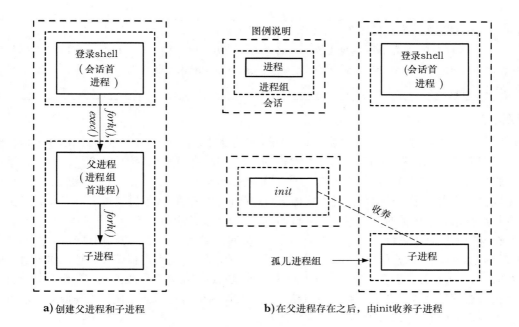

a) 创建父进程和子进程　　　　　　　**b)** 在父进程存在之后，由init收养子进程

图 34-3　创建孤儿进程组的步骤

2. 当父进程退出时 shell 从作业列表中删除了父进程的进程组。子进程由 init 收养并变成了终端的一个后台进程，包含该子进程的进程组变成了孤儿进程组。

3. 这时没有进程会通过 wait() 监控被停止的子进程的状态。

　　由于 shell 并没有创建子进程，因此它不清楚子进程是否存在以及子进程与已经退出的父进程位于同一个进程组中。此外，init 进程只会检查被终止的子进程并清理该僵尸进程，从而导致被停止的子进程可能会永远残留在系统中，因为没有进程知道要向其发送一个 SIGCONT 信号来恢复它的执行。

　　即使孤儿进程组中一个被停止的进程拥有一个仍然存活但位于不同会话中的父进程，也无法保证父进程能够向这个被停止的子进程发送 SIGCONT 信号。一个进程可以向同一会话中的任意其他进程发送 SIGCONT 信号，但如果子进程位于不同的会话中，发送信号的标准规则就开始起作用了（参见 20.5 节），因此如果子进程是一个修改了自身的验证信息的特权进程，父进程可能就无法向子进程发送信号。

　　为防止上面所描述的情况的发生，SUSv3 规定，如果一个进程组变成了孤儿进程组并且拥有很多已停止执行的成员，那么系统会向进程组中的所有成员发送一个 SIGHUP 信号通知它们已经与会话断开连接了，之后再发送一个 SIGCONT 信号确保它们恢复执行。如果孤儿进程组不包含被停止的成员，那么就不会发送任何信号。

　　一个进程组变成孤儿进程组的原因可能是因为最后一个位于不同进程组但属于同一会话的父进程终止了，也可能是因为父进程位于另一个进程组中的进程组中最后一个进程终止了。（图 34-3 展示了后一种情况。）不管是何种原因引起的，对包含被停止的子进程的新孤儿进程组的处理是一样的。

> 　　向包含被停止的成员的新孤儿进程组发送 SIGHUP 和 SIGCONT 信号是为了消除任务控制框架中的特定漏洞，因为没有任何措施能够防止一个进程（拥有合适的权限）向孤儿进程组中的成员发送停止信号来停止它们。这样，进程就会保持在停止的状态，直到一些进程（同样需

要拥有合适的权限）向它们发送一个 SIGCONT 信号。

孤儿进程组中的成员在调用 tcsetpgrp()函数（参见 34.5 节）时会得到 ENOTTY 的错误，在调用 tcsetattr()、tcflush()、tcflow()、tcsendbreak()和 tcdrain()函数时（参见第 62 章）会得到 EIO 的错误。

示例程序

程序清单 34-7 演示了前面描述的对孤儿进程的处理。在为 SIGHUP 和 SIGCONT 信号建立了处理器之后②，程序为每个命令行参数创建了一个子进程③。接着每个子进程停止了自己（通过发出 SIGSTOP 信号）④或等待信号（使用 pause()）⑤。至于子进程到底选择何种动作则取决于相应的命令行参数是否以字母 s（表示 stop）打头。（这里使用了以字母 p 打头的命令行参数来表示相反的动作，即调用 pause()，尽管可以使用除字母 s 之外的任何字母。）

在创建完所有子进程之后，父进程会睡眠一段时间以允许设置子进程时间⑥。（在 24.2 节中曾经提及过以这种方式使用 sleep()不是一个完美的方案，但有时候确实是达成这一目标的可行方法。）接着父进程会退出⑦，这时包含子进程的进程组就会变成孤儿进程组。如果有子进程因为进程组变成孤儿进程组而收到信号，就会调用信号处理器，信号处理器会显示出子进程的进程 ID 和信号编号①。

程序清单 34-7　SIGHUP 和孤儿进程组

　　　　　　　　　　　　　　　　　　　　　　　　　　pgsjc/orphaned_pgrp_SIGHUP.c

```
    #define _GNU_SOURCE       /* Get declaration of strsignal() from <string.h> */
    #include <string.h>
    #include <signal.h>
    #include "tlpi_hdr.h"

    static void            /* Signal handler */
    handler(int sig)
    {
①      printf("PID=%ld: caught signal %d (%s)\n", (long) getpid(),
                sig, strsignal(sig));      /* UNSAFE (see Section 21.1.2) */
    }

    int
    main(int argc, char *argv[])
    {
        int j;
        struct sigaction sa;

        if (argc < 2 || strcmp(argv[1], "--help") == 0)
            usageErr("%s {s|p} ...\n", argv[0]);

        setbuf(stdout, NULL);              /* Make stdout unbuffered */

        sigemptyset(&sa.sa_mask);
        sa.sa_flags = 0;
        sa.sa_handler = handler;
②      if (sigaction(SIGHUP, &sa, NULL) == -1)
            errExit("sigaction");
        if (sigaction(SIGCONT, &sa, NULL) == -1)
            errExit("sigaction");
        printf("parent: PID=%ld, PPID=%ld, PGID=%ld, SID=%ld\n",
                (long) getpid(), (long) getppid(),
                (long) getpgrp(), (long) getsid(0));
```

```
                /* Create one child for each command-line argument */

③    for (j = 1; j < argc; j++) {
         switch (fork()) {
         case -1:
             errExit("fork");
         case 0:            /* Child */
             printf("child:  PID=%ld, PPID=%ld, PGID=%ld, SID=%ld\n",
                    (long) getpid(), (long) getppid(),
                    (long) getpgrp(), (long) getsid(0));

             if (argv[j][0] == 's') {     /* Stop via signal */
                 printf("PID=%ld stopping\n", (long) getpid());
④               raise(SIGSTOP);
             } else {                      /* Wait for signal */
                 alarm(60);               /* So we die if not SIGHUPed */
                 printf("PID=%ld pausing\n", (long) getpid());
⑤               pause();
             }
             _exit(EXIT_SUCCESS);

         default:           /* Parent carries on round loop */
             break;
         }
     }

     /* Parent falls through to here after creating all children */

⑥    sleep(3);                             /* Give children a chance to start */
     printf("parent exiting\n");
⑦    exit(EXIT_SUCCESS);                   /* And orphan them and their group */
 }
```
── *pgsjc/orphaned_pgrp_SIGHUP.c*

下面的 shell 会话日志给出了两次运行程序清单 34-7 中的程序的结果。

```
$ echo $$                    Display PID of shell, which is also the session ID
4785
$ ./orphaned_pgrp_SIGHUP s p
parent: PID=4827, PPID=4785, PGID=4827, SID=4785
child:  PID=4828, PPID=4827, PGID=4827, SID=4785
PID=4828 stopping
child:  PID=4829, PPID=4827, PGID=4827, SID=4785
PID=4829 pausing
parent exiting
$ PID=4828: caught signal 18 (Continued)
PID=4828: caught signal 1 (Hangup)
PID=4829: caught signal 18 (Continued)
PID=4829: caught signal 1 (Hangup)
Press Enter to get another shell prompt
$ ./orphaned_pgrp_SIGHUP p p
parent: PID=4830, PPID=4785, PGID=4830, SID=4785
child:  PID=4831, PPID=4830, PGID=4830, SID=4785
PID=4831 pausing
child:  PID=4832, PPID=4830, PGID=4830, SID=4785
PID=4832 pausing
parent exiting
```

第一次运行时在即将变为孤儿进程组的进程组中创建了两个子进程：一个进程停止了自己，另一个则暂停了。（在这次运行中，shell 提示符出现在子进程的输出的中间，这是因为 shell

注意到父进程已经退出了。）从输出中可以看出，两个子进程在父进程退出之后都收到了 SIGCONT 和 SIGHUP 信号。在第二次运行中创建了两个子进程，但它们都没有停止自身，因此当父进程退出之后不会发送任何信号。

孤儿进程组和 SIGTSTP、SIGTTIN、以及 SIGTTOU 信号

孤儿进程组还对 SIGTSTP、SIGTTIN 以及 SIGTTOU 信号的传输有影响。

在 34.7.1 节中讲过，当后台进程试图从控制终端中调用 read() 时将会收到 SIGTTIN 信号，当后台进程试图向设置了 TOSTOP 标记的控制终端调用 write() 时会收到 SIGTTOU 信号。但向一个孤儿进程组发送这些信号毫无意义，因为一旦被停止之后，它将再也无法恢复了。基于此，在进行 read() 和 write() 调用时内核会返回 EIO 的错误，而不是发送 SIGTTIN 或 SIGTTOU 信号。

基于类似的原因，如果 SIGTSTP、SIGTTIN 以及 SIGTTOU 信号的分送会导致停止孤儿进程组中的成员，那么这个信号会被毫无征兆地丢弃。（如果信号正在被处理，那么信号已经被分送给了进程。）这种行为不会因为信号发送方式（如信号可能是由终端驱动器产生的或由显式地调用 kill() 而发送）的改变而改变。

34.8 总结

会话和进程组（也称为作业）形成了进程的双层结构：会话是一组进程组的集合，进程组是一组进程的集合。会话首进程是使用 setsid() 创建会话的进程。类似的，进程组首进程是使用 setpgid() 创建进程组的进程。进程组中的所有成员共享同样的进程组 ID（与进程组首进程的进程组 ID 一样），进程组中所有构成一个会话的进程拥有同样的会话 ID（与会话首进程的 ID 一样）。每个会话可以拥有一个控制终端（/dev/tty），这个关系是在会话首进程打开一个终端设备时建立的。打开控制终端还会导致会话首进程成为终端的控制进程。

会话和进程组是用来支持 shell 作业控制的（尽管有时候在应用程序中会另作他用）。在作业控制中，shell 是会话首进程和运行该 shell 的终端的控制进程。shell 会为执行的每个作业（一个简单的命令或以管道连接起来的一组命令）创建一个独立的进程组，并且提供了将作业在 3 个状态之间迁移的命令。这三个状态分别是在前台运行、在后台运行和在后台停止。

为了支持作业控制，终端驱动器维护了包含控制终端的前台进程组（作业）相关信息的记录。当输入特定的字符时，终端驱动器会向前台作业发送作业控制信号。这些信号会终止或停止前台作业。

终端的前台作业的概念还用于仲裁终端 I/O 请求。只有前台作业中的进程才能从控制终端中读取数据。系统通过 SIGTTIN 信号的分送来防止后台作业读取数据，这个信号的默认动作是停止作业。如果设置了终端的 TOSTOP 标记，那么系统会通过 SIGTTOU 信号的发送来防止后台任务向控制终端写入数据，这个信号的默认动作是停止作业。

当发生终端断开时，内核会向控制进程发送一个 SIGHUP 信号通知它这件事情。这样的事件可能会导致一个链式反应，即向很多其他进程发送一个 SIGHUP 信号。首先，如果控制进程是一个 shell（通常是这种情况），那么在终止之前，进程会向所有由其创建的进程组发送一个 SIGHUP 信号。第二，如果 SIGHUP 信号的分送导致了控制进程的终止，那么内核还会向该控制终端的前台进程组中的所有成员发送一个 SIGHUP 信号。

一般来讲，应用程序无需弄清楚作业控制信号，但执行屏幕处理操作的程序则是一种例外。这种程序需要正确处理 SIGTSTP 信号，在进程被挂起之前需要将终端特性重置为正确的值，而当应用程序在接收到 SIGCONT 信号而再次恢复时需要还原正确（特定于应用程序）的终端特性。

当一个进程组中没有一个成员进程拥有位于同一会话但不同进程组中的父进程时，就成了孤儿进程组。孤儿进程组是非常重要的，因为在这个组外没有任何进程能够监控组中所有被停止的进程的状态并总是能够向这些被停止的进程发送 SIGCONT 信号来重启它们。这样就可能导致这种被停止的进程永远残留在系统中。为了避免这种情况的发生，当一个拥有被停止的成员进程的进程组变成孤儿进程组时，进程组中的所有成员都会收到一个 SIGHUP 信号，后面跟着一个 SIGCONT 信号，这样就能通知它们变成了孤儿进程并确保重启它们。

更多信息

[Stevens & Rago，2005]的第 9 章介绍了与本章类似的内容，并描述了在登录期间与登录 shell 建立会话时所发生的步骤。glibc 手册对于作业控制相关的函数和作业控制在 shell 中的实现进行了详细的描述。SUSv3 对会话、进程组和作业控制进行了广泛的讨论。

34.9　习题

34-1. 假设一个父进程执行了下面的步骤。

```
/* Call fork() to create a number of child processes, each of which
   remains in same process group as the parent */

/* Sometime later... */
signal(SIGUSR1, SIG_IGN);      /* Parent makes itself immune to SIGUSR1 */

killpg(getpgrp(), SIGUSR1);    /* Send signal to children created earlier */
```

这个应用程序设计可能会碰到什么问题？（考虑 shell 管道。）如何避免此类问题的发生？

34-2. 编写一个程序来验证父进程能够在子进程执行 exec() 之前修改子进程的进程组 ID，但无法在执行 exec() 之后修改子进程的进程组 ID。

34-3. 编写一个程序来验证在进程组首进程中调用 setsid() 会失败。

34-4. 修改程序清单 34-4（disc_SIGHUP.c）来验证当控制进程在收到 SIGHUP 信号而不终止时，内核不会向前台进程组中的成员发送 SIGHUP 信号。

34-5. 假设将程序清单 34-6 中的信号处理器中解除阻塞 SIGTSTP 信号的代码移动到处理器的开头部分。这样做会导致何种竞争条件？

34-6. 编写一个程序来验证当位于孤儿进程组中的一个进程试图从控制终端调用 read() 时会得到 EIO 的错误。

34-7. 编写一个程序来验证当 SIGTTIN、SIGTTOU 或 SIGTSTP 三个信号中的一个信号被发送给孤儿进程组中的一个成员时，如果这个信号会停止该进程（即处理方式为 SIG_DFL），那么这个信号就会被丢弃（即不产生任何效果），但如果该信号存在处理器，就会发送该信号。

第 **35** 章

进程优先级和调度

本章介绍确定何　时以及哪个进程能够取得 CPU 的使用权的各种系统调用和进程特性。首先会介绍表示进程特点的 nice 值，这个值会影响内核调度器分配给进程的 CPU 时间。接着会介绍 POSIX 实时调度 API，这个 API 允许定义调度进程的策略和优先级，从而更好地控制如何给 CPU 分配进程。最后会讨论用于设置进程的 CPU 亲和力掩码的系统调用，CPU 亲和力掩码能够确定一个运行在多处理器系统上的进程在哪组 CPU 上运行。

35.1 进程优先级（nice 值）

Linux 与大多数其他 UNIX 实现一样，调度进程使用 CPU 的默认模型是循环时间共享。在这种模型中，每个进程轮流使用 CPU 一段时间，这段时间被称为时间片或量子。循环时间共享满足了交互式多任务系统的两个重要需求。

- 公平性：每个进程都有机会用到 CPU。
- 响应度：一个进程在使用 CPU 之前无需等待太长的时间。

在循环时间共享算法中，进程无法直接控制何时使用 CPU 以及使用 CPU 的时间。在默认情况下，每个进程轮流使用 CPU 直至时间片被用光或自己自动放弃 CPU（如进行睡眠或执行一个磁盘读取操作）。如果所有进程都试图尽可能多地使用 CPU（即没有进程会睡眠或被 I/O 操作阻塞），那么它们使用 CPU 的时间差不多是相等的。

进程特性 nice 值允许进程间接地影响内核的调度算法。每个进程都拥有一个 nice 值，其取值范围为 -20（高优先级）~19（低优先级），默认值为 0（参见图 35-1）。在传统的 UNIX 实现中，只有特权进程才能够赋给自己（或其他进程）一个负（高）优先级。（在 35.3.2 节中将会解释一些 Linux 上的差别。）非特权进程只能降低自己的优先级，即赋一个大于默认值 0 的

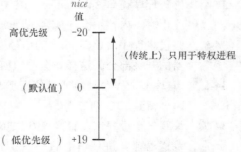

图 35-1　进程 nice 值的范围和解释

nice 值。这样做之后它们就对其他进程"友好（nice）"了，这个特性的名称也由此而来。

使用 fork() 创建子进程时会继承 nice 值并且该值会在 exec() 调用中得到保持。

> getpriority() 系统调用服务例程不会返回实际的 nice 值，相反，它会返回一个范围在 1（低优先级）～40（高优先级）之间的数字，这个数字是通过公式 unice=20-knice 计算得来的。这样做是为了避免让系统调用服务例程返回一个负值，因为负值一般都表示错误。（参见 3.1 节中系统调用服务例程的描述。）应用程序是不清楚系统调用服务例程对返回值所做的处理的，因为 C 库函数 getpriority() 做了相反的计算操作，它将 20-unice 值返回给了调用程序。

nice 值的影响

进程的调度不是严格按照 nice 值的层次进行的，相反，nice 值是一个权重因子，它导致内核调度器倾向于调度拥有高优先级的进程。给一个进程赋一个低优先级（即高 nice 值）并不会导致它完全无法用到 CPU，但会导致它使用 CPU 的时间变少。nice 值对进程调度的影响程度则依据 Linux 内核版本的不同而不同，同时在不同 UNIX 系统之间也是不同的。

> 从版本号为 2.6.23 的内核开始，nice 值之间的差别对新内核调度算法的影响比对之前的内核中的调度算法的影响要强。因此，低 nice 值的进程使用 CPU 的时间将比以前少，高 nice 值的进程占用 CPU 的时间将大大提高。

获取和修改优先级

getpriority() 和 setpriority() 系统调用允许一个进程获取和修改自身或其他进程的 nice 值。

```
#include <sys/resource.h>

int getpriority(int which, id_t who);
```
Returns (possibly negative) nice value of specified process on success,
or –1 on error
```
int setpriority(int which, id_t who, int prio);
```
Returns 0 on success, or –1 on error

两个系统调用都接收参数 which 和 who，这两个参数用于标识需读取或修改优先级的进程。which 参数确定 who 参数如何被解释。这个参数的取值为下面这些值中的一个。

PRIO_PROCESS

操作进程 ID 为 who 的进程。如果 who 为 0，那么使用调用者的进程 ID。

PRIO_PGRP

操作进程组 ID 为 who 的进程组中的所有成员。如果 who 为 0，那么使用调用者的进程组。

PRIO_USER

操作所有真实用户 ID 为 who 的进程。如果 who 为 0，那么使用调用者的真实用户 ID。

who 参数的类型 id_t 是一个大小能容纳进程 ID 或用户 ID 的整型。

getpriority() 系统调用返回由 which 和 who 指定的进程的 nice 值。如果有多个进程符合指定的标准（当 which 为 PRIO_PGRP 或 PRIO_USER 时会出现这种情况），那么将会返回优先级最高的进程的 nice 值（即最小的数值）。由于 getpriority() 可能会在成功时返回-1，因此在调用这个函数之前必须要将 errno 设置为 0，接着在调用之后检查返回值为-1 以及 errno 不为 0 才能确认调用成功。

setpriority()系统调用会将由 which 和 who 指定的进程的 nice 值设置为 prio。试图将 nice 值设置为一个超出允许范围的值（-20～+19）时会直接将 nice 值设置为边界值。

以前 nice 值是通过调用 nice(incr) 来完成的，这个函数会将调用进程的 nice 值加上 incr。现在这个函数仍然是可用的，但已经被更通用的 setpriority() 系统调用所取代了。

在命令行中与 setpriority() 系统调用实现类似功能的命令是 nice(1)，非特权用户可以使用这个命令来运行一个优先级更低的命令，特权用户则可以运行一个优先级更高的命令，超级用户则可以使用 renice(8) 来修改既有进程的 nice 值。

特权进程（CAP_SYS_NICE）能够修改任意进程的优先级。非特权进程可以修改自己的优先级（将 which 设为 PRIO_PROCESS，who 设为 0）和其他（目标）进程的优先级，前提是自己的有效用户 ID 与目标进程的真实或有效用户 ID 匹配。Linux 中 setpriority() 的权限规则与 SUSv3 中的规则不同，它规定当非特权进程的真实或有效用户 ID 与目标进程的有效用户 ID 匹配时，该进程就能修改目标进程的优先级。UNIX 实现在这一点上与 Linux 有些不同。一些实现遵循的 SUSv3 的规则，而另一些——特别是 BSD 系列——与 Linux 的行为方式一样。

版本号小于 2.6.12 的 Linux 内核与之后的内核对非特权进程调用 setpriority() 时使用的权限规则不同（也与 SUSv3 不同）。当非特权进程的真实或有效用户 ID 与目标进程的真实用户 ID 匹配时，该进程就能修改目标进程的优先级。从 Linux 2.6.12 开始，权限检查变得与 Linux 中类似的 API 一致了，如 sched_setscheduler() 和 sched_setaffinity()。

在版本号小于 2.6.12 的 Linux 内核中，非特权进程只能使用 setpriority() 来降低（不可逆的）自己或其他进程的 nice 值。特权进程（CAP_SYS_NICE）可以使用 setpriority() 来提高 nice 值。

从版本号为 2.6.12 的内核开始，Linux 提供了 RLIMIT_NICE 资源限制，即允许非特权进程提升 nice 值。非特权进程能够将自己的 nice 值最高提高到公式 20-rlim_cur 指定的值，其中 rlim_cur 是当前的 RLIMIT_NICE 软资源限制。如假设一个进程的 RLIMIT_NICE 软限制是 25，那么其 nice 值可以被提高到-5。根据这个公式以及 nice 值的取值范围为+19（低）～-20（高）的事实可以得出 RLIMIT_NICE 的有效范围为 1（低）～40（高）的结论。（RLIMIT_NICE 没有使用范围为+19～-20 之间的值，因为一些负的资源限制值具有特殊含义——如 RLIM_INFINITY 可以为-1。）

非特权进程能够通过 setpriority() 调用来修改其他（目标）进程的 nice 值，前提是调用 setpriority() 的进程的有效用户 ID 与目标进程的真实或有效用户 ID 匹配并且对 nice 值的修改符合目标进程的 RLIMIT_NIC 限制。

程序清单 35-1 中的程序使用 setpriority() 来修改通过命令行参数（对应于 setpriority() 函数的参数）指定的进程的 nice 值，接着调用 getpriority() 来验证变更是否生效。

程序清单 35-1：修改和获取进程的 nice 值

———————————————————————————————————— procpri/t_setpriority.c

```
#include <sys/time.h>
#include <sys/resource.h>
#include "tlpi_hdr.h"

int
main(int argc, char *argv[])
{
    int which, prio;
    id_t who;
```

```
            if (argc != 4 || strchr("pgu", argv[1][0]) == NULL)
                usageErr("%s {p|g|u} who priority\n"
                        "   set priority of: p=process; g=process group; "
                        "u=processes for user\n", argv[0]);

            /* Set nice value according to command-line arguments */

            which = (argv[1][0] == 'p') ? PRIO_PROCESS :
                        (argv[1][0] == 'g') ? PRIO_PGRP : PRIO_USER;
            who = getLong(argv[2], 0, "who");
            prio = getInt(argv[3], 0, "prio");

            if (setpriority(which, who, prio) == -1)
                errExit("getpriority");

            /* Retrieve nice value to check the change */

            errno = 0;                      /* Because successful call may return -1 */
            prio = getpriority(which, who);
            if (prio == -1 && errno != 0)
                errExit("getpriority");

            printf("Nice value = %d\n", prio);

            exit(EXIT_SUCCESS);
        }
```
── — procpri/t_setpriority.c

35.2 实时进程调度概述

在一个系统上一般会同时运行交互式进程和后台进程，标准的内核调度算法一般能够为这些进程提供足够的性能和响应度。但实时应用对调度器有更加严格的要求，如下所示。

- 实时应用必须要为外部输入提供担保最大响应时间。在很多情况下，这些担保最大响应时间必须非常短（如低于秒级）。如交通导航系统的慢速响应可能会使一个灾难。为了满足这种要求，内核必须要提供工具让高优先级进程能快速地取得 CPU 的控制权，抢占当前运行的所有进程。

> 一些时间关键的应用程序可能需要采取其他措施来避免不可接受的延迟。如为了避免由于页面错误而引起的延迟，应用程序可能会使用 mlock() 或 mlockall()（50.2 节中将予以介绍）将其所有虚拟内存锁在 RAM 中。

- 高优先级进程应该能够保持互斥地访问 CPU 直至它完成或自动释放 CPU。
- 实时应用应该能够精确地控制其组件进程的调度顺序。

SUSv3 规定的实时进程调度 API（原先在 POSIX.1b 中定义）部分满足了这些要求。这个 API 提供了两个实时调度策略：SCHED_RR 和 SCHED_FIFO。使用这两种策略中任意一种策略进行调度的进程的优先级要高于使用 35.1 中介绍的标准循环时间分享策略来调度的进程，实时调度 API 使用常量 SCHED_OTHER 来标识这种循环时间分享策略。

每个实时策略允许一个优先级范围。SUSv3 要求实现至少要为实时策略提供 32 个离散的优先级。在每个调度策略中，拥有高优先级的可运行进程在尝试访问 CPU 时总是优先于优先级较低的进程。

对于多处理器 Linux 系统（包括超线程系统）来讲，高优先级的可运行进程总是优先于优先级较低的进程的规则并不适用。在多处理器系统中，各个 CPU 拥有独立的运行队列（这种方式比使用一个系统层面的运行队列的性能要好），并且每个 CPU 的运行队列中的进程的优先级都局限于该队列。如假设一个双处理器系统中运行着三个进程，进程 A 的实时优先级为 20，并且它位于 CPU 0 的等待队列中，而该 CPU 当前正在运行优先级为 30 的进程 B，即使 CPU 1 正在运行优先级为 10 的进程 C，进程 A 还是需要等待 CPU 0。

包含多个进程的实时应用可以使用 35.4 节中描述的 CPU 亲和力 API 来避免这种调度行为可能引起的问题。如在一个四处理器系统中，所有非关键的进程可以被分配到一个 CPU 中，让其他三个 CPU 处理实时应用。

Linux 提供了 99 个实时优先级，其数值从 1（最低）～99（最高），并且这个取值范围同时适用于两个实时调度策略。每个策略中的优先级是等价的。这意味着如果两个进程拥有同样的优先级，一个进程采用了 SCHED_RR 的调度策略，另一个进程采用了 SCHED_FIFO 的调度策略，那么两个都符合运行的条件，至于到底运行哪个则取决于它们被调度的顺序了。实际上，每个优先级级别都维护着一个可运行的进程队列，下一个运行的进程是从优先级最高的非空队列的队头选取出来的。

POSIX 实时与硬实时对比

满足本节开头处列出的所有要求的应用程序有时候被称为硬实时应用程序。但 POSIX 实时进程调度 API 无法满足这些要求。特别是它没有为应用程序提供一种机制来确保处理输入的响应时间，而这种机制需要操作系统的提供相应的特性，但 Linux 内核并没有提供这种特性（大多数其他标准的操作系统也没有提供这种特性）。POSIX API 仅仅提供了所谓的软实时，允许控制调度哪个进程使用 CPU。

在不给系统增加额外开销的情况下增加对硬实时应用程序的支持是非常困难的，这种新增的开销通常与时间分享应用程序的性能要求是存在冲突的，而典型的桌面和服务器系统上运行的应用程序大部分都是时间分享应用程序。这就是为何大多数 UNIX 内核——包括原来的 Linux——并没有为实时应用程序提供原生支持的原因。但从版本 2.6.18 开始，各种特性都被添加到了 Linux 内核中，从而允许 Linux 为硬实时应用程序提供了完全的原生支持，同时不会给时间分享应用程序增加前面提及到的开销。

35.2.1　SCHED_RR 策略

在 SCHED_RR（循环）策略中，优先级相同的进程以循环时间分享的方式执行。进程每次使用 CPU 的时间为一个固定长度的时间片。一旦被调度执行之后，使用 SCHED_RR 策略的进程会保持对 CPU 的控制直到下列条件中的一个得到满足：

- 达到时间片的终点了；
- 自愿放弃 CPU，这可能是由于执行了一个阻塞式系统调用或调用了 sched_yield()系统调用（35.3.3 节将予以介绍）；
- 终止了；
- 被一个优先级更高的进程抢占了。

对于上面列出的前两个事件，当运行在 SCHED_RR 策略下的进程丢掉 CPU 之后将会被放置在与其优先级级别对应的队列的队尾。在最后一种情况中，当优先级更高的进程执行结束之后，被抢占的进程会继续执行直到其时间片的剩余部分被消耗完（即被抢占的进程仍然位于与其优先级级别对应的队列的队头）。

在 SCHED_RR 和 SCHED_FIFO 两种策略中，当前运行的进程可能会因为下面某个原因而被抢占：

- 之前被阻塞的高优先级进程解除阻塞了（如它所等待的 I/O 操作完成了）；
- 另一个进程的优先级被提到了一个级别高于当前运行的进程的优先级的优先级；
- 当前运行的进程的优先级被降低到低于其他可运行的进程的优先级了。

SCHED_RR 策略与标准的循环时间分享调度算法（SCHED_OTHER）类似，即它也允许优先级相同的一组进程分享 CPU 时间。它们之间最重要的差别在于 SCHED_RR 策略存在严格的优先级级别，高优先级的进程总是优先于优先级较低的进程。而在 SCHED_OTHER 策略中，低 nice 值（即高优先级）的进程不会独占 CPU，它仅仅在调度决策时为进程提供了一个较大的权重。前面 35.1 节中曾经讲过，一个优先级较低的进程（即高 nice 值）总是至少会用到一些 CPU 时间的。它们之间另一个重要的差别是 SCHED_RR 策略允许精确控制进程被调用的顺序。

35.2.2　SCHED_FIFO 策略

SCHED_FIFO（先入先出，first-in，first-out）策略与 SCHED_RR 策略类似，它们之间最主要的差别在于在 SCHED_FIFO 策略中不存在时间片。一旦一个 SCHED_FIFO 进程获得了 CPU 的控制权之后，它就会一直执行直到下面某个条件被满足：

- 自动放弃 CPU（采用的方式与前面描述的 SCHED_FIFO 策略中的方式一样）；
- 终止了；
- 被一个优先级更高的进程抢占了（场景与前面描述的 SCHED_FIFO 策略中场景一样）。

在第一种情况中，进程会被放置在与其优先级级别对应的队列的队尾。在最后一种情况中，当高优先级进程执行结束之后（被阻塞或终止了），被抢占的进程会继续执行（即被抢占的进程位于与其优先级级别对应的队列的队头）。

35.2.3　SCHED_BATCH 和 SCHED_IDLE 策略

Linux 2.6 系列的内核添加了两个非标准调度策略：SCHED_BATCH 和 SCHED_IDLE。尽管这些策略是通过 POSIX 实时调度 API 来设置的，但实际上它们并不是实时策略。

SCHED_BATCH 策略是在版本为 2.6.16 的内核中加入的，它与默认的 SCHED_OTHER 策略类似，两个之间的差别在于 SCHED_BATCH 策略会导致频繁被唤醒的任务被调度的次数较少。这种策略用于进程的批量式执行。

SCHED_IDLE 策略是在版本为 2.6.23 的内核中加入的，它也与 SCHED_OTHER 类似，但提供的功能等价于一个非常低的 nice 值（即低于+19）。在这个策略中，进程的 nice 值毫无意义。它用于运行低优先级的任务，这些任务在系统中没有其他任务需要使用 CPU 时才会大量使用 CPU。

35.3　实时进程调用 API

下面开始介绍构成实时进程调度 API 的各个系统调用。这些系统调用允许控制进程调度策略和优先级。

> 虽然从 2.0 内核开始实时调度已经是 Linux 的一部分了，但在实现中几个问题存在了很长时间。在 2.2 内核的实现中一些特性仍然无法工作，甚至在 2.4 内核的早期版本中也是同样的情况。其中大多数问题直到 2.4.20 内核才得以修正。

35.3.1　实时优先级范围

sched_get_priority_min() 和 sched_get_priority_max() 系统调用返回一个调度策略的优先级取值范围。

```
#include <sched.h>

int sched_get_priority_min(int policy);
int sched_get_priority_max(int policy);
```
               Both return nonnegative integer priority on success, or –1 on error

在两个系统调用中，policy 指定了需获取哪种调度策略的信息。这个参数的取值一般是 SCHED_RR 或 SCHED_FIFO。sched_get_priority_min() 系统调用返回指定策略的最小优先级，sched_get_priority_max() 返回最大优先级。在 Linux 上，这些系统调用为 SCHED_RR 和 SCHED_FIFO 策略分别返回范围为 1 到 99 的数字。换句话说，两个实时策略的优先级取值范围是完全一样的，并且优先级相同的 SCHED_RR 和 SCHED_FIFO 进程都具备被调度的资格。（至于哪个进程先被调度则取决于它们在优先级级别队列中的顺序。）

不同 UNIX 实现中的实时策略的取值范围是不同的。因此不能在应用程序中硬编码优先级值，相反，需要根据两个函数的返回值来指定优先级。因此，SCHED_RR 策略中最低的优先级应该是 sched_get_priority_min(SCHED_FIFO)，比它高一级的优先级是 sched_get_priority_min（SCHED_FIFO）+1，依此类推。

> SUSv3 并不要求 SCHED_RR 和 SCHED_FIFO 策略使用同样的优先级范围，但在大多数 UNIX 实现中都是这样做的。如在 Solaris 8 中两种策略的优先级范围是 0～59，而在 FreeBSD 6.1 中的优先级范围是 0～31。

35.3.2　修改和获取策略和优先级

本节将介绍修改和获取调度策略和优先级的系统调用。

修改调度策略和优先级

sched_setscheduler() 系统调用修改进程 ID 为 pid 的进程的调度策略和优先级。如果 pid 为 0，那么将会修改调用进程的特性。

```
#include <sched.h>

int sched_setscheduler(pid_t pid, int policy, const struct sched_param *param);
```
                              Returns 0 on success, or –1 on error

param 参数是一个指向下面这种结构的指针。

```
struct sched_param {
    int sched_priority;            /* Scheduling priority */
};
```

SUSv3 将 param 参数定义成一个结构以允许实现包含额外的特定于实现的字段，当实现提供了额外的调度策略时这些字段可能会变得有用。但与大多数 UNIX 实现一样，Linux 提供了 sched_priority 字段，该字段指定了调度策略。对于 SCHED_RR 和 SCHED_FIFO 来讲，这个字段的取值必须位于 sched_get_priority_min()和 sched_get_priority_max()规定的范围内；对于其他策略来讲，优先级必须是 0。

policy 参数确定了进程的调度策略，它的取值为表 35-1 中的一个。

表 35-1   Linux 实时和非实时调度策略

策　　略	描　　述	SUSv3
SCHED_FIFO SCHED_RR	实时先入先出 实时循环	● ●
SCHED_OTHER SCHED_BATCH SCHED_IDLE	标准的循环时间分享 与 SCHED_OTHER 类似，但用于批量执行（自 Linux 2.6.16 起） 与 SCHED_OTHER 类似，但优先级比最大的 nice 值（+19）还要低（自 Linux 2.6.23 起）	●

成功调用 sched_setscheduler()会将 pid 指定的进程移到与其优先级级别对应的队列的队尾。

SUSv3 规定成功调用 sched_setscheduler()时其返回值应该是上一种调度策略。但 Linux 并没有遵循这个规则，在成功调用时该函数会返回 0。一个可移植的应用程序应该通过检查返回值是否不为-1 来判断调用是否成功。

通过 fork()创建的子进程会继承父进程的调度策略和优先级，并且在 exec()调用中会保持这些信息。

sched_setparam()系统调用提供了 sched_setscheduler()函数的一个功能子集。它修改一个进程的调度策略，但不会修改其优先级。

```
#include <sched.h>

int sched_setparam(pid_t pid, const struct sched_param *param);
                                        Returns 0 on success, or –1 on error
```

pid 和 param 参数与 sched_setscheduler()中相应的参数是一样的。

成功调用 sched_setparam()会将 pid 指定的进程移到与其优先级级别对应的队列的队尾。

程序清单 35-2 使用 sched_setscheduler()来设置由命令行参数指定的进程的策略和优先级。第一个参数是一个指定调度策略的字母，第二个参数是一个整数优先级，剩下的参数是需修改调度特性的进程的进程 ID。

程序清单 35-2　修改进程的调度策略和优先级

                                                              ── procpri/sched_set.c
```
#include <sched.h>
#include "tlpi_hdr.h"

int
main(int argc, char *argv[])
```

```
{
    int j, pol;
    struct sched_param sp;

    if (argc < 3 || strchr("rfo", argv[1][0]) == NULL)
        usageErr("%s policy priority [pid...]\n"
                "    policy is 'r' (RR), 'f' (FIFO), "
#ifdef SCHED_BATCH                  /* Linux-specific */
                "'b' (BATCH), "
#endif
#ifdef SCHED_IDLE                   /* Linux-specific */
                "'i' (IDLE), "
#endif
                "or 'o' (OTHER)\n",
                argv[0]);
    pol = (argv[1][0] == 'r') ? SCHED_RR :
                (argv[1][0] == 'f') ? SCHED_FIFO :
#ifdef SCHED_BATCH
                (argv[1][0] == 'b') ? SCHED_BATCH :
#endif
#ifdef SCHED_IDLE
                (argv[1][0] == 'i') ? SCHED_IDLE :
#endif
                SCHED_OTHER;
    sp.sched_priority = getInt(argv[2], 0, "priority");

    for (j = 3; j < argc; j++)
        if (sched_setscheduler(getLong(argv[j], 0, "pid"), pol, &sp) == -1)
            errExit("sched_setscheduler");

    exit(EXIT_SUCCESS);
}
```
─── procpri/sched_set.c

权限和资源限制会影响对调度参数的变更

在 2.6.12 之前的内核中，进程必须要先变成特权进程（CAP_SYS_NICE）才能够修改调度策略和优先级。这个规则的一个例外情况是非特权进程在调用者的有效用户 ID 与目标进程的真实或有效用户 ID 匹配时就能将该进程的调度策略修改为 SCHED_OTHER。

从 2.6.12 的内核开始，设置实时调度策略和优先级的规则发生了变动，即引入了一个全新的非标准的资源限制 RLIMIT_RTPRIO。在老式内核中，特权（CAP_SYS_NICE）进程能够随意修改任意进程的调度策略和优先级。同时，非特权进程也能够根据下列规则修改调度策略和优先级。

- 如果进程拥有非零的 RLIMIT_RTPRIO 软限制，那么它就能随意修改自己的调度策略和优先级，只要符合实时优先级的上限为其当前实时优先级（如果该进程当前运行于一个实时策略下）的最大值及其 RLIMIT_RTPRIO 软限制值的约束即可。

- 如果进程的 RLIMIT_RTPRIO 软限制值为 0，那么进程只能降低自己的实时调度优先级或从实时策略切换非实时策略。

- SCHED_IDLE 策略是一种特殊的策略。运行在这个策略下的进程无法修改自己的策略，不管 RLIMIT_RTPRIO 资源限制的值是什么。

- 在其他非特权进程中也能执行策略和优先级的修改工作，只要该进程的有效用户 ID 与目标进程的真实或有效用户 ID 匹配即可。

- 进程的软 RLIMIT_RTPRIO 限制值只能确定可以对自己的调度策略和优先级做出哪些变更，这些变更可以由进程自己发起，也可以由其他非特权进程发起。拥有非零限制值的非特权进程无法修改其他进程的调度策略和优先级。

> 从 2.6.25 的内核开始，Linux 增加了实时调度组的概念。它通过 CONFIG_ RT_ GROUP_ SCHED 内核参数进行配置，会影响到在设置实时调度策略时能够做出哪些变更，具体可参见内核源文件 Documentation/scheduler/sched-rt-group.txt。

获取调度策略和优先级

sched_getscheduler()和 sched_getparam()系统调用获取进程的调度策略和优先级。

```
#include <sched.h>

int sched_getscheduler(pid_t pid);
                              Returns scheduling policy, or –1 on error
int sched_getparam(pid_t pid, struct sched_param *param);
                              Returns 0 on success, or –1 on error
```

在这两个系统调用中，pid 指定了需查询信息的进程 ID。如果 pid 为 0，那么就会查询调用进程的信息。两个系统调用都可被非特权进程用来获取任意进程的信息，而不管进程的验证信息是什么。

sched_getparam()系统调用返回由 param 指向的 sched_param 结构中 sched_priority 字段指定的进程的实时优先级。

如果执行成功，sched_getscheduler()将会返回前面表 35-1 中列出的一个策略。

程序清单 35-3 使用了 sched_getscheduler()和 sched_getparam()来获取进程 ID 为命令行参数指定的数值的进程的策略和优先级。下面的 shell 会话演示了这个程序的使用以及程序清单 35-2 的使用。

```
$ su                      Assume privilege so we can set realtime policies
Password:
# sleep 100 &             Create a process
[1] 2006
# ./sched_view 2006       View initial policy and priority of sleep process
2006: OTHER  0
# ./sched_set f 25 2006   Switch process to SCHED_FIFO policy, priority 25
# ./sched_view 2006       Verify change
2006: FIFO  25
```

程序清单 35-3　获取进程的调度策略和优先级

────────────────────────────────────── procpri/sched_view.c
```
#include <sched.h>
#include "tlpi_hdr.h"

int
main(int argc, char *argv[])
{
    int j, pol;
```

```
        struct sched_param sp;

        for (j = 1; j < argc; j++) {
            pol = sched_getscheduler(getLong(argv[j], 0, "pid"));
            if (pol == -1)
                errExit("sched_getscheduler");

            if (sched_getparam(getLong(argv[j], 0, "pid"), &sp) == -1)
                errExit("sched_getparam");

            printf("%s: %-5s %2d\n", argv[j],
                    (pol == SCHED_OTHER) ? "OTHER" :
                    (pol == SCHED_RR) ? "RR" :
                    (pol == SCHED_FIFO) ? "FIFO" :
#ifdef SCHED_BATCH                      /* Linux-specific */
                    (pol == SCHED_BATCH) ? "BATCH" :
#endif
#ifdef SCHED_IDLE                       /* Linux-specific */
                    (pol == SCHED_IDLE) ? "IDLE" :
#endif
                    "???", sp.sched_priority);
        }

        exit(EXIT_SUCCESS);
    }
```

————————————————————————————————————— **procpri/sched_view.c**

防止实时进程锁住系统

由于 SCHED_RR 和 SCHED_FIFO 进程会抢占所有低优先级的进程（如运行这个程序的 shell），因此在开发使用这些策略的应用程序时需要小心可能会发生失控的实时进程因一直 占住 CPU 而导致锁住系统的情况。在程序中可以通过一些方法来避免这种情况的发生。

- 使用 setrlimit()设置一个合理的低软 CPU 时间组员限制（在 36.3 节中描述了 RLIMIT_CPU）。如果进程消耗了太多的 CPU 时间，那么它将会收到一个 SIGXCPU 信号，该信号在默认情况下会杀死该进程。

- 使用 alarm()设置一个警报定时器。如果进程的运行时间超出了由 alarm()调用指定的 秒数，那么该进程会被 SIGALRM 信号杀死。

- 创建一个拥有高实时优先级的看门狗进程。这个进程可以进行无限循环，每次循环都 睡眠指定的时间间隔，然后醒来并监控其他进程的状态。这种监控可以包含对每个进 程消耗的 CPU 时间的度量（参见 23.5.3 节中对 clock_getcpuclockid()函数的讨论）并 使用 sched_getscheduler()和 sched_getparam()来检查进程的调度策略和优先级。如果一 个进程看起来行为异常，那么看门狗线线程可以降低该进程的优先级或向其发送合适 的信号来停止或终止该进程。

- 从 2.6.25 的内核开始，Linux 提供了一个非标准的资源限制 RLIMIT_RTTIME 用于控 制一个运行在实时调度策略下的进程在单次运行中能够消耗的 CPU 时间。 RLIMIT_RTTIME 的单位是毫秒，它限制了一个进程在不执行阻塞式系统调用时能够消 耗的 CPU 时间。当进程执行了这样的系统调用时，累积消耗的 CPU 时间将会被重置为 0。当这个进程被一个优先级更高的进程抢占时，累积消耗的 CPU 时间不会被重置。 当进程的时间片被耗完或调用 sched_yield()（参见 35.3.3 节）时进程会放弃 CPU。当 进程达到了 CPU 时间限制 RLIMIT_CPU 之后，系统会向其发送一个 SIGXCPU 信号，该信号在默认情况下会杀死这个进程。

版本号为 2.6.25 的内核中做出的这个变更还有助于避免失控的实时进程锁住系统，详细信息可参考内核源文件 Documentation/scheduler/sched-rt-group.txt。

避免子进程进程特权调度策略

Linux 2.6.32 增加了一个 SCHED_RESET_ON_FORK，在调用 sched_setscheduler()时可以将 policy 参数的值设置为该常量。系统会将这个标记值与表 35-1 中列出的其中一个策略取 OR。如果设置了这个标记，那么由这个进程使用 fork()创建的子进程就不会继承特权调度策略和优先级了。其规则如下。

- 如果调用进程拥有一个实时调度策略（SCHED_RR 或 SCHED_FIFO），那么子进程的策略会被重置为标准的循环时间分享策略 SCHED_OTHER。
- 如果进程的 nice 值为负值（即高优先级），那么子进程的 nice 值会被重置为 0。

SCHED_RESET_ON_FORK 标记用于媒体回放应用程序，它允许创建单个拥有实时调度策略但不会将该策略传递给子进程的进程。使用 SCHED_RESET_ON_FORK 标记能够通过创建多个运行于实时调度策略下的子进程来防止创建试图超出 RLIMIT_RTTIME 资源限制的子进程。

一旦进程启用了 SCHED_RESET_ON_FORK 标记，那么只有特权进程（CAP_SYS_NICE）才能够禁用该标记。当子进程被创建出来之后，它的 reset-on-fork 标记会被禁用。

35.3.3　释放 CPU

实时进程可以通过两种方式自愿释放 CPU：通过调用一个阻塞进程的系统调用（如从终端中 read()）或调用 sched_yield()。

```
#include <sched.h>

int sched_yield(void);
```
$$\text{Returns 0 on success, or -1 on error}$$

sched_yield()的操作是比较简单的。如果存在与调用进程的优先级相同的其他排队的可运行进程，那么调用进程会被放在队列的队尾，队列中队头的进程将会被调度使用 CPU。如果在该优先级队列中不存在可运行的进程，那么 sched_yield()不会做任何事情，调用进程会继续使用 CPU。

虽然 SUSv3 允许 sched_yield()返回一个错误，但在 Linux 或很多其他 UNIX 实现上这个系统调用总会成功。可移植的应用程序应该总是检查这个系统调用是否返回错误。

非实时进程使用 sched_yield()的结果是未定义的。

35.3.4　SCHED_RR 时间片

通过 sched_rr_get_interval()系统调用能够找出 SCHED_RR 进程在每次被授权使用 CPU 时分配到的时间片的长度。

```
#include <sched.h>

int sched_rr_get_interval(pid_t pid, struct timespec *tp);
```
$$\text{Returns 0 on success, or -1 on error}$$

与其他进程调度系统调用一样，pid 标识出了需查询信息的进程，当 pid 为 0 时表示调用进程。返回的时间片是由 tp 指向的 timespec 结构。

```
struct timespec {
    time_t tv_sec;            /* Seconds */
    long   tv_nsec;           /* Nanoseconds */
};
```

在最新的 2.6 内核中，实时循环时间片是 0.1 秒。

35.4　CPU 亲和力

当一个进程在一个多处理器系统上被重新调度时无需在上一次执行的 CPU 上运行。之所以会在另一个 CPU 上运行的原因是原来的 CPU 处于忙碌状态。

进程切换 CPU 时对性能会有一定的影响：如果在原来的 CPU 的高速缓冲器中存在进程的数据，那么为了将进程的一行数据加载进新 CPU 的高速缓冲器中，首先必须使这行数据失效（即在没被修改的情况下丢弃数据，在被修改的情况下将数据写入内存）。（为防止高速缓冲器不一致，多处理器架构在某个时刻只允许数据被存放在一个 CPU 的高速缓冲器中。）这个使数据失效的过程会消耗时间。由于存在这个性能影响，Linux（2.6）内核尝试了给进程保证软 CPU 亲和力——在条件允许的情况下进程重新被调度到原来的 CPU 上运行。

高速缓冲器中的一行与虚拟内存管理系统中的一页是类似的。它是 CPU 高速缓冲器和内存之间传输数据的单位。通常行大小的范围为 32～128 字节，更多信息请参考[Schimmel, 1994] 和[Drepper, 2007]。

Linux 特有的/proc/PID/stat 文件中的一个字段显示了进程当前执行或上一次执行时所在的 CPU 编号。具体请参见 proc(5)手册。

有时候需要为进程设置硬 CPU 亲和力，这样就能显式地将其限制在可用 CPU 中的一个或一组 CPU 上运行。之所以需要这样做，原因如下。

- 可以避免由使高速缓冲器中的数据失效所带来的性能影响。
- 如果多个线程（或进程）访问同样的数据，那么当将它们限制在同样的 CPU 上的话可能会带来性能提升，因为它们无需竞争数据并且也不存在由此而产生的高速缓冲器未命中。
- 对于时间关键的应用程序来讲，可能需要为此应用程序预留一个或更多 CPU，而将系统中大多数进程限制在其他 CPU 上。

使用 isolcpus 内核启动参数能够将一个或更多 CPU 分离出常规的内核调度算法。将一个进程移到或移出被分离出来的 CPU 的唯一方式是使用本节介绍的 CPU 亲和力系统调用。isolcpus 启动参数是实现上面列出的最后一种场景的首选方式，具体可参考内核源文件 Documentation/ kernel-parameters.txt。

Linux 还提供了一个 cpuset 内核参数，该参数可用于包含大量 CPU 的系统以实现如何给进程分配 CPU 和内存的复杂控制，具体可参考内核源文件 Documentation/cpusets.txt。

Linux 2.6 提供了一对非标准的系统调用来修改和获取进程的硬 CPU 亲和力：sched_setaffinity() 和 sched_getaffinity()。

> 很多其他 UNIX 实现提供了控制 CPU 亲和力的接口，如 HP-UX 和 Solaris 提供了 pset_bind()
> 系统调用。

sched_setaffinity() 系统调用设置了 pid 指定的进程的 CPU 亲和力。如果 pid 为 0，那么调用进程的 CPU 亲和力就会被改变。

```
#define _GNU_SOURCE
#include <sched.h>

int sched_setaffinity(pid_t pid, size_t len, cpu_set_t *set);
```
                                        Returns 0 on success, or –1 on error

赋给进程的 CPU 亲和力由 set 指向的 cpu_set_t 结构来指定。

> 实际上 CPU 亲和力是一个线程级特性，可以调整线程组中各个进程的 CPU 亲和力。如果
> 需要修改一个多线程进程中某个特定线程的 CPU 亲和力的话，可以将 pid 设定为线程中 gettid()
> 调用返回的值。将 pid 设为 0 表示调用线程。

虽然 cpu_set_t 数据类型实现为一个位掩码，但应该将其看成是一个不透明的结构。所有对这个结构的操作都应该使用宏 CPU_ZERO()、CPU_SET()、CPU_CLR() 和 CPU_ISSET() 来完成。

```
#define _GNU_SOURCE
#include <sched.h>

void CPU_ZERO(cpu_set_t *set);
void CPU_SET(int cpu, cpu_set_t *set);
void CPU_CLR(int cpu, cpu_set_t *set);

int CPU_ISSET(int cpu, cpu_set_t *set);
```
                        Returns true (1) if cpu is in set, or false (0) otherwise

下面这些宏操作 set 指向的 CPU 集合：
- CPU_ZERO() 将 set 初始化为空。
- CPU_SET() 将 CPU cpu 添加到 set 中。
- CPU_CLR() 从 set 中删除 CPU cpu。
- CPU_ISSET() 在 CPU cpu 是 set 的一个成员时返回 true。

> GNU C 库还提供了其他一些宏来操作 CPU 集合，具体可参见 CPU_SET(3) 手册。

CPU 集合中的 CPU 从 0 开始编号。<sched.h> 头文件定义了常量 CPU_SETSIZE，它是比 cpu_set_t 变量能够表示的最大 CPU 编号还要大的一个数字。CPU_SETSIZE 的值为 1024。

传递给 sched_setaffinity() 的 len 参数应该指定 set 参数中字节数（即 sizeof(cpu_set_t)）。

下面的代码将 pid 标识出的进程限制在四处理器系统上除第一个 CPU 之外的任意 CPU 上

运行。

```
cpu_set_t set;

CPU_ZERO(&set);
CPU_SET(1, &set);
CPU_SET(2, &set);
CPU_SET(3, &set);

sched_setaffinity(pid, CPU_SETSIZE, &set);
```

如果 set 中指定的 CPU 与系统中的所有 CPU 都不匹配，那么 sched_setaffinity()调用就会返回 EINVAL 错误。

如果运行调用进程的 CPU 不包含在 set 中，那么进程会被迁移到 set 中的一个 CPU 上。

非特权进程只有在其有效用户 ID 与目标进程的真实或有效用户 ID 匹配时才能够设置目标进程的 CPU 亲和力。特权（CAP_SYS_NICE）进程可以设置任意进程的 CPU 亲和力。

sched_getaffinity()系统调用获取 pid 指定的进程的 CPU 亲和力掩码。如果 pid 为 0，那么就返回调用进程的 CPU 亲和力掩码。

```
#define _GNU_SOURCE
#include <sched.h>

int sched_getaffinity(pid_t pid, size_t len, cpu_set_t *set);
```
                                        Returns 0 on success, or –1 on error

返回的 CPU 亲和力掩码位于 set 指向的 cpu_set_t 结构中，同时应该将 len 参数设置为结构中包含的字节数，即 sizeof(cpu_set_t)。使用 CPU_ISSET()宏能够确定哪些 CPU 位于 set 中。

如果目标进程的 CPU 亲和力掩码并没有被修改过，那么 sched_getaffinity()返回包含系统中所有 CPU 的集合。

sched_getaffinity()执行时不会进行权限检查，非特权进程能够获取系统上所有进程的 CPU 亲和力掩码。

通过 fork()创建的子进程会继承其父进程的 CPU 亲和力掩码并且在 exec()调用之间掩码会得以保留。

sched_setaffinity()和 sched_getaffinity()系统调用是 Linux 特有的。

本书源代码中 procpri 子目录下 t_sched_setaffinity.c 和 t_sched_getaffinity.c 程序展示了 sched_setaffinity()和 sched_getaffinity()的使用。

35.5　总结

默认的内核调度算法采用的是循环时间分享策略。默认情况下，在这一策略下的所有进程都能平等地使用 CPU，但可以将进程的 nice 值设置为一个范围从–20（高优先级）～+19（低优先级）的数字来影响调度器对进程的调度。但即使给一个进程设置了一个最低的优先级，它仍然有机会用到 CPU。

Linux 还实现了 POSIX 实时调度扩展。这些扩展允许应用程序精确地控制如何分配 CPU

给进程。运作在两个实时调度策略 SCHED_RR（循环）和 SCHED_FIFO（先入先出）下的进程的优先级总是高于运作在非实时策略下的进程。实时进程优先级的取值范围为 1（低）～99（高）。只有进程处于可运行状态，那么优先级更高的进程就会完全将优先级低的进程排除在 CPU 之外。运作在 SCHED_FIFO 策略下的进程会互斥地访问 CPU 直到它执行终止或自动释放 CPU 或被进入可运行状态的优先级更高的进程抢占。类似的规则同样适用于 SCHED_RR 策略，但在该策略下，如果存在多个进程运行于同样的优先级下，那么 CPU 就会以循环的方式被这些进程共享。

进程的 CPU 亲和力掩码可以用来将进程限制在多处理器系统上可用 CPU 的子集中运行。这样就可以提高特定类型的应用程序的性能。

更多信息

[Love，2010]提供了 Linux 上进程优先级和调度的背景资料。[Gallmeister, 1995]提供了 POSIX 实时调度 API 的更多信息。虽然[Butenhof, 1996]中很多有关实时调度 API 的讨论都是针对 POSIX 线程的，但它也为本章中有关实时调度的讨论提供了有用的背景资料。

更多有关 CPU 亲和力以及控制多处理器系统上给线程分配 CPU 和内存节点的信息可以参见内核源文件 Documentation/cpusets.txt、mbind(2)、set_mempolicy(2)以及 cpuset(7) 手册。

35.6　习题

35-1. 实现 nice(1)命令。

35-2. 编写一个与 nice(1)命令类似的实时调度程序 set-user-ID-root 程序。这个程序的命令行界面如下所示：

```
# ./rtsched policy priority command arg...
```

在上面的命令中，policy 中 r 表示 SCHED_RR，f 表示 SCHED_FIFO。基于在 9.7.1 节和 38.3 节中描述的原因，这个程序在执行命令前应该丢弃自己的特权 ID。

35-3. 编写一个运行于 SCHED_FIFO 调度策略下的程序，然后创建一个子进程。在两个进程中都执行一个能导致进程最多消耗 3 秒 CPU 时间的函数。（这可以通过使用一个循环并在循环中不断使用 times()系统调用来确定累积消耗的 CPU 时间来完成。）每当消耗了 1/4 秒的 CPU 时间之后，函数应该打印出一条显示进程 ID 和迄今消耗的 CPU 时间的消息。每当消耗了 1 秒的 CPU 时间之后，函数应该调用 sched_yield()来将 CPU 释放给其他进程。（另一种方法是进程使用 sched_setparam()提升对方的调度策略。）从程序的输出中应该能够看出两个进程交替消耗了 1 秒的 CPU 时间。（注意在 35.3.2 节中给出的有关防止失控实时进程占住 CPU 的建议。）

35-4. 如果两个进程在一个多处理器系统上使用管道来交换大量数据，那么两个进程运行在同一个 CPU 上的通信速度应该要快于两个进程运行在不同的 CPU 上，其原因是当两个进程运行在同一个 CPU 上时能够快速地访问管道数据，因为管道数据可以保留在 CPU 的高速缓冲器中。相反，当两个进程运行在不同的

CPU 上时将无法享受 CPU 高速缓冲器带来的优势。读者如果拥有多处理器系统，可以编写一个使用 sched_setaffinity()强制将两个进程运行在同一个 CPU 上或运行在两个不同的 CPU 上的程序来演示这种效果。（第 44 章描述了管道的使用。）

第**36**章

进程资源

每个进程都会消耗诸如内存和 CPU 时间之类的系统资源。本章将介绍与资源相关的系统调用，首先会介绍 getrusage()系统调用，该函数允许一个进程监控自己及其子进程已经用掉的资源。接着会介绍 setrlimit()和 getrlimit()系统调用，它们可以用来修改和获取调用进程对各类资源的消耗限值。

36.1 进程资源使用

getrusage()系统调用返回调用进程或其子进程用掉的各类系统资源的统计信息。

```
#include <sys/resource.h>

int getrusage(int who, struct rusage *res_usage);
```
                              Returns 0 on success, or –1 on error

who 参数指定了需查询资源使用信息的进程，其取值为下列几个值中的一个。

RUSAGE_SELF
返回调用进程相关的信息。

RUSAGE_CHILDREN
返回调用进程的所有被终止和处于等待状态的子进程相关的信息。

RUSAGE_THREAD（自 Linux 2.6.26 起）
返回调用线程相关的信息。这个值是 Linux 特有的。
res_usage 参数是一个指向 rusage 结构的指针，其定义如程序清单 36-1 所示。

程序清单 36-1：rusage 结构的定义

```
struct rusage {
    struct timeval ru_utime;    /* User CPU time used */
    struct timeval ru_stime;    /* System CPU time used */
```

```
    long            ru_maxrss;    /* Maximum size of resident set (kilobytes)
                                     [used since Linux 2.6.32] */
    long            ru_ixrss;     /* Integral (shared) text memory size
                                     (kilobyte-seconds) [unused] */
    long            ru_idrss;     /* Integral (unshared) data memory used
                                     (kilobyte-seconds) [unused] */
    long            ru_isrss;     /* Integral (unshared) stack memory used
                                     (kilobyte-seconds) [unused] */
    long            ru_minflt;    /* Soft page faults (I/O not required) */
    long            ru_majflt;    /* Hard page faults (I/O required) */
    long            ru_nswap;     /* Swaps out of physical memory [unused] */
    long            ru_inblock;   /* Block input operations via file
                                     system [used since Linux 2.6.22] */
    long            ru_oublock;   /* Block output operations via file
                                     system [used since Linux 2.6.22] */
    long            ru_msgsnd;    /* IPC messages sent [unused] */
    long            ru_msgrcv;    /* IPC messages received [unused] */
    long            ru_nsignals;  /* Signals received [unused] */
    long            ru_nvcsw;     /* Voluntary context switches (process
                                     relinquished CPU before its time slice
                                     expired) [used since Linux 2.6] */
    long            ru_nivcsw;    /* Involuntary context switches (higher
                                     priority process became runnable or time
                                     slice ran out) [used since Linux 2.6] */
};
```

从程序清单 36-1 中的注释中可以看出，在 Linux 上，在调用 getrusage()（或 wait3()
以及 wait4()）时，rusage 结构中的很多字段都不会被填充，只有最新的内核才会填充这些字
段。其中一些字段在 Linux 中并没有用到，只有 UNIX 实现用到了这些字段。而 Linux 系统
之所以也提供了这些字段是为了防止以后扩展时需要修改 rusage 结构而破坏既有的应用程
序库。

> 虽然大多数 UNIX 实现都提供了 getrusage()，但 SUSv3 并没有全面规范这个系统调用
> （仅规定了 ru_utime 和 ru_stime 字段），这样做的部分原因是因为 rusage 结构中的很多字段
> 的含义是依赖于实现的。

ru_utime 和 ru_stime 字段的类型是 timeval 结构（参见 10.1 节），它分别表示一个进程在
用户模式和内核模式下消耗的 CPU 的秒数和毫秒数。（10.7 节中介绍的 times()系统调用也会
返回类似的信息。）

> Linux 特有的/proc/PID/stat 文件提供了系统中所有进程的某些资源使用信息（CPU 时间
> 和页面错误），更多信息可参考 proc(5)手册。

getrusage() RUSAGE_CHILDREN 操作返回的 rusage 结构中包含了调用进程的所有子孙进
程的资源使用统计信息。如假设三个进程之间的关系为父进程、子进程和孙子进程，那么当子
进程在 wait()孙子进程时，孙子进程的资源使用值就会被加到子进程的 RUSAGE_CHILDREN
值上，当父进程执行了一个 wait()子进程的操作时，子进程和孙子进程的资源使用信息就会被
加到父进程的 RUSAGE_CHILDREN 值上。而如果子进程没有 wait()孙子进程的话，孙子进程
的资源使用就不会被记录到父进程的 RUSAGE_CHILDREN 值中。

在 RUSAGE_CHILDREN 操作中，ru_maxrss 字段返回调用进程的所有子孙进程中最大驻
留集大小（不是所有子孙进程之和）。

SUSv3 规定当 SIGCHLD 被忽略时（这样子进程就不会变成可等待的僵死进程了），子进程的统计信息不应该被加到 RUSAGE_CHILDREN 的返回值中。但在 26.3.3 节中曾经指出过在版本号早于 2.6.9 的内核中，Linux 的行为与这个规则不同——当 SIGCHLD 被忽略时，已经死去的子进程的资源使用值会被加到 RUSAGE_CHILDREN 的返回值中。

36.2 进程资源限制

每个进程都用一组资源限值，它们可以用来限制进程能够消耗的各种系统资源。如在执行任意一个程序之前如果不想让它消耗太多资源，则可以设置该进程的资源限制。使用 shell 的内置命令 ulimit 可以设置 shell 的资源限制（在 C shell 中是 limit）。shell 创建用来执行用户命令的进程会继承这些限制。

从 2.6.24 的内核开始，Linux 特有的/proc/PID/limits 文件可以用来查看任意进程的所有资源限制。这个文件由相应进程的真实用户 ID 所拥有，并且只有进程 ID 为用户 ID 的进程（或特权进程）才能够读取这个文件。

getrlimit()和 setrlimit()系统调用允许一个进程读取和修改自己的资源限制。

```
#include <sys/resource.h>

int getrlimit(int resource, struct rlimit *rlim);
int setrlimit(int resource, const struct rlimit *rlim);
                                    Both return 0 on success, or -1 on error
```

resource 参数标识出了需读取或修改的资源限制。rlim 参数用来返回限制值（getrlimit()）或指定新的资源限制值（(setrlimit())，它是一个指向包含两个字段的结构的指针。

```
struct rlimit {
    rlim_t rlim_cur;        /* Soft limit (actual process limit) */
    rlim_t rlim_max;        /* Hard limit (ceiling for rlim_cur) */
};
```

这两个字段对应于一种资源的两个关联限制：软限制（rlim_cur）和硬限制（rlim_max）。（rlim_t 数据类型是一个整数类型。）软限制规定了进程能够消耗的资源数量。一个进程可以将软限制调整为从 0 到硬限制之间的值。对于大多数资源来讲，硬限制的唯一作用是为软限制设定了上限。特权（CAP_SYS_RESOURCE）进程能够增大和缩小硬限制（只要其值仍然大于软限制），但非特权进程则只能缩小硬限制（这个行为是不可逆的）。在 getrlimit()和 setrlimit()调用中，rlim_cur 和 rlim_max 取值为 RLIM_INFINITY 表示没有限制（不限制资源的使用）。

在大多数情况下，特权进程和非特权进程在使用资源时都会受到限制。通过 fork()创建的子进程会继承这些限制并且在 exec()调用之间不得到保持。

表 36-1 列出了 getrlimit()和 setrlimit()两个函数中 resource 参数的可取值，详细信息可参见 36.3 节。

虽然资源限制是一个进程级别的特性，但在某些情况下，不仅需要度量一个进程对相关资源的消耗情况，还需要度量同一个真实用户 ID 下所有进程对资源的消耗总和情况。限制能创建的进程数目的 RLIMIT_NPROC 就较好地遵循了这个规则。仅仅将这个限制施加于进程本身所创建的子进程的数量的做法不是非常有效，因为由该进程创建的每个子进程都可以创建自己的子进程，而这些子进程还能够创建更多的子进程，以此类推。因此，这个限制是根据同一真实用户 ID 下所有的进程数来度量的。注意只有在设置了资源限制的进程中（即进程本身及继承了限制值的子孙进程）才会对资源使用情况进行检查。如果同一真实用户 ID 下存在一个没有设置限制（即限制值为无限）或设置了一个不同的限制值的进程，那么就会根据它所设置的限制值来检查其创建的子进程的数量。

下面在介绍每类资源的限制值时都会指出此类资源限制值是指同一真实用户 ID 下所有进程累积能够消耗的资源限制值。如果没有特别指出，那么一个资源限制值就是指进程本身能够消耗的资源限制值。

> 记住，在很多情况下，获取和设置资源限制的 shell 命令（bash 和 Korn shell 中是 ulimit，C shell 中是 limit）使用的单位与 getrlimit() 和 setrlimit() 使用的单位不同。如 shell 命令在限制各种内存段的大小时通常以千字节为单位。

表 36-1：getrlimit() 和 setrlimit() 中的资源值

资　　源	限　　制	SUSv3
RLIMIT_AS	进程虚拟内存限制大小（字节数）	●
RLIMIT_CORE	核心文件大小（字节数）	●
RLIMIT_CPU	CPU 时间（秒数）	●
RLIMIT_DATA	进程数据段（字节数）	●
RLIMIT_FSIZE	文件大小（字节数）	●
RLIMIT_MEMLOCK	锁住的内存（字节数）	
RLIMIT_MSGQUEUE	为真实用户 ID 分配的 POSIX 消息队列的字节数（自 Linux 2.6.8 起）	
RLIMIT_NICE	nice 值（自 Linux 2.6.12 起）	
RLIMIT_NOFILE	最大的文件描述符数量加 1	●
RLIMIT_NPROC	真实用户 ID 下的进程数量	
RLIMIT_RSS	驻留集大小（字节数；没有实现）	
RLIMIT_RTPRIO	实时调度策略（自 Linux 2.6.12 起）	
RLIMIT_RTTIME	实时 CPU 时间（微秒；自 Linux 2.6.25 起）	
RLIMIT_SIGPENDING	真实用户 ID 信号队列中的信号数（自 Linux 2.6.8 起）	
RLIMIT_STACK	栈段的大小（字节数）	●

示例程序

在开始介绍各种资源限制的具体内容之前，首先来看一个使用了资源限制的简单示例。程序清单 36-2 定义了函数 printRlimit()，该函数会显示一条消息以及指定资源的软限制和硬限制。

> rlim_t 数据类型与 off_t 通常是一样的，用来处理文件大小资源限制 RLIMIT_FSIZE 的表示。基于这个原因，在打印 rlim_t 值时（如在程序清单 36-2 中），需要像 5.10 节所说的

程序清单 36-3 调用了 setrlimit()来设置一个用户能够创建的进程数量的软限制和硬限制
（RLIMIT_NPROC），同时使用了程序清单 36-2 中的函数 printRlimit()来输出变更之前和之后
的资源限制，最后根据资源限制创建了尽可能多的进程。在运行这个程序时，如果将软限制
设置为 30，硬限制设置为 100，那么就能看到下面的输出。

```
$ ./rlimit_nproc 30 100
Initial maximum process limits:   soft=1024; hard=1024
New maximum process limits:       soft=30; hard=100
Child 1 (PID=15674) started
Child 2 (PID=15675) started
Child 3 (PID=15676) started
Child 4 (PID=15677) started
ERROR [EAGAIN Resource temporarily unavailable] fork
```

在这个例子中，程序只创建了 4 个新进程，因为在该用户下已经运行着 26 个进程了。

程序清单 36-2：显示进程资源限制

―――――――――――――――――――――――――――――――――――― procres/print_rlimit.c

```c
#include <sys/resource.h>
#include "print_rlimit.h"              /* Declares function defined here */
#include "tlpi_hdr.h"

int                        /* Print 'msg' followed by limits for 'resource' */
printRlimit(const char *msg, int resource)
{
    struct rlimit rlim;

    if (getrlimit(resource, &rlim) == -1)
        return -1;

    printf("%s soft=", msg);
    if (rlim.rlim_cur == RLIM_INFINITY)
        printf("infinite");
#ifdef RLIM_SAVED_CUR              /* Not defined on some implementations */
    else if (rlim.rlim_cur == RLIM_SAVED_CUR)
        printf("unrepresentable");
#endif
    else
        printf("%lld", (long long) rlim.rlim_cur);

    printf("; hard=");
    if (rlim.rlim_max == RLIM_INFINITY)
        printf("infinite\n");
#ifdef RLIM_SAVED_MAX              /* Not defined on some implementations */
    else if (rlim.rlim_max == RLIM_SAVED_MAX)
        printf("unrepresentable");
#endif
    else
        printf("%lld\n", (long long) rlim.rlim_max);

    return 0;
}
```

―――――――――――――――――――――――――――――――――――― procres/print_rlimit.c

程序清单 36-3：设置 RLIMIT_NPROC 资源限制

―――――――――――――――――――――――――――――――――――――― procres/rlimit_nproc.c

```
#include <sys/resource.h>
#include "print_rlimit.h"                   /* Declaration of printRlimit() */
#include "tlpi_hdr.h"

int
main(int argc, char *argv[])
{
    struct rlimit rl;
    int j;
    pid_t childPid;
    if (argc < 2 || argc > 3 || strcmp(argv[1], "--help") == 0)
        usageErr("%s soft-limit [hard-limit]\n", argv[0]);

    printRlimit("Initial maximum process limits: ", RLIMIT_NPROC);

    /* Set new process limits (hard == soft if not specified) */

    rl.rlim_cur = (argv[1][0] == 'i') ? RLIM_INFINITY :
                            getInt(argv[1], 0, "soft-limit");
    rl.rlim_max = (argc == 2) ? rl.rlim_cur :
                (argv[2][0] == 'i') ? RLIM_INFINITY :
                            getInt(argv[2], 0, "hard-limit");
    if (setrlimit(RLIMIT_NPROC, &rl) == -1)
        errExit("setrlimit");

    printRlimit("New maximum process limits:     ", RLIMIT_NPROC);

    /* Create as many children as possible */

    for (j = 1; ; j++) {
        switch (childPid = fork()) {
        case -1: errExit("fork");

        case 0: _exit(EXIT_SUCCESS);             /* Child */

        default:        /* Parent: display message about each new child
                            and let the resulting zombies accumulate */
            printf("Child %d (PID=%ld) started\n", j, (long) childPid);
            break;
        }
    }
}
```

―――――――――――――――――――――――――――――――――――――― procres/rlimit_nproc.c

无法表示的限制值

在某些程序设计环境中，rlim_t 数据类型可能无法表示某个特定资源限制的所有可取值，这是因为一个系统可能提供了多个程序设计环境，而在这些程序设计环境中 rlim_t 数据类型的大小是不同的。如当一个 off_t 为 64 位的大型文件编译环境被添加到 off_t 为 32 位的系统中时就会出现这种情况。（在每种环境中，rlim_t 和 off_t 的大小是一样的。）这就会导致出现这样一种情况，即一个 off_t 为 64 位的程序能够创建一个子进程来执行一个 rlim_t 值较小的程序，这样子进程就会继承父进程的资源限制（如文件大小限制），但该资源限制超过了最大的 rlim_t 值。

为了帮助可移植应用程序处理可能出现的无法标识资源限制的情况，SUSv3 规定了两个常量来标记无法表示的限制值：RLIM_SAVED_CUR 和 RLIM_SAVED_MAX。如果一个软资源限制无法用 rlim_t 表示，那么 getrlimit()将会在 rlim_cur 字段返回 RLIM_SAVED_CUR。而 RLIM_SAVED_MAX 的功能类似，即当碰到无法表示的硬限制时在 rlim_max 字段返回该值。

SUSv3 允许实现在 rlim_t 能够表示资源限制的所有可取值时将 RLIM_SAVED_CUR 和 RLIM_SAVED_MAX 定义成与 RLIM_INFINITY 一样的值。在 Linux 上，这两个常量值就是这样定义的，这样 rlim_t 能够表示资源限制的所有可取值，但在像 x86-32 这样的 32 位架构上这种做法是不对的。在那些架构上，在一个大文件编译环境中，glibc 将 rlim_t 定义为 64 位，但内核中表示资源限制的数据类型是 unsigned long，它只有 32 位。当前版本的 glibc 是这样处理这种情况的：如果一个设置了_FILE_OFFSET_BITS=64 编译选项的程序试图将一个资源限制值设置为一个超出 32 位 unsigned long 表示范围的值，那么 glibc 中 setrlimit()的包装函数会毫无征兆地将这个值转换成 RLIM_INFINITY。换句话说，要求完成的资源限制值的设置并没有如实地被完成。

> 由于在很多 x86-32 发行版中，处理文件的实用程序在编译时通常都设置了_FILE_OFFSET_BITS=64 参数，因此当资源限制值超出 32 位的表示范围时系统不如实地设置资源限制值的做法不仅仅会影响到应用程序开发人员，还会影响到最终的用户。
>
> 有些人可能会认为 glibc setrlimit()包装函数的做法要比在请求的资源限制超出 32 位 unsigned long 表示范围时返回一个错误要好，而这个问题的本质是内核的限制，glibc 的开发人员在处理这个问题时则采用了前面正文中介绍的方法。

36.3 特定资源限制细节

本节将详细介绍 Linux 上可用的各个资源限制，特别需要注意那些 Linux 特有的资源限制。

RLIMIT_AS

RLIMIT_AS 限制规定了进程的虚拟内存（地址空间）的最大字节数，试图（brk()、sbrk()、mmap()、mremap()以及 shmat()）超出这个限制会得到 ENOMEM 错误。在实践中，程序中会超出这个限制的最常见的地方是在调用 malloc 包中的函数时，因为它们会使用 sbrk()和 mmap()。当碰到这个限制时，栈增长操作也会失败，进而会出现下面 RLIMIT_STACK 限制中列出的情况。

RLIMIT_CORE

RLIMIT_CORE 限制规定了当进程被特定信号（参见 22.1 节）终止时产生的核心 dump 文件的最大字节数。当达到这个限制时，核心 dump 文件就不会再产生了。将这个限制指定为 0 会阻止核心 dump 文件的创建，这种做法有时候是比较有用的，因为核心 dump 文件可能会变得非常大，而最终用户通常又不知道如何处理这些文件。另一个禁用核心 dump 文件的原因是安全性——防止程序占用的内存中的内容输出到磁盘上。如果 RLIMIT_FSIZE 限制值低于这个限制值，那么核心 dump 文件的最大大小会被限制为 RLIMIT_FSIZE 字节。

RLIMIT_CPU

RLIMIT_CPU 限制规定了进程最多使用的 CPU 时间（包括系统模式和用户模式）。SUSv3 要求当达到软限制值时需要向进程发送一个 SIGXCPU 信号，但并没有规定其他的细节。

（SIGXCPU 信号的默认动作是终止一个进程并输出一个核心 dump。）此外，也可以为 SIGXCPU 信号建立一个处理器来完成期望的处理工作，然后将控制返回给主程序。在达到软限制值之后，内核（在 Linux 上）会在进程每消耗一秒钟的 CPU 时间后向其发送一个 SIGXCPU 信号。当进程持续执行直至达到硬 CPU 限制时，内核会向其发送一个 SIGKILL 信号，该信号总是会终止进程。

不同的 UNIX 实现对进程处理完 SIGXCPU 信号之后继续消耗 CPU 时间这种情况的处理方式不同。大多数会每隔固定时间间隔向进程发送一个 SIGXCPU 信号。读者如果想要编写使用这个信号的可移植应用程序，那么应该在首次收到这个信号之后就完成必要的清理工作，然后终止执行。（或者，程序也可以在收到这个信号之后修改资源限制。）

RLIMIT_DATA

RLIMIT_DATA 限制规定了进程的数据段的最大字节数（在 6.3 节中介绍的初始化数据、非初始化数据、堆段的总和）。试图（sbrk()和 brk()）访问这个限制之外的数据段会得到 ENOMEM 的错误。与 RLIMIT_AS 一样，程序中会超出这个限制的最常见的地方是在调用 malloc 包中的函数时。

RLIMIT_FSIZE

RLIMIT_FSIZE 限制规定了进程能够创建的文件的最大字节数。如果进程试图扩充一个文件使之超出软限制值，那么内核就会向其发送一个 SIGXFSZ 信号，并且系统调用（如 write()或 truncate()）会返回 EFBIG 错误。SIGXFSZ 信号的默认动作是终止进程并产生一个核心 dump。此外，也可以捕获这个信号并将控制返回给主程序。不管怎样，后续视图扩充该文件的操作都会得到同样的信号和错误。

RLIMIT_MEMLOCK

RLIMIT_MEMLOCK 限制（源自 BSD，在 SUSv3 中并没有此限制，只有 Linux 和 BSD 系统提供了这个限制）规定了一个进程最多能够将多少字节的虚拟内存锁进物理内存以防止内存被交换出去。这个限制会影响 mlock()和 mlockall()系统调用以及 mmap()和 shmctl()系统调用的加锁参数，后面 50.2 节中将会介绍其中的细节信息。

如果在调用 mlockall()时指定了 MCL_FUTURE 标记，那么 RLIMIT_MEMLOCK 限制也会导致后续的 brk()、sbrk()、mmap()和 mremap()调用失败。

RLIMIT_MSGQUEUE

RLIMIT_MSGQUEUE 限制（Linux 特有的，自 Linux 2.6.8 起）规定了能够为调用进程的真实用户 ID 的 POSIX 消息队列分配的最大字节数。当使用 mq_open()创建了一个 POSIX 消息队列后会根据下面的公式将字节数与这个限制值进行比较。

```
bytes = attr.mq_maxmsg * sizeof(struct msg_msg *) +
        attr.mq_maxmsg * attr.mq_msgsize;
```

在这个公式中，attr 是传给 mq_open()的第四个参数 mq_attr 结构。加数中包含 sizeof(struct msg_msg *)确保了用户无法在队列中无止境地加入长度为零的消息。（msg_msg 结构是内核内部使用的一个数据类型。）这样做是有必要的，因为虽然长度为零的消息不包含数据，但它们需要消耗一些系统内存以供簿记。

RLIMIT_MSGQUEUE 限制只会影响调用进程。这个用户下的其他进程不会受到影响，因为它们也会设置这个限制或继承这个限制。

RLIMIT_NICE

RLIMIT_NICE 限制（Linux 特有的，自 Linux 2.6.12 起）规定了使用 sched_setscheduler() 和 nice()能够为进程设置的最大 nice 值。这个最大值是通过公式 $20 - \text{rlim\_cur}$ 计算得来的，其中 rlim_cur 是当前的 RLIMIT_NICE 软资源限制，更多细节信息可参见 35.1 节。

RLIMIT_NOFILE

RLIMIT_NOFILE 限制规定了一个数值，该数值等于一个进程能够分配的最大文件描述符数量加 1。试图（如 open()、pipe()、socket()、accept()、shm_open()、dup()、dup2()、fcntl(F_DUPFD) 和 epoll_create()）分配的文件描述符数量超出这个限制时会失败。在大多数情况，失败的错误是 EMFILE，但在 dup2(fd, newfd)调用中，失败的错误是 EBADF，在 fcntl(fd, F_DUPFD, newfd) 调用中当 newfd 大于或等于这个限制时，失败的错误是 EINVAL。

对 RLIMIT_NOFILE 限制的变更会通过 sysconf(_SC_OPEN_MAX)的返回值反应出来。SUSv3 允许但不强制实现在修改 RLIMIT_NOFILE 限制前后调用 sysconf(_SC_OPEN_MAX) 返回不同的值，在这一点上其他实现的行为与 Linux 可能并不相同。

> SUSv3 声称如果一个应用程序将进程的软或硬 RLIMIT_NOFILE 限制设置为一个小于或等于进程当前打开的最大文件描述符数量的值时会出现预期之外的行为。
>
> 在 Linux 上可以通过使用 readdir()扫描/proc/PID/fd 目录下的内容来检查一个进程当前打开的文件描述符，这个目录包含了进程当前打开的每个文件描述符的符号链接。

内核为 RLIMIT_NOFILE 限制规定了一个最大值。在 2.6.25 之前的内核中，这个最大值是一个由内核常量 NR_OPEN 定义的硬编码值，其值为 1048576。（提高这个最大值需要重建内核。）从 2.6.25 的版本开始，这个限制由 Linux 特有的/proc/sys/fs/nr_open 文件定义。这个文件中的默认值是 1048576，超级用户可以修改这个值。试图将软或硬 RLIMIT_NOFILE 限制设置为一个大于最大值的值会产生 EPERM 错误。

还存在一个系统级别的限制，它规定了系统中所有进程能够打开的文件数量，通过 Linux 特有的/proc/sys/fs/file-max 文件能够获取和修改这个限制。（可以将 file-max 更加精确地定义为系统中所能打开的文件描述符数量限制，具体可参考 5.4 节。）只有特权（CAP_SYS_ADMIN）进程才能够超出 file-max 的限制。在非特权进程中，当系统调用碰到 file-max 限制时会返回 ENFILE 错误。

RLIMIT_NPROC

RLIMIT_NPROC 限制（源自 BSD，在 SUSv3 中并没有此限制，只有 Linux 和 BSD 系统提供了这个限制）规定了调用进程的真实用户 ID 下最多能够创建的进程数量。试图（fork()、vfork()和 clone()）超出这个限制会得到 EAGAIN 错误。

RLIMIT_NPROC 限制只影响调用进程。这个用户下的其他进程不会受到影响，除非它们也设置或继承了这个限制。这个限制不适用于特权（CAP_SYS_ADMIN 和 CAP_SYS_RESOURCE）进程。

> Linux 还提供了系统层面的限制来规定所有用户能够创建的进程数量。在 Linux 2.4 以及之后的版本中，可以使用 Linux 特有的/proc/sys/kernel/threads-max 文件来获取和修改这个限制。
>
> 准确地说，RLIMIT_NPROC 资源限制和 threads-max 文件实际上限制的是所能创建的线程数量，而不是进程的数量。

不同版本的内核为 RLIMIT_NPROC 资源限制设置的默认值不同。在 Linux 2.2 中，该值是根据一个固定的公式计算得来的。在 Linux 2.4 和之后的版本中，该值是使用一条公式根据可用的物理内存数量计算得来的。

SUSv3 没有规定 RLIMIT_NPROC 资源限制，但它规定了通过 sysconf(_SC_CHILD _MAX)调用来获取（不是修改）一个用户 ID 最多能够创建的进程数量。Linux 也支持这个 sysconf()调用，但只有 2.6.23 前的内核才支持这个调用。这个调用不会返回精确的信息——它总是返回值 999。自 Linux 2.6.23 起（以及 glibc 2.4 和之后的版本），这个调用会正确地返回限制（通过检查 RLIMIT_NPROC 资源限制值）。

不存在一种统一的方法能够在不同系统中找出某个特定用户 ID 已经创建的进程数。在 Linux 中可以通过扫描系统中的所有/proc/PID/status 文件并检查 Uid 条目（它会按顺序列出四个进程用户 ID：真实、有效、保留集和文件系统）下的信息来估算一个用户当前拥有的进程，但有一点需要记住，即当完成扫描之后信息可能已经发生了改变。

RLIMIT_RSS

RLIMIT_RSS 限制（源自 BSD，在 SUSv3 并没有此限制，但该限制是被广泛使用的）规定了进程驻留集中的最大页面数，即当前位于物理内存中的虚拟内存页面总数。Linux 也提供了这个限制，但当前并没有起任何作用。

在 Linux 2.4 之前的内核中（早于以及包括 2.4.29），RLIMIT_RSS 会影响到 madvise() MADV_WILLNEED 操作的行为（参见 50.4 节）。如果这个操作因达到 RLIMIT_RSS 限制而无法执行，那么 errno 中会存储 EIO 错误。

RLIMIT_RTPRIO

RLIMIT_RTPRIO 限制（Linux 特有的，自 Linux 2.6.12 起）规定了使用 sched_setscheduler() 和 sched_setparam()能够为进程设置的最高实时优先级，具体细节请参考 35.3.2 节。

RLIMIT_RTTIME

RLIMIT_RTTIME 限制（Linux 特有的，自 Linux 2.6.25 起）规定了一个进程在实时调度策略中不睡眠（即执行一个阻塞系统调用）的情况下最大能消耗的 CPU 秒数。当达到这个限制时系统的行为与达到 RLIMIT_CPU 限制时的行为是一样的：如果进程达到了软限制，那么内核会向进程发送一个 SIGXCPU 信号，之后进程每消耗一秒的 CPU 时间都会收到一个 SIGXCPU 信号。在达到硬限制时，内核会向进程发送一个 SIGKILL 信号。更多细节请参考 35.3.2 节。

RLIMIT_SIGPENDING

RLIMIT_SIGPENDING 限制（Linux 特有的，自 Linux 2.6.8 起）规定了调用进程的真实用户 ID 下信号队列中最多能容纳的信号数量。试图（sigqueue()）超出这个限制会得到 EAGAIN 错误。

RLIMIT_SIGPENDING 只影响调用进程。这个用户下的其他进程不会受到影响，除非它们也设置或继承了这个限制。

在最初的实现中，RLIMIT_SIGPENDING 限制的默认值为 1024。自内核 2.6.12 起，这个限制的默认值被改成了与 RLIMIT_NPROC 的默认值一样的值。

在检查 RLIMIT_SIGPENDING 限制时统计的队列中的信号包括实时信号和标准信号。（一个进程的标准信号只能进入队列一次。）但这个限制只适用于 sigqueue()。即使这个实时用户 ID 下的进程的信号队列中包含的信号数量已经达到了这个限制，仍然可以使用 kill() 来将不在进程的信号队列中的各个信号（包括实时信号）的一个实例添加到队列中。

在 2.6.12 之前的内核中，Linux 特有的/proc/PID/status 文件中的 SigQ 字段显示了进程的真实用户 ID 的信号队列中当前存储的信号数量以及最多存储的信号数量。

RLIMIT_STACK

RLIMIT_STACK 限制规定了进程栈的最大字节数。试图扩展栈大小以至于超出这个限制会导致内核向该进程发送一个 SIGSEGV 信号。由于栈空间已经被用光了，因此捕获这个信号的唯一方式是建立另外一个备用的信号栈，具体可参考 21.3 节。

> 自 Linux 2.6.23 起，RLIMIT_STACK 限制还确定了存储进程的命令行参数和环境变量的最大空间，具体可参考 execve(2)手册。

36.4　总结

进程会消耗各种系统资源。getrusage()系统调用允许一个进程监控自己及其子进程所消耗的各种资源。

setrlimit()和 getrlimit()系统调用允许一个进程设置和获取自己在各种资源上的消耗限制。每个资源限制有两个组成部分：一个是软限制，内核在检查进程的资源消耗时会应用这个限制；另外一个是硬限制，它是软限制可取的最大值。非特权进程能够将一个资源的软限制设置为 0 到硬限制之间的任意一个值，但只能降低硬限制值。特权进程能够随意修改这两个限制值，只要软限制值小于或等于硬限制值即可。当一个进程达到软限制时通常会通过接收一个信号或在调用试图超出这个限制的系统调用时得到一个错误来得知这个事实。

36.5　习题

36-1. 编写一个程序使用 getrusage() RUSAGE_CHILDREN 标记获取 wait()调用所等待的子进程相关的信息。（让程序创建一个子进程并使子进程消耗一些 CPU 时间，接着让父进程在调用 wait()前后都调用 getrusage()。）

36-2. 编写一个程序来执行一个命令，接着显示其当前的资源使用。这个程序与 time(1) 命令的功能类似，因此可以像下面这样使用这个程序：

```
$ ./rusage command arg...
```

36-3. 编写一个程序来确定当进程所消耗的各种资源超出通过 setrlimit()调用设置的软限制时会发生什么事情。

第**37**章

<h1 align="center">DAEMON</h1>

本章介绍 daemon 进程的特征和将一个进程变成一个 daemon 所需完成的步骤。此外，还会介绍如何在 daemon 中使用 syslog 工具记录消息。

37.1 概述

daemon 是一种具备下列特征的进程。

- 它的生命周期很长。通常，一个 daemon 会在系统启动的时候被创建并一直运行直至系统被关闭。
- 它在后台运行并且不拥有控制终端。控制终端的缺失确保了内核永远不会为 daemon 自动生成任何任务控制信号以及终端相关的信号（如 SIGINT、SIGTSTP 和 SIGHUP）。

daemon 是用来执行特殊任务的，如下面的示例所示。

- cron：一个在规定时间执行命令的 daemon。
- sshd：安全 shell daemon，允许在远程主机上使用一个安全的通信协议登录系统。
- httpd：HTTP 服务器 daemon（Apache），它用于服务 Web 页面。
- inetd：Internet 超级服务器 daemon（参见 60.5 节），它监听从指定的 TCP/IP 端口上进入的网络连接并启动相应的服务器程序来处理这些连接。

很多标准的 daemon 会作为特权进程运行（即有效用户 ID 为 0），因此在编写 daemon 程序时应该遵循第 38 章中给出的指南。

通常会将 daemon 程序的名称以字母 d 结尾（但并不是所有人都遵循这个惯例）。

> 在 Linux 上，特定的 daemon 会作为内核线程运行。实现此类 daemon 的代码是内核的一部分，它们通常在系统启动的时候被创建。当使用 ps(1)列出线程时，这些 daemon 的名称会用方括号（[]）括起来。其中一个内核线程是 pdflush，它会定期将脏页面（即高速缓冲区中的页面）写入磁盘。

37.2 创建一个 daemon

要变成 daemon，一个程序需要完成下面的步骤。

1. 执行一个 fork()，之后父进程退出，子进程继续执行。（结果是 daemon 成为了 init 进程的子进程。）之所以要做这一步是因为下面两个原因。
   - 假设 daemon 是从命令行启动的，父进程的终止会被 shell 发现，shell 在发现之后会显示出另一个 shell 提示符并让子进程继续在后台运行。
   - 子进程被确保不会成为一个进程组首进程，因为它从其父进程那里继承了进程组 ID 并且拥有了自己的唯一的进程 ID，而这个进程 ID 与继承而来的进程组 ID 是不同的，这样才能够成功地执行下面一个步骤。
2. 子进程调用 setsid()（参见 34.3 节）开启一个新会话并释放它与控制终端之间的所有关联关系。
3. 如果 daemon 从来没有打开过终端设备，那么就无需担心 daemon 会重新请求一个控制终端了。如果 daemon 后面可能会打开一个终端设备，那么必须要采取措施来确保这个设备不会成为控制终端。这可以通过下面两种方式实现。
   - 在所有可能应用到一个终端设备上的 open() 调用中指定 O_NOCTTY 标记。
   - 或者更简单地说，在 setsid() 调用之后执行第二个 fork()，然后再次让父进程退出并让孙子进程继续执行。这样就确保了子进程不会成为会话组长，因此根据 System V 中获取终端的规则（Linux 也遵循了这个规则），进程永远不会重新请求一个控制终端（参见 34.4 节）。

> 在遵循 BSD 规则的实现中，一个进程只能通过一个显式的 ioctl() TIOCSCTTY 操作来获取一个控制终端，因此第二个 fork() 调用对控制终端的获取并没有任何影响，但多一个 fork() 调用不会带来任何坏处。

4. 清除进程的 umask（参见 15.4.6 节）以确保当 daemon 创建文件和目录时拥有所需的权限。
5. 修改进程的当前工作目录，通常会改为根目录（/）。这样做是有必要的，因为 daemon 通常会一直运行直至系统关闭为止。如果 daemon 的当前工作目录为不包含/的文件系统，那么就无法卸载该文件系统（参见 14.8.2 节）。或者 daemon 可以将工作目录改为完成任务时所在的目录或在配置文件中定义的一个目录，只要包含这个目录的文件系统永远不会被卸载即可。如 cron 会将自身放在/var/spool/cron 目录下。
6. 关闭 daemon 从其父进程继承而来的所有打开着的文件描述符。（daemon 可能需要保持继承而来的文件描述的打开状态，因此这一步是可选的或者是可变更的。）之所以需要这样做的原因有很多。由于 daemon 失去了控制终端并且是在后台运行的，因此让 daemon 保持文件描述符 0、1 和 2 的打开状态毫无意义，因为它们指向的就是控制终端。此外，无法卸载长时间运行的 daemon 打开的文件所在的文件系统。因此，通常的做法是关闭所有无用的打开着的文件描述符，因为文件描述符是一种有限的资源。

> 一些 UNIX 实现（如 Solaris 9 和一些最新的 BSD 发行版）提供了一个名为 closefrom(n)（或类似的名称）的函数，它关闭所有大于或等于 n 的文件描述符。Linux 上并不存在这个

函数。

7. 在关闭了文件描述符 0、1 和 2 之后，daemon 通常会打开/dev/null 并使用 dup2()（或类似的函数）使所有这些描述符指向这个设备。之所以要这样做是因为下面两个原因。
   - 它确保了当 daemon 调用了在这些描述符上执行 I/O 的库函数时不会出乎意料地失败。
   - 它防止了 daemon 后面使用描述符 1 或 2 打开一个文件的情况，因为库函数会将这些描述符当做标准输出和标准错误来写入数据（进而破坏了原有的数据）。

/dev/null 是一个虚拟设备，它总会将写入的数据丢弃。当需要删除一个 shell 命令的标准输出和错误时可以将它们重定向到这个文件。从这个设备中读取数据总是会返回文件结束的错误。

下面是 becomeDaemon()函数的实现，它完成了上面描述的步骤以将调用者变成一个 daemon。

```
#include <syslog.h>

int becomeDaemon(int flags);
```
                                    Returns 0 on success, or –1 on error

becomeDaeomon()函数接收一个位掩码参数 flags，它允许调用者有选择地执行其中的步骤，具体可参考程序清单 37-1 中列出的头文件中的注释。

程序清单 37-1：become_daemon.c 的头文件

———————————————————————————————— daemons/become_daemon.h
```
#ifndef BECOME_DAEMON_H          /* Prevent double inclusion */
#define BECOME_DAEMON_H

/* Bit-mask values for 'flags' argument of becomeDaemon() */

#define BD_NO_CHDIR          01      /* Don't chdir("/") */
#define BD_NO_CLOSE_FILES    02      /* Don't close all open files */
#define BD_NO_REOPEN_STD_FDS 04      /* Don't reopen stdin, stdout, and
                                        stderr to /dev/null */
#define BD_NO_UMASK0         010     /* Don't do a umask(0) */

#define BD_MAX_CLOSE  8192           /* Maximum file descriptors to close if
                                        sysconf(_SC_OPEN_MAX) is indeterminate */

int becomeDaemon(int flags);

#endif
```
———————————————————————————————— daemons/become_daemon.h

程序清单 37-2 给出了 becomeDaemon()函数的实现。

GNU C 库提供了一个非标准的 daemon()函数，它将调用者变成一个 daemon。glibc daemon()函数与这里的 becomeDaemon()函数不同，它并没有定义一个与 flags 参数等价的参数。

程序清单 37-2：创建一个 daemon 进程

```c
#include <sys/stat.h>
#include <fcntl.h>
#include "become_daemon.h"
#include "tlpi_hdr.h"

int                                 /* Returns 0 on success, -1 on error */
becomeDaemon(int flags)
{
    int maxfd, fd;

    switch (fork()) {               /* Become background process */
    case -1: return -1;
    case 0:  break;                 /* Child falls through... */
    default: _exit(EXIT_SUCCESS);   /* while parent terminates */
    }

    if (setsid() == -1)             /* Become leader of new session */
        return -1;

    switch (fork()) {               /* Ensure we are not session leader */
    case -1: return -1;
    case 0:  break;
    default: _exit(EXIT_SUCCESS);
    }
    if (!(flags & BD_NO_UMASK0))
        umask(0);                   /* Clear file mode creation mask */

    if (!(flags & BD_NO_CHDIR))
        chdir("/");                 /* Change to root directory */

    if (!(flags & BD_NO_CLOSE_FILES)) { /* Close all open files */
        maxfd = sysconf(_SC_OPEN_MAX);
        if (maxfd == -1)            /* Limit is indeterminate... */
            maxfd = BD_MAX_CLOSE;   /* so take a guess */

        for (fd = 0; fd < maxfd; fd++)
            close(fd);
    }

    if (!(flags & BD_NO_REOPEN_STD_FDS)) {
        close(STDIN_FILENO);        /* Reopen standard fd's to /dev/null */

        fd = open("/dev/null", O_RDWR);

        if (fd != STDIN_FILENO)     /* 'fd' should be 0 */
            return -1;
        if (dup2(STDIN_FILENO, STDOUT_FILENO) != STDOUT_FILENO)
            return -1;
        if (dup2(STDIN_FILENO, STDERR_FILENO) != STDERR_FILENO)
            return -1;
    }

    return 0;
}
```

假设编写一个程序调用 becomeDaemon(0)，之后睡眠一段时间，那么可以使用 ps(1)来查看结果进程的一些特性。

```
$ ./test_become_daemon
$ ps -C test_become_daemon -o "pid ppid pgid sid tty command"
  PID  PPID  PGID   SID TT        COMMAND
24731     1 24730 24730 ?         ./test_become_daemon
```

> 由于代码比较简单，因此这里并没有给出 daemons/test_become_daemon.c 的源代码，本书的源代码包中提供了这个程序的代码。

在 ps 的输出中，TT 标题下的？表示进程没有控制终端。从进程 ID 与会话 ID（SID）不同的事实也可以看出进程不是会话首进程，因此在打开终端设备时不会重新获得控制终端，这就是 daemon 应该具备的特性。

37.3　编写 daemon 指南

前面曾经提及过，一个 daemon 通常只有在系统关闭的时候才会终止。很多标准的 daemon 是通过在系统关闭时执行特定于应用程序的脚本来停止的。而那些不以这种方式终止的 daemon 会收到一个 SIGTERM 信号，因为在系统关闭的时候 init 进程会向所有其子进程发送这个信号。在默认情况下，SIGTERM 信号会终止一个进程。如果 daemon 在终止之前需要做些清理工作，那么就需要为这个信号建立一个处理器。这个处理器必须能快速地完成清理工作，因为 init 在发完 SIGTERM 信号的 5 秒之后会发送一个 SIGKILL 信号。（这并不意味着这个 daemon 能够执行 5 秒的 CPU 时间，因为 init 会同时向系统中的所有进程发送信号，而它们可能都试图在 5 秒内完成清理工作。）

由于 daemon 是长时间运行的，因此要特别小心潜在的内存泄露问题（参见 7.1.3 节）和文件描述符泄露（即应用程序没有关闭所有打开着的文件描述符）。如果此类 bug 影响到了 daemon 的运行，那么唯一的解决方案是杀死它，之后（修复了 bug）再重新启动它。

很多 daemon 需要确保同一时刻只有一个实例处于活跃状态。如让两个 cron daemon 都试图实行计划任务毫无意义。在 55.6 节中将会介绍完成这个任务的技术。

37.4　使用 SIGHUP 重新初始化一个 daemon

由于很多 daemon 需要持续运行，因此在设计 daemon 程序时需要克服一些障碍。

- 通常 daemon 会在启动时从相关的配置文件中读取操作参数，但有些时候需要在不重启 daemon 的情况下快速修改这些参数。
- 一些 daemon 会产生日志文件。如果 daemon 永远不关闭日志文件的话，那么日志文件就会无限制地增长，最终会阻塞文件系统。（在 18.3 节中曾经提到过即使删除了一个文件的文件名，只要有进程还打开着这个文件，那么这个文件就会一直存在下去。）这里需要有一种机制来告诉 daemon 关闭其日志文件并打开一个新文件，这样就能够在需要的时候旋转日志文件了。

解决这两个问题的方案是让 daemon 为 SIGHUP 建立一个处理器，并在收到这个信号时采取所需的措施。在 34.4 节中曾经讲到，当控制进程与控制终端断开连接之后就会生成 SIGHUP 信号。由于 daemon 没有控制终端，因此内核永远不会向 daemon 发送这个信号。这样 daemon

就可以使用 SIGHUP 信号来达到目的。

logrotate 程序可以用来自动旋转 daemon 的日志文件，具体可参考 logrotate(8)手册。

程序清单 37-3 提供了 daemon 如何使用 SIGHUP 的一个示例。这个程序为 SIGHUP 建立了一个处理器②，然后变成 daemon ③，接着打开日志文件④，最后读取其配置文件⑤。SIGHUP 处理器①只设置了一个全局标记变量 hupReceived，主程序会检查这个变量。主程序位于一个循环中，它每隔 15 秒向日志文件输出一条消息⑧。循环中对 sleep()的调用⑥用来模拟真实应用程序中的某些处理工作。在循环中每次 sleep()返回之后，程序会检查 hupReceived 变量是否被设置⑦，如果该变量被设置了，那么程序就会重新打开日志文件和重新读取配置文件以及清除 hupReceived 标记。

限于篇幅，程序清单 37-3 中并没有给出 logOpen()、logClose()、logMessage()和 readConfigFile()函数的实现，但本书的源代码分发包中提供了这些函数的源代码。其中前面三个函数所做的工作从其名称中就能看出，readConfigFile()函数只是简单地从配置文件中读取一行数据并将这行数据输出到日志文件中。

一些 daemon 在收到 SIGHUP 信号时会使用其他方法来重新初始化自身：它们会关闭所有文件，然后使用 exec()重新启动自身。

下面是运行程序清单 37-3 时可能看到的输出，这里首先创建一个哑配置文件，然后启动这个 daemon。

```
$ echo START > /tmp/ds.conf
$ ./daemon_SIGHUP
$ cat /tmp/ds.log                              View log file
2011-01-17 11:18:34: Opened log file
2011-01-17 11:18:34: Read config file: START
```

现在修改这个配置文件并在向 daemon 发送 SIGHUP 信号之前重命名日志文件。

```
$ echo CHANGED > /tmp/ds.conf
$ date +'%F %X'; mv /tmp/ds.log /tmp/old_ds.log
2011-01-17 11:19:03 AM
$ date +'%F %X'; killall -HUP daemon_SIGHUP
2011-01-17 11:19:23 AM
$ ls /tmp/*ds.log                              Log file was reopened
/tmp/ds.log  /tmp/old_ds.log
$ cat /tmp/old_ds.log                          View old log file
2011-01-17 11:18:34: Opened log file
2011-01-17 11:18:34: Read config file: START
2011-01-17 11:18:49: Main: 1
2011-01-17 11:19:04: Main: 2
2011-01-17 11:19:19: Main: 3
2011-01-17 11:19:23: Closing log file
```

ls 的输出表明新旧日志文件同时存在。当使用 cat 查看旧的日志文件中的内容时可以看出，即使使用了 mv 命令来重命名这个文件，daemon 仍然会将日志信息记录到那个文件中。这时如果不再需要这个旧日志文件，就可以删除这个旧日志文件了。在查看新日志文件时会发现配置文件被重新读取了。

```
$ cat /tmp/ds.log
2011-01-17 11:19:23: Opened log file
2011-01-17 11:19:23: Read config file: CHANGED
2011-01-17 11:19:34: Main: 4
$ killall daemon_SIGHUP                         Kill our daemon
```

注意 daemon 的日志和配置文件通常会像程序清单 37-3 所做的那样被放置在标准目录中，而不是/tmp 目录中。按照惯例，配置文件会被放在/etc 或它的一个子目录中，日志文件会被放在/var/log 中。Daemon 程序通常会提供命令行参数来指定其他存放位置以替换默认的存放位置。

程序清单 37-3：使用 SIGHUP 重新初始化一个 daemon

——— daemons/daemon_SIGHUP.c

```
#include <sys/stat.h>
#include <signal.h>
#include "become_daemon.h"
#include "tlpi_hdr.h"

static const char *LOG_FILE = "/tmp/ds.log";
static const char *CONFIG_FILE = "/tmp/ds.conf";

/* Definitions of logMessage(), logOpen(), logClose(), and
   readConfigFile() are omitted from this listing */

static volatile sig_atomic_t hupReceived = 0;
                                    /* Set nonzero on receipt of SIGHUP */
 from
static void
sighupHandler(int sig)
{
①      hupReceived = 1;
}

int
main(int argc, char *argv[])
{
    const int SLEEP_TIME = 15;      /* Time to sleep between messages */
    int count = 0;                  /* Number of completed SLEEP_TIME intervals */
    int unslept;                    /* Time remaining in sleep interval */
    struct sigaction sa;

    sigemptyset(&sa.sa_mask);
    sa.sa_flags = SA_RESTART;
    sa.sa_handler = sighupHandler;
②      if (sigaction(SIGHUP, &sa, NULL) == -1)
            errExit("sigaction");

③      if (becomeDaemon(0) == -1)
            errExit("becomeDaemon");

④      logOpen(LOG_FILE);
⑤      readConfigFile(CONFIG_FILE);

    unslept = SLEEP_TIME;

    for (;;) {
⑥          unslept = sleep(unslept);           /* Returns > 0 if interrupted */

⑦          if (hupReceived) {                  /* If we got SIGHUP... */
                logClose();
```

```
            logOpen(LOG_FILE);
            readConfigFile(CONFIG_FILE);
            hupReceived = 0;                    /* Get ready for next SIGHUP */
        }

        if (unslept == 0) {                     /* On completed interval */
            count++;
⑧          logMessage("Main: %d", count);
            unslept = SLEEP_TIME;               /* Reset interval */
        }
    }
}
```

—— **daemons/daemon_SIGHUP.c**

37.5　使用 syslog 记录消息和错误

在编写 daemon 时碰到的一个问题是如何显示错误消息。由于 daemon 是在后台运行的，因此通常无法像其他程序那样将消息输出到关联终端上。这个问题的一种解决方式是将消息写入到一个特定于应用程序的日志文件中，就像程序清单 37-3 所做的那样。这种方式存在的一个主要问题是让系统管理员管理多个应用程序日志文件和监控其中是否存在错误消息比较困难，syslog 工具就用于解决这个问题。

37.5.1　概述

syslog 工具提供了一个集中式日志工具，系统中的所有应用程序都可以使用这个工具来记录日志消息。图 37-1 提供了这个工具的一个概览。

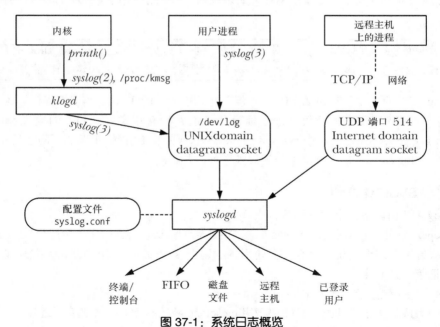

图 37-1：系统日志概览

syslog 工具有两个主要组件：syslogd daemon 和 syslog(3)库函数。
System Log daemon syslogd 从两个不同的源接收日志消息：一个是 UNIX domain socket

/dev/log，它保存本地产生的消息；另一个是 Internet domain socket（UNP 端口 514，如果启用的话），它保存通过 TCP/IP 网络发送的消息。（在其他一些 UNIX 实现中，syslog socket 位于 /var/run/log。）

每条由 syslogd 处理的消息都具备几个特性，其中包括一个 facility，它指定了产生消息的程序类型；还有一个是 level，它指定了消息的严重程度（优先级）。syslogd daemon 会检查每条消息的 facility 和 level，然后根据一个相关配置文件/etc/syslog.conf 中的指令将消息传递到几个可能目的地中的一个。可能的目的地包括终端或虚拟控制台、磁盘文件、FIFO、一个或多个（或所有）登录过的用户以及位于另一个系统上的通过 TCP/IP 网络连接的进程（通常是另一个 syslogd daemon）。（将消息发送到另一个系统上的进程有助于通过将多个系统中的日志信息集中到一个位置以降低管理负担。）一条消息可以被发送到多个目的地（或不发送到任何目的地），具备不同的 facility 和 level 组合的消息可以被发送到不同的目的地或不同的目的地实例（即不同的控制台、不同的磁盘文件等）。

> 通过 TCP/IP 网络将 syslog 消息发送到另一个系统还有助于发现系统非法入侵。非法入侵通常会在系统日志中留下踪迹，但攻击者通常会删除日志记录以掩盖他们的行为。有了远程日志记录之后，攻击者就需要侵入另一个系统才能删除日志记录。

通常，任意进程都可以使用 syslog(3)库函数来记录消息。这个函数会使用传入的参数以标准的格式构建一条消息，然后将这条消息写入/dev/log socket 以供 syslogd 读取，本章稍后就会介绍这个函数。

/dev/log 中的消息的另一个来源是 Kernel Log daemon klogd，它会收集内核日志消息（内核使用 printk()函数生成的消息）。这些消息的收集可以通过两个等价的 Linux 特有的接口中的一个来完成（即/proc/kmsg 文件和 syslog(2)系统调用），然后使用 syslog(3)库函数将它们写入 /dev/log。

> 尽管 syslog(2)和 syslog(3)的名称相同，但它们执行的任务是不同的。glibc 提供了一个调用 syslog(2)的接口，其名称为 klogctl()。除非特别指出，本节中的 syslog()指的是 syslog(3)。

syslog 工具原先出现在 4.2BSD 中，但现在几乎所有的 UNIX 实现都提供了这个工具。SUSv3 对 syslog(3)和相关函数进行了标准化，但并没有规定 syslogd 的实现和操作以及 syslog.conf 文件的格式。Linux 中 syslogd 的实现与它原先在 BSD 的实现的不同之处在于 Linux 允许对在 syslog.conf 中指定的消息处理规则进行一些扩展。

37.5.2　syslog API

syslog API 由以下三个主要函数构成。

- openlog()函数为后续的的 syslog()调用建立了默认设置。syslog()的调用是可选的，如果省略了这个调用，那么就会使用首次调用 syslog()时采用的默认设置来建立到日志记录工具的连接。
- syslog()函数记录一条日志消息。
- 当完成日志记录消息之后需要调用 closelog()函数拆除与日志之间的连接。

所有这些函数都不会返回一个状态值，这是因为系统日志服务应该总是处于可用状态（系统管理员应该在服务不可用时立即能发现这个问题）。此外，如果在系统记录日志的过程中发生了一个错误，应用程序通常也无法做更多的事情来报告这个错误。

> GNU C 库还提供了函数 void vsyslog(int priority, const char*format, va_list args)。这个函数所做的工作与 syslog()一样，但接收之前由 stdarg(3) API 处理的一个参数列表。（因此 vsyslog()之于 syslog()就像 vprintf()之于 printf()。）SUSv3 并没有规定 vsyslog()，并且所有的 UNIX 实现都没有提供这个函数。

建立一个到系统日志的连接

openlog()函数的调用是可选的，它建立一个到系统日志工具的连接并为后续的 syslog()调用设置默认设置。

```
#include <syslog.h>

void openlog(const char *ident, int log_options, int facility);
```

ident 参数是一个指向字符串的指针，syslog()输出的每条消息都会包含这个字符串，这个参数的取值通常是程序名。注意 openlog()仅仅是复制了这个指针的值。只要应用程序后面会继续调用 syslog()，那么就应该确保不会修改所引用的字符串。

> 如果 ident 的值为 NULL，那么与其他一些实现一样，glibc syslog 实现会自动将程序名作为 ident 的值。但 SUSv3 并没有要求实现这个功能，一些实现也没有提供这个功能。可移植的应用程不应该依赖于这个功能。

传入 openlog()的 log_options 参数是一个位掩码，它是下面几个常量之间的 OR 值。

LOG_CONS

当向系统日志发送消息发生错误时将消息写入到系统控制台（/dev/console）。

LOG_NDELAY

立即打开到日志系统的连接（即底层的 UNIX domain socket, /dev/log）。在默认情况下（LOG_ODELAY），只有在首次使用 syslog()记录消息的时候才会打开连接。O_NDELAY 标记对于那些需要精确控制何时为/dev/log 分配文件描述符的程序来讲是比较有用的，如调用 chroot()的程序就有这样的要求。在调用 chroot()之后，/dev/log 路径名将不再可见，因此在 chroot()之前需要调用一个指定了 LOG_NDELAY 的 openlog()。tftpd daemon（Trivial File Transfer）就因为上述的原因而使用了 LOG_NDELAY。

LOG_NOWAIT

不要 wait()被创建来记录日志消息的子进程。在那些创建子进程来记录日志消息的实现上，当调用者创建并等待子进程时就需要使用 LOG_NOWAIT 了，这样 syslog()就不会试图等待已经被调用者销毁的子进程。在 Linux 上，LOG_NOWAIT 不起任何作用，因为在记录日志消息时不会创建子进程。

LOG_ODELAY

这个标记的作用与 LOG_NDELAY 相反——连接到日志系统的操作会被延迟至记录第一条消息时。这是默认行为，因此无需指定这个标记。

LOG_PERROR

将消息写入标准错误和系统日志。通常，daemon 进程会关闭标准错误或将其重定向到

/dev/null，这样 LOG_PERROR 就没有用了。

LOG_PID

　　在每条消息中加上调用者的进程 ID。在一个创建多个子进程的服务器中使用 LOG_PID
有助于区分哪个进程记录了某条特定的消息。

　　SUSv3 规定了上面除 LOG_PERROR 之前的所有常量，但很多其他（不是全部）UNIX 实
现都定义了 LOG_PERROR 常量。

　　传入 openlog() 的 facility 参数指定了后续的 syslog() 调用中使用的默认的 facility 值。表
37-1 列出了这个参数的可取值。

表 37-1：openlog() 的 facility 值和 syslog() 的 priority 参数

值	描　　述	SUSv3
LOG_AUTH	安全和验证消息（如 su）	●
LOG_AUTHPRIV	私有的安全和验证消息	
LOG_CRON	来自 cron 和 at daemons 的消息	●
LOG_DAEMON	来自其他系统 daemon 的消息	●
LOG_FTP	来自 ftp daemon 的消息（ftpd）	
LOG_KERN	内核消息（用户进程无法生成此类消息）	●
LOG_LOCAL0	保留给本地使用（包括 LOG_LOCAL1 到 LOG_LOCAL7）	●
LOG_LPR	来自行打印机系统的消息（lpr、lpd、lpc）	●
LOG_MAIL	来自邮件系统的消息	●
LOG_NEWS	与 Usenet 网络新闻相关的消息	●
LOG_SYSLOG	来自 syslogd daemon 的消息	
LOG_USER	用户进程（默认值）生成的消息	●
LOG_UUCP	来自 UUCP 系统的消息	●

　　表 37-1 中列出的 facility 值的大部分都在 SUSv3 中进行了定义，如表中的 SUSv3 列所示，
但 LOG_AUTHPRIV 和 LOG_FTP 只出现在了一些 UNIX 实现中，LOG_SYSLOG 则在大多数
实现中都存在。当需要将包含密码或其他敏感信息的日志消息记录到一个与 LOG_AUTH 指定
的位置不同的位置上时，LOG_AUTHPRIV 值是比较有用的。

　　LOG_KERN facility 值用于内核消息。用户空间的程序是无法用这个工具记录日志消息
的。LOG_KERN 常量的值为 0。如果在 syslog() 调用中使用了这个常量，那么 0 被翻译成了"使
用默认的级别"。

记录一条日志消息

　　要写入一条日志消息可以调用 syslog()。

```
#include <syslog.h>

void syslog(int priority, const char *format, ...);
```

　　priority 参数是 facility 值和 level 值的 OR 值。facility 表示记录日志消息的应用程序的类
别，其取值为表 37-1 中列出的值中的一个。如果省略了这个参数，那么 facility 的默认值为前
面一个 openlog() 调用中指定的 facility 值，或者当那个调用中也省略了 facility 值的话为

LOG_USER。level 表示消息的严重程度，其取值为表 37-2 中列出的值中的一个。这张表中列出的所有值都在 SUSv3 进行了定义。

表 37-2：syslog()中 priority 参数的 level 值（严重性从最高到最低）

值	描　　述
LOG_EMERG	紧急或令人恐慌的情况（系统不可用了）
LOG_ALERT	需要立即处理的情况（如破坏了系统数据库）
LOG_CRIT	关键情况（如磁盘设备发生错误）
LOG_ERR	常规错误情况
LOG_WARNING	警告
LOG_NOTICE	可能需要特殊处理的普通情况
LOG_INFO	情报性消息
LOG_DEBUG	调试消息

另一个传入 syslog()的参数是一个格式字符串以及相应的参数，它们与传入 printf()中的参数是一样的，但与 printf()不同的是这里的格式字符串不需要包含一个换行字符。此外，格式字符串还可以包含双字符序列%m，在调用的时候这个序列会被与当前的 errno 值对应的错误字符串（即等价于 strerror(errno)）所替换。

下面的代码演示了 openlog()和 syslog()的用法。

```
openlog(argv[0], LOG_PID | LOG_CONS | LOG_NOWAIT, LOG_LOCAL0);
syslog(LOG_ERROR, "Bad argument: %s", argv[1]);
syslog(LOG_USER | LOG_INFO, "Exiting");
```

由于在第一个 syslog()调用中并没有指定 facility，因此将会使用 openlog()调用中的默认值（LOG_LOCAL0）。在第二个 syslog()调用中显式地指定了 LOG_USER 标记来覆盖 openlog()调用中设置的默认值。

> 在 shell 中可以使用 logger(1)命令来向系统日志中添加条目。这个命令允许指定与日志消息相关的 level（priority）和 ident（tag），更多细节可参考 logger(1)手册。SUSv3 规定了 logger 命令（并没有进行全面定义），大多数 UNIX 实现都实现了这个命令。

像下面这样使用 syslog()写入一些用户提供的字符串是错误的。

```
syslog(priority, user_supplied_string);
```

上面这段代码存在的问题是应用程序会面临所谓的格式字符串攻击。如果用户提供的字符串中包含格式指示符（如%s），那么结果将是不可预测的，从安全的角度来讲，这种结果可能是具有破坏性的。（这个结论也同样适用于传统的 printf()函数。）因此需要将上面的调用重写为下面这样。

```
syslog(priority, "%s", user_supplied_string);
```

关闭日志

当完成日志记录之后可以调用 closelog()来释放分配给/dev/log socket 的文件描述符。

```
#include <syslog.h>

void closelog(void);
```

由于 daemon 通常会持续保持与系统日志之间的连接的打开状态，因此通常会省略对 closelog()的调用。

过滤日志消息

setlogmask()函数设置了一个能过滤由 syslog()写入的消息的掩码。

```
#include <syslog.h>

int setlogmask(int mask_priority);

                            Returns previous log priority mask
```

所有 level 不在当前的掩码设置中的消息都会被丢弃。默认的掩码值允许记录所有的严重性级别。

宏 LOG_MASK()（在<syslog.h>中定义）会将表 37-2 中的 level 值转换成适合传入 setlogmask()的位值。如要丢弃除优先级为 LOG_ERR 以及以上之外的消息时可以使用下面的调用。

```
setlogmask(LOG_MASK(LOG_EMERG) | LOG_MASK(LOG_ALERT) |
           LOG_MASK(LOG_CRIT) | LOG_MASK(LOG_ERR));
```

SUSv3 规定了 LOG_MASK()宏。大多数 UNIX 实现（包括 Linux）还提供了标准中未规定的 LOG_UPTO()宏。它创建一个能过滤特定级别以及以上的所有消息的位掩码。使用这个宏能够将前面的 setlogmask()调用简化成下面这个。

```
setlogmask(LOG_UPTO(LOG_ERR));
```

37.5.3 /etc/syslog.conf 文件

/etc/syslog.conf 配置文件控制 syslogd daemon 的操作。这个文件由规则和注释（以#字符打头）构成。规则的形式如下所示。

facility.level   *action*

facility 和 level 组合在一起被称为选择器，因为它们选择了需应用规则的消息。这个字段是与表 37-1 和表 37-2 中的值对应的字符串。action 指定了与选择器匹配的消息被发送到何处。选择器和 action 之间用空白字符隔开，下面是一些示例。

```
*.err                    /dev/tty10
auth.notice              root
*.debug;mail.none;news.none  -/var/log/messages
```

第一条规则表示来自所有工具（*）的 level 为 err（(LOG_ERR）或更高的消息应该被发送到/dev/tty10 控制台设备上。第二条规则表示来自验证工具（LOG_AUTH）的 level 为 notice（LOG_NOTICE）或更高的消息应该被发送到 root 登录的所有控制台和终端。如这个特别的规则允许一个登录的 root 用户立即看到失败的 su 尝试。

最后一条规则演示了规则语法中的几个高级特性。一个规则可以包含多个选择器，选择器之间用分号隔开。第一个选择器指定了所有的消息，它使用*通配符表示 facility 并将 level 的值指定为 debug，这意味着所有级别为 debug（最低的级别）以及更高的消息都会被记录下来。（在

Linux 以及其他一些 UNIX 实现中，可以将 level 指定为*，其含义与 debug 是一样的。但不是所有的 syslog 实现都支持这个特性。）通常，一个包含多个选择器的规则会匹配与其中任意一个选择器对应的消息，但当将 level 设置为 none 时则表示排除所有属于相应的 facility 的消息。因此这条规则将除来自 mail 和 news 工具的消息之外的所有消息发送到/var/log/messages 文件中。文件名前面的连接符（-）表示无需每次写入文件时都将文件同步到磁盘（参见 13.3 节）。这意味着写入操作将变得更快，但如果系统在写入之后崩溃的话可能会丢失一些数据。

每次修改 syslog.conf 文件之后都需要使用下面的方式让 daemon 根据这个文件重新初始化自身。

```
$ killall -HUP syslogd                    Send SIGHUP to syslogd
```

> syslog.conf 规则语法的高级特性允许编写比前面介绍的更加强大的规则，更多细节可参考 syslog.conf(5)手册。

37.6 总结

daemon 是一个长时间运行并且没有控制终端的进程（即它运行在后台）。daemon 执行特定的任务，如提供一个网络登录工具或服务 Web 页面。一个程序要成为 daemon 需要按序执行一组步骤，包括调用 fork()和 setsid()。

daemon 应该在合适的地方正确地处理 SIGTERM 和 SIGHUP 信号。SIGTERM 信号的处理方式应该是按序关闭这个 daemon，而 SIGHUP 信号则提供了一种机制让 daemon 通过读取器配置文件并重新打开所使用的所有日志文件来重新初始化自身。

syslog 工具为 daemon（以及其他应用程序）提供了一种便捷的方式来将错误和其他消息记录到一个中心位置。这些消息由 syslogd daemon 处理，syslogd 会根据 syslogd.conf 配置文件中的指令来重新分发消息。可以将消息重新分发到几个目标上，包括终端、磁盘文件、登录的用户以及通过 TCP/IP 网络分发到远程主机上的进程中（通常是其他 syslogd daemon）。

更多信息

有关编写 daemon 的更多信息的最佳来源可能就是各种既有 daemon 的源代码。

37.7 习题

37-1： 编写一个使用 syslog(3)的程序（与 logger(1)类似）来将任意的消息写入到系统日志文件中。程序应该接收包含如记录到日志中的消息的命令行参数，同时应该允许指定消息的 level。

第**38**章

编写安全的特权程序

特权程序能够访问普通用户无法访问的特性和资源（文件设备等）。一个程序可以通过下面两种方式以特权方式运行。

- 程序在一个特权用户 ID 下启动，很多 daemon 和网络服务器通常以 root 身份运行，它们就属于这种类别。
- 程序设置了 set-user-ID 或 set-group-ID 权限位。当一个 set-user-ID（set-group-ID）程序被执行之后，它会将进程的有效用户（组）ID 修改为与程序文件的所有者（组）一样的 ID。（在 9.3 节中首次对 set-user-ID 和 set-group-ID 程序进行了介绍。）在本章中有时候会使用术语 set-user-ID-root 区分将超级用户权限赋给进程的 set-user-ID 程序与赋给进程另一个有效身份的程序。

如果一个特权程序包含 bug 或可以被恶意用户破坏，那么系统或应用程序的安全性就会受到影响。从安全的角度来讲，在编写程序的时候应该将系统受到安全威胁的可能性以及受到安全威胁时产生的损失降到最小。本章将对这些课题进行讨论，并提供了一组编写安全程序的推荐实践，同时介绍了在编写特权程序时应该避免的各种陷阱。

38.1　是否需要一个 Set-User-ID 或 Set-Group-ID 程序

有关编写 set-user-ID 和 set-group-ID 程序的最佳建议中的一条就是尽量避免编写这种程序。在执行一个任务时如果存在无需赋给程序权限的方法，那么一般来讲应该采用这种方法，因为这样就消除了发生安全性问题的可能。

有时候可以将需要权限才能完成的功能拆分到一个只执行单个任务的程序中，然后在需要的时候在子进程中执行这个程序。对于库来讲，这项技术是特别有用的。64.2.2 节中介绍的 pt_chown 程序就采用了这种技术。

即使有时候需要 set-user-ID 或 set-group-ID 权限，对于一个 set-user-ID 程序来讲也并不总是需要赋给进程 root 身份。如果赋给进程其他一些身份已经足够，那么就应该采用这种方法，因为以 root 权限运行可能会引起安全性问题。

假设一个 set-user-ID 程序需要允许用户更新一个它没有写权限的文件，那么解决这个问题的一种更加安全的方式是为这个程序创建一个专用组账号（组 ID），然后将文件所属的组修改为那个组（即使得该组中的成员能够写入该文件），接着编写一个将进程的有效组 ID 设置为该专用组 ID 的 set-user-ID 程序。由于这个专用的组 ID 没有其他权限，因此能够极大地限制程序包含 Bug 或被破坏时所造成的损失。

38.2　以最小权限操作

set-user-ID（或 set-group-ID）程序通常只有在执行特定操作的时候才需要权限，因此在程序（特别是那些拥有超级用户权限的程序）执行其他工作时应该禁用这些权限，同时如果之后永远也不会请求这项权限时就应该永久删除这项权限。换句话说，程序应该总是使用完成当前所执行的任务所需的最小权限来操作，saved 的 set-user-ID 工具就是为此而设计的（参见 9.4 节）。

按需拥有权限

在 set-user-ID 程序中可以使用下面的 seteuid()调用序列来临时删除并在之后重新获取权限。

```
uid_t orig_euid;

orig_euid = geteuid();
if (seteuid(getuid()) == -1)              /* Drop privileges */
    errExit("seteuid");

/* Do unprivileged work */

if (seteuid(orig_euid) == -1)             /* Reacquire privileges */
    errExit("seteuid");

/* Do privileged work */
```

第一个调用使调用进程的有效用户 ID 变成其真实 ID。第二个调用将有效用户 ID 还原成 saved set-user-ID 程序中保存的值。

对于 set-group-ID 程序来讲，saved set-group-ID 会保存程序的初始有效组 ID，并且 setegid() 可以用来删除和重新获取权限。第 9 章对在下面的建议中提到的 seteuid()、setegid()、以及类似的系统调用进行了介绍，表 9-1 对它们进行了总结。

最安全的作法是在程序启动的时候立即删除权限，然后在后面需要的时候临时重新获得这些权限。如果在某个特定的时刻之后永远不会再次请求权限时，那么程序应该删除这些权限，并通过确保 saved set-user-ID 的变更来保证程序无法再请求这些权限。这样就消除了通过第 38.9 节中介绍的栈崩溃技术来让程序重新要求权限的可能。

在无需使用权限时永久地删除权限

如果 set-user-ID 或 set-group-ID 程序完成了所有需要权限的任务，那么它应该永久地删除这些权限以消除任何由于程序中包含 bug 或其他意料之外的行为而可能引起的安全风险。永久删除权限是通过将所有进程用户（组）ID 重置为真实（组）ID 来完成的。

对于一个当前有效用户 ID 为 0 的 set-user-ID-root 程序来讲，可以使用下面的代码来重置所有的用户 ID。

```
if (setuid(getuid()) == -1)
    errExit("setuid");
```

当调用进程的当前有效用户 ID 为非零时，上面的代码不会重置 saved set-user-ID：当在一个有效用户 ID 不为零的程序中发起调用时，setuid()只会修改有效用户 ID（参见 9.7.1 节）。换句话说，在一个 set-user-ID-root 程序中，下面的调用序列不会永久地删除用户 ID 0。

```
/* Initial UIDs:    real=1000 effective=0 saved=0 */

/* 1. Usual call to temporarily drop privilege */

orig_euid = geteuid();
if (seteuid(getuid() == -1)
    errExit("seteuid");

/* UIDs changed to: real=1000 effective=1000 saved=0 */

/* 2. Looks like the right way to permanently drop privilege (WRONG!) */

if (setuid(getuid()) == -1)
    errExit("setuid");

/* UIDs unchanged:  real=1000 effective=1000 saved=0 */
```

相反，在永久删除权限之前必须要重新获取权限，这可以通过将下面的调用插入到前面的第 1 步和第 2 步之间即可。

```
if (seteuid(orig_euid) == -1)
    errExit("seteuid");
```

另一方面，如果一个非 root 用户拥有了 set-user-ID 程序，那么由于 setuid()不足以修改 set-user-ID 标识符，因此必须要使用 setreuid()或 setresuid()来永久地删除特权标识符。例如，可以使用 setreuid()来获得预期的结果，如下所示。

```
if (setreuid(getuid(), getuid()) == -1)
    errExit("setreuid");
```

上面的代码依赖于 Linux 实现中的 setreuid()特性：如果第一个参数（ruid）不是-1，那么 saved set-user-ID 也会被设置成（新）有效用户 ID。SUSv3 并没有规定这个特性，但很多其他实现的行为方式与 Linux 是一样的。

在 set-group-ID 程序中永久地删除一个特权组 ID 同样必须要使用 setregid()或 setresgid() 系统调用，因为当程序的有效用户 ID 不为零时，setgid()只会修改调用进程的有效组 ID。

修改进程身份信息的注意事项

前面几小节介绍了临时和永久删除权限的技术。下面介绍有关使用这些技术时的一些注意事项。

* 一些修改进程身份信息的系统调用在不同系统上的语义是不同的。此外，此类系统调用中的一些在调用者是特权进程时（有效用户 ID 为 0）与非特权进程时表现出来的语义是不同的。更多细节信息可参考第 9 章，特别是 9.7.4 节。由于存在这些差异，[Tsafrir et al., 2008]建议应用程序应该使用系统特有的非标准系统调用来修改进程的身份信息，因为在很多情况下，这些非标准系统调用比与其对应的标准系统调用提供了更加简单和一致的语义。在 Linux 上，这表示需要使用 setresuid()和 setresgid()来修改用户和组身份信息。尽管并不是所有的系统都提供了这些系统调用，但使用它们会降低发生错

误的可能性。（[Tsafrir et al., 2008]提供了一个函数库，其中的函数会使用各个平台上可用的最佳接口来修改身份信息。）

- 在 Linux 上，即使调用者的有效用户 ID 为 0，修改身份信息的系统调用在程序显式地操作其能力时也可能会表现出意料之外的行为。如，如果禁用了 CAP_SETUID 能力，那么修改进程用户 ID 将会失败，甚至更糟的是，它会毫无征兆地只修改其中一些需修改的用户 ID。

- 由于存在前面两种可能性，因此强烈建议在实践中（参见[Tsafrir et al., 2008]）不仅需要检查一个修改身份信息的系统调用是否成功，还需要验证修改行为是否如预期的那样。例如如果使用 seteuid()临时删除或重新请求一个特权用户 ID，那么接着应该使用一个 geteuid()调用来验证有效用户 ID 是否为预期值。类似地，如果永久删除了一个特权用户 ID，那么接着应该验证真实用户 ID、有效用户 ID 以及 saved set-user-ID 已经被成功地修改为非特权用户 ID。遗憾的是，虽然存在获取真实和有效 ID 的标准系统调用，但不存在获取 saved set IDs 的标准系统调用。Linux 和其他一些系统提供了 getresuid()和 getresgid()来解决这个问题，在其他一些系统上则可能需要使用诸如解析/proc 文件中的信息之类的技术来解决这个问题。

- 一些身份信息的变更只能由有效用户 ID 为 0 的进程来完成。因此在修改多个 ID 时——辅助组 ID、组 ID 和用户 ID——先删除特权 ID，最后再删除特权有效用户 ID。相应地，在提升特权 ID 时应该先提升特权有效用户 ID。

38.3 小心执行程序

当一个特权程序通过 exec()直接或通过 system()、popen()以及类似的库函数间接地执行另一个程序时就需要小心处理了。

在执行另一个程序之前永久地删除权限

如果一个 set-user-ID（或 set-group-ID）程序执行了另外一个程序，那么就应该要确保所有的进程用户（组）ID 被重置为真实用户（组）ID，这样新程序在启动时就不会拥有权限，并且也无法重新请求这些权限。完成这一任务的一种方式是在执行 exec()之前使用第 38.2 节中介绍的技术来重置所有的 ID。

在 exec()调用之前调用 setuid(getuid())能够取得同样的结果。虽然 setuid()调用只修改了那些有效用户 ID 不为零的进程的有效用户 ID，但权限还是会被删除，因为成功的 exec()调用会将有效用户 ID 复制到 saved set-user-ID。（如果 exec()执行失败了，那么 saved set-user-ID 不会发生改变。这对于在 exec()失败时需要执行其他特权工作的程序来讲是比较有用的。）

在 set-group-ID 程序中也可以采用类似的方式（即 setgid(getgid())），因为成功的 exec()调用也会将有效组 ID 复制到 saved-setgroup-ID。

现在假设用户 ID 200 拥有一个 set-user-ID 程序，当 ID 为 1000 的用户执行这个程序时，结果进程的用户 ID 如下所示。

```
real=1000 effective=200 saved=200
```

如果这个程序执行了 setuid(getuid())调用，那么进程的用户 ID 将会变成如下。

```
real=1000 effective=1000 saved=200
```

当进程执行一个非特权程序时，进程的有效用户 ID 会被复制到 saved set-user-ID，从而导致进程的用户 ID 变为：

```
real=1000 effective=1000 saved=1000
```

避免执行一个拥有权限的 shell（或其他解释器）

运行于用户控制之下的特权程序永远都不该直接或间接（通过 system(), popen(), execlp(), execvp() 或其他类似的库函数）地执行 shell。shell（以及其他不受限的解释器，如 awk）的复杂性和强大功能意味着几乎不可能消除所有的安全漏洞，即使被执行的 shell 不允许交互式访问。其可能引起的风险是用户可能能够在进程的有效用户 ID 下执行任意的 shell 命令。如果必须要执行 shell，那么就需要确保在执行之前永久地删除权限。

> 在 27.6 节有关 system() 的讨论中介绍的安全漏洞就是执行 shell 时可能引起的一个漏洞。

一些 UNIX 实现在将权限位应用于解释器脚本时会采用 set-user-ID 和 set-group-ID 的权限位（参见 27.3），因此当运行脚本时，执行脚本的进程的身份是其他（特权）用户。由于存在前面描述的安全风险，Linux 与其他一些 UNIX 实现一样，在执行脚本时会毫无征兆地忽略 set-user-ID 和 set-group-ID 权限位。即使在允许 set-user-ID 和 set-group-ID 脚本的实现上也应该避免使用它们。

在 exec() 之前关闭所有用不到的文件描述符

在 27.4 节中提到过在默认情况下，在 exec() 调用之间文件描述符会保持在打开状态。特权进程可能会打开普通进程无法访问的文件，这种打开的文件描述符表示一种特权资源。在调用 exec() 之前应该关闭这种文件描述符，这样被执行的程序就无法访问相关的文件了。完成这个任务既可以通过显式关闭文件描述符，也可以设置程序的 close-on-exec 标记（参见 27.4）。

38.4 避免暴露敏感信息

当一个程序读取密码或其他敏感信息时应该在执行完所需的处理之后立即从内存中删除这些信息。（在 8.5 节中给出了一个这样的例子。）在内存中保留这些信息是一种安全隐患，其原因如下。

- 包含这些数据的虚拟内存页面可能会被换出（除非使用 mlock() 或类似的函数将它们锁在内存中），这样交换区域中的数据可能会被一个特权程序读取。
- 如果进程接收到了一个能导致它产生一个核心 dump 文件的信号，那么就有可能会从该文件中获取这类信息。

从上面的最后一点来讲，编写程序时应遵循的一个通用原则是安全程序应该避免产生核心 dump。一个程序可以使用 setrlimit() 将 RLIMIT_CORE 资源限制设置为 0 来防止核心 dump 文件的创建（参见 36.3 节）。

> 在默认情况下，Linux 不允许 set-user-ID 程序在收到信号时执行一个核心 dump（参见 22.1 节），即使程序已经删除了所有的权限。但其他 UNIX 实现可能并没有提供这个安全特性。

38.5 确定进程的边界

本节将介绍各种限制程序以控制程序发生安全问题时所造成的损失的方法。

考虑使用能力

Linux 能力模型将传统的 all-or-nothing UNIX 权限模型划分为一个个被称为能力的单元。一个进程能够独立地启用或禁用单个能力。通过只启用进程所需的能力使得程序能够在不拥有完整的 root 权限的情况下运行。这样就降低了程序发生安全问题时造成损失的可能性。

此外，使用能力和 securebits 标记可以创建只拥有有限的一组权限但无需属于 root 的进程（即进程的所有用户 ID 都不为零）。这样的进程无法使用 exec() 来重新获取所有能力。在第 39 章中将会介绍能力和 securebits 标记。

考虑使用一个 chroot 监牢

在特定情况下一项有用的安全技术是建立一个 chroot 监牢来限制程序能够访问的一组目录和文件。（还需确保调用 chdir() 来将进程的当前工作目录改为监牢中的一个位置。）但 chroot 监牢不足以限制一个 set-user-ID-root 程序（参见 18.12 节）。

> 除了使用 chroot 监牢之外还可以使用一个虚拟服务器，它是实现于虚拟内核之上的一个服务器。由于每个虚拟内核与运行于同一硬件上的其他虚拟内核是相互隔离的，因此虚拟服务器比 chroot 监牢更加安全和灵活。（其他一些现代操作系统还提供了自己的虚拟服务器实现。）Linux 上最早的虚拟化实现是 User-Mode Linux（UML），它是 Linux 2.6 内核的标准组成部分。在 http://user-mode-linux.sourceforge.net/ 上可以找到有关 UML 的更多信息。最新的虚拟内核项目包括 Xen（http://www.cl.cam.ac.uk/Research/SRG/netos/xen/）和 KVM（http://kvm.qumranet.com/）。

38.6 小心信号和竞争条件

用户可以向他启动的 set-user-ID 程序发送任意信号，其发送时间和发送频率也是任意的。当信号在程序执行过程中的任意时刻发送时需要考虑可能出现的竞争条件。在程序中合适的地方应该捕获、阻塞或忽略信号以防止可能存在的安全性问题。此外，信号处理器的设计应该尽可能简单以降低无意中创建竞争条件的风险。

这个问题与停止进程的信号（如 SIGTSTP 和 SIGSTOP）特别相关。存在问题的场景如下所示。

1. 一个 set-user-ID 程序确定与其运行时环境有关的一些信息。
2. 用户需要停止运行程序的进程和修改运行时环境的细节。这样的变更可能包括修改文件的权限、改变符号链接的目标以及删除程序所依赖的文件。
3. 用户使用 SIGCONT 信号恢复进程。这时程序会假设原先的运行时环境没有发生变化并继续执行，但其实运行时环境已经发生了变化，因此在这种假设可能会破坏系统的安全性。

这里描述的情况确实只是检查时间（time-of-check）和使用时间（time-of-use）竞争条件的一种特殊情况。特权进程应该避免执行依赖于之前成立但现在已经不再成立的条件的操作（具体示例可参考第 15.4.4 节中对 access() 系统调用的讨论）。即使当用户无法向进程发送信号时也应该遵循这个指南。停止一个进程的能力仅仅允许一个用户扩大检查时间和使用时间之间的时间间隔。

> 虽然通过一次尝试就在检查时间和使用时间之间停止一个进程是比较困难的，但恶意用户可以重复地执行一个 set-user-ID 程序并使用另一个程序或一个 shell 脚本重复地向 set-user-ID 程序发送停止信号并修改运行时环境。

38.7　执行文件操作和文件 I/O 的缺陷

如果一个特权进程需要创建一个文件，那么必须要小心处理那个文件的所有权和权限以确保文件不存在被恶意操作攻击的风险点，不管这个风险点有多小。因此需遵循下列指南。

- 需要将进程的 umask（参见 15.4.6 节）设置为一个能确保进程永远无法创建公共可写的文件的值，否则恶意用户就能修改这些文件了。
- 由于文件的所有权是根据创建进程的有效用户 ID 来确定的，因此可能需要使用 seteuid()或 setreuid()来临时地修改进程的身份信息以确保新创建的文件不会属于错误的用户。由于文件的组所有权可能会根据进程的有效组 ID（参见 15.3.1 节）来确定，因此类似的规则也同样适用于 set-group-ID 程序，并且可以使用相应的组 ID 调用来避免此类问题的发生。（严格来讲，在 Linux 上，新文件的所有者是由进程的文件系统用户 ID 来确定的，这个 ID 值通常与进程的有效用户 ID 值是一样的，具体可参见 9.5 节）。
- 如果一个 set-user-ID-root 程序必须要创建一个一开始由其自己拥有但最终由另一个用户拥有的文件，那么所创建的文件在一开始应该不对其他用户开放写权限，这可以通过向 open()传入一个合适的 mode 参数或在调用 open()之前设置进程的 umask 完成。之后，程序可以使用 fchown()修改文件的所有权，然后根据需要使用 fchmod()修改文件的权限。这里的关键点是 set-user-ID 程序应该确保它永远不会创建一个由程序所有者拥有但允许其他用户写入（即使这项权限只开放了一瞬间）的文件。
- 在打开的文件描述符上检查文件的特性（如在 open()之后调用 fstat()），而不是检查与一个路径名相关联的特性后再打开文件（如在 stat()之后调用 open()）。后一种方法存在使用时间和检查时间的问题。
- 如果一个程序必须要确保它自己是文件的创建者，那么在调用 open()时应该使用 O_EXCL 标记。
- 特权进程应该避免创建或依赖像/tmp 这样的公共可写的目录，因为这样程序就容易受到那些试图创建文件名与特权程序预期一致的非授权文件的恶意攻击。一个必须要在某个公共可写的目录中创建文件的程序应该至少要使用诸如 mkstemp()之类的函数（参见 5.12 节）确保这个文件的文件名不会不可预测。

38.8　不要完全相信输入和环境

特权程序应该避免完全信任输入和它们所运行的环境。

不要信任环境列表

set-user-ID 和 set-group-ID 程序不应该假设环境变量的值是可靠的，特别是 PATH 和 IFS

两个变量。

PATH 确定了 shell（和 system() and popen()）以及 execlp()和 execvp()在何处搜索程序。恶意用户可以改变PATH 的值以欺骗 set-user-ID 程序使它在使用其中一个函数时会导致在拥有权限的情况下执行任意一个程序。在使用这些函数时应该将 PATH 值设置为一个可信的目录列表（更好的做法是在执行程序时指定绝对路径名）。但正如之前已经提过的，在执行 shell 或使用前面提到的函数之前最好先删除权限。

IFS 指定了 shell 解释器用来分隔命令行中的单词的分隔符。应该将这个变量设置为任意一个空字符串，表示 shell 只会把空白字符当成单词分隔符。一些 shell 在启动的时候总是会这样设置 IFS 的值。（27.6 节描述了老式 Bourne shell 中与 IFS 相关的一个漏洞。）

在某些情况中，特别是在执行其他程序或调用可能会受到环境变量设置影响的库时，最安全的方式是删除整个环境列表（参见 6.7 节），然后使用已知的安全值来还原所选中的环境变量。

防御性地处理不可信用户的输入

特权程序应该在根据来自不可信源的输入采取动作之前小心地验证这些输入。这种验证包括校验数字是否位于接受范围之内、字符串的长度是否位于接受范围之内以及是否由允许的字符构成等。需要采取此类验证措施的输入包括用户创建的文件、命令行参数、交互式输入、CGI 输入、电子邮件消息、环境变量、不可信用户能够访问的进程间通信通道（FIFO、共享内存等）以及网络包。

避免对进程的运行时环境进行可靠性假设

set-user-ID 程序应该避免假设其初始的运行环境是可靠的。如标准输入、输出或错误可能会被关闭。（这些描述符可能是在执行这个 set-user-ID 程序的程序中被关闭的。）这样，当打开一个文件时可能会无意中复用描述符 1（假设），从而导致程序认为正在往标准输出中输出数据，但实际上是在往一个由其打开的文件中写入数据。

还有很多情况需要考虑。如一个进程可能会耗光各种资源限制，如能够创建的进程数限制、CPU 时间资源限制或文件大小资源限制，从而导致各种系统调用会失败或各种信号的生成。恶意用户可能会故意攻击系统使得资源耗尽以便破坏程序。

38.9　小心缓冲区溢出

当输入值或复制的字符串超出分配的缓冲区空间时就需要小心缓冲区溢出了。永远不要使用 gets()，在使用诸如 scanf()、sprintf()、strcpy()以及 strcat()时需要谨慎（如使用 if 语句防止在使用这些函数时造成缓冲区溢出）。

恶意用户可以通过诸如缓冲区溢出（也被称为栈粉碎）之类的技术将精心编写的字节放入一个栈帧中以强制特权程序执行任意代码。（网上的几个资源站点解释了栈粉碎的细节，读者还可以参考[Erickson, 2008]和[Anley, 2007]）。从 CERT（http://www.cert.org/）和 Bugtraq（http://www.securityfocus.com/）上发表的咨询报告的频率上明显可以看出在一个计算机系统上，缓冲区溢出可能是引起安全性问题的最常见的原因了。缓冲区溢出对于网络服务器来讲特别具有危害性，因为它们使得系统向网络上任意地方的远程攻击打开了大门。

为了使栈崩溃变得更加困难——特别是使得在远程主机上使用此类攻击手段攻击网络服务器时更加耗时——从内核 2.6.12 开始，Linux 实现了地址空间随机化。这项技术使得栈的位置能够在虚拟内存最前面的 8M 空间内随机变动。此外，如果软 RLIMIT_STACK 限制有限并且 Linux 特有的/proc/sys/vm/legacy_va_layout 不包含 0，那么内存映射的位置也可以随机化。

最新的 x86-32 架构为将页表变成 NX（"no execute"）提供了硬件支持。这个特性用来防止执行栈上的代码，从而使得栈奔溃变得更加困难。

上面提到的很多函数都存在安全的版本——如 snprintf()、strncpy()以及 strncat()——允许调用者指定需复制的最大字符数。这些函数考虑到了最大数量以防止目标缓冲区的溢出。一般来讲，最好使用这些函数，但使用时仍然需要小心，特别需要注意下列事项。

- 对于其中的大多数函数来讲，如果到达了指定的最大值，那么源字符串的截断部分会被放到目标缓冲区中。由于这样的截断字符串对于程序来讲可能是毫无意义的，因此调用者必须要检查字符串是否发生了截断（如使用 snprintf()的返回值）并且在发生截断的时候采取必要的措施。
- 使用 strncpy()对性能会有影响。如在 strncpy(s1, s2, n)调用中，如果 s2 指向的字符串的长度小于 n 字节，那么补全的 null 字节就会被写入 s1 以确保总共写入了 n 字节。
- 如果传入 strncpy()的最大大小不足以容纳结尾的 null 字符，那么目标字符串就会成为不以 null 结尾的字符串。

一些 UNIX 实现提供了 strlcpy()函数，它接收长度参数 n，最多将 n – 1 个字节复制到目标缓冲区中并且总是会在缓冲区的结尾加上 null 字符。但 SUSv3 并没有规定这个函数，并且 glibc 也没有实现这个函数。此外，如果调用者没有小心检查字符串长度，那么这个函数在解决一个问题（缓冲区溢出）的同时又引入了另一个问题（毫无征兆地丢弃数据）。

38.10　小心拒绝服务攻击

随着基于 Internet 服务的增长，系统相应受到远程拒绝服务（DoS）的攻击的可能性也在增长。这些攻击通过向服务器发送能导致其崩溃的错误数据或使用虚假请求给服务器增加过量的负载使得系统无法向合法用户提供正常的服务。

本地的拒绝服务攻击也是有可能的。最知名的例子是当用户运行一个简单的 fork 炸弹（一个重复执行 fork 的程序，因此会消耗系统中的所有进程槽）。但引起本地拒绝服务的源头更加容易确定，因此一般来讲可以通过合适的物理和密码安全措施来避免。

处理错误的请求是比较直观的——服务器应该严格地像上面描述的那样检查其输入以避免缓冲区溢出。

超负荷攻击更加难以处理。由于服务器无法控制远程客户端的行为以及它们提交请求的速率，因此这样的攻击几乎无法防止。（服务器甚至无法确定攻击的真正源头，因为网络包的源 IP 地址是可以伪造的。此外，分布式攻击可能会募集不知情的中间主机向目标系统发起攻击。）不过，仍然可以采取各种措施把超负荷攻击的风险和损失降到最小。

- 服务器应该执行负载控制，当负载超过预先设定的限制之后就丢弃请求。这可能会导致丢弃合法的请求，但能够防止服务器和主机机器的负载过大。资源限制和磁盘限额的使用也有助于限制过量的负载。（更多有关磁盘限额的信息可参考 http://sourceforge.net/projects/linuxquota/。）

- 服务器应该为与客户端的通信设置超时时间，这样如果客户端不响应（可能是故意的），那么服务器也不会永远地等待客户端。

- 在发生超负荷时，服务器应该记录下合适的信息以便系统管理员得知这个问题。（但日志记录应该也是有限制的，这样日志记录本身不会给系统增加过量的负载。）

- 服务器程序在碰到预期之外的负载时不应该崩溃。如应该严格进行边界检查以确保过多的请求不会造成数据结构溢出。

- 设计的数据结构应该能够避免算法复杂度攻击。如二叉树应该是平衡的，并且在常规负载下应该能提供可接受的性能。但攻击者可能会构造一组会导致树不平衡（在最坏的情况下等价于一个链表）的输入，从而降低性能。[Crosby & Wallach, 2003]详细描述了此类攻击的性质并讨论了能够用来避免此类攻击的数据结构技术。

38.11 检查返回状态和安全地处理失败情况

特权程序应该总是检查系统调用和库函数调用是否成功以及它们是否返回了预期的值。（当然所有程序都应该这么做，但这一点对于特权程序来讲特别重要。）各种各样的系统调用都可能会失败，即使程序以 root 的身份运行。如当达到系统的进程数限制时 fork()调用就会失败，对只读文件系统调用 open()以获取写权限时会失败，或者当目标目录不存在时调用 chdir()会失败。

即使系统调用成功了也有必要检查其结果。如，在需要的时候，特权程序应该检查成功的 open()调用没有返回三个标准文件描述符 0、1 或 2 中的某个。

最后，如果特权程序碰到了未知情形，那么恰当的处理方式通常是终止执行或如果是服务器的话就丢弃客户端请求。试图修复未知的问题通常要求满足一些前提条件，但并不是所有的场景都满足这些前提条件，当不满足时就可能会产生安全漏洞。在这种情况下，更安全的做法是让程序终止或让服务器把信息记录下来并丢弃客户端的请求。

38.12 总结

特权程序能够访问普通进程无法访问的系统资源。如果这种程序被破坏了，那么系统的安全性就会受到影响。本章给出了编写特权程序的一组指南，这些指南的目标包括两个方面：将特权程序被破坏的可能性降到最低和当特权程序被破坏时所造成的损失降到最小。

更多信息

[Viega & McGraw, 2002]介绍了与设计和实现安全软件相关的各项课题。[Garfinkel et al., 2003]介绍了与 UNIX 系统的安全以及安全程序设计技术有关的信息。[Bishop,2005]深入介绍了计算机安全，同时该书的作者在[Bishop, 2003]中更加深入地剖析了计算机安全。[Peikari & Chuvakin, 2004]也介绍了计算机安全，但关注点是攻击系统的各种方式。[Erickson, 2008]和[Anley, 2007]详尽讨论了各种安全陷阱并为聪明的程序员提供了详尽的信息来避免这些陷阱。

[Chen et al., 2002]这篇论文描述和分析了 UNIX set-user-ID 模型。[Tsafrir et al., 2008]对在[Chen et al., 2002]中讨论的各个课题进行了优化和增强。[Drepper, 2009]为 Linux 上的安全和防御性程序设计提供了有价值的建议。

网上存在几个编写安全程序的信息源，如下所示。

- Matt Bishop 撰写了很多与安全相关的文章，读者可以在 http://nob.cs.ucdavis.edu/~bishop/secprog 上找到这些文章。其中最有趣的一篇是《How to Write a Setuid Program》（原先发表于；login: 12(1) Jan/Feb 1986）。尽管这篇文章的年代有些久远，但其中包含了很多有价值的建议。

- David Wheeler 撰写的 *Secure Programming for Linux and Unix HOWTO* 可以在 http://www.dwheeler.com/secure-programs/ 上找到。

- http://www.homeport.org/~adam/setuid.7.html 为编写 set-user-ID 程序提供了一个有用的检查清单。

38.13　习题

38-1. 用一个普通的非特权用户登录系统，创建一个可执行文件（或复制一个既有文件，如/bin/sleep），然后启用该文件的 set-user-ID 权限位（chmod u+s）。尝试修改这个文件（如 cat >> file）。当使用(ls –l)时文件的权限会发生什么情况呢？为何会发生这种情况？

38-2. 编写一个与 sudo(8)程序类似的 set-user-ID-root 程序。这个程序应该像下面这样接收命令行选项和参数：

```
$ ./douser [-u user ] program-file arg1 arg2 ...
```

douser 程序使用给定的参数执行 program-file，就像是被 user 运行一样。（如果省略了–u 选项，那么 user 默认为 root。）在执行 program-file 之前，douser 应该请求 user 的密码并将密码与标准密码文件进行比较（参见程序清单 8-2），接着将进程的用户和组 ID 设置为与该用户对应的值。

第**39**章
能力

本章描述了 Linux 能力模型，它将传统的 all-or-nothing UNIX 权限模型划分成一个个能单独启用或禁用的能力。使用能力允许程序在执行一些特权操作的同时防止它们执行其他未经允许的操作。

39.1　能力基本原理

传统的 UNIX 权限模型将进程分为两类：能通过所有权限检测的有效用户 ID 为 0（超级用户）的进程和其他所有需要根据用户和组 ID 进行权限检测的进程。

这个模型的粗粒度划分是一个问题。如果需要允许一个进程执行一些只有超级用户才能执行的操作——如修改系统时间——那么就必须要让进程的有效用户 ID 为 0。（如果一个非特权用户需要执行这样的操作，那么通常需要使用 set-user-ID-root 程序来完成。）但这种做法同时也赋予了进程执行其他操作的权限——如在访问文件时会通过所有的权限检测——从而为程序表现异常（可能是由于未预见的环境或由于恶意用户的有意操作）时引起安全性问题埋下了隐患。第 38 章列出了处理此类问题的传统方法：删除有效权限（如将有效用户 ID 改为非零，同时将零保存在 saved set-user-ID 中）并只在需要的时候临时请求这些权限。

Linux 能力模型优化了对这个问题的处理方式，即在内核中执行安全性检测时不再使用单个权限（即有效用户 ID 为 0），超级用户权限被划分了不同的的单元，这个单元成为能力。每个特权操作与一个特定的能力相关联，进程只有在拥有相应的能力的时候（不管其有效用户 ID 是什么）才能执行相应的操作。换句话说，本书中所讨论的 Linux 中的特权进程其实是指拥有相应的能力来执行特定操作的进程。

在大多数时候，Linux 能力模型对程序员来讲是不可见的，其原因是当一个对能力一无所知的应用程序的有效用户 ID 为 0 时，内核会赋予该进程所有能力。

Linux 能力是基于 POSIX 1003.1e 标准草案（http://wt.tuxomania.net/publications/posix.1e/）实现的。虽然这一项标准化工作在 20 世纪 90 年代末完成之前被放弃了，但各种能力实现仍然是根据这个标准草案来实施的。（表 39-1 列出了 POSIX.1e 草案中定义的一些能力，但大多数能力是 Linux 上的扩展。）

一些 UNIX 实现也提供的能力模型，如 Sun's Solaris 10 以及早期的 Trusted Solaris 发行版、SGI's Trusted Irix、以及作为 FreeBSD 一部分的 TrustedBSD 项目（([Watson, 2000])。其他一些操作系统中也存在类似的模型，如 Digital's VMS 系统中的特权机制。

39.2　Linux 能力

表 39-1 列出了 Linux 能力并为各个能力应用的操作提供了一个简短的（以及不完整的）指南。

39.3　进程和文件能力

每个进程拥有 3 个相关能力集——术语称作"许可的"、"有效的"以及"可继承的"——每个能力集都包含表 39-1 中列出的零个或多个能力。同样，每个文件也可以拥有 3 个相关能力集，其名称与进程的能力集名称一样。（其原因是非常明显的，文件的有效能力集其实就是一个可以被启用或禁用的位。）下面几节将会深入介绍各个能力集的细节信息。

39.3.1　进程能力

内核会为每个进程都维护 3 个能力集（实现为位掩码），每个能力集中都包含表 39-1 中列出的已经启用的零个或多个能力。这 3 个能力集如下所示。

- 许可的——这些是一个进程可能使用的能力。许可的集合是能够被添加到有效的和可继承的集合中的能力的受限超集。如果一个进程从其许可集中删除了一个能力，那么将永远也无法再重新获取该能力（除非它执行了一个再次授予该能力的程序）。
- 有效的——内核会使用这些能力来对进程执行权限检测。只有进程在其许可集中维护着一个能力，那么进程才能通过从有效集中删除这个能力来临时禁用该能力，之后再将该能力还原到这个集合中。
- 可继承的——当这个进程执行一个程序时可以将这些权限带入许可集中。

通过 Linux 特有的/proc/PID/status 文件中的 CapInh、CapPrm 以及 CapEff 三个字段能够查看任意进程的 3 个能力集的十六进制表示。

可以使用 getpcap 程序（第 39.7 节中介绍的 libcap 包的一部分）以更易阅读的格式显示一个进程的能力。

通过 fork()创建的子进程会继承其父进程的能力集的副本。在 39.5 节中描述了在 exec()调用中能力集的处理方式。

实际上，能力是一个线程级的特性，进程中的每个线程的能力都可以单独进程调整。在/proc/PID/task/TID/status 文件中可以查看一个多线程进程中某个具体线程的能力。/proc/PID/status 文件显示了主线程的能力。

在 2.6.25 之前的内核中，Linux 使用 32 位来表示能力集，而在 2.6.25 内核中因为加入了更多的能力导致需要 64 位来表示能力集。

39.3.2 文件能力

如果一个文件拥有相关的能力集，那么这些集合会被用来确定赋给执行这个文件的进程的能力。文件能力集包括下面 3 个。

- 许可的：在 exec()调用中可以将这组能力添加到进程的许可集中，不管进程的既有能力是什么。
- 有效的：这个只有一位。如果被启用了，那么在 exec()调用中，进程的新许可集中启用的能力在进程的新有效集中也会被启用。如果文件有效位被禁用了，那么在 exec() 执行完之后，进程的新有效集在一开始是空的。
- 可继承的：这个集合将与进程的可继承集取掩码来确定在执行 exec()之后进程的许可集中启用的能力集。

第 39.5 节详细描述了在 exec()调用中如何使用文件能力。

> 许可和可继承文件能力原来称为强制的能力和允许的能力。现在那些术语已经过时了，但它们仍然能够提供一些有用的信息。许可的文件能力是那些在 exec()调用中被强制添加到进程的许可集中的能力，不管进程的既有能力是什么。可继承的文件能力是那些在 exec()调用中允许进入进程的许可集中的能力，前提是在进程的可继承能力集中也启用了那些能力。
>
> 与文件相关的能力是存储在名为 security.capability 的安全扩展特性（参见 16.1 节）中的，更新这个扩展特性需要具备 CAP_SETFCAP 能力。

表 39-1：各个 Linux 能力允许的操作

能　　力	允　许　进　程
CAP_AUDIT_CONTROL	（自 Linux 2.6.11 起）启用和禁用内核审计日志、修改审计的过滤规则、读取审计状态和过滤规则
CAP_AUDIT_WRITE	（自 Linux 2.6.11 起）向内核审计日志写入记录
CAP_CHOWN	修改文件的用户 ID（所有者）或将文件的组 ID 修改为不包含进程的一个组（chown()）
CAP_DAC_OVERRIDE	绕过文件读取、写入和执行权限检查（DAC 是 discretionary access control 的缩写）；读取/proc/PID 中 cwd、exe 和 root 符号链接的内容
CAP_DAC_READ_SEARCH	绕过文件读取权限检查以及目录读取和执行的权限检查
CAP_FOWNER	忽略那些平时要求进程的文件系统用户 ID 与文件的用户 ID 匹配的操作（chmod(), utime()）的权限检查；设置任意文件的 i-node 标记；设置和修改任意文件的 ACL；在删除文件（unlink(), rmdir(), rename()）时忽略目录粘滞位的效果；在 open()和 fcntl(F_SETFL)中为任意文件指定 O_NOATIME 标记
CAP_FSETID	修改文件时使内核不关闭 set-user-ID 和 set-group-ID 位（write(), truncate()）；为那些组 ID 与进程的文件系统组 ID 或补充组 ID 不匹配的文件启用 set-group-ID 位
CAP_IPC_LOCK	覆盖内存加锁限制（mlock(), mlockall(), shmctl(SHM_LOCK), shmctl(SHM_UNLOCK)）；使用 shmget() SHM_HUGETLB 标记和 mmap() MAP_HUGETLB 标记

能　　力	允　许　进　程
CAP_IPC_OWNER	绕过操作 System V IPC 对象的权限检查
CAP_KILL	绕过发送信号（kill(), sigqueue()）的权限检查
CAP_LEASE	（自 Linux 2.4 起）在任意文件上建立租赁关系（fcntl(F_SETLEASE)）
CAP_LINUX_IMMUTABLE	设置附加和不可变的 i-node 标记
CAP_MAC_ADMIN	（自 Linux 2.6.25 起）配置或修改强制访问控制（MAC）的状态（一些 Linux 安全模块实现了这个能力）
CAP_MAC_OVERRIDE	（自 Linux 2.6.25 起）覆盖 MAC（一些 Linux 安全模块实现了这个能力）
CAP_MKNOD	（自 Linux 2.4 起）使用 mknod() 创建设备
CAP_NET_ADMIN	执行各种网络相关的操作（如设置特权 socket 选项、启用组播、配置网络接口、修改路由表）
CAP_NET_BIND_SERVICE	绑定到特权 socket 端口
CAP_NET_BROADCAST	（未使用）执行 socket 广播和监听组播
CAP_NET_RAW	使用原始和包 socket
CAP_SETGID	随意修改进程组 ID（setgid(), setegid(), setregid(),setresgid(), setfsgid(), setgroups(), initgroups()）；在通过 UNIX domain socket（SCM_CREDENTIALS）传递验证信息时伪造组 ID
CAP_SETFCAP	（自 Linux 2.6.24 起）设置文件能力
CAP_SETPCAP	在不支持文件能力时将进程的许可集中的能力授予其他进程（包括自己）或删除其他进程（包括自己）许可集中的能力；在支持文件能力时将进程的能力边界集中的所有能力都添加到自己的可继承集中，删除边界集中的能力以及修改 securebits 标记
CAP_SETUID	随意修改进程用户 ID（setuid(), seteuid(), setreuid(),setresuid(), setfsuid()）；在通过 UNIX domain socket（SCM_CREDENTIALS）传递验证信息时伪造用户 ID
CAP_SYS_ADMIN	在打开文件的系统调用中（如 open(),shm_open(), pipe(), socket(), accept(), exec(), acct(), epoll_create()）超出/proc/sys/fs/file-max 限制；执行各种系统管理操作，包括 quotactl()（控制磁盘限额）、mount() 和 umount()，swapon() 和 swapoff()，pivot_root()，sethostname() 和 setdomainname()；执行各种 syslog(2) 操作；覆盖 RLIMIT_NPROC 资源限制（fork()）；调用 lookup_dcookie()；设置 trusted 和 security 扩展特性；在任意 System V IPC 对象上执行 IPC_SET 和 IPC_RMID 操作；在通过 UNIX domain socket（SCM_CREDENTIALS）传递验证信息时伪造进程 ID；使用 ioprio_set() 来分配 IOPRIO_CLASS_RT 调度类；使用 TIOCCONS ioctl()；在 clone() 和 unshare() 中使用 CLONE_NEWNS 标记；执行 KEYCTL_CHOWN 和 KEYCTL_SETPERM keyctl() 操作；管理 random(4) 设备；各种特定于设备的操作
CAP_SYS_BOOT	使用 reboot() 重启系统；调用 kexec_load()
CAP_SYS_CHROOT	使用 chroot() 设置进程根目录
CAP_SYS_MODULE	加载和卸载内核模块（init_module(), delete_module(), create_module()）

能　　力	允　许　进　程
CAP_SYS_NICE	提高 nice 值（nice(), setpriority()）；修改任意进程的 nice 值（setpriority()）；设置调用进程的 SCHED_RR 和 SCHED_FIFO 实时调度策略；重置 SCHED_RESET_ON_FORK 标记；设置任意进程的调度策略和优先级（sched_setscheduler(), sched_setparam()）；设置任意进程的 I/O 调度类和优先级（ioprio_set()）；设置任意进程的 CPU 亲和力（sched_setaffinity()）；使用 migrate_pages()将任意进程迁移到任意节点以及允许进程被迁移到任意节点；对任意进程应用 move_pages()；在 mbind() 和 move_pages()中使用 MPOL_MF_MOVE_ALL 标记
CAP_SYS_PACCT	使用 acct()启用或禁用进程记账
CAP_SYS_PTRACE	使用 ptrace()跟踪任意进程；访问任意进程的/proc/PID/environ；对任意进程应用 get_robust_list()
CAP_SYS_RAWIO	使用 iopl() 和 ioperm()在 I/O 端口上执行操作；访问/proc/kcore；打开 /dev/mem 和/dev/kmem
CAP_SYS_RESOURCE	使用文件系统上的预留空间；使用 ioctl()调用控制 ext3 journaling；覆盖磁盘限额限制；提高硬资源限制（setrlimit()）；覆盖 RLIMIT_NPROC 资源限制（fork()）；将 System V 消息队列的/proc/sys/kernel/msgmnb 限制提高 msg_qbytes；绕过由/proc/sys/fs/mqueue 下各个文件定义的各种 POSIX 消息队列限制
CAP_SYS_TIME	修改系统时钟（settimeofday(), stime(), adjtime(), adjtimex()）；设置硬件时钟
CAP_SYS_TTY_CONFIG	使用 vhangup()执行终端或伪终端的虚拟挂起

39.3.3　进程许可和有效能力集的目的

　　进程的许可集定义了进程能够使用的能力。进程的有效能力集定义了进程当前使用的能力——即内核会使用这组能力来检查进程是否拥有足够的权限执行某个特定的操作。

　　许可能力集为有效能力集定义了一个上限。进程只能将其许可能力集中的能力上升到有效集中。（上升有时候也被称为添加或设置，与之相反的操作是丢弃或删除或清除。）

　　有效能力集和许可能力集之间的关系与一个 set-user-ID-root 程序中的有效用户 ID 和 set-user-ID 之间的关系类似。从有效集中删除一个能力与临时删除一个有效用户 ID 0 同时在 saved set-user-ID 中维持 0 是类似的。从有效能力集和许可能力集中删除一个能力与通过将有效用户 ID 和 saved set-user-ID 设置为非零值来永久删除超级用户权限类似。

39.3.4　文件许可和有效能力集的目的

　　文件许可能力集为可执行文件向进程赋予能力提供了一种机制，它指定了在 exec()调用中被赋给进程的许可能力集的一组能力。

　　文件有效文件集是一个可以被启用或禁用的标记（位）。要理解为何这个集合只由一个位构成就需要考虑在程序被执行时会发生的两种情况。

- 程序可能是一个能力哑元，表示它对能力一无所知（即传统的 set-user-ID-root 程序）。这种程序不知道需要在其有效集中提升能力以便能够执行特权操作。对于这样的程序来讲，exec()应该将进程的新许可集中的所有能力自动加到其有效集中，这是通过启用文件有效位来完成的。

- 程序可能是知道能力的，表示在设计程序的时候使用了能力框架，并且会使用合适的系统调用（稍后讨论）来在其有效集中提升和删除能力。对于这样的程序来讲，最小权限表示在 exec()调用之后，进程的有效能力集中的所有能力一开始都是被禁用的，这是通过禁用文件有效能力位来完成的。

39.3.5　进程和文件可继承集的目的

乍一看，对于能力系统来讲，有了进程和文件的许可集和有效集看起来已经足够了，但还是存在一些这两个集合无法满足要求的情形。如当一个执行 exec()的进程想要在 exec()调用期间保存其当前能力时该如何做呢？看起来，能力实现可以通过简单地在 exec()调用之间保存进程的许可能力来实现这个特性，但这种方式无法处理下列情形。

- 执行 exec()可能需要特定的权限（如 CAP_DAC_OVERRIDE），但在 exec()调用之间可能不想要保存这种权限。
- 假设显式地删除了一些无需在 exec()调用之间保存的许可能力，但 exec()调用失败了。在这种情况下，程序可能需要知道这些已经被删除（不可逆的）的许可能力。

基于上述原因，在 exec()之间是不会保持进程的许可能力的。相反，在这种情况下会适应另一种能力集：可继承集。可继承集为进程在 exec()调用之间保持其部分能力提供了一种机制。

进程的可继承集指定了一组在 exec()调用之间可被赋给进程的许可能力集的能力。相应文件的可继承集会根据进程的可继承集取掩码（AND）来确定在 exec()之间被添加到进程的许可能力集中的能力。

> 在 exec()之间不是简单保持进程的许可能力集还存在深层次的哲学原因。能力系统的主要思想是赋给进程的所有权限都是由进程所执行的文件来授予或控制的。虽然进程的可继承集指定了在 exec()之间传入能力，但这些能力会根据文件的可继承集来取掩码。

39.3.6　在 shell 中给文件赋予能力和查看文件能力

在 39.7 节中介绍的 libcap 包中包含的 setcap(8)和 getcap(8)命令可以用来操作文件能力集。下面通过一个使用了标准的 date(1)程序的简短示例来演示这些命令的用法。（根据 39.3.4 节中给出的定义，这个程序就是一种能力哑元应用程序。）当在具备权限的情况下运行这个程序时，date(1)可以用来修改系统时间。date 程序不是一个 set-user-ID-root，因此通常使用权限运行这个程序的唯一方式是变成超级用户。

下面首先显示当前的系统时间，然后尝试以一个非特权用户的身份来修改时间。

```
$ date
Tue Dec 28 15:54:08 CET 2010
$ date -s '2018-02-01 21:39'
date: cannot set date: Operation not permitted
Thu Feb  1 21:39:00 CET 2018
```

从上面可以看出 date 命令没有能够修改系统时间，但它仍然以标准格式显示了传入的参数。

接下来变成超级用户，这样就能够成功地修改系统时间了。

```
$ sudo date -s '2018-02-01 21:39'
root's password:
Thu Feb  1 21:39:00 CET 2018
$ date
Thu Feb  1 21:39:02 CET 2018
```

现在复制一份 date 程序的副本并赋予该副本所需的能力。

```
$ whereis -b date                          Find location of date binary
date: /bin/date
$ cp /bin/date .
$ sudo setcap "cap_sys_time=pe" date
root's password:
$ getcap date
date = cap_sys_time+ep
```

上面的 setcap 命令将 CAP_SYS_TIME 能力赋给了可执行文件的许可能力集（p）和有效能力集（e）。接着使用了 getcap 命令来验证能力确实被赋给了文件。（libcap 包中的 cap_from_text(3)手册描述了 setcap 和 getcap 中用来表示能力集的语法。）

date 程序的副本的文件能力允许非特权用户使用这个程序来设置系统时间。

```
$ ./date -s '2010-12-28 15:55'
Tue Dec 28 15:55:00 CET 2010
$ date
Tue Dec 28 15:55:02 CET 2010
```

39.4 现代能力实现

能力的完整实现要求如下。

- 对于每个特权操作，内核应该检查进程是否拥有相应的能力，而不是检查有效（或文件系统）用户 ID 是否为 0。
- 内核必须要提供允许获取和修改进程能力的系统调用。
- 内核必须要支持将能力附加给可执行文件的概念，这样当文件被执行时进程会获取相应的能力。这与 set-user-ID 位是类似的，但允许单独地设置可执行文件上的各个能力。此外，系统必须要提供一组编程接口和命令来设置和查看附加给可执行完文件的能力。

在 2.6.23 以及之前的内核中，Linux 只满足了前两条要求。自 2.6.24 内核开始就可以将能力附加到文件上了。在 2.6.25 和 2.6.26 内核中新增了很多其他特性以完善能力的实现。

这里针对有关能力的大多数讨论关注的都是现代实现。在 39.10 节中将介绍在引入文件能力之前实现之间存在的不一致性。此外，文件能力是现代内核的一个可选内核组件，但本次讨论的主要部分假设在内核中启用了这个组件。接着将会介绍文件能力被启用与被禁用之间存在的差别。（从几个方面来看，其行为与还未实现文件能力的 2.6.24 之前的 Linux 内核中行为类似。）

在下面几个小节中将深入介绍 Linux 能力实现的细节。

39.5 在 exec()中转变进程能力

在 exec()执行期间，内核会根据进程的当前能力以及被执行的文件的能力集来设置进程的新能力。内核会使用下面的规则来计算进程的新能力。

```
P'(permitted) = (P(inheritable) & F(inheritable)) | (F(permitted) & cap_bset)

P'(effective) = F(effective) ? P'(permitted) : 0

P'(inheritable) = P(inheritable)
```

在上面的规则中，P 表示在调用 exec()之前进程的能力集的取值，P'表示在调用 exec()之后进程的能力集的取值，F 表示文件能力集。标识符 cap_bset 表示能力边界集的取值。注意 exec()调用不会改变进程的可继承能力集。

39.5.1　能力边界集

能力边界集是一种用于限制进程在 exec()调用中能够获取的能力的安全机制，其用法如下。

- 在 exec()调用中，能力边界集会与文件许可能力取 AND 来确定将被授予新程序的许可能力。换句话说，当一个可执行文件的某个许可能力不在边界能力集中时就无法向进程授予该项能力。
- 能力边界集是一个可以被添加到进程的可继承集中的能力的受限超集。这表示除非能力位于边界集中，否则进程就无法将其许可能力集中的某个能力添加到其可继承集中并——通过上面介绍的第一条能力转换规则——在进程执行一个可继承集中包含该项能力的文件时将该项能力保留在进程的许可集中。

能力边界集是一个进程级特性，通过 fork()创建的子进程会继承这个特性，并且在 exec()调用中会保持这个特性。在支持文件能力的内核中，init（所有进程的祖先）在启动时会使用一个包含了所有能力的能力边界集。

如果一个进程具备了 CAP_SETPCAP 能力，那么它就可以使用 prctl() PR_CAPBSET _DROP 操作从其边界集中删除能力（不可逆的）。（从边界集中删除一个能力不会对进程的许可、有效和可继承能力集产生影响。）一个进程使用 prctl() PR_CAPBSET_READ 操作能够确定一个能力是否位于其边界集中。

> 更准确地讲，能力边界集是一个线程级的特性。从 Linux 2.6.26 开始，这个特性在 Linux 特有的/proc/PID/task/TID/status 文件中的 CapBnd 字段予以显示。/proc/PID/status 文件显示了进程主线程的边界集。

39.5.2　保持 root 语义

在执行一个文件时为了保持 root 用户的传统语义（即 root 拥有所有的权限），与该文件相关联的所有能力集都会被忽略。但为了满足在 39.5 节中给出的算法的要求，在 exec()期间文件能力集的定义如下。

- 如果执行了一个 set-user-ID-root 程序或调用 exec()的进程的真实或有效用户 ID 为 0，那么文件的可继承和许可集被定义为包含所有能力。
- 如果执行了一个 set-user-ID-root 程序或调用 exec()的进程的有效用户 ID 为 0，那么文件有效位被定义成设置状态。

假设现在正在执行一个 set-user-ID-root 程序,那么这些文件能力集的概念定义表示在 39.5

节中给出的进程的新许可和有效能力集的计算被简化成了：

```
P'(permitted) = P(inheritable) | cap_bset
P'(effective) = P'(permitted)
```

39.6　改变用户 ID 对进程能力的影响

为了与用户 ID 在 0 与非 0 之间切换的传统含义保持兼容，在改变进程的用户 ID（使用 setuid()等）时，内核会完成下列操作。

1. 如果真实用户 ID、有效用户 ID 或 saved set-user-ID 之前的值为 0，那么修改了用户 ID 之后，所有这三个 ID 的值都会变成非 0，并且进程的许可和有效能力集会被清除（即所有的能力都被永久地删除了）。

2. 如果有效用户 ID 从 0 变成了非 0，那么有效能力集会被清除（即有效能力被删除了，但那些位于许可集中的能力会被再次提升）。

3. 如果有效用户 ID 从非 0 变成了 0，那么许可能力集会被复制到有效能力集中（即所有的许可能力变成了有效）。

4. 如果文件系统用户 ID 从 0 变成了非 0，那么会从有效能力集中清除这些文件相关的能力：CAP_CHOWN、CAP_DAC_OVERRIDE、CAP_DAC_READ_SEARCH、CAP_FOWNER、CAP_FSETID、CAP_LINUX_IMMUTABLE（自 Linux 2.6.30 起）、CAP_MAC_OVERRIDE 和 CAP_MKNOD（自 Linux 2.6.30 起）。相应地，如果文件系统用户 ID 从非 0 变成了 0，那么上面这些能力中所有在许可集中被启用的能力会在有效集中被启用。完成这些操作之后，对 Linux 特有的文件系统用户 ID 的操作的传统语义将会得到保持。

39.7　用编程的方式改变进程能力

一个进程可以使用 capset()系统调用或稍后介绍的 libcap API（首选方法）在其能力集中提升能力或删除能力。修改进程能力需要遵循下列规则。

1. 如果进程的有效集中没有 CAP_SETPCAP 能力，那么新的可继承集必须是既有可继承集合许可集组合的一个子集。

2. 新的可继承集必须是既有可继承集合能力边界集组合的一个子集。

3. 新许可集必须是既有许可集的一个子集。换句话说，一个进程无法授予自身不属于其许可集中的能力。换一种表述方法就是，在从许可集中删除了一个能力之后就无法再获取这个能力了。

4. 新的有效集只能包含位于新许可集中的能力。

libcap API

本章到现在还不介绍 capset()系统调用以及相应的获取进程能力的 capget()系统调用的原型，是因为应该避免使用这两个系统调用。相反，应该使用 libcap 库中的相关函数。这些函数提供了一个与 POSIX 1003.1e 标准草案一致的接口以及一些 Linux 扩展。

限于篇幅，本章不会详细介绍 libcap API。总的来说，使用这些函数的程序通常会执行下列步骤。

1. 使用 cap_get_proc()函数从内核中获取进程的当前能力集的一个副本并将其放置到这

个函数在用户空间分配的一个结构中。（或者可以使用 cap_init()函数来创建一个全新的空能力集结构。）在 libcap API 中，cap_t 数据类型是用来引用此类结构的一个指针。

2. 使用 cap_set_flag()函数更新用户空间的结构以便在上一步骤中返回的存储于用户空间中的结构中的许可、有效和可继承集中提升（CAP_SET）和删除（CAP_CLEAR）能力。

3. 使用 cap_set_proc()函数将用户空间的结构传回内核以修改进程的能力。

4. 使用 cap_free()函数释放在第一步中由 libcap API 分配的结构。

---

libcap-ng 是一个全新改良过的能力库 API。在撰写本书的时候，有关 libcap-ng 的开发工作仍在进行中，详细信息可参考 http://freshmeat.net/projects/libcap-ng。

示例程序

程序清单 8-2 会根据标准的口令数据库来验证用户名和口令。注意程序在读取影像口令文件时需要具备相应的权限，而只有 root 和 shadow 组中的成员才能够读取这个文件。给这个程序赋予它所需的权限的传统方式是在 root 用户下运行这个程序或将程序变成一个 set-user-ID-root 程序。下面将修改这个程序使之使用能力和 libcap API。

为了能够以普通用户的身份读取影像口令文件就需要绕过标准的文件权限检查。从表 39-1 中列出的能力可以看出相应的能力应该是 CAP_DAC_READ_SEARCH。程序清单 39-1 给出了修改过的口令校验程序。这个程序在正好需要访问影像口令文件之前使用了 libcap API 来在其有效能力集中提升 CAP_DAC_READ_SEARCH，然后在访问文件之后立即删除了这个能力。为了让非特权用户能够使用这个程序，必须要在文件的许可能力集中设置这个能力，如下面的 shell 会话所示。

```
$ sudo setcap "cap_dac_read_search=p" check_password_caps
root's password:
$ getcap check_password_caps
check_password_caps = cap_dac_read_search+p
$ ./check_password_caps
Username: mtk
Password:
Successfully authenticated: UID=1000
```

程序清单 39-1：使用能力来验证用户的程序

―― cap/check_password_caps.c
```
#define _BSD_SOURCE          /* Get getpass() declaration from <unistd.h> */
#define _XOPEN_SOURCE         /* Get crypt() declaration from <unistd.h> */
#include <sys/capability.h>
#include <unistd.h>
#include <limits.h>
#include <pwd.h>
#include <shadow.h>
#include "tlpi_hdr.h"

/* Change setting of capability in caller's effective capabilities */

static int
modifyCap(int capability, int setting)
```

```
{
    cap_t caps;
    cap_value_t capList[1];

    /* Retrieve caller's current capabilities */

    caps = cap_get_proc();
    if (caps == NULL)
        return -1;

    /* Change setting of 'capability' in the effective set of 'caps'. The
       third argument, 1, is the number of items in the array 'capList'. */

    capList[0] = capability;
    if (cap_set_flag(caps, CAP_EFFECTIVE, 1, capList, setting) == -1) {
        cap_free(caps);
        return -1;
    }

    /* Push modified capability sets back to kernel, to change
       caller's capabilities */

    if (cap_set_proc(caps) == -1) {
        cap_free(caps);
        return -1;
    }

    /* Free the structure that was allocated by libcap */

    if (cap_free(caps) == -1)
        return -1;

    return 0;
}

static int                 /* Raise capability in caller's effective set */
raiseCap(int capability)
{
    return modifyCap(capability, CAP_SET);
}

/* An analogous dropCap() (unneeded in this program), could be
   defined as: modifyCap(capability, CAP_CLEAR); */

static int                 /* Drop all capabilities from all sets */
dropAllCaps(void)
{
    cap_t empty;
    int s;

    empty = cap_init();
    if (empty == NULL)
        return -1;

    s = cap_set_proc(empty);
    if (cap_free(empty) == -1)
        return -1;

    return s;
```

```
}

int
main(int argc, char *argv[])
{
    char *username, *password, *encrypted, *p;
    struct passwd *pwd;
    struct spwd *spwd;
    Boolean authOk;
    size_t len;
    long lnmax;

    lnmax = sysconf(_SC_LOGIN_NAME_MAX);
    if (lnmax == -1)                        /* If limit is indeterminate */
        lnmax = 256;                        /* make a guess */

    username = malloc(lnmax);
    if (username == NULL)
        errExit("malloc");

    printf("Username: ");
    fflush(stdout);
    if (fgets(username, lnmax, stdin) == NULL)
        exit(EXIT_FAILURE);                 /* Exit on EOF */

    len = strlen(username);
    if (username[len - 1] == '\n')
        username[len - 1] = '\0';           /* Remove trailing '\n' */

    pwd = getpwnam(username);
    if (pwd == NULL)
        fatal("couldn't get password record");

    /* Only raise CAP_DAC_READ_SEARCH for as long as we need it */

    if (raiseCap(CAP_DAC_READ_SEARCH) == -1)
        fatal("raiseCap() failed");

    spwd = getspnam(username);
    if (spwd == NULL && errno == EACCES)
        fatal("no permission to read shadow password file");

    /* At this point, we won't need any more capabilities,
       so drop all capabilities from all sets */

    if (dropAllCaps() == -1)
        fatal("dropAllCaps() failed");

    if (spwd != NULL)                  /* If there is a shadow password record */
        pwd->pw_passwd = spwd->sp_pwdp;     /* Use the shadow password */
    password = getpass("Password: ");

    /* Encrypt password and erase cleartext version immediately */

    encrypted = crypt(password, pwd->pw_passwd);
    for (p = password; *p != '\0'; )
        *p++ = '\0';
```

```
    if (encrypted == NULL)
        errExit("crypt");

    authOk = strcmp(encrypted, pwd->pw_passwd) == 0;
    if (!authOk) {
        printf("Incorrect password\n");
        exit(EXIT_FAILURE);
    }

    printf("Successfully authenticated: UID=%ld\n", (long) pwd->pw_uid);

    /* Now do authenticated work... */

    exit(EXIT_SUCCESS);
}
```

―――――――――――――――――――――――――――――――――――――― *cap/check_password_caps.c*

39.8 创建仅包含能力的环境

在前面几页中介绍了在能力方面对用户 ID 为 0（root）的进程进行特殊处理的各种方式。

- 当一个或多个用户 ID 等于 0 的进程将其所有的用户 ID 设置为非 0 值时，进程的许可和有效能力集会被清除。（参见 39.6 节）。

- 当有效用户 ID 为 0 的进程将用户 ID 修改为非 0 值时会失去其有效能力。当做方向相反的变动时，许可能力集会被复制到有效集中。当进程的文件系统 ID 在 0 和非 0 值之间切换时会对能力子集执行一个类似的步骤。

- 当真实或有效用户 ID 为 root 的进程执行了一个程序或任意进程执行了一个 set-user-ID-root 程序，那么文件的可继承和许可集会被定义成包含所有能力。如果进程的有效用户 ID 为 0 或者它正在执行一个 set-user-ID-root 程序，那么文件的有效位被定义成 1。（参见 39.5.2 节）在通常情况下（即真实和有效用户 ID 都是 root 或正在执行一个 set-user-ID-root 程序），这表示进程的许可和有效集中包含了所有能力。

在一个完全基于能力的系统中，内核无需对 root 用户执行这些特殊的处理，因为不存在 set-user-ID-root 程序并且只会使用文件能力赋给程序执行所需的最小能力。

由于既有应用程序不会使用文件能力基础架构，因此内核必须要维持对用户 ID 为 0 的进程的传统处理，但可以要求应用程序在一个完全基于能力的环境中运行，在这样的环境中，不会对 root 做上述的特殊处理。从 2.6.26 的内核开始，当在内核中启用了文件能力时，Linux 会提供 securebits 机制，它可以控制一组进程级别的标记，通过这组标记可以分别启用或禁用前面针对 root 的三种特殊处理中的各种特殊处理。（更准确地讲，securebits 标记实际上是一个线程级别的特性。）

securebits 机制控制着表 39-2 中列出的标记，每个标记由一对相关的 base 标记和相应的 locked 标记表示。每个 base 标记控制上面描述的针对 root 的一种特殊处理。设置相应的 locked 标记是一个一次性操作，用于防止对相关联的 base 标记的后续变更——一旦设置之后就无法重置 locked 标记了。

表 39-2：securebits 标记

标 记	设置之后的含义
SECBIT_KEEP_CAPS	当一个或多个用户 ID 为 0 的进程将其所有的用户 ID 设置为非 0 值时不要删除许可权限。只有在没有设置 SECBIT_NO_SETUID_FIXUP 标记的情况下这个标记才会起作用。在 exec() 中这个标记会被清除
SECBIT_NO_SETUID_FIXUP	当有效或文件系统用户 ID 在 0 和非 0 之间切换时不要改变能力
SECBIT_NOROOT	在一个真实或有效用户 ID 为 0 的进程调用了 exec() 或执行了一个 set-user-ID-root 程序时不要赋予其能力（除非可执行文件拥有文件能力）
SECBIT_KEEP_CAPS_LOCKED	锁住 SECBIT_KEEP_CAPS
SECBIT_NO_SETUID_FIXUP_LOCKED	锁住 SECBIT_NO_SETUID_FIXUP
SECBIT_NOROOT_LOCKED	锁住 SECBIT_NOROOT

fork() 创建子进程会继承 securebits 标记设置。在调用 exec() 期间，除 SECBIT_KEEP_CAPS 之外的所有标记设置都会得到保留，之所以清除 SECBIT_KEEP_CAPS 标记是为了与下面描述的 PR_SET_KEEPCAPS 设置保持兼容。

进程可以使用 prctl() PR_GET_SECUREBITS 操作来获取 securebits 标记。一个进程如果拥有 CAP_SETPCAP 能力，那么它就可以使用 prctl() PR_SET_SECUREBITS 操作修改 securebits 标记。一个完全基于能力的应用程序能够使用下面的调用不可逆地禁用调用进程及其所有子孙进程对 root 用户的特殊处理。

```
if (prctl(PR_SET_SECUREBITS,
        /* SECBIT_KEEP_CAPS off */
        SECBIT_NO_SETUID_FIXUP | SECBIT_NO_SETUID_FIXUP_LOCKED |
        SECBIT_NOROOT | SECBIT_NOROOT_LOCKED)
    == -1)
    errExit("prctl");
```

在执行完这个调用之后，这个进程及其所有子孙进程获取能力的唯一方式是执行拥有文件能力的程序。

SECBIT_KEEP_CAPS 和 prctl() PR_SET_KEEPCAPS 操作

SECBIT_KEEP_CAPS 标记能够防止能力在一个或多个用户 ID 为 0 的进程将其所有的用户 ID 值设置为非 0 值时被删除。粗略地讲，SECBIT_KEEP_CAPS 提供了 SECBIT_NO_SETUID_FIXUP 标记的一半功能。（从表 39-2 中可以看出，只有在 SECBIT_NO_SETUID_FIXUP 没有被设置的情况下，SECBIT_KEEP_CAPS 才会起作用。）这个标记的存在是为了提供一个实现更古老的 prctl() PR_SET_KEEPCAPS 操作的 securebits 标记，它控制着同样的特性。（这两种机制之间的一个差别是进程在使用 prctl() PR_SET_KEEPCAPS 操作时无需具备 CAP_SETPCAP 能力。）

之前曾经提过在 exec() 调用期间会保持除 SECBIT_KEEP_CAPS 之外的所有 securebits 标记。对 SECBIT_KEEP_CAPS 位的设置与其他 securebits 设置相反是为了与通过 prctl() PR_SET_KEEPCAPS 操作设置的对特性的处理保持一致。

prctl() PR_SET_KEEPCAPS 操作由运行于老式的不支持文件能力的内核上的 set-user-ID-root 程序使用。此类程序可以通过在程序中删除能力并在需要的时候提升能力（参见 39.10 节）来提高安全性。

即使此类 set-user-ID-root 程序删除了除所需的权限之外的所有其他权限，它仍然会保留两个重要的权限：访问由 root 用户拥有的文件的权限以及通过执行程序重新获取能力的权限（参见 39.5.2 节）。永久删除这些权限的唯一方式是将进程的所有用户 ID 值设置为非 0 值，但这样做通常会导致清除许可和有效能力集（参见 39.6 节中有关用户 ID 的变动对能力造成的四点影响）。这就产生了矛盾，即在保持一些能力的同时永久地删除用户 ID 0。为了允许这样的情况发生，可以使用 prctl() PR_SET_KEEPCAPS 操作来设置进程特性以防止在所有的用户 ID 变成非 0 值时许可能力集被清除。（在这种情况下总是会清除进程的有效能力集，不管是否设置了"keep capabilities"特性。）

39.9 发现程序所需的能力

假设现在有一个对能力一无所知的程序并且只有这个程序的二进制文件，或者假设程序的代码太多了以至于无法很容易地确定运行这个程序需要具备那些能力。如果这个程序需要特权，但又不是一个 set-user-ID-root 程序，那么如何确定将哪些许可能力使用 setcap(8) 赋给这个可执行文件呢？解答这个问题的答案有两个。

- 使用 strace(1)（附录 A）检查哪个系统调用的错误号是 EPERM，因为这个错误号是用来标示缺乏所需的能力的。通过查阅系统调用的手册或内核的源代码可以推断出程序需要哪些能力。但这个方法不是很完美，因为偶尔会因为其他原因而引起 EPERM 错误，其中一些原因与程序缺乏相应的能力这个问题毫无关系。此外，程序可能会正常调用一个需要权限的系统调用，然后在确定没有权限执行某个特定操作之后改变自身的行为。而有些时候在试图确定一个可执行文件实际所需的能力时是难以区分这种"积极响应错误"的情况的。

- 使用一个内核探针在内核被要求执行能力检查时产生监控输出。[Hallyn, 2007]（由其中一个文件能力模块的开发者撰写的一篇文章）提供了如何完成这个任务的一个示例。对于每个能力检查请求，文章中所指的探针都会记录被调用的内核函数、被请求的能力以及请求程序的名称。虽然这个方法比使用 strace(1) 需要做更多的工作，但它有助于更加精确地确定一个程序所需的能力。

39.10 不具备文件能力的老式内核和系统

本节将介绍之前各种版本的内核中有关能力实现方面的差异以及碰到不支持文件能力的内核时所发生的行为差异。Linux 在下面两个场景中是不支持文件能力的。

- 在 Linux 2.6.24 之前的版本中没有实现文件能力。
- 自 Linux 2.6.24 起，当在构建内核时不指定 CONFIG_SECURITY_FILE_CAPABILITIES 选项时文件能力将会被禁用。

虽然从 2.2 内核开始，Linux 就已经引入了能力并允许将能力附加到进程中，但文件能力的实现则推后了好几年。之所以未实现文件能力的原因不是因为技术上的困难，而是因为政策的原因。（第 16 章介绍的扩展特性被用来实现文件能力，但它直到 2.6 内核才可用。）大部分内核开发人员要求系统管理员为各个特权程序分别设置和监控能力集的意见会使得管理任务变得复杂和难以管理——虽然有些意见是合理的，但很难做到。相反，系统管理员对于现有的 UNIX 权限模型比较熟悉，他们知道如何小心处理 set-user-ID 程序并且能够使用简单的 find 命令找出系统中的 set-user-ID 和 set-group-ID 程序。不过，文件能力模块的开发人员使得文件能力的应用在管理上变得可行，最终为将文件能力集成进内核提供了足够的令人信服的论据。

CAP_SETPCAP 能力

在不支持文件能力的内核中（即所有 2.6.24 之前的内核以及自 2.6.24 起文件能力被禁用的内核），CAP_SETPCAP 能力的语义是不同的。根据与 39.7 节中描述的规则类似的规则，从理论上来讲，一个在有效集中包含 CAP_SETPCAP 能力的进程能够修改除自身之外的其他进程的能力。换句话说，可以修改另一个进程的能力、指定进程组中所有成员的能力以及系统中除 init 和调用者本身之外的所有进程的能力。之所以将 init 排除在外是因为它对于系统的运作起着基础性的作用。之所以还将调用者本身排除在外是因为调用者可能会试图删除系统中其他进程的能力，但这里并不希望调用进程能删除自己的能力。

修改其他进程的能力只是在理论上可行，在较早的内核以及禁用了文件能力的现代内核中，能力边界集（稍后讨论）总是会隐藏掉 CAP_SETPCAP 能力。

能力边界集

自 Linux 2.6.25 起，能力边界集就是一个进程级的特性了。但在较早的内核中，能力边界集是一个系统级别的特性，它会影响系统中的所有进程。在初始化系统级别的能力边界集时总是会隐藏 CAP_SETPCAP（参见前面的介绍）。

在 2.6.25 之后的内核中，只有当在内核中启用了文件能力时才支持从各个进程的边界集中删除能力。在那种情况下，所有进程的祖先进程 init 在启动的时候会包含所有的能力，系统中所有其他进程会继承该边界集的一个副本。如果文件能力被禁用了，那么由于上面描述的 CAP_SETPCAP 能力的语义存在差别，因此 init 在启动的时候会包含除 CAP_SETPCAP 之外的所有能力。

在 Linux 2.6.25 中对能力边界集的语义还做了另一个变更。在之前（39.5.1 节）曾经提过，在 Linux 2.6.25 以及之后的版本中，各个进程的能力边界集是作为能够被添加到进程的可继承集中的能力的一个受限超集来处理的。在 Linux 2.6.24 以及之前的版本中，系统级别的能力边界集并没有这种掩码效果（不需要这种效果，因为这些内核不支持文件能力）。

通过 Linux 特有的/proc/sys/kernel/cap-bound 文件能够访问系统级别的能力边界集。进程必须要具备 CAP_SYS_MODULE 能力才能修改 cap-bound 文件的内容。但只有 init 进程才能够开启这个掩码中的位，其他特权进程只能关闭掩码中的位。这些限制的结果就是在不支持文件能力的系统上永远都无法将 CAP_SETPCAP 能力赋给进程。这种做法是合理的，因为这个能力可以用来破坏整个内核权限检查系统。（当需要修改这个限制时必须要加载一个修改集合中的值的内核模块并修改 init 程序的源代码或者在内核源代码中修改能力边界集的初始化过程并重建内核。）

令人迷惑的是，虽然是一个位掩码，但在 cap-bound 文件中系统级别的掩码值显示为一个带符号的十进制数字。如文件中的初始值是-257，它是除(1 << 8)之外所有位都被开启的位掩码的二的补码表示（即二进制格式为 11111111 11111111 11111110 11111111）；CAP_SETPCAP 的值为 8。

在运行于无文件能力的系统上的程序中使用能力

即使在不支持文件能力的系统上仍然可以使用能力来提升程序的安全性。这是通过下列步骤来完成的。

1. 在一个有效用户 ID 为 0 的进程中运行这个程序（通常是一个 set-user-ID-root 程序）。此类进程的许可和有效能力集中包含了所有的能力（前面提过，除了 CAP_SETPCAP 能力）。

2. 在程序启动的时候使用 libcap API 删除有效集中的所有能力和许可集中除后面会用到的能力之外的其他所有能力。

3. 设置 SECBIT_KEEP_CAPS 标记（或使用 prctl() PR_SET_KEEPCAPS 操作达到同样的效果），这样在下一步中就不会删除能力了。

4. 将所有用户 ID 设为非 0 值以防止进程访问由 root 拥有的文件或在 exec()中获取能力。

如果需要防止进程在 exec()中重新获取权限但同时要允许它访问由 root 拥有的文件的话则可以使用 SECBIT_NOROOT 标记这一步来取代前面的两步。（当然，允许进程访问由 root 拥有的文件为一些安全性风险打开了大门。）

5. 在程序的后续生命周期中根据需要使用 libcap API 在有效集中提升或删除剩余的许可能力以便执行特权任务。

一些基于 2.6.24 之前的 Linux 内核的应用程序采用了这种方法。

在所有反对为可执行文件实现能力的内核开发者所提出的反对理由中，反对使用正文中所描述的方法的最充分的理由之一是应用程序的开发人员通常知道可执行程序需要用到哪些能力，而系统管理员可能无法轻易地确定此类信息。

39.11 总结

Linux 能力模型将特权操作划分成不同的种类并允许一个进程在被授予一些能力的同时被禁止使用其他能力。这个模型对传统的一个进程要么拥有权限执行所有的操作（用户 ID 为 0）或没有权限（用户 ID 非 0）执行操作的 all-or-nothing 权限机制进行了优化。自 2.6.24 内核起，Linux 支持将能力附加到文件上，这样进程可以通过执行程序来获取所选中的能力。

39.12 习题

39-1. 修改程序清单 35-2 中的程序（sched_set.c）使它使用文件能力，这样非特权用户就也能使用这个程序了。

第40章

登录记账

登录记账关注的是哪些用户当前登录进了系统以及记录过去的登录和登出行为。本章将介绍登录记账文件以及用来获取和更新这些文件中所包含的信息的库函数。此外，本章还将介绍提供登录服务的应用程序应该采取的措施以便在用户登录和登出时更新这些文件。

40.1　utmp 和 wtmp 文件概述

UNIX 系统维护着两个包含与用户登录和登出系统有关的信息的数据文件。

- utmp 文件维护着当前登录进系统的用户记录（以及其他一些信息，稍后将会介绍）。每一个用户登录进系统时都会向 utmp 文件写入一条记录。在这条记录中包含一个 ut_user 字段，它记录着用户的登录名。当用户登出的时候该条记录会被删除。像 who(1)之类的程序会使用 utmp 文件中的信息来显示当前登录进系统的用户列表。

- wtmp 文件包含着所有用户登录和登出行为的留痕信息以供审计之用（以及其他一些信息，稍后将会介绍）。每一个用户登录进系统时，写入 utmp 文件中的记录同时会被附加到 wtmp 文件中。当用户登出系统的时候还会向这个文件附加一条记录。这条记录包含的信息与登录记录相同，但 ut_user 字段会被置零。last(1)命令可以用来显示和过滤 wtmp 文件中的内容。

在 Linux 上，utmp 文件位于/var/run/utmp，wtmp 文件位于/var/log/wtmp。一般来讲，应用程序无需知道这些路径名，因为这些路径名是编译进 glibc 的。需要引用这些文件的存储位置的程序应该使用在<paths.h> (and <utmpx.h>)中定义的_PATH_UTMP 和_PATH_WTM 路径名常量，而不是在代码中硬编码路径名。

> SUSv3 并没有为 utmp 和 wtmp 文件的路径名提供标准化的符号名。Linux 和 BSD 使用了_PATH_UTMP 和_PATH_WTMP。而其他很多 UNIX 实现定义了 UTMP_FILE 和 WTMP_FILE 常量来表示这两个路径名。Linux 还在<utmp.h>中定义了这些名词，但并没有在<utmpx.h>和<paths.h>中对它们进行定义。

40.2　utmpx API

utmp 和 wtmp 文件很早就出现在了 UNIX 系统上了，但随着系统的演化，不同 UNIX 实现之间的分歧开始出现了，特别是 BSD 与 System V 之间的差别。System V Release 4 对 API 进行了大量的扩展，包括创建了一个全新的（并行的）utmpx 结构以及相关的 utmpx 和 wtmpx 文件。同样，处理这些新文件的函数名以及相关的头文件名中也包含了字母 x。很多其他 UNIX 实现也在 API 中增加了自己的扩展。

本章将介绍 Linux utmpx API，它是 BSD 和 System V 实现的一个混合体。Linux 并没有像 System V 那样创建并行的 utmpx 和 wtmpx 文件，相反，utmp 和 wtmp 文件包含了所有所需的信息。但为了与其他 UNIX 实现保持兼容，Linux 提供了传统的 utmp 和从 System V 演化而来的 utmpx API 来访问这些文件的内容。在 Linux 上，这两组 API 返回的信息是完全一样的。（这两组 API 之间的差别之一是 utmp API 中的一些函数是可重入的，而 utmpx 中的函数是不可重入的。）由于 SUSv3 规定了 utmpx API，因此从与其他 UNIX 实现保持可移植的角度出发，本章将介绍 utmpx 接口。

SUSv3 规范并没有覆盖到 utmpx API 的方方面面（如并没有规定 utmp 和 wtmp 文件的存放位置）。不同实现上的登录记账文件中包含的内容稍微存在一些差异，并且各种实现都提供了额外的登录记账函数，而 SUSv3 并没有对这些函数予以定义。

> [Frisch, 2002]中的第 17 章对不同 UNIX 实现中 wtmp 和 utmp 文件在存放位置和使用方面的差异进行了总结。此外还介绍了 ac(1)命令的用法，这条命令可以用来对 wtmp 文件中的登录信息进行总结。

40.3　utmpx 结构

utmp 和 wtmp 文件包含 utmpx 记录。utmpx 结构式在<utmpx.h>中定义的，如程序清单 40-1 所示。

> SUSv3 规范中的 utmpx 结构不包含 ut_host、ut_exit、ut_session 以及 ut_addr_v6 字段。在其他大多数实现中都存在 ut_host 和 ut_exit 字段；一些实现上还定义了 ut_session 字段；ut_addr_v6 是 Linux 特有的字段。SUSv3 规定了 ut_line 和 ut_user 字段，但并没有规定它们的长度。
>
> 在 utmpx 结构中 ut_addr_v6 字段的数据类型是 int32_t，它是一个 32 位的整数。

程序清单 40-1：utmpx 结构的定义

```
#define _GNU_SOURCE          /* Without _GNU_SOURCE the two field
struct exit_status {            names below are prepended by "__" */
    short e_termination;     /* Process termination status (signal) */
    short e_exit;            /* Process exit status */
};

#define __UT_LINESIZE    32
```

```
#define __UT_NAMESIZE    32
#define __UT_HOSTSIZE    256

struct utmpx {
    short ut_type;                   /* Type of record */
    pid_t ut_pid;                    /* PID of login process */
    char  ut_line[__UT_LINESIZE];    /* Terminal device name */
    char  ut_id[4];                  /* Suffix from terminal name, or
                                        ID field from inittab(5) */
    char  ut_user[__UT_NAMESIZE];    /* Username */
    char  ut_host[__UT_HOSTSIZE];    /* Hostname for remote login, or kernel
                                        version for run-level messages */
    struct exit_status ut_exit;      /* Exit status of process marked
                                        as DEAD_PROCESS (not filled
                                        in by init(8) on Linux) */
    long  ut_session;                /* Session ID */
    struct timeval ut_tv;            /* Time when entry was made */
    int32_t ut_addr_v6[4];           /* IP address of remote host (IPv4
                                        address uses just ut_addr_v6[0],
                                        with other elements set to 0) */
    char __unused[20];               /* Reserved for future use */
};
```

utmpx 结构中的所有字符串字段都以 null 结尾，除非值完全填满了相应的数组。

对于登录进程来讲，存储在 ut_line 和 ut_id 字段中的信息是从终端设备的名称中得出的。ut_line 字段包含了终端设备的完整的文件名。ut_id 字段包含了文件名的后缀——跟在 tty、pts 或 pty 后面的字符串（后两个分别表示 System-V 和 BSD 风格的伪终端）。因此，对于/dev/tty2 终端来讲，ut_line 的值为 tty2，ut_id 的值为 2。

在窗口环境中，一些终端模拟器使用 ut_session 字段来为终端窗口记录会话 ID（有关会话 ID 的介绍请参考 34.3 节）。

ut_type 字段是一个整数，它定义了写入文件的记录类型，其取值为下面一组常量中的一个（括号中给出了相应的数值）。

EMPTY (0)

这个记录不包含有效的记账信息。

RUN_LVL (1)

这个记录表明在系统启动或关闭时系统运行级别发生了变化。（有关运行级别的信息可以在 init(8)手册中找到。）要在<utmpx.h>中取得这个常量的定义就必须要定义_GNU_SOURCE 特性测试宏。

BOOT_TIME (2)

这个记录包含 ut_tv 字段中的系统启动时间。写入 RUN_LVL 和 BOOT_TIME 字段的进程通常是 init。这些记录会同时被写入 utmp 和 wtmp 文件。

NEW_TIME (3)

这个记录包含系统时钟变更之后的新时间，记录在 ut_tv 字段中。

OLD_TIME (4)

这个记录包含系统时钟变更之前的旧时间，记录在 ut_tv 字段中。当系统时钟发生变更时，

NTP daemon（或类似的进程）会将类型为 OLD_TIME 和 NEW_TIME 的记录写入到 utmp 和 wtmp 文件中。

INIT_PROCESS (5)

记录由 init 进程孵化的进程，如 getty 进程，细节信息请参考 inittab(5)手册。

LOGIN_PROCESS (6)

记录用户登录会话组长进程，如 login(1)进程。

USER_PROCESS (7)

记录用户进程，通常是登录会话，用户名会出现在 ut_user 字段中。登录会话可能是由 login(1)启动，或者也可能是由像 ftp 和 ssh 之类的提供远程登录工具的应用程序启动。

DEAD_PROCESS (8)

这个记录标识出已经退出的进程。

这里之所以给出了这些常量的数值是因为很多应用程序都要求这些常量的数值顺序与上面列出的顺序一致。如在 agetty 程序的源代码中可以发现下面这样的检查。

```
utp->ut_type >= INIT_PROCESS && utp->ut_type <= DEAD_PROCESS
```

类型为 INIT_PROCESS 通常对应于 getty(8)调用（或类似的程序，如 agetty(8)和 mingetty(8)）。在系统启动的时候，init 进程会为每个命令行和虚拟控制台创建一个子进程，每个子进程会执行 getty 程序。getty 程序会打开终端，提示用户输入用户名，然后执行 login(1)。当成功验证用户以及执行了其他一些动作之后，login 会创建一个子进程来执行用户登录 shell。这种登录会话的完整声明周期由写入 wtmp 文件的四个记录来表示，其顺序如下所示。

- 一个 INIT_PROCESS 记录，由 init 写入。
- 一个 LOGIN_PROCES 记录，由 getty 写入。
- 一个 USER_PROCESS 记录，由 login 写入。
- 一个 DEAD_PROCESS 记录，当 init 进程检测到 login 子进程死亡之后（发生在用户登出时）写入。

更多有关在用户登录期间 getty 和 login 的操作的细节可以在[Stevens & Rago, 2005]的第 9 章中找到。

> 一些版本的 init 会在更新 wtmp 文件之前孵化出 getty 进程，这样 init 和 getty 会在更新 wtmp 文件时形成竞争，从而导致 INIT_PROCESS 和 LOGIN_PROCESS 记录的写入顺序与正文中描述的顺序相反。

40.4 从 utmp 和 wtmp 文件中检索信息

本节介绍的函数能从包含 utmpx 格式记录的文件中获取读取信息。在默认情况下，这些函数使用标准的 utmp 文件，但使用 utmpxname()函数（稍后介绍）能够改变读取的文件。

这些函数都使用了当前位置（current location）的概念，它们会从文件中的当前位置来读取记录，每个函数都会更新这个位置。

setutxent()函数会将 utmp 文件的当前位置设置到文件的起始位置。

```
#include <utmpx.h>

void setutxent(void);
```

通常，在使用任意 getutx*()函数（稍后介绍）之前应该调用 setutxent()，这样就能避免因程序中已经调用到的第三方函数在之前用过这些函数而产生的混淆。根据所执行的任务的不同，在程序后面合适的地方可能需要调用 setutxent()。

当 utmp 文件没有被打开时，setutxent()函数和 getutx*()函数会打开这个文件。当用完这个文件之后可以使用 endutxent()函数来关闭这个文件。

```
#include <utmpx.h>

void endutxent(void);
```

getutxent()、getutxid()和 getutxline()函数从 utmp 文件中读取一个记录并返回一个指向 utmpx 结构（静态分配）的指针。

```
#include <utmpx.h>

struct utmpx *getutxent(void);
struct utmpx *getutxid(const struct utmpx *ut);
struct utmpx *getutxline(const struct utmpx *ut);
```
*All return a pointer to a statically allocated utmpx structure,
or NULL if no matching record or EOF was encountered*

getutxent()函数顺序读取 utmp 文件中的下一个记录。getutxid()和 getutxline()函数会从当前文件位置开始搜索与 ut 参数指向的 utmpx 结构中指定的标准匹配的一个记录。

getutxid()函数根据 ut 参数中 ut_type 和 ut_id 字段的值在 utmp 文件中搜索一个记录。

- 如果 ut_type 字段是 RUN_LVL、BOOT_TIME、NEW_TIME 或 OLD_TIME，那么 getutxid()会找出下一个 ut_type 字段与指定的值匹配的记录。（这种类型的记录与用户登录不相关。）这样就能够搜索与修改系统时间和运行级别相关的记录了。
- 如果 ut_type 字段的取值是剩余的有效值中的一个（INIT_PROCESS、LOGIN_PROCESS、USER_PROCESS 或 DEAD_PROCESS），那么 getutxent()会找出下一个 ut_type 字段与这些值中的任意一个匹配并且 ut_id 字段与 ut 参数中指定的值匹配的记录。这样就能够扫描文件来找出对应于某个特定终端的记录了。

getutxline()函数会向前搜索 ut_type 字段为 LOGIN_PROCESS 或 USER_PROCESS 并且 ut_line 字段与 ut 参数指定的值匹配的记录。这对于找出与用户登录相关的记录是非常有用的。

当搜索失败时（即达到文件尾时还没有找到匹配的记录），getutxid()和 getutxline()都返回 NULL。

在一些 UNIX 实现上，getutxline()和 getutxid()将用于返回 utmpx 结构的静态区域看成是某种高速缓冲存储（cache）。如果它们确定上一个 getutx*()调用放置在高速缓冲存储中的记录与 ut 指定的标准匹配，那么就不会执行文件读取操作，而是简单地再次返回同样的记录（SUSv3 允许这个行为）。因此为避免当在循环中调用 getutxline()和 getutxid()时重复返回同一个记录，必须要使用下面的代码清除这个静态数据结构。

```
struct utmpx *res = NULL;

/* Other code omitted */

if (res != NULL)              /* If 'res' was set via a previous call */
    memset(res, 0, sizeof(struct utmpx));
res = getutxline(&ut);
```

glibc 实现不会进行这样的缓存，但从可移植性的角度出发，在编写程序时永远不要使用这种技术。

> 由于 getutx*()函数返回的是一个指向静态分配的结构的指针，因此它们是不可重入的。GNU C 库提供了传统的 utmp 函数的可重入版本（getutent_r()、getutid_r()以及 getutline_r()），但并没有为 utmpx 函数提供可重入版本。（SUSv3 并没有规定可重入版本。）

在默认情况下，所有 getutx*()函数都使用标准的 utmp 文件。如果需要使用另一个文件，如 wtmp 文件，那么必须要首先调用 utmpxname()并指定目标路径名。

```
#define _GNU_SOURCE
#include <utmpx.h>

int utmpxname(const char *file);
```
                                        Returns 0 on success, or –1 on error

utmpxname()函数仅仅将传入的路径名复制一份，它不会打开文件，但会关闭之前由其他调用打开的所有文件。这表示就算指定了一个无效的路径名，utmpxname()也不会返回错误。相反，当后面调用某个 getutx*()函数发现无法打开文件时会返回一个错误（即 NULL，errno 被设为 ENOENT）。

> 虽然 SUSv3 并没有对此进行规定，但大多数 UNIX 实现提供了 utmpxname()或类似的 utmpname()函数。

示例程序

程序清单 40-2 中的程序使用了本节中介绍的一些函数来输出一个 utmpx 格式文件的内容。下面的 shell 会话日志给出了使用这个程序输出/var/run/utmp（当没有调用 utmpxname()时这些函数会默认使用该文件）的内容时得到的结果。

```
$ ./dump_utmpx
user      type        PID line    id  host      date/time
LOGIN     LOGIN_PR   1761 tty1    1             Sat Oct 23 09:29:37 2010
LOGIN     LOGIN_PR   1762 tty2    2             Sat Oct 23 09:29:37 2010
lynley    USER_PR   10482 tty3    3             Sat Oct 23 10:19:43 2010
david     USER_PR    9664 tty4    4             Sat Oct 23 10:07:50 2010
liz       USER_PR    1985 tty5    5             Sat Oct 23 10:50:12 2010
mtk       USER_PR   10111 pts/0   /0            Sat Oct 23 09:30:57 2010
```

限于篇幅，这里将程序的很多输出都省去了。上面 tty1 到 tty5 是表示虚拟控制台上的登录（/dev/tty[1-6]）。输出中的最后一行表示伪终端上的 xterm 会话。

从下面输出/var/log/wtmp 文件时所产生的结果可以看出当一个用户登录和登出时会向 wtmp 文件写入两个记录。（程序的其他不相关的所有输出都被省去了。）在顺序搜索 wtmp 文件（使用 getutxline()）时可以使用 ut_line 来匹配这些记录。

```
$ ./dump_utmpx /var/log/wtmp
user     type       PID line   id  host       date/time
lynley   USER_PR    10482 tty3  3              Sat Oct 23 10:19:43 2010
         DEAD_PR    10482 tty3  3   2.4.20-4G Sat Oct 23 10:32:54 2010
```

程序清单 40-2：显示一个 utmpx 格式文件的内容

――― loginacct/dump_utmpx.c

```c
#define _GNU_SOURCE
#include <time.h>
#include <utmpx.h>
#include <paths.h>
#include "tlpi_hdr.h"

int
main(int argc, char *argv[])
{
    struct utmpx *ut;

    if (argc > 1 && strcmp(argv[1], "--help") == 0)
        usageErr("%s [utmp-pathname]\n", argv[0]);

    if (argc > 1)                  /* Use alternate file if supplied */
        if (utmpxname(argv[1]) == -1)
            errExit("utmpxname");

    setutxent();

    printf("user     type        PID line   id  host       date/time\n");

    while ((ut = getutxent()) != NULL) {       /* Sequential scan to EOF */
        printf("%-8s ", ut->ut_user);
        printf("%-9.9s ",
                (ut->ut_type == EMPTY) ?          "EMPTY" :
                (ut->ut_type == RUN_LVL) ?        "RUN_LVL" :
                (ut->ut_type == BOOT_TIME) ?      "BOOT_TIME" :
                (ut->ut_type == NEW_TIME) ?       "NEW_TIME" :
                (ut->ut_type == OLD_TIME) ?       "OLD_TIME" :
                (ut->ut_type == INIT_PROCESS) ?   "INIT_PR" :
                (ut->ut_type == LOGIN_PROCESS) ?  "LOGIN_PR" :
                (ut->ut_type == USER_PROCESS) ?   "USER_PR" :
                (ut->ut_type == DEAD_PROCESS) ?   "DEAD_PR" : "???");
        printf("%5ld %-6.6s %-3.5s %-9.9s ", (long) ut->ut_pid,
                ut->ut_line, ut->ut_id, ut->ut_host);
        printf("%s", ctime((time_t *) &(ut->ut_tv.tv_sec)));
    }

    endutxent();
    exit(EXIT_SUCCESS);
}
```

――― loginacct/dump_utmpx.c

40.5　获取登录名称：getlogin()

getlogin()函数返回登录到调用进程的控制终端的用户名，它会使用在 utmp 文件中维护的信息。

```
#include <unistd.h>

char *getlogin(void);
```
                                    Returns pointer to username string, or NULL on error

getlogin()函数会调用 ttyname()（参见 62.10 节）来找出与调用进程的标准输入相关联的终端名，接着它将搜索 utmp 文件以找出 ut_line 值与终端名匹配的记录。如果找到了匹配的记录，那么 getlogin()会返回记录中的 ut_user 字符串。

如果没有找到匹配的记录或者发生了错误，那么 getlogin()会返回 NULL 并设置 errno 来标示错误。getlogin()可能会失败的一个原因是进程没有一个与其标准输入相关联的终端（ENOTTY），这可能是因为进程本身是一个 daemon。另一个可能的原因是终端会话并没有记录在 utmp 文件中，如一些软件终端模拟器不会在 utmp 文件中创建条目。

即使当一个用户 ID 在/etc/passwd 文件中拥有多个登录名时（不常见），getlogin()还是能够返回登录进这个终端的实际用户名，因为它依赖的是 utmp 文件。相反，getpwuid(getuid())总是会返回/etc/passwd 中第一个匹配的记录，不管登录名是什么。

> SUSv3 规定了 getlogin()的一个可重入版本 getlogin_r()，glibc 提供了这个函数。
> LOGNAME 环境变量也可以用来找出用户的登录名。但用户可以改变这个变量的值，这表示无法使用这个变量来安全地识别出一个用户。

40.6 为登录会话更新 utmp 和 wtmp 文件

在编写一个创建登录会话的应用程序（如像 login 或 sshd 那样）时应该要按照下面的步骤更新 utmp 和 wtmp 文件。

- 在登录的时候应该向 utmp 文件写入一条记录表明这个用户登录进系统了。应用程序必须要检查在 utmp 文件中是否存在这个终端的记录。如果已经存在了一个记录，那么它将重写这个记录，否则就在文件后面附加一个新记录。通常调用 pututxline()（稍后介绍）就足以确保正确执行这些步骤了（具体示例可参见程序清单 40-3）。输出的 utmpx 记录至少需要填充 ut_type、ut_user、ut_tv、ut_pid、ut_id 以及 ut_line 字段。ut_type 字段应该被设置成 USER_PROCESS。ut_id 字段应该包含用户登录的设备名（即终端或伪终端）的后缀，ut_line 字段应该包含登录设备的名称中去除了开头的/dev/的字符串。（运行程序清单 40-2 中的程序时产生的输出会显示这两个字段的内容。）一个包含完全一样的信息的记录会被附加到 wtmp 文件中。

> utmp 文件中的记录以终端名（ut_line 和 ut_id 字段）作为唯一键。

- 在登出的时候应该删除之前写入 utmp 文件的记录，这是通过创建一个记录并将 ut_type 设置为 DEAD_PROCESS、同时将 ut_id 和 ut_line 设置为登录时写入的记录中相应字段的值并将 ut_user 字段的值置零来完成的。这个记录会覆盖之前的记录，同时这个记录的一个副本会被附加到 wtmp 文件中。

> 如果在登出时没有成功清理 utmp 中的相关记录，可能因为程序崩溃，那么在下一次重启的时候，init 会自动清理这些记录并将记录的 ut_type 设置为 DEAD_PROCESS 以及将记

录中其他字段置零。

通常 utmp 和 wtmp 文件是受保护的，只有特权用户可以更新这些文件。getlogin() 的精确程度依赖于 utmp 文件的完整性。正因为这个原因以及其他一些原因，在 utmp 和 wtmp 文件的权限设置中应该永远都不允许非特权用户写这两个文件。

哪些程序会产生一个登录会话呢？正如读者所想的那样，通过 login、telnet 以及 ssh 登录会记录在登录记账文件中。大多数 ftp 实现也会创建登录记账记录。但系统上每个打开的终端窗口或调用 su 时会创建登录记账记录吗？这个问题的答案因 UNIX 实现的不同而不同。

> 在一些终端模拟程序（如 xterm）中，可以使用命令行选项以及其他一些机制来确定程序是否更新登录记账文件。

pututxline() 函数会将 ut 指向的 utmpx 结构写入到 /var/run/utmp 文件中（或者如果之前调用了 utmpxname() 的话将是另一个文件）。

```
#include <utmpx.h>

struct utmpx *pututxline(const struct utmpx *ut);
```
Returns pointer to copy of successfully updated record on success,
or NULL on error

在写入记录之前，pututxline() 首先会使用 getutxid() 向前搜索一个可被重写的记录。如果找到了这样的记录，那么会重写该记录，否则就会在文件尾附加一个新记录。在很多情况下，应用程序在调用 pututxline() 之前会调用其中一个 getutx*() 函数，因为这个函数会将当前文件位置设定到正确的记录——即与 getutxid() 系列函数中 ut 指向的 utmpx 结构中的标准匹配的记录。如果 pututxline() 能够确定已经重置过了当前文件位置，那么就不会调用 getutxid()。

> 如果 pututxline() 在内部调用了 getutxid()，那么这个调用不会改变 getutx*() 函数用来返回 utmpx 结构的静态区域。SUSv3 要求实现遵循这种行为。

在更新 wtmp 文件时仅仅是简单地打开文件并在文件尾附加一个记录。由于这是一个标准操作，因此 glibc 将其封装进了 updwtmpx() 函数。

```
#define _GNU_SOURCE
#include <utmpx.h>

void updwtmpx(char *wtmpx_file, struct utmpx *ut);
```

updwtmpx() 函数将 ut 指向的 utmpx 记录附加到 wtmpx_file 指定的文件尾。

SUSv3 没有规定 updwtmpx()，这个函数只出现了一些 UNIX 实现中，而其他实现则提供了相关函数——login(3)、logout(3) 以及 logwtmp(3)——这些函数位于 glibc 中并且手册也对这些函数进行了描述。如果不存在这样的函数，那么就需要自己编写实现相同功能的函数了。（这些函数的实现并不复杂。）

示例程序

程序清单 40-3 使用了这一节中介绍的函数来更新 utmp 和 wtmp 文件。这个程序先执行记录由命令行指定的用户的登录操作所需的对 utmp 和 wtmp 文件的更新，然后睡眠的几秒钟之后再登出用户。通常，此类操作会与用户的登录会话的创建和终止相关联。这个程序使用了 ttyname() 来获取与文件描述符相关联的终端设备的名称，ttyname() 将在第 62.10 节中予以介绍。

下面的 shell 会话日志演示了程序清单 40-3 中的程序的操作。假设程序已经拥有了更新登录记账文件的权限，然后使用这个程序来为用户 mtk 创建一个记录。

```
$ su
Password:
# ./utmpx_login mtk
Creating login entries in utmp and wtmp
        using pid 1471, line pts/7, id /7
Type Control-Z to suspend program
[1]+  Stopped                      ./utmpx_login mtk
```

在 utmpx_login 程序睡眠的过程中输入 Control-Z 以挂起该程序并将其放到后台。接着使用程序清单 40-2 中的程序来查看 utmp 文件中的内容。

```
# ./dump_utmpx /var/run/utmp
user      type        PID line  id  host      date/time
cecilia   USER_PR     249 tty1  1             Fri Feb  1 21:39:07 2008
mtk       USER_PR    1471 pts/7 /7            Fri Feb  1 22:08:06 2008
# who
cecilia   tty1     Feb  1 21:39
mtk       pts/7    Feb  1 22:08
```

上面使用了 who(1) 命令来表明 who 的输出源自 utmp 文件。

接着使用程序来查看 wtmp 文件中的内容。

```
# ./dump_utmpx /var/log/wtmp
user      type        PID line  id  host      date/time
cecilia   USER_PR     249 tty1  1             Fri Feb  1 21:39:07 2008
mtk       USER_PR    1471 pts/7 /7            Fri Feb  1 22:08:06 2008
# last mtk
mtk       pts/7                     Fri Feb  1 22:08   still logged in
```

上面使用了 last(1) 命令来表明 last 的输出源自 wtmp 文件。（限于篇幅，这里给出的 shell 会话日志中 dump_utmpx 和 last 命令输出已经删除了与本节讨论主题无关的内容。）

接着使用 fg 命令将 utmpx_login 程序恢复到前台。程序随后就会将登出记录写入 utmp 和 wtmp 文件。

```
# fg
./utmpx_login mtk
Creating logout entries in utmp and wtmp
```

接着再次查看 utmp 文件中的内容，从中可以看出 utmp 中的记录被重写了。

```
# ./dump_utmpx /var/run/utmp
user      type        PID line  id  host      date/time
cecilia   USER_PR     249 tty1  1             Fri Feb  1 21:39:07 2008
          DEAD_PR    1471 pts/7 /7            Fri Feb  1 22:09:09 2008
# who
cecilia   tty1     Feb  1 21:39
```

输出中的最后一行表明 who 忽略了 DEAD_PROCESS 记录。

在查看 wtmp 文件之后可以看出 wtmp 记录已经被附加进去了。

```
# ./dump_utmpx /var/log/wtmp
user      type          PID line    id  host        date/time
cecilia   USER_PR       249 tty1    1               Fri Feb  1 21:39:07 2008
mtk       USER_PR      1471 pts/7   /7              Fri Feb  1 22:08:06 2008
          DEAD_PR      1471 pts/7   /7              Fri Feb  1 22:09:09 2008
# last mtk
mtk       pts/7                         Fri Feb  1 22:08 - 22:09  (00:01)
```

上面输出中的最后一行表明 last 匹配了 wtmp 文件中的登录和登出记录，从而能看出整个登录会话的开始时间和结束时间。

程序清单 40-3：更新 utmp 和 wtmp 文件

—————————————————————————————— loginacct/utmpx_login.c

```c
#define _GNU_SOURCE
#include <time.h>
#include <utmpx.h>
#include <paths.h>                    /* Definitions of _PATH_UTMP and _PATH_WTMP */
#include "tlpi_hdr.h"
int
main(int argc, char *argv[])
{
    struct utmpx ut;
    char *devName;

    if (argc < 2 || strcmp(argv[1], "--help") == 0)
        usageErr("%s username [sleep-time]\n", argv[0]);

    /* Initialize login record for utmp and wtmp files */

    memset(&ut, 0, sizeof(struct utmpx));
    ut.ut_type = USER_PROCESS;        /* This is a user login */
    strncpy(ut.ut_user, argv[1], sizeof(ut.ut_user));
    if (time((time_t *) &ut.ut_tv.tv_sec) == -1)
        errExit("time");             /* Stamp with current time */
    ut.ut_pid = getpid();

    /* Set ut_line and ut_id based on the terminal associated with
       'stdin'. This code assumes terminals named "/dev/[pt]t[sy]*".
       The "/dev/" dirname is 5 characters; the "[pt]t[sy]" filename
       prefix is 3 characters (making 8 characters in all). */

    devName = ttyname(STDIN_FILENO);
    if (devName == NULL)
        errExit("ttyname");
    if (strlen(devName) <= 8)        /* Should never happen */
        fatal("Terminal name is too short: %s", devName);

    strncpy(ut.ut_line, devName + 5, sizeof(ut.ut_line));
    strncpy(ut.ut_id, devName + 8, sizeof(ut.ut_id));

    printf("Creating login entries in utmp and wtmp\n");
    printf("        using pid %ld, line %.*s, id %.*s\n",
            (long) ut.ut_pid, (int) sizeof(ut.ut_line), ut.ut_line,
            (int) sizeof(ut.ut_id), ut.ut_id);

    setutxent();                      /* Rewind to start of utmp file */
    if (pututxline(&ut) == NULL)      /* Write login record to utmp */
```

```
        errExit("pututxline");
    updwtmpx(_PATH_WTMP, &ut);          /* Append login record to wtmp */

    /* Sleep a while, so we can examine utmp and wtmp files */

    sleep((argc > 2) ? getInt(argv[2], GN_NONNEG, "sleep-time") : 15);

    /* Now do a "logout"; use values from previously initialized 'ut',
       except for changes below */

    ut.ut_type = DEAD_PROCESS;          /* Required for logout record */
    time((time_t *) &ut.ut_tv.tv_sec);  /* Stamp with logout time */
    memset(&ut.ut_user, 0, sizeof(ut.ut_user));
                                        /* Logout record has null username */
    printf("Creating logout entries in utmp and wtmp\n");
    setutxent();                        /* Rewind to start of utmp file */
    if (pututxline(&ut) == NULL)        /* Overwrite previous utmp record */
        errExit("pututxline");
    updwtmpx(_PATH_WTMP, &ut);          /* Append logout record to wtmp */

    endutxent();
    exit(EXIT_SUCCESS);
}
```
────────────────────────────────────── loginacct/utmpx_login.c

40.7   lastlog 文件

lastlog 文件记录着每个用户最近一次登录到系统的时间。（它与 wtmp 文件不同，wtmp 文件记录着所有用户的登录和登出行为。）login 程序通过 lastlog 文件能够通知用户（在新登录会话开始的时候）他们上次登录的时间。提供登录服务的应用程序除了要更新 utmp 和 wtmp 文件之外还应该更新 lastlog 文件。

与 utmp 和 wtmp 文件一样，不同系统实现中 lastlog 文件的存放位置和格式可能会存在差异。（一些 UNIX 实现并没有提供这个文件。）在 Linux 上，这个文件位于/var/log/lastlog，<paths.h>文件中定义的常量_PATH_LASTLOG 指向了这个位置。与 utmp 和 wtmp 文件一样，lastlog 文件通常也是受保护的，这样所有用户都能读取这个文件但只有特权进程才能够更新这个文件。

lastlog 文件中的记录的格式如下所示（在<lastlog.h>中定义）。

```
#define UT_NAMESIZE         32
#define UT_HOSTSIZE        256

struct lastlog {
    time_t  ll_time;                    /* Time of last login */
    char    ll_line[UT_NAMESIZE];       /* Terminal for remote login */
    char    ll_host[UT_HOSTSIZE];       /* Hostname for remote login */
};
```

注意这些记录中并没有包含用户名或用户 ID。lastlog 文件中的记录是用户 ID 作为索引的，因此要找出用户 ID 为 1000 的 lastlog 记录就需要到文件的相应位置处（1000 * sizeof(struct lastlog)）查找。程序清单 40-4 对此进行了演示，通过这个程序读者能够查看在命令行中列出的用户的 lastlog 记录，其功能与 lastlog(1)命令的功能类似。下面是运行这个程序时产生的输出。

```
$ ./view_lastlog annie paulh
annie      tty2                   Mon Jan 17 11:00:12 2011
paulh      pts/11                 Sat Aug 14 09:22:14 2010
```

更新 lastlog 文件时会打开文件，寻找到正确的位置，然后执行一个写入操作。

由于 lastlog 文件是以用户 ID 为索引的，因此无法区分拥有同样的用户 ID 的不同用户名的登录行为。（在 8.1 节中层指出过多个登录名拥有同样的用户 ID 是可能的，虽然这种情况并不常见。）

程序清单 40-4：显示 lastlog 文件中的信息

———————————————————————————————————— loginacct/view_lastlog.c
```c
#include <time.h>
#include <lastlog.h>
#include <paths.h>                      /* Definition of _PATH_LASTLOG */
#include <fcntl.h>
#include "ugid_functions.h"             /* Declaration of userIdFromName() */
#include "tlpi_hdr.h"

int
main(int argc, char *argv[])
{
    struct lastlog llog;
    int fd, j;
    uid_t uid;

    if (argc > 1 && strcmp(argv[1], "--help") == 0)
        usageErr("%s [username...]\n", argv[0]);

    fd = open(_PATH_LASTLOG, O_RDONLY);
    if (fd == -1)
        errExit("open");

    for (j = 1; j < argc; j++) {
        uid = userIdFromName(argv[j]);
        if (uid == -1) {
            printf("No such user: %s\n", argv[j]);
            continue;
        }

        if (lseek(fd, uid * sizeof(struct lastlog), SEEK_SET) == -1)
            errExit("lseek");

        if (read(fd, &llog, sizeof(struct lastlog)) <= 0) {
            printf("read failed for %s\n", argv[j]);     /* EOF or error */
            continue;
        }

        printf("%-8.8s %-6.6s %-20.20s %s", argv[j], llog.ll_line,
                llog.ll_host, ctime((time_t *) &llog.ll_time));
    }

    close(fd);
    exit(EXIT_SUCCESS);
}
```
———————————————————————————————————— loginacct/view_lastlog.c

40.8　总结

登录记账记录着当前登录的用户以及过去登录过系统的用户。这类信息维护在三个文件中：utmp 文件维护了所有当前登录进系统的用户记录；wtmp 文件维护了所有登录和登出行为的审计信息；lastlog 文件记录着每个用户最近一次登录系统的时间。很多命令，如 who 和 last，都使用了这些文件中的信息。

C 库提供了读取和更新登录记账文件中的信息的函数。提供登录服务的应用程序应该使用这些函数来更新登录记账文件，这样依赖于这些信息的命令才能够表现出正确的行为。

更多信息

除了 utmp(5) 手册之外，找到更多有关登录记账函数的信息的最有用的地方是各种使用这些函数的应用程序的源代码。如可以阅读 mingetty（或 agetty）、login、init、telnet、ssh 以及 ftp 的源代码。

40.9　习题

40-1. 实现 getlogin()。在 40.5 节中曾提到过当进程运行在一些软件终端模拟器下时 getlogin() 可能无法正确工作，在那种情况下就在虚拟控制台中进行测试。

40-2. 修改程序清单 40-3 中的程序（utmpx_login.c）使它除了更新 utmp 和 wtmp 文件之外还更新 lastlog 文件。

40-3. 阅读 login(3)、logout(3) 以及 logwtmp(3) 的手册。实现这些函数。

40-4. 实现一个简单的 who(1)。

第**41**章

共享库基础

共享库是一种将库函数打包成一个单元使之能够在运行时被多个进程共享的技术。这种技术能够节省磁盘空间和 RAM。本章将介绍共享库的基础知识，下一章将介绍共享库的几个高级特性。

41.1 目标库

构建程序的一种方式是简单地将每一个源文件编译成目标文件，然后将这些目标文件链接在一起组成一个可执行程序，如下所示。

```
$ cc -g -c prog.c mod1.c mod2.c mod3.c
$ cc -g -o prog_nolib prog.o mod1.o mod2.o mod3.o
```

> 链接实际上是由一个单独的链接器程序 ld 来完成的。当使用 cc（或 gcc）命令链接一个程序时，编译器会在幕后调用 ld。在 Linux 上应该总是通过 gcc 间接地调用链接器，因为 gcc 能够确保使用正确的选项来调用 ld 并将程序与正确的库文件链接起来。

在很多情况下，源代码文件也可以被多个程序共享。因此要降低工作量的第一步就是将这些源代码文件只编译一次，然后在需要的时候将它们链接进不同的可执行文件中。虽然这项技术能够节省编译时间，但其缺点是在链接的时候仍然需要为所有目标文件命名。此外，大量的目标文件会散落在系统上的各个目录中，从而造成目录中内容的混乱。

为解决这个问题，可以将一组目标文件组织成一个被称为对象库的单元。对象库分为两种：静态的和共享的。共享库是一种更加现代化的对象库，它比静态库更具优势，41.3 节将会对此予以介绍。

题外话：在编译程序时包含调试器信息

在上面的 cc 命令中使用了 -g 选项以在编译过的程序中包含调试信息。一般来讲，创建允许调试的程序和库是一种比较好的做法。（在早期，有时候会忽略调试信息，这样产生的可执行文件会占用更少的磁盘和 RAM，但现在磁盘和 RAM 已经非常便宜了。）

此外，在一些架构上，如 x86-32，不应该指定 –fomit–frame–pointer 选项，因为这会使得无法调试。（在一些架构上，如 x86-64，这个选项是默认启用的，因为它不会防止调试。）出于同样的原因，可执行文件和库不应该使用 strip(1)删除调试信息。

41.2 静态库

在开始讨论共享库之前首先对静态库作一个简短的介绍，这样读者就能够弄清楚共享库与静态库之间的差别以及共享库所具备的优势了。

静态库也被称为归档文件，它是 UNIX 系统提供的第一种库。静态库能带来下列好处。

- 可以将一组经常被用到的目标文件组织进单个库文件，这样就可以使用它来构建多个可执行程序并且在构建各个应用程序的时候无需重新编译原来的源代码文件。
- 链接命令变得更加简单了。在链接命令行中只需要指定静态库的名称即可，而无需一个个地列出目标文件了。链接器知道如何搜索静态库并将可执行程序需要的对象抽取出来。

创建和维护静态库

从结果上来看，静态库实际上就是一个保存所有被添加到其中的目标文件的副本的文件。这个归档文件还记录着每个目标文件的各种特性，包括文件权限、数字用户和组 ID 以及最后修改时间。根据惯例，静态库的名称的形式为 libname.a。

使用 ar(1)命令能够创建和维护静态库，其通用形式如下所示。

```
$ ar options archive object-file...
```

options 参数由一系列的字母构成，其中一个是操作代码，其他是能够影响操作的执行的修饰符。下面是一些常用的操作代码。

- r（替换）：将一个目标文件插入到归档文件中并取代同名的目标文件。这个创建和更新归档文件的标准方法，使用下面的命令可以构建一个归档文件。

```
$ cc -g -c mod1.c mod2.c mod3.c
$ ar r libdemo.a mod1.o mod2.o mod3.o
$ rm mod1.o mod2.o mod3.o
```

从上面可以看出，在构建完库之后可以根据需要删除原始的目标文件，因为已经不再需要它们了。

- t（目录表）：显示归档中的目录表。在默认情况下只会列出归档文件中目标文件的名称。添加 v（verbose）修饰符之后可以看到记录在归档文件中的各个目标文件的其他所有特性，如下面的例子所示。

```
$ ar tv libdemo.a
rw-r--r-- 1000/100 1001016 Nov 15 12:26 2009 mod1.o
rw-r--r-- 1000/100 406668 Nov 15 12:21 2009 mod2.o
rw-r--r-- 1000/100  46672 Nov 15 12:21 2009 mod3.o
```

从左至右每个目标文件的特性为被添加到归档文件中时的权限、用户 ID 和组 ID、大小以及上次修改的日志和时间。

- d（删除）：从归档文件中删除一个模块，如下面的例子所示。

```
$ ar d libdemo.a mod3.o
```

使用静态库

将程序与静态库链接起来存在两种方式。第一种是在链接命令中指定静态库的名称，如下所示。

```
$ cc -g -c prog.c
$ cc -g -o prog prog.o libdemo.a
```

或者将静态库放在链接器搜索的其中一个标准目录中（如/usr/lib），然后使用-l 选项指定库名（即库的文件名去除了 lib 前缀和.a 后缀）。

```
$ cc -g -o prog prog.o -ldemo
```

如果库不位于链接器搜索的目录中，那么可以只用-L 选项指定链接器应该搜索这个额外的目录。

```
$ cc -g -o prog prog.o -Lmylibdir -ldemo
```

虽然一个静态库可以包含很多目标模块，但链接器只会包含那些程序需要的模块。

在链接完程序之后可以按照通常的方式运行这个程序。

```
$ ./prog
Called mod1-x1
Called mod2-x2
```

41.3　共享库概述

将程序与静态库链接起来时（或没有使用静态库），得到的可执行文件会包含所有被链接进程序的目标文件的副本。这样当几个不同的可执行程序使用了同样的目标模块时，每个可执行程序会拥有自己的目标模块的副本。这种代码的冗余存在几个缺点。

- 存储同一个目标模块的多个副本会浪费磁盘空间，并且所浪费的空间是比较大的。
- 如果几个使用了同一模块的程序在同一时刻运行，那么每个程序会独立地在虚拟内存中保存一份目标模块的副本，从而提高系统中虚拟内存的整体使用量。
- 如果需要修改一个静态库中的一个目标模块（可能是因为安全性或需要修正 bug），那么所有使用那个模块的可执行文件都必须要重新进行链接以合并这个变更。这个缺点还会导致系统管理员需要弄清楚哪些应用程序链接了这个库。

共享库就是设计用来解决这些缺点的。共享库的关键思想是目标模块的单个副本由所有需要这些模块的程序共享。目标模块不会被复制到链接过的可执行文件中，相反，当第一个需要共享库中的模块的程序启动时，库的单个副本就会在运行时被加载进内存。当后面使用同一共享库的其他程序启动时，它们会使用已经被加载进内存的库的副本。使用共享库意味着可执行程序需要的磁盘空间和虚拟内存（在运行的时候）更少了。

> 虽然共享库的代码是由多个进程共享的，但其中的变量却不是的。每个使用库的进程会拥有自己的在库中定义的全局和静态变量的副本。

共享库还具备下列优势。

- 由于整个程序的大小变得更小了，因此在一些情况下，程序可以完全被加载进内存中，从而能够更快地启动程序。这一点只有在大型共享库正在被其他程序使用的情况下才成立。第一个加载共享库的程序实际上在启动时会花费更长的时间，因为必须要先找到共享库并将其加载到内存中。
- 由于目标模块没有被复制进可执行文件中，而是在共享库中集中维护的，因此在修改目标模块时（需遵循 41.8 节中介绍的限制）无需重新链接程序就能够看到变更，甚至在运行着的程序正在使用共享库的现有版本的时候也能够进行这样的变更。

这项新增功能的主要开销如下所述。

- 在概念上以及创建共享库和构建使用共享库的程序的实践上，共享库比静态库更复杂。

- 共享库在编译时必须要使用位置独立的代码（在 41.4.2 节中予以介绍），这在大多数架构上都会带来性能开销，因为它需要使用额外的一个寄存器（[Hubicka, 2003]）。
- 在运行时必须要执行符号重定位。在符号重定位期间，需要将对共享库中每个符号（变量或函数）的引用修改成符号在虚拟内存中的实际运行时位置。由于存在这个重定位的过程，与静态链接程序相比，一个使用共享库的程序或多或少需要花费一些时间来执行这个过程。

> 共享库的另一种用法是作为 Java NativeInterface (JNI)中的一个构建块，它允许 Java 代码通过调用共享库中的 C 函数直接访问底层操作系统的特性，更多信息可参考[Liang, 1999]和[Rochkind, 2004]。

41.4 创建和使用共享库——首回合

为了理解共享库的操作方式，下面开始介绍构建和使用一个共享库所需完成的最少步骤，在介绍的过程中会忽略平时使用的共享库文件命名规范。遵循第 41.6 节中介绍的惯例允许程序自动加载它们所需的共享库的最新版本，同时也允许一个库的多个相互不兼容的版本（所谓的主版本）和谐地共存。

在本章中，我们只关心 Executable and Linking Format（ELF）共享库，因为现代版本的 Linux 以及很多其他 UNIX 实现的可执行文件和共享库都采用了 ELF 格式。

> ELF 取代了较早以前的 a.out 和 COFF 格式。

41.4.1 创建一个共享库

为构建之前创建的静态库的共享版本，需要执行下面的步骤。

```
$ gcc -g -c -fPIC -Wall mod1.c mod2.c mod3.c
$ gcc -g -shared -o libfoo.so mod1.o mod2.o mod3.o
```

第一个命令创建了三个将要被放到库中的目标模块。（下一节将对 cc –fPIC 选项进行解释。）cc –shared 命令创建了一个包含这三个目标模块的共享库。

根据惯例，共享库的前缀为 lib，后缀为 so（表示 shared object）。

在上面的例子中使用了 gcc 命令，而并没有使用与之等价的 cc 命令，这是为了突出用来创建共享库的命令行选项是依赖于编译器的，在另一个 UNIX 实现上使用一个不同的 C 编译器可能会需要使用不同的选项。

注意可以将编译源代码文件和创建共享库放在一个命令中执行。

```
$ gcc -g -fPIC -Wall mod1.c mod2.c mod3.c -shared -o libfoo.so
```

这里为了清楚区分编译和构建库两个步骤，所以在本章给出的例子中使用了两个独立的命令。

与静态库不同，可以向之前构建的共享库中添加单个目标模块，也可以从中删除单个目标模块。与普通的可执行文件一样，共享库中的目标文件不再维护不同的身份。

41.4.2 位置独立的代码

cc-fPIC 选项指定编译器应该生成位置独立的代码，这会改变编译器生成执行特定操作的代码的方式，包括访问全局、静态和外部变量，访问字符串常量，以及获取函数的地址。这些变更使得代码可以在运行时被放置在任意一个虚拟地址处。这一点对于共享库来讲是必需的，因为在链接的时候是无法知道共享库代码位于内存的何处的。（一个共享库在运行时所处的内存位置依赖于很多因素，如加载这个库的程序已经占用的内存数量和这个程序已经加载的其他共享库。）

在 Linux/x86-32 上，可以使用不加–fPIC 选项编译的模块来创建共享库。但这样做的话会丢失共享库的一些优点，因为包含依赖于位置的内存引用的程序文本页面不会在进程间共享。在一些架构上是无法在不加–fPIC 选项的情况下构建共享库的。

为了确定一个既有目标文件在编译时是否使用了–fPIC 选项，可以使用下面两个命令中的一个来检查目标文件符号表中是否存在名称_GLOBAL_OFFSET_TABLE_。

```
$ nm mod1.o | grep _GLOBAL_OFFSET_TABLE_
$ readelf -s mod1.o | grep _GLOBAL_OFFSET_TABLE_
```

相应地，如果下面两个相互等价的命令中的任意一个产生了任何输出，那么指定的共享库中至少存在一个目标模块在编译时没有指定–fPIC 选项。

```
$ objdump --all-headers libfoo.so | grep TEXTREL
$ readelf -d libfoo.so | grep TEXTREL
```

字符串 TEXTREL 表示存在一个目标模块，其文本段中包含需要运行时重定位的引用。

在 41.5 节中将会介绍更多有关 nm、readelf 以及 objdump 命令的信息。

41.4.3 使用一个共享库

为了使用一个共享库就需要做两件事情，而使用静态库的程序则无需完成这两件事情。

- 由于可执行文件不再包含它所需的目标文件的副本，因此它必须要通过某种机制找出在运行时所需的共享库。这是通过在链接阶段将共享库的名称嵌入可执行文件中来完成的。（在 ELF 中，库依赖性是记录在可执行文件的 DT_NEEDED 标签中的。）一个程序所依赖的所有共享库列表被称为程序的动态依赖列表。

- 在运行时必须要存在某种机制来解析嵌入的库名——即找出与在可执行文件中指定的名称对应的共享库文件——接着如果库不在内存中的话就将库加载进内存。

将程序与共享库链接起来时自动会将库的名字嵌入可执行文件中。

```
$ gcc -g -Wall -o prog prog.c libfoo.so
```

如果现在运行这个程序，那么就会收到下面的错误消息。

```
$ ./prog
./prog: error in loading shared libraries: libfoo.so: cannot
open shared object file: No such file or directory
```

解决这个问题就需要做第二件事情：动态链接，即在运行时解析内嵌的库名。这个任务是由动态链接器（也称为动态链接加载器或运行时链接器）来完成的。动态链接器本身也是一个共享库，其名称为/lib/ld-linux.so.2，所有使用共享库的 ELF 可执行文件都会用到这个共享库。

> 路径名/lib/ld-linux.so.2 通常是一个指向动态链接器可执行文件的符号链接。这个文件的名称为 ld-version.so，其中 version 表示安装在系统上的 glibc 的版本——如 ld-2.11.so。在一些架构上，动态链接器的路径名是不同的。如在 IA-64 上，动态链接器符号链接的名称为/lib/ld-linux-ia64.so.2。

动态链接器会检查程序所需的共享库清单并使用一组预先定义好的规则来在文件系统上找出相关的库文件。其中一些规则指定了一组存放共享库的标准目录。如很多共享库位于/lib 和/usr/lib 中。之所以出现上面的错误消息是因为程序所需的库位于当前工作目录中，而不位于动态链接器搜索的标准目录清单中。

> 一些架构（如 zSeries、PowerPC64 以及 x86-64）同时支持执行 32 位和 64 位的程序。在此类系统上，32 位的库位于*/lib 子目录中，64 位的库位于*/lib64 子目录中。

LD_LIBRARY_PATH 环境变量

通知动态链接器一个共享库位于一个非标准目录中的一种方法是将该目录添加到 LD_LIBRARY_PATH 环境变量中以分号分隔的目录列表中。（也可以使用分号来分隔，在使用分号时必须将列表放在引号中以防止 shell 将分号解释了其他用途。）如果定义了 LD_LIBRARY_PATH，那么动态链接器在查找标准库目录之前会先查找该环境变量列出的目录中的共享库。（稍后会介绍一个生产应用程序永远都不应该依赖于 LD_LIBRARY_PATH，但此刻通过这个变量可以方便地开始使用共享库了。）因此可以使用下面的命令来运行程序。

```
$ LD_LIBRARY_PATH=. ./prog
Called mod1-x1
Called mod2-x2
```

上面的命令中使用的 shell（bash、Korn 以及 Bourne）语法在执行 prog 的进程中创建了一个环境变量定义。这个定义告诉动态链接器在.，即当前工作目录中搜索共享库。

> 在 LD_LIBRARY_PATH 列表中的空目录（如 dirx::diry 中间的空目录）等价于.，即当前工作目录（但注意将 LD_LIBRARY_PATH 的值设置为空字符串并不能达到同样效果）。需要避免这种用法（SUSv3 同样不建议在 PATH 环境变量中使用这种方式）。

静态链接和动态链接比较

通常，术语链接用来表示使用链接器 ld 将一个或多个编译过的目标文件组合成一个可执行文件。有时候会使用术语静态链接从动态链接中将在运行时加载可执行文件所需的共享库这一步骤给区分出来。（静态链接有时候也被称为链接编辑，像 ld 这样的静态链接器有时候被称为链接编辑器。）每个程序——包括那些使用共享库的程序——都会经历一个静态链接的阶段。在运行时，使用共享库的程序会经历额外的动态链接阶段。

41.4.4　共享库 soname

到目前为止介绍的所有例子中，嵌入到可执行文件以及动态链接器在运行时搜索的名称是共享库文件的实际名称，这被称为库的真实名称（real name）。但可以——实际上经常这样做——使用别名来创建共享库，这种别名称为 soname（ELF 中的 DT_SONAME 标签）。

如果共享库拥有一个 soname，那么在静态链接阶段会将 soname 嵌入到可执行文件中，而不会使用真实名称，同时后面的动态链接器在运行时也会使用这个 soname 来搜索库。引入 soname 的目的是为了提供一层间接，使得可执行程序能够在运行时使用与链接时使用的库不同的（但兼容的）共享库。

在 41.6 节中将会介绍共享库的真实名称和 soname 的命名规则。下面通过一个简化的例子来说明这些原则。

使用 soname 的第一步是在创建共享库时指定 soname。

```
$ gcc -g -c -fPIC -Wall mod1.c mod2.c mod3.c
$ gcc -g -shared -Wl,-soname,libbar.so -o libfoo.so mod1.o mod2.o mod3.o
```

-Wl、-soname 以及 libbar.so 选项是传给链接器的指令以将共享库 libfoo.so 的 soname 设置为 libbar.so。

如果要确定一个既有共享库的 soname，那么可以使用下面两个命令中的任意一个。

```
$ objdump -p libfoo.so | grep SONAME
  SONAME       libbar.so
$ readelf -d libfoo.so | grep SONAME
 0x0000000e (SONAME)        Library soname: [libbar.so]
```

在使用 soname 创建了一个共享库之后就可以照常创建可执行文件了。

```
$ gcc -g -Wall -o prog prog.c libfoo.so
```

但这次链接器检查到库 libfoo.so 包含了 soname libbar.so，于是将这个 soname 嵌入到了可执行文件中。

现在当运行这个程序时就会看到下面的输出。

```
$ LD_LIBRARY_PATH=. ./prog
prog: error in loading shared libraries: libbar.so: cannot open
shared object file: No such file or directory
```

这里的问题是动态链接器无法找到名为 libbar.so 共享库。当使用 soname 时还需要做一件事情：必须要创建一个符号链接将 soname 指向库的真实名称，并且必须要将这个符号链接放在动态链接器搜索的其中一个目录中。因此可以像下面这样运行这个程序。

```
$ ln -s libfoo.so libbar.so          Create soname symbolic link in current directory
$ LD_LIBRARY_PATH=. ./prog
Called mod1-x1
Called mod2-x2
```

图 41-1 给出了在使用一个内嵌的 soname，将程序与共享库链接起来，以及创建运行程序所需的 soname 符号链接时所涉及到的编译和链接事项。

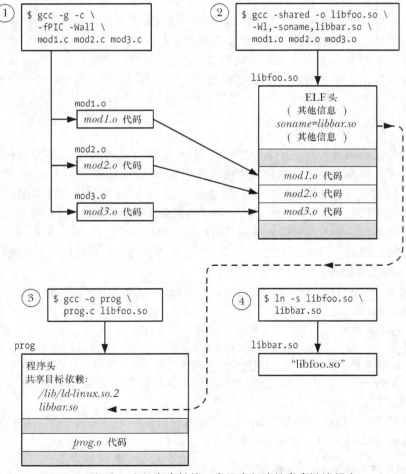

图 41-1：创建一个共享库并将一个程序与该共享库链接起来

图 41-2 给出了当图 41-1 中创建的程序被加载进内存以备执行时发生的事情。

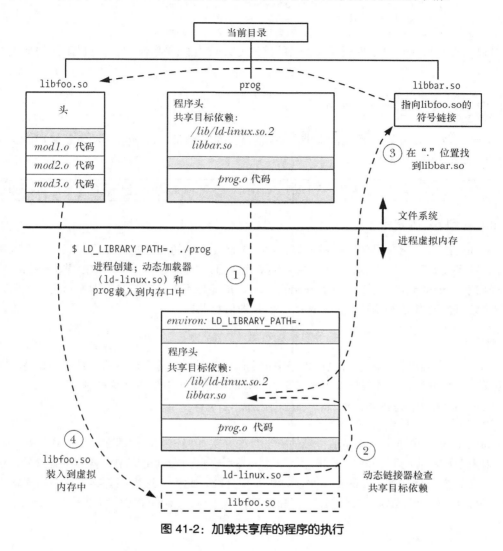

图 41-2：加载共享库的程序的执行

> 要找出一个进程当前使用的共享库则可以列出相应的 Linux 特有的 **/proc/PID/maps** 文件
> 中的内容（参见 48.5 节）。

41.5　使用共享库的有用工具

本节将简要介绍对分析共享库、可执行文件以及编译过的目标文件（.o）有用的一组
工具。

ldd 命令

ldd(1)（列出动态依赖）命令显示了一个程序运行所需的共享库，如下所示。

```
$ ldd prog
        libdemo.so.1 => /usr/lib/libdemo.so.1 (0x40019000)
        libc.so.6 => /lib/tls/libc.so.6 (0x4017b000)
        /lib/ld-linux.so.2 => /lib/ld-linux.so.2 (0x40000000)
```

ldd 命令会解析出每个库引用（使用的搜索方式与动态链接器一样）并以下面的形式显示结果。

---

library-name => resolves-to-path

对于大多数 ELF 可执行文件来讲，ldd 至少会列出与 ld-linux.so.2、动态链接器以及标准 C 库 libc.so.6 相关的条目。

> 在一些架构上，C 库的名称是不同的。如在 IA-64 和 Alpha 上，这个库的名称是 libc.so.6.1。

objdump 和 readelf 命令

objdump 命令能够用来获取各类信息——包括反汇编的二进制机器码——从一个可执行文件、编译过的目标以及共享库中。它还能够用来显示这些文件中各个 ELF 节的头部信息，当这样使用 objdump 时它就类似于 readelf，readelf 能显示类似的信息，但显示格式不同。本章结尾处将会列出更多有关 objdump 和 readelf 的信息源。

nm 命令

nm 命令会列出目标库或可执行程序中定义的一组符号。这个命令的一种用途是找出哪些库定义了一个符号。如要找出哪个库定义了 crypt()函数则可以像下面这样做。

```
$ nm -A /usr/lib/lib*.so 2> /dev/null | grep ' crypt$'
/usr/lib/libcrypt.so:00007080 W crypt
```

nm 的–A 选项指定了在显示符号的每一行的开头处应该列出库的名称。这样做是有必要的，因为在默认情况下，nm 只列出库名一次，然后在后面会列出库中包含的所有符号，这对于像上面那样进行某种过滤的例子来讲是没有用处的。此外，这里还丢弃了标准错误输出以便隐藏与 nm 命令无法识别文件格式有关的错误消息。从上面的输出中可以看出，crypt()被定义在了 libcrypt 库中。

41.6　共享库版本和命名规则

下面考虑在共享库的版本化过程中需要做的事情。一般来讲，一个共享库相互连续的两个版本是相互兼容的，这意味着每个模块中的函数对外呈现出来的调用接口是一致的，并且函数的语义是等价的（即它们能取得同样的结果）。这种版本号不同但相互兼容的版本被称为共享库的次要版本。但有时候需要创建创建一个库的新主版本——即与上一个版本不兼容的版本。（在 41.8 节中将会更加明确地看到哪些方面会引起不兼容性。）同时，必须要确保使用老版本的库的程序仍然能够运行。

为了满足这些版本化的要求，共享库的真实名称和 soname 必须要使用一种标准的命名规范。

真实名称、soname 以及链接器名称

共享库的每个不兼容版本是通过一个唯一的主要版本标识符来区分的，这个主要版本标

识符是共享库的真实名称的一部分。根据惯例，主要版本标识符由一个数字构成，这个数字随着库的每个不兼容版本的发布而顺序递增。除了主要版本标识符之外，真实名称还包含一个次要版本标识符，它用来区分库的主要版本中兼容的次要版本。真实名称的格式规范为 libname.so.major-id.minor-id。

与主要版本标识符一样，次要版本标识符可以是任意字符串。但根据惯例，它要么是一个数字，要么是两个由点分隔的数字，其中第一个数字标识出了次要版本，第二个数字表示该次要版本中的补丁号或修订号。下面是一些共享库的真实名称。

```
libdemo.so.1.0.1
libdemo.so.1.0.2      Minor version, compatible with version 1.0.1
libdemo.so.2.0.0      New major version, incompatible with version 1.*
libreadline.so.5.0
```

共享库的 soname 包括相应的真实名称中的主要版本标识符，但不包含次要版本标识符。因此 soname 的形式为 libname.so.major-id。

通常，会将 soname 创建为包含真实名称的目录中的一个相对符号链接。下面是一些 soname 的例子以及它们可能通过符号链接指向的真实名称。

```
libdemo.so.1        -> libdemo.so.1.0.2
libdemo.so.2        -> libdemo.so.2.0.0
libreadline.so.5    -> libreadline.so.5.0
```

对于共享库的某个特定的主要版本来讲，可能存在几个库文件，这些库文件是通过不同的次要版本标识符来区分的。通常，每个库的主要版本的 soname 会指向在主要版本中最新的次要版本（如上面的 libdemo.so 例子所示）。这种配置使得在共享库的运行时操作期间版本化语义能够正确工作。由于静态链接阶段会将 soname 的副本（独立于次要版本）嵌入到可执行文件中并且 soname 符号链接后面可能会被修改指向一个更新的（次要）版本的共享库，因此可以确保可执行文件在运行时能够加载库的最新的次要版本。此外，由于一个库的不同的主要版本的 soname 不同，因此它们能够和平地共存并且被需要它们的程序访问。

除了真实名称和 soname 之外，通常还会为每个共享库定义第三个名称：链接器名称，将可执行文件与共享库链接起来时会用到这个名称。链接器名称是一个只包含库名同时不包含主要或次要版本标识符的符号链接，因此其形式为 libname.so。有了链接器名称之后就可以构建能够自动使用共享库的正确版本（即最新版本）的独立于版本的链接命令了。

一般来讲，链接器名称与它所引用的文件位于同一个目录中，它既可以链接到真实名称，也可以连接到库的最新主要版本的 soname。通常，最好使用指向 soname 的链接，因此对 soname 所做的变更会自动反应到链接器名称上。（在 41.7 节中会看到 ldconfig 程序将保持 soname 最新的任务自动化了，因此如果使用了刚才介绍的规范的话就是隐式地维护链接器名称。）

> 如果需要将一个程序与共享库的一个较老的主要版本链接起来，就不能使用链接器名称。相反，在链接命令中需要通过制定具体的真实名称或 soname 来标示出所需要的版本（主要版本）。

下面是一些链接器名称的例子。

```
libdemo.so          -> libdemo.so.2
libreadline.so      -> libreadline.so.5
```

表 41-1 对共享库的真实名称、soname 以及链接器名称进行了总结，图 41-3 描绘了这些名称之间的关系。

表 41-1：共享库名称总结

名　　称	格　　式	描　　述
真实名称	libname.so.maj.min	保存库代码的文件；每个库的 major-plus-minor 版本都存在一个真实名称
soname	libname.so.maj	库的每个主要版本都存在一个 soname；在链接时被嵌入到可执行文件中；在运行时用来找出指向相应的（最新的）真实名称的同名符号链接所引用的库
链接器名称	libname.so	指向真实名称或最新的（更常见的做法）soname 的符号链接；只存在一个实例；允许构建版本独立的链接命令

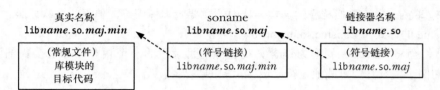

图 41-3：共享库名称的命名规范

使用标准规范创建一个共享库

根据上面介绍的相关知识，下面开始介绍如何遵循标准规范来构建一个演示库。首先需要创建目标文件。

```
$ gcc -g -c -fPIC -Wall mod1.c mod2.c mod3.c
```

接着创建共享库，其真实名称为 libdemo.so.1.0.1，soname 为 libdemo.so.1。

```
$ gcc -g -shared -Wl,-soname,libdemo.so.1 -o libdemo.so.1.0.1 \
        mod1.o mod2.o mod3.o
```

接着为 soname 和链接器名称创建恰当的符号链接。

```
$ ln -s libdemo.so.1.0.1 libdemo.so.1
$ ln -s libdemo.so.1 libdemo.so
```

接着可以使用 ls 来验证配置（使用 awk 来选择感兴趣的字段）。

```
$ ls -l libdemo.so* | awk '{print $1, $9, $10, $11}'
lrwxrwxrwx libdemo.so -> libdemo.so.1
lrwxrwxrwx libdemo.so.1 -> libdemo.so.1.0.1
-rwxr-xr-x libdemo.so.1.0.1
```

接着可以使用链接器名称来构建可执行文件（注意链接命令不会用到版本号），并照常运行这个程序。

```
$ gcc -g -Wall -o prog prog.c -L. -ldemo
$ LD_LIBRARY_PATH=. ./prog
Called mod1-x1
Called mod2-x2
```

41.7　安装共享库

在本章到目前为止介绍的例子中都是将共享库创建在用户私有的目录中，然后使用 LD_LIBRARY_PATH 环境变量来确保动态链接器会搜到该目录。特权用户和非特权用户都可以使用这种技术，但在生产应用程序中不应该采用这种技术。一般来讲，共享库及其关联的符号链接会被安装在其中一个标准库目录中，标准库目录包括：

- /usr/lib，它是大多数标准库安装的目录。
- /lib，应该将系统启动时用到的库安装在这个目录中（因为在系统启动时可能还没有挂载/usr/lib）。
- /usr/local/lib，应该将非标准或实验性的库安装在这个目录中（对于/usr/lib 是一个由多个系统共享的网络挂载但需要只在本机安装一个库的情况则可以将库放在这个目录中）。
- 其中一个在/etc/ld.so.conf（稍后介绍）中列出的目录。

在大多数情况下，将文件复制到这些目录中需要具备超级用户的权限。

安装完之后就必须要创建 soname 和链接器名称的符号链接了，通常它们是作为相对符号链接与库文件位于同一个目录中。因此要将本章的演示库安装在/usr/lib（只允许 root 进行更新）中则可以使用下面的命令。

```
$ su
Password:
# mv libdemo.so.1.0.1 /usr/lib
# cd /usr/lib
# ln -s libdemo.so.1.0.1 libdemo.so.1
# ln -s libdemo.so.1 libdemo.so
```

shell 会话中的最后两行创建了 soname 和链接器名称的符号链接。

ldconfig

ldconfig(8)解决了共享库的两个潜在问题。

- 共享库可以位于各种目录中，如果动态链接器需要通过搜索所有这些目录来找出一个库并加载这个库，那么整个过程将非常慢。
- 当安装了新版本的库或者删除了旧版本的库，那么 soname 符号链接就不是最新的。

ldconfig 程序通过执行两个任务来解决这些问题。

1. 它搜索一组标准的目录并创建或更新一个缓存文件/etc/ld.so.cache 使之包含在所有这些目录中的主要库版本（每个库的主要版本的最新的次要版本）列表。动态链接器在运行时解析库名称时会轮流使用这个缓存文件。为了构建这个缓存，ldconfig 会搜索在/etc/ld.so.conf 中指定的目录，然后搜索/lib 和 /usr/lib。/etc/ld.so.conf 文件由一个目录路径名（应该是绝对路径名）列表构成，其中路径名之间用换行、空格、制表符、逗号或冒号分隔。在一些发行版中，/usr/local/lib 目录也位于这个列表中。（如果不在这个列表中，那么就需要手工将其添加到列表中。）

命令 ldconfig –p 会显示/etc/ld.so.cache 的当前内容。

2. 它检查每个库的各个主要版本的最新次要版本（即具有最大的次要版本号的版本）以找出嵌入的 soname，然后在同一目录中为每个 soname 创建（或更新）相对符号链接。

为了能够正确执行这些动作，ldconfig 要求库的名称要根据前面介绍的规范来命名（即库的真实名称包含主要和次要标识符，它们随着库的版本的更新而恰当的增长）。

在默认情况下，ldconfig 会执行上面两个动作，但可以使用命令行选项来指定它执行其中一个动作：-N 选项会防止缓存的重建，-X 选项会阻止 soname 符号链接的创建。此外，-v (verbose)选项会使得 ldconfig 输出描述其所执行的动作的信息。

每当安装了一个新的库，更新或删除了一个既有库，以及/etc/ld.so.conf 中的目录列表被修改之后，都应该运行 ldconfig。

下面是一个使用 ldconfig 的例子。假设需要安装一个库的两个不同的主要版本，那么需要做下面的事情。

```
$ su
Password:
# mv libdemo.so.1.0.1 libdemo.so.2.0.0 /usr/lib
# ldconfig -v | grep libdemo
        libdemo.so.1 -> libdemo.so.1.0.1 (changed)
        libdemo.so.2 -> libdemo.so.2.0.0 (changed)
```

上面对 ldconfig 的输出进行了过滤，这样读者就只会看到与名为 libdemo 的库相关的信息了。

接着列出在/usr/lib 目录中名为 libdemo 的文件来验证 soname 符号链接的设置。

```
# cd /usr/lib
# ls -l libdemo* | awk '{print $1, $$9, $10, $11}'
lrwxrwxrwx libdemo.so.1 -> libdemo.so.1.0.1
-rwxr-xr-x libdemo.so.1.0.1
lrwxrwxrwx libdemo.so.2 -> libdemo.so.2.0.0
-rwxr-xr-x libdemo.so.2.0.0
```

还需要为链接器名称创建符号链接，如下面的命令所示。

```
# ln -s libdemo.so.2 libdemo.so
```

如果安装了库的一个新的 2.x 次要版本，那么由于链接器名称指向了最新的 soname，因此 ldconfig 还能取得保持链接器名称最新的效果，如下面的例子所示。

```
# mv libdemo.so.2.0.1 /usr/lib
# ldconfig -v | grep libdemo
        libdemo.so.1 -> libdemo.so.1.0.1
        libdemo.so.2 -> libdemo.so.2.0.1 (changed)
```

如果创建和使用的是一个私有库（即没有安装在上述标准目录中的库），那么可以通过使用-n 选项让 ldconfig 创建 soname 符号链接。这个选项指定了 ldconfig 只处理在命令行中列出的目录中的库，而无需更新缓存文件。下面的例子使用了 ldconfig 来处理当前工作目录中的库。

```
$ gcc -g -c -fPIC -Wall mod1.c mod2.c mod3.c
$ gcc -g -shared -Wl,-soname,libdemo.so.1 -o libdemo.so.1.0.1 \
        mod1.o mod2.o mod3.o
$ /sbin/ldconfig -nv .
.:
        libdemo.so.1 -> libdemo.so.1.0.1
$ ls -l libdemo.so* | awk '{print $1, $9, $10, $11}'
lrwxrwxrwx libdemo.so.1 -> libdemo.so.1.0.1
-rwxr-xr-x libdemo.so.1.0.1
```

在上面的例子中，当运行 ldconfig 时指定了完全路径名，因为使用的是一个非特权账号，其 PATH 环境变量不包含/sbin 目录。

41.8　兼容与不兼容库比较

随着时间的流逝，可能需要修改共享库的代码。这种修改会导致产生一个新版本的库，这个新版本可以与之前的版本兼容，也可能与之前的版本不兼容。如果是兼容的话则意味着

只需要修改库的真实名称的次要版本标识符即可，如果是不兼容的话则意味着必须要定义一个库的新主要版本。

当满足下列条件时表示修改过的库与既有库版本兼容。

- 库中所有公共方法和变量的语义保持不变。换句话说，每个函数的参数列表不变并且对全局变量和返回参数产生的影响不变，同时返回同样的结果值。因此提升性能或修复 Bug（导致更加行为更加符合规定）的变更可以认为是兼容的变更。
- 没有删除库的公共 API 中的函数和变量，但向公共 API 中添加新函数和变量不会影响兼容性。
- 在每个函数中分配的结构以及每个函数返回的结构保持不变。类似的，由库导出的公共结构保持不变。这个规则的一个例外情况是在特定情况下，可能会向既有结构的结尾处添加新的字段，但当调用程序在分配这个结构类型的数组时会产生问题。有时候，库的设计人员会通过将导出结构的大小定义为比库的首个发行版所需的大小大来解决这个问题，即增加一些填充字段以备将来之需。

如果所有这些条件都得到了满足，那么在更新新库名时就只需要调整既有名称中的次要版本号了，否则就需要创建库的一个新主要版本。

41.9　升级共享库

共享库的优点之一是当一个运行着的程序正在使用共享库的一个既有版本时也能够安装库的新主要版本或次要版本。在安装的过程中需要做的事情包括创建新的库版本、将其安装在恰当的目录中以及根据需要更新 soname 和链接器名称符号链接（或通常让 ldconfig 来完成这部分工作）。如要创建共享库/usr/lib/libdemo.1.0.1 的一个新次要版本，那么需要完成：

```
$ su
Password:
# gcc -g -c -fPIC -Wall mod1.c mod2.c mod3.c
# gcc -g -shared -Wl,-soname,libdemo.so.1 -o libdemo.so.1.0.2 \
        mod1.o mod2.o mod3.o
# mv libdemo.so.1.0.2 /usr/lib
# ldconfig -v | grep libdemo
        libdemo.so.1 -> libdemo.so.1.0.2 (changed)
```

假设已经正确地配置了链接器名称（即指向库的 soname），那么就无需修改链接器名称了。

已经运行着的程序会继续使用共享库的上一个次要版本，只有当它们终止或重启之后才会使用共享库的新次要版本。

如果后面需要创建共享库的一个新主要版本（2.0.0），那么就需要完成：

```
# gcc -g -c -fPIC -Wall mod1.c mod2.c mod3.c
# gcc -g -shared -Wl,-soname,libdemo.so.2 -o libdemo.so.2.0.0 \
        mod1.o mod2.o mod3.o
# mv libdemo.so.2.0.0 /usr/lib
# ldconfig -v | grep libdemo
        libdemo.so.1 -> libdemo.so.1.0.2
        libdemo.so.2 -> libdemo.so.2.0.0 (changed)
# cd /usr/lib
# ln -sf libdemo.so.2 libdemo.so
```

从上面的输出可以看出，ldconfig 自动为新主要版本创建了一个 soname 符号链接，但从最后一条命令可以看出，必须要手工更新链接器名称的符号链接。

41.10　在目标文件中指定库搜索目录

到目前为止本章已经介绍了两种通知动态链接器共享库的位置的方式：使用
LD_LIBRARY_PATH 环境变量和将共享库安装到其中一个标准库目录中（/lib、/usr/lib 或在
/etc/ld.so.conf 中列出的其中一个目录）。

还存在第三种方式：在静态编辑阶段可以在可执行文件中插入一个在运行时搜索共享库
的目录列表。这种方式对于库位于一个固定的但不属于动态链接器搜索的标准位置的位置中
时是非常有用的。要实现这种方式需要在创建可执行文件时使用-rpath 链接器选项。

```
$ gcc -g -Wall -Wl,-rpath,/home/mtk/pdir -o prog prog.c libdemo.so
```

上面的命令将字符串/home/mtk/pdir 复制到了可执行文件 prog 的运行时库路径（rpath）列
表中，因此当运行这个程序时，动态链接器在解析共享库引用时还会搜索这个目录。

如果有必要的话，可以多次指定-rpath 选项；所有这些列出的目录会被连接成一个放到
可执行文件中的有序 rpath 列表。或者，在一个 rpath 选项中可以指定多个由分号分割开来
的目录列表。在运行时，动态链接器会按照在-rpath 选项中指定的目录顺序来搜索目录。

> -rpath 选项的一个替代方案是 LD_RUN_PATH 环境变量。可以将一个由分号分隔开来的
> 目录的字符串赋给该变量，当构建可执行文件时可以将这个变量作为 rpath 列表来使用。只有
> 当构建可执行文件时不指定-rpath 选项时才会使用 LD_RUN_PATH 变量。

在构建共享库时使用–rpath 链接器选项

在构建共享库时–rpath 选项也是有用的。假设有一个依赖于另一个共享库 libx2.so 的共享
库 libx1.so，如图 41-4 所示。另外再假设这些库分别位于非标准目录 d1 和 d2 中。下面介绍构
建这些库以及使用它们的程序所需完成的步骤。

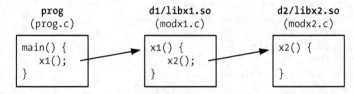

图 41-4：依赖于另一个共享库的共享库

首先在 pdir/d2 目录中构建 libx2.so。（为了使这个例子简单一点，这里省略了库的版本号
和 soname。）

```
$ cd /home/mtk/pdir/d2
$ gcc -g -c -fPIC -Wall modx2.c
$ gcc -g -shared -o libx2.so modx2.o
```

接着在 pdir/d1 目录中构建 libx1.so。由于 libx1.so 依赖于 libx2.so，并且 libx2.so 位于一个
非标准目录中，因此在指定 libx2.so 的运行时位置时需要使用–rpath 链接器选项。这个选项的
取值与库的链接时位置（由-L 选项指定）可以不同，尽管在这个例子中这两个位置是相同的。

```
$ cd /home/mtk/pdir/d1
$ gcc -g -c -Wall -fPIC modx1.c
$ gcc -g -shared -o libx1.so modx1.o -Wl,-rpath,/home/mtk/pdir/d2 \
        -L/home/mtk/pdir/d2 -lx2
```

最后在 pdir 目录中构建主程序。由于主程序使用了 libx1.so 并且这个库位于一个非标准目录中，因此还需要使用–rpath 链接器选项。

```
$ cd /home/mtk/pdir
$ gcc -g -Wall -o prog prog.c -Wl,-rpath,/home/mtk/pdir/d1 \
        -L/home/mtk/pdir/d1 -lx1
```

注意在链接主程序时无需指定 libx2.so。由于链接器能够分析 libx1.so 中的 rpath 列表，因此它能够找到 libx2.so，同时在静态链接阶段解析出所有的符号。

使用下面的命令能够检查 prog 和 libx1.so 以便查看它们的 rpath 列表的内容。

```
$ objdump -p prog | grep PATH
  RPATH         /home/mtk/pdir/d1          libx1.so will be sought here at run time
$ objdump -p d1/libx1.so | grep PATH
  RPATH         /home/mtk/pdir/d2          libx2.so will be sought here at run time
```

还可以通过查找 readelf ––dynamic（或等价的 readelf –d）命令的输出来查看 rpath 列表。

使用 ldd 命令能够列出 prog 的完整的动态依赖列表。

```
$ ldd prog
        libx1.so => /home/mtk/pdir/d1/libx1.so (0x40017000)
        libc.so.6 => /lib/tls/libc.so.6 (0x40024000)
        libx2.so => /home/mtk/pdir/d2/libx2.so (0x4014c000)
        /lib/ld-linux.so.2 => /lib/ld-linux.so.2 (0x40000000)
```

ELF DT_RPATH 和 DT_RUNPATH 条目

在第一版 ELF 规范中，只有一种 rpath 列表能够被嵌入到可执行文件或共享库中，它对应于 ELF 文件中的 DT_RPATH 标签。后续的 ELF 规范舍弃了 DT_RPATH，同时引入了一种新标签 DT_RUNPATH 来表示 rpath 列表。这两种 rpath 列表之间的差别在于当动态链接器在运行时搜索共享库时它们相对于 LD_LIBRARY_PATH 环境变量的优先级：DT_RPATH 的优先级更高，而 DT_RUNPATH 的优先级则更低（参见 41.11 节）。

在默认情况下，链接器会将 rpath 列表创建为 DT_RPATH 标签。为了让链接器将 rpath 列表创建为 DT_RUNPATH 条目必须要额外使用– –enable–new–dtags(启用新动态标签)链接器选项。如果使用这个选项重建程序并且使用 objdump 查看获得的可执行文件，那么将会看到下面这样的输出。

```
$ gcc -g -Wall -o prog prog.c -Wl,--enable-new-dtags \
      -Wl,-rpath,/home/mtk/pdir/d1 -L/home/mtk/pdir/d1 -lx1
$ objdump -p prog | grep PATH
  RPATH         /home/mtk/pdir/d1
  RUNPATH       /home/mtk/pdir/d1
```

从上面可以看出，可执行文件包含了 DT_RPATH 和 DT_RUNPATH 标签。链接器采用这种方式复写了 rpath 列表是为了让不理解 DT_RUNPATH 标签的老式动态链接器能够正常工作。（glibc 2.2 增加了对 DT_RUNPATH 的支持）。理解 DT_RUNPATH 标签的链接器会忽略 DT_RPATH 标签（参见 41.11 节）。

在 rpath 中使用$ORIGIN

假设需要发布一个应用程序，这个应用程序使用了自身的共享库，但同时不希望强制要求用户将这些库安装在其中一个标准目录中，相反，需要允许用户将应用程序解压到任意异目录中，然后能够立即运行这个应用程序。这里存在的问题是应用程序无法确定存放共享库的位置，除非要求用户设置 LD_LIBRARY_PATH 或者要求用户运行某种能够标识出所需的目录的安装脚本，但这两种方法都不是令人满意的方法。

为解决这个问题，在构建链接器的时候增加了对 rpath 规范中特殊字符串$ORIGIN（或等价的${ORIGIN}）的支持。动态链接器将这个字符串解释成"包含应用程序的目录"。这意味着可以使用下面的命令来构建应用程序。

```
$ gcc -Wl,-rpath,'$ORIGIN'/lib ...
```

上面的命令假设在运行时应用程序的共享库位于包含应用程序的可执行文件的目录的子目录 lib 中。这样就能向用户提供一个简单的包含应用程序及相关的库的安装包，同时允许用户将这个包安装在任意位置并运行这个应用程序了（即所谓的"turn-key 应用程序"）。

41.11　在运行时找出共享库

在解析库依赖时，动态链接器首先会检查各个依赖字符串以确定它是否包含斜线（/），因为在链接可执行文件时如果指定了一个显式的库路径名的话就会发生这种情况。如果找到了一个斜线，那么依赖字符串就会被解释成一个路径名（绝对路径名或相对路径名），并且会使用该路径名加载库。否则动态链接器会使用下面的规则来搜索共享库。

1. 如果可执行文件的 DT_RPATH 运行时库路径列表（rpath）中包含目录并且不包含 DT_RUNPATH 列表，那么就搜索这些目录（按照链接程序时指定的目录顺序）。
2. 如果定义了 LD_LIBRARY_PATH 环境变量，那么就会轮流搜索该变量值中以冒号分隔的各个目录。如果可执行文件是一个 set-user-ID 或 set-group-ID 程序，那么就会忽略 LD_LIBRARY_PATH 变量。这项安全措施是为了防止用户欺骗动态链接器让其加载一个与可执行文件所需的库的名称一样的私有库。
3. 如果可执行文件 DT_RUNPATH 运行时库路径列表中包含目录，那么就会搜索这些目录（按照链接程序时指定的目录顺序）。
4. 检查/etc/ld.so.cache 文件以确认它是否包含了与库相关的条目。
5. 搜索/lib 和/usr/lib 目录（按照这个顺序）。

41.12　运行时符号解析

假设在多个地方定义了一个全局符号（即函数或变量），如在一个可执行文件和一个共享库中或在多个共享库中。那么如何解析指向这个符号的引用呢？

假设现在有一个主程序和一个共享库，它们两个都定义了一个全局函数 xyz()，并且共享库中的另一个函数调用了 xyz()，如图 41-5 所示。

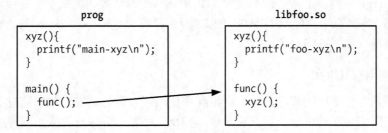

图 41-5：解析全局符号引用

在构建共享库和可执行程序并运行这个程序之后能够看到下面的输出。

```
$ gcc -g -c -fPIC -Wall -c foo.c
$ gcc -g -shared -o libfoo.so foo.o
$ gcc -g -o prog prog.c libfoo.so
$ LD_LIBRARY_PATH=. ./prog
main-xyz
```

从上面输出的最后一行可以看出，主程序中的 xyz()定义覆盖（优先）了共享库中的定义。

尽管这种处理方式在一开始看起来有些令人惊讶，但这样做是有历史原因的。第一个共享库实现在设计时的目标是使符号解析的默认语义与那些和同一库等价的静态库进行链接的应用程序中的符号解析的语义完成一致。这意味着下面的语义是正确的。

- 主程序中全局符号的定义覆盖库中相应的定义。
- 如果一个全局符号在多个库中进行了定义，那么对该符号的引用会被绑定到在扫描库时找到的第一个定义，其中扫描顺序是按照这些库在静态链接命令行中列出时从左至右的顺序。

虽然这些语义使得从静态库到共享库的转变变得相对简单了，但这种做法会导致一些问题。其中最大的问题是这些语义在使用共享库实现一个自包含的子系统时会与共享库模型产生矛盾。在默认情况下，共享库无法确保一个指向其自身的某个全局符号的引用会真正被绑定到该符号在库中的定义上，从而导致当该共享库被集成到一个更大的系统中时共享库的属性可能会发生改变。这会导致应用程序出现令人意料之外的行为，同时也使得分治调试的执行变得更加困难（即尝试使用更少或不同的共享库来重现问题）。

在上面的例子中，如果想要确保在共享库中对 xyz()的调用确实调用了库中定义的相应函数，那么在构建共享库的时候就需要使用–Bsymbolic 链接器选项。

```
$ gcc -g -c -fPIC -Wall -c foo.c
$ gcc -g -shared -Wl,-Bsymbolic -o libfoo.so foo.o
$ gcc -g -o prog prog.c libfoo.so
$ LD_LIBRARY_PATH=. ./prog
foo-xyz
```

–Bsymbolic 链接器选项指定了共享库中对全局符号的引用应该优先被绑定到库中的相应定义上（如果存在的话）。（注意不管是否使用了这个选项，在主程序中调用 xyz()总是会调用主程序中定义的 xyz()。）

41.13 使用静态库取代共享库

虽然在大多数情况下都应该使用共享库，但在某些场景中静态库则更加适合。特别地，静态链接的应用程序包含了它在运行时所需的全局代码这一事实是非常有利的。如当用户不希望或者无法在运行程序的系统上安装共享库或者程序在另一个无法使用共享库的环境中运行时（如可能是一个 chroot 监狱（jail）），静态链接就派上用场了。此外，即使是一个兼容的共享库升级也可能会在无意中引入一个 Bug，从而导致应用程序无法正常工作。通过静态链接应用程序就能确保系统上共享库的变动不会影响到它并且它已经拥有了运行所需的全局代码（付出的代价就是程序更大了，从而会需要更多的磁盘空间和内存）。

在默认情况下，当链接器能够选择名称一样的共享库和静态库时（如在链接时使用

–Lsomedir –ldemo 并且 libdemo.so 和 libdemo.a 都存在）会优先使用共享库。要强制使用库的静态版本则可以完成下列之一。

- 在 gcc 命令行中指定静态库的路径名（包括.a 扩展）。
- 在 gcc 命令行中指定-static 选项。
- 使用–Wl,–Bstatic 和–Wl,–Bdynamic gcc 选项来显式地指定链接器选择共享库还是静态库。在 gcc 命令行中可以使用-l 选项来混合这些选项。链接器会按照选项被指定时的顺序来处理这些选项。

41.14　总结

目标库是一组编译过的目标模块的聚合，它可以用来与程序进行链接。与其他 UNIX 实现一样，Linux 提供了两种目标库：一种是静态库，在早期的 UNIX 系统中只存在这种库，还有一种是更加现代的共享库。

由于与静态库相比，共享库存在很多优势，因此在当代 UNIX 系统上共享库用得最多。共享库的优势主要源自这样一个事实，即当一个程序与库进行链接时，程序所需的目标模块的副本不会被包含进结果可执行文件中。相反，（静态）链接器将会在可执行文件中添加与程序在运行时所需的共享库相关的信息。当文件被执行时，动态链接器会使用这些信息来加载所需的共享库。在运行时，所有使用同一共享库的程序共享该库在内存中的单个副本。由于共享库不会被复制到可执行文件中，并且在运行时所有程序都使用共享库在内存中的单个副本，因此共享库能够降低系统所需的磁盘空间和内存。

共享库 soname 为在运行时接续共享库引用提供了一层间接。如果一个共享库拥有一个 soname，那么在由静态链接器产生的可执行文件中将会记录这个 soname，而不是库的真实名称。根据共享库命名规范，其真实名称的形式为 libname.so.major-id.minor-id，其 soname 的形式为 libname.so.major-id。这种规范使得程序能够自动使用共享库的最新次要版本（无需重新链接程序），同时也允许创建库的新的不兼容的主要版本。

为了在运行时能够找到共享库，动态链接器遵循了一组标准的搜索规则，其中包括搜索一组大多数共享库安装的目录（如/lib 和/usr/lib）。

更多信息

在 ar(1)、gcc(1)、ld(1)、ldconfig(8)、ld.so(8)、dlopen(3)和 objdump(1)手册以及 ld 和 readelf 的 info 文档中可以找到与静态库和共享库相关的各种信息。[Drepper, 2004 (b)]介绍了很多在 Linux 上编写共享库的细节信息。在 David Wheeler 撰写的 "Program Library HOWTO" 中可以找出更多有用的信息，该书的在线版本位于 PDP 网站 http://www.tldp.org/上。GNU 共享库模型与 Solaris 上的实现存在很多相似之处，因此阅读一下 Sun 的 "Linker and Libraries Guide"（在 http://docs.sun.com/上可以找到）以获取更多信息和例子是有必要的。[Levine, 2000]对静态和动态链接器的操作进行了介绍。

在在线站点 http://www.gnu.org/software/libtool 和[Vaughan et al., 2000]中可以找到有关 GNU Libtool 的信息，它是一个用来向程序员隐藏构建共享库时碰到的特定于实现的细节的工具。

Tools Interface Standards 委员会撰写的 "Executable and Linking Format" 文档提供了 ELF 的细节，在 http://refspecs.freestandards.org/elf/elf.pdf 上能够找到这篇文档。[Lu, 1995]也提供了

很多与 ELF 有关的有用细节。

41.15 习题

41-1. 在使用和不使用–static 选项的情况下编译一个程序来看看动态地与 C 库进行链接的
程序与静态地与 C 库进行链接的程序在大小方面的差别。

第**42**章

共享库高级特性

上一章介绍了共享库的基础知识，本章将介绍共享库的几个高级特性，如下所示：

- 动态地加载共享库；
- 控制共享库定义的符号的可见性；
- 使用链接器脚本创建版本化的符号；
- 使用初始化和终止函数在加载和卸载库时自动地执行代码；
- 共享库预加载；
- 使用 LD_DEBUG 来监控动态链接器的操作。

42.1   动态加载库

当一个可执行文件开始运行之后，动态链接器会加载程序的动态依赖列表中的所有共享库，但有些时候延迟加载库是比较有用的，如只在需要的时候再加载一个插件。动态链接器的这项功能是通过一组 API 来实现的。这组 API 通常被称为 dlopen API，它源自 Solaris，现在其中大部分内容都在 SUSv3 中进行了规定。

dlopen API 使得程序能够在运行时打开一个共享库，根据名字在库中搜索一个函数，然后调用这个函数。在运行时采用这种方式加载的共享库通常被称为动态加载的库，它的创建方式与其他共享库的创建方式完全一样。

核心 dlopen API 由下列函数（所有这些函数都在 SUSv3 进行了规定）构成。

- dlopen()函数打开一个共享库，返回一个供后续调用使用的句柄。
- dlsym()函数在库中搜索一个符号（一个包含函数或变量的字符串）并返回其地址。
- dlclose()函数关闭之前由 dlopen()打开的库。
- dlerror()函数返回一个错误消息字符串，在调用上述函数中的某个函数发生错误时可以使用这个函数来获取错误消息。

glibc 实现还包含了一组相关的函数，其中一些将会在后面予以介绍。

要在 Linux 上使用 dlopen API 构建程序必须要指定–ldl 选项以便与 libdl 库链接起来。

42.1.1 打开共享库：dlopen()

dlopen()函数将名为 libfilename 的共享库加载进调用进程的虚拟地址空间并增加该库的打开引用计数。

```
#include <dlfcn.h>

void *dlopen(const char *libfilename, int flags);
                        Returns library handle on success, or NULL on error
```

如果 libfilename 包含了一个斜线（/），那么 dlopen()会将其解释成一个绝对或相对路径名，否则动态链接器会使用第 41.11 节中介绍的规则来搜索共享库。

dlopen()在成功时会返回一个句柄，在后续对 dlopen API 中的函数的调用可以使用该句柄来引用这个库。如果发生了错误（如无法找到库），那么 dlopen()会返回 NULL。

如果 libfilename 指定的共享库依赖于其他共享库，那么 dlopen()会自动加载那些库。如果有必要的话，这一过程会递归进行。这种被加载进来的库被称为这个库的依赖树。

在同一个库文件中可以多次调用 dlopen()，但将库加载进内存的操作只会发生一次（第一次调用），所有的调用都返回同样的句柄值。但 dlopen API 会为每个库句柄维护一个引用计数，每次调用 dlopen()时都会增加引用计数，每次调用 dlclose()都会减小引用计数，只有当计数为 0 时 dlclose()才会从内存中删除这个库。

flags 参数是一个位掩码，它的取值是 RTLD_LAZY 和 RTLD_NOW 中的一个，这两个值的含义分别如下。

RTLD_LAZY

只有当代码被执行的时候才解析库中未定义的函数符号。如果需要某个特定符号的代码没有被执行到，那么永远都不会解析该符号。延迟解析只适用于函数引用，对变量的引用会被立即解析。指定 RTLD_LAZY 标记能够提供与在加载可执行文件的动态依赖列表中的共享库时动态链接器的常规操作对应的行为。

RTLD_NOW

在 dlopen()结束之前立即加载库中所有的未定义符号，不管是否需要用到这些符号，这种做法的结果是打开库变得更慢了，但能够立即检测到任何潜在的未定义函数符号错误，而不是在后面某个时刻才检测到这种错误。在调试应用程序时这种做法是比较有用的，因为它能够确保应用程序在碰到未解析的符号时立即发生错误，而不是在执行了很长一段时间之后才发生错误。

> 通过将环境变量 LD_BIND_NOW 设置为一个非空字符串能够强制动态链接器在加载可执行文件的动态依赖列表中的共享库时立即解析所有符号（即类似于 RTLD_NOW）。这个环境变量在 glibc 2.1.1 以及后续的版本中是有效的。设置 LD_BIND_NOW 会覆盖 dlopen() RTLD_LAZY 标记的效果。

flags 也可以取其他的值，SUSv3 规定了下列几种标记。

RTLD_GLOBAL

这个库及其依赖树中的符号在解析由这个进程加载的其他库中的引用和通过 dlsym()查找

时可用。

RTLD_LOCAL

与 RTLD_GLOBAL 相反，如果不指定任何常量，那么就取这个默认值。它规定在解析后续加载的库中的引用时这个库及其依赖树中的符号不可用。

在不指定 RTLD_GLOBAL 或 RTLD_LOCAL 时，SUSv3 并没有规定一个默认值。大多数 UNIX 实现与 Linux 一样，将 RTLD_LOCAL 作为默认值，但一些实现将 RTLD_GLOBAL 作为默认值。

Linux 还支持几个并没有在 SUSv3 中进行规定的标记，如下所示。

RTLD_NODELETE（自 glibc 2.2 起）

在 dlclose() 调用中不要卸载库，即使其引用计数已经变成 0 了。这意味着在后面重新通过 dlopen() 加载库时不会重新初始化库中的静态变量。（对于由动态链接器自动加载的库来讲，在创建库时通过指定 gcc –Wl,–znodelete 选项能够取得类似的效果。）

RTLD_NOLOAD（自 glibc 2.2 起）

不加载库。这个标记有两个目的。第一，可以使用这个标记来检查某个特定的库是否已经被加载到了进程的地址空间中。如果已经加载了，那么 dlopen() 会返回库的句柄，如果没有加载，那么 dlopen() 会返回 NULL。第二，可以使用这个标记来"提升"已加载的库的标记。如在对之前使用 RTLD_LOCAL 打开的库调用 dlopen() 时可以在 flags 参数中指定 RTLD_NOLOAD | RTLD_GLOBAL。

RTLD_DEEPBIND（自 glibc 2.3.4）

在解析这个库中的符号引用时先搜索库中的定义，然后再搜索已加载的库中的定义。这个标记使得一个库能够实现自包含，即优先使用自己的符号定义，而不是在已加载的其他库中定义的同名全局符号。（这与在 41.12 节中介绍的–Bsymbolic 链接器选项具有类似的效果。）

RTLD_NODELETE 和 RTLD_NOLOAD 标记在 Solaris dlopen API 中也进行了实现，但提供这个两个标记的 UNIX 实现很少。RTLD_DEEPBIND 标记是 Linux 特有的。

当将 libfilename 指定为 NULL 时 dlopen() 会返回主程序的句柄。（SUSv3 将这种句柄称为"全局符号对象"的句柄。）在后续对 dlsym() 的调用中使用这个句柄会导致首先在主程序中搜索符号，然后在程序启动时加载的共享库中进行搜索，最后在所有使用了 RTLD_GLOBAL 标记的动态加载的库中进行搜索。

42.1.2 错误诊断：dlerror()

如果在 dlopen() 调用或 dlopen API 的其他函数调用中得到了一个错误，那么可以使用 dlerror() 来获取一个指向表明错误原因的字符串的指针。

```
#include <dlfcn.h>

const char *dlerror(void);
```
> Returns pointer to error-diagnostic string, or NULL if
> no error has occurred since previous call to *dlerror()*

如果从上一次调用 dlerror() 到现在没有发生错误，那么 dlerror() 函数返回 NULL，读者在下一节中就会看到这种处理方式带来的好处了。

42.1.3　获取符号的地址：dlsym()

dlsym()函数在 handle 指向的库以及该库的依赖树中的库中搜索名为 symbol 的符号（函数或变量）。

```
#include <dlfcn.h>

void *dlsym(void *handle, char *symbol);
```
                    Returns address of *symbol*, or NULL if *symbol* is not found

如果找到了 symbol，那么 dlsym()会返回其地址，否则就返回 NULL。handle 参数通常是上一个 dlopen()调用返回的库句柄，或者它也可以是下面介绍的其中一个所谓的伪句柄。

> dlvsym(handle, symbol, version)与 dlsym()类似，但它能够用来在符号版本化的库中搜索版本与在字符串 version 中指定的版本匹配的符号定义。（第 42.3.2 节将会介绍符号版本化。）要从<dlfcn.h>中获取这个函数的声明必须要定义_GNU_SOURCE 特性测试宏。

dlsym()返回的符号值可能会是 NULL，这一点与"找不到符号"的返回是无法区分的。为了弄清楚具体是哪种情况就必须要先调用 dlerror()（确保之前的错误字符串已经被清除了），如果在调用 dlsym()之后 dlerror()返回了一个非 NULL 值，那么就可以得出发生错误的结论了。

如果 symbol 是一个变量的名称，那么可以将 dlsym()的返回值赋给一个合适的指针类型，并通过反引用该指针来得到变量的值。

```
int *ip;

ip = (int *) dlsym(symbol, "myvar");
if (ip != NULL)
    printf("Value is %d\n", *ip);
```

如果 symbol 是一个函数的名称，那么可以使用 dlsym()返回的指针来调用该函数。可以将 dlsym()返回的值存储到一个类型合适的指针中，如下所示。

```
int (*funcp)(int);            /* Pointer to a function taking an integer
                                 argument and returning an integer */
```

但不能简单地将 dlsym()的结果赋给此类指针，如下面的例子所示。

```
funcp = dlsym(handle, symbol);
```

其原因是 C99 标准禁止函数指针和 void *之间的赋值操作。这个问题的解决方案是使用下面这样的（稍微有些笨拙）类型转换。

```
*(void **) (&funcp) = dlsym(handle, symbol);
```

通过 dlsym()得到了指向函数的指针之后就能够通过常规的 C 语法反引用函数指针来调用这个函数了。

```
res = (*funcp)(somearg);
```

读者在将 dlsym()的返回值进行赋值时可能会使用下面这段看起来与上述代码等价的代码来取代上面的*(void **)语法。

```
(void *) funcp = dlsym(handle, symbol);
```

但 gcc –pedantic 在碰到上面这段代码时会发出"ANSI C forbids the use of cast expressions as lvalues."的警告信息。而使用*(void **)语言就不会出现这个警告信息，因为是在向赋值语句中的左值指向的地址赋值。

在很多 UNIX 实现中可以使用下面这样的类型转换类消除 C 编译器的警告。

```
funcp = (int (*) (int)) dlsym(handle, symbol);
```

但 SUSv3 Technical Corrigendum Number 1 中 dlsym()的规范指出 C99 标准仍然要求编译器对此类转换生成警告信息并列举了上面的*(void **)语法。

> SUSv3 TC1 指出由于需要用到*(void **)语法，因此标准的后续版本可能会定义一个与 dlsym()类似的 API 来处理数据和函数指针。但 SUSv4 在这一点上没有发生任何变化。

在 dlsym()中使用库伪句柄

dlsym()函数中的 handle 参数除了能够取由 dlopen()调用返回的句柄值之外，还能够取下列伪句柄值。

RTLD_DEFAULT

从主程序中开始查找 symbol，接着按序在所有已加载的共享库中查找，包括那些通过使用了 RTLD_GLOBAL 标记的 dlopen()调用动态加载的库，这个标记对应于动态链接器所采用的默认搜索模型。

RTLD_NEXT

在调用 dlsym()之后加载的共享库中搜索 symbol，这个标记适用于需要创建与在其他地方定义的函数同名的包装函数的情况。如，在主程序中可能会定义一个 malloc()（它可能完成内存分配的簿记工作），而这个函数在调用实际的 malloc()之前首先会通过调用 func = dlsym(RTLD_NEXT，"malloc")来获取其地址。

SUSv3 并没有要求实现上述列出的伪句柄（甚至没有保留这两个值以供后续之用），并且所有 UNIX 实现也没有定义上述伪句柄。为了从<dlfcn.h>中获取这些常量的定义必须要定义 _GNU_SOURCE 特性测试宏。

示例程序

程序清单 42-1 演示了 dlopen API 的使用。这个程序接收两个命令行参数：需加载的共享库名称和需执行的库中函数的名称。下面的例子演示了这个程序的使用。

```
$ ./dynload ./libdemo.so.1 x1
Called mod1-x1
$ LD_LIBRARY_PATH=. ./dynload libdemo.so.1 x1
Called mod1-x1
```

在上述命令的第一个命令中，dlopen()注意到库路径包含了一个斜线，因此将其解释成一个相对路径名（表示一个位于当前工作目录中的库）。在第二个命令中指定了库搜索路径 LD_LIBRARY_PATH，动态链接器会根据正常的规则来解释这个搜索路径（同样表示在当前工作目录中查找库）。

程序清单 42-1：使用 dlopen API

———————————————————————————————— shlibs/dynload.c

```
#include <dlfcn.h>
#include "tlpi_hdr.h"

int
```

```
main(int argc, char *argv[])
{
    void *libHandle;              /* Handle for shared library */
    void (*funcp)(void);         /* Pointer to function with no arguments */
    const char *err;

    if (argc != 3 || strcmp(argv[1], "--help") == 0)
        usageErr("%s lib-path func-name\n", argv[0]);

    /* Load the shared library and get a handle for later use */

    libHandle = dlopen(argv[1], RTLD_LAZY);
    if (libHandle == NULL)
        fatal("dlopen: %s", dlerror());

    /* Search library for symbol named in argv[2] */

    (void) dlerror();                              /* Clear dlerror() */
    *(void **) (&funcp) = dlsym(libHandle, argv[2]);
    err = dlerror();
    if (err != NULL)
        fatal("dlsym: %s", err);

    /* If the address returned by dlsym() is non-NULL, try calling it
       as a function that takes no arguments */

    if (funcp == NULL)
        printf("%s is NULL\n", argv[2]);
    else
        (*funcp)();

    dlclose(libHandle);                            /* Close the library */

    exit(EXIT_SUCCESS);
}
```

—— **shlibs/dynload.c**

42.1.4 关闭共享库：dlclose()

dlclose()函数关闭一个库。

```
#include <dlfcn.h>

int dlclose(void *handle);
```
$$\text{Returns 0 on success, or } -1 \text{ on error}$$

　　dlclose()函数会减小 handle 所引用的库的打开引用的系统计数。如果这个引用计数变成了 0 并且其他库已经不需要用到该库中的符号了，那么就会卸载这个库。系统也会在这个库的依赖树中的库执行（递归地）同样的过程。当进程终止时会隐式地对所有库执行 dlclose()。

　　从 glibc 2.2.3 开始，共享库中的函数可以使用 atexit()（或 on_exit()）来设置一个在库被卸载时自动调用的函数。

42.1.5　获取与加载的符号相关的信息：dladdr()

dladdr()返回一个包含地址 addr（通常通过前面的 dlsym()调用获得）的相关信息的结构。

```
#define _GNU_SOURCE
#include <dlfcn.h>

int dladdr(const void *addr, Dl_info *info);
        Returns nonzero value if addr was found in a shared library, otherwise 0
```

info 参数是一个指向由调用者分配的结构的指针，其结构形式如下。

```
typedef struct {
    const char *dli_fname;          /* Pathname of shared library
                                       containing 'addr' */
    void       *dli_fbase;          /* Base address at which shared
                                       library is loaded */
    const char *dli_sname;          /* Name of nearest run-time symbol
                                       with an address <= 'addr' */
    void       *dli_saddr;          /* Actual value of the symbol
                                       returned in 'dli_sname' */
} Dl_info;
```

Dl_info 结构中的前两个字段指定了包含地址 addr 的共享库的路径名和运行时基地址。最后两个字段返回地址相关的信息。假设 addr 指向共享库中一个符号的确切地址，那么 dli_saddr 返回的值与传入的 addr 值一样。

SUSv3 并没有规定 dladdr()，所有 UNIX 实现也都没有提供这个函数。

42.1.6　在主程序中访问符号

假设使用 dlopen()动态加载了一个共享库，然后使用 dlsym()获取了共享库中 x()函数的地址，接着调用 x()。如果在 x()中调用了函数 y()，那么通常会在程序加载的其中一个共享库中搜索 y()。

有些时候需要让 x()调用主程序中的 y()实现（类似于回调机制）。为了达到这个目的就必须要使主程序中的符号（全局作用域）对动态链接器可用，即在链接程序时使用--export-dynamic 链接器选项。

```
$ gcc -Wl,--export-dynamic main.c      (plus further options and arguments)
```

或者可以编写下面这个等价的命令。

```
$ gcc -export-dynamic main.c
```

使用这些选项中的一个就能够允许动态加载的库访问主程序中的全局符号。

> gcc –rdynamic 选项和 gcc –Wl、–E 选项的含义，以及–Wl、--export–dynamic 是一样的。

42.2　控制符号的可见性

设计良好的共享库应该只公开那些构成其声明的应用程序二进制接口（ABI）的符号（函数和变量），其原因如下。

- 如果共享库的设计人员不小心导出了未详细说明的接口，那么使用这个库的应用程序的作者可能会选择使用这些接口。这样在将来升级共享库时可能会带来兼容性问题。库的开发人员认为可以修改或删除那些不属于文档中记录的 ABI 中的接口，而库的用户则希望继续使用名称与他们当前正在使用的接口名称一样的接口（同时语义保持不变）。

- 在运行时符号解析阶段，由共享库导出的所有符号可能会优先于其他共享库提供的相关定义（参见 41.12 节）。
- 导出非必需的符号会增加在运行时需加载的动态符号表的大小。

当库的设计人员确保只导出那些库的声明的 ABI 所需的符号就能使上述问题发生的可能性降到最低或避免上述问题的发生。下列技术可以用来控制符号的导出。

- 在 C 程序中可以使用 static 关键词使得一个符号私有于一个源代码模块，从而使得它无法被其他目标文件绑定。

> 除了使一个符号私有于源代码模块之外，static 关键词还能达到一个相反的效果。如果一个符号被标记为 static，那么在同一源文件中对该符号的所有引用会被绑定到该符号的定义上，其结果是这些引用在运行时不会被关联到其他共享库中的相应定义上（以 41.12 节中描述的方式）。static 关键词的这种效果类似于 41.12 节中介绍的链接器选项，但差别在于 static 关键词只影响单个源文件中的单个符号。

- GNU C 编译器 gcc 提供了一个特有的特性声明，它执行与 static 关键词类似的任务。

```
void
__attribute__ ((visibility("hidden")))
func(void) {
    /* Code */
}
```

static 关键词将一个符号的可见性限制在单个源代码文件中，而 hidden 特性使得一个符号对构成共享库的所有源代码文件都可见，但对库之外的文件不可见。

> 与 static 关键词一样，hidden 特性也能达到一个相反的效果，即防止在运行时发生符号插入。

- 版本脚本（参见 42.3 节）可以用来精确控制符号的可见性以及选择将一个引用绑定到符号的哪个版本。
- 当动态加载一个共享库时（参见 42.1.1 节），dlopen()接收的 RTLD_GLOBAL 标记可以用来指定这个库中定义的符号应该用于后续加载的库中的绑定操作，--export-dynamic 链接器选项（参见 42.1.6 节）可以用来使主程序的全局符号对动态加载的库可用。

更多有关符号可见性方面的细节信息可以参见[Drepper, 2004 (b)]。

42.3　链接器版本脚本

版本脚本是一个包含链接器 ld 执行的指令的文本文件。要使用版本脚本必须要指定 --version-script 链接器选项。

```
$ gcc -Wl,--version-script,myscriptfile.map ...
```

版本脚本的后缀通常（但不统一）是.map。

下面几节将介绍版本脚本的几个用途。

42.3.1 使用版本脚本控制符号的可见性

版本脚本的一个用途是控制那些可能会在无意中变成全局可见（即对与该库进行链接的应用程序可见）的符号的可见性。举一个简单的例子，假设需要从三个源文件 vis_comm.c、vis_f1.c 以及 vis_f2.c 中构建一个共享库，这三个源文件分别定义了函数 vis_comm()、vis_f1() 以及 vis_f2()。vis_comm()函数由 vis_f1() 和 vis_f2()调用，但不想被与该库进行链接的应用程序直接使用。再假设使用常规的方式来构建共享库。

```
$ gcc -g -c -fPIC -Wall vis_comm.c vis_f1.c vis_f2.c
$ gcc -g -shared -o vis.so vis_comm.o vis_f1.o vis_f2.o
```

如果使用下面的 readelf 命令来列出该库导出动态符号，那么就会看到下面的输出。

```
$ readelf --syms --use-dynamic vis.so | grep vis_
    30  12: 00000790    59    FUNC GLOBAL DEFAULT 10 vis_f1
    25  13: 000007d0    73    FUNC GLOBAL DEFAULT 10 vis_f2
    27  16: 00000770    20    FUNC GLOBAL DEFAULT 10 vis_comm
```

这个共享库导出了三个符号：vis_comm()、vis_f1()以及 vis_f2()，但这里需要确保这个库只导出 vis_f1()和 vis_f2()符号。这种效果可以通过下面的版本脚本来实现。

```
$ cat vis.map
VER_1 {
    global:
        vis_f1;
        vis_f2;
    local:
        *;
};
```

标识符 VER_1 是一种版本标签。在 42.3.2 节对符号版本化的讨论中将会看到一个版本脚本可以包含多个版本节点，每个版本节点以括号（{}）组织起来并且在括号前面设置一个唯一的版本标签。如果使用版本脚本只是为了控制符号的可见性，那么版本标签是多余的，但老版本的 ld 仍然需要用到这个标签。ld 的现代版本允许省略版本标签，如果省略了版本标签的话就认为版本节点拥有一个匿名版本标签并且在这个脚本中不能存在其他版本节点。

在版本节点中，关键词 global 标记出了以分号分隔的对库之外的程序可见的符号列表的起始位置，关键词 local 标记出了以分号分隔的对库之外的程序隐藏的符号列表的起始位置。上面的星号(*)说明在符号规范中可以使用掩码模式，所使用的掩码字符与 shell 文件名匹配中使用的掩码字符是一样的——如*和?。（更多细节请参考 glob(7)手册。）在本例中，local 规范中的星号表示除了在 global 段中显式声明的符号之外的所有符号都对外隐藏。如果不这样声明，那么 vis_comm()仍然是可见的，因为在默认情况下 C 全局符号对共享库之外的程序是可见的。

接着可以像下面这样使用版本脚本来构建共享库。

```
$ gcc -g -c -fPIC -Wall vis_comm.c vis_f1.c vis_f2.c
$ gcc -g -shared -o vis.so vis_comm.o vis_f1.o vis_f2.o \
    -Wl,--version-script,vis.map
```

再次使用 readelf 可以看出 vis_comm()不再对外可见了。

```
$ readelf --syms --use-dynamic vis.so | grep vis_
    25   0: 00000730    73    FUNC GLOBAL DEFAULT 11 vis_f2
    29  16: 000006f0    59    FUNC GLOBAL DEFAULT 11 vis_f1
```

42.3.2 符号版本化

符号版本化允许一个共享库提供同一个函数的多个版本。每个程序会使用它与共享库进行（静态）链接时函数的当前版本。这种处理方式的结果是可以对共享库进行不兼容的改动而无需提升库的主要版本号。从极端的角度来讲，符号版本化可以取代传统的共享库主要和次要版本化模型。glibc 从 2.1 开始使用了这种符号版本化技术，因此 glibc 2.0 以及之前的所有版本都是通过单个主要库版本（libc.so.6）来支持的。

下面通过一个简单的例子来展示符号版本化的用途。首先使用一个版本脚本来创建共享库的第一个版本。

```
$ cat sv_lib_v1.c
#include <stdio.h>

void xyz(void) { printf("v1 xyz\n"); }
$ cat sv_v1.map
VER_1 {
        global: xyz;
        local: *;       # Hide all other symbols
};
$ gcc -g -c -fPIC -Wall sv_lib_v1.c
$ gcc -g -shared -o libsv.so sv_lib_v1.o -Wl,--version-script,sv_v1.map
```

在版本脚本中，#开启了一段注释。

（为了使例子尽量简单点，这里没有使用显式的库 soname 和库主要版本号。）

在这个阶段，版本脚本 sv_v1.map 只用来控制共享库的符号的可见性，即只导出 xyz()，同时隐藏其他所有符号（在这个简短的例子中没有其他符号了）。接着创建一个程序 pl 来使用这个库。

```
$ cat sv_prog.c
#include <stdlib.h>

int
main(int argc, char *argv[])
{
    void xyz(void);

    xyz();

    exit(EXIT_SUCCESS);
}
$ gcc -g -o p1 sv_prog.c libsv.so
```

运行这个程序之后就能看到预期的结果。

```
$ LD_LIBRARY_PATH=. ./p1
v1 xyz
```

现在假设需要修改库中 xyz() 的定义，但同时仍然需要确保程序 pl 继续使用老版本的函数。为完成这个任务，必须要在库中定义两个版本的 xyz()。

```
$ cat sv_lib_v2.c
#include <stdio.h>

__asm__(".symver xyz_old,xyz@VER_1");
__asm__(".symver xyz_new,xyz@@VER_2");
```

```
void xyz_old(void) { printf("v1 xyz\n"); }

void xyz_new(void) { printf("v2 xyz\n"); }

void pqr(void) { printf("v2 pqr\n"); }
```

这里两个版本的 xyz() 是通过函数 xyz_old() 和 xyz_new() 来实现的。xyz_old() 函数对应于原来的 xyz() 定义，pl 程序应该继续使用这个函数。xyz_new() 函数提供了与库的新版本进行链接的程序所使用的 xyz() 的定义。

修改过的版本脚本（稍后给出）中的两个 .symver 汇编器指令将这两个函数绑定到了两个不同的版本标签上，下面将使用这个脚本来创建共享库的新版本。第一个指令指示与版本标签 VER_1 进行链接的应用程序（即程序 pl）所使用的 xyz() 的实现是 xyz_old()，与版本标签 VER_2 进行链接的应用程序所使用的 xyz() 的实现是 xyz_new()。

第二个 .symver 指令使用 @@（不是 @）来指示当应用程序与这个共享库进行静态链接时应该使用的 xyz() 的默认定义。一个符号的 .symver 指令中应该只有一个指令使用 @@ 标记。

下面是与修改过之后的库对应的版本脚本。

```
$ cat sv_v2.map
VER_1 {
      global: xyz;
      local:  *;        # Hide all other symbols
};

VER_2 {
      global: pqr;
} VER_1;
```

这个版本脚本提供了一个新版本标签 VER_2，它依赖于标签 VER_1。这种依赖关系是通过下面这行进行标记的。

```
} VER_1;
```

版本标记依赖表明了相邻两个库版本之间的关系。从语义上来讲，Linux 上的版本标签依赖的唯一效果是版本节点可以从它所依赖的版本节点中继承 global 和 local 规范。

依赖可以串联起来，这样就可以定义另一个依赖于 VER_2 的版本节点 VER_3 并以此类推地定义其他版本节点。

版本标签名本身是没有任何意义的，它们相互之间的关系是通过制定的版本依赖来确定的，因此这里选择名称 VER_1 和 VER_2 仅仅为了暗示它们之间的关系。为了便于维护，建议在版本标签名中包含包名和一个版本号。如 glibc 会使用名为 GLIBC_2.0 和 GLIBC_2.1 之类的版本标签名。

VER_2 版本标签还指定了将库中的 pqr() 函数导出并绑定到 VER_2 版本标签。如果没有通过这种方式来声明 pqr()，那么 VER_2 版本标签从 VER_1 版本标签继承而来的 local 规范将会使 pqr() 对外不可见。还需注意的是如果省略了 local 规范，那么库中的 xyz_old() 和 xyz_new() 符号也会被导出（这通常不是期望发生的事情）。

现在按照以往方式构建库的新版本。

```
$ gcc -g -c -fPIC -Wall sv_lib_v2.c
$ gcc -g -shared -o libsv.so sv_lib_v2.o -Wl,--version-script,sv_v2.map
```

现在创建一个新程序 p2，它使用了 xyz() 的新定义，同时程序 p1 使用了旧版的 xyz()。

```
$ gcc -g -o p2 sv_prog.c libsv.so
$ LD_LIBRARY_PATH=. ./p2
v2 xyz                                              Uses xyz@VER_2
$ LD_LIBRARY_PATH=. ./p1
v1 xyz                                              Uses xyz@VER_1
```

可执行文件的版本标签依赖是在静态链接时进行记录的。使用 objdump -t 可以打印出每个可执行文件的符号表，从而能够显示出两个程序中不同的版本标签依赖。

```
$ objdump -t p1 | grep xyz
08048380       F *UND*  0000002e       xyz@@VER_1
$ objdump -t p2 | grep xyz
080483a0       F *UND*  0000002e       xyz@@VER_2
```

还可以使用 readelf -s 获取类似的信息。

> 更多有关符号版本化的信息可以通过使用命令 info ld scripts version 以及访问 http://people.redhat.com/drepper/symbol-versioning 来获得。

42.4　初始化和终止函数

可以定义一个或多个在共享库被加载和卸载时自动执行的函数，这样在使用共享库时就能够完成一些初始化和终止工作了。不管库是自动被加载还是使用 dlopen 接口（参见 42.1 节）显式加载的，初始化函数和终止函数都会被执行。

初始化和终止函数是使用 gcc 的 constructor 和 destructor 特性来定义的。在库被加载时需要执行的所有函数都应该定义成下面的形式。

```
void __attribute__ ((constructor)) some_name_load(void)
{
    /* Initialization code */
}
```

类似地，卸载函数的形式如下。

```
void __attribute__ ((destructor)) some_name_unload(void)
{
    /* Finalization code */
}
```

读者可以根据需要使用其他名字替换函数名 some_name_load()和 some_name_unload()。

> 使用 gcc 的 constructor 和 destructor 特性还能创建主程序的初始化函数和终止函数。

_init()和_fini()函数

用来完成共享库的初始化和终止工作的一项较早的技术是在库中创建两个函数_init()和_fini()。当库首次被进程加载时会执行 void _init(void)中的代码，当库被卸载时会执行 void _fini(void)函数中的代码。

如果创建了_init()和_fini()函数，那么在构建共享库时必须要指定 gcc -nostartfiles 选项以防止链接器加入这些函数的默认实现。（如果需要的话可以使用-Wl,-init 和-Wl,-fini 链接器选项来指定函数的名称。）

有了 gcc 的 constructor 和 destructor 特性之后已经不建议使用_init()和_fini()函数了，因为 gcc 的 constructor 和 destructor 特性允许定义多个初始化和终止函数。

42.5　预加载共享库

出于测试的目的，有些时候可以有选择地覆盖一些正常情况下会被动态链接器按照 41.11 节中介绍的规则找出的函数（以及其他符号）。要完成这个任务可以定义一个环境变量 LD_PRELOAD，其值由在加载其他共享库之前需加载的共享库名称构成，其中共享库名称之间用空格或冒号分隔。由于首先会加载这些共享库，因此可执行文件自动会使用这些库中定义的函数，从而覆盖那些动态链接器在其他情况下会搜索的同名函数。如假设有一个程序调用了函数 x1() 和 x2()，并且这两个函数在 libdemo 库中进行了定义。这样当运行这个程序时会看到下面这样的输出。

```
$ ./prog
Called mod1-x1 DEMO
Called mod2-x2 DEMO
```

（在本例中假设共享库位于其中一个标准目录中，因此无需使用 LD_LIBRARY_PATH 环境变量。）

接着需要覆盖函数 x1()，这可以通过创建另一个包含了不同的 x1() 定义的共享库 libalt.so 来完成。在运行这个程序时预加载这个库会得到下面的输出。

```
$ LD_PRELOAD=libalt.so ./prog
Called mod1-x1 ALT
Called mod2-x2 DEMO
```

从上面的输出可以看出程序调用了 libalt.so 中定义的 x1()，但 libalt.so 并没有定义 x2()，因此对 x2() 的调用仍然会调用 libdemo.so 中定义的 x2() 函数。

LD_PRELOAD 环境变量控制着进程级别的预加载行为。或者可以使用/etc/ld.so.preload 文件来在系统层面完成同样的任务，该文件列出了以空格分隔的库列表。（LD_PRELOAD 指定的库将在加载/etc/ld.so.preload 指定的库之前加载。）

出于安全原因，set-user-ID 和 set-group-ID 程序忽略了 LD_PRELOAD。

42.6　监控动态链接器：LD_DEBUG

有些时候需要监控动态链接器的操作以弄清楚它在搜索哪些库，这可以通过 LD_DEBUG 环境变量来完成。通过将这个变量设置为一个（或多个）标准关键词可以从动态链接器中得到各种跟踪信息。

如果将 help 赋给 LD_DEBUG，那么动态链接器会输出有关 LD_DEBUG 的帮助信息，而指定的命令不会被执行。

```
$ LD_DEBUG=help date
Valid options for the LD_DEBUG environment variable are:

    libs        display library search paths
    reloc       display relocation processing
    files       display progress for input file
    symbols     display symbol table processing
    bindings    display information about symbol binding
    versions    display version dependencies
    all         all previous options combined
    statistics  display relocation statistics
```

```
    unused       determine unused DSOs
    help         display this help message and exit
```

要将调试信息输出到一个文件中而不是标准输出中，则可以使用 LD_DEBUG_OUTPUT
环境变量指定一个文件名。

当请求与跟踪库搜索相关的信息时会产生很多输出，下面的例子对输出进行了删减。

```
$ LD_DEBUG=libs date
    10687:       find library=librt.so.1 [0]; searching
    10687:        search cache=/etc/ld.so.cache
    10687:         trying file=/lib/librt.so.1
    10687:       find library=libc.so.6 [0]; searching
    10687:        search cache=/etc/ld.so.cache
    10687:         trying file=/lib/libc.so.6
    10687:       find library=libpthread.so.0 [0]; searching
    10687:        search cache=/etc/ld.so.cache
    10687:         trying file=/lib/libpthread.so.0
    10687:       calling init: /lib/libpthread.so.0
    10687:       calling init: /lib/libc.so.6
    10687:       calling init: /lib/librt.so.1
    10687:       initialize program: date
    10687:       transferring control: date
Tue Dec 28 17:26:56 CEST 2010
    10687:       calling fini: date [0]
    10687:       calling fini: /lib/librt.so.1 [0]
    10687:       calling fini: /lib/libpthread.so.0 [0]
    10687:       calling fini: /lib/libc.so.6 [0]
```

每一行开头处的 10687 是指所跟踪的进程的进程 ID，当监控多个进程（如父进程和子进
程）时会用到这个值。

在默认情况下，LD_DEBUG 的输出会被写到标准错误上，但可以将一个路径名赋给环境
变量 LD_DEBUG_OUTPUT 来将输出重定向到其他地方。

如果需要的话可以给 LD_DEBUG 赋多个选项，各个选项之间用逗号分隔（不能出现空
格）。symbols 选项（跟踪动态链接器的符号解析）的输出特别多。

LD_DEBUG 对于由动态链接器隐式加载的库和使用 dlopen()动态加载的库都有效。

出于安全的原因，在 set-user-ID 和 set-setgroup-ID 程序中将会忽略 LD_DEBUG（自 glibc
2.2.5 起）。

42.7   总结

动态链接器提供了 dlopen API，它允许程序在运行时显式地加载其他共享库，这样程序就
能够实现插件功能了。

共享库设计的一个重要方面是控制符号的可见性，这样库就能够只导出那些与该库进行
链接的程序需要用到的符号了。本章介绍了几项用来控制符号可见性的技术。在这些技术中，
版本脚本对符号可见性控制的粒度最细。

本章还介绍了如何使用版本脚本来实现一个共享库导出同一符号的多个定义以供与该库
进行链接的不同应用程序使用的模型。（各个应用程序使用它与库进行链接链接时符号的当前
定义。）这项技术为传统的在共享库真实名称中使用主要和次要版本号来继续版本化管理的方
式提供了一个替代方案。

在共享库中定义初始化和终止函数允许在加载和卸载库时自动执行一段代码。

使用 LD_PRELOAD 环境变量能够预加载共享库。使用这种机制就能够有选择地覆盖那些动态链接器在正常情况下会在其他共享库中找到的函数和符号。

可以将各种值赋给 LD_DEBUG 环境变量以监控动态链接器的操作。

更多信息

更多信息请参考在 41.14 节中列出的信息源。

42.8　习题

42-1. 编写一个程序来验证当使用 dlclose() 关闭一个库时如果其中的符号还在被其他库使用的话将不会卸载这个库。

42-2. 在程序清单 42-1 中的程序（dynload.c）中添加一个 dladdr() 调用以获取与 dlsym() 返回的地址有关的信息。打印出返回的 Dl_info 结构中各个字段的值并验证这些值是否与预期的值一样。

第43章

进程间通信简介

本章将对进程和线程之间用来相互通信和同步操作的工具进行一个简要的介绍,下面的章节将会深入介绍这些工具的细节信息。

43.1　IPC 工具分类

图 43-1 总结了 UNIX 系统上各种通信和同步工具,并根据功能将它们分成了三类。

- 通信:这些工具关注进程之间的数据交换。
- 同步:这些进程关注进程和线程操作之间的同步。
- 信号:尽管信号的主要作用并不在此,但在特定场景下仍然可以将它作为一种同步技术。更罕见的是信号还可以作为一种通信技术:信号编号本身是一种形式的信息,并且可以在实时信号上绑定数据(一个整数或指针)。第 20 章到第 22 章对信号进行了介绍。

尽管其中一些工具关注的是同步,但通用术语进程间通信(IPC)通常指代所有这些工具。

从图 43-1 中可以看出,通常几个工具会提供类似的 IPC 功能,之所以会这样是出于下列原因。

- 不同的工具在不同的 UNIX 实现上各自进行演化,随后被移植到了其他 UNIX 系统上。如 FIFO 首先是在 System V 上实现的,而(流)socket 是首先是在 BSD 上实现的。
- 新工具被开发出来用于弥补之前类似的工具存在的不足。如 POSIX IPC 工具(消息队列、信号量以及共享内存)是对较早的 System V IPC 工具的改进。

图 43-1 中被分成一组的工具在一些场景中会提供完全不同的功能。如流 socket 可以用来在网络上通信,而 FIFO 则只能用来在同一机器上的进程间进行通信。

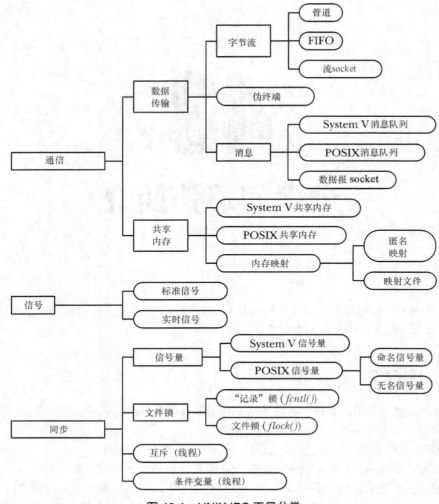

图 43-1：UNIX IPC 工具分类

43.2　通信工具

图 43-1 中列出的各种通信工具允许进程间相互交换数据。（这些工具还可以用来在同一个进程中不同线程之间交换数据，但很少需要这样做，因为线程之间可以通过共享全局变量来交换信息。）

可以将通信工具分成两类。

- 数据传输工具：区分这些工具的关键因素是写入和读取的概念。为了进行通信，一个进程将数据写入到 IPC 工具中，另一个进程从中读取数据。这些工具要求在用户内存和内核内存之间进行两次数据传输：一次传输是在写入的时候从用户内存到内核内存，另一次传输是在读取的时候从内核内存到用户内存。（图 43-2 展示了管道

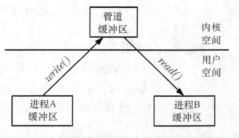

图 43-2：使用管道在两个进程间交换数据

在这一场景中的用法。）

- 共享内存：共享内存允许进程通过将数据放到由进程间共享的一块内存中以完成信息的交换。（内核通过将每个进程中的页表条目指向同一个 RAM 分页来实现这一功能，如图 49-2 所示。）一个进程可以通过将数据放到共享内存块中使得其他进程读取这些数据。由于通信无需系统调用以及用户内存和内核内存之间的数据传输，因此共享内存的速度非常快。

数据传输

可以进一步将数据传输工具分成下列类别。

- 字节流：通过管道、FIFO 以及数据报 socket 交换的数据是一个无分隔符的字节流。每个读取操作可能会从 IPC 工具中读取任意数量的字节，不管写者写入的块的大小是什么。这个模型参考了传统的 UNIX"文件是一个字节序列"模型。
- 消息：通过 System V 消息队列、POSIX 消息队列以及数据报 socket 交换的数据是以分隔符分隔的消息。每个读取操作读取由写者写入的一整条消息，无法只读取部分消息，而把剩余部分留在 IPC 工具中，也无法在一个读取操作中读取多条消息。
- 伪终端：伪终端是一种在特殊情况下使用的通信工具，在 64 章将会介绍有关伪终端的详细信息。

数据传输工具和共享内存之间的差别包括以下几个方面。

- 尽管一个数据传输工具可能会有多个读取者，但读取操作是具有破坏性的。读取操作会消耗数据，其他进程将无法获取所消耗的数据。

在 socket 中可以使用 MSG_PEEK 标记来执行非破坏性读取（参见 61.3 节）。UDP（Internet domain datagram）socket 允许将一条消息广播或组播到多个接收者处（参见 61.12 节）。

- 读取者和写者进程之间的同步是原子的。如果一个读取者试图从一个当前不包含数据的数据传输工具中读取数据，那么在默认情况下读取操作会被阻塞直至一些进程向该工具写入了数据。

共享内存

大多数现代 UNIX 系统提供了三种形式的共享内存：System V 共享内存、POSIX 共享内存以及内存映射。在后面介绍这些工具的章节中将会描述它们之间的差别（特别是在 54.5 节中）。

下面是使用共享内存时的注意点。

- 尽管共享内存的通信速度更快，但速度上的优势是用来弥补需要对在共享内存上发生的操作进行同步的不足的。如当一个进程正在更新共享内存中的一个数据结构时，另一个进程就不应该试图读取这个数据结构。在共享内存中，信号量通常用来作为同步方法。
- 放入共享内存中的数据对所有共享这块内存的进程可见。（这与上面数据传输工具中介绍的破坏性读取语义不同。）

43.3 同步工具

通过图 43-1 中的同步工具可以协调进程的操作。通过同步可以防止进程执行诸如同时更新一块共享内存或同时更新文件的同一个数据块之类的操作。如果没有同步，那么这种同时更新的操作可能会导致应用程序产生错误的结果。

UNIX 系统提供了下列同步工具。

- 信号量：一个信号量是一个由内核维护的整数，其值永远不会小于 0。一个进程可以增加或减小一个信号量的值。如果一个进程试图将信号量的值减小到小于 0，那么内核会阻塞该操作直至信号量的值增长到允许执行该操作的程度。（或者进程可以要求执行一个非阻塞操作，那么就不会发生阻塞，内核会让该操作立即返回并返回一个标示无法立即执行该操作的错误。）信号量的含义是由应用程序来确定的。一个进程减小一个信号量（如从 1 到 0）是为了预约对某些共享资源的独占访问，在完成了资源的使用之后可以增加信号量来释放共享资源以供其他进程使用。最常用的信号量是二元信号量——一个值只能是 0 或 1 的信号量，但处理一类共享资源拥有多个实例的应用程序需要使用最大值等于共享资源数量的信号量。Linux 既提供了 System V 信号量，又提供了 POSIX 信号量，它们的功能是类似的。

- 文件锁：文件锁是设计用来协调操作同一文件的多个进程的动作的一种同步方法。它也可以用来协调对其他共享资源的访问。文件锁分为两类：读（共享）锁和写（互斥）锁。任意进程都可以持有同一文件（或一个文件的某段区域）的读锁，但当一个进程持有了一个文件（或文件区域）的写锁之后，其他进程将无法获取该文件（或文件区域）上的读锁和写锁。Linux 通过 flock()和 fcntl()系统调用来提供文件加锁工具。flock()系统调用提供了一种简单的加锁机制，允许进程将一个共享或互斥锁加到整个文件上。由于功能有限，现在已经很少使用 flock()这个加锁工具了。fcntl()系统调用提供了记录加锁，允许进程在同一文件的不同区域上加上多个读锁和写锁。

- 互斥体和条件变量：这些同步工具通常用于 POSIX 线程，第 30 章对此进行了介绍。

> 一些 UNIX 实现，包括安装了能提供 NPTL 线程实现的 glibc 的 Linux 系统，允许在进程间共享互斥体和条件变量。SUSv3 允许但并不要求实现支持进程间共享的互斥体和条件变量。所有 UNIX 系统都没有提供这个功能，因此很少使用它们来进行进程同步。

在执行进程间同步时通常需要根据功能需求来选择工具。当协调对文件的访问时文件记录加锁通常是最佳的选择，而对于协调对其他共享资源的访问来讲，信号量通常是更佳的选择。

通信工具也可以用来进行同步。如在 44.3 节中使用了一个管道来同步父进程与子进程的动作。一般来讲，所有数据传输工具都可以用来同步，只是同步操作是通过在工具中交换消息来完成的。

> 自内核 2.6.22 起，Linux 通过 eventfd()系统调用额外提供了一种非标准的同步机制。这个系统调用创建了一个 eventfd 对象，该对象拥有一个相关的由内核维护的 8 字节无符号整数，它返回一个指向该对象的文件描述符。向这个文件描述符中写入一个整数将会把该整数加到对象值上。当对象值为 0 时对该文件描述符的 read()操作将会被阻塞。如果对象的值非零，那么 read()会返回该值并将对象值重置为 0。此外，可以使用 poll()、select()以及 epoll 来测试对象值是否为非零，如果是非零的话就表示文件描述符可读。使用 eventfd 对象进行同步的应用程序必须要首先使用 eventfd()创建该对象，然后调用 fork()创建继承指向该对象的文件描述符的相关进程。更多细节信息可参考 eventfd(2)手册。

43.4 IPC 工具比较

在需要使用 IPC 时会发现有很多选择，读者在一开始可能会对这些选择感到迷惑。在后面介绍各个 IPC 工具的章节中将会把每个工具与其他类似的工具进行比较。下面介绍在确定选择何种 IPC 工具时通常需要考虑的事项。

IPC 对象标识和打开对象的句柄

要访问一个 IPC 对象，进程必须要通过某种方式来标识出该对象，一旦将对象"打开"之后，进程必须要使用某种句柄来引用该打开着的对象。表 43-1 对各种类型的 IPC 工具的属性进行了总结。

表 43-1：各种 IPC 工具的标识符和句柄

工 具 类 型	用于识别对象的名称	用于在程序中引用对象的句柄
管道	没有名称	文件描述符
FIFO	路径名	文件描述符
UNIX domain socket	路径名	文件描述符
Internet domain socket	IP 地址+端口号	文件描述符
System V 消息队列	System V IPC 键	System V IPC 标识符
System V 信号量	System V IPC 键	System V IPC 标识符
System V 共享内存	System V IPC 键	System V IPC 标识符
POSIX 消息队列	POSIX IPC 路径名	mqd_t (消息队列描述符)
POSIX 命名信号量	POSIX IPC 路径名	sem_t * (信号量指针)
POSIX 无名信号量	没有名称	sem_t * (信号量指针)
POSIX 共享内存	POSIX IPC 路径名	文件描述符
匿名映射	没有名称	无
内存映射文件	路径名	文件描述符
flock()文件锁	路径名	文件描述符
fcntl()文件锁	路径名	文件描述符

功能

各种 IPC 工具在功能上是存在差异的，因此在确定使用何种工具时需要考虑这些差异。下面首先对数据传输工具盒共享内存之间的差异进行总结。

* 数据传输工具提供了读取和写入操作，传输的数据只供一个读者进程消耗。内核会自动处理读者和写者之间的流控以及同步（这样当读者试图从当前为空的工具中读取数据时将会阻塞）。在很多应用程序设计中，这个模型都表现得很好。
* 其他应用程序设计则更适合采用共享内存的方式。一个进程通过共享内存能够使数据对共享同一内存区域的所有进程可见。通信"操作"是比较简单的——进程可以像访问自己的虚拟地址空间中的内存那样访问共享内存中的数据。另一个方面，同步处理（可能还会有流控）会增加共享内存设计的复杂性。在需要维护共享状态（如共享数

据结构）的应用程序中，这个模型表现得很好。

关于各种数据传输工具，下面几点是值得注意的。

- 一些数据传输工具以字节流的形式传输数据（管道、FIFO 以及流 socket），另一些则是面向消息的（消息队列和数据报 socket）。到底选择何种方法则需要依赖于应用程序。（应用程序也可以在一个字节流工具上应用面向消息的模型，这可以通过使用分隔字符、固定长度的消息，或对整条消息长度进行编码的消息头来实现，具体可参考 44.8 节）。

- 与其他数据传输工具相比，System V 和 POSIX 消息队列特有的一个特性是它们能够给消息赋一个数值类型或优先级，这样递送消息的顺序就可以与发送消息的顺序不同了。

- 管道、FIFO 以及 socket 是使用文件描述符来实现的。这些 IPC 工具都支持第 63 章中介绍的一组 I/O 模型：I/O 多路复用（select()和 poll()系统调用）、信号驱动的 I/O、以及 Linux 特有的 epoll API。这些技术的主要优势在于它们允许应用程序同时监控多个文件描述符以判断是否可以在某些文件描述符上执行 I/O 操作。与之相比，System V 消息队列没有使用文件描述符，因此并不支持这些技术。

> 在 Linux 上，POSIX 消息队列也是使用文件描述符来实现的，因此也支持上面介绍的各种 I/O 技术。但 SUSv3 并没有规定这种行为，因此在大多数实现上并不支持这些技术。

- POSIX 消息队列提供了一个通知工具，当一条消息进入了一个之前为空的队列中时可以使用它来向进程发送信号或实例化一个新线程。

- UNIX domain socket 提供了一个特性允许在进程间传递文件描述符。这样一个进程就能够打开一个文件并使之对另一个本来无法访问该文件的进程可用，在 61.13.3 节中将会对此特性进行简要介绍。

- UDP（Internet domain datagram）socket 允许一个发送者向多个接收者广播或组播一条消息，在 61.12 节中将会对此特性进行简要介绍。

关于进程同步工具，下面几点是值得注意的。

- 使用 fcntl()加上的记录锁由加锁的进程拥有。内核使用这种所有权属性来检测死锁（两个或多个进程持有的锁会阻塞对方后续的加锁请求的场景）。如果发生了死锁，那么内核会拒绝其中一个进程的加锁请求，因此会在 fcntl()调用中返回一个错误标示出死锁的发生。System V 和 POSIX 信号量并没有所有权属性，因此内核不会为信号量进行死锁检测。

- 当使用 fcntl()获得记录锁的进程终止之后会自动释放该记录锁。System V 信号量提供了一个类似的特性，即"撤销"特性，但这个特性仅在部分场景中可靠（参见 47.8 节）。POSIX 信号量并没有提供类似的特性。

网络通信

在图 43-1 中给出所有 IPC 方法中，只有 socket 允许进程通过网络来通信。socket 一般用于两个域中：一个是 UNIX domain，它允许位于同一系统上的进程进行通信；另一个是 Internet domain，它允许位于通过 TCP/IP 网络进行连接的不同主机上的进程进行通信。通常，将一个使用 UNIX domain socket 进行通信的程序转换成一个使用 Internet domain socket 进行通信的程序只需要做出微小的改动，这样只需要对使用 UNIX domain socket 的应用程序做较小的改动就可以将它应用于网络场景。

可移植性

现代 UNIX 实现支持图 43-1 中的大部分 IPC 工具，但 POSIX IPC 工具（消息队列、信号量以及共享内存）的普及程度远远不如 System V IPC，特别是在较早的 UNIX 系统上。（只有版本为 2.6.x 的 Linux 内核系列才提供了一个 POSIX 消息队列的实现以及对 POSIX 信号量的完全支持。）因此，从可移植性的角度来看，System V IPC 要优于 POSIX IPC。

System V IPC 设计问题

System V IPC 工具被设计成独立于传统的 UNIX I/O 模型，其结果是其中一些特性使得它的编程接口的用法更加复杂。相应的 POSIX IPC 工具被设计用来解决这些问题，特别是下面几点需要注意。

- System V IPC 工具是无连接的，它们没有提供引用一个打开的 IPC 对象的句柄（类似于文件描述符）的概念。在后面的章节中有时候会将"打开"一个 System V IPC 对象，但这仅仅是描述进程获取一个引用该对象的句柄的简便方式。内核不会记录进程已经"打开"了该对象（与其他 IPC 对象不同）。这意味着内核无法维护当前使用该对象的进程的引用计数，其结果是应用程序需要使用额外的代码来知道何时可以安全地删除一个对象。
- System V IPC 工具的编程接口与传统的 UNIX I/O 模型是不一致的（它们使用整数键值和 IPC 标识符，而不是路径名和文件描述符），并且这个编程接口也过于复杂了。这一点在 System V 信号量上表现得特别明显（参见 47.11 节和 53.5 节）。

相反，内核会为 POSIX IPC 对象记录打开的引用数，这样就简化了何时删除对象的决策。此外，POSIX IPC 提供的接口更加简单并且与传统的 UNIX 模型也更加一致。

可访问性

表 43-2 中的第二列总结了各种 IPC 工具的一个重要特性：权限模型控制着哪些进程能够访问对象。下面介绍各种模型的细节信息。

- 对于一些 IPC 工具（如 FIFO 和 socket），对象名位于文件系统中，可访问性是根据相关的文件权限掩码（指定了所有者、组和其他用户的权限）来确定的（参见 15.4 节）。虽然 System V IPC 对象并不位于文件系统中，但每个对象拥有一个相关的权限掩码，其语义与文件的权限掩码类似。
- 一些 IPC 工具（管道、匿名内存映射）被标记成只允许相关进程访问。这里"相关"指通过 fork() 关联的。为了使两个进程能够访问同一个对象，其中一个必须要创建该对象，然后调用 fork()。而 fork() 调用的结果就是子进程会继承引用该对象的一个句柄，这样两个进程就能够共享对象了。
- POSIX 的未命名信号量的可访问性是通过包含该信号量的共享内存区域的可访问性来确定的。
- 为了给一个文件加锁，进程必须要拥有一个引用该文件的文件描述符（即在实践中它必须要拥有打开文件的权限）。
- 对 Internet domain socket 的访问（即连接或发送数据报）没有限制。如果有需要的话，必须要在应用程序中实现访问控制。

表 43-2：各种 IPC 工具的可访问性和持久性

工 具 类 型	可 访 问 性	持 久 性
管道	仅允许相关进程	进程
FIFO	权限掩码	进程
UNIX domain socket	权限掩码	进程
Internet domain socket	任意进程	进程
System V 消息队列	权限掩码	内核
System V 信号量	权限掩码	内核
System V 共享内存	权限掩码	内核
POSIX 消息队列	权限掩码	内核
POSIX 命名信号量	权限掩码	内核
POSIX 无名信号量	相应内存的权限	依情况而定
POSIX 共享内存	权限掩码	内核
匿名映射	仅允许相关进程	进程
内存映射文件	权限掩码	文件系统
flock()文件锁	文件的 open()操作	进程
fcntl()文件锁	文件的 open()操作	进程

持久性

术语持久性是指一个 IPC 工具的生命周期。（参见表 43-2 中的第三列。）持久性有三种。

- 进程持久性：只要存在一个进程持有进程持久的 IPC 对象，那么该对象的生命周期就不会终止。如果所有进程都关闭了对象，那么与该对象的所有内核资源都会被释放，所有未读取的数据会被销毁。管道、FIFO 以及 socket 是进程持久的 IPC 工具。

> FIFO 的数据持久性与其名称的持久性是不同的。FIFO 在文件系统中拥有一个名称，当所有引用 FIFO 的文件描述符都被关闭之后该名称也是持久的。

- 内核持久性：只有当显式地删除内核持久的 IPC 对象或系统关闭时，该对象才会销毁。这种对象的生命周期与是否有进程打开该对象无关。这意味着一个进程可以创建一个对象，向其中写入数据，然后关闭该对象（或终止）。在后面某个时刻，另一个进程可以打开该对象，然后从中读取数据。具备内核持久性的工具包括 System V IPC 和 POSIX IPC。在后面章节中用来描述这些工具的示例程序中将会使用这个属性：对于每种工具都实现一个单独的程序，在程序中创建一个对象，然后删除该对象，并执行通信或同步操作。

- 文件系统持久性：具备文件系统持久性的 IPC 对象会在系统重启的时候保持其中的信息，这种对象一直存在直至被显式地删除。唯一一种具备文件系统持久性的 IPC 对象是基于内存映射文件的共享内存。

性能

在一些场景中，不同 IPC 工具的性能可能存在显著的差异。但在后面的章节中一般不会对它们的性能进行比较，其原因如下。

- 在应用程序的整体性能中，IPC 工具的性能的影响因素可能不是很大，并且确定选择何种 IPC 工具可能并不仅仅需要考虑其性能因素。
- 各种 IPC 工具在不同 UNIX 实现或 Linux 的不同内核中的性能可能是不同的。
- 最重要的是，IPC 工具的性能可能会受到使用方式和环境的影响。相关的因素包括每个 IPC 操作交换的数据单元的大小、IPC 工具中未读数据量可能很大、每个数据单元的交换是否需要进行进程上下文切换、以及系统上的其他负载。

如果 IPC 性能是至关紧要的，并且不存在应用程序在与目标系统匹配的环境中运行的性能基准，那么最好编写一个抽象软件层来向应用程序隐藏 IPC 工具的细节，然后在抽象层下使用不同的 IPC 工具来测试性能。

43.5 总结

本章概述了进程（以及线程）可用来相互通信和同步动作的各种工具。

Linux 提供的通信工具包括管道、FIFO、socket、消息队列以及共享内存。Linux 提供的同步工具包括信号量和文件锁。

在很多情况下在执行一个给定的任务时存在多种技术可用于通信和同步。本章以多种方式对不同的技术进行了比较，其目标是突出可能对技术选择产生影响的一些差异。

在后面的章节中将会深入介绍各种通信和同步工具。

43.6 习题

43-1. 编写一个程序来测量管道的带宽。在命令行参数中，程序应该接收需发送的数据块数目以及每个数据块的大小。在创建一个管道之后，程序将分成两个进程：一个子进程以尽可能快的速度向管道写入数据块，父进程读取数据块。在所有数据都被读取之后，父进程应该打印出所消耗的时间和带宽（每秒传输的字节数）。为不同的数据块大小测量带宽。

43-2. 使用 System V 消息队列、POSIX 消息队列、UNIX domain 流 socket 以及 UNIX domain 数据报 socket 来重做上面的练习。使用这些程序来比较各种 IPC 工具在 Linux 上的相对性能。读者如果能够使用其他 UNIX 实现，那么在那些系统上执行同样的比较。

第**44**章

管道和 FIFO

本章介绍管道和 FIFO。管道是 UNIX 系统上最古老的 IPC 方法，它在 20 世纪 70 年代早期 UNIX 的第三个版本上就出现了。管道为一个常见需求提供了一个优雅的解决方案：给定两个运行不同程序（命令）的进程，在 shell 中如何让一个进程的输出作为另一个进程的输入呢？管道可以用来在相关进程之间传递数据（读者阅读完后面的几页之后就能够理解"相关"的含义了）。FIFO 是管道概念的一个变体，它们之间的一个重要差别在于 FIFO 可以用于任意进程间的通信。

44.1　概述

每个 shell 用户都对在命令中使用管道比较熟悉，如下面这个统计一个目录中文件的数目的命令所示。

```
$ ls | wc -l
```

为执行上面的命令，shell 创建了两个进程来分别执行 ls 和 wc。（这是通过使用 fork()和 exec()来完成的，第 24 章和第 27 章分别对这两个函数进行了介绍。）图 44-1 展示了这两个进程是如何使用管道的。

图 44-1：使用管道连接两个进程

除了说明管道的用法之外，图 44-1 的另外一个目的是阐明管道这个名称的由来。可以将管道看成是一组铅管，它允许数据从一个进程流向另一个进程。

在图 44-1 中有一点值得注意的是两个进程都连接到了管道上，这样写入进程（ls）就将其标准输出（文件描述符为 1）连接到了管道的写入端，读取进程（wc）就将其标准输入（文件描述符为 0）连接到管道的读取端。实际上，这两个进程并不知道管道的存在，它们只是从标准文件描述符中读取数据和写入数据。shell 必须要完成相关的工作，在 44.4 节中将会介绍 shell 是如何完成这些工作的。

下面几个段落将会介绍管道的几个重要特征。

一个管道是一个字节流

当讲到管道是一个字节流时意味着在使用管道时是不存在消息或消息边界的概念的。从管道中读取数据的进程可以读取任意大小的数据块，而不管写入进程写入管道的数据块的大小是什么。此外，通过管道传递的数据是顺序的——从管道中读取出来的字节的顺序与它们被写入管道的顺序是完全一样的。在管道中无法使用 lseek() 来随机地访问数据。

如果需要在管道中实现离散消息的概念，那么就必须要在应用程序中完成这些工作。虽然这是可行的（参见 44.8 节），但如果碰到这种需求的话最好使用其他 IPC 机制，如消息队列和数据报 socket，本书在后面几个章节中就会介绍它们。

从管道中读取数据

试图从一个当前为空的管道中读取数据将会被阻塞直到至少有一个字节被写入到管道中为止。如果管道的写入端被关闭了，那么从管道中读取数据的进程在读完管道中剩余的所有数据之后将会看到文件结束（即 read() 返回 0）。

管道是单向的

在管道中数据的传递方向是单向的。管道的一段用于写入，另一端则用于读取。

在其他一些 UNIX 实现上——特别是那些从 System V Release 4 演化而来的系统——管道是双向的（所谓的流管道）。双向管道并没有在任何 UNIX 标准中进行规定，因此即使在提供了双向管道的实现上最好也避免依赖这种语义。作为替代方案，可以使用 UNIX domain 流 socket 对（通过使用 57.5 节中介绍的 socketpair() 系统调用来创建），它提供了一种标准的双向通信机制，并且其语义与流管道是等价的。

可以确保写入不超过 PIPE_BUF 字节的操作是原子的

如果多个进程写入同一个管道，那么如果它们在一个时刻写入的数据量不超过 PIPE_BUF 字节，那么就可以确保写入的数据不会发生相互混合的情况。

SUSv3 要求 PIPE_BUF 至少为_POSIX_PIPE_BUF（512）。一个实现应该定义 PIPE_BUF（在<limits.h>中）并/或允许调用 fpathconf(fd,_PC_PIPE_BUF) 来返回原子写入操作的实际上限。不同 UNIX 实现上的 PIPE_BUF 不同，如在 FreeBSD 6.0 其值为 512 字节，在 Tru64 5.1 上其值为 4096 字节，在 Solaris 8 上其值为 5120 字节。在 Linux 上，PIPE_BUF 的值为 4096。

当写入管道的数据块的大小超过了 PIPE_BUF 字节，那么内核可能会将数据分割成几个较小的片段来传输，在读者从管道中消耗数据时再附加上后续的数据。（write() 调用会阻塞直到所有数据被写入到管道为止。）当只有一个进程向管道写入数据时（通常的情况），PIPE_BUF 的取值就没有关系了。但如果有多个写入进程，那么大数据块的写入可能会被分解成任意大小的段（可能会小于 PIPE_BUF 字节），并且可能会出现与其他进程写入的数据交叉的现象。

只有在数据被传输到管道的时候 PIPE_BUF 限制才会起作用。当写入的数据达到 PIPE_BUF 字节时，write() 会在必要的时候阻塞直到管道中的可用空间足以原子地完成操作。

如果写入的数据大于 PIPE_BUF 字节，那么 write() 会尽可能地多传输数据以充满整个管道，然后阻塞直到一些读取进程从管道中移除了数据。如果此类阻塞的 write() 被一个信号处理器中断了，那么这个调用会被解除阻塞并返回成功传输到管道中的字节数，这个字节数会少于请求写入的字节数（所谓的部分写入）。

> 在 Linux 2.2 上，向管道写入任意数量的数据都是原子的，除非写入操作被一个信号处理器中断。在 Linux 2.4 以及后续的版本上，写入数据量大于 PIPE_BUF 字节的所有操作都可能会与其他进程的写入操作发生交叉。（在版本号为 2.2 和 2.4 的内核中，实现管道的内核代码存在很大的差异。）

管道的容量是有限的

管道其实是一个在内核内存中维护的缓冲器，这个缓冲器的存储能力是有限的。一旦管道被填满之后，后续向该管道的写入操作就会被阻塞直到读者从管道中移除了一些数据为止。

SUSv3 并没有规定管道的存储能力。在早于 2.6.11 的 Linux 内核中，管道的存储能力与系统页面的大小是一致的（如在 x86-32 上是 4096 字节），而从 Linux 2.6.11 起，管道的存储能力是 65,536 字节。其他 UNIX 实现上的管道的存储能力可能是不同的。

一般来讲，一个应用程序无需知道管道的实际存储能力。如果需要防止写者进程阻塞，那么从管道中读取数据的进程应该被设计成以尽可能快的速度从管道中读取数据。

> 从理论上来讲，没有任何理由可以支持存储能力较小的管道无法正常工作这个结论，哪怕管道的存储能力只有一个字节。使用较大的缓冲器的原因是效率：每当写者充满管道时，内核必须要执行一个上下文切换以允许读者被调度来消耗管道中的一些数据。使用较大的缓冲器意味着需执行的上下文切换次数更少。
>
> 从 Linux 2.6.35 开始就可以修改一个管道的存储能力了。Linux 特有的 fcntl(fd, F_SETPIPE_SZ, size) 调用会将 fd 引用的管道的存储能力修改为至少 size 字节。非特权进程可以将管道的存储能力修改为范围在系统的页面大小到/proc/sys/fs/pipe-max-size 中规定的值之内的任何一个值。pipe-max-size 的默认值是 1048576 字节。特权（CAP_SYS_RESOURCE）进程可以覆盖这个限制。在为管道分配空间时，内核可能会将 size 提升为对实现来讲更加便捷的某个值。fcntl(fd, F_GETPIPE_SZ) 调用返回为管道分配的实际大小。

44.2 创建和使用管道

pipe() 系统调用创建一个新管道。

```
#include <unistd.h>

int pipe(int filedes[2]);
```
                                        Returns 0 on success, or –1 on error

成功的 pipe() 调用会在数组 filedes 中返回两个打开的文件描述符：一个表示管道的读取端（filedes[0]），另一个表示管道的写入端（filedes[1]）。

与所有文件描述符一样，可以使用 read() 和 write() 系统调用来在管道上执行 I/O。一旦向管道的写入端写入数据之后立即就能从管道的读取端读取数据。管道上的 read() 调用会读取的数据量为所请求的字节数与管道中当前存在的字节数两者之间较小的那个（但当管道为空时阻塞）。

也可以在管道上使用 stdio 函数（printf()、scanf() 等），只需要首先使用 fdopen() 获取一个与 filedes 中的某个描述符对应的文件流即可（参见 13.7 节）。但在这样做的时候需要清楚在 44.6 节中介绍的 stdio 缓冲问题。

> ioctl(fd, FIONREAD, &cnt) 调用返回文件描述符 fd 所引用的管道或 FIFO 中未读取的字节数。其他一些实现也提供了这个特性，但 SUSv3 并没有对此进行规定。

图 44-2 给出了使用 pipe() 创建完管道之后的情况，其中调用进程通过文件描述符引用了管道的两端。

在单个进程中管道的用途不多（在 63.5.2 节中将会介绍一种用途）。一般来讲都是使用管道让两个进程进行通信。为了让两个进程通过管道进行连接，在调用完 pipe() 之后可以调用 fork()。在 fork() 期间，子进程会继承父进程的文件描述符的副本（参见 24.2.1 节），这样就会出现图 44-3 中左边那样的情形。

图 44-2：在创建完管道之后处理文件描述符

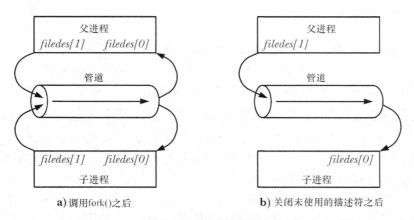

a) 调用 fork() 之后   b) 关闭未使用的描述符之后

图 44-3：设置管道来将数据从父进程传输到子进程

虽然父进程和子进程都可以从管道中读取和写入数据，但这种做法并不常见。因此，在 fork() 调用之后，其中一个进程应该立即关闭管道的写入端的描述符，另一个则应该关闭读取端的描述符。如，如果父进程需要向子进程传输数据，那么它就会关闭管道的读取端的描述符 filedes[0]，而子进程就会关闭管道的写入端的描述符 filedes[1]，这样就出现了图 44-3 中右边那样的情形。程序清单 44-1 给出了创建这个管道的代码。

程序清单 44-1：使用管道将数据从父进程传输到子进程所需的步骤

```
int filedes[2];

if (pipe(filedes) == -1)                    /* Create the pipe */
    errExit("pipe");
```

```
switch (fork()) {                              /* Create a child process */
case -1:
    errExit("fork");

case 0:  /* Child */
    if (close(filedes[1]) == -1)               /* Close unused write end */
        errExit("close");

    /* Child now reads from pipe */
    break;

default: /* Parent */
    if (close(filedes[0]) == -1)               /* Close unused read end */
        errExit("close");

    /* Parent now writes to pipe */
    break;
}
```

让父进程和子进程都能够从同一个管道中读取和写入数据这种做法并不常见的一个原因是如果两个进程同时试图从管道中读取数据，那么就无法确定哪个进程会首先读取成功——两个进程竞争数据了。要防止这种竞争情况的出现就需要使用某种同步机制。但如果需要双向通信则可以使用一种更加简单的方法：创建两个管道，在两个进程之间发送数据的两个方向上各使用一个。（如果使用这种技术，那么就需要考虑死锁的问题了，因为如果两个进程都试图从空管道中读取数据或尝试向已满的管道中写入数据就可能会发生死锁。）

虽然可以有多个进程向单个管道中写入数据，但通常只存在一个写者。（在 44.3 节中将会给出一个使用多个写者向一个管道写入数据的例子。）相反，在有些情况下让 FIFO 拥有多个写者是比较有用的，在 44.8 节中将会给出一个这样的例子。

> 从 2.6.27 内核开始，Linux 支持一个全新的非标准系统调用 pipe2()。这个系统调用执行的任务与 pipe() 一样，但支持额外的参数 flags，这个参数可以用来修改系统调用的行为。这个系统调用支持两个标记，一个是 O_CLOEXEC，它会导致内核为两个新的文件描述符启用 close-on-exec 标记（FD_CLOEXEC）。这个标记之所以有用的原因与在 4.3.1 节中介绍的 open() O_CLOEXEC 标记有用的原因一样。另一个是 O_NONBLOCK 标记，它会导致内核将底层的打开的文件描述符标记为非阻塞，这样后续的 I/O 操作会是非阻塞的。这样就能够在不调用 fcntl() 的情况下达到同样的效果了。

管道允许相关进程间的通信

目前为止本章已经介绍了如何使用管道来让父进程和子进程之间进行通信，其实管道可以用于任意两个（或更多）相关进程之间的通信，只要在创建子进程的系列 fork() 调用之前通过一个共同的祖先进程创建管道即可。（这就是本章开头部分所讲的"相关进程"的含义。）如管道可用于一个进程和其孙子进程之间的通信。第一个进程创建管道，然后创建子进程，接着子进程再创建第一个进程的孙子进程。管道通常用于两个兄弟进程之间的通信——它们的父进程创建了管道，然后创建两个子进程。这就是在构建管道线时 shell 所做的工作。

管道只能用于相关进程之间的通信这个说法存在一种例外情况。通过 UNIX domain socket（在 61.13.3 节中将会简要介绍的一项技术）传递一个文件描述符使得将管道的一个文件描述符传递给一个非相关进程成为可能。

关闭未使用管道文件描述符

关闭未使用管道文件描述符不仅仅是为了确保进程不会耗尽其文件描述符的限制——这对于正确使用管道是非常重要的。下面介绍为何必须要关闭管道的读取端和写入端的未使用文件描述符。

从管道中读取数据的进程会关闭其持有的管道的写入描述符，这样当其他进程完成输出并关闭其写入描述符之后，读者就能够看到文件结束（在读完管道中的数据之后）。

如果读取进程没有关闭管道的写入端，那么在其他进程关闭了写入描述符之后，读者也不会看到文件结束，即使它读完了管道中的所有数据。相反，read()将会阻塞以等待数据，这是因为内核知道至少还存在一个管道的写入描述符打开着，即读取进程自己打开了这个描述符。从理论上来讲，这个进程仍然可以向管道写入数据，即使它已经被读取操作阻塞了。如 read()可能 hiu 被一个向管道写入数据的信号处理器中断。（这是现实世界中的一种场景，读者在 63.5.2 节中将会看到。）

写入进程关闭其持有的管道的读取描述符是出于不同的原因。当一个进程试图向一个管道中写入数据但没有任何进程拥有该管道的打开着的读取描述符时，内核会向写入进程发送一个 SIGPIPE 信号。在默认情况下，这个信号会杀死一个进程。但进程可以捕获或忽略该信号，这样就会导致管道上的 write()操作因 EPIPE 错误（已损坏的管道）而失败。收到 SIGPIPE 信号或得到 EPIPE 错误对于标示出管道的状态是有用的，这就是为何需要关闭管道的未使用读取描述符的原因。

注意：对被 SIGPIPE 处理器中断的 write()的处理是特殊的。通常，当 write()（或其他"慢"系统调用）被一个信号处理器中断时，这个调用会根据是否使用 sigaction() SA_RESTART 标记安装了处理器而自动重启或因 EINTR 错误而失败（参见 21.5 节）。对 SIGPIPE 的处理不同是因为自动重启 write()或简单标示出 write()被一个处理器中断了是毫无意义的（意味着需要手工重启 write()）。不管是何种处理方式，后续的 write()都不会成功，因为管道仍然处于被损坏的状态。

如果写入进程没有关闭管道的读取端，那么即使在其他进程已经关闭了管道的读取端之后写入进程仍然能够向管道写入数据，最后写入进程会将数据充满整个管道，后续的写入请求会被永远阻塞。

关闭未使用文件描述符的最后一个原因是只有当所有进程中所有引用一个管道的文件描述符被关闭之后才会销毁该管道以及释放该管道占用的资源以供其他进程复用。此时，管道中所有未读取的数据都会丢失。

示例程序

程序清单 44-2 中的程序演示了如何将管道用于父进程和子进程之间的通信。这个例子演示了前面提及的管道的字节流特性——父进程在一个操作中写入数据，子进程一小块一小块地从管道中读取数据。

主程序调用 pipe()创建管道①，然后调用 fork()创建一个子进程②。在 fork()调用之后，父进程关闭了其持有的管道的读取端的文件描述符⑧并将通过程序的命令行参数传递进来的字符串写到管道的写入端⑨。父进程接着关闭管道的读取端⑩并调用 wait()等待子进程终止⑪。在关闭了所持有的管道的写入端的文件描述符③之后，子进程进入了一个循环，在这个循环中从管道读取④数据块并将它们写到⑥标准输出中。当子进程碰到管道的文件结束时⑤就退出循环⑦，并写入一个结尾换行字符以及关闭所持有的管道的读取端的描述符，最后终止。

下面是运行程序清单 44-2 中的程序时可能看到的输出。

```
$ ./simple_pipe 'It was a bright cold day in April, '\
'and the clocks were striking thirteen.'
It was a bright cold day in April, and the clocks were striking thirteen.
```

程序清单 44-2：在父进程和子进程间使用管道通信

── pipes/simple_pipe.c

```c
#include <sys/wait.h>
#include "tlpi_hdr.h"

#define BUF_SIZE 10

int
main(int argc, char *argv[])
{
    int pfd[2];                         /* Pipe file descriptors */
    char buf[BUF_SIZE];
    ssize_t numRead;

    if (argc != 2 || strcmp(argv[1], "--help") == 0)
        usageErr("%s string\n", argv[0]);

①  if (pipe(pfd) == -1)                 /* Create the pipe */
        errExit("pipe");

②  switch (fork()) {
    case -1:
        errExit("fork");

    case 0:             /* Child - reads from pipe */
③      if (close(pfd[1]) == -1)            /* Write end is unused */
            errExit("close - child");

        for (;;) {              /* Read data from pipe, echo on stdout */
④          numRead = read(pfd[0], buf, BUF_SIZE);
            if (numRead == -1)
                errExit("read");
⑤          if (numRead == 0)
                break;                      /* End-of-file */
⑥          if (write(STDOUT_FILENO, buf, numRead) != numRead)
                fatal("child - partial/failed write");
        }

⑦      write(STDOUT_FILENO, "\n", 1);
        if (close(pfd[0]) == -1)
            errExit("close");
        _exit(EXIT_SUCCESS);

    default:            /* Parent - writes to pipe */
```

```
⑧          if (close(pfd[0]) == -1)              /* Read end is unused */
               errExit("close - parent");
⑨          if (write(pfd[1], argv[1], strlen(argv[1])) != strlen(argv[1]))
               fatal("parent - partial/failed write");

⑩          if (close(pfd[1]) == -1)              /* Child will see EOF */
               errExit("close");
⑪          wait(NULL);                           /* Wait for child to finish */
           exit(EXIT_SUCCESS);
       }
   }
```

44.3 将管道作为一种进程同步的方法

在 24.5 节中介绍了如何使用信号来同步父进程和子进程的动作以防止出现竞争条件。也可以使用管道来取得类似的结果，如程序清单 44-3 中给出的骨架程序所示。这个程序创建了多个子进程（每个命令行参数对应一个子进程），每个子进程都完成某个动作，在本例中则是睡眠一段时间。父进程等待直到所有子进程完成了自己的动作为止。

为了执行同步，父进程在创建子进程②之前构建了一个管道①。每个子进程会继承管道的写入端的文件描述符并在完成动作之后关闭这些描述符③。当所有子进程都关闭了管道的写入端的文件描述符之后，父进程在管道上的 read()⑤就会结束并返回文件结束（0）。这时，父进程就能够做其他工作了。（注意在父进程中关闭管道的未使用写入端④对于这项技术的正常运转是至关重要的，否则父进程在试图从管道中读取数据时会被永远阻塞。）

下面是使用程序清单 44-3 中的程序创建三个分别睡眠 4、2 和 6 秒的子进程时所看到的输出。

```
$ ./pipe_sync 4 2 6
08:22:16  Parent started
08:22:18  Child 2 (PID=2445) closing pipe
08:22:20  Child 1 (PID=2444) closing pipe
08:22:22  Child 3 (PID=2446) closing pipe
08:22:22  Parent ready to go
```

程序清单 44-3：使用管道同步多个进程

```
#include "curr_time.h"                    /* Declaration of currTime() */
#include "tlpi_hdr.h"

int
main(int argc, char *argv[])
{
    int pfd[2];                          /* Process synchronization pipe */
    int j, dummy;
    if (argc < 2 || strcmp(argv[1], "--help") == 0)
        usageErr("%s sleep-time...\n", argv[0]);

    setbuf(stdout, NULL);                /* Make stdout unbuffered, since we
                                            terminate child with _exit() */
    printf("%s  Parent started\n", currTime("%T"));
```

```
①      if (pipe(pfd) == -1)
            errExit("pipe");

        for (j = 1; j < argc; j++) {
②           switch (fork()) {
            case -1:
                errExit("fork %d", j);

            case 0: /* Child */
                if (close(pfd[0]) == -1)            /* Read end is unused */
                    errExit("close");

                /* Child does some work, and lets parent know it's done */

                sleep(getInt(argv[j], GN_NONNEG, "sleep-time"));
                                                    /* Simulate processing */
                printf("%s  Child %d (PID=%ld) closing pipe\n",
                        currTime("%T"), j, (long) getpid());
③               if (close(pfd[1]) == -1)
                    errExit("close");

                /* Child now carries on to do other things... */

                _exit(EXIT_SUCCESS);

            default: /* Parent loops to create next child */
                break;
            }
        }

        /* Parent comes here; close write end of pipe so we can see EOF */

④       if (close(pfd[1]) == -1)                    /* Write end is unused */
            errExit("close");

        /* Parent may do other work, then synchronizes with children */

⑤       if (read(pfd[0], &dummy, 1) != 0)
            fatal("parent didn't get EOF");
        printf("%s  Parent ready to go\n", currTime("%T"));

        /* Parent can now carry on to do other things... */

        exit(EXIT_SUCCESS);
    }
```

—————————————————————————————————— **pipes/pipe_sync.c**

　　与前面使用信号来同步相比，使用管道同步具备一个优势：它可以同来协调一个进程的动作使之与多个其他（相关）进程匹配。而多个（标准）信号无法排队的事实使得信号不适用于这种情形。（相反，信号的优势是它可以被一个进程广播到进程组中的所有成员处。）

　　其他同步结构也是可行的（如使用多个管道）。此外，还可以对这项技术进行扩展，即不关闭管道，每个子进程向管道写入一条包含其进程 ID 和一些状态信息的消息。或者每个子进程可以向管道写入一个字节。父进程可以计数和分析这些消息。这种方法考虑到了子进程意外终止而不是显式地关闭管道的情形。

44.4 使用管道连接过滤器

当管道被创建之后，为管道的两端分配的文件描述符是可用描述符中数值最小的两个。由于在通常情况下，进程已经使用了描述符 0、1 和 2，因此会为管道分配一些数值更大的描述符。那么如何形成图 44-1 中给出的情形呢，使用管道连接两个过滤器（即从 stdin 读取和写入到 stdout 的程序）使得一个程序的标准输出被定向到管道中，而另一个程序的标准输入则从管道中读取？特别是如何在不修改过滤器本身的代码的情况下完成这项工作呢？

这个问题的答案是使用在 5.5 节中介绍的技术，即复制文件描述符。一般来讲会使用下面的系列调用来获得预期的结果。

```
int pfd[2];

pipe(pfd);              /* Allocates (say) file descriptors 3 and 4 for pipe */

/* Other steps here, e.g., fork() */

close(STDOUT_FILENO);           /* Free file descriptor 1 */
dup(pfd[1]);                    /* Duplication uses lowest free file
                                   descriptor, i.e., fd 1 */
```

上面这些调用的最终结果是进程的标准输出被绑定到了管道的写入端。而对应的一组调用可以用来将进程的标准输入绑定到管道的读取端上。

注意，上面这些调用假设已经为进程打开了文件描述符 0、1 和 2。（shell 通常能够确保为它执行的每个程序都打开了这三个描述符。）如果在执行上面的调用之前文件描述符 0 已经被关闭了，那么就会错误地将进程的标准输入绑定到管道的写入端上。为避免这种情况的发生，可以使用 dup2() 调用来取代对 close() 和 dup() 的调用，因为通过这个函数可以显式地指定被绑定到管道一端的描述符。

```
dup2(pfd[1], STDOUT_FILENO);    /* Close descriptor 1, and reopen bound
                                   to write end of pipe */
```

在复制完 pfd[1] 之后就拥有两个引用管道的写入端的文件描述符了：描述符 1 和 pfd[1]。由于未使用的管道文件描述符应该被关闭，因此在 dup2() 调用之后需要关闭多余的描述符。

```
close(pfd[1]);
```

前面给出的代码依赖于标准输出在之前已经被打开这个事实。假设在 pipe() 调用之前，标准输入和标准输出都被关闭了。那么在这种情况下，pipe() 就会给管道分配这两个描述符，即 pfd[0] 的值可能为 0，pfd[1] 的值可能为 1。其结果是前面的 dup2() 和 close() 调用将下面的代码等价。

```
dup2(1, 1);         /* Does nothing */
close(1);           /* Closes sole descriptor for write end of pipe */
```

因此按照防御性编程实践的要求最好将这些调用放在一个 if 语句中，如下所示。

```
if (pfd[1] != STDOUT_FILENO) {
    dup2(pfd[1], STDOUT_FILENO);
    close(pfd[1]);
}
```

示例程序

程序清单 44-4 使用本节介绍的技术实现了图 44-1 中给出的结构。在构建完一个管道之后，这个程序创建了两个子进程。第一个子进程将其标准输出绑定到管道的写入端，然后执行 ls。第二个子进程将其标准输入绑定到管道的写入端，然后执行 wc。

程序清单 44-4：使用管道连接 ls 和 wc

——— pipes/pipe_ls_wc.c

```c
#include <sys/wait.h>
#include "tlpi_hdr.h"
int
main(int argc, char *argv[])
{
    int pfd[2];                                    /* Pipe file descriptors */

    if (pipe(pfd) == -1)                           /* Create pipe */
        errExit("pipe");

    switch (fork()) {
    case -1:
        errExit("fork");

    case 0:              /* First child: exec 'ls' to write to pipe */
        if (close(pfd[0]) == -1)                   /* Read end is unused */
            errExit("close 1");
        /* Duplicate stdout on write end of pipe; close duplicated descriptor */

        if (pfd[1] != STDOUT_FILENO) {             /* Defensive check */
            if (dup2(pfd[1], STDOUT_FILENO) == -1)
                errExit("dup2 1");
            if (close(pfd[1]) == -1)
                errExit("close 2");
        }

        execlp("ls", "ls", (char *) NULL);         /* Writes to pipe */
        errExit("execlp ls");

    default:             /* Parent falls through to create next child */
        break;
    }

    switch (fork()) {
    case -1:
        errExit("fork");

    case 0:              /* Second child: exec 'wc' to read from pipe */
        if (close(pfd[1]) == -1)                   /* Write end is unused */
            errExit("close 3");

        /* Duplicate stdin on read end of pipe; close duplicated descriptor */

        if (pfd[0] != STDIN_FILENO) {              /* Defensive check */
            if (dup2(pfd[0], STDIN_FILENO) == -1)
                errExit("dup2 2");
            if (close(pfd[0]) == -1)
                errExit("close 4");
        }

        execlp("wc", "wc", "-l", (char *) NULL);   /* Reads from pipe */
        errExit("execlp wc");
```

```
    default:              /* Parent falls through */
        break;
    }

    /* Parent closes unused file descriptors for pipe, and waits for children */

    if (close(pfd[0]) == -1)
        errExit("close 5");
    if (close(pfd[1]) == -1)
        errExit("close 6");
    if (wait(NULL) == -1)
        errExit("wait 1");
    if (wait(NULL) == -1)
        errExit("wait 2");

    exit(EXIT_SUCCESS);
}
```
———————————————————————————————————— **pipes/pipe_ls_wc.c**

当执行程序清单 44-4 中的程序时会看到下面的输出。

```
$ ./pipe_ls_wc
    24
$ ls | wc -l                    Verify the results using shell commands
    24
```

44.5　通过管道与 shell 命令进行通信：popen()

管道的一个常见用途是执行 shell 命令并读取其输出或向其发送一些输入。popen()和
pclose()函数简化了这个任务。

```
#include <stdio.h>

FILE *popen(const char *command, const char *mode);
                                    Returns file stream, or NULL on error
int pclose(FILE *stream);
                        Returns termination status of child process, or –1 on error
```

popen()函数创建了一个管道，然后创建了一个子进程来执行 shell，而 shell 又创建了一个
子进程来执行 command 字符串。mode 参数是一个字符串，它确定调用进程是从管道中读取
数据（mode 是 r）还是将数据写入到管道中（mode 是 w）。（由于管道是单向的，因此无法在
执行的 command 中进行双向通信。）mode 的取值确定了所执行的命令的标准输出是连接到管
道的写入端还是将其标准输入连接到管道的读取端，如图 44-4 所示。

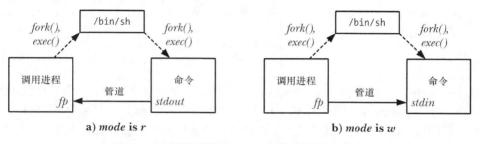

图 44-4：进程关系是 popen()中管道的使用概述

popen()在成功时会返回可供 stdio 库函数使用的文件流指针。当发生错误时（如 mode 不是 r 或 w，创建管道失败，或通过 fork()创建子进程失败），popen()会返回 NULL 并设置 errno 以标示出发生错误的原因。

在 popen()调用之后，调用进程使用管道来读取 command 的输出或使用管道向其发送输入。与使用 pipe()创建的管道一样，当从管道中读取数据时，调用进程在 command 关闭管道的写入端之后会看到文件结束；当向管道写入数据时，如果 command 已经关闭了管道的读取端，那么调用进程会收到 SIGPIPE 信号并得到 EPIPE 错误。

一旦 I/O 结束之后可以使用 pclose()函数关闭管道并等待子进程中的 shell 终止。（不应该使用 fclose()函数，因为它不会等待子进程。）pclose()在成功时会返回子进程中 shell 的终止状态（参见 26.1.3 节）（即 shell 所执行的最后一条命令的终止状态，除非 shell 是被信号杀死的）。与 system()（参见 27.6 节）一样，如果无法执行 shell，那么 pclose()会返回一个值就像是子进程中的 shell 通过调用_exit(127)来终止一样。如果发生了其他错误，那么 pclose()返回-1。其中可能发生的一个错误是无法取得终止状态，本章稍后就会介绍可能会发生这种情况的原因。

当执行等待以获取子进程中 shell 的状态时，SUSv3 要求 pclose()与 system()一样，即在内部的 waitpid()调用被一个信号处理器中断之后自动重启该调用。

一般来讲，在 27.6 节中描述的有关 system()的规范同样适用于 popen()。使用 popen()更加方便一些，它会构建管道、执行描述符复制、关闭未使用的描述符并帮助开发人员处理 fork()和 exec()的所有细节。此外，shell 处理针对的是命令。这种便捷性所牺牲的是效率，因为至少需要创建两个额外的进程：一种用于 shell，一个或多个用于 shell 执行的命令。与 system()一样，在特权进程中永远都不应该使用 popen()。

虽然 system()和 popen()以及 pclose()之间存在很多相似之处，但也存在显著的差异。这些差异源自这样一个事实，即使用 system()时 shell 命令的执行是被封装在单个函数调用中的，而使用 popen()时，调用进程是与 shell 命令并行运行的，然后会调用 pclose()。具体的差异包括以下两个方面。

- 由于调用进程与被执行的命令是并行运行的，因此 SUSv3 要求 popen()不忽略 SIGINT 和 SIGQUIT 信号。如果这些信号是从键盘产生的，那么它们会被发送到调用进程和被执行的命令中。之所以这样是因为两个进程位于同一个进程组中，而由终端产生的信号是会像 34.5 节中描述的那样被发送到（前台）进程组中的所有成员的。

- 由于调用进程在执行 popen()和执行 pclose()之间可能会创建其他子进程，因此 SUSv3 要求 popen()不能阻塞 SIGCHLD 信号。这意味着如果调用进程在 pclose()调用之前执行了一个等待操作，那么它就能够取得由 popen()创建的子进程的状态。这样当后面调用 popen()时，它就会返回-1，同时将 errno 设置为 ECHILD，表示 pclose()无法取得子进程的状态。

示例程序

程序清单 44-5 演示了 popen()和 pclose()的用法。这个程序重复读取一个文件名通配符模式②，然后使用 popen()获取将这个模式传入 ls 命令之后的结果⑤。（在较早的 UNIX 实现上会使用类似的技术执行文件名生成任务，这种技术也被称为通配 globbing，它在引入 glob()库函数之前就已经存在了。）

程序清单 44-5：使用 popen()通配文件名模式

```c
#include <ctype.h>
#include <limits.h>
#include "print_wait_status.h"          /* For printWaitStatus() */
#include "tlpi_hdr.h"

#define POPEN_FMT "/bin/ls -d %s 2> /dev/null"
#define PAT_SIZE 50
#define PCMD_BUF_SIZE (sizeof(POPEN_FMT) + PAT_SIZE)

int
main(int argc, char *argv[])
{
    char pat[PAT_SIZE];               /* Pattern for globbing */
    char popenCmd[PCMD_BUF_SIZE];
    FILE *fp;                         /* File stream returned by popen() */
    Boolean badPattern;               /* Invalid characters in 'pat'? */
    int len, status, fileCnt, j;
    char pathname[PATH_MAX];

    for (;;) {                        /* Read pattern, display results of globbing */
        printf("pattern: ");
        fflush(stdout);
        if (fgets(pat, PAT_SIZE, stdin) == NULL)
            break;                    /* EOF */
        len = strlen(pat);
        if (len <= 1)                 /* Empty line */
            continue;

        if (pat[len - 1] == '\n')     /* Strip trailing newline */
            pat[len - 1] = '\0';

        /* Ensure that the pattern contains only valid characters,
           i.e., letters, digits, underscore, dot, and the shell
           globbing characters. (Our definition of valid is more
           restrictive than the shell, which permits other characters
           to be included in a filename if they are quoted.) */

        for (j = 0, badPattern = FALSE; j < len && !badPattern; j++)
            if (!isalnum((unsigned char) pat[j]) &&
                    strchr("_*?[^-].", pat[j]) == NULL)
                badPattern = TRUE;

        if (badPattern) {
            printf("Bad pattern character: %c\n", pat[j - 1]);
            continue;
        }

        /* Build and execute command to glob 'pat' */

        snprintf(popenCmd, PCMD_BUF_SIZE, POPEN_FMT, pat);
        popenCmd[PCMD_BUF_SIZE - 1] = '\0';      /* Ensure string is
                                                    null-terminated */
        fp = popen(popenCmd, "r");
        if (fp == NULL) {
            printf("popen() failed\n");
            continue;
```

①
②
③
④
⑤

```
        }

        /* Read resulting list of pathnames until EOF */

        fileCnt = 0;
        while (fgets(pathname, PATH_MAX, fp) != NULL) {
            printf("%s", pathname);
            fileCnt++;
        }

        /* Close pipe, fetch and display termination status */

        status = pclose(fp);
        printf("    %d matching file%s\n", fileCnt, (fileCnt != 1) ? "s" : "");
        printf("    pclose() status == %#x\n", (unsigned int) status);
        if (status != -1)
            printWaitStatus("\t", status);
    }

    exit(EXIT_SUCCESS);
}
```

———————————————————————————————— pipes/popen_glob.c

下面的 shell 会话演示了程序清单 44-5 中给出的程序的用法。在本例中首先提供了一个匹配两个文件名的模式，然后又给出了一个与任何文件名都不匹配的模式。

```
$ ./popen_glob
pattern: popen_glob*                        Matches two filenames
popen_glob
popen_glob.c
    2 matching files
    pclose() status = 0
        child exited, status=0
pattern: x*                                 Matches no filename
    0 matching files
    pclose() status = 0x100                 ls(1) exits with status 1
        child exited, status=1
pattern: ^D$                                Type Control-D to terminate
```

这里需要对程序清单 44-5 中通配命令的构建①④稍微解释一下。真正执行模式匹配的是 shell。ls 命令仅仅用来列出匹配的文件名，每一个行列出一个。读者可以尝试使用 echo 命令，但当模式与所有文件名都不匹配时这种做法会出现非预期的结果，然后 shell 就会保持模式不变，而 echo 会简单地打印出模式。相反，如果传递给 ls 的文件名不存在，那么它就会在 stderr（通过将 stderr 重定向到/dev/null 来丢弃写入这个描述符中的数据）上打印出一条错误消息，而不会在 stdout 上打印出任何消息，并且最后的退出状态为 1。

还需要注意程序清单 44-5 中程序所做的输入检测③。之所以这样做是为了防止非法输入引起 popen()执行一个预期之外的 shell 命令。假设忽略了这些检测，并且用户输入了下面的输入。

pattern: ; rm *

程序会将下面的命令传递给 popen()，其结果是损失惨重。

/bin/ls -d ; rm * 2> /dev/null

在使用 popen()（或 system()）执行根据用户输入构建的 shell 命令的程序中永远都需要做输入检测。（应用程序可以选择另一种方法，即将那些无需检测的字符放在引号中，这样 shell

就不会对那些字符进行特殊处理了。）

44.6　管道和 stdio 缓冲

由于 popen()调用返回的文件流指针没有引用一个终端，因此 stdio 库会对这种文件流应用块缓冲（参见 13.2 节）。这意味着当将 mode 的值设置为 w 来调用 popen()时，在默认情况下只有当 stdio 缓冲器被充满或使用 pclose()关闭了管道之后输出才会被发送到管道另一端的子进程。在很多情况下，这种处理方式是不存在问题的。但如果需要确保子进程能够立即从管道中接收数据，那么就需要定期调用 fflush()或使用 setbuf(fp, NULL)调用禁用 stdio 缓冲。当使用 pipe()系统调用创建管道，然后使用 fdopen()获取一个与管道的写入端对应的 stdio 流时也可以使用这项技术。

如果调用 popen()的进程正在从管道中读取数据（即 mode 是 r），那么事情就不是那么简单了。在这样情况下如果子进程正在使用 stdio 库，那么——除非它显式地调用了 fflush()或 setbuf()——其输出只有在子进程填满 stdio 缓冲器或调用了 fclose()之后才会对调用进程可用。（如果正在从使用 pipe()创建的管道中读取数据并且向另一端写入数据的进程正在使用 stdio 库，那么同样的规则也是适用的。）如果这是一个问题，那么能采取的措施就比较有限的，除非能够修改在子进程中运行的程序的源代码使之包含对 setbuf()或 fflush()调用。

如果无法修改源代码，那么可以使用伪终端来替换管道。一个伪终端是一个 IPC 通道，对进程来讲它就像是一个终端。其结果是 stdio 库会逐行输出缓冲器中的数据。第 64 章将会介绍伪终端。

44.7　FIFO

从语义上来讲，FIFO 与管道类似，它们两者之间最大的差别在于 FIFO 在文件系统中拥有一个名称，并且其打开方式与打开一个普通文件是一样的。这样就能够将 FIFO 用于非相关进程之间的通信（如客户端和服务器）。

一旦打开了 FIFO，就能在它上面使用与操作管道和其他文件的系统调用一样的 I/O 系统调用了（如 read()、write()和 close()）。与管道一样，FIFO 也有一个写入端和读取端，并且从管道中读取数据的顺序与写入的顺序是一样的。FIFO 的名称也由此而来：先入先出。FIFO 有时候也被称为命名管道。

与管道一样，当所有引用 FIFO 的描述符都被关闭之后，所有未被读取的数据会被丢弃。

使用 mkfifo 命令可以在 shell 中创建一个 FIFO。

```
$ mkfifo [ -m mode ] pathname
```

pathname 是创建的 FIFO 的名称，–m 选项用来指定权限 mode，其工作方式与 chmod 命令一样。

当在 FIFO（或管道）上调用 fstat()和 stat()函数时它们会在 stat 结构的 st_mode 字段中返回一个类型为 S_IFIFO 的文件（参见 15.1 节）。当使用 ls –l 列出文件时，FIFO 文件在第一列的类型为 p，ls –F 会在 FIFO 路径名后面附加上一个管道符（|）。

mkfifo()函数创建一个名为 pathname 的全新的 FIFO。

```
#include <sys/stat.h>

int mkfifo(const char *pathname, mode_t mode);
```
                                            Returns 0 on success, or –1 on error

mode 参数指定了新 FIFO 的权限。这些权限是通过将表 15-4 中的常量取 OR 来指定的。与往常一样，这些权限会按照进程的 umask 值（参见 15.4.6 节）来取掩码。

> 以前创建 FIFO 使用的是 mknod(pathname,S_IFIFO, 0)系统调用。POSIX.1-1990 规定了 mkfifo()，它更加简单，并且消除了 mknod()具备的通用性，这种通用性允许创建各种类型的文件，包括设备文件。（SUSv3 规定了 mknod()，但并没有详细规定，它只定义了这个函数的用途是创建 FIFO。）大多数 UNIX 实现提供了 mkfifo()，它是构建于 mknod()之上的一个库函数。

一旦 FIFO 被创建，任何进程都能够打开它，只要它能够通过常规的文件权限检测（参见 15.4.3 节）。

打开一个 FIFO 具备一些不寻常的语义。一般来讲，使用 FIFO 时唯一明智的做法是在两端分别设置一个读取进程和一个写入进程。这样在默认情况下，打开一个 FIFO 以便读取数据（open() O_RDONLY 标记）将会阻塞直到另一个进程打开 FIFO 以写入数据（open() O_WRONLY 标记）为止。相应地，打开一个 FIFO 以写入数据将会阻塞直到另一个进程打开 FIFO 以读取数据为止。换句话说，打开一个 FIFO 会同步读取进程和写入进程。如果一个 FIFO 的另一端已经打开（可能是因为一对进程已经打开了 FIFO 的两端），那么 open()调用会立即成功。

在大多数 UNIX 实现（包括 Linux）上，当打开一个 FIFO 时可以通过指定 O_RDWR 标记来绕过打开 FIFO 时的阻塞行为。这样，open()就会立即返回，但无法使用返回的文件描述符在 FIFO 上读取和写入数据。这种做法破坏了 FIFO 的 I/O 模型，SUSv3 明确指出以 O_RDWR 标记打开一个 FIFO 的结果是未知的，因此出于可移植性的原因，开发人员不应该使用这项技术。对于那些需要避免在打开 FIFO 时发生阻塞的需求，open()的 O_NONBLOCK 标记提供了一种标准化的方法来完成这个任务（参见 44.9 节）。

> 在打开一个 FIFO 时避免使用 O_RDWR 标记还有另外一个原因。当采用那种方式调用 open()之后，调用进程在从返回的文件描述符中读取数据时永远都不会看到文件结束，因为永远都至少存在一个文件描述符被打开着以等待数据被写入 FIFO，即进程从中读取数据的那个描述符。

使用 FIFO 和 tee(1)创建双重管道线

shell 管道线的其中一个特征是它们是线性的，管道线中的每个进程都读取前一个进程产生的数据并将数据发送到其后一个进程中。使用 FIFO 就能够在管道线中创建子进程，这样除了将一个进程的输出发送给管道线中的后面一个进程之外，还可以复制进程的输出并将数据发送到另一个进程中。要完成这个任务需要使用 tee 命令，它将其从标准输入中读取到的数据复制两份并输出：一份写入到标准输出，另一份写入到通过命令行参数指定的文件中。

将传给 tee 命名的 file 参数设置为一个 FIFO 可以让两个进程同时读取 tee 产生的两份数据。下面的 shell 会话演示了这种用法，它创建了一个名为 myfifo 的 FIFO，然后在后台启动一个 wc 命令，该命令会打开 FIFO 以读取数据（这个操作会阻塞直到有进程打开 FIFO 写入数据为止），接着执行一条管道线将 ls 的输出发送给 tee，tee 会将输出传递给管道线中的下一个命令 sort，同时还会将输出发送给名为 myfifo 的 FIFO。（sort 的–k5n 选项会导致 ls 的输出按照第五个以空格分隔的字段的数值升序排序。）

```
$ mkfifo myfifo
$ wc -l < myfifo &
$ ls -l | tee myfifo | sort -k5n
(Resulting output not shown)
```

从图表上来看，上面的命令创建了图 44-5 中给出的情形。

> tee 程序之所以这样命名是因为其外形。可以将 tee 看成是功能与管道类似的一个实体，但它存在一个额外的分支发送一份输出的副本。从图表上来看，其形状像是一个大写字母 T（参见图 44-5）。除了上面描述的用途之外，tee 对于管道线调试和保存复杂管道线中某些中间节点的输出结果也是非常有用的。

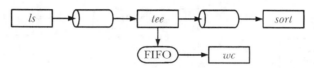

图 44-5：使用 FIFO 和 tee(1)创建双重管道线

44.8 使用管道实现一个客户端/服务器应用程序

本节将介绍一个简单的使用 FIFO 进行 IPC 的客户端/服务器应用程序。服务器提供的（简单）服务是向每个发送请求的客户端赋一个唯一的顺序数字。在对这个应用程序进行讨论的过程中将会介绍与服务器设计有关的一些概念和技术。

应用程序概述

在这个示例应用程序中，所有客户端使用一个服务器 FIFO 来向服务器发送请求。头文件（程序清单 44-6）定义了众所周知的名称（/tmp/seqnum_sv），服务器的 FIFO 将使用这个名称。这个名称是固定的，因此所有客户端知道如何联系到服务器。（在这个示例应用程序中将会在/tmp 目录中创建 FIFO，这样在大多数系统上都能够在不修改程序的情况下方便地运行这个程序。但正如在 38.7 节中指出的那样，在一个像/tmp 这样的公共可写的目录中创建文件可能会导致各种安全隐患，因此现实世界中的应用程序不应该使用这种目录。）

> 在客户端-服务器应用程序中将会不断地碰到一个概念，即服务器用来使服务对客户端可见的众所周知的地址或名称。对于客户端如何知道在何处联系服务器这个问题来讲，使用众所周知的地址是一种解决方案。另一种可能的解决方案是提供某种名称服务器，服务器可以将它们的服务的名称注册到名称服务器上。然后每个客户端联系名称服务器以获取服务的位置。这个解决方案允许灵活地配置服务器的位置，而付出的代价则是需要进行额外的编程。当然，客户端和服务器需要知道到何处联系名称服务器，它位于一个众所周知的地址。

无法使用单个 FIFO 向所有客户端发送响应，因为多个客户端在从 FIFO 中读取数据时会相互竞争，这样就可能会出现各个客户端读取到了其他客户端的响应消息，而不是自己的响应消息。因此每个客户端需要创建一个唯一的 FIFO，服务器使用这个 FIFO 来向该客户端递送响应，并且服务器需要知道如何找出各个客户端的 FIFO。解决这个问题的一种方式是让客户端生成自己的 FIFO 路径名，然后将路径名作为请求消息的一部分传递给服务器。或者客户端和服务器可以约定一个构建客户端 FIFO 路径名的规则，然后客户端可以将构建自己的路径名所需的相关信息作为请求的一部分发送给服务器。本例中将会使用后面一种解决方案。每个客户端的 FIFO 是从一个由包含客户端的进程 ID 的路径名构成的模板（CLIENT_FIFO_TEMPLATE）中构建而来的。在生成过程中包含进程 ID 可以很容易地产生一个对各个客户端唯一的名称。

图 44-6 展示了这个应用程序如何使用 FIFO 来完成客户端和服务器进程之间的通信。

头文件（程序清单 44-6）定义了客户端发送给服务器的请求消息的格式和服务器发送给客户端的响应消息的格式。

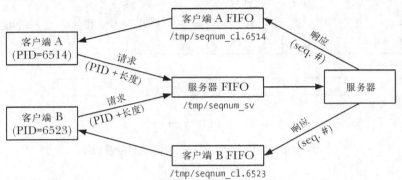

图 44-6：在单服务器、多客户端应用程序中使用 FIFO

记住管道和 FIFO 中的数据是字节流，消息之间是没有边界的。这意味着当多条消息被递送到一个进程中时，如本例中的服务器，发送者和接收者必须要约定某种规则来分隔消息。这可以使用多种方法。

- 每条消息使用诸如换行符之类的分隔字符结束。（使用这项技术的一个例子是程序清单 59-1 中的 readLine()函数。）这样就必须要保证分隔字符不会出现在消息中或者当它出现在消息中时必须要采用某种规则进行转义。例如，如果使用换行符作为分隔符，那么字符\加上换行可以用来表示消息中一个真实的换行符，而\\则可以用来表示一个真实的\。这种方法的一个不足之处是读取消息的进程在从 FIFO 中扫描数据时必须要逐个字节地分析直到找到分隔符为止。

- 在每条消息中包含一个大小固定的头，头中包含一个表示消息长度的字段，该字段指定了消息中剩余部分的长度。这样读取进程就需要首先从 FIFO 中读取头，然后使用头中的长度字段来确定需读取的消息中剩余部分的字节数。这种方法能够高效地读取任意大小的消息，但一旦不合规则（如错误的 length 字段）的消息被写入到管道中之后问题就出来了。

- 使用固定长度的消息并让服务器总是读取这个大小固定的消息。这种方法的优势在于简单性。但它对消息的大小设置了一个上限，意味着会浪费一些通道容量（因为需要对较短的消息进行填充以满足固定长度）。此外，如果其中一个客户端意外地或故意发送了一条长度不对的消息，那么所有后续的消息都会出现步调不一致的情况，并且在这种情况下服务器是难以恢复的。

图 44-7 展示了这三种技术。注意不管使用这三种技术中的哪种，每条消息的总长度必须要小于 PIPE_BUF 字节以防止内核对消息进行拆分，从而造成与其他写者发送的消息错乱的情况的发生。

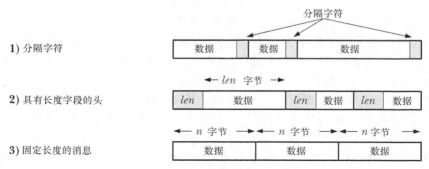

图 44-7：分隔字节流中的消息

> 在正文描述的三种技术中，所有客户端发送的所有消息都会被放在一个通道（FIFO）中。另一种方法是为每条消息使用一个连接。发送者打开通信通道，发送消息，然后关闭通道。读取进程在碰到文件结束时就知道达到消息结尾了。如果多个写者都打开了一个 FIFO，那么这种方法就不可行了，因为读取在其中一个写者关闭 FIFO 之后不会看到文件结束。但当使用流 socket 时这种方法就变得可行了，因为服务器进程会为每个进入的客户端连接创建一个唯一的通信通道。

在本章的示例应用程序中将使用上面介绍的第三种技术，即每个客户端向服务器发送的消息的长度是固定的。程序清单 44-6 中的 request 结构定义了消息。每个发送给服务器的请求都包含了客户端的进程 ID，这样服务器就能够构建客户端用来接收响应的 FIFO 的名称了。请求中还包含了一个 seqLen 字段，它指定了应该为这个客户端分配的序号的数量。服务器向客户端发送的响应消息由一个字段 seqNum 构成，它是为这个客户端分配的一组序号的起始值。

程序清单 44-6：fifo_seqnum_server.c 和 fifo_seqnum_client.c 的头文件

———————————————————————————————— `pipes/fifo_seqnum.h`

```c
#include <sys/types.h>
#include <sys/stat.h>
#include <fcntl.h>
#include "tlpi_hdr.h"

#define SERVER_FIFO "/tmp/seqnum_sv"
                        /* Well-known name for server's FIFO */
#define CLIENT_FIFO_TEMPLATE "/tmp/seqnum_cl.%ld"
                        /* Template for building client FIFO name */
#define CLIENT_FIFO_NAME_LEN (sizeof(CLIENT_FIFO_TEMPLATE) + 20)
                        /* Space required for client FIFO pathname
                           (+20 as a generous allowance for the PID) */

struct request {                /* Request (client --> server) */
    pid_t pid;                  /* PID of client */
    int seqLen;                 /* Length of desired sequence */
};
```

```
struct response {                    /* Response (server --> client) */
    int seqNum;                      /* Start of sequence */
};
```
── pipes/fifo_seqnum.h

服务器程序

程序清单 44-7 是服务器的代码。这个服务器按序完成了下面的工作。

- 创建服务器的众所周知的 FIFO①并打开 FIFO 以便读取②。服务器必须要在客户端之前运行，这样服务器 FIFO 在客户端试图打开它之前就已经存在了。服务器的 open()调用将会阻塞直到第一个客户端打开了服务器的 FIFO 的另一端以写入数据为止。
- 再次打开服务器的 FIFO③，这次是为了写入数据。这个调用永远不会被阻塞，因为之前已经因需读取而打开 FIFO 了。第二个打开操作是为了确保服务器在所有客户端关闭了 FIFO 的写入端之后不会看到文件结束。
- 忽略 SIGPIPE 信号④，这样如果服务器试图向一个没有读者的客户端 FIFO 写入数据时不会收到 SIGPIPE 信号（默认会杀死进程），而是会从 write()系统调用中收到一个 EPIPE 错误。
- 进入一个循环从每个进入的客户端请求中读取数据并响应⑤。要发送响应，服务器需要构建客户端 FIFO 的名称⑥，然后打开这个 FIFO⑦。
- 如果服务器在打开客户端 FIFO 时发生了错误，那么就丢弃那个客户端的请求⑧。

这是一种迭代式服务器，这种服务器会在读取和处理完当前客户端之后才会去处理下一个客户端。当每个客户端请求的处理和响应都能够快速完成时采用这种迭代式服务器设计是合理的，因为不会对其他客户端请求的处理产生延迟。另一种设计方法是并发式服务器，在这种设计中主服务器进程使用单独的子进程（或线程）来处理各个客户端的请求。第 60 章将会深入介绍服务器设计。

程序清单 44-7：使用 FIFO 的迭代式服务器

────────────────────────────────────── pipes/fifo_seqnum_server.c

```
#include <signal.h>
#include "fifo_seqnum.h"

int
main(int argc, char *argv[])
{
    int serverFd, dummyFd, clientFd;
    char clientFifo[CLIENT_FIFO_NAME_LEN];
    struct request req;
    struct response resp;
    int seqNum = 0;                      /* This is our "service" */
      /* Create well-known FIFO, and open it for reading */

        umask(0);                        /* So we get the permissions we want */
①      if (mkfifo(SERVER_FIFO, S_IRUSR | S_IWUSR | S_IWGRP) == -1
                && errno != EEXIST)
            errExit("mkfifo %s", SERVER_FIFO);
②      serverFd = open(SERVER_FIFO, O_RDONLY);
        if (serverFd == -1)
            errExit("open %s", SERVER_FIFO);

        /* Open an extra write descriptor, so that we never see EOF */

③      dummyFd = open(SERVER_FIFO, O_WRONLY);
```

```
              if (dummyFd == -1)
                  errExit("open %s", SERVER_FIFO);

④       if (signal(SIGPIPE, SIG_IGN) == SIG_ERR)
              errExit("signal");

⑤       for (;;) {                              /* Read requests and send responses */
              if (read(serverFd, &req, sizeof(struct request))
                      != sizeof(struct request)) {
                  fprintf(stderr, "Error reading request; discarding\n");
                  continue;                     /* Either partial read or error */
              }

              /* Open client FIFO (previously created by client) */

⑥           snprintf(clientFifo, CLIENT_FIFO_NAME_LEN, CLIENT_FIFO_TEMPLATE,
                  (long) req.pid);
⑦           clientFd = open(clientFifo, O_WRONLY);
              if (clientFd == -1) {             /* Open failed, give up on client */
                  errMsg("open %s", clientFifo);
⑧               continue;
              }

              /* Send response and close FIFO */

              resp.seqNum = seqNum;
              if (write(clientFd, &resp, sizeof(struct response))
                      != sizeof(struct response))
                  fprintf(stderr, "Error writing to FIFO %s\n", clientFifo);
              if (close(clientFd) == -1)
                  errMsg("close");

              seqNum += req.seqLen;             /* Update our sequence number */
          }
      }
```

── *pipes/fifo_seqnum_server.c*

客户端程序

程序清单 44-8 是客户端的代码。客户端按序完成了下面的工作。

- 创建一个 FIFO 以从服务器接收响应②。这项工作是在发送请求之前完成的，这样才能确保 FIFO 在服务器试图打开它并向其发送响应消息之前就已经存在了。
- 构建一条发给服务器的消息，消息中包含了客户端的进程 ID 和一个指定了客户端希望服务器赋给它的序号长度的数字（从可选的命令行参数中获取）④。（如果没有提供命令行参数，那么默认的序号长度是 1。）
- 打开服务器 FIFO⑤并将消息发送给服务器⑥。
- 打开客户端 FIFO⑦，然后读取和打印服务器的响应⑧。

另一个需要注意的地方是通过 atexit()③建立的退出处理器①，它确保了当进程退出之后客户端的 FIFO 会被删除。或者可以在客户端 FIFO 的 open()调用之后立即调用 unlink()。在那个时刻这种做法是能够正常工作的，因为它们都执行了阻塞的 open()调用，服务器和客户端各自持有了 FIFO 的打开着的文件描述符，而从文件系统中删除 FIFO 名称不会对这些描述符以及它们所引用的打开着的文件描述符产生影响。

下面是运行这个客户端和服务器程序时看到的输出。

```
$ ./fifo_seqnum_server &
[1] 5066
$ ./fifo_seqnum_client 3          Request a sequence of three numbers
0                                 Assigned sequence begins at 0
$ ./fifo_seqnum_client 2          Request a sequence of two numbers
3                                 Assigned sequence begins at 3
$ ./fifo_seqnum_client            Request a single number
5
```

程序清单 44-8：序号服务器的客户端

————————————————————————————— pipes/fifo_seqnum_client.c

```c
#include "fifo_seqnum.h"

static char clientFifo[CLIENT_FIFO_NAME_LEN];

static void                /* Invoked on exit to delete client FIFO */
① removeFifo(void)
{
    unlink(clientFifo);
}

int
main(int argc, char *argv[])
{
    int serverFd, clientFd;
    struct request req;
    struct response resp;
    if (argc > 1 && strcmp(argv[1], "--help") == 0)
        usageErr("%s [seq-len...]\n", argv[0]);

    /* Create our FIFO (before sending request, to avoid a race) */

    umask(0);                      /* So we get the permissions we want */
②  snprintf(clientFifo, CLIENT_FIFO_NAME_LEN, CLIENT_FIFO_TEMPLATE,
            (long) getpid());
    if (mkfifo(clientFifo, S_IRUSR | S_IWUSR | S_IWGRP) == -1
            && errno != EEXIST)
        errExit("mkfifo %s", clientFifo);

③  if (atexit(removeFifo) != 0)
        errExit("atexit");

    /* Construct request message, open server FIFO, and send request */

④  req.pid = getpid();
    req.seqLen = (argc > 1) ? getInt(argv[1], GN_GT_0, "seq-len") : 1;

⑤  serverFd = open(SERVER_FIFO, O_WRONLY);
    if (serverFd == -1)
        errExit("open %s", SERVER_FIFO);

⑥  if (write(serverFd, &req, sizeof(struct request)) !=
            sizeof(struct request))
        fatal("Can't write to server");

    /* Open our FIFO, read and display response */

⑦  clientFd = open(clientFifo, O_RDONLY);
    if (clientFd == -1)
```

750   Linux/UNIX 系统编程手册（下册）

```
            errExit("open %s", clientFifo);

⑧    if (read(clientFd, &resp, sizeof(struct response))
                != sizeof(struct response))
            fatal("Can't read response from server");

        printf("%d\n", resp.seqNum);
        exit(EXIT_SUCCESS);
    }
```

pipes/fifo_seqnum_client.c

44.9　非阻塞 I/O

前面曾经提过当一个进程打开一个 FIFO 的一端时,如果 FIFO 的另一端还没有被打开,那么该进程会被阻塞。但有些时候阻塞并不是期望的行为,而这可以通过在调用 open()时指定 O_NONBLOCK 标记来实现。

```
    fd = open("fifopath", O_RDONLY | O_NONBLOCK);
    if (fd == -1)
        errExit("open");
```

如果 FIFO 的另一端已经被打开,那么 O_NONBLOCK 对 open()调用不会产生任何影响——它会像往常一样立即成功地打开 FIFO。只有当 FIFO 的另一端还没有被打开的时候 O_NONBLOCK 标记才会起作用,而具体产生的影响则依赖于打开 FIFO 是用于读取还是用于写入的。

- 如果打开 FIFO 是为了读取,并且 FIFO 的写入端当前已经被打开,那么 open()调用会立即成功(就像 FIFO 的另一端已经被打开一样)。
- 如果打开 FIFO 是为了写入,并且还没有打开 FIFO 的另一端来读取数据,那么 open()调用会失败,并将 errno 设置为 ENXIO。

为读取而打开 FIFO 和为写入而打开 FIFO 时 O_NONBLOCK 标记所起的作用不同是有原因的。当 FIFO 的另一个端没有写者时打开一个 FIFO 以便读取数据是没有问题的,因为任何试图从 FIFO 读取数据的操作都不会返回任何数据。但当试图向没有读者的 FIFO 中写入数据时将会导致 SIGPIPE 信号的产生以及 write()返回 EPIPE 错误。

表 44-1 对打开 FIFO 的语义进行了总结,包括上面介绍的 O_NONBLOCK 标记的作用。

表 44-1:在 FIFO 上调用 open()的语义

open()类型		open()的结果	
打开的目的	额外标记	FIFO 另一端的打开操作	FIFO 另一端的关闭操作
读取	无(阻塞)	立即成功	阻塞
	O_NONBLOCK	立即成功	立即成功
写入	无(阻塞)	立即成功	阻塞
	O_NONBLOCK	立即成功	失败(ENXIO)

在打开一个 FIFO 时使用 O_NONBLOCK 标记存在两个目的。

- 它允许单个进程打开一个 FIFO 的两端。这个进程首先会在打开 FIFO 时指定 O_NONBLOCK 标记以便读取数据,接着打开 FIFO 以便写入数据。

- 它防止打开两个 FIFO 的进程之间产生死锁。

当两个或多个进程中每个进程都因等待对方完成某个动作而阻塞时会产生死锁。图 44-8 给出了两个进程发生死锁的情形。各个进程都因等待打开一个 FIFO 以便读取数据而阻塞。如果各个进策划那个都可以执行其第二个步骤（打开另一个 FIFO 以便写入数据）的话就不会发生阻塞。这个特定的死锁问题是通过颠倒进程 Y 中的步骤 1 和步骤 2 并保持进程 X 中两个步骤的顺序不变来解决，反之亦然。但在一些应用程序中进行这样的调整可能并不容易。相反，可以通过在为读取而打开 FIFO 时让其中一个进程或两个进程都指定 O_NONBLOCK 标记来解决这个问题。

进程 X	进程 Y
1. 打开 FIFO A 准备读取块	1. 打开 FIFO B 准备读取块
2. 打开 FIFO B 准备写入	2. 打开 FIFO A 准备写入

图 44-8：打开两个 FIFO 的进程之间的死锁

非阻塞 read()和 write()

O_NONBLOCK 标记不仅会影响 open()的语义，而且还会影响——因为在打开的文件描述中这个标记仍然被设置着——后续的 read()和 write()调用的语义。下一节将会对这些影响进行描述。

有些时候需要修改一个已经打开的 FIFO（或另一种类型的文件）的 O_NONBLOCK 标记的状态，具体存在这个需求的场景包括以下几种。

- 使用 O_NONBLOCK 打开了一个 FIFO 但需要让后续的 read()和 write()调用在阻塞模式下运作。
- 需要启用从 pipe()返回的一个文件描述符的非阻塞模式。更一般地，可能需要更改从除 open()调用之外的其他调用中——如每个由 shell 运行的新程序中自动被打开的三个标准描述符的其中一个或 socket()返回的文件描述符——取得的任意文件描述符的非阻塞状态。
- 出于一些应用程序的特殊需求，需要切换一个文件描述符的 O_NONBLOCK 设置的开启和关闭状态。

当碰到上面的需求时可以使用 fcntl()启用或禁用打开着的文件的 O_NONBLOCK 状态标记。通过下面的代码（忽略的错误检查）可以启用这个标记。

```
int flags;

flags = fcntl(fd, F_GETFL);          /* Fetch open files status flags */
flags |= O_NONBLOCK;                 /* Enable O_NONBLOCK bit */
fcntl(fd, F_SETFL, flags);           /* Update open files status flags */
```

通过下面的代码可以禁用这个标记。

```
flags = fcntl(fd, F_GETFL);
flags &= ~O_NONBLOCK;                /* Disable O_NONBLOCK bit */
fcntl(fd, F_SETFL, flags);
```

44.10 管道和 FIFO 中 read()和 write()的语义

表 44-2 对管道和 FIFO 上的 read()操作进行了总结，包括 O_NONBLOC 标记的作用。

表 44-2：从一个包含 p 字节的管道或 FIFO 中读取 n 字节的语义

是否启用 O_NONBLOCK	管道或 FIFO 中可用的数据字节(p)			
	p = 0，写入端打开	**p = 0，写入端关闭**	**p < n**	**p >= n**
否	阻塞	返回 0（EOF）	读取 p 字节	读取 n 字节
是	失败（EAGAIN）	返回 0（EOF）	读取 p 字节	读取 n 字节

只有当没有数据并且写入端没有被打开时阻塞和非阻塞读取之间才存在差别。在这种情况下，普通的 read() 会被阻塞，而非阻塞 read() 会失败并返回 EAGAIN 错误。

当 O_NONBLOCK 标记与 PIPE_BUF 限制共同起作用时 O_NONBLOCK 标记对象管道或 FIFO 写入数据的影响会变得复杂。表 44-3 对 write() 的行为进行了总结。

表 44-3：向一个管道或 FIFO 写入 n 字节的语义

是否启用 O_NONBLOCK	读取端打开		读取端关闭
	n <= PIPE_BUF	**n > PIPE_BUF**	
否	原子地写入 n 字节；可能阻塞，直到足够的数据被读取以便继续执行 write()	写入 n 字节；可能阻塞，直到足够的数据被读取以便结束 write()；数据可能会与其他进程写入的数据发生交叉	SIGPIPE + EPIPE
是	如果空间足以立即写入 n 字节，那么 write() 会原子地成功；否则就失败（EAGAIN）	如果空间足以写入一些字节，那么写入的字节数在 1 到 n 之间（可能会与其他进程写入的数据发生交叉）；否则 write() 会失败（EAGAIN）	

当数据无法立即被传输时 O_NONBLOCK 标记会导致在一个管道或 FIFO 上的 write() 失败（错误是 EAGAIN）。这意味着当写入了 PIPE_BUF 字节之后，如果在管道或 FIFO 中没有足够的空间了，那么 write() 会失败，因为内核无法立即完成这个操作并且无法执行部分写入，否则就会破坏不超过 PIPE_BUF 字节的写入操作的原子性的要求。

当一次写入的数据量超过 PIPE_BUF 字节时，该写入操作无需是原子的。因此，write() 会尽可能多地传输字节（部分写）以充满管道或 FIFO。在这种情况下，从 write() 返回的值是实际传输的字节数，并且调用者随后必须要进行重试以写入剩余的字节。但如果管道或 FIFO 已经满了，从而导致哪怕连一个字节都无法传输了，那么 write() 会失败并返回 EAGAIN 错误。

44.11 总结

管道是 UNIX 系统上出现的第一种 IPC 方法，shell 以及其他应用程序经常会使用管道。管道是一个单项、容量有限的字节流，它可以用于相关进程之间的通信。尽管写入管道的数据块的大小可以是任意的，但只有那些写入的数据量不超过 PIPE_BUF 字节的写入操作才被确保是原子的。除了是一种 IPC 方法之外，管道还可以用于进程同步。

在使用管道时必须要小心地关闭未使用的描述符以确保读取进程能够检测到文件结束和写入进程能够收到 SIGPIPE 信号或 EPIPE 错误。（通常，最简单的做法是让向管道写入数据的应用程序忽略 SIGPIPE 并通过 EPIPE 错误检测管道是否"坏了"。）

popen() 和 pclose() 函数允许一个程序向一个标准 shell 命令传输数据或从中读取数据，而无需处理创建管道、执行 shell 以及关闭未使用的文件描述符的细节。

FIFO 除了 mkfifo()创建和在文件系统中存在一个名称以及可以被拥有合适的权限的任意进程打开之外，其运作方式与管道完全一样。在默认情况下，为读取数据而打开一个 FIFO 会被阻塞直到另一个进程为写入数据而打开了该 FIFO，反之亦然。

本章讨论了几个相关的主题。首先介绍了如何复制文件描述符使得一个过滤器的标准输入或输出可以被绑定到一个管道上。在介绍使用 FIFO 构建一个客户端-服务器的例子中介绍了几个与客户端-服务器设计相关的主题，包括为服务器使用一个众所周知的地址以及迭代式服务器设计和并发服务器设计之间的对比。在开发示例 FIFO 应用程序时提到尽管通过管道传输的数据是一个字节流，但有时候将数据打包成消息对于通信来讲也是有用的，并且介绍了几种将数据打包成消息的方法。

最后介绍了在打开一个 FIFO 并执行 I/O 时 O_NONBLOCK 标记（非阻塞 I/O）的影响。O_NONBLOCK 标记对于在打开 FIFO 时不希望阻塞来讲是有用的，同时对读取操作在没有数据可用时不阻塞或在写入操作在管道或 FIFO 没有足够的空间时不阻塞也是有用的。

更多信息

[Bach, 1986]和[Bovet & Cesati, 2005]讨论了管道的实现。有关管道和 FIFO 的有用细节还可以在[Vahalia, 1996]中找到。

44.12　习题

44-1.　编写一个程序使之使用两个管道来启用父进程和子进程之间的双向通信。父进程应该循环从标准输入中读取一个文本块并使用其中一个管道将文本发送给子进程，子进程将文本转换成大写并通过另一个管道将其传回给父进程。父进程读取从子进程过来的数据并在继续下一个循环之前将其反馈到标准输出上。

44-2.　实现 popen()和 pclose()。尽管这些函数因无需完成在 system()实现（参见 27.7 节）中的信号处理而得到了简化，但需要小心地将管道两端正确绑定到各个进程的文件流上并确保关闭所有引用管道两端的未使用的描述符。由于通过多个 popen()调用创建的子进程可能会同时运行，因此需要需要维护一个将 popen()分配的文件流与相应的子进程 ID 关联起来的数据结构。（如果使用数组，那么可以将 fileno()函数的返回值作为数组的下标，这个函数能够取得与一个文件流对应的文件描述符。）从这个结构中取得正确的进程 ID 使得 pclose()能够选择需等待的子进程。这个结构还满足了 SUSv3 的要求，即在新的子进程中必须要关闭所有通过之前的 popen()调用仍然打开着的文件流。

44-3.　程序清单 44-7 中的服务器（fifo_seqnum_server.c）每次在启动时都会从序号 0 开始赋序号值。修改程序使它使用一个在每次赋序号时都会更新的备份文件。（在 4.3.1 节中介绍的 open() O_SYNC 标记可能会有用。）在启动时，程序应该检查这个文件是否存在，如果存在的话就使用其中包含的值来初始化序号。如果在启动时没有找到备份文件，那么程序应该创建一个新文件并从 0 开始赋序号。（另一种方法是使用在 49 章中介绍的内存映射文件。）

44-4.　在程序清单 44-7 中的服务器（fifo_seqnum_server.c）中添加代码使它在收到 SIGINT

或 SIGTERM 信号时删除服务器 FIFO 并终止。

44-5. 程序清单 44-7 中的服务器（fifo_seqnum_server.c）在 FIFO 上执行第二次带 O_WRONLY 标记的打开操作使之在从 FIFO 的读取描述符（serverFd）中读取数据时永远不会看到文件结束。除了这种做法之外，还可以尝试另一种方法：当服务器在读取描述符中看到文件结束时关闭这个描述符，然后再次打开 FIFO 以便读取数据。（这个打开操作将会阻塞直到下一个客户端因写入而打开 FIFO 为止。）这种方法错在哪里了？

44-6. 程序清单 44-7 中的服务器（fifo_seqnum_server.c）假设客户端进程的行为是正常的。如果一个行为异常的客户端创建了一个客户端 FIFO 和向服务器发送了一个请求，但并没有打开其 FIFO，那么服务器在打开客户端的 FIFO 时将会被阻塞，从而造成其他客户端的请求被无限延迟。（如果是恶意的，那么就可以认定为 DoS 攻击。）设计一个模型来解决这个问题，对服务器（可能还要加上程序清单 44-8 中的客户端）进行相应的扩展。

44-7. 编写程序验证 FIFO 上非阻塞打开和非阻塞 I/O 的操作（参见 44.9 节）。

第**45**章

System V IPC 介绍

System V IPC 包括三种不同的进程间通信机制。

- 消息队列用来在进程之间传递消息。消息队列与管道有点像，但存在两个重大差别。第一是消息队列是存在边界的，这样读者和写者之间以消息进行通信，而不是通过无分隔符的字节流进行通信的。第二是每条消息包括一个整型的 type 字段，并且可以通过类型类选择消息而无需以消息被写入的顺序来读取消息。
- 信号量允许多个进程同步它们的动作。一个信号量是一个由内核维护的整数值，它对所有具备相应权限的进程可见。一个进程通过对信号量的值进行相应的修改来通知其他进程它正在执行某个动作。
- 共享内存使得多个进程能够共享内存（即同被映射到多个进程的虚拟内存的页帧）的同一块区域（称为一个段）。由于访问用户空间内存的操作是非常快的，因此共享内存是其中一种速度最快的 IPC 方法：一个进程一旦更新了共享内存，那么这个变更会立即对共享同一个内存段的其他进程可见。

这三种 IPC 机制在功能上存在着很大的差异，但把它们放在一起讨论是有原因的。其中一个原因是它们是一同被开发出来的，它们在 20 世纪 70 年代后期首次出现在了 Columbus UNIX 系统中。这是 Bell 内部实现的一种 UNIX，用于运行电话公司记录保存和管理过程中用到的数据库和事物处理系统。在 1983 年左右，这些 IPC 机制出现在了主流的 System V UNIX 系统上——System V IPC 的名称由此而来。

将 System V IPC 机制放在一起讨论的一个更加重要的原因是它们的编程接口都具备一些特征，因此很多同样的概念都适用于所有这些机制。

> SUSv3 因需遵从 XSI 而要求实现 System V IPC，因此有时候这种机制也被称为 XSI IPC。

本章概述了 System V IPC 机制并详细介绍了所有这三种机制共同具备的特性。后面几个章节将分别对这三种机制进行介绍。

> System V IPC 是一个通过 CONFIG_SYSVIPC 选项进行配置的内核选项。

45.1 概述

表 45-1 对使用 System V IPC 对象需用到的头文件和系统调用进行了总结。

一些实现要求在包含表 45-1 中的头文件之前先包含<sys/types.h>。一些较早的 UNIX 实现可能还要求包含<sys/ipc.h>。（没有哪个 UNIX 规范要求这些头文件。）

表 45-1：System V IPC 对象编程接口总结

接　　口	消 息 队 列	信　号　量	共 享 内 存
头文件	<sys/msg.h>	<sys/sem.h>	<sys/shm.h>
关联数据结构	msqid_ds	semid_ds	shmid_ds
创建/打开对象	msgget()	semget()	shmget() + shmat()
关闭对象	（无）	（无）	shmdt()
控制操作	msgctl()	semctl()	shmctl()
执行 IPC	msgsnd()——写入消息	semop()——测试/调整信号量	访问共享区域中的内存
	msgrcv()——接收消息		

在大多数部署 Linux 的硬件架构上，系统调用 ipc(2)是所有 System V IPC 操作到内核的入口，表 45-1 中列出的所有调用实际上都被实现为位于这个系统调用之上的库函数。（这个约定的两个例外情况是 Alpha 和 IA-64，在这两个架构上，表中列出的调用被实现成了各个系统调用。）这个不太常见的方法是 System V IPC 在一开始被实现成可载入的内核模块的杰作。尽管在大多数 Linux 架构上它们实际上是库函数，但在本章中会将表 45-1 中列出的函数称为系统调用。只有 C 库的实现人员才需要使用 ipc(2)ipc(2)，在任何其他应用程序中使用这个调用将会使应用程序变得不可移植。

创建和打开一个 System V IPC 对象

每种 System V IPC 机制都有一个相关的 get 系统调用（msgget()、semget()或 shmget()），它与文件上的 open()系统调用类似。给定一个整数 key（类似于文件名），get 调用完成下列某个操作。

* 使用给定的 key 创建一个新 IPC 对象并返回一个唯一的标识符来标识该对象。
* 返回一个拥有给定的 key 的既有 IPC 对象的标识符。

本章将第二种做法（宽松地）称为打开一个既有 IPC 对象。在这种情况下，get 调用所做的事情是将一个数字（key）转换称为另一个数字（标识符）。

在 System V IPC 的上下文中的对象与面向对象程序设计中的对象毫无关系。这个术语仅仅用来将 System V IPC 机制与文件区分开来。尽管文件和 System V IPC 对象之间存在几点类似之处，但与标准的 UNIX 文件 I/O 模型相比，IPC 对象的用法在几个重要方面都存在差异，这也是 System V IPC 机制之所以复杂的一个原因。

IPC 标识符与文件描述符类似，在后续所有引用该 IPC 对象的系统调用中都需要用到它。但这两者之间存在一个重要的语义上的差别。文件描述符是一个进程特性，而 IPC 标识符则是对象本身的一个属性并且对系统全局可见。所有访问同一对象的进程使用同样的标识符。这意味着如果知道一个 IPC 对象已经存在，那么可以跳过 get 调用，只要能够通过某种机制来获知对象的标识符即可。例如，创建对象的进程可能会将标识符写入一个可供其他进程读取的文件。

下面的例子展示了如何创建一个 System V 消息队列。

```
id = msgget(key, IPC_CREAT | S_IRUSR | S_IWUSR);
if (id == -1)
    errExit("msgget");
```

与所有的 get 调用一样，key 是第一个参数，标识符是函数的返回结果。传递给 get 调用的最后一个参数（flags）使用与文件一样的掩码常量（表 15-4）指定了新对象上的权限。在上面的例子中只给对象的所有者赋予了在队列中读取和写入消息的权限。

进程的 umask（参见 15.4.6 节）对新创建的 IPC 对象上的权限是不适用的。

一些 UNIX 实现为 IPC 权限定义了下面的位掩码常量：MSG_R、MSG_W、SEM_R、SEM_A、SHM_R 以及 SHM_W。它们对应于各个 IPC 机制的所有者（用户）的读取和写入权限。要获取对应的组和其他用户的权限位掩码则可以将这些常量右移 3 位和 6 位。SUSv3 并没有规定这些常量，它使用了与文件一样的位掩码，并且没有在 glibc 头中对这些常量进行定义。

所有需访问同一个 IPC 对象的进程在执行 get 调用时会指定同样的 key 以获取该对象的同一个标识符。在 45.2 节中将会介绍如何为应用程序选择一个 key。

如果没有与给定的 key 对应的 IPC 对象存在并且在 flags 参数中指定了 IPC_CREAT（与 open() 的 O_CREAT 标记类似），那么 get 调用会创建一个新的 IPC 对象。如果不存在相应的 IPC 对象并且没有指定 IPC_CREAT（并且没有像 45.2 节中描述的那样将 key 指定为 IPC_PRIVATE），那么 get 调用会失败并返回 ENOENT 错误。

一个进程可以通过指定 IPC_EXCL 标记（类似于 open() 的 O_EXCL 标记）来确保它是创建 IPC 对象的进程。如果指定了 IPC_EXCL 并且与给定 key 对应的 IPC 对象已经存在，那么 get 调用会失败并返 EEXIST 错误。

IPC 对象删除和对象持久

各种 System V IPC 机制的 ctl 系统调用（msgctl()、semctl()、shmctl()）在对象上执行一组控制操作，其中很多操作是特定于某种 IPC 机制的，但有一些是适用于所有的 IPC 机制的，其中一个就是 IPC_RMID 控制操作，它可以用来删除一个对象。如使用下面的调用可以删除一个共享内存对象。

```
if (shmctl(id, IPC_RMID, NULL) == -1)
    errExit("shmctl");
```

对于消息队列和信号量来讲，IPC 对象的删除是立即生效的，对象中包含的所有信息都会被销毁，不管是否有其他进程仍然在使用该对象。（这也是 System IPC 对象的操作与文件的操作不相似的其中一个地方。在 18.3 节中曾经讲过如果删除了指向文件的最后一个链接，那么实际上只有当所有引用该文件的打开着的文件描述符都被关闭之后才会删除该文件。）

共享内存对象的删除的操作是不同的。在 shmctl(id,IPC_RMID, NULL) 调用之后，只有当所有使用该内存段的进程与该内存段分离之后（使用 shmdt()）才会删除该共享内存段。（这一点与文件删除更加接近。）

System V IPC 对象具备内核持久性。一旦被创建之后，一个对象就一直存在直到它被显式地删除或系统被关闭。System V IPC 对象的这个属性是非常有用的。因为一个进程可以创建一个对象、修改其状态、然后退出并使得在后面某个时刻启动的进程可以访问这个对象。但这种属性也是存在缺点的，其原因如下。

- 系统对每种类型的 IPC 对象的数量是有限制的。如果没有删除不用的对象，那么应用程序最终可能会因达到这个限制而发生错误。
- 在删除一个消息队列或信号量对象时，多进程应用程序可能难以确定哪个进程是最后一个需要访问对象的进程，从而导致难以确定何时可以安全地删除对象。这里的问题是这些对象是无连接的——内核不会记录哪个进程打开了对象。（共享内存段不存在这个缺点，因为它们的删除操作的语义不同。）

45.2　IPC Key

System V IPC key 是一个整数值，其数据类型为 key_t。IPC get 调用将一个 key 转换成相应的整数 IPC 标识符。这些调用能够确保如果创建的是一个新 IPC 对象，那么对象能够得到一个唯一的标识符，如果指定了一个既有对象的 key，那么总是会取得该对象的（同样的）标识符。（在内部，内核会像 45.5 节中描述的那样为各种 IPC 机制维护着一个数据结构将 key 映射成标识符。）

那么如何产生唯一的 key 呢——一种确保不会偶然地取得其他应用程序所使用的一个既有 IPC 对象的标识符？这个问题存在三种解决方案。

- 随机地选取一个整数值作为 key 值，这些整数值通常会被放在一个头文件中，所有使用 IPC 对象的程序都需要包含这个头文件。这个方法的难点在于可能会无意中选取了一个已被另一个应用程序使用的值。
- 在创建 IPC 对象的 get 调用中将 IPC_PRIVATE 常量作为 key 的值，这样就会导致每个调用都会创建一个全新的 IPC 对象，从而确保每个对象都拥有一个唯一的 key。
- 使用 ftok()函数生成一个（接近唯一）key。

IPC_PRIVATE 和 ftok()是通常采用的技术。

使用 IPC_PRIVATE 产生一个唯一的 key

在创建一个新 IPC 对象时必须要像下面这样将 key 指定为 IPC_PRIVATE。

    id = msgget(IPC_PRIVATE, S_IRUSR | S_IWUSR);

在上面的代码中无需指定 IPC_CREAT 和 IPC_EXCL 标记。

这项技术对于父进程在执行 fork()之前创建 IPC 对象从而导致子进程继承 IPC 对象标识符的多进程应用程序是特别有用的。在客户端-服务器应用程序中（即那些包含非相关进程的应用程序）也可以使用这项技术，但客户端必须要通过某种机制获取由服务器创建的 IPC 对象的标识符（反之亦然）。如在创建完一个 IPC 对象之后，服务器可以将这个标识符写入一个将会被客户端读取的文件中。

使用 ftok()产生一个唯一的 key

ftok()（file to key）函数返回一个适合在后续对某个 System V IPC get 系统调用进行调用

时使用的 key 值。

```
#include <sys/ipc.h>

key_t ftok(char *pathname, int proj);
```
                              Returns integer key on success, or –1 on error

key 值是使用实现定义的算法根据提供的 pathname 和 proj 值生成的。SUSv3 要求如下。
- 算法只使用 proj 的最低的 8 个有效位。
- 应用程序必须要确保 pathname 引用一个可以应用 stat() 的既有文件（否则 ftok() 会返回 −1）。
- 如果将引用同一个文件（即 i-node）不同的路径名（链接）传递给了 ftok() 并且指定了同样的 proj 值，那么函数必须要返回同样的 key 值。

换句话说，ftok() 使用 i-node 号来生成 key 值，而并没有使用文件名来生成 key 值。（由于 ftok() 算法依赖于 i-node 号，因此在应用程序的生命周期中不应该将文件删除和重新创建，因为重新创建文件时很有可能会分配到一个不同的 i-node 号。）proj 的目的仅仅是允许从同一个文件中生成多个 key，这对于需创建同种类型的多个 IPC 对象的应用程序来讲是有用的。以前，proj 参数的类型为 char，并且在调用 ftok() 通常传入的也是 char 值。

SUSv3 并没有规定当 proj 的值为 0 时 ftok() 的行为。在 AIX 5.1 上，当 proj 为 0 时 ftok() 返回 −1。在 Linux 上，这个值没有特殊的含义，但可移植的应用程序应该避免将 proj 值设置为 0，因为还有 255 个值可用呢。

通常，传递给 ftok() 的 pathname 会引用构成应用程序或由应用程序创建的文件或目录之一，协同运行的进程会将同样的 pathname 传递给 ftok()。

在 Linux 上，ftok() 返回的 key 是一个 32 位的值，它通过取 proj 参数的最低 8 个有效位、包含该文件所属的文件系统的设备的设备号（即次要设备号）的最低 8 个有效位以及 pathname 所引用的文件的 i-node 号的最低 16 个有效位组合而成。（后两项信息通过在 pathname 上调用 stat() 获得。）

glibc ftok() 的算法与其他 UNIX 实现所采用的算法类似，它们都存在一个类似的限制：两个不同的文件可能会产生同样的 key 值（可能性非常小）。之所以会发生这种情况是因为不同文件系统上的两个文件的 i-node 号的最低有效位可能会相同，并且两个不同的磁盘设备（位于具备多个磁盘控制器的系统上）可能会拥有同样的次要设备号。但在实践中，不同的应用程序产生同样的 key 值的可能性非常非常小以至于使用 ftok() 产生 key 已经是一项可靠的技术了。

ftok() 的典型用法如下所示。

```
key_t key;
int id;

key = ftok("/mydir/myfile", 'x');
if (key == -1)
    errExit("ftok");
id = msgget(key, IPC_CREAT | S_IRUSR | S_IWUSR);
if (id == -1)
    errExit("msgget");
```

45.3 关联数据结构和对象权限

内核为 System V IPC 对象的每个实例都维护着一个关联数据结构。这个数据结构的形式因 IPC 机制（消息队列、信号量、或共享内存）的不同而不同，它是在各个 IPC 机制（参见表 45-1）对应的头文件中进行定义的。在后续的章节中将会详细介绍各种机制的关联数据结构的细节信息。

一个 IPC 对象的关联数据结构会在通过相应的 get 系统调用创建对象时进行初始化。对象一旦被创建之后，程序就可以通过指定 IPC_STAT 操作类型使用合适的 ctl 系统调用来获取这个数据结构的一个副本。使用 IPC_SET 操作能够修改这个数据结构中的部分数据。

除了各种 IPC 对象特有的数据之外，所有三种 IPC 机制的关联数据结构都包含一个子结构 ipc_perm，它保存了用于确定对象之上的权限的信息。

```
struct ipc_perm {
    key_t          __key;          /* Key, as supplied to 'get' call */
    uid_t          uid;            /* Owner's user ID */
    gid_t          gid;            /* Owner's group ID */
    uid_t          cuid;           /* Creator's user ID */
    gid_t          cgid;           /* Creator's group ID */
    unsigned short mode;           /* Permissions */
    unsigned short __seq;          /* Sequence number */
};
```

SUSv3 要求 ipc_perm 结构中除 __key 和 __seq 字段之外的所有其他字段都要具备。大多数 UNIX 实现都提供了相应的字段。

uid 和 gid 字段指定了 IPC 对象的所有权。cuid 和 cgid 字段保存着创建该对象的进程的用户 ID 和组 ID。一开始，相应的用户和创建者 ID 字段的值是一样的，它们都源自调用进程的有效 ID。创建者 ID 是不可变的，而所有者 ID 则可以通过 IPC_SET 操作进行修改。下面的代码演示了如何修改共享内存段的 uid 字段（关联数据结构的类型是 shmid_ds）。

```
struct shmid_ds shmds;

if (shmctl(id, IPC_STAT, &shmds) == -1)      /* Fetch from kernel */
    errExit("shmctl");
shmds.shm_perm.uid = newuid;                 /* Change owner UID */
if (shmctl(id, IPC_SET, &shmds) == -1)       /* Update kernel copy */
    errExit("shmctl");
```

ipc_perm 子结构的 mode 字段保存着 IPC 对象的权限掩码。这些权限是使用在创建该对象的 get 系统调用中指定的 flags 参数的低 9 位初始化的，但后面使用 IPC_SET 操作则可以修改这个字段的值。

与文件一样，权限被分成了三类——owner（也称为 user）、group 以及 other——并且可以为各个类别指定不同的权限。但 IPC 对象的权限模型与文件权限模型存在一些显著差别。

- 对于 IPC 对象来讲只有读和写权限有意义。（对于信号量来讲，写权限通常被称为修改（alter）权限。）执行权限是没有意义的，在执行大多数访问检测时通常会忽略这个权限。
- 权限检测会根据进程的有效用户 ID、有效组 ID 以及辅助组 ID 来进行。（这与 Linux 上文件系统权限检测不同，它使用的是进程的文件系统 ID，具体可参考 9.5 节。）

IPC 对象上的进程权限分配的准确规则如下。

1．如果进程是特权进程（CAP_IPC_OWNER），那么所有权限都会被赋予 IPC 对象。

2．如果进程的有效用户 ID 与 IPC 对象的所有者或创建者 ID 匹配，那么会将对象的 owner（user）的权限赋予进程。

3．如果进程的有效用户 ID 或任意一个辅助组 ID 与 IPC 对象的所有者组 ID 或创建者组 ID 匹配，那么会将对象的 group 的权限赋予进程。

4．否则会将对象的 other 的权限赋予进程。

> 在内核代码中，只有当一个进程没有通过其他测试被赋予所需的权限时才会去测试该进程是否是一个特权进程。之所以这样做是为了避免不必要地设置 ASU 进程记录标记，该标记用于指示进程是否使用超级用户权限（参见 28.1 节）。
>
> 注意 IPC_PRIVATE key 值的使用和 IPC_EXCL 标记的存在不会影响进程对 IPC 对象的访问，这种访问权限只由对象的所有者和权限来确定。

如何解释一个对象的读和写权限以及是否需要这些权限依赖于对象的类型以及所执行的操作。

当需获取一个既有 IPC 对象的标识符而执行一个 get 调用时会进行初次权限检测以确定在 flags 参数中指定的权限与既有对象上的权限是否匹配。如果不匹配，那么 get 调用会失败并返回 EACCES 错误。（除非特别指出，在下面列出的所有权限被拒绝的例子中都会返回这个错误码。）为说明问题，考虑同一组中的两个不同用户，其中一个用户使用了下面的调用创建了一个消息队列。

```
msgget(key, IPC_CREAT | S_IRUSR | S_IWUSR | S_IRGRP);
                            /* rw-r----- */
```

当第二个用户尝试使用下面的调用获取这个消息队列的标识符时会失败，因为用户没有在消息队列上的写权限。

```
msgget(key, S_IRUSR | S_IWUSR);
```

第二个用户可以通过将 msgget() 调用的第二个参数指定为 0 来绕过这种检测，这样就只有当程序试图执行一个需要 IPC 对象上的写权限的操作（如使用 msgsnd() 写入一条消息）时才会发生错误。

> get 调用代表了忽略执行权限的一种情况。尽管这种权限对于 IPC 对象来讲没有意义，但如果在一个既有对象上的 get 调用中要求执行权限，那么就会检测进程是否具备这个权限。

其他常见操作所需的权限如下所述。

- 从对象中获取信息（如从消息队列中读取一条消息，获取一个信号量的值，或因读取而附上一个共享内存段）需要读权限。
- 更新对象中的信息（如向消息队列写入一条消息，修改一个信号量的值，或因写入而附上一个共享内存段）需要写权限。
- 获取一个 IPC 对象的关联数据结构的副本（IPC_STAT ctl 操作）需要读权限。
- 删除一个 IPC 对象（IPC_RMID ctl 操作）或修改其关联数据结构（IPC_SET ctl 操作）不需要读或写权限，相反，调用进程必须是特权进程（CAP_SYS_ADMIN）或有效用户 ID 与对象的所有者用户 ID 或创建者用户 ID 匹配（否则返回错误 EPERM）。

可以设置一个 IPC 对象的权限使得所有者或创建者不能再使用 IPC_STAT 获取包含对象权限信息的关联数据结构（这意味着使用 45.6 节中介绍的 ipcs(1)命令无法打印出这个对象），但仍然可以使用 IPC_SET 修改它们。

其他各种机制特有的操作需要读或写权限或 CAP_IPC_OWNER 能力。在后面章节中讨论各种操作时将会介绍它们所需的权限。

45.4 IPC 标识符和客户端/服务器应用程序

在客户端/服务器应用程序中，服务器通常会创建 System V IPC 对象，而客户端则仅仅需要访问它们。换句话说，服务器在执行 get 调用时需要指定 IPC_CREAT 标记，而客户端在 get 调用中则会省略这个标记。

假设一个客户端参与了服务器的一个延伸会话，其中每个进程会执行多个 IPC 操作（如交换多条消息、一组信号量操作、或多次更新共享内存）。如果服务器进程崩溃或故意停止然后重启会发生什么情况呢？这时，盲目地重用由前一个服务器进程创建的 IPC 对象是毫无意义的，因为新服务器进程不清楚与 IPC 对象的当前状态相关的历史信息。（如消息队列中可能存在客户端因响应老的服务器进程之前发送的一条消息而发出的第二个请求。）

在这种情况下，服务器唯一可做的事情可能就是丢弃所有既有的客户端、删除由上一个服务器进程创建的 IPC 对象、创建 IPC 对象的新实例。新启动的服务器首先会通过在 get 调用中同时指定 IPC_CREAT 和 IPC_EXCL 标记创建一个 IPC 对象来处理服务器的上一个实例非正常终止的情况。如果 get 调用因具备指定 key 的对象已存在而失败，那么服务器就认为老的服务器进程之前创建了该对象，因此它会使用 IPC_RMID ctl 操作删除这个对象，然后再次执行一个 get 调用来创建对象。（这组步骤可能会与其他诸如确保另一个服务器进程当前不在运行之类的步骤组合起来使用，具体可参见 55.6 节。）程序清单 45-1 给出了一个消息队列可能需要执行的步骤。

程序清单 45-1：清理服务器中的 IPC 对象

─── svipc/svmsg_demo_server.c

```c
#include <sys/types.h>
#include <sys/ipc.h>
#include <sys/msg.h>
#include <sys/stat.h>
#include "tlpi_hdr.h"

#define KEY_FILE "/some-path/some-file"
                        /* Should be an existing file or one
                           that this program creates */

int
main(int argc, char *argv[])
{
    int msqid;
    key_t key;
    const int MQ_PERMS = S_IRUSR | S_IWUSR | S_IWGRP;   /* rw--w---- */

    /* Optional code here to check if another server process is
```

```
                    already running */

    /* Generate the key for the message queue */

    key = ftok(KEY_FILE, 1);
    if (key == -1)
        errExit("ftok");
    /* While msgget() fails, try creating the queue exclusively */

    while ((msqid = msgget(key, IPC_CREAT | IPC_EXCL | MQ_PERMS)) == -1) {
        if (errno == EEXIST) {              /* MQ with the same key already
                                               exists - remove it and try again */

            msqid = msgget(key, 0);
            if (msqid == -1)
                errExit("msgget() failed to retrieve old queue ID");
            if (msgctl(msqid, IPC_RMID, NULL) == -1)
                errExit("msgget() failed to delete old queue");
            printf("Removed old message queue (id=%d)\n", msqid);

        } else {                            /* Some other error --> give up */
            errExit("msgget() failed");
        }
    }

    /* Upon loop exit, we've successfully created the message queue,
       and we can then carry on to do other work... */

    exit(EXIT_SUCCESS);
}
```
——— *svipc/svmsg_demo_server.c*

尽管重新启动的服务器会重新创建 IPC 对象，但如果在创建新 IPC 对象时将同样的 key 传递给 get 调用，那么总是会生成同样的标识符。读者可以从客户端的角度来考虑一下这个问题的解决方案。如果服务器重新创建的 IPC 对象使用了同样的标识符，那么客户端就无法知道服务器已经重启并且 IPC 对象已经不包含预期的历史信息了。

为解决这个问题，内核采用了一个算法（下一节描述），通常能够确保在创建新 IPC 对象时，对象会得到一个不同的标识符，即使传入的 key 是一样的。其结果是所有与老的服务器进程连接的客户端在使用旧的标识符时会从相关的 IPC 系统调用中收到一个错误。

> 程序清单 45-1 中的解决方案并没有完全解决在使用 System V 共享内存时识别出服务器重启的问题，因为共享内存对象只有在所有进程都与其虚拟地址空间分离之后才会被删除。但共享内存对象通常与 System V 信号量组合使用，而它们则会在 IPC_RMID 操作中立即被删除。这意味着客户端在试图访问被删除的信号量对象时能够知道服务器重启这件事情。

45.5　System V IPC get 调用使用的算法

图 45-1 给出了内核内部使用的一些表示 System V IPC 对象（本例中是信号量，但细节方面与其他 IPC 机制类似）相关信息的结构，包括用于计算 IPC key 的字段。对于每种 IPC 机制（共享内存、消息队列、或信号量），内核都会维护一个关联的 ipc_ids 结构，它记录着该 IPC 机制的所有实例的各种全局信息，包括一个大小会动态变化的指针数组 entries，数组中的每个元素

指向一个对象实例的关联数据结构（在信号量中是 semid_ds 结构）。entries 数组的当前大小记录在 size 字段中，max_id 字段记录着当前使用中的元素的最大下标。

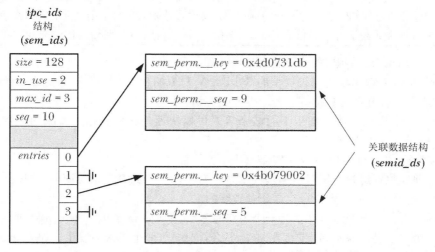

图 45-1：用于表示 System V IPC（信号量）对象的内核数据结构

在执行一个 IPC get 调用时，Linux 所采用的算法近似如下（其他系统使用了类似的算法）。

1. 在关联数据结构列表（entries 数组中的元素指向的结构）中搜索 key 字段与 get 调用中指定的参数匹配的结构。

   （a）如果没有找到匹配的结构并且没有指定 IPC_CREAT，那么返回 ENOENT 错误。

   （b）如果找到了一个匹配的结构，但同时指定了 IPC_CREAT 和 IPC_EXCL，那么返回 EEXIST 错误。

   （c）否则在找到一个匹配的结构的情况下跳过下面的步骤。

2. 如果没有找到匹配的结构并且指定了 IPC_CREAT，那么会分配一个新的与所采用的机制对应的关联数据结构（在图 45-1 中是 semid_ds）并对其进行初始化。在这个操作中还会更新 ipc_ids 结构中的各个字段，并且可能还会重新设定 entries 数组的大小。指向新结构的指针会被放在 entries 中第一个未被占用的位置处。在这个初始化的过程中包含两个子步骤。

   （a）传递给 get 调用的 key 值被复制到新分配的结构的 xxx_perm.__key 字段中。

   （b）ipc_ids 结构中 seq 字段的当前值被复制到关联数据结构的 xxx_perm.__seq 字段中，将 seq 字段的值加 1。

3. 使用下面的公式计算 IPC 对象的标识符。

   ```
   identifier = index + xxx_perm.__seq * SEQ_MULTIPLIER
   ```

   在用于计算 IPC 标识符的公式中，index 表示对象实例在 entries 数组中的下标，SEQ_MULTIPLIER 是一个值为 32768 的常数（内核源文件 include/linux/ipc.h 中的 IPCMNI）。如在图 45-1 中，key 值为 0x4b079002 的信号量生成的标识符为(2 + 5 * 32768) = 163842。

   对于 get 调用所采用的算法需要注意下列几点。

   - 即使使用同样的 key 创建了一个新 IPC 对象也几乎可以肯定对象被分配到的标识符是不同的，因为标识符的计算是根据保存在关联数据结构中的 seq 字段的值来进行的，而在同种类型的对象的创建过程中都会递增这个值。

内核所采用的算法在 seq 的值达到(INT_MAX / IPCMNI)——即 2147483647 / 32768 = 65535——时会将 seq 的值重置为 0。因此如果在系统运行期间已经创建了 65535 个对象，那么新 IPC 对象可能会与之前的对象拥有同样的标识符，从而导致新对象会重用之前的对象在 entries 数组中的位置（即在系统运行期间必须要释放之前的对象）。但发生这种情况的可能性非常小。

- 算法为 entries 数组的每个下标都生成一组不同的标识符值。
- 由于常量 IPCMNI 为每种类型的 System V 对象的数量设定了一个上限，因此算法确保所有既有 IPC 对象都拥有一个唯一的标识符。
- 给定一个标识符值，使用下面这个等式可以快速计算出它在 entries 数组中对应的下标。

      index = identifier % SEQ_MULTIPLIER

能够快速地执行这种计算对于那些接收 IPC 对象标识符的 IPC 系统调用（即表 45-1 中除 get 调用的其他调用）的高效执行来讲是有必要的。

顺便提一下，当一个进程在执行一个 IPC 系统调用（如 msgctl()、semop()、或 shmat()）时传入了一个与既有对象不匹配的标识符，那么就会导致两个错误的发生。如果 entries 中相应下标处是空的，那么将会导致 EINVAL 错误的发生。如果下标指向了一个关联数据结构，但存储在该结构中的序号导致不会产生同样的标识符值，那么就假设这个数组下标指向的旧对象已经被删除了，该下标会被重用。通过错误 EIDRM 可以诊断出这种情况的发生。

45.6 ipcs 和 ipcrm 命令

ipcs 和 ipcrm 命令是 System V IPC 领域中类似于 ls 和 rm 文件命令的命令。使用 ipcs 能够获取系统上 IPC 对象的信息。在默认情况下，ipcs 会显示出所有对象，如下面的例子所示。

```
$ ipcs

------ Shared Memory Segments --------
key        shmid     owner     perms    bytes    nattch    status
0x6d0731db 262147    mtk       600      8192     2

------ Semaphore Arrays --------
key        semid     owner     perms    nsems
0x6107c0b8 0         cecilia   660      6
0x6107c0b6 32769     britta    660      1

------ Message Queues --------
key        msqid     owner     perms    used-bytes    messages
0x71075958 229376    cecilia   620      12            2
```

在 Linux 上，ipcs(1)只显示出拥有读权限的 IPC 对象的信息，而不管是否拥有这些对象。在一些 UNIX 实现上，ipcs 的行为与它在 Linux 上的行为一样，但在其他实现上，ipcs 会显示出所有对象，不管当前用户是否拥有这些对象上的读权限。

在默认情况下，ipcs 会显示出每个对象的 key、标识符、所有者以及权限（用一个八进制数字表示），后面跟着对象所特有的信息。

- 对于共享内存，ipcs 会显示出共享内存区域的大小、当前将共享内存区域附加到自己的虚拟地址空间的进程数以及状态标记。状态标记标识出了区域是否被锁进了 RAM 以防止交换（参见 48.7 节）以及在所有进程都与该区域分离之后是否已经将其标记为待销毁了。

- 对于信号量，ipcs 会显示出信号集的大小。
- 对于消息队列，ipcs 会显示出队列中数据占据的字节总数以及消息数量。

ipcs(1)手册对各种能够显示 IPC 对象的其他信息的选项进行了说明。

ipcrm 命令删除一个 IPC 对象。这个命令的常规形式为下面两种形式中的一种。

```
$ ipcrm -X key
$ ipcrm -x id
```

在上面给出的命令中既可以将一个 IPC 对象的 key 指定为参数 key，也可以将一个 IPC 对象的标识符指定为参数 id 并且使用小写的 x 替换其大写形式或使用小写的 q（用于消息队列）或 s（用于信号量）或 m（用于共享内存）。因此使用下面的命令可以删除标识符为 65538 的信号量集。

```
$ ipcrm -s 65538
```

45.7 获取所有 IPC 对象列表

Linux 提供了两种获取系统上所有 IPC 对象列表的非标准方法。

- /proc/sysvipc 目录中的文件会列出所有 IPC 对象。
- 使用 Linux 特有的 ctl 调用。

本节将会介绍/proc/sysvipc 目录中的文件，在 46.6 节将会对 ctl 调用进行介绍，并提供一个示例程序来列出系统上所有 System V 消息队列。

> 其他一些 UNIX 实现提供了它们自己的用于获取所有 IPC 标识符列表的非标准方法，如 Solaris 为此提供了 msgids()、semids()以及 shmids()系统调用。

/proc/sysvipc 目录中三个只读文件提供的信息与通过 ipcs 获取的信息是一样的。

- /proc/sysvipc/msg 列出所有消息队列及其特性。
- /proc/sysvipc/sem 列出所有信号量集及其特性。
- /proc/sysvipc/shm 列出所有共享内存段及其特性。

与 ipcs 命令不同，这些文件总是会显示出相应种类的所有对象，不管是否在这些对象上拥有读权限。

下面给出了一个示例/proc/sysvipc/sem 文件的内容（为符合版面的要求，这里删除了一些空格）。

```
$ cat /proc/sysvipc/sem
key     semid perms  nsems   uid   gid  cuid  cgid    otime      ctime
  0  16646144  600      4  1000   100  1000   100        0  1010166460
```

这三个/proc/sysvipc 文件为程序和脚本提供了一种遍历给定种类的所有既有 IPC 对象的方法（不可移植）。

> 获取给定种类的所有 IPC 对象的最佳可移植的做法是解析 ipcs(1)的输出。

45.8 IPC 限制

由于 System V IPC 对象会消耗系统资源，因此内核对各种 IPC 对象进行了各式各样的限制以防止资源被耗尽。SUSv3 没有对用于限制 System V IPC 对象的方法进行规定，但大多数 UNIX

实现（包括 Linux）都采用了类似的框架来对对象进行各种各样的限制。在下面介绍各种 System V IPC 机制的章节中将会对相关的限制进行讨论并指出与其他 UNIX 实现之间的差别。

尽管在不同 UNIX 实现之间对各种 IPC 对象所能施加的限制类型通常是类似的，但查看和修改这些限制的方法则是不同的。下面章节中介绍的方法是 Linux 特有的（它们一般都需要使用/proc/sys/kernel 目录中的文件），而在其他实现上则需要使用不同的方法。

> 在 Linux 上，ipcs –l 命令可以用来列出各种 IPC 机制上的限制。程序可以使用 Linux 特有的 IPC_INFO ctl 操作来获取同样的信息。

45.9　总结

System V IPC 是首先在 System V 中被广泛使用的三种 IPC 机制的名称并且之后被移植到了大多数 UNIX 实现中以及被加入了加入了各种标准中。这三种 IPC 机制允许进程之间交换消息的消息队列，允许进程同步对共享资源的访问的信号量，以及允许两个或更多进程共享内存的同一个页的共享内存。

这三种 IPC 机制在 API 和语义上存在很多相似之处。对于每种 IPC 机制来讲，get 系统调用会创建或打开一个对象。给定一个整数 key，get 调用返回一个整数标识符用来在后续的系统调用中引用对象。每种 IPC 机制还拥有一个对应的 ctl 调用用来删除一个对象以及获取和修改对象的关联数据结构中的各种特性（如所有权和权限）。

用来为新 IPC 对象生成标识符的算法被设计成将（立即）复用同样的标识符的可能性降到最小，即使相应的对象已经被删除了，甚至是使用同样的 key 来创建新对象也一样。这样客户端-服务器应用程序就能够正常工作了——重新启动的服务器进程能够检测到并删除上一个服务器进程创建的 IPC 对象，并且这个动作会令上一个服务器进程的客户端所保存的标识符失效。

ipcs 命令列出了当前位于系统上的所有 System V IPC 对象。ipcrm 命令用来删除 System IPC 对象。

在 Linux 上，/proc/sysvipc 目录中的文件可以用来获取系统上所有 System V IPC 对象的信息。

每种 IPC 机制都有一组相关的限制，它们通过阻止创建任意数量的 IPC 对象来避免系统资源的耗尽。/proc/sys/kernel 目录中的各个文件可以用来查看和修改这些限制。

更多信息

在[Maxwell, 1999]和[Bovet & Cesati, 2005]中能够找到 System V IPC 在 Linux 上的实现的信息。[Goodheart & Cox, 1994]介绍了 System V Release 4 中 System V IPC 的实现。

45.10　习题

45-1. 编写一个程序来验证 ftok()所采用的算法是否如 45.2 节中描述的那样使用了文件的 i-node 号、次要设备号以及 proj 值。（通过几个例子打印出所有这些值以及 ftok() 的返回值的十六进制形式即可。）

45-2. 实现 ftok()。

45-3. 验证（通过实验）45.5 节中有关用于生成 System V IPC 标识符的算法的声明。

第 **46** 章

System V 消息队列

本章介绍 System V 消息队列。消息队列允许进程以消息的形式交换数据。尽管消息队列在某些方面与管道和 FIFO 类似，但它们之间仍然存在显著的差别。

- 用来引用消息队列的句柄是一个由 msgget() 调用返回的标识符。这些标识符与 UNIX 系统上大多数其他形式的 I/O 所使用的文件描述符是不同的。
- 通过消息队列进行的通信是面向消息的，即读者接收到由写者写入的整条消息。读取一条消息的一部分而让剩余部分遗留在队列中或一次读取多条消息都是不可能的。这一点与管道不通，管道提供的是一个无法进行区分的字节流（即使用管道时读者一次可以读取任意数量的字节数，不管写者写入的数据块的大小是什么）。
- 除了包含数据之外，每条消息还有一个用整数表示的类型。从消息队列中读取消息既可以按照先入先出的顺序，也可以根据类型来读取消息。

本章最后（46.9 节）将会对 System V 消息队列所存在的限制进行总结。由于存在这些限制，因此新应用程序应该尽可能避免使用 System V 消息队列，而应该使用其他形式的 IPC 机制，如 FIFO、POSIX 消息队列以及 socket。但在消息队列一开始被设计出来的时候，这些候选机制不是还没有被发明出来就是还没有在 UNIX 实现中被广泛采用，其结果是存在各类使用消息队列的既有应用程序，这也是在这里对消息队列进行介绍的主要原因之一。

46.1 创建或打开一个消息队列

msgget() 系统调用创建一个新消息队列或取得一个既有队列的标识符。

```
#include <sys/types.h>          /* For portability */
#include <sys/msg.h>

int msgget(key_t key, int msgflg);
```
                    Returns message queue identifier on success, or –1 on error

key 参数是使用 45.2 节中描述的方法之一生成的一个键（即通常是值 IPC_PRIVATE 或 ftok() 返回的一个键）。msgflg 参数是一个指定施加于新消息队列之上的权限或检查一个既有队

列的权限的位掩码。此外，在 msgflg 参数中还可以将下列标记中的零个或多个标记取 OR（|）以控制 msgget() 的操作。

IPC_CREAT

如果没有与指定的 key 对应的消息队列，那么就创建一个新队列。

IPC_EXCL

如果同时还指定了 IPC_CREAT 并且与指定的 key 对应的队列已经存在，那么调用就会失败并返回 EEXIST 错误。

在 45.1 节中对这些标记进行了详细描述。

msgget() 系统调用首先会在所有既有消息队列中搜索与指定的键对应的队列。如果找到了一个匹配的队列，那么就会返回该对象的标识符（除非在 msgflg 中同时指定了 IPC_CREAT 和 IPC_EXCL，那样的话就返回一个错误）。如果没有找到匹配的队列并且在 msgflg 中指定了 IPC_CREAT，那么就会创建一个新队列并返回该队列的标识符。

程序清单 46-1 为 msgget() 系统调用提供了一个命令行界面。这个程序允许使用命令行选项和参数来指定传递给 msgget() 调用的 key 和 msgflg 参数的所有组合。usageError() 函数给出了这个程序所接受的命令格式的细节信息。在成功创建队列之后，这个程序会打印出队列标示符。46.2.2 节将会演示这个程序的用法。

程序清单 46-1：使用 msgget()

────────────────────────────────────── svmsg/svmsg_create.c

```c
#include <sys/types.h>
#include <sys/ipc.h>
#include <sys/msg.h>
#include <sys/stat.h>
#include "tlpi_hdr.h"
static void                    /* Print usage info, then exit */
usageError(const char *progName, const char *msg)
{
    if (msg != NULL)
        fprintf(stderr, "%s", msg);
    fprintf(stderr, "Usage: %s [-cx] {-f pathname | -k key | -p} "
                        "[octal-perms]\n", progName);
    fprintf(stderr, "    -c           Use IPC_CREAT flag\n");
    fprintf(stderr, "    -x           Use IPC_EXCL flag\n");
    fprintf(stderr, "    -f pathname  Generate key using ftok()\n");
    fprintf(stderr, "    -k key       Use 'key' as key\n");
    fprintf(stderr, "    -p           Use IPC_PRIVATE key\n");
    exit(EXIT_FAILURE);
}

int
main(int argc, char *argv[])
{
    int numKeyFlags;                /* Counts -f, -k, and -p options */
    int flags, msqid, opt;
    unsigned int perms;
    long lkey;
    key_t key;

    /* Parse command-line options and arguments */
```

```
        numKeyFlags = 0;
        flags = 0;

        while ((opt = getopt(argc, argv, "cf:k:px")) != -1) {
            switch (opt) {
            case 'c':
                flags |= IPC_CREAT;
                break;

            case 'f':                   /* -f pathname */
                key = ftok(optarg, 1);
                if (key == -1)
                    errExit("ftok");
                numKeyFlags++;
                break;

            case 'k':                   /* -k key (octal, decimal or hexadecimal) */
                if (sscanf(optarg, "%li", &lkey) != 1)
                    cmdLineErr("-k option requires a numeric argument\n");
                key = lkey;
                numKeyFlags++;
                break;

            case 'p':
                key = IPC_PRIVATE;
                numKeyFlags++;
                break;
            case 'x':
                flags |= IPC_EXCL;
                break;

            default:
                usageError(argv[0], "Bad option\n");
            }
        }

        if (numKeyFlags != 1)
            usageError(argv[0], "Exactly one of the options -f, -k, "
                                "or -p must be supplied\n");

        perms = (optind == argc) ? (S_IRUSR | S_IWUSR) :
                    getInt(argv[optind], GN_BASE_8, "octal-perms");

        msqid = msgget(key, flags | perms);
        if (msqid == -1)
            errExit("msgget");

        printf("%d\n", msqid);
        exit(EXIT_SUCCESS);
    }
```

──────────────────────────────────── **svmsg/svmsg_create.c**

46.2　交换消息

　　msgsnd()和 msgrcv()系统调用执行消息队列上的 I/O。这两个系统调用接收的第一个参数是消息队列标识符（msqid）。第二个参数 msgp 是一个由程序员定义的结构的指针，该结构用于存放被发送或接收的消息。这个结构的常规形式如下。

```
struct mymsg {
    long mtype;                        /* Message type */
    char mtext[];                      /* Message body */
}
```

这个定义仅仅简要地说明了消息的第一个部分包含了消息类型，它用一个类型为 long 的整数来表示，而消息的剩余部分则是由程序员定义的一个结构，其长度和内容可以是任意的，而无需是一个字符数组。因此 mgsp 参数的类型为 void *，这样就允许传入任意结构的指针了。

mtext 字段长度可以为零，当对于接收进程来讲所需传递的信息仅通过消息类型就能表示或只需要知道一条消息本身是否存在时，这种做法有时候就变得非常有用了。

46.2.1　发送消息

msgsnd()系统调用向消息队列写入一条消息。

```
#include <sys/types.h>              /* For portability */
#include <sys/msg.h>

int msgsnd(int msqid, const void *msgp, size_t msgsz, int msgflg);

                                    Returns 0 on success, or –1 on error
```

使用 msgsnd()发送消息必须要将消息结构中的 mtype 字段的值设为一个大于 0 的值（在下一节讨论 msgrcv()时会介绍这个值的用法）并将所需传递的信息复制到程序员定义的 mtext 字段中。msgsz 参数指定了 mtext 字段中包含的字节数。

> 在使用 msgsnd()发送消息时并不存在 write()所具备的部分写的概念。这也是成功的 msgsnd()只需要返回 0 而不是所发送的字节数的原因。

最后一个参数 msgflg 是一组标记的位掩码，用于控制 msgsnd()的操作，目前只定义了一个这样的标记。

IPC_NOWAIT

执行一个非阻塞的发送操作。通常，当消息队列满时，msgsnd()会阻塞直到队列中有足够的空间来存放这条消息。但如果指定了这个标记，那么 msgsnd()就会立即返回 EAGAIN 错误。

当 msgsnd()调用因队列满而发生阻塞时可能会被信号处理器中断。当发生这种情况时，msgsnd()总是会返回 EINTR 错误。（在 21.5 节中曾指出过 msgsnd()系统调用永远不会自动重启，不管在建立信号处理器时是否设置了 SA_RESTART 标记。）

向消息队列写入消息要求具备在该队列上的写权限。

程序清单 46-2 为 msgsnd()系统调用提供了一个命令行界面。usageError()函数显示了这个程序接受的命令行格式。注意这个程序没有使用 msgget()系统调用。（在 45.1 节中讲过一个进程无需使用 get 调用来访问一个 IPC 对象。）相反，这里通过将消息队列标识符设定为命令行参数的值来指定消息队列。在 46.2.2 节中将会演示这个程序的用法。

程序清单 46-2：使用 msgsnd()发送一条消息

────────────────────────────────────── svmsg/svmsg_send.c
```
#include <sys/types.h>
#include <sys/msg.h>
#include "tlpi_hdr.h"
```

```c
#define MAX_MTEXT 1024

struct mbuf {
    long mtype;                         /* Message type */
    char mtext[MAX_MTEXT];              /* Message body */
};
static void                 /* Print (optional) message, then usage description */
usageError(const char *progName, const char *msg)
{
    if (msg != NULL)
        fprintf(stderr, "%s", msg);
    fprintf(stderr, "Usage: %s [-n] msqid msg-type [msg-text]\n", progName);
    fprintf(stderr, "    -n        Use IPC_NOWAIT flag\n");
    exit(EXIT_FAILURE);
}

int
main(int argc, char *argv[])
{
    int msqid, flags, msgLen;
    struct mbuf msg;                    /* Message buffer for msgsnd() */
    int opt;                           /* Option character from getopt() */

    /* Parse command-line options and arguments */

    flags = 0;
    while ((opt = getopt(argc, argv, "n")) != -1) {
        if (opt == 'n')
            flags |= IPC_NOWAIT;
        else
            usageError(argv[0], NULL);
    }

    if (argc < optind + 2 || argc > optind + 3)
        usageError(argv[0], "Wrong number of arguments\n");

    msqid = getInt(argv[optind], 0, "msqid");
    msg.mtype = getInt(argv[optind + 1], 0, "msg-type");

    if (argc > optind + 2) {            /* 'msg-text' was supplied */
        msgLen = strlen(argv[optind + 2]) + 1;
        if (msgLen > MAX_MTEXT)
            cmdLineErr("msg-text too long (max: %d characters)\n", MAX_MTEXT);

        memcpy(msg.mtext, argv[optind + 2], msgLen);

    } else {                           /* No 'msg-text' ==> zero-length msg */
        msgLen = 0;
    }

    /* Send message */

    if (msgsnd(msqid, &msg, msgLen, flags) == -1)
        errExit("msgsnd");

    exit(EXIT_SUCCESS);
}
```

—— **svmsg/svmsg_send.c**

46.2.2 接收消息

msgrcv()系统调用从消息队列中读取（以及删除）一条消息并将其内容复制进 msgp 指向的缓冲区中。

```
#include <sys/types.h>        /* For portability */
#include <sys/msg.h>

ssize_t msgrcv(int msqid, void *msgp, size_t maxmsgsz, long msgtyp, int msgflg);
                    Returns number of bytes copied into mtext field, or –1 on error
```

msgp 缓冲区中 mtext 字段的最大可用空间是通过 maxmsgsz 参数来指定的。如果队列中待删除的消息体的大小超过了 maxmsgsz 字节，那么就不会从队列中删除消息，并且 msgrcv() 会返回错误 E2BIG。（这是默认行为，可以使用 MSG_NOERROR 标记来改变这种行为，稍后就会对此进行介绍。）

读取消息的顺序无需与消息被发送的一致。可以根据 mtype 字段的值来选择消息，而这个选择过程是由 msgtyp 参数来控制的，具体如下所述。

- 如果 msgtyp 等于 0，那么会删除队列中的第一条消息并将其返回给调用进程。
- 如果 msgtyp 大于 0，那么会将队列中第一条 mtype 等于 msgtyp 的消息删除并将其返回给调用进程。通过指定不同的 msgtyp 值，多个进程能够从同一个消息队列中读取消息而不会出现竞争读取同一条消息的情况。比较有用的一项技术是让各个进程选取与自己的进程 ID 匹配的消息。
- 如果 msgtyp 小于 0，那么就会将等待消息当成优先队列来处理。队列中 mtype 最小并且其值小于或等于 msgtyp 的绝对值的第一条消息会被删除并返回给调用进程。

下面通过一个例子将讲解 msgtyp 小于 0 时的情况。假设一个消息队列包含了图 46-1 中显示的一组消息，接着执行一系列的 msgrcv()调用，其形式如下。

```
msgrcv(id, &msg, maxmsgsz, -300, 0);
```

这些 msgrcv()调用会按照 2（类型为 100）、5（类型为 100）、3（类型为 200）、1（类型为 300）的顺序读取消息。后续的调用会阻塞，因为剩余的消息的类型（400）超过了 300。

msgflg 参数是一个位掩码，它的值通过将下列标记中的零个或多个取 OR 来确定。

IPC_NOWAIT

执行一个非阻塞接收。通常如果队列中没有匹配 msgtyp 的消息，那么 msgrcv()会阻塞直到队列中存在匹配的消息为止。指定 IPC_NOWAIT 标记会导致 msgrcv()立即返回 ENOMSG 错误。（返回 EAGAIN 错误会使一致性更强一点，因为非阻塞的 msgsnd()和 FIFO 中的非阻塞读取也是返回这个错误，但之所以返回 ENOMSG 错误是存在历史原因的，SUSv3 也要求返回 ENOMSG。）

MSG_EXCEPT

只有当 msgtyp 大于 0 时这个标记才会起作用，它会强制对常规操作进行补足，即将队列中第一条 mtype 不等于 msgtyp 的消息删除并将其返回给调用者。这个标记是 Linux 特有的，只有当定义了_GNU_SOURCE 之后才会在<sys/msg.h>中提供这个标记。在图 46-1 中给出的消息队列上执行一系列形式为 msgrcv(id, &msg, maxmsgsz, 100, MSG_EXCEPT)的调用将会按照 1、3、4 顺序读取消息，之后发生阻塞。

MSG_NOERROR

在默认情况下，当消息的 mtext 字段的大小超过了可用空间时（由 maxmsgsz 参数定义），msgrcv() 调用会失败。如果指定了 MSG_NOERROR 标记，那么 msgrcv() 将会从队列中删除消息并将其 mtext 字段的大小截短为 maxmsgsz 字节，然后将消息返回给调用者。被截去的数据将会丢失。

msgrcv() 成功完成之后会返回接收到的消息的 mtext 字段的大小，发生错误时则返回 −1。

队列位置	消息类型 (*mtype*)	消息正文 (*mtext*)
1	300	...
2	100	...
3	200	...
4	400	...
5	100	...

图 46-1：包含不同类型的消息的示例消息队列

与 msgsnd() 一样，如果被阻塞的 msgrcv() 调用被一个信号处理器中断了，那么调用会失败并返回 EINTR 错误，不管在建立信号处理器时是否设置了 SA_RESTART 标记。

从消息队列中读取消息需要具备在队列上的读权限。

示例程序

程序清单 46-3 为 msgrcv() 系统调用提供了一个命令行界面。usageError() 函数显示了这个程序接受的命令行格式。与程序清单 46-2 中演示 msgsnd() 的用法的程序一样，这个程序也没有使用 msgget() 系统调用，相反它需要在命令行参数中传入一个消息队列标识符。

下面的 shell 会话演示了程序清单 46-1、程序清单 46-2、程序清单 46-3 中的程序的用法。这里首先使用 IPC_PRIVATE 键创建了一个消息队列，然后向队列中写入了三条不同类型的消息。

```
$ ./svmsg_create -p
32769                                              ID of message queue
$ ./svmsg_send 32769 20 "I hear and I forget."
$ ./svmsg_send 32769 10 "I see and I remember."
$ ./svmsg_send 32769 30 "I do and I understand."
```

接着使用程序清单 46-3 中的程序从队列中读取类型小于或等于 20 的消息。

```
$ ./svmsg_receive -t -20 32769
Received: type=10; length=22; body=I see and I remember.
$ ./svmsg_receive -t -20 32769
Received: type=20; length=21; body=I hear and I forget.
$ ./svmsg_receive -t -20 32769
```

上面最后一条命令会阻塞，因为队列中已经没有类型小于或等于 20 的消息了。因此需要输入 Control-C 来终止这个命令，然后执行一个从队列中读取任意类型的消息的命令。

```
Type Control-C to terminate program
$ ./svmsg_receive 32769
Received: type=30; length=23; body=I do and I understand.
```

程序清单 46-3：使用 msgrcv() 读取一条消息

```
────────────────────────────────────────── svmsg/svmsg_receive.c
#define _GNU_SOURCE      /* Get definition of MSG_EXCEPT */
#include <sys/types.h>
#include <sys/msg.h>
#include "tlpi_hdr.h"

#define MAX_MTEXT 1024
```

```
struct mbuf {
    long mtype;                    /* Message type */
    char mtext[MAX_MTEXT];         /* Message body */
};

static void
usageError(const char *progName, const char *msg)
{
    if (msg != NULL)
        fprintf(stderr, "%s", msg);
    fprintf(stderr, "Usage: %s [options] msqid [max-bytes]\n", progName);
    fprintf(stderr, "Permitted options are:\n");
    fprintf(stderr, "    -e        Use MSG_NOERROR flag\n");
    fprintf(stderr, "    -t type   Select message of given type\n");
    fprintf(stderr, "    -n        Use IPC_NOWAIT flag\n");
#ifdef MSG_EXCEPT
    fprintf(stderr, "    -x        Use MSG_EXCEPT flag\n");
#endif
    exit(EXIT_FAILURE);
}

int
main(int argc, char *argv[])
{
    int msqid, flags, type;
    ssize_t msgLen;
    size_t maxBytes;
    struct mbuf msg;               /* Message buffer for msgrcv() */
    int opt;                       /* Option character from getopt() */

    /* Parse command-line options and arguments */

    flags = 0;
    type = 0;
    while ((opt = getopt(argc, argv, "ent:x")) != -1) {
        switch (opt) {
        case 'e':        flags |= MSG_NOERROR;  break;
        case 'n':        flags |= IPC_NOWAIT;   break;
        case 't':        type = atoi(optarg);   break;
#ifdef MSG_EXCEPT
        case 'x':        flags |= MSG_EXCEPT;   break;
#endif
        default:         usageError(argv[0], NULL);
        }
    }

    if (argc < optind + 1 || argc > optind + 2)
        usageError(argv[0], "Wrong number of arguments\n");

    msqid = getInt(argv[optind], 0, "msqid");
    maxBytes = (argc > optind + 1) ?
                getInt(argv[optind + 1], 0, "max-bytes") : MAX_MTEXT;

    /* Get message and display on stdout */

    msgLen = msgrcv(msqid, &msg, maxBytes, type, flags);
    if (msgLen == -1)
        errExit("msgrcv");
```

```
    printf("Received: type=%ld; length=%ld", msg.mtype, (long) msgLen);
    if (msgLen > 0)
        printf("; body=%s", msg.mtext);
    printf("\n");

    exit(EXIT_SUCCESS);
}
```
—— **svmsg/svmsg_receive.c**

46.3　消息队列控制操作

msgctl()系统调用在标识符为 msqid 的消息队列上执行控制操作。

```
#include <sys/types.h>          /* For portability */
#include <sys/msg.h>

int msgctl(int msqid, int cmd, struct msqid_ds *buf);
```
                                    Returns 0 on success, or −1 on error

cmd 参数指定了在队列上执行的操作，其取值是下列值中的一个。

IPC_RMID

立即删除消息队列对象及其关联的 msqid_ds 数据结构。队列中所有剩余的消息都会丢失，所有被阻塞的读者和写者进程会立即醒来，msgsnd()和 msgrcv()会失败并返回错误 EIDRM。这个操作会忽略传递给 msgctl()的第三个参数。

IPC_STAT

将与这个消息队列关联的 msqid_ds 数据结构的副本放到 buf 指向的缓冲区中。在 46.4 节将会介绍 msqid_ds 结构。

IPC_SET

使用 buf 指向的缓冲区提供的值更新与这个消息队列关联的 msqid_ds 数据结构中被选中的字段。

45.3 节介绍了更多有关这些操作的细节，包括调用进程所需的特权和权限。46.6 节将会介绍 cmd 可取的其他一些值。

程序清单 46-4 演示了如何使用 msgctl()来删除一个消息队列。

程序清单 46-4：删除 System V 消息队列

—— **svmsg/svmsg_rm.c**
```
#include <sys/types.h>
#include <sys/msg.h>
#include "tlpi_hdr.h"

int
main(int argc, char *argv[])
{
    int j;
    if (argc > 1 && strcmp(argv[1], "--help") == 0)
        usageErr("%s [msqid...]\n", argv[0]);

    for (j = 1; j < argc; j++)
        if (msgctl(getInt(argv[j], 0, "msqid"), IPC_RMID, NULL) == -1)
```

```
        errExit("msgctl %s", argv[j]);

    exit(EXIT_SUCCESS);
}
```
─── svmsg/svmsg_rm.c

46.4　消息队列关联数据结构

每个消息队列都有一个关联的 msqid_ds 数据结构，其形式如下。

```
struct msqid_ds {
    struct ipc_perm msg_perm;        /* Ownership and permissions */
    time_t          msg_stime;       /* Time of last msgsnd() */
    time_t          msg_rtime;       /* Time of last msgrcv() */
    time_t          msg_ctime;       /* Time of last change */
    unsigned long   __msg_cbytes;    /* Number of bytes in queue */
    msgqnum_t       msg_qnum;        /* Number of messages in queue */
    msglen_t        msg_qbytes;      /* Maximum bytes in queue */
    pid_t           msg_lspid;       /* PID of last msgsnd() */
    pid_t           msg_lrpid;       /* PID of last msgrcv() */
};
```

> 名称 msqid_ds 中的缩写 msg 会令程序员感到糊涂。只有这一个消息队列接口使用这种拼写方式。

msgqnum_t 和 msglen_t 数据类型——用于定义 msg_qnum 和 msg_qbytes 字段的类型——在 SUSv3 中被规定为无符号整型。

各种消息队列系统调用会隐式地更新 msqid_ds 结构中的字段，使用 msgctl() IPC_SET 操作则可以显式地更新其中一些字段。细节信息如下。

msg_perm

在创建消息队列之后会按照 45.3 节中描述的那样初始化这个子结构中的字段。uid、gid 以及 mode 子字段可以通过 IPC_SET 来更新。

msg_stime

在队列被创建之后这个字段会被设置为 0；后续每次成功的 msgsnd()调用都会将这个字段设置为当前时间。这个字段和 msqid_ds 结构中其他时间戳字段的类型都是 time_t；它们存储自新纪元到现在的秒数。

msg_rtime

在消息队列被创建之后这个字段会被设置为 0，然后每次成功的 msgrcv()调用都会将这个字段设置为当前时间。

msg_ctime

当消息队列被创建或成功执行了 IPC_SET 操作之后会将这个字段设置为当前时间。

__msg_cbytes

当消息队列被创建之后会将这个字段设置为 0，后续每次成功的 msgsnd()和 msgrcv()调用都会对这个字段进行调整以反映出队列中所有消息的 mtext 字段包含的字节数总和。

msg_qnum

当消息队列被创建之后会将这个字段设置为 0，后续每次成功的 msgsnd()调用会递增这个字段的值并且每次成功的 msgrcv()调用会递减这个字段的值以便反映出队列中的消息总数。

msg_qbytes

这个字段的值为消息队列中所有消息的 mtext 字段的字节总数定义了一个上限。在队列被创建之后会将这个字段的值初始化为 MSGMNB。特权（CAP_SYS_RESOURCE）进程可以使用 IPC_SET 操作将 msg_qbytes 的值调整为 0 字节到 INT_MAX（32 位平台上是 2147483647）字节之间的任意一个值。特权用户可以修改 Linux 特有的/proc/sys/kernel/ msgmnb 文件中包含的值以修改所有后续创建的消息队列的初始 msg_qbytes 设置以及非特权进程后续对 msg_qbytes 修改时所能设置的上限。46.5 节将会介绍更多有关消息队列限制方面的内容。

msg_lspid

当队列被创建之后会将这个字段设置为 0，后续每次成功的 msgsnd()调用会将其设置为调用进程的进程 ID。

msg_lrpid

当消息队列被创建之后会将这个字段设置为 0，后续每次成功的 msgrcv()调用会将其设置为调用进程的进程 ID。

SUSv3 对上面除__msg_cbytes 字段之外的所有其他字段都进行了规定。而大多数 UNIX 实现都提供了一个与__msg_cbytes 字段等价的字段。

程序清单 46-5 演示了如何使用 IPC_STAT 和 IPC_SET 操作来修改一个消息队列的 msg_qbytes 设置。

程序清单 46-5：修改一个 System V 消息队列的 msg_qbytes 设置

────────────────────────────────── svmsg/svmsg_chqbytes.c

```c
#include <sys/types.h>
#include <sys/msg.h>
#include "tlpi_hdr.h"

int
main(int argc, char *argv[])
{
    struct msqid_ds ds;
    int msqid;
    if (argc != 3 || strcmp(argv[1], "--help") == 0)
        usageErr("%s msqid max-bytes\n", argv[0]);

    /* Retrieve copy of associated data structure from kernel */

    msqid = getInt(argv[1], 0, "msqid");
    if (msgctl(msqid, IPC_STAT, &ds) == -1)
        errExit("msgctl");

    ds.msg_qbytes = getInt(argv[2], 0, "max-bytes");

    /* Update associated data structure in kernel */

    if (msgctl(msqid, IPC_SET, &ds) == -1)
        errExit("msgctl");

    exit(EXIT_SUCCESS);
}
```

────────────────────────────────── svmsg/svmsg_chqbytes.c

46.5　消息队列的限制

大多数 UNIX 实现会对 System V 消息队列的操作施加各种各样的限制。下面会对 Linux 系统上的限制进行介绍并指出其与其他 UNIX 实现之间的差别。

Linux 会对队列操作施加下列限制。括号中列出了限制所影响到的系统调用以及当达到限制时所产生的错误。

MSGMNI

这是系统级别的一个限制，它规定了系统中所能创建的消息队列标识符（换句话说是消息队列）的数量。（msgget()，ENOSPC）

MSGMAX

这是系统级别的一个限制，它规定了单条消息中最多可写入的字节数（mtext）。（msgsnd()，EINVAL）

MSGMNB

一个消息队列中一次最多保存的字节数（mtext）。这个限制是一个系统级别的参数，它用来初始化与消息队列相关联的 msqid_ds 数据结构的 msg_qbytes 字段。根据 46.4 节中的描述可以修改各个队列的 msg_qbytes 值。如果达到一个队列的 msg_qbytes 限制，那么 msgsnd()会阻塞或在 IPC_NOWAIT 被设置时返回 EAGAIN 错误。

一些 UNIX 实现还定义了下列限制。

MSGTQL

这是系统级别的一个限制，它规定了系统中所有消息队列所能存放的消息总数。

MSGPOOL

这是系统级别的一个限制，它规定了用来存放系统中所有消息队列中的数据的缓冲池的大小。

尽管 Linux 没有规定上述限制，但它会根据队列的 msg_qbytes 限制来限制单个队列中的消息总数。只有当向队列写入长度为零的消息时才会涉及到这个限制，其效果是对向队列可写入的长度为零的消息的数量的限制与对向队列可写入的长度为 1 字节的消息的数量的限制是一样的。这样就能够防止向队列无限制地写入长度为零的消息。尽管这些消息不包含数据，但每个长度为零的消息都会消耗一小块内存以便系统进行簿记工作。

在系统启动的时候会将消息队列限制设置为默认值。不同版本的内核上的默认值是不同的。（一些发行厂商发行的内核中的默认设置与 vanilla 内核中的默认设置是不同的。）在 Linux 上可以通过/proc 文件系统中的文件来查看和修改这些限制。表 46-1 显示了与各个限制对应的/proc 文件。下面是一个 x86-32 系统上 Linux 2.6.31 内核中的默认限制。

```
$ cd /proc/sys/kernel
$ cat msgmni
748
$ cat msgmax
8192
$ cat msgmnb
16384
```

表 46-1：System V 消息队列限制

限　　制	上限值（x86-32）	/proc/sys/kernel 中的对应文件
MSGMNI	32768（IPCMNI）	msgmni
MSGMAX	依赖于可用内存	msgmax
MSGMNB	2147483647（INT_MAX）	msgmnb

表 46-1 中的上限值那一列显示了在 x86-32 架构上每个限制所能达到的最大值。注意尽管可以将 MSGMNB 限制的值设置为 INT_MAX，但在消息队列中载入这么多的数据之前可能会达到其他一些限制（如缺少内存）。

Linux 特有的 msgctl() IPC_INFO 操作能够获取一个类型为 msginfo 的结构，其中包含了各种消息队列限制的值。

```
struct msginfo buf;

msgctl(0, IPC_INFO, (struct msqid_ds *) &buf);
```

有关 IPC_INFO 和 msginfo 结构的细节信息可以在 msgctl(2) 手册中找到。

46.6　显示系统中所有消息队列

在 45.7 节中曾讲过一种获取系统中所有 IPC 对象列表的方法：通过/proc 文件系统中的一组文件。下面介绍获取相同信息的第二种方法：通过 Linux 特有的一组 IPC ctl（msgctl()、semctl()以及 shmctl()）操作。（ipcs 程序使用了这些操作。）这些操作如下。

- MSG_INFO、SEM_INFO 以及 SHM_INFO：MSG_INFO 操作完成两件事情。第一件事情是它将返回一个结构来详细描述系统上所有消息队列的资源消耗情况。第二件事情是作为 ctl 调用的函数结果，它将返回指向表示消息队列对象的数据结构的 entries 数组中最大项的下标（参见图 45-1）。SEM_INFO 和 SHM_INFO 操作分别对信号量集合共享内存段执行了类似的任务。要从相应的 System V IPC 头文件中获取这三个常量的定义就必须要定义_GNU_SOURCE 特性测试宏。

> 本书随带的源代码中 svmsg/svmsg_info.c 文件中给出了一个使用 MSG_INFO 获取 msginfo 结构的例子，该结构包含了与所有消息队列对象所消耗的资源相关的信息。

- MSG_STAT、SEM_STAT 以及 SHM_STAT：与 IPC_STAT 操作一样，这些操作获取一个 IPC 对象的关联数据结构，但它们之间存在两方面的不同。第一，与 ctl 调用的第一个参数为 IPC 标识符不同，这些操作的第一个参数是 entries 数组中的一个下标。第二，如果操作执行成功了，那么作为函数结果，ctl 调用会返回与该下标对应的 IPC 对象的标识符。要从相应的 System V IPC 头文件中获取这三个常量的定义就必须要定义_GNU_SOURCE 特性测试宏。

按照下面的步骤可以列出系统上所有消息队列。

1. 使用 MSG_INFO 操作找到消息队列的 entries 数组的最大下标（maxind）。
2. 执行一个循环，对 0 到 maxind（包含）之间的每一个值都执行一个 MSG_STAT 操作。在循环过程中忽略因 entries 数组中的元素为空而发生的错误（EINVAL）以及在数组中元素所引用的对象上不具备相应的权限而发生的错误（EACCES）。

程序清单 46-6 按照上面的步骤实现了对消息队列的处理。下面的 shell 会话日志演示了这个程序的用法。

```
$ ./svmsg_ls
maxind: 4

index     ID      key      messages
  2     98306  0x00000000      0
  4    163844  0x000004d2      2
$ ipcs -q                           Check above against output of ipcs

------ Message Queues --------
key        msqid    owner    perms   used-bytes   messages
0x00000000 98306    mtk      600     0            0
0x000004d2 163844   mtk      600     12           2
```

程序清单 46-6：显示系统上所有 System V 消息队列

─── svmsg/svmsg_ls.c

```c
#define _GNU_SOURCE
#include <sys/types.h>
#include <sys/msg.h>
#include "tlpi_hdr.h"

int
main(int argc, char *argv[])
{
    int maxind, ind, msqid;
    struct msqid_ds ds;
    struct msginfo msginfo;

    /* Obtain size of kernel 'entries' array */

    maxind = msgctl(0, MSG_INFO, (struct msqid_ds *) &msginfo);
    if (maxind == -1)
        errExit("msgctl-MSG_INFO");

    printf("maxind: %d\n\n", maxind);
    printf("index     id      key      messages\n");

    /* Retrieve and display information from each element of 'entries' array */

    for (ind = 0; ind <= maxind; ind++) {
        msqid = msgctl(ind, MSG_STAT, &ds);
        if (msqid == -1) {
            if (errno != EINVAL && errno != EACCES)
                errMsg("msgctl-MSG_STAT");          /* Unexpected error */
            continue;                                /* Ignore this item */
        }

        printf("%4d %8d  0x%08lx %7ld\n", ind, msqid,
                (unsigned long) ds.msg_perm.__key, (long) ds.msg_qnum);
    }

    exit(EXIT_SUCCESS);
}
```

─── svmsg/svmsg_ls.c

46.7　使用消息队列实现客户端-服务器应用程序

在客户端-服务器应用程序设计中使用 System V 消息队列的方式有很多种，本节将介绍其中两种。

- 在服务器和客户端之间使用单个消息队列进行双向消息交换。
- 服务器和各个客户端使用单独的消息队列，服务器上的队列用来接收进入的客户端请求，相应的响应则通过各个客户端队列来发送给客户端。

至于选择何种方法依赖于应用程序的需求，稍后介绍可能会影响到决策的其中一些因素。

服务器和客户端使用一个消息队列

当服务器与客户端之间交换的消息大小较小时使用一个消息队列是合适的，但需要注意以下几点。

- 由于多个进程可能会同时读取消息，因此必须要使用消息类型（mtype）字段来让各个进程只选择那些发给自己的消息。完成这个任务的一种方法是将客户端的进程 ID 作为服务器发送给客户端的消息的消息类型。客户端可以将其进程 ID 作为消息的一部分发送给服务器。此外，发送给服务器的消息也必须要能够使用唯一的消息类型来加以区分，而这可以使用数字 1 来完成，因为 1 是永远运行着的 init 进程的进程 ID，客户端进程的进程 ID 永远都不可能为这个值。（另一种方法是将服务器的进程 ID 作为消息类型，但客户端要获取这个信息就比较困难了。）图 46-2 给出了这种计数模型。

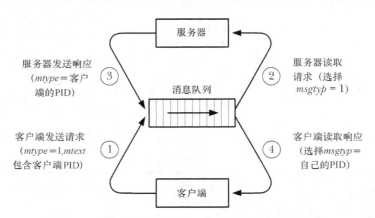

图 46-2：在客户端-服务器 IPC 中使用单个消息队列

- 消息队列的容量是有限的，而这可能会导致一系列问题的发生。其中一个问题就是多个并行的客户端可能会填满消息队列，从而导致死锁的发生，即所有新客户端都无法提交请求，服务器在写入任何响应时会发生阻塞。另一个问题是行为不良或恶意的客户端可能不会读取服务器的响应，从而导致队列中充满了未被读取的消息，进而阻止了客户端和服务器之间的通信。（使用两个队列——一个用于存放客户端发送给服务器的消息，另一个用于存放服务器发送给客户端的消息——将会解决第一个问题，但无法解决第二个问题。）

一个客户端使用一个消息队列

当需要交换的消息的大小较大或当使用单个消息队列可能会导致发生前面列出的问题时最好为每个客户端都使用一个消息队列（服务器也需要一个队列）。使用这种方法需要注意以下几点。

- 每个客户端必须要创建自己的消息队列（通常使用 IPC_PRIVATE 键）并通知服务器队列的标识符，这通常通过将标识符作为客户端发送给服务器的消息的一部分来完成。
- 系统对消息队列的数量是有限制的（MSGMNI），这个限制的默认值在一些系统上是非常低的。如果同时运行的客户端数量庞大，那么可能就需要提高这个限制的值。
- 服务器应该允许出现客户端的消息队列不再存在的情况（可能是由于客户端不小心删除了队列）。

下一节将会对为每个客户端使用一个队列这种方法进行深入介绍。

46.8 使用消息队列实现文件服务器应用程序

本节将介绍一个为每个客户端使用一个消息队列的客户端/服务器应用程序。这个应用程序是一个简单的文件服务器。客户端向服务器的消息队列发送一个请求消息请求指定名称的文件的内容。服务器将文件的内容作为一系列的消息返回到客户端私有的消息队列中。图 46-3 概览了该应用程序。

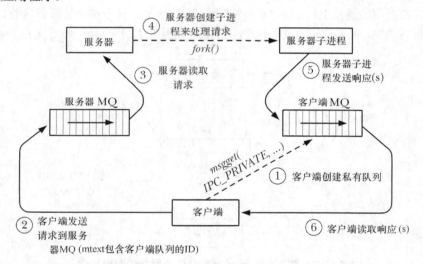

图 46-3：一个客户端使用一个消息队列的客户端/服务器 IPC

由于服务器对客户端不做任何鉴权，因此所有使用客户端的用户都能够获取服务器所能访问的所有文件。更复杂一点的服务器会在返回请求的文件之前对客户端完成某种鉴权操作。

公共头文件

程序清单 46-7 给出了服务器和客户端都需要包含的头文件。这个头文件为服务器的消息队列定义了一个众所周知的键（SERVER_KEY），并且定义了客户端和服务器之间传递的消息的格式。

requestMsg 结构定义了客户端发送给服务器的请求格式。在这个结构中，mtext 部分由两个字段构成：客户端消息队列的标识符和客户端请求的文件的路径名。常量 REQ_MSG_SIZE 等于这两个字段大小的总和，它在使用这个结构的 msgsnd()调用中是作为 msgsz 参数使用的。

responseMsg 结构定义了服务器返回给客户端的响应消息的格式。响应消息中的 mtype 字段提供了与消息内容有关的信息，其取值由 RESP_MT_*常量规定。

程序清单 46-7：svmsg_file_server.c 和 svmsg_file_client.c 的公共头文件

─────────────────────────────────────── svmsg/svmsg_file.h

```c
#include <sys/types.h>
#include <sys/msg.h>
#include <sys/stat.h>
#include <stddef.h>                         /* For definition of offsetof() */
#include <limits.h>
#include <fcntl.h>
#include <signal.h>
#include <sys/wait.h>
#include "tlpi_hdr.h"

#define SERVER_KEY 0x1aaaaaa1               /* Key for server's message queue */

struct requestMsg {                         /* Requests (client to server) */
    long mtype;                             /* Unused */
    int  clientId;                          /* ID of client's message queue */
    char pathname[PATH_MAX];                /* File to be returned */
};

/* REQ_MSG_SIZE computes size of 'mtext' part of 'requestMsg' structure.
   We use offsetof() to handle the possibility that there are padding
   bytes between the 'clientId' and 'pathname' fields. */

#define REQ_MSG_SIZE (offsetof(struct requestMsg, pathname) - \
                        offsetof(struct requestMsg, clientId) + PATH_MAX)

#define RESP_MSG_SIZE 8192

struct responseMsg {                        /* Responses (server to client) */
    long mtype;                             /* One of RESP_MT_* values below */
    char data[RESP_MSG_SIZE];               /* File content / response message */
};

/* Types for response messages sent from server to client */

#define RESP_MT_FAILURE 1                   /* File couldn't be opened */
#define RESP_MT_DATA    2                   /* Message contains file data */
#define RESP_MT_END     3                   /* File data complete */
```

─────────────────────────────────────── svmsg/svmsg_file.h

服务器程序

程序清单 46-8 给出了这个应用程序的服务器程序。有关服务器需要注意以下几点。

- 服务器被设计成并发地处理请求。并发服务器设计最好像程序清单 44-7 中所做的那样采用迭代式设计，因为需要避免出现因一个客户端请求一个大文件而导致所有其他客户端请求等待的情况。

- 每个客户端请求通过创建一个子进程返回请求的文件来完成⑧。同时，主服务器进程等待后续的客户端请求。有关服务器子进程需要注意以下几点。
  - 由于通过 fork()创建的子进程会继承父进程栈的一个副本，因此它能够获取主服务器进程读取的请求消息的一个副本。
  - 服务器子进程在处理完相关的客户端请求之后会终止⑨。
- 为避免创建僵死进程（参见 26.2 节），服务器为 SIGCHLD 建立了一个处理器⑥并在处理器中调用了 waitpid()①。
- 父服务器进程中的 msgrcv()调用可能会阻塞，其结果是可能会被 SIGCHLD 处理器中断。为处理这种情况，需要使用一个循环来完成 EINTR 错误发生之后的重启操作。
- 服务器子进程执行 serveRequest()函数②，该函数向客户端返回三种消息。mtype 为 RESP_MT_FAILURE 时表示服务器无法打开请求的文件③；RESP_MT_DATA 用来表示包含文件数据的一系列消息④；RESP_MT_END（data 字段的长度为零）用来表示文件数据传输的结束⑤。

在练习 46-4 中将会考虑几种改进和扩展服务器程序的方法。

程序清单 46-8：一个使用 System V 消息队列的文件服务器

―――――――――――――――――――――――――――――――――――――― svmsg/svmsg_file_server.c

```
#include "svmsg_file.h"

static void                    /* SIGCHLD handler */
grimReaper(int sig)
{
    int savedErrno;

    savedErrno = errno;                    /* waitpid() might change 'errno' */
①  while (waitpid(-1, NULL, WNOHANG) > 0)
        continue;
    errno = savedErrno;
}
static void              /* Executed in child process: serve a single client */
② serveRequest(const struct requestMsg *req)
{
    int fd;
    ssize_t numRead;
    struct responseMsg resp;

    fd = open(req->pathname, O_RDONLY);
    if (fd == -1) {                        /* Open failed: send error text */
③      resp.mtype = RESP_MT_FAILURE;
        snprintf(resp.data, sizeof(resp.data), "%s", "Couldn't open");
        msgsnd(req->clientId, &resp, strlen(resp.data) + 1, 0);
        exit(EXIT_FAILURE);                /* and terminate */
    }

    /* Transmit file contents in messages with type RESP_MT_DATA. We don't
       diagnose read() and msgsnd() errors since we can't notify client. */

④  resp.mtype = RESP_MT_DATA;
    while ((numRead = read(fd, resp.data, RESP_MSG_SIZE)) > 0)
        if (msgsnd(req->clientId, &resp, numRead, 0) == -1)
```

```
                break;

        /* Send a message of type RESP_MT_END to signify end-of-file */

⑤       resp.mtype = RESP_MT_END;
        msgsnd(req->clientId, &resp, 0, 0);             /* Zero-length mtext */
    }

    int
    main(int argc, char *argv[])
    {
        struct requestMsg req;
        pid_t pid;
        ssize_t msgLen;
        int serverId;
        struct sigaction sa;

        /* Create server message queue */

        serverId = msgget(SERVER_KEY, IPC_CREAT | IPC_EXCL |
                                S_IRUSR | S_IWUSR | S_IWGRP);
        if (serverId == -1)
            errExit("msgget");

        /* Establish SIGCHLD handler to reap terminated children */

        sigemptyset(&sa.sa_mask);
        sa.sa_flags = SA_RESTART;
        sa.sa_handler = grimReaper;
⑥       if (sigaction(SIGCHLD, &sa, NULL) == -1)
            errExit("sigaction");
        /* Read requests, handle each in a separate child process */

        for (;;) {
            msgLen = msgrcv(serverId, &req, REQ_MSG_SIZE, 0, 0);
            if (msgLen == -1) {
⑦               if (errno == EINTR)         /* Interrupted by SIGCHLD handler? */
                    continue;               /* ... then restart msgrcv() */
                errMsg("msgrcv");           /* Some other error */
                break;                      /* ... so terminate loop */
            }

⑧           pid = fork();                   /* Create child process */
            if (pid == -1) {
                errMsg("fork");
                break;
            }

            if (pid == 0) {                 /* Child handles request */
                serveRequest(&req);
⑨               _exit(EXIT_SUCCESS);
            }
            /* Parent loops to receive next client request */
        }

        /* If msgrcv() or fork() fails, remove server MQ and exit */

        if (msgctl(serverId, IPC_RMID, NULL) == -1)
```

```
        errExit("msgctl");
    exit(EXIT_SUCCESS);
}
```
―― svmsg/svmsg_file_server.c

客户端程序

程序清单 46-9 给出了这个应用程序的客户端。有关客户端程序需注意以下几点。

- 客户端使用 IPC_PRIVATE 键创建一个消息队列②并使用 atexit()③建立了一个退出处理器①以确保在客户端退出时删除队列。
- 客户端将其队列标识符以及所请求的文件的路径名打包在请求中传递给服务器④。
- 客户端对服务器发送的第一个响应消息即为失败通知（mtype 等于 RESP_MT_FAILURE），这种情况的处理方式是打印服务器返回的错误消息并退出⑤。
- 如果成功打开了文件，那么客户端会循环⑥接收包含文件内容的一系列消息（mtype 等于 RESP_MT_DATA）。整个循环过程在收到文件结束消息（mtype 等于 RESP_MT_END）之后结束。

这个简单的客户端并没有对由服务器故障而引起的各种情况进行处理。在练习 46-5 中将会考虑一些改进方案。

程序清单 46-9：使用 System V 消息队列的文件服务器的客户端
―― svmsg/svmsg_file_client.c

```
#include "svmsg_file.h"

static int clientId;

static void
removeQueue(void)
{
    if (msgctl(clientId, IPC_RMID, NULL) == -1)
①       errExit("msgctl");
}

int
main(int argc, char *argv[])
{
    struct requestMsg req;
    struct responseMsg resp;
    int serverId, numMsgs;
    ssize_t msgLen, totBytes;

    if (argc != 2 || strcmp(argv[1], "--help") == 0)
        usageErr("%s pathname\n", argv[0]);

    if (strlen(argv[1]) > sizeof(req.pathname) - 1)
        cmdLineErr("pathname too long (max: %ld bytes)\n",
                (long) sizeof(req.pathname) - 1);

    /* Get server's queue identifier; create queue for response */

    serverId = msgget(SERVER_KEY, S_IWUSR);
    if (serverId == -1)
        errExit("msgget - server message queue");
```

```
②      clientId = msgget(IPC_PRIVATE, S_IRUSR | S_IWUSR | S_IWGRP);
       if (clientId == -1)
           errExit("msgget - client message queue");

③      if (atexit(removeQueue) != 0)
           errExit("atexit");

       /* Send message asking for file named in argv[1] */

       req.mtype = 1;                        /* Any type will do */
       req.clientId = clientId;
       strncpy(req.pathname, argv[1], sizeof(req.pathname) - 1);
       req.pathname[sizeof(req.pathname) - 1] = '\0';
                                             /* Ensure string is terminated */

④      if (msgsnd(serverId, &req, REQ_MSG_SIZE, 0) == -1)
           errExit("msgsnd");
       /* Get first response, which may be failure notification */

       msgLen = msgrcv(clientId, &resp, RESP_MSG_SIZE, 0, 0);
       if (msgLen == -1)
           errExit("msgrcv");

⑤      if (resp.mtype == RESP_MT_FAILURE) {
           printf("%s\n", resp.data);       /* Display msg from server */
           if (msgctl(clientId, IPC_RMID, NULL) == -1)
               errExit("msgctl");
           exit(EXIT_FAILURE);
       }

       /* File was opened successfully by server; process messages
          (including the one already received) containing file data */

       totBytes = msgLen;                    /* Count first message */
⑥      for (numMsgs = 1; resp.mtype == RESP_MT_DATA; numMsgs++) {
           msgLen = msgrcv(clientId, &resp, RESP_MSG_SIZE, 0, 0);
           if (msgLen == -1)
               errExit("msgrcv");

           totBytes += msgLen;
       }

       printf("Received %ld bytes (%d messages)\n", (long) totBytes, numMsgs);

       exit(EXIT_SUCCESS);
   }
```

――――――――――――――――――――――――――――――― **svmsg/svmsg_file_client.c**

下面的 shell 会话演示了程序清单 46-8 和程序清单 46-9 中的程序的使用。

```
$ ./svmsg_file_server &                  Run server in background
[1] 9149
$ wc -c /etc/services                    Show size of file that client will request
764360 /etc/services
$ ./svmsg_file_client /etc/services
Received 764360 bytes (95 messages)      Bytes received matches size above
$ kill %1                                Terminate server
[1]+  Terminated           ./svmsg_file_server
```

46.9　System V 消息队列的缺点

UNIX 系统为同一系统上不同进程之间的数据传输提供了多种机制，既包括无分隔符的字节流形式（管道、FIFO 以及 UNIX domain 流 socket），也包括有分隔符的消息形式（System V 消息队列、POSIX 消息队列以及 UNIX domain 数据报 socket）。

System V 消息队列的一个与众不同的特性是它能够为每个消息加上一个数字类型。应用程序可以使用这个完成两件事情：读取进程可以根据类型来选择消息或者它们可以采用一种优先队列策略以便优先读取高优先级的消息（即那些消息类型值更低的消息）。

但 System V 消息队列也存在几个缺点。

- 消息队列是通过标识符引用的，而不是像大多数其他 UNIX I/O 机制那样使用文件描述符。这意味着在第 63 章介绍的各种基于文件描述符的 I/O 技术（如 select()、poll() 以及 epoll）将无法应用于消息队列上。此外，在程序中编写同时处理消息队列的输入和基于文件描述符的 I/O 机制的代码要比编写只处理文件描述符的代码更加复杂。（在练习 63-3 中将考虑一种组合两种 I/O 模型的方法。）
- 使用键而不是文件名来标识消息队列会增加额外的程序设计复杂性，同时还需要使用 ipcs 和 ipcrm 来替换 ls 和 rm。ftok() 函数通常能产生一个唯一的键，但却无法保证。使用 IPC_PRIVATE 键能确保产生唯一的队列标识符，但需要使这个标识符对需要用到它的其他进程可见。
- 消息队列是无连接的，内核不会像对待管道、FIFO 以及 socket 那样维护引用队列的进程数。因此就难以回答下列问题。
  - 一个应用程序何时能够安全地删除一个消息队列？（不管是否有进程在后面某个时刻需要从队列中读取数据而过早地删除队列会导致数据丢失。）
  - 应用程序如何确保不再使用的队列会被删除呢？
- 消息队列的总数、消息的大小以及单个队列的容量都是有限制的。这些限制都是可配置的，但如果一个应用程序超出了这些默认限制的范围，那么在安装应用程序的时候就需要完成一些额外的工作了。

总体上来讲，最好避免使用 System V 消息队列。当碰到需要使用根据类型选择消息的工具的情况时应该考虑使用其他替代方案。POSIX 消息队列（第 52 章）就是这样一种替代方案。更深层次一点的替代方案是使用基于多文件描述符的通信通道，它们在提供与根据类型选择消息类似的功能的同时还允许使用在 63 章介绍的另一种 I/O 模型。例如，如果需要传输"普通"和"优先"消息，那么可以为两种消息类型使用一组 FIFO 或 UNIX domain socket，然后使用 select() 或 poll() 监控两个通道上的文件描述符。

46.10　总结

System V 消息队列允许进程通过交换由一个数字类型和一个包含任意数据的消息体构成的消息的形式来进行通信。消息队列的区别于其他机制的特性是消息是有边界的，并且接收者能够根据类型来选择消息，而无需按照先入先出的顺序来读取消息。

之所以得出其他 IPC 机制通常要优于 System V 消息队列的结论是因为几个因素，其中最主要的一个是引用消息队列不会用到文件描述符。这意味着在消息队列上无法使用另一种 I/O

模型，特别是同时监控消息队列和文件描述符以查看是否可进行 I/O 将变得复杂。此外，消息队列无连接（即不进行引用计数）这个事实使得应用程序难以知道何时能够安全地删除一个队列。

46.11 习题

46-1. 试验程序清单 46-1（svmsg_create.c）、程序清单 46-2（svmsg_send.c）以及程序清单 46-3（svmsg_receive.c）中的程序以验证对 msgget()、msgsnd() 以及 msgrcv() 系统调用的理解。

46-2. 改造 44.8 节中的序号客户端-服务器应用程序使之使用 System V 消息队列。使用单个消息队列来传输客户端到服务器以及服务器到客户端之间的消息。使用 46.8 节中介绍的消息类型规范。

46-3. 在 46.8 节中的客户端-服务器应用程序中，客户端为何在消息体（在 clientId 字段中）中传递其消息队列的标识符，而不是在消息类型（mtype）中传递？

46-4. 对 46.8 节中的客户端-服务器应用程序做出下列变更。

    （a）替换服务器中硬编码的消息队列键使之使用 IPC_PRIVATE 生成一个唯一的标识符，然后将这个标识符写入一个众所周知的文件中。客户端必须要从这个文件中读取标识符。服务器在终止时需要删除这个文件。

    （b）在服务器程序的 serveRequest() 函数中并没有对系统调用错误进行诊断。添加使用 syslog()（参见 37.5 节）记录错误的代码。

    （c）在服务器中添加代码使之在启动时成为一个 daemon（参见 37.2 节）。

    （d）在服务器中为 SIGTERM 和 SIGINT 添加一个处理器来执行一个干净的退出。处理器需要删除消息队列以及（如果这个练习的前面一部分已经实现的话）用来存放服务器的消息队列标识符的文件。在处理器中加入分离处理器，然后再次触发同样一个调用该处理器的信号的代码（26.1.4 节介绍了其中的原理以及完成这个任务的步骤）。

    （e）服务器子进程并没有对客户端可能过早终止的情况进行处理，这样服务器子进程就会填充客户端的消息队列，然后无限阻塞下去。修改服务器使之处理这种情况，即像 23.3 节中描述的那样在调用 msgsnd() 时设置一个超时。如果服务器子进程确信客户端已经消失了，那么它就应该删除客户端的消息队列，然后退出（可能要在使用 syslog() 记录一条消息之后）。

46-5. 程序清单 46-9 中给出的客户端（svmsg_file_client.c）没有对服务器发生故障的各种情况进行处理。特别是如果服务器消息队列被填满了（可能由于服务器终止而队列被其他客户端填满了），那么 msgsnd() 调用会无限阻塞下去。类似地，如果服务器没有成功地将响应发送给客户端，那么 msgrcv() 调用会无限阻塞下去。在客户端中添加代码使之在这些调用上设置超时（参见 23.3 节）。只要其中一个调用超时了，那么程序就需要将错误报告给用户并终止。

46-6. 使用 System V 消息队列编写一个简单的聊天应用程序（与 talk(1) 类似，但没有 curses 界面）。为每个客户端使用一个消息队列。

第47章

System V 信号量

本章将介绍 System V 信号量。与上一章中介绍的 IPC 机制不同，System V 信号量不是用来在进程间传输数据的。相反，它们用来同步进程的动作。信号量的一个常见用途是同步对一块共享内存的访问以防止出现一个进程在访问共享内存的同时另一个进程更新这块内存的情况。

一个信号量是一个由内核维护的整数，其值被限制为大于或等于 0。在一个信号量上可以执行各种操作（即系统调用），包括：

- 将信号量设置成一个绝对值；
- 在信号量当前值的基础上加上一个数量；
- 在信号量当前值的基础上减去一个数量；
- 等待信号量的值等于 0。

上面操作中的后两个可能会导致调用进程阻塞。当减小一个信号量的值时，内核会将所有试图将信号量值降低到 0 之下的操作阻塞。类似的，如果信号量的当前值不为 0，那么等待信号量的值等于 0 的调用进程将会发生阻塞。不管是何种情况，调用进程会一直保持阻塞直到其他一些进程将信号量的值修改为一个允许这些操作继续向前的值，在那个时刻内核会唤醒被阻塞的进程。图 47-1 显示了使用一个信号量来同步两个交替将信号量的值在 0 和 1 之间切换的进程的动作。

在控制进程的动作方面，信号量本身并没有任何意义，它的意义仅由使用信号量的进程赋予其的关联关系来确定。一般来讲，进程之间会达成协议将一个信号量与一种共享资源关联起来，如一块共享内存区域。信号量还有其他用途，如在 fork()之后同步父进程和子进程。（在 24.5 节中介绍了如何使用信号量来完成同样的任务。）

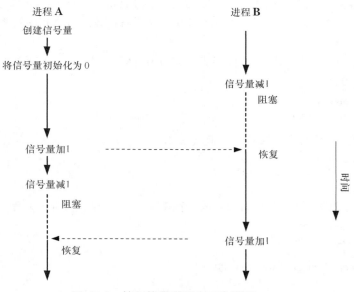

图 47-1　使用信号量同步两个进程

47.1　概述

使用 System V 信号量的常规步骤如下。

- 使用 semget()创建或打开一个信号量集。
- 使用 semctl() SETVAL 或 SETALL 操作初始化集合中的信号量。（只有一个进程需要完成这个任务。）
- 使用 semop()操作信号量值。使用信号量的进程通常会使用这些操作来表示一种共享资源的获取和释放。
- 当所有进程都不再需要使用信号量集之后使用 semctl() IPC_RMID 操作删除这个集合。（只有一个进程需要完成这个任务。）

大多数操作系统都为应用程序提供了一些信号量原语。但 System V 信号量表现出了不同寻常的复杂性，因为它们的分配是以备称为信号量集的组为单位进行的。在使用 semget()系统调用创建集合的时候需要指定集合中的信号量数量。虽然在同一时刻通常只操作一个信号量，但通过 semop()系统调用可以原子地在同一个集合中的多个信号量之上执行一组操作。

由于 System V 信号量的创建和初始化是在不同的步骤之后完成的，因此当两个进程同时都试图执行这两个步骤时就会出现竞争条件。要描述清楚这种竞争条件以及如何避免出现这种情况需要先对 semctl()进行介绍，然后再对 semop()进行介绍，这意味着在掌握完全理解信号量所需的所有细节信息之前还需要对很多材料进行学习。

与此同时，程序清单 47-1 给出了一个简单的例子，它演示了各种信号量系统调用的用法。这个程序可以在两种模式下运行。

- 当在命令行参数中传入一个整数时程序会创建一个只包含一个信号量的新信号量集并将信号量值初始化为通过命令行参数传入的值。程序会打印出这个新信号量集的标识符。
- 当在命令行参数中传入两个整数时程序会将它们看成是（按照顺序）一个既有信号量集的标识符和一个将被加到集合中第一个信号量（序号为 0）上的值。程序会在该信号量上执行指定的操作。为了能够监控信号量操作，程序在操作之前和之后都会打印出消息。每条消息都以进程 ID 打头，这样就可以对这个程序的多个实例所产生的输出进行区分了。

下面的 shell 会话日志演示了程序清单 47-1 中的程序的用法。下面首先创建一个信号量并将其初始化为 0。

```
$ ./svsem_demo 0
Semaphore ID = 98307                        ID of new semaphore set
```

然后执行一个后台命令将信号量值减去 2。

```
$ ./svsem_demo 98307 -2 &
23338: about to semop at  10:19:42
[1] 23338
```

这个命令会阻塞，因为无法将信号量的值减到小于 0。现在执行一个命令将信号量值加上 3。

```
$ ./svsem_demo 98307 +3
23339: about to semop at  10:19:55
23339: semop completed at 10:19:55
23338: semop completed at 10:19:55
[1]+  Done                      ./svsem_demo 98307 -2
```

这个信号量增加操作会立即成功，并且会导致后台命令中的信号量缩减操作能够向前执行，因为在执行该操作之后不会导致信号量值小于 0。

程序清单 47-1：创建和操作 System V 信号量

––– svsem/svsem_demo.c

```c
#include <sys/types.h>
#include <sys/sem.h>
#include <sys/stat.h>
#include "curr_time.h"                  /* Declaration of currTime() */
#include "semun.h"                      /* Definition of semun union */
#include "tlpi_hdr.h"

int
main(int argc, char *argv[])
{
    int semid;

    if (argc < 2 || argc > 3 || strcmp(argv[1], "--help") == 0)
        usageErr("%s init-value\n"
                "    or: %s semid operation\n", argv[0], argv[0]);

    if (argc == 2) {              /* Create and initialize semaphore */
        union semun arg;

        semid = semget(IPC_PRIVATE, 1, S_IRUSR | S_IWUSR);
        if (semid == -1)
            errExit("semid");

        arg.val = getInt(argv[1], 0, "init-value");
        if (semctl(semid, /* semnum= */ 0, SETVAL, arg) == -1)
            errExit("semctl");

        printf("Semaphore ID = %d\n", semid);

    } else {                      /* Perform an operation on first semaphore */
```

```
    struct sembuf sop;                  /* Structure defining operation */

    semid = getInt(argv[1], 0, "semid");

    sop.sem_num = 0;                     /* Specifies first semaphore in set */
    sop.sem_op = getInt(argv[2], 0, "operation");
                                        /* Add, subtract, or wait for 0 */
    sop.sem_flg = 0;                     /* No special options for operation */

    printf("%ld: about to semop at  %s\n", (long) getpid(), currTime("%T"));
    if (semop(semid, &sop, 1) == -1)
        errExit("semop");

    printf("%ld: semop completed at %s\n", (long) getpid(), currTime("%T"));
    }

    exit(EXIT_SUCCESS);
}
```

── **svsem/svsem_demo.c**

47.2 创建或打开一个信号量集

semget()系统调用创建一个新信号量集或获取一个既有集合的标识符。

```
#include <sys/types.h>        /* For portability */
#include <sys/sem.h>
```

```
int semget(key_t key, int nsems, int semflg);
                    Returns semaphore set identifier on success, or –1 on error
```

key 参数是使用 45.2 节中描述的其中一种方法生成的键（通常使用值 IPC_PRIVATE 或由 ftok()返回的键）。

如果使用 semget()创建一个新信号量集，那么 nsems 会指定集合中信号量的数量，并且其值必须大于 0。如果使用 semget()来获取一个既有集的标识符，那么 nsems 必须要小于或等于集合的大小（否则会发生 EINVAL 错误）。无法修改一个既有集中的信号量数量。

semflg 参数是一个位掩码，它指定了施加于新信号量集之上的权限或需检查的一个既有集合的权限。指定权限的方式与为文件指定权限的方式是一样的（表 15-4）。此外，在 semflg 中可以通过对下列标记中的零个或多个取 OR 来控制 semget()的操作。

IPC_CREAT

如果不存在与指定的 key 相关联的信号量集，那么就创建一个新集合。

IPC_EXCL

如果同时指定了 IPC_CREAT 并且与指定的 key 关联的信号量集已经存在，那么返回 EEXIST 错误。

45.1 节对这些标记进行了更加深入的介绍。

semget()在成功时会返回新信号量集或既有信号量集的标识符。后续引用单个信号量的系统调用必须要同时指定信号量集标识符和信号量在集合中的序号。一个集合中的信号量从 0 开始计数。

47.3 信号量控制操作

semctl()系统调用在一个信号量集或集合中的单个信号量上执行各种控制操作。

```
#include <sys/types.h>          /* For portability */
#include <sys/sem.h>

int semctl(int semid, int semnum, int cmd, ... /* union semun arg */);
            Returns nonnegative integer on success (see text); returns -1 on error
```

semid 参数是操作所施加的信号量集的标识符。对于那些在单个信号量上执行的操作，semnum 参数标识出了集合中的具体信号量。对于其他操作则会忽略这个参数，并且可以将其设置为 0。cmd 参数指定了需执行的操作。

一些特定的操作需要向 semctl()传入第四个参数，在本节余下的部分中将这个参数命名为 arg。这个参数是一个 union，程序清单 47-2 给出了其定义。在程序中必须要显式地定义这个 union。程序清单 47-2 中的示例程序通过包含这个头文件来完成这个任务。

> 虽然将 semun union 的定义放在标准头文件中是比较明智的做法，但 SUSv3 要求程序员显式地定义这个 union。然而，一些 UNIX 实现在<sys/sem.h>中提供了这个定义。glibc 较早以前的版本（2.0 以下，包括 2.0）也提供了这个定义。为了与 SUSv3 保持一致，glibc 最近的版本并没有提供这个定义，并且通过将<sys/sem.h>中的_SEM_SEMUN_UNDEFINED 宏的值定义为 1 来表明这个事实（即使用 glibc 编译的应用程序可以通过测试这个宏来确定程序自己是否需要定义 semun union）。

程序清单 47-2：semun union 的定义

── svsem/semun.h

```
#ifndef SEMUN_H
#define SEMUN_H                    /* Prevent accidental double inclusion */

#include <sys/types.h>          /* For portability */
#include <sys/sem.h>

union semun {                      /* Used in calls to semctl() */
    int               val;
    struct semid_ds * buf;
    unsigned short *  array;
#if defined(__linux__)
    struct seminfo *  __buf;
#endif
};

#endif
```

── svsem/semun.h

SUSv2 和 SUSv3 规定 semctl()的最后一个参数是可选的。但一些（主要是较早之前的）UNIX 实现（以及 glibc 的早期版本）将 semctl()的原型定义如下。

int semctl(int semid, int semnum, int cmd, union semun arg);

这意味着第四个参数是必需的，即使在那些不需要用到这个参数的情况下也是如此（如

下面描述的 IPC_RMID 和 GETVAL 操作）。为使程序能够完全可移植，在那些无需最后一个
参数的 semctl() 调用中需要传入一个哑参数。

在本节余下的部分中将介绍通过 cmd 参数可指定的各种控制操作。

常规控制操作

下面的操作与可应用于其他类型的 System V IPC 对象上的操作是一样的。所有这些操作都会忽
略 semnum 参数。45.3 节提供了有关这些操作的更多细节，包括调用进程所需的特权和权限。

IPC_RMID

立即删除信号量集及其关联的 semid_ds 数据结构。所有因在 semop() 调用中等待这个集合中的信
号量而阻塞的进程都会立即被唤醒，semop() 会报告错误 EIDRM。这个操作无需 arg 参数。

IPC_STAT

在 arg.buf 指向的缓冲器中放置一份与这个信号量集相关联的 semid_ds 数据结构的副本。
47.4 节将对 semid_ds 结构进行介绍。

IPC_SET

使用 arg.buf 指向的缓冲器中的值来更新与这个信号量集相关联的 semid_ds 数据结构中选
中的字段。

获取和初始化信号量值

下面的操作可以获取或初始化一个集合中的单个或所有信号量的值。获取一个信号量的
值需具备在信号量上的读权限，而初始化该值则需要修改（写）权限。

GETVAL

semctl() 返回由 semid 指定的信号量集中第 semnum 个信号量的值。这个操作无需 arg 参数。

SETVAL

将由 semid 指定的信号量集中第 semnum 个信号量的值初始化为 arg.val。

GETALL

获取由 semid 指向的信号量集中所有信号量的值并将它们放在 arg.array 指向的数组中。
程序员必须要确保该数组具备足够的空间。（通过由 IPC_STAT 操作返回的 semid_ds 数据结构
中的 sem_nsems 字段可以获取集合中的信号量数量。）这个操作将忽略 semnum 参数。程序清
单 47-3 给出了一个使用 GETALL 操作的例子。

SETALL

使用 arg.array 指向的数组中的值初始化 semid 指向的集合中的所有信号量。这个操作将
忽略 semnum 参数。程序清单 47-4 演示了 SETALL 操作的用法。

如果存在一个进程正在等待在由 SETVAL 或 SETALL 操作所修改的信号量上执行一个操
作并且对信号量所做的变更将允许该操作继续向前执行，那么内核就会唤醒该进程。

使用或 SETALL 修改一个信号量的值会在所有进程中清除该信号量的撤销条目。在 47.8
节中将会对信号量撤销条目予以介绍。

注意 GETVAL 和 GETALL 返回的信息在调用进程使用它们时可能已经过期了。所有依赖

由这些操作返回的信息保持不变这个条件的程序都可能会遇到检查时（time-of-check）和使用时（time-of-use）的竞争条件（参见 38.6）。

获取单个信号量的信息

下面的操作返回（通过函数结果值）semid 引用的集合中第 semnum 个信号量的信息。所有这些操作都需要在信号量集合中具备读权限，并且无需 arg 参数。

GETPID

返回上一个在该信号量上执行 semop() 的进程的进程 ID；这个值被称为 sempid 值。如果还没有进程在该信号量上执行过 semop()，那么就返回 0。

GETNCNT

返回当前等待该信号量的值增长的进程数；这个值被称为 semncnt 值。

GETZCNT

返回当前等待该信号量的值变成 0 的进程数；这个值被称为 semzcnt 值。

与上面介绍的 GETVAL 和 GETALL 操作一样，GETPID、GETNCNT 以及 GETZCNT 操作返回的信息在调用进程使用它们时可能已经过期了。

程序清单 47-3 演示了这三个操作的用法。

47.4　信号量关联数据结构

每个信号量集都有一个关联的 semid_ds 数据结构，其形式如下。

```
struct semid_ds {
    struct ipc_perm sem_perm;      /* Ownership and permissions */
    time_t          sem_otime;     /* Time of last semop() */
    time_t          sem_ctime;     /* Time of last change */
    unsigned long   sem_nsems;     /* Number of semaphores in set */
};
```

> SUSv3 要求实现定义上面的 semid_ds 结构中给出的所有字段。其他一些 UNIX 实现包含了额外的非标准字段。在 Linux 2.4 以及之后的版本上，sem_nsems 字段的类型为 unsigned long。SUSv3 将这个字段的类型规定为 unsigned short，并且在 Linux 2.2 以及大多数其他 UNIX 实现上也是这么定义的。

各种信号量系统调用会隐式地更新 semid_ds 结构中的字段，使用 semctl() IPC_SET 操作能够显式地更新 sem_perm 字段中的特定子字段，其细节信息如下。

sem_perm

在创建信号量集时按照 45.3 中所描述的那样初始化这个子结构中的字段。通过 IPC_SET 能够更新 uid、gid 以及 mode 子字段。

sem_otime

在创建信号量集时会将这个字段设置为 0，然后在每次成功的 semop() 调用或当信号量值因 SEM_UNDO 操作而发生变更时将这个字段设置为当前时间（参见 47.8 节）。这个字段和 sem_ctime 的类型为 time_t，它们存储自新纪元到现在的秒数。

sem_ctime

在创建信号量时以及每个成功的 IPC_SET、SETALL 和 SETVAL 操作执行完毕之后将这个字段设置为当前时间。(在一些 UNIX 实现上，SETALL 和 SETVAL 操作不会修改 sem_ctime。)

sem_nsems

在创建集合时将这个字段的值初始化为集合中信号量的数量。

本节后面将介绍两个使用 semid_ds 数据结构和一些在 47.3 节中描述的 semctl() 操作的例子。在 47.6 节中将演示这两个程序的用法。

监控一个信号量集

程序清单 47-3 使用了各种 semctl() 操作来显示标识符为命令行参数值的既有信号量集的信息。这个程序首先显示了 semid_ds 数据结构中的时间字段，然后显示了集合中各个信号量的当前值及其 sempid、semncnt 和 semzcnt 值。

程序清单 47-3：一个信号量监控程序

svsem/svsem_mon.c

```c
#include <sys/types.h>
#include <sys/sem.h>
#include <time.h>
#include "semun.h"                          /* Definition of semun union */
#include "tlpi_hdr.h"

int
main(int argc, char *argv[])
{
    struct semid_ds ds;
    union semun arg, dummy;                 /* Fourth argument for semctl() */
    int semid, j;
    if (argc != 2 || strcmp(argv[1], "--help") == 0)
        usageErr("%s semid\n", argv[0]);

    semid = getInt(argv[1], 0, "semid");

    arg.buf = &ds;
    if (semctl(semid, 0, IPC_STAT, arg) == -1)
        errExit("semctl");

    printf("Semaphore changed: %s", ctime(&ds.sem_ctime));
    printf("Last semop():      %s", ctime(&ds.sem_otime));

    /* Display per-semaphore information */

    arg.array = calloc(ds.sem_nsems, sizeof(arg.array[0]));
    if (arg.array == NULL)
        errExit("calloc");
    if (semctl(semid, 0, GETALL, arg) == -1)
        errExit("semctl-GETALL");

    printf("Sem #  Value  SEMPID  SEMNCNT  SEMZCNT\n");

    for (j = 0; j < ds.sem_nsems; j++)
        printf("%3d    %5d   %5d  %5d    %5d\n", j, arg.array[j],
                semctl(semid, j, GETPID, dummy),
```

```
            semctl(semid, j, GETNCNT, dummy),
            semctl(semid, j, GETZCNT, dummy));

    exit(EXIT_SUCCESS);
}
```
─── svsem/svsem_mon.c

初始化一个集合中的所有信号量

程序清单 47-4 为初始化一个既有集合中的所有信号量提供了一个命令行界面。第一个命令行参数是待初始化的信号量集的标识符。剩下的命令行参数指定了每个信号量所初始化的值（参数的数量必须要与集合中信号量的数量一致）。

程序清单 47-4：使用 SETALL 操作初始化一个 System V 信号量集

─── svsem/svsem_setall.c
```
#include <sys/types.h>
#include <sys/sem.h>
#include "semun.h"                          /* Definition of semun union */
#include "tlpi_hdr.h"

int
main(int argc, char *argv[])
{
    struct semid_ds ds;
    union semun arg;                        /* Fourth argument for semctl() */
    int j, semid;
    if (argc < 3 || strcmp(argv[1], "--help") == 0)
        usageErr("%s semid val...\n", argv[0]);

    semid = getInt(argv[1], 0, "semid");

    /* Obtain size of semaphore set */

    arg.buf = &ds;
    if (semctl(semid, 0, IPC_STAT, arg) == -1)
        errExit("semctl");

    if (ds.sem_nsems != argc - 2)
        cmdLineErr("Set contains %ld semaphores, but %d values were supplied\n",
                (long) ds.sem_nsems, argc - 2);

    /* Set up array of values; perform semaphore initialization */

    arg.array = calloc(ds.sem_nsems, sizeof(arg.array[0]));
    if (arg.array == NULL)
        errExit("calloc");

    for (j = 2; j < argc; j++)
        arg.array[j - 2] = getInt(argv[j], 0, "val");

    if (semctl(semid, 0, SETALL, arg) == -1)
        errExit("semctl-SETALL");
    printf("Semaphore values changed (PID=%ld)\n", (long) getpid());

    exit(EXIT_SUCCESS);
}
```
─── svsem/svsem_setall.c

47.5 信号量初始化

根据 SUSv3 的要求，实现无需对由 semget() 创建的集合中的信号量值进行初始化。相反，程序员必须要使用 semctl() 系统调用显式地初始化信号量。（在 Linux 上，semget() 返回的信号量实际上会被初始化为 0，但为取得移植性就不能依赖于此。）前面曾经提及过，信号量的创建和初始化必须要通过单独的系统调用而不是单个原子步骤来完成的事实可能会导致在初始化一个信号量时出现竞争条件。本节将详细介绍竞争的本质并考虑一种基于 [Stevens, 1999] 提出的思想来避免出现这种情况的方法。

假设一个应用程序由多个地位平等的进程构成，这些进程使用一个信号量来协调相互之间的动作。由于无法保证哪个进程会首先使用信号量（这就是地位平等的含义），因此每个进程都必须要做好在信号量不存在时创建和初始化信号量的准备。基于此，可以考虑使用程序清单 47-5 中给出的代码。

程序清单 47-5：错误地初始化了一个 System V 信号量

─── *from* **svsem/svsem_bad_init.c**
```
/* Create a set containing 1 semaphore */

semid = semget(key, 1, IPC_CREAT | IPC_EXCL | perms);

if (semid != -1) {                      /* Successfully created the semaphore */
    union semun arg;

    /* XXXX */

    arg.val = 0;                        /* Initialize semaphore */
    if (semctl(semid, 0, SETVAL, arg) == -1)
        errExit("semctl");

} else {                                /* We didn't create the semaphore */
    if (errno != EEXIST) {              /* Unexpected error from semget() */
        errExit("semget");

    semid = semget(key, 1, perms);  /* Retrieve ID of existing set */
    if (semid == -1)
        errExit("semget");
}

/* Now perform some operation on the semaphore */

sops[0].sem_op = 1;                     /* Add 1... */
sops[0].sem_num = 0;                    /* to semaphore 0 */
sops[0].sem_flg = 0;
if (semop(semid, sops, 1) == -1)
    errExit("semop");
```
─── *from* **svsem/svsem_bad_init.c**

程序清单 47-5 中的代码存在的问题是如果两个进程同时执行，如果第一个进程的时间片在代码中标记为 **XXXX** 处期满，那么就可能会出现图 47-2 中给出的顺序。这个顺序之所以存在问题有两个原因。首先，进程 B 在一个未初始化的信号量（即其值是一个任意值）上执行了一个 semop()。其次，进程 A 中的 semctl() 调用覆盖了进程 B 所做出的变更。

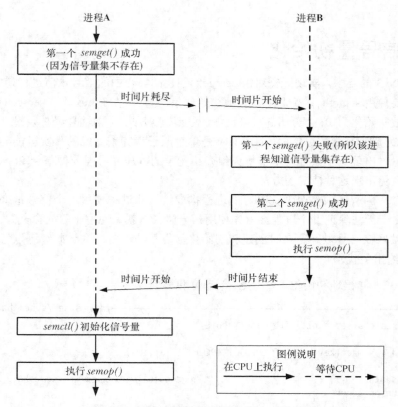

图 47-2：两个进程竞争初始化同一个信号量

　　这个问题的解决方案依赖于一个现已成为标准的特性，即与这个信号量集相关联的 semid_ds 数据结构中的 sem_otime 字段的初始化。在一个信号量集首次被创建时，sem_otime 字段会被初始化为 0，并且只有后续的 semop() 调用才会修改这个字段的值。因此可以利用这个特性来消除上面描述的竞争条件，即只需要插入额外的代码来强制第二个进程（即没有创建信号量的那个进程）等待直到第一个进程既初始化了信号量又执行了一个更新 sem_otime 字段但不修改信号量的值的 semop() 调用为止。程序清单 47-6 给出了修改之后的代码。

> 遗憾的是，正文中描述的初始化问题的解决方案无法在所有 UNIX 实现上正常工作。在一些现代 BSD 衍生版中，semop() 不会更新 sem_otime 字段。

程序清单 47-6：初始化一个 System V 信号量

```
                                              ── from svsem/svsem_good_init.c
    semid = semget(key, 1, IPC_CREAT | IPC_EXCL | perms);

    if (semid != -1) {                    /* Successfully created the semaphore */
        union semun arg;
        struct sembuf sop;

        arg.val = 0;                      /* So initialize it to 0 */
        if (semctl(semid, 0, SETVAL, arg) == -1)
            errExit("semctl");

        /* Perform a "no-op" semaphore operation - changes sem_otime
           so other processes can see we've initialized the set. */
```

```
        sop.sem_num = 0;                    /* Operate on semaphore 0 */
        sop.sem_op = 0;                     /* Wait for value to equal 0 */
        sop.sem_flg = 0;
        if (semop(semid, &sop, 1) == -1)
            errExit("semop");

    } else {                                /* We didn't create the semaphore set */
        const int MAX_TRIES = 10;
        int j;
        union semun arg;
        struct semid_ds ds;

        if (errno != EEXIST) {              /* Unexpected error from semget() */
            errExit("semget");

        semid = semget(key, 1, perms);      /* Retrieve ID of existing set */
        if (semid == -1)
            errExit("semget");

        /* Wait until another process has called semop() */

        arg.buf = &ds;
        for (j = 0; j < MAX_TRIES; j++) {
            if (semctl(semid, 0, IPC_STAT, arg) == -1)
                errExit("semctl");
            if (ds.sem_otime != 0)          /* semop() performed? */
                break;                      /* Yes, quit loop */
            sleep(1);                       /* If not, wait and retry */
        }

        if (ds.sem_otime == 0)              /* Loop ran to completion! */
            fatal("Existing semaphore not initialized");
    }

    /* Now perform some operation on the semaphore */
```
———————————————————————————————— *from* **svsem/svsem_good_init.c**

使用程序清单 47-6 中给出的技术的各种变体能够确保一个集合中的多个信号量正确地被
初始化以及一个信号量被初始化为一个非零值。

并不是所有应用程序都需要使用这个及其负责的解决方案来解决竞争问题。如果能够确
保一个进程在其他进程使用信号量之前创建和初始化信号量就无需使用这个解决方案。如父
进程在创建与其共享信号量的子进程之前先创建和初始化信号量。在这种情况中，让第一个
进程在调用完 semget()之后执行一个 semctl() SETVALSETALL 操作就足够了。

47.6 信号量操作

semop()系统调用在 semid 标识的信号量集中的信号量上执行一个或多个操作。

```
#include <sys/types.h>          /* For portability */
#include <sys/sem.h>

int semop(int semid, struct sembuf *sops, unsigned int nsops);
                                        Returns 0 on success, or -1 on error
```

sops 参数是一个指向数组的指针，数组中包含了需要执行的操作，nsops 参数给出了数组的大小（数组至少需包含一个元素）。操作将会按照在数组中的顺序以原子的方式被执行。sops 数组中的元素是形式如下的结构。

```
struct sembuf {
    unsigned short sem_num;    /* Semaphore number */
    short          sem_op;     /* Operation to be performed */
    short          sem_flg;    /* Operation flags (IPC_NOWAIT and SEM_UNDO) */
};
```

sem_num 字段标识出了在集合中的哪个信号量上执行操作。sem_op 字段指定了需执行的操作。

- 如果 sem_op 大于 0，那么就将 sem_op 的值加到信号量值上，其结果是其他等待减小信号量值的进程可能会被唤醒并执行它们的操作。调用进程必须要具备在信号量上的修改（写）权限。
- 如果 sem_op 等于 0，那么就对信号量值进行检查以确定它当前是否等于 0。如果等于 0，那么操作将立即结束，否则 semop() 就会阻塞直到信号量值变成 0 为止。调用进程必须要具备在信号量上的读权限。
- 如果 sem_op 小于 0，那么就将信号量值减去 sem_op。如果信号量的当前值大于或等于 sem_op 的绝对值，那么操作会立即结束。否则 semop() 会阻塞直到信号量值增长到在执行操作之后不会导致出现负值的情况为止。调用进程必须要具备在信号量上的修改权限。

从语义上来讲，增加信号量值对应于使一种资源变得可用以便其他进程可以使用它，而减小信号量值则对应于预留（互斥地）进程需使用的资源。在减小一个信号量值时，如果信号量的值太低——即其他一些进程已经预留了这个资源——那么操作就会被阻塞。

当 semop() 调用阻塞时，进程会保持阻塞直到发生下列某种情况为止。

- 另一个进程修改了信号量值使得待执行的操作能够继续向前。
- 一个信号中断了 semop() 调用。发生这种情况时会返回 EINTR 错误。（在 21.5 节中指出过 semop() 在被一个信号处理器中断之后是不会自动重启的。）
- 另一个进程删除了 semid 引用的信号量。发生这种情况时 semop() 会返回 EIDRM 错误。

在特定信号量上执行一个操作时可以通过在相应的 sem_flg 字段中指定 IPC_NOWAIT 标记来防止 semop() 阻塞。此时，如果 semop() 本来要发生阻塞的话就会返回 EAGAIN 错误。

尽管通常一次只会操作一个信号量，但也可以通过一个 semop() 调用在一个集合中的多个信号量上执行操作。这里需要指出的关键一点是这组操作的执行是原子的，即 semop() 要么立即执行所有操作，要么就阻塞直到能够同时执行所有操作。

> 尽管作者所知晓的系统上的 semop() 都按照数组中顺序来执行操作，但一些系统仍然通过文档显式地规定了这种行为，并且一些应用程序也依赖于这种行为。SUSv4 在文中显式地规定了这种行为。

程序清单 47-7 演示了如何使用 semop() 在一个集合中的三个信号量上执行操作。根据信号量的当前值不同，在信号量 0 和 2 之上的操作可能无法立即往前执行。如果无法立即执行在信号量 0 上的操作，那么所有请求的操作都不会被执行，semop() 会被阻塞。另一方面，如果可以立即执行在信号量 0 上的操作，但无法立即执行在信号量 2 上的操作，那么——由于指定了 IPC_NOWAIT 标记——所有请求的操作都不会被执行，并且 semop() 会立即返回 EAGAIN 错误。

semtimedop()系统调用与 semop()执行的任务一样，但它多了一个 timeout 参数，通过这个参数可以指定调用所阻塞的时间上限。

```
#define _GNU_SOURCE
#include <sys/types.h>          /* For portability */
#include <sys/sem.h>

int semtimedop(int semid, struct sembuf *sops, unsigned int nsops,
               struct timespec *timeout);
                                    Returns 0 on success, or −1 on error
```

timeout 参数是一个指向 timespec 结构（参见 23.4.2 节）的指针，通过这个结构能够将一个时间间隔表示为秒数和纳秒数。如果在信号量操作完成之前所等待的时间已经超过了规定的时间间隔，那么 semtimedop()会返回 EAGAIN 错误。如果将 timeout 指定为 NULL，那么 semtimedop()就与 semop()完全一样了。

与使用 setitimer()和 semop()相比，semtimedop()系统调用提供了一种更加高效的方式来为信号量操作设定一个超时时间。对于那些需要经常执行此类操作的应用程序（特别是一些数据库系统）来讲，这种方式所带来的性能上的提升是非常显著的。但 SUSv3 并没有规定 semtimedop()，并且只有其他一些 UNIX 实现提供了这个函数。

> semtimedop()系统调用作为一个新特性出现在了 Linux 2.6 上，后来又被移回了 Linux 2.4，从内核 2.4.22 开始就存在这个函数了。

程序清单 47-7：使用 semop()在多个 System V 信号量上执行操作

```
struct sembuf sops[3];

sops[0].sem_num = 0;                /* Subtract 1 from semaphore 0 */
sops[0].sem_op = -1;
sops[0].sem_flg = 0;

sops[1].sem_num = 1;                /* Add 2 to semaphore 1 */
sops[1].sem_op = 2;
sops[1].sem_flg = 0;

sops[2].sem_num = 2;                /* Wait for semaphore 2 to equal 0 */
sops[2].sem_op = 0;
sops[2].sem_flg = IPC_NOWAIT;       /* But don't block if operation
                                       can't be performed immediately */
if (semop(semid, sops, 3) == -1) {
    if (errno == EAGAIN)            /* Semaphore 2 would have blocked */
        printf("Operation would have blocked\n");
    else
        errExit("semop");          /* Some other error */
}
```

示例程序

程序清单 47-8 为 semop()系统调用提供了一个命令行界面。这个程序接收的第一个参数是操作所施加的信号量集的标识符。

剩余的命令行参数指定了在单个 semop() 调用中需要执行的一组信号量操作。单个命令行参数中的操作使用逗号分隔。每个操作的形式为下面中的一个。

- semnum+value：将 value 加到第 semnum 个信号量上。
- semnum-value：从第 semnum 个信号量上减去 value。
- semnum=0：测试第 semnum 信号量以确定它是否等于 0。

在每个操作的最后可以可选地包含一个 n、一个 u 或同时包含两者。字母 n 表示在这个操作的 sem_flg 值中包含 IPC_NOWAIT。字母 u 表示在 sem_flg 中包含 SEM_UNDO。（在 47.8 节中将会对 SEM_UNDO 标记进行介绍。）

下面的命令行在标识符为 0 的信号量集上执行了两个 semop() 调用。

```
$ ./svsem_op 0 0=0 0-1,1-2n
```

第一个命令行参数规定 semop() 调用等待直到第一个信号量值等于 0 为止。第二个参数规定 semop() 调用从信号量 0 中减去 1 以及从信号量 1 中减去 2。信号量 0 上的操作的 sem_flg 为 0，信号量 1 上的操作的 sem_flg 是 IPC_NOWAIT。

程序清单 47-8：使用 semop() 执行 System V 信号量操作

―――――――――――――――――――――――――――――――――――― svsem/svsem_op.c

```c
#include <sys/types.h>
#include <sys/sem.h>
#include <ctype.h>
#include "curr_time.h"          /* Declaration of currTime() */
#include "tlpi_hdr.h"

#define MAX_SEMOPS 1000         /* Maximum operations that we permit for
                                   a single semop() */

static void
usageError(const char *progName)
{
    fprintf(stderr, "Usage: %s semid op[,op...] ...\n\n", progName);
    fprintf(stderr, "'op' is either: <sem#>{+|-}<value>[n][u]\n");
    fprintf(stderr, "             or: <sem#>=0[n]\n");
    fprintf(stderr, "       \"n\" means include IPC_NOWAIT in 'op'\n");
    fprintf(stderr, "       \"u\" means include SEM_UNDO in 'op'\n\n");
    fprintf(stderr, "The operations in each argument are "
                    "performed in a single semop() call\n\n");
    fprintf(stderr, "e.g.: %s 12345 0+1,1-2un\n", progName);
    fprintf(stderr, "      %s 12345 0=0n 1+1,2-1u 1=0\n", progName);
    exit(EXIT_FAILURE);
}

/* Parse comma-delimited operations in 'arg', returning them in the
   array 'sops'. Return number of operations as function result. */

static int
parseOps(char *arg, struct sembuf sops[])
{
    char *comma, *sign, *remaining, *flags;
    int numOps;                 /* Number of operations in 'arg' */

    for (numOps = 0, remaining = arg; ; numOps++) {
        if (numOps >= MAX_SEMOPS)
            cmdLineErr("Too many operations (maximum=%d): \"%s\"\n",
```

```
                    MAX_SEMOPS, arg);

        if (*remaining == '\0')
            fatal("Trailing comma or empty argument: \"%s\"", arg);
        if (!isdigit((unsigned char) *remaining))
            cmdLineErr("Expected initial digit: \"%s\"\n", arg);

        sops[numOps].sem_num = strtol(remaining, &sign, 10);

        if (*sign == '\0' || strchr("+-=", *sign) == NULL)
            cmdLineErr("Expected '+', '-', or '=' in \"%s\"\n", arg);
        if (!isdigit((unsigned char) *(sign + 1)))
            cmdLineErr("Expected digit after '%c' in \"%s\"\n", *sign, arg);

        sops[numOps].sem_op = strtol(sign + 1, &flags, 10);
        if (*sign == '-')                       /* Reverse sign of operation */
            sops[numOps].sem_op = - sops[numOps].sem_op;
        else if (*sign == '=')                  /* Should be '=0' */
            if (sops[numOps].sem_op != 0)
                cmdLineErr("Expected \"=0\" in \"%s\"\n", arg);

        sops[numOps].sem_flg = 0;
        for (;; flags++) {
            if (*flags == 'n')
                sops[numOps].sem_flg |= IPC_NOWAIT;
            else if (*flags == 'u')
                sops[numOps].sem_flg |= SEM_UNDO;
            else
                break;
        }

        if (*flags != ',' && *flags != '\0')
            cmdLineErr("Bad trailing character (%c) in \"%s\"\n", *flags, arg);

        comma = strchr(remaining, ',');
        if (comma == NULL)
            break;                              /* No comma --> no more ops */
        else
            remaining = comma + 1;
    }

    return numOps + 1;
}

int
main(int argc, char *argv[])
{
    struct sembuf sops[MAX_SEMOPS];
    int ind, nsops;

    if (argc < 2 || strcmp(argv[1], "--help") == 0)
        usageError(argv[0]);

    for (ind = 2; argv[ind] != NULL; ind++) {
        nsops = parseOps(argv[ind], sops);

        printf("%5ld, %s: about to semop()  [%s]\n", (long) getpid(),
                currTime("%T"), argv[ind]);

        if (semop(getInt(argv[1], 0, "semid"), sops, nsops) == -1)
```

```
        errExit("semop (PID=%ld)", (long) getpid());

    printf("%5ld, %s: semop() completed [%s]\n", (long) getpid(),
            currTime("%T"), argv[ind]);
    }

    exit(EXIT_SUCCESS);
}
```

—— *svsem/svsem_op.c*

使用程序清单 47-8 中的程序以及本章中给出的其他程序可以研究 System V 信号量的操作，如下面的 shell 会话所示。下面首先使用一个进程创建了一个包含两个信号量的信号量集并将这两个信号量的值分别初始化为 1 和 0。

```
$ ./svsem_create -p 2
32769                                          ID of semaphore set
$ ./svsem_setall 32769 1 0
Semaphore values changed (PID=3658)
```

> 本章并没有给出 svsem/svsem_create.c 程序的代码，读者可以在本章随带的源代码中找到这个程序的代码。这个程序在信号量上执行的功能与程序清单 46-1 中的程序在消息队列上执行的功能一样，即它创建了一个信号量集。唯一值得注意的差别是 svsem_create.c 额外接收了一个参数，该参数规定了所创建的信号量集的大小。

接下来在后台启动三个程序清单 47-8 中给出的程序实例来在信号量集上执行 semop() 操作。程序会在执行每个信号量操作之前和之后都打印出消息。这些消息包括时间（这样就能够看到每个操作何时开始和何时结束）和进程 ID（这样就能够跟踪程序的多个实例的操作）。第一个命令要求将两个信号量值都减去 1。

```
$ ./svsem_op 32769 0-1,1-1 &                    Operation 1
 3659, 16:02:05: about to semop()  [0-1,1-1]
[1] 3659
```

从上面的输出中可以看出这个程序打印出了一条消息，指出就要执行 semop() 操作了，但并没有打印出更多的消息，这是因为 semop() 调用被阻塞了。这个调用之所以被阻塞是因为信号量 1 的值为 0。

接着执行一个命令要求将信号量 1 的值减去 1。

```
$ ./svsem_op 32769 1-1 &                         Operation 2
 3660, 16:02:22: about to semop()  [1-1]
[2] 3660
```

这个命令也会阻塞。接着执行一个命令等待信号量 0 的值等于 0。

```
$ ./svsem_op 32769 0=0 &                          Operation 3
 3661, 16:02:27: about to semop()  [0=0]
[3] 3661
```

这个命令再次阻塞了，这是因为信号量 0 的值当前为 1。

现在使用程序清单 47-3 中的程序来检查信号量集。

```
$ ./svsem_mon 32769
Semaphore changed: Sun Jul 25 16:01:53 2010
Last semop():       Thu Jan  1 01:00:00 1970
Sem # Value  SEMPID  SEMNCNT  SEMZCNT
   0    1       0        1        1
   1    0       0        2        0
```

在一个信号量集被创建之后，其关联 semid_ds 数据结构的 sem_otime 字段会被初始化为 0。日历时间值 0 对应于新纪元的起点（参见 10.1 节），并且 ctime() 会将这个值显示为 1 AM, 1 January 1970，这是因为本地时区为 Central Europe，它比 UTC 早一个小时。

更仔细地检查一下输出可以发现信号量 0 的 semncnt 值为 1，这是因为操作 1 正在等待减小信号量值，而 semzcnt 值为 1，这是因为操作 3 正在等待这个信号量的值等于 0。信号量 1 的 semncnt 值为 2，它反映出了操作 1 和操作 2 正在等于减小这个信号量值的事实。

接着在信号量集上尝试执行一个非阻塞操作。这个操作等于信号量 0 的值等于 0。由于无法立即执行这个操作，因此 semop() 会返回 EAGAIN 错误。

```
$ ./svsem_op 32769 0=0n                               Operation 4
 3673, 16:03:13: about to semop()  [0=0n]
ERROR [EAGAIN/EWOULDBLOCK Resource temporarily unavailable] semop (PID=3673)
```

现在向信号量 1 加上 1。这会导致之前两个被阻塞的操作（1 和 3）能够继续往前执行。

```
$ ./svsem_op 32769 1+1                                Operation 5
 3674, 16:03:29: about to semop()  [1+1]
 3659, 16:03:29: semop() completed [0-1,1-1]         Operation 1 completes
 3661, 16:03:29: semop() completed [0=0]             Operation 3 completes
 3674, 16:03:29: semop() completed [1+1]             Operation 5 completes
[1]   Done              ./svsem_op 32769 0-1,1-1
[3]+  Done              ./svsem_op 32769 0=0
```

当使用监控程序来观察信号量集的状态时可以发现其关联 semid_ds 数据结构的 sem_otime 字段已经被更新了，并且两个信号量的 sempid 值也被更新了。此外，还可以看出信号量 1 的 semncnt 值为 1，这是因为操作 2 仍然被阻塞着，它等待减小这个信号量的值。

```
$ ./svsem_mon 32769
Semaphore changed: Sun Jul 25 16:01:53 2010
Last semop():      Sun Jul 25 16:03:29 2010
Sem #  Value  SEMPID  SEMNCNT  SEMZCNT
  0      0     3661      0        0
  1      0     3659      1        0
```

从上面的输出中可以看出 sem_otime 字段的值已经被更新过了。此外，还可以看出最近操作信号量 0 的进程的进程 ID 为 3661（操作 3），最近操作信号量 1 的进程的进程 ID 为 3659（操作 1）。

最后删除信号量集。这将会导致仍被阻塞的操作 2 返回 EIDRM 错误。

```
$ ./svsem_rm 32769
ERROR [EIDRM Identifier removed] semop (PID=3660)
```

> 本章并没有给出 svsem/svsem_rm.c 程序的源代码，读者可以在本章附带的源代码中找到这个程序的代码。这个程序删除通过命令行参数指定的信号量集。

47.7　多个阻塞信号量操作的处理

如果多个因减小一个信号量值而发生阻塞的进程对该信号量减去的值是一样的，那么当条件允许时到底哪个进程会首先被允许执行操作是不确定的（即哪个进程能够执行操作依赖于各个内核自己的进程调度算法）。

另一方面，如果多个因减小一个信号量值而发生阻塞的进程对该信号量减去的值是不同的，那么会按照先满足条件先服务的顺序来进行。假设一个信号量的当值为 0，进程 A 请求将信号量值减去 2，然后进程 B 请求将信号量值减去 1。如果第三个进程将信号量值加上了 1，那么进程 B 首先会被解除阻塞并执行它的操作，即使进程 A 首先请求在该信号量上执行操作也一样。在一个糟糕的应用程序设计中，这种场景可能会导致饿死情况的发生，即一个进程因信号量的状态无法满足所请求的操作继续往前执行的条件而永远保持阻塞。回到本节的例子，考虑多个进程交替地调整信号量值使其值永远不会出现大于 1 的情况，这就会导致进程 A 永远保持阻塞。

当一个进程因试图在多个信号量上执行操作而发生阻塞时也可能会出现饿死的情况。考虑下面的这些在一组信号量上执行的操作，两个信号量的初始值都为 0。

1. 进程 A 请求将信号量 0 和 1 的值减去 1（阻塞）。

2. 进程 B 请求将信号量 0 的值减去 1（阻塞）。

3. 进程 C 将信号量 0 的值加上 1。

此刻，进程 B 解除阻塞并完成了它的请求，即使它发出请求的时间要晚于进程 A。同样，也可以设计出一个让进程 A 饿死的同时让其他进程调整和阻塞于单个信号量值的场景。

47.8　信号量撤销值

假设一个进程在调整完一个信号量值（如减小信号量值使之等于 0）之后终止了，不管是有意终止还是意外终止。在默认情况下，信号量值将不会发生变化。这样就可能会给其他使用这个信号量的进程带来问题，因为它们可能因等待这个信号量而被阻塞着——即等待已经被终止的进程撤销对信号量所做的变更。

为避免这种问题的发生，在通过 semop() 修改一个信号量值时可以使用 SEM_UNDO 标记。当指定这个标记时，内核会记录信号量操作的效果，然后在进程终止时撤销这个操作。不管进程是正常终止还是非正常终止，撤销操作都会发生。

内核无需为所有使用 SEM_UNDO 的操作都保存一份记录。只需要记录一个进程在一个信号量上使用 SEM_UNDO 操作所作出的调整总和即可，它是一个被称为 semadj（信号量调整）的整数。当进程终止之后，所有需要做的就是从信号量的当前值上减去这个总和。

> 自 Linux 2.6 起，当指定了 CLONE_SYSVSEM 标记之后使用 clone() 创建的进程（线程）会共享 semadj 值。之所以这样做是为了与 POSIX 线程的实现保持一致。NPTL 线程实现在 pthread_create() 的实现中使用了 CLONE_SYSVSEM。

当使用 semctl() SETVAL 或 SETALL 操作设置一个信号量值时，所有使用这个信号量的进程中相应的 semadj 会被清空（即设置为 0）。这样做是合理的，因为直接设置一个信号量的值会破坏与 semadj 中维护的历史记录相关联的值。

通过 fork() 创建的子进程不会继承其父进程的 semadj 值，因为对于子进程来讲撤销其父进程的信号量操作毫无意义。另一方面，semadj 值会在 exec() 中得到保留。这样就能在使用 SEM_UNDO 调整一个信号量值之后通过 exec() 执行一个不操作该信号量的程序，同时在进程终止时原子地调整该信号量。（这项技术可以允许另一个进程发现这个进程何时终止。）

SEM_UNDO 的效果举例

下面的 shell 会话日志显示了在两个信号量上执行操作的效果：一个操作使用了 SEM_UNDO 标记，另一个没有使用。下面首先创建一个包含两个信号量的集合。

```
$ ./svsem_create -p 2
131073
```

接着执行一个命令在两个信号量上都加上 1，然后终止。信号量 0 上的操作指定了 SEM_UNDO 标记。

```
$ ./svsem_op 131073 0+1u 1+1
 2248, 06:41:56: about to semop()
 2248, 06:41:56: semop() completed
```

现在使用程序清单 47-3 中的程序检查信号量的状态。

```
$ ./svsem_mon 131073
Semaphore changed: Sun Jul 25 06:41:34 2010
Last semop():      Sun Jul 25 06:41:56 2010
Sem #  Value  SEMPID  SEMNCNT  SEMZCNT
  0      0     2248      0        0
  1      1     2248      0        0
```

从上面输出的最后两行中的信号量值可以看出信号量 0 上的操作被撤销了，但信号量 1 上的操作没有被撤销。

SEM_UNDO 的限制

最后需要指出的是，SEM_UNDO 其实并没有其一开始看起来那样有用，原因有两个。一个原因是由于修改一个信号量通常对应于请求或释放一些共享资源，因此仅仅使用 SEM_UNDO 可能不足以允许一个多进程应用程序在一个进程异常终止时恢复。除非进程终止会原子地将共享资源的状态返回到一个一致的状态（在很多情况下是不可能的），否则撤销一个信号量操作可能不足以允许应用程序恢复。

第二个影响 SEM_UNDO 的实用性的因素是在一些情况下，当进程终止时无法对信号量进行调整。考虑下面应用于一个初始值为 0 的信号量上的操作。

1. 进程 A 将信号量值增加 2，并为该操作指定了 SEM_UNDO 标记。

2. 进程 B 将信号量值减去 1，因此信号量的值将变成 1。

3. 进程 A 终止。

此时就无法完全撤销进程 A 在第一步中的操作中所产生的效果，因为信号量的值太小了。解决这个问题的潜在方法有三种。

- 强制进程阻塞直到能够完成信号量调整。
- 尽可能地减小信号量的值（即减到 0）并退出。
- 退出，不执行任何信号量调整操作。

第一个解决方案是不可行的，因为它可能会导致一个即将终止的进程永远阻塞。Linux 采用了第二种解决方案。其他一些 UNIX 实现采纳了第三种解决方案。SUSv3 并没有规定一个实现应该采用哪种解决方案。

> 试图将一个信号量值提升到其许可的最大值 32767（第 47.10 节描述的 SEMVMX 限制）的撤销操作也会导致异常行为的发生。在这种情况下，内核总是会执行这个调整，从而（非法地）导致信号量的值大于 SEMVMX。

47.9　实现一个二元信号量协议

System V 信号量的 API 是比较复杂的，之所以会这样既因为对信号量值的调整量可以是任意的，又因为信号量的分配和操作是以几何为单位的。但也正因为这些特性，System V 信号量提供的功能要多于常规应用程序所需的功能，因此以 System V 信号量为基础实现一个更加简单的协议（APIs）则是非常有用的。

一种常见的协议是二元信号量。一个二元信号量有两个值：可用（空闲）或预留（使用中）。二元信号量有两个操作。

- 预留：试图预留这个信号量以便互斥地使用。如果信号量已经被另一个进程预留了，那么将会阻塞直到信号量被释放为止。

- 释放：释放一个当前被预留的信号量，这样另一个进程就可以预留这个信号量了。

在学校教授的计算机科学中，这两个操作通常被称为 P 和 V，即这两个操作在荷兰语中的首字母。这种命名方式后来由荷兰计算机科学家 Edsger Dijkstra 所确定，他完成了很多有关信号量方面的早期理论工作。术语 down（减小信号量）和 up（增大信号量）也会被用到。POSIX 将这两个操作称为 wait 和 post。

有时候还会定义第三个操作。

- 有条件地预留：非阻塞地尝试预留这个信号量以便互斥地使用。如果信号量已经被预留了，那么立即返回一个状态标示出这个信号量不可用。

在实现二元信号量时必须要选择如何表示可用和预留状态以及如何实现上面的操作。读者稍微思考一下就会发现表示这些状态的最佳方式是使用值 1 表示空闲和值 0 表示预留，同时预留和释放操作分别为将信号量的值减 1 和加 1。

程序清单 47-9 和程序清单 47-10 给出了使用 System V 信号量实现二元信号量的一个实现。程序清单 47-9 中的头文件除了给出了实现中的函数的原型之外还声明了实现将会用到的两个全局布尔变量。bsUseSemUndo 变量控制实现是否在 semop()调用中使用 SEM_UNDO 标记。bsRetryOnEintr 变量控制实现是否在 semop()调用被信号中断之后自动重启该调用。

程序清单 47-9：binary_sems.c 的头文件

```
───────────────────────────────────────────────── svsem/binary_sems.h
#ifndef BINARY_SEMS_H              /* Prevent accidental double inclusion */
#define BINARY_SEMS_H

#include "tlpi_hdr.h"

/* Variables controlling operation of functions below */

extern Boolean bsUseSemUndo;             /* Use SEM_UNDO during semop()? */
extern Boolean bsRetryOnEintr;           /* Retry if semop() interrupted by
                                            signal handler? */

int initSemAvailable(int semId, int semNum);

int initSemInUse(int semId, int semNum);

int reserveSem(int semId, int semNum);

int releaseSem(int semId, int semNum);

#endif
───────────────────────────────────────────────── svsem/binary_sems.h
```

程序清单 47-10 给出了二元信号量函数的实现。这些实现中的每个函数都接收两个参数，它们分别标识出了信号量集和信号量在该集合中的序号。（这些函数既没有处理信号量集的创建和删除，也没有处理 47.5 节中描述的竞争条件。）在 48.4 节中给出的示例程序将会使用这些函数。

程序清单 47-10：使用 System V 信号量实现二元信号量

————————————————————————————————— **svsem/binary_sems.c**

```
#include <sys/types.h>
#include <sys/sem.h>
#include "semun.h"                          /* Definition of semun union */
#include "binary_sems.h"

Boolean bsUseSemUndo = FALSE;
Boolean bsRetryOnEintr = TRUE;

int                     /* Initialize semaphore to 1 (i.e., "available") */
initSemAvailable(int semId, int semNum)
{
    union semun arg;

    arg.val = 1;
    return semctl(semId, semNum, SETVAL, arg);
}

int                     /* Initialize semaphore to 0 (i.e., "in use") */
initSemInUse(int semId, int semNum)
{
    union semun arg;

    arg.val = 0;
    return semctl(semId, semNum, SETVAL, arg);
}

/* Reserve semaphore (blocking), return 0 on success, or -1 with 'errno'
   set to EINTR if operation was interrupted by a signal handler */

int                     /* Reserve semaphore - decrement it by 1 */
reserveSem(int semId, int semNum)
{
    struct sembuf sops;

    sops.sem_num = semNum;
    sops.sem_op = -1;
    sops.sem_flg = bsUseSemUndo ? SEM_UNDO : 0;

    while (semop(semId, &sops, 1) == -1)
        if (errno != EINTR || !bsRetryOnEintr)
            return -1;

    return 0;
}
int                     /* Release semaphore - increment it by 1 */
releaseSem(int semId, int semNum)
{
    struct sembuf sops;
```

```
        sops.sem_num = semNum;
        sops.sem_op = 1;
        sops.sem_flg = bsUseSemUndo ? SEM_UNDO : 0;

        return semop(semId, &sops, 1);
    }
```
─── svsem/binary_sems.c

47.10　信号量限制

大多数 UNIX 实现都对 System V 信号量的操作进行了各种各样的限制。下面列出了 Linux 上信号量的限制。括号中给出了当限制达到时会受影响的系统调用及其所返回的错误。

SEMAEM

在 semadj 总和中能够记录的最大值。SEMAEM 的值与 SEMVMX（稍后介绍）的值是一样的。（semop(), ERANGE）

SEMMNI

这是系统级别的一个限制，它限制了所能创建的信号量标识符的数量（换句话说是信号量集）。（semget(), ENOSPC）

SEMMSL

一个信号量集中能分配的信号量的最大数量。（semget(), EINVAL）

SEMMNS

这是系统级别的一个限制，它限制了所有信号量集中的信号量数量。系统上信号量的数量还受 SEMMNI 和 SEMMSL 的限制。实际上，SEMMNS 的默认值是这两个限制的默认值的乘积。（semget(), ENOSPC）

SEMOPM

每个 semop() 调用能够执行的操作的最大数量。（semop(), E2BIG）

SEMVMX

一个信号量能取的最大值。（semop(), ERANGE）

大多数 UNIX 实现都定义了上面列出的限制。一些 UNIX 实现（不包括 Linux）在信号量撤销操作方面（参见 47.8 节）还定义了下面的限制。

SEMMNU

这是系统级别的一个限制，它限制了信号量撤销结构的总数量。撤销结构是分配用来存储 semadj 值的。

SEMUME

每个信号量撤销结构中撤销条目的最大数量。

在系统启动时，信号量限制会被设置成默认值。不同的内核版本中的默认值可能会不同。（一些内核厂商设置的默认值与 vanilla 内核设置的默认值可能会不同。）其中一些限制可以通过修改存储在 Linux 特有的/proc/sys/kernel/sem 文件中的值来改变。这个文件包含了四个用空格分隔的数字，它们按序定义了 SEMMSL、SEMMNS、SEMOPM 以及 SEMMNI 限制。（SEMVMX 和 SEMAEM 限制是无法修改的，它们的值都被定义成 32767。）下面是 x86-32 系统上 Linux 2.6.31 定义的默认限制。

```
$ cd /proc/sys/kernel
$ cat sem
250      32000    32       128
```

> Linux/proc 文件系统在三种 System V IPC 机制上所使用的格式是不一致的。对于消息队列和共享内存，每个可配置的额限制是通过单个文件来控制的。对于信号量则是由一个文件来保存所有可配置的限制。之所以这样是因为在这些 API 的开发过程中发生了一个历史性意外事件，并且由于兼容性的原因，这种现状已经很难改变了。

表 47-1 给出了 x86-32 架构上每个限制所能取的最大值。有关这张表格需要注意下列辅助信息。

表 47-1：System V 信号量限制

限　　制	最大值（x86-32）
SEMMNI	32768 (IPCMNI)
SEMMSL	65536
SEMMNS	2147483647 (INT_MAX)
SEMOPM	参见正文

- 可以将 SEMMSL 的值设置为一个大于 65536 的值，并且所创建的信号量集中最多可包含该数量的信号量。但无法使用 semop()调整集合中第 65536 个元素之后的元素。

> 由于在当前实现中存在一些限制，因此在实践中建议将一个信号量集容量的上限值设置为 8000 左右。

- SEMMNS 实际最大值是由系统上可用的 RAM 来控制的。
- SEMOPM 限制的最大值是由内核所使用的内存分配原语来确定的，建议的最大值是 1000。在实际使用中，在单个 semop()调用中执行过多的操作没有太大的用处。

Linux 特有的 semctl() IPC_INFO 操作返回一个类型为 seminfo 的结构，它包含了各种信号量限制的值。

```
union semun arg;
struct seminfo buf;

arg.__buf = &buf;
semctl(0, 0, IPC_INFO, arg);
```

相关的 Linux 特有的 SEM_INFO 操作会返回包含与信号量对象实际消耗的资源相关的信息的 seminfo 结构。本书随带的源代码中 svsem/svsem_info.c 文件给出了一个使用 SEM_INFO 的例子。

有关 IPC_INFO、SEM_INFO 以及 seminfo 结构的细节信息可以在 semctl(2)手册中找到。

47.11　System V 信号量的缺点

System V 信号量存在的很多缺点与消息队列（参见 46.9 节）的缺点是一样的，包括以下几点。

- 信号量是通过标识符而不是大多数 UNIX I/O 和 IPC 所采用的文件描述符来引用的。这使得执行诸如同时等待一个信号量和文件描述符的输入之类的操作就会变得比较困难。（通过创建一个子进程或线程来操作这个信号量并使用第 63 章中介绍的其中一种方法将消息写入一个被监控的管道以及其他文件描述符就可以解决这个难题。）
- 使用键而不是文件名来标识信号量增加了额外的编程复杂度。
- 创建和初始化信号量需要使用单独的系统调用意味着在一些情况下必须要做一些额外的编程工作来防止在初始化一个信号量时出现竞争条件。
- 内核不会维护引用一个信号量集的进程数量。这就给确定何时删除一个信号量集增加了难度并且难以确保一个不再使用的信号量集会被删除。
- System V 提供的编程接口过于复杂。在通常情况下，一个程序只会操作一个信号量。同时操作集合中多个信号量的能力有时候是多余的。
- 信号量的操作存在诸多限制。这些限制是可配置的，但如果一个应用程序超出了默认限制的范围，那么在安装应用程序时就需要完成额外的工作了。

不管怎样，与消息队列所面临的情况不同，替代 System V 信号量的方案不多，其结果是在很多情况下都必须要用到它们。信号量的一个替代方案是记录锁，在第 55 章中将会对此予以介绍。此外，从内核 2.6 以及之后的版本开始，Linux 支持使用 POSIX 信号量来进行进程同步。第 53 章将会介绍 POSIX 信号量。

47.12　总结

System V 信号量允许进程同步它们的动作。这在当一个进程必须要获取对某些共享资源（如一块共享内存区域）的互斥性访问时是比较有用的。

信号量的创建和操作是以集合为单位的，一个集合包含一个或多个信号量。集合中的每个信号量都是一个整数，其值永远大于或等于 0。semop()系统调用允许调用者在一个信号量上加上一个整数、从一个信号量中减去一个整数、或等待一个信号量等于 0。后两个操作可能会导致调用者阻塞。

信号量实现无需对一个新信号量集中的成员进行初始化，因此应用程序就必须要在创建完之后对它们进行初始化。当一些地位平等的进程中任意一个进程试图创建和初始化信号量时就需要特别小心以防止因这两个步骤是通过单独的系统调用来完成的而可能出现的竞争条件。

如果多个进程对该信号量减去的值是一样的，那么当条件允许时到底哪个进程会首先被允许执行操作是不确定的。但如果多个进程对信号量减去的值是不同的，那么会按照先满足条件先服务的顺序来进行并且需要小心避免出现一个进程因信号量永远无法达到允许进程操作继续往前执行的值而饿死的情况。

SEM_UNDO 标记允许一个进程的信号量操作在进程终止时自动撤销。这对于防止出现进程意外终止而引起的信号量处于一个会导致其他进程因等待已终止的进程修改信号量值而永远阻塞情况来讲是比较有用的。

System V 信号量的分配和操作是以集合为单位的，并且对其增加和减小的数量可以是任意的。它们提供的功能要多于大多数应用程序所需的功能。对信号量常见的要求是单个二元信号量，它的取值只能是 0 和 1。本章介绍了如何以 System V 信号量为基础实现一个二元信号量。

更多信息

[Bovet & Cesati, 2005]和[Maxwell, 1999]提供了一些有关 Linux 上信号量实现的背景信息。[Dijkstra, 1968]是早期有关信号量理论的一片经典论文。

47.13 习题

47-1. 试验程序清单 47-8 中的程序（(svsem_op.c)来确认对 semop()系统调用的理解。

47-2. 修改程序清单 24-6 中的程序（fork_sig_sync.c）使之使用信号量来替代信号完成父进程和子进程之间的同步。

47-3. 试验程序清单 47-8 中的程序（svsem_op.c）和本章中提供的其他有关信号量的程序来检查当一个既有进程对一个信号量执行了一个 SEM_UNDO 调整时 sempid 值会发生什么情况。

47-4. 在程序清单 47-10 给出的代码（binary_sems.c）中增加一个 reserveSemNB()函数来使用 IPC_NOWAIT 标记实现有条件的预留操作。

47-5. 在 VMS 操作系统上，Digital 提供了一种类似于二元信号量的同步方法，它被称为事件标记（event flag）。一个事件标记可以取两个值 clear 和 set，并且在其之上可以执行下面 4 种操作：setEventFlag 来设置标记；clearEventFlag 来清除标记；waitForEventFlag 阻塞直到标记被设置；getFlagState 获取标记的当前状态。使用 System V 信号量为事件标记设计一种实现。这个实现要求上面每个函数都接收两个参数：一个是信号量标识符，一个是信号量序号。（在考虑 waitForEventFlag 操作时将会发现为 clear 和 set 状态取值不是一件容易的事情。）

47-6. 使用命名管道实现一个二元信号量协议。提供函数来预留、释放以及有条件地预留信号量。

47-7. 编写一个与程序清单 46-6 中给出的程序（svmsg_ls.c）类似的程序使之使用 semctl() SEM_INFO 和 SEM_STAT 操作来获取和显示系统上所有信号量集列表。

第**48**章

System V 共享内存

本章将介绍 System V 共享内存。共享内存允许两个或多个进程共享物理内存的同一块区域（通常被称为段）。由于一个共享内存段会成为一个进程用户空间内存的一部分，因此这种 IPC 机制无需内核介入。所有需要做的就是让一个进程将数据复制进共享内存中，并且这部分数据会对其他所有共享同一个段的进程可用。与管道或消息队列要求发送进程将数据从用户空间的缓冲区复制进内核内存和接收进程将数据从内核内存复制进用户空间的缓冲区的做法相比，这种 IPC 技术的速度更快。（每个进程也存在通过系统调用来执行复制操作的开销。）

另一方面，共享内存这种 IPC 机制不由内核控制意味着通常需要通过某些同步方法使得进程不会出现同时访问共享内存的情况（如两个进程同时执行更新操作或者一个进程在从共享内存中获取数据的同时另一个进程正在更新这些数据）。System V 信号量天生就是用来完成这种同步的一种方法。当然，还可以使用其他方法，如 POSIX 信号量（第 53 章）和文件锁（第 55 章）。

> 在 mmap() 术语中，一块内存区域会被映射到一个地址，而在 System V 术语中，一个共享内存段是被附加到一个地址上的。这些术语是等价的，它们在术语上之所以存在差异是因为这两组 API 的起源不同。

48.1 概述

为使用一个共享内存段通常需要执行下面的步骤。

- 调用 shmget() 创建一个新共享内存段或取得一个既有共享内存段的标识符（即由其他进程创建的共享内存段）。这个调用将返回后续调用中需要用到的共享内存标识符。
- 使用 shmat() 来附上共享内存段，即使该段成为调用进程的虚拟内存的一部分。
- 此刻在程序中可以像对待其他可用内存那样对待这个共享内存段。为引用这块共享内存，程序需要使用由 shmat() 调用返回的 addr 值，它是一个指向进程的虚拟地址空间中该共享内存段的起点的指针。

- 调用 shmdt() 来分离共享内存段。在这个调用之后，进程就无法再引用这块共享内存了。这一步是可选的，并且在进程终止时会自动完成这一步。
- 调用 shmctl() 来删除共享内存段。只有当当前所有附加内存段的进程都与之分离之后内存段才会被销毁。只有一个进程需要执行这一步。

48.2 创建或打开一个共享内存段

shmget() 系统调用创建一个新共享内存段或获取一个既有段的标识符。新创建的内存段中的内容会被初始化为 0。

```
#include <sys/types.h>          /* For portability */
#include <sys/shm.h>

int shmget(key_t key, size_t size, int shmflg);
          Returns shared memory segment identifier on success, or –1 on error
```

key 参数是使用在 45.2 节中介绍的其中一种方法（即通常是 IPC_PRIVATE 值或由 ftok() 返回的键）生成的键。

当使用 shmget() 创建一个新共享内存段时，size 则是一个正整数，它表示需分配的段的字节数。内核是以系统分页大小的整数倍来分配共享内存的，因此实际上 size 会被提升到最近的系统分页大小的整数倍。如果使用 shmget() 来获取一个既有段的标识符，那么 size 对段不会产生任何效果，但它必须要小于或等于段的大小。

shmflg 参数执行的任务与其在其他 IPC get 调用中执行的任务一样，即指定施加于新共享内存段上的权限或需检查的既有内存段的权限（表 15-4）。此外，在 shmflg 中还可以对下列标记中的零个或多个取 OR 来控制 shmget() 的操作。

IPC_CREAT

如果不存在与指定的 key 对应的段，那么就创建一个新段。

IPC_EXCL

如果同时指定了 IPC_CREAT 并且与指定的 key 对应的段已经存在，那么返回 EEXIST 错误。

45.1 节对上述标记进行了详细的介绍。此外，Linux 还允许使用下列非标准标记。

SHM_HUGETLB（自 Linux 2.6 起）

特权（CAP_IPC_LOCK）进程能够使用这个标记创建一个使用巨页（huge page）的共享内存段。巨页是很多现代硬件架构提供的一项特性用来管理使用超大分页尺寸的内存。（如 x86-32 允许使用 4MB 的分页大小来替代 4KB 的分页大小。）在那些拥有大量内存的系统上并且应用程序需要使用大量内存块时，使用巨页可以降低硬件内存管理单元的超前转换缓冲器（translation look-aside buffer，TLB）中的条目数量。这之所以会带来益处是因为 TLB 中的条目通常是一种稀缺资源。更多信息可参考内核源文件 Documentation/vm/ hugetlbpage.txt。

SHM_NORESERVE（自 Linux 2.6.15 起）

这个标记在 shmget() 中所起的作用与 MAP_NORESERVE 标记在 mmap() 中所起的作用一样，具体可参见 49.9 节。

shmget() 在成功时返回新或既有共享内存段的标识符。

48.3　使用共享内存

shmat()系统调用将 shmid 标识的共享内存段附加到调用进程的虚拟地址空间中。

```
#include <sys/types.h>              /* For portability */
#include <sys/shm.h>

void *shmat(int shmid, const void *shmaddr, int shmflg);
                Returns address at which shared memory is attached on success,
                                            or (void *) –1 on error
```

shmaddr 参数和 shmflg 位掩码参数中 SHM_RND 位的设置控制着段是如何被附加上去的。

- 如果 shmaddr 是 NULL，那么段会被附加到内核所选择的一个合适的地址处。这是附加一个段的优选方法。
- 如果 shmaddr 不为 NULL 并且没有设置 SHM_RND，那么段会被附加到由 shmaddr 指定的地址处，它必须是系统分页大小的一个倍数（否则会发生 EINVAL 错误）。
- 如果 shmaddr 不为 NULL 并且设置了 SHM_RND，那么段会被映射到的地址为在 shmaddr 中提供的地址被舍入到最近的常量 SHMLBA（shared memory low boundary address）的倍数。这个常量等于系统分页大小的某个倍数。将一个段附加到值为 SHMLBA 的倍数的地址处在一些架构上是有必要的，因为这样才能够提升 CPU 的快速缓冲性能和防止出现同一个段的不同附加操作在 CPU 快速缓冲中存在不一致的视图的情况。

> 在 x86 架构上，SHMLBA 的值与系统分页大小是一样的，这意味着此类缓冲不一致性不可能在那些架构上出现。

为 shmaddr 指定一个非 NULL 值（即上面列出的第二种和第三种情况）不是一种推荐的做法，其原因如下。

- 它降低了一个应用程序的可移植性。在一个 UNIX 实现上有效的地址在另一个实现上可能是无效的。
- 试图将一个共享内存段附加到一个正在使用中的特定地址处的操作会失败。例如，当一个应用程序（可能在一个库函数中）已经在该地址处附加了另一个段或创建一个内存映射时就会发生这种情况。

shmat()的函数结果是返回附加共享内存段的地址。开发人员可以像对待普通的 C 指针那样对待这个值，段与进程的虚拟内存的其他部分看起来毫无差异。通常会将 shmat()的返回值赋给一个指向某个由程序员定义的结构的指针以便在该段上设定该结构（参见程序清单 48-2 中给出的例子）。

要附加一个共享内存段以供只读访问，那么就需要在 shmflg 中指定 SHM_RDONLY 标记。试图更新只读段中的内容会导致段错误（SIGSEGV 信号）的发生。如果没有指定 SHM_RDONLY，那么就既可以读取内存又可以修改内存。

一个进程要附加一个共享内存段就需要在该段上具备读和写权限，除非指定了 SHM_RDONLY 标记，那样的话就只需要具备读权限即可。

在一个进程中可以多次附加同一个共享内存段，即使一个附加操作是只读的而另一个是读写的也没有关系。每个附加点上内存中的内容都是一样的，因为进程虚拟内存页表中的不同条目引用的是同样的内存物理页面。

最后一个可以在 shmflg 中指定的值是 SHM_REMAP。在指定了这个标记之后 shmaddr 的值必须为非 NULL。这个标记要求 shmat() 调用替换起点在 shmaddr 处长度为共享内存段的长度的任何既有共享内存段或内存映射。一般来讲，如果试图将一个共享内存段附加到一个已经在用的地址范围时将会导致 EINVAL 错误的发生。SHM_REMAP 是一个非标准的 Linux 扩展。

表 48-1 对 shmat() 的 shmflg 参数中能取 OR 的常量进行了总结。

表 48-1：shmat() 的 shmflg 位掩码值

值	描 述
SHM_RDONLY	附加只读段
SHM_REMAP	替换位于 shmaddr 处的任意既有映射
SHM_RND	将 shmaddr 四舍五入为 SHMLBA 字节的倍数

当一个进程不再需要访问一个共享内存段时就可以调用 shmdt() 来讲该段分离出其虚拟地址空间了。shmaddr 参数标识出了待分离的段，它应该是由之前的 shmat() 调用返回的一个值。

```
#include <sys/types.h>          /* For portability */
#include <sys/shm.h>

int shmdt(const void *shmaddr);
                                    Returns 0 on success, or –1 on error
```

分离一个共享内存段与删除它是不同的。删除是通过 48.7 节中介绍的 shmctl() IPC_RMID 操作来完成的。

通过 fork() 创建的子进程会继承其父进程附加的共享内存段。因此，共享内存为父进程和子进程之间的通信提供了一种简单的 IPC 方法。

在一个 exec() 中，所有附加的共享内存段都会被分离。在进程终止之后共享内存段也会自动被分离。

48.4 示例：通过共享内存传输数据

下面介绍一个使用 System V 共享内存和信号量的示例程序。这个应用程序由两个程序构成：写者和读者。写者从标准输入中读取数据块并将数据复制（"写"）到一个共享内存段中。读者将共享内存段中的数据块复制（"读"）到标准输出中。实际上，程序在某种程度上将共享内存当成了管道来处理。

两个程序使用了二元信号量协议（在 47.9 节中定义的 initSemAvailable()、initSemInUse()、reserveSem() 以及 releaseSem() 函数）中的一对 System V 信号量来确保：

- 一次只有一个进程访问共享内存段；
- 进程交替地访问段（即写者写入一些数据，然后读者读取这些数据，然后写者再次写入数据，以此类推）。

图 48-1 概述了这两个信号量的使用。注意写者对两个信号量进行了初始化，这样它就成

为两个程序中第一个能够访问共享内存段的程序了，即写者的信号量初始时是可用的，而读者的信号量初始时是正在被使用中的。

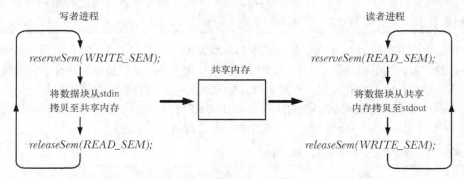

图 48-1：使用信号量确保对共享内存的互斥、交替的访问

这个应用程序的源代码由三个文件构成。第一个文件是由读者程序和写者程序共享的头文件，如程序清单 48-1 所示。这个头文件定义了 shmseg 结构，程序使用了这个结构来声明指向共享内存段的指针，这样就能给共享内存段中的字节规定一种结构。

程序清单 48-1：svshm_xfr_writer.c 和 svshm_xfr_reader.c 的头文件

——— svshm/svshm_xfr.h
```
#include <sys/types.h>
#include <sys/stat.h>
#include <sys/sem.h>
#include <sys/shm.h>
#include "binary_sems.h"        /* Declares our binary semaphore functions */
#include "tlpi_hdr.h"

#define SHM_KEY 0x1234          /* Key for shared memory segment */
#define SEM_KEY 0x5678          /* Key for semaphore set */

#define OBJ_PERMS (S_IRUSR | S_IWUSR | S_IRGRP | S_IWGRP)
                                /* Permissions for our IPC objects */

#define WRITE_SEM 0             /* Writer has access to shared memory */
#define READ_SEM 1              /* Reader has access to shared memory */

#ifndef BUF_SIZE                /* Allow "cc -D" to override definition */
#define BUF_SIZE 1024           /* Size of transfer buffer */
#endif

struct shmseg {                 /* Defines structure of shared memory segment */
    int cnt;                    /* Number of bytes used in 'buf' */
    char buf[BUF_SIZE];         /* Data being transferred */
};
```
——— svshm/svshm_xfr.h

程序清单 48-2 是写者程序。这个程序按序完成下列任务。

- 创建一个包含两个信号量的集合，写者和读者程序会使用这两个信号量来确保它们交替地访问共享内存段①。信号量被初始化为使写者首先访问共享内存段。由于是由写者来创建信号量集的，因此必须在启动读者之前启动写者。
- 创建共享内存段并将其附加到写者的虚拟地址空间中系统所选择的一个地址处②。

- 进入一个循环将数据从标准输入传输到共享内存段③。每个循环迭代需要按序完成下面的任务：

  -预留（减小）写者的信号量④。

  -从标准输入中读取数据并将数据复制到共享内存段⑤。

  -释放（增加）读者的信号量⑥。

- 当标准输入中没有可用的数据时循环终止⑦。在最后一次循环中，写者通过传递一个长度为 0 的数据块（shmp–>cnt 为 0）来通知读者没有更多的数据了。

- 在退出循环时，写者再次预留其信号量，这样它就能知道读者已经完成了对共享内存的最后一次访问了⑧。写者随后删除了共享内存段和信号量集⑨。

程序清单 48-3 是读者程序。它将共享内存段中的数据块传输到标准输出中。读者按序完成了下面的任务。

- 获取写者程序创建的信号量集合共享内存段的 ID①。

- 附加共享内存段供只读访问②。

- 进入一个循环从共享内存段中传输数据③。在每个循环迭代中需要按序完成下面的任务。

  -预留（减小）读者的信号量④。

  -检查 shmp–>cnt 是否为 0，如果为 0 就退出循环⑤。

  -将共享内存段中的数据块写入标准输出中⑥。

  -释放（增加）写者的信号量⑦。

- 在退出循环之后分离共享内存段⑧并释放写者的信号量⑨，这样写者程序就能够删除 IPC 对象了。

程序清单 48-2：将 stdin 中的数据块传输到一个 System V 共享内存段中

———————————————————————————————— **svshm/svshm_xfr_writer.c**
```
#include "semun.h"            /* Definition of semun union */
#include "svshm_xfr.h"

int
main(int argc, char *argv[])
{
    int semid, shmid, bytes, xfrs;
    struct shmseg *shmp;
    union semun dummy;

①  semid = semget(SEM_KEY, 2, IPC_CREAT | OBJ_PERMS);
    if (semid == -1)
        errExit("semget");
    if (initSemAvailable(semid, WRITE_SEM) == -1)
        errExit("initSemAvailable");
    if (initSemInUse(semid, READ_SEM) == -1)
        errExit("initSemInUse");

②  shmid = shmget(SHM_KEY, sizeof(struct shmseg), IPC_CREAT | OBJ_PERMS);
    if (shmid == -1)
        errExit("shmget");

    shmp = shmat(shmid, NULL, 0);
    if (shmp == (void *) -1)
        errExit("shmat");

    /* Transfer blocks of data from stdin to shared memory */
```

```
③      for (xfrs = 0, bytes = 0; ; xfrs++, bytes += shmp->cnt) {
④          if (reserveSem(semid, WRITE_SEM) == -1)          /* Wait for our turn */
                errExit("reserveSem");

⑤          shmp->cnt = read(STDIN_FILENO, shmp->buf, BUF_SIZE);
            if (shmp->cnt == -1)
                errExit("read");

⑥          if (releaseSem(semid, READ_SEM) == -1)          /* Give reader a turn */
                errExit("releaseSem");

            /* Have we reached EOF? We test this after giving the reader
               a turn so that it can see the 0 value in shmp->cnt. */

⑦          if (shmp->cnt == 0)
                break;
        }

        /* Wait until reader has let us have one more turn. We then know
           reader has finished, and so we can delete the IPC objects. */

⑧      if (reserveSem(semid, WRITE_SEM) == -1)
            errExit("reserveSem");

⑨      if (semctl(semid, 0, IPC_RMID, dummy) == -1)
            errExit("semctl");
        if (shmdt(shmp) == -1)
            errExit("shmdt");
        if (shmctl(shmid, IPC_RMID, 0) == -1)
            errExit("shmctl");

        fprintf(stderr, "Sent %d bytes (%d xfrs)\n", bytes, xfrs);
        exit(EXIT_SUCCESS);
    }
```

———————————————————————————————————— svshm/svshm_xfr_writer.c

程序清单 48-3：将一个 System V 共享内存段中的数据块传输到 stdout 中

———————————————————————————————————— svshm/svshm_xfr_reader.c

```
#include "svshm_xfr.h"

int
main(int argc, char *argv[])
{
    int semid, shmid, xfrs, bytes;
    struct shmseg *shmp;

    /* Get IDs for semaphore set and shared memory created by writer */

①  semid = semget(SEM_KEY, 0, 0);
    if (semid == -1)
        errExit("semget");

    shmid  = shmget(SHM_KEY, 0, 0);
    if (shmid == -1)
        errExit("shmget");

②  shmp = shmat(shmid, NULL, SHM_RDONLY);
```

```
                if (shmp == (void *) -1)
                    errExit("shmat");

                /* Transfer blocks of data from shared memory to stdout */

③       for (xfrs = 0, bytes = 0; ; xfrs++) {
④           if (reserveSem(semid, READ_SEM) == -1)        /* Wait for our turn */
                errExit("reserveSem");

⑤           if (shmp->cnt == 0)                    /* Writer encountered EOF */
                break;
            bytes += shmp->cnt;

⑥           if (write(STDOUT_FILENO, shmp->buf, shmp->cnt) != shmp->cnt)
                fatal("partial/failed write");

⑦           if (releaseSem(semid, WRITE_SEM) == -1)       /* Give writer a turn */
                errExit("releaseSem");
        }

⑧       if (shmdt(shmp) == -1)
            errExit("shmdt");

        /* Give writer one more turn, so it can clean up */

⑨       if (releaseSem(semid, WRITE_SEM) == -1)
            errExit("releaseSem");

        fprintf(stderr, "Received %d bytes (%d xfrs)\n", bytes, xfrs);
        exit(EXIT_SUCCESS);
    }
```

─────────────────────────────────────── **svshm/svshm_xfr_reader.c**

下面的 shell 会话演示了如何使用程序清单 48-2 和程序清单 46-9 中的程序。这里在调用读者时将文件/etc/services 作为输入，然后调用了读者并将其输出定向到另一个文件中。

```
$ wc -c /etc/services                          Display size of test file
764360 /etc/services
$ ./svshm_xfr_writer < /etc/services &
[1] 9403
$ ./svshm_xfr_reader > out.txt
Received 764360 bytes (747 xfrs)               Message from reader
Sent 764360 bytes (747 xfrs)                   Message from writer
[1]+  Done               ./svshm_xfr_writer < /etc/services
$ diff /etc/services out.txt
$
```

diff 命令不产生任何输出，这说明读者产生的输出文件中的内容与写者使用的输入文件中的内容是一样的。

48.5   共享内存在虚拟内存中的位置

在 6.3 节中介绍了一个进程的各个部分在虚拟内存中的布局。现在在介绍附加 System V 共享内存段的时候重温一下这个主题是比较有帮助的。如果遵循所推荐的方法，即允许内核选择在何处附加共享内存段，那么（在 x86-32 架构上）内存布局就会像图 48-2 中所示的那样，段被附加在向上增长的堆和向下增长的栈之间未被分配的空间中。为给堆和栈的增长腾出空间，附加共享内存段的虚拟地址从 0x40000000 开始。内存映射（第 49 章）和共享库（第 41 和 42 章）也是被放置在这个区域中的。（共享内存映射和内存段默认被放置的位置可能会有些不同，这依赖于内核版本和进程的 RLIMIT_STACK 资源限制的设置。）

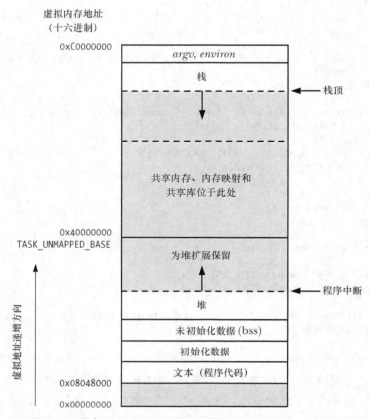

虚拟内存地址
（十六进制）

0xC0000000 — *argv, environ*

栈 ← 栈顶

共享内存、内存映射和共享库位于此处

0x40000000
TASK_UNMAPPED_BASE

为堆扩展保留 ← 程序中断

堆

未初始化数据 (bss)

初始化数据

文本（程序代码）

0x08048000

0x00000000

虚拟地址递增方向

图 48-2：共享内存、内存映射、以及共享库的位置（x86-32）

地址 0x40000000 被定义成了内核常量 TASK_UNMAPPED_BASE。通过将这个常量定义成一个不同的值并且重建内核可以修改这个地址的值。

如果在调用 shmat()（或 mmap()）时采用了不推荐的方法，即显式地指定一个地址，那么一个共享内存段（或内存映射）可以被放置在低于 TASK_UNMAPPED_BASE 的地址处。

通过 Linux 特有的/proc/PID/maps 文件能够看到一个程序映射的共享内存段和共享库的位置，如下面的 shell 会话所示。

从内核 2.6.14 开始，Linux 还提供了/proc/PID/smaps 文件，它给出了有关一个进程中各个映射的内存消耗方面的更多信息。更多细节可参考 proc(5)手册。

在下面的 shell 会话中使用了三个在本章中没有给出的程序，读者可以在本书随带的源代码的 svshm 子目录中找到这三个程序。这些程序执行了下面的任务。

- svshm_create.c 程序创建了一个共享内存段。这个程序与在介绍消息队列（程序清单 46-1）和信号量时给出的相应程序接收同样的命令行选项，但它包含了一个额外的用来规定段大小的参数。

- svshm_attach.c 程序附加通过其命令行参数指定的共享内存段。每个参数都由一对用分号隔开的数字构成，两个数字分别是共享内存标识符和附加地址。将附加地址指定为 0 表示系统应该选择地址。程序会显示出实际附加内存段的地址。此外，为提供更多的有用信息，程序还显示出了 SHMLBA 常量的值和运行这个程序的进程的进程 ID。
- svshm_rm.c 程序删除通过其命令行参数指定的共享内存段。

首先在 shell 中创建两个共享内存段（大小分别为 100kB 和 3200kB）。

```
$ ./svshm_create -p 102400
9633796
$ ./svshm_create -p 3276800
9666565
$ ./svshm_create -p 102400
1015817
$ ./svshm_create -p 3276800
1048586
```

然后启动一个将这两个段附加到由内核选择的地址处的程序。

```
$ ./svshm_attach 9633796:0 9666565:0
SHMLBA = 4096 (0x1000), PID = 9903
1: 9633796:0 ==> 0xb7f0d000
2: 9666565:0 ==> 0xb7bed000
Sleeping 5 seconds
```

从上面的输出中可以看出附加这两个段的地址。在程序完成睡眠之前挂起这个程序，然后检查相应的/proc/PID/maps 文件中的内容。

Type Control-Z to suspend program
```
[1]+  Stopped                 ./svshm_attach 9633796:0 9666565:0
$ cat /proc/9903/maps
```

程序清单 48-4 给出了 cat 命令产生的输出。

程序清单 48-4：示例/proc/PID/maps 的内容

```
    $ cat /proc/9903/maps
①  08048000-0804a000 r-xp 00000000 08:05 5526989   /home/mtk/svshm_attach
    0804a000-0804b000 r--p 00001000 08:05 5526989   /home/mtk/svshm_attach
    0804b000-0804c000 rw-p 00002000 08:05 5526989   /home/mtk/svshm_attach
②  b7bed000-b7f0d000 rw-s 00000000 00:09 9666565   /SYSV00000000 (deleted)
    b7f0d000-b7f26000 rw-s 00000000 00:09 9633796   /SYSV00000000 (deleted)
    b7f26000-b7f27000 rw-p b7f26000 00:00 0
③  b7f27000-b8064000 r-xp 00000000 08:06 122031    /lib/libc-2.8.so
    b8064000-b8066000 r--p 0013d000 08:06 122031    /lib/libc-2.8.so
    b8066000-b8067000 rw-p 0013f000 08:06 122031    /lib/libc-2.8.so
    b8067000-b806b000 rw-p b8067000 00:00 0
    b8082000-b8083000 rw-p b8082000 00:00 0
④  b8083000-b809e000 r-xp 00000000 08:06 122125    /lib/ld-2.8.so
    b809e000-b809f000 r--p 0001a000 08:06 122125    /lib/ld-2.8.so
    b809f000-b80a0000 rw-p 0001b000 08:06 122125    /lib/ld-2.8.so
⑤  bfd8a000-bfda0000 rw-p bffea000 00:00 0          [stack]
⑥  ffffe000-fffff000 r-xp 00000000 00:00 0          [vdso]
```

从程序清单 48-4 中给出的/proc/PID/maps 文件的输出可以看出：

- 有三行是与主程序 shm_attach 相关的。它们对应于程序的文本和数据段①，其中第二行是一个保存程序所使用的字符串常量的只读分页。

- 有两行是与被附加的 System V 共享内存段相关的②。
- 有几行与两个共享库的段对应。其中一行是标准 C 库（libc-version.so）③，其他的则是在 41.4.3 节中介绍的动态链接器（ld-version.so）④。
- 一行被标记为[stack]，它对应于进程栈⑤。
- 一行包含的标签[vdso]⑥。它是用来表示 linux-gate 虚拟动态共享对象（DSO）的一个条目。这个条目只出现在了 2.6.12 以及之后的内核中。有关这个条目的更多信息可参考 http://www.trilithium.com/johan/2005/08/linux-gate/。

下面是/proc/PID/maps 文件中每行所包含的列，其顺序为从左至右。

1. 一对用连字符隔开的数字，它们分别表示内存段被映射到的虚拟地址范围（以十六进制表示）和段结尾之后第一个字节的地址。
2. 内存段的保护位和标记位。前三个字母表示段的保护位：读（r）、写（w）以及执行（x）。使用连字符（-）来替换其中任意字母表示禁用相应的保护位。最后一个字母表示内存段的映射标记，其取值要么是私有（p），要么是共享（s）。有关这些标记的详细解释可参见第 49.2 节中对 MAP_PRIVATE 和 MAP_SHARED 标记的描述。（System V 共享内存段总是被标记为共享。）
3. 段在对应的映射文件中的十六进制偏移量（以字节计数）。这个列以及随后的两列的含义在第 49 章中介绍 mmap()系统调用时会变得更加清晰。对于 System V 共享内存段来讲，偏移量总是为 0。
4. 相应的映射文件所位于的设备的设备号（主要和次要 ID）。
5. 映射文件的 i-node 号或 System V 共享内存段的标识符。
6. 与这个内存段相关联的文件名或其他标识标签。对于 System V 共享内存段来讲，这一列由字符串 SYSV 后面接上这个的段的 shmget()键（以十六进制表示）构成。在本例中，SYSV 后面跟着零，这是因为在创建段时使用了 IPC_PRIVATE 键（其值为 0）。System V 共享内存段的 SYSV 字段后面的字符串（deleted）是共享内存段实现的产物。这种段会被创建成不可见的 tmpfs 文件系统（14.10 节）中的映射文件，然后再被解除链接。共享匿名内存映射也是采用同样的方式实现的。（在第 49 章中将会介绍映射文件和共享匿名内存映射。）

48.6　在共享内存中存储指针

每个进程都可能会用到不同的共享库和内存映射，并且可能会附加不同的共享内存段集。因此如果遵循推荐的做法，让内核来选择将共享内存段附加到何处，那么一个段在各个进程中可能会被附加到不同的地址上。正因为这个原因，在共享内存段中存储指向段中其他地址的引用时应该使用（相对）偏移量，而不是（绝对）指针。

例如，假设一个共享内存段的起始地址为 baseaddr（即 baseaddr 的值为 shmat()的返回值）。再假设需要在 p 指向的位置处存储一个指针，该指针指向的位置与 target 指向的位置相同，如图 48-3 所示。如果在段中构建一个链表或二叉树，那么这种操作就是非常典型的一种操作。在 C 中设置*p 的传统做法如下所示。

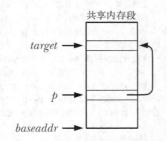

图 48-3：在共享内存段中使用指针

```
*p = target;                    /* Place pointer in *p (WRONG!) */
```

上面这段代码存在的问题是当共享内存段被附加到另一个进程中时 target 指向的位置可能会位于一个不同的虚拟地址处，这意味着在那个进程中那个策划中存储在*p 中的值是是无意义的。正确的做法是在*p 中存储一个偏移量，如下所示。

```
*p = (target - baseaddr);        /* Place offset in *p */
```

在解引用这种指针时需要颠倒上面的步骤。

```
target = baseaddr + *p;          /* Interpret offset */
```

这里假设在各个进程中 baseaddr 指向共享内存段的起始位置（即各个进程中 shmat()的返回值）。给定这种假设，那么就能正确地对偏移量值进行解释，不管共享内存段被附加在进程的虚拟地址空间中的何处。

或者如果是将一组固定大小的结构链接起来的话就可以将共享内存段（或部分共享内存段）强制转换成一个数组，然后使用下标数作为"指针"来在一个结构中引用另一个结构。

48.7 共享内存控制操作

shmctl()系统调用在 shmid 标识的共享内存段上执行一组控制操作。

```
#include <sys/types.h>        /* For portability */
#include <sys/shm.h>

int shmctl(int shmid, int cmd, struct shmid_ds *buf);
```
Returns 0 on success, or −1 on error

cmd 参数规定了待执行的控制操作。buf 参数是 IPC_STAT 和 IPC_SET 操作（稍后介绍）会用到的，并且在执行其他操作时需要将这个参数的值指定为 NULL。

在本节余下的部分中将介绍通过 cmd 可指定的各种操作。

常规控制操作

下列操作与其他 System V IPC 对象上的操作是一样的。有关这些操作的细节信息，包括调用进程所需的特权和权限，可参考 45.3 节中的描述。

IPC_RMID

标记这个共享内存段及其关联 shmid_ds 数据结构以便删除。如果当前没有进程附加该段，那么就会执行删除操作，否则就在所有进程都已经与该段分离（即当 shmid_ds 数据结构中 shm_nattch 字段的值为 0 时）之后再执行删除操作。在一些应用程序中可以通过在所有进程将共享内存段附加到其虚拟地址空间之后立即使用 shmat()将共享内存段标记为删除来确保在应用程序退出时干净地清除共享内存段。这种做法与在打开一个文件之后立即断开到该文件的链接的做法是类似的。

在 Linux 上，如果已经使用 IPC_RMID 将一个共享段标记为删除，但因为还存在一些进程仍然附加了该段而没有删除该段，那么其他进程还能够附加该段。但这种行为是不可移植的：大多数 UNIX 实现会阻止进程将被标记为删除的段附加到自己的地址空间中。（SUSv3 并没有对这种情况的处理方式进行规定。）一些 Linux 应用程序已经依赖了这种行为，这也是 Linux 为何不改变这种行为以与其他 UNIX 实现匹配的原因。

IPC_STAT

将与这个共享内存段关联的 shmid_ds 数据结构的一个副本防止到 buf 指向的缓冲区中。
（在 48.8 节中将介绍这个数据结构。）

IPC_SET

使用 buf 指向的缓冲区中的值来更新与这个共享内存段相关联的 shmid_ds 数据结构中被
选中的字段。

加锁和解锁共享内存

一个共享内存段可以被锁进 RAM 中，这样它就永远不会被交换出去了。这种做法能够带
来性能上的提升，因为一旦段中的所有分页都驻留在内存中，就能够确保一个应用程序在访问
分页时永远不会因发生分页故障而被延迟。通过 shmctl() 可以完成两种锁操作。

* SHM_LOCK 操作将一个共享内存段锁进内存。
* SHM_UNLOCK 操作为共享内存段解锁以允许它被交换出去。

SUSv3 并没有规定这些操作，并且所有 UNIX 实现也都没有提供这些操作。

在版本号小于 2.6.10 的 Linux 上只有特权（CAP_IPC_LOCK）进程才能够将一个共享内存段
锁进内存。自 Linux 2.6.10 开始，非特权进程能够在一个共享内存段上执行加锁和解锁操作，其
前提是进程的有效用户 ID 与段的所有者或创建者的用户 ID 匹配并且（在执行 SHM_LOCK 操作
的情况下）进程具备足够高的 RLIMIT_MEMLOCK 资源限制，细节信息可参考 50.2 节。

锁住一个共享内存段无法确保在 shmctl() 调用结束时段的所有分页都驻留在内存中。非驻
留分页会在附加该共享内存段的进程引用这些分页时因分页故障而一个一个地被锁进内存。
一旦分页因分页故障而被锁进了内存，那么分页就会一直驻留在内存中直到被解锁为止，即
使所有进程都与该段分离之后也不会发生改变。（换句话说，SHM_LOCK 操作为共享内存段
设置了一个属性，而不是为调用进程设置了一个属性。）

> 因分页故障而加载进内存表示当进程引用了一个非驻留页面时会发生一个分页故障。
> 这时如果分页在交换区域中，那么它将会被重新加载进内存。如果分页是首次被引用，那
> 么在交换文件中就不存在对应的分页。因此内核会在物理内存中分配一个新分页并调整进
> 程的页表以及共享内存段的簿记数据结构。

作为给内存加锁的一种替代方法，可以使用 mlock()，它的语义与内存加锁稍微有些不同，
50.2 节对此进行了介绍。

48.8　共享内存关联数据结构

每个共享内存段都有一个关联的 shmid_ds 数据结构，其形式如下。

```
struct shmid_ds {
    struct ipc_perm shm_perm;    /* Ownership and permissions */
    size_t    shm_segsz;         /* Size of segment in bytes */
    time_t    shm_atime;         /* Time of last shmat() */
    time_t    shm_dtime;         /* Time of last shmdt() */
    time_t    shm_ctime;         /* Time of last change */
    pid_t     shm_cpid;          /* PID of creator */
    pid_t     shm_lpid;          /* PID of last shmat() / shmdt() */
```

```
    shmatt_t shm_nattch;           /* Number of currently attached processes */
};
```

SUSv3 要求实现提供上面给出的所有字段。其他一些 UNIX 实现在 shmid_ds 结构中包含了额外的非标准字段。

各种共享内存系统调用会隐式地更新 shmid_ds 结构中的字段，使用 shmctl() IPC_SET 操作可以显式地更新 shm_perm 字段中的特定子字段。细节信息如下。

shm_perm

在创建共享内存段之后会像 45.3 节中描述的那样对这个子结构中的字段进行初始化。uid、gid 以及（低 9 位）mode 子字段是通过 IPC_SET 来更新的。除了常规的权限位之外，shm_perm.mode 字段还有两个只读位掩码标记。其中第一个是 SHM_DEST（销毁），它表示当所有进程的地址空间都与该段分离之后是否将该段标记为删除（通过 shmctl() IPC_RMID 操作）。另一个标记是 SHM_LOCKED，它表示是否将段锁进物理内存中（通过 shmctl() SHM_LOCK 操作）。这两个标记都没有在 SUSv3 中被标准化，并且只有一些 UNIX 实现提供了与这两个标记等价的标记，同时有些实现上的名称也是不同的。

shm_segsz

在创建共享内存段时这个字段会被设置成段所需要的字节数（即 shmget() 调用中 size 参数的值）。在 48.2 节中提到过共享内存是以分页为单位来分配的，因此段所需的实际大小可能会大于这个值。

shm_atime

在创建共享内存段时会将这个字段设置为 0，当一个进程附加该段时（shmat()）会将这个字段设置为当前时间。这个字段以及 shmid_ds 结构中的另一个时间戳字段的类型为 time_t，它们存储着自新纪元到现在的秒数。

shm_dtime

在创建共享内存段时会将这个字段设置为 0，当一个进程与该段分离（shmdt()）之后会将这个字段设置为当前时间。

shm_ctime

当段被创建时以及每个成功的 IPC_SET 操作都会将这个字段设置为当前时间。

shm_cpid

这个字段会被设置成使用 shmget() 创建这个段的进程的进程 ID。

shm_lpid

在创建共享内存段时会将这个字段设置为 0，后续每个成功的 shmat() 或 shmdt() 调用会将这个字段设置成调用进程的进程 ID。

shm_nattch

这个字段统计当前附加该段的进程数。在创建段时会将这个字段初始化为 0，然后每次成功的 shmat() 调用会递增这个字段的值，每次成功的 shmdt() 调用会递减这个字段的值。用来定义这个字段的 shmatt_t 数据类型是一个无符号整型，SUSv3 要求这个类型的大小最少为 unsigned short。（在 Linux 上这个类型被定义成了 unsigned long。）

48.9 共享内存的限制

大多数 UNIX 实现会对 System V 共享内存施加各种各样的限制。下面是一份 Linux 共享内存的限制列表。括号中列出了当限制达到时受影响的系统调用及其返回的错误。

SHMMNI

这是一个系统级别的限制，它限制了所能创建的共享内存标识符（换句话说是共享内存段）的数量。（shmget(), ENOSPC）

SHMMIN

这个一个共享内存段的最小大小（字节数）。这个限制的值被定义成了 1（无法修改这个值），但实际的限制是系统分页大小（shmget(), EINVAL）。

SHMMAX

这个是一个共享内存段的最大大小（字节数）。SHMMAX 的实际上限依赖于可用的 RAM 和交换空间。（shmget(), EINVAL）

SHMALL

这是一个系统级别的限制，它限制了共享内存中的分页总数。其他大多数 UNIX 实现并没有提供这个限制。SHMALL 的实际上限依赖于可用的 RAM 和交换空间。（shmget(), ENOSPC）

其他一些 UNIX 实现还施加了下列限制（Linux 并没有实现这些限制）。

SHMSEG

这个是进程级别的限制，它限制了所能附加的共享内存段数量。

在系统启动时共享内存限制会被设置成默认值。（这些默认值在不同的内核版本中可能存在差异，一些发行厂商发行的内核中的默认设置与 vanilla 内核中的默认设置是不同的。）在 Linux 上，可以通过/proc 文件系统中的文件来查看其中一些限制。表 48-2 列出了与各个限制对应的/proc 文件。下面是 Linux 2.6.31 在 x86-32 系统上的默认限制。

```
$ cd /proc/sys/kernel
$ cat shmmni
4096
$ cat shmmax
33554432
$ cat shmall
2097152
```

Linux 特有的 shmctl() IPC_INFO 操作返回一个类型为 shminfo 的结构，它包含了各个共享内存限制的值。

```
struct shminfo buf;

shmctl(0, IPC_INFO, (struct shmid_ds *) &buf);
```

相关的 Linux 特有的 SHM_INFO 操作返回一个类型为 shm_info 的结构，它包含了共享内存对象所消耗的实际资源相关的信息。本书随带的源代码的 svshm/svshm_info.c 文件中提供了一个使用 SHM_INFO 的例子。

有关 IPC_INFO、SHM_INFO 以及 shminfo 和 shm_info 结构的细节可以在 shmctl(2)手册中找到。

表 48-2：System V 共享内存限制

限　　制	最大值（x86-32）	/proc/sys/kernel 中对应的文件
SHMMNI	32768 (IPCMNI)	shmmni
SHMMAX	依赖于可用内存	shmmax
SHMALL	依赖于可用内存	shmall

48.10　总结

共享内存允许两个或多个进程共享内存的同一个分页。通过共享内存交换数据无需内核干涉。一旦一个进程将数据复制进一个共享内存段中之后，数据将会立即对其他进程可见。共享内存是一种快速的 IPC 机制，尽管这种速度上的提升通常会因必须要使用某种同步技术而被抵消掉一部分，如使用一个 System V 信号量来同步对共享内存的访问。

在附加一个共享内存段时推荐的做法是允许内核选择将段附加在进程的虚拟地址空间的何处。这意味着段在不同进程中虚拟地址可能是不同的。正因为这个原因，所有对段中地址的引用都应该表示成为相对偏移量，而不是一个绝对指针。

更多信息

[Bovet & Cesati, 2005]介绍了 Linux 内存管理模式和一些共享内存实现方面的细节。

48.11　习题

48-1. 使用事件标记来替换程序清单 48-2（svshm_xfr_writer.c）和程序清单 48-3（svshm_xfr_reader.c）中的二元信号量。

48-2. 解释为何程序清单 48-3 在 for 循环被修改成如下形式时会错误地报告了传输字节数。

```
for (xfrs = 0, bytes = 0; shmp->cnt != 0; xfrs++, bytes += shmp->cnt) {
    reserveSem(semid, READ_SEM);              /* Wait for our turn */

    if (write(STDOUT_FILENO, shmp->buf, shmp->cnt) != shmp->cnt)
        fatal("write");

    releaseSem(semid, WRITE_SEM);             /* Give writer a turn */
}
```

48-3. 尝试为程序清单 48-2（svshm_xfr_writer.c）和程序清单 48-3（svshm_xfr_reader.c）中的程序中用来交换数据的缓冲区指定不同大小（由常量 BUF_SIZE 定义）并编译这两个程序。记录在各种缓冲区大小下 svshm_xfr_reader.c 的执行时间。

48-4. 编写一个程序显示与共享内存段关联的 shmid_ds 数据结构（48,8 节）中的内容。段的标识符应该通过命令行参数来指定。（参见程序清单 47-3 中的程序，它在 System V 信号量上执行了一个类似的任务。）

48-5. 编写一个目录服务使之使用一个共享内存段来发布名称-值对。程序需要提供一个 API 来允许调用者创建新名称、修改一个既有名称、删除一个既有名称以及获取与一个名称相关联的值。使用信号量来确保一个执行共享内存段更新操作的进程能够互斥地访问段。

48-6. 编写一个程序（类似于程序清单 46-6 中的程序）使之使用 shmctl() SHM_INFO 和 SHM_STAT 操作来获取和显示系统中所有共享内存段列表。

第**49**章

内存映射

本章将介绍如何使用 mmap() 系统调用来创建内存映射。内存映射可用于 IPC 以及其他很多方面。下面在深入介绍 mmap() 之前首先概述一些基础概念。

49.1　概述

mmap() 系统调用在调用进程的虚拟地址空间中创建一个新内存映射。映射分为两种。

- 文件映射：文件映射将一个文件的一部分直接映射到调用进程的虚拟内存中。一旦一个文件被映射之后就可以通过在相应的内存区域中操作字节来访问文件内容了。映射的分页会在需要的时候从文件中（自动）加载。这种映射也被称为基于文件的映射或内存映射文件。
- 匿名映射：一个匿名映射没有对应的文件。相反，这种映射的分页会被初始化为 0。

> 另一种看待匿名映射的角度（并且也接近于事实）是把它看成是一个内容总是被初始化为 0 的虚拟文件的映射。

一个进程的映射中的内存可以与其他进程中的映射共享（即各个进程的页表条目指向 RAM 中相同分页）。这种行为会在两种情况下发生。

- 当两个进程映射了一个文件的同一个区域时它们会共享物理内存的相同分页。
- 通过 fork() 创建的子进程会继承其父进程的映射的副本，并且这些映射所引用的物理内存分页与父进程中相应映射所引用的分页相同。

当两个或更多个进程共享相同分页时，每个进程都有可能会看到其他进程对分页内容做出的变更，当然这要取决于映射是私有的还是共享的。

- 私有映射（MAP_PRIVATE）：在映射内容上发生的变更对其他进程不可见，对于文件映射来讲，变更将不会在底层文件上进行。尽管一个私有映射的分页在上面介绍的情况中初始时是共享的，但对映射内容所做出的变更对各个进程来讲则是私有的。内核使用了写时复制（copy-on-write）技术完成了这个任务（参见 24.2.3 节）。这意味着每当一个进程试图修改一个分页的内容时，内核首先会为该进程创建一个新分页并将需修改的分页中的内容复制到新分页中（以及调整进程的页表）。正因为这个原因，MAP_PRIVATE 映射有时候会被称为私有、写时复制映射。

- 共享映射（MAP_SHARED）：在映射内容上发生的变更对所有共享同一个映射的其他进程都可见，对于文件映射来讲，变更将会发生在底层的文件上。

上面介绍的两个映射特性（文件与匿名以及私有和共享）可以以四种不同的方式加以组合，表 49-1 对此进行了总结。

表 49-1：各种内存映射的用途

变更的可见性	映射类型	
	文 件	匿 名
私有	根据文件内容初始化内存	内存分配
共享	内存映射 I/O；进程间共享内存（IPC）	进程间共享内存（IPC）

这四种不同的内存映射的创建和使用方式如下所述。

- 私有文件映射：映射的内容被初始化为一个文件区域中的内容。多个映射同一个文件的进程初始时会共享同样的内存物理分页，但系统使用写时复制技术使得一个进程对映射所做出的变更对其他进程不可见。这种映射的主要用途是使用一个文件的内容来初始化一块内存区域。一些常见的例子包括根据二进制可执行文件或共享库文件的相应部分来初始化一个进程的文本和数据段。

- 私有匿名映射：每次调用 mmap()创建一个私有匿名映射时都会产生一个新映射，该映射与同一（或不同）进程创建的其他匿名映射是不同的（即不会共享物理分页）。尽管子进程会继承其父进程的映射，但写时复制语义确保在 fork()之后父进程和子进程不会看到其他进程对映射所做出的变更。私有匿名映射的主要用途是为一个进程分配新（用零填充）内存（如在分配大块内存时 malloc()会为此而使用 mmap()）。

- 共享文件映射：所有映射一个文件的同一区域的进程会共享同样的内存物理分页，这些分页的内容将被初始化为该文件区域。对映射内容的修改将直接在文件中进行。这种映射主要用于两个用途。第一，它允许内存映射 I/O，这表示一个文件会被加载到进程的虚拟内存中的一个区域中并且对该块内容的变更会自动被写入到这个文件中。因此，内存映射 I/O 为使用 read()和 write()来执行文件 I/O 这种做法提供了一种替代方案。这种映射的第二种用途是允许无关进程共享一块内容以便以一种类似于 System V 共享内存段（第 48 章）的方式来执行（快速）IPC。

- 共享匿名映射：与私有匿名映射一样，每次调用 mmap()创建一个共享匿名映射时都会产生一个新的、与任何其他映射不共享分页的截然不同的映射。这里的差别在于映射的分页不会被写时复制。这意味着当一个子进程在 fork()之后继承映射时，父进程和子进程共享同样的 RAM 分页，并且一个进程对映射内容所做出的变更会对其他进程可见。共享匿名映射允许以一种类似于 System V 共享内存段的方式来进行 IPC，但只有相关进程之间才能这么做。

在本章余下的部分中将分别介绍各种映射的细节信息。

一个进程在执行 exec()时映射会丢失，但通过 fork()创建的子进程会继承映射，映射类型（MAP_PRIVATE 或 MAP_SHARED）也会被继承。

通过 Linux 特有的/proc/PID/maps 文件能够查看在 48.5 节中介绍过的与一个进程的映射有关的所有信息。

> mmap()的另一个用途是与 POSIX 共享内存对象一起使用，它允许无关进程在不创建关联磁盘文件（共享文件映射需要这样的文件）的情况下共享一块内存区域。第 54 章将会介绍 POSIX 共享内存对象。

49.2　创建一个映射：mmap()

mmap()系统调用在调用进程的虚拟地址空间中创建一个新映射。

```
#include <sys/mman.h>

void *mmap(void *addr, size_t length, int prot, int flags, int fd, off_t offset);
        Returns starting address of mapping on success, or MAP_FAILED on error
```

addr 参数指定了映射被放置的虚拟地址。如果将 addr 指定为 NULL，那么内核会为映射选择一个合适的地址。这是创建映射的首选做法。或者在 addr 中指定一个非 NULL 值时，内核会在选择将映射放置在何处时将这个参数值作为一个提示信息来处理。在实践中，内核至少会将指定的地址舍入到最近的一个分页边界处。不管采用何种方式，内核会选择一个不与任何既有映射冲突的地址。（如果在 flags 包含了 MAP_FIXED，那么 addr 必须是分页对齐的。在 49.10 节中将会对这个标记进行介绍。）

成功时 mmap()会返回新映射的起始地址。发生错误时 mmap()会返回 MAP_FAILED。

> 在 Linux（以及大多数其他 UNIX 实现）上，MAP_FAILED 常量等同于((void *) –1)。但 SUSv3 规定了这个常量值，因为 C 标准无法确保能够将((void *) –1)与成功的 mmap()调用的返回值区分开来。

length 参数指定了映射的字节数。尽管 length 无需是一个系统分页大小（sysconf(_SC_PAGESIZE)返回值）的倍数，但内核会以分页大小为单位来创建映射，因此实际上 length 会被向上提升为分页大小的下一个倍数。

prot 参数是一个位掩码，它指定了施加于映射之上的保护信息，其取值要么是PROT_NONE，要么是表 49-2 中列出的其他三个标记的组合（取 OR）。

表 49-2：内存保护值

值	描　　述
PROT_NONE	区域无法访问
PROT_READ	区域内容可读取
PROT_WRITE	区域内容可修改
PROT_EXEC	区域内容可执行

flags 参数是一个控制映射操作各个方面的选项的位掩码。这个掩码必须只包含下列值中一个。

MAP_PRIVATE

创建一个私有映射。区域中内容上所发生的变更对使用同一映射的其他进程是不可见的，对于文件映射来讲，所发生的变更将不会反应在底层文件上。

MAP_SHARED

创建一个共享映射。区域中内容上所发生的变更对使用 MAP_SHARED 特性映射同一区域的进程是可见的，对于文件映射来讲，所发生的变更将直接反应在底层文件上。对文件的更新将无法确保立即生效，具体可参加 49.5 节中对 msync()系统调用的介绍。

除了 MAP_PRIVATE 和 MAP_SHARED 之外，在 flags 中还可以有选择地对其他标记取 OR。在 49.6 和 49.10 节中将会对这些标记进行介绍。

剩余的参数 fd 和 offset 是用于文件映射的（匿名映射将忽略它们）。fd 参数是一个标识被映射的文件的文件描述符。offset 参数指定了映射在文件中的起点，它必须是系统分页大小的倍数。要映射整个文件就需要将 offset 指定为 0 并且将 length 指定为文件大小。在 49.5 节中将会介绍更多有关文件映射的内容。

有关内存保护的更多细节

前面提过 mmap() prot 参数指定了新内存映射上的保护信息。这个参数可以取 PROT_NONE 或者 PROT_READ、PROT_WRITE、以及 PROT_EXEC 中一个或多个标记的掩码。如果一个进程在访问一个内存区域时违反了该区域上的保护位，那么内核会向该进程发送一个 SIGSEGV 信号。

> 尽管 SUSv3 规定 SIGSEGV 应该被用来通知内存保护违背，但在一些实现上使用的则是 SIGBUS。

标记为 PROT_NONE 的分页内存的一个用途是作为一个进程分配的内存区域的起始位置或结束位置的守护分页。如果进程意外地访问了其中一个被标记为 PROT_NONE 的分页，那么内核会通过生成一个 SIGSEGV 信号来通知该进程这样一个事实。

内存保护信息驻留在进程私有的虚拟内存表中。因此，不同的进程可能会使用不同的保护位来映射同一个内存区域。

使用 mprotect()系统调用（50.1 节）能够修改内存保护位。

在一些 UNIX 实现上，实际施加于一个映射分页上的保护位于在 prot 中指定的信息可能不完全一致。特别地，底层硬件在保护粒度上的限制（如老式的 x86-32 架构）意味着在很多 UNIX 实现上 PROT_READ 会隐含 PROT_EXEC，反之亦然，并且在一些实现上指定 PROT_WRITE 会隐含 PROT_READ。但应用程序不应该依赖于这种行为；prot 指定的信息应该总是与所需的内存保护信息一致。

> 现代 x86-32 架构为将页表标记为 NX（no execute）提供了硬件支持，并且自内核 2.6.8 起，Linux 利用这个特性来合适地分隔 Linux/x86-32 上的 PROT_READ 和 PROT_EXEC 权限。

标准中规定的对 offset 和 addr 的对齐约束

SUSv3 规定 mmap()的 offset 参数必须要与分页对齐，而 addr 参数在指定了 MAP_FIXED 的情况下也必须要与分页对齐。Linux 遵循了这些要求，但后面又发现 SUSv3 的要求与之前的标准提出的要求是不同的，之前的标准对这些参数的要求要低一些。SUSv3 中的措辞会（不必要地）导致一些之前符合标准的实现变得不符合标准。SUSv4 则放宽了这方面的要求：

- 一个实现可能会要求 offset 为系统分页大小的倍数。
- 如果指定了 MAP_FIXED，那么一个实现可能会要求 addr 是分页对齐的。
- 如果指定了 MAP_FIXED 并且 addr 为非零值，那么 addr 和 offset 除以系统分页大小所得的余数应该相等。

> mprotect()、msync()以及 munmap()中的 addr 参数也存在类似的情况。SUSv3 规定这个参数必须是分页对齐的。SUSv4 表示一个实现可以要求这个参数是分页对齐的。

示例程序

程序清单 49-1 演示了如何使用 mmap()来创建一个私有文件映射。这个程序是一个简单版本的 cat(1)，它将映射通过命令行参数指定的（整个）文件，然后将映射中的内容写入到标准输出中。

程序清单 49-1：使用 mmap()创建一个私有文件映射

——————————————————————————————————— mmap/mmcat.c

```c
#include <sys/mman.h>
#include <sys/stat.h>
#include <fcntl.h>
#include "tlpi_hdr.h"

int
main(int argc, char *argv[])
{
    char *addr;
    int fd;
    struct stat sb;

    if (argc != 2 || strcmp(argv[1], "--help") == 0)
        usageErr("%s file\n", argv[0]);

    fd = open(argv[1], O_RDONLY);
    if (fd == -1)
        errExit("open");
    /* Obtain the size of the file and use it to specify the size of
       the mapping and the size of the buffer to be written */

    if (fstat(fd, &sb) == -1)
        errExit("fstat");

    addr = mmap(NULL, sb.st_size, PROT_READ, MAP_PRIVATE, fd, 0);
    if (addr == MAP_FAILED)
        errExit("mmap");

    if (write(STDOUT_FILENO, addr, sb.st_size) != sb.st_size)
        fatal("partial/failed write");
    exit(EXIT_SUCCESS);
}
```

——————————————————————————————————— mmap/mmcat.c

49.3　解除映射区域：munmap()

munmap()系统调用执行与 mmap()相反的操作，即从调用进程的虚拟地址空间中删除一个映射。

```
#include <sys/mman.h>

int munmap(void *addr, size_t length);
```
                                         Returns 0 on success, or –1 on error

addr 参数是待解除映射的地址范围的起始地址，它必须与一个分页边界对齐。（SUSv3 规定 addr 必须是分页对齐的。SUSv4 表示一个实现可以要求这个参数是分页对齐的。）

length 参数是一个非负整数，它指定了待解除映射区域的大小（字节数）。范围为系统分页大小的下一个倍数的地址空间将会被解除映射。

一般来讲通常会解除整个映射。因此可以将 addr 指定为上一个 mmap()调用返回的地址，并且 length 的值与 mmap()调用中使用的 length 的值一样。下面是一个例子。

```
addr = mmap(NULL, length, PROT_READ | PROT_WRITE, MAP_PRIVATE, fd, 0);
if (addr == MAP_FAILED)
    errExit("mmap");

/* Code for working with mapped region */

if (munmap(addr, length) == -1)
    errExit("munmap");
```

或者也可以解除一个映射中的部分映射，这样原来的映射要么会收缩，要么会被分成两个，这取决于在何处开始解除映射。还可以指定一个跨越多个映射的地址范围，这样的话所有在范围内的映射都会被解除。

如果在由 addr 和 length 指定的地址范围中不存在映射，那么 munmap()将不起任何作用并返回 0（表示成功）。

在解除映射期间，内核会删除进程持有的在指定地址范围内的所有内存锁。（内存锁是通过 mlock()或 mlockall()来建立的，50.2 节将会对此予以介绍。）

当一个进程终止或执行了一个 exec()之后进程中所有的映射会自动被解除。

为确保一个共享文件映射的内容会被写入到底层文件中，在使用 munmap()解除一个映射之前需要调用 msync()（参见 49.5 节）。

49.4　文件映射

要创建一个文件映射需要执行下面的步骤。

1. 获取文件的一个描述符，通常通过调用 open()来完成。

2. 将文件描述符作为 fd 参数传入 mmap()调用。

执行上述步骤之后 mmap()会将打开的文件的内容映射到调用进程的地址空间中。一旦 mmap()被调用之后就能够关闭文件描述符了，而不会对映射产生任何影响。但在一些情况下，将这个文件描述符保持在打开状态可能是有用的——如参见程序清单 49-1 以及参见第 54 章。

> 除了普通的磁盘文件，使用 mmap()还能够映射各种真实和虚拟设备的内容，如硬盘、光盘以及/dev/mem。

在打开描述符 fd 引用的文件时必须要具备与 prot 和 flags 参数值匹配的权限。特别地，文件必须总是被打开以允许读取，并且如果在 flags 中指定了 PROT_WRITE 和 MAP_SHARED，那么文件必须总是被打开以允许读取和写入。

offset 参数指定了从文件区域中的哪个字节开始映射，它必须是系统分页大小的倍数。将 offset 指定为 0 会导致从文件的起始位置开始映射。length 参数指定了映射的字节数。offset 和 length 参数一起确定了文件的哪个区域会被映射进内存，如图 49-1 所示。

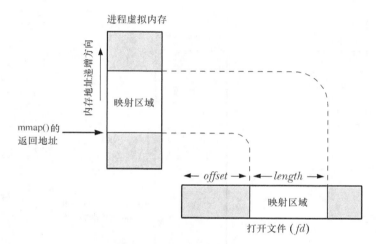

图 49-1：内存映射文件概览

> 在 Linux 上，一个文件映射的分页会在首次被访问时被映射进内存。这意味着如果在 mmap()调用之后修改了文件区域，但映射的对应部分（即分页）还没有被访问过，那么如果相应分页还没有被加载进内存的话，变更对这个进程可能是可见的。这个行为是依赖于实现的，可移植的应用程序应该避免依赖某个特定内核在这种场景中的行为。

49.4.1 私有文件映射

私有文件映射最常见的两个用途如下所述。

- 允许多个执行同一个程序或使用同一个共享库的进程共享同样的（只读的）文本段，它是从底层可执行文件或库文件的相应部分映射而来的。

> 尽管可执行文件的文本段通常是被保护成只允许读取和执行访问（PROT_READ | PROT_EXEC），但在被映射时仍然使用了 MAP_PRIVATE 而不是 MAP_SHARED，这是因为调试器或自修改的程序能够修改程序文本（在修改了内存上的保护信息之后），而这样的变更是不应该发生在底层文件上或影响到其他进程的。

- 映射一个可执行文件或共享库的初始化数据段。这种映射会被处理成私有使得对映射数据段内容的变更不会发生在底层文件上。

mmap()的这两种用法通常对程序是不可见的，因为这些映射是由程序加载器和动态链接器创建的。读者可以在 48.5 节中给出的/proc/PID/maps 的输出中发现这两种映射。

私有文件映射的另一个不太常见的用途是简化程序的文件输入逻辑。这与使用共享文件映射来完成内存映射 I/O（下一节将予以介绍）类似，但它只允许文件输入。

49.4.2　共享文件映射

当多个进程创建了同一个文件区域的共享映射时，它们会共享同样的内存物理分页。此外，对映射内容的变更将会反应到文件上。实际上，这个文件被当成了该块内存区域的分页存储，如图 49-2 所示。（这幅图是简化过的，它并没有指出映射分页在物理内存中通常是不连续的这样一个事实。）

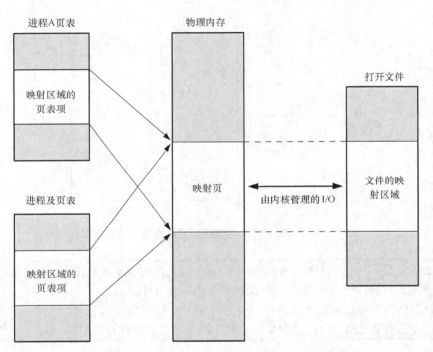

图 49-2：两个进程和一个文件的同一区域的共享映射

共享文件映射存在两个用途：内存映射 I/O 和 IPC。下面将分别介绍这两种用途。

内存映射 I/O

由于共享文件映射中的内容是从文件初始化而来的，并且对映射内容所做出的变更都会自动反应到文件上，因此可以简单地通过访问内存中的字节来执行文件 I/O，而依靠内核来确保对内存的变更会被传递到映射文件中。（一般来讲，一个程序会定义一个结构化数据类型来与磁盘文件中的内容对应起来，然后使用该数据类型来转换映射的内容。）这项技术被称为内存映射 I/O，它是使用 read()和 write()来访问文件内容这种方法的替代方案。

内存映射 I/O 具备两个潜在的优势。

- 使用内存访问来取代 read()和 write()系统调用能够简化一些应用程序的逻辑。
- 在一些情况下，它能够比使用传统的 I/O 系统调用执行文件 I/O 这种做法提供更好的性能。

内存映射 I/O 之所以能够带来性能优势的原因如下。

- 正常的 read()或 write()需要两次传输：一次是在文件和内核高速缓冲区之间，另一次是在高速缓冲区和用户空间缓冲区之间。使用 mmap()就无需第二次传输了。对于输入来讲，一旦内核将相应的文件块映射进内存之后用户进程就能够使用这些数据了。对于输出来讲，用户进程仅仅需要修改内存中的内容，然后可以依靠内核内存管理器来自动更新底层的文件。
- 除了节省了内核空间和用户空间之间的一次传输之外，mmap()还能够通过减少所需使用的内存来提升性能。当使用 read()或 write()时，数据将被保存在两个缓冲区中：一个位于用户空间，另一个位于内核空间。当使用 mmap()时，内核空间和用户空间会共享同一个缓冲区。此外，如果多个进程正在在同一个文件上执行 I/O，那么它们通过使用 mmap()就能够共享同一个内核缓冲区，从而又能够节省内存的消耗。

内存映射 I/O 所带来的性能优势在在大型文件中执行重复随机访问时最有可能体现出来。如果顺序地访问一个文件，并假设执行 I/O 时使用的缓冲区大小足够大以至于能够避免执行大量的 I/O 系统调用，那么与 read()和 write()相比，mmap()带来的性能上的提升就非常有限或者说根本就没有带来性能上的提升。性能提升的幅度之所以非常有限的原因是不管使用何种技术，整个文件的内容在磁盘和内存之间只传输一次，效率的提高主要得益于减少了用户空间和内核空间之间的一次数据传输，并且与磁盘 I/O 所需的时间相比，内存使用量的降低通常是可以忽略的。

> 内存映射 I/O 也有一些缺点。对于小数据量 I/O 来讲，内存映射 I/O 的开销（即映射、分页故障、解除映射以及更新硬件内存管理单元的超前转换缓冲器）实际上要比简单的 read()或 write()大。此外，有些时候内核难以高效地处理可写入映射的回写（在这种情况下，使用 msync()或 sync_file_range()有助于提高效率）。

使用共享文件映射的 IPC

由于所有使用同样文件区域的共享映射的进程共享同样的内存物理分页，因此共享文件映射的第二个用途是作为一种（快速的）IPC 方法。这种共享内存区域与 System V 共享内存对象（第 48 章）之间的区别在于区域中内容上的变更会反应到底层的映射文件上。这种特性对那些需要共享内存内容在应用程序或系统重启时能够持久化的应用程序来讲是非常有用的。

示例程序

程序清单 49-2 提供了一个简单的例子来演示如何使用 mmap()创建一个共享文件映射。这个程序首先映射一个名称通过第一个命令行参数指定的文件，然后打印出映射区域起始位置的字符串值。最后，如果提供了第二个命令行参数，那么该字符串会被复制进共享内存区域中。

下面的 shell 会话日志演示了如何使用这个程序。下面首先创建了一个大小为 1024 字节的文件并在其中填满零。

```
$ dd if=/dev/zero of=s.txt bs=1 count=1024
1024+0 records in
1024+0 records out
```

然后使用程序映射这个文件并将一个字符串复制进映射区域中。

```
$ ./t_mmap s.txt hello
Current string=
Copied "hello" to shared memory
```

程序在打印当前字符串时不会显示任何内容，因为映射文件的初始值是以 null 字节打头的（即长度为零的字符串）。

接着再次使用程序映射这个文件并复制一个新字符串到映射区域中。

```
$ ./t_mmap s.txt goodbye
Current string=hello
Copied "goodbye" to shared memory
```

最后通过输出文件的内容来对其中的内容进行验证，每行显示了 8 个字符。

```
$ od -c -w8 s.txt
0000000  g   o   o   d   b   y   e  nul
0000010 nul nul nul nul nul nul nul nul
*
0002000
```

这个简单的程序没有使用任何机制来同步多个进程对映射文件的访问。但现实世界中的应用程序通常需要同步对共享映射的访问。这可以通过使用各种技术来完成，包括信号量（第47 和 53 章）和文件加锁（第 55 章）。

在 49.5 节中将会对程序清单 49-2 中用到的 msync() 系统调用进行解释。

程序清单 49-2：使用 mmap() 创建一个共享文件映射

── mmap/t_mmap.c
```c
#include <sys/mman.h>
#include <fcntl.h>
#include "tlpi_hdr.h"

#define MEM_SIZE 10

int
main(int argc, char *argv[])
{
    char *addr;
    int fd;

    if (argc < 2 || strcmp(argv[1], "--help") == 0)
        usageErr("%s file [new-value]\n", argv[0]);

    fd = open(argv[1], O_RDWR);
    if (fd == -1)
        errExit("open");
    addr = mmap(NULL, MEM_SIZE, PROT_READ | PROT_WRITE, MAP_SHARED, fd, 0);
    if (addr == MAP_FAILED)
        errExit("mmap");

    if (close(fd) == -1)                    /* No longer need 'fd' */
        errExit("close");

    printf("Current string=%.*s\n", MEM_SIZE, addr);
                /* Secure practice: output at most MEM_SIZE bytes */

    if (argc > 2) {                         /* Update contents of region */
```

```
    if (strlen(argv[2]) >= MEM_SIZE)
        cmdLineErr("'new-value' too large\n");

    memset(addr, 0, MEM_SIZE);          /* Zero out region */
    strncpy(addr, argv[2], MEM_SIZE - 1);
    if (msync(addr, MEM_SIZE, MS_SYNC) == -1)
        errExit("msync");

    printf("Copied \"%s\" to shared memory\n", argv[2]);
    }

    exit(EXIT_SUCCESS);
}
```

mmap/t_mmap.c

49.4.3　边界情况

在很多情况下，一个映射的大小是系统分页大小的整数倍，并且映射会完全落入映射文件的范围之内。但这种要求不是必需的，下面来看一下当这些条件不满足时会发生什么事情。

图 49-3 描绘了映射完全落入映射文件的范围之内但区域的大小并不是系统分页大小的一个整数倍的情况（在这个讨论中假设分页大小为 4096 字节）。

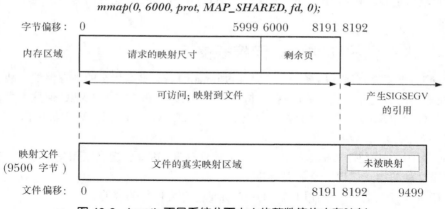

图 49-3：length 不是系统分页大小的整数倍的内存映射

由于映射的大小不是系统分页大小的整数倍，因此它会被向上舍入到系统分页大小的下一个整数倍。由于文件的大小要大于这个被向上舍入的大小，因此文件中对应字节会像图 49-3 中那样被映射。

试图访问映射结尾之外的字节将会导致 SIGSEGV 信号的产生（假设在该位置处不存在其他映射）。这个信号的默认动作是终止进程并打印出一个 core dump。

当映射扩充过了底层文件的结尾处时（参见图 49-4）情况就变得更加复杂了。与之前一样，由于映射的大小不是系统分页大小的整数倍，因此它会被向上舍入。但在这种情况下，虽然在向上舍入区域（即图中 2200 字节和 4095 字节）中的字节是可访问的，但它们不会被映射到底层文件上（由于在文件中不存在对应的字节），并且它们会被初始化为 0（SUSv3 对此进行了规定）。当然，这些字节也不会与映射同一个文件的其他进程共享，即使它们指定了足够大的 length 参数。对这些字节做出的变更不会被写入到文件中。

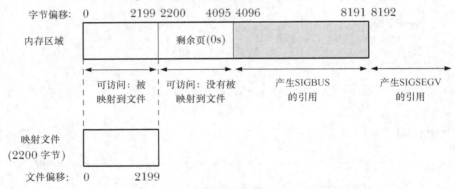

$mmap(0, 8192, prot, MAP\_SHARED, fd, 0);$

图 49-4：内存映射扩充过了映射文件的结尾

如果映射中包含了超出向上舍入区域中（即图 49-4 中 4096 以及之后的字节）的分页，那么试图访问这些分页中的地址将会导致 SIGBUS 信号量的产生，即警告进程文件中没有区域与这些地址对应。与之前一样，试图访问超过映射结尾处的地址将会导致 SIGSEGV 信号的产生。

从上面的描述中可以看出，创建一个大小超过底层文件大小的映射可能是无意义的。但通过扩展文件的大小（如使用 ftruncate()或 write()），可以使得这种映射中之前不可访问的部分变得可用。

49.4.4　内存保护和文件访问模式交互

到目前为止还没有详细解释的一点是通过 mmap() prot 参数指定的内存保护与映射文件被打开的模式之间的交互。从一般原则来讲，PROT_READ 和 PROT_EXEC 保护要求被映射的文件使用 O_RDONLY 或 O_RDWR 打开，而 PROT_WRITE 保护要求被映射的文件使用 O_WRONLY 或 O_RDWR 打开。

然而，由于一些硬件架构提供的内存保护粒度有限，因此情况会变得复杂起来（参见 49.2 节）。对于这种架构，下列结论是适用的。

- 所有内存保护组合与使用 O_RDWR 标记打开文件是兼容的。
- 没有内存保护组合——哪怕仅仅是 PROT_WRITE——与使用 O_WRONLY 标记打开的文件是兼容的（导致 EACCES 错误的发生）。这与一些硬件架构不允许对一个分页的只写访问这样一个事实是一致的。在 49.2 节中指出过在那些架构上 PROT_WRITE 隐含了 PROT_READ，这意味着如果分页可写入，那么它也能被读取。而读取操作与 O_WRONLY 是不兼容的，该操作是不能暴露文件的初始内容的。
- 使用 O_RDONLY 标记打开一个文件的结果依赖于在调用 mmap()时是否指定了 MAP_PRIVATE 或 MAP_SHARED。对于一个 MAP_PRIVATE 映射来讲，在 mmap() 中可以指定任意的内存保护组合——因为对MAP_PRIVATE分页内容做出的变更不会被写入到文件中，因此无法写入文件不会成为问题。对于一个 MAP_SHARED 映射来讲，唯一与 O_RDONLY 兼容的内存保护是 PROT_REA 和(PROT_READ | PROT_EXEC)。这是符合逻辑的，因为一个 PROT_WRITE, MAP_SHARED 映射允许更新被映射的文件。

49.5 同步映射区域：msync()

内核会自动将发生在 MAP_SHARED 映射内容上的变更写入到底层文件中，但在默认情况下，内核不保证这种同步操作会在何时发生。（SUSv3 要求一个实现提供这种保证。）

msync()系统调用让应用程序能够显式地控制何时完成共享映射与映射文件之间的同步。同步一个映射与底层文件在多种情况下都是非常有用的。如，为确保数据完整性，一个数据库应用程序可能会调用 msync()强制将数据写入到磁盘上。调用 msync()还允许一个应用程序确保在可写入映射上发生的更新会对在该文件上执行 read()的其他进程可见。

```
#include <sys/mman.h>

int msync(void *addr, size_t length, int flags);
                                    Returns 0 on success, or –1 on error
```

传给 msync()的 addr 和 length 参数指定了需同步的内存区域的起始地址和大小。在 addr 中指定的地址必须是分页对齐的，length 会被向上舍入到系统分页大小的下一个整数倍。（SUSv3 规定 addr 必须要分页对齐。SUSv4 表示一个实现可以要求这个参数是分页对齐的。）

flags 参数的可取值为下列值中的一个。

MS_SYNC

执行一个同步的文件写入。这个调用会阻塞直到内存区域中所有被修改过的分页被写入到底盘为止。

MS_ASYNC

执行一个异步的文件写入。内存区域中被修改过的分页会在后面某个时刻被写入磁盘并立即对在相应文件区域中执行 read()的其他进程可见。

另一种区分这两个值的方式可以表述为在 MS_SYNC 操作之后，内存区域会与磁盘同步，而在 MS_ASYNC 操作之后，内存区域仅仅是与内核高速缓冲区同步。

> 如果在 MS_ASYNC 操作之后不采取进一步的动作，那么内存区域中被修改过的分页最终会作为由 pdflush 内核线程（在 Linux 2.4 以及之前的版本上是 kupdated）执行的自动缓冲区刷新的一部分被写入到磁盘。在 Linux 上存在两种更快的发动输出的（非标准）方法。在 msync()调用之后可以在映射对应的文件描述符上调用一个 fsync()（或 fdatasync()）。这个调用会阻塞直到快速缓冲区与磁盘同步为止。或者可以使用 posix_fadvise() POSIX_FADV_DONTNEED 操作启动一个异步的分页写入。（Linux 特有的这两个操作并没有在 SUSv3 中予以规定。）

在 flags 参数中还可以加上下面这个值。

MS_INVALIDATE

使映射数据的缓存副本失效。当内存区域中所有被修改过的分页被同步到文件中之后，内存区域中所有与底层文件不一致的分页会被标记为无效。当下次引用这些分页时会从文件的相应位置处复制相应的分页内容，其结果是其他进程对文件做出的所有更新将会在内存区域中可见。

与很多其他现代 UNIX 实现一样，Linux 提供了一个所谓的同一虚拟内存系统。这表示内存映射和高速缓冲区块会尽可能地共享同样的物理内存分页。因此通过映射获取的文件视图与通过 I/O 系统调用（read()、write()等）获得的文件视图总是一致的，而 msync()的唯一用途就是强制将一个映射区域中的内容写入到磁盘。

不管怎样，SUSv3 并没有要求实现统一虚拟内存系统，并且并不是所有的 UNIX 实现都提供了同一虚拟内存系统。在这类系统上需要调用 msync 来使得一个映射上发生的变更对其他 read()该文件的进程可见，并且在执行逆操作时需要使用 MS_INVALIDATE 标记来使得其他进程对文件所做出的写入对映射区域可见。使用 mmap()和 I/O 系统调用操作同一个文件的多进程应用程序如果希望可被移植到不具备统一虚拟内存系统的系统之上的话就需要恰当使用 msync()。

49.6　其他 mmap()标记

除了 MAP_PRIVATE 和 MAP_SHARED 之外，Linux 允许在 mmap() flags 参数中包含其他一些值（取 OR）。表 49-3 对这些值进行了总结。除了 MAP_PRIVATE 和 MAP_SHARED 之外，在 SUSv3 中仅规定了 MAP_FIXED 标记。

表 49-3：mmap() flags 参数的位掩码值

值	描　　述	SUSv3
MAP_ANONYMOUS	创建一个匿名映射	
MAP_FIXED	原样解释 addr 参数（49.10 节）	●
MAP_LOCKED	将映射分页锁进内存（自 Linux 2.6 起）	
MAP_HUGETLB	创建一个使用巨页的映射（自 Linux 2.6.32 起）	
MAP_NORESERVE	控制交换空间的预留（49.9 节）	
MAP_NORESERVE	对映射数据的修改是私有的	●
MAP_POPULATE	填充一个映射的分页（自 Linux 2.6 起）	
MAP_SHARED	发生在映射数据上的变更对其他进程可见并会被反映到底层文件上（与 MAP_PRIVATE 相反）	●
MAP_UNINITIALIZED	不清除匿名映射（自 Linux 2.6.33 起）	

下面提供了与表 49-3 中列出的 flags 值有关的更多细节信息（不包含 MAP_ PRIVATE 和 MAP_SHARED，因为之前已经介绍过这两个标记了）。

MAP_ANONYMOUS

创建一个匿名映射，即没有底层文件对应的映射。在 49.7 节中将会对这个标记进行深入介绍。

MAP_FIXED

在 49.10 节中将会对这个标记进行介绍。

MAP_HUGETLB（自 Linux 2.6.32 起）

这个标记在 mmap()所起的作用与 SHM_HUGETLB 标记在 System V 共享内存段中所起的作用一样。参见 48.2 节。

MAP_LOCKED（自 Linux 2.6 起）

按照 mlock() 的方式预加载映射分页并将映射分页锁进内存。在 50.2 节中将会对使用这个标记所需的特权以及管理其操作的限制进行介绍。

MAP_NORESERVE

这个标记用来控制是否提前为映射的交换空间执行预留操作。细节信息请参见 49.9 节。

MAP_POPULATE（自 Linux 2.6 起）

填充一个映射的分页。对于文件映射来讲，这将会在文件上执行一个超前读取。这意味着后续对映射内容的访问不会因分页故障而发生阻塞（假设此时不会因内存压力而导致分页被交换出去）。

MAP_UNINITIALIZED（自 Linux 2.6.33 起）

指定这个标记会防止一个匿名映射被清零。它能够带来性能上的提升，但同时也带来了安全风险，因为已分配的分页中可能会包含上一个进程留下来的敏感信息。因此这个标记一般只供嵌入式系统使用，因为在这种系统中性能是一个至关重要的因素，并且整个系统都处于嵌入式应用程序的控制之下。这个标记只有在使用 CONFIG_MMAP_ALLOW_ UNINITIALIZED 选项配置内核时才会生效。

49.7　匿名映射

匿名映射是没有对应文件的一种映射。本节将介绍如何创建匿名映射以及私有和共享匿名映射的用途。

MAP_ANONYMOUS 和/dev/zero

在 Linux 上，使用 mmap() 创建匿名映射存在两种不同但等价的方法。

- 在 flags 中指定 MAP_ANONYMOUS 并将 fd 指定为−1。（在 Linux 上，当指定了 MAP_ANONYMOUS 之后会忽略 fd 的值。但一些 UNIX 实现要求在使用 MAP_ ANONYMOUS 时将 fd 指定为−1，因此可移植的应用程序应该确保它们这样做了。）

> 要从<sys/mman.h>中获得 MAP_ANONYMOUS 的定义必须要定义_BSD_SOURCE 特性测试宏或_SVID_SOURCE 特性测试宏。Linux 提供了常量 MAP_ANON 作为 MAP_ANONYMOUS 的一个同义词，其目的是为了与其他一些采用这种命名方式的 UNIX 实现保持兼容。

- 打开/dev/zero 设备文件并将得到的文件描述符传递给 mmap()。

> /dev/zero 是一个虚拟设备，当从中读取数据时它总是会返回 0，而写入到这个设备中的数据总会被丢弃。/dev/zero 的一个常见用途是使用 0 来组装一个文件（如使用 dd(1)命令）。

不管是使用 MAP_ANONYMOUS 还是使用/dev/zero 技术，得到的映射中的字节会被初始化为 0。在两种技术中，offset 参数都会被忽略（因为没有底层文件，所以也无从指定偏移量）。稍后将会介绍使用这两种技术的例子。

MAP_PRIVATE 匿名映射

MAP_PRIVATE 匿名映射用来分配进程私有的内存块并将其中的内容初始化为 0。下面的代码使用/dev/zero 技术创建了一个 MAP_PRIVATE 匿名映射。

```
fd = open("/dev/zero", O_RDWR);
if (fd == -1)
    errExit("open");
addr = mmap(NULL, length, PROT_READ | PROT_WRITE, MAP_PRIVATE, fd, 0);
if (addr == MAP_FAILED)
    errExit("mmap");
```

glibc 中的 malloc()实现使用 MAP_PRIVATE 匿名映射来分配大小大于 MMAP_THRESHOLD 字节的内存块。这样在后面将这些内存块传递给 free()之后就能高效地释放这些块(通过 munmap())。(它还降低了重复分配和释放大内存块而导致内存分片的可能性。)MMAP_THRESHOLD 在默认情况下是 128 kB,但可以通过 mallopt()库函数来调整这个参数。

MAP_SHARED 匿名映射

MAP_SHARED 匿名映射允许相关进程(如父进程和子进程)共享一块内存区域而无需一个对应的映射文件。

MAP_SHARED 匿名映射只在 Linux 2.4 以及之后的版本上可用。

下面的代码使用 MAP_ANONYMOUS 技术创建了一个 MAP_SHARED 匿名映射。

```
addr = mmap(NULL, length, PROT_READ | PROT_WRITE,
            MAP_SHARED | MAP_ANONYMOUS, -1, 0);
if (addr == MAP_FAILED)
    errExit("mmap");
```

如果在上面的代码之后加上一个对 fork()的调用,那么由于通过 fork()创建的子进程会继承映射,两个进程就会共享内存区域。

示例程序

程序清单 49-3 演示了如何使用 MAP_ANONYMOUS 或/dev/zero 技术来在父进程和子进程之间共享一个映射区域。至于到底该选择何种技术则由在编译程序时是否定义了 USE_MAP_ANON 来确定。父进程在调用 fork()之前将共享区域中的一个整数初始化为 1。然后子进程递增这个共享整数并退出,而父进程则等待子进程退出,然后打印出该整数的值。运行这个程序之后能看到下面这样的输出。

```
$ ./anon_mmap
Child started, value = 1
In parent, value = 2
```

─── mmap/anon_mmap.c

```
#ifdef USE_MAP_ANON
#define _BSD_SOURCE              /* Get MAP_ANONYMOUS definition */
#endif
#include <sys/wait.h>
#include <sys/mman.h>
#include <fcntl.h>
#include "tlpi_hdr.h"

int
main(int argc, char *argv[])
{
    int *addr;                   /* Pointer to shared memory region */

#ifdef USE_MAP_ANON              /* Use MAP_ANONYMOUS */
    addr = mmap(NULL, sizeof(int), PROT_READ | PROT_WRITE,
                MAP_SHARED | MAP_ANONYMOUS, -1, 0);
    if (addr == MAP_FAILED)
        errExit("mmap");

#else                            /* Map /dev/zero */

    int fd;

    fd = open("/dev/zero", O_RDWR);
    if (fd == -1)
        errExit("open");

    addr = mmap(NULL, sizeof(int), PROT_READ | PROT_WRITE, MAP_SHARED, fd, 0);
    if (addr == MAP_FAILED)
        errExit("mmap");

    if (close(fd) == -1)         /* No longer needed */
        errExit("close");
#endif

    *addr = 1;                   /* Initialize integer in mapped region */

    switch (fork()) {            /* Parent and child share mapping */
    case -1:
        errExit("fork");

    case 0:                      /* Child: increment shared integer and exit */
        printf("Child started, value = %d\n", *addr);
        (*addr)++;

        if (munmap(addr, sizeof(int)) == -1)
            errExit("munmap");
        exit(EXIT_SUCCESS);

    default:                     /* Parent: wait for child to terminate */
        if (wait(NULL) == -1)
            errExit("wait");
        printf("In parent, value = %d\n", *addr);
        if (munmap(addr, sizeof(int)) == -1)
            errExit("munmap");
        exit(EXIT_SUCCESS);
```

```
        }
    }
```

49.8　重新映射一个映射区域：mremap()

在大多数 UNIX 实现上一旦映射被创建,其位置和大小就无法改变了。但 Linux 提供了(不可移植的)mremap()系统调用来执行此类变更。

```
#define _GNU_SOURCE
#include <sys/mman.h>

void *mremap(void *old_address, size_t old_size, size_t new_size, int flags, ...);
                    Returns starting address of remapped region on success,
                                          or MAP_FAILED on error
```

old_address 和 old_size 参数指定了需扩展或收缩的既有映射的位置和大小。在 old_address 中指定的地址必须是分页对齐的,并且通常是一个由之前的 mmap()调用返回的值。映射预期的新大小会通过 new_size 参数指定。在 old_size 和 new_size 中指定的值都会被向上舍入到系统分页大小的下一个整数倍。

在执行重映射的过程中内核可能会为映射在进程的虚拟地址空间中重新指定一个位置,而是否允许这种行为则是由 flags 参数来控制的。它是一个位掩码,其值要么是 0,要么包含下列几个值。

MREMAP_MAYMOVE

如果指定了这个标记,那么根据空间要求的指令,内核可能会为映射在进程的虚拟地址空间中重新指定一个位置。如果没有指定这个标记,并且在当前位置处没有足够的空间来扩展这个映射,那么就返回 ENOMEM 错误。

MREMAP_FIXED（自 Linux 2.4 起）

这个标记只能与 MREMAP_MAYMOVE 一起使用。它在 mremap()中所起的作用与 MAP_FIXED 在 mmap()（49.10 节）中所起的作用类似。如果指定了这个标记,那么 mremap()会接收一个额外的参数 void *new_address,该参数指定了一个分页对齐的地址,并且映射将会被迁移至该地址处。所有之前在由 new_address 和 new_size 确定的地址范围之内的映射将会被解除映射。

mremap()在成功时会返回映射的起始地址。由于(如果指定了 MREMAP_MAYMOVE 标记)这个地址可能与之前的起始地址不同,从而导致指向这个区域中的指针可能会变得无效,因此使用 mremap()的应用程序在引用映射区域中的地址时应该只使用偏移量(不是绝对指针)(参见 48.6 节)。

> 在 Linux 上,realloc()函数使用 mremap()来高效地为 malloc()之前使用 mmap() MAP_ANONYMOUS 分配的大内存块重新指定位置。(在 49.7 节中介绍 glibc malloc()实现的时候曾提及过这个特性。)使用 mremap()来完成这种任务使得在重新分配空间的过程中避免复制字节成为可能。

49.9 MAP_NORESERVE 和过度利用交换空间

一些应用程序会创建大（通常是私有匿名的）映射，但只使用映射区域中的一小部分。如特定的科学应用程序会分配非常大的数组，但只使用其中一些散落在数组各处的元素（所谓的稀疏数组）。

如果内核总是为此类映射分配（或预留）足够的交换空间，那么很多交换空间可能会被浪费。相反，内核可以只在需要用到映射分页的时候（即当应用程序访问分页时）为它们预留交换空间。这种方法被称为懒交换预留（lazy swap reservation），它的一个优点是应用程序总共使用的虚拟内存量能够超过 RAM 加上交换空间的总量。

换个角度来看，懒交换预留允许交换空间被过度利用。这种方式能够很好地工作，只要所有进程都不试图访问整个映射。但如果所有应用程序都试图访问整个映射，那么 RAM 和交换空间就被耗尽。在这种情况下，内核会通过杀死系统中的一个或多个进程来降低内存压力。在理想情况下，内核会尝试选择引起内存问题的进程（参见下面对 OOM 杀手的讨论），但这是无法保证的。正因为这个原因，有时候可能会选择防止懒交换预留，转而强制系统在映射被创建时分配所有所需的交换空间。

内核如何处理交换空间的预留是由调用 mmap() 时是否使用了 MAP_NORESERVE 标记以及影响系统层面的交换空间过度利用操作的/proc 接口来控制的。表 49-4 对这些因素进行了总结。

表 49-4: 在 mmap()中处理交换空间预留

overcommit_memory 值	是否在 mmap()调用指定了 MAP_NORESERVE	
	否	是
0	拒绝明显的过度利用	允许过度利用
1	允许过度利用	允许过度利用
2（自 Linux 2.6 起）	严格的过度利用	

Linux 特有的/proc/sys/vm/overcommit_memory 文件包含了一个整数值，它控制着内核对交换空间过度利用的处理。在 2.6 之前的 Linux 上这个文件中的整数只能取两个值：0 表示拒绝明显的过度利用（遵从 MAP_NORESERVE 标记的使用），大于 0 表示在所有情况下都允许过度利用。

拒绝过度利用意味着大小不超过当前可用空闲内存的映射是被允许的。既有的分配可能会被过度利用（因为它们可能不会使用映射的所有分页）。

从 Linux 2.6 起，1 的含义与之前的内核中正数的含义一样，但 2（或更大）则会导致使用采用严格的过度利用。在这种情况下，内核会在所有 mmap()分配上执行严格的记账并将系统中此类分配的总量控制在小于或等于:

```
[swap size] + [RAM size] * overcommit_ratio / 100
```

overcommit_ratio 的值是一个整数——用百分比表示——它位于 Linux 特有的/proc/sys/vm/overcommit_ratio 文件中。这个文件中包含的默认值是 50，表示内核最多可分配的空间为系统 RAM 总量的 50%，只要所有进程不同时试图全部用完给它们分配的内存，那么这种空间的分配就不会有问题。

注意过度利用监控只适用于下面这些映射。

- 私有可写映射（包括文件和匿名映射），这种映射的交换"开销"等于所有使用该映射的进程为该映射所分配的空间总和。
- 共享匿名映射，这种映射的交换"开销"等于映射的大小（因为所有进程共享该映射）。

为只读私有映射预留交换空间是没有必要的，因为映射中的内容是不可变更的，从而无需使用交换空间。共享文件映射也不需要使用交换空间，因为映射文件本身担当了映射的交换空间。

当一个子进程在 fork()调用中继承了一个映射时，它将会继承该映射的 MAP_NORESERVE 设置。MAP_NORESERVE 标记并没有在 SUSv3 中予以规定，它只在其他一些 UNIX 实现上得到了支持。

> 本节讨论了 mmap()调用在增长一个进程的地址空间时是如何因系统在 RAM 和交换空间上的限制而可能发生失败的。mmap()调用还可能因为碰到了进程级别的 RLIMIT_AS 资源限制（在 36.3 节中予以了介绍）而发生失败，该限制给调用进程的地址空间大小规定了一个上限。

OOM 杀手

上面提及过当使用懒交换预留时，如果应用程序试图使用整个映射的话就会导致内存被耗尽。在这种情况下，内核会通过杀死进程来缓解内存消耗情况。

内核中用来在内存被耗尽时选择杀死哪个进程的代码通常被称为 out-of-memory（OOM）杀手。OOM 杀手会尝试选择杀死能够缓解内存消耗情况的最佳进程，这里的"最佳"是由一组因素来确定的。如一个进程消耗的内存越多，它就越可能成为 OOM 杀手的候选目标。其他能提高一个进程被选中的可能性的因素包括进程是否创建了很多子进程以及进程是否拥有一个较低的 nice 值（即大于 0 的值）。内核一般不会杀死下列进程。

- 特权进程，因为它们可能正在执行重要的任务。
- 正在访问裸设备的进程，因为杀死它们可能会导致设备处理一个不可用的状态。
- 已经运行了很长时间或已经消耗了大量 CPU 的进程，因为杀死它们可能会导致丢失很多"工作"。

为杀死被选中的进程，OOM 杀手会向其发送一个 SIGKILL 信号。

从 2.6.11 内核开始，Linux 特有的/proc/PID/oom_score 文件给出了在需要调用 OOM 杀手时内核赋给每个进程的权重。在这个文件中，进程的权重越大，那么在必要的时候被 OOM 杀手选中的可能性就越大。同样也是从 2.6.11 内核开始，Linux 特有的/proc/PID/oom_adj 文件能够用来影响一个进程的 oom_score 值。这个文件可以被设置成范围在−16 到+15 之间的任意一个值，其中负数会减小 oom_score 值，而正数则会增大 oom_score 值。特殊值−17 会完全将进程从 OOM 杀手的候选目标中删除。有关这一方面的更多细节请参考 proc(5)手册。

49.10　MAP_FIXED 标记

在 mmap() flags 参数中指定 MAP_FIXED 标记会强制内核原样地解释 addr 中的地址，而不是只将其作为一种提示信息。如果指定了 MAP_FIXED，那么 addr 就必须是分页对齐的。

一般来讲，一个可移植的应用程序不应该使用 MAP_FIXED，并且需要将 addr 指定为
NULL，这样就允许系统选择将映射放置在哪个地址处了。之所以需要这样做的原因与 48.3
节中解释在使用 shmat()附加一个 System V 共享内存段时通常倾向于将 shmaddr 指定为 NULL
的原因是一样的。

然而，还是存在一种可移植应用程序需要使用 MAP_FIXED 的情况。如果在调用 mmap()
时指定了 MAP_FIXED，并且内存区域的起始位置为 addr，覆盖的 length 字节与之前的映射的
分页重叠了，那么重叠的分页会被新映射替代。使用这个特性可以可移植地将一个文件（或
多个文件）的多个部分映射进一块连续的内存区域，如下所述。

1. 使用 mmap()创建一个匿名映射（参见 49.7 节）。在 mmap()调用中将 addr 指定为 NULL 并
   且不指定 MAP_FIXED 标记。这样就允许内核为映射选择一个地址了。

2. 使用一系列指定了 MAP_FIXED 标记的 mmap()调用来将文件区域映射（即重叠）进在上
   一步中创建的映射的不同部分中。

尽管可以忽略第一个步骤而直接使用一系列 mmap() MAP_FIXED 操作来在应用程序选中
的地址范围内创建一组连续的映射，但这种做法的可移植性与上面这种两步式做法相比就要
差一些了。上面提及过，一个可移植的应用程序应该避免在固定的地址处创建新映射。上面
的第一步避免了移植性问题的出现，因为这一步让内核选择了一个连续的地址范围，然后在
该地址范围中创建新映射。

从 Linux 2.6 开始，使用 remap_file_pages()系统调用（下一节介绍）也能够取得同样的效
果，但使用 MAP_FIXED 的可移植性更强，因为 remap_file_pages()是 Linux 特有的。

49.11 非线性映射：remap_file_pages()

使用 mmap()创建的文件映射是连续的：映射文件的分页与内存区域的分页存在一个顺序
的、一对一的对应关系。对于大多数应用程序来讲，线性映射已经够用了。然而一些应用程
序需要创建大量的非线性映射——文件分页的顺序与它们在连续内存中出现的顺序不同的映
射。图 49-5 给出了一种非线性映射。

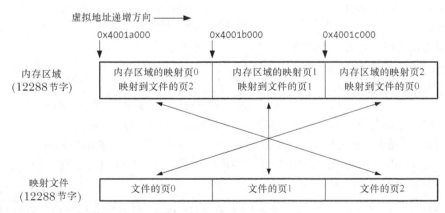

图 49-5：一个非线性文件映射

在上一节中介绍了一种创建非线性映射的方法：使用多个带 MAP_FIXED 标记的 mmap()
调用。然而这种方法的伸缩性不够好，其问题在于其中每个 mmap()调用都会创建一个独立的

内核虚拟内存区域（VMA）数据结构。每个 VMA 的配置需要花费时间并且会消耗一些不可交换的内核内存。此外，大量的 VMA 会降低虚拟内存管理器的性能。特别地，当存在数以万计的 VMA 时处理每个分页故障所花费的时间会大幅度提高。（这对于一些在一个数据库文件中维护多个不同视图的大型数据库管理系统来讲是一个问题。）

> /proc/PID/maps 文件（参见 48.5 节）中一行表示一个 VMA。

从内核 2.6 开始，Linux 提供了 remap_file_pages()系统调用来在无需创建多个 VMA 的情况下创建非线性映射，具体如下。

1. 使用 mmap()创建一个映射。
2. 使用一个或多个 remap_file_pages()调用来调整内存分页和文件分页之间的对应关系。（remap_file_pages()所做的工作是操作进程的页表。）

```
#define _GNU_SOURCE
#include <sys/mman.h>

int remap_file_pages(void *addr, size_t size, int prot, size_t pgoff, int flags);
                                        Returns 0 on success, or –1 on error
```

pgoff 和 size 参数标识了一个在内存中的位置待改变的文件区域，pgoff 参数指定了文件区域的起始位置，其单位是系统分页代销（sysconf(_SC_PAGESIZE)的返回值）。size 参数指定了文件区域的长度，其单位为字节。addr 参数起两个作用。

- 它标识了分页需调整的既有映射。换句话说，addr 必须是一个位于之前通过 mmap()映射的区域中的地址。
- 它指定了通过 pgoff 和 size 标识出的文件分页所处的内存地址。

addr 和 size 都应该是系统分页大小的整数倍。如果不是，那么它们会被向下舍入到最近的分页大小的整数倍。

假设使用了下面的 mmap()调用来映射通过描述符 fd 引用的打开着的文件的三个分页，并且该调用将返回地址 0x4001a000 赋给了 addr。

```
ps = sysconf(_SC_PAGESIZE);              /* Obtain system page size */
addr = mmap(0, 3 * ps, PROT_READ | PROT_WRITE, MAP_SHARED, fd, 0);
```

下面的调用将会创建一个非线性映射，如图 49-5 所示。

```
remap_file_pages(addr, ps, 0, 2, 0);
                          /* Maps page 0 of file into page 2 of region */
remap_file_pages(addr + 2 * ps, ps, 0, 0, 0);
                          /* Maps page 2 of file into page 0 of region */
```

到现在为止还没有对 remap_file_pages()中的其他两个参数进行介绍。

- prot 参数会被忽略，其值必须是 0。在将来可能能够使用这个参数来修改受 remap_file_pages()影响的内存区域的保护信息。在当前实现中，保护信息保持与整个 VMA 上的保护信息一致。

> 虚拟机和垃圾收集器是其他一些使用多个 VMA 的应用程序，其中一些应用程序需要能够写保护单个分页。因此人们预期 remap_file_pages()将会还允许修改一个 VMA 中单个分页上的权限，但到目前为止这种特性还没有被实现。

- flags 参数当前未被使用。

在当前的实现上，remap_file_pages()仅适用于共享（MAP_SHARED）映射。

remap_file_pages()系统调用是 Linux 特有的，SUSv3 并没有对这个函数进行规定，并且其他 UNIX 实现也没有提供这个函数。

49.12   总结

mmap()系统调用在调用进程的虚拟地址空间中创建一个新内存映射。munmap()系统调用执行逆操作，即从进程的地址空间中删除一个映射。

映射可以分为两种：基于文件的映射和匿名映射。文件映射将一个文件区域中的内容映射到进程的虚拟地址空间中。匿名映射（通过使用 MAP_ANONYMOUS 标记或映射/dev/zero 来创建）并没有对应的文件区域，该映射中的字节会被初始化为 0。

映射既可以是私有的（MAP_PRIVATE），也可以是共享的（MAP_SHARED）。这种差别确定了在共享内存上发生的变更的可见性，对于文件映射来讲，这种差别还确定了内核是否会将映射内容上发生的变更传递到底层文件上。当一个进程使用 MAP_PRIVATE 映射了一个文件之后，在映射内容上发生的变更对其他进程是不可见的，并且也不会反应到映射文件上。MAP_SHARED 文件映射的做法则相反——在映射上发生的变更对其他进程可见并且会反应到映射文件上。

尽管内核会自动将发生在一个 MAP_SHARED 映射内容上的变更反应到底层文件上，但它不保证何时会完成这个操作。应用程序可以使用 msync()系统调用来显式地控制一个映射的内容何时与映射文件进行同步。

内存映射有很多用途，包括：

- 分配进程私有的内存（私有匿名映射）；
- 对一个进程的文本段和初始化数据段中的内容进行初始化（私有文件映射）；
- 在通过 fork()关联起来的进程之间共享内存（共享匿名映射）；
- 执行内存映射 I/O，还可以将其与无关进程之间的内存共享结合起来（共享文件映射）。

在访问一个映射的内容时可能会遇到两个信号。如果在访问映射时违反了映射之上的保护规则（或访问一个当前未被映射的地址），那么就会产生一个 SIGSEGV 信号。对于基于文件的映射来讲，如果访问的映射部分在文件中没有相关区域与之对应（即映射大于底层文件），那么就会产生一个 SIGBUS 信号。

交换空间过度利用允许系统给进程分配比实际可用的 RAM 与交换空间之和更多的内存。过度利用之所以可能是因为所有进程都不会全部用完为其分配的内存。使用 MAP_NORESERVE 标记可以控制每个 mmap()调用的过度利用情况，而使用/proc 文件则可以控制整个系统的过度利用情况。

mremap()系统调用允许调整一个既有映射的大小。remap_file_pages()系统调用允许创建非线性文件映射。

更多信息

Linux 上有关 mmap()的实现的信息可以在[Bovet &Cesati, 2005]中找到。其他 UNIX 系统上有关 mmap()的实现的信息可以在[McKusick et al., 1996] (BSD)、[Goodheart & Cox, 1994](System V Release 4)以及[Vahalia, 1996] (System V Release 4)中找到。

49.13 习题

49-1. 使用 mmap() 和 memcpy() 调用（不是 read() 或 write()）编写一个类似于 cp(1)的程序来将一个源文件复制到目标文件。（使用 fstat()获取输入文件的大小，然后可以使用这个大小来设置所需的内存映射的大小，使用 ftruncate()设置输出文件的大小。）

49-2. 重写程序清单 48-2（svshm_xfr_writer.c）和程序清单 48-3（svshm_xfr_reader.c）使它们使用共享内存映射来取代 System V 共享内存。

49-3. 编写程序验证在 49.4.3 节中描述的情况下会产生 SIGBUS 和 SIGSEGV 信号。

49-4. 使用 49.10 节中介绍的 MAP_FIXED 技术编写一个程序来创建一个与图 49-5 中给出的映射类似的非线性映射。

第**50**章

虚拟内存操作

本章介绍在进程的虚拟地址空间上执行操作的各个系统调用。

- mprotect()系统调用修改一块虚拟内存区域上的保护信息。
- mlock()和 mlockall()系统调用将一块虚拟内存区域锁进物理内存，从而防止它被交换出去。
- mincore()系统调用让一个进程能够确定一块虚拟内存区域中的分页是否驻留在物理内存中。
- madvise()系统调用让一个进程能够将其对虚拟内存区域的使用模式报告给内核。

其中一些系统调用只有与共享内存区域结合起来之后才能够发挥特别的作用（第 48 章、第 49 章以及第 54 章），但它们可以被应用于一个进程的虚拟内存中的任何区域。

> 本章介绍的技术实际上与 IPC 一点关系也没有，之所以将本章的内容放在本书的这个部分是因为有时候将它们与共享内存结合起来使用。

50.1 改变内存保护：mprotect()

mprotect()系统调用修改起始位置为 addr 长度为 length 字节的虚拟内存区域中分页上的保护。

```
#include <sys/mman.h>

int mprotect(void *addr, size_t length, int prot);
                                    Returns 0 on success, or –1 on error
```

addr 的取值必须是系统分页大小（sysconf(_SC_PAGESIZE)的返回值）的整数倍。（SUSv3 规定 addr 必须是分页对齐的。SUSv4 表示一个实现可以要求这个参数是分页对齐的。）由于保护是设置在整个分页上的，因此实际上 length 会被向上舍入到系统分页大小的下一个整数倍。

prot 参数是一个位掩码，它指定了这块内存区域上的新保护，其取值是 PROT_NONE 或 PROT_READ、PROT_WRITE、以及 PROT_EXEC 这三个值中的一个或多个取 OR。所有这些值的含义与它们在 mmap() 中的含义是一样的（表 49-2）。

如果一个进程在访问一块内存区域时违背了内存保护，那么内核就会向该进程发送一个
SIGSEGV 信号。

mprotect() 的一个用途是修改原先通过 mmap() 调用设置的映射内存区域上的保护，如程序
清单 50-1 所示。这个程序创建了一个最初拒绝所有访问（PROT_NONE）的匿名映射，然后
将该区域上的保护修改为读加写。在做出变更之前和之后，程序使用 system() 函数执行了一个
shell 命令来打印出与该映射区域对应的/proc/PID/maps 文件中的内容，这样就能够看到内存保
护上发生的变更了。（其实通过直接解析/proc/self/maps 就能获取映射信息，这里之所以使用
system() 调用是因为这种做法所需的编码量更少。）运行这个程序之后可以看到下面的输出。

```
$ ./t_mprotect
Before mprotect()
b7cde000-b7dde000 ---s 00000000 00:04 18258      /dev/zero (deleted)
After mprotect()
b7cde000-b7dde000 rw-s 00000000 00:04 18258      /dev/zero (deleted)
```

从上面输出的最后一行可以看出 mprotect() 已经将内存区域上的权限修改为 PROT_READ
| PROT_WRITE。（至于在 shell 输出中为何在/dev/zero 后面出现了(deleted)字符串的原因请参
考 48.5 节。）

程序清单 50-1：使用 mprotect() 修改内存保护

```
                                                        ─── vmem/t_mprotect.c
#define _BSD_SOURCE           /* Get MAP_ANONYMOUS definition from <sys/mman.h> */
#include <sys/mman.h>
#include "tlpi_hdr.h"

#define LEN (1024 * 1024)

#define SHELL_FMT "cat /proc/%ld/maps | grep zero"
#define CMD_SIZE (sizeof(SHELL_FMT) + 20)
                            /* Allow extra space for integer string */
int
main(int argc, char *argv[])
{
    char cmd[CMD_SIZE];
    char *addr;

    /* Create an anonymous mapping with all access denied */

    addr = mmap(NULL, LEN, PROT_NONE, MAP_SHARED | MAP_ANONYMOUS, -1, 0);
    if (addr == MAP_FAILED)
        errExit("mmap");

    /* Display line from /proc/self/maps corresponding to mapping */

    printf("Before mprotect()\n");
    snprintf(cmd, CMD_SIZE, SHELL_FMT, (long) getpid());
    system(cmd);

    /* Change protection on memory to allow read and write access */

    if (mprotect(addr, LEN, PROT_READ | PROT_WRITE) == -1)
        errExit("mprotect");
```

```
        printf("After mprotect()\n");
        system(cmd);                    /* Review protection via /proc/self/maps */

        exit(EXIT_SUCCESS);
}
```

——— vmem/t_mprotect.c

50.2 内存锁：mlock()和 mlockatt()

在一些应用程序中将一个进程的虚拟内存的部分或全部锁进内存以确保它们总是位于物理内存中是非常有用的。之所以需要这样做的一个原因是它可以提高性能。对被锁住的分页的访问可以确保永远不会因为分页故障而发生延迟。这对于那些需要确保快速响应时间的应用程序来讲是很有用的。

给内存加锁的另一个原因是安全。如果一个包含敏感数据的虚拟内存分页永远不会被交换出去，那么该分页的副本就不会被写入到磁盘。如果该分页被写入到了磁盘，那么从理论上来讲就可以在后面某个时刻直接从磁盘中读取该分页。（攻击者可能会故意通过运行一个消耗大量内存的程序来构造这种场景，从而强制其他进程占据的内存被交换到磁盘上。）由于内核不保证会清除交换空间中保存的数据，因此即使在进程终止之后也可能从交换空间中读取信息。（一般来讲，只有特权进程才能够从交换设备上读取数据。）

> 膝上型计算机以及一些桌面系统上的挂起模式将系统的 RAM 副本保存到磁盘上，不管是否存在内存锁。

本节将介绍用于给一个进程的虚拟内存的部分或全部进行加锁和解锁的系统调用。下面在开始介绍这些系统调用之前首先看一下管理内存加锁的资源限制。

RLIMIT_MEMLOCK 资源限制

在 36.3 节中对 RLIMIT_MEMLOCK 限制进行了简要的介绍，它为一个进程能够锁进内存的字节数设定了一个上限。下面开始对这个限制进行详细介绍。

在 2.6.9 之前的 Linux 内核中，只有特权进程（CAP_IPC_LOCK）才能给内存加锁，RLIMIT_MEMLOCK 软资源限制为一个特权进程能够锁住的字节数设定一个上限。

从 Linux 2.6.9 开始，内存加锁模型发生了变化，即允许非特权进程给一小段内存进行加锁。这对于那些需要将一小部分敏感信息锁进内存以确保这些信息永远不会被写入到磁盘上的交换空间的应用程序来讲是非常有用的，如 gpg 是通过密码短语来完成这件事情的。这种模型上的变更会导致：

- 特权进程能够锁住的内存数量是没有限制的（即 RLIMIT_MEMLOCK 会被忽略）；
- 非特权进程能够锁住的内存数量上限由软限制 RLIMIT_MEMLOCK 定义。

软和硬 RLIMIT_MEMLOCK 限制的默认值都是 8 个分页（即在 x86-32 上是 32768 字节）。RLIMIT_MEMLOCK 限制影响：

- mlock()和 mlockall()；
- mmap() MAP_LOCKED 标记，该标记用来在映射被创建时将内存映射锁进内存，具体可参见 49.6 节中的描述；
- shmctl() SHM_LOCK 操作，该操作用来给 System V 共享内存段加锁，具体可参见 48.7

节中的描述。

由于虚拟内存的管理单位是分页，因此内存加锁会应用于整个分页。在执行限制检查时，RLIMIT_MEMLOCK 限制会被向下舍入到最近的系统分页大小的整数倍。

尽管这个资源限制只有一个（软）值，但实际上它定义了两个单独的限制：

- 对于 mlock()、mlockall()以及 mmap() MAP_LOCKED 操作来讲，RLIMIT_ MEMLOCK 定义了一个进程级别的限制，它限制了一个进程的虚拟地址空间中能够被锁进内存的字节数。
- 对于 shmctl() SHM_LOCK 操作来讲，RLIMIT_MEMLOCK 定义了一个用户级别的限制，它限制了这个进程的真实用户 ID 在共享内存段中能够锁住的字节数。当一个进程执行了一个 shmctl() SHM_LOCK 操作时，内核会检查被调用进程的真实用户 ID 锁住的 System V 共享内存的总字节数。如果待加锁的段的大小不会导致总量违背进程的 RLIMIT_MEMLOCK 限制，那么操作就会成功。

RLIMIT_MEMLOCK 在 System V 共享内存上之所以存在不同语义是因为共享内存段即使在没有被附加到任何一个进程之上时也是能够继续存在的。（共享内存段只有在显式的 shmctl() IPC_RMID 操作之后并且所有进程都在它们的地址空间中与之分离之后才会被删除。）

给内存区域加锁和解锁

一个进程可以使用 mlock()和 munlock()来给一块内存区域加锁和解锁。

```
#include <sys/mman.h>

int mlock(void *addr, size_t length);
int munlock(void *addr, size_t length);
                                    Both return 0 on success, or –1 on error
```

mlock()系统调用会锁住调用进程的虚拟地址空间中起始地址为 addr 长度为 length 字节的区域中的所有分页。与传入其他一些与内存相关的系统调用中的相应参数相比，这里的 addr 无需是分页对齐的：内核会从 addr 下面的下一个分页边界开始锁住分页。然而，SUSv3 允许一个实现要求 addr 为系统分页大小的整数倍，可移植的应用程序在调用 mlock()和 munlock() 应该确保这一点。

由于加锁操作的单位是分页，因此被锁住的区域的结束位置为大于 length 加 addr 的下一个分页边界。例如，在一个分页大小为 4096 字节的系统上，mlock(2000, 4000)调用会将 0 到 8191 之间的字节锁住。

通过查看 Linux 特有的/proc/PID/status 文件中的 VmLck 条目能够找出一个进程当前已经锁住的内存数量。

在 mlock()调用成功之后就能确保指定区域中的分页会被锁住并驻留在物理内存中。当没有足够的物理内存来锁住所有所请求的分页或请求违背 RLIMIT_MEMLOCK 软资源限制时 mlock()系统调用就会失败。

程序清单 50-2 给出了一个使用 mlock()的例子。

munlock()系统调用执行的操作与 mlock()相反，即删除之前由调用进程创建的内存锁。addr 和 length 参数被解释的方式与它们在 munlock()中被解释的方式是相同的。给一组分页解锁并不能确保它们就不会驻留在内存中了：只有在其他进程请求内存的时候才会从 RAM 中删除分页。

除了显式地使用 munlock()之外，内存锁在下列情况下会被自动删除。

- 在进程终止时。
- 当被锁住的分页通过 munmap() 被解除映射时。
- 当被锁住的分页被使用 mmap() MAP_FIXED 标记的映射覆盖时。

内存加锁语义的细节信息

在下面的几个段落中将会介绍内存锁语义的一些细节。

内存锁不会被通过 fork() 创建的子进程继承，也不会在 exec() 执行期间被保留。

当多个进程共享一组分页时（如 MAP_SHARED 映射），只要还存在一个进程持有着这些分页上的内存锁，那么这些分页就会保持被锁进内存的状态。

内存锁不在单个进程上叠加。如果一个进程重复地在一个特定虚拟地址区域上调用 mlock()，那么只会建立一个锁，并且只需要通过一个 munlock() 调用就能够删除这个锁。另一方面，如果使用 mmap() 将同一组分页（即同样的文件）映射到单个进程中的几个不同的位置，然后分别给所有这些映射加锁，那么这些分页会保持被锁进 RAM 的状态直到所有的映射都被解锁为止。

内存锁的加锁单位为分页以及无法叠加的事实意味着独立地将 mlock() 和 munlock() 调用应用于同一个虚拟分页上的不同数据结构在逻辑上是不正确的。如假设在同一个虚拟内存分页中存在两个数据结构，指针 p1 和 p2 分别指向了这两个结构，接着执行下面的调用。

```
mlock(*p1, len1);
mlock(*p2, len2);               /* Actually has no effect */
munlock(*p1, len1);
```

上面的所有调用都会成功，但最后整个分页都会被解锁，即 p2 指向的数据结构将不会被锁进内存。

注意 shmctl() SHM_LOCK 操作（48.7 节）的语义与 mlock() 和 mlockall() 的语义是不同的，具体如下。

- 在 SHM_LOCK 操作之后，分页只有在因后续引用而发生故障时才会被锁进内存。与之相反的是，mlock() 和 mlockall() 调用在返回之前会将所有分页锁进内存。
- SHM_LOCK 操作会设置共享内存段的一个属性，而不是进程的属性。（正因为这个原因，/proc/PID/status VmLck 字段的值中并没有包含使用 SHM_LOCK 锁住的所有附加 System V 共享内存段的大小。）这意味着分页一旦因故障被锁进了内存，那么即使所有进程都与这个共享内存段分离了，分页还是会保持驻留在内存中的状态。与之相反的是，使用 mlock()（或 mlockall()）锁进内存的区域只有在还存在进程持有该区域上的锁时才会保持被锁进内存的状态。

给一个进程占据的所有内存加锁和解锁

一个进程可以使用 mlockall() 和 munlockall() 给它占据的所有内存加锁和解锁。

```
#include <sys/mman.h>

int mlockall(int flags);
int munlockall(void);

                                Both return 0 on success, or −1 on error
```

mlockall() 系统调用根据 flags 位掩码的取值将一个进程的虚拟地址空间中当前所有映射的

分页或将来所有映射的分页或两者锁进内存，其中 flags 参数的取值为下面这些常量中的一个或多个取 OR。

MCL_CURRENT

将调用进程的虚拟地址空间中当前所有映射的分页锁进内存，包括当前为程序文本段、数据段、内存映射以及栈分配的所有分页。当指定了 MCL_CURRENT 标记的调用成功之后就能够确保调用进程的所有这些分页都驻留在了内存中。这个标记不会对后续在进程的虚拟地址空间中分配的分页产生影响；要控制这些分页则必须要使用 MCL_FUTURE。

MCL_FUTURE

将后续映射进调用进程的虚拟地址空间的所有分页锁进内存。例如，此类分页可能是通过 mmap() 或 shmat() 映射的一个共享内存区域的一部分，或向上增长的堆或向下增长的栈的一部分。指定 MCL_FUTURE 标记的结果是后续的内存分配操作（如 mmap()、sbrk() 或 malloc()）可能会失败，或者栈增长可能会产生 SIGSEGV 信号，当然前提是系统已经没有 RAM 分配给进程或者已经达到了 RLIMIT_MEMLOCK 软资源限制。

通过 mlock() 创建的内存锁上有关约束、生命周期以及继承性方面的规则同样也适用于通过 mlockall() 创建的内存锁。

munlockall() 系统调用将调用进程的所有分页解锁并撤销之前的 mlockall(MCL_FUTURE) 调用所产生的结果。与 munlock() 一样，这个调用无法保证会从 RAM 中删除被解锁的分页。

> 在 Linux 2.6.9 之前，调用 munlockall() 需要特权（CAP_IPC_LOCK）（不一致性，munlock() 无需特权）。从 Linux 2.6.9 开始已经不再需要特权了。

50.3　确定内存驻留性：mincore()

mincore() 系统调用是内存加锁系统调用的补充，它报告在一个虚拟地址范围中哪些分页当前驻留在 RAM 中，因此在访问这些分页时也不会导致分页故障。

SUSv3 并没有规定 mincore()，很多 UNIX 实现都提供了这个函数，但不是所有的 UNIX 实现都提供了这个函数。在 Linux 上从内核 2.4 开始提供了 mincore()。

```
#define _BSD_SOURCE             /* Or: #define _SVID_SOURCE */
#include <sys/mman.h>

int mincore(void *addr, size_t length, unsigned char *vec);
```
                                        Returns 0 on success, or -1 on error

mincore() 系统调用返回起始地址为 addr 长度为 length 字节的虚拟地址范围中分页的内存驻留信息。addr 中的地址必须是分页对齐的，并且由于返回的信息是有关整个分页的，因此 length 实际上会被向上舍入到系统分页大小的下一个整数倍。

内存驻留相关的信息会通过 vec 返回，它是一个数组，其大小为 (length + PAGE_SIZE − 1) / PAGE_SIZE 字节。（在 Linux 上，vec 的类型是 unsigned char *；在其他一些 UNIX 实现上，vec 的类型为 char *。）每个字节的最低有效位在相应分页驻留在内存中时会被设置，而其他位的设置在一些 UNIX 实现上是未定义的，因此可移植的应用程序应该只测试最低有效位。

mincore() 返回的信息在执行调用的时刻与检查 vec 中的元素的时刻期间可能会发生变化。唯一能够确保保持驻留在内存中的分页是那些通过 mlock() 或 mlockall() 锁住的分页。

程序清单 50-2 演示了如何使用 mlock()和 mincore()。这个程序首先分配并使用 mmap()
映射了一块内存区域，然后以固定的时间间隔使用 mlock()将整个区域或一组分页锁进内
存。（传给这个程序的所有命令行参数的单位是分页，程序会将这些参数转换成字节，因
为 mmap()、mlock()以及 mincore()使用的是字节。）在调用 mlock()之前和之后，程序使用
mincore()来获取这个区域中分页的内存驻留信息并图形化地将这些信息展现了出来。

程序清单 50-2：使用 mlock()和 mincore()

—— vmem/memlock.c
```
#define _BSD_SOURCE        /* Get mincore() declaration and MAP_ANONYMOUS
                              definition from <sys/mman.h> */
#include <sys/mman.h>
#include "tlpi_hdr.h"

/* Display residency of pages in range [addr .. (addr + length - 1)] */

static void
displayMincore(char *addr, size_t length)
{
    unsigned char *vec;
    long pageSize, numPages, j;

    pageSize = sysconf(_SC_PAGESIZE);

    numPages = (length + pageSize - 1) / pageSize;
    vec = malloc(numPages);
    if (vec == NULL)
        errExit("malloc");
    if (mincore(addr, length, vec) == -1)
        errExit("mincore");

    for (j = 0; j < numPages; j++) {
        if (j % 64 == 0)
            printf("%s%10p: ", (j == 0) ? "" : "\n", addr + (j * pageSize));
        printf("%c", (vec[j] & 1) ? '*' : '.');
    }
    printf("\n");

    free(vec);
}

int
main(int argc, char *argv[])
{
    char *addr;
    size_t len, lockLen;
    long pageSize, stepSize, j;

    if (argc != 4 || strcmp(argv[1], "--help") == 0)
        usageErr("%s num-pages lock-page-step lock-page-len\n", argv[0]);

    pageSize = sysconf(_SC_PAGESIZE);
```

```
if (pageSize == -1)
    errExit("sysconf(_SC_PAGESIZE)");

len =     getInt(argv[1], GN_GT_0, "num-pages") * pageSize;
stepSize = getInt(argv[2], GN_GT_0, "lock-page-step") * pageSize;
lockLen =  getInt(argv[3], GN_GT_0, "lock-page-len") * pageSize;

addr = mmap(NULL, len, PROT_READ, MAP_SHARED | MAP_ANONYMOUS, -1, 0);
if (addr == MAP_FAILED)
    errExit("mmap");

printf("Allocated %ld (%#lx) bytes starting at %p\n",
        (long) len, (unsigned long) len, addr);

printf("Before mlock:\n");
displayMincore(addr, len);

/* Lock pages specified by command line arguments into memory */

for (j = 0; j + lockLen <= len; j += stepSize)
    if (mlock(addr + j, lockLen) == -1)
        errExit("mlock");

printf("After mlock:\n");
displayMincore(addr, len);

exit(EXIT_SUCCESS);
}
```
── vmem/memlock.c

下面的 shell 会话给出了运行程序清单 50-2 中的程序时输出。在这个例子中分配了 32 个分页，每组为 8 个分页，并给三个连续分页加锁。

```
$ su                                    Assume privilege
Password:
# ./memlock 32 8 3
Allocated 131072 (0x20000) bytes starting at 0x4014a000
Before mlock:
0x4014a000: ................................
After mlock:
0x4014a000: ***.....***.....***.....***.....
```

在程序输出中，点表示分页不在内存中，星号表示分页驻留在内存中。从最后一行输出中可以看出，每组 8 个分页中有 3 个分页是驻留在内存中的。

在这个例子中假设了超级用户特权，这样程序就能够使用 mlock()。从 Linux 2.6.9 开始就无需这种特权了，只要待加锁的内存量不超过 RLIMIT_MEMLOCK 软资源限制即可。

50.4　建议后续的内存使用模式：madvise()

madvise()系统调用通过通知内核调用进程对起始地址为 addr 长度为 length 字节的范围之内分页的可能的使用情况来提升应用程序的性能。内核可能会使用这种信息来提升在分页之下的文件映射上执行的 I/O 的效率。（有关文件映射的讨论可参考 49.4 节。）在 Linux 上从内核 2.4 开始提供了 madvise()。

```
#define _BSD_SOURCE
#include <sys/mman.h>

int madvise(void *addr, size_t length, int advice);
```
                                    Returns 0 on success, or –1 on error

addr 中的值必须是分页对齐的, length 实际上会被向上舍入到系统分页大小的下一个整数倍。advice 参数的取值为下列之一。

MADV_NORMAL

这是默认行为。分页是以簇的形式（较小的一个系统分页大小的整数倍）传输的。这个值会导致一些预先读和事后读。

MADV_RANDOM

这个区域中的分页会被随机访问，这样预先读将不会带来任何好处，因此内核在每次读取时所取出的数据量应该尽可能少。

MADV_SEQUENTIAL

在这个范围中的分页只会被访问一次，并且是顺序访问，因此内核可以激进地预先读，并且分页在被访问之后就可以将其释放了。

MADV_WILLNEED

预先读取这个区域中的分页以备将来的访问之需。MADV_WILLNEED 操作的效果与 Linux 特有的 readahead() 系统调用和 posix_fadvise() POSIX_FADV_WILLNEED 操作的效果类似。

MADV_DONTNEED

调用进程不再要求这个区域中的分页驻留在内存中。这个标记的精确效果在不同 UNIX 实现上是不同的。下面首先对其在 Linux 上的行为予以介绍。对于 MAP_PRIVATE 区域来讲，映射分页会显式地被丢弃，这意味着所有发生在分页上的变更会丢失。虚拟内存地址范围仍然可访问，但对各个分页的下一个访问将会导致一个分页故障和分页的重新初始化，这种初始化要么使用其映射的文件内容，要么在匿名映射的情况下就使用零来初始化。这个标记可以作为一种显式初始化一个 MAP_PRIVATE 区域的内容的方法。对于 MAP_SHARED 区域来讲，内核在一些情况下可能会丢弃修改过的分页，这取决于运行系统的架构（在 x86 上不会发生这种行为）。其他一些 UNIX 实现的行为方式与 Linux 一样，但在一些 UNIX 实现上，MADV_DONTNEED 仅仅是通知内核指定的分页在必要的时候可以被交换出去。可移植的应用程序不应该依赖于 MADV_DONTNEED 在 Linux 上的破坏性语义。

> Linux 2.6.16 增加了三个新的非标准 advice 值：MADV_DONTFORK、MADV_ DOFORK 以及 MADV_REMOVE。Linux 2.6.32 和 2.6.33 又增加了四个非标准的 advice 值：MADV_HWPOISON、MADV_SOFT_OFFLINE、MADV_MERGEABLE 以及 MADV_ UNMERGEABLE。这些值是在特殊情况下使用的，具体可参考 madvise(2) 手册。

大多数 UNIX 实现都提供了一个 madvise()，它们通常至少支持上面描述的 advice 常量。然而 SUSv3 使用了一个不同的名称来标准化了这个 API，即 posix_madvise()，并且在相应的 advice 常量上加上了一个前缀字符串 POSIX_。因此，这些常量变成了 POSIX_MADV_NORMAL、POSIX_MADV_RANDOM、POSIX_MADV_SEQUENTIAL、POSIX_MADV_WILLNEED 以

及 POSIX_MADV_DONTNEED。在 glibc 中（2.2 以及之后的版本）是通过调用 madvise() 来实现这个候选接口的，但所有 UNIX 实现都没有提供这个接口。

> SUSv3 表示 posix_madvise() 不应该影响一个程序的语义。然而在版本 2.7 之前的 glibc 中，POSIX_MADV_DONTNEED 操作是通过使用 madvise() MADV_DONTNEED 来实现的，而正如之前描述的那样，这个操作会影响一个程序的语义。自 glibc 2.7 开始，posix_madvise() 包装器将 POSIX_MADV_DONTNEED 实现为不做任何事情，这样它就不会影响一个程序的语义了。

50.5 小结

本章对可在一个进程的虚拟内存上执行的各种操作进行了介绍。

- mprotect() 系统调用修改一块虚拟内存区域上的保护。
- mlock() 和 mlockall() 系统调用将一个进程的虚拟地址空间中的部分或全部分别锁进物理内存。
- mincore() 系统调用报告一块虚拟内存区域中哪些分页当前驻留在物理内存中。
- madvise() 系统调用和 posix_madvise() 函数允许一个进程将其预期的内存使用模式报告给内核。

50.6 习题

50-1. 编写一个程序使其为 RLIMIT_MEMLOCK 资源限制设置一个值之后将数量超过这个限制的内存锁进内存来验证 RLIMIT_MEMLOCK 资源限制的作用。

50-2. 写一个程序来验证 madvise() MADV_DONTNEED 操作在一个可写 MAP_PRIVATE 映射上的操作。

第 **51** 章

POSIX IPC 介绍

POSIX.1b 实时扩展定义了一组 IPC 机制，它们与在第 45 章到第 48 章章中介绍的 System V IPC 机制类似。（POSIX.1b 的开发者的其中一个目标是设计出一组能弥补 System V IPC 工具的不足之处的 IPC 机制。）这些 IPC 机制被统称为 POSIX IPC。这三种 POSIX IPC 机制具体如下。

- 消息队列可以用来在进程间传递消息。与 System V 消息队列一样，消息边界被保留了下来，这样读者和写者就以消息为单位（与管道提供的无分隔符的字节流是不同的）进行通信了。POSIX 消息队列允许给每个消息赋一个优先级，这样在队列中优先级较高的消息会排在优先级较低的消息前面。这种功能从某种程度上来讲与 System V 消息中的类型字段提供的功能是一样的。

- 信号量允许多个进程同步各自的动作。与 System V 信号量一样，POSIX 信号量也是一个由内核维护的整数，其值永远都不会小于 0。与 System V 信号量相比，POSIX 信号量在用法上要简单一些：它们是逐个分配的（与 System V 信号量集相比），并且在单个信号量上只能使用两个操作来将信号量的值加 1 或减 1（与 semop() 系统调用能原子地在一个 System V 信号量集中的多个信号量上加上或减去一个任意值相比）。

- 共享内存使得多个进程能够共享同一块内存区域。与 System V 共享内存一样，POSIX 共享内存提供了一种快速 IPC。一个进程一旦更新了共享内存之后，所发生的变更立即对共享同一区域的其他进程可见。

本章将对各个 POSIX IPC 工具进行概述，并着重介绍它们的共有特性。

51.1 API 概述

三种 POSIX IPC 机制拥有很多共有特性。表 51-1 对它们的 API 进行了总结，在后面几节中将深入介绍它们的共有特性的细节信息。

除了在表 51-1 中提及外，本章剩余的部分将不会特意指出 POSIX 信号量存在两种形式这个事实：命名信号量和未命名信号量。命名信号量与本章介绍的其他 POSIX IPC 机制类似：它们通过一个名字来标识，并且所有具备在该对象上合适权限的进程都能够访问该对象。未命名信号量没有关联的标识符，而是会被放置在由一组进程或单个进程中的多个线程共享的内存区域中。在 53 章将会对这两种信号量的细节予以介绍。

表 51-1：POSIX IPC 对象编程接口总结

接 口	消 息 队 列	信 号 量	共 享 内 存
头文件 对象句柄	<mqueue.h> mqd_t	<semaphore.h> sem_t *	<sys/mman.h> int（文件描述符）
创建/打开 关闭 断开链接 执行 IPC	mq_open() mq_close() mq_unlink() mq_send(), mq_receive()	sem_open() sem_close() sem_unlink() sem_post(), sem_wait(), sem_getvalue()	shm_open() + mmap() munmap() shm_unlink() 在共享区域中的位置上操作
其他操作	mq_setattr()——设置特性 mq_getattr()——获取特性 mq_notify()——请求通知	sem_init()——初始化未命名信号量 sem_destroy()——销毁未命名信号量	无

IPC 对象名字

要访问一个 POSIX IPC 对象就必须要通过某种方式来识别出它。在 SUSv3 中规定的唯一一种用来标识 POSIX IPC 对象的可移植的方式是使用以斜线打头后面跟着一个或多个非斜线字符的名字，如/myobject。Linux 和其他一些实现（如 Solaris）允许采用这种可移植的命名方式来给 IPC 对象命名。

在 Linux 上，POSIX 共享内存和消息队列对象的名字的最大长度为 NAME_MAX（255）个字符，而信号量的名字的最大长度要少 4 个字符，这是因为实现会在信号量名字前面加上字符串 sem.。

SUSv3 并没有禁止使用形式不为/myobject 的名字，但表示这种名字的语义是由实现定义的。在一些系统上，创建 IPC 对象名字的规则是不同的。如在 Tru64 5.1 上，IPC 对象名字会被创建成标准文件系统中的名字，并且名字会被解释成为一个绝对或相对路径名。如果调用者没有权限在该目录中创建文件，那么 IPC open 调用就会失败。这意味着在 Tru64 上非特权程序无法创建形如/myobject 之类的名字，因为非特权用户通常无法在根目录（/）中创建文件。其他一些实现在传递给 IPC open 调用的名字的构建上也存在特定的规则。因此在可移植的应用程序中应该将 IPC 对象名的生成工作放在一个根据目标实现裁剪过的单独的函数或头文件中。

创建或打开 IPC 对象

每种 IPC 机制都有一个关联的 open 调用（mq_open()、sem_open()以及 shm_open()），它与用于打开文件的传统的 UNIX open()系统调用类似。给定一个 IPC 对象名，IPC open 调用会完成下列两个任务中的一个。

- 使用给定的名字创建一个新对象，打开该对象并返回该对象的一个句柄。
- 打开一个既有对象并返回该对象的一个句柄。

IPC open 调用返回的句柄与传统的 open()系统调用返回的文件描述符类似——它在后续的调用中被用来引用该对象。

IPC open 调用返回的句柄的类型依赖于对象的类型。对于消息队列来讲返回的是一个消息队列描述符，其类型为 mqd_t。对于信号量来讲，返回的是一个类型为 sem_t *的指针。对于共享内存来讲返回的是一个文件描述符。

所有 IPC open 调用都至少接收三个参数——name、oflag 以及 mode——如下面的 shm_open()调用所示：

```
fd = shm_open("/mymem", O_CREAT | O_RDWR, S_IRUSR | S_IWUSR);
```

这些参数与传统的 UNIX open()系统调用接收的参数类似。name 参数标识出了待创建或待打开的对象。oflag 参数是一个位掩码，在这个参数中至少可以包含下列几种标记。

O_CREAT

如果对象不存在，那么就创建一个对象。如果没有指定这个标记并且对象不存在，那么就返回一个错误（ENOENT）。

O_EXCL

如果同时也指定了 O_CREAT 并且对象已经存在，那么就返回一个错误（EEXIST）。这两步——检查是否存在和创建——是原子操作（5.1 节）。这个标记在不指定 O_CREAT 时是不起作用的。

根据对象的类型，oflag 还可能会包含 O_RDONLY、O_WRONLY 以及 O_RDWR 这三个值中的一个，其含义与它们在 open()中含义相同。一些 IPC 机制还支持额外的标记。

剩下的参数 mode 是一个位掩码，它指定了在对象被创建时（即指定了 O_CREAT 并且对象不存在）施加于新对象之上的权限。mode 参数能取的值与其在文件上的取值一样（表 15-4）。与 open()系统调用一样，mode 中的权限掩码会根据进程的 umask（15.4.6 节）取掩码。新 IPC 对象的所有权和组所有权将根据发起这个 IPC open 调用的进程的有效用户 ID 和组 ID 来确定。（严格来讲，在 Linux 上，新 POSIX IPC 的所有权是由进程的文件系统 ID 来确定的，而进程的文件系统 ID 通常与相应的有效 ID 的值是一样的。参考 9.5 节。）

> 在那些 IPC 对象位于标准文件系统中的系统上，SUSv3 允许实现将新 IPC 对象的组 ID 设置为父目录的组 ID。

关闭 IPC 对象

对于 POSIX 消息队列和信号量来讲，存在一个 IPC close 调用来表明调用进程已经使用完该对象，系统可以释放之前与该对象关联的所有资源了。POSIX 共享内存对象的关闭则是通过使用 munmap()解除映射来完成的。

IPC 对象在进程终止或执行 exec()时会自动被关闭。

IPC 对象权限

IPC 对象上的权限掩码与文件上的权限掩码是一样的。访问一个 IPC 对象的权限与访问文件的权限（15.4.3 节）是类似的，但对于 POSIX IPC 对象来讲，执行权限是没有意义的。

从内核 2.6.19 起，Linux 支持使用访问控制列表（ACL）来设置 POSIX 共享内存对象和命名信号量上的权限。目前，在 POSIX 消息队列上不支持 ACL。

IPC 对象删除和对象持久性

与打开文件一样，POSIX IPC 对象也有引用计数——内核会维护对象上的打开引用计数。与 System V IPC 对象相比，这种方式使得应用程序能够更加容易地确定何时可以安全地删除一个对象。

每个 IPC 对象都有一个对应的 unlink 调用，其操作类似于应用于文件的传统的 unlink() 系统调用。unlink 调用会立即删除对象的名字，然后在所有进程使用完对象（即当引用计数等于 0 时）之后销毁该对象。对于消息队列和信号量来讲，这意味着当所有进程都关闭对象之后对象会被销毁；对于共享内存来讲，当所有进程都使用 munmap() 解除与对象之间的映射关系之后就会销毁该对象。

当一个对象被断开链接之后，指定同一个对象名的 IPC open 调用将会引用一个新对象（在不指定 O_CREAT 时会失败）。

与 System V IPC 一样，POSIX IPC 对象也拥有内核持久性。对象一旦被创建，就会一直存在直到被断开链接或系统被关闭。这样一个进程就能够创建一个对象、修改其状态，然后退出并将对象留给在后面某个时刻启动的一些进程访问。

通过命令行列出和删除 POSIX IPC 对象

System V IPC 提供了两个命令 ipcs 和 ipcrm 来列出和删除 IPC 对象。对于 POSIX IPC 对象来讲，不存在标准的命令来执行类似的任务。然而在很多系统上，包括 Linux，IPC 对象是在一个挂载在根目录（/）下某处的真实或虚拟文件系统中实现的，因此可以使用标准的 ls 和 rm 命令来列出和删除 IPC 对象。（SUSv3 并没有规定使用 ls 和 rm 来完成这些任务。）使用这些命令存在的主要问题是 POSIX IPC 对象名以及它们在文件系统中所处的位置是不标准的。

在 Linux 上，POSIX IPC 对象位于挂载在设置了粘滞位的目录下的虚拟文件系统中。这个位是一个受限的删除标记（15.4.5 节），设置该位表示非特权进程只能够断开它自己拥有的 POSIX IPC 对象的链接。

在 Linux 上编译使用 POSIX IPC 的程序

在 Linux 上，使用 POSIX IPC 机制的程序必须要与实时库 librt 链接起来，这可以通过在 cc 命令中指定–lrt 选项来完成。

51.2 System V IPC 与 POSIX IPC 比较

下面几个章节将分别对各种 POSIX IPC 机制进行介绍，同时还会将它们与其在 System V 中的对应机制进行对比。下面考虑这两种 IPC 之间的一些常规比较。

与 System V IPC 相比，POSIX IPC 拥有下列常规优势。

- POSIX IPC 的接口比 System V IPC 接口简单。
- POSIX IPC 模型——使用名字替代键、使用 open、close 以及 unlink 函数——与传统的 UNIX 文件模型更加一致。
- POSIX IPC 对象是引用计数的。这就简化了对象删除，因为可以断开一个 POSIX IPC 对象的链接，并且知道当所有进程都关闭该对象之后对象就会被销毁。

然而 System V IPC 具备一个显著的优势：可移植性。POSIX IPC 在下列方面的移植性不如 System V IPC。

- System V IPC 在 SUSv3 中进行了规定，并且几乎所有的 UNIX 实现都支持 System V IPC。而与之相反的是，POSIX IPC 机制在 SUSv3 中则是一个可选的组件。一些 UNIX 实现并不支持（所有）POSIX IPC 机制。这种情况可以通过 Linux 上的微观世界反映出来：POSIX 共享内存从内核 2.4 开始得到支持；完整的 POSIX 信号量实现从内核 2.6 开始得到支持；POSIX 消息队列从内核 2.6.6 开始得到支持。

- 尽管 SUSv3 对 POSIX IPC 对象名字进行了规定，但各种实现仍然采用不同的规则来命名 IPC 对象。这些差异使得程序员在编写可移植应用程序时需要做一些（很少）额外的工作。

- POSIX IPC 的各种细节并没有在 SUSv3 中进行规定。特别是没有规定使用哪些命令来显示和删除系统上的 IPC 对象。（在很多实现上使用的是标准的文件系统命令，但用来标识 IPC 对象的路径名的细节信息则因实现而异。）

51.3　总结

POSIX IPC 是一个一般名称，它指由 POSIX.1b 设计来取代与之类似的 System V IPC 机制的三种 IPC 机制——消息队列、信号量以及共享内存。

POSIX IPC 接口与传统的 UNIX 文件模型更加一致。IPC 对象是通过名字来标识的，并使用 open、close 以及 unlink 等操作方式与相应的文件相关的系统调用类似的调用来管理。

POSIX IPC 提供的接口在很多方面都优于 System V IPC 接口，但 POSIX IPC 可移植性要比 System V IPC 稍差。

第章

52

第章

POSIX 消息队列

本章将介绍 POSIX 消息队列，它允许进程之间以消息的形式交换数据。POSIX 消息队列与 System V 消息队列的相似之处在于数据的交换单位是整个消息，但它们之间仍然存在一些显著的差异。

- POSIX 消息队列是引用计数的。只有当所有当前使用队列的进程都关闭了队列之后才会对队列进行标记以便删除。
- 每个 System V 消息都有一个整数类型，并且通过 msgrcv()可以以各种方式类选择消息。与之形成鲜明对比的是，POSIX 消息有一个关联的优先级，并且消息之间是严格按照优先级顺序排队的（以及接收）。
- POSIX 消息队列提供了一个特性允许在队列中的一条消息可用时异步地通知进程。

POSIX 消息队列被添加到 Linux 中的时间相对来讲是比较短的，所需的实现支持在内核 2.6.6 中才被加入（此外，还需要 glibc 2.3.4 或之后的版本）。

POSIX 消息队列支持是一个通过 CONFIG_POSIX_MQUEUE 选项配置的可选内核组件。

52.1 概述

POSIX 消息队列 API 中的主要函数如下。

- mq_open()函数创建一个新消息队列或打开一个既有队列，返回后续调用中会用到的消息队列描述符。
- mq_send()函数向队列写入一条消息。
- mq_receive()函数从队列中读取一条消息。
- mq_close()函数关闭进程之前打开的一个消息队列。
- mq_unlink()函数删除一个消息队列名并当所有进程关闭该队列时对队列进行标记以便删除。

上面的函数所完成的功能是相当明显的。此外，POSIX 消息队列 API 还具备一些特别的特性。

- 每个消息队列都有一组关联的特性，其中一些特性可以在使用 mq_open()创建或打开队列时进行设置。获取和修改队列特性的工作则是由两个函数来完成的：mq_getattr()

和 mq_setattr()。

- mq_notify()函数允许一个进程向一个队列注册接收消息通知。在注册完之后，当一条消息可用时会通过发送一个信号或在一个单独的线程中调用一个函数来通知进程。

52.2 打开、关闭和断开链接消息队列

本节将介绍用来打开、关闭和删除消息队列的函数。

打开一个消息队列

mq_open()函数创建一个新消息队列或打开一个既有队列。

```
#include <fcntl.h>              /* Defines O_* constants */
#include <sys/stat.h>           /* Defines mode constants */
#include <mqueue.h>

mqd_t mq_open(const char *name, int oflag, ...
              /* mode_t mode, struct mq_attr *attr */);
```
                    Returns a message queue descriptor on success, or *(mqd_t)* -1 on error

name 参数标识出了消息队列，其取值需要遵循 51.1 节中给出的规则。

oflag 参数是一个位掩码，它控制着 mq_open()操作的各个方面。表 52-1 对这个掩码中可以包含的值进行了总结。

表 52-1：mq_open() oflag 参数的位值

标　　记	描　　述
O_CREAT	队列不存在时创建队列
O_EXCL	与 O_CREAT 一起排它地创建队列
O_RDONLY	只读打开
O_WRONLY	只写打开
O_RDWR	读写打开
O_NONBLOCK	以非阻塞模式打开

oflag 参数的其中一个用途是，确定是打开一个既有队列还是创建和打开一个新队列。如果在 oflag 中不包含 O_CREAT，那么将会打开一个既有队列。如果在 oflag 中包含了 O_CREAT，并且与给定的 name 对应的队列不存在，那么就会创建一个新的空队列。如果在 oflag 中同时包含 O_CREAT 和 O_EXCL，并且与给定的 name 对应的队列已经存在，那么 mq_open()就会失败。

oflag 参数还能够通过包含 O_RDONLY、O_WRONLY 以及 O_RDWR 这三个值中的一个来表明调用进程在消息队列上的访问方式。

剩下的一个标记值 O_NONBLOCK 将会导致以非阻塞的模式打开队列。如果后续的 mq_receive()或 mq_send()调用无法在不阻塞的情况下执行，那么调用就会立即返回 EAGAIN 错误。

mq_open()通常用来打开一个既有消息队列，这种调用只需要两个参数，但如果在 flags 中指定了 O_CREAT，那么就还需要另外两个参数：mode 和 attr。（如果通过 name 指定的队列已经存在，那么这两个参数会被忽略。）这些参数的用法如下。

- mode 参数是一个位掩码，它指定了施加于新消息队列之上的权限。这个参数可取的

位值与文件上的掩码值（表 15-4）是一样的，并且与 open()一样，mode 中的值会与进程的 umask（15.4.6 节）取掩码。要从一个队列中读取消息（mq_receive()）就必须要将读权限赋予相应的用户，要向队列写入消息（mq_send()）就需要写权限。

- attr 参数是一个 mq_attr 结构，它指定了新消息队列的特性。如果 attr 为 NULL，那么将使用实现定义的默认特性创建队列。在 52.4 节中将会对 mq_attr 结构进行介绍。

mq_open()在成功结束时会返回一个消息队列描述符，它是一个类型为 mqd_t 的值，在后续的调用中将会使用它来引用这个打开着的消息队列。SUSv3 对这个数据类型的唯一约束是它不能是一个数组，即需要确保这个类型是一个能在赋值语句中使用或能作为函数参数传递的的类型。（如在 Linux 上，mqd_t 是一个 int，而在 Solaris 上将其定义为 void *。）

程序清单 52-2 给出了一个使用 mq_open()的例子。

fork()、exec()以及进程终止对消息队列描述符的影响

在 fork()中子进程会接收其父进程的消息队列描述符的副本，并且这些描述符会引用同样的打开着的消息队列描述。（在 52.3 节中将会对消息队列描述进行介绍。）子进程不会继承其父进程的任何消息通知注册。

当一个进程执行了一个 exec()或终止时，所有其打开的消息队列描述符会被关闭。关闭消息队列描述符的结果是进程在相应队列上的消息通知注册会被注销。

关闭一个消息队列

mq_close()函数关闭消息队列描述符 mqdes。

```
#include <mqueue.h>

int mq_close(mqd_t mqdes);
                                    Returns 0 on success, or –1 on error
```

如果调用进程已经通过 mqdes 在队列上注册了消息通知（52.6 节），那么通知注册会自动被删除，并且另一个进程可以随后向该队列注册消息通知。

当进程终止或调用 exec()时，消息队列描述符会被自动关闭。与文件描述符一样，应用程序应该在不再使用消息队列描述符的时候显式地关闭消息队列描述符以防止出现进程耗尽消息队列描述符的情况。

与文件上的 close()一样，关闭一个消息队列并不会删除该队列。要删除队列则需要使用 mq_unlink()，它是 unlink()在消息队列上的版本。

删除一个消息队列

mq_unlink()函数删除通过 name 标识的消息队列，并将队列标记为在所有进程使用完该队列之后销毁该队列（这可能意味着会立即删除，前提是所有打开该队列的进程已经关闭了该队列）。

```
#include <mqueue.h>

int mq_unlink(const char *name);
                                    Returns 0 on success, or –1 on error
```

程序清单 52-1 示了 mq_unlink()的用法。

程序清单 52-1：使用 mq_unlink() 断开一个 POSIX 消息队列的链接

――― pmsg/pmsg_unlink.c

```c
#include <mqueue.h>
#include "tlpi_hdr.h"

int
main(int argc, char *argv[])
{
    if (argc != 2 || strcmp(argv[1], "--help") == 0)
        usageErr("%s mq-name\n", argv[0]);

    if (mq_unlink(argv[1]) == -1)
        errExit("mq_unlink");
    exit(EXIT_SUCCESS);
}
```

――― pmsg/pmsg_unlink.c

52.3 描述符和消息队列之间的关系

消息队列描述符和打开着的消息队列之间的关系与文件描述符和打开着的文件描述符之间的关系类似（见图 5-2）。消息队列描述符是一个进程级别的句柄，它引用了系统层面的打开着的消息队列描述表中的一个条目，而该条目则引用了一个消息队列对象。图 52-1 对这种关系进行了描绘。

> 在 Linux 上，POSIX 消息队列被实现成了虚拟文件系统中的 i-node，并且消息队列描述符和打开着的消息队列描述分别被实现成了文件描述符和打开着的文件描述。然而 SUSv3 没有对实现细节进行规定，并且一些 UNIX 实现也并没有采用这种实现方式。在 52.7 节中将会对这个话题进行讨论，因为 Linux 正是由于采用了这种实现方式才得以提供了一些非标准的特性。

图 52-1 有助于阐明消息队列描述符的使用方面的细节问题（所有这些都与文件描述符的使用类似）。

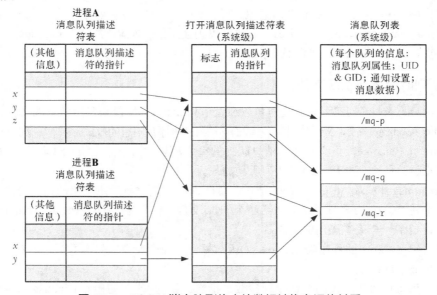

图 52-1：POSIX 消息队列的内核数据结构之间的关系

- 一个打开的消息队列描述拥有一组关联的标记。SUSv3 只规定了一种这样的标记，即 NONBLOCK，它确定了 I/O 是否是非阻塞的。
- 两个进程能够持有引用同一个打开的消息队列描述的消息队列描述符（图中的描述符 x）。当一个进程在打开了一个消息队列之后调用 fork()时就会发生这种情况。这些描述符会共享 O_NONBLOCK 标记的状态。
- 两个进程能够持有引用不同消息队列描述（它们引用了同一个消息队列）的打开的消息队列描述（如进程 A 中的描述符 z 和进程 B 中的描述符 y 都引用了/mq-r）。当两个进程分别使用 mq_open()打开同一个队列时就会发生这种情况。

52.4　消息队列特性

mq_open()、mq_getattr()以及 mq_setattr()函数都会接收一个参数，它是一个指向 mq_attr 结构的指针。这个结构是在<mqueue.h>中进行定义的，其形式如下。

```
struct mq_attr {
    long mq_flags;          /* Message queue description flags: 0 or
                               O_NONBLOCK [mq_getattr(), mq_setattr()] */
    long mq_maxmsg;         /* Maximum number of messages on queue
                               [mq_open(), mq_getattr()] */
    long mq_msgsize;        /* Maximum message size (in bytes)
                               [mq_open(), mq_getattr()] */
    long mq_curmsgs;        /* Number of messages currently in queue
                               [mq_getattr()] */
};
```

在开始深入介绍 mq_attr 的细节之前有必要指出以下几点。

- 这三个函数中的每个函数都只用到了其中几个字段。上面给出的结构定义中的注释指出了各个函数所用到的字段。
- 这个结构包含了与一个消息描述符相关联的打开的消息队列描述（mq_flags）的相关信息以及该描述符所引用的队列的相关信息（mq_maxmsg、mq_msgsize、mq_curmsgs）。
- 其中一些字段中包含的信息在使用 mq_open()创建队列时就已经确定下来了（mq_maxmsg 和 mq_msgsize）；其他字段则会返回消息队列描述（mq_flags）或消息队列（mq_curmsgs）的当前状态的相关信息。

在创建队列时设置消息队列特性

在使用 mq_open()创建消息队列时可以通过下列 mq_attr 字段来确定队列的特性。

- mq_maxmsg 字段定义了使用 mq_send()向消息队列添加消息的数量上限，其取值必须大于 0。
- mq_msgsize 字段定义了加入消息队列的每条消息的大小的上限，其取值必须大于 0。

内核根据这两个值来确定消息队列所需的最大内存量。

mq_maxmsg 和 mq_msgsize 特性是在消息队列被创建时就确定下来的，并且之后也无法修改这两个特性。在 52.8 节中将会介绍两个/proc 文件，它们为 mq_maxmsg 和 mq_msgsize 特性的取值设定了一个系统层面的限制。

程序清单 52-2 中的程序为 mq_open()函数提供了一个命令行界面并展示了在 mq_open()中如何使用 mq_attr 结构。

消息队列特性可以通过两个命令行参数来指定：–m 用于指定 mq_maxmsg，–s 用于指定 mq_msgsize。只要指定了其中一个选项，那么一个非 NULL 的 attrp 参数就会被传递给

mq_open()。如果在命令行中只指定了–m 和–s 选项中的一个，那么 attrp 指向的 mq_attr 结构中的一些字段就会取默认值。如果两个选项都被没有被指定，那么在调用 mq_open()时会将 attrp 指定为 NULL，这将会导致使用由实现定义的队列特性的默认值来创建队列。

程序清单 52-2：创建一个 POSIX 消息队列

———————————————————————————————— pmsg/pmsg_create.c

```c
#include <mqueue.h>
#include <sys/stat.h>
#include <fcntl.h>
#include "tlpi_hdr.h"

static void
usageError(const char *progName)
{
    fprintf(stderr, "Usage: %s [-cx] [-m maxmsg] [-s msgsize] mq-name "
            "[octal-perms]\n", progName);
    fprintf(stderr, "    -c          Create queue (O_CREAT)\n");
    fprintf(stderr, "    -m maxmsg   Set maximum # of messages\n");
    fprintf(stderr, "    -s msgsize  Set maximum message size\n");
    fprintf(stderr, "    -x          Create exclusively (O_EXCL)\n");
    exit(EXIT_FAILURE);
}

int
main(int argc, char *argv[])
{
    int flags, opt;
    mode_t perms;
    mqd_t mqd;
    struct mq_attr attr, *attrp;

    attrp = NULL;
    attr.mq_maxmsg = 50;
    attr.mq_msgsize = 2048;
    flags = O_RDWR;
    /* Parse command-line options */

    while ((opt = getopt(argc, argv, "cm:s:x")) != -1) {
        switch (opt) {
        case 'c':
            flags |= O_CREAT;
            break;

        case 'm':
            attr.mq_maxmsg = atoi(optarg);
            attrp = &attr;
            break;

        case 's':
            attr.mq_msgsize = atoi(optarg);
            attrp = &attr;
            break;

        case 'x':
            flags |= O_EXCL;
            break;
```

```
            default:
                usageError(argv[0]);
            }
        }

    if (optind >= argc)
        usageError(argv[0]);

    perms = (argc <= optind + 1) ? (S_IRUSR | S_IWUSR) :
                getInt(argv[optind + 1], GN_BASE_8, "octal-perms");

    mqd = mq_open(argv[optind], flags, perms, attrp);
    if (mqd == (mqd_t) -1)
        errExit("mq_open");

    exit(EXIT_SUCCESS);
}
```
── **pmsg/pmsg_create.c**

获取消息队列特性

mq_getattr()函数返回一个包含与描述符 mqdes 相关联的消息队列描述和消息队列的相关信息的 mq_attr 结构。

```
#include <mqueue.h>

int mq_getattr(mqd_t mqdes, struct mq_attr *attr);
```
                                    Returns 0 on success, or –1 on error

---

除了上面已经介绍的 mq_maxmsg 和 mq_msgsize 字段之外，attr 指向的返回结构中还包含下列字段。

mq_flags

这些是与描述符 mqdes 相关联的打开的消息队列描述的标记，其取值只有一个：O_NONBLOCK。这个标记是根据 mq_open()的 oflag 参数来初始化的，并且使用 mq_setattr()可以修改这个标记。

mq_curmsgs

这个当前位于队列中的消息数。这个信息在 mq_getattr()返回时可能已经发生了改变，前提是存在其他进程从队列中读取消息或向队列写入消息。

程序清单 52-3 中的程序使用了 mq_getattr()来获取通过命令行参数指定的消息队列的特性，然后在标准输出中显示这些特性。

程序清单 52-3：获取 POSIX 消息队列特性

── **pmsg/pmsg_getattr.c**
```
#include <mqueue.h>
#include "tlpi_hdr.h"

int
main(int argc, char *argv[])
{
    mqd_t mqd;
```

```
    struct mq_attr attr;

    if (argc != 2 || strcmp(argv[1], "--help") == 0)
        usageErr("%s mq-name\n", argv[0]);

    mqd = mq_open(argv[1], O_RDONLY);
    if (mqd == (mqd_t) -1)
        errExit("mq_open");

    if (mq_getattr(mqd, &attr) == -1)
        errExit("mq_getattr");

    printf("Maximum # of messages on queue:   %ld\n", attr.mq_maxmsg);
    printf("Maximum message size:             %ld\n", attr.mq_msgsize);
    printf("# of messages currently on queue: %ld\n", attr.mq_curmsgs);
    exit(EXIT_SUCCESS);
}
```
                                                             ───── *pmsg/pmsg_getattr.c*

下面的 shell 会话使用了程序清单 52-2 中的程序来创建一个消息队列并使用实现定义的默认值来初始化其特性（即传入 mq_open() 的最后一个参数为 NULL），然后使用程序清单 52-3 中的程序来显示队列特性，这样就能够看到 Linux 上的默认设置了。

```
$ ./pmsg_create -cx /mq
$ ./pmsg_getattr /mq
Maximum # of messages on queue:   10
Maximum message size:             8192
# of messages currently on queue: 0
$ ./pmsg_unlink /mq                            Remove message queue
```

从上面的输出中可以看出 Linux 上 mq_maxmsg 和 mq_msgsize 的默认取值分别为 10 和 8192。

mq_maxmsg 和 mq_msgsize 的默认取值在不同的实现上差异很大。可移植的应用程序一般都需要显式地为这两个特性选取相应的值，而不是依赖于默认值。

修改消息队列特性

mq_setattr() 函数设置与消息队列描述符 mqdes 相关联的消息队列描述的特性，并可选地返回与消息队列有关的信息。

```
#include <mqueue.h>

int mq_setattr(mqd_t mqdes, const struct mq_attr *newattr,
               struct mq_attr *oldattr);

                                    Returns 0 on success, or –1 on error
```

mq_setattr() 函数执行下列任务。

- 它使用 newattr 指向的 mq_attr 结构中的 mq_flags 字段来修改与描述符 mqdes 相关联的消息队列描述的标记。
- 如果 oldattr 不为 NULL，那么就返回一个包含之前的消息队列描述标记和消息队列特性的 mq_attr 结构（即与 mq_getattr() 执行的任务一样）。

SUSv3 规定使用 mq_setattr() 能够修改的唯一特性是 O_NONBLOCK 标记的状态。

为支持一个特定的实现可能会定义其他可修改的标记或 SUSv3 后面可能会增加新的标记，一个可移植的应用程序应该通过使用 mq_getattr() 来获取 mq_flags 值并修改 O_NONBLOCK 位来修改 O_NONBLOCK 标记的状态以及调用 mq_setattr() 来修改 mq_flags 设置。如为启用 O_NONBLOCK 需要编写下列代码：

```
if (mq_getattr(mqd, &attr) == -1)
    errExit("mq_getattr");
attr.mq_flags |= O_NONBLOCK;
if (mq_setattr(mqd, &attr, NULL) == -1)
    errExit("mq_getattr");
```

52.5　交换消息

本节将介绍用来向队列发送消息和从队列中接收消息的函数。

52.5.1　发送消息

mq_send()函数将位于 msg_ptr 指向的缓冲区中的消息添加到描述符 mqdes 所引用的消息队列中。

```
#include <mqueue.h>

int mq_send(mqd_t mqdes, const char *msg_ptr, size_t msg_len,
            unsigned int msg_prio);
                                    Returns 0 on success, or -1 on error
```

msg_len 参数指定了 msg_ptr 指向的消息的长度，其值必须小于或等于队列的 mq_msgsize 特性，否则 mq_send()就会返回 EMSGSIZE 错误。长度为零的消息是允许的。

每条消息都拥有一个用非负整数表示的优先级，它通过 msg_prio 参数指定。消息在队列中是按照优先级倒序排列的（即 0 表示优先级最低）。当一条消息被添加到队列中时，它会被放置在队列中具有相同的优先级的所有消息之后。如果一个应用程序无需使用消息优先级，那么只需要将 msg_prio 指定为 0 即可。

> 本章开头部分提及过 System V 消息的类型特性的功能是不同的。System V 消息总是按照 FIFO 的顺序排列，但 msgrcv()能够按照多种方式来选择消息：按照 FIFO 的顺序、根据类型来选择、或者选取类型值小于或等于某个特定值的消息中类型值最大的消息。

SUSv3 允许一个实现为消息优先级规定一个上限，这可以通过定义常量 MQ_PRIO_MAX 或通过规定 sysconf(_SC_MQ_PRIO_MAX)的返回值来完成。SUSv3 要求这个上限至少是 32（_POSIX_MQ_PRIO_MAX），即优先级的取值范围至少为 0 到 31，但各个实现规定的实际取值范围则存在着很大的差异，如在 Linux 上，这个常量值为 32768，而在 Solaris 上这个常量值为 32，在 Tru64 则为 256。

如果消息队列已经满了（即已经达到了队列的 mq_maxmsg 限制），那么后续的 mq_send()调用会阻塞直到队列中存在可用空间为止或者在 O_NONBLOCK 标记起作用时立即失败并返回 EAGAIN 错误。

程序清单 52-4 中的程序为 mq_send()函数提供了一个命令行界面，下一节将会演示如何使用这个程序。

程序清单 52-4：向 POSIX 消息队列写入一条消息

```c
#include <mqueue.h>
#include <fcntl.h>                  /* For definition of O_NONBLOCK */
#include "tlpi_hdr.h"

static void
usageError(const char *progName)
{
    fprintf(stderr, "Usage: %s [-n] name msg [prio]\n", progName);
    fprintf(stderr, "    -n            Use O_NONBLOCK flag\n");
    exit(EXIT_FAILURE);
}

int
main(int argc, char *argv[])
{
    int flags, opt;
    mqd_t mqd;
    unsigned int prio;

    flags = O_WRONLY;
    while ((opt = getopt(argc, argv, "n")) != -1) {
        switch (opt) {
        case 'n':   flags |= O_NONBLOCK;           break;
        default:    usageError(argv[0]);
        }
    }

    if (optind + 1 >= argc)
        usageError(argv[0]);

    mqd = mq_open(argv[optind], flags);
    if (mqd == (mqd_t) -1)
        errExit("mq_open");

    prio = (argc > optind + 2) ? atoi(argv[optind + 2]) : 0;

    if (mq_send(mqd, argv[optind + 1], strlen(argv[optind + 1]), prio) == -1)
        errExit("mq_send");
    exit(EXIT_SUCCESS);
}
```

52.5.2　接收消息

mq_receive() 函数从 mqdes 引用的消息队列中删除一条优先级最高、存在时间最长的消息并将删除的消息放置在 msg_ptr 指向的缓冲区。

```
#include <mqueue.h>

ssize_t mq_receive(mqd_t mqdes, char *msg_ptr, size_t msg_len,
                   unsigned int *msg_prio);
```
          Returns number of bytes in received message on success, or –1 on error

调用者使用 msg_len 参数来指定 msg_ptr 指向的缓冲区中的可用字节数。

不管消息的实际大小是什么，msg_len（即 msg_ptr 指向的缓冲区的大小）必须要大于或等于队列的 mq_msgsize 特性，否则 mq_receive() 就会失败并返回 EMSGSIZE 错误。如果不清楚一个队列的 mq_msgsize 特性的值，那么可以使用 mq_getattr() 来获取这个值。（在一个包含多个协作进程的应用程序中一般无需使用 mq_getattr()，因为应用程序通常能够提前确定队列的 mq_msgsize 设置。）

如果 msg_prio 不为 NULL，那么接收到的消息的优先级会被复制到 msg_prio 指向的位置处。

如果消息队列当前为空，那么 mq_receive() 会阻塞直到存在可用的消息或在 O_NONBLOCK 标记起作用时会立即失败并返回 EAGAIN 错误。（管道就不存在类似的行为，即当一端不存在写者时读者不会看到文件结束。）

程序清单 52-5 中的程序为 mq_receive() 函数提供了一个命令行界面，在 usageError() 函数中给出了这个程序的命令格式。

下面的 shell 会话演示了程序清单 52-4 和程序清单 52-5 中的程序的用法。首先创建了一个消息队列并向其发送了一些具备不同优先级的消息。

```
$ ./pmsg_create -cx /mq
$ ./pmsg_send /mq msg-a 5
$ ./pmsg_send /mq msg-b 0
$ ./pmsg_send /mq msg-c 10
```

然后执行一系列命令来从队列中接收消息。

```
$ ./pmsg_receive /mq
Read 5 bytes; priority = 10
msg-c
$ ./pmsg_receive /mq
Read 5 bytes; priority = 5
msg-a
$ ./pmsg_receive /mq
Read 5 bytes; priority = 0
msg-b
```

从上面的输出中可以看出，消息的读取是按照优先级来进行的。

此刻，这个队列是空的。当再次执行阻塞式接收时，操作就会阻塞。

```
$ ./pmsg_receive /mq
```
Blocks; we type Control-C to terminate the program

另一方面，如果执行了一个非阻塞接收，那么调用就会立即返回一个失败状态。

```
$ ./pmsg_receive -n /mq
ERROR [EAGAIN/EWOULDBLOCK Resource temporarily unavailable] mq_receive
```

程序清单 52-5：从 POSIX 消息队列中读取一条消息

―――――――――――――――――――――――――――――― pmsg/pmsg_receive.c

```
#include <mqueue.h>
#include <fcntl.h>                    /* For definition of O_NONBLOCK */
#include "tlpi_hdr.h"

static void
usageError(const char *progName)
{
    fprintf(stderr, "Usage: %s [-n] name\n", progName);
```

```
        fprintf(stderr, "   -n            Use O_NONBLOCK flag\n");
        exit(EXIT_FAILURE);
}

int
main(int argc, char *argv[])
{
        int flags, opt;
        mqd_t mqd;
        unsigned int prio;
        void *buffer;
        struct mq_attr attr;
        ssize_t numRead;

        flags = O_RDONLY;
        while ((opt = getopt(argc, argv, "n")) != -1) {
            switch (opt) {
            case 'n':    flags |= O_NONBLOCK;        break;
            default:     usageError(argv[0]);
            }
        }

        if (optind >= argc)
            usageError(argv[0]);

        mqd = mq_open(argv[optind], flags);
        if (mqd == (mqd_t) -1)
            errExit("mq_open");

        if (mq_getattr(mqd, &attr) == -1)
            errExit("mq_getattr");

        buffer = malloc(attr.mq_msgsize);
        if (buffer == NULL)
            errExit("malloc");
        numRead = mq_receive(mqd, buffer, attr.mq_msgsize, &prio);
        if (numRead == -1)
            errExit("mq_receive");

        printf("Read %ld bytes; priority = %u\n", (long) numRead, prio);
        if (write(STDOUT_FILENO, buffer, numRead) == -1)
            errExit("write");
        write(STDOUT_FILENO, "\n", 1);

        exit(EXIT_SUCCESS);
}
```
── pmsg/pmsg_receive.c

52.5.3　在发送和接收消息时设置超时时间

mq_timedsend()和 mq_timedreceive()函数与 mq_send()和 mq_receive()几乎是完全一样的，
它们之间唯一的差别在于如果操作无法立即被执行，并且该消息队列描述上的
O_NONBLOCK 标记不起作用，那么 abs_timeout 参数就会为调用阻塞的时间指定一个上限。

```
#define _XOPEN_SOURCE 600
#include <mqueue.h>
#include <time.h>
```

```
int mq_timedsend(mqd_t mqdes, const char *msg_ptr, size_t msg_len,
                 unsigned int msg_prio, const struct timespec *abs_timeout);
```
Returns 0 on success, or –1 on error

```
ssize_t mq_timedreceive(mqd_t mqdes, char *msg_ptr, size_t msg_len,
                        unsigned int *msg_prio, const struct timespec *abs_timeout);
```
Returns number of bytes in received message on success, or –1 on error

abs_timeout 参数是一个 timespec 结构（23.4.2 节），它将超时时间描述为自新纪元到现在的一个绝对值，其单位为秒数和纳秒数。要指定一个相对超时则可以使用 clock_gettime() 来获取 CLOCK_REALTIME 时钟的当前值并在该值上加上所需的时间量来生成一个恰当初始化过的 timespec 结构。

如果 mq_timedsend() 或 mq_timedreceive() 调用因超时而无法完成操作，那么调用就会失败并返回 ETIMEDOUT 错误。

在 Linux 上将 abs_timeout 指定为 NULL 表示永远不会超时，但这种行为并没有在 SUSv3 中得到规定，因此可移植的应用程序不应该依赖这种行为。

mq_timedsend() 和 mq_timedreceive() 函数最初源自 POSIX.1d (1999)，所有 UNIX 实现都没有提供这两个函数。

52.6 消息通知

POSIX 消息队列区别于 System V 消息队列的一个特性是 POSIX 消息队列能够接收之前为空的队列上有可用消息的异步通知（即队列从空变成了非空）。这个特性意味着已经无需执行一个阻塞的调用或将消息队列描述符标记为非阻塞并在队列上定期执行 mq_receive() 调用（"拉"）了，因为一个进程能够请求消息到达通知，然后继续执行其他任务直到收到通知为止。进程可以选择通过信号的形式或通过在一个单独的线程中调用一个函数的形式来接收通知。

POSIX 消息队列的通知特性与 23.6 节中介绍的 POSIX 定时器通知工具类似。（这两组 API 都源自 POSIX.1b。）

mq_notify() 函数注册调用进程在一条消息进入描述符 mqdes 引用的空队列时接收通知。

```
#include <mqueue.h>

int mq_notify(mqd_t mqdes, const struct sigevent *notification);
```
Returns 0 on success, or –1 on error

notification 参数指定了进程接收通知的机制。在深入介绍 notification 参数的细节之前，有关消息通知需要注意以下几点。

- 在任何一个时刻都只有一个进程（"注册进程"）能够向一个特定的消息队列注册接收通知。如果一个消息队列上已经存在注册进程了，那么后续在该队列上的注册请求将会失败（mq_notify() 返回 EBUSY 错误）。
- 只有当一条新消息进入之前为空的队列时注册进程才会收到通知。如果在注册的时候队列中已经包含消息，那么只有当队列被清空之后有一条新消息达到之时才会发出通知。
- 当向注册进程发送了一个通知之后就会删除注册信息，之后任何进程就能够向队列注册接收通知了。换句话说，只要一个进程想要持续地接收通知，那么它就必须要在每次接收到通知之后再次调用 mq_notify() 来注册自己。

- 注册进程只有在当前不存在其他在该队列上调用 mq_receive() 而发生阻塞的进程时才会收到通知。如果其他进程在 mq_receive() 调用中被阻塞了，那么该进程会读取消息，注册进程会保持注册状态。

- 一个进程可以通过在调用 mq_notify() 时传入一个值为 NULL 的 notification 参数来撤销自己在消息通知上的注册信息。

在 23.6.1 节中已经对 notification 参数的类型 sigevent 结构进行了介绍。下面给出的是该结构的一个简化版本，它只列出了与 mq_notify() 相关的字段。

```
union sigval {
    int    sival_int;              /* Integer value for accompanying data */
    void   *sival_ptr;            /* Pointer value for accompanying data */
};

struct sigevent {
    int    sigev_notify;          /* Notification method */
    int    sigev_signo;           /* Notification signal for SIGEV_SIGNAL */
    union sigval sigev_value;     /* Value passed to signal handler or
                                     thread function */
    void (*sigev_notify_function) (union sigval);
                                  /* Thread notification function */
    void   *sigev_notify_attributes;  /* Really 'pthread_attr_t' */
};
```

这个结构的 sigev_notify 字段将会被设置成下列值中的一个。

SIGEV_NONE

注册这个进程接收通知，但当一条消息进入之前为空的队列时不通知该进程。与往常一样，当新消息进入空队列之后注册信息会被删除。

SIGEV_SIGNAL

通过生成一个在 sigev_signo 字段中指定的信号来通知进程。如果 sigev_signo 是一个实时信号，那么 sigev_value 字段将会指定信号都带的数据（22.8.1 节）。通过传入信号处理器的 siginfo_t 结构中的 si_value 字段或通过调用 sigwaitinfo() 或 sigtimedwait() 返回值能够取得这部分数据。siginfo_t 结构中的下列字段也会被填充：si_code，其值为 SI_MESGQ；si_signo，其值是信号编号；si_pid，其值是发送消息的进程的进程 ID；以及 si_uid，其值是发送消息的进程的真实用户 ID。（si_pid 和 si_uid 字段在其他大多数实现上不会被设置。）

SIGEV_THREAD

通过调用在 sigev_notify_function 中指定的函数来通知进程，就像是在一个新线程中启动该函数一样。sigev_notify_attributes 字段可以为 NULL 或是一个指向定义了线程的特性的 pthread_attr_t 结构的指针（29.8 节）。sigev_value 中指定的联合 sigval 值将会作为参数传入这个函数。

52.6.1 通过信号接收通知

程序清单 52-6 提供了一个使用信号来进行消息通知的例子。这个程序执行了下列任务。

1. 以非阻塞模式打开了一个通过命令行指定名称的消息队列①，确定了该队列的 mq_msgsize 特性的值②，并分配了一个大小为该值的缓冲区来接收消息③。

2. 阻塞通知信号（SIGUSR1）并为其建立一个处理器④。

3. 首次调用 mq_notify() 来注册进程接收消息通知⑤。

4. 执行一个无限循环，在循环中执行下列任务。

(a) 调用 sigsuspend()，该函数会解除通知信号的阻塞状态并等待直到信号被捕获⑥。从这个系统调用中返回表示已经发生了一个消息通知。此刻，进程会撤销消息通知的注册信息。

(b) 调用 mq_notify() 重新注册进程接收消息通知⑦。

(c) 执行一个 while 循环从队列中尽可能多地读取消息以便清空队列⑧。

程序清单 52-6：通过信号接收消息通知

———————————————————————————————— pmsg/mq_notify_sig.c

```
#include <signal.h>
#include <mqueue.h>
#include <fcntl.h>                      /* For definition of O_NONBLOCK */
#include "tlpi_hdr.h"

#define NOTIFY_SIG SIGUSR1

static void
handler(int sig)
{
    /* Just interrupt sigsuspend() */
}

int
main(int argc, char *argv[])
{
    struct sigevent sev;
    mqd_t mqd;
    struct mq_attr attr;
    void *buffer;
    ssize_t numRead;
    sigset_t blockMask, emptyMask;
    struct sigaction sa;

    if (argc != 2 || strcmp(argv[1], "--help") == 0)
        usageErr("%s mq-name\n", argv[0]);

①  mqd = mq_open(argv[1], O_RDONLY | O_NONBLOCK);
    if (mqd == (mqd_t) -1)
        errExit("mq_open");

②  if (mq_getattr(mqd, &attr) == -1)
        errExit("mq_getattr");

③  buffer = malloc(attr.mq_msgsize);
    if (buffer == NULL)
        errExit("malloc");

④  sigemptyset(&blockMask);
    sigaddset(&blockMask, NOTIFY_SIG);
    if (sigprocmask(SIG_BLOCK, &blockMask, NULL) == -1)
        errExit("sigprocmask");
    sigemptyset(&sa.sa_mask);
    sa.sa_flags = 0;
    sa.sa_handler = handler;
    if (sigaction(NOTIFY_SIG, &sa, NULL) == -1)
```

```
                    errExit("sigaction");

⑤      sev.sigev_notify = SIGEV_SIGNAL;
        sev.sigev_signo = NOTIFY_SIG;
        if (mq_notify(mqd, &sev) == -1)
            errExit("mq_notify");

        sigemptyset(&emptyMask);

        for (;;) {
⑥          sigsuspend(&emptyMask);            /* Wait for notification signal */

⑦          if (mq_notify(mqd, &sev) == -1)
                errExit("mq_notify");

⑧          while ((numRead = mq_receive(mqd, buffer, attr.mq_msgsize, NULL)) >= 0)
                printf("Read %ld bytes\n", (long) numRead);

            if (errno != EAGAIN)              /* Unexpected error */
                errExit("mq_receive");
        }
    }
```

─────────────────────────────────────── **pmsg/mq_notify_sig.c**

在程序清单 52-6 中的程序中存在很多方面值得详细解释。

- 程序阻塞了通知信号并使用 sigsuspend() 来等待该信号,而没有使用 pause(),这是为了防止出现程序在执行 for 循环中的其他代码(即没有因等待信号而阻塞)时错过信号的情况。如果发生了这种情况,并且使用了 pause() 来等待信号,那么下次调用 pause() 时会阻塞,即使系统已经发出了一个信号。

- 程序以非阻塞模式打开了队列,并且当一个通知发生之后使用一个 while 循环来读取队列中的所有消息。通过这种方式来清空队列能够确保当一条新消息到达之后会产生一个新通知。使用非阻塞模式意味着 while 循环在队列被清空之后就会终止(mq_receive() 会失败并返回 EAGAIN 错误)。(这种做法与 63.1.1 节中介绍的采用边界触发 I/O 通知的非阻塞 I/O 类似,而这里之所以采用这种做法的原因也是类似的。)

- 在 for 循环中比较重要的一点是在读取队列中的所有消息之前重新注册接收消息通知。如果颠倒了顺序,如按照下面的顺序:队列中的所有消息都被读取了,while 循环终止;另一个消息被添加到了队列中;mq_notify() 被调用以重新注册接收消息通知。此刻,系统将不会产生新的通知信号,因为队列已经非空了,其结果是程序在下次调用 sigsuspend() 时会永远阻塞。

52.6.2　通过线程接收通知

程序清单 52-7 提供了一个使用线程来发布消息通知的例子。这个程序与程序清单 52-6 中的程序具备一些共同的设计特点。

- 当消息通知发生时,程序会在清空队列之前重新启用通知②。

- 采用了非阻塞模式使得在接收到一个通知之后可以在无需阻塞的情况下完全清空队列⑤。

程序清单 52-7：通过线程来接收消息通知

```
    #include <pthread.h>
    #include <mqueue.h>
    #include <fcntl.h>                  /* For definition of O_NONBLOCK */
    #include "tlpi_hdr.h"

    static void notifySetup(mqd_t *mqdp);

    static void                         /* Thread notification function */
①  threadFunc(union sigval sv)
    {
        ssize_t numRead;
        mqd_t *mqdp;
        void *buffer;
        struct mq_attr attr;

        mqdp = sv.sival_ptr;

        if (mq_getattr(*mqdp, &attr) == -1)
            errExit("mq_getattr");

        buffer = malloc(attr.mq_msgsize);
        if (buffer == NULL)
            errExit("malloc");

②      notifySetup(mqdp);

        while ((numRead = mq_receive(*mqdp, buffer, attr.mq_msgsize, NULL)) >= 0)
            printf("Read %ld bytes\n", (long) numRead);

        if (errno != EAGAIN)                        /* Unexpected error */
            errExit("mq_receive");

        free(buffer);
        pthread_exit(NULL);
    }

    static void
    notifySetup(mqd_t *mqdp)
    {
        struct sigevent sev;
③      sev.sigev_notify = SIGEV_THREAD;            /* Notify via thread */
        sev.sigev_notify_function = threadFunc;
        sev.sigev_notify_attributes = NULL;
                /* Could be pointer to pthread_attr_t structure */
④      sev.sigev_value.sival_ptr = mqdp;           /* Argument to threadFunc() */

        if (mq_notify(*mqdp, &sev) == -1)
            errExit("mq_notify");
    }

    int
    main(int argc, char *argv[])
    {
        mqd_t mqd;

        if (argc != 2 || strcmp(argv[1], "--help") == 0)
```

```
        usageErr("%s mq-name\n", argv[0]);

⑤      mqd = mq_open(argv[1], O_RDONLY | O_NONBLOCK);
        if (mqd == (mqd_t) -1)
            errExit("mq_open");

⑥      notifySetup(&mqd);
        pause();                         /* Wait for notifications via thread function */
    }
```

─── **pmsg/mq_notify_thread.c**

有关程序清单 52-7 中的程序的设计还需要注意以下几点。

- 程序通过一个线程来请求通知需要将传入 mq_notify()的 sigevent 结构的 sigev_notify 字段的值指定为 SIGEV_THREAD。线程的启动函数 threadFunc()是通过 sigev_notify_function 字段来指定的③。

- 在启用消息通知之后，主程序会永远中止⑥；定时器通知是通过在一个单独的线程中调用 threadFunc()来分发的①。

- 本来可以通过将消息队列描述符 mqd 变成一个全局变量使之对 threadFunc()可见，但这里采用了一种不同的做法：将消息队列描述符的地址放在了传给 mq_notify()的 sigev_value.sival_ptr 字段中④。当后面调用 threadFunc()时，这个参数会作为其参数被传入到该函数中。

> 必须要把指向消息队列描述符的指针赋给 sigev_value.sival_ptr，而不是把描述符本身（可能需要某种转换）赋给 sigev_value.sival_ptr，因为 SUSv3 除了规定它不是一个数组类型之外并没有对其性质和用来表示 mqd_t 数据类型的类型大小予以规定。

52.7 Linux 特有的特性

POSIX 消息队列在 Linux 上的实现提供了一些非标准的却相当有用的特性。

通过命令行显示和删除消息队列对象

在 51 章中提到过 POSIX IPC 对象被实现成了虚拟文件系统中的文件，并且可以使用 ls 和 rm 来列出和删除这些文件。为列出和删除 POSIX 消息队列就必须要使用形如下面的命令来将消息队列挂载到文件系统中。

```
# mount -t mqueue source target
```

source 可以是任意一个名字（通常将其指定为字符串 none），其唯一的意义是它将出现在 /proc/mounts 中并且 mount 和 df 命令会显示出这个名字。target 是消息队列文件系统的挂载点。

下面的 shell 会话显示了如何挂载消息队列文件系统和显示其内容。首先为文件系统创建一个挂载点并挂载它。

```
$ su                              Privilege is required for mount
Password:
# mkdir /dev/mqueue
# mount -t mqueue none /dev/mqueue
$ exit                            Terminate root shell session
```

接着显示新挂载在/proc/mounts 中的记录，然后显示挂载目录上的权限。

```
$ cat /proc/mounts | grep mqueue
none /dev/mqueue mqueue rw 0 0
$ ls -ld /dev/mqueue
drwxrwxrwt  2 root root 40 Jul 26 12:09 /dev/mqueue
```

在 ls 命令的输出中需要注意的一点是消息队列文件系统在挂载时会自动为挂载目录设置粘滞位。（从 ls 的输出中的 other-execute 权限字段中有一个 t 就可以看出这一点。）这意味着非特权进程只能在它所拥有的消息队列上执行断开链接的操作。

接着创建一个消息队列，使用 ls 来表明它在文件系统中是可见的，然后删除该消息队列。

```
$ ./pmsg_create -c /newq
$ ls /dev/mqueue
newq
$ rm /dev/mqueue/newq
```

获取消息队列的相关信息

可以显示消息队列文件系统中的文件的内容，每个虚拟文件都包含了其关联的消息队列的相关信息。

```
$ ./pmsg_create -c /mq                  Create a queue
$ ./pmsg_send /mq abcdefg               Write 7 bytes to the queue
$ cat /dev/mqueue/mq
QSIZE:7        NOTIFY:0    SIGNO:0     NOTIFY_PID:0
```

QSIZE 字段的值为队列中所有数据的总字节数，剩下的字段则与消息通知相关。如果 NOTIFY_PID 为非零，那么进程 ID 为该值的进程已经向该队列注册接收消息通知了，剩下的字段则提供了与这种通知相关的信息。

- NOTIFY 是一个与其中一个 sigev_notify 常量对应的值：0 表示 SIGEV_SIGNAL，1 表示 SIGEV_NONE，2 表示 SIGEV_THREAD。
- 如果通知方式是 SIGEV_SIGNAL，那么 SIGNO 字段指出了哪个信号会用来分发消息通知。

下面的 shell 会话对这些字段中包含的信息进行了说明。

```
$ ./mq_notify_sig /mq &                 Notify using SIGUSR1 (signal 10 on x86)
[1] 18158
$ cat /dev/mqueue/mq
QSIZE:7        NOTIFY:0    SIGNO:10    NOTIFY_PID:18158
$ kill %1
[1]   Terminated   ./mq_notify_sig /mq
$ ./mq_notify_thread /mq &              Notify using a thread
[2] 18160
$ cat /dev/mqueue/mq
QSIZE:7        NOTIFY:2    SIGNO:0     NOTIFY_PID:18160
```

使用另一种 I/O 模型操作消息队列

在 Linux 实现上，消息队列描述符实际上是一个文件描述符，因此可以使用 I/O 多路复用系统调用（select()和 poll()）或 epoll API 来监控这个文件描述符。（有关这些 API 的更多细节请参考 63 章。）这样就能够避免在使用 System V 消息队列时同时等待一个消息队列和一个文件描述符上的输入的困难局面（参见 46.9 节）的出现。但这项特性不是标准特性，SUSv3 并没有要求将消息队列描述符实现成文件描述符。

52.8　消息队列限制

SUSv3 为 POSIX 消息队列定义了两个限制。

MQ_PRIO_MAX

在 52.5.1 中已经对这个限制进行了介绍，它定义了一条消息的最大优先级。

MQ_OPEN_MAX

一个实现可以定义这个限制来指明一个进程最多能打开的消息队列数量。SUSv3 要求这个限制最小为_POSIX_MQ_OPEN_MAX（8）。Linux 并没有定义这个限制，相反，由于 Linux 将消息队列描述符实现成了文件描述符（52.7 节），因此适用于文件描述符的限制将适用于消息队列描述符。（换句话说，在 Linux 上，每个进程以及系统所能打开的文件描述符的数量限制实际上会应用于文件描述符数量和消息队列描述符数量之和。）更多有关适用的限制的细节信息请参考 36.3 节中对 RLIMIT_NOFILE 资源限制的讨论。

除了上面列出的由 SUSv3 规定的限制之外，Linux 还提供了一些/proc 文件来查看和修改（需具备特权）控制 POSIX 消息队列的使用的限制。下面这三个文件位于/proc/sys/fs/ mqueue 目录中。

msg_max

这个限制为新消息队列的 mq_maxmsg 特性的取值规定了一个上限（即使用 mq_open()创建队列时 attr.mq_maxmsg 字段的上限值）。这个限制的默认值是 10，最小值是 1（在早于 2.6.28 的内核中是 10），最大值由内核常量 HARD_MSGMAX 定义，该常量的值是通过公式(131072 / sizeof(void *))计算得来的，在 Linux/x86-32 上其值为 32768。当一个特权进程（CAP_SYS_RESOURCE）调用 mq_open()时 msg_max 限制会被忽略，但 HARD_MSGMAX 仍然担当着 attr.mq_maxmsg 的上限值的角色。

msgsize_max

这个限制为非特权进程创建的新消息队列的 mq_msgsize 特性的取值规定了一个上限（即使用 mq_open()创建队列时 attr.mq_msgsize 字段的上限值）。这个限制的默认值是 8192，最小值是 128（在早于 2.6.28 的内核中是 8192），最大值是 1048576（在早于 2.6.28 的内核中是 INT_MAX）。当一个非特权进程（CAP_SYS_RESOURCE）调用 mq_open()时会忽略这个限制。

queues_max

这是一个系统级别的限制，它规定了系统上最多能够创建的消息队列的数量。一旦达到这个限制，就只有特权进程（CAP_SYS_RESOURCE）才能够创建新队列。这个限制的默认值是 256，其取值可以为范围从 0 到 INT_MAX 之间的任意一个值。

Linux 还提供了 RLIMIT_MSGQUEUE 资源限制，它可以用来为属于调用进程的真实用户 ID 的所有消息队列所消耗的空间规定一个上限，细节信息请参考 36.3 节。

52.9 POSIX 和 System V 消息队列比较

51.2 节列出了 POSIX IPC 接口与 System V IPC 接口相比存在的各种优势：POSIX IPC 接口更加简单并且与传统的 UNIX 文件模型更加一致，同时 POSIX IPC 对象是引用计数的，这样就简化了确定何时删除一个对象的任务。POSIX 消息队列也同样具备这些常规优势。

POSIX 消息队列与 System V 消息队列相比还具备下列优势。

- 消息通知特性允许一个（单个）进程能够在一条消息进入之前为空的队列时异步地通过信号或线程的实例化来接收通知。
- 在 Linux（不包括其他 UNIX 实现）上可以使用 poll()、select()以及 epoll 来监控 POSIX

消息队列。System V 消息队列并没有这个特性。

但与 System V 消息队列相比，POSIX 消息队列也具备下列劣势。

- POSIX 消息队列的可移植性稍差，即使在不同的 Linux 系统上也存在这个问题，因为直到内核 2.6.6 才提供了对消息队列的支持。
- 与 POSIX 消息队列严格按照优先级排序相比，System V 消息队列能够根据类型来选择消息的功能的灵活性更强。

> POSIX 消息队列在不同 UNIX 系统上的实现方式存在很大的差异。一些系统在用户空间提供实现，并且至少存在一种此类实现（Solaris 10），同时 mq_open()手册也明确指出这种实现是不安全的。在 Linux 上，选择在内核中实现消息队列的原因之一是不相信能够提供一个安全的用户空间实现。

52.10 总结

POSIX 消息队列允许进程以消息的形式交换数据。每条消息都有一个关联的整数优先级，消息按照优先级顺序排列（从而会按照这个顺序接收消息）。

POSIX 消息队列与 System V 消息队列相比具备一些优势，特别是它们是引用计数的并且一个进程在一条消息进入空队列时能够异步地收到通知，但 POSIX 消息队列的移植性要比 System V 消息队列稍差。

更多信息

[Stevens, 1999]提供了 POSIX 消息队列的另一种表示形式并给出了一个使用内存映射文件的用户空间实现。[Gallmeister, 1995]也对 POSIX 消息队列的一些细节进行了描述。

52.11 习题

52-1. 修改程序清单 52-5 中的程序（pmsg_receive.c）使之在命令行上接收一个超时时间（相对秒数）并使用 mq_timedreceive()来替换 mq_receive()。

52-2. 使用 POSIX 消息队列记录 44.8 节中的客户端-服务器应用程序的顺序号。

52-3. 重写 46.8 节中的文件-服务器应用程序使之使用 POSIX 消息队列来取代 System V 消息队列。

52-4. 使用 POSIX 消息队列编写一个简单的聊天程序（类似于 talk(1)，但没有 curses 界面）。

52-5. 修改程序清单 52-6 中的程序（mq_notify_sig.c）来证明通过 mq_notify()建立的消息通知只发生一次。这可以通过删除 for 循环中的 mq_notify()调用来完成。

52-6. 使用 sigwaitinfo()替换程序清单 52-6 中的程序（mq_notify_sig.c）对信号处理器的使用。在 sigwaitinfo()返回时显示返回的 siginfo_t 结构中的值。程序如何获取 sigwaitinfo()返回的 siginfo_t 结构中的消息队列描述符呢？

52-7. 在程序清单 52-7 中 buffer 是否可以作为全局变量并且只为其分配一次内存（在主程序中）？对你的答案做出解释。

第**53**章

POSIX 信号量

本章将介绍 POSIX 信号量，它允许进程和线程同步对共享资源的访问。在 47 章中介绍了 System V 信号量，本章假设读者已经熟悉了信号量的一般概念以及本章开头部分介绍的信号量的使用原理。在讲述本章内容的过程中将会对 POSIX 信号量和 System V 信号量进行比较以阐明这两组信号量 API 的相同之处和相异之处。

53.1 概述

SUSv3 规定了两种类型的 POSIX 信号量。

- 命名信号量：这种信号量拥有一个名字。通过使用相同的名字调用 sem_open()，不相关的进程能够访问同一个信号量。
- 未命名信号量：这种信号量没有名字，相反，它位于内存中一个预先商定的位置处。未命名信号量可以在进程之间或一组线程之间共享。当在进程之间共享时，信号量必须位于一个共享内存区域中（System V、POSIX 或 mmap()）。当在线程之间共享时，信号量可以位于被这些线程共享的一块内存区域中（如在堆上或在一个全局变量中）。

POSIX 信号量的运作方式与 System V 信号量类似，即 POSIX 信号量是一个整数，其值是不能小于 0 的。如果一个进程试图将一个信号量的值减小到小于 0，那么取决于所使用的函数，调用会阻塞或返回一个表明当前无法执行相应操作的错误。

一些系统并没有完整地实现 POSIX 信号量，一个典型的约束是只支持未命名线程共享的信号量。在 Linux 2.4 上也是同样的情况；只有在 Linux 2.6 以及带 NPTL 的 glibc 上，完整的 POSIX 信号量实现才可用。

> 在带 NPTL 的 Linux 2.6 上，信号量操作（递增和递减）是使用 futex(2)系统调用来实现的。

53.2 命名信号量

要使用命名信号量必须要使用下列函数。

- sem_open()函数打开或创建一个信号量并返回一个句柄以供后续调用使用，如果这个调用会创建信号量的话还会对所创建的信号量进行初始化。
- sem_post(sem)和 sem_wait(sem)函数分别递增和递减一个信号量值。
- sem_getvalue()函数获取一个信号量的当前值。
- sem_close()函数删除调用进程与它之前打开的一个信号量之间的关联关系。
- sem_unlink()函数删除一个信号量名字并将其标记为在所有进程关闭该信号量时删除该信号量。

SUSv3 并没有规定如何实现命名信号量。一些 UNIX 实现将它们创建成位于标准文件系统上一个特殊位置处的文件。在 Linux 上，命名信号量被创建成小型 POSIX 共享内存对象，其名字的形式为 sem.name，这些对象将被放在一个挂载在/dev/shm 目录之下的专用 tmpfs 文件系统中（14.10 节）。这个文件系统具备内核持久性——它所包含的信号量对象将会持久，即使当前没有进程打开它们，但如果系统被关闭的话，这些对象就会丢失。

在 Linux 上从内核 2.6 起开始支持命名信号量。

53.2.1　打开一个命名信号量

sem_open()函数创建和打开一个新的命名信号量或打开一个既有信号量。

```
#include <fcntl.h>              /* Defines O_* constants */
#include <sys/stat.h>          /* Defines mode constants */
#include <semaphore.h>

sem_t *sem_open(const char *name, int oflag, ...
                /* mode_t mode, unsigned int value */ );
                    Returns pointer to semaphore on success, or SEM_FAILED on error
```

name 参数标识出了信号量，其取值需符合 51.1 节中给出的规则。

oflag 参数是一个位掩码，它确定了是打开一个既有信号量还是创建并打开一个新信号量。如果 oflag 为 0，那么将访问一个既有信号量。如果在 oflag 中指定了 O_CREAT，并且与给定的 name 对应的信号量的不存在，那么就创建一个新信号量。如果在 oflag 中同时指定了 O_CREAT 和 O_EXCL，并且与给定的 name 对应的信号量已经存在，那么 sem_open()就会失败。

如果 sem_open()被用来打开一个既有信号量，那么调用就只需要两个参数。但如果在 flags 中指定了 O_CREAT，那么就还需要另外两个参数：mode 和 value。（如果与 name 对应的信号量已经存在，那么这两个参数会被忽略。）具体如下。

- mode 参数是一个位掩码，它指定了施加于新信号量之上的权限。这个参数能取的位值与文件上的位值是一样的（表 15-4）并且与 open()一样，mode 参数中的值会根据进程的 umask 来取掩码（15.4.6 节）。SUSv3 并没有为 oflag 规定任何访问模式标记（O_RDONLY、O_WRONLY 以及 O_RDWR）。很多实现，包括 Linux，在打开一个信号量时会将访问模式默认成 O_RDWR，因为大多数使用信号量的应用程序都同时会用到 sem_post()和 sem_wait()，从而需要读取和修改一个信号量的值。这意味着需要确保将读权限和写权限赋给每一类需要访问这个信号量的用户——owner、group 以及 other。
- value 参数是一个无符号整数，它指定了新信号量的初始值。信号量的创建和初始化操作是原子的，这样就避免了 System V 信号量初始化时所需完成的复杂工作了（47.5 节）。

不管是创建一个新信号量还是打开一个既有信号量，sem_open()都会返回一个指向一个

sem_t 值的指针，而在后续的调用中则可以通过这个指针来操作这个信号量。sem_open()在发生错误时会返回 SEM_FAILED 值。（在大多数实现上，SEM_FAILED 被定义成了((sem_t *) 0)或((sem_t *) –1)）；Linux 采用了前面一种定义。

SUSv3 声称当在 sem_open()的返回值指向的 sem_t 变量的副本上执行操作（sem_post()、sem_wait()等）时结果是未定义的。换句话说，像下面这种使用 sem2 的做法是不允许的。

```
sem_t *sp, sem2
sp = sem_open(...);
sem2 = *sp;
sem_wait(&sem2);
```

通过 fork()创建的子进程会继承其父进程打开的所有命名信号量的引用。在 fork()之后，父进程和子进程就能够使用这些信号量来同步它们的动作了。

示例程序

程序清单 53-1 为 sem_open()函数提供了一个命令行界面。在 usageError()函数中给出了这个程序的命令格式。

下面的 shell 会话日志演示了如何使用这个程序。首先使用 umask 命令来否决 other 用户的所有权限，然后互斥地创建一个信号量并查看包含该命名信号量的 Linux 特有的虚拟目录中的内容。

```
$ umask 007
$ ./psem_create -cx /demo 666         666 means read+write for all users
$ ls -l /dev/shm/sem.*
-rw-rw----   1 mtk users 16 Jul  6 12:09 /dev/shm/sem.demo
```

ls 命令的输出表明进程的 umask 覆盖了为 other 用户指定的 read+write 权限。

如果再次使用同样的名字来互斥地创建一个信号量，那么这个操作就会失败，因为这个名字已经存在了。

```
$ ./psem_create -cx /demo 666
ERROR [EEXIST File exists] sem_open        Failed because of O_EXCL
```

程序清单 53-1：使用 sem_open()打开或创建一个 POSIX 命名信号量

── psem/psem_create.c

```
#include <semaphore.h>
#include <sys/stat.h>
#include <fcntl.h>
#include "tlpi_hdr.h"

static void
usageError(const char *progName)
{
    fprintf(stderr, "Usage: %s [-cx] name [octal-perms [value]]\n", progName);
    fprintf(stderr, "    -c   Create semaphore (O_CREAT)\n");
    fprintf(stderr, "    -x   Create exclusively (O_EXCL)\n");
    exit(EXIT_FAILURE);
}

int
main(int argc, char *argv[])
{
    int flags, opt;
    mode_t perms;
```

```
    unsigned int value;
    sem_t *sem;

    flags = 0;
    while ((opt = getopt(argc, argv, "cx")) != -1) {
        switch (opt) {
        case 'c':   flags |= O_CREAT;           break;
        case 'x':   flags |= O_EXCL;            break;
        default:    usageError(argv[0]);
        }
    }
    if (optind >= argc)
        usageError(argv[0]);

    /* Default permissions are rw-------; default semaphore initialization
       value is 0 */

    perms = (argc <= optind + 1) ? (S_IRUSR | S_IWUSR) :
                getInt(argv[optind + 1], GN_BASE_8, "octal-perms");
    value = (argc <= optind + 2) ? 0 : getInt(argv[optind + 2], 0, "value");

    sem = sem_open(argv[optind], flags, perms, value);
    if (sem == SEM_FAILED)
        errExit("sem_open");

    exit(EXIT_SUCCESS);
}
```

———————————————————————————————————— psem/psem_create.c

53.2.2 关闭一个信号量

当一个进程打开一个命名信号量时，系统会记录进程与信号量之间的关联关系。
sem_close()函数会终止这种关联关系（即关闭信号量），释放系统为该进程关联到该信号量之
上的所有资源，并递减引用该信号量的进程数。

```
#include <semaphore.h>

int sem_close(sem_t *sem);
```
                                            Returns 0 on success, or –1 on error

打开的命名信号量在进程终止或进程执行了一个 exec()时会自动被关闭。

关闭一个信号量并不会删除这个信号量，而要删除信号量则需要使用 sem_unlink()。

53.2.3 删除一个命名信号量

sem_unlink()函数删除通过 name 标识的信号量并将信号量标记成一旦所有进程都使用完
这个信号量时就销毁该信号量（这可能立即发生，前提是所有打开过该信号量的进程都已经
关闭了这个信号量）。

```
#include <semaphore.h>

int sem_unlink(const char *name);
```
                                            Returns 0 on success, or –1 on error

程序清单 53-2 演示了如何使用 sem_unlink()。

程序清单 53-2：使用 sem_unlink() 来断开链接一个 POSIX 命名信号量

── psem/psem_unlink.c

```
#include <semaphore.h>
#include "tlpi_hdr.h"

int
main(int argc, char *argv[])
{
    if (argc != 2 || strcmp(argv[1], "--help") == 0)
        usageErr("%s sem-name\n", argv[0]);
    if (sem_unlink(argv[1]) == -1)
        errExit("sem_unlink");
    exit(EXIT_SUCCESS);
}
```

── psem/psem_unlink.c

53.3 信号量操作

与 System V 信号量一样，一个 POSIX 信号量也是一个整数并且系统不会允许其值小于 0。但 POSIX 信号量的操作不同于 System V 信号量的操作，具体包括：

- 修改信号量值的函数——sem_post() 和 sem_wait()——一次只操作一个信号量。与之形成对比的是，System V semop() 系统调用能够操作一个集合中的多个信号量。

- sem_post() 和 sem_wait() 函数只对信号量值加 1 和减 1。与之形成对比的是，semop() 能够加上和减去任意一个值。

- System V 信号量并没有提供一个 wait-for-zero 的操作（将 sops.sem_op 字段指定为 0 的 semop() 调用）。

读者看了上面的列表可能会认为，POSIX 信号量没有 System V 信号量强大，然而事实却并非如此——能够通过 System V 信号量完成的工作都可以使用 POSIX 信号量来完成。在一些情况下，使用 POSIX 信号量可能需要多做一些编程工作，但在一般应用场景中，使用 POSIX 信号量实际所需的编程量要更少。（对于大多数应用程序来讲，System V 信号量 API 过于复杂了。）

53.3.1 等待一个信号量

sem_wait() 函数会递减（减小 1）sem 引用的信号量的值。

```
#include <semaphore.h>

int sem_wait(sem_t *sem);
                                    Returns 0 on success, or –1 on error
```

如果信号量的当前值大于 0，那么 sem_wait() 会立即返回。如果信号量的当前值等于 0，那么 sem_wait() 会阻塞直到信号量的值大于 0 为止，当信号量值大于 0 时该信号量值就被递减并且 sem_wait() 会返回。

如果一个阻塞的 sem_wait() 调用被一个信号处理器中断了，那么它就会失败并返回 EINTR 错误，不管在使用 sigaction() 建立这个信号处理器时是否采用了 SA_RESTART 标记。（在其他一些 UNIX 实现上，SA_RESTART 会导致 sem_wait() 自动重启。）

程序清单 53-3 中的程序为 sem_wait() 函数提供了一个命令行界面，稍后就会演示如何使用这个程序。

程序清单 53-3：使用 sem_wait() 来递减一个 POSIX 信号量

── psem/psem_wait.c

```
#include <semaphore.h>
#include "tlpi_hdr.h"

int
main(int argc, char *argv[])
{
    sem_t *sem;

    if (argc < 2 || strcmp(argv[1], "--help") == 0)
        usageErr("%s sem-name\n", argv[0]);

    sem = sem_open(argv[1], 0);
    if (sem == SEM_FAILED)
        errExit("sem_open");

    if (sem_wait(sem) == -1)
        errExit("sem_wait");

    printf("%ld sem_wait() succeeded\n", (long) getpid());
    exit(EXIT_SUCCESS);
}
```

── psem/psem_wait.c

sem_trywait() 函数是 sem_wait() 的一个非阻塞版本。

```
#include <semaphore.h>

int sem_trywait(sem_t *sem);
```
                                        Returns 0 on success, or –1 on error

如果递减操作无法立即被执行，那么 sem_trywait() 就会失败并返回 EAGAIN 错误。

sem_timedwait() 函数是 sem_wait() 的另一个变体，它允许调用者为调用被阻塞的时间量指定一个限制。

```
#define _XOPEN_SOURCE 600
#include <semaphore.h>

int sem_timedwait(sem_t *sem, const struct timespec *abs_timeout);
```
                                        Returns 0 on success, or –1 on error

如果 sem_timedwait() 调用因超时而无法递减信号量，那么这个调用就会失败并返回 ETIMEDOUT 错误。

abs_timeout 参数是一个结构（23.4.2 节），它将超时时间表示成了自新纪元到现在为止的秒数和纳秒数的绝对值。如果需要指定一个相对超时时间，那么就必须要使用 clock_gettime() 获取 CLOCK_REALTIME 时钟的当前值并在该值上加上所需的时间量来生成一个适合在 sem_timedwait() 中使用的 timespec 结构。

sem_timedwait()函数最初是在 POSIX.1d (1999)中进行规定的，所有 UNIX 实现都没有提供这个函数。

53.3.2　发布一个信号量

sem_post()函数递增（增加 1）sem 引用的信号量的值。

```
#include <semaphore.h>

int sem_post(sem_t *sem);
```
                                              Returns 0 on success, or −1 on error

如果在 sem_post()调用之前信号量的值为 0，并且其他某个进程（或线程）正在因等待递减这个信号量而阻塞，那么该进程会被唤醒，它的 sem_wait()调用会继续往前执行来递减这个信号量。如果多个进程（或线程）在 sem_wait()中阻塞了，并且这些进程的调度采用的是默认的循环时间分享策略，那么哪个进程会被唤醒并允许递减这个信号量是不确定的。（与 System V 信号量一样，POSIX 信号量仅仅是一种同步机制，而不是一种排队机制。）

> SUSv3 规定如果进程或线程执行在实时调度策略下，那么优先级最高等待时间最长的进程或线程将会被唤醒。

与 System V 信号量一样，递增一个 POSIX 信号量对应于释放一些共享资源以供其他进程或线程使用。

程序清单 53-4 中的程序为 sem_post()函数提供了一个命令行界面，稍后会演示如何使用这个程序。

程序清单 53-4：使用 sem_post()递增一个 POSIX 信号量

── psem/psem_post.c

```
#include <semaphore.h>
#include "tlpi_hdr.h"

int
main(int argc, char *argv[])
{
    sem_t *sem;

    if (argc != 2)
        usageErr("%s sem-name\n", argv[0]);

    sem = sem_open(argv[1], 0);
    if (sem == SEM_FAILED)
        errExit("sem_open");
    if (sem_post(sem) == -1)
        errExit("sem_post");
    exit(EXIT_SUCCESS);
}
```

── psem/psem_post.c

53.3.3　获取信号量的当前值

sem_getvalue()函数将 sem 引用的信号量的当前值通过 sval 指向的 int 变量返回。

```
#include <semaphore.h>

int sem_getvalue(sem_t *sem, int *sval);
```
                                                    Returns 0 on success, or –1 on error

如果一个或多个进程（或线程）当前正在阻塞以等待递减信号量值，那么 sval 中的返回值将取决于实现。SUSv3 允许两种做法：0 或一个绝对值等于在 sem_wait() 中阻塞的等待者数目的负数。Linux 和其他一些实现采用了第一种行为，而另一些实现则采用了后一种行为。

> 尽管当存在被阻塞的等待者时在 sval 中返回一个负值是有用的，特别是对于调试来讲，但 SUSv3 并没有规定这种行为，因为一些系统用来高效地实现 POSIX 信号量的技术没有（实际上是无法）记录被阻塞的等待者的数目。

注意在 sem_getvalue() 返回时，sval 中的返回值可能已经过时了。依赖于 sem_getvalue() 返回的信息在执行后续操作时未发生变化的程序将会碰到检查时、使用时（time-of-check、time-of-use）的竞争条件（38.6 节）。

程序清单 53-5 使用了 sem_getvalue() 来获取名字通过命令行参数指定的信号量的值，然后在标准输出上显示该值。

程序清单 53-5：使用 sem_getvalue() 获取一个 POSIX 信号量的值

──────────────────────────────────── psem/psem_getvalue.c
```
#include <semaphore.h>
#include "tlpi_hdr.h"

int
main(int argc, char *argv[])
{
    int value;
    sem_t *sem;

    if (argc != 2)
        usageErr("%s sem-name\n", argv[0]);
    sem = sem_open(argv[1], 0);
    if (sem == SEM_FAILED)
        errExit("sem_open");

    if (sem_getvalue(sem, &value) == -1)
        errExit("sem_getvalue");

    printf("%d\n", value);
    exit(EXIT_SUCCESS);
}
```
──────────────────────────────────── psem/psem_getvalue.c

示例

下面的 shell 会话日志演示了如何使用本章中到目前为止给出的各个程序。首先创建了一个初始值为零的信号量，然后在后台启动一个递减这个信号量的程序。
```
$ ./psem_create -c /demo 600 0
$ ./psem_wait /demo &
[1] 31208
```

后台命令将会阻塞，这是因为信号量的当前值为 0，从而无法递减这个信号量。

接着获取这个信号量的值。

```
$ ./psem_getvalue /demo
0
```

从上面可以看到值 0。在其他一些实现上可能会看到值-1，表示存在一个进程正在等待这个信号量。

接着执行一个命令来递增这个信号量，这将会导致后台程序中被阻塞的 sem_wait()调用完成执行。

```
$ ./psem_post /demo
$ 31208 sem_wait() succeeded
```

（上面输出中的最后一行表明 shell 提示符会与后台作业的输出混合在一起。）

按下回车后就能看到下一个 shell 提示符，这也会导致 shell 报告已终止的后台作业的信息。接着在信号量上执行后续的操作。

```
Press Enter
[1]-  Done                ./psem_wait /demo
$ ./psem_post /demo                         Increment semaphore
$ ./psem_getvalue /demo                     Retrieve semaphore value
1
$ ./psem_unlink /demo                       We're done with this semaphore
```

53.4　未命名信号量

未命名信号量（也被称为基于内存的信号量）是类型为 sem_t 并存储在应用程序分配的内存中的变量。通过将这个信号量放在由几个进程或线程共性的内存区域中就能够使这个信号量对这些进程或线程可用。

操作未命名信号量所使用的函数与操作命名信号量使用的函数是一样的（sem_wait()、sem_post()以及 sem_getvalue()等）。此外，还需要用到另外两个函数。

* sem_init()函数对一个信号量进行初始化并通知系统该信号量会在进程间共享还是在单个进程中的线程间共享。
* sem_destroy(sem)函数销毁一个信号量。

这些函数不应该被应用到命名信号量上。

未命名与命名信号量对比

使用未命名信号量之后就无需为信号量创建一个名字了，这种做法在下列情况中是比较有用的。

* 在线程间共享的信号量不需要名字。将一个未命名信号量作为一个共享（全局或堆上的）变量自动会使之对所有线程可访问。
* 在相关进程间共享的信号量不需要名字。如果一个父进程在一块共享内存区域中（如一个共享匿名映射）分配了一个未命名信号量，那么作为 fork()操作的一部分，子进程会自动继承这个映射，从而继承这个信号量。
* 如果正在构建的是一个动态数据结构（如二叉树），并且其中的每一项都需要一个关联的信号量，那么最简单的做法是在每一项中都分配一个未命名信号量。为每一项打

开一个命名信号量需要为如何生成每一项中的信号量名字（唯一的）和管理这些名字设计一个规则（如当不再需要它们时就对它们进行断开链接操作）。

53.4.1　初始化一个未命名信号量

sem_init()函数使用 value 中指定的值来对 sem 指向的未命名信号量进行初始化。

```
#include <semaphore.h>

int sem_init(sem_t *sem, int pshared, unsigned int value);
```
$$\qquad\qquad\qquad\qquad\qquad\qquad\text{Returns 0 on success, or –1 on error}$$

pshared 参数表明这个信号量是在线程间共享还是在进程间共享。

* 如果 pshared 等于 0，那么信号量将会在调用进程中的线程间进行共享。在这种情况下，sem 通常被指定成一个全局变量的地址或分配在堆上的一个变量的地址。线程共享的信号量具备进程持久性，它在进程终止时会被销毁。
* 如果 pshared 不等于 0，那么信号量将会在进程间共享。在这种情况下，sem 必须是共享内存区域（一个 POSIX 共享内存对象、一个使用 mmap()创建的共享映射、或一个 System V 共享内存段）中的某个位置的地址。信号量的持久性与它所处的共享内存的持久性是一样的。（通过其中大部分技术创建的共享内存区域具备内核持久性。但共享匿名映射是一个例外，只要存在一个进程维持着这种映射，那么它就一直存在下去。）由于通过 fork()创建的子进程会继承其父进程的内存映射，因此进程共享的信号量会被通过 fork()创建的子进程继承，这样父进程和子进程也就能够使用这些信号量来同步它们的动作了。

之所以需要 pshared 参数是因为下列原因。

* 一些实现不支持进程间共享的信号量。在这些系统上为 pshared 指定一个非零值会导致 sem_init()返回一个错误。Linux 直到内核 2.6 以及 NPTL 线程化技术的出现之后才开始支持未命名的进程间共享的信号量。（在老式的 LinuxThreads 实现中，如果为 pshared 指定了一个非零值，那么 sem_init()就会失败并返回一个 ENOSYS 错误。）
* 在同时支持进程间共享信号量和线程间共享信号量的实现上，指定采用何种共享方式是有必要的，因为系统必须要执行特殊的动作来支持所需的共享方式。提供此类信息还使得系统能够根据共享的种类来执行优化工作。

NPTL sem_init()实现会忽略 pshared，因为不管采用何种共享方式都无需执行特殊的动作，但可移植的以及面向未来的应用程序应该为 pshared 指定一个恰当的值。

SUSv3 规定 sem_init()在失败时返回–1，但并没有对成功时的返回值进行规定。然而大多数现代 UNIX 实现的手册上都声称在成功时会返回 0。（一个值得注意的例外情况是 Solaris，它对返回值的描述与 SUSv3 规范中的描述类似。但通过检查 OpenSolaris 的源代码可以发现在该实现上 sem_init()成功时会返回 0。）SUSv4 对这种情况进行了矫正，规定 sem_init()在成功时应该返回 0。

未命名信号量不存在相关的权限设置（即 sem_init()中并不存在在 sem_open()中所需的 mode 参数）。对一个未命名信号量的访问将由进程在底层共享内存区域上的权限来控制。

SUSv3 规定对一个已初始化过的未命名信号量进行初始化操作将会导致未定义的行为。换句话说，必须要将应用程序设计成只有一个进程或线程来调用 sem_init() 以初始化一个信号量。

与命名信号量一样，SUSv3 声称在地址通过传入 sem_init() 的 sem 参数指定的 sem_t 变量的副本上执行操作的结果是未定义的，因此应该总是只在"最初的"信号量上执行操作。

示例程序

在 30.1.2 节中给出了一个使用互斥体来保护一个存在两个线程访问同一个全局变量的临界区的程序（程序清单 30-2）。程序清单 53-6 使用一个未命名线程共享的信号量解决了同样的问题。

程序清单 53-6：使用一个 POSIX 未命名信号量来保护对全局变量的访问

───────────────────────────── *psem/thread_incr_psem.c*

```c
#include <semaphore.h>
#include <pthread.h>
#include "tlpi_hdr.h"

static int glob = 0;
static sem_t sem;

static void *                    /* Loop 'arg' times incrementing 'glob' */
threadFunc(void *arg)
{
    int loops = *((int *) arg);
    int loc, j;

    for (j = 0; j < loops; j++) {
        if (sem_wait(&sem) == -1)
            errExit("sem_wait");
        loc = glob;
        loc++;
        glob = loc;

        if (sem_post(&sem) == -1)
            errExit("sem_post");
    }

    return NULL;
}

int
main(int argc, char *argv[])
{
    pthread_t t1, t2;
    int loops, s;

    loops = (argc > 1) ? getInt(argv[1], GN_GT_0, "num-loops") : 10000000;

    /* Initialize a thread-shared mutex with the value 1 */

    if (sem_init(&sem, 0, 1) == -1)
        errExit("sem_init");

    /* Create two threads that increment 'glob' */

    s = pthread_create(&t1, NULL, threadFunc, &loops);
```

```
        if (s != 0)
            errExitEN(s, "pthread_create");
        s = pthread_create(&t2, NULL, threadFunc, &loops);
        if (s != 0)
            errExitEN(s, "pthread_create");

        /* Wait for threads to terminate */

        s = pthread_join(t1, NULL);
        if (s != 0)
            errExitEN(s, "pthread_join");
        s = pthread_join(t2, NULL);
        if (s != 0)
            errExitEN(s, "pthread_join");

        printf("glob = %d\n", glob);
        exit(EXIT_SUCCESS);
    }
```
―――――――――――――――――――――――――――――― *psem/thread_incr_psem.c*

53.4.2　销毁一个未命名信号量

sem_destroy()函数将销毁信号量 sem，其中 sem 必须是一个之前使用 sem_init()进行初始化的未命名信号量。只有在不存在进程或线程在等待一个信号量时才能够安全销毁这个信号量。

```
#include <semaphore.h>

int sem_destroy(sem_t *sem);
                              Returns 0 on success, or -1 on error
```

当使用 sem_destroy()销毁了一个未命名信号量之后就能够使用 sem_init()来重新初始化这个信号量了。

一个未命名信号量应该在其底层的内存被释放之前被销毁。例如，如果信号量一个自动分配的变量，那么在其宿主函数返回之前就应该销毁这个信号量。如果信号量位于一个 POSIX 共享内存区域中，那么在所有进程都使用完这个信号量以及在使用 shm_unlink()对这个共享内存对象执行断开链接操作之前应该销毁这个信号量。

在一些实现上，省略 sem_destroy()调用不会导致问题的发生，但在其他实现上，不调用 sem_destroy()会导致资源泄露。可移植的应用程序应该调用 sem_destroy()以避免此类问题的发生。

53.5　与其他同步技术比较

本节将比较 POSIX 信号量和其他两种同步技术：System V 信号量和互斥体。

POSIX 信号量与 System V 信号量比较

POSIX 信号量和 System V 信号量都可以用来同步进程的动作。51.2 节列出了 POSIX IPC 与 System V IPC 相比具备的几项优势：POSIX IPC 接口更加简单并且与传统的 UNIX 文件模型更加一致，同时 POSIX IPC 对象是引用计数的，这样就简化了确定何时删除一个 IPC 对象的工作。这些常规优势同样也是 POSIX（命名）信号量优于 System V 信号量的地方。

与 System V 信号量相比，POSIX 信号量还具备下列优势。

- POSIX 信号量接口与 System V 信号量接口相比要简单许多。这种简单性并没有以牺牲功能的强大性为代价。
- POSIX 命名信号量消除了 System V 信号量存在的初始化问题（47.5 节）。
- 将一个 POSIX 未命名信号量与动态分配的内存对象关联起来更加简单：只需要将信号量嵌入到对象中即可。
- 在高度频繁地争夺信号量的场景中（即信号量上的操作经常因另一个进程将信号量值设置成一个阻止操作立即往前执行的的值而阻塞），那么 POSIX 信号量的性能与 System V 信号量的性能是类似的。但在争夺信号量不那么频繁的场景中（即信号量的值能够让操作正常向前执行而不会阻塞操作），POSIX 信号量的性能要比 System V 信号量好很多。（在笔者测试的系统上，两者在性能上的差异要超过一个数量级，参见练习 53-4。）POSIX 在这种场景中之所以能够做得更好是因为它们的实现方式只有在发生争夺的时候才需要执行系统调用，而 System V 信号量操作则不管是否发生争夺都需要执行系统调用。

然而 POSIX 信号量与 System V 信号量相比也存在下列劣势。

- POSIX 信号量的可移植性稍差。（在 Linux 上，直到内核 2.6 才开始支持命名信号量。）
- POSIX 信号量不支持 System V 信号量中的撤销特性。（然而在 47.8 节中指出过这个特性在一些场景中可能并没有太大的用处。）

POSIX 信号量与 Pthreads 互斥体对比

POSIX 信号量和 Pthreads 互斥体都可以用来同步同一个进程中的线程的动作，并且它们的性能也是相近的。然而互斥体通常是首选方法，因为互斥体的所有权属性能够确保代码具有良好的结构性（只有锁住互斥体的线程才能够对其进行解锁）。与之形成对比的是，一个线程能够递增一个被另一个线程递减的信号量。这种灵活性会导致产生结构糟糕的同步设计。（正是因为这个原因，信号量有时候会被称为并发式编程中的 "goto"。）

互斥体在一种情况下是不能用在多线程应用程序中的，在这种情况下信号量可能就成了一种首选方法了。由于信号量是异步信号安全的（参见表 21-1），因此在一个信号处理器中可以使用 sem_post() 函数来与另一个线程进行同步。而信号量就无法完成这项工作，因为操作互斥体的 Pthreads 函数不是异步信号安全的。然而通常处理异步信号的首选方法是使用 sigwaitinfo()（或类似的函数）来接收这些信号，而不是使用信号处理器（33.2.4 节），因此信号量比互斥体在这一点上的优势很少有机会发挥出来。

53.6 信号量的限制

SUSv3 为信号量定义了两个限制。

SEM_NSEMS_MAX

这是一个进程能够拥有的 POSIX 信号量的最大数目。SUSv3 要求这个限制至少为 256。在 Linux 上，POSIX 信号量数目实际上会受限于可用的内存。

SEM_VALUE_MAX

这是一个 POSIX 信号量值能够取的最大值。信号量的取值可以为 0 到这个限制之间的任意一个值。SUSv3 要求这个限制至少为 32767，Linux 实现允许这个值最大为 INT_MAX（在

Linux/x86-32 上是 2147483647）。

53.7　总结

POSIX 信号量允许进程或线程同步它们的动作。POSIX 信号量有两种：命名的和未命名的。命名信号量是通过一个名字标识的，它可以被所有拥有打开这个信号量的权限的进程共享。未命名信号量没有名字，但可以将它放在一块由进程或线程共享的内存区域中，使得这些进程或线程能够共享同一个信号量（如放在一个 POSIX 共享内存对象中以供进程共享，或放在一个全局变量中以供线程共享）。

POSIX 信号量接口比 System V 信号量接口简单。信号量的分配和操作是一个一个进行的，并且等待和发布操作只会将信号量值调整 1。

与 System V 信号量相比，POSIX 信号量具备很多优势，但它们的可移植性要稍差一点。对于多线程应用程序中的同步来讲，互斥体一般来讲要优于信号量。

更多信息

[Stevens, 1999]提供了 POSIX 信号量的另一种表示并给出了使用其他各种 IPC 机制（FIFO、内存映射文件以及 System V 信号量）的用户空间实现。[Butenhof, 1996]介绍了 POSIX 信号量在多线程应用程序中的用法。

53.8　习题

53-1.　将程序清单 48-2 和程序清单 48-3 中的程序（48.4 节）重写一个多线程应用程序，其中两个线程之间通过一个全局缓冲区来向对方传递数据并使用 POSIX 信号量来同步操作。

53-2.　修改程序清单 53-3 中的程序（psem_wait.c）使之使用 sem_timedwait()来替代 sem_wait()。这个程序应该接收一个额外的命令行参数来指定一个（相对）秒数以作为 sem_timedwait()调用中的超时时间。

53-3.　使用 System V 信号量来设计 POSIX 信号量的一个实现。

53-4.　在 53.5 节中指出过 POSIX 信号量在信号量争夺不激烈的情况下的性能要比 System V 信号量好很多。编写两个程序（分别使用这两种信号量）来验证这个结论。每个程序都应该将一个信号量递增和递减指定的次数。比较执行两个程序所需的时间。

第**54**章

POSIX 共享内存

在前面的章节中介绍了两种允许无关进程共享内存区域以便执行 IPC 的技术：System V 共享内存（第 48 章）和共享文件映射（49.4.2 节）。这两种技术都存在一些不足。

- System V 共享内存模型使用的是键和标识符，这与标准的 UNIX I/O 模型使用文件名和描述符的做法是不一致的。这种差异意味着使用 System V 共享内存段需要一整套全新的系统调用和命令。
- 使用一个共享文件映射来进行 IPC 要求创建一个磁盘文件，即使无需对共享区域进行持久存储也需要这样做。除了因需要创建文件所带来的不便之外，这种技术还会带来一些文件 I/O 开销。

由于存在这些不足，所以 POSIX.1b 定义了一组新的共享内存 API：POSIX 共享内存，这也是本章的主题。

> System V 中的共享内存段在 POSIX 中被称为共享内存对象。这种术语上的差异是因为历史原因——这两个术语所指的都是进程间共享的一块内存区域。

54.1 概述

POSIX 共享内存能够让无关进程共享一个映射区域而无需创建一个相应的映射文件。Linux 从内核 2.4 起开始支持 POSIX 共享内存。

SUSv3 并没有对 POSIX 共享内存的实现细节进行规定，特别是没有要求使用一个（真实或虚拟）文件系统来标识共享内存对象，但很多 UNIX 实现都采用了文件系统来标识共享内存对象。一些 UNIX 实现将共享对象名创建为标准文件系统上一个特殊位置处的文件。Linux 使用挂载于 /dev/shm 目录下的专用 tmpfs 文件系统（14.10 节）。这个文件系统具有内核持久性——它所包含的共享内存对象会一直持久，即使当前不存在任何进程打开它，但这些对象会在系统关闭之后丢失。

> 系统上 POSIX 共享内存区域占据的内存总量受限于底层的 tmpfs 文件系统的大小。这个文件系统通常会在启动时使用默认大小（如 256MB）进行挂载。如果有必要的话，超级用户能够通过使用命令 mount –o remount,size=<num-bytes>重新挂载这个文件系统来修改它的大小。

要使用 POSIX 共享内存对象需要完成下列任务。

1. 使用 shm_open()函数打开一个与指定的名字对应的对象。(在 51.1 节中介绍了控制 POSIX 共享内存对象的命名规则。)shm_open()函数与 open()系统调用类似,它会创建一个新共享对象或打开一个既有对象。作为函数结果,shm_open()会返回一个引用该对象的文件描述符。

2. 将上一步中获得的文件描述符传入 mmap()调用并在其 flags 参数中指定 MAP_SHARED。这会将共享内存对象映射进进程的虚拟地址空间。与 mmap()的其他用法一样,一旦映射了对象之后就能够关闭该文件描述符而不会影响到这个映射。然而,有可能需要将这个文件描述符保持在打开状态以便后续的 fstat()和 ftruncate()调用使用这个文件描述符(参见 54.2 节)。

> POSIX 共享内存上 shm_open()和 mmap()的关系类似于 System V 共享内存上 shmget()和 shmat()的关系。使用 POSIX 共享内存对象需要两步式过程(shm_open()加上 mmap())而没有使用单个函数来执行两项任务是因为历史原因。在 POSIX 委员会增加这个特性时,mmap()调用已经存在了([Stevens, 1999])。实际上,这里所需要做的事情是使用 shm_open()调用替换 open()调用,其中的差别是使用 shm_open()无需在一个基于磁盘的文件系统上创建一个文件。

由于共享内存对象的引用是通过文件描述符来完成的,因此可以直接使用 UNIX 系统中已经定义好的各种文件描述符系统调用(如 ftruncate())而无需增加新的用途特殊的系统调用(System V 共享内存就需要这样做)。

54.2 创建共享内存对象

shm_open()函数创建和打开一个新的共享内存对象或打开一个既有对象。传入 shm_open()的参数与传入 open()的参数类似。

```
#include <fcntl.h>          /* Defines O_* constants */
#include <sys/stat.h>       /* Defines mode constants */
#include <sys/mman.h>

int shm_open(const char *name, int oflag, mode_t mode);
                        Returns file descriptor on success, or –1 on error
```

name 参数标识出了待创建或待打开的共享内存对象。oflag 参数是一个改变调用行为的位掩码,表 54-1 对这个参数的取值进行了总结。

表 54-1:shm_open() oflag 参数的位值

标　　记	描　　述
O_CREAT	对象不存在时创建对象
O_EXCL	与 O_CREAT 互斥地创建对象
O_RDONLY	打开只读访问
O_RDWR	打开读写访问
O_TRUNC	将对象长度截断为零

oflag 参数的用途之一是确定是打开一个既有的共享内存对象还是创建并打开一个新对象。如果 oflag 中不包含 O_CREAT,那么就打开一个既有对象。如果指定了 O_CREAT,那么

在对象不存在时就创建对象。同时指定 O_EXCL 和 O_CREAT 能够确保调用者是对象的创建者，如果对象已经存在，那么就返回一个错误（EEXIST）。

oflag 参数还表明了调用进程在共享内存对象上的访问模式，其取值为 O_RDONLY 或 O_RDWR。

剩下的标记值 O_TRUNC 会导致在成功打开一个既有共享内存对象之后将对象的长度截断为零。

> 在 Linux 上，截断在只读打开时也会发生。但 SUSv3 声称使用 O_TRUNC 进行一个只读打开操作的结果是未定义的，因此在这种情况下无法可移植地依赖于某个特定的行为。

在一个新共享内存对象被创建时，其所有权和组所有权将根据调用 shm_open() 的进程的有效用户和组 ID 来设定，对象权限将会根据 mode 参数中设置的掩码值来设定。mode 参数能取的位值与文件上的权限位值是一样的（表 15-4）。与 open() 系统调用一样，mode 中的权限掩码将会根据进程的 umask（15.4.6 节）来取值。与 open() 不同的是，在调用 shm_open() 时总是需要 mode 参数，在不创建新对象时需要将这个参数值指定为 0。

shm_open() 返回的文件描述符会设置 close-on-exec 标记（FD_CLOEXEC，27.4 节），因此当程序执行了一个 exec() 时文件描述符会被自动关闭。（这与在执行 exec() 时映射会被解除的事实是一致的。）

一个新共享内存对象被创建时其初始长度会被设置为 0。这意味着在创建完一个新共享内存对象之后通常在调用 mmap() 之前需要调用 ftruncate()（5.8 节）来设置对象的大小。在调用完 mmap() 之后可能还需要使用 ftruncate() 来根据需求扩大或收缩共享内存对象，但需要记住在49.4.3 节讨论过的各个要点。

在扩展一个共享内存对象时，新增加的字节会自动被初始化为 0。

在任何时候都可以在 shm_open() 返回的文件描述符上使用 fstat()（15.1 节）以获取一个 stat 结构，该结构的字段会包含与这个共享内存对象相关的信息，包括其大小（st_size）、权限（st_mode）、所有者（st_uid）以及组（st_gid）。（这些字段是 SUSv3 唯一要求 fstat() 在 stat 结构中设置的字段，但 Linux 还会在时间字段中返回有意义的信息，并且会在剩下的字段中返回各种用处稍小一点的信息。）

使用 fchmod() 和 fchown() 能够分别修改共享内存对象的权限和所有权。

示例程序

程序清单 54-1 提供了一个简单的使用 shm_open()、ftruncate() 以及 mmap() 的例子。这个程序创建了一个大小通过命令行参数指定的共享内存对象并将该对象映射进进程的虚拟地址空间。（映射这一步是多余的，因为实际上不会对共享内存做任何操作，这里仅仅是为了演示如何使用 mmap()。）这个程序允许使用命令行选项来选择 shm_open() 调用使用的标记（O_CREAT 和 O_EXCL）。

下面的例子使用这个程序创建了一个 10000 字节的共享内存对象，然后在 /dev/shm 中使用 ls 命令显示出了这个对象。

```
$ ./pshm_create -c /demo_shm 10000
$ ls -l /dev/shm
total 0
-rw-------   1 mtk     users      10000 Jun 20 11:31 demo_shm
```

程序清单 54-1：创建一个 POSIX 共享内存对象

―― pshm/pshm_create.c

```c
#include <sys/stat.h>
#include <fcntl.h>
#include <sys/mman.h>
#include "tlpi_hdr.h"
static void
usageError(const char *progName)
{
    fprintf(stderr, "Usage: %s [-cx] name size [octal-perms]\n", progName);
    fprintf(stderr, "    -c   Create shared memory (O_CREAT)\n");
    fprintf(stderr, "    -x   Create exclusively (O_EXCL)\n");
    exit(EXIT_FAILURE);
}

int
main(int argc, char *argv[])
{
    int flags, opt, fd;
    mode_t perms;
    size_t size;
    void *addr;

    flags = O_RDWR;
    while ((opt = getopt(argc, argv, "cx")) != -1) {
        switch (opt) {
        case 'c':   flags |= O_CREAT;           break;
        case 'x':   flags |= O_EXCL;            break;
        default:    usageError(argv[0]);
        }
    }

    if (optind + 1 >= argc)
        usageError(argv[0]);

    size = getLong(argv[optind + 1], GN_ANY_BASE, "size");
    perms = (argc <= optind + 2) ? (S_IRUSR | S_IWUSR) :
                getLong(argv[optind + 2], GN_BASE_8, "octal-perms");

    /* Create shared memory object and set its size */

    fd = shm_open(argv[optind], flags, perms);
    if (fd == -1)
        errExit("shm_open");

    if (ftruncate(fd, size) == -1)
        errExit("ftruncate");

    /* Map shared memory object */

    addr = mmap(NULL, size, PROT_READ | PROT_WRITE, MAP_SHARED, fd, 0);
    if (addr == MAP_FAILED)
        errExit("mmap");

    exit(EXIT_SUCCESS);
}
```

―― pshm/pshm_create.c

54.3 使用共享内存对象

程序清单 54-2 和程序清单 54-3 演示了如何使用一个共享内存对象将数据从一个进程传输到另一个进程中。程序清单 54-2 将其第二个命令行参数中包含的字符串复制到了一个名字通过其第一个命令行参数指定的既有共享内存对象中。在映射这个对象和执行复制之前，这个程序使用了 ftruncate() 来将共享内存对象的长度设置为与待复制的字符串的长度一样。

程序清单 54-2：将数据复制进一个 POSIX 共享内存对象

———————————————————————————————— pshm/pshm_write.c

```c
#include <fcntl.h>
#include <sys/mman.h>
#include "tlpi_hdr.h"

int
main(int argc, char *argv[])
{
    int fd;
    size_t len;                  /* Size of shared memory object */
    char *addr;

    if (argc != 3 || strcmp(argv[1], "--help") == 0)
        usageErr("%s shm-name string\n", argv[0]);

    fd = shm_open(argv[1], O_RDWR, 0);       /* Open existing object */
    if (fd == -1)
        errExit("shm_open");

    len = strlen(argv[2]);
    if (ftruncate(fd, len) == -1)            /* Resize object to hold string */
        errExit("ftruncate");
    printf("Resized to %ld bytes\n", (long) len);

    addr = mmap(NULL, len, PROT_READ | PROT_WRITE, MAP_SHARED, fd, 0);
    if (addr == MAP_FAILED)
        errExit("mmap");

    if (close(fd) == -1)
        errExit("close");                    /* 'fd' is no longer needed */

    printf("copying %ld bytes\n", (long) len);
    memcpy(addr, argv[2], len);              /* Copy string to shared memory */
    exit(EXIT_SUCCESS);
}
```

———————————————————————————————— pshm/pshm_write.c

程序清单 54-3 中的程序在标准输出上显示了名字通过其命令行参数指定的既有共享内存对象中的字符串。在调用 shm_open() 之后，这个程序使用了 fstat() 来确定共享内存的大小并在映射该对象的 mmap() 调用中和打印这个字符串的 write() 调用中使用这个值。

程序清单 54-3：从一个 POSIX 共享内存对象中复制数据

――――――――――――――――――――――――――――――― pshm/pshm_read.c

```
#include <fcntl.h>
#include <sys/mman.h>
#include <sys/stat.h>
#include "tlpi_hdr.h"

int
main(int argc, char *argv[])
{
    int fd;
    char *addr;
    struct stat sb;

    if (argc != 2 || strcmp(argv[1], "--help") == 0)
        usageErr("%s shm-name\n", argv[0]);

    fd = shm_open(argv[1], O_RDONLY, 0);      /* Open existing object */
    if (fd == -1)
        errExit("shm_open");

    /* Use shared memory object size as length argument for mmap()
       and as number of bytes to write() */

    if (fstat(fd, &sb) == -1)
        errExit("fstat");

    addr = mmap(NULL, sb.st_size, PROT_READ, MAP_SHARED, fd, 0);
    if (addr == MAP_FAILED)
        errExit("mmap");

    if (close(fd) == -1);                     /* 'fd' is no longer needed */
        errExit("close");

    write(STDOUT_FILENO, addr, sb.st_size);
    printf("\n");
    exit(EXIT_SUCCESS);
}
```

――――――――――――――――――――――――――――――― pshm/pshm_read.c

下面的 shell 会话演示了如何使用程序清单 54-2 和程序清单 54-3 中的程序。首先使用程序清单 54-1 中的程序创建了一个长度为零的共享内存对象。

```
$ ./pshm_create -c /demo_shm 0
$ ls -l /dev/shm                        Check the size of object
total 4
-rw-------    1 mtk    users    0 Jun 21 13:33 demo_shm
```

然后使用程序清单 54-2 中的程序将一个字符串复制进共享内存对象。

```
$ ./pshm_write /demo_shm 'hello'
$ ls -l /dev/shm                        Check that object has changed in size
total 4
-rw-------    1 mtk    users    5 Jun 21 13:33 demo_shm
```

从上面的输出中可以看出这个程序重新设定了共享内存对象的大小使之具备足够的空间来存储指定的字符串。

最后使用程序清单 54-3 中的程序来显示共享内存对象中的字符串。

```
$ ./pshm_read /demo_shm
hello
```

应用程序通常需要使用一些同步技术来让进程协调它们对共享内存的访问。在这里给出的示例 shell 会话中，这种协调是通过用户一个一个运行这些程序来完成的。通常，应用程序会使用一种同步原语（如信号量）来协调对共享内存对象的访问。

54.4 删除共享内存对象

SUSv3 要求 POSIX 共享内存对象至少具备内核持久性，即它们会持续存在直到被显式删除或系统重启。当不再需要一个共享内存对象时就应该使用 shm_unlink() 删除它。

```
#include <sys/mman.h>

int shm_unlink(const char *name);
```
                                        Returns 0 on success, or –1 on error

shm_unlink() 函数会删除通过 name 指定的共享内存对象。删除一个共享内存对象不会影响对象的既有映射（它会保持有效直到相应的进程调用 munmap() 或终止），但会阻止后续的 shm_open() 调用打开这个对象。一旦所有进程都解除映射这个对象，对象就会被删除，其中的内容会丢失。

程序清单 54-4 中的程序使用 shm_unlink() 来删除通过程序的命令行参数指定的共享内存对象。

程序清单 54-4：使用 shm_unlink() 来断开链接一个 POSIX 共享内存对象

── pshm/pshm_unlink.c
```
#include <fcntl.h>
#include <sys/mman.h>
#include "tlpi_hdr.h"

int
main(int argc, char *argv[])
{
    if (argc != 2 || strcmp(argv[1], "--help") == 0)
        usageErr("%s shm-name\n", argv[0]);
    if (shm_unlink(argv[1]) == -1)
        errExit("shm_unlink");
    exit(EXIT_SUCCESS);
}
```
── pshm/pshm_unlink.c

54.5 共享内存 API 比较

到现在为止已经考虑了几种不同的在无关进程间共享内存区域的技术。
- System V 共享内存（第 48 章）。
- 共享文件映射（49.4.2 节）。
- POSIX 共享内存对象（本章的主题）。

本节中列出的很多要点也适用于共享匿名映射（49.7 节），它用于通过 fork()关联的进程间共享内存。

下列要点适用于所有这些技术。

- 它们提供了快速 IPC，应用程序通常必须要使用一个信号量（或其他同步原语）来同步对共享区域的访问。
- 一旦共享内存对象区域被映射进进程的虚拟地址空间之后，它就与进程的内存空间中的其他部分无异了。
- 系统会以类似的方式将共享内存区域放置进进程的虚拟地址空间中。在 48.5 节中介绍 System V 共享内存的时候对这种放置进行了概括。Linux 特有的/proc/PID/maps 文件会列出与所有种类的共享内存区域相关的信息。
- 假设不会将一个共享内存区域映射到一个固定的地址处，那么就需要确保所有对区域中的位置的引用会使用偏移量来表示，而不是使用指针来表示，这是因为这个区域在不同进程中所处的虚拟地址可能是不同的（48.6 节）。
- 在第 50 章中介绍的操作虚拟内存区域的函数可被应用于使用这些技术中任意一项技术创建的共享内存区域。

在这些共享内存技术之间还存在一些显著的差异。

- 一个共享文件映射的内容会与底层映射文件同步意味着存储在共享内存区域中的数据能够在系统重启之间得到持久保存。
- System V 和 POSIX 共享内存使用了不同的机制来标识和引用共享内存对象。System V 使用了其自己的键和标识符模型，它们与标准的 UNIX I/O 模型是不匹配的并且需要单独的系统调用（如 shmctl()）和命令（ipcs 和 ipcrm）。与之形成对比的是，POSIX 共享内存使用了名字和文件描述符，其结果是使用各种既有的 UNIX 系统调用（如 fstat()和 fchmod()）就能够查看和操作共享内存对象了。
- System V 共享内存段的大小在创建时（shmget()）就确定了。与之形成对比的是，在基于文件的映射和 POSIX 共享内存对象上可以使用 ftruncate()来调整底层对象的大小，然后使用 munmap()和 mmap()（或 Linux 特有的 mremap()）重建映射。
- 因为历史原因，System V 共享内存受支持程度比 mmap()和 POSIX 共享内存对象广得多，尽管现在大多数 UNIX 实现都已经提供所有这些技术。

除了最后有关可移植性的一点之外，上面列出的差异都是共享文件映射和 POSIX 共享内存对象的优势。因此在新应用程序中应该优先从这些接口中挑选一个使用，而不是 System V 共享内存。至于选择哪个接口则取决于是否需要一个持久性存储。共享文件映射提供了持久性存储，而 POSIX 共享内存对象则避免了在无需持久存储时使用磁盘文件所产生的开销。

54.6　总结

POSIX 共享内存对象用来在无关进程间共享一块内存区域而无需创建一个底层的磁盘文件。为创建 POSIX 共享内存对象需要使用 shm_open()调用来替换通常在 mmap()调用之前调用的 open()。shm_open()调用会在基于内存的文件系统中创建一个文件，并且可以使用传统的文件描述符系统调用在这个虚拟文件上执行各种操作。特别地，必须要使用 ftruncate()来设置共享内存对象的大小，因为其初始长度为零。

现在已经介绍了无关进程间的三种共享内存区域技术：System V 共享内存、共享文件映射以及 POSIX 共享内存对象。这三种技术之间存在很多相似之处，但也存在一些重要的差别，除了可移植性问题外，这些差异都对共享文件映射和 POSIX 共享内存对象有利。

54.7　习题

54-1. 重写程序清单 48-2（svshm_xfr_writer.c）和程序清单 48-3（svshm_xfr_reader.c），使之使用 POSIX 共享内存对象来取代 System V 共享内存。

第**55**章

文件加锁

前面的章节介绍了进程能用来同步动作的各项技术，包括信号（第 20 章到第 22 章）和信号量（第 47 章和第 53 章）。本章将介绍专门为文件设计的同步技术。

55.1　概述

应用程序的一个常见需求是从一个文件中读取一些数据，修改这些数据，然后将这些数据写回文件。只要在一个时刻只有一个进程以这种方式使用文件就不会存在问题，但当多个进程同时更新一个文件时问题就出现了。假设各个进程按照下面的顺序来更新一个包含了一个序号的文件。

1.　从文件中读取序号。

2.　使用这个序号完成应用程序定义的任务。

3.　递增这个序号并将其写回文件。

这里存在的问题是两个进程在没有采用任何同步技术的情况下可能会同时执行上面的步骤，从而导致（举例）出现图 55-1 中给出的结果（这里假设序号的初始值为 1000）。

问题很明显：在执行完上述步骤之后，文件中包含的值为 1001，但其所包含的值应该是 1002。（这是一种竞争条件。）为防止出现这种情况就需要采用某种形式的进程间同步。

尽管可以使用（比如说）信号量来完成所需的同步，但通常文件锁更好一些，因为内核能够自动将锁与文件关联起来。

[Stevens & Rago, 2005]声称第一个 UNIX 文件加锁实现可追溯到 1980 年，并指出本章着重介绍的 fcntl()加锁函数于 1984 年出现在了 System V Release 2 中。

本章将介绍两组不同的给文件加锁的 API。

- flock()对整个文件加锁。
- fcntl()对一个文件区域加锁。

flock()系统调用源自 BSD，而 fcntl()则源自 System V。

使用 flock()和 fcntl()的常规方法如下。

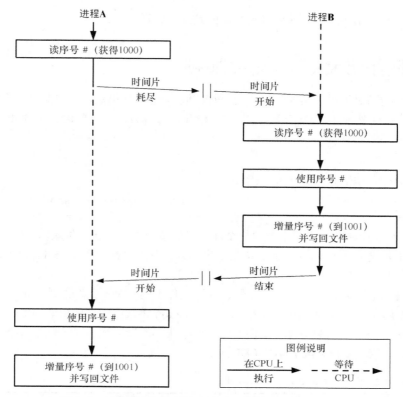

图 55-1：两个进程在无同步的情况下同时更新一个文件

1. 给文件加锁。
2. 执行文件 I/O。
3. 解锁文件使得其他进程能够给文件加锁。

尽管文件加锁通常会与文件 I/O 一起使用，但也可以将其作为一项更通用的同步技术来使用。协作进程可以约定一个进程对整个文件或一个文件区域进行加锁表示对一些共享资源（如一个共享内存区域）而非文件本身的访问。

混合使用加锁和 stdio 函数

由于 stdio 库会在用户空间进行缓冲，因此在混合使用 stdio 函数与本章介绍的加锁技术时需要特别小心。这里的问题是一个输入缓冲器在被加锁之前可能会被填满或者一个输出缓冲器在锁被删除之后可能会被刷新。要避免这些问题则可以采用下面这些方法。

- 使用 read() 和 write()（以及相关的系统调用）取代 stdio 库来执行文件 I/O。
- 在对文件加锁之后立即刷新 stdio 流，并且在释放锁之前立即再次刷新这个流。
- 使用 setbuf()（或类似的函数）来禁用 stdio 缓冲，当然这可能会牺牲一些效率。

劝告式和强制式加锁

在本章剩余的部分中会将锁分成劝告式和强制式两种。在默认情况下，文件锁是劝告式的，这表示一个进程可以简单地忽略另一个进程在文件上放置的锁。要使得劝告式加锁模型能够正常工作，所有访问文件的进程都必须要配合，即在执行文件 I/O 之前首先需要在文件上放置一把锁。与之对应的是，强制式加锁系统会强制一个进程在执行 I/O 时需要遵从其他进程持有的锁。在 55.4 节中将会对这两种锁之间的差别进行详细介绍。

55.2 使用 flock() 给文件加锁

尽管 fcntl() 提供的功能涵盖了 flock() 提供的功能，但这里仍然需要对其进行介绍，因为在一些应用程序中仍然使用着 flock() 并且其在继承和锁释放方面的一些语义与 fcntl() 是不同的。

```
#include <sys/file.h>

int flock(int fd, int operation);
```
                                         Returns 0 on success, or –1 on error

flock() 系统调用在整个文件上放置一个锁。待加锁的文件是通过传入 fd 的一个打开着的文件描述符来指定的。operation 参数指定了表 55-1 中描述的 LOCK_SH、LOCK_EX 以及 LOCK_UN 值中的一个。

在默认情况下，如果另一个进程已经持有了文件上的一个不兼容的锁，那么 flock() 会阻塞。如果需要防止出现这种情况，那么可以在 operation 参数中对这些值取 OR（|）。在这种情况下，如果另一个进程已经持有了文件上的一个不兼容的锁，那么 flock() 就不会阻塞，相反它会返回 –1 并将 errno 设置成 EWOULDBLOCK。

表 55-1：flock() 中 operation 参数的可取值

值	描　　述
LOCK_SH	在 fd 引用的文件上放置一把共享锁
LOCK_EX	在 fd 引用的文件上放置一把互斥锁
LOCK_UN	解锁 fd 引用的文件
LOCK_NB	发起一个非阻塞锁请求

任意数量的进程可同时持有一个文件上的共享锁，但在同一个时刻只有一个进程能够持有一个文件上的互斥锁。（换句话说，互斥锁会拒绝其他进程的互斥和共享锁请求。）表 55-2 对 flock() 锁的兼容规则进行了总结。这里假设进程 A 首先放置了锁，表中给出了进程 B 是否能够放置一把锁。

表 55-2：flock() 加锁类型的兼容性

进程 A	进程 B	
	LOCK_SH	LOCK_EX
LOCK_SH	是	否
LOCK_EX	否	否

不管一个进程在文件上的访问模式是什么（读、写、或读写），它都可以在文件上放置一把共享锁或互斥锁。

通过再次调用 flock() 并在 operation 参数中指定恰当的值可以将一个既有共享锁转换成一个互斥锁（反之亦然）。将一个共享锁转换成一个互斥锁，在另一个进程持有了文件上的共享锁时会阻塞，除非同时指定了 LOCK_NB 标记。

锁转换的过程不一定是原子的。在转换过程中首先会删除既有的锁，然后创建一个新锁。在这两步之间另一个进程对一个不兼容锁的未决请求可能会得到满足。如果发生了这种情况，那么转换过程会被阻塞，或者在指定了 LOCK_NB 的情况下转换过程会失败并且进程会丢失其原先持有的锁。（在最初的 BSD flock()实现和很多其他 UNIX 实现上会出现这种行为。）

> 尽管这不是 SUSv3 的一部分，但大多数 UNIX 实现都提供了 flock()。一些实现要求包含<fcntl.h>或<sys/fcntl.h>，而不是<sys/file.h>。由于 flock()源自 BSD，因此这个函数所施加的锁有时候会被称为 BSD 文件锁。

程序清单 55-1 演示了如何使用 flock()。这个程序首先对一个文件加锁，睡眠指定的秒数，然后对文件解锁。程序接收三个命令行参数，其中第一个参数是待加锁的文件，第二个参数指定了锁的类型（共享或互斥）以及是否包含 LOCK_NB（非阻塞）标记，第三个参数指定了在获取和释放锁之间睡眠的秒数，并且这个参数是可选的，其默认值是 10 秒。

程序清单 55-1：使用 flock()

——————————————————————————————————— filelock/t_flock.c

```c
#include <sys/file.h>
#include <fcntl.h>
#include "curr_time.h"                       /* Declaration of currTime() */
#include "tlpi_hdr.h"

int
main(int argc, char *argv[])
{
    int fd, lock;
    const char *lname;

    if (argc < 3 || strcmp(argv[1], "--help") == 0 ||
            strchr("sx", argv[2][0]) == NULL)
        usageErr("%s file lock [sleep-time]\n"
                "    'lock' is 's' (shared) or 'x' (exclusive)\n"
                "        optionally followed by 'n' (nonblocking)\n"
                "    'secs' specifies time to hold lock\n", argv[0]);

    lock = (argv[2][0] == 's') ? LOCK_SH : LOCK_EX;
    if (argv[2][1] == 'n')
        lock |= LOCK_NB;

    fd = open(argv[1], O_RDONLY);                  /* Open file to be locked */
    if (fd == -1)
        errExit("open");

    lname = (lock & LOCK_SH) ? "LOCK_SH" : "LOCK_EX";

    printf("PID %ld: requesting %s at %s\n", (long) getpid(), lname,
            currTime("%T"));

    if (flock(fd, lock) == -1) {
        if (errno == EWOULDBLOCK)
            fatal("PID %ld: already locked - bye!", (long) getpid());
        else
            errExit("flock (PID=%ld)", (long) getpid());
```

```
        }

        printf("PID %ld: granted    %s at %s\n", (long) getpid(), lname,
                currTime("%T"));

        sleep((argc > 3) ? getInt(argv[3], GN_NONNEG, "sleep-time") : 10);

        printf("PID %ld: releasing  %s at %s\n", (long) getpid(), lname,
                currTime("%T"));
        if (flock(fd, LOCK_UN) == -1)
            errExit("flock");

        exit(EXIT_SUCCESS);
    }
```
——— **filelock/t_flock.c**

使用程序清单 55-1 中的程序可以开展一些实验来研究 flock()的行为。下面的 shell 会话给出了
其中一些例子。下面首先创建了一个文件，然后在后台启动一个程序实例并持有一个共享锁 60 秒。

```
$ touch tfile
$ ./t_flock tfile s 60 &
[1] 9777
PID 9777: requesting LOCK_SH at 21:19:37
PID 9777: granted    LOCK_SH at 21:19:37
```

接着启动另一个能够成功请求一个共享锁的程序实例，然后释放这个共享锁。

```
$ ./t_flock tfile s 2
PID 9778: requesting LOCK_SH at 21:19:49
PID 9778: granted    LOCK_SH at 21:19:49
PID 9778: releasing  LOCK_SH at 21:19:51
```

但当启动另一个程序实例来非阻塞地请求一个互斥锁时就会立即失败。

```
$ ./t_flock tfile xn
PID 9779: requesting LOCK_EX at 21:20:03
PID 9779: already locked - bye!
```

当启动另一个程序实例来阻塞地请求一个互斥锁时程序就会阻塞。当原来持有共享锁的
后台进程在 60 秒后释放这个锁之后，被阻塞的请求就会得到满足。

```
$ ./t_flock tfile x
PID 9780: requesting LOCK_EX at 21:20:21
PID 9777: releasing  LOCK_SH at 21:20:37
PID 9780: granted    LOCK_EX at 21:20:37
PID 9780: releasing  LOCK_EX at 21:20:47
```

55.2.1 锁继承与释放的语义

根据表 55-1，通过 flock()调用并将 operation 参数指定为 LOCK_UN 可以释放一个文件锁。
此外，锁会在相应的文件描述符被关闭之后自动被释放。但问题其实要更加复杂，通过 flock()
获取的文件锁是与打开的文件描述（5.4 节）而不是文件描述符或文件（i-node）本身相关联
的。这意味着当一个文件描述符被复制时（通过 dup()、dup2()或一个 fcntl() F_DUPFD 操作），
新文件描述符会引用同一个文件锁。例如，如果获取了 fd 所引用的文件上的一个锁，那么下
面的代码（忽略了错误检查）会释放这个锁。

```
flock(fd, LOCK_EX);              /* Gain lock via 'fd' */
newfd = dup(fd);                 /* 'newfd' refers to same lock as 'fd' */
flock(newfd, LOCK_UN);           /* Frees lock acquired via 'fd' */
```

如果已经通过了一个特定的文件描述符获取了一个锁并创建了该文件描述符的一个或多

个副本，那么——如果不显式地执行一个解锁操作——只有当所有的描述符副本都被关闭之后锁才会被释放。

如果使用 open()获取第二个引用同一个文件的文件描述符（以及关联的打开的文件描述），那么 flock()会将第二个描述符当成是一个不同的描述符。例如执行下面这些代码的进程会在第二个 flock()调用上阻塞。

```
fd1 = open("a.txt", O_RDWR);
fd2 = open("a.txt", O_RDWR);
flock(fd1, LOCK_EX);
flock(fd2, LOCK_EX);                 /* Locked out by lock on 'fd1' */
```

这样一个进程就能使用 flock()来将自己锁在一个文件之外。读者稍后就会看到，使用 fcntl()返回的记录锁是无法取得这种效果的。

当使用 fork()创建一个子进程时，这个子进程会复制其父进程的文件描述符，并且与使用 dup()调用之类的函数复制的描述符一样，这些描述符会引用同一个打开的文件描述，进而会引用同一个锁。例如下面的代码会导致一个子进程删除一个父进程的锁。

```
flock(fd, LOCK_EX);                  /* Parent obtains lock */
if (fork() == 0)                     /* If child... */
    flock(fd, LOCK_UN);              /* Release lock shared with parent */
```

有时候可以利用这些语义来将一个文件锁从父进程（原子地）传输到子进程：在 fork()之后，父进程关闭其文件描述符，然后锁就只在子进程的控制之下了。读者稍后就会看到使用 fcntl()返回的记录锁是无法取得这种效果的。

通过 flock()创建的锁在 exec()中会得到保留（除非在文件描述符上设置了 close-on-exec 标记并且该文件描述符是最后一个引用底层的打开的文件描述的描述符）。

上面描述的 flock()在 Linux 上的语义与其在经典的 BSD 实现上的语义是一致的。在一些 UNIX 实现上，flock()是使用 fcntl()实现的，读者稍后就会看到 fcntl()锁的继承和释放语义与 flock()锁的继承和释放语义是不同的。由于 flock()创建的锁与 fcntl()创建的锁之间的交互是未定义的，因此应用程序应该只使用其中一种文件加锁方法。

55.2.2　flock()的限制

通过 flock()放置的锁存在几个限制。

- 只能对整个文件加锁。这种粗粒度的加锁会限制协作进程之间的并发性。例如，假设存在多个进程，其中各个进程都想要同时访问同一个文件的不同部分，那么通过 flock()加锁会不必要地阻止这些进程并发完成这些操作。
- 通过 flock()只能放置劝告式锁。
- 很多 NFS 实现不识别 flock()放置的锁。

下一节中介绍的 fcntl()加锁模型弥补了所有这些不足。

因为历史的原因，Linux NFS 服务器不支持 flock()锁。从内核 2.6.12 起，Linux NFS 服务器通过将 flock()锁实现成整个文件上的一个 fcntl()锁来支持 flock()锁。这种做法在混合服务器上的 BSD 锁和客户端上的 BSD 锁时会导致一些奇怪的结果：客户端通常无法看到看到服务器的锁，反之亦然。

55.3　使用 fcntl()给记录加锁

使用 fcntl()（5.2 节）能够在一个文件的任意部分上放置一把锁，这个文件部分既可以是一个字节，也可以是整个文件。这种形式的文件加锁通常被称为记录加锁，但这种称谓是不恰当的，因为 UNIX 系统上的文件是一个字节序列，并不存在记录边界的概念，文件记录的概念只存在于应用程序中。

一般来讲，fcntl()会被用来锁住文件中与应用程序定义的记录边界对应的字节范围，这也是术语记录加锁的由来。术语字节范围、文件区域以及文件段很少被用到，但它们更加精确地描述了这种锁。（由于这是唯一一种在最初的 POSIX.1 标准和 SUSv3 中予以规定的加锁技术，因此它有时候也被称为 POSIX 文件加锁。）

> SUSv3 要求普通文件支持记录加锁，同时也允许其他文件类型也支持文件加锁。尽管记录锁通常只有在应用于普通文件上时才有意义（因为对于大多数其他文件类型，讨论文件中所包含的数据的字节范围是毫无意义的），但是在 Linux 上可以将一个记录锁应用在任意类型的文件描述符上。

图 55-2 显示了如何使用记录锁来同步两个进程对一个文件中的同一块区域的访问。（在这幅图中假设所有的锁请求都会阻塞，这样它们在锁被另一个进程持有时就会等待。）

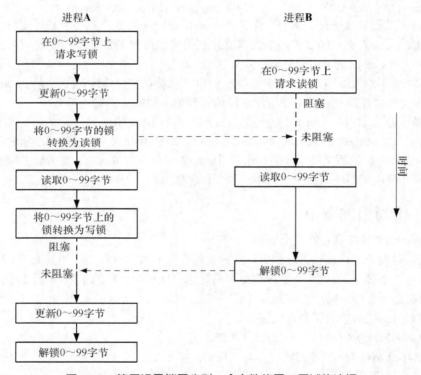

图 55-2：使用记录锁同步对一个文件的同一区域的访问

用来创建或删除一个文件锁的 fcntl()调用的常规形式如下。

```
struct flock flockstr;

/* Set fields of 'flockstr' to describe lock to be placed or removed */

fcntl(fd, cmd, &flockstr);          /* Place lock defined by 'fl' */
```

fd 参数是一个打开着的文件描述符，它引用了待加锁的文件。

在讨论 cmd 参数之前首先描述一下 flock 结构。

flock 结构

flock 结构定义了待获取或删除的锁，其定义如下所示。

```
struct flock {
    short l_type;        /* Lock type: F_RDLCK, F_WRLCK, F_UNLCK */
    short l_whence;      /* How to interpret 'l_start': SEEK_SET,
                            SEEK_CUR, SEEK_END */
    off_t l_start;       /* Offset where the lock begins */
    off_t l_len;         /* Number of bytes to lock; 0 means "until EOF" */
    pid_t l_pid;         /* Process preventing our lock (F_GETLK only) */
};
```

l_type 字段表示需放置的锁的类型，其取值为表 55-3 中列出的值中的一个。

从语义上来讲，读（F_RDLCK）和写（F_WRLCK）锁对应于 flock()施加的共享锁和互斥锁，并且它们遵循着同样的兼容性规则（表 55-2）：任何数量的进程能够持有一块文件区域上的读锁，但只有一个进程能够持有一把写锁，并且这把锁会将其他进程的读锁和写锁排除在外。将 l_type 指定为 F_UNLCK 类似于 flock() LOCK_UN 操作。

表 55-3：fcntl()加锁的锁类型

锁 的 类 型	描　　述
F_RDLCK	放置一把读锁
F_WRLCK	放置一把写锁
F_UNLCK	删除一把既有锁

为了在一个文件上放置一把读锁就必须要打开文件以允许读取。类似地，要放置一把写锁就必须要打开文件以允许写入。要放置两种锁就必须要打开文件以允许读写（O_RDWR）。试图在文件上放置一把与文件访问模式不兼容的锁将会导致一个 EBADF 错误。

l_whence、l_start 以及 l_len 字段一起指定了待加锁的字节范围。前两个字段类似于传入 lseek()的 whence 和 offset 参数（4.7 节）。l_start 字段指定了文件中的一个偏移量，其具体含义需根据下列规则来解释。

* 当 l_whence 为 SEEK_SET 时，为文件的起始位置。
* 当 l_whence 为 SEEK_CUR 时，为当前的文件偏移量。
* 当 l_whence 为 SEEK_END 时，为文件的结尾位置。

在后两种情况中，l_start 可以是一个负数，只要最终得到的文件位置不会小于文件的起始位置（字节 0）即可。

l_len 字段包含一个指定待加锁的字节数的整数，其起始位置由 l_whence 和 l_start 定义。对文件结尾之后并不存在的字节进行加锁是可以的，但无法对在文件起始位置之前的字节进行加锁。

从内核 2.4.21 开始，Linux 允许在 l_len 中指定一个负值。这是请求对在 l_whence 和 l_start 指定的位置之前的 l_len 字节（即范围在(l_start – abs(l_len))到(l_start – 1)之间的字节）进行加锁。SUSv3 允许但并没有要求这种特性，其他几个 UNIX 实现也提供了这个特性。

一般来讲，应用程序应该只对所需的最小字节范围进行加锁，这样其他进程就能够同时对同一个文件的不同区域进行加锁，进而取得更大的并发性。

在某些情况下需要对术语最小范围进行限定。在诸如 NFS 和 CIFS 之类的网络文件系统上混合使用记录锁和 mmap() 调用会导致不期望的结果。之所以会发生这种问题是因为 mmap() 映射文件的单位是系统分页大小。如果一个文件锁是分页对齐的，那么所有一切都会正常工作，因为锁会覆盖与一个脏分页对应的整个区域。但如果锁没有分页对齐，那么就会存在一种竞争条件——当映射分页的任意部分发生变更之后内核可能就会写入未被锁覆盖的区域。

将 l_len 指定为 0 具有特殊含义，即"对范围从由 l_start 和 l_whence 确定的起始位置到文件结尾位置之内的所有字节加锁，不管文件增长到多大"。这种处理方式在无法提前知道向一个文件中加入多少字节的情况下是比较方便的。要锁住整个文件则可以将 l_whence 指定为 SEEK_SET，并将 l_start 和 l_len 都指定为 0。

cmd 参数

fcntl() 在操作文件锁时其 cmd 参数的可取值有以下三个，其中前两个值用来获取和释放锁。

F_SETLK

获取（l_type 是 F_RDLCK 或 F_WRLCK）或释放（l_type 是 F_UNLCK）由 flockstr 指定的字节上的锁。如果另一个进程持有了一把待加锁的区域中任意部分上的不兼容的锁时，fcntl() 就会失败并返回 EAGAIN 错误。在一些 UNIX 实现上 fcntl() 在碰到这种情况时会失败并返回 EACCES 错误。SUSv3 允许实现采用其中任意一种处理方式，因此可移植的应用程序应该对这两个值都进行测试。

F_SETLKW

这个值与 F_SETLK 是一样的，除了在有另一个进程持有一把待加锁的区域中任意部分上的不兼容的锁时，调用就会阻塞直到锁的请求得到满足。如果正在处理一个信号并且没有指定 SA_RESTART（21.5 节），那么 F_SETLKW 操作就可能会被中断（即失败并返回 EINTR 错误）。开发人员可以利用这种行为来使用 alarm() 或 setitimer() 为一个加锁请求设置一个超时时间。

注意，fcntl() 要么会锁住指定的整个区域，要么就不会对任何字节加锁，这里并不存在只锁住请求区域中那些当前未被锁住的字节的概念。

剩下的一个 fcntl() 操作可用来确定是否可以在一个给定的区域上放置一把锁。

F_GETLK

检测是否能够获取 flockstr 指定的区域上的锁，但实际不获取这把锁。l_type 字段的值必须为 F_RDLCK 或 F_WRLCK。flockstr 结构是一个值-结果参数，在返回时它包含了有关是否能够放置指定的锁的信息。如果允许加锁（即在指定的文件区域上不存在不兼容的锁），那么在 l_type 字段中会返回 F_UNLCK，并且剩余的字段会保持不变。如果在区域上存在一个或多个不兼容的锁，那么 flockstr 会返回与那些锁中其中一把锁（无法确定是哪把锁）相关的信息，包括其类型（l_type）、字节范围（l_start 和 l_len；l_whence 总是返回为 SEEK_SET）以及持有这把锁的进程的进程 ID（l_pid）。

注意，在使用 F_GETLK 之后接着使用 F_SETLK 或 F_SETLKW 的话就可能会出现竞争条件，因为在执行后面一个操作时，F_GETLK 返回的信息可能已经过时了，因此 F_GETLK 的实际作用比其一开始看起来的作用要小很多。即使 F_GETLK 表示可以放置一把锁，仍然需要为 F_SETLK 返回一个错误或 F_SETLKW 阻塞做好准备。

> GNU C 库还实现了函数 lockf()，它仅仅是一个基于 fcntl() 的简化接口。（SUSv3 规定了 lockf()，但并没有规定 lockf() 与 fcntl() 之间的关系。在大多数 UNIX 系统上，lockf() 的实现都是基于 fcntl() 的。）形如 lockf(fd, operation, size) 的调用等价于在调用 fcntl() 时将 l_whence 设置为 SEEK_CUR，l_start 设置为 0，以及将 l_len 设置为 size，即 lockf() 将会锁住从当前文件偏移量开始到文件结束的字节序列。lockf() 的 operation 参数类似于 fcntl() 的 cmd 参数，但用于获取、释放以及测试锁的存在性的常量值是不同的。lockf() 函数只放置互斥锁。更多细节请参考 lockf(3) 手册。

锁获取和释放的细节

有关获取和释放由 fcntl() 创建的锁方面需要注意以下几点。

* 解锁一块文件区域总是会立即成功。即使当前并不持有一块区域上的锁，对这块区域解锁也不是一个错误。
* 在任何一个时刻，一个进程只能持有一个文件的某个特定区域上的一种锁。在之前已经锁住的区域上放置一把新锁会导致不发生任何事情（新锁的类型与既有锁的类型是一样的）或原子地将既有锁转换成新模式。在后一种情况中，当将一个读锁转换成写锁时需要为调用返回一个错误（F_SETLK）或阻塞（F_SETLKW）做好准备。（这与 flock() 是不同的，它的锁转换不是原子的。）
* 一个进程永远都无法将自己锁在一个文件区域之外，即使通过多个引用同一文件的文件描述符放置锁也是如此。（这与 flock() 是不同的，在 55.3.5 节中将会介绍更多有关这方面的信息。）
* 在已经持有的锁中间放置一把模式不同的锁会产生三把锁：在新锁的两端会创建两个模式为之前模式的更小一点的锁（参见图 55-3）。与此相反的是，获取与模式相同的一把既有锁相邻或重叠的第二把锁会产生单个覆盖两把锁的合并区域的聚合锁。除此之外，还存在其他的组合情况。如对一个大型既有锁的中间的一个区域进行解锁会在已解锁区域的两端产生两个更小一点的已锁住区域。如果一个新锁与一个模式不同的既有锁重叠了，那么既有锁就会收缩，因为重叠的字节会合并进新锁中。

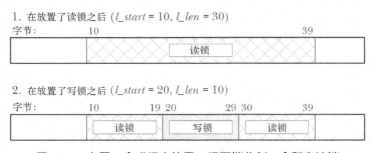

图 55-3：在同一个进程中使用一把写锁分割一个既有读锁

- 在文件区域锁方面，关闭一个文件描述符具备一些不寻常的语义，在 55.3.5 节将会对这些语义进行介绍。

55.3.1　死锁

在使用 F_SETLKW 时需要弄清楚图 55-4 中阐述的场景类别。在这种场景中，每个进程的第二个锁请求会被另一个进程持有的锁阻塞。这种场景被称为死锁。如果内核不对这种情况进行抑制，那么会导致两个进程永远阻塞。为避免这种情况，内核会对通过 F_SETLKW 发起的每个新锁请求进行检查以判断是否会导致死锁。如果会导致死锁，那么内核就会选中其中一个被阻塞的进程使其 fcntl()调用解除阻塞并返回错误 EDEADLK。（在 Linux 上，进程会选中最近的 fcntl()调用，但 SUSv3 并没有要求这种行为，并且这种行为在后续的 Linux 版本或其他 UNIX 实现上可能不成立。使用 F_SETLKW 的所有进程都必须要为处理 EDEADLK 错误做好准备。）

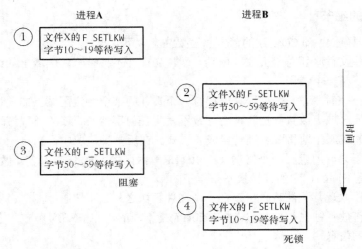

图 55-4：当两个进程拒绝对方的加锁请求时会死锁

即使在多个不同的文件上放置锁时也能检测出死锁情形，即涉及多个进程的循环死锁。（举个例子，对于循环死锁，意味着进程 A 等待获取被进程 B 锁住的区域上的锁，进程 B 等待进程 C 持有的锁，进程 C 等待进程 A 持有的锁。）

55.3.2　示例：一个交互式加锁程序

程序清单 55-2 中的程序允许交互式地试验记录加锁。这个程序接收一个命令行参数：待加锁的文件的名称。使用这个程序能够验证很多之前介绍的有关记录加锁操作的论断。这个程序被设计成了一个交互式程序并接收形如下面的命令。

---
cmd lock start length [*whence*]

在 cmd 参数中可以指定 g 来执行一个 F_GETLK，指定 s 来执行一个 F_SETLK，或指定 w 来执行一个 F_SETLKW。剩下的参数用来初始化传入 fcntl()的 flock 结构。lock 参数指定了 l_type 字段的取值，其中 r 表示 F_RDLCK，w 表示 F_WRLCK，u 表示 F_UNLCK。start 和 length 参数是整数，它们指定了 l_start 和 l_len 字段的取值。最后是一个可选的 whence 参数，它指定了 l_whence 字段的取值，其中 s 表示 SEEK_SET（默认值），c 表示 SEEK_CUR，e 表示 SEEK_END。（至于

为何在程序清单 55-2 的 printf()调用中将 l_start 和 l_len 字段转换成 long long，请参考 5.10 节。)

程序清单 55-2：试验记录加锁

filelock/i_fcntl_locking.c

```c
#include <sys/stat.h>
#include <fcntl.h>
#include "tlpi_hdr.h"

#define MAX_LINE 100

static void
displayCmdFmt(void)
{
    printf("\n    Format: cmd lock start length [whence]\n\n");
    printf("    'cmd' is 'g' (GETLK), 's' (SETLK), or 'w' (SETLKW)\n");
    printf("    'lock' is 'r' (READ), 'w' (WRITE), or 'u' (UNLOCK)\n");
    printf("    'start' and 'length' specify byte range to lock\n");
    printf("    'whence' is 's' (SEEK_SET, default), 'c' (SEEK_CUR), "
            "or 'e' (SEEK_END)\n\n");
}

int
main(int argc, char *argv[])
{
    int fd, numRead, cmd, status;
    char lock, cmdCh, whence, line[MAX_LINE];
    struct flock fl;
    long long len, st;

    if (argc != 2 || strcmp(argv[1], "--help") == 0)
        usageErr("%s file\n", argv[0]);

    fd = open(argv[1], O_RDWR);
    if (fd == -1)
        errExit("open (%s)", argv[1]);

    printf("Enter ? for help\n");

    for (;;) {              /* Prompt for locking command and carry it out */
        printf("PID=%ld> ", (long) getpid());
        fflush(stdout);

        if (fgets(line, MAX_LINE, stdin) == NULL)       /* EOF */
            exit(EXIT_SUCCESS);
        line[strlen(line) - 1] = '\0';          /* Remove trailing '\n' */

        if (*line == '\0')
            continue;                               /* Skip blank lines */

        if (line[0] == '?') {
            displayCmdFmt();
            continue;
        }

        whence = 's';                   /* In case not otherwise filled in */
        numRead = sscanf(line, "%c %c %lld %lld %c", &cmdCh, &lock,
                    &st, &len, &whence);
        fl.l_start = st;
```

```
            fl.l_len = len;

            if (numRead < 4 || strchr("gsw", cmdCh) == NULL ||
                    strchr("rwu", lock) == NULL || strchr("sce", whence) == NULL) {
                printf("Invalid command!\n");
                continue;
            }

            cmd = (cmdCh == 'g') ? F_GETLK : (cmdCh == 's') ? F_SETLK : F_SETLKW;
            fl.l_type = (lock == 'r') ? F_RDLCK : (lock == 'w') ? F_WRLCK : F_UNLCK;
            fl.l_whence = (whence == 'c') ? SEEK_CUR :
                    (whence == 'e') ? SEEK_END : SEEK_SET;

            status = fcntl(fd, cmd, &fl);              /* Perform request... */

            if (cmd == F_GETLK) {                      /* ... and see what happened */
                if (status == -1) {
                    errMsg("fcntl - F_GETLK");
                } else {
                    if (fl.l_type == F_UNLCK)
                        printf("[PID=%ld] Lock can be placed\n", (long) getpid());
                    else                               /* Locked out by someone else */
                        printf("[PID=%ld] Denied by %s lock on %lld:%lld "
                                "(held by PID %ld)\n", (long) getpid(),
                                (fl.l_type == F_RDLCK) ? "READ" : "WRITE",
                                (long long) fl.l_start,
                                (long long) fl.l_len, (long) fl.l_pid);
                }
            } else {                    /* F_SETLK, F_SETLKW */
                if (status == 0)
                    printf("[PID=%ld] %s\n", (long) getpid(),
                            (lock == 'u') ? "unlocked" : "got lock");
                else if (errno == EAGAIN || errno == EACCES)        /* F_SETLK */
                    printf("[PID=%ld] failed (incompatible lock)\n",
                            (long) getpid());
                else if (errno == EDEADLK)                          /* F_SETLKW */
                    printf("[PID=%ld] failed (deadlock)\n", (long) getpid());
                else
                    errMsg("fcntl - F_SETLK(W)");
            }
        }
    }
}
```
── filelock/i_fcntl_locking.c

在下面的 shell 会话日志中演示了如何使用程序清单 55-2 中的程序，其中运行了两个实例
来在同一个大小为 100 字节的文件（tfile）上放置锁。图 55-5 给出了 shell 会话日志中各个点
上准予的和排队的加锁请求的状态并在下面的注释中进行的标注。

首先启动程序程序清单 55-2 中的程序的第一个实例（进程 A）并在文件中 0~39 字节区
域上放置一把读锁。

```
Terminal window 1
$ ls -l tfile
-rw-r--r--    1 mtk       users          100 Apr 18 12:19 tfile
$ ./i_fcntl_locking tfile
Enter ? for help
PID=790> s r 0 40
[PID=790] got lock
```

接着启动程序的第二个实例（进程 B）并在文件中第 70 个字节到文件结尾的区域上放置一把读锁。

```
Terminal window 2
$ ./i_fcntl_locking tfile
Enter ? for help
PID=800> s r -30 0 e
[PID=800] got lock
```

此刻出现了图 55-5 中 a 部分的情形，其中进程 A（进程 ID 为 790）和进程 B（进程 ID 为 800）持有了文件的不同部分上的锁。

现在回到进程 A 让其尝试在整个文件上放置一把写锁。首先通过 F_GETLK 检测是否可以加锁并得到存在一个冲突的锁的信息。接着尝试通过 F_SETLK 放置一把锁，但这个操作也会失败。最后尝试通过 F_SETLKW 放置一把锁，这次将会阻塞。

```
PID=790> g w 0 0
[PID=790] Denied by READ lock on 70:0 (held by PID 800)
PID=790> s w 0 0
[PID=790] failed (incompatible lock)
PID=790> w w 0 0
```

此刻出现了图 55-5 中 b 部分的情形，其中进程 A 和进程 B 分别持有了文件的不同部分上的锁，并且进程 A 还有一个排着队的对整个文件的加锁请求。

接着继续在进程 B 中尝试在整个文件上放置一把写锁。首先使用 F_GETLK 检测一下是否可以加锁并得到存在一个冲突的锁的信息。接着尝试使用 F_SETLKW 加锁。

```
PID=800> g w 0 0
[PID=800] Denied by READ lock on 0:40
(held by PID 790)
PID=800> w w 0 0
[PID=800] failed (deadlock)
```

图 55-5 中的 c 部分给出了当进程 B 发起一个在整个文件上放置一把写锁的阻塞请求发生的情形：死锁。此刻内核将会选择让其中一个加锁请求失败——在本例中进程 B 的请求将会被选中并从其 fcntl() 调用中接收到 EDEADLK 错误。

接着继续在进程 B 中删除其在文件上的所有锁。

```
PID=800> s u 0 0
[PID=800] unlocked
```

```
[PID=790] got lock
```

从上面输出的最后一行中可以看出进程 A 的被阻塞的加锁请求被准予了。

重要的一点是，需要意识到即使进程 B 的死锁请求被取消之后它仍然持有了其他的锁，因此进程 A 的排着队的加锁请求仍然会被阻塞。进程 A 加锁请求只有在进程 B 删除了其持有的锁之后才会被准予，这就出现了图 55-5 中 d 部分的情形。

55.3.3 示例：一个加锁函数库

程序清单 55-3 给出了一组在其他程序中可以使用的加锁函数，如下所示。

- lockRegion() 函数使用 F_SETLK 在文件描述符 fd 引用的打开着的文件上放置一把锁。type 参数指定了锁的类型（F_RDLCK 或 F_WRLCK）。whence、start 以及 len 参数指定了需加锁的字节范围。这些参数为用来加锁的 flockstr 结构中名称类似的字段提供了值。
- lockRegionWait() 函数与 lockRegion() 类似，但它发起的是一个阻塞式加锁请求，即它使用了 F_SETLKW 而不是 F_SETLK。

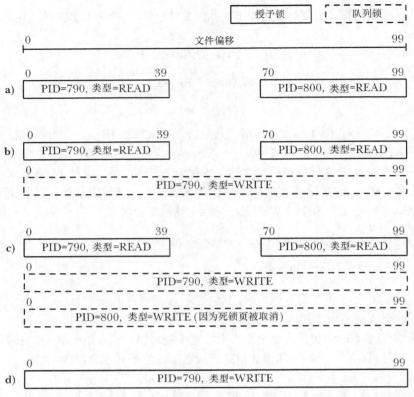

图 55-5：运行 running i_fcntl_locking.c 时被准予的和排队的加锁请求的状态

- regionIsLocked() 函数检测是否可以在一个文件上放置一把锁。这个函数的参数与 lockRegion() 函数接收的参数是一样的。这个函数在没有进程持有与调用中指定的锁冲突的锁时将返回 0。如果存在其中一个进程持有了冲突的锁，那么这个函数就会返回一个非零值（即 true）——持有冲突锁的进程的进程 ID。

程序清单 55-3：文件区域加锁函数

────────────────────────────── ── filelock/region_locking.c

```c
#include <fcntl.h>
#include "region_locking.h"        /* Declares functions defined here */

/* Lock a file region (private; public interfaces below) */

static int
lockReg(int fd, int cmd, int type, int whence, int start, off_t len)
{
    struct flock fl;

    fl.l_type = type;
    fl.l_whence = whence;
    fl.l_start = start;
    fl.l_len = len;

    return fcntl(fd, cmd, &fl);
}
```

```
int                        /* Lock a file region using nonblocking F_SETLK */
lockRegion(int fd, int type, int whence, int start, int len)
{
    return lockReg(fd, F_SETLK, type, whence, start, len);
}

int                        /* Lock a file region using blocking F_SETLKW */
lockRegionWait(int fd, int type, int whence, int start, int len)
{
    return lockReg(fd, F_SETLKW, type, whence, start, len);
}

/* Test if a file region is lockable. Return 0 if lockable, or
   PID of process holding incompatible lock, or -1 on error. */

pid_t
regionIsLocked(int fd, int type, int whence, int start, int len)
{
    struct flock fl;

    fl.l_type = type;
    fl.l_whence = whence;
    fl.l_start = start;
    fl.l_len = len;
    if (fcntl(fd, F_GETLK, &fl) == -1)
        return -1;

    return (fl.l_type == F_UNLCK) ? 0 : fl.l_pid;
}
```

—— — **filelock/region_locking.c**

55.3.4 锁的限制和性能

SUSv3 允许一个实现为所能获取的记录锁的数量设置一个固定的、系统级别的上限。当达到这个限制时，fcntl() 就会失败并返回 ENOLCK 错误。Linux 并没有为所能获取的记录锁的数量设置一个固定的上限，至于具体数量则受限于可用的内存数量。（很多其他 UNIX 实现也采用了类似的做法。）

获取和释放记录锁的速度有多快呢？这个问题没有固定的答案，因为这些操作的速度取决于用来维护记录锁的内核数据结构和具体的某一把锁在这个数据结构中所处的位置。本章稍后就会介绍这个数据结构，在此之前首先来考虑几点能够影响其设计的需求。

- 内核需要能够将一个新锁和任意位于新锁任意一端的模式相同的既有锁（由同一个进程持有）合并起来。
- 新锁可能会完全取代调用进程持有的一把或多把既有锁。内核需要容易地定位出所有这些锁。
- 当在一把既有锁的中间创建一个模式不同的新锁时，分隔既有锁的工作（图 55-3）应该是比较简单的。

用来维护锁相关信息的内核数据结构需要被设计成满足这些需求。每个打开着的文件都有一个关联链表，链表中保存着该文件上的锁。列表中的锁会先按照进程 ID 再按照起始偏移量来排序。图 55-6 给出了一个这样的列表。

内核在与一个打开着的文件相关联的锁链表中维护着 flock() 锁与文件租用。（在 55.5 节中讨论 /proc/locks 文件时将会对文件租用进行简要介绍。）但这种类型的锁的数量通常要小很多很多，因此不太可能会对性能产生影响，所以在这里的讨论中并没有考虑它们。

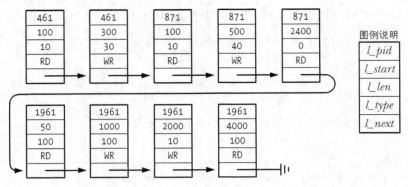

图 55-6：单个文件上的记录锁列表

图例说明
l_pid
l_start
l_len
l_type
l_next

每次需要在这个数据结构中添加一把新锁时，内核都必须要检查是否与文件上的既有锁有冲突。这个搜索过程是从列表头开始顺序开展的。

假设有大量的锁随机地分布在很多进程中，那么就可以说，添加或删除一个锁所需的时间与文件上已有的锁的数量之间大概是一个线性关系。

55.3.5　锁继承和释放的语义

fcntl()记录锁继承和释放的语义与使用 flock()创建的锁的继承和释放的语义是不同的，以下几点需要注意。

- 由 fork()创建的子进程不会继承记录锁。这与 flock()是不同的，在使用 flock()创建的锁时，子进程会继承一个引用同一把锁的引用并且能够释放这把锁，从而导致父进程也会失去这把锁。
- 记录锁在 exec()中会得到保留。（但需要注意下面描述的 close-on-exec 标记的作用。）
- 一个进程中的所有线程会共享同一组记录锁。
- 记录锁同时与一个进程和一个 i-node（参见 5.4 节）关联。从这种关联关系可以得出一个毫不意外的结果就是当一个进程终止之后，其所有记录锁会被释放。另一个稍微有点出乎意料的结果是当一个进程关闭了一个文件描述符之后，进程持有的对应文件上的所有锁会被释放，不管这些锁是通过哪个文件描述符获得的。例如在下面的代码中，close(fd2)调用会释放调用进程持有的 testfile 文件之上的锁，尽管这把锁是通过文件描述符 fd1 获得的。

```
struct flock fl;

fl.l_type = F_WRLCK;
fl.l_whence = SEEK_SET;
fl.l_start = 0;
fl.l_len = 0;
fd1 = open("testfile", O_RDWR);
fd2 = open("testfile", O_RDWR);

if (fcntl(fd1, cmd, &fl) == -1)
    errExit("fcntl");

close(fd2);
```

不管引用同一个文件的各个描述符是如何获得的以及不管描述符是如何被关闭的，上面最后一点中描述的语义都是适用的。例如 dup()、dup2()以及 fcntl()都可以用来获取一个打开着的文件描述符的副本。除了执行一个显式的 close()之外，一个描述符在设置了 close-on-exec标记时会被一个 exec()调用关闭，或者也可以通过一个 dup2()调用来关闭其第二个文件描述符参数，当然前提是该描述符已经被打开了。

fcntl()锁的继承和释放语义是一个架构上的缺陷。例如它们使得使用库包中的记录锁容易发生问题，因为一个库函数无法阻止调用者关闭一个引用了一个被锁住的文件的文件描述符，从而会导致删除一个通过库代码获得的锁。另一种可选的实现方案是将锁与文件描述符关联起来，而不是与 i-node 关联起来。但之所以采用当前这种语义是存在历史原因的，并且这种语义现在已经变成了记录锁的标准行为。遗憾的是，这些语义会极大地限制 fcntl()加锁工具的实用性。

> 在使用 flock()时，一把锁只会与一个打开的文件描述关联，并且会持续发挥作用直到持有这把锁的引用的任意进程显式地释放这把锁或所有引用这个打开着的文件描述的文件描述符被关闭之后为止。

55.3.6 锁定饿死和排队加锁请求的优先级

当多个进程必须要等待以便能够在当前被锁住的区域上放置一把锁时，一系列的问题就出现了。

一个进程是否能够等待以便在由一系列进程放置读锁的同一块区域上放置一把写锁并因此可能会导致饿死？在 Linux 上（以及很多其他 UNIX 实现上），一系列的读锁确实能够导致一个被阻塞的写锁饿死，甚至会无限地饿死。

当两个或多个进程等待放置一把锁时，是否存在一些规则来确定在锁可用时哪个进程会获取锁？例如，锁请求是否满足 FIFO 顺序？规则跟每个进程请求的锁的类型是否有关系（即一个请求读锁的进程是否会优先于请求一个写锁的进程，或反之亦然，或都不是）？在 Linux上的规则如下所述。

- 排队的锁请求被准予的顺序是不确定的。如果多个进程正在等待加锁，那么它们被满足的顺序取决于进程的调度。
- 写者并不比读者拥有更高的优先权，反之亦然。

在其他系统上这些论断可能就是不正确的了。在一些 UNIX 实现上，锁请求的服务是按照 FIFO 的顺序来完成的，并且读者比写者拥有更高的优先权。

55.4 强制加锁

到目前为止介绍的锁都是劝告式锁。这意味着一个进程可以自由地忽略 fcntl()（或 flock()）的使用或简单地在文件上执行 I/O。内核不会阻止进程的这种行为。在使用劝告式锁时，应用程序的设计者需要：

- 为文件设置合适的所有权（或组所有权）以及权限以防止非协作进程执行文件 I/O；
- 通过在执行 I/O 之前获取恰当的锁来确保构成应用程序的进程相互协作。

与其他很多 UNIX 实现一样，Linux 也允许 fcntl()记录锁是强制式的。这表示需对每个文件 I/O 操作进行检查以判断其他进程在执行 I/O 所在的文件区域上是否持有任何不兼容的锁。

> 劝告式模式加锁有时候被称为自由加锁（discretionary locking），而强制式加锁有时候则被称为强制模式加锁（enforcement-mode locking）。SUSv3 并没有规定强制式加锁，但在大多数现代 UNIX 实现上都存在这种加锁模式（细节方面可能存在一些差异）。

为了在 Linux 上使用强制式加锁就必须要在包含待加锁的文件的文件系统以及每个待加锁的文件上启用这一项功能。通过在挂载文件系统时使用（Linux 特有的）–o mand 选项能够在该文件系统上启用强制式加锁。

```
# mount -o mand /dev/sda10 /testfs
```

在程序中可以通过在调用 mount(2)（14.8.1 节）时指定 MS_MANDLOCK 标记来取得同样的结果。

通过查看不带任何选项的 mount(8)命令的输出就能够看出一个挂载文件系统是否启用了强制式加锁。

```
# mount | grep sda10
/dev/sda10 on /testfs type ext3 (rw,mand)
```

文件上强制式加锁的启用是通过开启 set-group-ID 权限位和关闭 group-execute 权限来完成的。这种权限位组合在其他场景中是毫无意义的，并且在之前的 UNIX 实现中并没有用到这种权限位组合。正因为如此，后面的 UNIX 系统在新增强制式加锁时就无需修改既有程序或添加新的系统调用了。在 shell 中可以按照下面的方法在一个文件上启用强制式加锁。

```
$ chmod g+s,g-x /testfs/file
```

在一个程序中可以通过使用 chmod()或 fchmod()（15.4.7 节）恰当地设置文件上的权限来启用该文件上的强制式加锁。

当显示一个启用了强制式加锁权限位的文件的权限时，ls(1)会在 group-execute 权限列中显示一个 S。

```
$ ls -l /testfs/file
-rw-r-Sr--    1 mtk      users         0 Apr 22 14:11 /testfs/file
```

所有原生 Linux 和 UNIX 文件系统都支持强制式加锁，但一些网络文件系统和非 UNIX 文件系统可能就不支持强制式加锁了。例如，微软的 VFAT 文件系统没有 set-group-ID 权限位，因此在 VFAT 文件系统上就无法启用强制式加锁了。

强制式加锁对文件 I/O 操作的影响

如果在一个文件上启用强制式加锁时，那么执行数据传输的系统调用（如 read()或 write()）在碰到锁冲突（即在当前被读或写操作锁住的区域上执行一个写入操作或在当前被写锁住的区域上执行一个读操作）时会发生什么呢？这个问题的答案取决于是以阻塞模式还是非阻塞模式打开了文件。如果以阻塞模式打开了文件，那么系统调用就会阻塞。如果在打开文件时使用了 O_NONBLOCK 标记，那么系统调用就会立即失败并返回 EAGAIN 错误。类似的规则同样适用于 truncate()和 ftruncate()，前提是它们尝试从中增加或删除字节的文件当前被另一个进程锁住（为了读或者写）了。

如果以阻塞模式打开了一个文件（即在 open()调用中没有指定 O_NONBLOCK），那么 I/O 系统调用可能会导致死锁情形的出现。考虑图 55-7 中给出的例子，其中两个进程都打开了同一个文件以执行阻塞式 I/O，它们先获取了文件中不同部分上的写锁，然后分别尝试写入被对方锁住的区域。内核在解决这个问题时采用的方式与解决由两个 fcntl()调用引起的死锁问题时所用的方式是一样的（55.3.1 节）：它选择死锁所涉及到的其中一个进程并使其 write()系统调用失败并返回 EDEADLK 错误。

使用 O_TRUNC 标记 open()一个文件在存在其他进程持有该文件任意部分上的一个读锁或写锁时会立即失败（返回 EAGAIN 错误）。

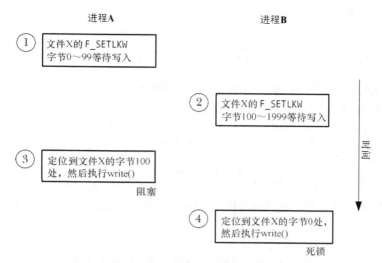

图 55-7：启用强制式加锁时发生的死锁

如果存在进程持有了一个文件任意部分上的强制式读锁或写锁，那么就无法在该文件上创建一个共享内存映射（即在调用 mmap()时指定了 MAP_SHARED 标记）。同样，如果一个文件参与了一个共享内存映射，那么就无法在该文件的任意部分上放置一把强制式锁。在这两种情况中，相关的系统调用会立即失败并返回 EAGAIN 错误。之所以存在这些限制的原因在考虑内存映射的实现之后就变得清晰起来了。在 49.4.2 节中曾经介绍过一个既从文件中读取又向文件写入的共享文件映射（特别是后一个操作会与文件上任意类型的锁产生冲突）。此外，这种文件 I/O 是通过内存管理子系统完成的，而这个子系统是不清楚系统中任意一个文件锁所处的位置的。因此为防止一个映射更新一个被放置了强制式锁的文件，内核需要执行一个简单的检查——在执行 mmap()调用时检查待映射的文件中所有位置上是否存在锁（对于fcntl()调用也是如此）。

强制式加锁警告

强制式锁所起的作用其实没有其一开始看起来那么大，它存在一些潜在的缺陷和问题。

- 在一个文件上持有一把强制式锁并不能阻止其他进程删除这个文件，因为只要在父目录上拥有合适的权限就能够与一个文件断开链接。
- 在一个可公开访问的文件上启用强制式锁之前需要经过深思熟虑，因为即使是特权进程也无法覆盖一个强制式锁。恶意用户可能会持续地持有该文件上的锁以制造拒绝服务的攻击。（在大多数情况下可以通过关闭 set-group-ID 位来使得该文件再次可访问，但当强制式文件锁造成系统挂起时就无法这样做了。）
- 使用强制式加锁存在性能开销。在启用了强制式加锁的文件上执行的每个 I/O 系统调用中，内核都必须要检查在文件上是否存在冲突的锁。如果文件上存在大量的锁，那么这种检查工作会极大地降低 I/O 系统调用的效率。
- 强制式加锁还会在应用程序设计阶段造成额外的开销，因为需要处理每个 I/O 系统调用返回 EAGAIN（非阻塞 I/O）或 EDEADLK（阻塞 I/O）错误的情况。
- 因为在当前的 Linux 实现中存在一些内核竞争条件，因此在有些情况下执行 I/O 操作的系统调用在文件上存在本应该拒绝这些操作的强制式锁时也能成功。

总的来说，应该尽可能避免使用强制式锁。

55.5 /proc/locks 文件

通过检查 Linux 特有的/proc/locks 文件中的内容能够查看系统中当前存在的锁。下面给出了一个示例文件所包含的信息（在本例中是四个锁）。

```
$ cat /proc/locks
1: POSIX  ADVISORY  WRITE 458 03:07:133880 0 EOF
2: FLOCK  ADVISORY  WRITE 404 03:07:133875 0 EOF
3: POSIX  ADVISORY  WRITE 312 03:07:133853 0 EOF
4: FLOCK  ADVISORY  WRITE 274 03:07:81908 0 EOF
```

/proc/locks 文件显示了使用 flock()和 fcntl()创建的锁的相关信息。每把锁的 8 个字段的含义如下（从左至右）。

1. 锁在该文件上所有锁中的序号（参见 55.3.4 节）。
2. 锁的类型。其中 FLOCK 表示 flock()创建的锁，POSIX 表示 fcntl()创建的锁。
3. 锁的模式，其值是 ADVISORY 或 MANDATORY。
4. 锁的类型，其值是 READ 或 WRITE（对应于 fcntl()的共享锁和互斥锁）。
5. 持有锁的进程的进程 ID。
6. 三个用冒号分隔的数字，它们标识出了锁所属的文件。这些数字是文件所处的文件系统的主要和次要设备号，后面跟着文件的 i-node 号。
7. 锁的起始字节。对于 flock()锁来讲，其值永远是 0。
8. 锁的结尾字节。其中 EOF 表示锁延伸到文件的结尾（即对于 fcntl()创建的锁来讲是将 l_len 指定为 0）。对于 flock()锁来讲，这一列的值永远是 EOF。

在 Linux 2.4 以及之前的版本上，/proc/locks 文件中的每一行都还包含五个额外的十六进制值。它们是内核用来记录在各个列表中的锁的指针地址，这些值对于应用程序来讲是毫无用处的。

使用/proc/locks 中的信息能够找出哪个进程持有了哪个文件上的锁。下面的 shell 会话显示了如何找出上面列表中序号为 3 的锁的此类信息。这个锁由进程 ID 为 312 的进程持有，其所属的文件在主要 ID 为 3、次要 ID 为 7 的设备上的第 133853 个 i-node 上。下面首先使用 ps(1)列出进程 ID 为 312 的进程的相关信息。

```
$ ps -p 312
  PID TTY          TIME CMD
  312 ?        00:00:00 atd
```

从上面的输出可以看出持有锁的程序是 atd，即执行批处理作业的 daemon。

为找出被锁住的文件，下面首先在/dev 目录中搜索文件并确定 ID 为 3:7 的设备是/dev/sda7。

```
$ ls -li /dev/sda7 | awk '$6 == "3," && $7 == 10'
  1311 brw-rw----   1 root   disk   3,  7 May 12 2006 /dev/sda7
```

接着确定设备/dev/sda7 的挂载点并在该部分文件系统中搜索 i-node 号为 133853 的文件。

```
$ mount | grep sda7
/dev/sda7 on / type reiserfs (rw)          Device is mounted on /
$ su                                       So we can search all directories
Password:
# find / -mount -inum 133853               Search for i-node 133853
/var/run/atd.pid
```

find –mount 选项防止 find 进入/下的子目录（表示其他文件系统的挂载点）进行搜索。
最后显示被锁住的文件的内容。

```
# cat /var/run/atd.pid
312
```

这样就能看出 atd daemon 持有了/var/run/atd.pid 文件上的一把锁，而这个文件中的内容就是运行 atd 的进程的进程 ID。这个 daemon 采用了一项技术来确保在一个时刻只有一个 daemon 实例在运行，在 55.6 节中将会对这项技术进行描述。

通过/proc/locks 还能够获取被阻塞的锁请求的相关信息，如下面的输出所示。

```
$ cat /proc/locks
1: POSIX   ADVISORY  WRITE 11073 03:07:436283 100 109
1: -> POSIX  ADVISORY  WRITE 11152 03:07:436283 100 109
2: POSIX   MANDATORY WRITE 11014 03:07:436283 0 9
2: -> POSIX  MANDATORY WRITE 11024 03:07:436283 0 9
2: -> POSIX  MANDATORY READ  11122 03:07:436283 0 19
3: FLOCK   ADVISORY  WRITE 10802 03:07:134447 0 EOF
3: -> FLOCK  ADVISORY  WRITE 10840 03:07:134447 0 EOF
```

其中锁号后面随即跟着->字符的行表示被相应锁号阻塞的锁请求。因此从上面的输出可以看出一个请求被阻塞在锁 1 上，两个请求被阻塞在锁 2 上（使用 fcntl()创建的一把锁），一个请求被阻塞在锁 3 上（使用 flock()创建的一把锁）。

> /proc/locks 文件还显示了系统中进程持有的文件租用的相关信息。文件租用是 Linux 特有的的机制，它自 Linux 2.4 起可用。如果一个进程租用了一个文件，那么该进程在其他进程尝试 open()或 truncate()该文件时会收到通知（通过发送信号）。（包括 truncate()是有必要的，因为它是唯一一个在无需打开文件的情况下就能够改变文件的内容的系统调用。）之所以提供文件租用功能是为了使得 Samba 能够支持 Microsoft SMB 的机会锁（oplocks）功能以及允许第 4 版的 NFS 支持委托（delegations，它与 SMB oplocks 类似）。更多有关文件租用的细节可以在 fcntl(2)手册中关于 F_SETLEASE 操作的描述中找到。

55.6　仅运行一个程序的单个实例

一些程序——特别是很多 daemon——需要确保同一时刻只有一个程序实例在系统中运行。完成这项任务的一个常见方法是让 daemon 在一个标准目录中创建一个文件并在该文件上放置一把写锁。daemon 在其执行期间一直持有这个文件锁并在即将终止之前删除这个文件。如果启动了 daemon 的另一个实例，那么它在获取该文件上的写锁时就会失败，其结果是它会意识到 daemon 的另一个实例肯定正在运行，然后终止。

> 很多网络服务器采用了另一种常规做法，即当服务器绑定的众所周知的 socket 端口号已经被使用时就认为该服务器实例已经处于运行状态了（61.10 节）。

/var/run 目录通常是存放此类锁文件的位置。或者也可以在 daemon 的配置文件中加一行来指定文件的位置。

通常，daemon 会将其进程 ID 写入锁文件，因此这个文件在命名时通常将.pid 作为扩展名（如 syslogd 会创建文件/var/run/syslogd.pid）。这对于那些需要找出 daemon 的进程 ID 的应用程序来讲是比较有用的。它还允许执行额外的健全检查——可以像 20.5 节中描述的那样使用 kill(pid, 0)来检查进程 ID 是否存在。（在较早的不提供文件加锁的 UNIX 实现上，这是一种不完美但很实用的方法，用于检查一个 daemon 实例是否在运行或前一个实例在终止之前是否没有成功删除这个文件。）

用来创建和锁住一个进程 ID 锁文件的代码存在很多微小的差异。程序清单 55-4 根据 [Stevens, 1999]提供的想法提供了一个函数 createPidFile()，它封装了上面描述的步骤。调用这个函数通常会使用下面这样的代码。

```
if (createPidFile("mydaemon", "/var/run/mydaemon.pid", 0) == -1)
    errExit("createPidFile");
```

createPidFile()函数中的一个精妙之处是使用 ftruncate()来清除锁文件中之前存在的所有字符串。之所以要这样做是因为 daemon 的上一个实例在删除文件时可能因系统崩溃而失败。在这种情况下，如果新 daemon 实例的进程 ID 较小，那么可能就无法完全覆盖之前文件中的内容。例如，如果进程 ID 是 789，那么就只会向文件写入 789\n，但之前的 daemon 实例可能已经向文件写入了 12345\n，这时如果不截断文件的话得到的内容就会是 789\n5\n。从严格意义上来讲，清除所有既有字符串并不是必需的，但这样做显得更加简洁并且能排除产生混淆的可能。

在 flags 参数中可以指定常量 CPF_CLOEXEC 将会导致 createPidFile()为文件描述符设置 close-on-exec 标记（27.4 节）。这对于通过调用 exec()重启自己的服务器来讲是比较有用的。如果在 exec()时文件描述符没有被关闭，那么重新启动的服务器会认为服务器的另一个实例正处于运行状态。

程序清单 55-4：创建一个 PID 锁文件以确保只有一个程序实例被启动了

——————————————————————————————————— **filelock/create_pid_file.c**

```
#include <sys/stat.h>
#include <fcntl.h>
#include "region_locking.h"              /* For lockRegion() */
#include "create_pid_file.h"             /* Declares createPidFile() and
                                            defines CPF_CLOEXEC */
#include "tlpi_hdr.h"

#define BUF_SIZE 100            /* Large enough to hold maximum PID as string */
/* Open/create the file named in 'pidFile', lock it, optionally set the
   close-on-exec flag for the file descriptor, write our PID into the file,
   and (in case the caller is interested) return the file descriptor
   referring to the locked file. The caller is responsible for deleting
   'pidFile' file (just) before process termination. 'progName' should be the
   name of the calling program (i.e., argv[0] or similar), and is used only for
   diagnostic messages. If we can't open 'pidFile', or we encounter some other
   error, then we print an appropriate diagnostic and terminate. */
int
createPidFile(const char *progName, const char *pidFile, int flags)
{
    int fd;
    char buf[BUF_SIZE];

    fd = open(pidFile, O_RDWR | O_CREAT, S_IRUSR | S_IWUSR);
    if (fd == -1)
        errExit("Could not open PID file %s", pidFile);

    if (flags & CPF_CLOEXEC) {

        /* Set the close-on-exec file descriptor flag */

        flags = fcntl(fd, F_GETFD);                     /* Fetch flags */
```

```
        if (flags == -1)
            errExit("Could not get flags for PID file %s", pidFile);

        flags |= FD_CLOEXEC;                            /* Turn on FD_CLOEXEC */

        if (fcntl(fd, F_SETFD, flags) == -1)            /* Update flags */
            errExit("Could not set flags for PID file %s", pidFile);
    }

    if (lockRegion(fd, F_WRLCK, SEEK_SET, 0, 0) == -1) {
        if (errno == EAGAIN || errno == EACCES)
            fatal("PID file '%s' is locked; probably "
                    "'%s' is already running", pidFile, progName);
        else
            errExit("Unable to lock PID file '%s'", pidFile);
    }

    if (ftruncate(fd, 0) == -1)
        errExit("Could not truncate PID file '%s'", pidFile);

    snprintf(buf, BUF_SIZE, "%ld\n", (long) getpid());
    if (write(fd, buf, strlen(buf)) != strlen(buf))
        fatal("Writing to PID file '%s'", pidFile);

    return fd;
}
```
── **filelock/create_pid_file.c**

55.7 老式加锁技术

在较早的不支持文件加锁的 UNIX 实现上可以使用一些特别的加锁技术。尽管所有这些技术都已经被 fcntl()记录加锁所取代，但这里仍然要介绍它们，因为在一些较早的应用程序中仍然存在它们的身影。所有这些技术在性质上都是劝告式的。

open(file, 0_CREAT | 0_EXCL,...)加上 unlink(file)

SUSv3 要求使用了 O_CREAT 和 O_EXCL 标记的 open()调用有原子地执行检查文件的存在性以及创建文件两个步骤（5.1 节）。这意味着如果两个进程尝试在创建一个文件时指定这些标记，那么就保证只有其中一个进程能够成功。（另一个进程会从 open()中收到 EEXIST 错误。）这种调用与 unlink()系统调用组合起来就构成了一种加锁机制的基础。获取锁可通过成功地使用 O_CREAT 和 O_EXCL 标记打开文件后，立即跟着一个 close()来完成。释放锁则可以通过使用 unlink()来完成。尽管这项技术能够正常工作，但它存在一些局限。

- 如果 open()失败了，即表示其他进程拥有了锁，那么就必须要在某种循环中重试 open() 操作，这种循环既可以是持续不停地（这将会浪费 CPU 时间），也可以在相邻两次尝试之间加上一定的延迟（意味着在锁可用的时刻和实际获取锁的时刻之间可能存在一定的延迟）。有了 fcntl()之后则可以使用 F_SETLKW 来阻塞直到锁可用为止。
- 使用 open()和 unlink()获取和释放锁涉及到文件系统的操作，这比记录锁要慢很多。（在笔者的一台运行 Linux 2.6.31 的 x86-32 系统上，使用这里描述的技术获取和释放一个 ext3 文件上的 1 百万个锁需要花费 44 秒。获取和释放该文件中同样字节上的 1 百万个记录锁仅需要 2.5 秒。）

- 如果一个进程意外终止并且没有删除锁文件，那么锁就不会被释放。处理这个问题存在特别的技术，包括检查文件的上次修改时间和让锁的持有者将其进程 ID 写入文件，这样就能够检查进程是否存在，但这些技术中没有一项技术是安全可靠的。与之相反的是，在一个进程终止时记录锁的释放操作是原子的。
- 如果放置多把锁（即使用多个锁文件），那么就无法检测出死锁。如果发生了死锁，那么造成死锁的进程就会永远保持阻塞。（每个进程都会定在那里检查是否能够获取请求的锁。）与之形成对比的是，内核会对 fcntl()记录锁进程死锁检测。
- 第二版的 NFS 不支持 O_EXCL 语义。Linux 2.4 NFS 客户端也没有正确地实现 O_EXCL，即使是第三版的 NFS 以及之后的版本也没能完成这个任务。

link(file, lockfile)加上 unlink(lockfile)

link()系统调用在新链接已经存在时会失败的事实可用作一种加锁机制，而解锁功能则还是使用 unlink()来完成。常规的做法是让需要获取锁的进程创建一个唯一的临时文件名，一般来讲需要包含进程 ID（如果锁文件被创建于一个网络文件系统上，那么可能的话再加上主机名）。要获取锁则需要将这个临时文件链接到某个约定的标准路径名上。（硬链接在语义上需要两个路径名位于同一个文件系统上。）如果 link()调用成功，那么就是获取了锁。如果失败（EEXIST），那么就是另一个进程持有了锁，因此必须要在稍后某个时刻重新尝试获取锁。这项技术与上面介绍的 open(file, O_CREAT | O_EXCL,...)技术存在相同的局限。

open(file, O_CREAT | O_TRUNC | O_WRONLY, 0) plus unlink(file)

当指定 O_TRUNC 并且写权限被拒绝时在一个既有文件上调用 open()会失败的事实可作为一项加锁技术的基础。要获取一把锁可以使用下面的代码（省略了错误检查）来创建一个新文件。

```
fd = open(file, O_CREAT | O_TRUNC | O_WRONLY, (mode_t) 0);
close(fd);
```

> 至于为何在上面的 open()调用中使用(mode_t)转换可参见附录 C。

如果 open()调用成功（即文件之前不存在），那么就是获取了锁。如果因 EACCES 而失败（即文件存在但没有人拥有权限），那么其他进程持有了锁，还需要在后面某个时刻尝试重新获取锁。这项技术与前面介绍的技术存在相同的局限，还需要注意的是不能在具备超级用户特权的程序中使用这项技术，因为 open()总是会成功，不管文件上设置的权限是什么。

55.8　总结

文件锁使得进程能够同步对一个文件的访问。Linux 提供了两种文件加锁系统调用：从 BSD 衍生出来的 flock()和从 System V 衍生出来的 fcntl()。尽管这两组系统调用在大多数 UNIX 实现上都是可用的，但只有 fcntl()加锁在 SUSv3 中进行了标准化。

flock()系统调用对整个文件加锁，可放置的锁有两种：一种是共享锁，这种锁与其他进程持有的共享锁是兼容的；另一种是互斥锁，这种锁能够阻止其他进程放置这两种锁。

fcntl()系统调用将一个文件的任意区域上放置锁（"记录锁"），这个区域可以是单个字节也可以是整个文件。可放置的锁有两种：读锁和写锁，它们之间的兼容性语义与 flock()放置的共享锁和互斥锁之间的兼容性语义类似。如果一个阻塞式（F_SETLKW）锁请求将会导致死锁，那么内核会让其中一个受影响的进程的 fcntl()失败（返回 EDEADLK 错误）。

使用 flock()和 fcntl()放置的锁之间是相互不可见的（除了在使用 fcntl()实现 flock()的系统）。通过 flock()和 fcntl()放置的锁在 fork()中的继承语义和在文件描述符被关闭时的释放语义是不同的。

Linux 特有的/proc/locks 文件给出了系统中所有进程当期持有的文件锁。

更多信息

[Stevens & Rago,2005]和[Stevens, 1999]对 fcntl()记录加锁进行了详尽的讨论。[Bovet & Cesati, 2005]提供了 Linux 上 flock()和 fcntl()加锁的一些实现细节。[Tanenbaum, 2007]和[Deitel et al., 2004]从总体上描述了死锁的概念，包括死锁检测覆盖、避免以及防止。

55.9 习题

55-1. 试验运行程序清单 55-1 中给出的程序(t_flock.c)的多个实例以确认下列有关 flock() 操作的各项要点：

(a) 一系列取得一个文件上的共享锁的进程是否会导致一个尝试在该文件上放置互斥锁的进程饿死？

(b) 假设一个文件被互斥地锁住了，并且其他进程正在等待在该文件上放置共享锁和互斥锁。那么当第一把锁被释放之后是否存在什么规则来确定哪个进程能够获取这把锁？如共享锁是否比互斥锁拥有更高的优先级，或反之亦然？锁的准予是否按照 FIFO 顺序？

(c) 读者如果能够访问其他提供了 flock()的 UNIX 实现，那么在该实现上对这些规则进行确认。

55-2. 写一个程序来确认 flock()在被两个进程用来锁住两个不同的文件时是否对死锁进行检测。

55-3. 写一个程序来验证 55.2.1 节中有关 flock()锁的继承和释放语义的论断。

55-4. 试验运行程序清单 55-1 中的程序（t_flock.c）和程序清单 55-2 中的程序（i_fcntl_locking.c）来观察通过 flock()和 fcntl()取得的锁是否会相互影响。读者如果能够访问其他 UNIX 实现，那么请在那些实现上开展同样的实验。

55-5. 55.3.4 节中指出过在 Linux 上，添加或检查一把锁的存在性所需的时间取决于锁在该文件上所有锁的列表中的位置。编写两个程序验证：

(a) 第一个程序应该在一个文件上获取（比如说）40 001 个写锁。这些锁交替地被放置在文件中的各个字节上，即锁会被放置在字节 0、2、4、6，以此类推直到（比如说）字节 80 000。取得这些锁之后进程就进入睡眠。

(b) 在第一个程序处于睡眠的时候，第二个程序循环（比如说）10 000 次，在每个循环中使用 F_SETLK 来尝试锁住被上一个程序锁住的其中一个字节（这些加锁请求总是会失败）。不管在哪次运行中，这个程序总是尝试锁住文件的第 N * 2 个字节。

使用 shell 内置的 time 命令，测量 N 等于 0、10 000、20 000、30 000 以及 40 000 时执行第二个程序所需的时间。得到的结果是否与预期的线性行为匹配？

55-6. 试验程序清单 55-2 中的程序（i_fcntl_locking.c）来验证 55.3.6 节中有关锁饿死和 fcntl() 记录锁优先级的论断。

55-7. 读者如果能够访问其他 UNIX 实现，那么请使用程序清单 55-2 中的程序（i_fcntl_locking.c）来观察是否可以得出 fcntl() 记录加锁在写者饿死方面以及多个排队锁请求被准予的顺序方面的处理规则。

55-8. 使用程序清单 55-2 中的程序（i_fcntl_locking.c）来说明内核会检测出包含三个（或更多）对同一文件进行加锁的进程的循环死锁。

55-9. 编写一对程序（或使用一个子进程的单个程序）使它们使用 55.4 节中描述的强制式锁来造成死锁的情形。

55-10. 阅读 procmail 提供的 lockfile(1)实用工具的手册，为该程序编写一个简化版。

第**56**章
SOCKET：介绍

socket 是一种 IPC 方法，它允许位于同一主机（计算机）或使用网络连接起来的不同主机上的应用程序之间交换数据。第一个被广泛接受的 socket API 实现于 1983 年，出现在了 4.2BSD 中，实际上这组 API 已经被移植到了所有 UNIX 实现以及其他大多数操作系统上了。

> socket API 是在 POSIX.1g 中进行正式规定的，它作为标准草案在经历了 10 年之后于 2000 年被正式认可。现在它已经被 SUSv3 所取代了。

本章以及后续章节将介绍 socket 的用法，具体如下。

- 本章将对 socket API 进行一个全面的介绍。下面的章节将假设读者已经理解了本章介绍的常规概念。本章不会介绍任何示例代码，后续章节将会介绍有关 UNIX 和 Internet domain 的代码示例。
- 第 57 章将介绍 UNIX domain socket，它允许位于同一主机系统上的应用程序之间通信。
- 第 58 章将介绍各种计算机联网概念并描述 TCP/IP 联网协议的关键特性，它为后续章节提供了需要的背景知识。
- 第 59 章将描述 Internet domain socket，它允许位于不同主机上的应用程序之间通过一个 TCP/IP 网络进行通信。
- 第 60 章将讨论使用 socket 的服务设计。
- 第 61 章将介绍一些高级主题，包括 socket I/O 的其他特性、TCP 协议的细节信息以及如何使用 socket 选项来获取和修改 socket 的各种特性。

这些章节的目标仅仅是让读者在使用 socket 方面建立良好的基础。socket 程序设计，特别是网络通信，本身就是一个庞大的主题，它需要使用一整本书来介绍。59.15 节列出了有关这一主题的更多信息源。

56.1　概述

在一个典型的客户端/服务器场景中，应用程序使用 socket 进行通信的方式如下。

- 各个应用程序创建一个 socket。socket 是一个允许通信的"设备",两个应用程序都需要用到它。
- 服务器将自己的 socket 绑定到一个众所周知的地址(名称)上使得客户端能够定位到它的位置。

使用 socket()系统调用能够创建一个 socket,它返回一个用来在后续系统调用中引用该 socket 的文件描述符。

```
fd = socket(domain, type, protocol);
```

在后续章节中将会对 socket domain 和类型进行介绍。在本书介绍的所有应用程序中,protocol 参数总是被指定为 0。

通信 domain

socket 存在于一个通信 domain 中,它确定:
- 识别出一个 socket 的方法(即 socket "地址"的格式);
- 通信范围(即是在位于同一主机上的应用程序之间还是在位于使用一个网络连接起来的不同主机上的应用程序之间)。

现代操作系统至少支持下列 domain。
- UNIX (AF_UNIX) domain 允许在同一主机上的应用程序之间进行通信。(POSIX.1g 使用名称 AF_LOCAL 作为 AF_UNIX 的同义词,但 SUSv3 并没有使用这个名称。)
- IPv4 (AF_INET) domain 允许在使用因特网协议第 4 版(IPv4)网络连接起来的主机上的应用程序之间进行通信。
- IPv6 (AF_INET6) domain 允许在使用因特网协议第 6 版(IPv6)网络连接起来的主机上的应用程序之间进行通信。尽管 IPv6 被设计成了 IPv4 接任者,但目前后一种协议仍然是使用最广的协议。

表 56-1 对这些 socket domain 的特点进行了总结。

在一些代码中读者可能会看到名称诸如 PF_UNIX 而不是 AF_UNIX 的常量。在这种上下文中,AF 表示"地址族(address family)",PF 表示"协议族(protocol family)"。在一开始的时候,设计人员相信单个协议族可以支持多个地址族。但在实践中,没有哪一个协议族能够支持多个已经被定义的地址族,并且所有既有实现都将 PF_常量定义成对应的 AF_常量的同义词。(SUSv3 规定了 AF_常量,但没有规定 PF_常量。)在本书中会一直使用 AF_常量。更多有关这些常量的历史信息可以在[Stevens et al., 2004]的 4.2 节中找到。

表 56-1: socket domain

Domain	执行的通信	应用程序间的通信	地址格式	地址结构
AF_UNIX	内核中	同一主机	路径名	sockaddr_un
AF_INET	通过 IPv4	通过 IPv4 网络连接起来的主机	32 位 IPv4 地址 +16 位端口号	sockaddr_in
AF_INET6	通过 IPv6	通过 IPv6 网络连接起来的主机	128 位 IPv6 地址 +16 位端口号	sockaddr_in6

socket 类型

每个 socket 实现都至少提供了两种 socket:流和数据报。这两种 socket 类型在 UNIX 和

Internet domain 中都得到了支持。表 56-2 对这两种 socket 类型的属性进行了总结。

表 56-2：socket 类型及其属性

属性	socket 类型	
	流	数据报
可靠地递送？	是	否
消息边界保留？	否	是
面向连接？	是	否

流 socket（SOCK_STREAM）提供了一个可靠的双向的字节流通信信道。在这段描述中的术语的含义如下。

- 可靠的：表示可以保证发送者传输的数据会完整无缺地到达接收应用程序（假设网络链接和接收者都不会崩溃）或收到一个传输失败的通知。
- 双向的：表示数据可以在两个 socket 之间的任意方向上传输。
- 字节流：表示与管道一样不存在消息边界的概念（参见 44.1 节）。

一个流 socket 类似于使用一对允许在两个应用程序之间进行双向通信的管道，它们之间的差别在于（Internet domain）socket 允许在网络上进行通信。

流 socket 的正常工作需要一对相互连接的 socket，因此流 socket 通常被称为面向连接的。术语"对等 socket"是指连接另一端的 socket，"对等地址"表示该 socket 的地址，"对等应用程序"表示利用这个对等 socket 的应用程序。有些时候，术语"远程"（或外部）是作为对等的同义词使用。类似地，有些时候术语"本地"被用来指连接的这一端上的应用程序、socket 或地址。一个流 socket 只能与一个对等 socket 进行连接。

数据报 socket（SOCK_DGRAM）允许数据以被称为数据报的消息的形式进行交换。在数据报 socket 中，消息边界得到了保留，但数据传输是不可靠的。消息的到达可能是无序的、重复的或者根本就无法到达。

数据报 socket 是更一般的无连接 socket 概念的一个示例。与流 socket 不同，一个数据报 socket 在使用时无需与另一个 socket 连接。（在 56.6.2 节中将会看到数据报 socket 可以与另一个 socket 连接，但其语义与连接的流 socket 是不同的。）

在 Internet domain 中，数据报 socket 使用了用户数据报协议（UDP），而流 socket 则（通常）使用了传输控制协议（TCP）。一般来讲，在称呼这两种 socket 时不会使用术语"Internet domain 数据报 socket"和"Internet domain 流 socket"，而是分别使用术语"UDP socket"和"TCP socket"。

socket 系统调用

关键的 socket 系统调用包括以下几种。

- socket() 系统调用创建一个新 socket。
- bind() 系统调用将一个 socket 绑定到一个地址上。通常，服务器需要使用这个调用来将其 socket 绑定到一个众所周知的地址上使得客户端能够定位到该 socket 上。
- listen() 系统调用允许一个流 socket 接受来自其他 socket 的接入连接。
- accept() 系统调用在一个监听流 socket 上接受来自一个对等应用程序的连接，并可选地返回对等 socket 的地址。
- connect() 系统调用建立与另一个 socket 之间的连接。

在大多数 Linux 架构上（除了 Alpha 和 IA-64），所有这些 socket 系统调用实际上被实现成了通过单个系统调用 socketcall()进行多路复用的库函数。（这是 Linux socket 实现的最初的开发工作，作为一个单独的项目的产物。）但在本书中将所有这些函数都称为系统调用，因为它们在最初的 BSD 实现以及其他很多同时代的 UNIX 实现上是被实现成系统调用的。

socket I/O 可以使用传统的 read()和 write()系统调用或使用一组 socket 特有的系统调用（如 send()、recv()、sendto()以及 recvfrom()）来完成。在默认情况下，这些系统调用在 I/O 操作无法被立即完成时会阻塞。通过使用 fcntl() F_SETFL 操作（5.3 节）来启用 O_NONBLOCK 打开文件状态标记可以执行非阻塞 I/O。

在 Linux 上可以通过调用 ioctl(fd, FIONREAD, &cnt)来获取文件描述符 fd 引用的流 socket 中可用的未读字节数。对于数据报 socket 来讲，这个操作会返回下一个未读数据报中的字节数（如果下一个数据报的长度为零的话就返回零）或在没有未决数据报的情况下返回 0。这种特性没有在 SUSv3 中予以规定。

56.2　创建一个 socket：socket()

socket()系统调用创建一个新 socket。

```
#include <sys/socket.h>

int socket(int domain, int type, int protocol);
                            Returns file descriptor on success, or –1 on error
```

domain 参数指定了 socket 的通信 domain。type 参数指定了 socket 类型。这个参数通常在创建流 socket 时会被指定为 SOCK_STREAM，而在创建数据报 socket 时会被指定为 SOCK_DGRAM。

protocol 参数在本书描述的 socket 类型中总会被指定为 0。在一些 socket 类型中会使用非零的 protocol 值，但本书并没有对这些 socket 类型进行描述。如在裸 socket（SOCK_RAW）中会将 protocol 指定为 IPPROTO_RAW。

socket()在成功时返回一个引用在后续系统调用中会用到的新创建的 socket 的文件描述符。

从内核 2.6.27 开始，Linux 为 type 参数提供了第二种用途，即允许两个非标准的标记与 socket 类型取 OR。SOCK_CLOEXEC 标记会导致内核为新文件描述符启用 close-on-exec 标记（FD_CLOEXEC）。这个标记之所以有用的原因与 4.3.1 节中描述的 open() O_CLOEXEC 标记有用的原因是一样的。SOCK_NONBLOCK 标记导致内核在底层打开着的文件描述符上设置 O_NONBLOCK 标记，这样后面在该 socket 上发生的 I/O 操作就变成非阻塞了，从而无需通过调用 fcntl()来取得同样的结果。

56.3　将 socket 绑定到地址：bind()

bind()系统调用将一个 socket 绑定到一个地址上。

```
#include <sys/socket.h>

int bind(int sockfd, const struct sockaddr *addr, socklen_t addrlen);
```
                                        Returns 0 on success, or -1 on error

sockfd 参数是在上一个 socket()调用中获得的文件描述符。addr 参数是一个指针,它指向了一个指定该 socket 绑定到的地址的结构。传入这个参数的结构的类型取决于 socket domain。addrlen 参数指定了地址结构的大小。addrlen 参数使用的 socklen_t 数据类型在 SUSv3 被规定为一个整数类型。

一般来讲,会将一个服务器的 socket 绑定到一个众所周知的地址——即一个固定的与服务器进行通信的客户端应用程序提前就知道的地址。

> 除了将一个服务器的 socket 绑定到一个众所周知的地址之外还存在其他做法。例如,对于一个 Internet domain socket 来讲,服务器可以不调用 bind()而直接调用 listen(),这将会导致内核为该 socket 选择一个临时端口。(在 58.6.1 节中将会介绍临时端口。)之后服务器可以使用 getsockname()(61.5 节)来获取 socket 的地址。在这种场景中,服务器必须要发布其地址使得客户端能够知道如何定位到服务器的 socket。这种发布可以通过向一个中心目录服务应用程序注册服务器的地址来完成,之后客户端可以通过这个服务来获取服务器的地址。(如 Sun RPC 使用了自己的 portmapper 服务器来解决这个问题。)当然,目录服务应用程序的 socket 必须要位于一个众所周知的地址上。

56.4 通用 socket 地址结构:struct sockaddr

传入 bind()的 addr 和 addrlen 参数比较复杂,有必要对其做进一步解释。从表 56-1 中可以看出每种 socket domain 都使用了不同的地址格式。如 UNIX domain socket 使用路径名,而 Internet domain socket 使用了 IP 地址和端口号。对于各种 socket domain 都需要定义一个不同的结构类型来存储 socket 地址。然而由于诸如 bind()之类的系统调用适用于所有 socket domain,因此它们必须要能够接受任意类型的地址结构。为支持这种行为,socket API 定义了一个通用的地址结构 struct sockaddr。这个类型的唯一用途是将各种 domain 特定的地址结构转换成单个类型以供 socket 系统调用中的各个参数使用。sockaddr 结构通常被定义成如下所示的结构。

```
struct sockaddr {
    sa_family_t sa_family;      /* Address family (AF_* constant) */
    char        sa_data[14];    /* Socket address (size varies
                                   according to socket domain) */
};
```

这个结构是所有 domain 特定的地址结构的模板,其中每个地址结构均以与 sockaddr 结构中 sa_family 字段对应的 family 字段打头。(sa_family_t 数据类型在 SUSv3 中被规定成一个整数类型。)通过 family 字段的值足以确定存储在这个结构的剩余部分中的地址的大小和格式了。

> 一些 UNIX 实现还在 sockaddr 结构中定义了一个额外的字段 sa_len,它指定了这个结构的总大小。SUSv3 并没有要求这个字段,在 socket API 的 Linux 实现中也不存在这个字段。
>
> 如果定义了_GNU_SOURCE 特性测试宏,那么 glibc 将使用一个 gcc 扩展在 <sys/socket.h>中定义各个 socket 系统调用的原型,从而就无需进行(struct sockaddr *)转换了,但依赖这个特性是不可移植的(在其他系统上将会导致编译警告)。

56.5　流 socket

流 socket 的运作与电话系统类似。

1. socket()系统调用将会创建一个 socket，这等价于安装一个电话。为使两个应用程序能够通信，每个应用程序都必须要创建一个 socket。

2. 通过一个流 socket 通信类似于一个电话呼叫。一个应用程序在进行通信之前必须要将其 socket 连接到另一个应用程序的 socket 上。两个 socket 的连接过程如下。

   (a) 一个应用程序调用 bind()以将 socket 绑定到一个众所周知的地址上，然后调用 listen()通知内核它接受接入连接的意愿。这一步类似于已经有了一个为众人所知的电话号码并确保打开了电话，这样人们就可以打进电话了。

   (b) 其他应用程序通过调用 connect()建立连接，同时指定需连接的 socket 的地址。这类似于拨某人的电话号码。

   (c) 调用 listen()的应用程序使用 accept()接受连接。这类似于在电话响起时拿起电话。如果在对等应用程序调用 connect()之前执行了 accept()，那么 accept()就会阻塞（"等待电话"）。

3. 一旦建立了一个连接之后就可以在应用程序之间（类似于两路电话会话）进行双向数据传输直到其中一个使用 close()关闭连接为止。通信是通过传统的 read()和 write()系统调用或通过一些提供了额外功能的 socket 特定的系统调用（如 send()和 recv()）来完成的。

图 56-1 演示了如何在流 socket 上使用这些系统调用。

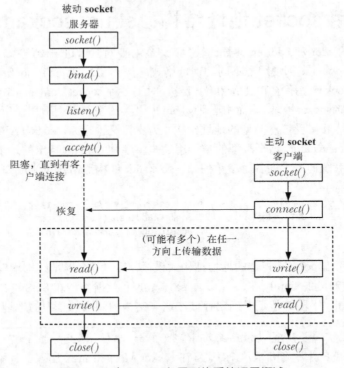

图 56-1：流 socket 上用到的系统调用概述

主动和被动 socket

流 socket 通常可以分为主动和被动两种。

- 在默认情况下,使用 socket()创建的 socket 是主动的。一个主动的 socket 可用在 connect() 调用中来建立一个到一个被动 socket 的连接。这种行为被称为执行一个主动的打开。
- 一个被动 socket (也被称为监听 socket)是一个通过调用 listen()以被标记成允许接入连接的 socket。接受一个接入连接通常被称为执行一个被动的打开。

在大多数使用流 socket 的应用程序中,服务器会执行被动式打开,而客户端会执行主动式打开。在后面的小节中将会假设这种场景,因此不会再说"执行主动 socket 打开的应用程序",而是直接说"客户端"。类似地,"服务器"等价于"执行被动 socket 打开的应用程序"。

56.5.1 监听接入连接:listen()

listen()系统调用将文件描述符 sockfd 引用的流 socket 标记为被动。这个 socket 后面会被用来接受来自其他(主动的)socket 的连接。

```
#include <sys/socket.h>

int listen(int sockfd, int backlog);
                                    Returns 0 on success, or -1 on error
```

无法在一个已连接的 socket (即已经成功执行 connect()的 socket 或由 accept()调用返回的 socket)上执行 listen()。

要理解 backlog 参数的用途首先需要注意到客户端可能会在服务器调用 accept()之前调用 connect()。这种情况是有可能会发生的,如服务器可能正忙于处理其他客户端。这将会产生一个未决的连接,如图 56-2 所示。

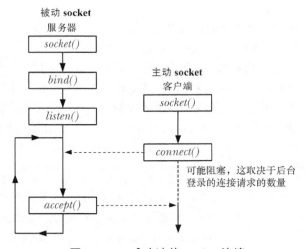

图 56-2:一个未决的 socket 连接

内核必须要记录所有未决的连接请求的相关信息,这样后续的 accept()就能够处理这些请求了。backlog 参数允许限制这种未决连接的数量。在这个限制之内的连接请求会立即成功。(对于 TCP socket 来讲事情就稍微有点复杂了,具体会在 61.6.4 节中进行介绍。)之外的连接请求就会阻塞直到一个未决的连接被接受(通过 accept()),并从未决连接队列删除为止。

SUSv3 允许一个实现为 backlog 的可取值规定一个上限并允许一个实现静默地将 backlog

值向下舍入到这个限制值。SUSv3 规定实现应该通过在<sys/socket.h>中定义 SOMAXCONN 常量来发布这个限制。在 Linux 上，这个常量的值被定义成了 128。但从内核 2.4.25 起，Linux 允许在运行时通过 Linux 特有的/proc/sys/net/core/somaxconn 文件来调整这个限制。（在早期的内核版本中，SOMAXCONN 限制是不可变的。）

> 在最初的 BSD socket 实现中，backlog 的上限是 5，并且在较早的代码中可以看到这个数值。所有现代实现允许为 backlog 指定更高的值，这对于使用 TCP socket 服务大量客户的网络服务器来讲是有必要的。

56.5.2 接受连接：accept()

accept()系统调用在文件描述符 sockfd 引用的监听流 socket 上接受一个接入连接。如果在调用 accept()时不存在未决的连接，那么调用就会阻塞直到有连接请求到达为止。

```
#include <sys/socket.h>

int accept(int sockfd, struct sockaddr *addr, socklen_t *addrlen);
```
                              Returns file descriptor on success, or –1 on error

理解 accept()的关键点是它会创建一个新 socket，并且正是这个新 socket 会与执行 connect()的对等 socket 进行连接。accept()调用返回的函数结果是已连接的 socket 的文件描述符。监听 socket（sockfd）会保持打开状态，并且可以被用来接受后续的连接。一个典型的服务器应用程序会创建一个监听 socket，将其绑定到一个众所周知的地址上，然后通过接受该 socket 上的连接来处理所有客户端的请求。

传入 accept()的剩余参数会返回对端 socket 的地址。addr 参数指向了一个用来返回 socket 地址的结构。这个参数的类型取决于 socket domain（与 bind()一样）。

addrlen 参数是一个值-结果参数。它指向一个整数，在调用被执行之前必须要将这个整数初始化为 addr 指向的缓冲区的大小，这样内核就知道有多少空间可用于返回 socket 地址了。当 accept()返回之后，这个整数会被设置成实际被复制进缓冲区中的数据的字节数。

如果不关心对等 socket 的地址，那么可以将 addr 和 addrlen 分别指定为 NULL 和 0。（如果希望的话可以像 61.5 节中描述的那样在后面某个时刻使用 getpeername()系统调用来获取对端的地址。）

> 从内核 2.6.28 开始，Linux 支持一个新的非标准系统调用 accept4()。这个系统调用执行的任务与 accept()相同，但支持一个额外的参数 flags，而这个参数可以用来改变系统调用的行为。目前系统支持两个标记：SOCK_CLOEXEC 和 SOCK_NONBLOCK。SOCK_CLOEXEC 标记导致内核在调用返回的新文件描述符上启用 close-on-exec 标记（FD_CLOEXEC）。这个标记之所以有用的原因与 4.3.1 节中描述的 open() O_CLOEXEC标记有用的原因是一样的。SOCK_NONBLOCK 标记导致内核在底层打开着的文件描述上启用 O_NONBLOCK 标记，这样在该 socket 上发生的后续 I/O 操作将会变成非阻塞了，从而无需通过调用 fcntl()来取得同样的结果。

56.5.3 连接到对等 socket：connect()

connect()系统调用将文件描述符 sockfd 引用的主动 socket 连接到地址通过 addr 和 addrlen 指定的监听 socket 上。

```
#include <sys/socket.h>

int connect(int sockfd, const struct sockaddr *addr, socklen_t addrlen);
                                        Returns 0 on success, or –1 on error
```

addr 和 addrlen 参数的指定方式与 bind() 调用中对应参数的指定方式相同。

如果 connect() 失败并且希望重新进行连接，那么 SUSv3 规定完成这个任务的可移植的方法是关闭这个 socket，创建一个新 socket，在该新 socket 上重新进行连接。

56.5.4　流 socket I/O

一对连接的流 socket 在两个端点之间提供了一个双向通信信道，图 56-3 给出了 UNIX domain 的情形。

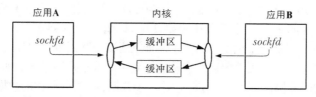

图 56-3： UNIX domain 流 socket 提供了一个双向通信信道

连接流 socket 上 I/O 的语义与管道上 I/O 的语义类似。

- 要执行 I/O 需要使用 read() 和 write() 系统调用（或在 61.3 节中描述的 socket 特有的 send() 和 recv() 调用）。由于 socket 是双向的，因此在连接的两端都可以使用这两个调用。
- 一个 socket 可以使用 close() 系统调用来关闭或在应用程序终止之后关闭。之后当对等应用程序试图从连接的另一端读取数据时将会收到文件结束（当所有缓冲数据都被读取之后）。如果对等应用程序试图向其 socket 写入数据，那么它就会收到一个 SIGPIPE 信号，并且系统调用会返回 EPIPE 错误。在 44.2 节中曾提及过处理这种情况的常见方式是忽略 SIGPIPE 信号并通过 EPIPE 错误找出被关闭的连接。

56.5.5　连接终止：close()

终止一个流 socket 连接的常见方式是调用 close()。如果多个文件描述符引用了同一个 socket，那么当所有描述符被关闭之后连接就会终止。

假设在关闭一个连接之后，对等应用程序崩溃或没有读取或错误处理了之前发送给它的数据。在这种情况下就无法知道已经发生了一个错误。如果需要确保数据被成功地读取和处理，那么就必须要在应用程序中构建某种确认协议。这通常由一个从对等应用程序传过来的显式的确认消息构成。

在 61.2 节将会描述 shutdown() 系统调用，它为如何关闭一个流 socket 连接提供了更加精细的控制。

56.6　数据报 socket

数据报 socket 的运作类似于邮政系统。

1. socket() 系统调用等价于创建一个邮箱。（这里假设一个系统与一些国家的农村中的邮政服务类似，取信和送信都是在邮箱中发生的。）所有需要发送和接收数据报的应用程序都需要使用 socket() 创建一个数据报 socket。

2. 为允许另一个应用程序发送其数据报（信），一个应用程序需要使用 bind() 将其 socket 绑定到一个众所周知的地址上。一般来讲，一个服务器会将其 socket 绑定到一个众所周知的地址上，而一个客户端会通过向该地址发送一个数据报来发起通信。（在一些 domain 中——特别是 UNIX domain——客户端如果想要接受服务器发送来的数据报的话可能还需要使用 bind() 将一个地址赋给其 socket。）

3. 要发送一个数据报，一个应用程序需要调用 sendto()，它接收的其中一个参数是数据报发送到的 socket 的地址。这类似于将收信人的地址写到信件上并投递这封信。

4. 为接收一个数据报，一个应用程序需要调用 recvfrom()，它在没有数据报到达时会阻塞。由于 recvfrom() 允许获取发送者的地址，因此可以在需要的时候发送一个响应。（这在发送者的 socket 没有绑定到一个众所周知的地址上时是有用的，客户端通常是会碰到这种情况。）这里对这个比喻做了一点延伸，因为已投递的信件上是无需标记上发送者的地址的。

5. 当不再需要 socket 时，应用程序需要使用 close() 关闭 socket。

与邮政系统一样，当从一个地址向另一个地址发送多个数据报（信）时是无法保证它们按照被发送的顺序到达的，甚至还无法保证它们都能够到达。数据报还新增了邮政系统所不具备的一个特点：由于底层的联网协议有时候会重新传输一个数据包，因此同样的数据包可能会多次到达。

图 56-4 演示了数据报 socket 相关系统调用的使用。

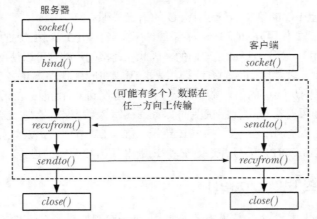

图 56-4：数据报 socket 系统调用概述

56.6.1　交换数据报：recvfrom 和 sendto()

recvfrom() 和 sendto() 系统调用在一个数据报 socket 上接收和发送数据报。

```
#include <sys/socket.h>

ssize_t recvfrom(int sockfd, void *buffer, size_t length, int flags,
                struct sockaddr *src_addr, socklen_t *addrlen);
                    Returns number of bytes received, 0 on EOF, or -1 on error
ssize_t sendto(int sockfd, const void *buffer, size_t length, int flags,
                const struct sockaddr *dest_addr, socklen_t addrlen);
                    Returns number of bytes sent, or -1 on error
```

这两个系统调用的返回值和前三个参数与 read()和 write()中的返回值和相应参数是一样的。

第四个参数 flags 是一个位掩码，它控制着了 socket 特定的 I/O 特性。在 61.3 节中介绍 recv()和 send(系统调用时将对这些特性进行介绍。如果无需使用其中任何一种特性，那么可以将 flags 指定为 0。

src_addr 和 addrlen 参数被用来获取或指定与之通信的对等 socket 的地址。

对于 recvfrom()来讲，src_addr 和 addrlen 参数会返回用来发送数据报的远程 socket 的地址。（这些参数类似于 accept()中的 addr 和 addrlen 参数，它们返回已连接的对等 socket 的地址。）src_addr 参数是一个指针，它指向了一个与通信 domain 匹配的地址结构。与 accept()一样，addrlen 是一个值-结果参数。在调用之前应该将 addrlen 初始化为 src_addr 指向的结构的大小；在返回之后，它包含了实际写入这个结构的字节数。

如果不关心发送者的地址，那么可以将 src_addr 和 addrlen 都指定为 NULL。在这种情况下，recvfrom()等价于使用 recv()来接收一个数据报。也可以使用 read()来读取一个数据报，这等价于在使用 recv()时将 flags 参数指定为 0。

不管 length 的参数值是什么，recvfrom()只会从一个数据报 socket 中读取一条消息。如果消息的大小超过了 length 字节，那么消息会被静默地截断为 length 字节。

> 如果使用了 recvmsg()系统调用（61.13.2 节），那么通过返回的 msghdr 结构中的 msg_flags 字段中的 MSG_TRUNC 标记来找出被截断的数据报，具体细节请参考 recvmsg(2)手册。

对于 sendto()来讲，dest_addr 和 addrlen 参数指定了数据报发送到的 socket。这些参数的使用方式与 connect()中相应参数的使用方式是一样的。dest_addr 参数是一个与通信 domain 匹配的地址结构，它会被初始化成目标 socket 的地址。addrlen 参数指定了 addr 的大小。

> 在 Linux 上可以使用 sendto()发送长度为 0 的数据报，但不是所有的 UNIX 实现都允许这样做的。

56.6.2 在数据报 socket 上使用 connect()

尽管数据报 socket 是无连接的，但在数据报 socket 上应用 connect()系统调用仍然是起作用的。在数据报 socket 上调用 connect()会导致内核记录这个 socket 的对等 socket 的地址。术语已连接的数据报 socket 就是指此种 socket。术语非连接的数据报 socket 是指那些没有调用 connect()的数据报 socket（即新数据报 socket 的默认行为）。

当一个数据报 socket 已连接之后：

* 数据报的发送可在 socket 上使用 write()（或 send()）来完成并且会自动被发送到同样的对等 socket 上。与 sendto()一样，每个 write()调用会发送一个独立的数据报；
* 在这个 socket 上只能读取由对等 socket 发送的数据报。

注意 connect()的作用对数据报 socket 是不对称的。上面的论断只适用于调用了 connect()数据报 socket，并不适用于它连接的远程 socket（除非对等应用程序在其 socket 上也调用了 connect()）。

通过再发起一个 connect()调用可以修改一个已连接的数据报 socket 的对等 socket。此外，通过指定一个地址族（如 UNIX domain 中的 sun_family 字段）为 AF_UNSPEC 的地址结构还可以解除对等关联关系。但需要注意的是，其他很多 UNIX 实现并不支持将 AF_UNSPEC 用于这种用途。

> SUSv3 在解除对等关系方面的论断是比较模糊的，它只是声称通过调用一个指定了"空地址"的 connect() 调用可以重置一个连接，并没有定义那样一个术语。SUSv4 则明确规定了需要使用 AF_UNSPEC。

为一个数据报 socket 设置一个对等 socket，这种做法的一个明显优势是在该 socket 上传输数据时可以使用更简单的 I/O 系统调用，即无需使用指定了 dest_addr 和 addrlen 参数的 sendto()，而只需要使用 write() 即可。设置一个对等 socket 主要对那些需要向单个对等 socket（通常是某种数据报客户端）发送多个数据报的应用程序是比较有用的。

> 在一些 TCP/IP 实践中，将一个数据报 socket 连接到一个对等 socket 能够带来性能上的提升（([Stevens et al., 2004])）。在 Linux 上，连接一个数据报 socket 能对性能产生些许差异。

56.7　总结

socket 允许在同一主机或通过一个网络连接起来的不同主机上的应用程序之间通信。

一个 socket 存在于一个通信 domain 中，通信 domain 确定了通信范围和用来标识 socket 的地址格式。SUSv3 规定了 UNIX（AF_UNIX）、IPv4（AF_INET）以及 IPv6（AF_INET6）通信 domain。

大多数应用程序使用流 socket 和数据报 socket 中的一种。流 socket（SOCK_STREAM）为两个端之间提供了一颗可靠的、双向的字节流通信信道。数据报 socket（SOCK_DGRAM）提供了不可靠的、无连接的、面向消息的通信。

一个典型的流 socket 服务器会使用 socket() 创建其 socket，然后使用 bind() 将这个 socket 绑定到一个众所周知的地址上。服务器接着调用 listen() 以允许在该 socket 上接受连接。监听 socket 上的客户端连接是通过 accept() 来接受的，它将返回一个与客户端的 socket 进行连接的新 socket 的文件描述符。一个典型的流 socket 客户端会使用 socket() 创建一个 socket，然后通过调用 connect() 建立一个连接并制定服务器的众所周知的地址。当两个流 socket 连接之后就可以使用 read() 和 write() 在任意一个方向上传输数据了。一旦拥有引用一个流 socket 端点的文件描述符的所有进程都执行了一个隐式或显示的 close() 之后，连接就会终止。

一个典型的数据报 socket 服务器会使用 socket() 创建一个 socket，然后使用 bind() 将其绑定到一个众所周知的地址上。由于数据报 socket 是无连接的，因此服务器的 socket 可以用来接收任意客户端的数据报。使用 read() 或 socket 特定的 recvfrom() 系统调用能够接收数据报，其中 recvfrom() 能够返回发送 socket 的地址。一个数据报 socket 客户端会使用 socket() 创建一个 socket，然后使用 sendto() 将一个数据报发送到指定的（即服务器的）地址上。connect() 系统调用可以用来为数据报 socket 设定一个对等地址。在设定完对等地址之后就无需为发出去的数据报指定目标地址了；write() 调用可以用来发送一个数据报。

更多信息

参考 59.15 节列出的更多信息源。

第57章

SOCKET：UNIX DOMAIN

本章将介绍允许位于同一主机系统上的进程之间相互通信的 UNIX domain socket 的用法，包括 UNIX domain 中流 socket 和数据报 socket 的使用，如何使用文件权限来控制对 UNIX domain socket 的访问，如何使用 socketpair() 创建一对相互连接的 UNIX domain socket，以及 Linux 抽象 socket 名空间。

57.1　UNIX domain socket 地址：struct sockaddr_un

在 UNIX domain 中，socket 地址以路径名来表示，domain 特定的 socket 地址结构的定义如下所示。

```
struct sockaddr_un {
    sa_family_t sun_family;          /* Always AF_UNIX */
    char sun_path[108];              /* Null-terminated socket pathname */
};
```

sockaddr_un 结构中字段的 sun_ 前缀与 Sun Microsystems 没有任何关系，它是根据 socket unix 而来的。

SUSv3 并没有规定 sun_path 字段的大小。早期的 BSD 实现使用 108 和 104 字节，而一个稍微现代一点的实现（HP-UX 11）则使用了 92 字节。可移植的应用程序在编码时应该采用最低值，并且在向这个字段写入数据时使用 snprintf() 或 strncpy() 以避免缓冲区溢出。

为将一个 UNIX domain socket 绑定到一个地址上，需要初始化一个 sockaddr_un 结构，然后将指向这个结构的一个（转换）指针作为 addr 参数传入 bind() 并将 addrlen 指定为这个结构的大小，如程序清单 57-1 所示。

程序清单 57-1：绑定一个 UNIX domain socket

```
    const char *SOCKNAME = "/tmp/mysock";
    int sfd;
    struct sockaddr_un addr;

    sfd = socket(AF_UNIX, SOCK_STREAM, 0);          /* Create socket */
```

```
if (sfd == -1)
    errExit("socket");

memset(&addr, 0, sizeof(struct sockaddr_un));        /* Clear structure */
addr.sun_family = AF_UNIX;                            /* UNIX domain address */
strncpy(addr.sun_path, SOCKNAME, sizeof(addr.sun_path) - 1);

if (bind(sfd, (struct sockaddr *) &addr, sizeof(struct sockaddr_un)) == -1)
    errExit("bind");
```

程序清单 57-1 使用 memset()调用来确保结构中所有字段的值都为 0。（后面的 strncpy()调用利用这一点并将其最后一个参数指定为 sun_path 字段的大小减一来确保这个字段总是拥有一个结束的 null 字节。）使用 memset()将整个结构清零而不是一个字段一个字段地进行初始化能够确保一些实现提供的所有非标准字段都会被初始化为 0。

> 从 BSD 衍生出来的 bzero()函数是一个可以用来取代 memset()对一个结构的内容进行清零的函数。SUSv3 规定了 bzero()以及相关的 bcopy()（与 memmove()类似），但将这两个函数标记成了 LEGACY 并指出首选使用 memset()和 memmove()。SUSv4 则删除了与 bzero() 和 bcopy()有关的规范。

当用来绑定 UNIX domain socket 时，bind()会在文件系统中创建一个条目。（因此作为 socket 路径名的一部分的目录需要可访问和可写。）文件的所有权将根据常规的文件创建规则来确定（15.3.1 节）。这个文件会被标记为一个 socket。当在这个路径名上应用 stat()时，它会在 stat 结构的 st_mode 字段中的文件类型部分返回值 S_IFSOCK（15.1 节）。当使用 ls –l 列出时，UNIX domain socket 在第一列将会显示类型 s，而 ls –F 则会在 socket 路径名后面附加上一个等号（=）。

> 尽管 UNIX domain socket 是通过路径名来标识的，但在这些 socket 上发生的 I/O 无须对底层设备进行操作。

有关绑定一个 UNIX domain socket 方面还需要注意以下几点。

- 无法将一个 socket 绑定到一个既有路径名上（bind()会失败并返回 EADDRINUSE 错误）。
- 通常会将一个 socket 绑定到一个绝对路径名上，这样这个 socket 就会位于文件系统中的一个固定地址处。当然，也可以使用一个相对路径名，但这种做法并不常见，因为它要求想要 connect()这个 socket 的应用程序知道执行 bind()的应用程序的当前工作目录。
- 一个 socket 只能绑定到一个路径名上，相应地，一个路径名只能被一个 socket 绑定。
- 无法使用 open()打开一个 socket。
- 当不再需要一个 socket 时可以使用 unlink()（或 remove()）删除其路径名条目（通常也应该这样做）。

在本章给出的大多数示例程序中，将会把 UNIX domain socket 绑定到/tmp 目录下的一个路径名上，因为通常这个目录在所有系统上都是存在并且可写的。这样读者就能够很容易地运行这些程序而无需编辑这些 socket 路径名了。但需要知道的是这通常不是一种优秀的设计技术。正如在 38.7 节中指出的那样，在诸如/tmp 此类公共可写的目录中创建文件可能会导致各种各样的安全问题。例如在/tmp 中创建一个名字与应用程序 socket 的路径名一样的路径名之后就能够完成一个简单的拒绝服务攻击了。现实世界中的应用程序应该将 UNIX domain socket bind()到一个采取了恰当的安全保护措施的目录中的绝对路径名上。

57.2 UNIX domain 中的流 socket

下面讲解一个简单的使用了 UNIX domain 中的流 socket 的客户端-服务器应用程序。客户端程序（程序清单 57-4）连接到服务器并使用该连接将其标准输入中的数据传输到服务器上。服务器程序（程序清单 57-3）接受客户端连接并将客户端在该连接上发过来的数据传输到标准输出上。这个服务器是一个简单的迭代式服务器——服务器在处理下一个客户端之前一次只处理一个客户端。（在第 60 章中将会考虑更多有关服务器设计方面的细节。）

程序清单 57-2 是这些程序使用的头文件。

程序清单 57-2：us_xfr_sv.c 和 us_xfr_cl.c 的头文件

```
───────────────────────────────────────── sockets/us_xfr.h
#include <sys/un.h>
#include <sys/socket.h>
#include "tlpi_hdr.h"

#define SV_SOCK_PATH "/tmp/us_xfr"

#define BUF_SIZE 100
───────────────────────────────────────── sockets/us_xfr.h
```

在下面几页中首先会给出服务器和客户端的源代码，然后讨论这些程序的细节并给出一个使用这两个程序的例子。

程序清单 57-3：一个简单的 UNIX domain 流 socket 服务器

```
───────────────────────────────────────── sockets/us_xfr_sv.c
#include "us_xfr.h"

#define BACKLOG 5

int
main(int argc, char *argv[])
{
    struct sockaddr_un addr;
    int sfd, cfd;
    ssize_t numRead;
    char buf[BUF_SIZE];

    sfd = socket(AF_UNIX, SOCK_STREAM, 0);
    if (sfd == -1)
        errExit("socket");

    /* Construct server socket address, bind socket to it,
       and make this a listening socket */

    if (remove(SV_SOCK_PATH) == -1 && errno != ENOENT)
        errExit("remove-%s", SV_SOCK_PATH);

    memset(&addr, 0, sizeof(struct sockaddr_un));
    addr.sun_family = AF_UNIX;
    strncpy(addr.sun_path, SV_SOCK_PATH, sizeof(addr.sun_path) - 1);
```

```
    if (bind(sfd, (struct sockaddr *) &addr, sizeof(struct sockaddr_un)) == -1)
        errExit("bind");

    if (listen(sfd, BACKLOG) == -1)
        errExit("listen");

    for (;;) {               /* Handle client connections iteratively */

        /* Accept a connection. The connection is returned on a new
           socket, 'cfd'; the listening socket ('sfd') remains open
           and can be used to accept further connections. */

        cfd = accept(sfd, NULL, NULL);
        if (cfd == -1)
            errExit("accept");

        /* Transfer data from connected socket to stdout until EOF */
        while ((numRead = read(cfd, buf, BUF_SIZE)) > 0)
            if (write(STDOUT_FILENO, buf, numRead) != numRead)
                fatal("partial/failed write");

        if (numRead == -1)
            errExit("read");
        if (close(cfd) == -1)
            errMsg("close");
    }
}
```

── sockets/us_xfr_sv.c

程序清单 57-4：一个简单的 UNIX domain 流 socket 客户端

── sockets/us_xfr_cl.c

```
#include "us_xfr.h"

int
main(int argc, char *argv[])
{
    struct sockaddr_un addr;
    int sfd;
    ssize_t numRead;
    char buf[BUF_SIZE];

    sfd = socket(AF_UNIX, SOCK_STREAM, 0);        /* Create client socket */
    if (sfd == -1)
        errExit("socket");

    /* Construct server address, and make the connection */

    memset(&addr, 0, sizeof(struct sockaddr_un));
    addr.sun_family = AF_UNIX;
    strncpy(addr.sun_path, SV_SOCK_PATH, sizeof(addr.sun_path) - 1);

    if (connect(sfd, (struct sockaddr *) &addr,
                sizeof(struct sockaddr_un)) == -1)
        errExit("connect");

    /* Copy stdin to socket */
```

```
    while ((numRead = read(STDIN_FILENO, buf, BUF_SIZE)) > 0)
        if (write(sfd, buf, numRead) != numRead)
            fatal("partial/failed write");

    if (numRead == -1)
        errExit("read");

    exit(EXIT_SUCCESS);                /* Closes our socket; server sees EOF */
}
```
─── *sockets/us_xfr_cl.c*

程序清单 57-3 给出了服务器程序。这个服务器执行了下列任务。
- 创建一个 socket。
- 删除所有与路径名一致的既有文件，这样就能将 socket 绑定到这个路径名上。
- 为服务器 socket 构建一个地址结构，将 socket 绑定到该地址上，将这个 socket 标记为监听 socket。
- 执行一个无限循环来处理进入的客户端请求。每次循环迭代执行下列任务。
  - 接受一个连接，为该连接获取一个新 socket cfd。
  - 从已连接的 socket 中读取所有数据并将这些数据写入到标准输出中。
  - 关闭已连接的 socket cfd。

服务器必须要手工终止（如向其发送一个信号）。

客户端程序（程序清单 57-4）执行下列任务。
- 创建一个 socket。
- 为服务器 socket 构建一个地址结构并连接到位于该地址处的 socket。
- 执行一个循环将其标准输入复制到 socket 连接上。当遇到标准输入中的文件结尾时客户端就终止，其结果是客户端 socket 将会被关闭并且服务器在从连接的另一端的 socket 中读取数据时会看到文件结束。

下面的 shell 会话日志演示了如何使用这些程序。首先在后台运行服务器。

```
$ ./us_xfr_sv > b &
[1] 9866
$ ls -lF /tmp/us_xfr                          Examine socket file with ls
srwxr-xr-x    1 mtk        users         0 Jul 18 10:48 /tmp/us_xfr=
```
然后创建一个客户端用作输入的测试文件并运行客户端。

```
$ cat *.c > a
$ ./us_xfr_cl < a                             Client takes input from test file
```

此刻子进程已经结束了。现在终止服务器并检查服务器的输出是否与客户端的输入匹配。

```
$ kill %1                                     Terminate server
 [1]+  Terminated    ./us_xfr_sv >b           Shell sees server's termination
$ diff a b
$
```
diff 命令没有产生任何输出，表示输入和输出文件是一致的。

注意在服务器终止之后，socket 路径名会继续存在。这就是为何服务器在调用 bind() 之前使用 remove() 删除 socket 路径名的所有既有实例。（假设拥有合适的权限，这个 remove() 调用将会删除名称为这个路径名的所有类型的文件，即使这个文件不是一个 socket。）如果没有这样做，那么 bind() 调用在上一次调用服务器时创建了这个 socket 路径名时就会失败。

57.3 UNIX domain 中的数据报 socket

在 56.6 节中有关数据报 socket 的一般性描述中指出过使用数据报 socket 的通信是不可靠的。这个论断适用于通过网络传输的数据报。但对于 UNIX domain socket 来讲，数据报的传输是在内核中发生的，并且也是可靠的。所有消息都会按序被递送并且也不会发生重复的状况。

UNIX domain 数据报 socket 能传输的数据报的最大大小

SUSv3 并没有规定通过 UNIX domain socket 传输的数据报的最大大小。在 Linux 上可以发送一个相当大的数据报，其限制是通过 SO_SNDBUF socket 选项和各个/proc 文件来控制的，具体可参考 socket(7)手册。但其他一些 UNIX 实现采用的限制值更小一些，如 2048 字节。采用了 UNIX domain 数据报 socket 的可移植的应用程序应该考虑为所使用的数据报大小的上限值设定一个较低的值。

示例程序

程序清单 57-6 和程序清单 57-7 给出了一个简单的使用 UNIX domain 数据报 socket 的客户端/服务器应用程序。程序清单 57-5 给出了这两个程序所用到的头文件。

程序清单 57-5：ud_ucase_sv.c 和 ud_ucase_cl.c 使用的头文件

```
———————————————————————————————— sockets/ud_ucase.h
#include <sys/un.h>
#include <sys/socket.h>
#include <ctype.h>
#include "tlpi_hdr.h"

#define BUF_SIZE 10              /* Maximum size of messages exchanged
                                    between client to server */

#define SV_SOCK_PATH "/tmp/ud_ucase"
———————————————————————————————— sockets/ud_ucase.h
```

服务器程序（程序清单 57-6）首先创建一个 socket 并将其绑定到一个众所周知的地址上。（服务器先删除了与该地址匹配的路径名，以防出现这个路径名已经存在的情况。）服务器然后进入一个无限循环，在循环中使用 recvfrom()接收来自客户端的数据报，将接收到的文本转换成大小格式并使用通过 recvfrom()获取的地址将转换过的文本返回给客户端。

客户端程序（程序清单 57-7）创建一个 socket 并将这个 socket 绑定到一个地址上，这样服务器就能够发送响应了。客户端地址的唯一性是通过在路径名中包含客户端的进程 ID 来保证的。然后客户端循环，将所有命令行参数作为一个个独立的消息发送给服务器。在发送完每条消息之后，客户端读取服务器的响应并将内容显示在标准输出上。

程序清单 57-6：一个简单的 UNIX domain 数据报服务器

```
———————————————————————————————— sockets/ud_ucase_sv.c
#include "ud_ucase.h"

int
main(int argc, char *argv[])
{
    struct sockaddr_un svaddr, claddr;
    int sfd, j;
```

```
    ssize_t numBytes;
    socklen_t len;
    char buf[BUF_SIZE];

    sfd = socket(AF_UNIX, SOCK_DGRAM, 0);          /* Create server socket */
    if (sfd == -1)
        errExit("socket");

    /* Construct well-known address and bind server socket to it */

    if (remove(SV_SOCK_PATH) == -1 && errno != ENOENT)
        errExit("remove-%s", SV_SOCK_PATH);

    memset(&svaddr, 0, sizeof(struct sockaddr_un));
    svaddr.sun_family = AF_UNIX;
    strncpy(svaddr.sun_path, SV_SOCK_PATH, sizeof(svaddr.sun_path) - 1);

    if (bind(sfd, (struct sockaddr *) &svaddr, sizeof(struct sockaddr_un)) == -1)
        errExit("bind");

    /* Receive messages, convert to uppercase, and return to client */

    for (;;) {
        len = sizeof(struct sockaddr_un);
        numBytes = recvfrom(sfd, buf, BUF_SIZE, 0,
                            (struct sockaddr *) &claddr, &len);
        if (numBytes == -1)
            errExit("recvfrom");

        printf("Server received %ld bytes from %s\n", (long) numBytes,
                claddr.sun_path);

        for (j = 0; j < numBytes; j++)
            buf[j] = toupper((unsigned char) buf[j]);

        if (sendto(sfd, buf, numBytes, 0, (struct sockaddr *) &claddr, len) !=
                numBytes)
            fatal("sendto");
    }
}
```
── sockets/ud_ucase_sv.c

程序清单 57-7：一个简单的 UNIX domain 数据报客户端

── sockets/ud_ucase_cl.c
```
#include "ud_ucase.h"

int
main(int argc, char *argv[])
{
    struct sockaddr_un svaddr, claddr;
    int sfd, j;
    size_t msgLen;
    ssize_t numBytes;
    char resp[BUF_SIZE];

    if (argc < 2 || strcmp(argv[1], "--help") == 0)
        usageErr("%s msg...\n", argv[0]);
```

```
        /* Create client socket; bind to unique pathname (based on PID) */

        sfd = socket(AF_UNIX, SOCK_DGRAM, 0);
        if (sfd == -1)
            errExit("socket");

        memset(&claddr, 0, sizeof(struct sockaddr_un));
        claddr.sun_family = AF_UNIX;
        snprintf(claddr.sun_path, sizeof(claddr.sun_path),
                "/tmp/ud_ucase_cl.%ld", (long) getpid());

        if (bind(sfd, (struct sockaddr *) &claddr, sizeof(struct sockaddr_un)) == -1)
            errExit("bind");

        /* Construct address of server */

        memset(&svaddr, 0, sizeof(struct sockaddr_un));
        svaddr.sun_family = AF_UNIX;
        strncpy(svaddr.sun_path, SV_SOCK_PATH, sizeof(svaddr.sun_path) - 1);

        /* Send messages to server; echo responses on stdout */

        for (j = 1; j < argc; j++) {
            msgLen = strlen(argv[j]);        /* May be longer than BUF_SIZE */
            if (sendto(sfd, argv[j], msgLen, 0, (struct sockaddr *) &svaddr,
                    sizeof(struct sockaddr_un)) != msgLen)
                fatal("sendto");

            numBytes = recvfrom(sfd, resp, BUF_SIZE, 0, NULL, NULL);
            if (numBytes == -1)
                errExit("recvfrom");
            printf("Response %d: %.*s\n", j, (int) numBytes, resp);
        }

        remove(claddr.sun_path);             /* Remove client socket pathname */
        exit(EXIT_SUCCESS);
    }
```
─── **sockets/ud_ucase_cl.c**

下面的 shell 会话日志演示了如何使用服务器和客户端程序。

```
$ ./ud_ucase_sv &
[1] 20113
$ ./ud_ucase_cl hello world              Send 2 messages to server
Server received 5 bytes from /tmp/ud_ucase_cl.20150
Response 1: HELLO
Server received 5 bytes from /tmp/ud_ucase_cl.20150
Response 2: WORLD
$ ./ud_ucase_cl 'long message'           Send 1 longer message to server
Server received 10 bytes from /tmp/ud_ucase_cl.20151
Response 1: LONG MESSA
$ kill %1                                Terminate server
```

对客户端程序的第二个调用有意在 recvfrom()调用中指定了一个比消息更小的 length 值
（BUF_SIZE 在程序清单 57-5 中被定义成了 10）以说明消息会被静默地截断。读者可以看出这
种截断确实发生了，因为服务器打印出了一条消息声称它只收到了 10 个字节，而客户端发送
的消息则由 12 个字节构成。

57.4　UNIX domain socket 权限

socket 文件的所有权和权限决定了哪些进程能够与这个 socket 进行通信。

- 要连接一个 UNIX domain 流 socket 需要在该 socket 文件上拥有写权限。
- 要通过一个 UNIX domain 数据报 socket 发送一个数据报需要在该 socket 文件上拥有写权限。

此外，需要在存放 socket 路径名的所有目录上都拥有执行（搜索）权限。

在默认情况下，创建 socket（通过 bind()）时会给所有者（用户）、组以及 other 用户赋予所有的权限。要改变这种行为可以在调用 bind() 之前先调用 umask() 来禁用不希望赋予的权限。

一些系统会忽略 socket 文件上的权限（SUSv3 允许这种行为）。因此无法可移植地使用 socket 文件权限来控制对 socket 的访问，尽管可以可移植地使用宿主目录上的权限来达到这一目标。

57.5　创建互联 socket 对：socketpair()

有时候让单个进程创建一对 socket 并将它们连接起来是比较有用的。这可以通过使用两个 socket() 调用和一个 bind() 调用以及对 listen()、connect()、accept()（用于流 socket）的调用或对 connect()（用于数据报 socket）的调用来完成。socketpair() 系统调用则为这个操作提供了一个快捷方式。

```
#include <sys/socket.h>

int socketpair(int domain, int type, int protocol, int sockfd[2]);
```
$$\text{Returns 0 on success, or } -1 \text{ on error}$$

socketpair() 系统调用只能用在 UNIX domain 中，即 domain 参数必须被指定为 AF_UNIX。（这个约束适用于大多数实现，但却是合理的，因为这一对 socket 是创建于单个主机系统上的。）socket 的 type 可以被指定为 SOCK_DGRAM 或 SOCK_STREAM。protocol 参数必须为 0。sockfd 数组返回了引用这两个相互连接的 socket 的文件描述符。

将 type 指定为 SOCK_STREAM 相当于创建一个双向管道（也被称为流管道）。每个 socket 都可以用来读取和写入，并且这两个 socket 之间每个方向上的数据信道是分开的。（在从 BSD 演化来的实现中，pipe() 被实现成了一个对 socketpair() 的调用。）

一般来讲，socket 对的使用方式与管道的使用方式类似。在调用完 socketpair() 之后，进程会使用 fork() 创建一个子进程。子进程会继承父进程的文件描述符的副本，包括引用 socket 对的描述符。因此父进程和子进程就可以使用这一对 socket 来进行 IPC 了。

使用 socketpair() 创建一对 socket 与手工创建一对相互连接的 socket 这两种做法之间的一个差别在于前一对 socket 不会被绑定到任意地址上。这样就能够避免一类安全问题了，因为这一对 socket 对其他进程是不可见的。

从内核 2.6.27 开始，Linux 为 type 参数提供了第二种用途，即允许将两个非标准的标记与 socket type 取 OR。SOCK_CLOEXEC 标记会导致内核为两个新文件描述符启用 close-on-exec 标记（FD_CLOEXEC）。这个标记之所以有用的原因与 4.3.1 节中描述的 open() O_CLOEXEC 标记有用的原因是一样的。SOCK_NONBLOCK 标记会导致内核在两个底层打开着的文件描述符上设置 O_NONBLOCK 标记，这样在该 socket 上发生的后续 I/O 操作就不会阻塞了，从而就无需通过调用 fcntl() 来取得同样的结果了。

57.6　Linux 抽象 socket 名空间

所谓的抽象路径名空间是 Linux 特有的一项特性，它允许将一个 UNIX domain socket 绑定到一个名字上但不会在文件系统中创建该名字。这种做法具备几点优势。

- 无需担心与文件系统中的既有名字产生冲突。
- 没有必要在使用完 socket 之后删除 socket 路径名。当 socket 被关闭之后会自动删除这个抽象名。
- 无需为 socket 创建一个文件系统路径名了。这对于 chroot 环境以及在不具备文件系统上的写权限时是比较有用的。

要创建一个抽象绑定就需要将 sun_path 字段的第一个字节指定为 null 字节（\0）。这样就能够将抽象 socket 名字与传统的 UNIX domain socket 路径名区分开来，因为传统的名字是由一个或多个非空字节以及一个终止 null 字节构成的字符串。sun_path 字段的余下的字节为 socket 定义了抽象名字。在解释这个名字时需要用到全部字节，而不是将其看成是一个以 null 结尾的字符串。

程序清单 57-8 演示了如何创建一个抽象 socket 绑定。

程序清单 57-8：创建一个抽象 socket 绑定

```
                                          ── from sockets/us_abstract_bind.c
struct sockaddr_un addr;

memset(&addr, 0, sizeof(struct sockaddr_un));  /* Clear address structure */
addr.sun_family = AF_UNIX;                      /* UNIX domain address */

/* addr.sun_path[0] has already been set to 0 by memset() */

strncpy(&addr.sun_path[1], "xyz", sizeof(addr.sun_path) - 2);
        /* Abstract name is "xyz" followed by null bytes */

sockfd = socket(AF_UNIX, SOCK_STREAM, 0);
if (sockfd == -1)
    errExit("socket");

if (bind(sockfd, (struct sockaddr *) &addr,
        sizeof(struct sockaddr_un)) == -1)
    errExit("bind");
                                          ── from sockets/us_abstract_bind.c
```

使用一个初始 null 字节来区分抽象 socket 名和传统的 socket 名会带来不同寻常的结果。假设变量 name 正好指向了一个长度为零的字符串并将一个 UNIX domain socket 绑定到一个按照下列方式初始化 sun_path 的名字上。

```
strncpy(addr.sun_path, name, sizeof(addr.sun_path) - 1);
```

在 Linux 上，就会在无意中创建了一个抽象 socket 绑定。但这种代码可能并不是期望中的代码（即一个 bug）。在其他 UNIX 实现中，后续的 bind() 调用会失败。

57.7 总结

UNIX domain socket 允许位于同一主机上的应用程序之间进行通信。UNIX domain 支持流和数据报 socket。

UNIX domain socket 是通过文件系统中的一个路径名来标识的。文件权限可以用来控制对 UNIX domain socket 的访问。

socketpair() 系统调用创建一对相互连接的 UNIX domain socket。这样就无需调用多个系统调用来创建、绑定以及连接 socket。一个 socket 对的使用方式通常与管道类似：一个进程创建 socket 对，然后创建一个其引用 socket 对的描述符的子进程。然后这两个进程就能够通过这个 socket 对进行通信了。

Linux 特有的抽象 socket 名空间允许将一个 UNIX domain socket 绑定到一个不存在于文件系统中的名字上。

更多信息

参考 59.15 节中列出的更多信息源。

57.8 习题

57-1. 在 57.3 节中指出过 UNIX domain 数据报 socket 是可靠的。编写程序说明如果一个发送者向一个 UNIX domain 数据报 socket 发送数据报的速度大于接收者读取的速度，那么发送者最终会阻塞，并保持阻塞直到接收者读取了其中一些未决的数据报为止。

57-2. 重写程序清单 57-3 中的程序（us_xfr_sv.c）和程序清单 57-4 中的程序（us_xfr_cl.c）使它们使用 Linux 特有的抽象 socket 名空间（57.6 节）。

57-3. 使用 UNIX domain 流 socket 重新实现 44.8 节中的序号服务器和客户端。

57-4. 假设创建了两个绑定到路径/somepath/a 和/somepath/b 上的 UNIX domain 数据报 socket，并将 socket /somepath/a 连接到/somepath/b 上。如果创建第三个数据报 socket 并尝试通过绑定到/somepath/a 的 socket 发送（sendto()）一个数据报会发生什么情况呢？编写一个程序来确认这个问题的答案。读者如果能够访问其他 UNIX 系统的话，可以在那些系统上测试这个程序并观察一下答案是否会发生变化。

第58章

SOCKET：TCP/IP 网络基础

本章将介绍计算机联网概念和 TCP/IP 联网协议，理解这些主题对于有效利用下一章介绍的 Internet domain socket 来讲是非常有必要的。

从本章开始将会提及各个 RFC 文档。在本书中介绍的每一种联网协议都是通过 RFC 来进行正式描述的。在 58.7 节中将会介绍更多有关 RFC 的信息以及与本书介绍的主题特别相关的一系列 RFC。

58.1 互联网

互联网络（internetwork），或更一般地，互联网（internet，小写的 i），会将不同的计算机网络连接起来并允许位于网络中的主机相互之间进行通信。换句话说，一个互联网是由计算机网络组成的一个网络。术语子网络，或子网，用来指组成因特网的其中一个网络。互联网的目标是隐藏不同物理网络的细节以便向互联网络中的所有主机呈现一个统一的网络架构，例如，这意味着可以使用单个地址格式来标识互联网上的所有主机。

尽管已经设计出了多种互联网互联协议，但 TCP/IP 已经成了使用为最广泛的协议套件了，它甚至已经取代了之前在局域网和广域网中常见的私有联网协议了。术语 Internet（大写的 I）被用来指将全球成千上万的计算机连接起来的 TCP/IP 互联网。

第一个被广泛使用的 TCP/IP 实现出现在了 1983 年的 4.2BSD 中。一些 TCP/IP 实现是直接从 BSD 代码演化而来的，其他的实现（包括 Linux）则是从零开始编写的，但它们在定义 TCP/IP 的操作时将 BSD 代码的操作当成了参考标准。

> TCP/IP 是从美国国防部先进研究项目局（Advanced Research Projects Agency，ARPA，之后又被称为 DARPA，其中 D 表示 Defense）资助的一个项目中成长出来的，该项目主要是想设计出一个计算机联网架构以供早期的广域网 ARPANET 使用。在 20 世纪 70 年代，一个新的协议族被设计出来供 ARPANET 使用。准确地讲，这些协议被称为 DARPA 因特网协议套件，但它们通常被称为 TCP/IP 协议套件，或者简单地被称为 TCP/IP。
>
> 网页 http://www.isoc.org/internet/history/brief.shtml 提供了与 Internet 和 TCP/IP 有关的一段简短的历史。

图 58-1 给出了一个简单的互联网。在这幅图中，机器 tekapo 是一种路由器，它一台将一个子网络连接到另一个子网络并在它们之间传输数据的计算机。除了需要理解所使用的互联网协议之外，一台路由器还必须要理解它连接的各个子网所使用的（可能）不同的数据链路层协议。

一台路由器拥有多个网络接口，每个接口都连接到一个子网上。更通用的术语"多宿主机"用来指拥有多个网络接口的任意主机——不必是一台路由器。（另一种描述路由器的方式是说它是将包从一个子网转发到另一个子网的一台多宿主机。）一个多宿主机的各个接口上的网络地址是不同的（即其连接的各个子网的地址是不同的）。

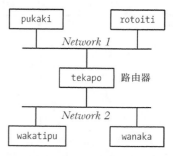

图 58-1：使用一台路由器连接两个网络的互联网

58.2　联网协议和层

一个联网协议是定义如何在一个网络上传输信息的一组规则。联网协议通常会被组织成一系列的层，其中每一层都构建于下层之上并提供特性以供上层使用。

TCP/IP 协议套件是一个分层联网协议（图 58-2），它包括因特网协议（IP）和位于其上层的各个协议层。（实现这些层的代码通常被称为协议栈。）名字 TCP/IP 是从传输控制协议（TCP）是使用最为广泛的传输层协议这样一个事实而得出来的。

> 在图 58-2 中省略了其他一些 TCP/IP 协议，因为它们与本章的主题无关。地址解析协议（ARP）关注的是如何将因特网地址映射到硬件（如以太网）地址。因特网控制消息协议（ICMP）用来在网络中传输错误和控制信息。（ping 和 traceroute 程序使用的是 ICMP 协议，人们通常使用 ping 来检查一台特定的主机是否存活以及是否在 TCP/IP 网络中可见，使用 traceroute 来跟踪一个 IP 包在网络中的传输路径。）主机和路由器使用因特网组管理协议（IGMP）来支持 IP 数据报的多播。

协议分层如此强大和灵活的其中一个原因是透明——每一个协议层都对上层隐藏下层的操作和复杂性，如一个使用 TCP 的应用程序只需要使用标准的 socket API 并清楚自己正在使用一项可靠的字节流传输服务，而无需理解 TCP 操作的细节。（在 61.9 节中介绍 socket 选项时将会看到严格地讲这一论断并不总是正确的，应用程序偶尔也需要弄清楚底层传输协议的操作细节。）应用程序也无需知道 IP 和数据链路层的操作细节。从应用程序的角度来讲，它就像是通过 socket API 直接与其他层进行通信了，如图 58-3 所示，其中虚横线表示对应应用程序之间的虚拟通信路径以及两个主机上的 TCP 和 IP 实体。

封装

封装是分层联网协议中的一个重要的原则。图 58-4 给出了 TCP/IP 协议层中的封装。封装中的关键概念是低层会将从高层向低层传递的信息（如应用程序数据、TCP 段、IP 数据报）当成不透明的数据来处理。换句话说，低层不会尝试对高层发送过来的信息进行解释，而只会将这些信息放到低层所使用的包中并在将这个包向下传递到低层之前添加自身这一层的头信息。当数据从低层传递到高层时将会进行一个逆向的解包过程。

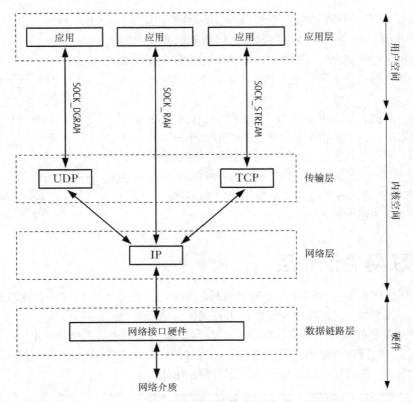

图 58-2：TCP/IP 套件中的协议

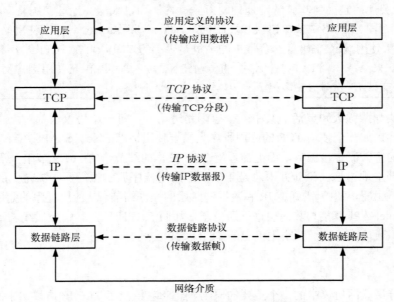

图 58-3：通过 TCP/IP 协议进行的分层通信

封装的概念还延伸到了数据链路层，其中 IP 数据报会被封装进网络帧中，但在图 58-4 中并没有显示出这些。封装可能还会延伸到应用层中，其中应用程序可能会按照自己的方式对数据进行打包。

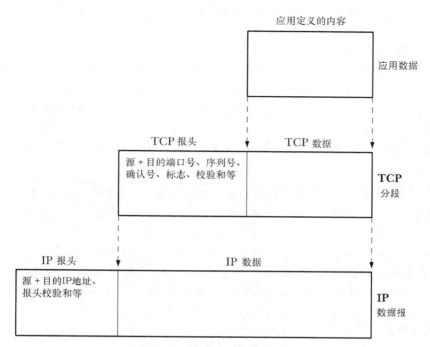

图 58-4：TCP/IP 协议层中的封装

58.3　数据链路层

图 58-2 中的最低层是数据链路层，它由设备驱动和到底层物理媒介（如电话线、同轴电缆、或光纤）的硬件接口（网卡）构成。数据链路层关注的是在一个网络的物理链接上传输数据。

要传输数据，数据链路层需要将网络层传递过来的数据报封装进被称为帧的一个一个单元。除了需要传输的数据之外，每个帧都会包含一个头，如头中可能包含了目标地址和帧的大小。数据链路层在物理链接上传输帧并处理来自接收者的确认。（不是所有的数据链路层都使用确认。）这一层可能会进行错误检测、重传以及流量控制。一些数据链路层还可能会将大的网络包分割成多个帧并在接收者端对这些帧进行重组。

从应用程序编程的角度来讲通常可以忽略数据链路层，因为所有的通信细节都是由驱动和硬件来处理的。

对于有关 IP 的讨论来讲，数据链路层中比较重要的一个特点是最大传输单元（MTU）。数据链路层的 MTU 是该层所能传输的帧大小的上限。不同的数据链路层的 MTU 是不同的。

命令 netstat –i 会列出系统中的网络接口，包括其 MTU。

58.4　网络层：IP

位于数据链路层之上的是网络层，它关注的是如何将包（数据）从源主机发送到目标主机。这一层执行了很多任务，包括以下几个。

- 将数据分解成足够小的片段以便数据链路层进行传输（如有必要的话）。
- 在因特网上路由数据。
- 为传输层提供服务。

在 TCP/IP 协议套件中，网络层的主要协议是 IP。在 4.2BSD 实现中出现的 IP 的版本是 IP 版本 4（IPv4）。在 20 世纪 90 年代早期设计出了 IP 的一个修正版：IP 版本 6（IPv6）。这两个版本之间最显著的差别在于 IPv4 使用 32 位地址来标识子网和主机，而 IPv6 则使用了 128 位的地址，从而能为主机提供更大的地址范围。虽然目前在因特网上 IPv4 仍然是使用最广的 IP 版本，但在将来它会被 IPv6 所取代。IPv4 和 IPv6 都支持高层的 UDP 和 TCP 传输层协议（以及很多其他协议）。

> 尽管从理论上来讲，32 位的地址空间提供了数以亿计的 IPv4 网络地址，但地址的结构和分配放置决定了实际可用的地址数量要少许多。IPv4 地址空间的枯竭是创造 IPv6 主要原因。
>
> 有关 IPv6 的简史可在 http://www.laynetworks.com/IPv6.htm 处找到。
>
> IPv4 和 IPv6 的存在引出了一个问题"IPv5 呢？"事实上从来就没有 IPv5 这种东西。每个 IP 数据报头都包含一个 4 位的版本号字段（即 IPv4 数据报的这个字段值总是数字 4），而版本号 5 则被指派给了一个试验协议因特网流协议 Internet Stream Protocol。（RFC 1819 描述了这个协议的第二版，简写为 ST-II。）在 20 世纪 70 年代最初构想的时候，这个面向连接的协议就被设计成支持音频和视频传输以及分布式仿真。由于 IP 数据报版本号 5 已经被指派过了，因此 IPv4 的升级版就使用了版本号 6。

图 58-2 给出了一个裸 socket（SOCK_RAW），它允许应用程序直接与 IP 层进行通信。这里不会对裸 socket 的使用进行描述，因为大多数应用程序会使用基于其中一种传输层协议（TCP 或 UDP）之上的 socket。[Stevens et al., 2004] 的第 28 章对裸 socket 进行了描述。有关裸 socket 的使用方面的一个富有教育意义的例子是 sendip 程序（http://www.earth.li/projectpurple/progs/sendip.html），它是一个命令行驱动的工具，允许使用任意内容来构建和传输 IP 数据报（包括构建 UDP 数据报和 TCP 段的选项）。

IP 传输数据报

IP 以数据报（包）的形式来传输数据。在两个主机之间发送的每一个数据报都是在网络上独立传输的，它们经过的路径可能会不同。一个 IP 数据报包含一个头，其大小范围为 20 字节到 60 字节。这个头中包含了目标主机的地址，这样就可以在网络上将这个数据报路由到目标地址了。此外，它还包含了包的源地址，这样接收主机就知道数据报的源头。

> 发送主机可以伪造一个包的源地址，这也是 SYN 洪泛这种 TCP 拒绝服务攻击的基础。[Lemon, 2002] 描述了这种攻击的细节以及现代 TCP 实现为解决这个问题所采取的措施。

一个 IP 实现可能会给它所支持的数据报的大小设定一个上限。所有 IP 实现都必须做到数据报的大小上限至少与规定的 IP 最小重组缓冲区大小（minimum reassembly buffer size）一样大。在 IPv4 中，这个限制值是 576 字节；在 IPv6 中，这个限制值是 1500 字节。

IP 是无连接和不可靠的

IP 是一种无连接协议，因为它并没有在相互连接的两个主机之间提供一个虚拟电路。IP 也是一种不可靠的协议：它尽最大可能将数据报从发送者传输给接收者，但并不保证包到达的顺序会与它们被传输的顺序一致，也不保证包是否重复，甚至都不保证包是否会达到接收者。IP 也没有提供错误恢复（头信息错误的包会被静默地丢弃）。可靠性是通过使用一个可靠的传输层协议（如 TCP）或应用程序本身来保证的。

> IPv4 为 IP 头提供了一个校验和，这样就能够检测出头中的错误，但并没有为包中所传输的数据提供任何错误检测机制。IPv6 并没有为 IP 头提供检验和，它依赖高层协议来完成错误检测和可靠性。（UDP 校验和在 IPv4 是可选的，但一般来讲都是启用的；UDP 校验和在 IPv6 是强制的。TCP 校验和在 IPv4 和 IPv6 中都是强制的。）
>
> IP 数据报的重复是可能发生的，因为一些数据链路层采用了一些技术来确保可靠性以及 IP 数据报可能会以隧道形式穿越一些采用了重传机制的非 TCP/IP 网络。

IP 可能会对数据报进行分段

IPv4 数据报的最大大小为 65 535 字节。在默认情况下，IPv6 允许一个数据报的最大大小为 65 575 字节（40 字节用于存放头信息，65 535 字节用于存放数据），并且为更大的数据报（所谓的 jumbograms）提供了一个选项。

之前曾经提过大多数数据链路层会为数据帧的大小设定一个上限（MTU）。如在常见的以太网架构中这个上限值是 1500 字节（比一个 IP 数据报的最大大小要小得多）。IP 还定义了路径 MTU 的概念，它是源主机到目的主机之间路由上的所有数据链路层的最小 MTU。（在实践中，以太网 MTU 通常是路径中最小的 MTU。）

当一个 IP 数据报的大小大于 MTU 时，IP 会将数据报分段（分解）成一个个大小适合在网络上传输的单元。这些分段在达到最终目的地之后会被重组成原始的数据报。（每个 IP 分段本身就是包含了一个偏移量字段的 IP 数据报，该字段给出了一个该分段在原始数据报中的位置。）

IP 分段的发生对于高层协议层是透明的，并且一般来讲也并不希望发生这种事情（[Kent & Mogul, 1987]）。这里的问题在于由于 IP 并不进行重传并且只有在所有分段都达到目的地之后才能对数据报进行组装，因此如果其中一些分段丢失或包含传输错误的话就会导致整个数据报不可用。在一些情况下，这会导致极高的数据丢失率（适用于不进行重传的高层协议，如 UDP）或降低传输速率（适用于进行重传的高层协议，如 TCP）。现代 TCP 实现采用了一些算法（路径 MTU 发现）来确定主机之间的一条路径的 MTU，并根据该值对传递给 IP 的数据进行分解，这样 IP 就不会碰到需要传输大小超过 MTU 的数据报的情况了。UDP 并没有提供这种机制，在 58.6.2 节中将会考虑基于 UDP 的应用程序如何处理 IP 分段的情况。

58.5　IP 地址

一个 IP 地址包含两个部分：一个是网络 ID，它指定了主机所属的网络；另一个是主机 ID，它标识出了位于该网络中的主机。

IPv4 地址

一个 IPv4 地址包含 32 位（图 58-5）。当以人类可读的形式来表示时，这些地址通常的书写通常采用点分十进制标记法，即将地址的 4 个字节写成一个十进制数字，中间以点号隔开，如 204.152.189.116。

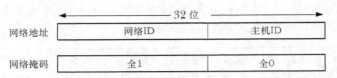

图 58-5：一个 IPv4 网络地址和对应的网络掩码

当一个组织为其主机申请一组 IPv4 地址时，它会收到一个 32 位的网络地址以及一个对应的 32 位的网络掩码。在二进制形式中，这个掩码最左边的位由 1 构成，掩码中剩余的位用 0 填充。这些 1 表示地址中哪些部分包含了所分配到的网络 ID，而这些 0 则表示地址中哪些部分可供组织用来为网络中的主机分配唯一的 ID。掩码中网络 ID 部分的大小会在分配地址时确定。由于网络 ID 部分总是占据着掩码最左边的部分，因此可以通过下面的标记法来指定分配的地址范围。

204.152.189.0/24

这里的/24 表示分配的地址的网络 ID 由最左边的 24 位构成，剩余的 8 位用于指定主机 ID。或者在这种情况下也可以说网络掩码的点分十进制标记是 255.255.255.0。

拥有这个地址的组织可以将 254 个唯一的因特网地址分配给其计算机——204.152.189.1 到 204.152.189.254。有两个地址是无法分配给计算机的，其中一个地址的主机 ID 的位都是 0，它用来标识网络本身，另一个地址的主机 ID 的位都是 1——在本例中是 204.152.189.255——它是子网广播地址。

一些 IPv4 地址拥有特殊的含义。特殊地址 127.0.0.1 一般被定义为回环地址，它通常会被分配给主机名 localhost。（网络 127.0.0.0/8 中的所有地址都可以被指定为 IPv4 回环地址，但通常会选择 127.0.0.1。）发送到这个地址的数据报实际上不会到达网络，它会自动回环变成发送主机的输入。使用这个地址可以便捷地在同一主机上测试客户端和服务器程序。在 C 程序中定义了整数常量 INADDR_LOOPBACK 来表示这个程序。

常量 INADDR_ANY 就是所谓的 IPv4 通配地址。通配 IP 地址对于将 Internet domain socket 绑定到多宿主机上的应用程序来讲是比较有用的。如果位于一台多宿主机上的应用程序只将 socket 绑定到其中一个主机 IP 地址上，那么该 socket 就只能接收发送到该 IP 地址上的 UDP 数据报和 TCP 连接请求。但一般来讲都希望位于一台多宿主机上的应用程序能够接收指定任意一个主机 IP 地址的数据报和连接请求，而将 socket 绑定到通配 IP 地址上使之成为了可能。SUSv3 并没有为 INADDR_ANY 规定一个特定的值，但大多数实现将其定义成了 0.0.0.0（全是 0）。

一般来讲，IPv4 地址是划分子网的。划分子网将一个 IPv4 地址的主机 ID 部分分成两个部分：一个子网 ID 和一个主机 ID（图 58-6）。（如何划分主机 ID 的位完全是由网络管理员来决定的。）子网划分的原理在于一个组织通常不会将其所有主机接到单个网络中。相反，组织可能会开启一组子网（一个"内部互联网络"），每个子网使用网络 ID 和子网 ID 组合起来标识。这种组合通常被称为扩展网络 ID。在一个子网中，子网掩码所扮演的角色与之前描述的网络掩码的角色是一样的，并且可以使用类似的标记法来表示分配给一个特定子网的地址范围。

例如假设分配到的网络 ID 是 204.152.189.0/24，这样可以通过将主机 ID 的 8 位中的 4 位划分成子网 ID 并将剩余的 4 位划分成主机 ID 来对这个地址范围划分子网。在这种情况下，子网掩码将由 28 个前导 1 后面跟着 4 个 0 构成，ID 为 1 的子网将会被表示为 204.152.189.16/28。

图 58-6：IPv4 子网划分

IPv6 地址

IPv6 地址的原理与 IPv4 地址是类似的，它们之间关键的差别在于 IPv6 地址由 128 位构成，其中地址中的前面一些位是一个格式前缀，表示地址类型。（这里不会深入介绍这些地址类型的细节，细节信息可参考[Stevens et al., 2004]的附录 A 和 RFC 3513。）

IPv6 地址通常被书写成一系列用冒号隔开的 16 位的十六进制数字，如下所示。

F000:0:0:0:0:0:A:1

IPv6 地址通常包含一个 0 序列，并且为了标记方便，可以使用两个分号（::）来表示这种序列。因此上面的地址可以被重写成：

F000::A:1

在 IPv6 地址中只能出现一个双冒号标记，出现多次的话会造成混淆。

IPv6 也像 IPv4 地址那样提供了环回地址（127 个 0 后面跟着一个 1，即::1）和通配地址（所有都为 0，可以书写成 0::0 或::）。

为允许 IPv6 应用程序与只支持 IPv4 的主机进行通信，IPv6 提供了所谓的 IPv4 映射的 IPv6 地址，图 58-7 给出了这些地址的格式。

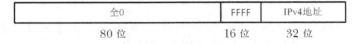

图 58-7：IPv4 映射的 IPv6 地址的格式

在书写 IPv4 映射的 IPv6 地址时，地址的 IPv4 部分（即最后 4 个字节）会被书写成 IPv4 的点分十进制标记。因此与 204.152.189.116 等价的 IPv4 映射的 IPv6 地址是::FFFF:204.152.189.116。

58.6　传输层

在 TCP/IP 套件中使用广泛的两个传输层协议如下。
- 用户数据报协议（UDP）是数据报 socket 所使用的协议。
- 传输控制协议（TCP）是流 socket 所使用的协议。

在介绍这些协议之前首先需要对两个协议都用到的端口号这个概念进行介绍。

58.6.1　端口号

传输层协议的任务是向位于不同主机（或有时候位于同一主机）上的应用程序提供端到端的通信服务。为完成这个任务，传输层需要采用一种方法来区分一个主机上的应用程序。在 TCP 和 UDP 中，这种区分工作是通过一个 16 位的端口号来完成的。

众所周知的、注册的以及特权端口

有些众所周知的端口号已经被永久地分配给特定的应用程序了（也称为服务）。例如 ssh（安全的 shell）daemon 使用众所周知的端口 22，HTTP（Web 服务器和浏览器之间通信时所采用的协议）使用众所周知的端口 80。众所周知的端口的端口号位于 0～1023 之间，它是由中央授权机构互联网号码分配局（IANA, http://www.iana.org/）来分配的。一个众所周知的端口号的分配是由一个被核准的网络规范（通常以 RFC 的形式）来规定的。

IANA 还记录着注册端口，将这些端口分配给应用程序开发人员的过程就不那么严格了（这也意味着一个实现无需保证这些端口是否真正用于它们注册时申请的用途）。IANA 注册的端口范围为 1024～41951。（不是所有位于这个范围内的端口都被注册了。）

IANA 众所周知的更新列表和注册端口分配情况可以在 http://www.iana.org/assignments/port-numbers 上找到。

在大多数 TCP/IP 实现（包括 Linux）中，范围在 0 到 1023 间的端口号也是特权端口，这意味着只有特权（CAP_NET_BIND_SERVICE）进程可以绑定到这些端口上，从而防止了普通用户通过实现恶意程序（如伪造 ssh）来获取密码。（有些时候，特权端口也被称为保留端口。）

尽管端口号相同的 TCP 和 UDP 端口是不同的实体，但同一个众所周知的端口号通常会同时被分配给基于 TCP 和 UDP 的服务，即使该服务通常只提供了其中一种协议服务。这种惯例避免了端口号在两个协议中产生混淆的情况。

临时端口

如果一个应用程序没有选择一个特定的端口（即在 socket 术语中，它没有调用 bind()将其 socket 绑定到一个特定的端口上），那么 TCP 和 UDP 会为该 socket 分配一个唯一的临时端口（即存活时间较短）。在这种情况下，应用程序——通常是一个客户端——并不关心它所使用的端口号，但分配一个端口对于传输层协议标识通信端点来讲是有必要的。这种做法的另一个结果是位于通信信道另一端的对等应用程序就知道如何与这个应用程序通信了。TCP 和 UDP 在将 socket 绑定到端口 0 上时也会分配一个临时端口号。

IANA 将位于 49152 到 65535 之间的端口称为动态或私有端口，这表示这些端口可供本地应用程序使用或作为临时端口分配。然后不同的实现可能会在不同的范围内分配临时端口。在 Linux 上，这个范围是由包含在文件/proc/sys/net/ipv4/ip_local_port_range 中的两个数字来定义的（可通过修改这两个数字来修改范围）。

58.6.2 用户数据报协议（UDP）

UDP 仅仅在 IP 之上添加了两个特性：端口号和一个进行检测传输数据错误的数据校验和。

与 IP 一样，UDP 也是无连接的。由于它并没有在 IP 之上增加可靠性，因此 UDP 是不可靠的。如果一个基于 UDP 的应用程序需要确保可靠性，那么这项功能就必须要在应用程序中予以实现。如果剔除不可靠这个特点的话，在有些时候可能倾向于使用 UDP 而不是 TCP，具体原因可以在 61.12 节中找到。

> UDP 和 TCP 使用的校验和的长度只有 16 位并且只是简单的"总结性"校验和，因此无法检测出特定的错误，其结果是无法提供较强的错误检测机制。繁忙的互联网服务器通常只能每隔几天看一下未检测出的传输错误的平均情况（[Stone & Partridge, 2000]）。需要更多确保数据完整性的应用程序可以使用安全 Sockets 层（Secure Sockets Layer，SSL），它不仅仅提供了安全的通信，而且还提供更加严格的错误检测过程。或者应用程序也可以实现自己的错误控制机制。

选择一个 UDP 数据报大小以避免 IP 分段

在 58.4 节中描述过 IP 分段机制并指出过通常应该尽可能地避免 IP 分段。TCP 提供了避免 IP 分段的机制，但 UDP 并没有提供相应的机制。使用 UDP 时如果传输的数据报的大小超过了本地数据链接的 MTU，那么很容易就会导致 IP 分段。

基于 UDP 的应用程序通常不会知道源主机和目的主机之间的路径的 MTU。一般来讲，基于 UDP 的应用程序会采用保守的方法来避免 IP 分段，即确保传输的 IP 数据报的大小小于 IPv4 的组装缓冲区大小的最小值 576 字节。（这个值很有可能是小于路径 MTU 的。）在这 576 字节中，有 8 个字节是用于存放 UDP 头的，另外最少需要使用 20 个字节来存放 IP 头，剩下的 548 字节用于存放 UDP 数据报本身。在实践中，很多基于 UDP 的应用程序会选择使用一个更小的值 512 字节来存放数据报（[Stevens, 1994]）。

58.6.3 传输控制协议（TCP）

TCP 在两个端点（即应用程序）之间提供了可靠的、面向连接的、双向字节流通信信道，如图 58-8 所示。为提供这些特性，TCP 必须要执行本节中描述的任务。（有关所有这些特性的详细描述可以在[Stevens, 1994]中找到。）

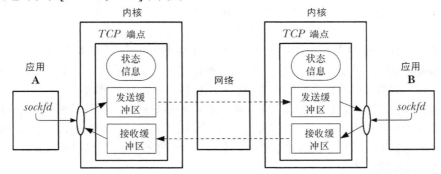

图 58-8：已连接的 TCP socket

这里使用术语 TCP 端点来表示 TCP 连接一端的内核所维护的信息。（通常会进一步对这个术语进行缩写，如仅书写"一个 TCP"来表示"一个 TCP 端点"或"客户端 TCP"来表示"客户端应用程序维护的 TCP 端点。"）这部分信息包括连接这一端的发送和接收缓冲区以及维护的用来同步两个已连接的端点的操作的状态信息。（在 61.6.3 节中介绍 TCP 状态迁移图时将深入介绍状态信息的细节。）在本书余下的部分中将使用术语接收 TCP 和发送 TCP 来表示一个用来在特定方向上传输数据的流 socket 连接两端的接收和发送应用程序。

连接建立

在开始通信之前，TCP 需要在两个端点之间建立一个通信信道。在连接建立期间，发送者和接收者需要交换选项来协商通信的参数。

将数据打包成段

数据会被分解成段，每一个段都包含一个校验和，从而能够检测出端到端的传输错误。每一个段使用单个 IP 数据报来传输。

确认、重传以及超时

当一个 TCP 段无错地达到目的地时，接收 TCP 会向发送者发送一个确认，通知它数据发送递送成功了。如果一个段在到达时是存在错误的，那么这个段就会被丢弃，确认信息也不会被发送。为处理段永远不到达或被丢弃的情况，发送者在发送每一个段时会开启一个定时器。如果在定时器超时之前没有收到确认，那么就会重传这个段。

> 由于所使用的网络以及当前的流量负载会影响传输一个段和接收其确认所需的时间，因此 TCP 采用了一个算法来动态地调整重传超时时间（RTO）的大小。
>
> 接收 TCP 可能不会立即发送确认，而是会等待几毫秒来观察一下是否可以将确认塞进接收者返回给发送者的响应中。（每个 TCP 段都包含一个确认字段，这样就能将确认塞进 TCP 段中了。）这项被称为延迟 ACK 的技术的目的是能少发送一个 TCP 段，从而降低网络中包的数量以及降低发送和接收主机的负载。

排序

在 TCP 连接上传输的每一个字节都会分配到一个逻辑序号。这个数字指出了该字节在这个连接的数据流中所处的位置。（这个连接中的两个流各自都有自己的序号计数系统。）当传输一个 TCP 分段时会在其中一个字段中包含这个段的第一个字节的序号。

在每一个段中加上一个序号有几个作用。

- 这个序号使得 TCP 分段能够以正确的顺序在目的地进行组装，然后以字节流的形式传递给应用层。（在任意一个时刻，在发送者和接收者之间可能存在多个正在传输的 TCP 分段，这些分段的到达顺序可能与被发送的顺序可能是不同的。）
- 由接收者返回给发送者的确认消息可以使用序号来标识出收到了哪个 TCP 分段。
- 接收者可以使用序号来移除重复的分段。发生重复的原因可能是因为 IP 数据段重复，也可能是因为 TCP 自己的重传算法会在一个段的确认丢失或没有按时收到时重传一个成功递送出去的段。

一个流的初始序号（ISN）不是从 0 开始的，相反，它是通过一个算法来生成的，该算法会递增分配给后续 TCP 连接的 ISN（为防止出现前一个连接中的分段与这个连接中的分段混淆的情况）。这个算法也使得猜测 ISN 变得困难起来。序号是一个 32 位的值，当到达最大取值时会回到 0。

流量控制

流量控制防止一个快速的发送者将一个慢速的接收者压垮。要实现流量控制，接收 TCP 就必须要为进入的数据维护一个缓冲区。（每个 TCP 在连接建立阶段会通告其缓冲区的大小。）当从发送 TCP 端收到数据时会将数据累积在这个缓冲区中，当应用程序读取数据时会从缓冲区中删除数据。在每个确认中，接收者会通知发送者其进入数据缓冲区的可用空间（即发送者可以发送多少字节）。TCP 流量控制算法采用了所谓的滑动窗口算法，它允许包含总共 N 字节（提供的窗口大小）的未确认段同时在发送者和接收者之间传输。如果接收 TCP 的进入数据缓冲区完全被充满了，那么窗口就会关闭，发送 TCP 就会停止传输数据。

> 接收者可以使用 SO_RCVBUF socket 选项来覆盖进入数据缓冲区的默认大小（参见 socket(7)手册）。

拥塞控制：慢启动和拥塞避免算法

TCP 的拥塞控制算法被设计用来防止快速的发送者压垮整个网络。如果一个发送 TCP 发送包的速度要快于一个中间路由器转发的速度，那么该路由器就会开始丢弃包。这将会导致较高的包丢失率，其结果是如果 TCP 保持以相同的速度发送这些被丢弃的分段的话就会极大地降低性能。TCP 的拥塞控制算法在下列两个场景中是比较重要的。

- 在连接建立之后：此时（或当传输在一个已经空闲了一段时间的连接上恢复时），发送者可以立即向网络中注入尽可能多的分段，只要接收者公告的窗口大小允许即可。（事实上，这就是早期的 TCP 实现的做法。）这里的问题在于如果网络无法处理这种分段洪泛，那么发送者会存在立即压垮整个网络的风险。

- 当拥塞被检测到时：如果发送 TCP 检测到发生了拥塞，那么它就必须要降低其传输速率。TCP 是根据分段丢失来检测是否发生了拥塞，因为传输错误率是非常低的，即如果一个包丢失了，那么就认为发生了拥塞。

TCP 的拥塞控制策略组合采用了两种算法：慢启动和拥塞避免。

慢启动算法会使发送 TCP 在一开始的时候以低速传输分段，但同时允许它以指数级的速度提高其速率，只要这些分段都得到接收 TCP 的确认。慢启动能够防止一个快速的 TCP 发送者压垮整个网络。但如果不加限制的话，慢启动在传输速率上的指数级增长意味着发送者在短时间内就会压垮整个网络。TCP 的拥塞避免算法用来防止这种情况的发生，它为速率的增长安排了一个管理实体。

有了拥塞避免之后，在连接刚建立时，发送 TCP 会使用一个较小的拥塞窗口，它会限制所能传输的未确认的数据数量。当发送者从对等 TCP 处接收到确认时，拥塞窗口在一开始时会呈现指数级增长。但一旦拥塞窗口增长到一个被认为是接近网络传输容量的阈值时，其增长速度就会变成线性，而不是指数级的。（对网络容量的估算是根据检测到拥塞时的传输速率来计算得出的或者在一开始建立连接时设定为一个固定值。）在任何时刻，发送 TCP 传输的数据数量还会受到接收 TCP 的通告窗口和本地的 TCP 发送缓冲器的大小的限制。

慢启动和拥塞避免算法组合起来使得发送者可以快速地将传输速度提升至网络的可用容量，并且不会超出该容量。这些算法的作用是允许数据传输快速地到达一个平衡状态，即发送者传输包的速率与它从接收者处接收确认的速率一致。

58.7 请求注解（RFC）

本书中讨论的每一种因特网协议都是在 RFC 文档——一个正式的协议规范——中进行定义的。RFC 是由国际互联网学会（http://www.isoc.org/）资助的 RFC 编辑组织（http://www.rfc-editor.org/）发布的。描述互联网标准的 RFC 是由互联网工程任务组（IETF, http://www.ietf.org/）资助开发的，互联网工程任务组是一个由网络设计师、操作员、厂商以及研究人员组成的社区，它关注的是互联网的发展和平稳运行。IETF 的成员资格对所有感兴趣的个人都是开放的。

下列 RFC 与本书介绍的材料是特别相关的。

- RFC 791，Internet Protocol。J. Postel (ed.), 1981。
- RFC 950，Internet Standard Subnetting Procedure。J. Mogul 和 J. Postel, 1985。
- RFC 793，Transmission Control Protocol。J. Postel (ed.), 1981。
- RFC 768，User Datagram Protocol。J. Postel (ed.), 1980。
- RFC 1122，Requirements for Internet Hosts—Communication Layers。R. Braden (ed.), 1989。

> RFC 1122 对早期描述 TCP/IP 协议的各种 RFC 进行了扩展（以及修正）。它是一对通常被称为主机要求 RFC 中的其中一个，另一个是 RFC 1123，它描述的是应用层协议，如 Telnet、FTP 以及 SMTP。

描述 IPv6 的 RFC 如下。

- RFC 2460，Internet Protocol, Version 6。S. Deering 和 R. Hinden, 1998。
- RFC 4291，IP Version 6 Addressing Architecture。R. Hinden 和 S. Deering, 2006。
- RFC 3493，Basic Socket Interface Extensions for IPv6。R. Gilligan, S. Thomson, J. Bound, J. McCann 以及 W. Stevens, 2003。
- RFC 3542，Advanced Sockets API for IPv6。W. Stevens, M. Thomas, E. Nordmark 以及 T. Jinmei, 2003。

很多 RFC 和论文对最初的 TCP 规范进行了优化和扩展，如下所示。

- Congestion Avoidance and Control。V. Jacobsen, 1988。这是描述 TCP 拥塞控制和慢启动算法的第一篇论文。它最初发表在了 Proceedings of SIGCOMM'88 上，在 ftp://ftp.ee.lbl.gov/papers/congavoid.ps.Z 上可以找到一个经过些许修订的版本。当然，这篇论文中的大部分内容已经被下列 RFC 所取代了。
- RFC 1323，TCP Extensions for High Performance。V. Jacobson, R. Braden 以及 D.Borman, 1992。
- RFC 2018，TCP Selective Acknowledgment Options。M. Mathis, J. Mahdavi, S. Floyd 和 A. Romanow, 1996。
- RFC 2581, TCP Congestion Control. M. Allman, V. Paxson 和 W. Stevens, 1999.
- RFC 2861，TCP Congestion Window Validation。M. Handley, J. Padhye 以及 S. Floyd, 2000。
- RFC 2883，An Extension to the Selective Acknowledgement (SACK) Option for TCP。S. Floyd, J. Mahdavi, M. Mathis 以及 M. Podolsky, 2000。
- RFC 2988，Computing TCP's Retransmission Timer。V. Paxson 和 M. Allman, 2000。
- RFC 3168，The Addition of Explicit Congestion Notification (ECN) to IP。K. Ramakrishnan, S. Floyd 以及 D. Black, 2001。
- RFC 3390，Increasing TCP's Initial Window。M. Allman, S. Floyd 以及 C. Partridge,2002。

58.8 总结

TCP/IP 是一个分层的联网协议条件。在 TCP/IP 协议栈的最底层是 IP 网络层协议。IP 以数据报的形式传输数据。IP 是无连接的，表示在源主机和目的主机之间传输的数据报可能经过网络中的不同路径。IP 是不可靠的，因为它不保证数据报会按序以及不重复到达，甚至还不保证数据报一定会到达。如果要求可靠性的话就必须要通过使用一个可靠的高层协议（如 TCP）或在应用程序中来完成。

IP 最初的版本是 IPv4。在 20 世纪 90 年代早期，IP 的一个新版本 IPv6 被设计出来了。IPv4 和 IPv6 之间最显著的差别在于 IPv4 使用了 32 位来表示一个主机地址，而 IPv6 则使用了 128 位，从而允许在全球范围的因特网中接入更多的主机。目前，IPv4 仍然是使用最为广泛的 IP，尽管在将来可能会被 IPv6 所取代。

在 IP 之上存在多种传输层协议，其中使用最多的是 UDP 和 TCP。UDP 是一个不可靠的数据报协议。TCP 是一个可靠的、面向连接的字节流协议。TCP 处理了连接建立和终止的所有细节。TCP 还将数据打包成分段以供 IP 传输并为这些分段提供了序号计数，这样接收者就能对这些分段进行确认并以正确的顺序组装这些分段。此外，TCP 还提供了流量控制来防止一个快速的发送者压垮一个慢速的接收者和拥塞控制来防止一个快速的发送者压垮整个网络。

更多信息

参考 59.15 节中列出的更多信息源。

第**59**章

SOCKET：Internet Domain

在前面几个章节介绍过 socket 的一般概念和 TCP/IP 协议套件之后，现在本章可以开始介绍如何在 IPv4 （AF_INET）和 IPv6 （AF_INET6） domain 中使用 socket 编程了。

在第 58 章中提到过 Internet domain socket 地址由一个 IP 地址和一个端口号组成。虽然计算机使用了 IP 地址和端口号的二进制表示形式，但人们对名称的处理能力要比对数字的处理能力强得多。因此，本章将介绍使用名称标识主机计算机和端口的技术。此外，还将介绍如何使用库函数来获取特定主机名的 IP 地址和与特定服务名对应的端口号，其中对主机名的讨论还包括了对域名系统（DNS）的描述，域名系统是一个分布式数据库，它将主机名映射到 IP 地址以及将 IP 地址映射到主机名。

59.1　Internet domain socket

Internet domain 流 socket 是基于 TCP 之上的，它们提供了可靠的双向字节流通信信道。

Internet domain 数据报 socket 是基于 UDP 之上的。UDP socket 与之在 UNIX domain 中的对应实体类似，但需要注意下列差别。

- UNIX domain 数据报 socket 是可靠的，但 UDP socket 则是不可靠的——数据报可能会丢失、重复或到达的顺序与它们被发送的顺序不同。
- 在一个 UNIX domain 数据报 socket 上发送数据会在接收 socket 的数据队列为满时阻塞。与之不同的是，使用 UDP 时如果进入的数据报会使接收者的队列溢出，那么数据报就会静默地被丢弃。

59.2　网络字节序

IP 地址和端口号是整数值。在将这些值在网络中传递时碰到的一个问题是不同的硬件结构会以不同的顺序来存储一个多字节整数的字节。从图 59-1 中可以看出，存储整数时先存储（即在最小内存地址处）最高有效位的被称为大端，那些先存储最低有效位的被称为小端。（这两个术语出自 Jonathan Swift 在 1726 年发表的讽刺小说《格列佛游记》，在那篇小说中这两个术语指在另一端打开煮鸡蛋的敌对政治派别。）小端架构中最值得关注的是 x86。（从历史上来讲，Digital 的 VAX 架构也是一个重要的例子，因为 BSD 大多是用于这种机器上的。）其他群大多数架构都是大端的。一些硬件结构可以在这两种格式之间切换。在特定主机上使用的字节序被称为主机字节序。

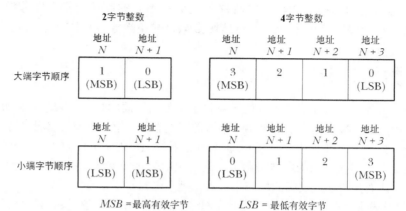

MSB = 最高有效字节   LSB = 最低有效字节

图 59-1：2 字节和 4 字节整数的大端和小端字节序

由于端口号和 IP 地址必须在网络中的所有主机之间传递并且需要被它们所理解，因此必须要使用一个标准的字节序。这种字节序被称为网络字节序，它是大端的。

在本章后面将会介绍各种用于将主机名（如 www.kernel.org）和服务名（如 http）转换成对应的数字形式的函数。这些函数一般会返回用网络字节序表示的整数，并且可以直接将这些整数复制进一个 socket 地址结构的相关字段中。

有时候可能会直接使用 IP 地址和端口号的整数常量形式，如可能会选择将端口号硬编码进程序中，或者将端口号作为一个命令行参数传递给程序，或者在指定一个 IPv4 地址时使用诸如 INADDR_ANY 和 INADDR_LOOPBACK 之类的常量。这些值在 C 中是按照主机的规则来表示的，因此它们是主机字节序的，在将它们存储进 socket 地址结构中之前需要将这些值转换成网络字节序。

htons()、htonl()、ntohs() 以及 ntohl() 函数被定义（通常为宏）用来在主机和网络字节序之间转换整数。

```
#include <arpa/inet.h>

uint16_t htons(uint16_t host_uint16);
                    Returns host_uint16 converted to network byte order
uint32_t htonl(uint32_t host_uint32);
                    Returns host_uint32 converted to network byte order
uint16_t ntohs(uint16_t net_uint16);
                    Returns net_uint16 converted to host byte order
uint32_t ntohl(uint32_t net_uint32);
                    Returns net_uint32 converted to host byte order
```

在早期，这些函数的原型如下。

```
unsigned long htonl(unsigned long hostlong);
```

这揭示出了函数名的由来——在本例中是 host to network long。在大多数实现 socket 的早期系统中，短整数是 16 位的，长整数是 32 位的。但在现代系统中这种论断已经不再正确了（至少对于长整数是这样的），因此上面给出的原型实际上是为这些函数所处理的类型提供了更加精确的定义，尽管所使用的名称未发生变化。uint16_t 和 uint32_t 数据类型是 16 位和 32 位的无符号整数。

严格地讲，只需要在主机字节序与网络字节序不同的系统上使用这四个函数，但开发人员应该总是使用这些函数，这样程序就能够在不同的硬件结构之间移植了。在主机字节序与网络字节序一样的系统上，这些函数只是简单地原样返回传递给它们的参数。

59.3 数据表示

在编写网络程序时需要清楚不同的计算机架构使用不同的规则来表示各种数据类型。本章之前已经指出过整数类型可以以大端或小端的形式存储。此外，还存在其他的差别，如 C long 数据类型在一些系统中可能是 32 位的，但在其他系统上可能是 64 位的。当考虑结构时，问题就更加复杂了，因为不同的实现采用了不同的规则来将一个结构中的字段对齐到主机系统的地址边界，从而使得字段之间的填充字节数量是不同的。

由于在数据表现上存在这些差异，因此在网络中的异构系统之间交换数据的应用程序必须要采用一些公共规则来编码数据。发送者必须要根据这些规则来对数据进行编码，而接收者则必须要遵循同样的规则对数据进行解码。将数据变成一个标准格式以便在网络上传输的过程被称为信号编集（marshalling）。目前，存在多种信号编集标准，如 XDR（ExterExternalData Representation，在 RFC 1014 中描述）、ASN.1-BER（Abstract SyntaxNotation 1, http://www.asn1.org/）、CORBA 以及 XML。一般来讲，这些标准会为每一种数据类型都定义一个固定的格式（如定义了字节序和使用的位数）。除了按照所需的格式进行编码之外，每一个数据项都需要使用额外的字段来标识其类型（以及可能的话还会加上长度）。

然而，一种比信号编集更简单的方法通常会被采用：将所有传输的数据编码成文本形式，其中数据项之间使用特定的字符来分隔开，这个特定的字符通常是换行符。这种方法的一个优点是可以使用 telnet 来调试一个应用程序。要完成这项任务需要使用下面的命令。

```
$ telnet host port
```

接着可以输入一行传给应用程序的文本并查看应用程序发来的响应，在 59.11 节中将会演示这项技术。

> 与异构系统在数据表示上的差异相关的问题不仅仅存在于网络间的数据传输中，还存在于此类系统之间的任何数据交换机制中，如在传输异构系统间磁盘或磁带上的文件时会碰到同样的问题。现在，网络编程只不过是可能会碰到这类问题的最常见的编程场景。

如果将在一个流 socket 上传输的数据编码成使用换行符分隔的文本，那么定义一个诸如 readLine() 之类的函数将是比较便捷的，如程序清单 59-1 所示。

```
#include "read_line.h"

ssize_t readLine(int fd, void *buffer, size_t n);
```
                    Returns number of bytes copied into *buffer* (excluding
                    terminating null byte), or 0 on end-of-file, or –1 on error

readLine()函数从文件描述符参数 fd 引用的文件中读取字节直到碰到换行符为止。输入字节序列将会返回在 buffer 指向的位置处，其中 buffer 指向的内存区域至少为 n 字节。返回的字符串总是以 null 结尾，因此实际上至多有（n - 1）个字节会返回。在成功时，readLine()会返回放入 buffer 的数据的字节数，结尾的 null 字节不会计算在内。

程序清单 59-1：一次读取一行数据

─────────────────────────────────────── sockets/read_line.c

```
#include <unistd.h>
#include <errno.h>
#include "read_line.h"                    /* Declaration of readLine() */

ssize_t
readLine(int fd, void *buffer, size_t n)
{
    ssize_t numRead;                      /* # of bytes fetched by last read() */
    size_t totRead;                       /* Total bytes read so far */
    char *buf;
    char ch;

    if (n <= 0 || buffer == NULL) {
        errno = EINVAL;
        return -1;
    }

    buf = buffer;                         /* No pointer arithmetic on "void *" */

    totRead = 0;
    for (;;) {
        numRead = read(fd, &ch, 1);

        if (numRead == -1) {
            if (errno == EINTR)           /* Interrupted --> restart read() */
                continue;
            else
                return -1;                /* Some other error */

        } else if (numRead == 0) {        /* EOF */
            if (totRead == 0)             /* No bytes read; return 0 */
                return 0;
            else                          /* Some bytes read; add '\0' */
                break;

        } else {                          /* 'numRead' must be 1 if we get here */
            if (totRead < n - 1) {        /* Discard > (n - 1) bytes */
                totRead++;
                *buf++ = ch;
            }

            if (ch == '\n')
                break;
        }
    }

    *buf = '\0';
    return totRead;
}
```

─────────────────────────────────────── sockets/read_line.c

如果在遇到换行符之前读取的字节数大于或等于（n-1），那么 readLine() 函数会丢弃多余的字节（包括换行符）。如果在前面的（n-1）字节中读取了换行符，那么在返回的字符串中就会包含这个换行符。（因此可以通过检查在返回的 buffer 中结尾 null 字节前是否是一个换行符来确定是否有字节被丢弃了。）采用这种方法之后，将输入以行为单位进行处理的应用程序协议就不会将一个很长的行处理成多行了。当然，这可能会破坏协议，因为两端的应用程序不再同步了。另一种做法是让 readLine() 只读取足够的字节数来填充提供的缓冲器，而将到下一行新行为止的剩余字节留给下一个 readLine() 调用。在这种情况下，readLine() 的调用者需要处理读取部分行的情况。

在 59.11 节中给出的示例程序中将会使用 readLine() 函数。

59.4　Internet socket 地址

Internet domain socket 地址有两种：IPv4 和 IPv6。

IPv4 socket 地址：struct sockaddr_in

一个 IPv4 socket 地址会被存储在一个 sockaddr_in 结构中，该结构在<netinet/in.h>中进行定义，具体如下。

```
struct in_addr {                        /* IPv4 4-byte address */
    in_addr_t s_addr;                   /* Unsigned 32-bit integer */
};

struct sockaddr_in {                    /* IPv4 socket address */
    sa_family_t    sin_family;          /* Address family (AF_INET) */
    in_port_t      sin_port;            /* Port number */
    struct in_addr sin_addr;            /* IPv4 address */
    unsigned char  __pad[X];            /* Pad to size of 'sockaddr'
                                           structure (16 bytes) */
};
```

在 56.4 节中曾讲过普通的 sockaddr 结构中有一个字段来标识 socket domain，该字段对应于 sockaddr_in 结构中的 sin_family 字段，其值总为 AF_INET。sin_port 和 sin_addr 字段是端口号和 IP 地址，它们都是网络字节序的。in_port_t 和 in_addr_t 数据类型是无符号整型，其长度分别为 16 位和 32 位。

IPv6 socket 地址：struct sockaddr_in6

与 IPv4 地址一样，一个 IPv6 socket 地址包含一个 IP 地址和一个端口号，它们之间的差别在于 IPv6 地址是 128 位而不是 32 位的。一个 IPv6 socket 地址会被存储在一个 sockaddr_in6 结构中，该结构在<netinet/in.h>中进行定义，具体如下。

```
struct in6_addr {                       /* IPv6 address structure */
    uint8_t s6_addr[16];                /* 16 bytes == 128 bits */
};
struct sockaddr_in6 {                   /* IPv6 socket address */
    sa_family_t sin6_family;            /* Address family (AF_INET6) */
    in_port_t   sin6_port;              /* Port number */
    uint32_t    sin6_flowinfo;          /* IPv6 flow information */
    struct in6_addr sin6_addr;          /* IPv6 address */
    uint32_t    sin6_scope_id;          /* Scope ID (new in kernel 2.4) */
};
```

sin_family 字段会被设置成 AF_INET6。sin6_port 和 sin6_addr 字段分别是端口号和 IP

地址。（uint8_t 数据类型被用来定义 in6_addr 结构中字节的类型，它是一个 8 位的无符号整型。）剩余的字段 sin6_flowinfo 和 sin6_scope_id 则超出了本书的范围，在本书给出所有例子中都会将它们设置为 0。sockaddr_in6 结构中的所有字段都是以网络字节序存储的。

> IPv6 地址是在 RFC 4291 中进行描述的。与 IPv6 流量控制（sin6_flowinfo）有关的信息可以在[Stevens et al., 2004]的附录 A 和 RFC 2460 以及 3697 中找到。RFC 3491 和 4007 提供了与 sin6_scope_id 有关的信息。

IPv6 和 IPv4 一样也有通配和回环地址，但它们的用法要更加复杂一些，因为 IPv6 地址是存储在数组中的（并没有使用标量类型），下面将会使用 IPv6 通配地址（0::0）来说明这一点。系统定义了常量 IN6ADDR_ANY_INIT 来表示这个地址，具体如下。

```
#define IN6ADDR_ANY_INIT { { 0,0,0,0,0,0,0,0,0,0,0,0,0,0,0,0 } }
```

> 在 Linux 上，头文件中的一些细节与本节中的描述是不同的。特别地，in6_addr 结构包含了一个 union 定义将 128 位的 IPv6 地址划分成 16 字节或八个 2 字节的整数或四个 32 字节的整数。由于存在这样的定义，因此 glibc 提供的 IN6ADDR_ANY_INIT 常量的定义实际上比正文中给出的定义多了一组嵌套的花括号。

在变量声明的初始化器中可以使用 IN6ADDR_ANY_INIT 常量，但无法在一个赋值语句的右边使用这个常量，因为 C 语法并不允许在赋值语句中使用一个结构化的常量。取而代之的做法是必须要使用一个预先定义的变量 in6addr_any，C 库会按照下面的方式对该变量进行初始化。

```
const struct in6_addr in6addr_any = IN6ADDR_ANY_INIT;
```

因此可以像下面这样使用通配地址来初始化一个 IPv6 socket 地址。

```
struct sockaddr_in6 addr;

memset(&addr, 0, sizeof(struct sockaddr_in6));
addr.sin6_family = AF_INET6;
addr.sin6_addr = in6addr_any;
addr.sin6_port = htons(SOME_PORT_NUM);
```

IPv6 环回地址（::1）的对应常量和变量是 IN6ADDR_LOOPBACK_INIT 和 in6addr_loopback。

与 IPv4 中相应字段不同的是 IPv6 的常量和变量初始化器是网络字节序的，但就像上面给出的代码那样，开发人员仍然必须要确保端口号是网络字节序的。

如果 IPv4 和 IPv6 共存于一台主机上，那么它们将共享同一个端口号空间。这意味着如果一个应用程序将一个 IPv6 socket 绑定到了 TCP 端口 2000 上（使用 IPv6 通配地址），那么 IPv4 TCP socket 将无法绑定到同一个端口上。（TCP/IP 实现确保位于其他主机上的 socket 能够与这个 socket 进行通信，不管那些主机运行的是 IPv4 还是 IPv6。）

sockaddr_storage 结构

在 IPv6 socket API 中新引入了一个通用的 sockaddr_storage 结构，这个结构的空间足以存储任意类型的 socket 地址（即可以将任意类型的 socket 地址结构强制转换并存储在这个结构中）。特别地，这个结构允许透明地存储 IPv4 或 IPv6 socket 地址，从而删除了代码中的 IP 版本依赖性。sockaddr_storage 结构在 Linux 上的定义如下所示。

```
#define __ss_aligntype uint32_t          /* On 32-bit architectures */
struct sockaddr_storage {
    sa_family_t ss_family;
    __ss_aligntype __ss_align;           /* Force alignment */
    char __ss_padding[SS_PADSIZE];       /* Pad to 128 bytes */
};
```

59.5　主机和服务转换函数概述

计算机以二进制形式来表示 IP 地址和端口号，但人们发现名字比数字更容易记忆。使用符号名还能有效地利用间接关系，用户和程序可以继续使用同一个名字，即使底层的数字值发生了变化也不会受到影响。

主机名和连接在网络上的一个系统（可能拥有多个 IP 地址）的符号标识符。服务名是端口号的符号表示。

主机地址和端口的表示有下列两种方法。

- 主机地址可以表示为一个二进制值或一个符号主机名或展现格式（IPv4 是点分十进制，IPv6 是十六进制字符串）。
- 端口号可以表示为一个二进制值或一个符号服务名。

格式之间的转换工作可以通过各种库函数来完成。本节将对这些函数进行简要的小结。下面几个小节将会详细描述现代 API（inet_ntop()、inet_pton()、getaddrinfo()、getnameinfo() 等）。在 59.13 节中将会简要地讨论一下被废弃的 API（inet_aton()、inet_ntoa()、gethostbyname()、getservbyname() 等）。

在二进制和人类可读的形式之间转换 IPv4 地址

inet_aton() 和 inet_ntoa() 函数将一个 IPv4 地址在点分十进制表示形式和二进制表示形式之间进行转换。这里介绍这些函数的主要原因是读者在遗留代码中可能会看到这些函数。现在它们已经被废弃了。需要完成此类转换工作的现代程序应该使用接下来描述的函数。

在二进制和人类可读的形式之间转换 IPv4 和 IPv6 地址

inet_pton() 和 inet_ntop() 与 inet_aton() 和 inet_ntoa() 类似，但它们还能处理 IPv6 地址。它们将二进制 IPv4 和 IPv6 地址转换成展现格式——即以点分十进制表示或十六进制字符串表示，或将展现格式转换成二进制 IPv4 和 IPv6 地址。

由于人类对名字的处理能力要比对数字的处理能力强，因此通常偶尔才会在程序中使用这些函数。inet_ntop() 的一个用途是产生 IP 地址的一个可打印的表示形式以便记录日志。在有些情况下，最好使用这个函数而不是将一个 IP 地址转换（"解析"）成主机名，其原因如下。

- 将一个 IP 地址解析成主机名可能需要向一台 DNS 服务器发送一个耗时较长的请求。
- 在一些场景中，可能并不存在一个 DNS（PTR）记录将 IP 地址映射到对应的主机名上。

本节在介绍执行二进制表示与对应的符号名之间的转换工作的 getaddrinfo() 和 getnameinfo() 之前（59.6 节）先介绍这些函数主要是因为它们提供的更加简单的 API，这样就能快速给出一些正常工作的使用 Internet domain socket 的例子。

主机和服务名与二进制形式之间的转换（已过时）

gethostbyname()函数返回与主机名对应的二进制 IP 地址，getservbyname()函数返回与服务名对应的端口号。对应的逆向转换是由 gethostbyaddr()和 getservbyport()来完成的。这里之所以要介绍这些函数是因为它们在既有代码中被广泛使用，但现在它们已经过时了。（SUSv3 将这些函数标记为过时的，SUSv4 删除了它们的规范。）新代码应该使用 getaddrinfo()和 getnameinfo()函数（稍后介绍）来完成此类转换。

主机和服务名与二进制形式之间的转换（现代的）

getaddrinfo()函数是 gethostbyname()和 getservbyname()两个函数的现代继任者。给定一个主机名和一个服务名，getaddrinfo()会返回一组包含对应的二进制 IP 地址和端口号的结构。与 gethostbyname()不同，getaddrinfo()会透明地处理 IPv4 和 IPv6 地址。因此使用这个函数可以编写不依赖于 IP 版本的程序。所有新代码都应该使用 getaddrinfo()来将主机名和服务名转换成二进制表示。

getnameinfo()函数执行逆向转换，即将一个 IP 地址和端口号转换成对应的主机名和服务名。

使用 getaddrinfo()和 getnameinfo()还可以在二进制 IP 地址与其展现格式之间进行转换。

在 59.10 节中讨论 getaddrinfo()和 getnameinfo()之前需要对 DNS（59.8 节）和/etc/services 文件（59.9 节）进行描述。DNS 允许协作服务器维护一个将二进制 IP 地址映射到主机名和将主机名映射到二进制 IP 地址的分布式数据库。诸如 DNS 之类的系统的存在对于因特网的运转是非常关键的，因为对浩瀚的因特网主机名进行集中管理是不可能的。/etc/services 文件将端口号映射到符号服务名。

59.6　inet_pton()和 inet_ntop()函数

inet_pton()和 inet_ntop()函数允许在 IPv4 和 IPv6 地址的二进制形式和点分十进制表示法或十六进制字符串表示法之间进行转换。

```
#include <arpa/inet.h>

int inet_pton(int domain, const char *src_str, void *addrptr);
                        Returns 1 on successful conversion, 0 if src_str is not in
                                        presentation format, or −1 on error
const char *inet_ntop(int domain, const void *addrptr, char *dst_str, size_t len);
                        Returns pointer to dst_str on success, or NULL on error
```

这些函数名中的 p 表示"展现（presentation）"，n 表示"网络（network）"。展现形式是人类可读的字符串，如：
- 204.152.189.116（IPv4 点分十进制地址）；
- ::1（IPv6 冒号分隔的十六进制地址）；
- ::FFFF:204.152.189.116（IPv4 映射的 IPv6 地址）。

inet_pton()函数将 src_str 中包含的展现字符串转换成网络字节序的二进制 IP 地址。domain 参数应该被指定为 AF_INET 或 AF_INET6。转换得到的地址会被放在 addrptr 指向的结构中，它应该根据在 domain 参数中指定的值指向一个 in_addr 或 in6_addr 结构。

inet_ntop()函数执行逆向转换。同样，domain 应该被指定为 AF_INET 或 AF_INET6，addrptr 应该指向一个待转换的 in_addr 或 in6_addr 结构。得到的以 null 结尾的字符串会被放置在 dst_str 指向的缓冲器中。len 参数必须被指定为这个缓冲器的大小。inet_ntop() 在成功时会返回 dst_str。如果 len 的值太小了，那么 inet_ntop()会返回 NULL 并将 errno 设置成 ENOSPC。

要正确计算 dst_str 指向的缓冲器的大小可以使用在<netinet/in.h>中定义的两个常量。这些常量标识出了 IPv4 和 IPv6 地址的展现字符串的最大长度（包括结尾的 null 字节）。

```
#define INET_ADDRSTRLEN  16       /* Maximum IPv4 dotted-decimal string */
#define INET6_ADDRSTRLEN 46       /* Maximum IPv6 hexadecimal string */
```

下一节将会给出使用 inet_pton()和 inet_ntop()的例子。

59.7　客户端/服务器示例（数据报 socket）

本节将修改在 57.3 节中给出的大小写转换服务器和客户端程序，使之使用 AF_INET6 domain 中的数据报 socket。本节给出的这两个程序中的注释较少，因为它们的结构与之前给出的程序的结构是类似的。新程序中的主要差别在于 59.4 节中介绍的 IPv6 socket 地址结构的申明和初始化。

客户端和服务器都使用了程序清单 59-2 中给出的头文件。这个头文件定义了服务器的端口号和客户端与服务器可交换的最大消息数量。

程序清单 59-2：i6d_ucase_sv.c 和 i6d_ucase_cl.c 使用的头文件

── sockets/i6d_ucase.h

```
#include <netinet/in.h>
#include <arpa/inet.h>
#include <sys/socket.h>
#include <ctype.h>
#include "tlpi_hdr.h"

#define BUF_SIZE 10                  /* Maximum size of messages exchanged
                                        between client and server */

#define PORT_NUM 50002               /* Server port number */
```

── sockets/i6d_ucase.h

程序清单 59-3 给出了服务器程序。服务器使用 inet_ntop()函数将客户端的主机地址（通过 recvfrom()调用获得）转换成可打印的形式。

```
$ ./i6d_ucase_sv &
[1] 31047
$ ./i6d_ucase_cl ::1 ciao                    Send to server on local host
Server received 4 bytes from (::1, 32770)
Response 1: CIAO
```

程序清单 59-4 给出的客户端程序与之前的 UNIX domain 中的版本（程序清单 57-7）相比存在两个显著的改动。第一个差别在于客户端会将其第一个命令行参数解释成服务器的 IPv6 地址。（剩余的命令行参数是作为单独的数据报被传递给服务器的。）客户端使用 inet_pton() 将服务器地址转换成二进制形式。另一个差别在于客户端并没有将其 socket 绑定到一个地址上。在 58.6.1 节中曾指出过如果一个 Internet domain socket 没有被绑定到一个地址上，那么内核会将该 socket 绑定到主机系统上的一个临时端口上。这一点可以从下面的 shell 会话日志中看出，其中服务器和客户端运行于同一个主机上。

从上面的输出中可以看出服务器的 recvfrom() 调用能够获取客户端 socket 的地址，包括临时端口号，不管客户端是否调用了 bind()。

程序清单 59-3：使用数据报 socket 的 IPv6 大小写转换服务器

―――――――――――――――――――――――――――――――― sockets/i6d_ucase_sv.c

```c
#include "i6d_ucase.h"

int
main(int argc, char *argv[])
{
    struct sockaddr_in6 svaddr, claddr;
    int sfd, j;
    ssize_t numBytes;
    socklen_t len;
    char buf[BUF_SIZE];
    char claddrStr[INET6_ADDRSTRLEN];

    sfd = socket(AF_INET6, SOCK_DGRAM, 0);
    if (sfd == -1)
        errExit("socket");

    memset(&svaddr, 0, sizeof(struct sockaddr_in6));
    svaddr.sin6_family = AF_INET6;
    svaddr.sin6_addr = in6addr_any;                 /* Wildcard address */
    svaddr.sin6_port = htons(PORT_NUM);

    if (bind(sfd, (struct sockaddr *) &svaddr,
                sizeof(struct sockaddr_in6)) == -1)
        errExit("bind");

    /* Receive messages, convert to uppercase, and return to client */

    for (;;) {
        len = sizeof(struct sockaddr_in6);
        numBytes = recvfrom(sfd, buf, BUF_SIZE, 0,
                            (struct sockaddr *) &claddr, &len);
        if (numBytes == -1)
            errExit("recvfrom");

        if (inet_ntop(AF_INET6, &claddr.sin6_addr, claddrStr,
                    INET6_ADDRSTRLEN) == NULL)
            printf("Couldn't convert client address to string\n");
        else
            printf("Server received %ld bytes from (%s, %u)\n",
                    (long) numBytes, claddrStr, ntohs(claddr.sin6_port));

        for (j = 0; j < numBytes; j++)
            buf[j] = toupper((unsigned char) buf[j]);

        if (sendto(sfd, buf, numBytes, 0, (struct sockaddr *) &claddr, len) !=
                numBytes)
            fatal("sendto");
    }
}
```

―――――――――――――――――――――――――――――――― sockets/i6d_ucase_sv.c

程序清单 59-4：使用数据报 socket 的 IPv6 大小写转换客户端

—————————————————————————————— ── sockets/i6d_ucase_cl.c

```c
#include "i6d_ucase.h"

int
main(int argc, char *argv[])
{
    struct sockaddr_in6 svaddr;
    int sfd, j;
    size_t msgLen;
    ssize_t numBytes;
    char resp[BUF_SIZE];

    if (argc < 3 || strcmp(argv[1], "--help") == 0)
        usageErr("%s host-address msg...\n", argv[0]);

    sfd = socket(AF_INET6, SOCK_DGRAM, 0);        /* Create client socket */
    if (sfd == -1)
        errExit("socket");

    memset(&svaddr, 0, sizeof(struct sockaddr_in6));
    svaddr.sin6_family = AF_INET6;
    svaddr.sin6_port = htons(PORT_NUM);
    if (inet_pton(AF_INET6, argv[1], &svaddr.sin6_addr) <= 0)
        fatal("inet_pton failed for address '%s'", argv[1]);

    /* Send messages to server; echo responses on stdout */

    for (j = 2; j < argc; j++) {
        msgLen = strlen(argv[j]);
        if (sendto(sfd, argv[j], msgLen, 0, (struct sockaddr *) &svaddr,
                    sizeof(struct sockaddr_in6)) != msgLen)
            fatal("sendto");

        numBytes = recvfrom(sfd, resp, BUF_SIZE, 0, NULL, NULL);
        if (numBytes == -1)
            errExit("recvfrom");

        printf("Response %d: %.*s\n", j - 1, (int) numBytes, resp);
    }

    exit(EXIT_SUCCESS);
}
```

—————————————————————————————— ── sockets/i6d_ucase_cl.c

59.8　域名系统（DNS）

在 59.10 节中将会介绍获取与一个主机名对应的 IP 地址的 getaddrinfo()函数和执行逆向转换的 getnameinfo()函数，但在介绍这些函数之前需要解释如何使用 DNS 来维护主机名和 IP 地址之间的映射关系。

在 DNS 出现以前，主机名和 IP 地址之间的映射关系是在一个手工维护的本地文件 /etc/hosts 中进行定义的，该文件包含了形如下面的记录。

```
# IP-address    canonical hostname    [aliases]
127.0.0.1       localhost
```

gethostbyname()函数（被 getaddrinfo()取代的函数）通过搜索这个文件并找出与规范主机名（即主机的官方或主要名称）或其中一个别名（可选的，以空格分隔）匹配的记录来获取一个 IP 地址。

然而，/etc/hosts 模式的扩展性交叉，并且随着网络中主机数量的增长（如因特网中存在着数以亿计的主机），这种方式已经变得不太可行了。

DNS 被设计用来解决这个问题。DNS 的关键想法如下。

- 将主机名组织在一个层级名空间中（图 59-2）。DNS 层级中的每一个节点都有一个标签（名字），该标签最多可包含 63 个字符。层级的根是一个无名子的节点，即"匿名节点"。
- 一个节点的域名由该节点到根节点的路径中所有节点的名字连接而成，各个名字之间用点（.）分隔。如 google.com 是节点 google 的域名。
- 完全限定域名（fully qualified domain name，FQDN），如 www.kernel.org.，标识出了层级中的一台主机。区分一个完全限定域名的方法是看名字是否已点结尾，但在很多情况下这个点会被省略。
- 没有一个组织或系统会管理整个层级。相反，存在一个 DNS 服务器层级，每台服务器管理树的一个分支（一个区域）。通常，每个区域都有一个主要主名字服务器。此外，还包含一个或多个从名字服务器（有时候也被称为次要主名字服务器），它们在主要主名字服务器崩溃时提供备份。区域本身可以被划分成一个个单独管理的更小的区域。当一台主机被添加到一个区域中或主机名到 IP 地址之间的映射关系发生变化时，管理员负责更新本地名字服务器上的名字数据中的对应名字。（无需手动更改层级中其他名字服务器数据库）。

Linux 上采用的 DNS 服务器实现是被广泛使用的 BerkeleyInternet Name Domain（BIND）实现，named(8)，它是由 Internet Systems Consortium (http://www.isc.org/)维护的。这个 daemon 的运作是由文件/etc/named.conf 控制的（参见 named.conf(5)手册）。有关 DNS 和 BIND 的关键参考资料可以在[Albitz & Liu, 2006]中找到。有关 DNS 的信息也可以在[Stevens, 1994]的第 14 章、[Stevens et al., 2004]的第 11 章以及[Comer, 2000]的第 24 章中找到。

- 当一个程序调用 getaddrinfo()来解析（即获取 IP 地址）一个域名时，getaddrinfo()会使用一组库函数（resolver 库）来与本地的 DNS 服务器通信。如果这个服务器无法提供所需的信息，那么它就会与位于层级中的其他 DNS 服务器进行通信以便获取信息。有时候，这个解析过程可能会花费很多时间，DNS 服务器采用了缓存技术来避免在查询常见域名时所发生的不必要的通信。

使用上面的方法使得 DNS 能够处理大规模的名空间，同时无需对名字进行集中管理。

递归和迭代的解析请求

DNS 解析请求可以分为两类：递归和迭代。在一个递归请求中，请求者要求服务器处理整个解析任务，包括在必要的时候与其他 DNS 服务器进行通信的任务。当位于本地主机上的一个应用程序调用 getaddrinfo()时，该函数会向本地 DNS 服务器发起一个递归请求。如果本地 DNS 服务器自己并没有相关信息来完成解析，那么它就会迭代地解析这个域名。

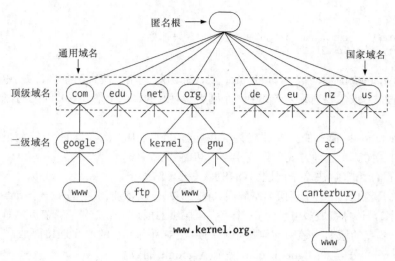

图 59-2：DNS 层级的一个子集

下面通过一个例子来解释迭代解析。假设本地 DNS 服务器需要解析一个名字 www.otago.ac.nz。要完成这个任务，它首先与每个 DNS 服务器都知道的一小组根名字服务器中的一个进行通信。（使用命令 dig ． NS 或从网页 http://www.root-servers.org/上可以获取这组服务器列表。）给定名字 www.otago.ac.nz，根名字服务器会告诉本 DNS 服务器到其中一台 nz DNS 服务器上查询。然后本地 DNS 服务器会在 nz 服务器上查询名字 www.otago.ac.nz，并收到一个到 ac.nz 服务器上查询的响应。之后本地 DNS 服务器会在 ac.nz 服务器上查询名字 www.otago.ac.nz 并被告知查询 otago.ac.nz 服务器。最后本地 DNS 服务器会在 otago.ac.nz 服务器上查询 www.otago.ac.nz 并获取所需的 IP 地址。

如果向 gethostbyname()传递了一个不完整的域名，那么解析器在解析之前会尝试补全。域名补全的规则是在/etc/resolv.conf 中定义的（参见 resolv.conf(5)手册）。在默认情况下，解析器至少会使用本机的域名来补全。例如，如果登录机器 oghma.otago.ac.nz 并输入了命令 ssh octavo，得到的 DNS 查询将会以 octavo.otago.ac.nz 作为其名字。

顶级域

紧跟在匿名根节点下面的节点被称为顶级域（TLD）。（在这些之下的节点是二级域，以此类推。）TLD 可以分为两类：通用的和国家的。

在历史上存在七个通用的 TLD，其中大多数都可以被看成是国际的。在图 59-2 中给出了其中 4 个原始通用的 TLD。另外三个是 int、mil 和 gov，其中后两个是保留给美国使用的。近来，一组新的通用 TLD 被添加进来了（如 info、name 以及 museum）。

每个国家都有一个对应的国家（或地理）TLD（在 ISO 3166-1 中进行了标准化），它是一个由 2 个字符组成的名字。在图 59-2 中给出了其中一些：de（德国，Deutschland）、eu（欧洲联盟的超国家地理 TLD）、nz（新西兰）以及 us（美利坚合众国）。一些国家将它们的 TLD 划分成一组二级域名，其划分方式与通用域类似。如新西兰用 ac.nz（学术机构）、co.nz（商业）以及 govt.nz（政府）。

59.9　/etc/services 文件

正如在 58.6.1 节中指出的那样，众所周知的端口号是由 IANA 集中注册的，其中每个端口都有一个对应的服务名。由于服务号是集中管理并且不会像 IP 地址那样频繁变化，因此没有必要采用 DNS 服务器来管理它们。相反，端口号和服务名会记录在文件/etc/services 中。getaddrinfo()和 getnameinfo()函数会使用这个文件中的信息在服务名和端口号之间进行转换。

```
# Service name   port/protocol   [aliases]
echo             7/tcp           Echo       # echo service
echo             7/udp           Echo
ssh              22/tcp                     # Secure Shell
ssh              22/udp
telnet           23/tcp                     # Telnet
telnet           23/udp
smtp             25/tcp                     # Simple Mail Transfer Protocol
smtp             25/udp
domain           53/tcp                     # Domain Name Server
domain           53/udp
http             80/tcp                     # Hypertext Transfer Protocol
http             80/udp
ntp              123/tcp                    # Network Time Protocol
ntp              123/udp
login            513/tcp                    # rlogin(1)
who              513/udp                    # rwho(1)
shell            514/tcp                    # rsh(1)
syslog           514/udp                    # syslog
```

协议通常是 tcp 或 udp。可选的（以空格分隔）别名指定了服务的其他名字。此外，每一行中都可能会包含以#字符打头的注释。

正如之前指出的那样，一个给定的端口号引用 UDP 和 TCP 的的唯一实体，但 IANA 的策略是将两个端口都分配给服务，即使服务只使用了其中一种协议。如 telnet、ssh、HTTP 以及 SMTP，它们都只使用 TCP，但对应的 UDP 端口也被分配给了这些服务。相应地，NTP 只使用 UDP，但 TCP 端口 123 也被分配给了这个服务。在一些情况中，一个服务既会使用 TCP 也会使用 UDP，DNS 和 encho 就是这样的服务。最后，还有一些极少出现的情况会将数值相同的 UDP 和 TCP 端口分配给不同的服务，如 rsh 使用 TCP 端口 514，而 syslog daemon（37.5 节）则是使用了 UDP 端口 514。这是因为这些端口在采用现行的 IANA 策略之前就分配出去了。

> /etc/services 文件仅仅记录着名字到数字的映射关系。它不是一种预留机制：在/etc/services 中存在一个端口号并不能保证在实际环境中特定的服务就能够绑定到该端口上。

59.10 独立于协议的主机和服务转换

getaddrinfo()函数将主机和服务名转换成 IP 地址和端口号，它作为过时的 gethostbyname() 和 getservbyname()函数的（可重入的）接替者被定义在了 POSIX.1g 中。（使用 getaddrinfo() 替换 gethostbyname()能够从程序中删除 IPv4 与 IPv6 的依赖关系。）

getnameinfo()函数是 getaddrinfo()的逆函数，它将一个 socket 地址结构（IPv4 或 IPv6）转换成包含对应主机和服务名的字符串。这个函数是过时的 gethostbyaddr()和 getservbyport() 函数的（可重入的）等价物。

[Stevens et al., 2004]的第 11 章详细描述了 getaddrinfo()和 getnameinfo()，并提供了这些函数的实现。RFC 3493 也对这些函数进行了描述。

59.10.1　getaddrinfo()函数

给定一个主机名和服务器名，getaddrinfo()函数返回一个 socket 地址结构列表，每个结构都包含一个地址和端口号。

```
#include <sys/socket.h>
#include <netdb.h>

int getaddrinfo(const char *host, const char *service,
                const struct addrinfo *hints, struct addrinfo **result);
                                        Returns 0 on success, or nonzero on error
```

成功时返回 0，发生错误时返回非零值。

getaddrinfo()以 host、service 以及 hints 参数作为输入，其中 host 参数包含一个主机名或一个以 IPv4 点分十进制标记或 IPv6 十六进制字符串标记的数值地址字符串。（准确地讲，getaddrinfo()接受在 59.13.1 节中描述的更通用的数字和点标记的 IPv4 数值字符串。）service 参数包含一个服务名或一个十进制端口号。hints 参数指向一个 addrinfo 结构，该结构规定了选择通过 result 返回的 socket 地址结构的标准。稍后会介绍有关 hints 参数的更多细节。

getaddrinfo()会动态地分配一个包含 addrinfo 结构的链表并将 result 指向这个列表的表头。每个 addrinfo 结构包含一个指向与 host 和 service 对应的 socket 地址结构的指针（图 59-3）。addrinfo 结构的形式如下。

```
struct addrinfo {
    int    ai_flags;           /* Input flags (AI_* constants) */
    int    ai_family;          /* Address family */
    int    ai_socktype;        /* Type: SOCK_STREAM, SOCK_DGRAM */
    int    ai_protocol;        /* Socket protocol */
    size_t ai_addrlen;         /* Size of structure pointed to by ai_addr */
    char  *ai_canonname;       /* Canonical name of host */
    struct sockaddr *ai_addr;  /* Pointer to socket address structure */
    struct addrinfo *ai_next;  /* Next structure in linked list */
};
```

result 参数返回一个结构列表而不是单个结构，因为与在 host、service 以及 hints 中指定的标准对应的主机和服务组合可能有多个。如查询拥有多个网络接口的主机时可能会返回多个地址结构。此外，如果将 hints.ai_socktype 指定为 0，那么就可能会返回两个结构——一个用于 SOCK_DGRAM socket，另一个用于 SOCK_STREAM socket——前提是给定的 service 同时对 TCP 和 UDP 可用。

通过 result 返回的 addrinfo 结构的字段描述了关联 socket 地址结构的属性。ai_family 字段会被设置成 AF_INET 或 AF_INET6，表示该 socket 地址结构的类型。ai_socktype 字段会被设置成 SOCK_STREAM 或 SOCK_DGRAM，表示这个地址结构是用于 TCP 服务还是用于 UDP 服务。ai_protocol 字段会返回与地址族和 socket 类型匹配的协议值。（ai_family、ai_socktype 以及 ai_protocol 三个字段为调用 socket()创建该地址上的 socket 时所需的参数提供了取值。）ai_addrlen 字段给出了 ai_addr 指向的 socket 地址结构的大小（字节数）。in_addr 字段指向 socket 地址结构（IPv4 时是一个 in_addr 结构，IPv6 时是一个 in6_addr 结构）。ai_flags 字段未用（它用于 hints 参数）。ai_canonname 字段仅由第一个 addrinfo 结构使用并且其前提是像下面所描述的那样在 hints.ai_flags 中使用了 AI_CANONNAME 字段。

与 gethostbyname()一样，getaddrinfo()可能需要向一台 DNS 服务器发送一个请求，并且这个请求可能需要花费一段时间来完成。同样的过程也适用于 getnameinfo()，具体可参考 59.10.4 节中的描述。

在 59.11　节中将会演示如何使用 getaddrinfo()。

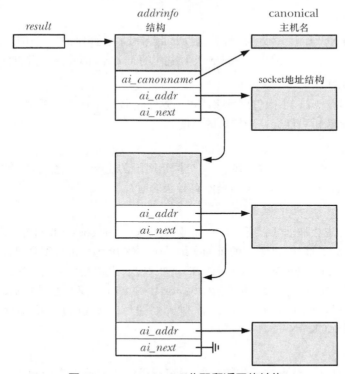

图 59-3：getaddrinfo()分配和返回的结构

hints 参数

hints 参数为如何选择 getaddrinfo()返回的 socket 地址结构指定了更多的标准。当用作 hints 参数时只能设置 addrinfo 结构的 ai_flags、ai_family、ai_socktype 以及 ai_protocol 字段，其他字段未用到，并将应该根据具体情况将其初始化为 0 或 NULL。

hints.ai_family 字段选择了返回的 socket 地址结构的域，其取值可以是 AF_INET 或 AF_INET6（或其他一些 AF_*常量，只要实现支持它们）。如果需要获取所有种类 socket 地址结构，那么可以将这个字段的值指定为 AF_UNSPEC。

hints.ai_socktype 字段指定了使用返回的 socket 地址结构的 socket 类型。如果将这个字段指定为 SOCK_DGRAM，那么查询将会在 UDP 服务上执行，对应的 socket 地址结构会通过 result 返回。如果指定了 SOCK_STREAM，那么将会执行一个 TCP 服务查询。如果将 hints.ai_socktype 指定为 0，那么任意类型的 socket 都是可接受的。

hints.ai_protocol 字段为返回的地址结构选择了 socket 协议。在本书中，这个字段的值总是会被设置为 0，表示调用者接受任何协议。

hints.ai_flags 字段是一个位掩码，它会改变 getaddrinfo()的行为。这个字段的取值是下列值中的零个或多个取 OR 得来的。

AI_ADDRCONFIG

在本地系统上至少配置了一个 IPv4 地址时返回 IPv4 地址（不是 IPv4 回环地址），在本地系统上至少配置了一个 IPv6 系统时返回 IPv6 地址（不是 IPv6 回环地址）。

AI_ALL

参见下面对 AI_V4MAPPED 的描述。

AI_CANONNAME

如果 host 不为 NULL，那么返回一个指向以 null 结尾的字符串，该字符串包含了主机的规范名。这个指针会在通过 result 返回的第一个 addrinfo 结构中的 ai_canonname 字段指向的缓冲器中返回。

AI_NUMERICHOST

强制将 host 解释成一个数值地址字符串。这个常量用于在不必要解析名字时防止进行名字解析，因为名字解析可能会花费较长的时间。

AI_NUMERICSERV

将 service 解释成一个数值端口号。这个标记用于防止调用任意的名字解析服务，因为当 service 为一个数值字符串时这种调用是没有必要的。

AI_PASSIVE

返回一个适合进行被动式打开（即一个监听 socket）的 socket 地址结构。在这种情况下，host 应该是 NULL，通过 result 返回的 socket 地址结构的 IP 地址部分将会包含一个通配 IP 地址（即 INADDR_ANY 或 IN6ADDR_ANY_INIT）。如果没有设置这个标记，那么通过 result 返回的地址结构将能用于 connect()和 sendto()；如果 host 为 NULL，那么返回的 socket 地址结构中的 IP 地址将会被设置成回环 IP 地址（根据所处的域，其值为 INADDR_LOOPBACK 或 IN6ADDR_LOOPBACK_INIT）。

AI_V4MAPPED

如果在 hints 的 ai_family 字段中指定了 AF_INET6，那么在没有找到匹配的 IPv6 地址时应该在 result 返回 IPv4 映射的 IPv6 地址结构。如果同时指定了 AI_ALL 和 AI_V4MAPPED，那么在 result 中会同时返回 IPv6 和 IPv4 地址，其中 IPv4 地址会被返回成 IPv4 映射的 IPv6 地址结构。

正如前面介绍 AI_PASSIVE 时指出的那样，host 可以被指定为 NULL。此外，还可以将 service 指定为 NULL，在这种情况下，返回的地址结构中的端口号会被设置为 0（即只关心将主机名解析成地址）。然而无法将 host 和 service 同时指定为 NULL。

如果无需在 hints 中指定上述的选取标准，那么可以将 hints 指定为 NULL，在这种情况下会将 ai_socktype 和 ai_protocol 假设为 0，将 ai_flags 假设为（AI_V4MAPPED | AI_ADDRCONFIG），将 ai_family 假设为 AF_UNSPEC。（glibc 实现有意与 SUSv3 背道而驰，它声称如果 hints 为 NULL，那么会将 ai_flags 假设为 0。）

59.10.2　释放 addrinfo 列表：freeaddrinfo()

getaddrinfo()函数会动态地为 result 引用的所有结构分配内存（图 59-3），其结果是调用者必须要在不再需要这些结构时释放它们。使用 freeaddrinfo()函数可以方便地在一个步骤中执行这个释放任务。

```
#include <sys/socket.h>
#include <netdb.h>

void freeaddrinfo(struct addrinfo *result);
```

如果希望保留 addrinfo 结构或其关联的 socket 地址结构的一个副本，那么必须要在调用

freeaddrinfo()之前复制这些结构。

59.10.3　错误诊断：gai_strerror()

getaddrinfo()在发生错误时会返回表 59-1 中给出的一个非零错误码。

表 59-1　　　　　　　　　　　getaddrinfo()和 getnameinfo()返回的错误码

错 误 常 量	描　　述
EAI_ADDRFAMILY	在 hints.ai_family 中不存在 host 的地址（没有在 SUSv3 中规定，但大多数实现都对其进行了定义，仅供 getaddrinfo()使用）
EAI_AGAIN	名字解析过程中发生临时错误（稍后重试）
EAI_BADFLAGS	在 hints.ai_flags 中指定了一个无效的标记
EAI_FAIL	访问名字服务器时发生了无法恢复的故障
EAI_FAMILY	不支持在 hints.ai_family 中指定的地址族
EAI_MEMORY	内存分配故障
EAI_NODATA	没有与 host 关联的地址（没有在 SUSv3 中规定，但大多数实现都对其进行了定义，仅供 getaddrinfo()使用）
EAI_NONAME	未知的 host 或 service，或 host 和 service 都为 NULL，或指定了 AI_NUMERICSERV 同时 service 没有指向一个数值字符串
EAI_OVERFLOW	参数缓冲器溢出
EAI_SERVICE	hints.ai_socktype 不支持指定的 service（仅供 getaddrinfo()使用）
EAI_SOCKTYPE	不支持指定的 hints.ai_socktype（仅供 getaddrinfo()使用）
EAI_SYSTEM	通过 errno 返回的系统错误

给定表 59-1 中列出的一个错误码，gai_strerror()函数会返回一个描述该错误的字符串。（该字符串通常比表 59-1 中给出的描述更加简洁。）

```
#include <netdb.h>

const char *gai_strerror(int errcode);
                        Returns pointer to string containing error message
```

gai_strerror()返回的字符串可以作为应用程序显示的错误消息的一部分。

59.10.4　getnameinfo()函数

getnameinfo()函数是 getaddrinfo()的逆函数。给定一个 socket 地址结构（IPv4 或 IPv6），它会返回一个包含对应的主机和服务名的字符串或者在无法解析名字时返回一个等价的数值。

```
#include <sys/socket.h>
#include <netdb.h>

int getnameinfo(const struct sockaddr *addr, socklen_t addrlen, char *host,
                size_t hostlen, char *service, size_t servlen, int flags);
                        Returns 0 on success, or nonzero on error
```

addr 参数是一个指向待转换的 socket 地址结构的指针，该结构的长度是由 addrlen 指定的。通常，addr 和 addrlen 的值是从 accept()、recvfrom()、getsockname()或 getpeername()调用中获得的。

得到的主机和服务名是以 null 结尾的字符串，它们会被存储在 host 和 service 指向的缓冲器中。调用者必须要为这些缓冲器分配空间并将它们的大小传入 hostlen 和 servlen。<netdb.h>头文件定义了两个常量来辅助计算这些缓冲器的大小。NI_MAXHOST 指出了返回的主机名字符串的最大字节数，其取值为 1025。NI_MAXSERV 指出了返回的服务名字符串的最大字节数，其取值为 32。这两个常量没有在 SUSv3 中得到规定，但所有提供 getnameinfo()的 UNIX 实现都对它们进行了定义。（从 glibc 2.8 起，必须要定义_BSD_SOURCE、_SVID_SOURCE 或_GNU_SOURCE 中的其中一个特性文本宏才能获取 NI_MAXHOST 和 NI_MAXSERV 的定义。）

如果不想获取主机名，那么可以将 host 指定为 NULL 并且将 hostlen 指定为 0。同样地，如果不需要服务名，那么可以将 service 指定为 NULL 并且将 servlen 指定为 0。但是 host 和 service 中至少有一个必须为非 NULL 值（并且对应的长度参数必须为非零）。

最后一个参数 flags 是一个位掩码，它控制着 getnameinfo()的行为，其取值为下面这些常量取 OR。

NI_DGRAM

在默认情况下，getnameinfo()返回与流 socket（即 TCP）服务对应的名字。通常，这是无关紧要的，因为正如 59.9 节中指出的那样，与 TCP 和 UDP 端口对应的服务名通常是相同的，但在一些名字不同的场景中，NI_DGRAM 标记会强制返回数据报 socket（即 UDP）服务的名字。

NI_NAMEREQD

在默认情况下，如果无法解析主机名，那么在 host 中会返回一个数值地址字符串。如果指定了 NI_NAMEREQD，那么就会返回一个错误（EAI_NONAME）。

NI_NOFQDN

在默认情况下会返回主机的完全限定域名。指定 NI_NOFQDN 标记会导致当主机位于局域网中时只返回名字的第一部分（即主机名）。

NI_NUMERICHOST

强制在 host 中返回一个数值地址字符串。这个标记在需要避免可能耗时较长的 DNS 服务器调用时是比较有用的。

NI_NUMERICSERV

强制在 service 中返回一个十进制端口号字符串。这个标记在知道端口号不对应于服务名时——如它是一个由内核分配给 socket 的临时端口号——以及需要避免不必要的搜索 /etc/services 的低效性时是比较有用的。

getnameinfo()在成功时会返回 0，发生错误时会返回表 59-1 中给出的其中一个非零错误码。

59.11　客户端/服务器示例（流式 socket）

现在已经可以介绍一个简单的使用 TCP socket 的客户端/服务器应用程序了。这个应用程序执行的任务与 44.8 节中给出的 FIFO 客户端/服务器应用程序所执行的任务是一样的：

给客户端分配唯一的序号（或一组序号）。

为处理服务器和客户端主机可能以不同的格式来表示整数的情况，需要将所有传输的整数编码成以换行符结尾的字符串并使用 readLine()函数（程序清单 59-1）来读取这些字符串。

公共头文件

服务器和客户端都需要包含程序清单 59-5 给出的头文件。这个文件包含了其他各种头文件并定义了应用程序使用的 TCP 端口号。

服务器程序

程序清单 59-6 给出的服务器程序执行了下列任务。

- 将服务器的序号初始化为 1 或通过可选的命令行参数提供的值①。
- 忽略 SIGPIPE 信号②。这样就能够防止服务器在尝试向一个对端已经被关闭的 socket 写入数据时收到 SIGPIPE 信号；反之，write()会失败并返回 EPIPE 错误。
- 调用 getaddrinfo()④获取使用端口号 PORT_NUM 的 TCP socket 的 socket 地址结构组。（通常会使用一个服务名，而不会使用一个硬编码的端口号。）这里指定了 AI_PASSIVE 标记③，这样得到的 socket 会被绑定到通配地址上（58.5 节），其结果是当服务器运行在一个多宿主机上时可以接受发到主机的任意一个网络地址上的连接请求。
- 进入一个循环迭代上一步中返回的 socket 地址结构⑤。这个循环在程序找到一个能成功地用来创建和绑定到一个 socket 上的地址结构时结束。
- 在上一步创建的 socket 上设置 SO_REUSEADDR 选项⑥。有关这个选项的讨论将会放在 61.10 节中进行，在那一节中将会指出一个 TCP 服务器通常应该在其监听 socket 上设置这个选项。
- 将 socket 标记成一个监听 socket⑧。
- 开启一个无限的 for 循环⑨以迭代服务客户端（第 60 章）。每个客户端的请求会在接受下一个客户端的请求之前得到服务。对于每个客户端，服务器将会执行下列任务。
  - 接受一个新连接⑩。服务器向 accept()的第二个和第三个参数传入了一个非 NULL 指针以便获取客户端的地址。服务器会在标准输出上显示客户端的地址⑪（IP 地址加上端口号）。
  - 读取客户端的消息⑫，该消息由一个以换行符结尾的指定了客户端请求的序号数量的字符串构成。服务器将这个字符串转换成一个整数并将其存储在变量 reqLen 中⑬。
  - 将序号的当前值（seqNum）发回给客户端并将该值编码成一个以换行符结尾的字符串⑭。客户端可以假定它已经分配到了范围在 seqNum 到（seqNum + reqLen - 1）之间的序号。
  - 将 reqLen 加到 seqNum 上以更新服务器的序号值⑮。

程序清单 59-5：is_seqnum_sv.c 和 is_seqnum_cl.c 使用的头文件

```
                                                    ── sockets/is_seqnum.h
#include <netinet/in.h>
#include <sys/socket.h>
#include <signal.h>
#include "read_line.h"          /* Declaration of readLine() */
#include "tlpi_hdr.h"


#define PORT_NUM "50000"        /* Port number for server */


#define INT_LEN 30             /* Size of string able to hold largest
                                  integer (including terminating '\n') */
                                                    ── sockets/is_seqnum.h
```

程序清单 59-6：使用流 socket 与客户端进行通信的迭代式服务器

```
                                                        ———— sockets/is_seqnum_sv.c
#define _BSD_SOURCE             /* To get definitions of NI_MAXHOST and
                                   NI_MAXSERV from <netdb.h> */
#include <netdb.h>
#include "is_seqnum.h"

#define BACKLOG 50

int
main(int argc, char *argv[])
{
    uint32_t seqNum;
    char reqLenStr[INT_LEN];            /* Length of requested sequence */
    char seqNumStr[INT_LEN];            /* Start of granted sequence */
    struct sockaddr_storage claddr;
    int lfd, cfd, optval, reqLen;
    socklen_t addrlen;
    struct addrinfo hints;
    struct addrinfo *result, *rp;
#define ADDRSTRLEN (NI_MAXHOST + NI_MAXSERV + 10)
    char addrStr[ADDRSTRLEN];
    char host[NI_MAXHOST];
    char service[NI_MAXSERV];

    if (argc > 1 && strcmp(argv[1], "--help") == 0)
        usageErr("%s [init-seq-num]\n", argv[0]);

①   seqNum = (argc > 1) ? getInt(argv[1], 0, "init-seq-num") : 0;

②   if (signal(SIGPIPE, SIG_IGN) == SIG_ERR)
        errExit("signal");

    /* Call getaddrinfo() to obtain a list of addresses that
       we can try binding to */

    memset(&hints, 0, sizeof(struct addrinfo));
    hints.ai_canonname = NULL;
    hints.ai_addr = NULL;
    hints.ai_next = NULL;
    hints.ai_socktype = SOCK_STREAM;
    hints.ai_family = AF_UNSPEC;        /* Allows IPv4 or IPv6 */
③   hints.ai_flags = AI_PASSIVE | AI_NUMERICSERV;
                        /* Wildcard IP address; service name is numeric */
④   if (getaddrinfo(NULL, PORT_NUM, &hints, &result) != 0)
        errExit("getaddrinfo");

    /* Walk through returned list until we find an address structure
       that can be used to successfully create and bind a socket */

    optval = 1;
⑤   for (rp = result; rp != NULL; rp = rp->ai_next) {
        lfd = socket(rp->ai_family, rp->ai_socktype, rp->ai_protocol);
        if (lfd == -1)
            continue;                   /* On error, try next address */

⑥       if (setsockopt(lfd, SOL_SOCKET, SO_REUSEADDR, &optval, sizeof(optval))
                == -1)
            errExit("setsockopt");

⑦       if (bind(lfd, rp->ai_addr, rp->ai_addrlen) == 0)
            break;                      /* Success */
```

```
                /* bind() failed: close this socket and try next address */

                close(lfd);
            }

            if (rp == NULL)
                fatal("Could not bind socket to any address");

    ⑧       if (listen(lfd, BACKLOG) == -1)
                errExit("listen");

            freeaddrinfo(result);

    ⑨       for (;;) {                      /* Handle clients iteratively */

                /* Accept a client connection, obtaining client's address */

                addrlen = sizeof(struct sockaddr_storage);
    ⑩           cfd = accept(lfd, (struct sockaddr *) &claddr, &addrlen);
                if (cfd == -1) {
                    errMsg("accept");
                    continue;
                }

    ⑪           if (getnameinfo((struct sockaddr *) &claddr, addrlen,
                        host, NI_MAXHOST, service, NI_MAXSERV, 0) == 0)
                    snprintf(addrStr, ADDRSTRLEN, "(%s, %s)", host, service);
                else
                    snprintf(addrStr, ADDRSTRLEN, "(?UNKNOWN?)");
                printf("Connection from %s\n", addrStr);

                /* Read client request, send sequence number back */

    ⑫           if (readLine(cfd, reqLenStr, INT_LEN) <= 0) {
                    close(cfd);
                    continue;                   /* Failed read; skip request */
                }

    ⑬           reqLen = atoi(reqLenStr);
                if (reqLen <= 0) {              /* Watch for misbehaving clients */
                    close(cfd);
                    continue;                   /* Bad request; skip it */
                }

    ⑭           snprintf(seqNumStr, INT_LEN, "%d\n", seqNum);
                if (write(cfd, &seqNumStr, strlen(seqNumStr)) != strlen(seqNumStr))
                    fprintf(stderr, "Error on write");
    ⑮           seqNum += reqLen;               /* Update sequence number */

                if (close(cfd) == -1)           /* Close connection */
                    errMsg("close");
            }
        }
```

—————————————————————————————————— sockets/is_seqnum_sv.c

客户端程序

程序清单 59-7 给出了客户端程序。这个程序接受两个参数。第一个参数是运行服务器的主机名，该参数是必需的。第二个可选的参数是客户端所需的序号长度。默认的长度是 1。客户端执行了下列任务。

- 调用 getaddrinfo()获取一组适合连接到绑定在指定主机上的 TCP 服务器的 socket 地址结构①。对于端口号，客户端会将其指定为 PORT_NUM。
- 进入一个循环②遍历上一步中返回的 socket 地址结构直到客户端找到一个能够成功用来创建③并连接④到服务器 socket 的地址结构为止。由于客户端不会绑定其 socket，因此 connect()调用会导致内核为该 socket 分配一个临时端口。
- 发送一个整数指定客户端所需的序号长度⑤。这个整数将会被编码成以换行符结尾的字符串来发送。
- 读取服务器发送回来的序号（同样也是一个以换行符结尾的字符串）⑥并将其打印到标准输出上⑦。

当在同一台主机上运行服务器和客户端上时会看到下列输出。

```
$ ./is_seqnum_sv &
[1] 4075
$ ./is_seqnum_cl localhost              Client 1: requests 1 sequence number
Connection from (localhost, 33273)      Server displays client address + port
Sequence number: 0                      Client displays returned sequence number
$ ./is_seqnum_cl localhost 10           Client 2: requests 10 sequence numbers
Connection from (localhost, 33274)
Sequence number: 1
$ ./is_seqnum_cl localhost              Client 3: requests 1 sequence number
Connection from (localhost, 33275)
Sequence number: 11
```

下面演示了如何使用 telnet 来调试这个应用程序。

```
$ telnet localhost 50000                Our server uses this port number
                                        Empty line printed by telnet
Trying 127.0..0.1...
Connection from (localhost, 33276)
Connected to localhost.
Escape character is '^]'.
1                                       Enter length of requested sequence
12                                      telnet displays sequence number and
Connection closed by foreign host.      detects that server closed connection
```

在上面的 shell 会话日志中可以看出内核按序循环使用临时端口号。（其他实现也表现出了类似的行为。）在 Linux 上，这个行为是最小化对内核的本地 socket 绑定关系表的哈希查询的结果。当到达这些数字的上限时内核会从范围的下限（由 Linux 特有的 /proc/sys/net/ipv4/ip_local_port_range 文件定义）开始重新分配一个可用的数字。

程序清单 59-7：使用流 socket 的客户端

———————————————————————————— sockets/is_seqnum_cl.c

```c
#include <netdb.h>
#include "is_seqnum.h"

int
main(int argc, char *argv[])
{
    char *reqLenStr;                    /* Requested length of sequence */
    char seqNumStr[INT_LEN];            /* Start of granted sequence */
    int cfd;
    ssize_t numRead;
    struct addrinfo hints;
    struct addrinfo *result, *rp;
```

```c
    if (argc < 2 || strcmp(argv[1], "--help") == 0)
        usageErr("%s server-host [sequence-len]\n", argv[0]);

    /* Call getaddrinfo() to obtain a list of addresses that
       we can try connecting to */

    memset(&hints, 0, sizeof(struct addrinfo));
    hints.ai_canonname = NULL;
    hints.ai_addr = NULL;
    hints.ai_next = NULL;
    hints.ai_family = AF_UNSPEC;                 /* Allows IPv4 or IPv6 */
    hints.ai_socktype = SOCK_STREAM;
    hints.ai_flags = AI_NUMERICSERV;

①  if (getaddrinfo(argv[1], PORT_NUM, &hints, &result) != 0)
        errExit("getaddrinfo");

    /* Walk through returned list until we find an address structure
       that can be used to successfully connect a socket */

②  for (rp = result; rp != NULL; rp = rp->ai_next) {
③      cfd = socket(rp->ai_family, rp->ai_socktype, rp->ai_protocol);
        if (cfd == -1)
            continue;                            /* On error, try next address */

④      if (connect(cfd, rp->ai_addr, rp->ai_addrlen) != -1)
            break;                               /* Success */
        /* Connect failed: close this socket and try next address */

        close(cfd);
    }

    if (rp == NULL)
        fatal("Could not connect socket to any address");

    freeaddrinfo(result);

    /* Send requested sequence length, with terminating newline */

⑤  reqLenStr = (argc > 2) ? argv[2] : "1";
    if (write(cfd, reqLenStr, strlen(reqLenStr)) != strlen(reqLenStr))
        fatal("Partial/failed write (reqLenStr)");
    if (write(cfd, "\n", 1) != 1)
        fatal("Partial/failed write (newline)");

    /* Read and display sequence number returned by server */

⑥  numRead = readLine(cfd, seqNumStr, INT_LEN);
    if (numRead == -1)
        errExit("readLine");
    if (numRead == 0)
        fatal("Unexpected EOF from server");

⑦  printf("Sequence number: %s", seqNumStr);         /* Includes '\n' */

    exit(EXIT_SUCCESS);                                /* Closes 'cfd' */
}
```

————————————————————————————— sockets/is_seqnum_cl.c

59.12 Internet domain socket 库

本节将使用 59.10 节中介绍的函数来实现一个函数库，它执行了使用 Internet domain socket 时碰到的常见任务。（这个库对 59.11 节中给出的示例程序中的很多任务都进行了抽象。）由于这些函数使用了协议独立的 getaddrinfo()和 getnameinfo()函数，因此它们既可以用于 IPv4 也可以用于 IPv6。程序清单 59-8 给出了声明这些函数的头文件。

这个库中的很多函数都接收类似的参数。

- host 参数是一个字符串，它包含一个主机名或一个数值地址（以 IPv4 的点分十进制表示或 IPv6 的十六进制字符串表示）。或者也可以将 host 指定为 NULL 来表明使用回环 IP 地址。
- service 参数是一个服务名或者是一个以十进制字符串表示的端口号。
- type 参数是 socket 的类型，其取值为 SOCK_STREAM 或 SOCK_DGRAM。

程序清单 59-8：inet_sockets.c 使用的头文件

─── sockets/inet_sockets.h
```
#ifndef INET_SOCKETS_H
#define INET_SOCKETS_H              /* Prevent accidental double inclusion */

#include <sys/socket.h>
#include <netdb.h>

int inetConnect(const char *host, const char *service, int type);

int inetListen(const char *service, int backlog, socklen_t *addrlen);

int inetBind(const char *service, int type, socklen_t *addrlen);

char *inetAddressStr(const struct sockaddr *addr, socklen_t addrlen,
            char *addrStr, int addrStrLen);

#define IS_ADDR_STR_LEN 4096
                    /* Suggested length for string buffer that caller
                       should pass to inetAddressStr(). Must be greater
                       than (NI_MAXHOST + NI_MAXSERV + 4) */
#endif
```
─── sockets/inet_sockets.h

inetConnect()函数根据给定的 socket type 创建一个 socket 并将其连接到通过 host 和 service 指定的地址。这个函数可供需将自己的 socket 连接到一个服务器 socket 的 TCP 或 UDP 客户端使用。

```
#include "inet_sockets.h"

int inetConnect(const char *host, const char *service, int type);
                        Returns a file descriptor on success, or –1 on error
```

新 socket 的文件描述符会作为函数结果返回。

inetListen()函数创建一个监听流（SOCK_STREAM）socket，该 socket 会被绑定到由 service 指定的 TCP 端口的通配 IP 地址上。这个函数被设计供 TCP 服务器使用。

```
#include "inet_sockets.h"

int inetListen(const char *service, int backlog, socklen_t *addrlen);
                        Returns a file descriptor on success, or –1 on error
```

新 socket 的文件描述符会作为函数结果返回。

backlog 参数指定了允许积压的未决连接数量（与 listen()一样）。

如果将 addrlen 指定为一个非 NULL 指针，那么与返回的文件描述符对应的 socket 地址结构的大小会返回在它所指向的位置中。通过这个值可以在需要获取一个已连接 socket 的地址时为传入给后面的 accept()调用的 socket 地址缓冲器分配一个合适的大小。

inetBind()函数根据给定的 type 创建一个 socket 并将其绑定到由 service 和 type 指定的端口的通配 IP 地址上。（socket type 指定了该 socket 是一个 TCP 服务还是一个 UDP 服务器。）这个函数被设计（主要）供 UDP 服务器和创建 socket 并将其绑定到某个具体地址上的客户端使用。

```
#include "inet_sockets.h"

int inetBind(const char *service, int type, socklen_t *addrlen);
```
                        Returns a file descriptor on success, or –1 on error

新 socket 的文件描述符会作为函数结果返回。

与 inetListen()一样，inetBind()会将关联 socket 地址结构的长度返回在 addrlen 指向的位置中。这对于需要为传递给 recvfrom()的缓冲器分配空间以获取发送数据报的 socket 的地址来讲是比较有用的。（inetListen()和 inetBind()所需做的很多工作是相同的，这些工作是通过库中的单个函数 inetPassiveSocket()来实现的。）

```
#include "inet_sockets.h"

char *inetAddressStr(const struct sockaddr *addr, socklen_t addrlen,
                     char *addrStr, int addrStrLen);
```
                Returns pointer to addrStr, a string containing host and service name

返回一个指向 addrStr 的指针，该字符串包含了主机和服务名。

假设在 addr 中给定了 socket 地址结构，其长度在 addrlen 中指定，那么 inetAddressStr() 会返回一个以 null 结尾的字符串，该字符串包含了对应的主机名和端口号，其形式如下。

(hostname, port-number)

返回的字符串是存放在 addrStr 指向的缓冲器中的。调用者必须要在 addrStrLen 中指定这个缓冲器的大小。如果返回的字符串超过了（addrStrLen−1）字节，那么它就会被截断。常量 IS_ADDR_STR_LEN 为 addrStr 缓冲器的大小定义了一个建议值，它的取值应该足以存放所有可能的返回字符串了。inetAddressStr()返回 addrStr 作为其函数结果。

程序清单 59-9 给出了本节中描述的这些函数的实现。

程序清单 59-9：一个 Internet domain socket 库

———————————————————————————————— sockets/inet_sockets.c
```
#define _BSD_SOURCE              /* To get NI_MAXHOST and NI_MAXSERV
                                    definitions from <netdb.h> */
#include <sys/socket.h>
#include <netinet/in.h>
#include <arpa/inet.h>
#include <netdb.h>
#include "inet_sockets.h"        /* Declares functions defined here */
#include "tlpi_hdr.h"

int
inetConnect(const char *host, const char *service, int type)
{
    struct addrinfo hints;
```

```
    struct addrinfo *result, *rp;
    int sfd, s;

    memset(&hints, 0, sizeof(struct addrinfo));
    hints.ai_canonname = NULL;
    hints.ai_addr = NULL;
    hints.ai_next = NULL;
    hints.ai_family = AF_UNSPEC;        /* Allows IPv4 or IPv6 */
    hints.ai_socktype = type;

    s = getaddrinfo(host, service, &hints, &result);
    if (s != 0) {
        errno = ENOSYS;
        return -1;
    }

    /* Walk through returned list until we find an address structure
       that can be used to successfully connect a socket */

    for (rp = result; rp != NULL; rp = rp->ai_next) {
        sfd = socket(rp->ai_family, rp->ai_socktype, rp->ai_protocol);
        if (sfd == -1)
            continue;                   /* On error, try next address */

        if (connect(sfd, rp->ai_addr, rp->ai_addrlen) != -1)
            break;                      /* Success */

        /* Connect failed: close this socket and try next address */

        close(sfd);
    }

    freeaddrinfo(result);

    return (rp == NULL) ? -1 : sfd;
}
static int                  /* Public interfaces: inetBind() and inetListen() */
inetPassiveSocket(const char *service, int type, socklen_t *addrlen,
                Boolean doListen, int backlog)
{
    struct addrinfo hints;
    struct addrinfo *result, *rp;
    int sfd, optval, s;

    memset(&hints, 0, sizeof(struct addrinfo));
    hints.ai_canonname = NULL;
    hints.ai_addr = NULL;
    hints.ai_next = NULL;
    hints.ai_socktype = type;
    hints.ai_family = AF_UNSPEC;        /* Allows IPv4 or IPv6 */
    hints.ai_flags = AI_PASSIVE;        /* Use wildcard IP address */

    s = getaddrinfo(NULL, service, &hints, &result);
    if (s != 0)
        return -1;
    /* Walk through returned list until we find an address structure
       that can be used to successfully create and bind a socket */

    optval = 1;
```

```
    for (rp = result; rp != NULL; rp = rp->ai_next) {
        sfd = socket(rp->ai_family, rp->ai_socktype, rp->ai_protocol);
        if (sfd == -1)
            continue;                       /* On error, try next address */

        if (doListen) {
            if (setsockopt(sfd, SOL_SOCKET, SO_REUSEADDR, &optval,
                    sizeof(optval)) == -1) {
                close(sfd);
                freeaddrinfo(result);
                return -1;
            }
        }

        if (bind(sfd, rp->ai_addr, rp->ai_addrlen) == 0)
            break;                          /* Success */

        /* bind() failed: close this socket and try next address */

        close(sfd);
    }

    if (rp != NULL && doListen) {
        if (listen(sfd, backlog) == -1) {
            freeaddrinfo(result);
            return -1;
        }
    }

    if (rp != NULL && addrlen != NULL)
        *addrlen =  rp->ai_addrlen;         /* Return address structure size */
    freeaddrinfo(result);

    return (rp == NULL) ? -1 : sfd;
}

int
inetListen(const char *service, int backlog, socklen_t *addrlen)
{
    return inetPassiveSocket(service, SOCK_STREAM, addrlen, TRUE, backlog);
}

int
inetBind(const char *service, int type, socklen_t *addrlen)
{
    return inetPassiveSocket(service, type, addrlen, FALSE, 0);
}

char *
inetAddressStr(const struct sockaddr *addr, socklen_t addrlen,
            char *addrStr, int addrStrLen)
{
    char host[NI_MAXHOST], service[NI_MAXSERV];

    if (getnameinfo(addr, addrlen, host, NI_MAXHOST,
                service, NI_MAXSERV, NI_NUMERICSERV) == 0)
        snprintf(addrStr, addrStrLen, "(%s, %s)", host, service);
    else
```

```
        snprintf(addrStr, addrStrLen, "(?UNKNOWN?)");

    addrStr[addrStrLen - 1] = '\0';         /* Ensure result is null-terminated */
    return addrStr;
}
```
―― sockets/inet_sockets.c

59.13 过时的主机和服务转换 API

在下面几节中将会介绍较早的现已过时的用于在主机名和服务名的二进制和展现格式之间进行转换的函数。尽管新程序应该使用本章前面介绍的现代函数来执行这些转换工作，但了解这些过时的函数是有帮助的，因为在较早的代码中可能会碰到这些函数。

59.13.1 inet_aton()和 inet_ntoa()函数

inet_aton()和 inet_ntoa()函数将一个 IPv4 地址在点分十进制标记法和二进制形式（以网络字节序）之间进行转换。这些函数现在已经被 inet_pton()和 inet_ntop()所取代了。

inet_aton()（"ASCII 到网络"）函数将 str 指向的点分十进制字符串转换成一个网络字节序的 IPv4 地址，转换得到的地址将会返回在 addr 指向的 in_addr 结构中。

```
#include <arpa/inet.h>

int inet_aton(const char *str, struct in_addr *addr);
```
        Returns 1 (true) if *str* is a valid dotted-decimal address, or 0 (false) on error

inet_aton()函数在转换成功时返回 1，在 str 无效时返回 0。

传入 inet_aton()的字符串的数值部分无需是十进制的，它可以是八进制的（通过前导 0 指定），也可以是十六进制的（通过前导 0x 或 0X 指定）。此外，inet_aton()还支持简写形式，这样就能够使用少于四个的数值部分来指定一个地址了。（具体细节请参考 inet(3)手册。）术语数字和点标记法用于表示此类采用了这些特性的更通用的地址字符串。

SUSv3 并没有规定 inet_aton()，然而在大多数实现上都存在这个函数。在 Linux 上要获取 <arpa/inet.h> 中的 inet_aton() 声明就必须要定义 _BSD_SOURCE、_SVID_SOURCE 或 _GNU_SOURCE 这三个特性测试宏的一个。

```
#include <arpa/inet.h>

char *inet_ntoa(struct in_addr addr);
```
                        Returns pointer to (statically allocated)
                        dotted-decimal string version of *addr*

给定一个 in_addr 结构（一个 32 位的网络字节序 IPv4 地址），inet_ntoa()返回一个指向（静态分配的）包含用点分十进制标记法标记的地址的字符串的指针。

由于 inet_ntoa()返回的字符串是静态分配的，因此它们会被后续的调用所覆盖。

59.13.2 gethostbyname()和 gethostbyaddr()函数

gethostbyname()和 gethostbyaddr()函数允许在主机名和 IP 地址之间进行转换。现在这些函数已经被 getaddrinfo()和 getnameinfo()所取代了。

```
#include <netdb.h>

extern int h_errno;

struct hostent *gethostbyname(const char *name);
struct hostent *gethostbyaddr(const char *addr, socklen_t len, int type);
```
                Both return pointer to (statically allocated) *hostent* structure
                                        on success, or NULL on error

gethostbyname()函数解析由 name 给出的主机名并返回一个指向静态分配的包含了主机名相关信息的 hostent 结构的指针。该结构的形式如下。

```
struct hostent {
    char    *h_name;             /* Official (canonical) name of host */
    char    **h_aliases;         /* NULL-terminated array of pointers
                                    to alias strings */
    int     h_addrtype;          /* Address type (AF_INET or AF_INET6) */
    int     h_length;            /* Length (in bytes) of addresses pointed
                                    to by h_addr_list (4 bytes for AF_INET,
                                    16 bytes for AF_INET6) */
    char    **h_addr_list;       /* NULL-terminated array of pointers to
                                    host IP addresses (in_addr or in6_addr
                                    structures) in network byte order */
};

#define h_addr  h_addr_list[0]
```

h_name 字段返回主机的官方名字，它是一个以 null 结尾的字符串。h_aliases 字段指向一个指针数组，数组中的指针指向以 null 结尾的包含了该主机名的别名（可选名）的字符串。

h_addr_list 字段是一个指针数组，数组中的指针指向这个主机的 IP 地址结构。（一个多宿主机拥有的地址数超过一个。）这个列表由 in_addr 或 in6_addr 结构构成，通过 h_addrtype 字段可以确定这些结构的类型，其取值为 AF_INET 或 AF_INET6；通过 h_length 字段可以确定这些结构的长度。提供 h_addr 定义是为了与在 hostent 结构中只返回一个地址的早期实现（如 4.2BSD）保持向后兼容，一些既有代码依赖于这个名字（因此无法感知多宿主机）。

在现代版本的 gethostbyname()中也可以将 name 指定为一个数值 IP 地址字符串，即 IPv4 的数字和点标记法与 IPv6 的十六进制字符串标记法。在这种情况下不会执行任何的查询工作；相反，name 会被复制到 hostent 结构的 h_name 字段，h_addr_list 会被设置成 name 的二进制表示形式。

gethostbyaddr()函数执行 gethostbyname()的逆操作。给定一个二进制 IP 地址，它会返回一个包含与配置了该地址的主机相关的信息的 hostent 结构。

在发生错误时（如无法解析一个名字），gethostbyname()和 gethostbyaddr()都会返回一个 NULL 指针并设置全局变量 h_errno。正如其名字所表达的那样，这个变量与 errno 类似（gethostbyname(3) 手册描述了这个变量的可取值），herror()和 hstrerror()函数类似于 perror()和 strerror()。

herror()函数（在标准错误上）显示了在 str 中给出的字符串，后面跟着一个冒号(:)，然后再显示一条与当前位于 h_errno 中的错误对应的消息。或者可以使用 hstrerror()获取一个指向与在 err 中指定的错误值对应的字符串的指针。

```
#define _BSD_SOURCE             /* Or _SVID_SOURCE or _GNU_SOURCE */
#include <netdb.h>

void herror(const char *str);

const char *hstrerror(int err);
```
                Returns pointer to *h_errno* error string corresponding to *err*

程序清单 59-10 演示了如何使用 gethostbyname()。这个程序显示了名字通过命令行指定的各个主机的 hostent 信息。下面的 shell 会话演示了这个程序的用法。

```
$ ./t_gethostbyname www.jambit.com
Canonical name: jamjam1.jambit.com
        alias(es):      www.jambit.com
        address type:   AF_INET
        address(es):    62.245.207.90
```

程序清单 59-10：使用 gethostbyname()获取主机信息

── sockets/t_gethostbyname.c

```c
#define _BSD_SOURCE     /* To get hstrerror() declaration from <netdb.h> */
#include <netdb.h>
#include <netinet/in.h>
#include <arpa/inet.h>
#include "tlpi_hdr.h"

int
main(int argc, char *argv[])
{
    struct hostent *h;
    char **pp;
    char str[INET6_ADDRSTRLEN];

    for (argv++; *argv != NULL; argv++) {
        h = gethostbyname(*argv);
        if (h == NULL) {
            fprintf(stderr, "gethostbyname() failed for '%s': %s\n",
                    *argv, hstrerror(h_errno));
            continue;
        }

        printf("Canonical name: %s\n", h->h_name);

        printf("        alias(es):      ");
        for (pp = h->h_aliases; *pp != NULL; pp++)
            printf(" %s", *pp);
        printf("\n");
        printf("        address type:   %s\n",
                (h->h_addrtype == AF_INET) ? "AF_INET" :
                (h->h_addrtype == AF_INET6) ? "AF_INET6" : "???");

        if (h->h_addrtype == AF_INET || h->h_addrtype == AF_INET6) {
            printf("        address(es):    ");
            for (pp = h->h_addr_list; *pp != NULL; pp++)
                printf(" %s", inet_ntop(h->h_addrtype, *pp,
                                    str, INET6_ADDRSTRLEN));
            printf("\n");
        }
    }

    exit(EXIT_SUCCESS);
}
```

── sockets/t_gethostbyname.c

59.13.3 getserverbyname()和 getserverbyport()函数

getservbyname()和 getservbyport()函数从/etc/services 文件（59.9 节）中获取记录。现在这

些函数已经被 getaddrinfo() 和 getnameinfo() 所取代了。

```
#include <netdb.h>

struct servent *getservbyname(const char *name, const char *proto);
struct servent *getservbyport(int port, const char *proto);
                    Both return pointer to a (statically allocated) servent structure
                                   on success, or NULL on not found or error
```

getservbyname() 函数查询服务名（或其中一个别名）与 name 匹配以及协议与 proto 匹配的记录。proto 参数是一个诸如 tcp 或 udp 之类的字符串，或者也可以将它设置为 NULL。如果将 proto 指定为 NULL，那么就会返回任意一个服务名与 name 匹配的记录。（这种做法通常已经足够了，因为当拥有同样名字的 UDP 和 TCP 记录都位于/etc/services 文件时，它们通常使用同样的端口号。）如果找到了一个匹配的记录，那么 getservbyname() 会返回一个指向静态分配的如下类型的结构的指针。

```
struct servent {
    char  *s_name;          /* Official service name */
    char **s_aliases;       /* Pointers to aliases (NULL-terminated) */
    int    s_port;          /* Port number (in network byte order) */
    char  *s_proto;         /* Protocol */
};
```

一般来讲，调用 getservbyname() 只为了获取端口号，该值会通过 s_port 字段返回。

getservbyport() 函数执行 getservbyname() 的逆操作，它返回一个 servent 记录，该记录包含了/etc/services 文件中端口号与 port 匹配、协议与 proto 匹配的记录相关的信息。同样，可以将 proto 指定为 NULL，这样这个调用就会返回任意一个端口号与 port 中指定的值匹配的记录。（在前面提到的一些同一个端口号被映射到不同的 UDP 和 TCP 服务名的情况下可能不会返回期望的结果。）

本书随带发行的源代码的 files/t_getservbyname.c 文件中提供了一个使用 getservbyname() 函数的例子。

59.14 UNIX 与 Internet domain socket 比较

当编写通过网络进行通信的应用程序时必须要使用 Internet domain socket，但当位于同一系统上的应用程序使用 socket 进行通信时则可以选择使用 Internet 或 UNIX domain socket。在这种情况下该使用哪个 domain？为何使用这个 domain 呢？

编写只使用 Internet domain socket 的应用程序通常是最简单的做法，因为这种应用程序既能运行于同一个主机上，也能运行在网络中的不同主机上。但之所以要选择使用 UNIX domain socket 是存在几个原因的。

- 在一些实现上，UNIX domain socket 的速度比 Internet domain socket 的速度快。
- 可以使用目录（在 Linux 上是文件）权限来控制对 UNIX domain socket 的访问，这样只有运行于指定的用户或组 ID 下的应用程序才能够连接到一个监听流 socket 或向一个数据报 socket 发送一个数据报，同时为如何验证客户端提供了一个简单的方法。使用 Internet domain socket 时如果需要验证客户端的话就需要做更多的工作了。
- 使用 UNIX domain socket 可以像 61.13.3 节中总结的那样传递打开的文件描述符和发送者的验证信息。

59.15 更多信息

有关 TCP/IP 和 socket API 存在很多有价值的纸质和在线资源。

- 使用 socket 进行网络程序设计的重量级书籍是[Stevens at al.,2004]。[Snader, 2000]在 socket 程序设计方面新增了一些有价值的指南。
- [Stevens, 1994]和[Wright & Stevens, 1995]详细描述了 TCP/IP。[Comer, 2000]、[Comer & Stevens, 1999]、[Comer & Stevens, 2000]、[Kozierok,2005]以及[Goralksi, 2009]也较好地介绍了这一主题。
- [Tanenbaum, 2002]给出了计算机网络的一般背景。
- [Herbert, 2004]描述了 Linux 2.6 TCP/IP 栈的细节。
- GNU C 库手册（在线版位于 http://www.gnu.org/）详细描述了 sockets API。
- IBM Redbook TCP/IP Tutorial and Technical Overview 深入详细地描述了联网概念、TCP/IP 内幕、sockets API 以及其他相关主题。读者可以免费在 http:// www. redbooks. ibm.com/下载到这本书。
- [Gont, 2008]和[Gont, 2009b]对 IPv4 和 TCP 进行了安全性评估。
- Usenet 新闻组 comp.protocols.tcp-ip 专门对与 TCP/IP 联网协议有关的问题进行讨论。
- [Sarolahti & Kuznetsov, 2002]描述了 Linux TCP 实现的拥塞控制和其他一些细节。
- Linux 特有的信息可以在下列手册中找到：socket(7)、ip(7)、raw(7)、tcp(7)、udp(7) 以及 packet(7)。
- 参考 58.7 节中列出的 RFC 列表。

59.16 总结

Internet domain socket 允许位于不同主机上的应用程序通过一个 TCP/IP 网络进行通信。一个 Internet domain socket 地址由一个 IP 地址和一个端口号构成。在 IPv4 中，一个 IP 地址是一个 32 位的数字，在 IPv6 中则是一个 128 位的数字。Internet domain 数据报 socket 运行于 UDP 上，它提供了无连接的、不可靠的、面向消息的通信。Internet domain 流 socket 运行于 TCP 上，它为相互连接的应用程序提供了可靠的、双向字节流通信信道。

不同的计算机架构使用不同的方式来表示数据类型。如整数可以以小端形式存储也可以以大端形式存储，并且不同的计算机可能使用不同的字节数来表示诸如 int 和 long 之类的数值类型。这些差别意味着当在通过网络连接的异构机器之间传输数据时需要采用某种独立于架构的表示。本章指出了存在多种信号编集标准来解决这个问题，同时还描述了被很多应用程序所采用的一个简单的解决方案：将所有传输的数据编码成文本形式，字段之间使用预先指定的字符（通常是换行符）分隔。

本章介绍了一组用于在 IP 地址的（数值）字符串表示（IPv4 是点分十进制，IPv6 是十六进制字符串）和其二进制值之间进行转换的函数，然而一般来讲最好使用主机和服务名而不是数字，因为名字更容易记忆并且即使在对应的数字发生变化时也能继续使用。此外，还介绍了用于将主机和服务名转换成数值表示及其逆过程的各种函数。将主机和服务名转换成 socket 地址的现代函数是 getaddrinfo()，但读者在既有代码中会经常看到早期的 gethostbyname() 和 getservbyname()函数。

对主机名转换的思考引出了对 DNS 的讨论，它实现了一个分布式数据库提供层级目录服务。DNS 的优点是数据库的管理不再是集中的了。相反，本地区域管理员可以更新他们所负责的数据库层级部分，并且 DNS 服务器可以与另一台服务器进行通信以便解析一个主机名。

59.17　习题

59-1. 当读取大量数据时，程序清单 59-1 给出的 readLine()函数是低效的，因为每读取一个字符都需要使用一个系统调用。一个更加高效的接口是将一块字符读进缓冲器并每次从这个缓冲器中抽取出一行。这种接口可能由两个函数构成，其中第一个函数可能会被命名成 readLineBufInit(fd, &rlbuf)，它初始化 rlbuf 指向的簿记数据结构。这个结构包括数据缓冲器所需的空间、这个缓冲器的大小以及指向缓冲器中下一个"未被读取的"字符的指针。它还包含了通过参数 fd 给出的文件描述符的一个副本。第二个函数 readLineBuf(&rlbuf)返回与 rlbuf 相关联的缓冲器中的下一行。如果需要的话，这个函数可以从保存在 rlbuf 中的文件描述符中读取下一块数据。实现这两个函数。修改程序清单 59-6 中的程序（is_seqnum_sv.c）和程序清单 59-7 中的程序（is_seqnum_cl.c）使之使用这两个函数。

59-2. 修改程序清单 59-6 中的程序（is_seqnum_sv.c）和程序清单 59-7 中的程序（is_seqnum_cl.c）使之使用程序清单 59-9（inet_sockets.c）中给出的 inetListen()和 inetConnect()函数。

59-3. 编写一个 UNIX domain socket 库使其 API 与 59.12 节中给出的 Internet domain socket 库的 API 类似。重写程序清单 57-3 中的程序（us_xfr_sv.c）和程序清单 57-4 中的程序（us_xfr_cl.c）使之使用这个库。

59-4. 编写一个存储名字-值对的网络服务器。这个服务器应该允许客户端添加、删除、修改以及检索名字。编写一个或多个客户端程序来测试这个服务器。读者可根据自己的意愿实现某种安全机制，如只允许创建一个名字的客户端删除这个名字或修改与这个名字关联的值。

59-5. 假设创建了两个被绑定到特定地址上的 Internet domain 数据报 socket，并将第一个 socket 连接到第二个上。如果创建了第三个数据报 socket 并通过该 socket 尝试向第一个 socket 发送（sendto()）一个数据报会发生什么情况呢？编写一个程序确定这个问题的答案。

第60章

SOCKET：服务器设计

本章讨论了设计迭代型和并发型服务器端程序的基础。本章也描述了 inetd，这是一个特殊的守护进程，它使得创建网络服务变得更加便捷。

60.1 迭代型和并发型服务器

对于使用 Socket（套接字）的网络服务器端程序，有两种常见的设计方式。

- 迭代型：服务器每次只处理一个客户端，只有当完全处理完一个客户端的请求后才去处理下一个客户端。
- 并发型：这种类型的服务器被设计为能够同时处理多个客户端的请求。

在 44.8 节中我们已经见过一个使用 FIFO 的迭代型服务器了，在 46.8 节中也有一个使用 System V 消息队列的并发型服务器的例子。

迭代型服务器通常只适用于能够快速处理客户端请求的场景，因为每个客户端都必须等待，直到前面所有的客户端都处理完了服务器才能继续服务下一个客户端。迭代型服务器的典型应用场景是当客户端和服务器之间交换单个请求和响应时。

并发型服务器适用于对每个请求都需要大量处理时间，或者是当客户端和服务器在进行扩展对话中需要来回传递消息的场景。在本章中，我们把重点放在并发型服务器的传统（也是最简单的）设计方法上：针对每个新的客户端连接，创建一个新的子进程来处理。每个服务器子进程执行完所有服务于单个客户端的任务后就终止。由于这些子进程能独立地运行，因此可以同时处理多个客户端。服务器主进程（父进程）的主要任务就是为每个新的客户端连接创建一个新的子进程。（这种方法有一个变种，即为每个客户端创建一个新的线程。）

在接下来的几节中，我们将学习迭代型和并发型服务器程序的例子，它们都采用 Internet 域套接字。这两个服务器都实现了 echo 服务（RFC 862），这种基本的服务能够返回客户端向其发送的任何内容。

60.2 迭代型 UDP echo 服务器

在本节以及下一节中，我们展示了 echo 服务的服务器端程序。echo 服务支持 UDP 和 TCP，工作在端口 7 上。（由于端口 7 是保留端口，echo 服务器必须以超级用户权限运行）。

UDP echo 服务器连续读取数据报，将每个数据报的拷贝返回给发送者。由于服务器一次只需处理一条单独的消息，因此设计为迭代型服务器就足够了。服务器端程序的头文件如程序清单 60-1 所示。

程序清单 60-1：id_echo_sv.c 和 id_echo_cl.c 的头文件

```
───────────────────────────────────────────── sockets/id_echo.h
#include "inet_sockets.h"       /* Declares our socket functions */
#include "tlpi_hdr.h"

#define SERVICE "echo"          /* Name of UDP service */

#define BUF_SIZE 500            /* Maximum size of datagrams that can
                                   be read by client and server */
───────────────────────────────────────────── sockets/id_echo.h
```

程序清单 60-2 展示了服务器端的实现。关于服务器的实现，请注意以下几点。

- 我们使用 37.2 节中的 becomeDaemon() 函数将服务器转换为一个守护进程。
- 为了使程序更短小，我们使用了 59.12 节中开发的 Internet 域套接字函数库。
- 如果服务器无法将回复发送给客户端，就使用 syslog() 记录一条日志消息。

在现实世界的应用程序中，我们可能会针对 syslog() 写入的消息做一些速率限制。这不仅是为了防止攻击者将系统日志灌满，还因为 syslog() 的调用开销是很昂贵的，因为（默认情况下）syslog() 会反过来调用到 fsync()。

程序清单 60-2：实现迭代型的 UDP echo 服务器

```
───────────────────────────────────────────── sockets/id_echo_sv.c
#include <syslog.h>
#include "id_echo.h"
#include "become_daemon.h"

int
main(int argc, char *argv[])
{
    int sfd;

    ssize_t numRead;
    socklen_t addrlen, len;
    struct sockaddr_storage claddr;
    char buf[BUF_SIZE];
    char addrStr[IS_ADDR_STR_LEN];

    if (becomeDaemon(0) == -1)
        errExit("becomeDaemon");

    sfd = inetBind(SERVICE, SOCK_DGRAM, &addrlen);
    if (sfd == -1) {
        syslog(LOG_ERR, "Could not create server socket (%s)", strerror(errno));
        exit(EXIT_FAILURE);
    }

    /* Receive datagrams and return copies to senders */

    for (;;) {
```

```
        len = sizeof(struct sockaddr_storage);
        numRead = recvfrom(sfd, buf, BUF_SIZE, 0,
                            (struct sockaddr *) &claddr, &len);
        if (numRead == -1)
            errExit("recvfrom");

        if (sendto(sfd, buf, numRead, 0, (struct sockaddr *) &claddr, len)
                != numRead)
            syslog(LOG_WARNING, "Error echoing response to %s (%s)",
                    inetAddressStr((struct sockaddr *) &claddr, len,
                                    addrStr, IS_ADDR_STR_LEN),
                            strerror(errno));
    }
}
```
─── sockets/id_echo_sv.c

要测试服务器的功能，我们需要用到程序清单 60-3 中展示的客户端程序。这个程序同样
采用了 59.12 节中开发的 Internet 域套接字函数库。从第一个命令行参数来看，客户端程序期
望得到运行着服务器程序的主机名称。客户端程序执行一个循环，在循环中将剩下的命令行
参数作为数据报发送给服务器，读取和打印出每个由服务器发回的响应数据报。

程序清单 60-3：UDP echo 服务的客户端程序

─── sockets/id_echo_cl.c
```
#include "id_echo.h"

int
main(int argc, char *argv[])
{
    int sfd, j;
    size_t len;
    ssize_t numRead;
    char buf[BUF_SIZE];

    if (argc < 2 || strcmp(argv[1], "--help") == 0)
        usageErr("%s: host msg...\n", argv[0]);

    /* Construct server address from first command-line argument */

    sfd = inetConnect(argv[1], SERVICE, SOCK_DGRAM);
    if (sfd == -1)
        fatal("Could not connect to server socket");

    /* Send remaining command-line arguments to server as separate datagrams */

    for (j = 2; j < argc; j++) {
        len = strlen(argv[j]);
        if (write(sfd, argv[j], len) != len)
            fatal("partial/failed write");

        numRead = read(sfd, buf, BUF_SIZE);
        if (numRead == -1)
            errExit("read");

        printf("[%ld bytes] %.*s\n", (long) numRead, (int) numRead, buf);
    }

    exit(EXIT_SUCCESS);
}
```
─── sockets/id_echo_cl.c

例如，当我们运行服务器程序以及两个客户端实例时，我们将看到如下输出。

```
$ su                                    Need privilege to bind reserved port
Password:
# ./id_echo_sv                          Server places itself in background
# exit                                  Cease to be superuser
$ ./id_echo_cl localhost hello world    This client sends two datagrams
[5 bytes] hello                         Client prints responses from server
[5 bytes] world
$ ./id_echo_cl localhost goodbye        This client sends one datagram
[7 bytes] goodbye
```

60.3　并发型 TCP echo 服务器

TCP echo 服务同样也工作在端口 7 上。TCP echo 服务器接受一条连接然后不断循环，读取所有已传输的数据并在同一个套接字上将它们发回给客户端。服务器不断读取数据直到它检测到文件结尾为止，此时服务器就关闭它的套接字（因此如果客户端仍在从套接字中读取数据的话，就可以看到文件结尾了）。

由于客户端可能会发送无限量的数据给服务器（因而服务这样的客户端可能需要无限的时间），因此这种情况下适合将服务器设计为并发型，这样多个客户端能够同时得到服务。程序清单 60-4 给出了服务器的实现。（我们在 61.2 节中给出了该服务的客户端实现。）关于实现的细节，需要注意以下几点。

- 服务器通过调用 37.2 节中的 becomeDaemon()成为了一个守护进程。
- 为了使程序更短小，我们使用了程序清单 59-9 中的 Internet 域套接字函数库。
- 由于服务器为每一个客户端连接创建了一个子进程，我们必须确保不会出现僵尸进程。这可以通过为信号 SIGCHLD 安装信号处理例程来实现。
- 服务器程序的主体部分由 for 循环组成，在循环中我们接受客户端的连接，然后通过 fork()创建子进程。在子进程中调用 handleRequest()函数来处理客户端。同时，父进程继续在 for 循环中接受下一个客户端的连接。

> 　　在现实世界的应用中，我们可能应该在服务器中包含一些限制创建子进程数量的代码。这是为了防止攻击者试图利用该服务在系统中创建大量的子进程（fork bomb）从而使系统变得不可用。我们可以计数当前正在执行的子进程数量，通过在服务器端增加额外的代码来强加这个限制。（计数应该在 fork()调用成功后递增，而在 SIGCHLD 信号处理例程清除子进程时得到递减）。如果子进程的数量达到了上限，我们可以暂停接受新的连接（或者还有一种可选方案是接受连接后立刻关闭它们）。

- 每次调用 fork()后，监听套接字和连接套接字都在子进程中得到复制（见 24.2.1 节）。这意味着父子进程都可以通过连接套接字和客户端通信。但是，只有子进程才需要进行这样的通信，因此父进程应该在 fork()调用之后立刻关闭连接套接字的文件描述符。（如果父进程不这么做的话，那么套接字将永远不会真正关闭；此外，父进程最终会用完所有的文件描述符。）由于子进程不接受新的连接，它需要将监听套接字的文件描述符副本关闭。
- 每个子进程在处理完一个客户端后终止。

——————————————————————————————————————— sockets/is_echo_sv.c

```
#include <signal.h>
#include <syslog.h>
#include <sys/wait.h>
#include "become_daemon.h"
#include "inet_sockets.h"          /* Declarations of inet*() socket functions */
#include "tlpi_hdr.h"

#define SERVICE "echo"             /* Name of TCP service */
#define BUF_SIZE 4096

static void                 /* SIGCHLD handler to reap dead child processes */
grimReaper(int sig)
{
    int savedErrno;             /* Save 'errno' in case changed here */

    savedErrno = errno;
    while (waitpid(-1, NULL, WNOHANG) > 0)
        continue;
    errno = savedErrno;
}

/* Handle a client request: copy socket input back to socket */

static void
handleRequest(int cfd)
{
    char buf[BUF_SIZE];
    ssize_t numRead;

    while ((numRead = read(cfd, buf, BUF_SIZE)) > 0) {
        if (write(cfd, buf, numRead) != numRead) {
            syslog(LOG_ERR, "write() failed: %s", strerror(errno));
            exit(EXIT_FAILURE);
        }
    }

    if (numRead == -1) {
        syslog(LOG_ERR, "Error from read(): %s", strerror(errno));
        exit(EXIT_FAILURE);
    }
}

int
main(int argc, char *argv[])
{
    int lfd, cfd;                   /* Listening and connected sockets */
    struct sigaction sa;

    if (becomeDaemon(0) == -1)
        errExit("becomeDaemon");
    sigemptyset(&sa.sa_mask);
    sa.sa_flags = SA_RESTART;
    sa.sa_handler = grimReaper;
    if (sigaction(SIGCHLD, &sa, NULL) == -1) {
        syslog(LOG_ERR, "Error from sigaction(): %s", strerror(errno));
        exit(EXIT_FAILURE);
```

```
    }

    lfd = inetListen(SERVICE, 10, NULL);
    if (lfd == -1) {
        syslog(LOG_ERR, "Could not create server socket (%s)", strerror(errno));
        exit(EXIT_FAILURE);
    }

    for (;;) {
        cfd = accept(lfd, NULL, NULL);   /* Wait for connection */
        if (cfd == -1) {
            syslog(LOG_ERR, "Failure in accept(): %s", strerror(errno));
            exit(EXIT_FAILURE);
        }

        /* Handle each client request in a new child process */

        switch (fork()) {
        case -1:
            syslog(LOG_ERR, "Can't create child (%s)", strerror(errno));
            close(cfd);                   /* Give up on this client */
            break;                        /* May be temporary; try next client */

        case 0:                           /* Child */
            close(lfd);                   /* Unneeded copy of listening socket */
            handleRequest(cfd);
            _exit(EXIT_SUCCESS);

        default:                          /* Parent */
            close(cfd);                   /* Unneeded copy of connected socket */
            break;                        /* Loop to accept next connection */
        }
    }
}
```

———————————————————————————————————— sockets/is_echo_sv.c

60.4 并发型服务器的其他设计方案

对于许多需要通过 TCP 连接同时处理多个客户端的应用来说，前面几节描述的传统型并发服务器模型已经足够用了。但是，对于负载很高的服务器来说（例如，Web 服务器每分钟要处理成千上万次请求）[1]，为每个客户端创建一个新的子进程（甚至是线程）所带来的开销对服务器来说是个沉重的负担（参见 28.3 节），因此需要有其他的设计方案。下面我们主要考虑这几种可选方案。

在服务器上预先创建进程或线程

预先创建进程或线程的服务器已经在[Stevens et al., 2004]的第 30 章中做了详细的描述。其核心理念有如下几点。

- 服务器程序在启动阶段（即在任何客户端请求到来之前）就立刻预先创建好一定数量的子进程（或线程），而不是针对每个客户端来创建一个新的子进程（或线程）。这些子进程构成了一种服务池（server pool）[2]。
- 服务池中的每个子进程一次只处理一个客户端。在处理完客户端请求后，子进程并不会终止，而是获取下一个待处理的客户端继续处理，如此类推。

———————————

[1] 译者注：强烈觉得原文应该是每秒，而不是每分钟。因为以分钟来算，这负载不算高。
[2] 译者注：通常我们称之为线程池或进程池。

第 60 章 SOCKET：服务器设计   1021

采用上述技术需要在服务器应用中仔细地管理子进程。服务池应该足够大，以确保能充分响应客户端的请求。这意味着服务器父进程必须对未占用的子进程加以监视，并且在服务器处于负载高峰期时增加服务池的大小，这样就总会有足够多的子进程存在，从而可以立刻服务于新的客户端请求。如果负载下降了，那么应该相应地降低服务池的大小，因为过多的空余进程会降低系统的整体性能。

此外，服务池中的子进程必须遵循某些协议，使得它们能以独占的方式选择一个客户端连接。在大多数 UNIX 实现中（包括 Linux），让服务池中的每个子进程在监听描述符的 accept()调用上阻塞就足够了。换句话说，服务器父进程在创建任何子进程之前先创建监听套接字，然后每个子进程在 fork()调用中继承该套接字的文件描述符。当一个新的客户端连接到来时，只有其中一个子进程能完成 accept()调用。但是，由于 accept()在一些老式的实现中并不是一个原子化的系统调用，因此可能需要通过一些互斥技术（例如文件锁）来支持，以确保每次只有一个子进程可以执行 accept()调用（[Stevens et al., 2004]）。

> 还有其他的方法可以让服务池中所有的子进程都执行 accept()调用。如果服务池由分离的进程组成，服务器父进程可以执行 accept()调用，然后使用 61.13.3 节中简要描述的技术将代表新连接的文件描述符传递给池中空闲的进程之一。如果服务池由线程组成，主线程可以执行 accept()调用，然后通知服务器上的空闲线程，有新的已连接上的客户端正等待处理。

在单个进程中处理多个客户端

在某些情况下，我们可以设计让单个服务器进程来处理多个客户端。为了实现这点，我们必须采用一种能允许单个进程同时监视多个文件描述符上 I/O 事件的 I/O 模型（I/O 多路复用、信号驱动 I/O 或者 epoll）。本书第 63 章中描述了这些模型。

在设计单进程服务器时，服务器进程必须做一些通常由内核来处理的调度任务。在每个客户端一个服务器进程地解决方案中，我们可以依靠内核来确保每个服务器进程（从而也确保了客户端）能公平地访问到服务器主机的资源。但当我们用单个服务器进程来处理多个客户端时，服务器进程必须自行确保一个或多个客户端不会霸占服务器，从而使其他的客户端处于饥饿状态。关于这点我们将在 63.4.6 节中继续讨论。

采用服务器集群

其他用来处理高客户端负载的方法还包括使用多个服务器系统——服务器集群（server farm）。

构建服务器集群最简单的一种方法是 DNS 轮转负载共享（DNS round-robin load sharing）（或负载分发，load distribution），一个地区的域名权威服务器将同一个域名映射到多个 IP 地址上（即，多台服务器共享同一个域名）。后续对 DNS 服务器的域名解析请求将以循环轮转的方式以不同的顺序返回这些 IP 地址。更多关于 DNS 轮转负载共享的信息可以在[Albitz & Liu, 2006]中找到。

DNS 循环轮转的优势是成本低，而且容易实施。但是，它也存在着一些问题。其中一个问题是远端 DNS 服务器上所执行的缓存操作，这意味着今后位于某个特定主机（或一组主机）上的客户端发出的请求会绕过循环轮转 DNS 服务器，并总是由同一个服务器来负责处理。此外，循环轮转 DNS 并没有任何内建的用来确保达到良好负载均衡（不同的客户端在服务器上产生的负载不同）或者是确保高可用性的机制（如果其中一台服务器宕机或者运行的服务器程序崩溃了怎么办？）。在许多采用多台服务器设备的设计中，另一个我们需要考虑的因素是服务器亲和性（server affinity）。这就是说，确保来自同一个客户端的请求序列能够全部定向到同一台服务器上，这样由服务器维护的任何有关客户端状态的信息都能保持准确。

一个更灵活但也更加复杂的解决方案是服务器负载均衡（server load balancing）。在这种场景下，由一台负载均衡服务器将客户端请求路由到服务器集群中的其中一个成员上。（为了确保高可用性，可能还会有一台备用的服务器。一旦负载均衡主服务器崩溃，备用服务器就立刻接管主服务器的任务。）这消除了由远端 DNS 缓存所引起的问题，因为服务器集群只对外提供了一个单独的 IP 地址（也就是负载均衡服务器的 IP 地址）。负载均衡服务器结合一些算法来衡量或计算服务器负载（可能是根据服务器集群的成员所提供的量值），并智能化地将负载分发到集群中的各个成员之上。负载均衡服务器也会自动检测集群中失效的成员（如果需要，还会自动检测新增加的服务器成员）。最后，负载均衡服务器可能还会提供对服务器亲和力的支持。更多关于服务器负载均衡的信息可以在[Kopparapu, 2002]中找到。

60.5　inetd（Internet 超级服务器）守护进程

如果我们查看一下/etc/services 的内容，可以看到列出了数百个不同的服务项目。这暗示了一个系统理论上可以运行数量庞大的服务器进程。但是，大部分服务器进程通常只是等待着偶尔发送过来的连接请求或数据报，除此之外它们什么都不做。所有这些服务器进程依然会占用内核进程表中的槽位，而且也会占用一些内存和交换空间，因而对系统产生了负载。

守护进程 inetd 被设计为用来消除运行大量非常用服务器进程的需要。inetd 可提供两个主要的好处。

- 与其为每个服务运行一个单独的守护进程，现在只用一个进程——inetd 守护进程——就可以监视一组指定的套接字端口，并按照需要启动其他的服务。因此可降低系统上运行的进程数量。
- inetd 简化了启动其他服务的编程工作。因为由 inetd 执行的一些步骤通常在所有的网络服务启动时都会用到。

由于 inetd 监管着一系列的服务，可按照需要启动其他的服务，因此 inetd 有时候也被称为 Internet 超级服务器。

> 在一些 Linux 发行版中提供有 inetd 的扩展版本——xinetd。除了包含 inetd 的功能外，xinetd 在安全性方面做了一些增强。关于 xinetd 的信息可在 http://www.xinetd.org/ 上找到。

inetd 守护进程所做的操作

inetd 守护进程通常在系统启动时运行。在成为守护进程后（见 37.2 节），inetd 执行如下步骤。

1. 对于在配置文件/etc/inetd.conf 中指定的每项服务，inetd 都会创建一个恰当类型的套接字（即流式套接字或数据报套接字），然后绑定到指定的端口号上。此外，每个 TCP 套接字都会通过 listen()调用允许客户端发来连接。
2. 通过 select()调用（见 63.2.1 节），inetd 对前一步中创建的所有套接字进行监视，看是否有数据报或请求连接发送过来。

3. select()调用进入阻塞态，直到一个 UDP 套接字上有数据报可读或者 TCP 套接字上收到了连接请求。在 TCP 连接中，inetd 在进入下一个步骤之前会先为连接执行 accept()调用。

4. 要启动这个套接字上指定的服务，inted 调用 fork()创建一个新的进程，然后通过 exec()启动服务器程序。在执行 exec()前，子进程执行如下的步骤。

   （a）除了用于 UDP 数据报和接受 TCP 连接的文件描述符外，将其他所有从父进程继承而来的文件描述符都关闭。

   （b）使用本书 5.5 节中描述的技术，在文件描述符 0、1 和 2 上复制套接字文件描述符，并关闭套接字文件描述符本身（因为已经不需要它了）。完成这一步之后，启动的服务器进程就能通过这三个标准的文件描述符同套接字通信了。

   （c）这一步是可选的。为启动的服务器进程设定用户和组 ID，设定的值可在 /etc/inetd.conf 中的相应条目找到。

5. 第 3 步中，如果在 TCP 套接字上接受了一个连接，inetd 就关闭这个连接套接字（因为这个套接字只会在稍后启动的服务器进程中使用）。

6. inetd 服务跳转回第 2 步继续执行。

/etc/inetd.conf 文件

inetd 守护进程的操作由一个配置文件来控制，通常是/etc/inetd.conf。该文件中的每一行都描述了一种由 inetd 处理的服务。程序清单 60-5 展示了一些/etc/inetd.conf 文件中的条目以作为示例。

程序清单 60-5：/etc/inetd.conf 中的示例行

```
# echo   stream  tcp  nowait  root  internal
# echo   dgram   udp  wait    root  internal
ftp      stream  tcp  nowait  root  /usr/sbin/tcpd   in.ftpd
telnet   stream  tcp  nowait  root  /usr/sbin/tcpd   in.telnetd
login    stream  tcp  nowait  root  /usr/sbin/tcpd   in.rlogind
```

程序清单 60-5 中的前两行由字符#打头，因此它们被注释掉了。我们这里给出这两行是因为稍后会简单提到 echo 服务。

/etc/inetd.conf 文件中的每一行都由以下字段组成，由空格来将它们分隔开。

- 服务名称（service name）：该字段指定了一项服务的名称，这项服务可在/etc/services 文件中找到。结合协议字段（protocol），就可以通过查找/etc/services 文件以确定 inetd 应该为这项服务监视哪一个端口号。

- 套接字类型（Socket type）：该字段指定了这项服务所用的套接字类型——例如，流式套接字（stream）还是数据报套接字（dgram）。

- 协议（protocol）：该字段指定了这个套接字所使用的协议。这个字段可以包含文件 /etc/protocols 中所列出的任何 Internet 协议（在 protocol(5)用户手册页中注明），但几乎所有的服务都会指定 tcp（针对 TCP 协议）或 udp（针对 UDP 协议）。

- 标记（flags）：该字段的内容要么是 wait，要么是 nowait。这个字段指明了由 inetd 启动的服务器（暂时的）是否会接管用于该服务的套接字。如果启动的服务器需要管理这个套接字，那么该字段被指定为 wait。这将导致 inetd 把这个套接字从它所监视（通过 select()实现对多个文件描述符的监视）的文件描述符集合中移除，直到这个服务器程序退出为止（inetd 可以通过 SIGCHLD 的信号处理例程来检测子进程是否退出）。对于这个字段，我们下面会做更多的说明。

- 登录名（login name）：该字段由/etc/passwd 中的用户名部分组成，还可以在其后紧跟一个句号以及一个/etc/group 中的组名称。这些名称确定了运行的服务器程序的用户 ID 和组 ID。（由于 inetd 以 root 方式运行，它的子进程也同样是特权级的，因而可以在有需要的时候通过调用 setuid()和 setgid()来修改进程的凭据。）
- 服务器程序（server program）：该字段指定了被执行的服务器程序的路径名。
- 服务器程序参数（server program arguments）：该字段指定了一个或多个参数，参数之间由空格符分隔。当执行服务器程序时，这些参数就作为程序的参数列表。在被执行的服务器程序中，第一个参数对应于 argv[0]，通常和服务器程序名称的基础部分相同。下一个参数对应于 argv[1]，以此类推。

> 在程序清单 60-5 中所展示的有关 ftp、telnet 以及 login 服务的例子中，我们可以看到服务器程序和参数的设定同前面描述的方式有所不同。所有这三种服务都会导致 inetd 调用同样的程序——tcpd(8)（TCP 守护进程的包装程序）。tcpd 在执行适当的程序前会先执行一些登录和访问控制检查的操作，而这些操作会根据服务器程序的第一个参数值来进行（通过 argv[0]传递给 tcpd）。更多有关 tcpd 的信息可以在 tcpd(8)用户手册页以及[Mann & Mitchell, 2003]中找到。

由 inetd 调用的流式套接字（TCP）服务器通常都被设计为只处理一个单独的客户端连接，处理完后就终止，把监听其他连接的任务留给了 inetd。对于这样的服务器，flags 字段应该被设为 nowait。（相反，如果是由被执行的服务器进程来接受连接的话，那么该字段就应该设为 wait。此时 inetd 不会去接受连接，而是将监听套接字的文件描述符当做描述符 0 传递给被执行的服务器进程。）

对于大部分的 UDP 服务器，flags 字段应该指定为 wait。由 inetd 调用的 UDP 服务器通常被设计为读取并处理所有套接字上未完成的数据报，然后终止。（从套接字中读取数据时，通常需要一些超时机制，这样在指定的时间间隔内如果没有新的数据报到来，服务器进程就会终止。）通过指定为 wait，我们可以阻止 inetd 在套接字上同时尝试做 select()操作，此时可能会出现我们不期望的结果，因为 inetd 可能会在检查数据报的时候同 UDP 服务器之间产生竞争条件。如果 inetd 赢了，那么它会启动另一个 UDP 服务实例。

> 由于 inetd 操作以及它的配置文件的格式并没有在 SUSv3 中指定，因此在/etc/inetd.conf 中指定的值会有一些（通常很小）变动。大多数版本的 inetd 至少会提供我们在正文中描述过的格式。要得到更多的细节信息，请参阅 inetd.conf(8)用户手册页。

inetd 作为一种提高效率的机制，本身就实现了一些简单的服务，而不用通过执行单独的服务器进程来完成任务。UDP 和 TCP 的 echo 服务就是由 inetd 所实现的例子。对于这样的服务，/etc/inetd.conf 中服务器程序字段对应的记录应该是 internal，而服务器程序参数字段被忽略。（在程序清单 60-5 所示的例子中，我们看到 echo 服务被注释掉了。要启用 echo 服务，我们需要将开头的#字符去掉。）

当我们修改了/etc/inetd.conf 文件后，需要发送一个 SIGHUP 信号给 inetd，请求它重新读取配置文件。

```
# killall -HUP inetd
```

示例：通过 inetd 调用一个 TCP echo 服务

之前我们提到了 inetd 可以简化服务器程序的编程工作，特别是并发型（通常是 TCP）

服务器。这是因为 inetd 已经帮它所调用的服务器程序完成了以下步骤。

1. 执行所有和套接字相关的初始化工作，调用 socket()、bind() 以及 listen()（针对 TCP 服务器）。

2. 对于一个 TCP 服务，为新到来的连接执行 accept() 操作。

3. 创建一个新的进程来处理到来的 UDP 数据报或者是 TCP 连接。自动将调用的服务器进程设置为守护进程。inetd 通过 fork() 处理所有与进程创建相关的细节，通过 SIGCHLD 信号处理例程清除所有退出的子进程。

4. 将代表 UDP 套接字或 TCP 连接套接字的文件描述符复制到标准文件描述符 0、1 和 2 上，并关闭所有其他的文件描述符（因为它们并不会在调用的服务器进程中用到）。

5. 执行服务器程序。

（在上面描述的步骤中，我们假设 TCP 服务在/etc/inetd.conf 中的 flags 字段指定为 nowait，而 UDP 服务的 flags 字段指定为 wait。）

在程序清单 60-6 中我们展示了 inetd 是如何简化 TCP 服务的编程工作的。我们让 inetd 调用了一个 TCP echo 服务，该服务同程序清单 60-4 所示的 TCP echo 服务相同。由于 inetd 执行了所有上述描述过的步骤，因此剩下的任务就是编写子进程所执行的处理客户端请求的代码，客户端请求可以从文件描述符 0（STDIN_FILENO）读取。

如果服务器程序在/bin 目录下（打个比方），那么我们可能需要在/etc/inetd.conf 文件中创建如下的条目，使得 inetd 可以调用该服务器程序。

```
echo stream tcp nowait root /bin/is_echo_inetd_sv is_echo_inetd_sv
```

程序清单 60-6：通过 inetd 调用 TCP echo 服务

―――――――――――――――――――――――――――――――― *sockets/is_echo_inetd_sv.c*
```c
#include <syslog.h>
#include "tlpi_hdr.h"

#define BUF_SIZE 4096

int
main(int argc, char *argv[])
{
    char buf[BUF_SIZE];
    ssize_t numRead;

    while ((numRead = read(STDIN_FILENO, buf, BUF_SIZE)) > 0) {
        if (write(STDOUT_FILENO, buf, numRead) != numRead) {
            syslog(LOG_ERR, "write() failed: %s", strerror(errno));
            exit(EXIT_FAILURE);
        }
    }

    if (numRead == -1) {
        syslog(LOG_ERR, "Error from read(): %s", strerror(errno));
        exit(EXIT_FAILURE);
    }

    exit(EXIT_SUCCESS);
}
```
―――――――――――――――――――――――――――――――― *sockets/is_echo_inetd_sv.c*

60.6 总结

迭代型服务器一次只处理一个客户端，在处理下一个客户端请求之前必须将当前客户端的请求处理完毕。并发型服务器可以同时处理多个客户端请求。在高负载的情况下，传统的并发型服务器为每个客户端创建新的子进程（或线程），这样的性能表现并不能达到要求。为此，我们针对需要同时处理大量客户端的并发型服务器，列举出了一些其他的设计方法。

Internet 超级服务器守护进程 inetd 可以监视多个套接字，并启动合适的服务器进程作为到来的 UDP 数据报或 TCP 连接的响应。通过使用 inetd，可以将运行在系统上的网络服务进程的数量降到最小，从而降低系统的整体负载。同时，也可以简化服务器端的编程工作。因为服务器进程初始化阶段所需要的大部分操作 inetd 都可以帮我们完成。

更多信息

参见 59.15 节中列出的更多信息来源。

60.7 练习

60-1. 为程序清单 60-4（is_echo_sv.c）中的程序增加代码，使得可同时运行的子进程数量有一个上限。

60-2. 有时候可能需要编写一个套接字服务器，使得它既可以直接在命令行上调用也可以间接地通过 inetd 来调用。此时，命令行选项可用来区分这两种情况。修改程序清单 60-4 中的程序，使得如果给定了命令行选项-i，就认为程序是通过 inetd 来调用的，并在连接套接字上通过 inetd 提供的 STDIN_FILENO 文件描述符来处理单个客户端。如果没有给出-i 选项，那么程序就假设它是在命令行上调用，以正常方式工作。（这项修改只需要增加几行代码就够了。）修改/etc/inetd.conf 文件，为 echo 服务调用这个程序。

第61章

SOCKET：高级主题

本章涵盖了一系列与 Socket（套接字）编程有关的高级主题，内容如下。

- 流式套接字上可能会出现的部分读和部分写的情况。
- 采用 shutdown() 关闭两个互连套接字之间双向通道的其中一端。
- recv() 和 send() I/O 系统调用。它们可提供特定于套接字的功能，而这些是 read() 和 write() 所不具有的。
- sendfile() 系统调用。在特定场景下可用来高效地将数据输出到套接字上。
- TCP 协议的操作细节。目的是为了消除一些常见的误解，当编写使用 TCP 套接字的程序时，这些误解常导致出现错误。
- 使用 netstat 以及 tcpdump 命令来监视和调试使用套接字的应用程序。
- 使用 getsockopt() 以及 setsockopt() 系统调用来获取并修改能够影响套接字操作的选项。

我们也考虑到了一些其他次要的主题。在本章结尾处我们对套接字的一些高级功能做了总结。

61.1　流式套接字上的部分读和部分写

当首次在第 4 章中介绍 read() 和 write() 系统调用时，我们注意到在某些情况下，它们传输的数据可能会比请求的要少。当在流式套接字上执行 I/O 操作时，也会出现这种部分传输的现象。现在我们来思考为什么会出现这种情况，并向大家展示一对能以透明的方式处理部分传输问题的函数。

如果套接字上可用的数据比在 read() 调用中请求的数据要少，那就可能会出现部分读的现象。在这种情况下，read() 简单地返回可用的字节数。（这同我们在 44.10 节中看到的管道和 FIFO 所表现出的行为一样。）

如果没有足够的缓冲区空间来传输所有请求的字节，并且满足了如下几条的其中一条时，可能会出现部分写的现象。

- 在 write()调用传输了部分请求的字节后被信号处理例程中断（见 21.5 节）。
- 套接字工作在非阻塞模式下（**O_NONBLOCK**），可能当前只能传输一部分请求的字节。
- 在部分请求的字节已经完成传输后出现了一个异步错误。对于这里的异步错误，我们指的是应用程序使用的套接字 API 调用中出现了一个异步错误。异步错误是可能会发生的，比如，由于 TCP 连接出现问题，可能就会使对端的应用程序崩溃。

在所有上述情况中，假设缓冲区空间至少能传输 1 字节数据，write()调用成功，并返回传输到输出缓冲区中的字节数。

如果出现了部分 I/O 现象——例如，如果 read()返回的字节数少于请求的数量，又或者是阻塞式的 write()调用在完成了部分数据传输后被信号处理例程中断——那么有时候需要重新调用系统调用来完成全部数据的传输。在程序清单 61-1 中，我们提供了两个函数能做到这一点：readn()和writen()。（实现这两个函数的想法源自[Stevens et al., 2004]中的同名函数。）

```
#include "rdwrn.h"

ssize_t readn(int fd, void *buffer, size_t count);
                        Returns number of bytes read, 0 on EOF, or –1 on error
ssize_t writen(int fd, void *buffer, size_t count);
                        Returns number of bytes written, or –1 on error
```

函数 readn()和 writen()的参数与 read()和 write()相同。但是，这两个函数使用循环来重新启用这些系统调用，因此确保了请求的字节数总是能够全部得到传输（除非出现错误或者在read()中检测到了文件结尾符）。

程序清单 61-1：实现 readn()和 writen()

———————————————————————————————— **sockets/rdwrn.c**

```c
#include <unistd.h>
#include <errno.h>
#include "rdwrn.h"                      /* Declares readn() and writen() */

ssize_t
readn(int fd, void *buffer, size_t n)
{
    ssize_t numRead;                    /* # of bytes fetched by last read() */
    size_t totRead;                     /* Total # of bytes read so far */
    char *buf;

    buf = buffer;                       /* No pointer arithmetic on "void *" */
    for (totRead = 0; totRead < n; ) {
        numRead = read(fd, buf, n - totRead);

        if (numRead == 0)               /* EOF */
            return totRead;             /* May be 0 if this is first read() */
        if (numRead == -1) {
            if (errno == EINTR)
                continue;               /* Interrupted --> restart read() */
            else
                return -1;              /* Some other error */
        }
        totRead += numRead;
        buf += numRead;
```

```
    }
    return totRead;                        /* Must be 'n' bytes if we get here */
}

ssize_t
writen(int fd, const void *buffer, size_t n)
{
    ssize_t numWritten;                    /* # of bytes written by last write() */
    size_t totWritten;                     /* Total # of bytes written so far */
    const char *buf;

    buf = buffer;                          /* No pointer arithmetic on "void *" */
    for (totWritten = 0; totWritten < n; ) {
        numWritten = write(fd, buf, n - totWritten);

        if (numWritten <= 0) {
            if (numWritten == -1 && errno == EINTR)
                continue;                  /* Interrupted --> restart write() */
            else
                return -1;                 /* Some other error */
        }
        totWritten += numWritten;
        buf += numWritten;
    }
    return totWritten;                     /* Must be 'n' bytes if we get here */
}
```
── sockets/rdwrn.c

61.2　shutdown()系统调用

在套接字上调用 close()会将双向通信通道的两端都关闭。有时候，只关闭连接的一端也是有用处的，这样数据只能在一个方向上通过套接字传输。系统调用 shutdown()提供了这种功能。

```
#include <sys/socket.h>

int shutdown(int sockfd, int how);
```
                                    Returns 0 on success, or –1 on error

系统调用 shutdown()可以根据参数 how 的值选择关闭套接字通道的一端还是两端。参数 how 的值可以指定为如下几种。

SHUT_RD

关闭连接的读端。之后的读操作将返回文件结尾（0）。数据仍然可以写入到套接字上。在 UNIX 域流式套接字上执行了 SHUT_RD 操作后，对端应用程序将接收到一个 SIGPIPE 信号，如果继续尝试在对端套接字上做写操作的话将产生 EPIPE 错误。如 61.6.6 节中讨论的，SHUT_RD 对于 TCP 套接字来说没有什么意义。

SHUT_WR

关闭连接的写端。一旦对端的应用程序已经将所有剩余的数据读取完毕，它就会检测到文件结尾。后续对本地套接字的写操作将产生 SIGPIPE 信号以及 EPIPE 错误。而由对端写入的数据仍然可以在套接字上读取。换句话说，这个操作允许我们在仍然能读取对端发回给我们的数据时，通过文件结尾来通知对端应用程序本地的写端已经关闭了。SHUT_WR 操作在 ssh 和 rsh 中都有用到（参见[Stevens，1994]中的 18.5 节）。在 shutdown()中最常用到的操作就是 SHUT_WR，有时候也被称为半关闭套接字。

SHUT_RDWR

将连接的读端和写端都关闭。这等同于先执行 SHUT_RD，跟着再执行一次 SHUT_WR 操作。

除了参数 how 的语义之外，shutdown()同 close()之间的另一个重要区别是：无论该套接字上是否还关联有其他的文件描述符，shutdown()都会关闭套接字通道。（换句话说，shutdown()是根据打开的文件描述（open file description）来执行操作，而同文件描述符无关。见图 5-1。）例如，假设 sockfd 指向一个已连接的流式套接字，如果执行下列调用，那么连接依然会保持打开状态，我们仍然可以通过文件描述符 fd2 在该连接上做 I/O 操作。

```
fd2 = dup(sockfd);
close(sockfd);
```

但是，如果我们执行如下的调用，那么该连接的双向通道都会关闭，通过 fd2 也无法再执行 I/O 操作了。

```
fd2 = dup(sockfd);
shutdown(sockfd, SHUT_RDWR);
```

如果套接字文件描述符在 fork()时被复制，那么此时也会出现相似的场景。如果在 fork()调用之后，一个进程在描述符的副本上执行一次 SHUT_RDWR 操作，那么其他的进程就无法再在这个文件描述符上执行 I/O 操作了。

需要注意的是，shutdown()并不会关闭文件描述符，就算参数 how 指定为 SHUT_RDWR 时也是如此。要关闭文件描述符，我们必须另外调用 close()。

示例程序

程序清单 61-2 中的程序说明了应该如何使用 shutdown()的 SHUT_WR 操作。这个程序是 echo 服务的 TCP 客户端。（我们在 60.3 节中给出了一个 TCP echo 服务器程序）。为了简化实现，我们利用了 59.12 节中的 Internet 域套接字函数库。

> 有些 Linux 发行版中，默认情况下是没有启用 echo 服务的。因此我们必须在运行程序清单 61-2 中的程序之前先启动 echo 服务。一般来说，这个服务是通过 inetd(8)守护进程在内部实现的（见 60.5 节），要启动 echo 服务，我们必须编辑/etc/inetd.conf 文件，将对应于 UDP 和 TCP echo 服务的那两行去掉注释（见 60-5 节），然后发送一个 SIGHUP 信号给 inetd 守护进程。
>
> 许多发行版中都有提供更先进的 xinetd(8)，以此取代 inetd(8)。请参考 xinetd 的文档以获取信息，了解如何通过 xinetd 完成同样的任务。

该程序将运行 echo 服务的主机名称以命令行参数的方式传递。客户端执行一次 fork()调用，产生父子进程。

客户端父进程将标准输入的内容写到套接字上，这样就可以被 echo 服务器读取了。当父进程在标准输入上检测到文件结尾时，调用 shutdown()来关闭该套接字上的写端。这将导致 echo 服务器检测到文件结尾，此时 echo 服务就会关闭它这端的套接字（进而导致客户端子进程检测到文件结尾）。之后，父进程终止。

客户端子进程从套接字中读取 echo 服务器的响应，并回显到标准输出上。当在套接字上检测到文件结尾时，子进程终止。

当我们运行该程序时会看到类似下面的输出。

```
$ cat > tell-tale-heart.txt                        Create a file for testing
It is impossible to say how the idea entered my brain;
but once conceived, it haunted me day and night.
Type Control-D
$ ./is_echo_cl tekapo < tell-tale-heart.txt
It is impossible to say how the idea entered my brain;
but once conceived, it haunted me day and night.
```

程序清单 61-2：echo 服务的客户端程序

```
──────────────────────────────────────────────── sockets/is_echo_cl.c
#include "inet_sockets.h"
#include "tlpi_hdr.h"

#define BUF_SIZE 100

int
main(int argc, char *argv[])
{
    int sfd;
    ssize_t numRead;
    char buf[BUF_SIZE];

    if (argc != 2 || strcmp(argv[1], "--help") == 0)
        usageErr("%s host\n", argv[0]);

    sfd = inetConnect(argv[1], "echo", SOCK_STREAM);
    if (sfd == -1)
        errExit("inetConnect");

    switch (fork()) {
    case -1:
        errExit("fork");

    case 0:              /* Child: read server's response, echo on stdout */
        for (;;) {
            numRead = read(sfd, buf, BUF_SIZE);
            if (numRead <= 0)              /* Exit on EOF or error */
                break;
            printf("%.*s", (int) numRead, buf);
        }
        exit(EXIT_SUCCESS);

    default:             /* Parent: write contents of stdin to socket */
        for (;;) {
            numRead = read(STDIN_FILENO, buf, BUF_SIZE);
            if (numRead <= 0)              /* Exit loop on EOF or error */
                break;
            if (write(sfd, buf, numRead) != numRead)
                fatal("write() failed");
        }

        /* Close writing channel, so server sees EOF */

        if (shutdown(sfd, SHUT_WR) == -1)
```

```
            errExit("shutdown");
        exit(EXIT_SUCCESS);
    }
}
```

61.3　专用于套接字的 I/O 系统调用：recv()和 send()

recv()和 send()系统调用可在已连接的套接字上执行 I/O 操作。它们提供了专属于套接字的功能，而这些功能在传统的 read()和 write()系统调用中是没有的。

```
#include <sys/socket.h>

ssize_t recv(int sockfd, void *buffer, size_t length, int flags);
                    Returns number of bytes received, 0 on EOF, or –1 on error
ssize_t send(int sockfd, const void *buffer, size_t length, int flags);
                    Returns number of bytes sent, or –1 on error
```

recv()和 send()的返回值以及前 3 个参数同 read()和 write()一样。最后一个参数 flags 是一个位掩码，用来修改 I/O 操作的行为。对于 recv()来说，该参数可以为下列值相或的结果。

MSG_DONTWAIT

让 recv()以非阻塞方式执行。如果没有数据可用，那么 recv()不会阻塞而是立刻返回，伴随的错误码为 EAGAIN。我们可以通过 fcntl()把套接字设为非阻塞模式（O_NONBLOCK）从而达到相同的效果。区别在于 MSG_DONTWAIT 允许我们在每次调用中控制非阻塞行为。

MSG_OOB

在套接字上接收带外数据。我们将在 61.13.1 节中简要描述这个特性。

MSG_PEEK

从套接字缓冲区中获取一份请求字节的副本，但不会将请求的字节从缓冲区中实际移除。这份数据稍后可以由其他的 recv()或 read()调用重新读取。

MSG_WAITALL

通常，recv()调用返回的字节数比请求的字节数（由 length 参数指定）要少，而那些字节实际上还在套接字中。指定了 MSG_WAITALL 标记后将导致系统调用阻塞，直到成功接收到 length 个字节。但是，就算指定了这个标记，当出现如下情况时，该调用返回的字节数可能还是会少于请求的字节。这些情况是：（a）捕获到一个信号；（b）流式套接字的对端终止了连接；（c）遇到了带外数据字节（参见 61.13.1 节）；（d）从数据报套接字接收到的消息长度小于 length 个字节；（e）套接字上出现了错误。（MSG_WAITALL 标记可以取代我们在程序清单 61-1 中给出的 readn()函数，区别在于我们实现的 readn()函数在被信号处理例程中断后会重新得到调用。）

除了 MSG_DONTWAIT 之外，以上所有标记都在 SUSv3 中有规范。MSG_DONTWAIT 也存在于其他一些 UNIX 实现中。这个标记加入到套接字 API 的时间比较晚，在一些老式的实现中并不存在。

对于 send()，flags 参数可以是以下值相或的结果。

MSG_DONTWAIT

让 send()以非阻塞方式执行。如果数据不能立刻传输（因为套接字发送缓冲区已满），那么该调用不会阻塞，而是调用失败，伴随的错误码为 EAGAIN。和 recv()一样，可以通过对套接字设定 O_NONBLOCK 标记来实现同样的效果。

MSG_MORE（从 Linux 2.4.4 开始）

在 TCP 套接字上，这个标记实现的效果同套接字选项 TCP_CORK（见 61.4 节）完成的功能相同。区别在于该标记可以在每次调用中对数据进行栓塞处理。从 Linux 2.6 版以来，这个标记也可以用于数据报套接字，但所代表的意义有所不同。在连续的 send()或 sendto()调用中传输的数据，如果指定了 MSG_MORE 标记，那么数据会打包成一个单独的数据报。仅当下一次调用中没有指定该标记时数据才会传输出去。（Linux 也提供了类似的 UDP_CORK 套接字选项，这将导致在连续的 send()或 sendto()调用中传输的数据会累积成一个单独的数据报，当取消 UDP_CORK 选项时才会将其发送出去。）MSG_MORE 标记对 UNIX 域套接字没有任何效果。

MSG_NOSIGNAL

当在已连接的流式套接字上发送数据时，如果连接的另一端已经关闭了，指定该标记后将不会产生 SIGPIPE 信号。相反，send()调用会失败，伴随的错误码为 EPIPE。这和忽略 SIGPIPE 信号所得到的行为相同。区别在于该标记可以在每次调用中控制信号发送的行为。

MSG_OOB

在流式套接字上发送带外数据。参见 61.13.1 节。

以上标记中只有 MSG_OOB 在 SUSv3 中有规范。MSG_DONTWAIT 标记也在其他一些 UNIX 实现中出现过，而 MSG_NOSIGNAL 和 MSG_MORE 都是 Linux 专有的。

send(2)和 recv(2)的用户手册页中还描述了一些这里没有介绍到的标记。

61.4　sendfile()系统调用

像 Web 服务器和文件服务器这样的应用程序常常需要将磁盘上的文件内容不做修改地通过（已连接）套接字传输出去。一种方法是通过循环按照如下方式处理。

```
while ((n = read(diskfilefd, buf, BUZ_SIZE)) > 0)
    write(sockfd, buf, n);
```

对于许多应用程序来说，这样的循环是完全可接受的。但是，如果我们需要通过套接字频繁地传输大文件的话，这种技术就显得很不高效。为了传输文件，我们必须使用两个系统调用（可能需要在循环中多次调用）：一个用来将文件内容从内核缓冲区 cache 中拷贝到用户空间，另一个用来将用户空间缓冲区拷贝回内核空间，以此才能通过套接字进行传输。图 61-1 的左侧展示了这种场景。如果应用程序在发起传输之前根本不对文件内容做任何处理的话，那么这种两步式的处理就是一种浪费。系统调用 sendfile()被设计为用来消除这种低效性。如图 61-1 右侧所示，当应用程序调用 sendfile()时，文件内容会直接传送到套接字上，而不会经过用户空间。这种技术被称为零拷贝传输（zero-copy transfer）。

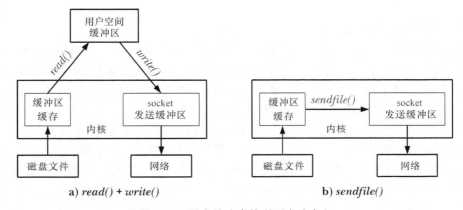

a) *read() + write()*　　　　　　　b) *sendfile()*

图 61-1：将文件内容传送到套接字上

```
#include <sys/sendfile.h>

ssize_t sendfile(int out_fd, int in_fd, off_t *offset, size_t count);
                        Returns number of bytes transferred, or –1 on error
```

系统调用 sendfile() 在代表输入文件的描述符 in_fd 和代表输出文件的描述符 out_fd 之间传送文件内容（字节）。描述符 out_fd 必须指向一个套接字。参数 in_fd 指向的文件必须是可以进行 mmap() 操作的。在实践中，这通常表示一个普通文件。这些局限多少限制了 sendfile() 的使用。我们可以使用 sendfile() 将数据从文件传递到套接字上，但反过来就不行。另外，我们也不能通过 sendfile() 在两个套接字之间直接传送数据。

> 如果 sendfile() 可以用来在两个普通文件之间传送字节，也可以获得性能上的优势。在 Linux 2.4 及早期版本中，out_fd 是可以指向一个普通文件的。内核底层实现做了修改之后意味着这种用法在 2.6 版的内核中消失了。但是，这个功能在今后的内核版本中可能会重新启用。

如果参数 offset 不是 NULL，它应该指向一个 off_t 值，该值指定了起始文件的偏移量，意即从 in_fd 指向的文件的这个位置开始，可以传输字节。这是一个传入传出参数（又叫值一结果参数）。在返回的值中，它包含从 in_fd 传输过来的紧靠着最后一个字节的下一个字节的偏移量[1]。在这里，serdfile() 不会更改 in_fd 的文件偏移量。

如果参数 offset 指定为 NULL 的话，那么从 in_fd 传的字节就从当前的文件偏移量处开始，且在传输时会更新文件偏移量以反映出已传输的字节数。

参数 count 指定了请求传输的字节数。如果在 count 个字节完成传输前就遇到了文件结尾符，那么只有文件结尾符之前的那些字节能传输。调用成功后，sendfile() 会返回实际传输的字节数。

SUSv3 中并没有指定 sendfile()。还有几种不同版本的 sendfile() 在其他 UNIX 实现中也存在，但参数列表一般同 Linux 下的 sendfile() 不同。

> 从 2.6.16 版内核开始，Linux 提供了 3 个新的（非标准的）系统调用——splice()，vmsplice() 以及 tee()——这些系统调用提供了 sendfile() 功能的超集。请参见用户手册页以获得更多细节。

---

[1] 译者注：原文为 "On return, it contains the offset of the next byte following the last byte that was transferred from in_fd."

TCP_CORK 套接字选项

要进一步提高 TCP 应用使用 sendfile() 时的性能，采用 Linux 专有的套接字选项 TCP_CORK 常常会很有帮助。例如，Web 服务器传送页面给浏览器，作为对请求的响应。Web 服务器的响应由两部分组成：HTTP 首部，也许会通过 write() 来输出；页面数据，可以通过 sendfile() 来输出。在这种场景下，通常会传输 2 个 TCP 报文段：HTTP 首部在第一个（非常小）报文段中，而页面数据在第二个报文段中发送。这对网络带宽的利用率是不够高效的。可能还会在发送和接收 TCP 报文时做些不必要的工作，因为在许多情况下 HTTP 首部和页面数据都比较小，足以容纳在一个单独的 TCP 报文段中。套接字选项 TCP_CORK 正是被设计为用来解决这种低效性。

当在 TCP 套接字上启用了 TCP_CORK 选项后，之后所有的输出都会缓冲到一个单独的 TCP 报文段中，直到满足以下条件为止：已达到报文段的大小上限、取消了 TCP_CORK 选项、套接字被关闭，或者当启用 TCP_CORK 后，从写入第一个字节开始已经经历了 200 毫秒。（如果应用程序忘记取消 TCP_CORK 选项，那么超时时间可确保被缓冲的数据能得以传输。）

我们通过 setsockopt() 系统调用（见 61.9 节）来启用或取消 TCP_CORK 选项。下面的代码（省略错误检查）说明了在我们假想的 HTTP 服务器例子中应该如何使用 TCP_CORK 选项。

```
int optval;

/* Enable TCP_CORK option on 'sockfd' - subsequent TCP output is corked
   until this option is disabled. */

optval = 1;
setsockopt(sockfd, IPPROTO_TCP, TCP_CORK, sizeof(optval));

write(sockfd, ...);                    /* Write HTTP headers */
sendfile(sockfd, ...);                 /* Send page data */

/* Disable TCP_CORK option on 'sockfd' - corked output is now transmitted
   in a single TCP segment. */

optval = 0
setsockopt(sockfd, IPPROTO_TCP, TCP_CORK, sizeof(optval));
```

在我们的应用中，通过构建一个单独的数据缓冲区，可以避免出现需要发送两个报文段的情况，之后可以通过一个单独的 write() 将缓冲区数据发送出去。（可选的方式是，我们可以通过 writev() 将两个独立的缓冲区结合为一次单独的输出操作。）但是，如果我们希望将 sendfile() 的零拷贝高效性和传输文件数据时在第一个报文段中包含 HTTP 首部信息的能力结合起来的话，那么我们需要用到 TCP_CORK。

> 在 61.3 节中，我们提到 MSG_MORE 标记提供了同 TCP_CORK 相似的功能，只是 MSG_MORE 是基于每次调用的（即，可以在每次调用中调整，而 TCP_CORK 是全局性的）。这并不一定是优点。我们可能会在套接字上设定 TCP_CORK 选项，之后通过调用另一个程序在继承而来的文件描述符上执行输出，此时不必知道 TCP_CORK 选项的存在。与之相反，如果使用 MSG_MORE 的话，需要显式地修改程序的源代码。
>
> FreeBSD 中的 TCP_NOPUSH 选项提供了类似于 TCP_CORK 的功能。

61.5 获取套接字地址

getsockname() 和 getpeername() 这两个系统调用分别返回本地套接字地址以及对端套接字地址。

```
#include <sys/socket.h>

int getsockname(int sockfd, struct sockaddr *addr, socklen_t *addrlen);
int getpeername(int sockfd, struct sockaddr *addr, socklen_t *addrlen);
```
Both return 0 on success, or –1 on error

对于这两个系统调用，sockfd 表示指向套接字的文件描述符，而 addr 是一个指向 sockaddr 结构体的指针，该结构体包含着套接字的地址。这个结构体的大小和类型取决于套接字域。Addrlen 是一个保存结果值的参数。在执行调用之前，addrlen 应该被初始化为 addr 所指向的缓冲区空间的大小。调用返回后，addrlen 中包含实际写入到这个缓冲区中的字节数。

getsockname()可以返回套接字地址族，以及套接字所绑定到的地址。如果套接字绑定到了另一个程序（比如 inetd(8)），且套接字文件描述符在经过 exec()调用后仍然得到保留，那么此时 getsockname()就能派上用场了。

当隐式绑定到一个 Internet 域套接字上时，如果我们想获取内核分配给套接字的临时端口号，那么调用 getsockname()也是有用的。内核会在出现如下情况时执行一个隐式绑定。

- 已经在 TCP 套接字上执行了 connect()或 listen()调用，但之前还没有通过 bind()绑定到一个地址上。
- 当在 UDP 套接字上首次调用 sendto()时，该套接字之前还没有绑定到地址上。
- 调用 bind()时将端口号（sin_port）指定为 0。这种情况下 bind()会为套接字指定一个 IP 地址，但内核会选择一个临时的端口号。

系统调用 getpeername()返回流式套接字连接中对端套接字的地址。如果服务器想找出发出连接的客户端地址，这个调用就特别有用，主要用于 TCP 套接字上。对端套接字的地址信息也可以在执行 accept()时获取，但是如果服务器进程是由另一个程序调用的，而 accept()是由该程序（比如 inetd）所执行，那么服务器进程可以继承套接字文件描述符，但由 accept()返回的地址信息就不存在了。

程序清单 61-3 中的程序说明了 getsockname()和 getpeername()的用法。该程序用到了我们在程序清单 59-9 中定义的函数，程序执行如下的步骤。

1. 通过 inetListen()函数创建监听套接字 listenFd，并绑定到通配 IP 地址上，端口号通过程序的命令行参数指定。（端口号可以以数字方式指定，也可以通过服务名称指定。）参数 len 返回该套接字域的地址结构体的长度。稍后会将 len 返回的值传递给 malloc()以分配一段缓冲区空间，这段空间用来保存 getsockname()和 getpeername()所返回的套接字地址。

2. 通过 inetConnect()函数创建第二个套接字 connFd。该套接字用来向第 1 步中创建的监听套接字发起连接请求。

3. 在监听套接字上调用 accept()以创建第 3 个套接字 acceptFd。该套接字同前一步中创建的套接字之间建立起连接。

4. 调用 getsockname()和 getpeername()获取本地（connFd）和对端（acceptFd）套接字的地址。在这两个调用之后，程序通过 inetAddressStr()函数将套接字地址转换为可打印的形式。

5. 让程序休眠几秒钟，这样我们可以运行 netstat 程序以确认套接字地址信息。（我们将在 61.7 节中描述 netstat。）

下面的 shell 会话展示了运行该程序的例子。

```
$ ./socknames 55555 &
getsockname(connFd):    (localhost, 32835)
getsockname(acceptFd): (localhost, 55555)
getpeername(connFd):    (localhost, 55555)
getpeername(acceptFd): (localhost, 32835)
[1] 8171
$ netstat -a | egrep '(Address|55555)'
Proto Recv-Q Send-Q Local Address      Foreign Address    State
tcp        0      0 *:55555            *:*                LISTEN
tcp        0      0 localhost:32835    localhost:55555    ESTABLISHED
tcp        0      0 localhost:55555    localhost:32835    ESTABLISHED
```

根据上面的输出，我们可以看到连接套接字（connFd）绑定到了临时端口 32835 上。netstat 命令为我们展示出了由程序创建的 3 个套接字的所有相关信息，并允许我们对两个连接套接字的端口信息进行确认，这两个套接字都处于 ESTABLISHED 状态（参见 61.6.3 节中描述）。

程序清单 61-3：使用 getsockname()和 getpeername()

———————————————————————————————— sockets/socknames.c

```c
#include "inet_sockets.h"              /* Declares our socket functions */
#include "tlpi_hdr.h"

int
main(int argc, char *argv[])
{
    int listenFd, acceptFd, connFd;
    socklen_t len;                     /* Size of socket address buffer */
    void *addr;                        /* Buffer for socket address */
    char addrStr[IS_ADDR_STR_LEN];

    if (argc != 2 || strcmp(argv[1], "--help") == 0)
        usageErr("%s service\n", argv[0]);

    listenFd = inetListen(argv[1], 5, &len);
    if (listenFd == -1)
        errExit("inetListen");

    connFd = inetConnect(NULL, argv[1], SOCK_STREAM);
    if (connFd == -1)
        errExit("inetConnect");

    acceptFd = accept(listenFd, NULL, NULL);
    if (acceptFd == -1)
        errExit("accept");

    addr = malloc(len);
    if (addr == NULL)
        errExit("malloc");

    if (getsockname(connFd, addr, &len) == -1)
        errExit("getsockname");
    printf("getsockname(connFd):    %s\n",
            inetAddressStr(addr, len, addrStr, IS_ADDR_STR_LEN));
    if (getsockname(acceptFd, addr, &len) == -1)
        errExit("getsockname");
    printf("getsockname(acceptFd): %s\n",
            inetAddressStr(addr, len, addrStr, IS_ADDR_STR_LEN));

    if (getpeername(connFd, addr, &len) == -1)
```

```
        errExit("getpeername");
    printf("getpeername(connFd):  %s\n",
            inetAddressStr(addr, len, addrStr, IS_ADDR_STR_LEN));
    if (getpeername(acceptFd, addr, &len) == -1)
        errExit("getpeername");
    printf("getpeername(acceptFd): %s\n",
            inetAddressStr(addr, len, addrStr, IS_ADDR_STR_LEN));

    sleep(30);                              /* Give us time to run netstat(8) */
    exit(EXIT_SUCCESS);
}
```

――――――――――――――――――――――――――――――――――― sockets/socknames.c

61.6 深入探讨 TCP 协议

　　了解一些 TCP 协议的操作细节有助于我们调试使用 TCP 套接字的应用程序，而且，在某些情况下还能使这样的应用变得更加高效。在接下来的几节中，我们将探讨：

- TCP 报文的格式；
- TCP 的确认机制；
- TCP 协议的状态机；
- TCP 连接的建立和终止；
- TCP 的 TIME_WAIT 状态。

61.6.1 TCP 报文的格式

　　图 61-2 展示了在一个 TCP 连接中两个结点之间交换的 TCP 报文格式。这些字段的含义如下。

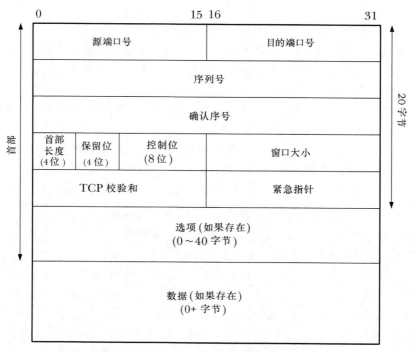

图 61-2：TCP 报文的格式

- 源端口号（source port number）：这是 TCP 发送端的端口号。
- 目的端口号（destination port number）：这是 TCP 接收端的端口号。
- 序列号（sequence number）：如 58.6.3 节中的描述所述，这是该报文的序列号，标识从 TCP 发端向 TCP 收端发送的数据字节流，它表示在这个报文段中的第一个数据字节上。
- 确认序号（acknowledgement number）：如果设定了 ACK 位（见下文），那么这个字段包含了接收方期望从发送方接收到的下一个数据字节的序列号。
- 首部长度（header length）：该字段用来表示 TCP 报文首部的长度，首部长度单位是 32 位。由于这个字段只占 4 个比特位，因此首部总长度最大可达到 60 字节（15 个字长）。该字段使得 TCP 接收端可以确定变长的选项字段（options）的长度，以及数据域的起始点。
- 保留位（reserved）：该字段包含 4 个未使用的比特位（必须置为 0）。
- 控制位（control bit）：该字段由 8 个比特位组成，能进一步指定报文的含义。
  - CWR：拥塞窗口减小标记（congestion window reduced flag）。
  - ECE：显式的拥塞通知回显标记（explicit congestion notification echo flag）。CWR 和 ECE 标记用在 TCP/IP 的显示拥塞通知（ECN）算法中。ECN 加入到 TCP/IP 的时间相对较新，在 RFC 3168 和[Floyd, 1994]中有详尽描述。Linux 自从 2.4 版内核以来就实现了 ECN，可以为 Linux 专有的文件/proc/sys/net/ipv4/tcp_ecn 设置一个非零值来开启这个功能。
  - URG：如果设置了该位，那么紧急指针字段包含的信息就是有效的。
  - ACK：如果设置了该位，那么确认序号字段包含的信息就是有效的（即，该字段可用来确认由对端发送过来的上一个数据）。
  - PSH：将所有收到的数据发给接收的进程。RFC993 和[Stevens, 1994]中描述了这个标记。
  - RST：重置连接。该字段用来处理多种错误情况。
  - SYN：同步序列号。在建立连接时，双方需要交换设置了该位的报文。这样使得 TCP 连接的两端可以指定初始序列号，稍后用于在双向传输数据。
  - FIN：发送端提示已经完成了发送任务。

可以在报文段中设定多个控制位（或者全都不设置），使得单个报文段能用于多种用途。例如，稍后我们将看到在建立 TCP 连接时，报文段会同时设置 SYN 和 ACK。

- 窗口大小（window size）：该字段用在接收端发送 ACK 确认时提示自己可接受数据的空间大小。（该字段同滑动窗口机制有关，在 58.6.3 节中有简要描述。）
- 校验和（checksum）：16 位的检验和包括 TCP 首部和 TCP 的数据域。

> TCP 校验和不只包含 TCP 首部和数据域，还包含了常被称为 TCP 伪首部的 12 个字节。伪首部由如下部分组成：源地址和目的地址 IP（各占 4 字节）；2 字节用来指定 TCP 报文的大小（这个值是计算出来的，但既不属于 IP 首部也不属于 TCP 首部）；TCP/IP 协议族中针对 TCP 的唯一协议号，单字节，值为 6；以及 1 个字节的填充码，该字节全为 0（这样伪首部的长度就是 16 位的整数倍了）。在计算校验和时要包含伪首部的原因是允许 TCP 的接收端可以重新核对接收到的报文是否已经到达正确的目的地（即，IP 层没有错误地将应该发往另一台主机的数据报接收，或者将应该发往另一个上层协议的数据包转发给了 TCP 层）。UDP 计算校验和的方式和原因都类似于 TCP。请参见[Stevens, 1994]以获取有关伪首部的细节信息。

- 紧急指针（Urgent pointer）：如果设定了 URG 位，那么就表示从发送端到接收端传输的数据为紧急数据。我们将在 61.13.1 节中简单讨论紧急数据。
- 选项（Options）：这是一个变长的字段，包含了控制 TCP 连接操作的选项。
- 数据（Data）：这个字段包含了该报文段中传输的用户数据。如果报文段没有包含任何数据的话，这个字段的长度就为 0（例如，如果只是一个简单的 ACK 报文）。

61.6.2　TCP 序列号和确认机制

每个通过 TCP 连接传送的字节都由 TCP 协议分配了一个逻辑序列号。（在一条连接中，双向数据流都有各自的序列号。）当传送一个报文时，该报文的序列号字段被设为该传输方向上的报文段数据域第一个字节的逻辑偏移。这样 TCP 接收端就可以按照正确的顺序对接收到的报文段重新组装，并且当发送一个确认报文给发送端时就表明自己接收到的是哪一个数据。

要实现可靠的通信，TCP 采用了主动确认的方式。也就是，当一个报文段被成功接收后，TCP 接收端会发送一个确认消息（即，设置了 ACK 位的报文段）给 TCP 发送端，如图 61-3 所示。该消息的确认序号字段被设置为接收方所期望接收的下一个数据字节的逻辑序列号。（换句话说，确认序号字段的值就是上一个成功收到的数据字节的序列号加 1。）

当 TCP 发送端发送报文时会设置一个定时器。如果在定时器超时前没有接收到确认报文，那么该报文会重新发送。

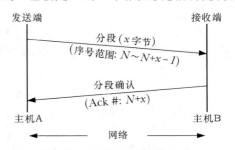

图 61-3：TCP 协议的确认机制

> 图 61-3 以及稍后出现的相似的图示旨在说明两个结点间交换的 TCP 报文。从上到下看这些图时，倾斜的箭头隐含表示了发送报文所需的时间。

61.6.3　TCP 协议状态机以及状态迁移图

维护一个 TCP 连接需要同步协调这个连接的两端。为了减小这项任务的复杂度，TCP 结点以状态机的方式来建模。这意味着 TCP 结点可以处于一组固定状态中的其中一种，并且根据对事件的响应来从一种状态迁移到另一种状态。比如可根据 TCP 上层的应用程序所执行的系统调用，又或者是从对端 TCP 结点接收到了 TCP 报文。TCP 的状态有如下几种。

- LISTEN：TCP 正等待从对端 TCP 结点发来的连接请求。
- SYN_SENT：TCP 发送了一个 SYN 报文，代表应用程序执行了一个主动打开的操作，并等待对端回应以此完成连接的建立。
- SYN_RECV：之前处于 LISTEN 状态的 TCP 结点收到了对端发送的 SYN 报文，并已经通过发送 SYN/ACK 报文做出了响应（即，这个 TCP 报文同时设置了 SYN 和 ACK 位），正等待对端 TCP 结点发送一个 ACK 以此完成连接的建立。
- ESTABLISHED：与对端 TCP 结点间的连接建立完成。数据报文此时可以在两个 TCP 结点间双向交换。
- FIN_WAIT1：应用程序关闭了连接。TCP 结点发送一个 FIN 报文到对端，以此终止本端的连接，并等待对端发来的 ACK。这个状态以及接下来的 3 种状态都与应用程序执行主动关闭有关——也就是，首先关闭本端连接的应用程序。

- **FIN_WAIT2**：之前处于 FIN_WAIT1 状态的 TCP 节点现在已经收到了对端 TCP 结点发来的 ACK。

- **CLOSING**：之前处于 FIN_WAIT1 状态的 TCP 节点正在等待对端发送 ACK，但却收到了 FIN。这表示对端也正在尝试执行一个主动关闭。（换句话说，这两个 TCP 结点几乎在同一时刻发送了 FIN 报文。这种情况非常罕见。）

- **TIME_WAIT**：完成主动关闭后，TCP 结点接收到了 FIN 报文。这表示对端执行了一个被动关闭。此时这个 TCP 结点将在 TIME_WAIT 状态中等待一段固定的时间，这是为了确保 TCP 连接能够可靠地终止，同时也是为了确保任何老的重复报文在重新建立同样的连接之前在网络中超时消失。（我们将在 61.6.7 节中详细解释 TIME_WAIT 状态的细节。）当这个固定的时间段超时后，连接就关闭了，相关的内核资源都得到释放。

- **CLOSE_WAIT**：TCP 结点从对端收到 FIN 报文后将处于 CLOSE_WAIT 状态。该状态以及接下来的一个状态都同应用程序执行的被动关闭有关，也就是第二个执行关闭操作的应用。

- **LAST_ACK**：应用程序执行被动关闭，而之前处于 CLOSE_WAIT 状态的 TCP 结点发送一个 FIN 报文给对端，并等待对端的确认。当收到对端发来的确认 ACK 报文时，连接关闭，相关的内核资源都会得到释放。

除了上述这些状态外，RFC 793 中还增加了一个虚拟的状态 CLOSED，代表没有连接时的状态（即，没有内核资源被分配来描述一个 TCP 连接）。

> 在上述列表中，我们对 TCP 各个状态的名词拼写采用的是 Linux 内核源码中的写法。这同 RFC 793 中的拼写稍有区别。

图 61-4 展示了 TCP 协议的状态迁移图。（这张图基于 RFC 793 以及 [Stevens et al., 2004] 中的图表。）这张图展示了一个 TCP 节点通过响应各种事件从一种状态迁移到另一种状态。每个箭头表示一种可能出现的迁移，并以触发这个迁移的相应事件做了标记。这个标记要么是应用程序做执行的操作（以粗体表示），要么是字符串 recv，表示从对端接收到一个报文。当 TCP 节点从一种状态迁移到另一种状态时，可能会发送报文到对端节点，这种现象由 send 标志来标记。例如从 ESTABLISHED 到 FIN_WAIT1 状态的迁移，箭头表示触发迁移的事件是本地应用程序执行 close() 所产生，在迁移过程中，TCP 节点发送一个 FIN 报文到对端。

在图 61-4 中，客户端 TCP 节点通常的迁移路径以重实线箭头表示，而服务器端 TCP 节点通常的迁移路径以重虚线箭头表示。（以其他箭头表示的路径比较少经历。）观察路径中箭头括号里的数字，我们可以看到由两个 TCP 结点发送和接收的报文彼此之间互为倒影镜像。（在 ESTABLISHED 状态之后，如果是由服务器执行主动关闭，那么服务器端 TCP 节点和客户端 TCP 节点所经过的路径可能与图中所示的恰好相反。）

> 图 61-4 并没有展示出 TCP 状态机所有可能的迁移路径，只是说明了那些我们主要感兴趣的部分。更详细的 TCP 状态迁移图可以在 http://www.cl.cam.ac.uk/~pes20/Netsem/poster.pdf 找到。

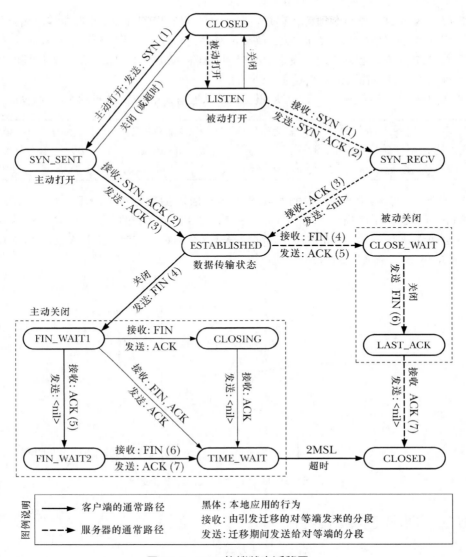

图 61-4：TCP 协议状态迁移图

61.6.4 TCP 连接的建立

在套接字 API 层，两个流式套接字通过以下步骤来建立连接（参见图 56-1）。

1. 服务器调用 listen()在套接字上执行被动打开，然后调用 accept()阻塞服务器进程直到连接建立完成。

2. 客户端调用 connect()在套接字上执行主动打开，以此来同服务器端的被动打开套接字之间建立连接。

TCP 协议建立连接所执行的步骤请参见图 61-5。这几个步骤通常被称为 3 次握手，因为在两个 TCP 结点间有 3 个报文需要传递。步骤如下。

1. connect()调用导致客户端 TCP 结点发送一个 SYN 报文到服务器端 TCP 结点。这个报文将告知服务器有关客户端 TCP 结点的初始序列号（在图中以 M 来标记）。这个信息是必要的，因为序列号不会从 0 开始，参见 58.6.3 节。

2. 服务器端 TCP 结点必须确认客户端发送来的 TCP SYN 报文，并告知客户端自己的初始序列号（在图中以 N 来标记）。（需要两个序列号是因为流式套接字是双向的。）服务器端 TCP 结点返回一个同时设定了 SYN 和 ACK 控制位的报文，这样就能同时执行这两种操作。（我们说 ACK 承载在 SYN 上。）

3. 客户端 TCP 结点发送一个 ACK 报文来确认服务器端 TCP 结点的 SYN 报文。

在 3 次握手中，前两个步骤中交换的 SYN 报文可能会包含 TCP 首部中的 options 字段信息，这是用来确定连接的多个相关参数的。请参见[Stevens et al., 2004]、[Stevens, 1994]以及[Wright & Stevens, 1995]以获取更多细节。

图 61-5 中尖括号中的标记（例如<LISTEN>）表示 TCP 连接中任意一侧的状态。

SYN 标记占据了序列号字段中的 1 个字节，这么做是必要的，因为设定了 SYN 位的报文可能还会包含数据字节，因此这样才能准确确认这个标记。这就是为什么在图 61-5 中我们通过 ACK M+1 报文来确认 SYN M。

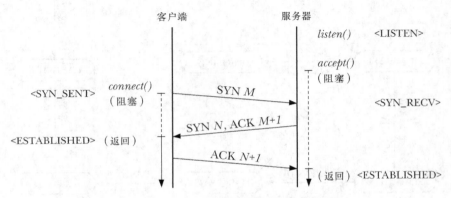

图 61-5：TCP 连接建立时的 3 次握手

61.6.5　TCP 连接的终止

关闭一个 TCP 连接通常会以如下几种方式进行。

1. 在一个 TCP 连接中，　其中一端的应用程序执行 close()调用。（通常是由客户端发起，但这并不是必须的。）我们说这个应用程序正在执行一个主动关闭。

2. 稍后，连接另一端的应用程序（服务器）也执行一个 close()调用。这被称为被动关闭。

图 61-6 展示了 TCP 协议所执行的相关步骤（这里，我们假设是由客户端发起主动关闭）。步骤如下。

1. 客户端执行一个主动关闭，这将导致客户端 TCP 结点发送一个 FIN 报文给服务器。

2. 在接收到 FIN 报文后，服务器端 TCP 结点发出 ACK 报文作为响应。之后在服务器端，任何对 read()操作的尝试都会产生文件结尾（即返回 0）。

3. 稍后，当服务器关闭自己这端的连接时，服务器端 TCP 结点发送 FIN 报文到客户端。

4. 客户端 TCP 结点发送 ACK 报文作为响应，以此来确认服务器端发来的 FIN 报文。

以 SYN 标记为例，基于同样的理由，FIN 标记也会占据序列号字段的 1 个字节。这就是为什么我们在图 61-6 中展示对 FIN M 报文的确认时，确认报文应该是 ACK M+1。

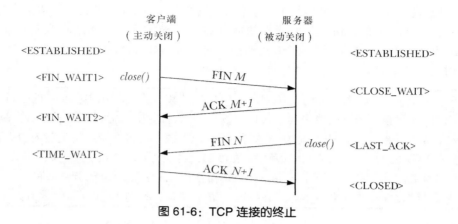

图 61-6：TCP 连接的终止

61.6.6　在 TCP 套接字上调用 shutdown()

在前一节的讨论中我们假设完成的是全双工的关闭，那就是说，应用程序通过 close() 将 TCP 套接字的发送和接收通道都关闭了。如 61.2 节中所提到的，我们可以使用 shutdown() 来只关闭连接的其中一个通道（半双工的关闭）。本节对 TCP 套接字上 shutdown() 操作的一些细节之处做了说明。

在 61.6.5 节中我们谈到将参数 how 指定为 SHUT_WR 或者 SHUT_RDWR 时将开始 TCP 连接的终止步骤（即，主动关闭），而不管是否还有其他的文件描述符指向这个套接字。一旦终止步骤开始，本地 TCP 结点将迁移到 FIN_WAIT1 状态，然后进入 FIN_WAIT2 状态，同时对端 TCP 结点将迁移到 CLOSE_WAIT 状态（见图 61-6）。如果参数 how 指定为 SHUT_WR，那么由于套接字文件描述符还保持合法，而且连接的读端仍然是打开的，因此对端可以继续发送数据给我们。

SHUT_RD 在 TCP 套接字中是没有实际意义的操作。这是因为大多数 TCP 协议的实现中都没有为 SHUT_RD 提供所期望的行为，而且 SHUT_RD 产生的效果在不同的实现中各有不同。在 Linux 以及一些其他的实现中，在执行 SHUT_RD 操作后（在剩余的数据全部被读取完毕后），read() 将返回文件结尾，这是我们对 SHUT_RD 操作所期望的行为，见 61.2 节的描述。但是，如果对端应用程序稍后在该套接字上写入数据时，那么仍然可能在本地套接字上读取到数据。

在其他一些实现中（例如 BSD），SHUT_RD 确实会导致后续的 read() 总是返回 0。但是，在那些实现中，如果对端继续通过 write() 向套接字写入数据，那么数据通道最终会被填满，直到对端的 write()（阻塞式）被阻塞。（在 UNIX 域流式套接字中，如果在本地套接字上执行 SHUT_RD 操作后仍然继续向套接字上写入数据，那么对端将接收到 SIGPIPE 信号，且伴随的错误码为 EPIPE。）

总的来说，对于可移植的 TCP 应用程序来说，应该避免使用 SHUT_RD 操作。

61.6.7　TIME_WAIT 状态

TCP 协议中的 TIME_WAIT 状态在网络编程中常常会引起理解上的混乱。参考图 61-4，我们可以看到 TCP 在这个状态下正在执行一个主动关闭。TIME_WAIT 状态的存在主要基于两个目的。

- 实现可靠的连接终止。

- 让老的重复的报文段在网络中过期失效，这样在建立新的连接时将不再接收它们。

TIME_WAIT 状态区别于其他状态的地方在于：导致从该状态迁移到其他状态（到 CLOSED 状态）的事件是超时。这个超时时间为 2 倍的 MSL（2MSL），这里的 MSL（报文最大生存时间）是 TCP 报文在网络中的最大生存时间。

> IP 首部中有一个 8 位的生存时间字段（TTL），如果在报文从源主机到目的主机间传递时，在规定的跳数（经过的路由器）内报文没有到达目的地，那么该字段用来确保所有的 IP 报文最终都会被丢弃。MSL 是 IP 报文在超过 TTL 限制前可在网络中生存的最大估计时间。由于 TTL 只有 8 位，因此允许最大跳数为 255 跳。通常，IP 报文在完成整个转发过程中需要的跳数比这个最大值要小很多。当路由器出现几种特定类型的异常（例如，路由器配置问题）导致报文在网络中循环直到超过了 TTL 限制，此时 IP 报文就会遇到这个限制。

BSD 的套接字实现假设 MSL 为 30 秒，而 Linux 遵循了 BSD 规范。因而，Linux 上的 TIME_WAIT 状态将持续 60 秒。但是，RFC 1122 建议 MSL 的值为 2 分钟，因此在遵循了这个建议的实现中，TIME_WAIT 状态将持续 4 分钟。

通过观察图 61-6，现在我们可以理解 TIME_WAIT 状态的第一个目的了——确保能可靠地终止连接。在这个图中，我们可以看到在终止 TCP 连接时有 4 个报文需要交换。其中最后一个 ACK 报文是从执行主动关闭的一方发往执行被动关闭的一方。现在假设这个 ACK 在网络中被丢弃了，如果发生了这种情况，那么执行 TCP 被动关闭的一方最终会重传它的 FIN 报文。让执行 TCP 主动关闭的一方保持在 TIME_WAIT 状态一段时间，可以确保它在这种情况下可以重新发送最后的 ACK 确认报文。如果执行主动关闭的一方已经不存在了，那么——由于它不再持有关于连接的任何状态信息——TCP 协议将针对对端重发的 FIN 发送一个 RST（重置）给执行被动关闭的一方以作为响应。而这个 RST 会被解释为一个错误。（这就解释了为何 TIME_WAIT 状态的持续时间为 2 倍的 MSL：1 个 MSL 时间留给最后的 ACK 确认报文到达对端 TCP 结点，另一个 MSL 时间留给必须发送的 FIN 报文。）

> 执行被动关闭的一方并不需要一个功能上相当于 TIME_WAIT 的状态。因为在连接终止时，被动关闭的一方是作为发起者开始进行最后的报文交换。在发送了 FIN 报文后，这个 TCP 结点将等待对端发来的 ACK 确认，如果在 ACK 到达之前超时了就重传 FIN。

要理解 TIME_WAIT 状态的第二个目的——确保老的重复的报文在网络中过期失效——我们必须记住 TCP 协议采用的重传算法意味着可能会生成重复的报文，并且根据路由的选择，这些重复的报文可能会在连接已经终止后才到达。假设我们在两个套接字地址之间有一条 TCP 连接，比如说 204.152.189.116 端口 21(FTP 服务的端口)，以及 200.0.0.1 端口 50000。同时假设这条连接已经关闭了，而之后使用同样的 IP 和端口重新建立新的连接。这可以看做是原来连接的新化身。在这种情况下，TCP 必须确保上一次连接中老的重复报文不会在新的连接中被当成合法数据接收。当有 TCP 结点处于 TIME_WAIT 状态时是无法通过该结点创建新的连接的，这样就阻止了新连接的建立。

在网络论坛中常会看到的一个问题是如何关闭 TIME_WAIT 状态，因为当重新启动的服务器进程尝试将套接字绑定到处于 TIME_WAIT 状态的地址上时，会导致出现 EADDRINUSE 的错误（"地址已使用"）。尽管的确有办法可以关闭 TIME_WAIT 状态（参见[Stevens et al., 2004]），并且也有办法可以让 TCP 结点从 TIME_WAIT 状态中过早地终止（参见[Snader, 2000]），但还是应该避免这么做。因为这么做会阻碍 TIME_WAIT 状态所提供的可靠性保证。

在 61.10 节中，我们会看到 SO_REUSEADDR 套接字选项，这个选项可用来避免常常会遇到的 EADDRINUSE 错误，同时仍然允许 TIME_WAIT 状态提供其可靠性保证。

61.7　监视套接字：netstat

netstat 程序可以显示系统中 Internet 和 UNIX 域套接字的状态。当编写套接字应用程序时，netstat 是个非常有用的调试工具。大多数 UNIX 实现都会提供一种版本的 netstat，尽管在不同的实现中命令行参数的语法有些差别。

默认情况下，当执行 netstat 时如果不给出命令行选项，那么它会同时显示出 UNIX 域和 Internet 域已连接的套接字信息。我们可以通过一些命令行选项来改变所显示的信息。其中一些选项如表 61-1 所示。

表 61-1：netstat 命令的选项

选　项	描　述
-a	显示所有套接字的信息，包括监听套接字
-e	显示出扩展信息（包括套接字属主的用户 ID）
-c	连续重新显示套接字信息（每秒刷新显示一次）
-l	只显示监听套接字的信息
-n	显示 IP 地址、端口号并以数字形式显示出用户名称
-p	显示进程 ID 号以及套接字所归属的程序名称
--inet	显示 Internet 域套接字的信息
--tcp	显示 Internet 域 TCP（流）套接字的信息
--udp	显示 Internet 域 UDP（数据报）套接字的信息
--unix	显示 UNIX 域套接字的信息

这里有个简单的例子，我们使用 netstat 来列出当前系统上所有的 Internet 域套接字信息，下面是输出。

```
$ netstat -a --inet
Active Internet connections (servers and established)
Proto Recv-Q Send-Q Local Address      Foreign Address    State
tcp        0      0 *:50000            *:*                LISTEN
tcp        0      0 *:55000            *:*                LISTEN
tcp        0      0 localhost:smtp     *:*                LISTEN
tcp        0      0 localhost:32776    localhost:58000    TIME_WAIT
tcp    34767      0 localhost:55000    localhost:32773    ESTABLISHED
tcp        0 115680 localhost:32773    localhost:55000    ESTABLISHED
udp        0      0 localhost:61000    localhost:60000    ESTABLISHED
udp      684      0 *:60000            *:*
```

对于每个 Internet 域套接字，我们可以看到如下的信息。

- Proto：表示套接字所使用的协议——例如 tcp 或 udp。
- Recv-Q：表示套接字接收缓冲区中还未被本地应用读取的字节数。对于 UDP 套接字来说，该字段不只包含数据，还包含 UDP 首部及其他元数据所占的字节。
- Send-Q：表示套接字发送缓冲区中排队等待发送的字节数。和 Recv-Q 字段一样，对于 UDP 套接字，该字段还包含了 UDP 首部和其他元数据所占的字节。
- Local Address：该字段表示套接字绑定到的地址，以主机 IP:端口号的形式表示。默认情况下，主机地址和端口号都以名称形式来显示，除非数值形式无法解析到对应的主机和服务名称。地址中主机部分的星号（*）表示这是一个通配 IP 地址。

- Foreign Address：这是对端套接字所绑定的地址。字符串*:*表示没有对端地址。
- State：表示当前套接字所处的状态。对于 TCP 套接字来说，这就是 61.6.3 节中描述的那些状态中的其中一种。

要获得更多细节，请参阅 netstat(8)用户手册页。

目录/proc/net 中有多个专属于 Linux 的文件，这些文件允许程序读取到同 netstat 的输出类似的信息。这些文件名称为 tcp、udp、tcp6、udp6 以及 unix，意义非常明显。要得到更多的细节，请参阅 proc(5)用户手册页。

61.8　使用 tcpdump 来监视 TCP 流量

tcpdump 是一个很有用的调试工具，可以让超级用户监视网络中的实时流量，实时生成文本信息，这些文本信息所表达的意思类似于 61-3 的图示。尽管工具的名称是 tcpdump，但实际上它可以用来显示所有类型的 TCP/IP 数据包流量（例如，TCP 报文、UDP 数据报以及 ICMP 报文）。对于每个网络报文，tcpdump 都会显示出像时间戳、源 IP 地址、目的 IP 地址以及更多协议特有的细节信息。可以根据协议类型、源和目的 IP 地址、端口号以及其他一些标准来选择需要监视的数据包。全部的细节可以在 tcpdump 的用户手册页中找到。

> wireshark（之前叫做 ethereal，http://www.wireshark.org/）程序可完成同 tcpdump 类似的任务，但流量信息是通过图形界面来显示的。

对于每个 TCP 报文，tcpdump 都会按照如下方式显示。

src > *dst*: *flags data-seqno ack window urg <options>*

这些字段的含义如下。

- src: 表示源 IP 地址和端口号。
- dst: 表示目的 IP 地址和端口号。
- flags: 该字段包含的内容为零个或多个下列字符的组合，每个字符对应于一个 TCP 控制位，61.6.1 节中已描述过，它们是 S（SYN）、F（FIN）、P（PSH）、R（RST）、E（ECE）以及 C（CWR）。
- data-seqno: 该字段表示这个数据包中的序列号范围。

> 默认情况下，序列号范围的显示与该方向上所监视的数据流的第一个字节相关。tcpdump 的-S 选项可以让序列号以绝对格式显示。

- ack: 这是一个形式为"ack num"的字符串，表示连接的另一端所期望的下一个字节的序列号。
- window: 这是一个形式为"win num"的字符串，表示在这条连接相反方向上用于传输的接收缓冲区的空间大小。
- urg: 这是一个形式为"urg num"的字符串，表示报文段在指定的偏移上包含紧急数据。
- options: 这个字符串描述了包含在该报文段中的任意 TCP 选项。

其中 src、dst 和 flags 字段总是会显示。其他剩余的字段只在合适的时候才会显示。

下面的 shell 会话展示了应该如何使用 tcpdump 来监视客户端（运行于主机 pukaki 上）和服务器（运行在主机 tekapo 上）之间的流量。在这个 shell 会话中，我们用了两个 tcpdump 的选项，使得输出信息变得更为简洁。-t 选项取消了时间戳信息的显示，-N 选项使得在显示主机名时去掉了域名限定。此外，为了简洁而且由于我们不会对 TCP 的各个选项做细致的描述，我们从 tcpdump 的输出中去掉了 options 字段。

服务器工作于 55555 端口上，因此我们的 tcpdump 命令应该选择那个端口上的流量。输出显示了在建立连接时所交换的 3 个报文。

```
$ tcpdump -t -N 'port 55555'
IP pukaki.60391 > tekapo.55555: S 3412991013:3412991013(0) win 5840
IP tekapo.55555 > pukaki.60391: S 1149562427:1149562427(0) ack 3412991014 win 5792
IP pukaki.60391 > tekapo.55555: . ack 1 win 5840
```

这三个报文是在三次握手时交换的 SYN、SYN/ACK 以及 ACK（参见图 61-5）。

在接下来的输出中，客户端发送给服务器两条消息，分别包含有 16 和 32 字节。而服务器每次都响应一条 4 字节的消息。

```
IP pukaki.60391 > tekapo.55555: P 1:17(16) ack 1 win 5840
IP tekapo.55555 > pukaki.60391: . ack 17 win 1448
IP tekapo.55555 > pukaki.60391: P 1:5(4) ack 17 win 1448
IP pukaki.60391 > tekapo.55555: . ack 5 win 5840
IP pukaki.60391 > tekapo.55555: P 17:49(32) ack 5 win 5840
IP tekapo.55555 > pukaki.60391: . ack 49 win 1448
IP tekapo.55555 > pukaki.60391: P 5:9(4) ack 49 win 1448
IP pukaki.60391 > tekapo.55555: . ack 9 win 5840
```

对于每个数据包，我们都可以看到 ACK 报文在相反的方向上发送。

最后，我们看看在连接终止时所交换的报文（首先由客户端关闭它这一端的连接，然后再由服务器关闭另一端）。

```
IP pukaki.60391 > tekapo.55555: F 49:49(0) ack 9 win 5840
IP tekapo.55555 > pukaki.60391: . ack 50 win 1448
IP tekapo.55555 > pukaki.60391: F 9:9(0) ack 50 win 1448
IP pukaki.60391 > tekapo.55555: . ack 10 win 5840
```

上述输出展示了在连接终止过程中所交换的报文（见图 61-6）。

61.9 套接字选项

套接字选项能影响到套接字操作的多个功能。在本书中，我们在众多的套接字选项中只介绍了其中几个选项。涵盖大多数标准套接字选项的详细讨论可以在[stevens et al., 2004]中找到。请参阅 tcp(7)、udp(7)、ip(7)、socket(7)以及 unix(7)的用户手册页以得到更多 Linux 上特有的细节信息。

系统调用 setsockopt()和 getsockopt()是用来设定和获取套接字选项的。

```
#include <sys/socket.h>

int getsockopt(int sockfd, int level, int optname, void *optval,
               socklen_t *optlen);
int setsockopt(int sockfd, int level, int optname, const void *optval,
               socklen_t optlen);
```
                                    Both return 0 on success, or –1 on error

对于 setsockopt() 和 getsockopt() 来说，参数 sockfd 代表指向套接字的文件描述符。

参数 level 指定了套接字选项所适用的协议——比如，IP 或者 TCP。对于本书中我们描述的大多数套接字选项来说，level 都会设为 SOL_SOCKET，这表示选项作用于套接字 API 层。

参数 optname 标识了我们希望设定或取出的套接字选项。参数 optval 是一个指向缓冲区的指针，用来指定或者返回选项的值。根据选项的不同，这个参数可以是一个指向整数或结构体的指针。

参数 optlen 指定了由 optval 所指向的缓冲区空间大小（字节数）。对于 setsockopt() 来说，这个参数是按值传递的。对于 getsockopt() 来说，optlen 是一个保存结果值的参数。在调用之前，我们将 optlen 初始化为由 optval 所指向的缓冲区空间大小值；调用返回后，该参数被设为实际写入到缓冲区中的字节数。

61.11 节中已经详细说明了由 accept() 返回的套接字文件描述符从监听套接字中继承了可设定的套接字选项值。

套接字选项与打开的文件描述相关联（参见图 5-2）。这表示通过 dup() 或 fork() 调用复制而来的文件描述符副本同原始的文件描述符一起共享套接字选项集合。

套接字选项的一个简单例子是 SO_TYPE，可以用来找出套接字的类型，比如：

```
int optval;
socklen_t optlen;

optlen = sizeof(optval);
if (getsockopt(sfd, SOL_SOCKET, SO_TYPE, &optval, &optlen) == -1)
    errExit("getsockopt");
```

经过这个调用之后，optval 就包含了套接字类型——比如，SOCK_STREAM 或者 SOCK_DGRAM。在通过 exec() 继承了套接字文件描述符的程序中，比如由 inetd 所调用的程序，这种情况下该调用会很有用——因为程序可能并不知道它继承而来的套接字是什么类型。

SO_TYPE 是只读套接字选项的一个例子。不能用 setsockopt() 来修改套接字类型。

61.10　SO_REUSEADDR 套接字选项

SO_REUSEADDR 套接字选项可用作多种用途（见[Stevens et al., 2004]第 7 章以获得更多细节）。我们这里只关注一种最常见的用途：避免当 TCP 服务器重启时，尝试将套接字绑定到当前已经同 TCP 结点相关联的端口上时出现的 EADDRINUSE（地址已使用）错误。这个问题通常会在下面两种情况中出现。

- 之前连接到客户端的服务器要么通过 close()，要么是因为崩溃（例如被信号杀死）而执行了一个主动关闭。这就使得 TCP 结点将处于 TIME_WAIT 状态，直到 2 倍的 MSL 超时过期为止。
- 之前，服务器先创建一个子进程来处理客户端的连接。稍后，服务器终止，而子进程继续服务客户端，因而使得维护的 TCP 结点使用了服务器的知名端口号（well-known port）。

在以上两种情况中，剩下的 TCP 结点无法接受新的连接。尽管如此，针对这两种情况，默认情况下大多数的 TCP 实现会阻止新的监听套接字绑定到服务器的知名端口上。

> EADDRINUSE 错误在客户端上不常出现，因为它们一般使用的是临时端口，这些临时端口不会是当前处于 TIME_WAIT 状态下的那些端口。但是，如果客户端绑定到一个指定的端口上，那么还是会遇到这个错误。

要理解 SO_REUSEADDR 套接字选项的操作，回到我们早先针对流式套接字（见 56.5 节）的电话类比上会很有帮助。就像打电话一样（忽略电话会议的概念），一个 TCP 套接字连接通过一对互联的结点来标识。accept() 操作就类似于公司内部总机（"服务器"）的接线员。当有新的电话打进来时，接线员将它转接到公司某个内部的电话上（"一个新的套接字"）。从外部来看是没法找出那个内部电话的。当多个外部打来的电话都通过总机来处理时，唯一可以区别它们的方法就是通过外部电话的电话号码和总机号码的组合。（当考虑到可能会有多个公司的总机处于同一个电话网络时，总机号码也是必须要知道的。）类比来看，每次当我们在监听套接字上接受一个套接字连接时都会创建出一个新的套接字。唯一可区分它们的方法是通过它们所连接到的不同的对端套接字。

换句话说，一个已连接的 TCP 套接字是由一个 4 元组（即，4 个值的联合）来唯一标识的，形式如下。

{ local-IP-address, local-port, foreign-IP-address, foreign-port }

TCP 规范要求每个这样的 4 元组都是唯一的，也就是说只有一个对应的连接（"打来的电话"）可以存在。问题是大多数实现（包括 Linux）都强制施加了一个更为严格的约束：如果主机上有任何可匹配到本地端口的 TCP 连接，则本地端口不能被重用（即，对 bind() 的调用）。正如本节开头描述的场景，甚至当 TCP 不能再接受新的连接时这条规定也是强制执行的。

启用 SO_REUSEADDR 套接字选项可以解放这个限制，使得更接近 TCP 的需求。默认情况下该选项的值为 0，表示被关闭。我们可以在绑定套接字之前为该选项设定一个非零值来启用它，见程序清单 61-4。

在本节开头描述的两种情况下，尽管有另一个 TCP 结点绑定到了同一个端口上，我们也可以通过设定 SO_REUSEADDR 选项允许我们将套接字绑定到这个本地端口上。大多数 TCP 服务器都应该开启这个选项。在程序清单 59-6 和程序清单 59-9 中我们已经看过一些使用这个选项的例子了。

程序清单 61-4：设定 SO_REUSEADDR 套接字选项

```
int sockfd, optval;

sockfd = socket(AF_INET, SOCK_STREAM, 0);
if (sockfd == -1)
    errExit("socket");

optval = 1;
if (setsockopt(sockfd, SOL_SOCKET, SO_REUSEADDR, &optval,
        sizeof(optval)) == -1)
    errExit("socket");

if (bind(sockfd, &addr, addrlen) == -1)
    errExit("bind");
if (listen(sockfd, backlog) == -1)
    errExit("listen");
```

61.11　在 accept() 中继承标记和选项

多种标记和设定都可以同打开的文件描述和文件描述符（见 5.4 节）相关联起来。此外，如 61.9 节所述，我们可以为套接字设定多个选项。如果将这些标记和选项设定在监听套接字上，它们会通过由 accept()返回的新套接字所继承吗？本节我们将描述其中的细节。

在 Linux 上，如下这些属性是不会被 accept()返回的新的文件描述符所继承的。

- 同打开的文件描述相关的状态标记——即，可以通过 fcntl()的 F_SETFL（见 5.3 节）操作所修改的标记。这些标记包括 O_NONBLOCK 和 O_ASYNC。
- 文件描述符标记——可以通过 fcntl()的 F_SETFD 操作来修改的标记。唯一一个这样的标记是执行中关闭（close-on-exec）标记（FD_CLOEXEC，27.4 节中有描述）。
- 与信号驱动 I/O（见 63.3 节）相关联的文件描述符属性，如 fcntl()的 F_SETOWN（属主进程 ID）以及 F_SETSIG（生成信号）操作。

换句话说，由 accept()返回的新的描述符继承了大部分套接字选项，这些选项可以通过 setsockopt()来设定（见 61.9 节）。

本节描述的一些细节在 SUSv3 中并没有规定，有关 accept()返回的新的连接套接字的继承规则在不同的 UNIX 实现中也有所区别。最需要注意的是，在一些 UNIX 实现中，如果打开的文件状态标记如 O_NONBLOCK 和 O_ASYNC 设定在了监听套接字上，那么它们会被 accept()返回的新的套接字所继承。为了满足可移植性，可能需要显式地在 accept()返回的新套接字上重新设定这些属性。

61.12　TCP vs.UDP

鉴于 TCP 可提供可靠的数据传输而 UDP 无法保证这一点，一个明显的问题出现了："那为何还要用 UDP 呢？"这个问题的答案在[Stevens et al., 2004]的第 22 章中已经有所涉及。这里，我们总结了一些引导我们选择 UDP 而不是 TCP 的原因。

- UDP 服务器能从多个客户端接收数据报（并可以向它们发送回复），而不必为每个客户端创建和终止连接（即，使用 UDP 传送单条消息的开销比使用 TCP 要小）。
- 对于简单的请求——响应式通信，UDP 的速度比 TCP 要快。因为 UDP 不需要建立和终止连接。[Stevens, 1996]附录 A 中记录了在最好的情况下使用 TCP 需要的时间是：

    2 * RTT + SPT

在这个公式中，RTT 表示往返时间（发送一个请求并接收响应所需要的时间），而 SPT 表示服务器端处理请求所用的时间。（在广域网中，SPT 的值可能会比 RTT 小。）对于 UDP 来说，最好情况下单个请求响应通信所用的时间为：

    RTT + SPT

同 TCP 相比少了一个 RTT 时间。由于主机之间的 RTT 时间受长距离（比如跨洲际）或许多中间路由器的影响，这个数值一般可达到数个十分之一秒。这个时间上的差距使得 UDP 成为某些请求——响应式通信中更有吸引力的方案。DNS 就是一个应用 UDP 的绝好例子——采用 UDP 使得域名查找操作只需要在服务器间双向各发送一个数据报就可以了。

- UDP 套接字上可以进行广播和组播处理。广播允许发送端发送的数据报能在接入到该网络中的所有主机的相同端口上接收到。组播也类似，只是组播只允许数据报发送到指定的一组主机上。更多细节请参阅[Stevens et al., 2004]中的第 21 章和第 22 章。
- 某些特定类型的应用（例如，视频流和音频流）不需要 TCP 提供的可靠性也能工作在可接受的程度内。换句话说，当报文在传输过程中丢弃，TCP 尝试重传所造成的延时可能是无法接受的。（在视频流中出现延时可能比简单的丢包更严重。）因而，这样的应用更倾向于使用 UDP，并在应用程序中采用特定的恢复策略来应对偶尔会出现的丢包现象。

使用 UDP 但又需要可靠性保证的应用程序必须自行实现可靠性保障功能。通常，这至少需要序列号、确认机制、丢包重传以及重复报文检测。[Stevens et al., 2004]中给出了一个实现好的例子。但是，如果还需要更高级的功能如流量控制和拥塞控制的话，那么最好还是直接使用 TCP。在 UDP 之上实现所有这些功能是非常复杂的，就算真的实现得很好，结果也很可能达不到 TCP 的性能。

61.13 高级功能

UNIX 和 Internet 域套接字还有许多我们在本书中没有详细介绍到的功能。我们在本节中对其中一些功能做了总结。要获得全部的细节，请参阅[Stevens et al., 2004]。

61.13.1 带外数据

带外数据是流式套接字的一种特性，允许发送端将传送的数据标记为高优先级。也就是说，接收端不需要读取字节流中所有的中间数据就能获得有可用的带外数据的通知。这个特性在许多程序中都有用到，比如 telnet、rlogin 以及 ftp，它们利用该特性来终止之前传送的命令。带外数据的发送和接收需要在 send()和 recv()中指定 MSG_OOB 标记。当一个套接字接收到带外数据可用的通知时，内核为套接字的属主（通常是使用该套接字的进程）生成 SIGURG 信号，如同 fcntl()的 F_SETOWN 操作一样。

当采用 TCP 套接字时，任意时刻最多只有 1 字节数据可被标记为带外数据。如果在接收端处理完前一个带外数据字节之前，发送端发送了额外的带外数据，那么之前对带外数据的通知就会丢失。

> TCP 将带外数据限制为一个字节，这实际上是在套接字 API 的通用型带外模型和采用 TCP 紧急模式的具体实现之间的不匹配造成的。我们在 61.6.1 节中介绍 TCP 报文的格式时就接触到了 TCP 的紧急模式。TCP 通过在首部中设定 URG 标志位来表示有紧急（带外）数据存在，并将紧急指针字段指向了紧急数据。但是，TCP 本身没有办法指明紧急数据序列的长度，因此就认为紧急数据只由一个字节组成。
>
> 更多关于 TCP 紧急数据的信息可以在 RFC 793 中找到。

在某些 UNIX 实现中，UNIX 域流式套接字是支持带外数据的，而 Linux 不支持。

现如今是不提倡使用带外数据的，在某些情况下它可能是不可靠的（参见[Gont & Yourtchenko, 2009]）。另外一种方法是维护两个流式套接字用作通信。其中一个用来做普通的通信，而另一个用来做高优先级通信。应用程序可以采用 63 章中描述过的其中一种技术来同时监视这两个通道。这种方法允许让多个字节的优先级数据得到传送。此外，这种技术可以用在任何通信域的流式套接字中（比如 UNIX 域套接字）。

61.13.2 sendmsg()和 recvmsg()系统调用

sendmsg()和 recvmsg()是套接字 I/O 系统调用中最为通用的两种。sendmsg()系统调用能做到所有 write()、send()以及 sendto()能做到的事；recvmsg()系统调用能做到所有 read()、recv()以及 recvfrom()能做到的事。此外，这两个系统调用还有如下功能。

- 同 readv()和 writev()（见 5.7 节）一样，我们可以执行分散-聚合 I/O（scatter-gather I/O）。当我们通过 sendmsg()在数据报套接字上聚合输出时（或者在一个已连接的数据报套接字上执行 writev()），就生成一个单独的数据报。相反，recvmsg()（以及 readv()）可用来在数据报套接字上分散输入，将单个数据报分散到多个用户空间缓冲区中。
- 我们可以传送包含特定于域的辅助数据（也称为控制信息）。辅助数据可以通过流式和数据报式套接字来传递。我们会在下面介绍一些有关辅助数据的例子。

> Linux 2.6.33 版新增了一个系统调用 recvmmsg()。该系统调用类似于 recvmsg()，但允许在单个系统调用中接收多个数据报。当应用程序需要处理的网络流量很高时，这可以减小应用程序中的系统调用开销。在未来的内核版本中很有可能会增加一个类似于 sendmmsg() 这样的系统调用。

61.13.3　传递文件描述符

通过 sendmsg()和 recvmsg()，我们可以在同一台主机上通过 UNIX 域套接字将包含文件描述符的辅助数据从一个进程传递到另一个进程上。以这种方式可以传递任意类型的文件描述符——比如，从 open()或 pipe()返回得到的文件描述符。一个同套接字更相关的例子是：主服务器可以在 TCP 监听套接字上接受客户端连接，然后将返回的文件描述符传递给进程池中的其中一个成员上（见 60.4 节），这些成员由服务器的子进程组成。之后，子进程就可以响应客户端的请求了。

虽然这种技术通常称为传递文件描述符，但实际上在两个进程间传递的是对同一个打开文件描述的引用（见图 5-2）。在接收进程中使用的文件描述符号一般和发送进程中采用的文件描述符号不同。

> 随本书发布的源码中，子目录 sockets 中的 scm_rights_send.c 和 scm_rights_recv.c 文件中给出了传递文件描述符的例子。

61.13.4　接收发送端的凭据

另一个使用辅助数据的例子是通过 UNIX 域套接字接收发送端的凭证。这些凭证由发送端进程的用户 ID、组 ID 以及进程 ID 组成。发送端可能会将自己的用户 ID 和组 ID 设置为相对应的实际用户 ID、有效用户 ID 或者保存设置 ID。这样使得接收端进程可以在同一台主机上验证发送端。要获得更多的细节，请参阅 socket(7)和 unix(7)用户手册页。

与传递文件凭证不同，有关发送端的凭证传递并没有在 SUSv3 中规定。除了 Linux 之外，一些现代的 BSD 系统中实现了这个特性（这里的凭证结构体中包含的信息比 Linux 上的多），但是很少有其他的 UNIX 实现带有这个特性。有关 FreeBSD 上的凭证传递的细节描述可在 [Stevens et al., 2004]中找到。

在 Linux 上，一个特权级进程如果需要传递的凭证的话，可以将用户 ID、组 ID 和进程 ID 分别伪造成 CAP_SETUID、CAP_SETGID 和 CAP_SYS_ADMIN。

> 随本书发布的源码中，子目录 sockets 中的 scm_cred_send.c 和 scm_cred_recv.c 文件中给出了传递凭证的例子。

61.13.5 顺序数据包套接字

顺序数据包套接字（Sequenced-packet sockets）结合了流式套接字和数据报套接字的功能。

- 同流式套接字一样，顺序数据包套接字也是面向连接的。建立连接的方式和流式套接字一样，也是通过 bind()、listen()、accept() 和 connect() 调用。
- 同数据报套接字一样，顺序数据包套接字也是保留消息边界的。在顺序数据包套接字上调用 read() 只会返回一条消息（由对端写入）。如果消息比调用者提供的缓冲区还要长，那么剩余的字节会被丢弃。
- 与流式套接字一样，而不同于数据报套接字的是：顺序数据包套接字之间的通信是可靠的。消息会以无错误、按顺序、不重复的方式传递到对端应用程序上，且可以保证消息会到达对端（假设没有出现系统或应用程序崩溃或者网络过载的现象）。

顺序数据包套接字也是通过 socket() 调用来创建的，需要将参数 type 指定为 SOCK_SEQPACKET。

在历史上，Linux 同大多数 UNIX 实现一样，并没有在 UNIX 域或是 Internet 域提供对顺序数据包套接字的支持。但是，从 2.6.4 版内核开始，Linux 在 UNIX 域套接字上支持了 SOCK_SEQPACKET。

在 Internet 域上，UDP 和 TCP 协议都不支持 SOCK_SEQPACKET，但 SCTP 协议（将在下一节介绍）是支持的。

本书中我们没有给出一个使用顺序数据包套接字的例子。但是，除了会预留消息边界外，在使用上它同流式套接字并没有什么不同。

61.13.6 SCTP 以及 DCCP 传输层协议

SCTP 和 DCCP 是两个新的传输层协议，有可能在将来变得越来越普及。

流控制传输协议（SCTP，http://www.sctp.org/）被设计来专门支持电话信号，但同时也具有通用的用途。同 TCP 一样，SCTP 提供了可靠、双向、面向连接的传输。与 TCP 不同的是，SCTP 预留了消息边界。SCTP 的特点就是支持多条数据流，这样就允许多个逻辑上的数据流通过一条单独的连接来传递。

有关 SCTP 的描述可在[Stewart & Xie, 2001]、[Stevens et al., 2004]以及 RFC 4960、3257 和 3286 上找到。

自从 2.6 内核以来，Linux 也开始支持 SCTP。更多关于该特性的实现信息可在 http://lksctp.sourceforge.net/上找到。

前面的章节全面地描述了套接字 API，我们将 Internet 域的流式套接字同 TCP 等同起来。但是，SCTP 提供了一种可选的协议来实现流式套接字，只要按照如下形式创建套接字即可。

```
socket(AF_INET, SOCK_STREAM, IPPROTO_SCTP);
```

从 2.6.14 版内核开始，Linux 支持了一种新的数据报协议——数据报拥塞控制协议（DCCP）。同 TCP 一样，DCCP 也提供拥塞控制能力（应用层就没必要实现拥塞控制了），防止由于数据报的快速传递而使网络过载。（我们在 58.6.3 节中描述 TCP 协议时解释了什么是拥塞控制。）但是，与 TCP 不同的是（类似于 UDP），DCCP 对于可靠性或按序传递并不做任何保证，因而可以让不需要用到这些特性的应用程序避免承担所经历的延时。关于 DCCP 的信息可在 http://www.read.cs.ucla.edu/dccp/和 RFC 4336 以及 4340 中找到。

61.14 总结

在许多情况下，当在流式套接字上执行 I/O 操作时会出现部分读取和部分写入的现象。我们给出了两个函数 readn() 以及 writen() 的实现，它们可用来确保将缓冲区中的数据完整地读取或写入。

shutdown() 系统调用对连接终止提供了更加精细的控制。通过调用 shutdown()，无论是否有其他打开的文件描述符指向套接字，我们都可以强行关闭双向通信流的其中一端或两端。

同 read() 和 write() 一样，recv() 和 send() 也可用来在套接字上执行 I/O 操作，但需要提供一个额外的参数 flags，该参数用来控制特定于套接字的 I/O 功能。

系统调用 sendfile() 允许我们高效地将文件内容拷贝到套接字上。获得高效性的原因在于我们不需要将文件数据在用户内存空间中来回拷贝，而 read() 和 write() 则需要这么处理。

系统调用 getsockname() 和 getpeername() 可以分别获取套接字绑定的本地地址以及连接的对端套接字地址。

我们对 TCP 协议的一些操作细节做了讨论，包括 TCP 的状态、TCP 状态迁移图以及 TCP 连接的建立和终止。作为讨论的一部分，我们了解了为什么 TIME_WAIT 状态在 TCP 的可靠性保证中占据了重要的部分。尽管当重启服务器时，这个状态可以导致出现"地址已经使用"的错误。之后我们学习了 SO_REUSEADDR 套接字选项可用来避免出现这个错误，同时让 TIME_WAIT 状态达到其预期的目的。

netstat 和 tcpdump 命令是用来监视和调试使用套接字的应用程序的优秀工具。

系统调用 getsockopt() 和 setsockopt() 可用来获取和修改影响套接字操作的相关选项。

在 Linux 上，当 accept() 调用返回一个新创建的套接字时，它并不会继承监听套接字上的与信号驱动 I/O 相关的打开文件状态标记、文件描述符标记以及文件描述符属性。但是，可以继承已设定的套接字选项。我们也提到了在 SUSv3 规范中，对于这些继承规则的细节并没有做说明，这些规则在不同的实现中有所不同。

尽管 UDP 没有提供 TCP 那样的可靠性保证，我们也了解到了对于某些应用程序来说为什么 UDP 是更加合适的选择。

最后，我们列出了一些套接字编程中的高级特性，本书并没有对此做详细的描述。

更多信息

请参阅 59.15 节中列出的更多信息来源。

61.15 练习

61-1. 假设修改了程序清单 61-2（is_echo_cl.c）中的程序，使得程序不使用 fork() 创建两个子进程并行处理，相反只采用一个进程首先将标准输入拷贝到套接字，然后读取服务器端的响应。运行这个客户端程序时可能会出现什么问题？（参考图 58-8。）

61-2. 通过 socketpair() 来实现 pipe()。利用 shutdown() 来确保得到的管道是单向的。

61-3. 通过 read()、write() 和 lseek() 来实现 sendfile() 的替代品。

61-4. 如果在调用 bind() 之前先在 TCP 套接字上调用 listen()，那么内核会为套接字分配一个临时端口号。编写一个程序，利用 getsockname() 来显示这个结果。

61-5. 编写一个客户端和服务器程序，使得客户端能够在服务器所在的主机上执行任意的 shell 命令。（如果这个应用中没有实现任何安全机制，你应该确保运行该服务器的用户账户不会被恶意用户利用并造成破坏。）客户端应该接受两个命令行参数：

```
$ ./is_shell_cl server-host 'some-shell-command'
```

在连接到服务器之后，客户端将给定的命令发送到服务器，然后通过调用 shutdown() 关闭本地套接字的写端，这样服务器会检测到文件结尾。服务器应该在单独的子进程中处理每个到来的连接（即，采用并发型设计）。对于每个到来的连接，服务器应该从套接字中读取命令（直到检测到文件结尾），之后调用一个 shell 进程来执行命令。这里给出两个提示。

- 参见 27.7 节中对 system() 的实现，以此作为如何执行一个 shell 命令的例子。
- 通过调用 dup2()，将套接字复制到标准输出和标准错误输出上，被执行的命令会自动写入到套接字上。

61-6. 61.13.1 节中提到还有一种其他的方法可处理带外数据。可以在客户端和服务器之间创建两条套接字连接：一条连接用于处理普通数据，另一条用于处理优先级数据。编写客户端和服务器程序来实现这个框架。这里有一些提示。

- 服务器需要通过某些方法获知哪两个套接字是属于同一个客户端的。一种办法是让客户端先创建一个使用临时端口的监听套接字（即，绑定到端口 0 上）。在获得了监听套接字的临时端口号后（通过调用 getsockname()），客户端将"普通"的套接字连接到服务器的监听套接字上，并发送一条包含了客户端监听套接字端口号的消息给服务器。之后客户端等待服务器利用客户端的监听套接字在相反的方向上建立一条用于处理"优先级"数据的连接。（服务器可以在针对普通连接的 accept() 调用中获取到客户端的 IP 地址。）

- 实现一些安全保护机制，防止恶意进程尝试连接到客户端的监听套接字上。要做到这点，客户端可以通过普通套接字发送一个 cookie（即，某种类型的唯一标识消息）给服务器。之后服务器将这个 cookie 通过优先级套接字返回给客户端，以便客户端验证。

- 为了试验将普通的和优先级数据从客户端传送到服务器，你需要在服务器端利用 select() 或者 poll()（在 63.2 节中描述）对两个套接字的输入实现多路复用。

第**62**章

终端

历史上，用户接入一个 UNIX 系统都是通过串行线（RS-232 连接）连接到一个终端上的。终端由阴极射线管（CRT）组成，能够显示出字符，而且在某些情况下可以显示出基本图形。一般来说，CRT 能提供单色 24 行 80 列的显示效果。按照当今的标准，这些 CRT 体积很小且昂贵。甚至在更早的时期，终端有时候还是硬拷贝电传设备。串行线也可以用来连接其他的设备，比如打印机和用来在计算机之间互连的调制解调器。

> 在早期的 UNIX 系统上，连接到系统上的终端由字符型设备来表示，名称以/dev/ttyn 的形式给出。（在 Linux 上，/dev/ttyn 设备是系统上的虚拟控制台。）我们常会看到 tty（源自 teletype）作为终端的缩写形式。

尤其是在 UNIX 的早期时代，终端设备并没有统一的标准。这意味着不同的字符序列需要执行类似移动光标到一行的开头，或者移动光标到屏幕中央这样的操作。（终于有些设备商实现了这样的转义序列——例如，Digitals 的 VT-100 成为了事实上的标准，最终成为了 ANSI 标准。但是，依然还存在着各种各样的终端类型。）由于缺乏统一的标准，这就意味着很难编写可移植的程序来利用终端的特性。vi 编辑器是早期有着这种可移植性需求的例子。termcap和 terminfo 数据库（在[Strang et al., 1988]中有描述）中的制表操作应该如何针对多种类型的终端执行各式各样的屏幕控制操作呢？curses 库（[Strang, 1986]）正是为了应对这种缺失的标准应运而生。

如今传统型终端已经不常见了。现代 UNIX 系统的常用接口是高性能位映射图形显示器上的 X Window 窗口管理器。（老式的终端所提供的功能大致上等同于一个单独的终端窗口——xterm 终端或其他类似的产品——运行在 X Window 系统之上。这种终端的用户只有一个单独的面向系统的"窗口"，这一事实是由 34.7 节中描述的开发作业控制设施所驱动的。）同样的，如今许多直接连接到计算机上的设备（例如打印机）都是带有网络连接的智能型设备。

以上所述都是在说如今面向终端设备的编程已经不像以前那么频繁了。因此，本章把重点放在终端编程上，尤其是与软件终端模拟器相关的方面（例如 xterm 及类似的模拟器）。

本章只对串行线做了简单的介绍，本章末尾提供了关于串口编程的进一步信息。

62.1　整体概览

传统型终端和终端模拟器都需要同终端驱动程序相关联，由驱动程序负责处理设备上的输入和输出。（如果是终端模拟器，这里的设备就是一个伪终端。我们在第 64 章介绍了伪终端。）终端驱动程序可以由本章中介绍的函数来控制其多个方面的操作。

当执行输入时，驱动程序可以工作在以下两种模式下。

- 规范模式：在这种模式下，终端的输入是按行来处理的，而且可进行行编辑操作。每一行都由换行符来结束，当用户按下回车键时可产生换行符。在终端上执行的 read() 调用只会在一行输入完成之后才会返回，且最多只会返回一行。（如果 read() 请求的字节数少于当前行中的可用字节，那么剩下的字节在下次 read() 调用时可用。）这是默认的输入模式。
- 非规范模式：终端输入不会被装配成行。像 vi、more 和 less 这样的程序会将终端置于非规范模式，这样不需要用户按下回车键它们就能读取到单个的字符了。

终端驱动程序也能对一系列的特殊字符做解释，比如中断字符（通常为 Ctrl-C）以及文件结尾符（通常是 Ctrl-D）。当有信号为前台进程组产生时，又或者是程序在从终端读取时出现某种类型的输入条件，此时就可能会出现这样的解释操作。将终端置于非规范模式下的程序通常也会禁止处理某些或者所有这些特殊字符。

终端驱动程序会对两个队列做操作（参见图 62-1）：一个用于从终端设备将输入字符传送到读取进程上，另一个用于将输出字符从进程传送到终端上。如果开启了终端回显功能，那么终端驱动程序会自动将任意的输入字符插入到输出队列的尾部，这样输入字符也会成为终端的输出。

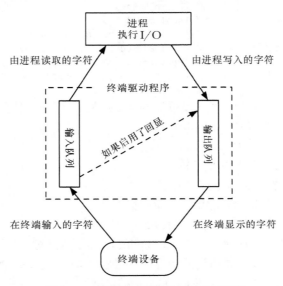

图 62-1：终端设备的输入和输出队列

SUSv3 规定了 MAX_INPUT 上限，在实现中可用来表示终端输入队列的最大长度。还有一个相关的上限 MAX_CANON，定义了处于规范模式下一行输入的最大字节数。在 Linux

上，sysconf(_SC_MAX_INPUT)和 sysconf(_SC_MAX_CANON)都会返回 255。但是，内核实际上并不会采用这些限制，而只是简单地在输入队列上加上了 4096 字节的限制。相对的，输出队列上也有一个这样的限制。然而应用程序不需要关心这些限制，这是因为如果一个进程产生输出的速度比终端驱动程序处理的速度还要快的话，内核会暂停执行写进程，直到输出队列的空间再次可用为止。

在 Linux 上，我们通过调用 ioctl(fd, FIONREAD, &cnt)来获取终端输入队列中的未读取字节数，文件描述符 fd 指向的就是终端。这个特性在 SUSv3 中并没有规定。

62.2 获取和修改终端属性

函数 tcgetattr()和 tcsetattr()可以用来获取和修改终端的属性。

```
#include <termios.h>

int tcgetattr(int fd, struct termios *termios_p);
int tcsetattr(int fd, int optional_actions, const struct termios *termios_p);
```

                                     Both return 0 on success, or −1 on error

参数 fd 是指向终端的文件描述符。（如果 fd 不指向终端，调用这些函数就会失败，伴随的错误码为 ENOTTY。）

参数 termios_p 是一个指向结构体 termios 的指针，用来记录终端的各项属性。

```
struct termios {
    tcflag_t c_iflag;          /* Input flags */
    tcflag_t c_oflag;          /* Output flags */
    tcflag_t c_cflag;          /* Control flags */
    tcflag_t c_lflag;          /* Local modes */
    cc_t     c_line;           /* Line discipline (nonstandard)*/
    cc_t     c_cc[NCCS];       /* Terminal special characters */
    speed_t  c_ispeed;         /* Input speed (nonstandard; unused) */
    speed_t  c_ospeed;         /* Output speed (nonstandard; unused) */
};
```

结构体 termios 中的前 4 个字段都是位掩码（数据类型 tcflag_t 是合适大小的整数类型），包含有可控制终端驱动程序各方面操作的标志。

*   c_iflag 包含控制终端输入的标志。
*   c_oflag 包含控制终端输出的标志。
*   c_cflag 包含与终端线速的硬件控制相关的标志。
*   c_lflag 包含控制终端输入的用户界面的标志。

所有在上述字段中用到的标志都列在表 62-2 中。

c_line 字段指定了终端的行规程（line discipline）。为了达到对终端模拟器编程的目的，行规程将一直设为 N_TTY，也就是所谓的新规程。这是内核中处理终端的代码中的一个组件，实现了规范模式下的 I/O 处理。行规程的设定同串口编程有关。

数组 c_cc 包含着终端的特殊字符（中断、挂起等），以及用来控制非规范模式下输入操作的相关字段。数据类型 cc_t 是无符号整型，适合于保存这些值。常整数 NCCS 指定了数组中的元素个数。我们在 62.4 节中会对终端特殊字符进行描述。

c_ispeed 和 c_ospeed 字段在 Linux 上没有使用到（并且也没有在 SUSv3 中规定）。我们将在 62.7 节中讲解 Linux 是如何保存终端线速的。

> 随着时间的推移，第 7 版及早期的 BSD 终端驱动程序（也称作 tty 驱动）已经得到了发展，它只用了不到 4 个不同的数据结构来代表同 termios 结构体相同的信息。System V 用一个单独的结构体 termio 取代了这种巴洛克式的组织方式。最初的 POSIX 委员会选定了 System V 的 API 作为标准，在这个过程中将其改名为 termios。

当通过 tcsetattr() 来修改终端属性时，参数 optional_actions 用来确定何时这些修改将生效。该参数可以被指定为下列值中的一种。

TCSANOW

修改立刻得到生效。

TCSADRAIN

当所有当前处于排队中的输出已经传送到终端之后，修改得到生效。通常，该标志应该在修改影响终端的输出时才会指定，这样我们就不会影响到已经处于排队中、但还没有显示出来的输出数据。

TCSAFLUSH

该标志的产生的效果同 TCSADRAIN，但是除此之外，当标志生效时那些仍然等待处理的输入数据都会被丢弃。这个特性很有用，比如，当读取一个密码时，此时我们希望关闭终端回显功能，并防止用户提前输入。

通常（也是推荐做法）修改终端属性的方法是调用 tcgetattr() 来获取一个包含有当前设定的 termios 结构体，然后调用 tcsetattr() 将更新后的结构体传回给驱动程序。（这种方法可确保我们传递给 tcsetattr() 的是一个完全初始化过的结构体。）例如，我们可以采用下列代码将终端的回显功能关闭。

```
struct termios tp;

if (tcgetattr(STDIN_FILENO, &tp) == -1)
    errExit("tcgetattr");
tp.c_lflag &= ~ECHO;
if (tcsetattr(STDIN_FILENO, TCSAFLUSH, &tp) == -1)
    errExit("tcsetattr");
```

如果任何一个对终端属性的修改请求可以执行的话，函数 tcsetattr() 将返回成功；它只会在没有任何修改请求能执行时才会返回失败。这意味着当我们修改多个属性时，有时可能有必要再调用一次 tcgetattr() 来获取新的终端属性，并同之前的修改请求做对比。

> 在 34.7.2 节中，我们注明了如果 tcsetattr() 由后台进程组中的一个进程调用的话，那么终端驱动程序会通过发送 SIGTTOU 信号来暂停这个进程组。因此，如果从孤儿进程组中调用的话，tcsetattr() 会失败，伴随的错误码为 EIO。同样的道理也适用于本章中描述的多个其他的函数，包括 tcflush()、tcflow()、tcsendbreak() 以及 tcdrain()。
>
> 在早期的 UNIX 实现中，终端属性是通过 ioctl() 来访问的。和本章描述的其他几个函数一样，函数 tcgetattr() 和 tcsetattr() 都是在 POSIX 中创建的，被设计用来解决由于在 ioctl() 中第三个参数没法做类型检查的问题。在 Linux 上，和其他许多 UNIX 实现一样，这些库函数是在 ioctl() 层之上的。

62.3 stty 命令

stty 命令是以命令行的形式来模拟函数 tcgetattr() 和 tcsetattr() 的功能，允许我们在 shell 上检视和修改终端属性。当我们监视、调试或者取消程序修改的终端属性时，这个工具非常有用。

我们可以采用如下的命令检视所有终端的当前属性（这里是在一个虚拟控制台上执行的）。

```
$ stty -a
speed 38400 baud; rows 25; columns 80; line = 0;
intr = ^C; quit = ^\; erase = ^?; kill = ^U; eof = ^D; eol = <undef>;
eol2 = <undef>; start = ^Q; stop = ^S; susp = ^Z; rprnt = ^R;
werase = ^W; lnext = ^V; flush = ^O; min = 1; time = 0;
-parenb -parodd cs8 hupcl -cstopb cread -clocal -crtscts
-ignbrk brkint -ignpar -parmrk -inpck -istrip -inlcr -igncr icrnl ixon -ixoff
-iuclc -ixany imaxbel -iutf8
opost -olcuc -ocrnl onlcr -onocr -onlret -ofill -ofdel nl0 cr0 tab0 bs0 vt0 ff0
isig icanon iexten echo echoe echok -echonl -noflsh -xcase -tostop -echoprt
echoctl echoke
```

上述输出的第一行显示出了终端的线速（比特每秒）、终端的窗口大小以及以数值形式给出的行规程（0 代表 N_TTY，即新行规程）。

接下来的 3 行显示出了有关各种终端特殊字符的设定。^C 表示 Ctrl-C，以此类推。字符串<undef>表示相应的终端特殊字符目前没有定义。min 和 time 的值与非规范模式下的输入有关，它们将在 62.6.2 节中描述。

剩下的几行显示出了 termios 结构体中 c_cflag、c_iflag、c_oflag 以及 c_lflag 字段中各个标志的设定（按顺序显示）。这里的标志名前带有一个连字符（-）的表示目前被禁用，否则表示当前已设定。

如果输入命令时不加任何命令行参数，那么 stty 只会显示出线速、行规程以及任何其他偏离了正常值的设定。

我们可以采用如下的命令修改有关终端特殊字符的设定。

```
$ stty intr ^L                          Make the interrupt character Control-L
```

当指定了一个控制字符作为最后的命令行参数时，我们能够以多种方式来完成。

* 以 2 个字符为序列，^ 跟着一个相关的字符（如上所示）。
* 以 8 进制或 16 进制数来表示（014 或 0xC）。
* 直接输入实际的字符本身。

如果我们采用最后那种选择，且待处理的字符在 shell 或终端驱动程序中有着特别的含义，那么我们必须在其之前加上文本形式的 next（literal next）字符（通常是 Ctrl-V）。

```
$ stty intr Control-V Control-L
```

（尽管基于可读性的考虑，上述例子在 Control-V 和 Control-L 之间显示了一个空格。实际上在 Control-V 和所期望的字符之间是不需要键入空格符的。）

尽管不常见，但还是有可能将终端特殊字符定义为非控制字符。

```
$ stty intr q                           Make the interrupt character q
```

当然了，当我们这么做时就无法以正常的方式使用 q 了（即，产生字符 q）。

要修改终端标志，例如 TOSTOP 标志，我们可以使用下列命令。

```
$ stty tostop                           Enable the TOSTOP flag
$ stty -tostop                          Disable the TOSTOP flag
```

有时候当开发修改终端属性的程序时，可能会出现程序崩溃，使得终端处于可以显示但不可用的状态。在终端模拟器中，我们可以奢侈地关闭终端窗口然后重新开启另一个。另一种方法是，我们可以输入下列字符序列，将终端标志和特殊字符还原到一个合理的状态。

Control-J **stty sane** *Control-J*

Control-J 字符才是真正的换行符（十进制 ASCII 码为 10）。我们使用这个字符是因为在某些模式下，终端驱动程序可能不再将 Enter 键（十进制 ASCII 码为 13）映射为一个换行符了。我们首先输入一个 Control-J 是为了确保得到一个新行，前面没有任何字符。假如终端回显功能已经关闭的话，就没那么容易看出是否得到一个新行了。

Stty 命令工作于终端的标准输入之上。通过-F（关于权限检查）选项，我们可以监视并设定运行着 stty 命令的终端属性。

```
$ su                        Need privilege to access another user's terminal
Password:
# stty -a -F /dev/tty3      Fetch attributes for terminal /dev/tty3
Output omitted for brevity
```

-F 选项是 stty 命令在 Linux 上的扩展。在许多其他的 UNIX 实现中，stty 总是工作在终端的标准输入上，而且我们必须使用下面这种形式的命令（在 Linux 上同样适用）。

```
# stty -a < /dev/tty3
```

62.4 终端特殊字符

表 62-1 列出了 Linux 终端驱动程序所能识别的特殊字符。前两列显示了字符的名称以及对应在 c_cc 数组中用作下标的常量值。（可以看到，这些常量只是简单地在字符名前加上了 V 作为前缀。）CR 和 NL 字符没有对应的 c_cc 下标，因为这些字符的值不能改变。

表 62-1：终端特殊字符

字 符	c_cc 下标	描 述	默 认 设 定	相关的位掩码标志	SUSv3
CR	（无）	回车	^M	ICANON、IGNCR、ICRNL、OPOST、OCRNL、ONOCR	●
DISCARD	VDISCARD	丢弃输出	^O	（未实现）	
EOF	VEOF	文件结尾	^D	ICANON	●
EOL	VEOL	行结尾		ICANON	●
EOL2	VEOL2	另一种行结尾		ICANON, IEXTEN	
ERASE	VERASE	擦除字符	^?	ICANON	●
INTR	VINTR	中断（SIGINT）	^C	ISIG	●
KILL	VKILL	擦除一行	^U	ICANON	●
LNEXT	VLNEXT	字面化下个字符	^V	ICANON、IEXTEN	
NL	（无）	换行	^J	ICANON、INLCR、ECHONL、OPOST、ONLCR、ONLRET	●
QUIT	VQUIT	退出（SIGQUIT）	^\	ISIG	●
REPRINT	VREPRINT	重新打印输入行	^R	ICANON、IEXTEN、ECHO	

字　　符	c_cc 下标	描　　述	默 认 设 定	相关的位掩码标志	SUSv3
START	VSTART	开始输出	^Q	IXON、IXOFF	●
STOP	VSTOP	停止输出	^S	IXON、IXOFF	●
SUSP	VSUSP	暂停（SIGTSTP）	^Z	ISIG	●
WERASE	VWERASE	擦除一个字	^W	ICANON、IEXTEN	

表格中默认设定这一列显示了特殊字符通常的默认值。除了能够将终端特殊字符设定为指定值之外，还可以通过将该值设定为 fpathconf(fd, _PC_VDISABLE)的返回值来关闭该字符，这里的 fd 表示指向终端的文件描述符。（在大多数 UNIX 实现中，该调用返回 0。）

每个特殊字符的操作受 termios 结构体位掩码字段中的各种标志设定的影响（参见 62.5 节），请参见表格中倒数第 2 列。

表格的最后一列表示这些特殊字符中有哪些是在 SUSv3 中规定的。无论 SUSv3 是怎么规定的，大部分这些字符在所有的 UNIX 实现中都得到了支持。

接下来的段落为这些终端特殊字符提供了更加详细的解释和说明。注意到如果终端驱动程序对这些输入字符执行了特殊的解释，那么除了 CR、EOL、EOL2 以及 NL 之外，其他字符都会被丢弃（即，不会将字符传给任何正在读取输入的进程）。

CR

CR 是回车符。这个字符会传递给正在读取输入的进程。在默认设定了 ICRNL 标志（在输入中将 CR 映射为 NL）的规范模式下（设定 ICANON 标志），这个字符首先被转换为一个换行符（ASCII 码十进制为 10，^J），然后再传递给读取输入的进程。如果设定了 IGNCR（忽略 CR）标志，那么就在输入上忽略这个字符（此时必须用真正的换行符来作为一行的结束）。输出一个 CR 字符将导致终端将光标移动到一行的开始处。

DISCARD

DISCARD 是丢弃输出字符。尽管这个字符定义在了数组 c_cc 中，但实际上在 Linux 上没有任何效果。在一些其他的 UNIX 实现中，一旦输入这个字符将导致程序输出被丢弃。这个字符就像一个开关——再输入一次将重新打开输出显示。当程序产生大量输出而我们希望略过其中一些输出时这个功能就非常有用。（在传统的终端上这个功能更加有用，因为此时线速会更加缓慢，而且也不存在什么其他的"终端窗口"。）这个字符不会发送给读取进程。

EOF

EOF 是传统模式下的文件结尾字符（通常是 Ctrl-D）。在一行的开始处输入这个字符会导致在终端上读取输入的进程检测到文件结尾的情况（即，read()返回 0）。如果不在一行的开始处，而在其他地方输入这个字符，那么该字符会立刻导致 read()完成调用，返回这一行中目前为止读取到的字符数。在这两种情况下，EOF 字符本身都不会传递给读取的进程。

EOL 以及 EOL2

EOL 和 EOL2 是附加的行分隔字符，对于规范模式下的输入，其表现就如同换行（NL）符一样，用来终止一行输入并使该行对读取进程可见。默认情况下，这些字符是未定义的。如果定义了它们，它们是会被发送给读取进程的。EOL2 字符只有当设置了 IEXTEN（扩展输入处理）标志时（默认会设置）才能工作。

用到这些字符的机会很少。一种应用是在 telnet 中。通过将 EOL 或 EOL2 设定为 telnet 的换码符（通常是 Ctrl-]，或者如果工作在 rlogin 模式下时为~），telnet 能立刻捕获到字符，就算是正在规范模式下读取输入时也是如此。

ERASE

在规范模式下，输入 ERASE 字符会擦除当前行中前一个输入的字符。被擦除的字符以及 ERASE 字符本身都不会传递给读取输入的进程。

INTR

INTR 是中断字符。如果设置了 ISIG（开启信号）标志（默认会设置），输入这个字符会产生一个中断信号（SIGINT），并发送给终端的前台进程组（见 34.2 节）。INTR 字符本身是不会发送给读取输入的进程的。

KILL

KILL 是擦除行（也称为 kill line）字符。在规范模式下，输入这个字符使得当前这行输入被丢弃（即，到目前为止输入的字符连同 KILL 字符本身，都不会传递给读取输入的进程了）。

LNEXT

LNEXT 是下一个字符的字面化表示（literal next）。在某些情况下，我们可能希望将终端特殊字符的其中一个看作是一个普通字符，将其作为输入传递给读取进程。输入 LNEXT 字符后（通常是 Ctrl-V）使得下一个字符将以字面形式来处理，避免终端驱动程序执行任何针对特殊字符的解释处理。因而，我们可以输入 Ctrl-V Ctrl-C 这样的 2 字符序列，提供一个真正的 Ctrl-C 字符（ASCII 码为 3）作为输入传递给读取进程。LNEXT 字符本身并不会传递给读取进程。这个字符只有在设定了 IEXTEN 标志（默认会设置）的规范模式下才会被解释。

NL

NL 是换行符。在规范模式下，该字符终结一行输入。NL 字符本身是会包含在行中返回给读取进程的。（规范模式下，CR 字符通常会转换为 NL。）输出一个 NL 字符导致终端将光标移动到下一行。如果设置了 OPOST 和 ONLCR（将 NL 映射为 CR-NL）标志（默认会设置），那么在输出中，一个换行符就会映射为一个 2 字符序列——CR 加上 NL。（同时设定 ICRNL 和 ONLCR 标志意味着一个输入的 CR 字符会转换为 NL，然后回显为 CR 加上 NL。）

QUIT

如果设置了 ISIG 标志（默认会设置），输入 QUIT 字符会产生一个退出信号（SIGQUIT），并发送到终端的前台进程组中（见 34.2 节）。QUIT 字符本身并不会传递给读取进程。

REPRINT

REPRINT 字符代表重新打印输入。在规范模式下，如果设置了 IEXTEN 标志（默认会设置），输入该字符会使得当前的输入行（还没有输入完全）重新显示在终端上。如果某个其他的程序（例如 wall(1)或者 write(1)）输出已经使终端的显示变得混乱不堪，那么此时这个功能就特别有用了。REPRINT 字符本身是不会传递给读取进程的。

START 和 STOP

START 和 STOP 分别代表开始输出和停止输出字符。当设定了 IXON（启动开始/停止输出控制）标志时（默认会设定），这两个字符才能工作。（START 和 STOP 字符在一些终端模拟器中不会生效。）

输入 STOP 字符会暂停终端输出。STOP 字符本身不会传递给读取进程。如果设定了 IXOFF 标志，且终端的输入队列已满，那么终端驱动程序会自动发送一个 STOP 字符来对输入进行节流控制。

输入 START 字符会使得之前由 STOP 暂停的终端输出得到恢复。START 字符本身不会传递给读取进程。如果设定了 IXOFF（启动开始/停止输入控制）标志（默认是不会设定的），且终端驱动程序之前由于输入队列已满已经发送过了一个 STOP 字符，那么一旦当输入队列中又有了空间，此时终端驱动程序会自动发送一个 START 字符以恢复输出。

如果设定了 IXANY 标志，那么任何字符，不仅仅只是 START，都可以按顺序输入以重启输出（同样，这个字符也不会传递给读取进程）。

START 和 STOP 字符可用于在计算机和终端设备间实现双向的软件流控。这些字符的一种功能是允许用户停止和启动终端的输出。可以通过设定 IXON 标志来使能输出流控制。但是，另一个方向上的流控（即，从设备到计算机的输入流控制，通过设定 IXOFF 标志开启）也同样重要，比如当终端设备是一台调制解调器或另一台计算机时。如果应用程序处理输入的速度较慢，而内核的缓冲区很快就被填满时，输入流控制可确保不会丢失数据。

随着目前越来越普遍的高线速，软件流控已经被硬件流控（RTS/CTS）所取代了。在硬件流控中，通过串口上两条不同线缆上发送的信号来开启或关闭数据流。（RTS 代表请求发送，CTS 代表清除发送。）

SUSP

SUSP 代表暂停字符。如果设定了 ISIG 标志（默认会设定），输入这个字符会产生终端暂停信号（SIGTSTP），并发送给终端的前台进程组（见 34.2 节）。SUSP 字符本身不会发送给读取进程。

WERASE

WERASE 是擦除单词字符。在规范模式下，设定了 IEXTEN 标志（默认会设定）后输入这个字符会擦除前一个单词的所有字符。一个单词被看做是一串字符序列，可包含数字和下划线。（在某些 UNIX 实现中，单词被看做是由空格分隔的字符序列。）

其他的终端特殊字符

其他的 UNIX 实现还提供了除表 62-1 中之外的特殊终端字符。

BSD 中还提供了 DSUSP 和 STATUS 字符。DSUSP 字符（通常为 Ctrl-Y）工作的方式类似于 SUSP 字符，但只有当尝试读取该字符时才会暂停前台进程组（即，在之前所有的输入都被读取之后）。在几个非源自 BSD 的 UNIX 实现中同样也提供了 DSUSP 字符。

STATUS 字符（通常为 Ctrl-T）使内核将状态信息显示在终端上（包括前台进程的状态以及它所消耗的 CPU 时间），并发送一个 SIGINFO 信号到前台进程组。如果需要的话，进程可以捕获这个信号并显示进一步的状态信息。（Linux 通过神奇的 SysRq 键提供了类似的功能。细节请参见内核源文件中的 Documentation/sysrq.txt。）

System V 的衍生系统提供了 SWITCH 字符。这个字符用来在 shell 层下切换不同的 shell。shell 层是 System V 作业控制的前身。

示例程序

程序清单 62-1 展示了用 tcgetattr() 和 tcsetattr() 来修改终端的中断字符。该程序将中断字符设定为程序命令行参数中指定字符的数值形式，如果没有提供命令行参数就关闭中断字符。

程序清单 62-1：修改终端的中断字符

—— tty/new_intr.c

```
#include <termios.h>
#include <ctype.h>
#include "tlpi_hdr.h"

int
main(int argc, char *argv[])
{
    struct termios tp;
    int intrChar;

    if (argc > 1 && strcmp(argv[1], "--help") == 0)
        usageErr("%s [intr-char]\n", argv[0]);

    /* Determine new INTR setting from command line */

    if (argc == 1) {                              /* Disable */
        intrChar = fpathconf(STDIN_FILENO, _PC_VDISABLE);
        if (intrChar == -1)
            errExit("Couldn't determine VDISABLE");
    } else if (isdigit((unsigned char) argv[1][0])) {
        intrChar = strtoul(argv[1], NULL, 0);      /* Allows hex, octal */
    } else {                                       /* Literal character */
        intrChar = argv[1][0];
    }

    /* Fetch current terminal settings, modify INTR character, and
       push changes back to the terminal driver */

    if (tcgetattr(STDIN_FILENO, &tp) == -1)
        errExit("tcgetattr");
    tp.c_cc[VINTR] = intrChar;
    if (tcsetattr(STDIN_FILENO, TCSAFLUSH, &tp) == -1)
        errExit("tcsetattr");

    exit(EXIT_SUCCESS);
}
```

—— tty/new_intr.c

下面列出的 shell 会话说明了该程序的使用方法。我们将中断字符设为 Ctrl-L（ASCII 码为 12)，然后通过 stty 命令对修改做验证。

```
$ ./new_intr 12
$ stty
speed 38400 baud; line = 0;
intr = ^L;
```

之后我们启动一个进程，运行 sleep(1)。我们发现输入 Ctrl-C 已经不会产生终止进程的效果了，而输入 Ctrl-L 才会终止进程。

```
$ sleep 10
^C                                      Control-C has no effect; it is just echoed
Type Control-L to terminate sleep
```

现在我们显示出 shell 变量$?的值，该值会给出上一条命令的终止状态。

```
$ echo $?
130
```

我们看到进程终止的状态为 130。这表示该进程由信号 130 – 128 = 2 来杀死，而信号 2 正是 SIGINT。

接下来我们通过该程序来关闭中断字符。

```
$ ./new_intr
$ stty                                  Verify the change
speed 38400 baud; line = 0;
intr = <undef>;
```

现在我们发现无论是 Ctrl-C 还是 Ctrl-L 都不会产生 SIGINT 信号了，我们必须使用 Ctrl-\来终止这个进程。

```
$ sleep 10
^C^L                                    Control-C and Control-L are simply echoed
Type Control-\ to generate SIGQUIT
Quit
$ stty sane                             Return terminal to a sane state
```

62.5 终端标志

表 62-2 中列出了 termios 结构体中 4 个标志字段所控制的设置。表格中列举出的常量都对应于单个比特位，除了那些可指定掩码（mask）的值。这些值会跨越多个比特位，可能会包含在某个范围的值之中，掩码在括号中给出。表格中标记为 SUSv3 的列表示该标志是否在 SUSv3 中规定，而标记为默认的这一列给出了登录虚拟控制台时的默认设置。

表 62-2：终端标志

字段/标志	描述	默认	SUSv3
c_iflag			
BRKINT	在 BREAK 状态下发出信号中断（SIGINT）	打开	●
ICRNL	在输入中将 CR 映射为 NL	打开	●
IGNBRK	忽略 BREAK 状态	关闭	●
IGNCR	在输入中忽略 CR	关闭	●
IGNPAR	忽略有奇偶校验错误的字符	关闭	●
IMAXBEL	终端输入队列满时发出铃响（未使用）	（打开）	

字段/标志	描述	默　　认	SUSv3
INLCR	在输入中将 NL 映射为 CR	关闭	●
INPCK	开启输入奇偶校验检查	关闭	●
ISTRIP	从输入字符中去掉最高位（bit 8）	关闭	●
IUTF8	输入为 UTF-8 编码（从 Linux 2.6.4 开始）	关闭	
IUCLC	在输入中将大写字符映射为小写字符（如果 IEXTEN 也同时设置的话）	关闭	
IXANY	允许用任意字符来重启已停止的输出	关闭	●
IXOFF	启动开始/停止输入流控	关闭	●
IXON	启动开始/停止输出流控	打开	●
PARMRK	标记奇偶校验错误（带有两个前缀字节：0377 + 0）	关闭	●
c_oflag			
BSDLY	退格延时掩码（BS0、BS1）	BS0	●
CRDLY	CR 延时掩码（CR0、CR1、CR2、CR3）	CR0	●
FFDLY	换页符延时掩码（FF0、FF1）	FF0	●
NLDLY	换行延时掩码（NL0、NL1）	NL0	●
OCRNL	在输出中将 CR 映射为 NL（参阅 ONOCR）	关闭	●
OFDEL	用 DEL（0177）作为填充符；否则用 NUL（0）	关闭	●
OFILL	采用填充符作为延迟（而不是定时延迟）	关闭	●
OLCUC	在输出中将小写字符映射为大写字符	关闭	
ONLCR	在输出中将 NL 映射为 CR-NL	打开	●
ONLRET	假定 NL 执行 CR 的功能（移动到一行的开始处）	关闭	●
ONOCR	如果已经在一行的开始处就不输出 CR	关闭	●
OPOST	执行输出后续处理	打开	●
TABDLY	水平制表符延时掩码（TAB0、TAB1、TAB2、TAB3）	TAB0	●
VTDLY	垂直制表符延时掩码（VT0、VT1）	VT0	●
c_cflag			
CBAUD	波特率（比特率）掩码（B0、B2400、B9600 等）	B38400	
CBAUDEX	扩展波特率（比特率）掩码（针对速率大于 38400）	关闭	
CIBAUD	输入波特率（比特率），如果同输出波特率不同（未使用）	（关闭）	
CLOCAL	忽略调制解调器的状态行（不检查载波信号）	关闭	●
CMSPAR	使用奇偶校验（标记/空格）	关闭	
CREAD	允许输入被接收	打开	●
CRTSCTS	启动 RTS/CTS（硬件）流控	关闭	
CSIZE	字符大小掩码（第 5 到第 8 位：CS5、CS6、CS7、CS8）	CS8	●
CSTOPB	每字符使用 2 个停止位；否则只使用 1 个	关闭	●
HUPCL	在上次关闭时挂起（丢弃调制解调器连接）	打开	●
PARENB	启动奇偶校验	关闭	●
PARODD	使用奇数奇偶校验；否则使用偶数奇偶校验	关闭	●

字段/标志	描述	默　认	SUS v3
c_lflag			
ECHO	回显输入字符	打开	●
ECHOCTL	以可视方式回显控制字符（例如，^L）	打开	
ECHOE	以可视方式回显 ERASE 字符	打开	●
ECHOK	以可视方式回显 KILL 字符	打开	●
ECHOKE	在回显的 KILL 字符后不输出新的行	打开	
ECHONL	回显 NL（在规范模式下），即使禁止了回显功能	关闭	●
ECHOPRT	向后删除回显的字符（在\和/之间）	关闭	
FLUSHO	输出被刷新（未使用）	—	
ICANON	规范模式（一行接一行）输入	打开	●
IEXTEN	启动对输入字符的扩展处理	打开	●
ISIG	启动信号产生字符（INTR、QUIT、SUSP）	打开	●
NOFLSH	禁止在 INTR、QUIT 和 SUSP 上进行刷新	关闭	●
PENDIN	在下一次读操作时重新显示等待的输入（未实现）	（关闭）	
TOSTOP	为后台输出产生 SIGTTOU 信号（见 34.7.1 节）	关闭	●
XCASE	规范大/小写表示（未实现）	（关闭）	

许多 shell 都提供了命令行编辑功能，shell 本身可以控制表 62-2 中列出的标志。这表示如果我们试着用 stty(1) 来检验这些设置的话，那么当输入 shell 命令时这些修改可能不会生效。若要绕过这种行为，我们必须在 shell 中禁止命令行编辑。比如，在启动 bash 时可以通过指定命令行选项--noediting 来禁止命令行编辑功能。

表 62-2 中列出的一些标志在老式的终端上只提供有限的能力，且这些标志在现代的系统上使用的很少。比如，IUCLC、OLCUC 和 XCASE 标志只能用在仅可以显示大写字符的终端上。在许多老式的 UNIX 系统上，如果用户尝试以用户名的大写形式来登录，login 程序会假设用户使用的正是这样的终端，并且会设置这些标志。之后给出的输入密码提示将变成：

\PASSWORD:

从这一刻开始，所有的小写字符都会以大写形式输出，而真正的大写字符会在前面加上反斜杠\。同样的，对于输入，真正的大写字符可以通过加上一个反斜杠前缀来指定。ECHOPRT 标志同样也是设计用于功能有限的终端。

各式各样的延时掩码也同样有着历史渊源，能够允许终端和打印机用更长的时间来回显字符，比如回车和换页符。相关的标志 OFILL 和 OFDEL 指定了这样的延时是如何执行的。大多数这些标志在 Linux 上都未使用。有一个例外是用来设定 TABDLY 标志的 TAB3 掩码，使得制表符能够以空格输出（最多 8 个空格）。

下面的段落将对 termios 的一些标志做详细说明。

BRKINT

如果设定了 BRKINT，且没有设定 IGNBRK 标志，那么当出现 BREAK 状态时会发送 SIGINT 信号到前台进程组。

大多数常规的哑终端都提供了一个 BREAK 键。按下这个键并不会产生一个字符，而是产生一个 BREAK 状态，此时在一段给定的时间内会有一系列 0 比特发送给终端驱动程序，一般来说会持续 0.25 或 0.5 秒（即，多于传送一个字节所需要的时间）。（除非已经设定了 IGNBRK 标志，终端驱动程序会发送一个单独的全 0 字节到读取进程上。）在许多 UNIX 系统中，BREAK 状态就表现为一个发送给远端主机的信号，用来将线速（波特率）调整为适合于终端的数值。因此，用户会按住 BREAK 键直到屏幕上出现有效的登录提示信息，表示此时的线速已经可以适用于终端了。

在虚拟控制台上，我们可以通过按下 Ctrl-Break 来产生一个 BREAK 状态。

ECHO

设置了 ECHO 标志将开启回显输入字符的功能。当读取密码时，禁止回显是很有用的。在 vi 的命令模式下回显也是被禁止的，此时由键盘产生的字符被解释为编辑命令而不是文本输入。ECHO 标记在规范和非规范模式下都是有效的。

ECHOCTL

如果设置了 ECHO 标志，那么开启 ECHOCTL 标志会导致除了制表符、换行符、START 和 STOP 之外的控制字符都将以类似^A（Ctrl-A）的形式回显出来。如果关闭 ECHOCTL 标志，控制字符将不再回显。

控制字符是指那些 ASCII 码值小于 32 的字符，再加上字符 DEL（ASCII 码十进制为 127）。一个控制字符 x，在回显时以^紧跟着表达式（x ^ 64）的结果所代表的字符来表示。除了 DEL 外，对于所有的字符，该表达式中异或操作 XOR（^）的结果就是在代表该字符的 ASCII 码值上加上 64。因此，Ctrl-A（ASCII 1）将回显为^A（A 的 ASCII 码为 65）。对于 DEL 字符，该表达式的结果为从 127 中减去 64，得到的值为 63，也就是?的 ASCII 码，因此 DEL 被回显为^?。

ECHOE

在规范模式下，设定 ECHOE 标志使得 ERASE 能以可视化的方式执行，将退格-空格-退格这样的序列输出到终端上。如果关闭了 ECHOE 标志，那么 ERASE 字符本身就会回显出来（例如以^?的形式），但仍然会完成删除一个字符的功能。

ECHOK 和 ECHOKE

ECHOK 和 ECHOKE 标志控制着在规范模式下使用 KILL（擦除行）字符时的可视化显示。在默认情况下（同时设置两个标志），一行文本以可视化的方式擦除（参见 ECHOE）。如果其中任一标志被关闭，那么就不会执行可视化的擦除（但输入行仍然会被丢弃），而 KILL 字符本身会被回显出来（例如以^U 的形式）。如果设定了 ECHOK 而关闭了 ECHOKE，那么也会输出一个换行符。

ICANON

设定了 ICANON 标志将启动规范模式输入。输入会集中成行，并且会打开对特殊字符 EOF、EOL、EOL2、ERASE、LNEXT、KILL、REPRINT 以及 WERASE 的解释处理（但需要注意下面描述到的 IEXTEN 标志所产生的效果）。

IEXTEN

设定 IEXTEN 标志将打开对输入字符的扩展处理功能。必须设定这个标志（同 ICANON 一样），才能正确解释 EOL2、LNEXT、REPRINT 以及 WERASE 这样的特殊字符。要使 IUCLC 标志生效，也必须要设定 IEXTEN 标志才行。SUSv3 中只是说到 IEXTEN 标志可以打开扩展的功能（由实现来定义），具体细节在其他的 UNIX 实现中可能有所不同。

IMAXBEL

Linux 上忽略了 IMAXBEL 标志的设定。在登录控制台上，当输入队列已满时总是会响起响铃声。

IUTF8

设定 IUTF8 标志将打开加工模式（cooked mode）（见 62.6.3 节），以此当执行行编辑时能够正确地处理 UTF-8 输入。

NOFLSH

默认情况下，当输入 INTR、QUIT 或 SUSP 字符而产生信号时，任何在终端输入和输出队列中未处理完的数据都会被刷新（丢弃）。设定 NOFLSH 标志后将关闭这种刷新行为。

OPOST

设定 OPOST 标志后将打开输出的后续处理功能。必须设定该标志才能使 termios 结构体中 c_oflag 字段中的标志生效。（相反，关闭 OPOST 标志将禁止对所有的输出做后续处理。）

PARENB、IGNPAR、INPCK、PARMRK 以及 PARODD

PARENB、IGNPAR、INPCK、PARMRK 以及 PARODD 标志同奇偶校验生成和检查有关。

PARENB 标志可为输出字符打开奇偶校验位，并为输入字符做奇偶校验检查。如果我们只希望生成输出的奇偶校验，那么我们可以通过关闭 INPCK 标志来禁止对输入做奇偶校验检查。如果设定了 PARODD 标志，那么在输入和输出上都会采用奇数奇偶校验，否则就会采用偶数奇偶校验。

剩下的标志规定了当输入字符出现奇偶校验错误时应该如何处理。如果设定了 IGNPAR 标志，那么字符将被丢弃（不会传递给读取进程）。否则，如果设定了 PARMRK 标志，那么该字符会传递给读取进程，但会在前面加上 2 字节的序列 0377 + 0。（如果设定了 PARMRK 标志，但关闭了 ISTRIP 标志，那么字符 0377 会加倍成 0377 + 0377。）如果关闭 PARMRK 标志，但设定了 INPCK 标志，那么字符被丢弃，且不会传递给读取进程任何字节。如果 IGNPAR、PARMRK 或 INPCK 都没有设定，那么该字符会传递给读取进程。

示例程序

程序清单 62-2 展示了如何使用 tcgetattr() 和 tcsetattr() 来关闭 ECHO 标记，从而使得输入字符不会被回显。下面是我们运行该程序时会看到的结果示例。

```
$ ./no_echo
Enter text:                    We type some text, which is not echoed,
Read: Knock, knock, Neo.       but was nevertheless read
```

程序清单 62-2：关闭终端回显功能

—— tty/no_echo.c

```
#include <termios.h>
#include "tlpi_hdr.h"

#define BUF_SIZE 100

int
```

```
main(int argc, char *argv[])
{
    struct termios tp, save;
    char buf[BUF_SIZE];

    /* Retrieve current terminal settings, turn echoing off */

    if (tcgetattr(STDIN_FILENO, &tp) == -1)
        errExit("tcgetattr");
    save = tp;                          /* So we can restore settings later */
    tp.c_lflag &= ~ECHO;                /* ECHO off, other bits unchanged */
    if (tcsetattr(STDIN_FILENO, TCSAFLUSH, &tp) == -1)
        errExit("tcsetattr");

    /* Read some input and then display it back to the user */

    printf("Enter text: ");
    fflush(stdout);
    if (fgets(buf, BUF_SIZE, stdin) == NULL)
        printf("Got end-of-file/error on fgets()\n");
    else
        printf("\nRead: %s", buf);

    /* Restore original terminal settings */

    if (tcsetattr(STDIN_FILENO, TCSANOW, &save) == -1)
        errExit("tcsetattr");

    exit(EXIT_SUCCESS);
}
```
—— tty/no_echo.c

62.6 终端的 I/O 模式

我们已经注意到终端驱动程序能够以规范模式或非规范模式来处理输入，这取决于对 ICANON 标志的设定。现在我们对这两种模式做深入描述。之后我们会介绍 3 个有用的终端模式——加工模式、cbreak 模式以及原始模式，这些模式在第 7 代 UNIX 系统中都存在。最后我们将为您展示如何在现代的 UNIX 系统上通过将 termios 结构体中的字段设定为合适的值来模拟这几种模式的功能。

62.6.1 规范模式

我们可通过设定 ICANON 标志来打开规范模式输入。可通过如下几点来区分是否为规范模式下的输入。

- 输入被装配成行，通过如下几种行结束符来终结：NL、EOL、EOL2（如果设定了 IEXTEN 标志）、EOF（除了一行中的初始位置）或者 CR（如果打开了 ICRNL 标志）。除了 EOF 之外，其他的行结束符都会传递给读取的进程（作为一行中的最后一个字符）。
- 打开了行编辑功能，这样可以修改当前行中的输入。因此，下列字符是可用的：ERASE、KILL。如果设定了 IEXTEN 标志的话，WERASE 也是可用的。

- 如果设定了 IEXTEN 标志，则 REPRINT 和 LNEXT 字符也都是可用的。

在规范模式下，当存在有一行完整的输入时，终端上的 read()调用才会返回。（如果请求的字节数比一行中所包含的字节小，那么 read()只会获取到该行的一部分。剩余的字节只有在后序的 read()调用中取得。）如果 read()调用被信号处理例程中断，且该信号没有系统调用重启，此时 read()也会终止执行（见 21.5 节）。

> 在 62.5 节中我们描述了 NOFLSH 标志，我们注意到产生信号的字符同样会导致终端驱动程序刷新终端的输入队列。无不管信号是否被捕获或者是被应用程序忽略，刷新都会发生。我们可以通过打开 NOFLSH 标志来防止出现这种刷新的行为。

62.6.2 非规范模式

一些应用程序（例如 vi 和 less）在用户没有提供行终止符时也需要从终端中读取字符。非规范模式正是用于这个目的。在非规范模式下（关闭 ICANON 标志）不会处理特殊的输入。特别的一点是：输入不再装配成行，相反会立刻对应用程序可见。

在什么情况下一个非规范模式下的 read()调用会完成？我们可以指定非规范模式下的 read()调用在经历了一段特定的时间后，或者在读取了特定数量的字节后，又或者是两者兼有的情况下终止执行。termios 结构体中的 c_cc 数组里有两个元素可用来决定这种行为：TIME 和 MIN。元素 TIME（通过常量 VTIME 来索引）以十分之一秒为单位来指定超时时间。元素 MIN（通过 VMIN 来索引）指定了被读取字节数的最小值。（MIN 和 TIME 的设置对规范模式下的终端 I/O 不产生任何影响。）

参数 MIN 和 TIME 的精确操作和交互取决于它们各自是否包含有非零值。下面介绍了 4 种情况。注意，在所有 4 种情况中，如果在 read()调用过程中已经读取了足够的字节数来满足 MIN 的要求，那么 read()会立刻返回可用的字节数和所请求的字节数中较小的那个值。

MIN == 0，TIME == 0 （轮询读取）

如果在调用过程中有数据可用，那么 read()将立刻返回可用的字节数和所请求的字节数中较小的那个值。如果没有数据可用，read()将立刻返回 0。

这种情况可服务于一般的轮询请求，允许应用程序以非阻塞的方式检查输入是否存在。这种模式有些类似于为终端设定 O_NONBLOCK 标志（见 5.9 节）。但是，在设定 O_NONBLOCK 标志后，如果没有数据可读，那么 read()会返回-1，伴随的错误码为 EAGAIN。

MIN > 0，TIME == 0（阻塞式读取）

这种情况下 read()会阻塞（有可能永远阻塞下去），直到请求的字节数得到满足或者读取到了 MIN 个字节，此时就返回这两者中较小的那一个。

像 less 这样的程序一般会将 MIN 设为 1，而把 TIME 设为 0。这使得程序不用在轮询中忙等从而浪费 CPU 时间，只要用户按下单个按键 read()就能返回了。

如果将一个终端置于非规范模式，且将 MIN 设为 1，TIME 设为 0，那么可以采用 63 章中描述的技术来检查用户是否已经在终端上输入了一个字符（而不是一整行）。

MIN == 0，TIME > 0（带有超时机制的读操作）

这种情况下当调用 read()时会启动一个定时器。当至少有 1 字节可用，或者当经历了 TIME

个十分之一秒后，read() 会立刻返回。在后一种情况下 read() 将返回 0。

这种情况对同串行设备（比如调制解调器）打交道的程序来说很有用。程序可以发送数据给设备然后等待响应。假如设备没有响应，采用超时机制就能避免程序永远挂起。

MIN > 0，TIME > 0 （既有超时机制又有最小读取字节数的要求）

当输入的首个字节可用后，之后每接收到一个字节就重启定时器。如果满足读取到了 MIN 个字节，或者请求的字节数已经读取完毕，此时 read() 会返回两者间较小的那个值。或者当接收连续字节之间的时隙超过了 TIME 个十分之一秒，此时 read() 会返回 0。由于定时器只会在初始字节可用后才启动，因此至少可以返回 1 字节。（这种情况下 read() 可能会永远阻塞下去。）

这种情况对于处理生成转义序列的终端按键十分有用。比如，在许多终端上，左箭头键产生的 3 字符序列由退格再加上 OD 组成。这些字符被连续快速地传输。应用程序在处理这样的字符序列时需要区分到底是用户按下了一个这样的按键还是自己慢慢地单独输入了这 3 个字符呢？这可以通过执行一次带有短超时的 read() 调用来解决，比方说将超时时间定为 0.2 秒。有一些版本的 vi 采用这种技术用在了它的命令模式上。（根据超时时间的长短，在这种应用中，我们可能需要通过快速输入前面提到的那个 3 字符序列来模拟出按下左箭头的情况。）

以可移植的方式修改并恢复 MIN 和 TIME

历史上，某些 UNIX 的实现是互相兼容的。SUSv3 中允许 VMIN 和 VTIME 的值可以分别等同于 VEOF 和 VEOL，这就意味着 termios 结构体中 c_cc 数组里的这些元素可能会产生冲突。（在 Linux 上，这些常量的值是各不相同的。）这种冲突是可能产生的，因为 VEOF 和 VEOL 在非规范模式下是不使用的。VMIN 和 VEOF 可能有着相同的值，这一事实意味着进入非规范模式后程序需要特别谨慎，设置了 MIN 的值（通常为 1）之后再返回到规范模式下。此时，EOF 就不再是其之前值 4 了（Ctrl-D）。有一种可移植的方法能够解决这个问题，可以在切换到非规范模式之前先保存一份 termios 设置的副本，然后使用这个保存的副本返回到规范模式下。

62.6.3 加工模式、cbreak 模式以及原始模式

第 7 版 UNIX 操作系统（以及早期的 BSD 系统）中的终端驱动程序能够以 3 种方式处理输入，分别是：加工模式（cooked mode），cbreak 模式和原始模式。这 3 种模式之间的区别总结如表 62-3 所示。

表 62-3：加工模式、cbreak 模式和原始模式之间的区别

功 能 特 性	模　式		
	加 工 模 式	Cbreak 模式	原 始 模 式
输入处理	按行	按字符	按字符
行编辑？	是	否	否
对产生信号的字符做解释？	是	是	否
是否解释 START/STOP 字符？	是	是	否
是否解释其他的特殊字符？	是	否	否
是否执行其他的输入处理？	是	是	否
是否执行其他的输出处理？	是	是	否
是否回显输入？	是	可能会	否

加工模式本质上就是带有处理默认特殊字符功能的规范模式（可以对 CR、NL 和 EOF 进行解释；打开行编辑功能；处理可产生信号的字符；设定 ICRNL、OCRNL 标志等）。

原始模式则恰好相反，它属于非规范模式，所有的输入和输出都不能做任何处理，而且不能回显。（如果应用程序需要确保终端驱动程序绝对不会对传输的数据做任何修改，那就应该使用这种模式。）

cbreak 模式处于加工模式和原始模式之间。输入是按照非规范的方式来处理的，但产生信号的字符会被解释，且仍然会出现各种输入和输出的转换（取决于个别标志的设定）。cbreak 模式并不会禁止回显，但采用这种模式的应用程序通常都会禁止回显功能。cbreak 模式在与屏幕处理相关的应用程序中很有用（比如 less），这类程序允许逐个字符的输入，但仍然需要对 INTR、QUIT 以及 SUSP 这样的字符做解释。

示例程序

在第 7 版 UNIX 以及原始的 BSD 系统的终端驱动程序中，可以通过调整终端驱动程序数据结构中的单个比特位（称作 RAW 和 CBREAK）在原始和 cbreak 模式间切换。由于过渡到了 POSIX termios 接口上（现在已经在所有的 UNIX 实现上得以支持），现在已经无法再通过单个比特位在原始和 cbreak 模式之间做选择了。因此如果应用程序要模拟出这些模式，必须显式地修改 termios 结构体中的相关字段。程序清单 62-3 给出了两个函数 ttySetCbreak() 以及 ttySetRaw()，它们实现了对应的终端模式。

> 用到了 ncurses 库的应用程序可以调用函数 cbreak() 以及 raw()。它们实现的功能同程序清单 62-3 中给出的函数类似。

程序清单 62-3：将终端切换到 cbreak 和原始模式中

―――――――――――――――――――――――――――――――――tty/tty_functions.c
```
#include <termios.h>
#include <unistd.h>
#include "tty_functions.h"              /* Declares functions defined here */

/* Place terminal referred to by 'fd' in cbreak mode (noncanonical mode
   with echoing turned off). This function assumes that the terminal is
   currently in cooked mode (i.e., we shouldn't call it if the terminal
   is currently in raw mode, since it does not undo all of the changes
   made by the ttySetRaw() function below). Return 0 on success, or -1
   on error. If 'prevTermios' is non-NULL, then use the buffer to which
   it points to return the previous terminal settings. */

int
ttySetCbreak(int fd, struct termios *prevTermios)
{
    struct termios t;

    if (tcgetattr(fd, &t) == -1)
        return -1;

    if (prevTermios != NULL)
        *prevTermios = t;

    t.c_lflag &= ~(ICANON | ECHO);
```

```
        t.c_lflag |= ISIG;

        t.c_iflag &= ~ICRNL;
        t.c_cc[VMIN] = 1;                    /* Character-at-a-time input */
        t.c_cc[VTIME] = 0;                   /* with blocking */

        if (tcsetattr(fd, TCSAFLUSH, &t) == -1)
            return -1;

        return 0;
    }

    /* Place terminal referred to by 'fd' in raw mode (noncanonical mode
       with all input and output processing disabled). Return 0 on success,
       or -1 on error. If 'prevTermios' is non-NULL, then use the buffer to
       which it points to return the previous terminal settings. */

    int
    ttySetRaw(int fd, struct termios *prevTermios)
    {
        struct termios t;

        if (tcgetattr(fd, &t) == -1)
            return -1;

        if (prevTermios != NULL)
            *prevTermios = t;

        t.c_lflag &= ~(ICANON | ISIG | IEXTEN | ECHO);
                            /* Noncanonical mode, disable signals, extended
                               input processing, and echoing */

        t.c_iflag &= ~(BRKINT | ICRNL | IGNBRK | IGNCR | INLCR |
                        INPCK | ISTRIP | IXON | PARMRK);
                            /* Disable special handling of CR, NL, and BREAK.
                               No 8th-bit stripping or parity error handling.
                               Disable START/STOP output flow control. */

        t.c_oflag &= ~OPOST;                 /* Disable all output processing */

        t.c_cc[VMIN] = 1;                    /* Character-at-a-time input */
        t.c_cc[VTIME] = 0;                   /* with blocking */
        if (tcsetattr(fd, TCSAFLUSH, &t) == -1)
            return -1;

        return 0;
    }
```

—— tty/tty_functions.c

　　将终端置于原始或 cbreak 模式下的程序，当它终止时必须小心地将终端返回到一个可用
的模式下。除了其他任务之外，需要处理所有可能会发送给程序的信号，这样该程序就不会
过早终止执行。（cbreak 模式下，作业控制信号仍然可以从键盘上产生。）

　　程序清单 62-4 给出了一个如何完成这些任务的例子。该程序执行以下的步骤。

- 根据是否提供有命令行参数（任意字符串），将终端设为 cbreak 模式或原始模式。以
  前的终端设置都保存在全局变量 userTermios 中。

- 如果终端处于 cbreak 模式下，那么信号可以从终端中产生。这些信号需要得到处理，

这样当程序终止或挂起时会将终端置于用户所期望的状态中。程序为信号 SIGQUIT 和 SIGINT 安装同样的处理例程。信号 SIGTSTP 需要一些特别处理，因此这个信号需要安装一个不同的处理例程。

- 为信号 SIGTERM 安装处理例程，这是为了捕获由 kill 命令默认发送的信号。
- 执行一个循环，从标准输入（stdin）上一次读取一个字符，并在标准输出上回显。程序在将字符输出之前会对各种各样的输入字符做特殊处理。
  - 在输出之前将所有的字符转换为小写形式。
  - 换行符（\n）和回车符（\r）不做任何修改就直接回显。
  - 除了换行符和回车符之外的控制字符都以 2 字符序列的形式回显：^加上对应的大写字符（例如，Ctrl-A 回显为^A）。
  - 所有其他的字符都回显为星号（*）。
  - 字母 q 使循环终止。
- 退出循环后，将终端恢复到上次用户设定的状态，然后终止程序。

程序为信号 SIGQUIT、SIGINT 以及 SIGTERM 安装同一个处理例程。该处理例程将终端状态恢复到上一次用户的设定，然后终止程序。

信号 SIGTSTP 的处理例程以 34.7.3 节中所描述的方式来处理该信号。对于这个信号处理例程，需要注意如下几点细节。

- 刚开始时，处理例程保存当前的终端设置（保存到 ourTermios 中）。启动该程序时，在再次引发 SIGTSTP 信号而终止进程之前，将终端重置为生效的设定（保存在 userTermios 中）。
- 在接收到信号 SIGCONT 后，程序恢复执行。处理例程再次将当前的终端设定保存到 userTermios 中，由于当程序停止执行时用户可能已经修改了设置（比如通过 stty 命令）。之后处理例程就可以将终端返回到程序所要求的状态中（ourTermios）。

程序清单 62-4：演示 cbreak 模式以及原始模式

── **tty/test_tty_functions.c**

```
#include <termios.h>
#include <signal.h>
#include <ctype.h>
#include "tty_functions.h"              /* Declarations of ttySetCbreak()
                                           and ttySetRaw() */
#include "tlpi_hdr.h"

① static struct termios userTermios;
                        /* Terminal settings as defined by user */

   static void          /* General handler: restore tty settings and exit */
   handler(int sig)
   {
②     if (tcsetattr(STDIN_FILENO, TCSAFLUSH, &userTermios) == -1)
           errExit("tcsetattr");
       _exit(EXIT_SUCCESS);
   }

   static void          /* Handler for SIGTSTP */
③ tstpHandler(int sig)
   {
       struct termios ourTermios;              /* To save our tty settings */
```

```
        sigset_t tstpMask, prevMask;
        struct sigaction sa;
        int savedErrno;

        savedErrno = errno;                   /* We might change 'errno' here */

        /* Save current terminal settings, restore terminal to
           state at time of program startup */

④      if (tcgetattr(STDIN_FILENO, &ourTermios) == -1)
            errExit("tcgetattr");
⑤      if (tcsetattr(STDIN_FILENO, TCSAFLUSH, &userTermios) == -1)
            errExit("tcsetattr");

        /* Set the disposition of SIGTSTP to the default, raise the signal
           once more, and then unblock it so that we actually stop */

        if (signal(SIGTSTP, SIG_DFL) == SIG_ERR)
            errExit("signal");
        raise(SIGTSTP);

        sigemptyset(&tstpMask);
        sigaddset(&tstpMask, SIGTSTP);
        if (sigprocmask(SIG_UNBLOCK, &tstpMask, &prevMask) == -1)
            errExit("sigprocmask");

        /* Execution resumes here after SIGCONT */

        if (sigprocmask(SIG_SETMASK, &prevMask, NULL) == -1)
            errExit("sigprocmask");                 /* Reblock SIGTSTP */
        sigemptyset(&sa.sa_mask);                    /* Reestablish handler */
        sa.sa_flags = SA_RESTART;
        sa.sa_handler = tstpHandler;
        if (sigaction(SIGTSTP, &sa, NULL) == -1)
            errExit("sigaction");

        /* The user may have changed the terminal settings while we were
           stopped; save the settings so we can restore them later */

⑥      if (tcgetattr(STDIN_FILENO, &userTermios) == -1)
            errExit("tcgetattr");

        /* Restore our terminal settings */

⑦      if (tcsetattr(STDIN_FILENO, TCSAFLUSH, &ourTermios) == -1)
            errExit("tcsetattr");

        errno = savedErrno;
    }

int
main(int argc, char *argv[])
{
    char ch;
    struct sigaction sa, prev;
    ssize_t n;

    sigemptyset(&sa.sa_mask);
    sa.sa_flags = SA_RESTART;
```

```
⑧      if (argc > 1) {                          /* Use cbreak mode */
⑨          if (ttySetCbreak(STDIN_FILENO, &userTermios) == -1)
               errExit("ttySetCbreak");

           /* Terminal special characters can generate signals in cbreak
              mode. Catch them so that we can adjust the terminal mode.
              We establish handlers only if the signals are not being ignored. */

⑩          sa.sa_handler = handler;

           if (sigaction(SIGQUIT, NULL, &prev) == -1)
               errExit("sigaction");
           if (prev.sa_handler != SIG_IGN)
               if (sigaction(SIGQUIT, &sa, NULL) == -1)
                   errExit("sigaction");

           if (sigaction(SIGINT, NULL, &prev) == -1)
               errExit("sigaction");
           if (prev.sa_handler != SIG_IGN)
               if (sigaction(SIGINT, &sa, NULL) == -1)
                   errExit("sigaction");

⑪          sa.sa_handler = tstpHandler;
           if (sigaction(SIGTSTP, NULL, &prev) == -1)
               errExit("sigaction");
           if (prev.sa_handler != SIG_IGN)
               if (sigaction(SIGTSTP, &sa, NULL) == -1)
                   errExit("sigaction");
       } else {                               /* Use raw mode */
⑫          if (ttySetRaw(STDIN_FILENO, &userTermios) == -1)
               errExit("ttySetRaw");
       }

⑬      sa.sa_handler = handler;
       if (sigaction(SIGTERM, &sa, NULL) == -1)
           errExit("sigaction");

       setbuf(stdout, NULL);                  /* Disable stdout buffering */

⑭      for (;;) {                             /* Read and echo stdin */
           n = read(STDIN_FILENO, &ch, 1);
           if (n == -1) {
               errMsg("read");
               break;
           }

           if (n == 0)                        /* Can occur after terminal disconnect */
               break;

⑮          if (isalpha((unsigned char) ch))        /* Letters --> lowercase */
               putchar(tolower((unsigned char) ch));
           else if (ch == '\n' || ch == '\r')
               putchar(ch);
           else if (iscntrl((unsigned char) ch))
               printf("^%c", ch ^ 64);        /* Echo Control-A as ^A, etc. */
           else
               putchar('*');                  /* All other chars as '*' */
```

```
⑯              if (ch == 'q')                      /* Quit loop */
                   break;
           }

⑰      if (tcsetattr(STDIN_FILENO, TCSAFLUSH, &userTermios) == -1)
               errExit("tcsetattr");
           exit(EXIT_SUCCESS);
       }
```

—————————————————————————————— **tty/test_tty_functions.c**

当我们请求程序清单 62-4 使用原始模式时，下面是我们会看到的输出示例。

```
$ stty                                  Initial terminal mode is sane (cooked)
speed 38400 baud; line = 0;
$ ./test_tty_functions
abc                                     Type abc, and Control-J
   def                                  Type DEF, Control-J, and Enter
^C^Z                                    Type Control-C, Control-Z, and Control-J
   q$                                   Type q to exit
```

在上述 shell 会话的最后一行中，我们看到 shell 将自己的提示符同导致程序终止的字符 q 打印在了同一行上。

下面是采用 cbreak 模式时的输出示例。

```
$ ./test_tty_functions x
XYZ                                     Type XYZ and Control-Z
[1]+  Stopped           ./test_tty_functions x
$ stty                                  Verify that terminal mode was restored
speed 38400 baud; line = 0;
$ fg                                    Resume in foreground
./test_tty_functions x
***                                     Type 123 and Control-J
   $                                    Type Control-C to terminate program
Press Enter to get next shell prompt
$ stty                                  Verify that terminal mode was restored
speed 38400 baud; line = 0;
```

62.7 终端线速（比特率）

不同的终端之间（以及串行线）传输和接收的速率（位数每秒）是不同的。函数 cfgetispeed() 和 cfsetispeed() 用来获取和修改输入的线速。函数 cfgetospeed() 和 cfsetospeed() 用来获取和修改输出的线速。

> 术语波特（baud）通常被当做是终端线速（位数每秒）的同义词，尽管这种用法在技术上来说并不正确。准确地说，波特（baud）是线路中信号每秒可以变化的频率，和每秒可传送的位数不是一回事，因为后者取决于比特位要如何编码为信号。不过，术语波特（baud）依然继续被用作位率（位数每秒）的同义词。（术语"波特率"（baud rate）常常用作波特 baud 的同义词，但这么说是冗余的，因为波特定义的就是速率。）为了避免这些混淆，我们通常就用线速或位率这样的术语。

```
#include <termios.h>

speed_t cfgetispeed(const struct termios *termios_p);
```

```
speed_t cfgetospeed(const struct termios *termios_p);
                        Both return a line speed from given termios structure

int cfsetospeed(struct termios *termios_p, speed_t speed);
int cfsetispeed(struct termios *termios_p, speed_t speed);
                        Both return 0 on success, or –1 on error
```

这里每一个函数用到的 termios 结构体都必须先通过 tcgetattr() 来初始化。

比如，要找出当前终端的输出线速，我们可以这样做：

```
struct termios tp;
speed_t rate;

if (tcgetattr(fd, &tp) == -1)
    errExit("tcgetattr");
rate = cfgetospeed(&tp);
if (rate == -1)
    errExit("cfgetospeed");
```

如果我们希望修改这个线速，可以继续按照下面这样处理：

```
if (cfsetospeed(&tp, B38400) == -1)
    errExit("cfsetospeed");
if (tcsetattr(fd, TCSAFLUSH, &tp) == -1)
    errExit("tcsetattr");
```

数据类型 speed_t 用来保存线速。这里没有直接以数值形式来设置线速，而是采用了一组符号常量（定义在<termios.h>中）。这些常量定义了一系列离散的值。关于这些常量，有一些例子比如 B300、B2400、B9600 以及 B38400，分别各自对应于线速 300、2400、9600 以及 38400 位数每秒。使用一组离散的数值也反应出一个事实，那就是终端通常都被设计为工作在一组固定的不同线速上（已标准化的）。这些线速都从某个基准线速派生而来（例如 115200 通常用于个人电脑），基准线速除以某个整数得到这些线速（例如，115200 / 12 = 9600）。

SUSv3 规定了终端线速应该保存在 termios 结构体中，但并没有规定（故意的）保存在哪个字段中。包括 Linux 在内的许多实现中，都是在 c_cflag 字段中通过 CBAUD 掩码和 CBAUDEX 标志来维护这些值。（在 62.2 节中，我们提到过在 Linux 中，termios 结构体中的非标准字段 c_ispeed 和 c_ospeed 是不被使用的。）

尽管函数 cfsetispeed() 和 cfsetospeed() 可以分开指定输入和输出线速，但是在许多终端上这两个速率必须是一样的。此外，Linux 只用一个单独的字段来保存线速（即，假定这两个速率值总是一样的），这表示所有同输入和输出线速率相关的函数访问的都是相同的 termios 结构体字段。

在 cfsetispeed() 中将 speed 设置为 0 表示将输入线速设定为稍后调用 tcsetattr() 时得到的任何输出线速值。在那些将这两个线速分开维护的系统中，这种方法十分有用。

62.8 终端的行控制

函数 tcsendbreak()、tcdrain()、tcflush() 以及 tcflow() 所执行的任务通常都归类在行控制（line control）下。（这些函数都是 POSIX 中创建的，被设计用来取代各种 ioctl() 操作。）

```
#include <termios.h>

int tcsendbreak(int fd, int duration);
int tcdrain(int fd);
int tcflush(int fd, int queue_selector);
int tcflow(int fd, int action);
```
All return 0 on success, or –1 on error

在每个函数中，参数 fd 表示文件描述符，它指向终端或串行线上的其他远程设备。

tcsendbreak()函数通过传输连续的 0 比特流产生一个 BREAK 状态。参数 duration 指定了传输持续的时间。如果 duration 为 0，那么传输 0 比特序列的时间将持续 0.25 秒。（SUSv3 规定这个时间至少要有 0.25 秒，但不超过 0.5 秒。）如果 duration 的值大于 0，传输 0 比特序列的时间就会持续 duration 个毫秒。SUSv3 对于这种情况没有做任何规定，对于非零值的 duration 应该如何处理，在不同的 UNIX 实现中区别很大（这里讨论的细节只针对于 glibc）。

函数 tcdrain()刷新（丢弃）终端输入队列、终端输出队列或者这两者中的数据（见图 62-1）。刷新输入队列将丢弃已经由终端驱动程序接收但还没有被任何进程读取的数据。比如，一个应用程序可以使用 tcflush()来丢弃提示输入密码之前就已经输入到终端的数据。刷新输出队列将丢弃已经写入（传递到终端驱动程序）但还没有传递给设备的数据。参数 queue-selector 指定了表 62-4 中所示的其中一个值。

> 注意，术语刷新（flush）在 tcflush()中的含义和我们在谈论文件 I/O 时是不一样的。对于文件 I/O，刷新意味着通过标准输入的 fflush()将输出从用户空间内存上强制传输到缓冲区 cache 上，或者通过 fsync()、fdatasync()以及 sync()强制将数据从缓冲区 cache 传输到磁盘上。

表 62-4：tcflush()中参数 queue_selector 的值

值	描　　述
TCIFLUSH	刷新输入队列
TCOFLUSH	刷新输出队列
TCIOFLUSH	输入队列和输出队列都得到刷新

函数 tcflow()控制着数据在计算机和终端（或者其他的远程设备）之间的数据流方向。参数 action 为表 62-5 中所示的值之一。TCIOFF 和 TCION 只有在终端能够解释 STOP 和 START 字符时才有效，在这种情况下这些操作将分别导致终端暂停和恢复发送数据到计算机。

表 62-5：tcflush()中参数 action 的值

值	描　　述
TCOOFF	暂停终端上的输出
TCOON	恢复终端上的输出
TCIOFF	传送一个 STOP 字符给终端
TCION	传送一个 START 字符给终端

62.9 终端窗口大小

在一个窗口环境中，一个处理屏幕的应用程序需要能够监视终端窗口的大小，这样当用户修改了窗口大小时能够适当地重新绘制屏幕。内核对此提供了两种方式来 支持。

- 在终端窗口大小改变后发送一个 SIGWINCH 信号给前台进程组。默认情况下，该信号被忽略。
- 在任意时刻——通常是在接收到 SIGWINCH 信号之后——进程可以使用 ioctl() 的 TIOCGWINSZ 操作来获取终端窗口的当前大小。

ioctl() 的 TIOCGWINSZ 操作应该按照如下方式来使用。

```
if (ioctl(fd, TIOCGWINSZ, &ws) == -1)
    errExit("ioctl");
```

参数 fd 表示指向终端窗口的文件描述符。ioctl() 的最后一个参数是指向 winsize 结构体（定义在 <sys/ioctl.h> 中）的指针，用来返回终端窗口的大小。

```
struct winsize {
    unsigned short ws_row;       /* Number of rows (characters) */
    unsigned short ws_col;       /* Number of columns (characters) */
    unsigned short ws_xpixel;    /* Horizontal size (pixels) */
    unsigned short ws_ypixel;    /* Vertical size (pixels) */
};
```

和许多其他的实现一样，Linux 没有使用 winsize 结构体中与像素大小相关的字段。

程序清单 62-5 演示了信号 SIGWINCH 以及 ioctl() 的 TIOCGWINSZ 操作的用法。下面是运行该程序时的输出示例，该程序运行在一个窗口管理器下，而且终端窗口大小改变了 3 次。

```
$ ./demo_SIGWINCH
Caught SIGWINCH, new window size: 35 rows * 80 columns
Caught SIGWINCH, new window size: 35 rows * 73 columns
Caught SIGWINCH, new window size: 22 rows * 73 columns
Type Control-C to terminate program
```

程序清单 62-5：监视终端窗口大小的改变

── tty/demo_SIGWINCH.c

```
#include <signal.h>
#include <termios.h>
#include <sys/ioctl.h>
#include "tlpi_hdr.h"

static void
sigwinchHandler(int sig)
{
}

int
main(int argc, char *argv[])
{
    struct winsize ws;
    struct sigaction sa;
```

```
    sigemptyset(&sa.sa_mask);
    sa.sa_flags = 0;
    sa.sa_handler = sigwinchHandler;
    if (sigaction(SIGWINCH, &sa, NULL) == -1)
        errExit("sigaction");

    for (;;) {
        pause();                              /* Wait for SIGWINCH signal */

        if (ioctl(STDIN_FILENO, TIOCGWINSZ, &ws) == -1)
            errExit("ioctl");
        printf("Caught SIGWINCH, new window size: "
                "%d rows * %d columns\n", ws.ws_row, ws.ws_col);
    }
}
```

—— **tty/demo_SIGWINCH.c**

也可以在 ioctl() 的 TIOCSWINSZ 操作中传入一个初始化过的 winsize 结构体来修改终端驱动程序对于窗口大小的设定。

```
ws.ws_row = 40;
ws.ws_col = 100;
if (ioctl(fd, TIOCSWINSZ, &ws) == -1)
    errExit("ioctl");
```

如果 winsize 结构体中的值与终端驱动程序当前对于终端窗口大小的设定不一致，那么会发生两件事情：

- 终端驱动程序的数据结构得到更新，使用的值正是在参数 ws 中提供的新值；
- 发送一个 SIGWINCH 信号到终端的前台进程组中。

然而需要注意的是，这些事件本身并不足以改变实际的窗口显示尺寸，这是由内核之外的软件所控制的（比如窗口管理器或终端模拟器程序）。

尽管并没有在 SUSv3 中得到规范化，大多数 UNIX 实现都提供了本节介绍的 ioctl() 操作来访问终端的窗口大小。

62.10 终端标识

在 34.4 节中，我们介绍了 ctermid() 函数，该函数返回进程控制终端的名称（在 UNIX 系统上通常为/dev/tty）。本节描述的函数对于标识终端也同样有用。

函数 isatty() 使我们能够判断文件描述符 fd 是否同一个终端相关联（相比于其他的文件类型）。

```
#include <unistd.h>

int isatty(int fd);
```
                    Returns true (1) if *fd* is associated with a terminal, otherwise false (0)

函数 isatty() 对于编辑器和其他需要判断标准输入和输出是否要定向到终端上的屏幕处理程序来说十分有用。

给定一个文件描述符，函数 ttyname() 返回与之相关的终端设备名称。

```
#include <unistd.h>

char *ttyname(int fd);
```
                    Returns pointer to (statically allocated) string containing
                                        terminal name, or NULL on error

要得到终端的名称，ttyname()通过调用 18.8 节中描述的函数 opendir()和 readdir()来遍历包含终端设备名称的目录，查找每个目录，直到找到的设备 ID 号（stat 结构体中的 st_rdev 字段）同文件描述符 fd 所关联的设备相匹配。终端设备通常都保存在两个目录下：/dev 和/dev/pts。/dev 目录中包含了有关虚拟控制台的条目（比如，/dev/tty1）和 BSD 伪终端。/dev/pts 目录则包含了（System V 风格）伪终端从设备。（我们在第 64 章中讨论伪终端。）

> ttyname()还有一个形式为 ttyname_r()的可重入版本。
> tty(1)命令可以显示出与它的标准输入相关联的终端名称，它是函数 ttyname()的命令行模拟。

62.11　总结

在早期的 UNIX 系统上，终端是通过串行线连接到计算机上的真正的硬件设备。早期的终端并没有得到标准化，这意味着对于不同的硬件厂商，对终端进行编程时的转义序列是不同的。在现代工作站上，这样的终端已经被运行着 X Window 系统的位图监视器所取代了。但是，当处理虚拟设备比如虚拟控制台和终端模拟器（使用了伪终端），以及通过串行线连接的真实设备时，仍然需要能够对终端进行编程。

有关终端的设置（除了终端窗口大小外）都维护在 termios 结构体中，它包含了 4 个位掩码字段用来控制有关终端的各种设置，以及一个定义了各种特殊字符的数组，这些特殊字符由终端驱动程序负责解释。函数 tcgetattr()和 tcsetattr()允许程序获取并修改终端的设置。

当执行输入时，终端驱动程序可以操作于两种不同的模式下。在规范模式下，输入会装配成行（由其中一种行终止符结束），且打开了行编辑功能。与之相反，非规范模式下允许应用程序一次只读取一个输入字符，而不需要等到用户输入一个行终止符。非规范模式下禁止了行编辑功能。非规范模式下的读操作什么时候完成，是由 termios 结构体中的 MIN 和 TIME 字段来控制的，它们决定了最少被读取的字符数以及施加于读操作上的超时时间。我们对非规范模式下的读操作的 4 种不同情况作了描述。

历史上第 7 版 UNIX 以及 BSD 终端驱动程序提供了 3 种输入模式——加工模式、cbreak 模式和原始模式——它们对终端的输入和输出处理提供了不同程度的支持。cbreak 和原始模式可以通过修改 termios 结构体中的各个字段来模拟。

还有一系列函数可以执行各种其他的终端操作。这些函数包括修改终端线速以及执行行控制操作（生成一个 BREAK 状态，暂停进程直到输出已经完成传递，刷新终端的输入和输出队列，暂停或恢复终端和计算机之间的双向数据传输）。其他的函数允许我们检查给定的文件描述符是否指向一个中断，并获取该终端的名称。系统调用 ioctl()可用来获取并修改由内核记录的终端窗口大小，并执行一系列其他的与终端相关的操作。

更多信息

[Stevens, 1992]中也对面向终端的编程做了描述，并对串口编程做了更加细致的讲解。网络

上还有一些讨论面向终端编程的优秀资源。比如在 LDP 站点（http://www.tldp.org）上的 Serial HOWTO 以及 Text-terminal HOWTO，作者都是 David S. Lawyer。另一个有用的资源是 Michael R. Sweet 所著的《POSIX 操作系统下的串口编程指南》（"Serial Programming Guide for POSIX Operation Systems"），可以在 http://www.easysw.com/~mike/serial/ 上找到在线资源。

62.12　练习

62-1.　实现函数 isatty()。（你会发现读一读 62.2 节中关于 tcgetattr() 的描述很有帮助。）

62-2.　实现函数 ttyname()。

62-3.　实现 8.5 节中描述过的函数 getpass()。（函数 getpass() 可以通过打开/dev/tty 为控制终端获取到一个文件描述符。）

62-4.　编写一个程序显示下列信息：判断标准输入所指向的终端是处于规范模式还是非规范模式。如果处于非规范模式，显示出 TIME 和 MIN 的值。

第 **63** 章

其他备选的 I/O 模型

除了已经在本书很多地方使用到的常规文件 I/O 外，本章我们将讨论其他 3 种可选的 I/O
模型。

- I/O 多路复用（select()以及 poll()系统调用）。
- 信号驱动 I/O。
- Linux 专有的 epoll 编程接口

63.1　整体概览

目前为止，本书中大部分程序使用的 I/O 模型都是单个进程每次只在一个文件描述符上执
行 I/O 操作，每次 I/O 系统调用都会阻塞直到完成数据传输。比如，当从一个管道中读取数据
时，如果管道中恰好没有数据，那么通常 read()会阻塞。而如果管道中没有足够的空间保存待
写入的数据时，write()也会阻塞。当在其他类型的文件如 FIFO 和套接字上执行 I/O 操作时，
也会出现相似的行为。

> 磁盘文件是个特例。如第 13 章中所描述的，内核采用缓冲区 cache 来加速磁盘 I/O 请
> 求。因而一旦请求的数据传输到内核的缓冲区 cache，对磁盘的 write()操作将立刻返回，而
> 不用等到将数据实际写入磁盘后才返回（除非在打开文件时指定了 O_SYNC 标志）。与之
> 对应的是，read()调用将数据从内核缓冲区 cache 移动到用户的缓冲区中，如果请求的数据
> 不在内核缓冲区 cache，那么内核就会让进程休眠，同时执行对磁盘的读操作。

对于许多应用来说，传统的阻塞式 I/O 模型已经足够了，但这不代表所有的应用都能得到
满足。特别的，有些应用需要处理以下某项任务，或者两者都需要兼顾。

- 如果可能的话，以非阻塞的方式检查文件描述符上是否可进行 I/O 操作。
- 同时检查多个文件描述符，看它们中的任何一个是否可以执行 I/O 操作。

我们已经遇到了两种可以部分满足这些需求的技术：非阻塞式 I/O 和多进程或多线程
技术。

我们在 5.9 节和 44.9 节中对非阻塞式 I/O 做了详细的说明。如果在打开文件时设定了

O_NONBLOCK 标志，会以非阻塞方式打开文件。如果 I/O 系统调用不能立刻完成，则会返回错误而不是阻塞进程。非阻塞式 I/O 可以运用到管道、FIFO、套接字、终端、伪终端以及其他一些类型的设备上。

非阻塞式 I/O 可以让我们周期性地检查（"轮询"）某个文件描述符上是否可执行 I/O 操作。比如，我们可以让一个输入文件描述符成为非阻塞式的，然后周期性地执行非阻塞式的读操作。如果我们需要同时检查多个文件描述符，那么就需要将它们都设为非阻塞，然后依次对它们轮询。但是，这种轮询通常是我们不希望看到的。如果轮询的频率不高，那么应用程序响应 I/O 事件的延时可能会达到无法接受的程度。换句话说，在一个紧凑的循环中做轮询就是在浪费 CPU。

> 本章中我们以两种截然不同的方式来使用轮询（poll）这个词。其中一种代表 I/O 多路复用的系统调用 poll()。另一种则表示"以非阻塞的方式检查文件描述符的状态"。

如果不希望进程在对文件描述符执行 I/O 操作时被阻塞，我们可以创建一个新的进程来执行 I/O。此时父进程就可以去处理其他的任务了，而子进程将阻塞直到 I/O 操作完成。如果我们需要处理多个文件描述符上的 I/O，此时可以为每个文件描述符创建一个子进程。这种方法的问题在于开销昂贵且复杂。创建及维护进程对系统来说都有开销，而且一般来说子进程需要使用某种 IPC 机制来通知父进程有关 I/O 操作的状态。

使用多线程而不是多进程，这将占用较少的资源。但线程之间仍然需要通信，以告知其他线程有关 I/O 操作的状态，这将使编程工作变得复杂。尤其是如果我们使用线程池技术来最小化需要处理大量并发客户的线程数量时。（多线程特别有用的一个地方是如果应用程序需要调用一个会执行阻塞式 I/O 操作的第三方库，那么可以通过在分离的线程中调用这个库从而避免应用被阻塞。）

由于非阻塞式 I/O 和多进（线）程都有各自的局限性，下列备选方案往往更可取。

- I/O 多路复用允许进程同时检查多个文件描述符以找出它们中的任何一个是否可执行 I/O 操作。系统调用 select() 和 poll() 用来执行 I/O 多路复用。
- 信号驱动 I/O 是指当有输入或者数据可以写到指定的文件描述符上时，内核向请求数据的进程发送一个信号。进程可以处理其他的任务，当 I/O 操作可执行时通过接收信号来获得通知。当同时检查大量的文件描述符时，信号驱动 I/O 相比 select() 和 poll() 有显著的性能提升。
- epoll API 是 Linux 专有的特性，首次出现是在 Linux 2.6 版中。同 I/O 多路复用 API 一样，epoll API 允许进程同时检查多个文件描述符，看其中任意一个是否能执行 I/O 操作。同信号驱动 I/O 一样，当同时检查大量文件描述符时，epoll 能提供更好的性能。

> 本章余下的部分我们将主要对上述技术进行讨论。但是，这些技术也可以应用到多线程应用中。

实际上 I/O 多路复用、信号驱动 I/O 以及 epoll 都是用来实现同一个目标的技术——同时检查多个文件描述符，看它们是否准备好了执行 I/O 操作（准确地说，是看 I/O 系统调用是否可以非阻塞地执行）。文件描述符就绪状态的转化是通过一些 I/O 事件来触发的，比如输入数据到达，套接字连接建立完成，或者是之前满载的套接字发送缓冲区在 TCP 将队列中的数据传送到对端之后有了剩余空间。同时检查多个文件描述符在类似网络服务器的应用中很有用处，或者是那些必须同时检查终端以及管道或套接字输入的应用程序。

需要注意的是这些技术都不会执行实际的 I/O 操作。它们只是告诉我们某个文件描述符已经处于就绪状态了。这时需要调用其他的系统调用来完成实际的 I/O 操作。

> 本章我们没有介绍的一种 I/O 模型是 POSIX 异步 I/O（AIO）。POSIX AIO 允许进程将 I/O 操作排列到一个文件中，当操作完成后得到通知。POSIX AIO 的优点在于最初的 I/O 调用将立刻返回，因此进程不会一直等待数据传输到内核或者等待操作完成。这使得进程可以同 I/O 操作一起并行处理其他的任务（可能会包含将未来的 I/O 操作入队列）。对于特定类型的应用，POSIX AIO 能提供有用的性能优势。目前，Linux 在 glibc 中提供有基于线程的 POSIX AIO 实现。写作本书时，人们正在朝着内核化的 POSIX AIO 实现而努力，这应该能提供更好的伸缩性能。POSIX AIO 的描述可在[Gallmeister, 1995]和[Robbins & Robbins, 2003]中找到。

选择哪种技术

在本章中，我们将思考为何要选择其中的某种技术，为什么其他技术不适用，其理由是什么。同时我们会总结出一些要点。

- 系统调用 select()和 poll()在 UNIX 系统中已经存在了很长的时间。同其他技术相比，它们主要的优势在于可移植性，主要缺点在于当同时检查大量的（数百或数千个）文件描述符时性能延展性不佳。
- epoll API 的关键优势在于它能让应用程序高效地检查大量的文件描述符。其主要缺点在于它是专属于 Linux 系统的 API。

> 一些其他的 UNIX 实现提供了（非标准的）类似于 epoll 的机制。比如，Solaris 提供了特殊的/dev/poll 文件（在 Solaris poll(7d)手册页中描述），而其他一些 BSD 变种提供了 kqueue API（相比 epoll，这是一种更为通用的检查机制）。[Stevens et al,. 2004]中简要介绍了这两种机制。关于 kqueue 的更多讨论可以在[Lemon, 2001]中找到。

- 同 epoll 一样，信号驱动 I/O 可以让应用程序高效地检查大量的文件描述符。但是 epoll 有一些信号驱动 I/O 所没有的优点。
- — 避免了处理信号的复杂性。
- — 我们可以指定想要检查的事件类型（即，读就绪或者写就绪）。
- — 我们可以选择以水平触发或边缘触发的形式来通知进程（在 63.1.1 节中详述）。

另外，要完全利用信号 I/O 的优点需要用到不可移植的 Linux 专有的特性，而如果我们这么做了，那么信号驱动 I/O 的可移植性也不会比 epoll 更好。

> 因为从另一方面来说 select()和 poll()的可移植性更好，而信号驱动 I/O 和 epoll 有着更好的性能表现。对于某些应用来说，编写一个软件抽象层来检查文件描述符事件是非常值得做的。有了这样一个抽象层，可移植的程序就能在提供有 epoll 机制的系统上应用 epoll（或类似的 API），而在其他系统上继续使用 select()和 poll()。

Libevent 库就是这样一个软件层，它提供了检查文件描述符 I/O 事件的抽象，已经移植到了多个 UNIX 系统中。Libevent 的底层机制能够（以透明的方式）应用本章所描述的任意一种技术：select()、poll()、信号驱动 I/O 或者 epoll。同样，也支持 Solaris 专有的/dev/poll 接口和 BSD

系统的 kqueue 接口。（因此，libevent 也可以作为如何使用这些技术的绝佳示例。）libevent 的作者是 Niels Provos，该项目可在 http://monkey.org/~provos/ libevent/上找到。

63.1.1　水平触发和边缘触发

在深入讨论多种可选的 I/O 机制之前，我们需要先区分两种文件描述符准备就绪的通知模式。

● 水平触发通知：如果文件描述符上可以非阻塞地执行 I/O 系统调用，此时认为它已经就绪。

● 边缘触发通知：如果文件描述符自上次状态检查以来有了新的 I/O 活动（比如新的输入），此时需要触发通知。

表 63-1 总结了 I/O 多路复用、信号驱动 I/O 以及 epoll 所采用的通知模型。epoll API 同其他两种 I/O 模型的区别在于它对水平触发（默认）和边缘触发都支持。

表 63-1：使用水平触发和边缘触发通知模型

I/O 模式	水平触发	边缘触发
select(),poll()	●	
信号驱动 I/O		●
epoll	●	●

有关这两种通知模型区别的细节将在本章的学习中逐渐清晰。现在我们讨论一下通知模型的选择是如何影响我们设计程序的方式的。

当采用水平触发通知时，我们可以在任意时刻检查文件描述符的就绪状态。这表示当我们确定了文件描述符处于就绪态时（比如存在有输入数据），就可以对其执行一些 I/O 操作，然后重复检查文件描述符，看看是否仍然处于就绪态（比如还有更多的输入数据），此时我们就能执行更多的 I/O，以此类准。换句话说，由于水平触发模式允许我们在任意时刻重复检查 I/O 状态，没有必要每次当文件描述符就绪后需要尽可能多地执行 I/O（也就是尽可能多地读取字节，亦或是根本不去执行任何 I/O）。

与之相反的是，当我们采用边缘触发时，只有当 I/O 事件发生时我们才会收到通知。在另一个 I/O 事件到来前我们不会收到任何新的通知。另外，当文件描述符收到 I/O 事件通知时，通常我们并不知道要处理多少 I/O（例如有多少字节可读）。因此，采用边缘触发通知的程序通常要按照如下规则来设计。

● 在接收到一个 I/O 事件通知后，程序在某个时刻应该在相应的文件描述符上尽可能多地执行 I/O（比如尽可能多地读取字节）。如果程序没这么做，那么就可能失去执行 I/O 的机会。因为直到产生另一个 I/O 事件为止，在此之前程序都不会再接收到通知了，因此也就不知道此时应该执行 I/O 操作。这将导致数据丢失或者程序中出现阻塞。前面我们说"在某个时刻"，是因为有时候当我们确定了文件描述符是就绪态时，此时可能并不适合马上执行所有的 I/O 操作。问题的原因在于如果我们仅对一个文件描述符执行大量的 I/O 操作，可能会让其他文件描述符处于饥饿状态。在 63.4.6 节中，我们对 epoll API 的边缘触发通知做介绍时再深入讨论这个问题。

● 如果程序采用循环来对文件描述符执行尽可能多的 I/O，而文件描述符又被置为可阻塞的，那么最终当没有更多的 I/O 可执行时，I/O 系统调用就会阻塞。基于这个原因，每个被检查的文件描述符通常都应该置为非阻塞模式，在得到 I/O 事件通知后重复执行

I/O 操作，直到相应的系统调用（比如 read()，write()）以错误码 EAGAIN 或 EWOULDBLOCK 的形式失败。

63.1.2　在备选的 I/O 模型中采用非阻塞 I/O

非阻塞 I/O（O_NONBLOCK 标志）常和本章中所描述的 I/O 模型一起使用。下面列出了一些例子，以说明为什么这么做会很有用。

- 如同上一节所述，非阻塞 I/O 通常和提供有边缘触发通知机制的 I/O 模型一起使用。
- 如果多个进程（或线程）在同一个打开的文件描述符上执行 I/O 操作，那么从某个特定进程的角度来看，文件描述符的就绪状态可能会在通知就绪和执行后续 I/O 调用之间发生改变。结果就是一个阻塞式的 I/O 调用将阻塞，从而防止进程检查其他的文件描述符。（这种情况会发生在本章所描述的所有 I/O 模型上，无论它们采用的是水平触发还是边缘触发。）
- 尽管水平触发模式的 API 比如 select() 或 poll() 通知我们流式套接字的文件描述符已经写就绪了，如果我们在单个 write() 或 send() 调用中写入足够大块的数据，那么该调用将阻塞。
- 在非常罕见的情况下，水平触发型的 API 比如 select() 和 poll()，会返回虚假的就绪通知——它们会错误地通知我们文件描述符已经就绪了。这可能是由内核 bug 造成的，或非普通情况下的设计方案所期望的行为。

[Stevens et al., 2004] 中 16.6 节介绍了一个 BSD 系统上的监听套接字的虚假就绪通知例子。如果客户端先连接到服务器端的监听套接字上，然后再重置连接，服务器端的 select() 调用在这两个事件之间将提示监听套接字为可读就绪，但随后当客户端重置连接后，服务器端的 accept() 调用会阻塞。

63.2　I/O 多路复用

I/O 多路复用允许我们同时检查多个文件描述符，看其中任意一个是否可执行 I/O 操作。我们可以采用两个功能几乎相同的系统调用来执行 I/O 多路复用操作。第一个是 select()，它首次出现在 BSD 系统的套接字 API 中。在这两个系统调用中，历史上 select() 的应用更广泛。另一个系统调用是 poll()，它出现在 System V 中。select() 和 poll() 现在都是 SUSv3 中规定的标准接口。

我们可以在普通文件、终端、伪终端、管道、FIFO、套接字以及一些其他类型的字符型设备上使用 select() 和 poll() 来检查文件描述符。这两个系统调用都允许进程要么一直等待文件描述符成为就绪态，要么在调用中指定一个超时时间。

63.2.1　select() 系统调用

系统调用 select() 会一直阻塞，直到一个或多个文件描述符集合成为就绪态。

```
#include <sys/time.h>          /* For portability */
#include <sys/select.h>

int select(int nfds, fd_set *readfds, fd_set *writefds, fd_set *exceptfds,
           struct timeval *timeout);
         Returns number of ready file descriptors, 0 on timeout, or –1 on error
```

参数 nfds、readfds、writefds 和 exceptfds 指定了 select()要检查的文件描述符集合。参数 timeout 可用来设定 select()阻塞的时间上限。我们接下来详细描述这些参数的意义。

上文给出的 select()函数原型中我们包含了头文件<sys/time.h>，因为这是 SUSv2 中指定的头文件，而且其他一些 UNIX 实现中需要这个头文件。（Linux 中也提供有头文件<sys/time.h>，包含它没什么坏处。）

文件描述符集合

参数 readfds、writefds 以及 exceptfds 都是指向文件描述符集合的指针，所指向的数据类型是 fd_set。这些参数按照如下方式使用。

- readfds 是用来检测输入是否就绪的文件描述符集合。
- writefds 是用来检测输出是否就绪的文件描述符集合。
- exceptfds 是用来检测异常情况是否发生的文件描述符集合。

术语"异常情况"常常被误解为在文件描述符上出现了一些错误，这并不正确。在 Linux 上，一个异常情况只会在下面两种情况下发生（其他的 UNIX 实现也类似）。

- 连接到处于信包模式下的伪终端主设备上的从设备状态发生了改变（见 64.5 节）。
- 流式套接字上接收到了带外数据（见 61.13.1 节）。

通常，数据类型 fd_set 以位掩码的形式来实现。但是，我们并不需要知道这些细节，因为所有关于文件描述符集合的操作都是通过四个宏来完成的：FD_ZERO()，FD_SET()，FD_CLR()以及 FD_ISSET()。

```
#include <sys/select.h>

void FD_ZERO(fd_set *fdset);
void FD_SET(int fd, fd_set *fdset);
void FD_CLR(int fd, fd_set *fdset);

int FD_ISSET(int fd, fd_set *fdset);
                        Returns true (1) if fd is in fdset, or false (0) otherwise
```

这些宏按如下方式工作。

- FD_ZERO()将 fdset 所指向的集合初始化为空。
- FD_SET()将文件描述符 fd 添加到由 fdset 所指向的集合中。
- FD_CLR()将文件描述符 fd 从 fdset 所指向的集合中移除。
- 如果文件描述符 fd 是 fdset 所指向的集合中的成员，FD_ISSET()返回 true。

文件描述符集合有一个最大容量限制，由常量 FD_SETSIZE 来决定。在 Linux 上，该常量的值为 1024。（其他 UNIX 实现对于该限制也有类似的常量值来限定。）

尽管 FD_*宏操作的是用户空间数据结构，select()的内核实现却能处理更大的文件描述符集合。在 glibc 中没有什么简单的方法可以修改 FD_SETSIZE 的定义。如果我们想修改这个限制，必须修改 glibc 头文件中的定义。但是，基于本章稍后提到的原因，如果我们需要检查大量的文件描述符，那么使用 epoll 可能比 select()更加可取。

参数 readfds、writefds 和 exceptfds 所指向的结构体都是保存结果值的地方。在调用 select()之前，这些参数指向的结构体必须初始化（通过 FD_ZERO()和 FD_SET()），以包含我们感兴趣的文件描述符集合。之后 select()调用会修改这些结构体，当 select()返回时，它们包含的就是已处于就绪态的文件描述符集合了。（由于这些结构体会在调用中被修改，如果要在循环中重复调用 select()，我们必须保证每次都要重新初始化它们。）之后这些结构体可以通过 FD_ISSET()来检查。

如果我们对某一类型的事件不感兴趣，那么相应的 fd_set 参数可以指定为 NULL。我们将在 63.2.3 节中对这三种事件类型做更准确的解释。

参数 nfds 必须设为比 3 个文件描述符集合中所包含的最大文件描述符号还要大 1。该参数让 select()变得更有效率，因为此时内核就不用去检查大于这个值的文件描述符号是否属于这些文件描述符集合。

timeout 参数

参数 timeout 控制着 select()的阻塞行为。该参数可指定为 NULL，此时 select()会一直阻塞。又或者指向一个 timeval 结构体。

```
struct timeval {
    time_t       tv_sec;        /* Seconds */
    suseconds_t tv_usec;        /* Microseconds (long int) */
};
```

如果结构体 timeval 的两个域都为 0 的话，此时 select()不会阻塞，它只是简单地轮询指定的文件描述符集合，看看其中是否有就绪的文件描述符并立刻返回。否则，timeout 将为 select()指定一个等待时间的上限值。

尽管结构体 timeval 能支持微秒级的精度，该调用的准确度仍受软件时钟粒度的限制（见 10.6 节）。SUSv3 规定，当 timeout 不是该粒度的整数倍时将向上取整。

> SUSv3 要求最大允许的超时间隔至少为 31 天。大多数 UNIX 实现允许一个相当高的限制值。由于 Linux/x86-32 使用 32 位整数作为 time_t 的类型，因此上限值高达数年。

当 timeout 设为 NULL，或其指向的结构体字段非零时，select()将阻塞直到有下列事件发生：
- readfds、writefds 或 exceptfds 中指定的文件描述符中至少有一个成为就绪态；
- 该调用被信号处理例程中断；
- timeout 中指定的时间上限已超时。

> 在缺少亚秒级 sleep 调用（例如 nanosleep()）的老式 UNIX 实现中，select()被用来模拟这个功能。这可以通过指定 nfds 为 0，readfds、writefds 以及 exceptfds 全设为 NULL，而期望的休眠时间在 timeout 中指定来完成。

在 Linux 上，如果 select()因为有一个或多个文件描述符成为就绪态而返回，且如果参数 timeout 非空，那么 select()会更新 timeout 所指向的结构体以此来表示剩余的超时时间。但是，这种行为是与具体实现相关的。SUSv3 中还允许系统不去修改 timeout 所指向的结构体，且大多数 UNIX 实现都不会修改这个结构体。在循环中使用了 select()的可移植的应用程序应该总是确保 timeout 所指向的结构体在每次调用 select()之前都要得到初始化，而且在调用完成后应该忽略该结构体中返回的信息。

SUSv3 中规定由 timeout 所指向的结构体只有在 select()调用成功返回后才有可能被修改。但是，在 Linux 上如果 select()被一个信号处理例程中断的话（因此 select()会产生 EINTR 错误码），那么该结构体也会被修改以表示剩余的超时时间（其作用相当于 select()成功返回）。

> 如果我们使用 Linux 专有的 personality() 系统调用来设定包含了 STICKY_TIMEOUTS 位的进程运行域，那么 select() 将不会修改由 timeout 所指向的结构体。

select() 的返回值

作为函数的返回值，select() 会返回如下几种情况中的一种。

- 返回-1 表示有错误发生。可能的错误码包括 EBADF 和 EINTR。EBADF 表示 readfds、writefds 或者 exceptfds 中有一个文件描述符是非法的（例如当前并没有打开）。EINTR 表示该调用被信号处理例程中断了。（如 21.5 节所述，如果被信号处理例程中断，select() 是不会自动恢复的。）
- 返回 0 表示在任何文件描述符成为就绪态之前 select() 调用已经超时。在这种情况下，每个返回的文件描述符集合将被清空。
- 返回一个正整数表示有 1 个或多个文件描述符已达到就绪态。返回值表示处于就绪态的文件描述符个数。在这种情况下，每个返回的文件描述符集合都需要检查（通过 FD_ISSET()），以此找出发生的 I/O 事件是什么。如果同一个文件描述符在 readfds、writefds 和 exceptfds 中同时被指定，且它对于多个 I/O 事件都处于就绪态的话，那么就会被统计多次。换句话说，select() 返回所有在 3 个集合中被标记为就绪态的文件描述符总数。

示例程序

程序清单 63-1 中的程序说明了 select() 的用法。通过命令行参数，我们可以指定超时时间以及我们希望检查的文件描述符。第一个命令行参数指定了 select() 中的 timeout 参数，以秒为单位。如果这里指定了连字符（-），那么 select() 的 timeout 参数就设为 NULL，表示会一直阻塞。剩下的命令行参数用来指定需要检查的文件描述符个数，跟着的字符表示需要被检查的事件类型。我们这里可以指定的是 r（读就绪）和 w（写就绪）。

程序清单 63-1：使用 select() 来检查多个文件描述符

—— altio/t_select.c

```
#include <sys/time.h>
#include <sys/select.h>
#include "tlpi_hdr.h"

static void
usageError(const char *progName)
{
    fprintf(stderr, "Usage: %s {timeout|-} fd-num[rw]...\n", progName);
    fprintf(stderr, "    - means infinite timeout; \n");
    fprintf(stderr, "    r = monitor for read\n");
    fprintf(stderr, "    w = monitor for write\n\n");
    fprintf(stderr, "    e.g.: %s - 0rw 1w\n", progName);
    exit(EXIT_FAILURE);
}
int
main(int argc, char *argv[])
{
    fd_set readfds, writefds;
    int ready, nfds, fd, numRead, j;
```

```
        struct timeval timeout;
        struct timeval *pto;
        char buf[10];                           /* Large enough to hold "rw\0" */

        if (argc < 2 || strcmp(argv[1], "--help") == 0)
            usageError(argv[0]);

        /* Timeout for select() is specified in argv[1] */

        if (strcmp(argv[1], "-") == 0) {
            pto = NULL;                         /* Infinite timeout */
        } else {
            pto = &timeout;
            timeout.tv_sec = getLong(argv[1], 0, "timeout");
            timeout.tv_usec = 0;                /* No microseconds */
        }

        /* Process remaining arguments to build file descriptor sets */

        nfds = 0;
        FD_ZERO(&readfds);
        FD_ZERO(&writefds);

        for (j = 2; j < argc; j++) {
            numRead = sscanf(argv[j], "%d%2[rw]", &fd, buf);
            if (numRead != 2)
                usageError(argv[0]);
            if (fd >= FD_SETSIZE)
                cmdLineErr("file descriptor exceeds limit (%d)\n", FD_SETSIZE);

            if (fd >= nfds)
                nfds = fd + 1;                  /* Record maximum fd + 1 */
            if (strchr(buf, 'r') != NULL)
                FD_SET(fd, &readfds);
            if (strchr(buf, 'w') != NULL)
                FD_SET(fd, &writefds);
        }

        /* We've built all of the arguments; now call select() */

        ready = select(nfds, &readfds, &writefds, NULL, pto);
                                                /* Ignore exceptional events */
        if (ready == -1)
            errExit("select");

        /* Display results of select() */

        printf("ready = %d\n", ready);
        for (fd = 0; fd < nfds; fd++)
            printf("%d: %s%s\n", fd, FD_ISSET(fd, &readfds) ? "r" : "",
                    FD_ISSET(fd, &writefds) ? "w" : "");

        if (pto != NULL)
            printf("timeout after select(): %ld.%03ld\n",
                    (long) timeout.tv_sec, (long) timeout.tv_usec / 10000);
        exit(EXIT_SUCCESS);
    }
```

——— altio/t_select.c

在下面的 shell 会话日志中，我们说明了程序清单 63-1 的用法。在第一个例子中，我们请求检查文件描述符 0 上的输入，超时时间定为 10 秒。

```
$ ./t_select 10 0r
Press Enter, so that a line of input is available on file descriptor 0
ready = 1
0: r
timeout after select(): 8.003
$                                    Next shell prompt is displayed
```

上面的输出告诉我们 select()确定了有一个文件描述符已处于就绪态。文件描述符 0 已经准备好读取数据了。我们也可以看到 timeout 已经被修改了。最后一行输出只有 shell 提示符$，这是因为 t_select 程序并没有读取让文件描述符 0 处于读就绪态的换行符，因此这个字符由 shell 读取，结果就是打印出了另一个 shell 提示符。

在下一个示例中，我们再次检查文件描述符 0 的输入状态，但这一次将超时时间设为 0 秒。

```
$ ./t_select 0 0r
ready = 0
timeout after select(): 0.000
```

select()调用立刻返回，且发现没有文件描述符处于就绪态。

下一个示例中，我们检查文件描述符 0 上是否有输入，以及文件描述符 1 上是否有输出。在这种情况下，我们将参数 timeout 设为 NULL（第一个命令行参数为连字符-），表示一直阻塞下去。

```
$ ./t_select - 0r 1w
ready = 1
0:
1: w
```

select()调用立刻返回，并告诉我们文件描述符 1 上有输出。

63.2.2　poll()系统调用

系统调用 poll()执行的任务同 select()很相似。两者间主要的区别在于我们要如何指定待检查的文件描述符。在 select()中，我们提供三个集合，在每个集合中标明我们感兴趣的文件描述符。而在 poll()中我们提供一列文件描述符，并在每个文件描述符上标明我们感兴趣的事件。

```
#include <poll.h>

int poll(struct pollfd fds[], nfds_t nfds, int timeout);
         Returns number of ready file descriptors, 0 on timeout, or −1 on error
```

参数 fds 列出了我们需要 poll()来检查的文件描述符。该参数为 pollfd 结构体数组，其定义如下。

```
struct pollfd {
    int    fd;                /* File descriptor */
    short  events;            /* Requested events bit mask */
    short  revents;           /* Returned events bit mask */
};
```

参数 nfds 指定了数组 fds 中元素的个数。数据类型 nfds_t 实际为无符号整形。

pollfd 结构体中的 events 和 revents 字段都是位掩码。调用者初始化 events 来指定需要为描述符 fd 做检查的事件。当 poll()返回时，revents 被设定以此来表示该文件描述符上实际发生的事件。

表 63-2 列出了可能会出现在 events 和 revents 字段中的位掩码。该表中第一组位掩码（POLLIN、POLLRDNORM、POLLRDBAND、POLLPRI 以及 POLLRDHUP）同输入事件相关。下一组位掩码（POLLOUT、POLLWRNORM 以及 POLLWRBAND）同输出事件相关。第三组位掩码（POLLERR、POLLHUP 以及 POLLNVAL）是设定在 revents 字段中用来返回有关文件描述符的附加信息。如果在 events 字段中指定了这些位掩码，则这三位将被忽略。在 Linux 系统中，poll()不会用到最后一个位掩码 POLLMSG。

表 63-2：pollfd 结构体中 events 和 revents 字段中出现的位掩码值

位 掩 码	events 中的输入	返回到 revents	描　述
POLLIN	●	●	可读取非高优先级的数据
POLLRDNORM	●	●	等同于 POLLIN
POLLRDBAND	●	●	可读取优先级数据（Linux 中不使用）
POLLPRI	●	●	可读取高优先级数据
POLLRDHUP	●	●	对端套接字关闭
POLLOUT	●	●	普通数据可写
POLLWRNORM	●	●	等同于 POLLOUT
POLLWRBAND	●	●	优先级数据可写入
POLLERR		●	有错误发生
POLLHUP		●	出现挂断
POLLNVAL		●	文件描述符未打开
POLLMSG			Linux 中不使用（SUSv3 中未指定）

在提供有 STREAMS 设备的 UNIX 实现中，POLLMSG 表示包含有 SIGPOLL 信号的消息已经到达 stream 头部。Linux 中没有使用到 POLLMSG，因为 Linux 并没有实现 STREAMS。

如果我们对某个特定的文件描述符上的事件不感兴趣，可以将 events 设为 0。另外，给 fd 字段指定一个负值（例如，如果值为非零，取它的相反数）将导致对应的 events 字段被忽略，且 revents 字段将总是返回 0。这两种方法都可以用来（也许只是暂时的）关闭对单个文件描述符的检查，而不需要重新建立整个 fds 列表。

注意，下面进一步列出的要点主要是关于 poll()的 Linux 实现。

- 尽管被定义为不同的位掩码，POLLIN 和 POLLRDNORM 是同义词。
- 尽管被定义为不同的位掩码，POLLOUT 和 POLLWRNORM 是同义词。
- 一般来说 POLLRDBAND 是不被使用的，也就是说它在 events 字段中被忽略，也不会设定到 revents 中去。

唯一用到 POLLRDBAND 的地方是在实现 DECnet 网络协议的代码中（已过时）。

- 尽管在特定情形下可用于对套接字的设定，POLLWRBAND 并不会传达任何有用的信息。（不会出现当 POLLOUT 和 POLLWRNORM 没有设定，而设定了 POLLWRBAND 的情况。）

POLLRDBAND 和 POLLWRBAND 对于提供有 System V STREAMS 实现的系统来说是有意义的（Linux 没有实现 STREAMS）。在 STREAMS 下，消息可以附上一个非零的优先级，这样的消息在接收端排队时按照优先级递减的方式排列，会排在普通消息（优先级为 0）的前面。

- 必须定义 _XOPEN_SOURCE 测试宏，这样才能在头文件 <poll.h> 中得到常量 POLLRDNORM、POLLRDBAND、POLLWRNORM 以及 POLLWRBAND 的定义。
- POLLRDHUP 是 Linux 专有的标志位，从 2.6.17 版内核以来就一直存在。要在头文件 <poll.h> 中得到它的定义，必须定义 _GNU_SOURCE 测试宏。
- 如果指定的文件描述符在调用 poll() 时关闭了，则返回 POLLNVAL。

总结以上要点，poll() 真正关心的标志位就是 POLLIN、POLLOUT、POLLPRI、POLLRDHUP、POLLHUP 以及 POLLERR。我们在 63.2.3 节中以更详尽的方式讨论这些标志位的意义。

timeout 参数

参数 timeout 决定了 poll() 的阻塞行为，具体如下。

- 如果 timeout 等于 -1，poll() 会一直阻塞直到 fds 数组中列出的文件描述符有一个达到就绪态（定义在对应的 events 字段中）或者捕获到一个信号。
- 如果 timeout 等于 0，poll() 不会阻塞——只是执行一次检查看看哪个文件描述符处于就绪态。
- 如果 timeout 大于 0，poll() 至多阻塞 timeout 毫秒，直到 fds 列出的文件描述符中有一个达到就绪态，或者直到捕获到一个信号为止。

同 select() 一样，timeout 的精度受软件时钟粒度的限制（见 10.6 节），而 SUSv3 中规定，如果 timeout 的值不是时钟粒度的整数倍，将总是向上取整。

poll() 的返回值

作为函数的返回值，poll() 会返回如下几种情况中的一种。

- 返回 -1 表示有错误发生。一种可能的错误是 EINTR，表示该调用被一个信号处理例程中断。（如 21.5 节中所注明的，如果被信号处理例程中断，poll() 绝不会自动恢复。）
- 返回 0 表示该调用在任意一个文件描述符成为就绪态之前就超时了。
- 返回正整数表示有 1 个或多个文件描述符处于就绪态了。返回值表示数组 fds 中拥有非零 revents 字段的 pollfd 结构体数量。

注意 select() 同 poll() 返回正整数值时的细小差别。如果一个文件描述符在返回的描述符集合中出现了不止一次，系统调用 select() 会将同一个文件描述符计数多次。而系统调用 poll() 返回的是就绪态的文件描述符个数，且一个文件描述符只会统计一次，就算在相应的 revents 字段中设定了多个位掩码也是如此。

示例程序

程序清单 63-2 给出了一个使用 poll() 的简单演示。这个程序创建了一些管道（每个管道使用一对连续的文件描述符），将字节写到随机选择的管道写端，然后通过 poll() 来检查看哪个管道中有数据可进行读取。

　　下面的 shell 会话展示了当我们运行该程序时会看到什么结果。程序的命令行参数指定了应该创建 10 个管道，而写操作应该随机选择其中的 3 个管道。

```
$ ./poll_pipes 10 3
Writing to fd:   4 (read fd:   3)
Writing to fd:  14 (read fd:  13)
Writing to fd:  14 (read fd:  13)
poll() returned: 2
Readable:   3
Readable:  13
```

从上面的输出我们可知 poll() 发现两个管道上有数据可读取。

程序清单 63-2：使用 poll() 来检查多个文件描述符

── altio/poll_pipes.c

```c
#include <time.h>
#include <poll.h>
#include "tlpi_hdr.h"

int
main(int argc, char *argv[])
{
    int numPipes, j, ready, randPipe, numWrites;
    int (*pfds)[2];                    /* File descriptors for all pipes */
    struct pollfd *pollFd;

    if (argc < 2 || strcmp(argv[1], "--help") == 0)
        usageErr("%s num-pipes [num-writes]\n", argv[0]);

    /* Allocate the arrays that we use. The arrays are sized according
       to the number of pipes specified on command line */

    numPipes = getInt(argv[1], GN_GT_0, "num-pipes");

    pfds = calloc(numPipes, sizeof(int [2]));
    if (pfds == NULL)
        errExit("malloc");
    pollFd = calloc(numPipes, sizeof(struct pollfd));
    if (pollFd == NULL)
        errExit("malloc");

    /* Create the number of pipes specified on command line */

    for (j = 0; j < numPipes; j++)
        if (pipe(pfds[j]) == -1)
            errExit("pipe %d", j);

    /* Perform specified number of writes to random pipes */

    numWrites = (argc > 2) ? getInt(argv[2], GN_GT_0, "num-writes") : 1;
    srandom((int) time(NULL));
    for (j = 0; j < numWrites; j++) {
        randPipe = random() % numPipes;
        printf("Writing to fd: %3d (read fd: %3d)\n",
                pfds[randPipe][1], pfds[randPipe][0]);
        if (write(pfds[randPipe][1], "a", 1) == -1)
            errExit("write %d", pfds[randPipe][1]);
```

```
    }

    /* Build the file descriptor list to be supplied to poll(). This list
       is set to contain the file descriptors for the read ends of all of
       the pipes. */

    for (j = 0; j < numPipes; j++) {
        pollFd[j].fd = pfds[j][0];
        pollFd[j].events = POLLIN;
    }

    ready = poll(pollFd, numPipes, -1);             /* Nonblocking */
    if (ready == -1)
        errExit("poll");

    printf("poll() returned: %d\n", ready);

    /* Check which pipes have data available for reading */

    for (j = 0; j < numPipes; j++)
        if (pollFd[j].revents & POLLIN)
            printf("Readable: %d %3d\n", j, pollFd[j].fd);

    exit(EXIT_SUCCESS);
}
```
———————————————————————————————————— **altio/poll_pipes.c**

63.2.3 文件描述符何时就绪

正确使用 select()和 poll()需要理解在什么情况下文件描述符会表示为就绪态。SUSv3 中说：如果对 I/O 函数的调用不会阻塞，而不论该函数是否能够实际传输数据，此时文件描述符（未指定 O_NONBLOCK 标志）被认为是就绪的。select()和 poll()只会告诉我们 I/O 操作是否会阻塞，而不是告诉我们到底能否成功传输数据。按照这个思路，让我们考虑一下这些系统调用在不同类型的文件描述符上所做的操作。我们将这些信息在表格中以两列来显示。

- select()这一列表示文件描述符是否被标记为可读（r），可写（w）还是有异常情况（x）。
- poll()这一列表示在 revents 字段中返回的位掩码。在这些表格中，我们忽略 POLLRDNORM、POLLWRNORM、POLLRDBAND 以及 POLLWRBAND。尽管在很多情况下这些标志会在 revents 中返回（如果在 events 字段中指定过这些标志），但它们相对于 POLLIN、POLLOUT、POLLHUP 以及 POLLERR 来说，并没有提供更多有用的信息。

普通文件

代表普通文件的文件描述符总是被 select()标记为可读和可写。对于 poll()来说，则会在 revents 字段中返回 POLLIN 和 POLLOUT 标志。原因如下。

- read()总是会立刻返回数据、文件结尾符或者错误（例如，文件并没有因为读操作而打开）。
- write()总是会立刻传输数据或者因出现某些错误而失败。

SUSv3 中说 select()应该也为代表普通文件的文件描述符标记异常情况（尽管这么做对普通文件来说没有明显的意义）。只有一些 UNIX 实现才会这么做，而 Linux 是其中一种不会这样处理的实现之一。

终端和伪终端

表 63-3 总结了在终端和伪终端上（见第 64 章）select()和 poll()的行为表现。

当伪终端对的其中一端处于关闭状态时，另一端由 poll()返回的 revents 将取决于具体实现。在 Linux 上至少会设置 POLLHUP 标志。但是，在其他实现上将返回各种不同的标志来表示这个事件——比如，POLLHUP、POLLERR 或者 POLLIN。此外，在一些实现中，设定什么样的标志取决于被检查的是伪终端主设备还是从设备。

表 63-3：在终端和伪终端上 select()和 poll()所表示的意义

条件或事件	select()	poll()
有输入	r	POLLIN
可输出	w	POLLOUT
伪终端对端调用 close()后	rw	见上文
处于信包模式下的伪终端主设备检测到从设备端状态改变	x	POLLPRI

管道和 FIFO

表 63-4 中总结了管道或 FIFO 的读端细节。"管道中有数据？"这一列表示管道中是否至少有 1 字节数据可读。在这个表格中，我们假设已经在 events 字段中指定了 POLLIN 标志。

表 63-4：select()和 poll()在管道或 FIFO 读端上的通知

条件或事件		select()	poll()
管道中有数据？	写端打开了吗？		
否	否	r	POLLHUP
是	是	r	POLLIN
是	否	r	POLLIN | POLLHUP

在其他一些 UNIX 实现中，如果管道的写端是关闭状态，那么 poll()不会返回 POLLHUP，而会返回 POLLIN 标志（因为 read()遇到文件结尾符会立刻返回）。可移植性高的程序应该检查这两个标志从而得知 read()是否会阻塞。

表 63-5 总结了管道写端的细节。在这个表格中，我们假设已经在 events 字段中指定了 POLLOUT 标志。"有 PIPE_BUF 个字节的空间吗？"这一列表示管道中是否有足够剩余空间能够以原子方式写入 PIPE_BUF 个字节而不会阻塞。这是 Linux 判定管道是否写就绪的标准方法。其他一些 UNIX 实现也采用相同的标准；还有一些实现中认为只要可以写入 1 个字节，那么管道就是写就绪的。（在 Linux 2.6.10 版之前，管道的负载能力就是 PIPE_BUF 个字节。这表示如果管道只包含 1 字节数据，那么就认为它是不可写的。）

在其他一些 UNIX 实现中，如果管道的读端关闭，那么 poll()并不会返回 POLLERR 标志，相反，要么会返回 POLLOUT，要么返回 POLLHUP。可移植的程序需要检查这些标志，以此来判断 write() 是否会阻塞。

表 63-5：select() 和 poll() 在管道或 FIFO 写端上的通知

条件或事件		select()	poll()
有 PIPE_BUF 个字节的空间吗？	读端打开了吗？		
否	否	w	POLLERR
是	是	w	POLLOUT
是	否	w	POLLOUT | POLLERR

套接字

表 63-6 总结了 select() 和 poll() 在套接字上的行为表现。对于 poll() 这一列，我们假设 events 字段已经指定了（POLLIN | POLLOUT | POLLPRI）标志位。对于 select() 这一列，我们假设需要检查文件描述符的输入、输出以及异常情况是否发生。（即，文件描述符在所有传递给 select() 的 3 个集合中都有指定）。该表只涵盖了常见的情况，并不包含所有可能出现的情况。

表 63-6：select() 和 poll() 在套接字上通知的事件

条件或事件	select()	poll()
有输入	r	POLLIN
可输出	w	POLLOUT
在监听套接字上建立连接	r	POLLIN
接收到带外数据（只限 TCP）	x	POLLPRI
流套接字的对端关闭连接或	rw	POLLIN|POLLOUT|
执行了 shutdown(SHUT_WR)		POLLRDHUP

> Linux 下，UNIX 域套接字对端调用 close() 后，poll() 表现的行为同表 63-6 中所展示的不一样。除了其他标志外，poll() 还会在 revents 中额外返回 POLLHUP。

Linux 专有的 POLLRDHUP 标志（从 Linux 2.6.17 以来就一直存在）需要做进一步的解释。其实，这个标志的实际形式是 EPOLLRDHUP——主要被设计用于 epoll API 的边缘触发模式下（见 63.4 节）。当流式套接字连接的远端关闭了写连接时会返回该标志。使用这个标志能让采用了 epoll 边缘触发模式的应用程序使用更简洁的代码来判断远端是否已经关闭。（另一种可选的方法是，在应用程序中设定 POLLIN 标志，然后执行一次 read()，如果返回 0 则表示远端已经关闭了。）

63.2.4 比较 select() 和 poll()

本节中，我们讨论一些 select() 和 poll() 之间的异同点。

实现细节

在 Linux 内核层面，select() 和 poll() 都使用了相同的内核 poll 例程集合。这些 poll 例程有别于系统调用 poll() 本身。每个例程都返回有关单个文件描述符就绪的信息。这个就绪信息以位掩码的形式返回，其值同 poll() 系统调用中返回的 revents 字段中的比特值相关（见表 63-2）。poll()
系统调用的实现包括为每个文件描述符调用内核 poll 例程，并将结果信息填到对应的 revents
字段中去。

为了实现 select()，我们使用一组宏将内核 poll 例程返回的信息转化为由 select() 返回的与
之对应的事件类型。

```
#define POLLIN_SET  (POLLRDNORM | POLLRDBAND | POLLIN | POLLHUP | POLLERR)
                                    /* Ready for reading */
#define POLLOUT_SET (POLLWRBAND | POLLWRNORM | POLLOUT | POLLERR)
                                    /* Ready for writing */
#define POLLEX_SET  (POLLPRI)        /* Exceptional condition */
```

这些宏定义展现了 select() 和 poll() 所返回的信息之间的语义关系。（观察 63.2.3 节的表
格中 select() 和 poll() 这两列，可以发现每个系统调用提供的信息都同上述宏保持一致。）唯
一一点我们需要额外增加的是，如果被检查的文件描述符当中有一个关闭了，poll() 会
在 revents 字段中返回 POLLNVAL，而 select() 会返回–1 且将错误码设为 EBADF。

API 之间的区别

以下是系统调用 select() 和 poll() 之间的一些区别。

- select() 所使用的数据类型 fd_set 对于被检查的文件描述符数量有一个上限限制
  （FD_SETSIZE）。在 Linux 下，这个上限值默认为 1024，修改这个上限需要重新编译
  应用程序。与之相反，poll() 对于被检查的文件描述符数量本质上是没有限制的。
- 由于 select() 的参数 fd_set 同时也是保存调用结果的地方，如果要在循环中重复调用
  select() 的话，我们必须每次都要重新初始化 fd_set。而 poll() 通过独立的两个字段 events
  （针对输入）和 revents（针对输出）来处理，从而避免每次都要重新初始化参数。
- select() 提供的超时精度（微秒）比 poll() 提供的超时精度（毫秒）高。（这两个系统调
  用的超时精度都受软件时钟粒度的限制。）
- 如果其中一个被检查的文件描述符关闭了，通过在对应的 revents 字段中设定
  POLLNVAL 标记，poll() 会准确告诉我们是哪一个文件描述符关闭了。与之相反，select()
  只会返回–1，并设错误码为 EBADF。通过在描述符上执行 I/O 系统调用并检查错误
  码，让我们自己来判断哪个文件描述符关闭了。通常这些区别都不重要，因为应用程
  序一般都会自己跟踪已经关闭的文件描述符。

可移植性

历史上，select() 比 poll() 使用得更加广泛。如今这两个接口都在 SUSv3 中标准化了，且都
广泛存在于现代的 UNIX 实现中。但是如 63.2.3 节中提到的，poll() 在不同的实现中行为上会
有一些差别。

性能

当如满足如下两条中任意一条时，poll() 和 select() 将具有相似的性能表现。

- 待检查的文件描述符范围较小（即，最大的文件描述符号较低）。
- 有大量的文件描述符待检查，但是它们分布得很密集。（即，大部分或所有的文件描
  述符号都在 0 到某个上限之间）。

然而，如果被检查的文件描述符集合很稀疏的话，select() 和 poll() 的性能差异将变得非常明

显。比如，最大文件描述符号 N 是个很大的整数，但在 0 到 N 之间只有 1 个或几个文件描述符要被检查。在这种情况下，poll() 的性能表现将优于 select()。我们可以通过传递给这两个系统调用的参数来理解这其中的原因。在 select() 中，我们传递一个或多个文件描述符集合，以及比待检查的集合中最大的文件描述符号还要大 1 的 nfds。不管我们是否要检查范围 0 到 nfds−1 之间的所有文件描述符，nfds 的值都不变。无论哪种情况，内核都必须在每个集合中检查 nfds 个元素，以此来查明到底需要检查哪个文件描述符。与之相反，当使用 poll() 时，只需要指定我们感兴趣的文件描述符即可，内核只会去检查这些指定的文件描述符。

> Linux 2.4 版中 poll() 和 select() 在稀疏的描述符集合中性能表现差异很大。在 2.6 版内核中通过一些优化手段，这个性能差异已经被极大地缩小了。

我们将在 63.4.5 节中进一步讨论 select() 和 poll() 的性能，在那一节中我们将比较这两个系统调用同 epoll 之间的性能差异。

63.2.5　select() 和 poll() 存在的问题

系统调用 select() 和 poll() 是用来同时检查多个文件描述符就绪状态的方法，它们是可移植的、长期存在且被广泛使用的。但是当检查大量的文件描述符时，这两个 API 都会遇到一些问题。

- 每次调用 select() 或 poll()，内核都必须检查所有被指定的文件描述符，看它们是否处于就绪态。当检查大量处于密集范围内的文件描述符时，该操作耗费的时间将大大超过接下来的操作。
- 每次调用 select() 或 poll() 时，程序都必须传递一个表示所有需要被检查的文件描述符的数据结构到内核，内核检查过描述符后，修改这个数据结构并返回给程序。（此外，对于 select() 来说，我们还必须在每次调用前初始化这个数据结构。）对于 poll() 来说，随着待检查的文件描述符数量的增加，传递给内核的数据结构大小也会随之增加。当检查大量文件描述符时，从用户空间到内核空间来回拷贝这个数据结构将占用大量的 CPU 时间。对于 select() 来说，这个数据结构的大小固定为 FD_ SETSIZE，与待检查的文件描述符数量无关。
- select() 或 poll() 调用完成后，程序必须检查返回的数据结构中的每个元素，以此查明哪个文件描述符处于就绪态了。

上述要点产生的结果就是随着待检查的文件描述符数量的增加，select() 和 poll() 所占用的 CPU 时间也会随之增加（更多细节请参见 63.4.5 节）。对于需要检查大量文件描述符的程序来说，这就产生了问题。

select() 和 poll() 糟糕的性能延展性源自这些 API 的局限性：通常，程序重复调用这些系统调用所检查的文件描述符集合都是相同的，可是内核并不会在每次调用成功后就记录下它们。

我们接下来要讨论的信号驱动 I/O 以及 epoll 都可以使内核记录下进程中感兴趣的文件描述符，通过这种机制消除了 select() 和 poll() 的性能延展问题。这种解决方案可根据发生的 I/O 事件来延展，而与被检查的文件描述符个数无关。结果就是，当需要检查大量的文件描述符时，信号驱动 I/O 和 epoll 能提供更好的性能表现。

63.3　信号驱动 I/O

在 I/O 多路复用中，进程是通过系统调用（select() 或 poll()）来检查文件描述符上是否可以执行 I/O 操作。而在信号驱动 I/O 中，当文件描述符上可执行 I/O 操作时，进程请求内核为自己发送一个信号。之后进程就可以执行任何其他的任务直到 I/O 就绪为止，此时内核会发送信号给进程。要使用信号驱动 I/O，程序需要按照如下步骤来执行。

1. 为内核发送的通知信号安装一个信号处理例程。默认情况下，这个通知信号为 SIGIO。

2. 设定文件描述符的属主，也就是当文件描述符上可执行 I/O 时会接收到通知信号的进程或进程组。通常我们让调用进程成为属主。设定属主可通过 fcntl() 的 F_SETOWN 操作来完成：

   ```
   fcntl(fd, F_SETOWN, pid);
   ```

3. 通过设定 O_NONBLOCK 标志使能非阻塞 I/O。

4. 通过打开 O_ASYNC 标志使能信号驱动 I/O。这可以和上一步合并为一个操作，因为它们都需要用到 fcntl() 的 F_SETFL 操作（见 5.3 节）。

   ```
   flags = fcntl(fd, F_GETFL);                    /* Get current flags */
   fcntl(fd, F_SETFL, flags | O_ASYNC | O_NONBLOCK);
   ```

5. 调用进程现在可以执行其他的任务了。当 I/O 操作就绪时，内核为进程发送一个信号，然后调用在第 1 步中安装好的信号处理例程。

6. 信号驱动 I/O 提供的是边缘触发通知（见 63.1.1 节）。这表示一旦进程被通知 I/O 就绪，它就应该尽可能多地执行 I/O（例如尽可能多地读取字节）。假设文件描述符是非阻塞式的，这表示需要在循环中执行 I/O 系统调用直到失败为止，此时错误码为 EAGAIN 或 EWOULDBLOCK。

在 Linux 2.4 版及更早的时候，信号驱动 I/O 能应用于套接字、终端、伪终端以及其他特定类型的设备上。Linux 2.6 版上信号驱动 I/O 还可以应用到管道和 FIFO 上。自 Linux 2.6.25 版以来，inotify 文件描述符上也可以使用信号驱动 I/O 了。

在下面几页中，我们先给出一个使用信号驱动 I/O 的例子，然后详细解释上述这些步骤。

> 历史上，信号驱动 I/O 有时也被称为异步 I/O，这一点从相关的打开文件标志（O_ASYNC）中就能看出来。但是，如今术语异步 I/O 是用来表示由 POSIX AIO 规范所提供的功能。使用 POSIX AIO 时，进程请求内核执行一次 I/O 操作，内核启动该操作之后立刻将控制权还给调用进程，稍后当 I/O 操作完成或有错误发生时，该进程会得到通知。
>
> O_ASYNC 在 POSIX.1g 中指定，但并不包含在 SUSv3 中，因为对这个标志所要求的行为规范并不足。
>
> 其他一些 UNIX 实现，尤其是比较老的实现中并没有在 fcntl() 中定义 O_ASYNC 常量。相反，这个常量被命名为 FASYNC，而 glibc 将这个名字定义为 O_ASYNC 的别名。

示例程序

程序清单 63-3 提供了一个使用信号驱动 I/O 的简单例子。该程序执行前文描述的步骤，在标准输入上使能信号驱动 I/O，之后将终端置为 cbreak 模式（见 62.6.3 节），这样每次输入只会有一个字符。之后程序进入无限循环，所做的工作就是递增变量 cnt，同时等待输入就绪。当有输入存在时，SIGIO 信号处理例程就设定一个标志 gotSigio，该标志由主程序监控。当主程序看到该标志被设定后，就读取所有存在的输入字符并将它们连同变量 cnt 的当前值一起打印出来。如果输入中读取到了井字符（#），程序就退出。

下面是当我们运行该程序时会看到的输出，我们输入字符 x 多次，最后跟着一个井字符（#）。

```
$ ./demo_sigio
cnt=37; read x
cnt=100; read x
cnt=159; read x
cnt=223; read x
cnt=288; read x
cnt=333; read #
```

程序清单 63-3：在终端上使用信号驱动 I/O

————————————————————————————————————— altio/demo_sigio.c
```c
#include <signal.h>
#include <ctype.h>
#include <fcntl.h>
#include <termios.h>
#include "tty_functions.h"        /* Declaration of ttySetCbreak() */
#include "tlpi_hdr.h"

static volatile sig_atomic_t gotSigio = 0;
                                /* Set nonzero on receipt of SIGIO */

static void
sigioHandler(int sig)
{
    gotSigio = 1;
}

int
main(int argc, char *argv[])
{
    int flags, j, cnt;
    struct termios origTermios;
    char ch;
    struct sigaction sa;
    Boolean done;
    /* Establish handler for "I/O possible" signal */

    sigemptyset(&sa.sa_mask);
    sa.sa_flags = SA_RESTART;
    sa.sa_handler = sigioHandler;
    if (sigaction(SIGIO, &sa, NULL) == -1)
        errExit("sigaction");

    /* Set owner process that is to receive "I/O possible" signal */

    if (fcntl(STDIN_FILENO, F_SETOWN, getpid()) == -1)
        errExit("fcntl(F_SETOWN)");

    /* Enable "I/O possible" signaling and make I/O nonblocking
       for file descriptor */

    flags = fcntl(STDIN_FILENO, F_GETFL);
    if (fcntl(STDIN_FILENO, F_SETFL, flags | O_ASYNC | O_NONBLOCK) == -1)
        errExit("fcntl(F_SETFL)");

    /* Place terminal in cbreak mode */
```

```
        if (ttySetCbreak(STDIN_FILENO, &origTermios) == -1)
            errExit("ttySetCbreak");

        for (done = FALSE, cnt = 0; !done ; cnt++) {
            for (j = 0; j < 100000000; j++)
                continue;                       /* Slow main loop down a little */

            if (gotSigio) {                     /* Is input available? */

                /* Read all available input until error (probably EAGAIN)
                   or EOF (not actually possible in cbreak mode) or a
                   hash (#) character is read */

                while (read(STDIN_FILENO, &ch, 1) > 0 && !done) {
                    printf("cnt=%d; read %c\n", cnt, ch);
                    done = ch == '#';
                }

                gotSigio = 0;
            }
        }

        /* Restore original terminal settings */

        if (tcsetattr(STDIN_FILENO, TCSAFLUSH, &origTermios) == -1)
            errExit("tcsetattr");
        exit(EXIT_SUCCESS);
    }
```
── **altio/demo_sigio.c**

在启动信号驱动 I/O 前安装信号处理例程

由于接收到 SIGIO 信号的默认行为是终止进程运行，因此我们应该在启动信号驱动 I/O 前先为 SIGIO 信号安装处理例程。如果我们在安装 SIGIO 信号处理例程之前先启动了信号驱动 I/O，那么会存在一个时间间隙，此时如果 I/O 就绪的话内核发送过来的 SIGIO 信号就会使进程终止运行。

> 在其他一些 UNIX 实现上，信号 SIGIO 的默认行为是被忽略。

设定文件描述符属主

我们使用 fcntl() 来设定文件描述符的属主，方式如下。

```
fcntl(fd, F_SETOWN, pid);
```

我们可以指定一个单独的进程或者是进程组中的所有进程在文件描述符 I/O 就绪时收到信号通知。如果参数 pid 为正整数，就解释为进程 ID 号。如果参数 pid 是负数，它的绝对值就指定了进程组 ID 号。

> 在老式的 UNIX 实现中，我们使用 ioctl() 的 FIOSETOWN 或 SIOCSPGRP 操作来实现同 F_SETOWN 相同的功能。基于可移植性考虑，Linux 也支持这些 ioctl() 操作。

通常会在 pid 中指定调用进程的进程 ID 号（这样信号就会发送给打开这个文件描述符的进程）。但是，也可以将其指定为另一个进程或进程组（例如，调用者进程组），而信号会发

送给这个目标，取决于如 20.5 节中所述的权限检查，这里发送进程会作为完成 F_SETOWN
操作的进程。

当指定的文件描述符上可执行 I/O 时，fcntl() 的 F_GETOWN 操作会返回接收到信号的进
程或进程组 ID 号。

```
id = fcntl(fd, F_GETOWN);
if (id == -1)
    errExit("fcntl");
```

进程组 ID 号以负数的形式由该调用返回。

> 在老式的 UNIX 实现中，与 ioctl() 的 F_GETOWN 操作相对应的操作是 FIOGETOWN 或
> SIOCGPGRP。Linux 也支持这两种 ioctl() 操作。

系统调用约定在某些 Linux 所支持的架构上（值得注意的是 x86 架构）有一些限制。
这意味着如果文件描述符由一个进程组 ID 小于 4096 的进程所持有，那么 fcntl() 的
G_GETOWN 操作不会以负数形式返回这个 ID 号，glibc 会错误地认为这是一个系统调用
错误。结果就是，fcntl() 的包装函数会返回 -1，同时 errno 中会包含该进程组 ID（正数形
式）。这是因为内核系统调用接口返回负数形式的 errno 值作为函数返回值，以此来表示
出现了错误。而在一些情况下，有必要将这样的结果同成功调用后返回的合法的负数值
区分开来。要做到区分，glibc 将系统调用返回的 -1 到 -4095 之间的负数解释为出现错误，
将它们的值（以绝对值的形式）拷贝到 errno 中，然后返回 -1 作为函数结果。这种技术
足以应对那些可以合法返回负数值的系统调用服务了。fcntl() 的 F_GETOWN 操作是唯一
会出现这种失败情况的例子。这个限制意味着使用进程组来接收 "I/O 就绪" 信号（并
不常见）的应用程序无法可靠地通过 F_GETOWN 来获知该进程组是否拥有一个文件描
述符。

> 自 glibc 2.11 版之后，fcntl() 包装函数解决了进程组 ID 号小于 4096 时的 F_GETOWN 问题。
> 这是通过在用户空间使用 F_GETOWN_EX（见 63.3.2 节）操作实现 F_GETOWN 来解决的。
> Linux 2.6.32 版之后开始支持 F_GETOWN_EX。

63.3.1　何时发送 "I/O 就绪" 信号

现在我们针对多种文件类型考虑何时会发送 "I/O 就绪" 信号。

终端和伪终端

对于终端和伪终端，当产生新的输入时会生成一个信号，即使之前的输入还没有被读取
也是如此。如果终端上出现文件结尾的情况，此时也会发送 "输入就绪" 的信号（但伪终端
上不会）。

对于终端来说没有 "输出就绪" 的信号。当终端断开连接时也不会发出信号。

从 2.4.19 版内核开始，Linux 对伪终端的从设备端提供了 "输出就绪" 的信号。当伪终端
主设备侧读取了输入后就会产生这个信号。

管道和 FIFO

对于管道或 FIFO 的读端，信号会在下列情况中产生。

- 数据写入到管道中（即使已经有未读取的输入存在）。
- 管道的写端关闭。

对于管道或 FIFO 的写端，信号会在下列情况中产生。

- 对管道的读操作增加了管道中的空余空间大小，因此现在可以写入 PIPE_BUF 个字节而不被阻塞。
- 管道的读端关闭。

套接字

信号驱动 I/O 可适用于 UNIX 和 Internet 域下的数据报套接字。信号会在下列情况中产生。

- 一个输入数据报到达套接字（即使已经有未读取的数据报正等待读取）。
- 套接字上发生了异步错误。

信号驱动 I/O 可适用于 UNIX 和 Internet 域下的流式套接字。信号会在下列情况中产生。

- 监听套接字上接收到了新的连接。
- TCP connect()请求完成，也就是 TCP 连接的主动端进入 ESTABLISHED 状态，如图 61-5 所示。对于 UNIX 域套接字，类似情况下是不会发出信号的。
- 套接字上接收到了新的输入（即使已经有未读取的输入存在）。
- 套接字对端使用 shutdown()关闭了写连接（半关闭），或者通过 close()完全关闭。
- 套接字上输出就绪（例如套接字发送缓冲区中有了空间）。
- 套接字上发生了异步错误。

inotify 文件描述符

当 inotify 文件描述符成为可读状态时会产生一个信号——也就是由 inotify 文件描述符监视的其中一个文件上有事件发生时。

63.3.2　优化信号驱动 I/O 的使用

在需要同时检查大量文件描述符（比如数千个）的应用程序中——例如某种类型的网络服务端程序——同 select()和 poll()相比，信号驱动 I/O 能提供显著的性能优势。信号驱动 I/O 能达到这么高的性能是因为内核可以"记住"要检查的文件描述符，且仅当 I/O 事件实际发生在这些文件描述符上时才会向程序发送信号。结果就是采用信号驱动 I/O 的程序性能可以根据发生的 I/O 事件的数量来扩展，而与被检查的文件描述符的数量无关。

要想全部利用信号驱动 I/O 的优点，我们必须执行下面两个步骤。

- 通过专属于 Linux 的 fcntl() F_SETSIG 操作来指定一个实时信号，当文件描述符上的 I/O 就绪时，这个实时信号应该取代 SIGIO 被发送。
- 使用 sigaction()安装信号处理例程时，为前一步中使用的实时信号指定 SA_ SIGINFO 标记（见 21.4 节）。

fcntl()的 F_SETSIG 操作指定了一个可选的信号，当文件描述符上的 I/O 就绪时会取代 SIGIO 信号被发送。

```
if (fcntl(fd, F_SETSIG, sig) == -1)
    errExit("fcntl");
```

F_GETSIG 操作完成的任务同 F_SETSIG 相反，它取回当前为文件描述符指定的信号。

```
sig = fcntl(fd, F_GETSIG);
if (sig == -1)
    errExit("fcntl");
```

（为了在头文件<fcntl.h>中得到 F_SETSIG 和 F_GETSIG 的定义，我们必须定义测试宏 _GNU_SOURCE。）

使用 F_SETSIG 来改变用于通知"I/O 就绪"的信号有两个理由，如果我们需要在多个文件描述符上检查大量的 I/O 事件，这两个理由都是必须的。

- 默认的"I/O 就绪"信号 SIGIO 是标准的非排队信号之一。如果有多个 I/O 事件发送了信号，而 SIGIO 被阻塞了——也许是因为 SIGIO 信号的处理例程已经被调用了——除了第一个通知外，其他后序的通知都会丢失。如果我们通过 F_SETSIG 来指定一个实时信号作为"I/O 就绪"的通知信号，那么多个通知就能排队处理。
- 如果信号处理例程是通过 sigaction() 来安装，且在 sa.sa_flags 字段中指定了 SA_SIGINFO 标志，那么结构体 siginfo_t 会作为第二个参数传递给信号处理例程（见 21.4 节）。这个结构体包含的字段标识出了在哪个文件描述符上发生了事件，以及事件的类型。

注意，需要同时使用 F_SETSIG 以及 SA_SIGINFO 才能将一个合法的 siginfo_t 结构体传递到信号处理例程中去。

如果我们做 F_SETSIG 操作时将参数 sig 指定为 0，那么将导致退回到默认的行为：发送的信号仍然是 SIGIO，而且结构体 siginfo_t 将不会传递给信号处理例程。

对于"I/O 就绪"事件，传递给信号处理例程的结构体 siginfo_t 中与之相关的字段如下。

- si_signo：引发信号处理例程得到调用的信号值。这个值同信号处理例程的第一个参数一致。
- si_fd：发生 I/O 事件的文件描述符。
- si_code：表示发生事件类型的代码。该字段中可出现的值以及它们的描述参见表 63-7。
- si_band：一个位掩码。其中包含的位和系统调用 poll() 中返回的 revents 字段中的位相同。如表 63-7 所示，si_code 中可出现的值同 si_band 中的位掩码有着一一对应的关系。

表 63-7：结构体 siginfo_t 中 si_code 和 si_band 字段的可能值

si_code	si_band 掩码值	描述
POLL_IN	POLLIN | POLLRDNORM	存在输入；文件结尾情况
POLL_OUT	POLLOUT | POLLWRNORM | POLLWRBAND	可输出
POLL_MSG	POLLIN | POLLRDNORM | POLLMSG	存在输出消息（不使用）
POLL_ERR	POLLERR	I/O 错误
POLL_PRI	POLLPRI | POLLRDNORM	存在高优先级输入
POLL_HUP	POLLHUP | POLLERR	出现宕机

在一个纯输入驱动的应用程序中，我们可以进一步优化使用 F_SETSIG。我们可以阻塞待发出的"I/O 就绪"信号，然后通过 sigwaitinfo() 或 sigtimedwait()（见 22.10 节）来接收排队中的信号。这些系统调用返回的 siginfo_t 结构体所包含的信息同传递给信号处理例程的 siginfo_t

结构体一样。以这种方式接收信号，我们实际是以同步的方式在处理事件，但同 select() 和 poll() 相比，这种方法能够高效地获知文件描述符上发生的 I/O 事件。

信号队列溢出的处理

我们在 22.8 节中已经知道，可以排队的实时信号的数量是有限的。如果达到这个上限，内核对于"I/O 就绪"的通知将恢复为默认的 SIGIO 信号。出现这种现象表示信号队列溢出了。当出现这种情况时，我们将失去有关文件描述符上发生 I/O 事件的信息，因为 SIGIO 信号是不会排队的。（此外，SIGIO 的信号处理例程不接受 siginfo_t 结构体参数，这意味着信号处理例程不能确定是哪一个文件描述符上产生了信号。）

根据 22.8 节中所述，我们可以通过增加可排队的实时信号数量的限制来减小信号队列溢出的可能性。但是这并不能完全消除溢出的可能。一个设计良好的采用 F_SETSIG 来建立实时信号作为"I/O 就绪"通知的程序必须也要为信号 SIGIO 安装处理例程。如果发送了 SIGIO 信号，那么应用程序可以先通过 sigwaitinfo() 将队列中的实时信号全部获取，然后临时切换到 select() 或 poll()，通过它们获取剩余的发生 I/O 事件的文件描述符列表。

在多线程程序中使用信号驱动 I/O

从 2.6.32 版内核开始，Linux 提供了两个新的非标准的 fcntl() 操作，可用于设定接收"I/O 就绪"信号的目标，它们是 F_SETOWN_EX 和 F_GETOWN_EX。

F_SETOWN_EX 操作类似于 F_SETOWN，但除了允许指定进程或进程组作为接收信号的目标外，它还可以指定一个线程作为"I/O 就绪"信号的目标。对于这个操作，fcntl() 的第三个参数为指向如下结构体的指针。

```
struct f_owner_ex {
    int    type;
    pid_t pid;
};
```

结构体中 type 字段定义了 pid 的类型，它可以有如下几种值。

F_OWNER_PGRP

字段 pid 指定了作为接收"I/O 就绪"信号的进程组 ID。与 F_SETOWN 不同的是，这里进程组 ID 指定为一个正整数。

F_OWNER_PID

字段 pid 指定了作为接收"I/O 就绪"信号的进程 ID。

F_OWNER_TID

字段 pid 指定了作为接收"I/O 就绪"信号的线程 ID。这里 pid 的值为 clone() 或 getpid() 的返回值。

F_GETOWN_EX 为 F_SETOWN_EX 的逆操作。它使用 fcntl() 的第三个参数所指向的结构体 f_owner_ex 来返回之前由 F_SETOWN_EX 操作所定义的设置。

> 因为 F_SETOWN_EX 和 F_GETOWN_EX 操作以正整数来代表进程组 ID，所以 F_GETOWN_EX 将不会遇到之前在描述 F_GETOWN 操作时说到的进程组 ID 小于 4096 时会出现的问题。

63.4　epoll 编程接口

同 I/O 多路复用和信号驱动 I/O 一样，Linux 的 epoll（event poll）API 可以检查多个文件描述符上的 I/O 就绪状态。epoll API 的主要优点如下。

- 当检查大量的文件描述符时，epoll 的性能延展性比 select() 和 poll() 高很多。
- epoll API 既支持水平触发也支持边缘触发。与之相反，select() 和 poll() 只支持水平触发，而信号驱动 I/O 只支持边缘触发。

性能表现上，epoll 同信号驱动 I/O 相似。但是，epoll 有一些胜过信号驱动 I/O 的优点。

- 可以避免复杂的信号处理流程（比如信号队列溢出时的处理）。
- 灵活性高，可以指定我们希望检查的事件类型（例如，检查套接字文件描述符的读就绪、写就绪或者两者同时指定）。

epoll API 是 Linux 系统专有的，在 2.6 版中新增。

epoll API 的核心数据结构称作 epoll 实例，它和一个打开的文件描述符相关联。这个文件描述符不是用来做 I/O 操作的，相反，它是内核数据结构的句柄，这些内核数据结构实现了两个目的。

- 记录了在进程中声明过的感兴趣的文件描述符列表——interest list（兴趣列表）。
- 维护了处于 I/O 就绪态的文件描述符列表——ready list（就绪列表）。

ready list 中的成员是 interest list 的子集。

对于由 epoll 检查的每一个文件描述符，我们可以指定一个位掩码来表示我们感兴趣的事件。这些位掩码同 poll() 所使用的位掩码有着紧密的关联。

epoll API 由以下 3 个系统调用组成。

- 系统调用 epoll_create() 创建一个 epoll 实例，返回代表该实例的文件描述符。
- 系统调用 epoll_ctl() 操作同 epoll 实例相关联的兴趣列表。通过 epoll_ctl()，我们可以增加新的描述符到列表中，将已有的文件描述符从该列表中移除，以及修改代表文件描述符上事件类型的位掩码。
- 系统调用 epoll_wait() 返回与 epoll 实例相关联的就绪列表中的成员。

63.4.1　创建 epoll 实例：epoll_create()

系统调用 epoll_create() 创建了一个新的 epoll 实例，其对应的兴趣列表初始化为空。

```
#include <sys/epoll.h>

int epoll_create(int size);
                              Returns file descriptor on success, or –1 on error
```

参数 size 指定了我们想要通过 epoll 实例来检查的文件描述符个数。该参数并不是一个上限，而是告诉内核应该如何为内部数据结构划分初始大小。（从 Linux 2.6.8 版以来，size 参数被忽略不用，因为内核实现做了修改意味着该参数之前提供的信息已经不再需要了。）

作为函数返回值，epoll_create() 返回了代表新创建的 epoll 实例的文件描述符。这个文件描述符在其他几个 epoll 系统调用中用来表示 epoll 实例。当这个文件描述符不再需要时，应该通过 close() 来关闭。当所有与 epoll 实例相关的文件描述符都被关闭时，实例被销毁，相关的资源都返还给系统。（多个文件描述符可能引用到相同的 epoll 实例，这是由于调用了 fork() 或者 dup() 这样类似的函数所致。）

> 从 2.6.27 版内核以来，Linux 支持了一个新的系统调用 epoll_create1()。该系统调用执行的任务同 epoll_create() 一样，但是去掉了无用的参数 size，并增加了一个可用来修改系统调用行为的 flags 参数。目前只支持一个 flag 标志：EPOLL_CLOEXEC，它使得内核在新的文件描述符上启动了执行即关闭（close-on-exec）标志（FD_CLOEXEC）。出于同样的原因，这个标志同 4.3.1 节中描述的 open() 的 O_CLOEXEC 标志一样有用。

63.4.2　修改 epoll 的兴趣列表：epoll_ctl()

系统调用 epoll_ctl() 能够修改由文件描述符 epfd 所代表的 epoll 实例中的兴趣列表。

```
#include <sys/epoll.h>

int epoll_ctl(int epfd, int op, int fd, struct epoll_event *ev);
                                        Returns 0 on success, or -1 on error
```

参数 fd 指明了要修改兴趣列表中的哪一个文件描述符的设定。该参数可以是代表管道、FIFO、套接字、POSIX 消息队列、inotify 实例、终端、设备，甚至是另一个 epoll 实例的文件描述符（例如，我们可以为受检查的描述符建立起一种层次关系）。但是，这里 fd 不能作为普通文件或目录的文件描述符（会出现 EPERM 错误）。

参数 op 用来指定需要执行的操作，它可以是如下几种值。

EPOLL_CTL_ADD

将描述符 fd 添加到 epoll 实例 epfd 中的兴趣列表中去。对于 fd 上我们感兴趣的事件，都指定在 ev 所指向的结构体中，下面会详细介绍。如果我们试图向兴趣列表中添加一个已存在的文件描述符，epoll_ctl() 将出现 EEXIST 错误。

EPOLL_CTL_MOD

修改描述符 fd 上设定的事件，需要用到由 ev 所指向的结构体中的信息。如果我们试图修改不在兴趣列表中的文件描述符，epoll_ctl() 将出现 ENOENT 错误。

EPOLL_CTL_DEL

将文件描述符 fd 从 epfd 的兴趣列表中移除。该操作忽略参数 ev。如果我们试图移除一个不在 epfd 的兴趣列表中的文件描述符，epoll_ctl() 将出现 ENOENT 错误。关闭一个文件描述符会自动将其从所有的 epoll 实例的兴趣列表中移除。

参数 ev 是指向结构体 epoll_event 的指针，结构体的定义如下。

```
struct epoll_event {
    uint32_t     events;        /* epoll events (bit mask) */
    epoll_data_t data;          /* User data */
};
```

结构体 epoll_event 中的 data 字段的类型为：

```
typedef union epoll_data {
    void        *ptr;       /* Pointer to user-defined data */
    int         fd;         /* File descriptor */
    uint32_t    u32;        /* 32-bit integer */
    uint64_t    u64;        /* 64-bit integer */
} epoll_data_t;
```

参数 ev 为文件描述符 fd 所做的设置如下。

- 结构体 epoll_event 中的 events 字段是一个位掩码，它指定了我们为待检查的描述符 fd 上所感兴趣的事件集合。我们将在下一节中说明该字段可使用的掩码值。
- data 字段是一个联合体，当描述符 fd 稍后成为就绪态时，联合体的成员可用来指定传回给调用进程的信息。

程序清单 63-4 展示了一个使用 epoll_create() 和 epoll_ctl() 的例子。

程序清单 63-4：使用 epoll_create() 和 epoll_ctl()

```
int epfd;
struct epoll_event ev;

epfd = epoll_create(5);
if (epfd == -1)
    errExit("epoll_create");

ev.data.fd = fd;
ev.events = EPOLLIN;
if (epoll_ctl(epfd, EPOLL_CTL_ADD, fd, ev) == -1)
    errExit("epoll_ctl");
```

max_user_watches 上限

因为每个注册到 epoll 实例上的文件描述符需要占用一小段不能被交换的内核内存空间，因此内核提供了一个接口用来定义每个用户可以注册到 epoll 实例上的文件描述符总数。这个上限值可以通过 max_user_watches 来查看和修改。max_user_watches 是专属于 Linux 系统的 /proc/sys/fd/epoll 目录下的一个文件。默认的上限值根据可用的系统内存来计算得出（参见 epoll(7) 的用户手册页）。

63.4.3　事件等待：epoll_wait()

系统调用 epoll_wait() 返回 epoll 实例中处于就绪态的文件描述符信息。单个 epoll_wait() 调用能返回多个就绪态文件描述符的信息。

```
#include <sys/epoll.h>

int epoll_wait(int epfd, struct epoll_event *evlist, int maxevents, int timeout);
            Returns number of ready file descriptors, 0 on timeout, or –1 on error
```

参数 evlist 所指向的结构体数组中返回的是有关就绪态文件描述符的信息。（结构体 epoll_event 已经在上一节中描述。）数组 evlist 的空间由调用者负责申请，所包含的元素个数在参数 maxevents 中指定。

在数组 evlist 中，每个元素返回的都是单个就绪态文件描述符的信息。events 字段返回了在该描述符上已经发生的事件掩码。Data 字段返回的是我们在描述符上使用 cpoll_ctl()注册感兴趣的事件时在 ev.data 中所指定的值。注意，data 字段是唯一可获知同这个事件相关的文件描述符号的途径。因此，当我们调用 epoll_ctl()将文件描述符添加到兴趣列表中时，应该要么将 ev.data.fd 设为文件描述符号（如程序清单 63-4 中所示），要么将 ev.data.ptr 设为指向包含文件描述符号的结构体。

参数 timeout 用来确定 epoll_wait()的阻塞行为，有如下几种。

* 如果 timeout 等于−1，调用将一直阻塞，直到兴趣列表中的文件描述符上有事件产生，或者直到捕获到一个信号为止。

* 如果 timeout 等于 0，执行一次非阻塞式的检查，看兴趣列表中的文件描述符上产生了哪个事件。

* 如果 timeout 大于 0，调用将阻塞至多 timeout 毫秒，直到文件描述符上有事件发生，或者直到捕获到一个信号为止。

调用成功后，epoll_wait()返回数组 evlist 中的元素个数。如果在 timeout 超时间隔内没有任何文件描述符处于就绪态的话，返回 0。出错时返回−1，并在 errno 中设定错误码以表示错误原因。

在多线程程序中，可以在一个线程中使用 epoll_ctl()将文件描述符添加到另一个线程中由 epoll_wait()所监视的 epoll 实例的兴趣列表中去。这些对兴趣列表的修改将立刻得到处理，而 epoll_wait()调用将返回有关新添加的文件描述符的就绪信息。

epoll 事件

当我们调用 epoll_ctl()时可以在 ev.events 中指定的位掩码以及由 epoll_wait()返回的 evlist[].events 中的值在表 63-8 中给出。除了有一个额外的前缀 E 外，大多数这些位掩码的名称同 poll()中对应的事件掩码名称相同。（例外情况是 EPOLLET 和 EPOLLONESHOT，下面我们会给出更详细的说明。）这种名称上有着对应关系的原因是当我们在 epoll_ctl()中指定输入，或通过 epoll_wait()得到输出时，这些比特位表达的意思同对应的 poll()的事件掩码所表达的意思一样。

表 63-8：epoll 中 events 字段上的位掩码值

位掩码	作为 epoll_ctl()的输入？	由 epoll_wait()返回？	描述
EPOLLIN	●	●	可读取非高优先级的数据
EPOLLPRI	●	●	可读取高优先级数据
EPOLLRDHUP	●	●	套接字对端关闭（始于 Linux 2.6.17 版）
EPOLLOUT	●	●	普通数据可写
EPOLLET	●		采用边缘触发事件通知
EPOLLONESHOT	●		在完成事件通知之后禁用检查
EPOLLERR		●	有错误发生
EPOLLHUP		●	出现挂断

EPOLLONESHOT 标志

默认情况下，一旦通过 epoll_ctl() 的 EPOLL_CTL_ADD 操作将文件描述符添加到 epoll 实例的兴趣列表中后，它会保持激活状态（即，之后对 epoll_wait() 的调用会在描述符处于就绪态时通知我们）直到我们显式地通过 epoll_ctl() 的 EPOLL_CTL_DEL 操作将其从列表中移除。如果我们希望在某个特定的文件描述符上只得到一次通知，那么可以在传给 epoll_ctl() 的 ev.events 中指定 EPOLLONESHOT（从 Linux 2.6.2 版开始支持）标志。如果指定了这个标志，那么在下一个 epoll_wait() 调用通知我们对应的文件描述符处于就绪态之后，这个描述符就会在兴趣列表中被标记为非激活态，之后的 epoll_wait() 调用都不会再通知我们有关这个描述符的状态了。如果需要，我们可以稍后通过 epoll_ctl() 的 EPOLL_CTL_ MOD 操作重新激活对这个文件描述符的检查。（这种情况下不能用 EPOLL_CTL_ADD 操作，因为非激活态的文件描述符仍然还在 epoll 实例的兴趣列表中。）

程序示例

程序清单 63-5 展示了应该如何使用 epoll API。命令行参数表示该程序期望得到一个或多个终端或者 FIFO 的路径名。该程序执行如下步骤。

- 创建一个 epoll 实例①。
- 打开由命令行参数指定的每个文件，以此作为输入②，并将得到的文件描述符添加到 epoll 实例的兴趣列表中③。将需要检查的事件集合设定为 EPOLLIN。
- 执行一个循环④，在循环中调用 epoll_wait()⑤来检查 epoll 实例的兴趣列表中的文件描述符，并处理每个调用返回的事件。对于这个循环，请注意以下几点。
  - 在 epoll_wait() 调用之后，程序检查是否返回了 EINTR 错误码⑥。如果在 epoll_wait() 调用执行期间程序被一个信号打断，之后又通过 SIGCONT 信号恢复执行，此时就可能出现这个错误（见 21.5 节）。如果出现这种情况，程序会重新调用 epoll_wait()。
  - 如果 epoll_wait() 调用成功，程序就再执行一个内层循环检查 evlist 中每个已就绪的元素。对于 evlist 中的每个元素，程序不只是检查 events 字段中的 EPOLLIN 标记⑧，EPOLLHUP 和 EPOLLERR⑨标记也要检查。后两种事件会在 FIFO 的对端关闭，或者当终端挂起时出现。如果返回的是 EPOLLIN，程序从对应的文件描述符中读取一些输入并在标准输出上打印出来。否则，如果返回的是 EPOLLHUP 或 EPOLLERR，程序就关闭对应的文件描述符⑩并递减打开文件数的统计量（numOpenFds）。
  - 当所有打开的文件描述符都被关闭后，循环终止（当 numOpenFds 等于 0 时）。

下面的 shell 会话演示了程序清单 63-5 中所示程序的使用。我们用到了两个终端窗口，在其中一个窗口上用该程序来检查两个 FIFO 文件的输入。（如 44.7 节中描述的，程序打开的每个 FIFO 文件，其读操作只会在另一个进程打开 FIFO 文件做写操作后才能完成）在另外一个窗口上，我们运行 cat(1) 程序将数据写到这些 FIFO 中去。

```
Terminal window 1                    Terminal window 2
$ mkfifo p q
$ ./epoll_input p q
                                     $ cat > p
Opened "p" on fd 4
                                     Type Control-Z to suspend cat
                                     [1]+  Stopped          cat >p
```

```
Opened "q" on fd 5
About to epoll_wait()
```
Type Control-Z to suspend the epoll_input program
```
[1]+  Stopped          ./epoll_input p q
```

在上述步骤中，我们暂停了监测程序，这样我们可以在两个 FIFO 上产生输入，然后关闭其中一个 FIFO 的写端。

```
qqq
```
Type Control-D to terminate "cat > q"
```
$ fg %1
cat >p
ppp
```

现在，我们将监测程序带入前台恢复其运行，此时 epoll_wait() 将返回两个事件。

```
$ fg
./epoll_input p q
About to epoll_wait()
Ready: 2
  fd=4; events: EPOLLIN
    read 4 bytes: ppp

  fd=5; events: EPOLLIN EPOLLHUP

    read 4 bytes: qqq

    closing fd 5
About to epoll_wait()
```

上面输出结果中的两个空行是 cat 程序实例读取的换行符，写入 FIFO 中之后由监测程序读取并回显在终端输出上。

现在我们在第二个终端窗口输入 Ctrl-D 来终止剩下的 cat 程序实例，这将导致 epoll_wait() 再次返回，这次只有一个事件。

Type Control-D to terminate "cat >p"

```
Ready: 1
  fd=4; events: EPOLLHUP
    closing fd 4
All file descriptors closed; bye
```

程序清单 63-5：使用 epoll API

————————————————————————————————— altio/epoll_input.c

```c
#include <sys/epoll.h>
#include <fcntl.h>
#include "tlpi_hdr.h"

#define MAX_BUF      1000    /* Maximum bytes fetched by a single read() */
#define MAX_EVENTS      5    /* Maximum number of events to be returned from
                               a single epoll_wait() call */

int
main(int argc, char *argv[])
{
    int epfd, ready, fd, s, j, numOpenFds;
    struct epoll_event ev;
    struct epoll_event evlist[MAX_EVENTS];
```

```
                char buf[MAX_BUF];

                if (argc < 2 || strcmp(argv[1], "--help") == 0)
                    usageErr("%s file...\n", argv[0]);

①              epfd = epoll_create(argc - 1);
                if (epfd == -1)
                    errExit("epoll_create");

                /* Open each file on command line, and add it to the "interest
                   list" for the epoll instance */

②              for (j = 1; j < argc; j++) {
                    fd = open(argv[j], O_RDONLY);
                    if (fd == -1)
                        errExit("open");
                    printf("Opened \"%s\" on fd %d\n", argv[j], fd);

                    ev.events = EPOLLIN;            /* Only interested in input events */
                    ev.data.fd = fd;
③                  if (epoll_ctl(epfd, EPOLL_CTL_ADD, fd, &ev) == -1)
                        errExit("epoll_ctl");
                }

                numOpenFds = argc - 1;

④              while (numOpenFds > 0) {

                    /* Fetch up to MAX_EVENTS items from the ready list */

                    printf("About to epoll_wait()\n");
⑤                  ready = epoll_wait(epfd, evlist, MAX_EVENTS, -1);
                    if (ready == -1) {
⑥                      if (errno == EINTR)
                            continue;              /* Restart if interrupted by signal */
                        else
                            errExit("epoll_wait");
                    }
                    printf("Ready: %d\n", ready);

                    /* Deal with returned list of events */

⑦                  for (j = 0; j < ready; j++) {
                        printf("  fd=%d; events: %s%s%s\n", evlist[j].data.fd,
                                (evlist[j].events & EPOLLIN)  ? "EPOLLIN "  : "",
                                (evlist[j].events & EPOLLHUP) ? "EPOLLHUP " : "",
                                (evlist[j].events & EPOLLERR) ? "EPOLLERR " : "");

⑧                      if (evlist[j].events & EPOLLIN) {
                            s = read(evlist[j].data.fd, buf, MAX_BUF);
                            if (s == -1)
                                errExit("read");
                            printf("    read %d bytes: %.*s\n", s, s, buf);

⑨                      } else if (evlist[j].events & (EPOLLHUP | EPOLLERR)) {

                            /* If EPOLLIN and EPOLLHUP were both set, then there might
                               be more than MAX_BUF bytes to read. Therefore, we close
                               the file descriptor only if EPOLLIN was not set.
```

```
                printf("    closing fd %d\n", evlist[j].data.fd);
⑩               if (close(evlist[j].data.fd) == -1)
                    errExit("close");
                numOpenFds--;
            }
        }
    }

    printf("All file descriptors closed; bye\n");
    exit(EXIT_SUCCESS);
}
```

—— altio/epoll_input.c

63.4.4　深入探究 epoll 的语义

现在我们来看看打开的文件同文件描述符以及 epoll 之间交互的一些细微之处。基于本次讨论的目的，回顾一下图 5-2 中展示的文件描述符，打开的文件描述（file description），以及整个系统的文件 i-node 表之间的关系。

当我们通过 epoll_create()创建一个 epoll 实例时，内核在内存中创建了一个新的 i-node 并打开文件描述，随后在调用进程中为打开的这个文件描述分配一个新的文件描述符。同 epoll 实例的兴趣列表相关联的是打开的文件描述，而不是 epoll 文件描述符。这将产生下列结果。

- 如果我们使用 dup()（或类似的函数）复制一个 epoll 文件描述符，那么被复制的描述符所指代的 epoll 兴趣列表和就绪列表同原始的 epoll 文件描述符相同。若要修改兴趣列表，在 epoll_ctl()的参数 epfd 上设定文件描述符可以是原始的也可以是复制的。
- 上一条观点同样也适用于 fork()调用之后的情况。此时子进程通过继承复制了父进程的 epoll 文件描述符，而这个复制的文件描述符所指向的 epoll 数据结构同原始的描述符相同。

当我们执行 epoll_ctl()的 EPOLL_CTL_ADD 操作时，内核在 epoll 兴趣列表中添加了一个元素，这个元素同时记录了需要检查的文件描述符数量以及对应的打开文件描述的引用。epoll_wait()调用的目的就是让内核负责监视打开的文件描述。这表示我们必须对之前的观点做改进：如果一个文件描述符是 epoll 兴趣列表中的成员，当关闭它后会自动从列表中移除。改进版应该是这样的：一旦所有指向打开的文件描述的文件描述符都被关闭后，这个打开的文件描述将从 epoll 的兴趣列表中移除。这表示如果我们通过 dup()（或类似的函数）或者 fork()为打开的文件创建了描述符副本，那么这个打开的文件只会在原始的描述符以及所有其他的副本都被关闭时才会移除[1]

———————————————

[1] 译者注：本章之前都是用文件描述符（file descriptor）来表示打开了某个文件，这一段又冒出来个文件描述（file description），而文件描述和文件描述符之间还有着关联。其实是这样的：文件描述（file description）表示的是一个打开文件的上下文信息（大小、内容、编码等与文件有关的信息），可以比喻为一个抽屉，这部分内容实际上是由内核来管理的。而用户空间的应用程序如果要操作文件怎么办。就是通过 open()这样的系统调用向内核请求，然后内核分配给用户空间一个文件描述符（file descriptor）。这个文件描述符可以比喻为抽屉的把手（handle 之所以翻译为"句柄"，这就是原因），有了这个把手（文件描述符），用户就可以操作抽屉（文件描述）里的内容了。但是，一个抽屉可以有多个把手（即文件描述可以对应多个文件描述符），只有当所有的把手（文件描述符）都关闭了，内核就知道此时没有用户空间的程序要用这个抽屉了（文件描述），那么就把它回收。

　　文件描述实际上是内核中的一个数据结构，而用户空间中的文件描述符只不过是一个整数，epoll 的兴趣列表实际关注的是内核中的数据结构。所以作者在这里改进了一下之前的结论，说得更细，更准确，也符合这一节的主题"深入探究 epoll 的语义"。

这些语义可导致出现某些令人惊讶的行为。假设我们执行程序清单 63-6 中所示的代码。即使文件描述符 fd1 已经被关闭了，这段代码中的 epoll_wait()调用也会告诉我们 fd1 已就绪（换句话说，evlist[0].data.fd 的值等于 fd1）。这是因为还有一个打开的文件描述符 fd2 存在，它所指向的文件描述信息仍包含在 epoll 的兴趣列表中。当两个进程持有对同一个打开文件的文件描述符副本时（一般是由于 fork()调用），也会出现相似的场景。执行 epoll_wait()操作的进程已经关闭了文件描述符，但另一个进程仍然持有打开的文件描述符副本。

程序清单 63-6：epoll 在文件描述符副本下的语义

```
int epfd, fd1, fd2;
struct epoll_event ev;
struct epoll_event evlist[MAX_EVENTS];

/* Omitted: code to open 'fd1' and create epoll file descriptor 'epfd' ... */

ev.data.fd = fd1;
ev.events = EPOLLIN;
if (epoll_ctl(epfd, EPOLL_CTL_ADD, fd1, ev) == -1)
    errExit("epoll_ctl");

/* Suppose that 'fd1' now happens to become ready for input */

fd2 = dup(fd1);
close(fd1);
ready = epoll_wait(epfd, evlist, MAX_EVENTS, -1);
if (ready == -1)
    errExit("epoll_wait");
```

63.4.5 epoll 同 I/O 多路复用的性能对比

表 63-9 展示了当我们使用 poll()、select()以及 epoll 监视 0 到 N−1 的 N 个连续文件描述符时的结果（在 2.6.25 版内核上）。（该测试设定为在每次监视中，只有一个随机选择的文件描述符处于就绪态。）从这个表格中，我们发现随着被监视的文件描述符数量的上升，poll()和 select()的性能表现越来越差。与之相反，当 N 增长到很大的值时，epoll 的性能表现几乎不会降低。（当 N 值上升时，微小的性能下降可能是由于测试系统上的 CPU cache 达到了上限。）

表 63-9：poll()、select()以及 epoll 进行 100000 次监视操作所花费的时间

被监视的文件描述符数量（N）	poll()所占用的CPU 时间（秒）	select()所占用的CPU 时间（秒）	epoll 所占用的CPU 时间（秒）
10	0.61	0.73	0.41
100	2.9	3.0	0.42
1000	35	35	0.53
10000	990	930	0.66

基于本测试的目的，我们在 glibc 的头文件中将 FD_SETSIZE 修改为 16384，以此允许测试程序在使用 select()时能监视大量的文件描述符。

在 63.2.5 节中我们知道了为什么 select()和 poll()在监视大量的文件描述符时性能表现很差。现在我们看看为什么 epoll 的性能表现会更好。

- 每次调用 select()和 poll()时，内核必须检查所有在调用中指定的文件描述符。与之相反，当通过 epoll_ctl()指定了需要监视的文件描述符时，内核会在与打开的文件描述上下文相关联的列表中记录该描述符。之后每当执行 I/O 操作使得文件描述符成为就绪态时，内核就在 epoll 描述符的就绪列表中添加一个元素。（单个打开的文件描述上下文中的一次 I/O 事件可能导致与之相关的多个文件描述符成为就绪态。）之后的 epoll_wait()调用从就绪列表中简单地取出这些元素。

- 每次调用 select()或 poll()时，我们传递一个标记了所有待监视的文件描述符的数据结构给内核，调用返回时，内核将所有标记为就绪态的文件描述符的数据结构再传回给我们。与之相反，在 epoll 中我们使用 epoll_ctl()在内核空间中建立一个数据结构，该数据结构会将待监视的文件描述符都记录下来。一旦这个数据结构建立完成，稍后每次调用 epoll_wait()时就不需要再传递任何与文件描述符有关的信息给内核了，而调用返回的信息中只包含那些已经处于就绪态的描述符。

> 除了以上几点外，对于 select()来说，我们必须在每次调用之前先初始化输入数据。而无论是 select()还是 poll()，我们必须对返回的数据结构做检查，以此找出 N 个文件描述符中有哪些是处于就绪态的。但是，通过一些测试得出的结果表明，这些额外的步骤所花费的时间同系统调用监视 N 个文件描述符所花费的时间相比就显得微不足道了。表 63-9 并没有包含这些检查步骤所用的时间。

粗略来看，我们可以认为当 N（被监视的文件描述符数量）取值很大时，select()和 poll()的性能会随着 N 的增大而线性下降。这可以从表 63-9 中 N=100 和 N=1000 时的情况得到。而当 N=10000 时，性能伸缩性实际上比线性还要差。

与之相反的是，epoll 的性能会根据发生 I/O 事件的数量而扩展（呈线性）。因此常见的能够高效使用 epoll API 的应用场景就是需要同时处理许多客户端的服务器：需要监视大量的文件描述符，但大部分处于空闲状态，只有少数文件描述符处于就绪态。

63.4.6　边缘触发通知

默认情况下 epoll 提供的是水平触发通知。这表示 epoll 会告诉我们何时能在文件描述符上以非阻塞的方式执行 I/O 操作。这同 poll()和 select()所提供的通知类型相同。

epoll API 还能以边缘触发方式进行通知——也就是说，会告诉我们自从上一次调用 epoll_wait()以来文件描述符上是否已经有 I/O 活动了（或者由于描述符被打开了，如果之前没有调用的话）。使用 epoll 的边缘触发通知在语义上类似于信号驱动 I/O，只是如果有多个 I/O 事件发生的话，epoll 会将它们合并成一次单独的通知，通过 epoll_wait()返回，而在信号驱动 I/O 中则可能会产生多个信号。

要使用边缘触发通知，我们在调用 epoll_ctl()时在 ev.events 字段中指定 EPOLLET 标志。

```
struct epoll_event ev;

ev.data.fd = fd
```

```
ev.events = EPOLLIN | EPOLLET;
if (epoll_ctl(epfd, EPOLL_CTL_ADD, fd, ev) == -1)
    errExit("epoll_ctl");
```

我们通过一个例子来说明 epoll 的水平触发和边缘触发通知之间的区别。假设我们使用 epoll 来监视一个套接字上的输入（EPOLLIN），接下来会发生如下的事件。

1. 套接字上有输入到来。
2. 我们调用一次 epoll_wait()。无论我们采用的是水平触发还是边缘触发通知，该调用都会告诉我们套接字已经处于就绪态了。
3. 再次调用 epoll_wait()。

如果我们采用的是水平触发通知，那么第二个 epoll_wait()调用将告诉我们套接字处于就绪态。而如果我们采用边缘触发通知，那么第二个 epoll_wait()调用将阻塞，因为自从上一次调用 epoll_wait()以来并没有新的输入到来。

正如我们在 63.1.1 节中提到的，边缘触发通知通常和非阻塞的文件描述符结合使用。因而，采用 epoll 的边缘触发通知机制的程序基本框架如下。

1. 让所有待监视的文件描述符都成为非阻塞的。
2. 通过 epoll_ctl()构建 epoll 的兴趣列表。
3. 通过如下的循环处理 I/O 事件。
    （a）通过 epoll_wait()取得处于就绪态的描述符列表。
    （b）针对每一个处于就绪态的文件描述符,不断进行 I/O 处理直到相关的系统调用(例如 read()、write()、recv()、send()或 accept()）返回 EAGAIN 或 EWOULDBLOCK 错误。

当采用边缘触发通知时避免出现文件描述符饥饿现象

假设我们采用边缘触发通知监视多个文件描述符，其中一个处于就绪态的文件描述符上有着大量的输入存在（可能是一个不间断的输入流）。如果在检测到该文件描述符处于就绪态后，我们将尝试通过非阻塞式的读操作将所有的输入都读取，那么此时就会有使其他的文件描述符处于饥饿状态的风险存在（即，在我们再次检查这些文件描述符是否处于就绪态并执行 I/O 操作前会有很长的一段处理时间）。该问题的一种解决方案是让应用程序维护一个列表，列表中存放着已经被通知为就绪态的文件描述符。通过一个循环按照如下方式不断处理。

1. 调用 epoll_wait()监视文件描述符，并将处于就绪态的描述符添加到应用程序维护的列表中。如果这个文件描述符已经注册到应用程序维护的列表中了，那么这次监视操作的超时时间应该设为较小的值或者是 0。这样如果没有新的文件描述符成为就绪态，应用程序就可以迅速进行到下一步，去处理那些已经处于就绪态的文件描述符了。
2. 在应用程序维护的列表中，只在那些已经注册为就绪态的文件描述符上进行一定限度的 I/O 操作（可能是以轮转调度（round-robin）方式循环处理，而不是每次 epoll_wait()调用后都从列表头开始处理）。当相关的非阻塞 I/O 系统调用出现 EAGAIN 或 EWOULDBLOCK 错误时，文件描述符就可以从应用程序维护的列表中移除了。

尽管采用这种方法需要做些额外的编程工作，但是除了能避免出现文件描述符饥饿现象外，我们还能获得其他益处。比如，我们可以在上述循环中加入其他的步骤，比如处理定时器以及用 sigwaitinfo()（或其他类似的机制）来接收信号。

因为信号驱动 I/O 也是采用的边缘触发通知机制，因此也需要考虑文件描述符饥饿的情况。与之相反，在采用水平触发通知机制的应用程序中，考虑文件描述符饥饿的情况并不是必须的。这是因为我们可以采用水平触发通知在非阻塞式的文件描述符上通过循环连续地检查描述符的就绪状态，然后在下一次检查文件描述符的状态前在处于就绪态的描述符上做一些 I/O 处理就可以了。

63.5　在信号和文件描述符上等待

有时候，进程既要在一组文件描述符上等待 I/O 就绪，也要等待待发送的信号。我们可以尝试通过 select() 来执行这样的操作，如程序清单 63-7 所示。

程序清单 63-7：非阻塞信号和 select() 调用的错误用法

```
sig_atomic_t gotSig = 0;

void
handler(int sig)
{
    gotSig = 1;
}

int
main(int argc, char *argv[])
{
    struct sigaction sa;
    ...

    sa.sa_sigaction = handler;
    sigemptyset(&sa.sa_mask);
    sa.sa_flags = 0;
    if (sigaction(SIGUSR1, &sa, NULL) == -1)
        errExit("sigaction");

    /* What if the signal is delivered now? */

    ready = select(nfds, &readfds, NULL, NULL, NULL);
    if (ready > 0) {
        printf("%d file descriptors ready\n", ready);
    } else if (ready == -1 && errno == EINTR) {
        if (gotSig)
            printf("Got signal\n");
    } else {
        /* Some other error */
    }

    ...
}
```

这段代码的问题在于，如果信号（本例中是 SIGUSR1）到来的时机刚好是在安装信号处理例程之后且在 select() 调用之前，那么 select() 依然会阻塞。（这是竞态条件的一种形式。）现在我们来看看对于这个问题有什么解决方案。

从 2.6.27 版内核之后，Linux 提供了一种新的技术可同时等待信号和文件描述符状态：这就是本书 22.11 节中介绍的 signalfd。采用这种机制，我们可以通过由 select()、poll()或者 epoll_wait()所监视的文件描述符（同其他的文件描述符一起）来接收信号。

63.5.1　pselect()系统调用

系统调用 pselect()执行的任务同 select()相似。它们语义上的主要区别在于一个附加的参数——sigmask。该参数指定了当调用被阻塞时有哪些信号可以不被过滤掉。

```
#define _XOPEN_SOURCE 600
#include <sys/select.h>

int pselect(int nfds, fd_set *readfds, fd_set *writefds, fd_set *exceptfds,
            struct timespec *timeout, const sigset_t *sigmask);
```
          Returns number of ready file descriptors, 0 on timeout, or –1 on error

更准确地说，假设我们这样调用 pselect()：

ready = pselect(nfds, &readfds, &writefds, &exceptfds, timeout, &sigmask);

这个调用等同于以原子方式执行下列步骤：

sigset_t origmask;

```
sigprocmask(SIG_SETMASK, &sigmask, &origmask);
ready = select(nfds, &readfds, &writefds, &exceptfds, timeout);
sigprocmask(SIG_SETMASK, &origmask, NULL);            /* Restore signal mask */
```

使用 pselect()，我们可以将程序清单 63-7 中 main()函数的第一部分替换为程序清单 63-8 中的代码。

除了参数 sigmask 外，select()和 pselect()还有如下区别。

- pselect()中的 timeout 参数是一个 timespec 结构体（见 23.4.2 节），允许将超时时间精度指定为纳秒级（select()为毫秒级）。
- SUSv3 中明确说明 pselect()在返回时不会修改 timeout 参数。

如果我们将 pselect()的 sigmask 参数指定为 NULL，那么除了上述区别外 pselect()就等同于 select()（即 pselect()不会操作进程的信号掩码）。

pselect()接口定义在 POSIX.1g 中，现在已经加入到 SUSv3 规范。并不是所有的 UNIX 实现都支持这一接口，Linux 中也只是在 2.6.16 版内核后才加入。

之前，glibc 提供有一个 pselect()的库函数实现，但它并不能保证正确调用该接口所需要的原子性。这种原子性保证只有 pselect()的内核实现才能做到。

程序清单 63-8：使用 pselect()

```
    sigset_t emptyset, blockset;
    struct sigaction sa;

    sigemptyset(&blockset);
    sigaddset(&blockset, SIGUSR1);

    if (sigprocmask(SIG_BLOCK, &blockset, NULL) == -1)
```

```
            errExit("sigprocmask");

        sa.sa_sigaction = handler;
        sigemptyset(&sa.sa_mask);
        sa.sa_flags = SA_RESTART;
        if (sigaction(SIGUSR1, &sa, NULL) == -1)
            errExit("sigaction");

        sigemptyset(&emptyset);
        ready = pselect(nfds, &readfds, NULL, NULL, NULL, &emptyset);
        if (ready == -1)
            errExit("pselect");
```

ppoll()和 epoll_pwait()系统调用

在 Linux 2.6.16 版中还新增了一个非标准的系统调用 ppoll()，它同 poll()之间的关系类似于 pselect()同 select()。同样的，从 2.6.19 版内核开始，Linux 也新增了 epoll_pwait()，这是对 epoll_wait() 的扩展。对于这些新增系统调用的细节可以参见 ppoll(2)和 epoll_pwait()的用户手册页。

63.5.2　self-pipe 技巧

由于 pselect()并没有被广泛实现，可移植的应用程序必须采用其他手段来避免当等待信号 并同时调用 select()时出现的竞态条件。通常会用到如下方法。

1. 创建一个管道，将读端和写端都设为非阻塞的。
2. 在监视感兴趣的文件描述符时，将管道的读端也包含在参数 readfds 中传给 select()。
3. 为感兴趣的信号安装一个信号处理例程。当这个信号处理例程被调用时，写一个字节的数据到管道中。关于这个信号处理例程，有以下几点需要注意。
   — 在第一步中已经将管道的写端设为了非阻塞态，这是为了防止出现由于信号到来的太快，重复调用信号处理例程会填满管道空间，结果造成信号处理例程的 write()操作阻塞（因而进程本身也就阻塞了）。（对于空间已满的管道，写操作失败并没有关系，因为上一次写操作已经表明了信号的传递。）
   — 信号处理例程是在创建管道之后安装的，这是为了防止在管道创建前就发送了信号从而产生竞态条件。
   — 在信号处理例程中使用 write()是安全的，因为 write()是异步信号安全函数之一，参见表 21-1。
4. 在循环中调用 select()，这样如果被信号处理例程中断的话，select()还可以重新得到调用。（严格来说在这种方式下重新调用 select()并不是必须的。这只是表示我们可以通过监视 readfds 来检查是否有信号到来，而不是通过检查返回的 EINTR 错误码。）
5. select()调用成功后，我们可以通过检查代表管道读端的文件描述符是否被置于 readfds 中来判断信号是否到来。
6. 当信号到来时，读取管道中的所有字节。由于可能会有多个信号到来，我们需要用一个循环来读取字节直到 read()（非阻塞式）返回 EAGAIN 错误码。将管道中的数据全部读取完毕后，接下来就执行必要的操作以作为对发送的信号的回应。

   这项技术通常被称为是 self-pipe，程序清单 63-9 中的代码展示了这种技术的用法。

   同样可以采用 poll()和 epoll_wait()来作为这种技术的变种。

程序清单 63-9：采用 self-pipe 技巧

— from altio/self_pipe.c

```c
static int pfd[2];                      /* File descriptors for pipe */

static void
handler(int sig)
{
    int savedErrno;                     /* In case we change 'errno' */

    savedErrno = errno;
    if (write(pfd[1], "x", 1) == -1 && errno != EAGAIN)
        errExit("write");
    errno = savedErrno;
}

int
main(int argc, char *argv[])
{
    fd_set readfds;
    int ready, nfds, flags;
    struct timeval timeout;
    struct timeval *pto;
    struct sigaction sa;
    char ch;
    /* ... Initialize 'timeout', 'readfds', and 'nfds' for select() */

    if (pipe(pfd) == -1)
        errExit("pipe");

    FD_SET(pfd[0], &readfds);        /* Add read end of pipe to 'readfds' */
    nfds = max(nfds, pfd[0] + 1);    /* And adjust 'nfds' if required */

    flags = fcntl(pfd[0], F_GETFL);
    if (flags == -1)
        errExit("fcntl-F_GETFL");
    flags |= O_NONBLOCK;             /* Make read end nonblocking */
    if (fcntl(pfd[0], F_SETFL, flags) == -1)
        errExit("fcntl-F_SETFL");

    flags = fcntl(pfd[1], F_GETFL);
    if (flags == -1)
        errExit("fcntl-F_GETFL");
    flags |= O_NONBLOCK;             /* Make write end nonblocking */
    if (fcntl(pfd[1], F_SETFL, flags) == -1)
        errExit("fcntl-F_SETFL");

    sigemptyset(&sa.sa_mask);
    sa.sa_flags = SA_RESTART;        /* Restart interrupted read()s */
    sa.sa_handler = handler;
    if (sigaction(SIGINT, &sa, NULL) == -1)
        errExit("sigaction");

    while ((ready = select(nfds, &readfds, NULL, NULL, pto)) == -1 &&
            errno == EINTR)
        continue;                    /* Restart if interrupted by signal */
    if (ready == -1)                 /* Unexpected error */
        errExit("select");

    if (FD_ISSET(pfd[0], &readfds)) {    /* Handler was called */
```

第 63 章　其他备选的 I/O 模型　　**1127**

```
        printf("A signal was caught\n");

        for (;;) {                          /* Consume bytes from pipe */
            if (read(pfd[0], &ch, 1) == -1) {
                if (errno == EAGAIN)
                    break;                  /* No more bytes */
                else
                    errExit("read");    /* Some other error */
            }

            /* Perform any actions that should be taken in response to signal */
        }
    }

    /* Examine file descriptor sets returned by select() to see
       which other file descriptors are ready */

}
```
── *from* **altio/self_pipe.c**

63.6 总结

本章我们探究了针对标准 I/O 模型之外的其他几种可选的 I/O 模型。它们是：I/O 多路复用（select()和 poll()）、信号驱动 I/O 以及 Linux 专有的 epoll API。所有这些机制都允许我们监视多个文件描述符，以查看哪个文件描述符上可执行 I/O 操作。需要注意的是，所有这些机制并不实际执行 I/O 操作。相反，一旦发现某个文件描述符处于就绪态，我们仍然采用传统的 I/O 系统调用来完成实际的 I/O 操作。

I/O 多路复用机制中的 select()和 poll()能够同时监视多个文件描述符，以查看哪个文件描述符上可执行 I/O 操作。在这两个系统调用中，我们传递一个待监视的文件描述符列表给内核，之后内核返回一个修改过的列表以表明哪些文件描述符处于就绪态了。在每一次调用中都要传递完整的文件描述符列表，并且在调用返回后还要检查它们，这个事实表明当需要监视大量的文件描述符时，select()和 poll()的性能表现将变得很差。

信号驱动 I/O 允许一个进程在文件描述符处于 I/O 就绪态时接收到一个信号。要使用信号驱动 I/O，我们必须为 SIGIO 信号安装一个信号处理例程，设定接收信号的属主进程，并在打开文件时设定 O_ASYNC 标志使得信号可以生成。相比 I/O 多路复用，当监视大量的文件描述符时信号驱动 I/O 有着显著的性能优势。Linux 允许我们修改用来通知的信号，而如果我们采用实时信号的话，那么多个信号通知就可以排队处理。信号处理例程可以使用 siginfo_t 参数来确定产生信号的文件描述符以及发生事件的类型。

同信号驱动 I/O 一样，当监视大量的文件描述符时 epoll 也能提供高效的性能。epoll（以及信号驱动 I/O）的性能优势源自内核能够"记住"进程正在监视的文件描述符列表这一事实（与之相反的是，select()和 poll()都必须反复告诉内核哪些文件描述符需要监视）。相比于信号驱动 I/O，epoll API 还有些值得一提的优点：我们可以避免处理信号时的复杂流程，而且可以指定需要监视的 I/O 事件类型（例如输入或输出事件）。

本章中我们在水平触发通知和边缘触发通知之间做了严格区分。在水平触发通知模型下，只要当前文件描述符上可以进行 I/O 操作，我们就能得到通知。与之相反，在边缘触发通知模型下，只有自上一次监视以来，文件描述符上有发生 I/O 事件时才会通知我们。I/O 多路复用采用的是水平触发通知模型；信号驱动 I/O 基本上是边缘触发通知模型；而 epoll 能够以任意一种方式工作（默认情况下是水平触发）。边缘触发通知通常都和非阻塞式 I/O 结合起来使用。

　　本章结尾部分我们探讨了一个经常会遇到的问题。那就是如何在监视多个文件描述符的同时等待信号的发送？对于这个问题，通常的解决方案是采用一种称为 self-pipe 的技巧，即信号处理例程写一个字节数据到管道中，代表管道读端的文件描述符包含在被监视的文件描述符集合中。SUSv3 中定义了 pselect()，这是 select() 的变种，它提供了解决这个问题的另一种方法。但是 pselect() 并没有包含在所有的 UNIX 实现中。Linux 也提供了类似（但非标准）的 ppoll() 和 epoll_pwait() 接口。

更多信息

　　[Stevens et al., 2004] 中介绍了 I/O 多路复用以及信号驱动 I/O，尤其强调了这些机制在套接字上的使用。[Gammeo et al, 2004] 是一篇比较 select()、poll() 和 epoll 之间性能表现的论文。

　　网络上有一个特别有趣的资源，地址为 http://www.kegel.com/c10k.html。这就是由 Dan Kegel 所著的著名的"C10K 问题"。在这个页面上作者探究了 Web 服务器端的开发者在设计能够同时处理上万个客户端的系统时会遇到的问题和困难，页面上还包含了其他相关信息的链接。

63.7　练习

63-1.　修改程序清单 63-2（poll_pipes.c）中的程序，使用 poll() 来取代 select()。

63-2.　编写一个 echo 服务器（见 60.2 节和 60.3 节），使其能够同时处理 TCP 和 UDP 客户端。要做到这一点，服务器端必须创建一个 TCP 监听套接字和一个 UDP 监听套接字，然后采用本章中所描述的其中一种技术来同时监视这两个套接字。

63-3.　63.5 节中提到 select() 不能用来同时等待信号和文件描述符，并提出采用信号处理例程加管道的方式来解决。当一个程序需要在文件描述符和 System V 的消息队列上等待输入时，也会出现相似的问题（因为 System V 消息队列并不使用文件描述符）。一种解决方法是使用 fork() 生成一个单独的子进程，子进程从队列中拷贝每条消息到管道中，并且也将由父进程所监视的文件描述符一并拷贝。采用这种方法编写一个程序，通过 select() 来监视终端和消息队列上的输入。

63-4.　63.5.2 节中介绍的 self-pipe 技巧中，最后一步表明程序应该首先将管道中的所有数据读取完毕，之后再执行信号处理的操作。如果这两步颠倒的话会出现什么问题？

63-5.　修改程序清单 63-9 中的程序（self_pipe.c），使用 poll() 来取代 select()。

63-6.　编写一个程序使用 epoll_create() 来创建一个 epoll 实例，然后立刻调用 epoll_wait() 在之前返回的文件描述符上等待。在这种情况下，传递给 epoll_wait() 的兴趣列表是空的，此时会出现什么情况？这么做有什么用处？

63-7.　假设我们有一个 epoll 文件描述符，它正在监视的多个文件描述全部都一直处于就绪态。如果我们执行一系列的 epoll_wait() 调用，其中参数 maxevents 比处于就绪态的文件描述符数量小很多（例如，maxevents 为 1）。在每次调用之间，我们并不在处于就绪态的文件描述符上执行全部的 I/O 操作。此时在每次调用中 epoll_wait() 返回的描述符是什么？编写一个程序来确定答案。（基于这个实验的目的，在 epoll_wait() 调用之间不执行任何 I/O 操作就足够了。）为什么这种行为会很有用？

63-8.　修改程序清单 63-3 中的程序（demo_sigio.c），用实时信号取代 SIGIO。修改信号处理例程，使其接受一个 siginfo_t 参数，并打印出这个结构体的 si_fd 和 si_code 字段。

第**64**章

伪终端

伪终端是一个虚拟设备，它提供了一个 IPC 通道。通道的一端是一个期望连接到终端设备的程序。通道的另一端也是一个程序，这个程序通过 IPC 通道来发送其输入并读取输出以此来驱动面向终端的程序。

本章描述了伪终端的使用方法，展示了它们是如何应用到程序中的，比如终端模拟器、script(1)程序以及像 ssh 这样的提供网络登录服务的程序。

64.1 整体概览

图 64-1 展示了伪终端能够解决的一个问题：我们该如何使位于某台主机上的用户通过网络连接操作位于另一台主机上的面向终端的程序（比如 vi）呢？

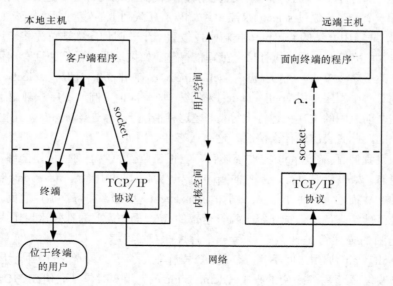

图 64-1：待解决的问题：如何通过网络操作一个面向终端的程序？

如图所示，通过网络通信，套接字提供了解决这个问题的驱动部分。但是，我们无法直接将面向终端程序的标准输入、输出以及错误信息连接到套接字上。这是因为面向终端程序期望连接的是一个终端——以此才能执行在第 34 章和 62 章中所描述的操作。这样的操作包括将终端置为非规范模式，将回显打开或关闭，以及设定终端前台进程组。如果某个程序尝试在一个套接字上执行这些操作，那么相关的系统调用就会失败。

此外，面向终端的程序期望终端驱动程序能对其输入和输出做特定类型的处理。举个例子，在规范模式下，当终端驱动程序在一行的开始处发现文件结尾符（通常是 Ctrl-D）时，将导致下一次 read() 调用不会返回任何数据。

最后，面向终端的程序必须有一个控制终端。这允许程序通过打开/dev/tty 来获取一个控制终端的文件描述符，并且也使得产生针对该程序的作业控制和终端相关的信号（例如 SIGTSTP、SIGTTIN 以及 SIGINT）成为可能。

通过上面的描述，现在应该很清楚面向终端程序的定义了，它的范围非常广泛，涵盖了大量我们通常在交互式终端会话中运行的程序。

伪终端主从设备

伪终端提供了网络连接到面向终端程序之间那缺失的一环。伪终端是一对互联的虚拟设备：主伪终端和从伪终端，有时被共称为伪终端对。伪终端对提供了一条 IPC 通道，这有点像双向管道——两个进程能分别打开主端和从端，并通过伪终端双向传输数据。

关于伪终端，关键点在于从设备表现得就像一个标准终端一样。所有可以施加于终端设备的操作同样也可以施加于伪终端从设备上。这里面有些操作对于伪终端来说没什么意义（例如，设定终端线速或者奇偶校验），但这并无大碍，因为伪终端从设备会悄悄地忽略它们。

如何使用伪终端

图 64-2 展示了典型情况下两个程序是如何利用伪终端的。（图中的 pty 是伪终端的常用缩写形式，本章中我们在许多图表和函数名称中大量使用这种缩写。）面向终端程序的标准输入、输出以及错误输出都连接到伪终端从设备上，它也是程序的控制终端。在伪终端的另一侧，驱动程序作为用户的代理，提供对面向终端程序的输入并读取程序的输出。

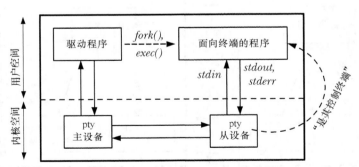

图 64-2：两个程序通过伪终端来通信

通常，驱动程序同时读取输入并将输出写入到另一个 I/O 通道中。它的行为就如同一个中继，在伪终端和另一个程序间双向传递数据。为了实现这一点，驱动程序必须同时监控两个方向上的输入。这通常由 I/O 多路复用（select()或 poll()）来实现，也可以采用一对进程或线程在两个方向上做数据传输。

一般情况下使用伪终端的应用程序会按照如下步骤来做。

1. 驱动程序打开伪终端主设备。

2. 驱动程序调用 fork() 来创建一个子进程。子进程执行如下的步骤。

　　a）调用 setsid() 来启动一个新的会话,使该子进程成为会话的头领进程(见 34.3 节)。该操作也使得子进程失去了它的控制终端。

　　b）打开同伪终端主设备相对应的从设备。由于子进程是会话的头领进程,且没有控制终端,伪终端从设备就成为子进程的控制终端了。

　　c）调用 dup()(或类似的函数)为从设备复制标准输入、输出以及错误输出的文件描述符。

　　d）调用 exec() 启动要连接到伪终端从设备的面向终端程序。

此时这两个程序就可以通过伪终端进行通信了。任何由驱动程序写到主设备的消息,都会在从设备这端作为面向终端程序的输入,任何由面向终端的程序写到从设备的消息都可以在主设备端由驱动程序读取。我们将在第 64.5 节进一步探究伪终端 I/O 的细节。

> 伪终端也能够用来连接任意的进程对(即,不必一定是父子进程)。所有要做的就是打开伪终端主设备的进程需要将相关联的从设备名称通知给另一个进程即可,可能是将名称写到一个文件上又或者是通过其他的 IPC 机制来传递。(当我们在前面的例子中调用 fork() 时,子进程自动从父进程中继承了足量的信息以此来获知从设备名。)

到目前为止,我们对使用伪终端的讨论都比较抽象。图 64-3 展示了一个具体的例子:ssh 使用伪终端的方法。这个程序允许用户通过网络安全地在远程系统上运行登录会话。(实际上该图结合了图 64-1 和图 64-2 中的信息。)在远端主机上,伪终端主设备的驱动程序是 ssh 服务器(sshd),连接到伪终端从设备的面向终端的程序是登录 shell。ssh 服务器作为胶水,通过连接到 ssh 客户端的套接字将伪终端连接起来。一旦所有登录方面的细节全部完成,ssh 服务器和客户端的主要用途就是在本地主机上的用户终端和远端主机上的 shell 之间双向传递字符。

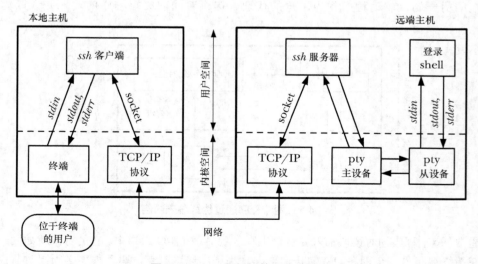

图 64-3: ssh 是如何使用伪终端的

我们忽略了很多 ssh 客户端和服务器的细节。比如，这些程序会双向加密穿越网络的数据。我们在远端主机上只展示了一个单独的 ssh 服务器进程，但实际上 ssh 服务器是一个并发的网络服务。它是一个守护进程，创建一个被动的 TCP 套接字来监听从 ssh 客户端发来的连接。对于每个连接，ssh 服务器主进程通过 fork 创建子进程来处理所有关于客户登录方面的细节。（我们在图 64-3 中将这个子进程参照为 ssh 服务器。）除了上文提到的关于建立伪终端的细节，ssh 服务器子进程验证用户，在远端机上更新登录账户日志（如第 40 章所述），然后执行登陆 shell。

在某些情况下，可能会有多个进程连接到伪终端的从设备端。我们的 ssh 示例中已经对此做了图解。从设备会话的头领进程是 shell，它创建进程组来执行由远端用户键入的命令。所有这些进程都将伪终端从设备作为它们的控制终端。同常规的终端一样，这些进程组之一可以作为伪终端从设备的前台进程组，且只有这个进程组可以通过从端读取和写入（如果比特位 TOSTOP 已经设定）。

伪终端的应用

除了网络服务外，伪终端也在许多其他应用中得到了利用。下面包含了一些例子。

- expect（1）程序使用伪终端来允许交互式面向终端程序可以从脚本文件中驱动。
- 类似 xterm 这样的终端模拟器利用伪终端来提供带有终端窗口的终端相关功能。
- screen（1）程序使用伪终端在单个物理终端（或终端窗口）同多个进程（例如多个 shell 会话）间实现多路复用。
- script（1）程序使用到了伪终端，用来记录在 shell 会话中的所有输入和输出。
- 当向文件或管道写输出时，有时候可以用伪终端来绕过由 stdio 实现的默认块缓冲机制，与之相对的是终端输出是行缓冲。（我们将在练习 64-7 中进一步探讨。）

System V（UNIX 98）和 BSD 伪终端

BSD 和 System V 都提供了不同的接口来找出和打开伪终端对的两端。BSD 的伪终端实现在历史上是有名的，因为它用在了许多基于套接字的网络应用中。基于兼容性的原因，许多 UNIX 实现最终都同时支持两种伪终端形式。

System V 的接口在某种程度上比 BSD 接口要更易于使用，SUSv3 伪终端规范就是基于 System V 接口的。（关于伪终端的规范首次出现是在 SUSv1 中。）由于历史原因，在 Linux 系统上这种类型的伪终端通常指的是 UNIX 98 伪终端，尽管 UNIX 98 标准（即 SUSv2）规定伪终端应该是基于流式的，但 Linux 对伪终端的实现并不是如此。（SUSv3 并不要求伪终端是基于流式的实现。）

Linux 的早期版本只支持 BSD 风格的伪终端，但自从 2.2 版内核之后，Linux 已经同时支持两种伪终端了。本章我们集中于对 UNIX 98 伪终端的讨论。我们将在 64.8 节中描述同 BSD 伪终端的差异。

64.2　UNIX 98 伪终端

我们将一点一点地实现 ptyFork() 这个函数，该函数完成了大部分图 64-2 中所展示的创建伪终端连接的任务。之后我们将利用这个函数来实现 script(1) 程序。在这之前，我们来看看

UNIX 98 伪终端所使用的多个库函数。

- posix_openpt()函数打开一个未使用的伪终端主设备，返回稍后会用到的代表该设备的文件描述符。
- grantpt()函数修改对应于伪终端主设备的从设备属主和权限。
- unlockpt()函数解锁对应于伪终端主设备的从设备，这样就能打开从设备了。
- ptsname()函数返回对应于伪终端主设备的从设备名称。之后从设备就可以通过 open() 来打开了。

64.2.1 打开未使用的主设备：posix_openpt()

posix_openpt()函数找到并打开一个未使用的伪终端主设备，再返回稍后会用到的代表该设备的文件描述符。

```
#define _XOPEN_SOURCE 600
#include <stdlib.h>
#include <fcntl.h>

int posix_openpt(int flags);
                          Returns file descriptor on success, or –1 on error
```

参数 flags 由 0 或以下多个常量组成。

O_RDWR

同时以可读和可写方式打开设备。一般情况下我们总是在 flags 中包含这个常量。

O_NOCTTY

使该终端不要成为进程的控制终端。在 Linux 上，无论调用 posix_openpt()时 O_NOCTTY 是否被指定，伪终端主设备都不会成为进程的控制终端。（这合乎道理，因为伪终端主设备并不是一个真正的终端，它只是终端另一侧从设备的连接端。）但是，在某些伪终端实现中，如果我们希望在打开伪终端主设备时避免进程获得控制终端，则需要将该常量加上。

同 open()一样，posix_openpt()使用最小的可用文件描述符来打开伪终端主设备。

调用 posix_openpt()也会在/dev/pts 文件夹中创建对应的伪终端从设备文件。当我们稍后介绍 ptsname()时再来进一步讨论这个文件。

posix_openpt()是在 SUSv3 中新增的函数，由 POSIX 委员会引入。在最初的 System V 伪终端实现中，获取可用的伪终端主设备是通过打开伪终端主克隆设备/dev/ptmx 来实现的。打开这个虚拟设备将自动搜寻并打开下一个未使用的伪终端主设备，将对应的文件描述符返回。Linux 上也提供有这个设备，posix_openpt()按照以下方式来实现。

```
int
posix_openpt(int flags)
{
    return open("/dev/ptmx", flags);
}
```

UNIX 98 伪终端数量的限制

因为每一对使用中的伪终端都会占用一小段不能被交换的内核内存空间，因此内核对系统中 UNIX 98 伪终端的数量有一个限制。到 2.6.3 版内核之前，这个限制由内核配置选项（CONFIG_UNIX98_PTYS）控制。默认值为 256，但我们可以把这个限制修改为 0 到 2048 之间的任意值。

到 Linux 2.6.4 版之后，内核选项 CONFIG_UNIX98_PTYS 被废弃以支持更为灵活的方法。相反，对伪终端数量的限制定义在特定于 Linux 的/proc/sys/kernel/pty/max 文件中。该文件的默认值为 4096，可以设定为最大 1048576 的任何值。还有一个相关的只读文件/proc/sys/kernel/pty/nr，这个文件记录当前系统中有多少 UNIX 98 伪终端正在使用中。

64.2.2　修改从设备属主和权限：grantpt()

SUSv3 规定 grantpt()可以用来修改由文件描述符 mfd 所代表的伪终端主设备相关联的从设备的属主和权限。在 Linux 上，调用 grantpt()并不是必需的。但是在某些实现中需要用到 grantpt()，可移植性良好的程序应该在 posix_openpt()之后调用 grantpt()。

```
#define _XOPEN_SOURCE 500
#include <stdlib.h>

int grantpt(int mfd);
```
                              Returns 0 on success, or –1 on error

在需要 grantpt()的系统中，该函数创建一个子进程来执行设定用户 ID 为 root 的程序。这个程序通常称为 pt_chown，在伪终端从设备上执行下列操作。
- 将从设备的属主修改为与调用进程相同的有效用户 ID。
- 将从设备的组修改为 tty。
- 修改从设备的权限，使拥有者有读和写权限，组拥有写权限。

修改终端组为 tty 并设定组的写权限是因为 wall（1）和 write（1）是设定组 ID 程序，归属于 tty 组。

在 Linux 上，伪终端从设备自动按照以上方式配置，这就是为什么不需要调用 grantpt()的原因（出于可移植性考虑，仍然应该调用）。

> 因为可能会创建子进程的缘故，SUSv3 中说如果调用程序为 SIGCHLD 信号安装了处理例程，则 grantpt()的行为是未定义的。

64.2.3　解锁从设备：unlockpt()

函数 unlockpt()移除从设备的内部锁，该从设备同文件描述符 mfd 所代表的伪终端主设备相关联。这个锁机制的目的是允许调用进程在其他进程能够打开这个伪终端从设备之前执行必要的初始化工作（比如调用 grantpt()）。

```
#define _XOPEN_SOURCE 500
#include <stdlib.h>

int unlockpt(int mfd);
```
                              Returns 0 on success, or –1 on error

在调用 unlockpt()之前尝试打开伪终端从设备将导致失败，错误码为 EIO。

64.2.4 获取从设备名称：ptsname()

函数 ptsname()返回伪终端从设备的名称，该从设备同文件描述符 mfd 所代表的伪终端主设备相关联。

```
#define _XOPEN_SOURCE 500
#include <stdlib.h>

char *ptsname(int mfd);
```
                    Returns pointer to (possibly statically allocated) string on success,
                                                              or NULL on error

在 Linux（以及大多数实现中）上，ptsname()返回形为/dev/pts/nn 的字符串，这里的 nn 由该伪终端从设备专有的唯一标识号所取代。

返回的从设备名称所占用的缓冲区通常是静态分配的。因此后续对 ptsname()的调用将覆盖前次的结果。

> GNU C 函数库提供了一个可重入版的 ptsname()——ptsname_r(mfd, strbuf, buflen)。但是，这个函数不是标准函数，只在几种其他 UNIX 实现中才存在。必须定义_GNU_SOURCE 测试宏才能从<stdlib.h>中得到可重入版的声明。

一旦通过 unlockpt()解锁了从设备，我们就可以用传统的系统调用 open()来打开它。

> 在采用了 STREAMS 机制的 System V 衍生系统上，可能还需要执行一些额外的步骤（将STREAMS 模块加载到从设备上，之后再打开）。关于如何执行这些步骤，可以参考[Stevens & Rago, 2005]中的例子。

64.3 打开主设备：ptyMasterOpen()

我们现在来实现函数 ptyMasterOpen()。该函数使用前面几节中介绍过的函数来打开伪终端主设备并获取对应的从设备名称。我们实现这样一个函数的原因有两方面。

- 大多数程序都以几乎相同的方式来执行这些步骤，因此将它们封装为一个单独的函数更加方便。
- 我们实现的 ptyMasterOpen()函数隐藏了所有特定于 UNIX 98 规范的细节。在 64.8 节中我们将采用 BSD 风格的伪终端重新实现这个函数。本章余下的部分提供的代码能够工作于任意一种伪终端实现中。

```
#include "pty_master_open.h"

int ptyMasterOpen(char *slaveName, size_t snLen);
```
                              Returns file descriptor on success, or -1 on error

函数 ptyMasterOpen()打开一个未使用的伪终端主设备，调用 grantpt()并通过 unlockpt()对其解锁，然后将对应的伪终端从设备名拷贝到 slaveName 所指向的缓冲区中。调用者必须通过参数 snLen 指定缓冲区的空间大小。我们在程序清单 64-1 中给出了这个函数的实现。

省略参数 slaveName 和 snLen 也是同样可行的，我们可以让 ptyMasterOpen() 的调用者直接调用 ptsname() 来获取伪终端从设备名称。但是，我们这里使用 slaveName 和 snLen 参数是因为 BSD 风格的伪终端实现并没有提供和 ptsname() 功能相同的函数，而我们为 BSD 风格的伪终端实现的功能相同的函数（程序清单 64-4）封装了 BSD 中用来获取从设备名称的技术。

程序清单 64-1：ptyMasterOpen() 的实现

—————————————————————————————— pty/pty_master_open.c

```c
#define _XOPEN_SOURCE 600
#include <stdlib.h>
#include <fcntl.h>
#include "pty_master_open.h"          /* Declares ptyMasterOpen() */
#include "tlpi_hdr.h"

int
ptyMasterOpen(char *slaveName, size_t snLen)
{
    int masterFd, savedErrno;
    char *p;

    masterFd = posix_openpt(O_RDWR | O_NOCTTY); /* Open pty master */
    if (masterFd == -1)
        return -1;

    if (grantpt(masterFd) == -1) {          /* Grant access to slave pty */
        savedErrno = errno;
        close(masterFd);                    /* Might change 'errno' */
        errno = savedErrno;
        return -1;
    }

    if (unlockpt(masterFd) == -1) {         /* Unlock slave pty */
        savedErrno = errno;
        close(masterFd);                    /* Might change 'errno' */
        errno = savedErrno;
        return -1;
    }

    p = ptsname(masterFd);                   /* Get slave pty name */
    if (p == NULL) {
        savedErrno = errno;
        close(masterFd);                    /* Might change 'errno' */
        errno = savedErrno;
        return -1;
    }

    if (strlen(p) < snLen) {
        strncpy(slaveName, p, snLen);
    } else {                        /* Return an error if buffer too small */
        close(masterFd);
        errno = EOVERFLOW;
        return -1;
    }
```

```
    return masterFd;
}
```

64.4　将进程连接到伪终端：ptyFork()

如图 64-2 所示，现在我们准备通过伪终端来实现一个函数，完成所有在两个进程间建立连接的任务。函数 ptyFork()创建一个子进程，通过伪终端对连接到父进程上。

```
#include "pty_fork.h"

pid_t ptyFork(int *masterFd, char *slaveName, size_t snLen,
              const struct termios *slaveTermios, const struct winsize *slaveWS);

                         In parent: returns process ID of child on success, or –1 on error;
                                       in successfully created child: always returns 0
```

ptyFork()的实现见程序清单 64-2。该函数执行如下的步骤。

- 通过调用 ptyMasterOpen()（见程序清单 64-1）①打开伪终端主设备。
- 如果参数 slaveName 不为 NULL，拷贝伪终端从设备名到这个缓冲区中②。（如果 slaveName 不为 NULL，那么它必须指向一段长度至少为 snLen 字节的缓冲区。）如果合适的话，调用者可以用这个名字来更新登录账户文件（见第 40 章）。更新登录账户文件对于那些提供登录服务的应用来说会很合适——比如 ssh、rlogin 以及 telnet。另一方面，像 script(1)这样的程序（见 64.6 节）不会更新登录账户文件，因为它们并不提供登录服务。
- 调用 fork()来创建一个子进程③。
- 父进程在完成 fork()调用之后所做的就是确保将伪终端主设备的文件描述符通过指向整型变量的指针 masterFd④返回给调用者。
- fork()调用之后，子进程执行如下的步骤。
  - 调用 setsid()创建一个新会话（见 34.3 节）⑤。子进程是这个新会话的头领进程，并失去其控制终端（如果有的话）。
  - 关闭伪终端主设备的文件描述符，因为子进程中已经不再需要它了⑥。
  - 打开伪终端从设备⑦。由于在上一步中子进程失去了控制终端，这一步将导致伪终端从设备成为子进程的控制终端。
  - 如果定义了 TIOCSCTTY 宏，在伪终端从设备的文件描述符上执行一次 TIOCSCTTY ioctl()操作⑧。这段代码使我们的 ptyFrok()函数能工作在 BSD 平台上，这里只有显式地执行 TIOCSCTTY 操作才能获取控制终端（见 34.4 节）。
  - 如果参数 slaveTermios 不为 NULL，调用 tcsetattr()来设定从设备的终端属性，设定的值从该参数指向的 termios 结构体中获取⑨。使用这个参数对某些特定的交互式程序（例如 script(1)）来说很方便，这些程序使用伪终端并需要将从设备的属性值设定为同程序运行的终端一样。
  - 如果参数 slaveWS 不为空，执行一次 TIOCSWINSZ ioctl()操作来设定伪终端从设备的窗口大小，设定的值从该参数指向的 winsize 结构体中获取⑩。执行该步骤的理由同上。
  - 调用 dup2()复制从设备文件描述符，使其成为子进程的标准输入、输出以及标准错误输出。此时，子进程就可以加载执行任意的程序了。被执行的程序可以使用标准的文件描述符来同伪终端通信。被执行的程序可以执行所有面向终端的常规操作，这些操作都可以在运行于常规终端下的程序中执行。

同 fork()一样，ptyFork()在父进程中返回子进程的 ID，在子进程中返回 0，如果失败则返回-1。

最终，由 ptyFork()创建的子进程会终止。如果父进程没有在同一时刻终止的话，那么就必须等待子进程退出以避免出现僵尸进程。但是这一步通常可以省略，因为采用伪终端的应用程序通常都会设计成父子进程同时终止退出。

由 BSD 衍生而来的系统提供了两个相关的非标准函数来同伪终端打交道。第一个是 openpty()，它打开一个伪终端对，返回主设备和从设备的文件描述符，以可选的方式返回从设备名称。同样，也能够以可选的方式通过类似于 slaveTermios 和 slaveWS 参数设定终端的属性和窗口大小。另一个函数是 forkpty()，除了并没有提供类似于 snLen 参数外，和我们这里实现的 ptyFork()一样。在 Linux 上，这两个函数都由 glibc 提供，都在 openpty(3)手册页中做了文档说明。

程序清单 64-2：实现 ptyFork()

```
                                                        pty/pty_fork.c
#include <fcntl.h>
#include <termios.h>
#include <sys/ioctl.h>
#include "pty_master_open.h"
#include "pty_fork.h"                   /* Declares ptyFork() */
#include "tlpi_hdr.h"

#define MAX_SNAME 1000

pid_t
ptyFork(int *masterFd, char *slaveName, size_t snLen,
        const struct termios *slaveTermios, const struct winsize *slaveWS)
{
    int mfd, slaveFd, savedErrno;
    pid_t childPid;
    char slname[MAX_SNAME];
①      mfd = ptyMasterOpen(slname, MAX_SNAME);
    if (mfd == -1)
        return -1;

②      if (slaveName != NULL) {            /* Return slave name to caller */
        if (strlen(slname) < snLen) {
            strncpy(slaveName, slname, snLen);

        } else {                           /* 'slaveName' was too small */
            close(mfd);
            errno = EOVERFLOW;
            return -1;
        }
    }

③      childPid = fork();
```

```
        if (childPid == -1) {              /* fork() failed */
            savedErrno = errno;            /* close() might change 'errno' */
            close(mfd);                    /* Don't leak file descriptors */
            errno = savedErrno;
            return -1;
        }

④      if (childPid != 0) {               /* Parent */
            *masterFd = mfd;               /* Only parent gets master fd */
            return childPid;               /* Like parent of fork() */
        }

        /* Child falls through to here */

⑤      if (setsid() == -1)                /* Start a new session */
            err_exit("ptyFork:setsid");

⑥      close(mfd);                        /* Not needed in child */

⑦      slaveFd = open(slname, O_RDWR);    /* Becomes controlling tty */
        if (slaveFd == -1)
            err_exit("ptyFork:open-slave");

⑧  #ifdef TIOCSCTTY                       /* Acquire controlling tty on BSD */
        if (ioctl(slaveFd, TIOCSCTTY, 0) == -1)
            err_exit("ptyFork:ioctl-TIOCSCTTY");
    #endif

⑨      if (slaveTermios != NULL)          /* Set slave tty attributes */
            if (tcsetattr(slaveFd, TCSANOW, slaveTermios) == -1)
                err_exit("ptyFork:tcsetattr");

⑩      if (slaveWS != NULL)               /* Set slave tty window size */
            if (ioctl(slaveFd, TIOCSWINSZ, slaveWS) == -1)
                err_exit("ptyFork:ioctl-TIOCSWINSZ");
        /* Duplicate pty slave to be child's stdin, stdout, and stderr */

⑪      if (dup2(slaveFd, STDIN_FILENO) != STDIN_FILENO)
            err_exit("ptyFork:dup2-STDIN_FILENO");
        if (dup2(slaveFd, STDOUT_FILENO) != STDOUT_FILENO)
            err_exit("ptyFork:dup2-STDOUT_FILENO");
        if (dup2(slaveFd, STDERR_FILENO) != STDERR_FILENO)
            err_exit("ptyFork:dup2-STDERR_FILENO");

        if (slaveFd > STDERR_FILENO)       /* Safety check */
            close(slaveFd);                /* No longer need this fd */

        return 0;                          /* Like child of fork() */
    }
```
—— pty/pty_fork.c

64.5　伪终端 I/O

　　一对伪终端同一个双向管道很相似。任何写入到伪终端主设备的数据都会在从设备端作为输入出现，而任何写入到从设备端的数据也会在主设备端作为输入出现。

　　伪终端对同双向管道之间的区别在于伪终端的从设备端表现得就像一个终端设备一样。

从设备端解释输入的方式就和一个普通的控制终端解释键盘输入的方式一样。比如，如果我们写入一个 Ctrl-C 字符（通常代表中断字符）到伪终端主设备上，则从设备端将为其前台进程组产生一个 SIGINT 信号。如同一个常规的终端一样，当伪终端从设备工作于规范模式下时（默认情况），输入是按行来缓冲的。换句话说，只有当我们向伪终端主设备写入一个换行符时，向从设备端读取输入的程序才会看到一行输入。

同管道一样，伪终端的缓冲能力也是有限的。如果我们将极限耗尽，那么未来的写操作都会阻塞，直到伪终端另一端的进程读取了一些字节后才能再次写入。

> 在 Linux 上，伪终端的双向缓冲能力大约为 4kB。

如果我们关闭所有代表伪终端主设备的文件描述符，那么：
- 如果从设备有一个控制进程，会发送 SIGHUP 信号到那个进程（见 34.6 节）；
- 向从设备端读取的 read() 将返回文件结尾 EOF（0）；
- 写入到从设备端的 write() 操作会失败，错误码为 EIO。（在其他一些 UNIX 实现中，这种情况下 write() 失败的错误码为 ENXIO。）

如果我们关闭所有代表伪终端从设备的文件描述符，那么：
- 向主设备端读取的 read() 操作会失败，错误码为 EIO（在其他一些 UNIX 实现中，此时 read() 会返回文件结尾 EOF）；
- 写入到主设备端的 write() 操作会成功，除非从设备的输入队列已满，这种情况下 write() 会阻塞。如果随后重新打开从设备，这些写入的字节都可以被读取。

对于最后一种情况，不同的 UNIX 实现之间差异很大。在某些 UNIX 实现中，write() 会失败，伴随的错误码为 EIO。在其他一些实现中 write() 却会成功，但是输出的字节会被丢弃（即，如果重新打开从设备端的话这些字节也不能被读取）。一般来说，这些不同之处并不会产生什么问题。通常情况下，位于主设备端的进程通过 read() 是否返回文件结尾或者失败来检测从设备端是否已经关闭。此时，进程将不再对主设备做进一步的写操作。

信包模式

信包模式是当伪终端从设备上与软流控相关的事件发生时，自动通知给运行在伪终端主设备上进程的机制。这些事件包括：
- 刷新输入或输出队列；
- 停止或开启终端输出（Ctrl-S/Ctrl-Q）；
- 开启或关闭流控。

信包模式能帮助处理提供网络登录服务的伪终端应用（例如 Telnet 和 rlogin）。

信包模式可以通过对代表伪终端主设备的文件描述符上执行 TIOCPKT ioctl() 来开启。

```
int arg;

arg = 1;                /* 1 == enable; 0 == disable */
if (ioctl(mfd, TIOCPKT, &arg) == -1)
    errExit("ioctl");
```

当启动了信包模式后，从伪终端主设备读取要么返回一个单字节非零控制符，这是一个比特掩码，表示从设备端的状态是否改变，要么返回零字节，紧跟着是写入到从设备端的单个或多字节数据。

当工作于信包模式的伪终端状态发生改变时，select() 会提示主设备端发生异常情况（通过参数 exceptfds），而 poll()会在 revents 域中返回 POLLPRI。（select()和 poll()的说明请参见第 63 章。）

信包模式在 SUSv3 规范中并不是标准模式，其中的细节在不同的 UNIX 实现中有所区别。更多关于 Linux 下的信包模式，包括用来通知状态改变的比特掩码值，可以在 tty_ioctl(4)的手册页中找到。

64.6 实现 script(1)程序

现在我们准备来实现一个简化版的标准 script(1)程序。该程序开启一个新的 shell 会话，从该会话中记录所有的输入和输出到文件中。本书中展示的大部分 shell 会话都是用 script 程序来记录的。

在普通的登录会话中，shell 是直接连接到用户的终端上的。当我们运行 script 程序时，它将自己置于用户的终端和 shell 之间，然后使用一对伪终端在自己和 shell 之间创建通信信道（见图 64-4）。shell 连接到伪终端从设备上。script 进程连接到伪终端主设备端。script 进程对用户表现为一个代理，接收键入到终端的输入然后写到伪终端主设备上，从伪终端主设备读取输出，再写入到用户的终端上。

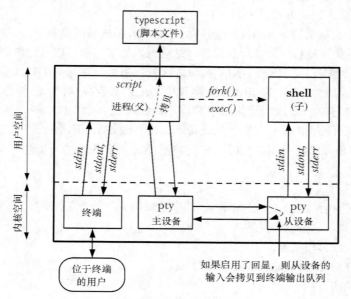

图 64-4：script 程序

此外，script 程序会生成一个输出文件（默认名为 typescript），该文件包含所有输出到伪终端主设备的字节。这样就达到了不仅记录了由 shell 会话产生的输出，而且还包含了用户提供的输入的效果。输入也被记录了，这是因为同常规的终端设备一样，内核通过将输入拷贝到终端输出队列来回显输入字符（见图 64-1）。但是，当关闭终端回显功能后，比如读取密码的程序，伪终端从设备的输入就不会拷贝到从设备输出队列中，因而也就不会拷贝到 script 程序的输出文件中。

我们实现的 script 程序请参见程序清单 64-3。该程序执行以下步骤。

- 获取程序运行下的终端属性和窗口大小①。这些数据将传递给接下来的 ptyFrok()函数，该函数使用这些数据为伪终端从设备设定对应的属性值。

- 调用我们的 ptyFork()函数（见程序清单 64-2）来创建子进程，通过伪终端对连接到父进程上②。
- ptyFork()调用之后，子进程执行一个 shell④。关于 shell 的选择是由 SHELL 环境变量来决定的③。如果 SHELL 环境变量没有设定或其值是空字符串，那么子进程将执行 /bin/sh。
- ptyFork()调用之后，父进程执行如下的步骤。
  - 打开 script 输出文件⑤。如果提供有命令行参数，使用命令行参数作为输出文件名，否则使用默认的 typescript 作为文件名。
  - 将终端设为原始模式（通过 ttySetRaw()函数来设定，见程序清单 62-3），这样所有的输入字符都会直接传递给 script 程序，而不会被终端驱动程序修改⑥。同样，script 程序的输出字符也不会被终端驱动程序修改。

处于原始模式下的终端并不意味着原始的、未经过解释的控制字符会传递给 shell，或者伪终端从设备的其他任何前台进程组，也不代表该进程组的输出会以原始方式传递给用户的终端。相反，是在从设备中对终端特殊字符做解释（除非该从设备也被显式地设置为原始模式）。通过将用户终端设为原始模式，我们可以避免对输入输出字符做两轮解释。

  - 调用 atexit()安装一个退出处理例程，当程序终止退出时将终端重置为原来的模式⑦。
  - 通过一个循环在终端和伪终端主设备间双向传送数据⑧。在每一轮循环迭代中，首先使用 select()（见 63.2.1 节）来监视终端和伪终端主设备上的输入⑨。如果终端有输入，就读取一些输入并写入到伪终端主设备中⑩。同样的，如果伪终端主设备端有输入的话，程序就读取一些输入并写入到终端以及输出文件中。循环持续执行直到遇到文件结尾或者检测到在被监视的文件描述符上出现错误时，循环终止。

程序清单 64-3：script(1)的简单实现

```
                                                    ── pty/script.c
#include <sys/stat.h>
#include <fcntl.h>
#include <libgen.h>
#include <termios.h>
#include <sys/select.h>
#include "pty_fork.h"            /* Declaration of ptyFork() */
#include "tty_functions.h"       /* Declaration of ttySetRaw() */
#include "tlpi_hdr.h"

#define BUF_SIZE 256
#define MAX_SNAME 1000

struct termios ttyOrig;

static void              /* Reset terminal mode on program exit */
ttyReset(void)
{
    if (tcsetattr(STDIN_FILENO, TCSANOW, &ttyOrig) == -1)
        errExit("tcsetattr");
}
```

```c
        int
        main(int argc, char *argv[])
        {
            char slaveName[MAX_SNAME];
            char *shell;
            int masterFd, scriptFd;
            struct winsize ws;
            fd_set inFds;
            char buf[BUF_SIZE];
            ssize_t numRead;
            pid_t childPid;

①          if (tcgetattr(STDIN_FILENO, &ttyOrig) == -1)
                errExit("tcgetattr");
            if (ioctl(STDIN_FILENO, TIOCGWINSZ, &ws) < 0)
                errExit("ioctl-TIOCGWINSZ");

②          childPid = ptyFork(&masterFd, slaveName, MAX_SNAME, &ttyOrig, &ws);
            if (childPid == -1)
                errExit("ptyFork");

            if (childPid == 0) {            /* Child: execute a shell on pty slave */
③              shell = getenv("SHELL");
                if (shell == NULL || *shell == '\0')
                    shell = "/bin/sh";

④              execlp(shell, shell, (char *) NULL);
                errExit("execlp");         /* If we get here, something went wrong */
            }
            /* Parent: relay data between terminal and pty master */

⑤          scriptFd = open((argc > 1) ? argv[1] : "typescript",
                            O_WRONLY | O_CREAT | O_TRUNC,
                            S_IRUSR | S_IWUSR | S_IRGRP | S_IWGRP |
                                S_IROTH | S_IWOTH);
            if (scriptFd == -1)
                errExit("open typescript");

⑥          ttySetRaw(STDIN_FILENO, &ttyOrig);

⑦          if (atexit(ttyReset) != 0)
                errExit("atexit");

⑧          for (;;) {
                FD_ZERO(&inFds);
                FD_SET(STDIN_FILENO, &inFds);
                FD_SET(masterFd, &inFds);

⑨              if (select(masterFd + 1, &inFds, NULL, NULL, NULL) == -1)
                    errExit("select");

⑩              if (FD_ISSET(STDIN_FILENO, &inFds)) {   /* stdin --> pty */
                    numRead = read(STDIN_FILENO, buf, BUF_SIZE);
                    if (numRead <= 0)
                        exit(EXIT_SUCCESS);

                    if (write(masterFd, buf, numRead) != numRead)
                        fatal("partial/failed write (masterFd)");
                }
```

```
⑪                    if (FD_ISSET(masterFd, &inFds)) {          /* pty --> stdout+file */
                         numRead = read(masterFd, buf, BUF_SIZE);
                         if (numRead <= 0)
                             exit(EXIT_SUCCESS);

                         if (write(STDOUT_FILENO, buf, numRead) != numRead)
                             fatal("partial/failed write (STDOUT_FILENO)");
                         if (write(scriptFd, buf, numRead) != numRead)
                             fatal("partial/failed write (scriptFd)");
                     }
                 }
             }
```

———————————————————————————————————— pty/script.c

在下面的 shell 会话中，我们逐步说明如何使用程序清单 64-3 中的程序。首先，我们显示出 xterm 所使用的伪终端名称，登录 shell 就运行于其之上，以及登录 shell 的进程 ID 号。这些信息稍后会很有帮助。

```
$ tty
/dev/pts/1
$ echo $$
7979
```

然后启动 script 程序，该程序也会启动一个子 shell 进程。再一次的，我们显示出承载 shell 运行的终端名称以及 shell 的进程 ID 号。

```
$ ./script
$ tty
/dev/pts/24                        Pseudoterminal slave opened by script
$ echo $$
29825                              PID of subshell process started by script
```

现在我们使用 ps(1)命令来显示有关两个 shell 以及 script 进程间的相关信息，最后关闭由 script 程序启动的 shell。

```
$ ps -p 7979 -p 29825 -C script -o "pid ppid sid tty cmd"
  PID  PPID   SID TT      CMD
 7979  7972  7979 pts/1   /bin/bash
29824  7979  7979 pts/1   ./script
29825 29824 29825 pts/24  /bin/bash
$ exit
```

ps(1)的输出显示了登录 shell、script 进程以及由 script 启动的子 shell 之间的父子进程关系。

此时我们已经返回到了登录 shell 中。打开 typescript 文件，其中记录了所有 script 程序运行时产生的输入和输出。

```
$ cat typescript
$ tty
/dev/pts/24
$ echo $$
29825
$ ps -p 7979 -p 29825 -C script -o "pid ppid sid tty cmd"
  PID  PPID   SID TT      CMD
 7979  7972  7979 pts/1   /bin/bash
29824  7979  7979 pts/1   ./script
29825 29824 29825 pts/24  /bin/bash
$ exit
```

64.7 终端属性和窗口大小

伪终端主从设备共享终端属性（termios）和窗口大小（winsize）结构。（这两个结构体在第 62 章中介绍过。）这表示运行在伪终端主设备上的程序可以通过在主设备文件描述符上调用 tcsetattr() 和 ioctl() 来修改从设备端的属性和窗口大小。

一个修改终端属性会带来好处的例子就是 script 程序。假设我们在一个终端模拟器窗口中运行 script 程序，然后修改窗口的大小。在这种情况下，终端模拟器程序将通知内核相应的终端设备窗口大小发生了改变，但这个改变不会影响到内核对伪终端从设备的记录（见图 64-4）。结果就是运行在伪终端从设备上的面向屏幕的程序（比如 vi）输出将出现乱码，因为它们所理解的窗口大小与实际的终端窗口大小不一致。我们可以按如下步骤来解决这个问题。

1. 在 script 父进程中安装一个 SIGWINCH 信号处理例程，这样当终端窗口发生变化时可以由此信号得到通知。

2. 当 script 父进程收到 SIGWINCH 信号时，使用 TIOCGWINSZ ioctl() 操作为终端窗口相关联的标准输入获取一个 winsize 结构体。然后利用这个结构体在 TIOCSWINSZ ioctl() 操作中设定伪终端主设备的窗口大小。

3. 如果新的伪终端窗口大小与旧的不同，那么内核会产生 SIGWINCH 信号给伪终端从设备的前台进程组。vi 这样的屏幕处理程序可捕获这个信号并执行一个 TIOCGWINSZ ioctl() 操作来更新它们的终端窗口大小。

我们在 62.9 节详细介绍了有关终端窗口大小和 TIOCGWSINZE 以及 TIOCSWINSZ ioctl() 操作的细节。

64.8 BSD 风格的伪终端

本章大部分内容都集中于讨论 UNIX 98 伪终端，因为这是在 SUSv3 标准中规定的伪终端风格，因而所有新的程序都应该遵守。但是有时候我们还是会在老的程序中，或者当我们从其他 UNIX 实现向 Linux 移植程序时会遇到 BSD 风格的伪终端。因此现在我们就来探讨一下 BSD 伪终端的细节。

> Linux 已经不再使用 BSD 风格的伪终端了。从 Linux2.6.4 版以来，BSD 风格的伪终端作为可选的内核组件可以通过 CONFIG_LEGACY_PTYS 在内核配置选项中设定。

BSD 伪终端同 UNIX98 伪终端的区别仅仅只在如何找到并打开伪终端主从设备的细节上。一旦主从设备都已经打开，操作 BSD 伪终端的方式同 UNIX98 伪终端一样。

在 UNIX98 伪终端中，我们获取未使用的伪终端主设备是通过调用 posix_openpt()，该函数会打开/dev/ptmx——伪终端主设备的克隆。我们可以通过 ptsname() 获取相应的伪终端从设备名称。与之相反，BSD 伪终端的主从设备已经在/dev 下预先创建好了。每个主设备的名称按照/dev/ptyxy 的形式呈现，这里 x 会由[p-za-e]范围内的 16 个字符来替换，而 y 由[0-9a-f]范围内的 16 个字符来替换。与特定的伪终端主设备相对应的从设备名形式为/dev/ttyxt。因此，举个例子，/dev/ptyp0 和 /dev/ttyp0 就组成了一对 BSD

风格的伪终端。

　　要找出未使用的伪终端对，我们通过一个循环来尝试打开每一个主设备，直到能够成功打开其中一个为止。当执行这个循环时，调用 open()时可能会遇到两个错误。

- 如果给定的主设备名不存在，open()调用将失败，错误码为 ENOENT。通常这表示我们已经遍历了系统中整个主设备名的组合，但是找不到一个空闲的设备（即，在上述列出的设备名范围内找不到指定的名称）。
- 如果主设备正在使用中，open()调用也会失败，此时错误码为 EIO。我们可以忽略这个错误直接尝试打开下一个设备。

　　一旦找到了可用的主设备，我们就可以获取对应的从设备名称。这只要用 tty 来替换主设备名中的 pty 就可以了。之后我们就可以通过 open()来打开从设备了。

　　程序清单 64-4 给出了 ptyMasterOpen()的另一种实现，这里使用的是 BSD 风格的伪终端。如果要让我们的 script 程序（见 64.6 节）能工作在 BSD 伪终端上的话，所有要做的就是用这个实现替换之前的 ptyMasterOpen()。

程序清单 64-4：使用 BSD 伪终端的 ptyMasterOpen()实现

```
                                              ─── pty/pty_master_open_bsd.c
#include <fcntl.h>
#include "pty_master_open.h"              /* Declares ptyMasterOpen() */
#include "tlpi_hdr.h"

#define PTYM_PREFIX       "/dev/pty"
#define PTYS_PREFIX       "/dev/tty"
#define PTY_PREFIX_LEN    (sizeof(PTYM_PREFIX) - 1)
#define PTY_NAME_LEN      (PTY_PREFIX_LEN + sizeof("XY"))
#define X_RANGE           "pqrstuvwxyzabcde"
#define Y_RANGE           "0123456789abcdef"

int
ptyMasterOpen(char *slaveName, size_t snLen)
{
    int masterFd, n;
    char *x, *y;
    char masterName[PTY_NAME_LEN];
```

```
        if (PTY_NAME_LEN > snLen) {
            errno = EOVERFLOW;
            return -1;
        }
        memset(masterName, 0, PTY_NAME_LEN);
        strncpy(masterName, PTYM_PREFIX, PTY_PREFIX_LEN);

        for (x = X_RANGE; *x != '\0'; x++) {
            masterName[PTY_PREFIX_LEN] = *x;

            for (y = Y_RANGE; *y != '\0'; y++) {
                masterName[PTY_PREFIX_LEN + 1] = *y;

                masterFd = open(masterName, O_RDWR);

                if (masterFd == -1) {
                    if (errno == ENOENT)    /* No such file */
                        return -1;          /* Probably no more pty devices */
                    else                    /* Other error (e.g., pty busy) */
                        continue;

                } else {                    /* Return slave name corresponding to master */
                    n = snprintf(slaveName, snLen, "%s%c%c", PTYS_PREFIX, *x, *y);
                    if (n >= snLen) {
                        errno = EOVERFLOW;
                        return -1;
                    } else if (n == -1) {
                        return -1;
                    }

                    return masterFd;
                }
            }
        }

        return -1;                          /* Tried all ptys without success */
    }
```

—— pty/pty_master_open_bsd.c

64.9　总结

伪终端对是由一对互联的伪终端主设备和从设备组成的。连接在一起后，这两个设备提供了一个双向的 IPC 通道。伪终端的好处在于，我们可以将一个面向终端的程序连接到从设备端，它可以通过打开了主设备的程序来驱动。伪终端从设备表现得就像一个常规的终端一样。所有可以施加于常规终端上的操作都可以施加于从设备上，而且从主设备到从设备传递的输入，其解释的方式同键盘输入到常规终端的方式一样。

伪终端的一种常见用途是提供网络登录服务的应用。但是，伪终端也可以用在许多其他的程序中，比如终端模拟器以及 script(1)程序。

System V 和 BSD 系统提供了不同的伪终端 API。Linux 对这两种 API 都提供支持，但是 System V 的伪终端 API 成为了 SUSv3 规范中的标准。

64.10　练习

64-1. 运行程序清单 64-3 中的程序，当用户键入文件结尾符（通常是 Ctrl-D）时，script 程序的父子进程按照什么顺序退出？为什么？

64-2. 对程序清单 64-3（script.c）中的程序做如下修改。

a）标准的 script(1)程序会在输出文件的开始和结尾加上用来显示程序启动和结束时间的行。请加上这个功能。

b）如 64.7 节所述，增加能够处理终端窗口大小改变的代码。你会发现程序清单 62-5（demo_SIGWINCH.c）的程序很适合来测试这个功能。

64-3. 修改程序清单 64-3（script.c）中的程序，将 select()替换为一对进程。其中一个处理从终端到伪终端主设备的数据传输，另一个处理相反方向上的数据传输。

64-4. 修改程序清单 64-3（script.c）中的程序，为其增加一个记录时间戳的功能。每次该程序向 typescript 文件写入字符串时，它还应该写一个时间戳字符串到第二个文件中（比方说 typescript.timed）。写入到第二个文件中的字符串应满足如下形式。

`<timestamp> <space> <string> <newline>`

timestamp 应该以文本形式记录下从 script 程序启动以来经历过的毫秒数。将时间戳以文本形式记录的好处是其结果容易阅读。在 string 中，真正的换行符需要进行转义。一种可能的方式是将一个换行符记录为 2 个字符的序列——\n，反斜线记为\\。再写一个程序 script_replay.c，该程序读取时间戳文件并在标准输出上显示其内容，要求显示的进度同当初写入时的进度相同。将这两个程序结合起来就提供了一个简单的记录并回放 shell 会话的日志功能。

64-5. 实现客户端与服务器程序，提供简单的类似 telnet 风格的远程登录功能。服务器端要设计成能处理并发连接（见 60.1 节）。图 64-3 展示了为每个客户端建立登录服务的步骤。图中没有显示的是服务器端父进程，该进程处理从客户端发送来的套接字连接，并创建服务器端子进程来处理每个连接。注意，所有用来认证用户以及启动登录 shell 的工作都可以在每个服务器端子进程中通过调用 ptyFork()进而在孙子进程中执行 login(1)程序来完成。

64-6. 为上面的练习程序增加代码，使其能够在登录会话开始和结束时更新登录账户文件（见第 40 章）。

64-7. 假设我们执行了一个长时间运行的程序，该程序缓慢地产生输出，并将输出重定向到一个文件或管道上，比如：

`$ longrunner | grep str`

上面的例子有个问题就是，默认情况下 stdio 只会在标准输入缓冲被填满后才会刷新到标准输出。这就意味着上面的 longrunner 程序的输出将以突发方式显示，且输出之间有较长的时间间隔。规避该问题的一种方法是写一个程序按照如下的步骤处理。

a）创建一个伪终端。

b）将标准文件描述符连接到伪终端从设备上，执行命令行参数中指定的程序。

c）从伪终端主设备端读取输出，并立刻写入到标准输出上（STDOUT_FILENO，文件描述符 1）。同时，从终端读取输入并写入到伪终端主设备上，这样被执行的程序就能读取输入了。

这样的程序我们可以称之为 unbuffer，可以像这样使用：

```
$ ./unbuffer longrunner | grep str
```

实现 unbuffer 程序。（这个程序的代码大部分都和程序清单 64-3 中的相似。）

64-8. 编写一个程序实现一种脚本语言，它可以在非交互式模式下驱动 vi。由于 vi 需要运行在终端上，因此该程序要用到伪终端。

附录 **A**

跟踪系统调用

strace 命令允许我们跟踪程序执行的系统调用。这个功能对调试程序，或者只是简单查看程序正在做些什么都是非常有帮助的。strace 最简单的用法如下。

```
$ strace command arg...
```

这将以给定的命令行参数来运行该命令，产生程序所执行的系统调用跟踪。默认情况下，strace 会将输出写入到 stderr 中，但我们可以通过-o filename 的选项来修改这个行为。

以下是 strace 产生的输出的例子（取自命令 strace date 的输出）。

```
execve("/bin/date", ["date"], [/* 114 vars */]) = 0
access("/etc/ld.so.preload", R_OK)       = -1 ENOENT (No such file or directory)
open("/etc/ld.so.cache", O_RDONLY)       = 3
fstat64(3, {st_mode=S_IFREG|0644, st_size=111059, ...}) = 0
mmap2(NULL, 111059, PROT_READ, MAP_PRIVATE, 3, 0) = 0xb7f38000
close(3)                                 = 0
open("/lib/libc.so.6", O_RDONLY)         = 3
fstat64(3, {st_mode=S_IFREG|0755, st_size=1491141, ...}) = 0
close(3)                                 = 0
write(1, "Mon Jan 17 12:14:24 CET 2011\n", 29) = 29
exit_group(0)                            = ?
```

每个系统调用都以一个函数调用的形式显示出来，输入和输出参数都在括号中给出。从以上示例来看，参数是以符号形式打印出来的。

- 位掩码以相应的符号常量来代表。
- 字符串以文本形式打印出来（长度上限为 32 个字符，但-s strsize 选项可用来更改这个上限）。
- 结构体字段是单独显示的（默认情况下，只有大型结构体的子集缩写才会被显示出来，但是-v 选项可用来显示整个结构体）。

在被跟踪调用的右括号后，strace 打印出一个等于号（=），紧跟着的是该系统调用的返回值。如果系统调用失败了，也会显示出 errno 错误码的符号表示。因此，在上面的 access()调用中，我们看到对应的错误码 ENOENT 被打印了出来。

就算只是一个简单的程序，strace 产生的输出也很长，因为这其中包含了 C 运行时库启动代码以及加载共享库时所执行的系统调用。对于一个复杂的程序来说，strace 的输出可以相当的长。基于这些原因，有时候对 strace 的输出有选择性地做些过滤会非常有用。一种方法是利用 grep，就像这样：

```
$ strace date 2>&1 | grep open
```

另一种方法是使用-e 选项来选择需要跟踪的事件。比如，我们可以用如下的命令来跟踪 open()和 close()系统调用：

```
$ strace -e trace=open,close date
```

无论使用上述哪一种技术，在某些情况下我们需要注意的是：系统调用的真实名称同它对应的 glibc 包装函数是有区别的。比如，尽管在第 26 章中我们把所有的 wait()-type 函数都认为是系统调用，但其实它们中的大多数（wait()、waitpid()以及 wait3()）都是包装函数，用来调用内核的 wait4()系统调用例程。strace 显示的是后者的名称，因此我们在-e trace=选项中指定的名称必须是后者。同样的，所有的 exec 库函数（见 27.2 节）都会调用 execve()系统调用。通常，我们可以通过查看 strace 的输出对这类名称的转换做猜测（或者通过查看 strace –c 产生的输出，下面会描述到）。但是如果猜错了，我们就需要在 glibc 的源码中检查，看看在包装函数内做了些什么转换。

strace(1)用户手册页列出了 strace 的一些其他选项，如下所示。

- -p pid 选项通过指定进程的 ID 号来跟踪一个已存在的进程。非特权级用户被局限于只能跟踪它们自己，以及那些没有执行设定用户 ID 或设定组 ID 操作的程序（见 9.3 节）。

- -c 选项可以使 strace 打印出程序所执行的所有系统调用的概要。对于每个系统调用，概要信息包括总的调用次数，调用失败的次数，以及执行这些调用所花费的总时间。

- -f 选项可以使该进程的子进程也能得到跟踪。如果我们将跟踪的输出发送给一个文件（-o filename），那么可选的-ff 选项能使每个进程将自己的跟踪输出写到名称形式为 filename.PID 的文件中。

strace 命令是 Linux 下专有的，但大多数 UNIX 实现都提供了它们各自的等价物（例如，Solaris 上的 truss，以及 BSD 上的 ktrace）。

---

　　ltrace 命令所执行的任务同 strace 类似，但它是针对库函数调用的。请参阅 ltrace(1)用户手册页以获得更多细节。

B

解析命令行选项

一个典型的 UNIX 命令行有着如下的形式。

command [*options*] *arguments*

选项的形式为连字符（-）紧跟着一个唯一的字符用来标识该选项，以及一个针对该选项的可选参数。带有一个参数的选项能够以可选的方式在参数和选项之间用空格分开。多个选项可以在一个单独的连字符后归组在一起，而组中最后一个选项可能会带有一个参数。根据这些规则，下面这些命令都是等同的。

```
$ grep -l -i -f patterns *.c
$ grep -lif patterns *.c
$ grep -lifpatterns *.c
```

在上面这些命令中，-l 和-i 选项没有参数，而-f 选项将字符串 pattern 当做它的参数。

因为许多程序（包括本书中的一些示例程序）都需要按照上述格式来解析选项，相关的机制被封装在了一个标准库函数中，这就是 getopt()。

```
#include <unistd.h>

extern int optind, opterr, optopt;
extern char *optarg;

int getopt(int argc, char *const argv[], const char *optstring);
```
              See main text for description of return value

函数 getopt()解析给定在参数 argc 和 argv 中的命令行参数集合。这两个参数通常是从 main() 函数的参数列表中获取。参数 optstring 指定了函数 getopt()应该寻找的命令行选项集合，该参数由一组字符组成，每个字符标识一个选项。SUSv3 中规定了 getopt()至少应该接受 62 个字符[a-zA-Z0-9]作为选项。除了:、?、和-这几个对 getopt()来说有着特殊意义的字符外，大多数实现还允许其他的字符也作为选项出现。每个选项字符后可以跟一个冒号字符（:），表示这个选项带有一个参数。

我们通过连续调用 getopt()来解析命令行。每次调用都会返回下一个未处理选项的信息。如果找到了选项，那么代表该选项的字符就作为函数结果返回。如果到达了选项列表的结尾，getopt()就返回-1。如果选项带有参数，getopt()就把全局变量 optarg 设为指向这个参数。

注意 getopt()的函数返回值类型为 int。我们必须注意不能把 getopt()的返回值赋值给 char 类型的变量，因为当工作在 char 型变量是无符号整数的系统上时，char 型变量同-1 之间的比较操作就不会成功。

> 如果选项不带参数，那么 glibc 的 getopt()实现（同大多数实现一样）会将 optarg 设为 NULL。但是，SUSv3 并没有对这种行为做出规定。因此基于可移植性的考虑，应用程序不能依赖这种行为（通常也不需要）。
>
> SUSv3 中规定了一个相关的函数（且 glibc 也实现了）getsubopt()。该函数可以解析由 1 个或多个逗号相分隔的字符串所组成的参数列表，每个参数的形式为 name[=value]。请参阅 getsubopt(3)用户手册页以获得更多细节。

每次调用 getopt()时，全局变量 optind 都得到更新，其中包含着参数列表 argv 中未处理的下一个元素的索引。（当把多个选项归组到一个单独的单词中时，getopt()内部会做一些记录工作，以此跟踪该单词，找出下一个待处理的部分。）在首次调用 getopt()之前，变量 optind 会自动设为 1。在如下两种情况中我们可能会用到这个变量。

- 如果 getopt()返回了-1，表示目前没有更多的选项可解析了，且 optind 的值比 argc 要小，那么 argv[optind]就表示命令行中下一个非选项单词。
- 如果我们处理多个命令行向量或者重新扫描相同的命令行，那么我们必须手动将 optind 重新设为 1。

在下列情况中，getopt()函数会返回-1，表示已到达选项列表的结尾。

- 由 argc 加上 argv 所代表的列表已到达结尾（即 argv[optind]为 NULL）。
- argv 中下一个未处理的单字不是以选项分隔符打头的（即，argv[optind][0]不是连字符）。
- argv 中下一个未处理的单字只由一个单独的连字符组成（即，argv[optind]为-)。有些命令可以理解这种参数，该单字本身代表了特殊的意义，见 5.11 节中的描述。
- argv 中下一个未处理的单字由两个连字符（--）组成。在这种情况下，getopt()会悄悄地读取这两个连字符，并将 optind 调整为指向双连字符之后的下一个单字。就算命令行中的下一个单字（在双连字符之后）看起来像一个选项（即，以一个连字符开头），这种语法也能让用户指出命令的选项结尾。比如，如果我们想利用 grep 在文件中查找字符串-k，那么我们可以写成 grep -- -k myfile。

当 getopt()在处理选项列表时，可能会出现两种错误。一种错误是当遇到某个没有指定在 optstring 中的选项时会出现。另一种错误是当某个选项需要一个参数，而参数却未提供时会出现（即，选项出现在命令行的结尾）。有关 getopt()是如何处理并上报这些错误的规则如下。

- 默认情况下，getopt()在标准错误输出上打印出一条恰当的错误消息，并将字符?作为函数返回的结果。在这种情况下，全局变量 optopt 返回出现错误的选项字符（即，未能识别出来的或缺少参数的那个选项）。
- 全局变量 opterr 可用来禁止显示由 getopt()打印出的错误消息。默认情况下，这个变量被设为 1。如果我们将它设为 0，那么 getopt()将不再打印错误消息，而是表现的如同上一条所描述的那样。程序可以通过检查函数返回值是否为?字符来判断是否出错，并打印出用户自定义的错误消息。

- 此外，还有一种方法可以用来禁止显示错误消息。可以在参数 optstring 中将第一个字符指定为冒号（这么做会重载将 opterr 设为 0 的效果）。在这种情况下，错误上报的规则同将 opterr 设为 0 时一样，只是此时缺失参数的选项会通过函数返回:来报告。如果需要的话，我们可以根据不同的返回值来区分这两类错误（未识别的选项，以及缺失参数的选项）。

上述这些可选的错误报告机制总结在了表 B-1 中。

表 B-1: getopt()错误上报的几种行为

错误上报的方法	getopt()会显示 错误消息吗?	针对未识别的选项 产生的返回值	针对缺少参数 产生的返回值
默认（opterr == 1）	Y	?	?
opterr == 0	N	?	?
在 optstring 中将第一个 字符设为:	N	?	:

程序示例

程序清单 B-1 中的程序说明了应该如何使用 getopt()来解析带有两个选项的命令行：不带参数的-x 选项，以及需要一个参数的-p 选项。这个程序通过在参数 optstring 中将:设为第一个字符从而禁止显示错误消息。

为了让我们能观察 getopt()的操作，我们在代码中包含了一些 printf()调用来打印出每次 getopt()调用返回的信息。解析完成后，程序会打印出一些关于指定选项的概要信息。如果命令行上还有非选项的单字，程序也会将它们显示出来。下面的 shell 会话展示了当我们以不同的命令行参数运行该程序时显示的结果。

```
$ ./t_getopt -x -p hello world
opt =120 (x); optind = 2
opt =112 (p); optind = 4
-x was specified (count=1)
-p was specified with the value "hello"
First nonoption argument is "world" at argv[4]
$ ./t_getopt -p
opt = 58 (:); optind = 2; optopt =112 (p)
Missing argument (-p)
Usage: ./t_getopt [-p arg] [-x]
$ ./t_getopt -a
opt = 63 (?); optind = 2; optopt = 97 (a)
Unrecognized option (-a)
Usage: ./t_getopt [-p arg] [-x]
$ ./t_getopt -p str -- -x
opt =112 (p); optind = 3
-p was specified with the value "str"
First nonoption argument is "-x" at argv[4]
$ ./t_getopt -p -x
opt =112 (p); optind = 3
-p was specified with the value "-x"
```

注意上面最后一个例子，字符串-x 被解释为-p 选项的参数了，而不是单独作为选项。

程序清单 B-1：使用 getopt()

———————————————————————————————— getopt/t_getopt.c

```c
#include <ctype.h>
#include "tlpi_hdr.h"

#define printable(ch) (isprint((unsigned char) ch) ? ch : '#')

static void              /* Print "usage" message and exit */
usageError(char *progName, char *msg, int opt)
{
    if (msg != NULL && opt != 0)
        fprintf(stderr, "%s (-%c)\n", msg, printable(opt));
    fprintf(stderr, "Usage: %s [-p arg] [-x]\n", progName);
    exit(EXIT_FAILURE);
}
int
main(int argc, char *argv[])
{
    int opt, xfnd;
    char *pstr;

    xfnd = 0;
    pstr = NULL;

    while ((opt = getopt(argc, argv, ":p:x")) != -1) {
        printf("opt =%3d (%c); optind = %d", opt, printable(opt), optind);
        if (opt == '?' || opt == ':')
            printf("; optopt =%3d (%c)", optopt, printable(optopt));
        printf("\n");

        switch (opt) {
        case 'p': pstr = optarg;         break;
        case 'x': xfnd++;                break;
        case ':': usageError(argv[0], "Missing argument", optopt);
        case '?': usageError(argv[0], "Unrecognized option", optopt);
        default:  fatal("Unexpected case in switch()");
        }
    }

    if (xfnd != 0)
        printf("-x was specified (count=%d)\n", xfnd);
    if (pstr != NULL)
        printf("-p was specified with the value \"%s\"\n", pstr);
    if (optind < argc)
        printf("First nonoption argument is \"%s\" at argv[%d]\n",
                argv[optind], optind);
    exit(EXIT_SUCCESS);
}
```

———————————————————————————————— getopt/t_getopt.c

特定于 GNU 的行为

默认情况下，glibc 版的 getopt()实现还有一个非标准的功能：允许选项和非选项混在一起。因此，比如说下面这两种写法就是相同的。

```
$ ls -l file
$ ls file -l
```

处理第二种形式的命令行时，getopt()会将 argv 中的内容重排列，这样所有的选项会排列到数组的开始处，而所有的非选项会排列到数组的尾端。（如果 argv 中包含有一个元素指向--，那么只有位于--前面的元素会参与排列，并被解释为选项。）换句话说，前面给出的 getopt() 的函数原型中，参数 argv 前的 const 声明实际上在 glibc 中并没有得到遵守。

对 argv 的内容进行重排列，这在 SUSv3（或者 SUSv4）中是不允许的。我们可以强制 getopt()提供与标准一致的行为（即，遵守前面提到的判断选项列表是否到达结尾的规则），把环境变量 POSIXLY_CORRECT 设为任意值就能做到这点。这可以通过下面两种方法来实现。

- 在程序中，我们可以调用 putenv()或 setenv()。这么做的优点是不需要用户做任何事。缺点是需要修改程序的源代码，而且只能修改那一个程序的行为。
- 我们可以在执行程序前，在 shell 中定义条件变量。

```
$ export POSIXLY_CORRECT=y
```

这种方法的优点是可以影响所有使用到 getopt()的程序。但是，它也有一些缺点。POSIXLY_CORRECT 会导致很多 Linux 下的工具行为发生改变。此外，设定这个环境变量需要用户显式进行操作（很可能在 shell 启动文件中设定这个变量）。

另一种防止 getopt()重排列命令行参数的方法是在参数 optstring 中在第一个字符前增加一个加号（+）。（如果我们也希望像前面描述过的那样禁止 getopt()打印错误消息，那么 optstring 的前两个字符就应该是+:，顺序不能改变。）由于会用到 putenv()和 setenv()，这种方法的缺点在于需要修改程序代码。请参阅 getopt(3)用户手册页以获得更多细节。

> 未来对 SUSv4 的技术勘误中很可能会增加关于在 optstring 中使用加号来阻止对命令行参数进行重排列的规范。

我们需要注意 glibc 版的 getopt()对参数进行重排列的行为是如何影响到 shell 脚本的编写的。（这会对将 shell 脚本从其他系统移植到 Linux 上的开发者产生影响。）假设我们有一个 shell 脚本，能对目录下所有的文件执行操作：

```
chmod 644 *
```

如果这些文件名中有一个是以连字符开头的，那么 glibc 版的 getopt()的重排列行为会导致将这个文件名解释成命令 chmod 的一个选项。在其他的 UNIX 实现中是不会出现这个问题的，因为第一个出现的非选项（644）就能确保 getopt()不会在剩下的命令行中继续寻找选项了。对于大部分的命令，（如果我们不设定 POSIXLY_CORRECT）要处理这种需要运行在 Linux 上的 shell 脚本，方法是在第一个非选项参数前加上--。因此，我们应该将上面的脚本重写为：

```
chmod -- 644 *
```

在这个特殊的例子中，因为涉及到文件名的生成，我们可以改写为：

```
chmod 644 ./*
```

尽管在上面的例子中我们用到了文件名模式匹配（globbing），类似的情况也可以出现在其他的 shell 处理中（例如，命令替换和参数扩展），此时也可以用相似的方法，采用--将选项和参数分隔开来处理。

GNU 扩展

GNU C 函数库对 getopt() 提供了一些扩展，需要我们简单注意以下几点。

- SUSv3 规范允许只带有强制性参数的选项。在 GNU 版的 getopt() 中，我们可以在选项字符后放置两个冒号，以此表示这个参数是可选的。对于这样的选项，其参数必须出现在同选项一起的单字中（即，在选项和参数之间不能有空格）。如果参数不存在，那么 getopt() 返回后，optarg 会被设为 NULL。

- 许多 GNU 命令都允许出现长选项语法。长选项以两个连字符开始，选项本身用一个单字来标识，而不是用单个字符来表示。如下面的例子：

  `$ gcc --version`

  glibc 中的函数 getopt_long() 可以用来解析这样的选项。

- GNU C 函数库甚至提供了更为复杂（但不可移植）的 API 用来解析命令行，称为 argp。这个 API 在 glibc 的手册中有描述。

附录 C

对 NULL 指针做转型

考虑如下对变参型函数 execl() 的调用：

```
execl("ls", "ls", "-l", (char *) NULL);
```

变参型函数是指可接收的参数数量可变，或者参数类型可变的函数。

是否需要像上面这样对 NULL 做转型，常常会引起一些混乱。通常我们可以不做转型，但 C 标准却要求我们这么做。不做转型的话，会导致应用程序在某些系统上崩溃。

一般来说，NULL 被定义为 0 或者 (void *)0。（C 标准允许其他的定义方式，但实质上都等同于这两种定义的其中之一。）需要做转型的主要原因在于 NULL 可以被定义为 0，因此这是我们首先需要考虑的情况。

在将源码交给编译器处理之前，C 预处理器会先将 NULL 替换为 0。C 标准规定常数 0 可以用在任何需要用到指针的上下文中，而编译器会确保将这个值看做是一个 NULL 指针。大多数情况下这都不会有问题，而且我们也没必要去担心转型的问题。比如，我们可以像这样编写代码：

```
int *p;

p = 0;                              /* Assign null pointer to 'p' */
p = NULL;                           /* Same as 'p = 0' */
```

上面的赋值语句可以正常工作，因为编译器能判断赋值语句的右侧是否需要一个指针，并且可以将 0 转换为一个 null 指针。

同样的，对于指定了定长参数列表的函数原型，我们可以将指针参数指定为 0 或者 NULL，以此表明应该给这个函数传递一个 null 指针。

```
sigaction(SIGINT, &sa, 0);
sigaction(SIGINT, &sa, NULL);       /* Equivalent to the preceding */
```

> 如果我们将 null 指针传递给一个老式的、没有函数原型的 C 函数，那么不管参数是否属于变长参数列表的一部分，所有这里需要转型为 0 的参数，NULL 同样也能适用。

因为在上述例子中都不需要转型，有人可能会得出永远都不需要做转型的结论。但这是错误的。当在类似 execl() 这样的变参函数中，将 null 指针指定为可变参数之一时，就需要做转型操作了。要认识到为什么这么做是必需的，我们需要知道以下几点。

- 编译器无法判断变参函数所期望得到的可变参数类型是什么。
- C 标准并不要求 null 指针实际上以常整数 0 来代表。（理论上，null 指针可以以任意的位序列来表示，只要不代表合法指针就可以了。）甚至标准中也没有要求一个 null 指针所占的空间大小和常整数 0 一样。标准中规定的是当在需要一个指针的上下文中发现了常数 0，那么 0 应该被解释为一个 null 指针。

因此，下面的写法是错误的。

```
execl(prog, arg, 0);
execl(prog, arg, NULL);
```

这种写法是错误的，因为编译器会将常整数 0 传递给 execl()，而这里无法保证 0 和 null 指针是等同的。

在实践中我们常不做转型，因为在许多 C 实现中（例如 Linux/x86-32），常整数（int）0 和 null 指针是等同的。但是，还有一些实现中它们却并非如此。比如，null 指针所占的空间大小比常整数 0 要大，因而在上面的例子中，execl()很可能会在整数 0 的附近接收到一些随机的比特位，从而使得这个结果被解释为一个随机的指针（非 null）。当把程序移植到这种实现的环境中时，忽略转型就会导致程序崩溃。（在一些上述提到的实现中，NULL 被定义为长整型常量 0L。由于 long 和 void *有着相同的大小，某些采用了上述第二种调用方式的程序就不会出错了。）因此，我们应该将上述 execl()调用重写为以下形式。

```
execl(prog, arg, (char *) 0);
execl(prog, arg, (char *) NULL);
```

一般来说，我们需要将上面最后一个调用中的 NULL 做转型，就算是在 NULL 定义为(void *)0 的实现环境中也是如此。这是因为，尽管 C 标准要求不同类型的 null 指针在比较等同性时结果应该为真，但并不要求不同类型的指针有着同样的内部表示（尽管在大部分实现中都是如此）。而且如前所述，在一个可变参函数中，编译器不能将(void *)0 转型为合适类型的 null 指针。

C 标准对于不同类型的指针不需要有着相同的内部表示这一规则有一个例外：char *型指针和 void *型指针要求有着相同的内部表示。这意味着在 execl()的例子中，将(char *)0 替换为(void *)0 是不会有问题的。但是一般情况下还是需要做转型处理的。

附录 D

内核配置

Linux 内核的很多特性是可以通过组件来配置的。在编译内核之前可以禁用或启用这些组件，或者在很多情况下也可以启用成可加载的内核模块。禁用不需要的组件的一个原因是可以减小内核二进制文件的大小，从而节省内存。将一个组件启用成可加载的模块意味着只有在运行时需要用到该组件时才会将其加载到内存中。这种做法也能够节省内存。

内核配置是通过在内核源代码树的根目录下执行一些不同的 make 命令来完成的，如 make menuconfig 提供了一个易用性较差的配置菜单，而 make xconfig 则提供了一个易用性较好的图形配置菜单。这些命令会在内核源代码树的根目录下产生一个.config 文件，在内核编译阶段会用到这个文件。这个文件包含了所有配置选项的设置。

每一个被启用的选项值在.config 文件中占用一行，其形式如下。

CONFIG_*NAME*=*value*

如果一个选项没有被设置，那么文件中会包含形如下面这样的一行。

CONFIG_*NAME* is not set

在.config 文件中以#号打头的行是注释。

在本书中介绍内核选项时并没有精确地描述在menuconfig或xconfig菜单的哪个地方可以找到这些选项。之所以这样做有几个原因。

* 通过浏览菜单层级通常可以很直观地确定选项所处的位置。
* 配置选项所处的位置会随着时间的流逝而改变，就像不同版本的内核会对菜单层级进行重构一样。
* 当无法在菜单层级中找到某一个特定的选项时，还可以使用 make menuconfig 和 make xconfig 提供的搜索工具。如可以通过搜索字符串 CONFIG_INOTIFY 来找出配置 inotify API 支持的选项。

用于构建当前运行的内核的配置选项可以通过/proc/config.gz 虚拟文件查看，该文件是一个压缩文件，其内容与用于构建内核的.config 文件中的内容是一样的。使用 zcat(1)可以查看这个文件，使用 zgrep(1)则可以搜索这个文件中的内容。

附录

更多信息源

除了本书提供的材料之外，有关 Linux 系统程序设计的信息源还有很多。本附录对其中一些进行了简介。

手册

通过 man 命令可以访问手册。（命令 man man 描述了如何使用 man 来读取手册。）手册被划分成了用数字标记的小节，这些小节将信息分成如下几类。

1. 程序和 shell 命令：由用户在 shell 提示符中执行的命令。
2. 系统调用：Linux 系统调用。
3. 库函数：标准 C 库函数（以及很多其他库函数）。
4. 特殊文件：特殊文件，如设备文件。
5. 文件格式：诸如系统密码（/etc/passwd）和组（/etc/group）文件的格式。
6. 游戏：游戏。
7. 概述、规则、协议以及其他：各种主题的概述、以及有关网络协议和 socket 程序设计的各种页面。
8. 系统管理命令：主要由超级用户使用的命令。

在一些情况下，不同小结中的手册页面的名字是一样的。如 chmod 命令位于手册页的第一小节，而 chmod()系统调用则位于手册页的第二小节。为区分名字相同的手册页需要在名字后面的括号中加上小节编号——如 chmod(1)和 chmod(2)。要显示具体某一个小节的手册页则可以在 man 命令中插入小节编号。

```
$ man 2 chmod
```

系统调用和库函数的手册页被分成了几个部分，通常包括下列几个。

- 名字：函数的名字，随带一行描述。下面的命令可以用来获取那一行描述中包含指定字符串的所有手册页列表：

  ```
  $ man -k string
  ```

  这在无法记住或不知道到底要查找哪个手册页时是有用的。

- 大纲：函数的 C 原型，它标识了函数的参数的类型和顺序以及函数的返回类型。在大多数情况下，在函数原型前面会由一个头文件列表。这些头文件定义了函数所使用的宏和 C 类型以及函数原型本身，使用这个函数的程序应该包含这些头文件。

- 描述：描述函数的功能。
- 返回值：对函数返回值的描述，包括函数如何通知调用者发生了一个错误。
- 错误：发生错误时可能返回的 errno 值列表。
- 符合：描述了这个函数符合哪些 UNIX 标准。这样就能够了解到这个在其他 UNIX 实现上的移植性如何，同时也标识出了这个函数中特定于 Linux 的方面。
- Bug：描述了函数无法正常工作或无法按照预期工作的地方。

> 尽管随后的一些商用 UNIX 实现倾向于采用更适合市场的较为委婉的说法，但 UNIX 手册页在早期将一个 bug 就称为 bug。Linux 延续了这种传统。有时候这些 "bug" 是哲学意义上的，它们只是描述了哪些方面有待优化或对有关特殊或非预期的（但在其他场景下可能是预期的）行为发出警告。

- 注释：其他有关这个函数的注释。
- 参见：描述相关函数和命令的手册页列表。

描述内核和 glibc API 的在线手册页位于 http://www.kernel.org/doc/man-pages/。

GNU info 文档

GNU 项目没有使用传统的手册页格式，相反，它使用了 info 文档来记录其大多数软件的文档，info 文档是能够使用 info 命令浏览的一种超链接文档。使用命令 info info 能够获取如何使用 info 的入门指南。

尽管在很多情况下手册页中的信息与对应的 info 文档中的信息是一样的，但有些时候 C 库的 info 文档包含了额外的在手册页中无法找到的信息，反之亦然。

> 尽管手册页和 info 文档包含的信息可能是相同的，但它们仍然同时存在，其原因与其习惯稍微有点关系。GNU 项目倾向于使用 info 用户界面，因此通过 info 来提供所有的文档。但 UNIX 系统的用户和程序员使用手册页已经有很长的历史了（并且在很多情况下倾向于使用手册页）。手册页往往也比 info 文档包含更多历史信息（如有关行为在版本之间的变更的信息）。

GNU C 库（glibc）手册

GNU C 库包含了一个描述如何使用库中的大多数函数的手册。这个手册位于 http://www.gnu.org/。同时，在大多数发行版中也提供了 HTML 格式和 info 格式（通过命令 info libc）的手册。

书籍

本书最后列出了大量参考书籍，其中一些特别值得说一下。

参考书籍列表中的前面几本是由 W. Richard Stevens 撰写的。"Advanced Programming in the UNIX Environment"（[Stevens, 1992]）详细描述了 UNIX 系统程序设计，它所关注的是 POSIX、System V 以及 BSD。最新的修订工作是由 Stephen Rago 完成的，[Stevens & Rago, 2005]更新了对现代标准和实现的描述，并增加了对线程的描述和有关网络程序设计的一个章节。这本书很好地从另外一个视角介绍了本书所涉及的很多种主题。两卷"UNIX Network Programming"（[Stevens et al., 2004], [Stevens, 1999]）极其详细地描述了网络程序设计和 UNIX 系统上的进程间通信。

> [Stevens et al., 2004]是 Bill Fenner 和 Andrew Rudoff 在上一版的"UNIX Network Programming"第 1 卷[Stevens, 1998]的基础上修订而来的。尽管这个修订版介绍了几个新领域，但在大多数需要参考[Stevens et al., 2004]的情况下都可以在[Stevens, 1998]找到同样的材料，仅有的差别仅仅是所在的章节不同。

"Advanced UNIX Programming"（[Rochkind, 1985]）幽默诙谐地对 UNIX（System V）程序设计进行了介绍。这本书现在已经进行了更新和扩展并出到第二版了（[Rochkind, 2004]）。

"Programming with POSIX Threads"（[Butenhof, 1996]）详尽地描述了 POSIX 线程 API。

"Linux and the Unix Philosophy"（[Gancarz, 2003]）对 Linux 和 UNIX 系统上应用程序的设计哲学进行了简介。

介绍如何阅读和修改 Linux 内和源代码的书籍有很多，包括"Linux Kernel Development"（[Love, 2010]）和"Understanding the Linux Kernel"（[Bovet & Cesati, 2005]）。

对于 UNIX 内核的更一般的背景来讲，"The Design of the UNIX Operating System"（[Bach, 1986]）仍然是一本非常值得一读的书，其中还包含了与 Linux 有关的材料。"UNIX Internals: The New Frontiers"（[Vahalia, 1996]）则对更现代的 UNIX 实现的内核内幕进行了介绍。

对于编写 Linux 设备驱动来讲，最根本的参考书籍是"Linux Device Drivers"（[Corbet et al., 2005]）。

"Operating Systems: Design and Implementation"（[Tanenbaum & Woodhull, 2006]）使用 Minix 描述了操作系统实现。（参见 http://www.minix3.org/。）

既有应用程序的源代码

阅读既有应用程序的源代码通常能够较好地理解如何使用特定的系统调用和库函数。在使用 RPM 包管理器的 Linux 发行版中可以像下面这样找出包含某个特定程序（如 ls）的包。

```
$ which ls                      Find pathname of ls program
/bin/ls
$ rpm -qf /bin/ls               Find out which package created the pathname /bin/ls
coreutils-5.0.75
```

对应的源代码包的名字与上面的类似，但后缀是.src.rpm。在发行版的安装媒介上可以找到这个包或者在发行者的网站上也可以下载到这个包。一旦获取了包之后可以使用 rpm 命令安装，然后就可以研究源代码了，它通常位于/usr/src 下的某个目录中。

在使用 Debian 包管理器的系统上查找源代码的过程是类似的。使用下面的命令可以确定创建了一个路径名的包（本例中是 ls 程序）。

```
$ dpkg -S /bin/ls
coreutils: /bin/ls
```

Linux 文档项目

Linux 文档项目（http://www.tldp.org/）生产 Linux 上免费可用的文档，包括系统管理和程序设计主题方面的 HOWTO 指南和 FAQ（常见问题及答案）。这个站点还提供了有关各种主题的大量电子书。

GNU 项目

GNU 项目（http://www.gnu.org/）提供了海量的软件源代码及相关文档。

新闻组

Usenet 新闻组通常是查找特定的程序设计问题的答案的较佳场所。下面几个新闻组特别有帮助。

- comp.unix.programmer 解决常规的 UNIX 程序设计问题。
- comp.os.linux.development.apps 解决与 Linux 上应用程序开发相关的问题。
- comp.os.linux.development.system 是 Linux 系统开发新闻组，它关注的是修改内核以及开发设备驱动和可加载模块方面的问题。
- comp.programming.threads 讨论与线程、特别是 POSIX 线程程序设计相关的问题。
- comp.protocols.tcp-ip 讨论 TCP/IP 联网协议套件。

很多 Usenet 新闻组的 FAQ 可以在 http://www.faqs.org/ 处找到。

> 在向新闻组提交问题时先查看一下该组的 FAQ（通常在一个组中经常被提及的问题）并尝试在网上搜索出该问题的解决方案。http://groups.google.com/ 网站为搜索较早发表的 Usenet 文章提供了一个基于浏览器的界面。

Linux 内核邮件列表

Linux 内核邮件列表（LKML）是 Linux 内核开发人员主要的广播通信媒介。它提供了内核开发的现状，并且也是一个提交内核 bug 报告和补丁的论坛。（LKML 不是一个提出系统程序设计问题的论坛。）要订阅 LKML 需要向 majordomo@vger.kernel.org 发送一封消息正文为下面这行文字的电子邮件。

```
subscribe linux-kernel
```

有关列表服务器的工作方式方面的信息可以通过向同一个地址发送一份消息正文为单词"help"的邮件来完成。

要向 LKML 发送一条消息需要使用地址 linux-kernel@vger.kernel.org。FAQ 和指向这个邮件列表的一些可搜索的归档的链接可以在 http://www.kernel.org/ 上找到。

网站

下面的网站值得特别关注。

- http://www.kernel.org/，The Linux Kernel Archives，包含了过去以及现在的所有版本的 Linux 内核的源代码。
- http://www.lwn.net/，Linux Weekly News，提供了有关各种 Linux 相关的主题方面的每日和每周专栏。每周的内核开发专栏会对 LKML 中发生的事情进行总结。
- http://www.kernelnewbies.org/，Linux Kernel Newbies，是那些想要学习和修改 Linux 内核的程序员的起点。
- http://lxr.linux.no/linux/，Linux Cross-reference，提供了通过浏览器访问各个版本的 Linux 内核的源代码的方式。源文件中的每个标识符都是加上超链接的，这样就能够很容易地找出其定义和使用该标识符的地方。

内核源代码

如果前面列出的信息源都无法回答所涉及到的问题或者想要确认文档记录的信息是否正确，那么可以阅读内核源代码。尽管部分源代码可能难以理解，但阅读 Linux 内核源代码中一个具体的系统调用（或 GNU C 库源代码中一个具体的库函数）的代码通常是找到一个问题的答案的最快方式。

如果已经将 Linux 内核源代码安装在了系统上，那么通常可以在/usr/src/linux 目录中找到它。表 E-1 对这个目录中的一些子目录进行了总结。

表 E-1：Linux 源代码树中的子目录

目　　录	内　　容
Documentation	内核的各个方面的文档
arch	特定于架构的代码，组织成了子目录——如 alpha、arm、ia64、sparc 以及 x86
drivers	设备驱动的代码
fs	特定于文件系统的代码，组织成了子目录——如 btrfs、ext4、proc (/proc 文件系统)以及 vfat
include	内核代码所需的头文件
init	内核的初始化代码
ipc	System V IPC 和 POSIX 消息队列的代码
kernel	与进程、程序执行、内核模块、信号、时间以及定时器相关的代码
lib	内核的各个部分用到的常规函数
mm	内存管理代码
net	联网代码（TCP/IP、UNIX 和 Internet domain socket）
scripts	配置和构建内核的脚本

附录 **F**

部分习题解答

5-3. 随本书一同发布的源代码 fileio/atomic_append.c 文件提供了一种答案，此处是程序运行结果的例子之一：

```
$ ls -l f1 f2
-rw-------    1 mtk      users    2000000 Jan  9 11:14 f1
-rw-------    1 mtk      users    1999962 Jan  9 11:14 f2
```

因为 lseek() 和 write() 的组合操作不具有原子性，所以程序的一个实例有时会覆盖另一实例写入的字节。最终，f2 所包括的字节数少于 2MB。

5-4. 可以将对 dup() 的调用改写为：

```
fd = fcntl(oldfd, F_DUPFD, 0);
```

对 dup2() 的调用可以改写为：

```
if (oldfd == newfd) {                    /* oldfd == newfd is a special case */
    if (fcntl(oldfd, F_GETFL) == -1) {             /* Is oldfd valid? */
        errno = EBADF;
        fd = -1;
    } else {
        fd = oldfd;
    }
} else {
    close(newfd);
    fd = fcntl(oldfd, F_DUPFD, newfd);
}
```

5-6. 首先要意识到这一点：由于 fd2 是对 fd1 的复制，它们都共享了一个打开文件描述，因此也共享了同一文件偏移量。然而，因为 fd3 是通过单独的 open() 调用而创建的，所以它具有单独的文件偏移量。

- 第一次 write() 调用后，文件内容为 Hello,。
- 由于 fd2 与 fd1 共享一个文件偏移量，所以第二次 write() 调用会追加到已有文本的后面，生成 Hello, world。
- lseek() 调用将 fd1 和 fd2 共享的文件偏移量调整到文件起点，因此第三次 write()

调用覆盖了部分已有文本，产生了 HELLO, world。

- fd3 的文件偏移量到目前为止一直未变，指向文件的起点。因此，最后一次 write()
  调用将文件内容改为 Gidday world。

运行随本书发布源码中的 fileio/multi_descriptors.c 程序，并观察输出结果。

第 6 章

6-1. 因为未对数组 mbuf 进行初始化，所以它属于未初始化数据段。因此，存放该变量
无需磁盘空间。相反，会在加载程序时为其分配存储空间（并初始化为 0）。

6-2. 随本书发布的源文件 proc/bad_longjmp.c 提供了使用 longjmp()不当的范例之一。

6-3. 随本书发布的源文件 proc/ setenv.c 提供了 setenv()和 unsetenv()的实现范例。

第 8 章

8-1. 二次对 getpwuid ()的调用在 printf()函数的输出字符串构建之前——因为 getpwuid ()
调用返回的 pw_name 存放于静态分配的缓冲区中——第二次调用将覆盖第一次调
用返回的结果。

第 9 章

9-1. 思考以下情况的同时，请记住，对有效用户 ID 的修改总是会修改文件系统用户 ID。

9-2. 严格说来，进程的有效用户 ID 为非 0 值，进程就属于一个无特权进程。然而，无
特权进程可以使用 setuid()、setreuid()、 seteuid()或者 setresuid()调用将进程有效用
户 ID 设置为与其实际用户 ID 或保存 set-user-ID 相同。因此，该进程能够使用此类
调用之一来重新获得特权。

9-4. 以下代码显示了每个系统调用的步骤。

```
e = geteuid();      /* Save initial value of effective user ID */

setuid(getuid());                          /* Suspend privileges */
setuid(e);                                 /* Resume privileges */
/* Can't permanently drop the set-user-ID identity with setuid() */

seteuid(getuid());                         /* Suspend privileges */
seteuid(e);                                /* Resume privileges */
/* Can't permanently drop the set-user-ID identity with seteuid() */

setreuid(-1, getuid());                    /* Temporarily drop privileges */
setreuid(-1, e);                           /* Resume privileges */
setreuid(getuid(), getuid());              /* Permanently drop privileges */

setresuid(-1, getuid(), -1);               /* Temporarily drop privileges */
setresuid(-1, e, -1);                      /* Resume privileges */
setresuid(getuid(), getuid(), getuid());   /* Permanently drop privileges */
```

9-5. 除去 setuid()的异常情况之外，答案与前一练习相同，除了要将变量 e 替换成 0。对于
setuid()，以下操作是成立的。

```
/* (a) Can't suspend and resume privileges with setuid() */

setuid(getuid());          /* (b) Permanently drop privileges */
```

第 10 章

10-1. 最大的 32 位无符号整型值是 4294967295。将该数除以每秒 100 次滴答声，则相当于 497

天多一点。将该数除以 100 万(CLOCKS_PER_SEC)，则相当于 71 分 35 秒。

第 12 章

12-1. 随本书一同发布的源文件 sysinfo/procfs_user_exe.c 提供了一种解决方案。

第 13 章

13-3. 语句的顺序确保了将写入 stdio 缓冲区的数据刷新到磁盘上。fflush()调用将 fp 指向的 stdio 缓冲区内容刷新到内核缓冲区高速缓存中。随后赋给 fsync()调用的参数是 fp 底层的文件描述符。因此，调用将此文件描述符所指向的（刚填充的）内核缓冲区刷新到了磁盘。

13-4. 当标准输出发往终端时，属于行缓冲，所以 printf()调用的输出立刻显示，并尾随 write()调用的输出。当标准输出发送到磁盘文件时，则属于块缓冲。因此，printf() 的输出将存放在 stdio 缓冲区中，仅当程序退出时才进行刷新（即在 write() 函数调用后）（包含练习代码的完整程序可参考与本书一同发布的源文件 filebuff/mix23_linebuff.c）。

第 15 章

15-2. stat()系统调用不会改变任何文件时间戳，因为其所作所为仅仅是从文件 i-node 中获取信息（并且并没有最后 i-node 访问时间戳的概念）。

15-4. GNU C 函数库提供了以 euidaccess()命名的一个函数，请参考函数库源文件 sysdeps/ posix/euidaccess.c。

15-5. 为了实现这一点，必须二次调用 umask()，如下所示。

```
mode_t currUmask;

currUmask = umask(0);        /* Retrieve current umask, set umask to 0 */
umask(currUmask);            /* Restore umask to previous value */
```

但是请注意，由于线程共享了进程的 umask 设置，所以该方案不是线程安全的。

15-7. 随本书一同发布的源文件 files/chiflag.c 提供了一种解决方案。

第 18 章

18-1. 使用 ls –li 命令可以看到：可执行文件在每次编译后都具有不同的 i-node 编号。这是因为编译器移除了（解除链接）任何与目标可执行文件同名的文件，然后再创建一个同名的新文件。解除对可执行文件的链接是允许的。虽然其名称被即刻移除了，但是文件本身仍然会保持存在，直至执行它的进程终止。

18-2. myfile 文件创建于子目录 test 中。symlink()调用在父目录中创建了一个相对链接。尽管有链接文件，但是因为对链接的解释是相对于链接文件的位置而言的，所以这是一个悬空链接。因此，链接指向父目录中一个不存在的文件。结果，chmod()调用失败，错误号为 ENOENT（"没有这样的文件或者目录"）。（包含练习代码的完整程序可参考与本书一同发布的源文件 dirs_links/bad_symlink.c。）

18-4. 随本书一同发布的源文件 dirs_links/list_files_readdir_r.c 提供了一种解决方案。

18-7. 随本书一同发布的源文件 dirs_links/file_type_stats.c 提供了一种解决方案

18-9. 使用 fchdir()调用更为高效。如果在循环中反复执行操作，那么当调用 fchdir()时，可以在运行循环前调用一次 open()；而当调用 chdir()时，可以将 getcwd()调用置于循环之外。随后可以比较重复调用 fchdir(fd) 和 chdir(buf)之间的差异。调用 chdir() 之所以代价高昂，有两点原因：传递 buf 参数到内核需要在用户空间和内核空间之间进行大数据量传输，每次调用时必须将 buf 中的路径名解析到相应目录的 i-node 上。（内核对目录条目信息的高速缓存减少了第二个原因的开销，但总有些工作是省不了的。）

第 20 章

20-2. 随本书一同发布的源文件 signals/ignore_pending_sig.c 提供了一种解决方案。

20-4. 随本书一同发布的源文件 signals/siginterrupt.c 提供了一种解决方案。

第 22 章

22-2. 与大多数 UNIX 实现一样，Linux 在实时信号之前传递标准信号（SUSv3 并不要求如此）。这是合理的，因为有些标准信号所指示的临界状态（例如，硬件异常）需要程序尽快处理。

22-3. 将 sigsuspend()外加信号处理器的方法用 sigwaitinfo()替换，这将带来 25%到 40%的速度提升。（确切数据随内核版本不同而略有不同。）

第 23 章

23-2. 随本书一同发布的源文件 timers/t_clock_nanosleep.c 提供了一种使用了 clock_nanosleep()的改进程序。

23-3. 随本书一同发布的源文件 timers/ptmr_null_evp.c 提供了一种解决方案。

第 24 章

24-1. 首次 fork()调用创建了一个新的子进程。然后父、子进程继续执行第二个 fork()调用，这样每个进程又创建了一个子进程，总共有 4 个进程。所有这 4 个进程继续执行下一个 fork()调用，每个进程又分别创建了一个子进程，最终，一共创建了 7 个新进程。

24-2. 随本书一同发布的源文件 procexec/vfork_fd_test.c 提供了一种解决方案。

24-3. 如果调用 fork()，然后令其子进程调用 raise()，向自己发送诸如 SIGABRT 之类的信号，那么将产生一个核心转储文件，该文件将密切反映 fork()调用时父进程的状态。gdb gcore 命令为程序执行类似任务，且不需要修改源码。

24-5. 在父进程中添加一个逆向的 kill()调用。

```
if (kill(childPid, SIGUSR1) == -1)
    errExit("kill")
```

在子进程中添加一个逆向的 sigsuspend()调用。

```
sigsuspend(&origMask);              /* Unblock SIGUSR1, wait for signal */
```

第 25 章

25-1. 假设采用了二进制补码结构，将所有比特位置 1 来表示-1，父进程将得到退出码 255。（最低八个有效比特位全为 1，这就是当父进程调用 wait()时返回给它的结果）。（在程序中调用 exit（-1）是一种程序员常犯的错误，主要是因为将程序的返回码 -1 与通常用于表明系统调用失败的返回码-1 混淆了起来。）

第 26 章

26-1. 随本书一同发布的源文件 procexec/orphan.c 提供了一种解决方案。

第 27 章

27-1. execvp()函数首先不能执行 dir1 目录中的文件 xyz，因为该目录的执行权限遭禁。因此会继续搜索目录 dir2，并成功执行文件 xyz。

27-2. 随本书一同发布的源文件 procexec/execlp.c 提供了一种解决方案。

27-3. 脚本指定 cat 程序作为其解释器。cat 程序对文件的"解释"就是打印文件内容，在启用-n（行编号）选项的情况下（就像输入命令 cat -n ourscript 一样）。因此将看到如下输出。

```
1  #!/bin/cat -n
2  Hello world
```

27-4. 连续两次 fork()将产生三个进程，形成父进程、子进程和孙进程的关系。创建孙进程后，子进程将立即退出，然后由父进程的 waitpid()调用获得。因为成为孤儿进程，所以孙进程为 init 进程(进程 ID 为 1)所收养。程序不需要执行第二次 wait()调用，因为当孙进程终止时，init 进程自动完成僵尸进程的收集工作。使用这一代码序列可能存在这种用途：如果需要创建子进程，而稍后又无法等待它，那么使用这一代码序列可以保证不会产生僵尸进程。此类需求的例子之一是：父进程执行了一些程序，又无法保证对其执行 wait (而且也不想将 SIGCHLD 的信号处置置为 SIG_IGN，因为对于 exec()之后遭忽视的 SIGCHLD 的信号处置，SUSv3 并未规范。)

27-5. 传递给 printf()调用的字符串没有包括一个换行符，因此，在调用 execlp()之前也不会刷新输出。execlp()调用会覆盖程序已存在的数据段（还有堆和栈），其中就包括 stdio 缓冲区，因此未刷新的输出就会丢失。

27-6. 传递 SIGCHLD 信号给父进程。如果 SIGCHLD 处理器函数试图调用 wait()，那么调用将返回错误（错误号为 ECHILD），表示没有可返回状态的子进程。（这里假设父进程没有其他遭到终止的子进程。如果有，那么 wait()调用将阻塞，或者如果使用了 WNOHANG 标志来调用 waitpid()，那么 waitpid()将返回 0）如果程序在调用 system()之前为 SIGCHLD 信号建立了一个处理器函数，那么这种情况就完全有可能出现。

第 29 章

29-1. 可能会有两种结果（都获得了 SUSv3 的支持）：线程死锁，当试图加入自己时遭到阻塞，或者调用 pthread_join()失败，返回错误为 EDEADLK。在 Linux 中，会发生后一种行为。在 tid 中给定一个线程 ID，可使用如下代码来阻止这种不测事件。

```
if (!pthread_equal(tid, pthread_self()))
    pthread_join(tid, NULL);
```

29-2. 主线程终止后，threadFunc()函数继续对主线程堆栈中的数据进行操作，结果难以预测。

第 31 章

31-1. 随本书一同发布的源文件 threads/one_time_init.c 提供了一种解决方案。

第 33 章

33-2. SIGCHLD 信号是面向进程的，产生于子进程终止时。可以将其传递给未阻塞该信号的任何线程（不必非要是发起 fork() 调用的那条线程）。

第 34 章

34-1. 假设程序是一个 shell 管道的一部分。

```
$ ./ourprog | grep 'some string'
```

这里存在的问题是 grep 与 ourprog 同属一个进程组，因此 killpg() 调用也会终止 grep 进程。这种行为可能并不是期望的行为，并且可能会误导用户。这个问题的解决方案是使用 setpgid() 确保子进程会被放置在自己的新组中（第一个子进程的进程 ID 可以用作组的进程组 ID），然后向该进程组发送信号。这样就没有必要让父进程不响应这个信号了。

34-5. 如果在再次产生 SIGTSTP 信号之前该信号被解除了阻塞，那么就存在一小段时间窗口（在 sigprocmask() 调用和 raise() 之间），在这段期间内如果用户输入了第二个挂起字符（Control-Z），那么就会出现进程还处于处理器中时被停止的情况，其结果是需要使用两个 SIGCONT 信号才能够恢复该进程。

第 35 章

35-3. 在本书随带的源代码的 procpri/demo_sched_fifo.c 文件中提供了一个解决方案。

第 36 章

36-1. 在本书随带的源代码的 procres/rusage_wait.c 文件中提供了一个解决方案。

36-2. 在本书随带的源代码的 procres 子目录下的 rusage.c 和 print_rusage.c 文件中提供了一个解决方案。

第 37 章

37-1. 在本书随带的源代码的 daemons/t_syslog.c 文件中提供了一个解决方案。

第 38 章

38-1. 当一个文件被一个非特权用户修改之后，内核会清除文件上的 set-user-ID 权限位。类似地，如果启用了组执行权限的话也会清除 set-group-ID 权限位。（正如 55.4 节中所细述的那样，在启用 set-group-ID 位的同时禁用组执行位对 set-group-ID 程序没有任何影响；相反，它用于启用强制式加锁，并且正因为这个原因，对此类文件的修改不会禁用 set-group-ID 位。）清除这些位能够保证计算程序文件可被任意用户写入也无法修改这个文件，并且仍然保留其向执行这个文件的用户赋予特权的能力。特权（CAP_FSETID）进程能够修改一个文件而无需内核清除这些权限位。

第 44 章

44-1. 在本书随带的源代码的 pipes/change_case.c 文件中提供了一个解决方案。

44-5. 它创建了一个竞争条件。假设在服务器看到文件结束的时刻与它关闭文件读取描述符时刻之间，一个客户端打开了这个 FIFO 以便写入（这将会立即成功而不会发生阻塞），然后在服务器关闭了读取描述符之后向该 FIFO 写入数据。此刻，客户端会收到一个 SIGPIPE 信号，因为没有进程打开该 FIFO 来读取数据。或者客户端在服务器关闭读取描述符之前可能能够打开这个 FIFO 并向其写入数据。在这种情况下，客户端的数据可能会丢失，并且它不会接收到来自服务器的响应。作为一个深入练习，读者可以尝试模拟这种行为，即按照建议修改服务器并创建一个特殊的客户端，该客户端重复不断地打开服务器的 FIFO，向服务器发送一条消息，关闭服务器的 FIFO，以及读取服务器的响应（如果存在的话）。

44-6. 一个可能的解决方案像 23.3 节中描述的那样使用 alarm()为客户端的 FIFO 上的 open()调用设置一个定时器。这个解决方案的一个缺点是服务器仍然会延迟超时时间间隔。另一个可能的解决方案是使用 O_NONBLOCK 标记打开客户端 FIFO。如果这个操作失败了，那么服务器可以认为客户端的行为异常。后一种解决方案还需要修改客户端使其确保在向服务器发送请求之前打开自己的 FIFO（也使用 O_NONBLOCK 标记）。为方便起见，客户端接着应该关闭 FIFO 文件描述符的 O_NONBLOCK 标记，这样后续的 read()调用就会阻塞。最后，也可以为这个应用程序采用并发服务器解决方案，其中主服务器进程创建子进程来向各个客户端发送响应消息。（对于这个简单的应用程序来讲，这种解决方案所消耗的资源是比较大的。）

服务器没有处理的情况仍然存在。如它并没有处理序号溢出或行为不轨的客户端请求大量序号以制造溢出的情况。这个服务器也没有处理客户端请求负的序号长度的情况。此外，恶意的客户端可以创建自己的回复 FIFO，然后打开这个 FIFP 来读取和写入，并在向服务器发送请求之前填充数据，但当其尝试写入回复时就会发生阻塞。作为一个深入练习，读者可以尝试设计一些策略来处理这些情况。

在 44.8 节中还指出了程序清单 44-7 中给出的服务器存在的另一个限制：如果一个客户端发送了一条包含错误的字节数的消息，那么服务器在读取所有后续的客户端消息时就会发生错乱。解决这个问题的一个简单方法是不使用固定长度的消息，转而使用分隔字符。

第 45 章

45-2. 在本书随带的源代码的 svipc/t_ftok.c 文件中提供了一个解决方案。

第 46 章

46-3. 值 0 是一个有效的消息队列标识符，但 0 无法用作消息类型。

第 47 章

47-5. 在本书随带的源代码的 svsem/event_flags.c 文件中提供了一个解决方案。

47-6. 一个预留操作可以实现成从 FIFO 中读取一个字节。与之相反的是，一个释放操作可以实现成向这个 FIFO 写入一个字节。一个条件预留操作可以实现成从 FIFO 中非阻塞地读取一个字节。

第 48 章

48-2. 因为在 for 循环中递增步骤中对 shmp–>cnt 值的访问没有受到信号量的保护，因此在写者下一次更新这个值与读者获取这个值之间存在一个竞争条件。

48-4. 在本书随带的源代码的 svshm/svshm_mon.c 文件中提供了一个解决方案。

第 49 章

49-1. 在本书随带的源代码的 mmap/mmcopy.c 文件中提供了一个解决方案。

第 50 章

50-2. 在本书随带的源代码的 vmem/madvise_dontneed.c 文件中提供了一个解决方案。

第 52 章

52-6. 在本书随带的源代码的 pmsg/mq_notify_sigwaitinfo.c 文件中提供了一个解决方案。

52-7. 将 buffer 变成全局是不安全的。一旦在 threadFunc()中重新启用了消息通知，那么就可能出现在 threadFunc()执行期间产生第二个通知的情况。这第二个通知会启动第二个线程来执行 threadFunc()，与此同时第一个线程也在执行 thread Func()。这两个线程会使用同一个全局的 buffer，从而导致不可预知的结果。注意这种行为是依赖于实现的。SUSv3 允许一个实现顺序地向同一个进程分发通知，但它也允许向并发执行的不同线程分发通知，Linux 就是这样做的。

第 53 章

53-2. 在本书随带的源代码的 psem/psem_timedwait.c 文件中提供了一个解决方案。

第 55 章

55-1. Linux 上的 flock()具有下列特点。

a）一系列共享锁可以使等待放置一把互斥锁的进程饿死。

b）没有规则确定哪个进程会得到锁。本质上来讲，锁会被分配给下一个被调度的进程。如果该进程恰好获取了一把共享锁，那么所有其他请求共享锁的进程的请求也将同时得到满足。

55-2. flock()系统调用没回检测死锁。这一点适用于大多数 flock()实现，但使用 fcntl()实现 flock()的除外。

55-4. 在除早期（1.2 以及以前）之外的 Linux 内核中存在两种独立运行的加锁机制，并且两个互不影响。

第 57 章

57-4. 在 Linux 上，sendto()调用会失败并返回 EPERM 错误。在其他一些 UNIX 系统上会产生一个不同的错误。一些 UNIX 实现并不要求这一限制，而是会让一个已连接的 UNIX domain 数据报 socket 从其发送者处接收一个数据报，而不是从其对等处接收一个数据报。

第 59 章

59-1. 在本书随带的源代码的 sockets 子目录的 read_line_buf.h 和 read_line_buf.c 文件中提供了一个解决方案。

59-2. 在本书随带的源代码的 sockets 子目录的 is_seqnum_v2_sv.c、is_seqnum_v2_cl.c 以及 is_seqnum_v2.h 文件中提供了一个解决方案。

59-3. 在本书随带的源代码的 sockets 子目录的 unix_sockets.h、unix_sockets.cus_xfr_v2.h、us_xfr_v2_sv.c 以及 us_xfr_v2_cl.c 文件中提供了一个解决方案。

59-5. 在 Internet domain 中，来自非对等 socket 的数据报会被静默地丢弃。

第 60 章

60-2. 在本书随带的源代码的 sockets/is_echo_v2_sv.c 文件中提供了一个解决方案。

第 61 章

61-1. 由于一个 TCP socket 的发送和接收缓冲器的大小都是有限的，因此如果客户端发送了大量的数据，那么它可能会填满这些缓冲器，此时后续的 write() 就会（永久地）阻塞客户端直到它读取了服务器的响应为止。

61-3. 在本书随带的源代码的 sockets/sendfile.c 文件中提供了一个解决方案。

第 62 章

62-1. 当在不引用终端的文件描述符上应用 tcgetattr() 时会失败。

62-2. 在本书随带的源代码的 tty/ttyname.c 文件中提供了一个解决方案。

第 63 章

63-3. 在本书随带的源代码的 altio/select_mq.c 文件中提供了一个解决方案。

63-4. 会产生一个竞争条件。假设按序发生了下列事件：（a）在 select() 通知程序自己的管道中有数据之后，它执行了合适的动作来响应这个信号；（b）另一个信号到达了，并且该信号处理器向自己的管道中写入了一个字节并返回；（c）主程序读取了管道中的全部数据。其结果是程序会错过在步骤（b）中发出的信号。

63-6. epoll_wait() 调用会阻塞，即使当所关注的列表为空时。这在多线程程序中是比较有用的，其中一个线程可能会向 epoll 所关注的列表中添加一个描述符，而另一个线程则阻塞在一个 epoll_wait() 调用中。

63-7. 后续的 epoll_wait() 调用会遍历列表中已就绪的文件描述符。这种做法是有好处的，它避免出现文件描述符饿死的情况，因为当 epoll_wait() 总是（假设）返回数值最小的就绪文件描述符并且该文件描述符总是有一些可用输入的话就可能会发生这种情况。

第 64 章

64-1. 首先，子 shell 进程终止，然后是 script 父进程终止。由于终端是运行于 raw 模式下的，因此终端驱动器不会对 Control-D 字符进行解释，它会将其作为一个字面字符传递给 script 父进程，而该进程会将该字符写入到伪终端主设备中。伪终端从设备运行于 canonical 模式下，因此这个 Control-D 字符会被当成文件结束处理，这将会导致子 shell 进程的下一个 read()调用返回 0，从而导致 shell 终止。shell 的终止会关闭唯一一个引用着伪终端从设备的文件描述符，其结果是父 script 进程的下一个 read()调用会返回 EIO 错误（在其他一些 UNIX 实现上可能是文件结束），然后这个进程会终止。

64-7. 在本书随带的源代码的 pty/unbuffer.c 文件中提供了一个解决方案。